RIECKE
Lehrbuch der
PHYSIK

Zu eigenem Studium
und zum Gebrauche bei Vorlesungen
herausgegeben von

Prof. Dr. Ernst Lecher
Vorstand des I. physikalischen Institutes der Universität Wien

Sechste, verbesserte und vermehrte Auflage

Erster Band

Mechanik und Akustik — Wärme — Optik

Mit 444 Figuren im Text

Leipzig ◎ Verlag von Veit & Comp. ◎ 1918

Druck von Metzger & Wittig in Leipzig.

Aus dem Vorworte zur ersten Auflage.

Das vorliegende Lehrbuch, welches in zwei handlichen Bänden das ganze Gebiet der Physik umfaßt, ist erwachsen aus Vorlesungen, die ich an der Universität zu Göttingen gehalten habe. Den Grundstock bilden meine Vorlesungen über Experimentalphysik; ich habe damit aber manches verbunden, was den Gegenstand von spezielleren Vorträgen oder seminaristischen Übungen gebildet hatte. Meine Absicht war darauf gerichtet, den Lesern einen möglichst deutlichen und vollständigen Einblick in die Tatsachen und Ideen zu geben, welche den Bestand unserer heutigen Physik ausmachen. Das Buch wendet sich aber an alle, die der Physik wissenschaftliches Interesse entgegenbringen: an die Hörer der Physik an Universität und technischer Hochschule, denen es neben der Vorlesung und zu eigenen Studien dienen kann; an den Lehrer, der in ihm manches im Zusammenhange finden wird, was, oft schwer zugänglich, in Zeitschriften und Sammelwerken zerstreut ist; an den großen Kreis derer, die, auf verwandten Gebieten im Dienste der theoretischen Forschung oder der technischen Anwendungen tätig, ihre Kenntnisse von der Entwickelung der Physik wieder ergänzen möchten. Mit Rücksicht auf diese allgemeinere Bestimmung wünschte ich, daß das Buch ein leicht zu lesendes sei; ich habe daher mathematische Entwickelungen nur sparsam benützt.

Über die Anordnung und Auswahl des Stoffes, über seine methodische Behandlung wird man immer verschiedenen Ansichten begegnen; einen allein seligmachenden Kanon gibt es hier nicht, das subjektive Gefühl muß vielmehr sein Recht behalten. Ich glaube, daß die Art, wie sich die Wissenschaft historisch entwickelt hat, im großen auch den Weg zeigt, den wir beim Unterricht, beim Lernen zu gehen haben; die historische Entwickelung ist keine zufällige und willkürliche, es herrscht in ihr vielmehr ein natürliches Gesetz des Fortschrittes von einfachen und naheliegenden Tatsachen zu verwickelten und verborgenen. Aber auch abgesehen hiervon, kann ein Lehrbuch der Physik den stufenweisen

Fortschritt der Erkenntnis, die allmähliche Wandlung unserer Anschauungen nicht ganz mit Stillschweigen übergehen. Der Zusammenhang der Wissenschaft, die Kenntnis des Grundes, auf dem ihr heutiger Bau erwachsen ist, darf nicht verloren gehen; und wenn wir auch den Anschauungen von COULOMB, AMPÈRE, WEBER oder CARNOT jetzt ablehnend gegenüberstehen, so dürfen wir doch den vielfachen Nutzen nicht vergessen, den die aus ihnen geschöpften Vorstellungen uns auch heute noch gewähren. Wer Physik verstehen will, der muß auch von den Ideenkreisen wissen, die von jenen Männern entwickelt worden sind.

— — — — — — — — — — — - — — — — — — — —

Wenn ich an meine eigene Studienzeit zurückdenke, so verweilt meine Erinnerung besonders gern bei den Stunden, in denen ich WILHELM WEBERS Vorlesung über Experimentalphysik hörte. Wer seine elektrodynamischen Maßbestimmungen gelesen hat, kann sich wohl einen Begriff machen von der Kunst, mit der er den Zusammenhang der Erscheinungen zu entwickeln und Schritt für Schritt die Erkenntnis zu erweitern und zu vertiefen wußte. So gestaltete sich vor allem die von ihm mit Vorliebe behandelte Elektrizitätslehre zu einem Kunstwerke, dessen dramatischen Aufbau von Stunde zu Stunde zu verfolgen mir eine Quelle des reinsten Genusses war. Möchte ein Hauch von diesem Geiste auch in meiner Darstellung zu spüren sein!

November 1895.

Eduard Riecke.

Vorwort zur sechsten Auflage.

Für eine erste Einführung in die Physik besitzen wir viele sehr gute, kürzere Lehrbücher; diesen stehen gegenüber einige große vielbändige Werke, die infolge ihres Umfanges als **allgemeiner** Unterrichtsbehelf wohl kaum in Betracht kommen. Die „Physik von Riecke“ mit ihren zwei Bänden nimmt hier eine ausgezeichnete Mittelstellung ein. Die fundamentalen Tatsachen breit und elementar behandelnd, verstand es der Verfasser meisterhaft, in kurzen Schlagworten und Hinweisungen auch Einblick in schwierigere Fragen zu vermitteln; ein aufmerksamer Leser fand so wenigstens andeutungsweisen Bescheid über die neuesten Probleme, die jeweils im Vordergrund des physikalischen Interesses standen.

Riecke verschied im Juni 1915, nach einem reichen Leben voll Arbeit und Erfolg. Als ich im Herbste 1916 die weitere Herausgabe seines Lehrbuches übernahm, stand mir von vornherein fest, daß die glückliche Wesensart dieses Werkes nach Kräften festgehalten werden müsse. Wenn ich mich trotzdem zu einigen einschneidenderen Änderungen entschlossen habe, geschah dies erst nach reiflicher Überlegung.

Die „Wärmelehre“ wurde aus dem zweiten Bande in den ersten vorgenommen. Und zwar aus innern und äußern Gründen. Neben dem Energieprinzipe stehen gleichwertig die Hauptsätze der Thermodynamik; das Verstehen physikalischer Erkenntnisse wird dem Leser um so leichter, je eher ihm diese Grundpfeiler physikalischen Wissens gesichert sind. Dann aber gestattete die Voranstellung der Wärmelehre in den ersten Band dem zweiten Bande, der „Elektrizitätslehre“, die absolut gebotene Ausdehnungsfreiheit. Gerade auf diesem Gebiete sind die Fortschritte so umfangreich, daß Band II in der alten Einteilung technisch unmöglich geworden wäre.

Die Elektrizität behandelte Riecke im Geiste seines verehrten Meisters Wilhelm Weber, originell in der Darstellungsweise, voll des größten historischen Reizes für den fertigen Physiker; aber ein Umweg für den

Studierenden. Darum habe ich hier ebenfalls — wenn auch nicht leichten Herzens — Umstellungen und Änderungen vorgenommen, jedoch immer unter möglichster Wahrung des ursprünglichen Charakters.

Für die vorliegende Neubearbeitung fanden sich im Nachlasse Rieckes einige Notizen. Sie wurden zum größten Teile benützt und wurden im Inhaltsverzeichnisse kenntlich gemacht, ebenso meine Einschaltungen, sofern solche wichtigerer Natur.

Schließlich erwähne ich dankend, daß Herr stud. J. Machek und ganz besonders Frau Dr. Else Norst mich bei den Korrekturen unterstützten.

Wien, Juli 1918.

Ernst Lecher.

Inhalt.[1]

Mechanik. Molekularkräfte. Akustik.

Mechanik starrer Körper.

Erster Teil: Statik starrer Körper.

---

[1] Im Nachlasse Rieckes fanden sich einige Notizen für vorliegende Neuauflage, sie sind in diesem Inhaltsverzeichnis mit einem dem betreffenden Schlagworte vorausgehenden † gekennzeichnet. Neue größere Abschnitte des jetzigen Herausgebers sind analog mit einem * bezeichnet, kleinere Einschiebungen, soweit diese wichtiger, mit einem o.

Zweiter Teil: Dynamik starrer Körper.

Mechanik der Flüssigkeiten und Gase.

Erster Teil: Statik der Flüssigkeiten und Gase.

Zweiter Teil: Dynamik der Flüssigkeiten und Gase.

Statik und Dynamik unter Einfluß der Molekularkräfte.

Erster Teil: Einfluß der Molekularkräfte auf die Mechanik starrer Körper.

Zweiter Teil: Einfluß der Molekularkräfte auf die Mechanik der Flüssigkeiten.

Wärme.

Erster Teil: Temperatur und Ausdehnung.

Zweiter Teil: Kalorimetrie und spezifische Wärme.

Dritter Teil: Thermodynamik. Mechanische Wärmetheorie.

Zweiter Teil: Emission und Absorption.

Dritter Teil: Das Licht als Wellenbewegung.

Einleitung

§ 1. Erkenntnistrieb. Der Mensch lebt im ewigen Wechsel der Natur. Mit diesem Wechsel der Dinge außer uns stehen unsere stets wechselnden Sinnesempfindungen in irgend einem Zusammenhange. Die Naturwissenschaft sucht nun die regelmäßige Aufeinanderfolge dieser Erscheinungen zu beschreiben.

Aus dem zuerst nur praktischen Streben, die Natur in einer der eigenen Wohlfahrt dienlichen Weise zu meistern, mußte im Menschen das weitere Streben entstehen, die Naturerscheinungen möglichst zu ordnen, und von möglichst einheitlichen Gesichtspunkten aus zu verstehen. Dieser Wissenstrieb betätigte sich dann auch in seiner weiteren Entwicklung ohne Hinblick auf Befriedigung praktischer Bedürfnisse.

Das Primäre war das „biologische Interesse“, der Eigennutz; durch ihn wurde die Erkenntnisschwelle aller denkenden Wesen immer günstiger gestaltet. Der Mensch meistert die Natur, aber umgekehrt meistert auch diese den Menschen. Die Naturvorgänge sind so lange gegen uns, bis wir möglichst übereinstimmend mit diesen Vorgängen der Außenwelt zu denken gelernt haben. Diese Anpassung der Ideenwelt in uns an die durch die Außenwelt erregten Sinnesempfindungen wirkte vom Urbeginn des Denkens und wird wirken, solange es denkende Wesen gibt.

Bei der Fülle der Erscheinungen müssen wir, schon um die Arbeit unseres Gedächtnisses zu erleichtern — von einem „ökonomischen Bedürfnisse“ aus — die Erscheinungen nach einheitlichen Gesichtspunkten ordnen, nicht nur in äußerlicher Einteilung nach Ähnlichkeit oder Verschiedenheit, sondern besonders in Herstellung eines Zusammenhanges, bei dem wir die regelmäßige Aufeinanderfolge bestimmter Erscheinungen unter einer Vorstellung von Ursache und Wirkung aneinanderreihen.

Aus den vielen und mannigfaltigen Tatsachen greifen wir die einfachsten heraus und machen ihre Bedingungen zum Gegenstand unserer Forschung, die verwickelten suchen wir so zu zerlegen, daß sie als eine Folge der schon bekannten einfachen erscheinen. Gelingt dieses, so haben wir die komplizierteren Erscheinungen erklärt, d. h. zurückgeführt auf einfache Fundamentalerscheinungen. Erklären heißt: Denkungewohntes zurückführen auf Denkgewohntes, von dessen Richtigkeit wir überzeugt zu sein glauben.[1]

Nun sind uns gewisse Erfahrungen ganz besonders vertraut. In der Urzeit der Menschheit war die eigene Muskelkraft das Wichtigste. Unsere Urahnen hoben schwere Lasten und empfanden die dazu nötige Anstrengung. Sie warfen Steine und spürten die dazu nötige Muskelarbeit. Der Begriff der Kraft und Arbeit hat sich so instinktiv entwickelt und sich immer mehr festigend von Generation zu Generation weiter vererbt. Dieser rein anthropomorphe Ausgangspunkt unseres naturwissenschaftlichen Denkens bestimmte die ganze Entwicklung unserer Naturwissenschaft.

§ 2. Hypothesen und Theorien. Wenn wir von der Kraft sprechen, die ein Körper *A* auf einen Körper *B* ausübt, so drücken wir damit nichts anderes aus als die Tatsache, daß *A* bestimmte Veränderungen erleidet, so oft es in bestimmte räumliche Beziehungen zu *B* gebracht wird. Es handelt sich dabei nur um eine anschauliche Art, die beobachteten Erscheinungen zu beschreiben. Oft sind die Erscheinungen so verwickelt, daß wir zu keiner Übersicht, zu keiner verständlichen Ordnung gelangen, solange wir uns nur an den beobachteten Tatbestand halten. Wir ergänzen diesen durch hypothetische Annahmen über die ihm zugrunde liegenden Eigenschaften der Körper, über die Existenz von Körpern, die unsichtbar mit den unmittelbar wahrnehmbaren sich irgendwie in Beziehung setzen, Annahmen, durch welche wir gewissermaßen einen verborgenen Teil der wirkenden Ursachen zu erraten suchen. Solche Hypothesen werden natürlich nicht willkürlich und aufs Geratewohl gebildet, sondern man läßt sich dabei von Analogien mit bekannten Tatsachen leiten. So wurde man z. B. durch die Analogien zwischen Schall und Licht darauf geführt, die optischen Erscheinungen zu erklären durch Wellen in einem den ganzen Raum erfüllenden Stoffe, dem Äther, der jeder anderen Wahrnehmung sich entzog.

Die Hypothesen entwickeln sich zunächst aus der Betrachtung von einzelnen Erscheinungen, die nicht ohne weiteres auf andere schon bekannte zurückgeführt werden können. Wenn man dann auf Grund der gemachten Annahmen das ganze Gebiet der mit jenen Fundamentalerscheinungen zusammenhängenden Tatsachen in einheitlicher Weise darzustellen sucht, so gelangt man zu einer Theorie. So wurde man durch eine gewisse Gruppe von Fundamentalerscheinungen zu der Hypothese von elektrischen Flüssigkeiten geführt; die konsequente Verfolgung dieser Annahme durch das ganze Gebiet der elektrischen Erscheinungen hindurch lieferte eine Theorie der Elektrizität. Da die Hypothesen sich auf einen nur gedachten Teil der Erscheinungen beziehen, der nicht Gegenstand der unmittelbaren Beobachtung ist, können sie nie als eine

[1] Diese Ideen sind besonders klar von E. Mach, dem jüngst verstorbenen Physiker und Erkenntniskritiker, in zahlreichen Schriften ausgearbeitet worden. Siehe z. B. „Erkenntnis und Irrtum“, letzte Auflage 1917.

ausgemachte Wahrheit gelten; sie tragen den Charakter von Hilfsvorstellungen, geeignet, größere Gebiete von Erscheinungen in einfacher und verständlicher Weise zusammenzufassen.

Die Hypothesen liefern uns Bilder der Erscheinungen und ihres Zusammenhanges; wir benutzen sie als — nur in Gedanken bestehende — Modelle, bei denen jeder Veränderung in der Körperwelt eine bestimmte Änderung des Modelles entspricht. Je weiter nun der Kreis der Erscheinungen ist, den wir auf diese Weise abzubilden vermögen, desto größer wird unser Vertrauen sein, daß die benutzte Hypothese, das mit ihrer Hilfe konstruierte Modell richtig sei. Darunter aber verstehen wir folgendes. Wir haben uns das Modell zunächst gedacht als ein Abbild der beobachteten Erscheinungen; aber es hat gewissermaßen sein eigenes, selbständiges Leben, und wir können mit ihm ohne Rücksicht auf die Welt der wirklichen Körper spielen, beliebige seiner Teile bewegen und zusehen, wie sich die anderen dabei verhalten. Wenn unser Modell ein richtiges ist, wenn es keine überflüssigen, bedeutungslosen Bestandteile enthält, so muß jeder solchen Veränderung in dem Modell ein realer Vorgang in der Welt der Erscheinungen entsprechen.

Die Hypothesen und die aus ihnen folgenden Theorien sind danach nicht bloß ein Mittel der Darstellung, sie sind ein Leitfaden zu neuen Versuchen, zu der Entdeckung neuer Erscheinungen. Denn die Benützung unseres Modells, die Anwendung der Theorie ist nach dem vorher Gesagten nicht beschränkt auf Verhältnisse, die schon einmal Gegenstand der Beobachtung waren; wir können an ihrer Hand vorhersagen, was unter neuen Verhältnissen geschehen wird. Die Entdeckung einer neuen Erscheinung auf Grund einer solchen Vorhersage bildet den wahren Prüfstein für die Richtigkeit der zugrunde liegenden Hypothese. Eines der berühmtesten Beispiele dieser Art ist die Entdeckung des Neptun, nachdem seine Existenz und Stellung vorhergesagt war auf Grund von Störungen der Uranusbahn, die durch die Einwirkung der damals bekannten Planeten nicht zu erklären waren. Daß wir Modelle oder Bilder der Erscheinungen konstruieren können, die in dem angegebenen Sinne richtig sind, ist eine Tatsache der Erfahrung.

Da man für eine und dieselbe Erscheinung häufig verschiedene Analogien finden kann, so ergibt sich die Möglichkeit verschiedener Hypothesen und Theorien für einen und denselben Kreis von Erscheinungen.

Derartige verschiedene Theorien erweisen sich oft innerhalb eines weiten Kreises von Erscheinungen als gleichberechtigt. Sobald wir aber Tatsachen finden, die, über jenes Gebiet hinausliegend, nur dem Vorstellungskreise einer einzigen von ihnen untergeordnet werden können, für die nur eines der Modelle Veränderungen zuläßt, die mit den realen Erscheinungen übereinstimmen, wird die Alternative entschieden sein.

Die Vorstellungen z. B. von den unvermittelt in die Ferne wirkenden elektrischen Flüssigkeiten, das auf ihnen beruhende Modell der Erscheinungen, sind nur innerhalb eines gewissen Gebietes zulässig; darüber hinaus geraten sie in Widerspruch mit den Tatsachen, sie stellen sich als unrichtig heraus. Denn die Erfahrung zeigt, daß elektrische Wirkungen mit der Geschwindigkeit des Lichtes im Raume sich ausbreiten, daß sie vermittelte Wirkungen sind. Damit ist die Annahme der elektrischen Fluida mit den zwischen geladenen Konduktoren nach Art der Gravitation in die Ferne wirkenden Kräften nicht (wenigstens nicht ohne Modifikationen) vereinbar, wohl aber die Annahme von Verschiebungen und Spannungen im Zwischenmedium, die wellenförmig in diesem sich ausbreiten.

Wir werden dessenungeachtet oft auf sinngemäße vorsichtige Benutzung dieser unrichtigen Hypothesen nicht verzichten, da sie in vielen Fällen zu einem kürzeren und bequemeren Ausdrucke der Tatsachen führen, als die Theorie der vermittelten Wirkungen.

§ 3. **Gesetze.** Als Ziel jeder Forschung bezeichnen wir die Aufstellung von Gesetzen. Wenn man die Umstände, von denen eine Erscheinung abhängt, vollkommen kennt, wenn man sie durch bestimmte, gemessene Größen ausgedrückt hat, so sucht man eine mathematische Formel, welche die gefundenen Zahlen von Maßeinheiten miteinander verbindet, so daß man bei gegebenen Verhältnissen die eintretende Wirkung nach Maß und Zahl voraus berechnen kann. Jede derartige Formel bezeichnen wir als ein „Gesetz.“ Es sei z. B. gefunden, daß der Druck eines Gases gleich p Kilogrammgewichten auf das Quadratzentimeter, sein Volumen gleich v Litern ist; es gilt dann das Gesetz, daß das Produkt aus Druck und Volumen konstant, $p v = C$, ist. Dieses experimentell gefundene Gesetz führte dann über den Weg bestimmter Hypothesen zur Aufstellung einer ein weites Gebiet umspannenden Theorie, der kinetischen Gastheorie. Das Maßgebende bleibt immer die Beobachtung, jede Theorie muß sich dem gefundenen Tatsachenmateriale anpassen.

§ 4. **Abgrenzung und Einteilung der Physik.** Ehe wir uns nun zu unserer eigentlichen Aufgabe, der Darstellung der physikalischen Erscheinungen und der Entwicklung der für sie geltenden Gesetze, wenden, wollen wir noch den Teil der Naturwissenschaft, mit dem wir uns zu beschäftigen haben, etwas genauer abgrenzen. Wir überlassen zunächst der Biologie und Physiologie alle die Erscheinungen, die auf dem Gebiete der organischen Natur das ausmachen, was wir Leben nennen. So bleiben also der Physik die Vorgänge der unorganischen Natur. Aber auch aus dem so beschränkten Gebiete scheiden wir noch die große Mannigfaltigkeit von Erscheinungen aus, mit denen sich auf der einen Seite Chemie und Mineralogie, auf der anderen die Astronomie und die geophysischen Wissenschaften beschäftigen, zum Teil aus Gründen der historischen Entwicklung und der verschiedenen Ausbildung der verwendeten Methoden, zum Teil aber auch aus sachlichen Gründen. Astronomie und Mechanik sind eng verwandt; die Grundzüge der Meteorologie beruhen auf Überlegungen der Mechanik und Wärmelehre, die Forschungsgebiete der Physik und Chemie decken sich teilweise. Wir wollen daher im Anschluß an § 1 die Definition geben: Die Physik beschreibt die regelmäßige Aufeinanderfolge der vorübergehenden Erscheinungen nicht lebender Körper. Hier sucht das Wort „vorübergehend" wenigstens teilweise eine Grenze zwischen Physik einerseits und Chemie, Mineralogie und Geologie andererseits festzulegen.

Wir beginnen unsere Untersuchungen naturgemäß mit den einfachsten Erscheinungen. Dies sind die Erscheinungen der Bewegung oder Ruhe der uns durch tägliche Erfahrung wohlbekannten Körper unserer Umgebung. Ihre Erforschung bildet den Gegenstand der Mechanik, der sich die Akustik anschließt, da die Lehre von den tönenden Schwingungen der Körper ganz auf den Gesetzen der Mechanik beruht. Neben dem allgemeinen Energiegesetz steht an Bedeutung unmittelbar der zweite Hauptsatz der Thermodynamik, den die Wärmelehre bringt. Dann folgt die Optik oder die Lehre der gestrahlten Energie. Den Schluß (Band II) bildet dann das große Gebiet Magnetismus und Elektrizität.

§ 5. **Messen.** Wir haben gesehen, daß physikalische Gesetze durch Beobachtung und Messung gefunden oder bestätigt werden. Die letztere bildet daher eine fundamentale Aufgabe der physikalischen Forschung. Wegen dieser ihrer grundlegenden Bedeutung scheint es zweckmäßig, einige allgemeine Bemerkungen, welche wir über das Messen zu machen haben, vorwegzunehmen, ehe wir uns auf spezielle Untersuchungen einlassen. Jede Messung beruht auf einer Vergleichung der zu messenden Größe, A, mit einer anderen von derselben Art, N, die wir als Maßeinheit benutzen. Die Aufgabe der Messung ist es, zu ermitteln, wie viele Maßeinheiten N zusammen zu nehmen sind, um eine mit A gleiche Größe herzustellen, wie oft also die Maßeinheit N in A enthalten ist. Die gefundene Zahl $A/N = n$ gibt das Maß der Größe A; diese ist gleich dem n-fachen der Maßeinheit N.

§ 6. **Längenmessung.** Als Längenmaß gebrauchen wir das Meter m, mit seinen dezimalen Unterabteilungen, dem Dezimeter dm, Zentimeter cm, Millimeter mm; für die Messung sehr kleiner Längen hat man den tausendsten Teil des Millimeters mit der Bezeichnung Mikron, μ, eingeführt und das Milliontel Millimeter oder Millimikron, $\mu\mu$. Von den Vielfachen des Meters dient das Kilometer km, zur Messung größerer Entfernungen.

Bei der Begründung des Metermaßes lag die Absicht vor, daß jede Angabe der Entfernung zweier Orte an der Erdoberfläche in Metermaß zugleich eine Angabe ihrer Entfernung in Graden, Minuten und Sekunden sein sollte; diese Absicht ist aber vereitelt worden durch den zweimaligen Wechsel des Winkelmaßes während der französischen Revolution. Erst wurde beschlossen, daß der rechte Winkel in 100 Grade, der Grad in 100 Minuten, die Minute in 100 Sekunden geteilt werden solle; dementsprechend wurde dann das Kilometer gleich einem Breitenunterschiede von einer Minute, d. h. gleich dem 10000sten Teil des Meridianquadranten, gesetzt. Bald aber stellte es sich heraus, daß die dezimale Teilung des Winkels der in allen astronomischen und geographischen Werken eingebürgerten Sexagesimalteilung gegenüber nicht durchgesetzt werden konnte. Das die Winkelteilung betreffende Gesetz wurde wieder aufgehoben, das Meter aber gleich dem zehnmillionsten Teil des Meridianquadranten gelassen, und auf diese Weise der bei der Einführung des Meters verfolgte Zweck gänzlich verfehlt.

Die geodätische Ausmessung des Meridianquadranten (d. i. $^1/_4$ Meridian) wird aber mit Fortschritt der technischen Behelfe immer genauer. Man hat einen Normalstab (bestehend aus $90\,^0/_0$ Pt u. $10\,^0/_0$ Ir) hergestellt, der nach dem derzeitigen Stand unsrer Kenntnis möglichst genau gleich ist der Länge eines Meridianquadranten mal 10^{-7}. So wird das Meter definiert durch die Entfernung, welche zwei auf einem in Paris aufbewahrten Normalstabe gezogene Striche bei der Temperatur Null Grad Celsius voneinander besitzen. Die Herstellung, Prüfung und Verbreitung von Kopien des Normalmeters für wissenschaftlichen und technischen Gebrauch ist Aufgabe der Eichämter.

Längenmaßstab, Nonius. Ein Längenmaßstab ist entweder ein Endmaßstab, der die Längeneinheit zwischen seinen beiden Endflächen einschließt, oder ein Strichmaßstab, bei dem die Längeneinheit durch zwei in der Nähe der Enden auf der Fläche des Stabes gezogene Striche begrenzt wird. Zum Zwecke der praktischen Ausführung von Messungen versehen wir den Maßstab mit einer nach cm oder mm fortschreitenden Teilung. Mit einem nach mm geteilten Stabe kann man die Länge einer gegebenen Linie unmittelbar bis auf eine gewisse ganze Zahl von mm bestimmen; man findet, daß die zu messende Linie länger als a mm, aber kürzer als $(a + 1)$ mm ist. Den Bruchteil eines mm, der zu a noch hinzuzufügen ist, kann man schätzen, man kann ihn aber auch messen mit Hilfe eines Instrumentes, das in der ganzen messenden Physik eine große Rolle spielt, des Nonius. So nennen wir einen

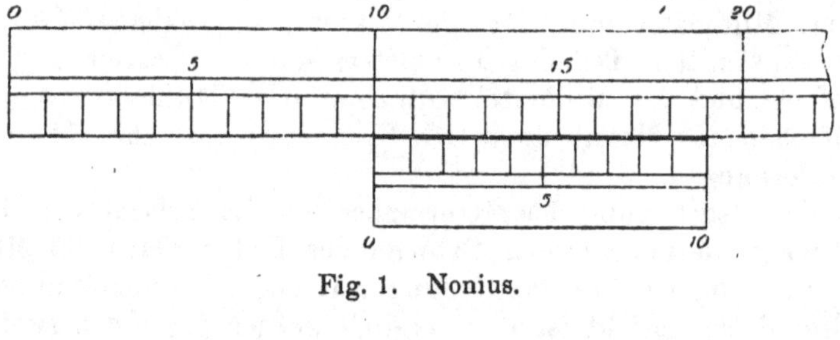

Fig. 1. Nonius.

kleinen geteilten Schieber, der mit dem Maßstab verbunden wird, so daß seine Teilstriche denen des Maßstabes gerade gegenüberstehen. Die Länge des Nonius machen wir gleich 9 mm (siehe die in vergrößertem Maßstabe gezeichnete Fig. 1). Wir teilen ihn in 10 Teile, so daß die Differenz zwischen einem Maßstabteile und einem Noniusteile gleich

0,1 mm wird. Stellen wir beispielsweise den Nullpunkt des Nonius auf 10 mm, so fällt sein Endstrich auf 19 mm; verschieben wir den Nonius um 0,1 mm, so fällt sein erster Teilstrich auf 11 mm; verschieben wir ihn um 0,2 mm, so fällt der zweite Strich auf 12 mm; verschieben wir allgemein um $p/10$ mm, so fällt der p-te Strich des Nonius mit einem Striche der Teilung zusammen. Hieraus ergibt sich für eine Längenmessung mit dem Nonius die folgende Regel. Wir legen den Anfangspunkt der zu messenden Linie an den Nullpunkt des Maßstabes und schieben den Nullpunkt des Nonius an das Ende der Linie. Wir erhalten dann die ganzen Millimeter der zu messenden Länge, wenn wir den letzten Teilstrich des Maßstabes ablesen, der von dem Nullpunkte des Nonius überschritten ist; wir haben dazu noch $p/10$ mm hinzuzufügen, wenn der p-te Strich des Nonius mit einem Striche der Maßstabteilung zusammenfällt.

Es ist einleuchtend, daß das Noniusprinzip einer ganz allgemeinen Anwendung fähig ist. Es möge eine nach beliebigen gleichen Intervallen fortschreitende Skale gegeben sein, etwa eine nach halben oder drittel Graden fortschreitende Kreisteilung. Wir konstruieren einen in dem letzteren Falle natürlich ebenfalls kreisförmigen Nonius, indem wir seine Länge gleich $(i - 1)$ Teilen der Skale machen und in i Teile teilen. Die Differenz zwischen dem Skalenteile und dem Noniusteile beträgt dann $1/i$ des Skalenteiles, und der Nonius ermöglicht eine Messung bis auf den i-ten Bruchteil des Skalenteiles. Um mit einer Kreisteilung, die nach halben oder drittel Graden fortschreitet, Winkel bis auf 1 Minute zu messen, werden im ersten Falle 30 Noniusteile gleich 29 Skalenteilen, im zweiten 20 Noniusteile gleich 19 Skalenteilen zu machen sein.

Kathetometer. In der messenden Physik wiederholt sich häufig die Aufgabe, Höhenunterschiede gewisser Punkte, z. B. bei Flüssigkeitssäulen, zu bestimmen; man hat zu diesem Zwecke ein besonderes Instrument konstruiert, das Kathetometer. Dasselbe besteht aus einem vertikalen Maßstab, an dem ein mit einem Nonius verbundenes Fernrohr verschiebbar ist. Die horizontal gestellte Visierlinie des Fernrohres wird erst auf den einen, dann auf den anderen Punkt gerichtet; der Höhenunterschied ist dann gleich der Differenz der beiden Einstellungen des Nonius.

Die Verwendung eines solchen Kathetometers bedarf einer Reihe von Korrekturen; so einfach das Prinzip, so schwierig die Anwendung. In unserem Buche soll bei allen Apparaten immer nur die zugrundeliegende Idee besprochen werden, die bei der wirklichen Messung zu beobachtenden Versuchsmaßregeln, sind nötigenfalls in Spezialwerken zu suchen.[1]

---

[1] Für alle experimentellen Versuche ist unentbehrlich das musterhafte Nachschlagewerk: F. Kohlrausch, Lehrbuch der praktischen Physik, 1914. Diese letzte 12. Auflage ist herausgegeben von E. Warburg, dem Präsidenten der physikalischen Technik der Reichsanstalt in Berlin und zahlreichen Herren dieser Anstalt. Neben kurzen Anleitungen zu allen physikalischen Messungen enthält das Buch auch Literatur- und Konstantenangaben.

Mikrometer. Von den sonstigen Hilfsmitteln bei Längenmessungen sei nur noch die Mikrometerschraube, z. B. in ihrer Anwendung als Dickenmesser erwähnt (Fig. 2).

Unten im Rahmen *r* dreht sich das Schraubengewinde *a*. Diese Drehung wird mit der randrierten Scheibe *b* bewirkt. Mit *a* und *b* gemeinsam dreht sich auch noch die Trommel *C*, deren Umfang in 100 Teile geteilt ist. Ist der Spalt *x* durch vollständiges Hineinschrauben geschlossen, so steht der Trommelrand genau auf dem Nullpunkte der Skala *S* und ebenso steht der Nullpunkt der Trommel genau an der Skalenschneide. Ist aber in *x* irgend ein Körper, z. B. ein Metallplättchen eingeschoben, so kann man, wenn man jetzt wieder die Schraube bis zum Zusammenpressen des Plättchens zuschraubt, die Dicke des Plättchens ablesen. Es sei die Höhe eines Schraubenganges 1 mm, also auch *S* in mm geteilt, so ergibt die Ablesung des Trommelrandes an *S* die Dicke in mm. Die mm-Bruchteile liefert dann die Ablesung an *C* bis auf 1/100 mm.

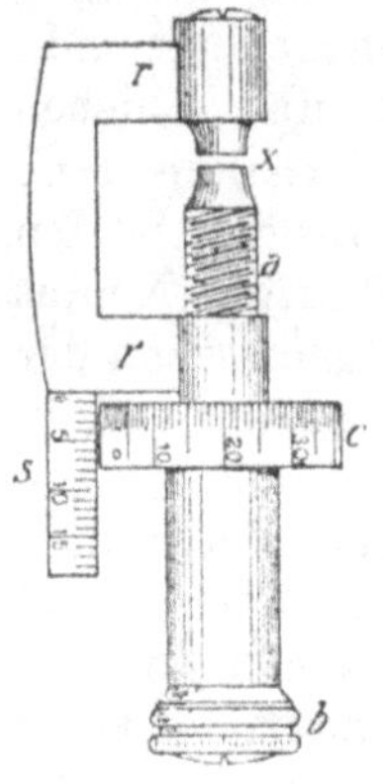

Fig. 2. Mikrometer. Dickenmesser.

Da die Schraubenganghöhe viel kleiner gemacht werden kann, läßt sich die Methode ungemein verfeinern.

Dies Prinzip der Mikrometerschraube wird in der messenden Physik viel verwendet. Man hat z. B. ein Objekt unterm Mikroskop auf einem durch eine Mikrometerschraube verschiebbaren Tischchen. Behufs Längenmessung führt man nun zwei Stellen des Objektes mittels der Schraube an einer Marke (Fadenkreuz) im Mikroskopgesichtsfeld vorbei usw.

§ 7. Abgeleitete Maße. Nachdem das Meter mit seinen Unterabteilungen als Grundmaß der Länge festgesetzt ist, haben wir nicht nötig, für die Messung von Flächen und Räumen besondere neue Grundmaße zu wählen; wir leiten sie aus dem Meter ab, indem wir als Maßeinheiten für Flächen das Quadratmeter, qm oder m^2, das Quadratzentimeter, qcm oder cm^2, das Quadratmillimeter, qmm oder mm^2, das Ar = 100 qm, das Hektar = 10000 qm, als Maßeinheiten für Rauminhalte das Kubikmeter, cbm oder m^3, das Kubikzentimeter, ccm oder cm^3, das Kubikmillimeter, cmm oder mm^3, benutzen. Insbesondere dient noch als Hohlmaß für Flüssigkeiten das Kubikdezimeter, dm^3, oder Liter = 1000 cm^3.

Das Prinzip der abgeleiteten Maße, wie es durch die vorhergehenden Beispiele erläutert wird, spielt in der Physik eine große Rolle. In der Tat ist klar, daß Bedeutung und Wert der Maßbestimmungen um so sicherer sind, je weniger neue, voneinander unabhängige Grundmaße eingeführt werden.

§ 8. Maßeinheit des Gewichtes. Im metrischen Systeme wurde willkürlich als Einheit des Gewichts dasjenige genommen, welches 1 cm^3 reinen Wassers bei einer Temperatur von 4^0 Celsius und bei dem normalen Luftdrucke besitzt; man bezeichnet diese Einheit als ein Grammgewicht, g-Gew. Dementsprechend würde das Milligrammgewicht gleich dem Gewichte von 1 mm³ Wasser, das Kilogrammgewicht gleich dem von 1 dm³, die Tonne gleich dem von 1 m³ Wasser unter den angegebenen Umständen sein.

Da es nun nicht möglich ist, ein Gewichtsstück herzustellen, das mit absoluter Genauigkeit den Ansprüchen der obigen Definition entspricht, so ist es richtiger, auch die Gewichtseinheit durch das Gewicht eines bestimmten Normalstückes zu definieren. Da man aber bei seiner Herstellung die Bedingungen der früheren Definition mit äußerster Sorgfalt zu erfüllen gesucht hat, so ist die vorhandene Abweichung so klein, daß sie in der Regel zu vernachlässigen ist.

Wir werden später sehen, daß es in vieler Beziehung besser ist, das Kilogramm nicht als Maßeinheit des Gewichtes, sondern als Einheit der Masse zu definieren; doch können wir diesen Punkt erst im Anschluß an die Darstellung der dynamischen Prinzipien ausführlicher besprechen.

Atom, Molekel. Zahlreiche Erfahrungen führten zur Anschauung, daß kein Körper ein Kontinuum ist. Jeder Körper besteht aus kleinen, durch Zwischenräume getrennten, einander gleichen Teilen, den Molekülen oder Molekeln.

Diese selbst sind wieder aufgebaut aus Atomen. Daß alle Körper eine „atomistische Struktur" besitzen, wurde schon im Altertum vermutet, ihre wissenschaftliche und zunächst mächtigste Stütze fand diese Hypothese in der Chemie, die zeigte, daß die chemischen Elemente nach Vielfachen gewisser Normalmaße sich verbinden (Gesetz der konstanten und multiplen Proportionen von Dalton 1802). Das Atomgewicht eines Stoffes ist somit dessen kleinste Gewichtsmenge, mit der er in chemische Verbindungen eingehen kann, im Verhältnis zur entsprechenden kleinsten Gewichtsmenge des Wasserstoffes, dessen Atomgewicht als 1 angesetzt wurde. (Die moderne Chemie bezieht ihre Atomgewichte nicht mehr auf Wasserstoff mit 1, sondern auf Sauerstoff mit 16).

Nach unseren Anschauungen ist das Atom aus noch kleineren Bestandteilen, den Elektronen, aufgebaut. (Darüber in Band II.)

Gesetze, die sich auf physikalische Eigenschaften chemisch verschiedener Stoffe beziehen, stellen sich nun häufig in einfacherer und allgemeinerer Form dar, wenn man für jeden Stoff eine besondere Gewichtseinheit benützt, das sogenannte Gramm-Molekulargewicht, g-Molekel oder Mol. Es ist dies jene Anzahl von Grammgewichten, die numerisch gleich dem Molekulargewichte des betreffenden Stoffes ist. Bei Wasserstoff z. B. würde das Mol gleich 2 g, bei Sauerstoff gleich 32 g, bei Wasser gleich 18 g sein. Haben wir eine beliebige Menge eines Stoffes gewogen und ein Gewicht von m g gefunden, so erhalten wir die entsprechende Anzahl von Mol, wenn wir m durch das Molekulargewicht μ

dividieren. Wir bezeichnen diese Zahl m/μ als die Anzahl der Grammmoleküle, die in der gegebenen Menge des Stoffes enthalten sind.

Auch die Bedeutung des Grammatomes wird nach dem Vorhergehenden nicht zweifelhaft sein. Es ist eine Anzahl von g-Gewichten, die gleich dem Atomgewicht des betreffenden Stoffes ist; 1 g-Atom Wasserstoff ist gleich 1 g-Gewicht Wasserstoff, 1 g-Atom Sauerstoff gleich 16 g-Gewichten Sauerstoff.[1]

§ 9. **Zeitmessung.** Die Beobachtung von Bewegungserscheinungen setzt Zeitmessungen voraus. Wie die Längenmessung auf der Zählung von aneinandergereihten, gleich großen Längenabschnitten beruht, so die Zeitmessung auf der Zählung von aufeinanderfolgenden gleich großen Zeitabschnitten. Es fragt sich nun, wie wir die Gleichheit zweier Zeitabschnitte konstatieren. Sie ist unmittelbar evident, wenn die Zeitabschnitte identisch sind. Wenn zwei Körper ihre Bewegungen im selben Momente beginnen und im selben Momente schließen, so sind die hierdurch bestimmten Zeiten gleich, ebenso wie zwei gerade Strecken gleich sind, deren Anfangspunkte und Endpunkte zusammenfallen. Anders verhält es sich, wenn die beiden Körper zu verschiedenen Zeiten ihre Bewegungen ausführen; ein direktes Urteil über die Gleichheit oder Ungleichheit der dazu nötigen Zeiten ist dann nicht möglich. Bei der Längenmessung tritt der analoge Fall ein, wenn zwei Strecken räumlich getrennt sind. Um über ihre gleiche oder ungleiche Länge zu entscheiden, legen wir einen Maßstab erst an die eine, dann an die andere an und messen die Linien. Aus der Vergleichung mit der Länge des Maßstabes ergibt sich das Verhältnis ihrer eigenen Längen. Diesem Verfahren liegt aber die Hypothese zugrunde, daß der Maßstab selbst bei der Bewegung seine Länge nicht ändert, eine Hypothese, die ihre Rechtfertigung schließlich doch nur darin findet, daß ihre beständige Anwendung uns noch nie in einen Widerspruch mit der Erfahrung verwickelt hat (siehe dagegen §§ 320, 321). Um auf dem Gebiete der Zeitmessung über gleiche oder ungleiche Länge verschiedener Zeitabschnitte zu urteilen, bedürfen wir eines Körpers, der eine bestimmte Bewegung immer

[1] Es sollen in diesem Buche für die Einheitsgrößen bestimmte, immer gleichbleibende Buchstaben gewählt werden. Für Länge und Gewicht ist eine internationale Verständigung erzielt. Seit 1901 versuchte dann eine stets wachsende Vereinigung von technischen und wissenschaftlichen Vereinen, in den deutschredenden Ländern (Deutschland, Österreich und Schweiz), der „Ausschuß für Einheiten und Formelgrößen (AEF), für die gebräuchlichsten Größen der Technik und Physik bestimmte Symbole festzusetzen (Strecker, „Verhandlungen für Einheiten und Formelgrößen" Berlin 1914).

Der Bedarf an Buchstaben ist aber zu groß, als daß sich ein solches Prinzip konsequent durchführen ließe. So haben wir schon auf den wenigen Seiten unseres Buches mit m sowohl das Meter als auch das Gewicht, mit μ sowohl das Mikron als auch das Molekulargewicht bezeichnet. Es wird sich im weiteren Verlaufe zeigen, daß eine Verwechslung dieser und auch anderer Begriffe infolge der gleichen Symbole bei einiger Aufmerksamkeit wohl ausgeschlossen ist.

wieder genau in derselben Weise zu wiederholen vermag. Ob irgend ein Körper diese Eigenschaft besitzt, können wir nicht wissen; wir können nur vermuten, daß die Umstände, unter denen er seine Bewegung wiederholt, immer dieselben seien, daß also auch die dazu nötige Zeit die gleiche bleibe. Nehmen wir z. B. einen Körper, der nur unter der Wirkung seiner Trägheit, ohne äußere Einwirkung sich bewegt, so können gleiche Wege, die er nacheinander durchläuft, eine Reihe gleicher aufeinanderfolgender Zeiten definieren; jeder solche Körper wird also durch seine Bewegung einen Maßstab der Zeit liefern können. Daß diese Annahme eine allgemein gültige sei, bestreitet die Einsteinsche Relativitätstheorie (§§ 320, 321).

Sternzeit und mittlere Sonnenzeit. Vor allem geeignet zur Messung der Zeit sind die Bewegungen der Erde, zunächst ihre Umdrehung um die eigene Achse. Wenn, wie es den Anschein hat, keine äußere Kraft auf diese Bewegung einwirkt, so können wir durch die aufeinanderfolgenden Umdrehungen gleiche Zeiträume definieren. Die Dauer der Umdrehung aber wird für einen beliebigen Beobachtungsort gegeben durch die Zeit zwischen zwei aufeinanderfolgenden Durchgängen eines und desselben Fixsternes durch den Meridian, zwei Kulminationen. Man bezeichnet diese Zeit als einen Sterntag, der weiter in 24 Stunden zu 60 Minuten, die Minuten zu 60 Sekunden, geteilt wird; $1^h = 60^{min}$, $1^{min} = 60^{sec}$. Den Winkelraum von 1^0 durchläuft die Erde bei ihrer Umdrehung in 4^{min} Sternzeit. Der Lauf des bürgerlichen Lebens wird nun aber nicht durch die Sterne, sondern durch die Sonne geregelt; man hat daher an Stelle der Kulminationen eines Sternes diejenigen der Sonne benützt; als Einheit für die Zeitmessung tritt dann an Stelle des Sterntages zunächst der sogenannte wahre Sonnentag, die Zeit zwischen zwei aufeinanderfolgenden Kulminationen der Sonne.

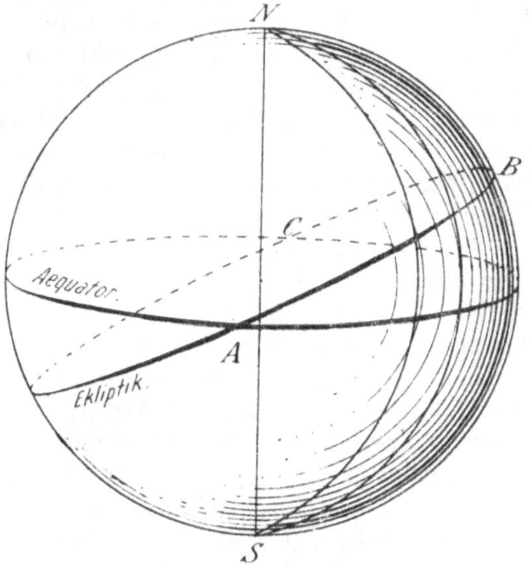

Fig. 3. Fixsternglobus.

Auf dem Sternglobus (Fig. 3) denken wir uns die Fixsterne als Punkte eingezeichnet; ein Beobachter im Mittelpunkt wird diese Hohlkugel mit allen Sternen in einem Sterntag einmal um die Achse NS scheinbar herumkreisen sehen. Da nach dem 2ten Keplerschen Gesetze (§ 55) die jährliche Bewegung der Erde um die Sonne nicht gleichförmig ist, so projiziert sich für den Erdbeobachter die Sonnenbewegung als solche längs einer Kreisbahn, Ekliptik, mit ungleichförmiger Geschwindigkeit. Wir müßten also auf den scheinbar sich drehenden Fixsternglobus die Sonnenorte auf der Ekliptik und zwar auf dieser mit ungleicher Geschwindigkeit rückläufig aufzeichnen. Gegen die Fixsterne geht diese Sonnenuhr langsamer, aber anders bei Erdsonnenannäherung (Perihel), als bei Erdsonnenentfernung (Aphel). Eine zweite Unregelmäßigkeit entsteht durch Neigung der Ekliptik (66° 32′ gegen den Meridian); verschiebt sich der scheinbare Sonnenort auf der Ekliptik bei *A* oder *C*, so ist der Weg aus rein geometrischen Gründen hier von einem Meridian zum andern länger als bei *B*. Endlich ist noch an vom Äquator entfernteren Punkten der Ekliptik eine dem Äquator parallele Distanz zweier Meridiane kleiner. Diese 3 Gründe lassen uns die scheinbare Bewegung der Sonne am Fixsternhimmel unregelmäßig erscheinen.

Man hat daher an Stelle der Sonne einen fingierten Punkt, die sogenannte mittlere Sonne gesetzt, der den Äquator des Himmels in derselben Zeit vollkommen gleichmäßig durchwandert, in der die Erde ihren jährlichen Umlauf um die Sonne vollzieht. Die Kulminationen dieser mittleren Sonne bestimmen den sogenannten mittleren Sonnentag, der die Grundlage unserer bürgerlichen Zeitmessung bildet. Der mittlere Sonnentag übertrifft den Sterntag um etwa 4^{min}, genauer $3^{\text{min}}\ 55{,}9^{\text{sec}}$.

Siderisches und tropisches Jahr. Zur Messung größerer Zeiträume benutzen wir als Einheit die Umlaufszeit der Erde um die Sonne. Man bestimmt dieselbe durch Beobachtung der Zeitpunkte, in denen das Zentrum der Sonne vom Mittelpunkt der Erde aus gesehen wieder in einem und demselben Punkte der Ekliptik erscheint; der zwischen zwei solchen Punkten enthaltene Zeitraum ist das siderische Jahr. Nun verschiebt sich infolge einer eigentümlichen Richtungsänderung der Erdachse, der Präzession § 65, der Punkt der Frühlings-Tag- und -Nachtgleiche *A* in der Ekliptik in Fig. 3, in einem dem Umlaufe der Erde um die Sonne entgegengesetzten Sinne; dies hat zur Folge, daß in dem siderischen Jahre die Tag- und Nachtgleiche von Jahr zu Jahr früher eintritt. Die Tätigkeit der Menschen ist aber in einem solchen Maße abhängig von dem Wechsel der Jahreszeiten, daß eine Verschiebung derselben gegen die Periode des Jahres in der bürgerlichen Zeitrechnung nicht zulässig ist. Darin liegt der Grund, daß man an Stelle des siderischen Jahres das sogenannte tropische, die Zeit zwischen zwei aufeinanderfolgenden Frühlingsäquinoktien, gesetzt hat. Die Dauer des tropischen Jahres ist nicht völlig konstant wegen der ungleichförmigen Geschwindigkeit, mit welcher der Frühlingspunkt in der Ekliptik sich verschiebt. Im Mittel beträgt die Verschiebung jährlich 50″, entsprechend einem Unterschiede zwischen dem siderischen und dem mittleren tropischen Jahre um 0,014 Tage. So umfaßt das siderische Jahr 365,256 Tage, das mittlere tropische Jahr 365,242 Tage.

Pendeluhren und Chronometer. Ebenso wie die Bewegungen der Erde können auch Bewegungen von Körpern an der Oberfläche der Erde zur Zeitmessung benutzt werden, wenn sie die Eigenschaft haben, stets in derselben Weise ohne Unterbrechung aufeinander zu folgen. So benutzen wir in unseren Pendeluhren die Schwingungen eines Pendels, in den Taschenuhren und Chronometern die Schwingungen einer feinen elastischen Feder, der Unruhe, zur Messung der Zeit. Alle diese Bewegungen stehen unter dem Einflusse der Reibung; die Weite der Schwingungen wird kleiner und kleiner, und schließlich hört die Bewegung auf. Um sie dauernd zu erhalten, müssen wir dem schwingenden Körper in regelmäßigen Intervallen einen Antrieb geben, der den durch die Reibung bedingten Verlust wieder ersetzt. Bei den Pendeluhren dient hierzu das ablaufende Gewicht. Den Bestandteil der Uhr, der die Verbindung des Pendels mit dem Gewichte vermittelt, nennt man die Hemmung. Diese erteilt einerseits bei jeder Schwingung dem Pendel einen kleinen Stoß, andrerseits wirkt sie regulierend auf den Ablauf des Gewichtes, so daß dieses bei jeder Pendelschwingung um denselben Betrag fällt. Bei den Chronometern wird die zur Erhaltung der Schwingung nötige Kraft geliefert durch eine aufgewundene, allmählich sich entspannende Feder, deren Wechselwirkung mit der regulierenden Unruhe, wie bei der Pendeluhr, durch eine Hemmung vermittelt wird. Die Zeit, welche wir bei allen physikalischen Beobachtungen als Einheit benützen, ist der mittlere Sonnentag, beziehungsweise die daraus abgeleiteten Stunden, Minuten und Sekunden. Unsere Uhren sind also nach dieser Zeit zu regulieren.

Veränderung des Tages. Wir haben im Vorhergehenden zwei verschiedene Systeme der Zeitmessung besprochen, von denen das eine auf der Umdrehung der Erde um ihre Achse, das andere auf ihrem Umlaufe um die Sonne beruht. Der Anwendung beider Systeme liegt die Voraussetzung zugrunde, daß die Umstände, unter denen jene Bewegungen sich vollziehen, völlig unveränderlich sind. Ein Mittel zur Prüfung dieser Voraussetzung liegt eben in der gleichzeitigen Anwendung der beiden Systeme; denn wenn sie nicht richtig ist, so muß ihr Verhältnis eine allmähliche Veränderung erleiden. Mit Bezug hierauf ist es von Interesse, daß wir von vornherein eine Ursache angeben können, durch welche die Achsendrehung der Erde allmählich verzögert werden muß. Die Anziehung von Sonne und Mond erzeugt in dem die Erde bedeckenden Meer eine Flutwelle, welche die Erde in einem ihrer Rotation entgegengesetzten Sinne umläuft. Dies muß infolge der Reibung, welche das Wasser bei seiner Bewegung erleidet, eine Verzögerung der Rotation und damit eine allmähliche Verlängerung des Tages bewirken. In der Tat hat man aus Untersuchungen über die Mondbewegung geschlossen, daß die Dauer eines Sterntages seit 1000 Jahren um 0,012 Sekunden zugenommen hat.[1]

[1] Thomson und Tait, Handbuch der theoretischen Physik. II (1867). — Thomson, Math. and Phys. Papers. III (1882).

§ 10. Gradmessung der Temperatur. Die Entwicklung der Prinzipien und Gesetze, auf denen die Gradmessung der Temperatur beruht, ist eine Aufgabe der Wärmelehre. Doch können wir die Einrichtung des Quecksilberthermometers, mit dem wir im täglichen Leben Temperaturen messen, als bekannt voraussetzen. Die Graduierung beruht bei ihm auf der Ausdehnung des Quecksilbers in dem gläsernen Gefäße. Die beiden Fundamentalpunkte sind die Temperaturen des schmelzenden Eises und des bei einem Barometerstande von 76 cm siedenden Wassers. Die Temperatur des ersteren bezeichnen wir als eine solche von 0° Celsius, die des letzteren als eine solche von 100° Celsius. Die zwischen den Fundamentalpunkten und über sie hinaus liegenden Teilpunkte des Thermometers bestimmen andere Temperaturverhältnisse nach Graden Celsius. Die unter dem Nullpunkte liegenden werden negativ genommen. Bei gewissen physikalischen Untersuchungen ist es zweckmäßiger, die Grade von dem Punkte −273°, statt von 0° an zu zählen. Die so gerechneten Temperaturen bezeichnet man als absolute. Zwischen der absoluten Temperatur T und der nach der gewöhnlichen Celsiusteilung gemessenen t besteht die Beziehung

$$T = 273 + t.$$

Bei der übrigens kaum noch gebrauchten Gradeinteilung von Réaumur wird das Intervall zwischen Nullpunkt und Siedepunkt nicht in 100, sondern in 80 gleiche Grade geteilt. In englischen Publikationen findet man vielfach Temperaturangaben nach der Skala von Fahrenheit. Bei dieser ist der Gefrier- oder Schmelzpunkt mit 32, der Siedepunkt mit 212 bezeichnet, das Intervall zwischen den beiden Fundamentalpunkten somit in 180 gleiche Grade geteilt. Der Nullpunkt der Fahrenheitschen Skala entspricht einer Temperatur von −17,7° Celsius, der Temperatur einer bestimmten Kältemischung aus Kochsalz und Eis.

Das einfache Gradzeichen ohne weiteren Zusatz soll in unserem Buche immer t in Celsius bedeuten, also z. B. 20° heißt 20 Grad Celsius, in T wäre dies also 293° abs.

MECHANIK MOLEKULARKRÄFTE. AKUSTIK.

MECHANIK STARRER KÖRPER.

Erster Teil. Statik starrer Körper.

I. Vom Gleichgewichte der Kräfte.

§ 11. **Das Senkel.** Wir beginnen unsere Untersuchungen mit einer möglichst einfachen Ruheerscheinung, der Erscheinung des Senkels, eines an einem Faden aufgehängten Gewichtes. Den Faden betrachten wir als unausdehnbar; alle Orte, an die das Gewicht kommen kann, liegen dann auf einer um den Aufhängepunkt beschriebenen Kugel. Wenn das Senkel in Ruhe ist, so ist der Faden vertikal; jenes nimmt die tiefste Stelle ein, an die es überhaupt gelangen kann. Schneiden wir den Faden durch, so fällt das Senkel, ebenso wie ein von der Hand erst gehaltenes und dann losgelassenes Gewicht. Im letzteren Falle üben wir anfangs mit der Hand einen Zug aus, der das Fallen des Gewichtes hindert, im ersteren entsteht in dem Faden eine Spannung, welche dem Senkelgewichte das Gleichgewicht hält. Die Ruhe des Senkels wird somit durch Wirkung und Gegenwirkung bedingt; unter der alleinigen Wirkung des Gewichtes würde das Senkel fallen: könnten wir das Senkel für einen Augenblick gewichtlos machen, so würde es durch die Spannung des Fadens nach oben gerissen. Beide Wirkungen heben sich auf, wenn sie entgegengesetzt gleich sind. Die Fadenspannung ist danach gleich dem angehängten Gewichte, sie kann also durch eine bestimmte Zahl von g-Gewichten gemessen werden.

Gleichheit von Aktion und Reaktion. Wir sehen, daß es sich bei der einfachen Erscheinung des Senkels um zwei verschiedene Wirkungen handelt; einmal wirkt das Gewicht auf den Faden, indem es ihn spannt, andererseits wirkt der Faden auf das Gewicht, indem er dessen Fall hindert. Es ist dies ein erstes Beispiel eines ganz allgemeinen physikalischen Prinzipes. So oft ein Körper A einen anderen B drückt oder zieht, wird A in umgekehrter Richtung ebenso stark von B gedrückt oder gezogen.

Hier und in den zunächst folgenden Teilen unseres Buches ist immer angenommen, daß keine Reibung stattfinde.

§ 12. **Die Rolle.** Eine kreisförmige Scheibe sei um eine durch ihren Mittelpunkt senkrecht hindurchgehende Achse vollkommen leicht drehbar, ihre Peripherie genau und glatt abgedreht. Stellen wir eine solche Rolle mit ihrer Achse horizontal und legen wir über sie einen Faden, so ist Gleichgewicht vorhanden, wenn die beiden frei herabhängenden Enden durch gleiche Gewichte gespannt sind. Nehmen wir das eine Gewicht ab, so fällt das andere zu Boden. Wir können aber Gleichgewicht wieder herstellen, indem wir das nicht belastete Ende des Fadens mit der Hand nach unten ziehen. Ebenso wie in dem vorhergehenden Falle werden dann die Spannungen in den zu beiden Seiten der Rolle befindlichen Fäden gleich sein; der Zug, den unsere Hand ausübt, gleich dem an dem anderen Fadenende hängenden Gewichte. Dabei können wir den Faden ebensogut in schiefer Richtung ziehen, wie in vertikaler; Gleichgewicht wird immer nur dann vorhanden sein, wenn der Faden in seiner ganzen Ausdehnung gleiche Spannung besitzt, wenn der beliebig gerichtete Zug der Hand gleich ist dem angehängten Gewichte (Fig. 4).

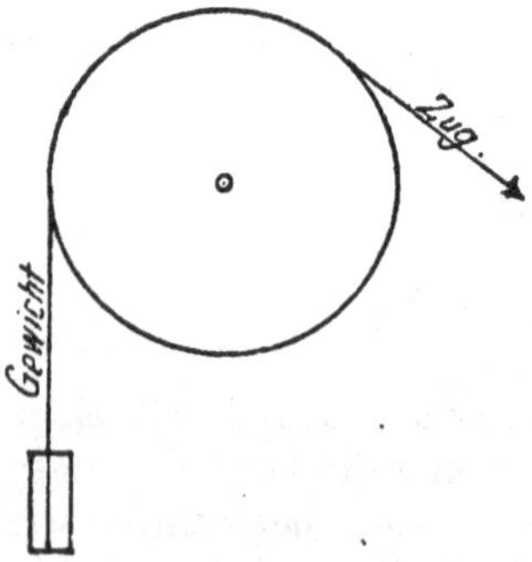

Fig. 4. Fixe Rolle.

§ 13. **Kräfte, gemessen durch Gewichte.** Wenn in dem vorhergehenden Beispiele nur das Gegengewicht oder nur der Zug der Hand auf ein gewichtlos gedachtes Senkel wirkte, so würde Bewegung eintreten. Nun gibt es außerordentlich mannigfache Verhältnisse, unter denen ein Körper in Bewegung gerät oder zu einer schon vorhandenen Bewegung eine neue erhält; in all diesen Fällen sprechen wir von einer Kraft als der Ursache der Bewegung. Mit Rücksicht hierauf können wir den in dem vorhergehenden Paragraphen gemachten Bemerkungen eine viel allgemeinere Bedeutung geben. Wenn wir das eine Ende des über eine Rolle geschlungenen Fadens mit einem Gewichte belasten, so können wir auf das andere eine Kraft von ganz beliebigem Ursprung, beliebiger Richtung wirken lassen. Wenn Gleichgewicht vorhanden ist, so wird der Faden in seiner ganzen Ausdehnung dieselbe Spannung besitzen, also die Kraft gleich dem angehängten Gewichte sein. Wir können so immer ein Gewicht finden, das einer gegebenen Kraft gleich ist, welches auch ihr Ursprung, welches ihre Richtung sein mag; d. h. wir können jede Kraft messen durch ein Gewicht; wir können unser g-Gewicht als allgemeine Maßeinheit der Kräfte benützen. Um dies noch durch ein Beispiel zu erläutern, befestigen wir an dem einen Ende des Fadens eine Eisenkugel. Nähern wir sie der Polfläche eines horizontal liegenden Magnetstabes, so wird sie von dieser angezogen. Wir führen den Faden in der Richtung des Stabes horizontal fort (Fig. 5), legen ihn über eine Rolle und belasten ihn am anderen Ende so, daß die Kugel bei der geringsten Mehrbelastung von dem Pole abreißt. Die magnetische Anziehung ist dann gemessen durch das Gewicht, welches eben noch getragen wird.

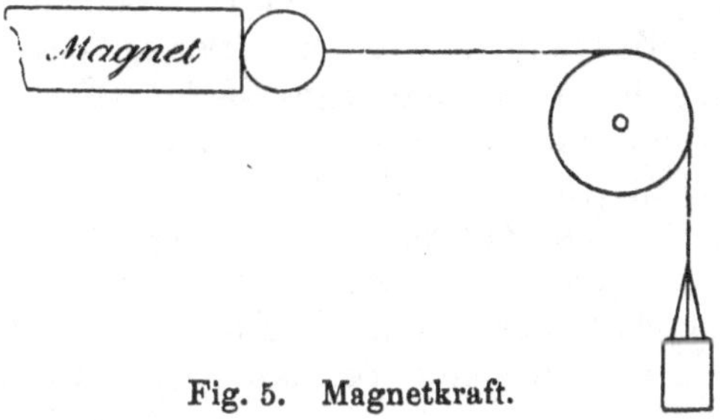

Fig. 5. Magnetkraft.

Den Betrachtungen von § 11 können wir im Anschluß an das Vorhergehende einen allgemeinen Ausdruck geben in dem Satze:

Wenn auf einen Körper, genauer auf einen und denselben Punkt des Körpers, zwei Kräfte wirken, so bleibt er in Ruhe, wenn die Kräfte gleich und entgegengesetzt sind.

Graphische Darstellung von Kräften. Bei der Fadenspannung liegt der Gedanke unmittelbar nahe, ihre Verhältnisse durch eine Zeichnung anschaulich zu machen. Wir haben ihren Angriffspunkt, den Befestigungspunkt des Fadens, ihre Richtung, übereinstimmend mit der des Fadens. Man kann aber auch ihre Größe in der Zeichnung zum Ausdruck bringen, wenn man die Länge der die Richtung darstellenden Linie der Spannung numerisch gleich, d. h. gleich ebensoviel Längeneinheiten macht, als die Zahl der g-Gewichte beträgt, durch welche die Spannung gemessen wird. Diese graphische Darstellung ist aber in derselben Weise auf jede beliebige Kraft anwendbar, denn jede hat einen bestimmten Angriffspunkt, eine bestimmte Richtung, eine durch eine bestimmte Zahl von g-Gewichten gegebene Größe. Wir werden gelegentlich Kräfte und die sie darstellenden Strecken durch denselben Buchstaben bezeichnen; sofern dieser die Strecke bezeichnet, setzen wir, wenn dies der Vermeidung von Verwechslungen wegen nötig erscheint, über diesen einen Strich, während er ohne Strich die Anzahl der g-Gewichte angibt, die das Maß der Kraft bilden. Pfeile an den die Kräfte repräsentierenden Linien geben die Richtung an, in der sie wirken.

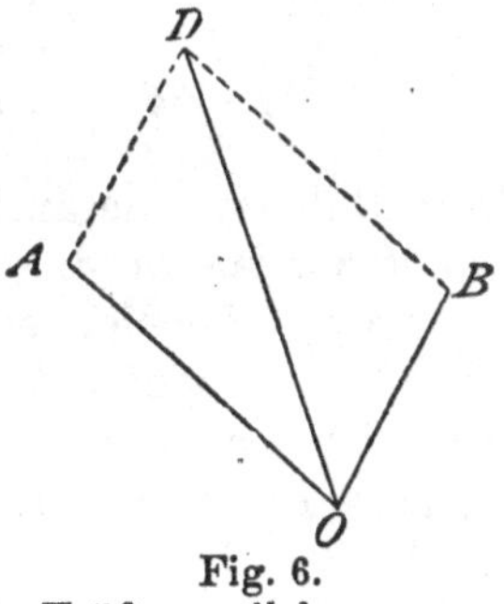

Fig. 6. Kräfteparallelogramm.

§ 14. Parallelogramm der Kräfte. Wenn zwei Kräfte P und Q, d. h. Kräfte, die beziehungsweise gleich P und Q g-Gewichten sind, in einem und demselben Punkte eines Körpers angreifen, so lassen sie sich in ihrer Wirkung erfahrungsgemäß durch eine einzige Kraft ersetzen, die man ihre Resultante nennt. Die sie repräsentierende Strecke wird durch eine einfache geometrische Konstruktion gegeben. Wir ziehen die $\bar{P}$ und $\bar{Q}$ repräsentierenden Linien *OA* und *OB* (Fig. 6) und ergänzen sie zu einem Parallelogramm; die Diagonale *OD* ist dann die graphische Darstellung der resultierenden Kraft.

Zur experimentellen Prüfung des Satzes benützen wir drei miteinander verknüpfte Senkelfäden (Fig. 7), von denen der eine vertikal herabhängt, während die beiden anderen nach rechts und links über Rollen geführt sind. Die an den Enden angehängten Gewichte seien *P*, *Q* und *R*. Gleichgewicht ist vorhanden, wenn die Resultante von *P* und *Q* gleich und entgegengesetzt ist mit *R*. Stellen wir also die Kräfte graphisch dar durch die Linien *OA*, *OB* und *OC*, so muß die Diagonale *OD* des aus *OA* und *OB* konstruierten Parallelogrammes gleich und entgegengesetzt sein mit *OC*. Daß dies in der Tat der Fall ist, läßt sich in dem folgenden speziellen Falle leicht nachweisen. Wir spannen z. B. den vertikal herabhängenden Faden durch 50 g-Gewichte, die beiden nach oben über die Rollen laufenden mit 40 und 30 g-Gewichten. Zunächst zeigt sich, daß das Gleichgewicht ein ganz bestimmtes ist; denn so oft wir die Senkel aus ihrer Ruhelage herausbringen, kehren sie nach einigen Schwankungen immer wieder in dieselbe Lage zurück. Nun ergibt sich weiter, daß für unser Beispiel der Winkel, den die beiden schief nach oben gehenden Fäden miteinander bilden, ein rechter ist. Das Dreieck *OAD* ist somit ein rechtwinkliges; die Diagonale *OD* des Parallelogramms ist gleich 50 Längeneinheiten, wenn *OA* gleich 40 und *OB* gleich 30. Die Diagonale des aus den Repräsentanten der Kräfte *P* und *Q* konstruierten Parallelogramms ist also in der Tat numerisch gleich der Kraft *R*. Daß ihre Richtung der von *R* entgegengesetzt, also vertikal ist, ergibt sich, wenn wir beachten, daß die nach oben gehenden Fäden in einer vertikalen Ebene liegen, und wenn wir die Linien *OA*

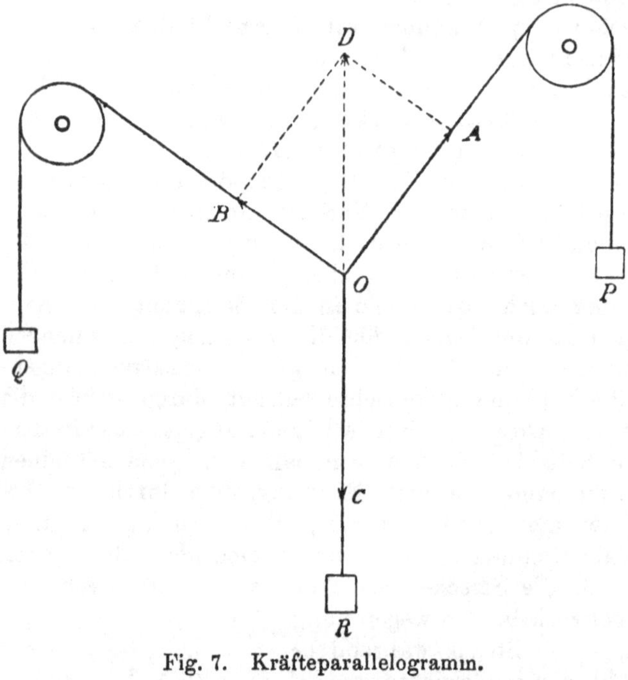

Fig. 7. Kräfteparallelogramm.

und OB mit der Neigung gegen die Vertikale zeichnen, wie sie tatsächlich bei den Versuchen beobachtet wird.

Die von den Fäden gebildeten Winkel ändern sich natürlich, sobald die Verhältnisse der angehängten Gewichte andere werden, sobald etwa an den mittleren, vertikal herabhängenden Faden ein Gewicht von anderer Größe gehängt wird. Daraus ergibt sich, daß unsere einfache Vorrichtung benutzt werden kann, um über die Gleichheit oder Ungleichheit von Gewichten zu entscheiden, sie ist eine Art Wage.

Gleichgewicht von Kräften in einem Punkte. Die in dem vorhergehenden Paragraphen benützte Einrichtung bringt uns zugleich die Lösung einer anderen Frage, die von selbständigem Interesse ist. Wir sehen, daß drei in einem Punkt angreifende Kräfte $\bar{P}$, $\bar{Q}$, $\bar{R}$ im Gleichgewichte sind, wenn die sie repräsentierenden Strecken durch Parallelverschiebung zu einem geschlossenen Dreieck (OAD, Fig. 7) sich zusammenfügen lassen. Die Regel läßt sich ausdehnen auf den Fall beliebig vieler Kräfte, die einen gemeinsamen Angriffspunkt haben; sie sind im Gleichgewichte, wenn sie durch Parallelverlegung zu einem geschlossenen Polygone sich zusammenfügen lassen. Bleibt der polygonale Zug offen, so stellt die offene Seite Größe und Richtung der zum Gleichgewichte fehlenden Kraft dar; im umgekehrten Sinne somit auch die Resultante der sämtlichen gegebenen Kräfte. Die Repräsentanten der Kräfte sind so aneinanderzufügen, daß der Endpunkt der einen stets den Anfangspunkt der folgenden bildet. Dies wird durch Fig. 8 anschaulichgemacht.

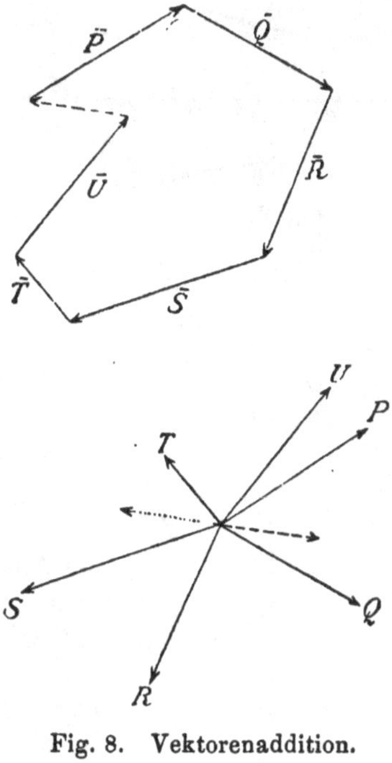

Fig. 8. Vektorenaddition.

Vektor, Skalar. Wir nennen Größen ohne Richtung im Raume skalare. Temperaturen z. B. oder Zeiten oder Massen sind Skalare. Es gibt andere physikalische Eigenschaften, die durch die Angabe einer Maßzahl allein nicht völlig bestimmt sind, sondern bei welchen zur völligen Bestimmung noch die Angabe einer einseitigen Richtung erforderlich ist. Eine solche Eigenschaft ist z. B. eine Kraft. Größen dieser Art nennt man vektorielle. Von einer Kraft erhalten wir ein anschauliches Bild, wenn wir von einem gegebenen Punkte aus eine Gerade in der Richtung der Kraft ziehen und auf dieser ein dem absoluten Betrage der Kraft proportionales Stück abtragen. Eine Größe, zu deren völliger Bestimmung die Angabe einer Maßzahl und die Angabe einer einseitigen

Richtung notwendig ist, nennen wir einen Vektor. Zu den Vektoren gehören auch die Geschwindigkeiten, Beschleunigungen usw.

Vektoren werden (wie Kräfte) addiert, indem man an das Ende des einen Addenden, z. B. OA in Fig. 6, den zweiten Addenden OB in richtiger Größe und Richtung, also AD, aufträgt. Dann ist

$$\text{Vektor } OD = \text{Vektor } OA + \text{Vektor } OB.$$

Ebenso geschah die Kräftesummierung in Fig. 8 vektoriell. Selbstredend gilt diese Regel auch, wenn die Kräfte nicht, wie in unserem Beispiele, in einer Ebene liegen.

Die umgekehrte Aufgabe, die Vektorsumme in die Addenden (d. h. die Resultante in Komponenten) zu zerlegen, ist natürlich vielfach lösbar, da z. B. für die Vektorsumme OD in Fig. 6 der Punkt A ganz beliebig liegen kann. Zur Lösung solcher Aufgaben sind immer bestimmte Bedingungen nötig.

Verlegung des Angriffspunktes einer Kraft. Auf einen Körper wirken in den Punkten A und B (Fig. 9) zwei Kräfte, die einander gleich und entgegengesetzt sind. Der Körper ist im Gleichgewichte, und dieses wird der Erfahrung zufolge nicht geändert, wenn wir den Angriffspunkt der einen oder der anderen Kraft auf der Linie AB verlegen, etwa nach A' oder B'. Daraus ergibt sich, daß man den Angriffspunkt einer auf einen starren Körper wirkenden Kraft in ihrer Richtung beliebig verlegen kann, ohne in ihrer Wirkung etwas zu ändern.

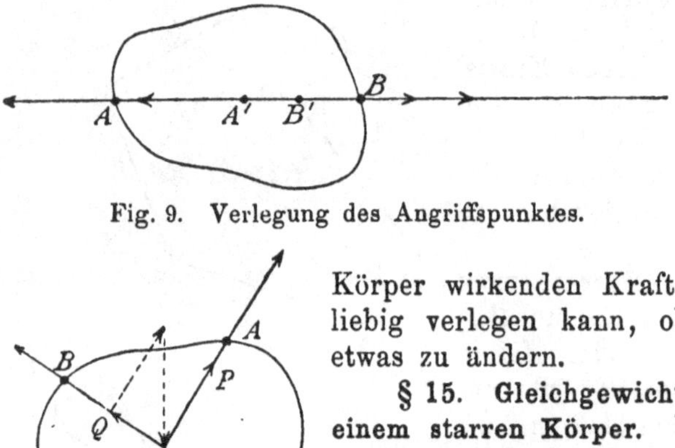

Fig. 9. Verlegung des Angriffspunktes.

§ 15. Gleichgewicht von drei Kräften an einem starren Körper.

Wenn in einem Punkte eines starren Körpers drei Kräfte P, Q und R angreifen, so wird ihr Gleichgewicht durch die in § 14 gegebene Regel bestimmt. Verlegen wir die Angriffspunkte in den Richtungen der Kräfte nach A, B und C (Fig. 10), so kann dadurch das Gleichgewicht nicht gestört werden. Umgekehrt ergibt sich hieraus der Satz: Ein starrer Körper ist unter der Wirkung dreier Kräfte im Gleichgewichte, wenn ihre Richtungen durch einen Punkt gehen, und wenn ihre geometrischen Repräsentanten durch Parallelverschiebung zu einem geschlossenen Dreiecke sich zusammenfügen lassen. Die Richtigkeit

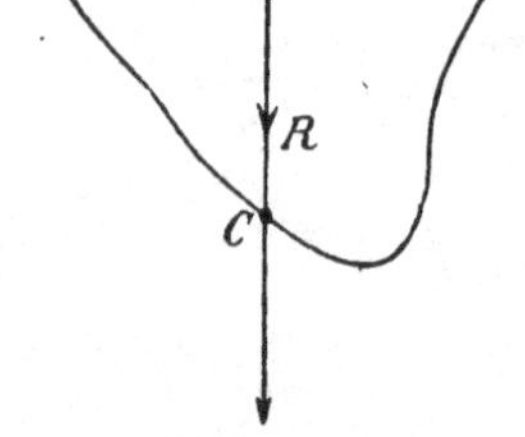

Fig. 10. Gleichgewicht am starren Körper.

des Satzes kann man leicht mit der in § 14 benützten Einrichtung prüfen, wenn man die drei Senkelfäden nicht direkt miteinander verknüpft, sondern an dem Umfange einer leichten Pappscheibe von beliebiger Gestalt befestigt.

Eindeutige Zerlegung einer Kraft in Komponenten. Eine solche ist nach § 14 an Bedingungen geknüpft, z. B. dadurch, daß die Richtung der Komponenten gegeben ist, wie in folgender Konstruktion.

Es seien *AC* und *BC* (Fig. 11) zwei in einer Vertikalebene liegende starre aber gewichtlose Stäbe, ihre Endpunkte *A* und *B* seien in Gelenken befestigt, in *C* seien sie verbunden, und dort sei an den durch sie gebildeten Träger ein Gewicht angehängt; die in den Stäben entstehende Spannung und Pressung soll bestimmt werden. Wir machen zu diesem Zwecke die Linie *CD*, durch die das Gewicht graphisch dargestellt wird, zu der Diagonale eines Parallelogramms, dessen Seiten in die Richtungen *AC* und *BC* fallen; dann ist die Seite *CE* die geometrische Darstellung des auf *AC* wirkenden Zuges, *CF* repräsentiert den auf *CB* ausgeübten Druck. Die Konstruktion des Parallelogramms kann man ersetzen durch die Konstruktion eines Dreiecks *C' D' E'*, dessen eine Seite *C'D'* die in *C* wirkende Last repräsentiert, während *C'E'* und *D'E'* den Richtungen der beiden Stäbe parallel sind. Die Längen von *C'E'* und *D'E'* repräsentieren dann den auf *AC* und *BC* wirkenden Zug und Druck.

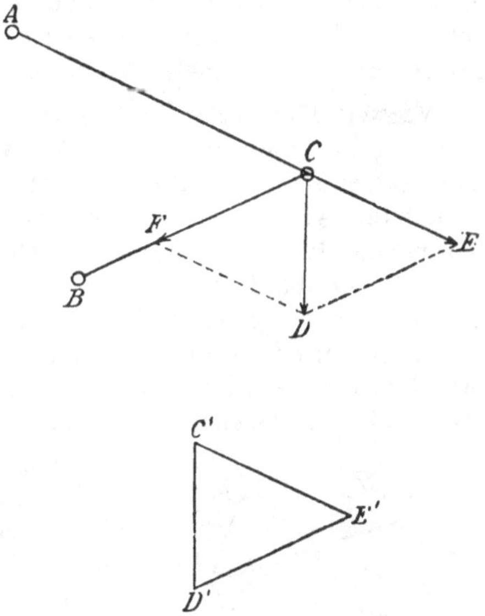

Fig. 11. Mechanischer Träger.

Gleichgewicht eines Stabsystems. Die letzte Wendung, die wir der graphischen Bestimmung der auf den Träger wirkenden Kräfte gegeben haben, ist besonders wichtig, weil sie eine bequeme Anwendung auf sogenannte Stabsysteme gestattet, wie wir sie bei der Konstruktion von Dachstühlen, Brücken, Kranen benützen. Wir beschränken uns auf einen Fall möglichster Einfachheit; in Fig. 12a bedeutet die Linie *AB* einen dritten Stab, so daß also das Dreieck *ABC* einen aus drei

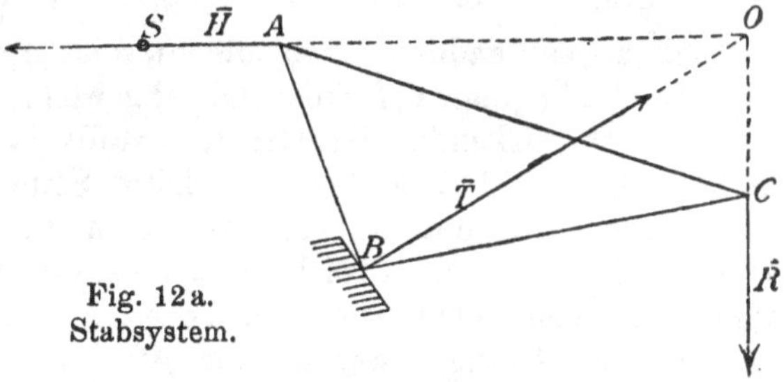

Fig. 12a.
Stabsystem.

verbundenen Stäben bestehenden Rahmen darstellt. Wir benützen diesen als Träger, indem wir das Dreieck mit vertikaler Ebene in B auf einen festen Pfeiler aufsetzen; in C hängen wir die Last R an. Damit der Träger nicht umkippt, lassen wir in A einen horizontalen Zug $\bar{H}$ von S her wirken; der Pfeiler übt auf den Punkt B einen Druck $\bar{T}$ aus. Unsere Aufgabe ist es nun, die Kräfte $\bar{H}$ und $\bar{T}$, sowie die Spannungen und Drucke zu bestimmen, durch welche die einzelnen Stäbe des Rahmens in Anspruch genommen werden. Von dem eigenen Gewichte der Stäbe sehen wir ebenso wie in dem vorhergehenden Paragraphen ab, um die Betrachtung nicht zu sehr zu komplizieren.

Vorweg läßt sich die Richtung des Druckes T bestimmen; der Träger ABC kann bei der festen Verbindung seiner Teile als ein einziger starrer Körper betrachtet werden; $\bar{R}$, $\bar{H}$ und T sind äußere Kräfte, die auf ihn wirken; sie können nur im Gleichgewichte sein, wenn ihre Richtungen durch einen Punkt gehen. Suchen wir also den Schnittpunkt O der durch C gehenden vertikalen, der durch A gehenden horizontalen Linie, so muß die den Pfeilerdruck repräsentierende Linie T gleichfalls durch O gehen. Die Größe der gesuchten Kräfte ergibt sich durch eine wiederholte Anwendung der in dem vorhergehenden Paragraphen gegebenen Konstruktion.

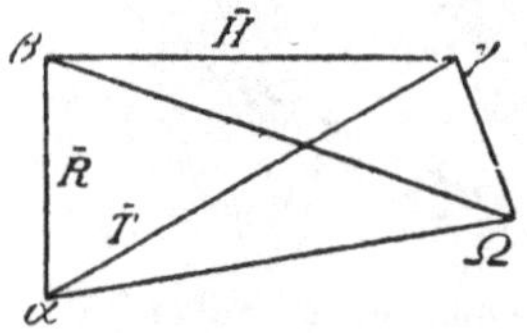

Fig. 12b.

Wir beginnen mit der Bestimmung der in dem Eckpunkte C wirkenden Spannungen oder Drucke. Zuerst ziehen wir (Fig. 12b) die Strecke $\beta\alpha$ oder $\bar{R}$, durch welche die Last R graphisch dargestellt wird. Durch β ziehen wir zu AC eine Parallele $\beta\Omega$, durch α zu BC die Parallele $\alpha\Omega$. Es stellt dann $\beta\Omega$ die Spannung in AC, $\alpha\Omega$ den Druck in BC dar.

Wir gehen über zu dem Gleichgewichte des Punktes A. Durch Ω ziehen wir eine Parallele $\Omega\gamma$ zu AB, durch β eine Horizontale, parallel der Richtung des in A angebrachten Zuges H. Es ist dann $\gamma\beta$ oder $\bar{H}$ die geometrische Darstellung jenes Zuges, $\Omega\gamma$ die des Druckes, durch den der Stab AB in Anspruch genommen wird.

Ziehen wir endlich noch die Strecke $\alpha\gamma$, so enthält das Dreieck $\alpha\gamma\Omega$ die Bedingungen für das Gleichgewicht der auf den Eckpunkt B des Rahmens wirkenden Kräfte; $\Omega\alpha$ stellt ja den in BC, $\Omega\gamma$ den in AB herrschenden Druck dar; die dritte Seite des Dreiecks $\alpha\gamma$ oder $\bar{T}$ repräsentiert also den äußeren von dem Pfeiler herrührenden Druck, der nötig ist, um das Gleichgewicht herzustellen. Seine Richtung ist doppelt bestimmt, denn sie ist ja schon in der Fig. 12a durch die Linie BO gegeben. Sache einer kleinen geometrischen Untersuchung ist es, zu zeigen, daß die beiden die Richtung bestimmenden Linien BO und $\alpha\gamma$ parallel sind. Daß die äußeren auf den Rahmen wirkenden Kräfte $\bar{R}$, $\bar{H}$ und T auch für sich genommen im Gleichgewichte sind, zeigt der

Anblick unserer Figuren; nach Fig. 12a gehen ihre Richtungen durch einen Punkt, nach Fig. 12b bilden sie ein geschlossenes Dreieck.

Wenn wir die Fig. 12, a und b, betrachten, so bemerken wir eine sehr eigentümliche Beziehung zwischen ihnen. Jede besteht aus sechs Linien; jeder Linie der einen Figur entspricht eine ihr parallele der anderen, in jeder Figur gehen je drei Linien durch einen Punkt und je drei umschließen ein Dreieck; aber drei Linien, die in der einen Figur durch einen Punkt gehen, entsprechen in der anderen drei ihnen parallele, die ein Dreieck umschließen, und umgekehrt. Man nennt solche Figuren reziproke. Die Aufgabe, die in einem Stabsysteme, einem Rahmen oder Gitterwerke herrschenden Spannungen durch Zeichnung zu bestimmen, bildet den Gegenstand eines besonderen Zweiges der Mechanik, der graphischen Statik. Die Betrachtung reziproker Figuren spielt dabei eine fundamentale Rolle.[1]

§ 16. Hebelgesetz. Das Hebelgesetz ist eines von den wenigen physikalischen Gesetzen, die schon den Alten bekannt waren. Archimedes betrachtet eine Stange, die in ihrer Mitte unterstützt ist und in horizontaler Stellung im Gleichgewichte sich befindet. Wenn auf ihren beiden Seiten Gewichte angehängt werden, so bleibt die Stange im Gleichgewichte, sobald die Gewichte sich umgekehrt verhalten wie ihre Entfernungen vom Unterstützungspunkt. Eine allgemeine Fassung wurde dem Hebelprinzip zuerst von Leonardo da Vinci (1452—1519) gegeben. Wir betrachten den Hebel (Fig. 13) als einen gewichtlosen Körper, der um eine horizontale Achse D drehbar ist, und auf den in den Punkten A und B zwei zur Achse senkrechte Kräfte wirken, die durch die Linien $\bar{P}$ und $\bar{Q}$ dargestellt sind. Von D aus fällen wir auf $\bar{P}$ und $\bar{Q}$ die Senkrechten DE und DF, die wir als die Hebelarme bezeichnen. Gleichgewicht ist vorhanden, wenn die beiden Kräfte den Hebel in entgegengesetztem Sinne zu drehen suchen, und wenn die Produkte aus den Kräften und den zugehörigen Hebelarmen einander gleich sind: $\bar{P} \cdot DE = \bar{Q} \cdot DF$. Diese Produkte sind die zuerst von Leonardo betrachteten statischen Momente oder Drehungsmomente der Kräfte. In dieser Form kann der Hebelsatz sehr leicht verallgemeinert werden. Es mögen beliebig viele gegen die Achse senkrechte Kräfte auf den Körper wirken. Gleichgewicht ist vorhanden, wenn die Summe der in dem einen Sinne wirkenden statischen Momente gleich ist der Summe der entgegengesetzten. Besteht der Hebel aus einem geraden Stabe, der um

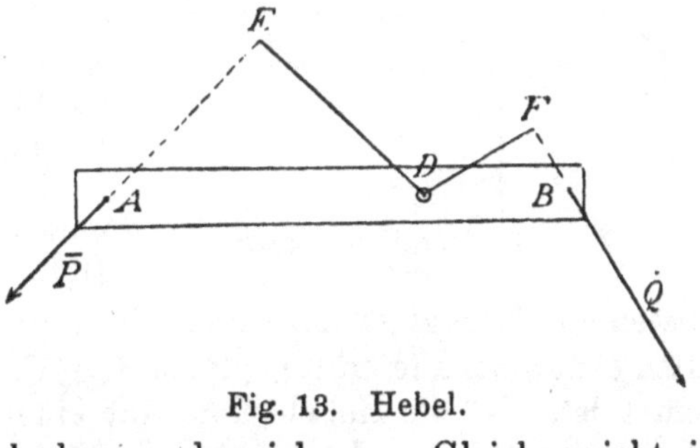

Fig. 13. Hebel.

[1] Maxwell, Scientific Papers. Vol. I. Cambridge 1890.

seine Mitte drehbar ist, und auf den zwei Kräfte wirken, die zu ihm senkrecht stehen, so kommen wir auf den von ARCHIMEDES gefundenen Satz zurück.

Wenn die Richtungen der Kräfte P und Q sich schneiden, so kann man das Hebelgesetz unmittelbar auf den Satz vom Parallelogramm der Kräfte reduzieren. Auch in dem von ARCHIMEDES betrachteten Falle gelingt dies, wenn man zunächst zu den gegebenen parallelen Kräften in A und B noch zwei entgegengesetzt gleiche hinzufügt, deren Richtung in die des Hebels fällt.

§ 17. Der Mittelpunkt paralleler Kräfte. Nach dem Satze vom Parallelogramm können wir zwei Kräfte zu einer Resultanten vereinigen, wenn ihre Richtungen sich schneiden. Die Konstruktion versagt, wenn die Richtungen der Kräfte parallel sind. In diesem Falle beruht die Konstruktion der Resultante auf einer Anwendung des Hebelgesetzes.

Wir betrachten einen geradlinigen Hebel AB (Fig. 14) mit dem Drehungspunkte D, auf den zwei parallele Kräfte $\bar{P}$ und $\bar{Q}$ wirken. Zeichnen wir die Hebelarme DE und DF, so ist die Bedingung für das Gleichgewicht:

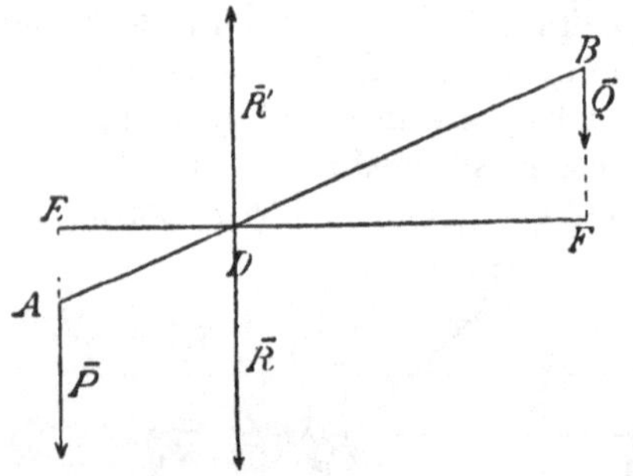

Fig. 14. Parallele Kräfte.

$$\bar{P} : \bar{Q} = DF : DE = DB : DA.$$

Aber diese Gleichung enthält offenbar nicht alles, was zum Gleichgewichte des Hebels notwendig ist. Ihre Erfüllung sorgt nur dafür, daß die Hebelstange AB nicht um D gedreht wird. Außerdem muß der Punkt D unterstützt sein, sonst würde der Hebel zu Boden gerissen werden; wir müssen den Punkt D mit einer Kraft nach oben ziehen, die gleich der Summe der Parallelkräfte, gleich $\bar{P} + \bar{Q}$, und ihnen entgegengesetzt gerichtet ist. Ist die Hebelstange mit einer horizontalen Achse verbunden, die in einem festen Lager sich drehen kann, so ist $\bar{P} + \bar{Q}$ der Druck, den der Hebel auf das Lager ausübt, der Druck, durch den umgekehrt das Lager die Achse des Hebels trägt. Eine vollständige Darstellung der Kräfte, die am Hebel im Gleichgewichte stehen, haben wir erst, wenn wir in D die Strecke $\bar{R}' = \bar{P} + \bar{Q}$ parallel mit $\bar{P}$ und $\bar{Q}$ nach oben hin ziehen. Wir können nun das Verhältnis auch so auffassen, daß am Hebel die auf D wirkende Kraft $\bar{R}' = \bar{P} + \bar{Q}$ kompensiert wird durch die in A und B wirkenden Kräfte $\bar{P}$ und $\bar{Q}$, so daß weder Verschiebung noch Drehung eintritt. Dasselbe wird erreicht, wenn man die Kräfte $\bar{P}$ und $\bar{Q}$ wegläßt und in D eine Kraft $\bar{R} = \bar{P} + \bar{Q}$ hinzufügt, die mit $\bar{R}'$ gleich, aber entgegengesetzt gerichtet ist. Diese Kraft $\bar{R}$ ist dann nichts anderes, als die Resultante von $\bar{P}$ und $\bar{Q}$.

Wir haben im Vorhergehenden die Kräfte P und Q auf eine Hebelstange AB wirken lassen. Wir können an ihre Stelle einen beliebigen Körper setzen, ohne daß in unseren Überlegungen etwas geändert wird. Somit kommen wir zu dem folgenden Resultat: Wenn auf zwei Punkte A und B eines Körpers die parallelen Kräfte P und Q wirken, so vereinigen sie sich zu einer Resultante $R = P + Q$ von derselben Richtung. Ihr Angriffspunkt D, oder allgemeiner ausgedrückt, der Punkt, in dem sie die Linie AB schneidet, liegt so, daß die Abschnitte AD und BD sich umgekehrt verhalten wie die Kräfte P und Q. Der Punkt D hat danach die sehr wichtige Eigenschaft, daß er von der Neigung der Parallelkräfte gegen die Verbindungslinie ihrer Angriffspunkte unabhängig ist, nur abhängig von dem Verhältnisse ihrer Größen. Man nennt diesen Angriffspunkt D der Resultante den Mittelpunkt der Parallelkräfte. Er teilt die Linie, welche die Angriffspunkte der Parallelkräfte verbindet, im umgekehrten Verhältnisse jener Kräfte.

§ 18. **Kräftepaar.** Aus den vorhergehenden Betrachtungen wird man den Schluß ziehen, daß im allgemeinen auch entgegengesetzt parallele sog. antiparallele Kräfte durch eine Resultante zu ersetzen sind, z. B. die in A und D wirkenden Kräfte P und R' durch die in B wirkende Q. Wenn aber die entgegengesetzt parallelen Kräfte gleich groß sind, wie in Fig. 15a, so ist dies nicht mehr möglich. Zwei solche Kräfte bilden ein mechanisches Element von durchaus selbständiger, eigenartiger Bedeutung. Man bezeichnet zwei entgegengesetzt parallele gleiche Kräfte als ein Kräftepaar. Seine Wirkung reduziert sich auf ein reines statisches Moment.

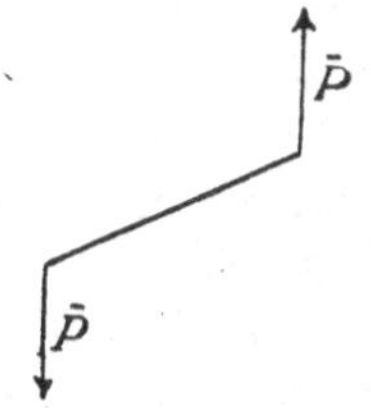

Fig. 15a. Kräftepaar.

Dem Satze von § 14 entsprechend können wir die Angriffspunkte der beiden Kräfte eines Kräftepaares in der Richtung der Kräfte beliebig verschieben, ohne daß in der Wirkung etwas geändert wird. Man kann auf diese Weise leicht erreichen, daß die Verbindungslinie ab der Angriffspunkte zu der Richtung der Kräfte senkrecht steht, wie das in Fig. 15b gezeichnet ist. Der Körper, auf welchen das Kräftepaar wirkt, sei drehbar um eine Achse, welche durch den Mittelpunkt c von ab senkrecht zu der Ebene des Kräftepaares hindurchgeht. Das von dem Kräftepaar ausgeübte Drehungsmoment ist dann gleich $\bar{P} \cdot ac + \bar{P} \cdot cb = \bar{P} \cdot ab$. Man wird sich leicht davon überzeugen, daß das Drehungsmoment des Kräftepaares um eine beliebige andere zu seiner Ebene senkrechte Achse denselben Wert hat. Die Wirkung bleibt auch dann die gleiche, wenn wir das Kräftepaar und damit die das Paar repräsentierende Figur $\bar{P}$, acb, $\bar{P}$ parallel mit sich selbst nach irgend einer Stelle des Körpers verlegen.

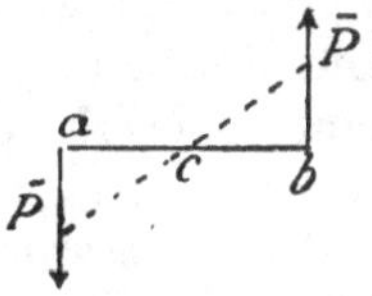

Fig. 15b.

Die Einführung des Kräftepaares als eines besonderen mechanischen

Elements ist von großem Nutzen bei der Lösung der Aufgabe, die Wirkung von Kräften zu bestimmen, welche in beliebiger Zahl, mit beliebigen Angriffspunkten und in beliebigen Richtungen auf einen starren Körper einwirken. Eine Untersuchung von wesentlich geometrischem Charakter führt zu dem Satze, daß die Wirkung jener Kräfte stets ersetzt werden kann durch eine einzelne Kraft $\bar{R}$, und durch ein Kräftepaar, $\bar{P}\cdot ab$, dessen Ebene zu der Einzelkraft senkrecht steht. Die geometrische Konstruktion führt zunächst auf einen bestimmten Punkt im Innern des Körpers als Angriffspunkt der Einzelkraft. Ziehen wir durch diesen Punkt die Richtung der Einzelkraft, so kann ihr Angriffspunkt auf der so bestimmten Linie noch beliebig verschoben werden. Den Mittelpunkt c des Kräftepaares $\bar{P}\cdot ab$, dessen Ebene zu der Kraft $\bar{R}$ senkrecht steht, kann man nach der vorhergehenden Bemerkung durch Parallelverschiebung in den Angriffspunkt der Einzelkraft bringen. Die Wirkung beliebiger Kräfte auf einen starren Körper läßt sich also immer reduzieren auf das Bild von Fig. 16.

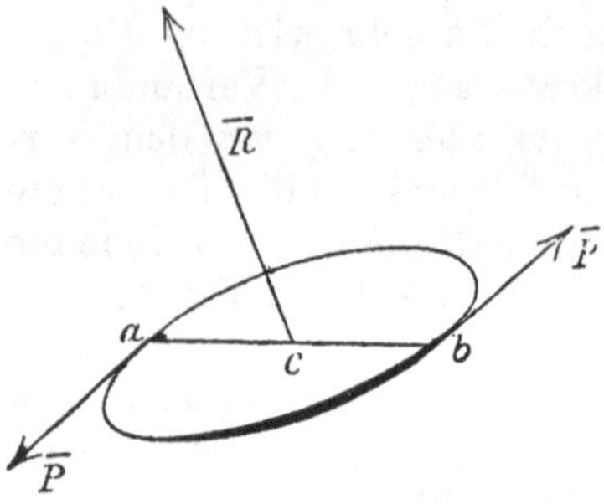

Fig. 16.

Die Kraft $\bar{R}$ würde den Körper in ihrer Richtung im Raume weiterziehen und das Kräftepaar $\bar{P}\cdot ab$ gleichzeitig den starren Körper in Rotation versetzen.

§ 19. **Der Schwerpunkt.** Wir haben in § 17 gelernt, zwei parallele, in gleicher Richtung wirkende Kräfte zu einer Resultanten zu vereinigen. Durch sukzessive Anwendung derselben Konstruktion ist es möglich, auch beliebig viele solche parallele Kräfte durch eine Resultante zu ersetzen, die gleich der Summe der Einzelkräfte und ihnen parallel ist. Die Konstruktion führt zu einem bestimmten Punkte, in dem die Resultante angreift, dem Mittelpunkte der parallelen Kräfte; wie bei zweien, so ist auch bei beliebig vielen Parallelkräften die Lage dieses geometrisch bestimmten Punktes nur abhängig von dem Verhältnisse ihrer Größen, nicht von ihrer Richtung.

Diese Bemerkungen finden Anwendung auf die Schwere. Wenn wir einen Körper in Gedanken in irgend einer Weise in kleine Stücke zerlegen, so kommt jedem ein gewisses Gewicht zu, das durch eine vertikale Linie von entsprechender Länge dargestellt wird. Die Gesamtwirkung der Schwere ist gleich der Resultante aus all jenen parallelen Gewichten. Ihren Angriffspunkt nennen wir den Schwerpunkt; in ihm können wir uns alle einzelnen Parallelkräfte, d. h. das ganze Gewicht des Körpers vereinigt denken. Der allgemeinen Eigenschaft des Mittelpunktes paralleler Kräfte zufolge ist die Lage des Schwerpunktes von der besonderen Stellung des starren Körpers unabhängig.

§ 20. Gleichgewicht eines starren drehbaren Körpers. Ein starrer Körper (Fig. 17) sei drehbar um eine horizontale Achse D; sein Gewicht G können wir uns vereinigt denken in dem Schwerpunkte S; es wird durch eine von S ausgehende vertikale Linie G repräsentiert. Gleichgewicht ist vorhanden, wenn der Hebelarm von G verschwindet, d. h. wenn der Schwerpunkt vertikal über oder unter der Drehungsachse liegt, wenn er die höchste oder tiefste von den Stellen einnimmt, die er bei der vorhandenen Beweglichkeit überhaupt erreichen kann. Im ersten Falle ist das Gleichgewicht ein labiles, d. h. es geht bei der geringsten Störung verloren, im zweiten ist das Gleichgewicht stabil, d. h. es stellt sich nach jeder Störung von selbst wieder her. Geht die Drehungsachse gerade durch den Schwerpunkt hindurch, so ist der Körper in jeder Stellung im Gleichgewichte, dieses ist ein indifferentes.

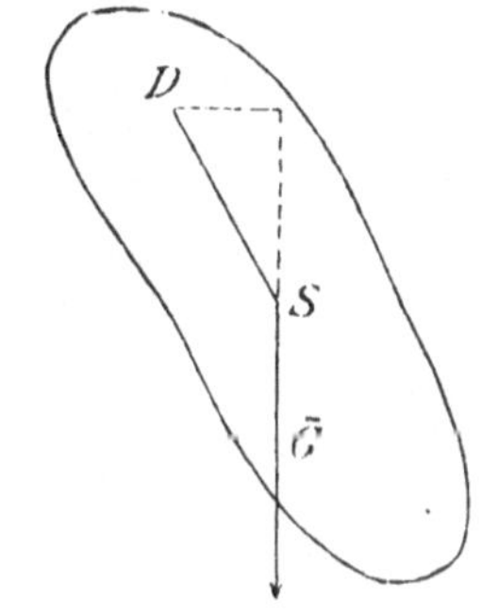

Fig. 17.

§ 21. Hebelwage. Eine wichtige Anwendung finden die im vorhergehenden § besprochenen Sätze in der Lehre von der Hebelwage. Diese besteht im wesentlichen aus einem zweiarmigen Hebel, dem Wagbalken, der um eine horizontale Achse drehbar ist und an seinen Enden die zur Aufnahme der Gewichte dienenden Wagschalen trägt. Wenn wir die letzteren abhängen, so soll der Balken für sich in horizontaler Stellung in stabilem Gleichgewichte sich befinden. Dies wird der Fall sein, wenn der Balken symmetrisch ist zu einer durch seine Achse und seinen Schwerpunkt gehenden Ebene, und wenn sein Schwerpunkt unter der Drehungsachse liegt. Es soll ferner die horizontale Gleichgewichtsstellung des Wagbalkens nicht geändert werden, wenn man beiderseits die Wagschalen anhängt. Dies ist erreicht, wenn die Schalen gleiche Gewichte besitzen, und wenn die Punkte, in denen sie am Wagbalken hängen, gleich weit von der Achse entfernt sind, wenn die Wage gleicharmig ist. Unter diesen Umständen wird das Gleichgewicht auch nicht gestört, wenn wir zu beiden Seiten gleiche Gewichte auf die Wagschalen setzen. Wenn wir aber auf der einen Seite ein kleines Übergewicht hinzufügen, so neigt sich der Balken nach dieser Seite. Je größer die Neigung bei einem gegebenen Übergewicht ist, um so kleinere Gewichtsdifferenzen können wir mit der Wage beobachten, um so größer ist ihre Empfindlichkeit. Wir gehen nun über zu der Entwicklung der Bedingungen, von denen diese Empfindlichkeit der Wage abhängt.

Schematisch können wir die Wage darstellen durch eine gerade Linie (Fig. 18a), deren Endpunkte A und B die Anhängepunkte der Schalen bezeichnen. Der Drehungspunkt D muß nach dem Vorhergehenden gleich weit von A und B entfernt sein, liegt also auf dem in

C errichteten Mittellote von AB. In der Ruhelage steht der Wagbalken AB horizontal, und der Schwerpunkt S liegt vertikal unter der Drehungsachse in der Verlängerung von DC. Wir legen zuerst auf die Wag-

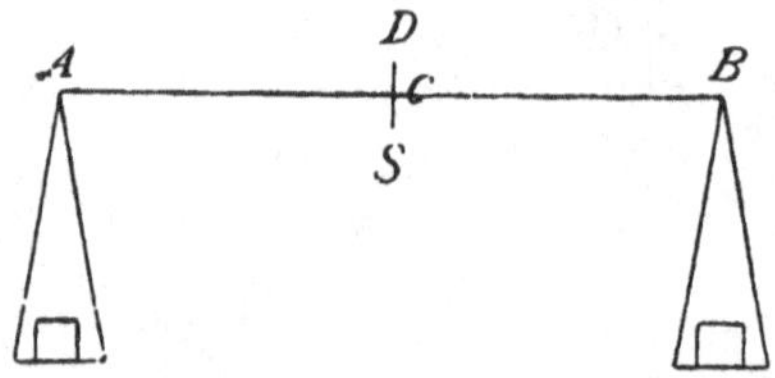

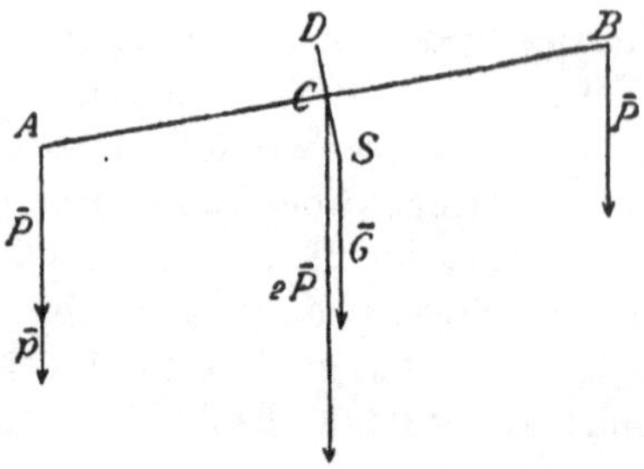

Fig. 18a. Hebelwage. Fig. 18b.

schalen zwei gleich große Gewichte, der Wagbalken bleibt horizontal; sodann legen wir auf die in A hängende Schale noch ein kleines Übergewicht p, so daß diese Schale sinkt. Wir wollen nun untersuchen, wovon die durch das Übergewicht p hervorgebrachte Neigung des Wagbalkens abhängt, und zu diesem Zwecke die Bedingung des Gleichgewichts aufsuchen. Auf den Wagbalken (Fig. 18b) wirkt sein Gewicht G, das wir in dem Schwerpunkte S konzentriert denken können; ferner in A und B die gleichen aufgelegten Gewichte zusammen mit den Gewichten der Schalen; dies gibt für A und B zwei gleiche parallele Kräfte P, die wir nach § 17 zu einer Resultanten $2P$ vereinigen können, deren Angriffspunkt in C liegt. Nun sehen wir, daß das von dem Übergewichte p ausgeübte Drehungsmoment den entgegengesetzt wirkenden Momenten der Kräfte $2P$ und G das Gleichgewicht halten muß. Hiernach ist die dem Übergewichte zugemutete Leistung um so größer, je größer die Belastung der Wagschalen ist. In demselben Maße wird die durch das Übergewicht erzeugte Neigung kleiner. Es würde sich so eine stetige Verminderung der Empfindlichkeit mit der Belastung ergeben. Dieser Nachteil läßt sich in einfachster Weise dadurch vermeiden, daß wir den Drehungspunkt D zusammenfallen lassen mit dem Angriffspunkt C der Resultante $2P$. Dann fällt die Wirkung dieser letzteren ganz weg, das Übergewicht p hat nur noch dem Wagbalkengewichte G das Gleichgewicht zu halten, und es wird so nicht bloß die Unabhängigkeit von der Belastung, sondern auch eine sehr wesentliche Vergrößerung der Empfindlichkeit erreicht. Als die fundamentalste von den Bedingungen, denen man bei der Konstruktion einer guten Wage zu genügen hat, werden wir demnach zu betrachten haben, daß die Drehungsachse der Wage in einer und derselben Ebene mit den Aufhängepunkten der Schalen, und zwar in ihrer Mitte gelegen sei.

Setzen wir voraus, daß bei der mechanischen Herstellung des Balkens dieser Bedingung genügt sei, so vereinfacht sich das Schema der

Wage und der auf sie wirkenden Kräfte wesentlich. Der Drehungspunkt D liegt in der Mitte von AB (Fig. 19), die einzigen wirksamen Kräfte sind p und G. Bezeichnen wir durch DE den Hebelarm des Übergewichtes, durch DF den des Wagbalkengewichtes, so ist Gleichgewicht vorhanden, wenn

$$p \cdot DE = G \cdot DF.$$

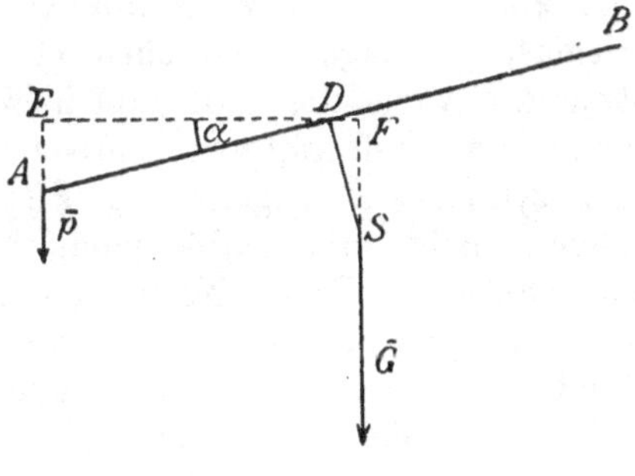

Fig. 19. Empfindlichkeit einer Wage.

Den Ausschlagswinkel, den Winkel, um den sich der Wagbalken gedreht hat, bezeichnen wir durch α; da es sich bei der Wage immer nur um kleine Drehungen handelt, so können wir $DF = DS \cdot \alpha$ setzen und erhalten

$$\alpha = p \cdot \frac{DE}{G \cdot DS}.$$

Benutzen wir als Einheit des Gewichtes das mg-Gewicht und verstehen wir unter Empfindlichkeit den Ausschlag α_1, welcher der Zulage von 1 mg-Gewicht entspricht, so ergibt sich für die Empfindlichkeit der Ausdruck

$$\alpha_1 = \frac{DE}{G \cdot DS}.$$

Bei kleinen Ausschlägen weicht DE nicht merklich ab von der Länge des Wagarmes. Wir haben dann den Satz: Die Empfindlichkeit einer Wage ist gleich der Länge des Wagarmes, dividiert durch die Entfernung des Schwerpunktes von der Drehungsachse und dividiert durch das Gewicht des Wagbalkens.

Vorausgesetzt, daß die Drehungsachse in derselben Ebene mit den Aufhängepunkten der Schalen und in ihrer Mitte liegt, werden wir den Schwerpunkt dem Drehungspunkte möglichst nahe rücken und bei gegebener Länge den Wagbalken möglichst leicht zu machen suchen.

Bevor eine Wage sich endgültig einstellt, schwingt sie um die Ruhelage hin und her. Es läßt sich nun zeigen, daß diese — die Abwägung sehr verlangsamende — Schwingungsdauer wächst mit der Länge der Wagbalken (Vergrößerung des Trägheitsmomentes § 48). Man verzichtet daher bei modernen Wagen auf allzu große Länge der Wagbalken, „kurzarmige Wagen", und ermöglicht so ein rascheres Arbeiten.

Wir haben im Vorhergehenden eine Kraft nicht berücksichtigt, die außer den Gewichten noch auf die Wage wirkt; es ist dies die zwischen der Drehungsachse und ihrem Lager vorhandene Reibung. Da die Wirkungen der Reibung veränderlicher Natur und nicht durch genaue Gesetze bestimmt sind, so kann man sie bei der Theorie der Wage nicht so in Rechnung ziehen wie die Gewichte; es bleibt nichts anderes übrig, als sie auf einen so geringen Betrag zu reduzieren, daß sie neben den Gewichten vernachlässigt werden können. Dies geschieht dadurch, daß man als Achse der Wage die scharfe, geradlinige Kante eines Stahlprismas, als Lager eine eben geschliffene Platte aus Stahl oder Stein benützt. Auch die Wagschalen werden über zwei an den Enden des Wagbalkens befestigte Stahlprismen mit Hilfe ebener stählerner Platten oder zylindrisch ausgedrehter Bügel gehängt. Man hat also in Wirklichkeit nicht mit Aufhängepunkten der Wagschalen zu tun, sondern mit Schneiden. Diese müssen auf das Vollkommenste der Drehungsachse der Wage parallel gemacht werden; denn sonst würde eine geringe Verschiebung, welche der Aufhängebügel der Wagschale erleidet, eine Veränderung in der Länge ihres Hebelarmes bewirken.

II. Einfache Maschinen und Prinzip der virtuellen Verschiebungen.

§ 22. **Schiefe Ebene.** Im Hebel besitzen wir einen Apparat, mit dessen Hilfe wir einer großen Last durch eine kleinere Kraft das Gleichgewicht halten können. Wir werden in den folgenden §§ eine Reihe von Einrichtungen beschreiben, die, demselben Zwecke dienend, gewöhnlich als einfache Maschinen bezeichnet werden.

Wenn auf eine horizontale Ebene eine Last gelegt wird, so wird sie im Gleichgewicht gehalten durch den von der Platte ausgeübten vertikalen Gegendruck. Sobald die Ebene geneigt wird, tritt eine Kraft auf, welche den Körper auf der nun schiefen Ebene herabzuziehen sucht; diese Kraft wächst mit der Neigung der schiefen Ebene, bis sie bei vertikaler Stellung der Platte gleich dem Gewichte des Körpers wird. Um die Kraft, die den Fall des Körpers längs der schiefen Ebene herbeizuführen sucht, zu finden, zerlegen wir das Körpergewicht G in eine zu der schiefen Ebene parallele Komponente P und eine zu ihr senkrechte N (Fig. 20a). Die erstere gibt die gesuchte Kraft, die zweite den Druck des Körpers gegen die schiefe Ebene. Die längs

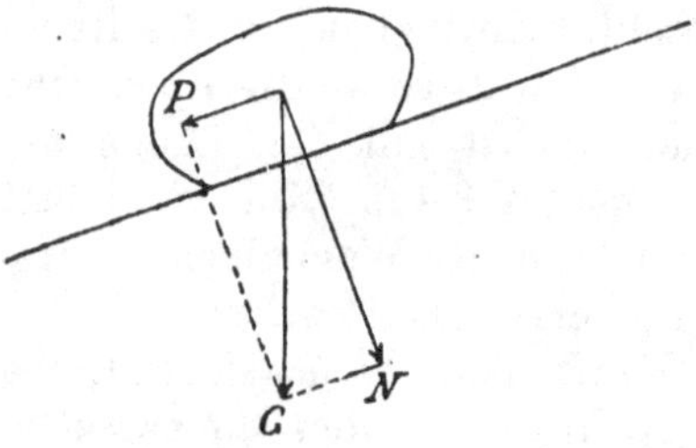

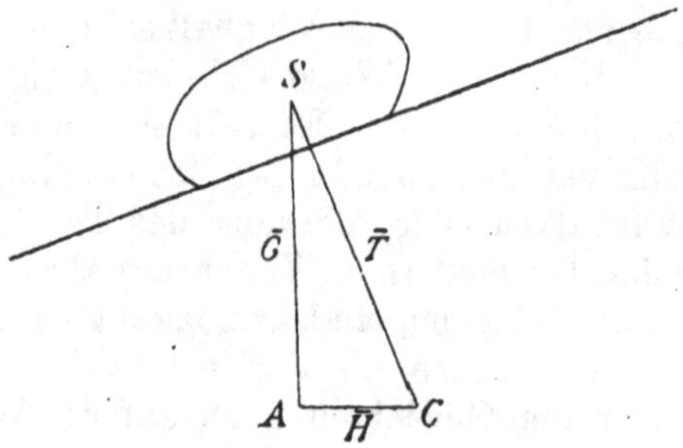

Fig. 20a. Schiefe Ebene. Fig. 20b.

der schiefen Ebene wirkende Kraft ist gleich der Gewichtskraft mal dem Sinus des Neigungswinkels. Soll der Körper auf der schiefen Ebene in Ruhe bleiben, so muß der Komponente P durch eine äußere Kraft das Gleichgewicht gehalten werden. Bis zu einem gewissen Grade genügt hierzu schon die zwischen der schiefen Ebene und dem Körper vorhandene gleitende Reibung.

Bei der praktischen Anwendung der schiefen Ebene stellt sich das Problem häufig so, daß der Körper nicht durch eine parallel der schiefen Ebene, sondern durch eine horizontal wirkende, an S angreifende Kraft H am Heruntergleiten verhindert werden soll. Dies wird der Fall sein, wenn die Resultante aus H und G zu der schiefen Ebene senkrecht steht. Ist in Fig. 20b S der Schwerpunkt des Körpers, $SA = \bar{G}$ die geometrische (vektorielle) Darstellung des Gewichtes, SAC ein rechtwinkliges Dreieck, dessen Hypotenuse SC zu der schiefen Ebene senkrecht steht, dessen zweite Kathete AC horizontal ist, so repräsentiert $AC = \bar{H}$ die gesuchte Horizontalkraft, $SC = \bar{T}$ den Druck gegen die schiefe Ebene. Für die zur Erhaltung des Gleichgewichtes erforderliche, in S nach rechts wirkende Horizontalkraft gilt die Beziehung

$$H = G \cdot AC/AS,$$

sie ist gleich dem Gewichte multipliziert mit dem Gefälle der schiefen Ebene. Je kleiner die Tangente des Winkels, den die schiefe Ebene mit einer horizontalen bildet, um so kleiner ist H.

Schraube. In dieser Form findet der Satz von der schiefen Ebene Anwendung bei der Schraube. Wenn eine Schraubenspindel mit vertikaler Achse in ihrer Mutter beweglich ist, so wird sie durch ihr Gewicht oder durch eine in vertikaler Richtung wirkende Kraft längs der Windungen der Mutter verschoben, also gleichzeitig gedreht. Wir können die Verschiebung hindern durch horizontale Kräfte, die wir auf den Umfang der Spindel in tangentialer Richtung wirken lassen. Es verhält sich dann die Gesamtheit der horizontalen Kräfte zu der Vertikalkraft wie die Höhe des Schraubenganges zu dem Umfange der Schraube. Bei der Schraubenpresse (Fig. 21) rührt die Vertikalkraft von der Rückwirkung des gepreßten Körpers her. Die horizontalen Gegenkräfte wirken nicht unmittelbar auf den Umfang der Schraube; sie werden mit Hilfe eines horizontalen gleicharmigen Hebels erzeugt, der auf die Schraubenspindel aufgesetzt und durch ein horizontales Kräftepaar gedreht wird.

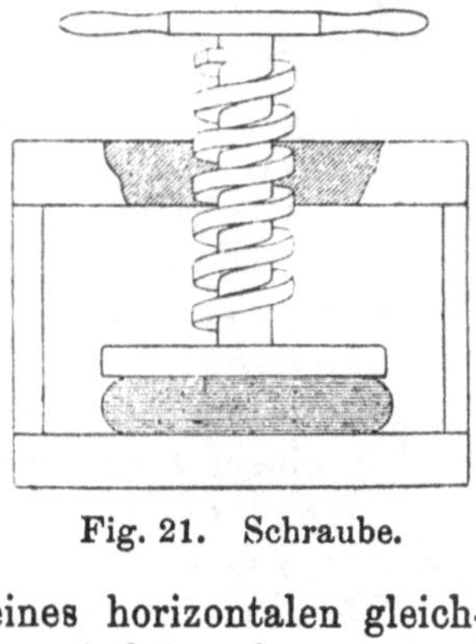

Fig. 21. Schraube.

§ 23. Wellrad. Das Wellrad (Fig. 22) besteht aus zwei Rollen von verschiedenem Halbmesser und gemeinschaftlicher Achse; die größere bezeichnen wir als Rad, die kleinere als Welle. An dem Umfange der Rollen sind zwei Seile befestigt, und so um sie geschlungen, daß ihre Enden nach entgegengesetzten Seiten hin herabhängen. Trägt das um die Welle geschlungene Seil eine Last L, das von dem Rade herabhängende ein Gewicht P, so ist nach dem Hebelprinzip Gleichgewicht vorhanden, wenn Last und Gewicht sich umgekehrt verhalten wie die Halbmesser von Welle und von Rad.

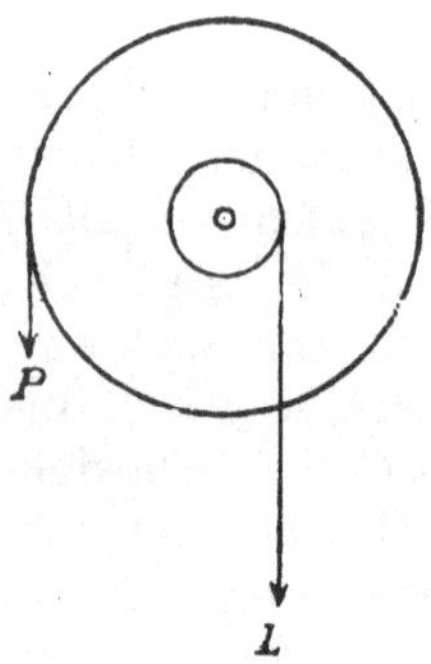

Fig. 22. Wellrad.

Flaschenzug. In seiner einfachsten Gestalt besteht der Flaschenzug aus einer geraden Anzahl von Rollen, die zur Hälfte fest, zur Hälfte beweglich sind. Die festen Rollen seien an der Unterseite eines horizontalen Trägers so angebracht, daß ihre Flächen in derselben vertikalen, ihre Achsen in derselben horizontalen Ebene liegen (Fig. 23). An dem gleichen Träger befestigen wir ein Seil, führen dasselbe abwärts und schlingen es um die erste lose Rolle, dann zurück über die erste der festen Rollen, wieder nach unten um die zweite der losen usw. Die Flächen der losen Rollen bringen wir gleichfalls in eine vertikale, ihre Achsen in eine horizontale Ebene und vereinigen sie nun zu einer sogenannten Flasche, indem wir ihre Achsen in einen gemeinsamen Metallrahmen einlassen. An die Flasche hängen wir die Last L, während wir an dem über die letzte feste Rolle frei herabhängenden Seile ein Gewicht oder eine Kraft P wirken lassen. Die in dem Seile herrschende Spannung ist in all seinen Teilen gleich jener Kraft. Haben wir beispielsweise 6 Rollen, so wirkt auf die Last nach oben der Zug der 6 zwischen der losen und der festen Flasche hin und her gehenden Seilstücke, im ganzen ein Zug gleich dem Sechsfachen der Seilspannung. Gleichgewicht ist vorhanden, wenn die Last ebenso groß, also gleich dem Sechsfachen der am freien Ende des Seiles wirkenden Kraft ist. Allgemein ist bei einem Flaschenzuge von der beschriebenen Art im Falle des Gleichgewichtes die Last gleich der Kraft multipliziert mit der Gesamtzahl der Rollen.

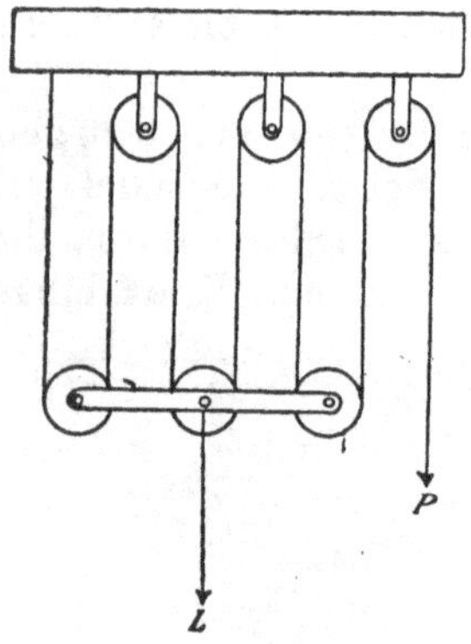

Fig. 23. Flaschenzug.

Räderwerke bestehen im allgemeinen aus einer Reihe paralleler Achsen, von denen jede zwei am Umfange gezähnte Räder trägt; von diesen hat das eine, das Getriebe, einen kleinen, das andere, das Rad, einen größeren Halbmesser. In das Getriebe greifen die Zähne des vorhergehenden Rades ein; das Rad treibt das Getriebe, oder umgekehrt das Getriebe das Rad.

Wir beschränken uns vorerst auf ein System von nur zwei Achsen, mit einem Zahnrad und einem Getriebe (Fig. 24). Um die Welle des

Rades schlingen wir ein Seil und hängen an dieses die Last L; der Halbmesser der Welle sei l, der Halbmesser des mit der Welle verbundenen Zahnrades R; der Halbmesser des auf der zweiten Achse befindlichen Getriebes r. Mit der Achse des letzteren sei außerdem eine Kurbel von der Länge k verbunden. Die Kraft K, mit der wir senkrecht gegen die Kurbel drücken müssen, um der Last L das Gleichgewicht zu halten, ergibt sich aus der folgenden Betrachtung. Die Welle mit dem Zahnrade repräsentiert einen, das Getriebe mit der Kurbel einen zweiten Hebel. Auf die Welle wirkt das statische Moment der Last $L \cdot l$, auf das Getriebe das Moment der an der Kurbel wirkenden Kraft $K \cdot k$. Nun werden aber durch Kraft und Last die sich eben berührenden Zähne von Rad und Getriebe gegeneinander gepreßt, und es wirkt daher auf die beiden Hebel noch die in der Berührungsfläche auftretende Druckkraft P. Das statische Moment des auf den Zahn des Rades wirkenden Druckes ist $P \cdot R$, das Moment des auf den Zahn des Getriebes wirkenden Druckes ist $P \cdot r$; die beiden Hebel sind im Gleichgewichte, wenn:

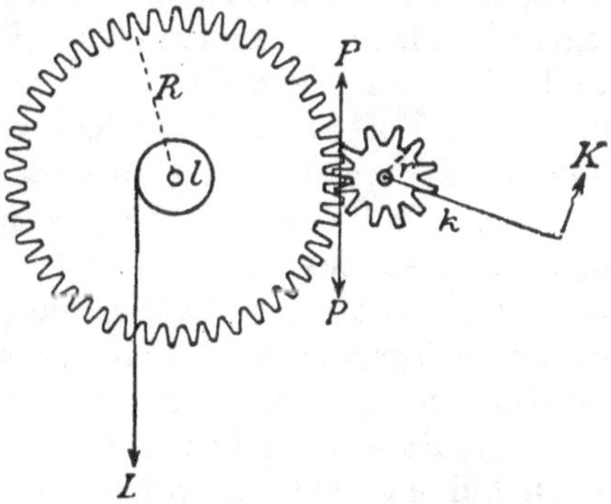

Fig. 24. Zahnrad.

$$L \cdot l = P \cdot R \text{ und } P \cdot r = K \cdot k, \text{ woraus } K = L \cdot \frac{l \cdot r}{k \cdot R}.$$

Nun verhalten sich die Anzahlen z und Z der auf dem Umfange des Getriebes und des Rades in gleichem Abstande befindlichen Zähne offenbar wie ihre Halbmesser; wir erhalten daher für das Verhältnis von Kraft zu Last:

$$\frac{K}{L} = \frac{l \cdot z}{k \cdot Z}.$$

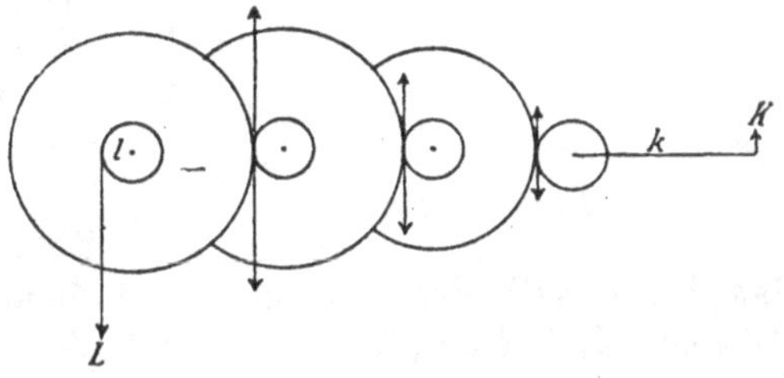

Fig. 25. Räderwerk.

Schalten wir nach dem Schema von Fig. 25 zwischen die Welle und die Achse der Kurbel noch zwei parallele Achsen ein, deren Räder Z' und Z'', deren Getriebe z' und z'' Zähne tragen, so ergibt sich durch dieselbe Berechnung

$$K = L \cdot \frac{l}{k} \cdot \frac{z \cdot z' \cdot z''}{Z \cdot Z' \cdot Z''}.$$

Man sieht, daß durch Einschaltung mehrerer Achsen mit Rädern und Getrieben das Verhältnis zwischen Kraft und Last auf jeden beliebigen Wert verkleinert werden kann.

§ 24. Kraft und Weg bei Maschinen. Die vorhergehenden Betrachtungen veranlassen uns zu einer Bemerkung von allgemeiner Bedeutung. Der gemeinsame Charakter all der Einrichtungen, die wir beschrieben haben, ist der, daß sie die Möglichkeit bieten, große Kräfte mit kleinen Gegenwirkungen zu überwinden. Es entspricht einem gewissen (natürlich durch Erfahrung und Ererbung gewonnenen) instinktiven Gefühle, daß ein solcher Vorteil nicht erreicht werden kann, ohne eine Kompensation, ohne einen Verzicht auf eine andere, an sich ebenfalls wünschenswerte Leistung. Daß etwas Derartiges in der Tat vorhanden ist, ergibt sich am leichtesten aus dem Beispiele des Flaschenzuges. Sein Zweck ist ja nicht der, die an der Flasche hängende Last durch den Zug am freien Seilende schwebend zu erhalten, sondern die Last zu heben. Wenn wir nun das freie Seilende um eine bestimmte Strecke herabziehen, so verteilt sich die entsprechende Verkürzung auf die einzelnen zwischen den Rollen hin und her laufenden Stücke des Seiles. Ist ihre Zahl, wie in dem früheren Beispiele, gleich 6, so wird jedes nur um den sechsten Teil der Strecke verkürzt, um die das freie Seilende herabgezogen wurde. Die Hebung der Last beträgt also auch nur den sechsten Teil des von dem freien Seilende durchlaufenen Weges. Damit ist aber die gesuchte Kompensation gefunden. Zwar beträgt der am freien Ende ausgeübte Zug nur den sechsten Teil der Last, dafür aber auch die Hebung der Last nur den sechsten Teil der Strecke, um die wir das freie Ende des Seiles herabziehen. Was wir an Kraft gewinnen, geht an Weg verloren.

Drehen wir einen Hebel (Fig. 26), an dem die Kräfte P und Q, senkrecht zu AB, mit den Armen DA und DB im Gleichgewicht sind, um einen kleinen Winkel α (Bogenmaß), so legt der Endpunkt A den Weg $AD \cdot \alpha$, der Endpunkt B den Weg $BD \cdot \alpha$ zurück. Die Wege verhalten sich wieder umgekehrt wie die Kräfte.

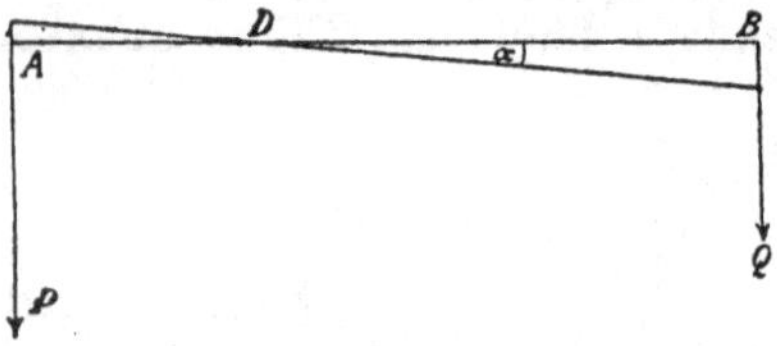

Fig. 26. Hebel.

Nehmen wir das Beispiel des Räderwerkes von Fig. 25; wenn wir das letzte mit der Kurbel verbundene Getriebe um einen Winkel α (Bogenmaß) drehen, so dreht sich die Welle, an der die Last hängt, um den Winkel

$$\beta = \frac{z \cdot z' \cdot z''}{Z \cdot Z' \cdot Z''} \cdot \alpha .$$

Nun ist der Weg, den das Ende der Kurbel durchläuft, gleich $k \cdot \alpha$; die Strecke, um welche die Last gehoben wird, gleich $l \cdot \beta$; also:

$$\frac{l \cdot \beta}{k \cdot \alpha} = \frac{l \cdot z \cdot z' \cdot z''}{k \cdot Z \cdot Z' \cdot Z''} = \frac{K}{L} .$$

Wieder verhalten sich Last und Kraft umgekehrt wie die durchlaufenen Wege.

§ 25. **Mechanische Arbeit.** Die Erfahrung hat gezeigt, daß die im vorhergehenden § erläuterte Beziehung in der Tat eine allgemeine Gültigkeit hat. Wir gewinnen für sie einen Ausdruck von größerer Tragweite durch Einführung des Begriffes der mechanischen Arbeit, eines Begriffes, der erwachsen ist aus dem, was wir im täglichen Leben als körperliche Arbeit bezeichnen. Wir leisten Arbeit, wenn wir mit dem Aufwande unserer Muskelkraft ein Gewicht heben. Ihre Größe beurteilen wir nicht allein nach der ausgeübten Kraft, sondern auch nach der Länge des Weges, auf dem die Kraft ausgeübt wird. Wenn wir 1 kg-Gewicht 4 m hoch heben, so ist die Arbeit viermal so groß, als wenn wir es um 1 m heben; als Maß der geleisteten Arbeit betrachten wir also das Produkt aus dem Gewichte und aus der Höhe, zu der es gehoben wird. Den Begriff der Arbeit, der sich zunächst an die menschlichen Leistungen knüpft, übertragen wir nun auf die Kräfte der unbelebten Natur. Wenn ein Körper fällt, so sagen wir, sein Gewicht leiste eine Arbeit gleich dem Produkte aus dem Gewichte und aus dem Fallraume. Allgemein, wenn ein Punkt sich im Sinne einer auf ihn wirkenden Kraft P von A nach B bewegt, so sagen wir, die Kraft leiste eine Arbeit gleich dem Produkte $P \cdot AB$. Verschiebt sich der Punkt umgekehrt in einem der Kraft entgegengesetzten Sinne, so sagt man, daß an ihm eine gewisse Arbeit verbraucht oder daß an ihm eine n e g a t i v e A r b e i t verrichtet werde. Wenn man also P kg-Gewichte h m hoch hebt, so verrichtet die Kraft des Armes eine Arbeit gegen die Schwere, und die von der Schwere verrichtete Arbeit ist eine negative vom Betrage $P \cdot h$.

Wenn wir eine Last auf eine horizontale Fläche setzen, so ist zu ihrer Verschiebung von einem Punkte der Fläche zu einem andern eine um so kleinere Kraft nötig, je glatter die Fläche, je kleiner die Reibung ist. In der Tat haben wir bei dieser Bewegung mit dem Gewichte der Last gar nichts zu schaffen, sondern nur mit ihrer Reibung auf der Unterlage. Würden wir diese vollkommen zu beseitigen imstande sein, so würde eine Verschiebung der Last auf horizontaler Unterlage keine Arbeit erfordern. Wir schließen aus diesem Beispiele, daß keine Arbeit geleistet wird, so oft der von einem Punkte durchlaufene Weg senkrecht zu der auf ihn wirkenden Kraft steht.

Der allgemeine Fall wird natürlich der sein, daß die Richtung, in der sich ein Punkt bewegt, mit der auf ihn wirkenden Kraft einen Winkel bildet (Fig. 27). Man kann dann die Kraft P zerlegen in zwei Komponenten Q und N, nach der Verschiebungsrichtung und senkrecht zu ihr die Arbeit würde unter diesen Umständen durch das Produkt aus Q und aus der Verschiebung AB gegeben sein; man kann aber auch die Verschiebung AB projizieren auf die Richtung der Kraft P, nach $A\beta$; die Figur zeigt dann, daß

$$P \cdot A\beta = Q \cdot AB.$$

Wenn ein Punkt A, auf den eine Kraft P wirkt, eine Verschiebung AB erleidet, so ist die Arbeit gleich dem Produkt aus der Kraft und aus der Projektion $A\beta$ der Verschiebung auf die Richtung der Kraft: positiv, wenn die Projektion auf $\bar{P}$ selbst,

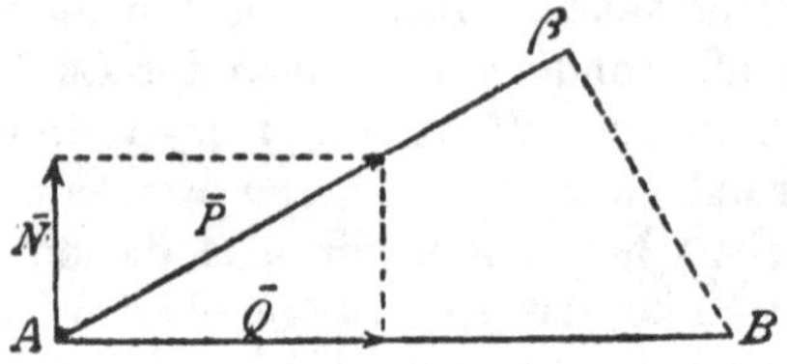

Fig. 27.

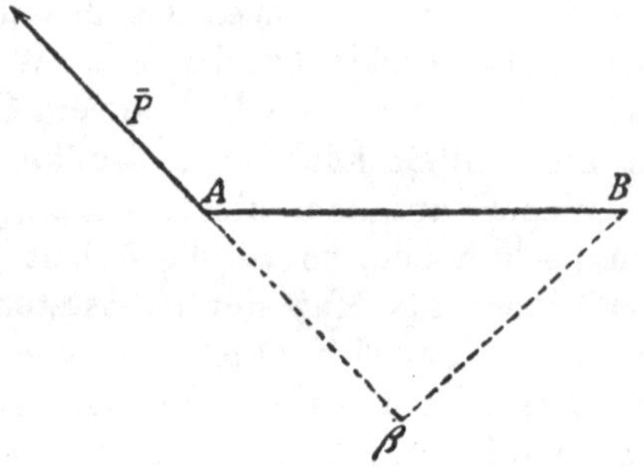

Fig. 28.

wie in Fig. 27, negativ, wenn sie auf die Verlängerung von $\bar{P}$ fällt, wie in Fig. 28.

§ 26. **Prinzip der virtuellen Verschiebungen.** Wenn wir beim Flaschenzuge das freie Seilende um eine Strecke S herabziehen, so steigt die an der Flasche hängende Last um s; der auf das freie Seilende wirkende Zug P leistet die Arbeit $P \cdot S$; von der Last wird die Arbeit $L \cdot s$ verbraucht; nach § 23 ist $P \cdot S = L \cdot s$, die bei der Verschiebung geleistete Arbeit gleich der verbrauchten; diese letztere Arbeit haben wir nach dem vorhergehenden als eine negative zu bezeichnen; schreiben wir dementsprechend $P \cdot S - L \cdot s = 0$, so haben wir den Satz:

Wenn Last und Kraft am Flaschenzuge sich Gleichgewicht halten, so ist bei einer Verschiebung die algebraische Summe der Arbeiten gleich Null.

An dem Beispiele des Hebels, des Räderwerkes kann man sich leicht davon überzeugen, daß dieser Satz allgemein für jede im Gleichgewicht befindliche Maschine gilt. Welches auch der Mechanismus sein mag, wenn die wirkenden Kräfte im Gleichgewichte stehen, ist die Summe der bei einer Verschiebung geleisteten Arbeiten gleich Null. Man bezeichnet alle kleinen Verschiebungen eines Mechanismus, die mit dem gegebenen Zusammenhange seiner Teile verträglich sind, als virtuelle Verschiebungen. Wir erhalten mit Benützung dieses Ausdruckes den Satz:

Wenn eine Maschine im Gleichgewicht ist, so sind die Summen der positiven und der negativen Arbeiten bei einer virtuellen Verschiebung zusammen gleich Null.

§ 27. **Natürliche Bewegungen.** Was geschieht, wenn die Summe der Arbeiten bei einer virtuellen Verschiebung nicht Null ist?

Wir werden dabei zwei Fälle zu unterscheiden haben; es sei einmal zu jeder Verschiebung eine ihr entgegengesetzte möglich, die Maschine könne ebensogut vor- wie rückwärts laufen. Dann ist immer ein System von Verschiebungen vorhanden, für das diese geleistete Arbeit positiv ist, und in diesem Sinne tritt dann wirkliche Bewegung der Maschine von selber ein. Ist z. B. beim Flaschenzuge das Produkt $L \cdot s$ größer als $P \cdot S$, so sinkt die Last zu Boden. Es sei andererseits der Mechanismus mit irgendeiner Hemmung verbunden, die nur eine Bewegung in einem bestimmten Sinne gestattet; wird dann bei einer virtuellen Verschiebung positive Arbeit geleistet, so gerät die Maschine wieder von selber in Bewegung; ist aber die hierbei geleistete Arbeit negativ, so bleibt sie in Ruhe. Ein Beispiel hierfür liefert eine im Grunde eines Trichters liegende Kugel; wie wir sie auch aus ihrer Gleichgewichtslage entfernen, immer wird sie dabei gehoben, immer ist die Arbeit der Schwere negativ. Ihr Gleichgewicht erfüllt in der Tat die Bedingung, daß jeder virtuellen Verrückung eine negative Arbeit entspricht. Andererseits sind die von selber eintretenden, die natürlichen Bewegungen stets so gerichtet, daß positive Arbeit geleistet wird.

§ 28. **Brückenwage.** Bei dieser für große Lasten dienenden Wage sollen einmal die horizontalen Schwankungen vermieden werden, die bei einer gewöhnlichen Wagschale lästig sein würden; die eine der Wagschalen wird zu diesem Zwecke gleichzeitig mit zwei verschiedenen Hebeln verbunden. Dann aber soll die Schale oder Brücke auch bei jeder Verschiebung des Systems ihre horizontale Lage behalten, denn nur so wird die Lage der Last auf der Brücke beim Wägen gleichgültig sein.

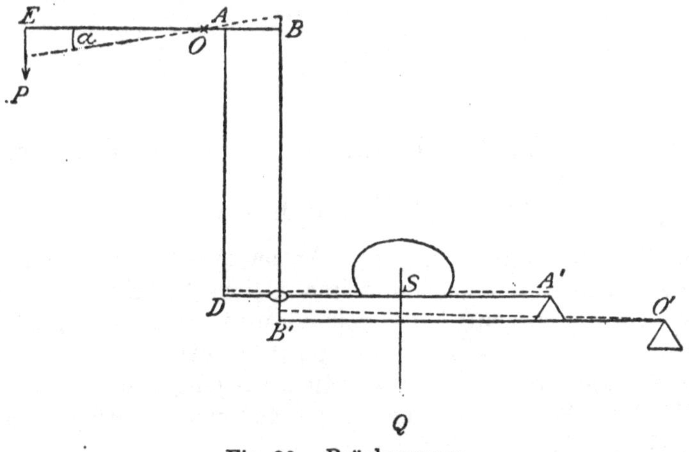

Fig. 29. Brückenwage.

O und O' (Fig. 29) sind die festen Drehungspunkte zweier Hebel, deren Enden durch eine Stange BB' verbunden sind. Auf den Hebel $O'B'$ ist in A' eine horizontale Schneide aufgesetzt, welche die Achse eines dritten Hebels $A'D$ bildet; dieser ist durch ein horizontales Brett, die Brücke, dargestellt, das in D durch die Stange DA mit dem Hebel OB verbunden ist. In S wirkt die Last Q, in dem anderen Endpunkte E des Hebels OB das Gewicht P. Wenn wir den Hebel EB um den kleinen Winkel α nach unten drehen, so sinkt das Ende E um $OE \cdot \alpha$, es wird also eine positive Arbeit geleistet vom Betrage $P \cdot OE \cdot \alpha$. Gleichzeitig hebe sich der Angriffspunkt S der Last Q um eine Strecke s; Gleichgewicht ist vorhanden, wenn die damit verbundene negative Arbeit mit der in E verrichteten positiven zusammen Null gibt, d. h. wenn

$$P \cdot OE \cdot \alpha = Q \cdot s$$

ist. Nun hängt s zunächst ab von den Hebungen der Punkte A' und D und von den Abständen DS und $A'S$. Wenn aber die Endpunkte D und A' der Brücke sich um gleich viel heben, wenn ihre Fläche bei der Verschiebung horizontal bleibt, so ist s unabhängig von der Stelle, auf welche die Last gesetzt wird, und gleich der Hebung der ganzen Brücke. Die Hebung von D ist gleich $OA \cdot \alpha$, die von A' gleich $OB \cdot \alpha \cdot \frac{O'A'}{O'B'}$; beide sind gleich, wenn $OA : OB = O'A' : O'B'$, dann ist aber auch $s = OA \cdot \alpha$, und die Bedingung für das Gleichgewicht der Wage:

$$P \cdot OE = Q \cdot OA\,.$$

Macht man $OE : OA = 10$, so ist $Q = 10 \cdot P$, die Last gleich dem Zehnfachen des Gewichtes („Dezimalwage").

Das gleiche Prinzip der Parallelführung der Wageflächen findet sich in etwas anderer Ausführung bei den allgemein gebräuchlichen Tafelwagen.

Zweiter Teil. Dynamik starrer Körper.

I. Geschwindigkeit und Beschleunigung.

§ 29. Gleichförmige Bewegung. Wenn ein Körper in seiner Bahn in gleichen aufeinanderfolgenden Zeiten gleiche Strecken durchläuft, so nennen wir seine Bewegung eine gleichförmige. Den Weg, den er in der Zeiteinheit zurücklegt, nennen wir seine Geschwindigkeit. Ist also t die Zeit, während der wir die Bewegung beobachten, s der in ihr zurückgelegte Weg, so ist der in der Zeiteinheit zurückgelegte Weg, die Geschwindigkeit:

$$c = s/t\,.$$

Aus dieser Beziehung ergibt sich, daß wir für die neu eingeführte Größe, die Geschwindigkeit, keiner neuen Maßeinheit bedürfen; diese ist offenbar mitbestimmt, sobald die Maßeinheiten der Länge und der Zeit festgelegt sind. Die Geschwindigkeit Eins besitzt ein Körper, der in der Zeiteinheit die Einheit der Länge durchläuft. Wir bezeichnen eine Maßeinheit, die sich in irgendeiner Weise aus anderen schon vorher definierten bestimmt, als eine abgeleitete. Die Maße für Flächen- und

Rauminhalte waren solche; das Maß der Geschwindigkeit bildet ein neues Beispiel.

Dimension der Geschwindigkeit. Die Messung der Geschwindigkeit läßt sich also auf die fundamentalen Messungen einer Länge und einer Zeit zurückführen. Die gefundenen Maßzahlen werden so kombiniert, daß die Maßzahl des Weges dividiert wird durch die der Zeit. Diese rechnerische Verbindung der fundamentalen Größen der Länge, l, und der Zeit, t, bei der Berechnung der Geschwindigkeit nennen wir die Dimension der letzteren. Man sieht hieraus, daß der Begriff der Dimension bei allen abgeleiteten Maßen Anwendung findet; die ihnen entsprechenden Maßzahlen werden sich immer durch Multiplikationen und Divisionen aus den Grundmaßen ergeben. Die Zahl und Art dieser Operationen wird durch die Dimension gegeben. Allgemein bezeichnen wir die Dimension einer physikalischen Größe dadurch, daß wir den für sie gewählten Buchstaben in eine eckige Klammer setzen; für die Geschwindigkeit ergibt sich hiernach die Dimensionsgleichung:

$$[c] = l \cdot t^{-1} .$$

Die Maßzahl einer Geschwindigkeit hängt selbstverständlich von der Wahl der Maßeinheiten der Länge und der Zeit ab. So beträgt die mittlere Bahngeschwindigkeit c der Erde 3,390 Meilen in der Sekunde, im metrischen System 29,606 km oder 2960600 cm in der Sekunde; man verbindet die Angabe der zugrunde gelegten Maßeinheiten mit der der Dimension, indem man schreibt: $c = 3{,}990$ Meilen $\cdot$ sec^{-1} $= 29{,}606$ km $\cdot$ sec^{-1} $= 2960600$ cm $\cdot$ sec^{-1}.

Geschwindigkeit und Weg. Der Definition der Geschwindigkeit zufolge ist der Weg

$$s = c \cdot t ,$$

wenn c die Geschwindigkeit und t die vom Anfange der Bewegung an verflossene Zeit bezeichnet. Wir können die hierdurch gegebene Beziehung leicht in ein geometrisches Gewand kleiden. Eine horizontale gerade Linie (Fig. 30) machen wir zur Achse der Zeiten; senkrecht zu ihr tragen wir die in den aufeinanderfolgenden Zeiten vorhandenen Geschwindigkeiten auf, und erhalten dann in dem vorliegenden Falle eine zu der Achse der Zeit parallele Linie, da ja die Geschwindigkeit immer dieselbe bleiben soll. Die Strecke OP der horizontalen Achse ist numerisch gleich der Zeit t, die Senkrechte PQ numerisch gleich der Geschwindigkeit c, somit repräsentiert der Flächeninhalt des Rechtecks $OPQR$ den in der Zeit t durchlaufenen Weg $s = c \cdot t = OP \cdot PQ$.

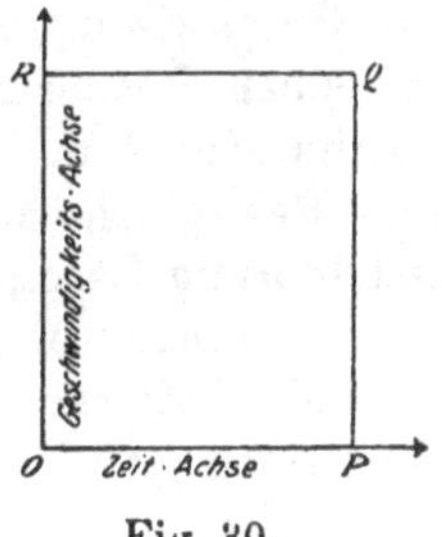

Fig. 30.

§ 30. **Gleichförmig beschleunigte Bewegung.** Den Fall einer gleichförmigen Bewegung finden wir bei den Körpern, die wir an der Oberfläche der Erde beobachten, selten verwirklicht. Nehmen wir das Beispiel eines Eisenbahnzuges, so finden wir, daß seine Geschwindigkeit, der in einer Sekunde zurückgelegte Weg, während der Fahrt mannigfachen Schwankungen unterworfen ist. Stellen wir sie ebenso graphisch dar, wie zuvor bei der gleichförmigen Bewegung, so werden die Ordinaten, durch welche die Geschwindigkeit repräsentiert wird, zu verschiedenen Zeiten verschiedene Längen besitzen; nun aber wird die Geschwindigkeit im allgemeinen nicht momentan von einem Werte zu einem anderen überspringen; die zu verschiedenen Zeiten gemessenen Werte müssen sich daher stetig aneinanderschließen, und wir kommen somit zu dem Schlusse, daß die Kurve der Geschwindigkeiten in diesem Falle, wie in den meisten anderen, eine gekrümmte, auf- und absteigende Linie ist. Der einfachste Fall ist der einer gegen die Achse der Zeit geneigten geraden Linie. Nehmen wir an, daß sie mit wachsender Zeit ansteige, so erhalten wir den Fall der gleichmäßig beschleunigten Bewegung, dessen Untersuchung für die Mechanik eine fundamentale Bedeutung besitzt.

Im Anfange der Beobachtung, zu der Zeit Null, sei auch die Geschwindigkeit Null, es gehe also die Linie, welche die Geschwindigkeit repräsentiert, von dem Anfangspunkt unserer rechtwinkligen Achsen aus (Fig. 31). Tragen wir auf der horizontalen Achse die den Zeiten von 1, 2, 3 ... Sekunden entsprechenden gleichen Strecken OA_1, OA_2, OA_3 ... ab, so repräsentieren die zugehörigen Ordinaten die entsprechenden Geschwindigkeiten v; wir erkennen sofort, daß die Geschwindigkeit in A_2 doppelt so groß, in A_3 dreimal so groß als in A_1 ist. Bezeichnen wir die am Ende der ersten Sekunde erreichte Geschwindigkeit mit a, so ist die Ordinate $A_1 C_1$ numerisch gleich a; die Geschwindigkeit v wächst dann in jeder folgenden Sekunde um denselben Betrag a. Diesen in der Zeiteinheit erfolgenden Zuwachs der Geschwindigkeit nennen wir die Beschleunigung; eine Bewegung, bei der die Beschleunigung konstant bleibt, ist eine gleichförmig beschleunigte. Der Definition zufolge erhalten wir die Beschleunigung, wenn wir den in einem beliebigen Zeitintervall $t_2 - t_1$ erfolgenden Zuwachs der Geschwindigkeit $v_2 - v_1$ durch jene Zeit dividieren; es ist

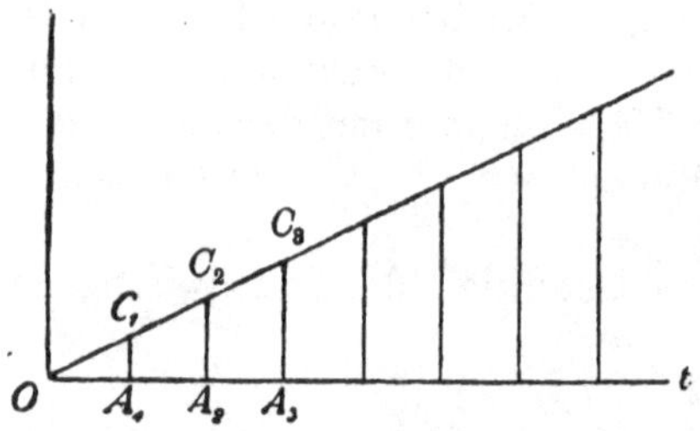

Fig. 31.

$$a = \frac{v_2 - v_1}{t_2 - t_1}.$$

Lassen wir den Anfangspunkt des betrachteten Intervalles mit dem Anfangspunkt der Zeit zusammenfallen, so ist $t_1 = 0$ und $v_1 = 0$, und wir erhalten

$$a = v/t.$$

Die Beschleunigung ist dann gleich der zu irgendeiner Zeit t vorhandenen Geschwindigkeit v durch diese Zeit dividiert.

Ebenso wie bei der Geschwindigkeit ist auch bei der Beschleunigung die Maßeinheit bestimmt, sobald die fundamentalen Maße der Länge und der Zeit festgesetzt sind. Aus der Geschwindigkeit berechnet sich die Beschleunigung durch Division durch eine Zeit; die Geschwindigkeit ihrerseits aus einem Wege gleichfalls durch Division durch eine Zeit. Somit gelangt man vom Wege aus zu der Beschleunigung durch eine zweimalige Division durch eine Zeit. Wir haben daher die Dimensionsgleichung

$$[a] = l \cdot t^{-2}.$$

Nach dem vorhergehenden ist bei der von der Ruhe ausgehenden gleichförmig beschleunigten Bewegung die Geschwindigkeit zur Zeit t gleich der Beschleunigung multipliziert mit der Zeit:

1) $$v = a \cdot t.$$

Die Berechnung des zurückgelegten Weges ergibt sich in folgender Weise. An Stelle der Bewegung, die mit kontinuierlich sich ändernder Geschwindigkeit vor sich geht, setzen wir eine andere, bei der die Geschwindigkeit in kleinen Intervallen sprungweise sich ändert, und auf deren einzelne Abschnitte die in § 29 gegebene Formel sich anwenden läßt. Wir grenzen zu diesem Zwecke auf der Achse der Zeit durch die Punkte $\alpha_1, \alpha_2, \alpha_3, \alpha_4, \ldots$ gleiche Intervalle ab (Fig. 32); an Stelle der wachsenden Geschwindigkeiten, mit denen sich der Körper in den durch $O\alpha_2$, $\alpha_2\alpha_4$, $\alpha_4\alpha_6, \ldots$ dargestellten Zeiten bewegt, setzen wir dann die konstanten Geschwindigkeiten $\alpha_1\gamma_1$, $\alpha_3\gamma_3$, $\alpha_5\gamma_5, \ldots$, die Mittelwerte aus den Anfangs- und Endgeschwindigkeiten der Intervalle; wir ersetzen also die allmählich ansteigende Linie der Geschwindigkeiten durch die Zickzacklinie $\varepsilon\delta_2\,\varepsilon_2\,\delta_4\,\varepsilon_4\,\delta_6 \ldots$ Nach § 29 aber ist der Weg, der in der durch $O\alpha_2$ dargestellten Zeit mit der konstanten Geschwindigkeit $\alpha_1\gamma_1$ zurückgelegt wird, numerisch gleich dem Inhalte des Rechtecks $O\alpha_2\delta_2\varepsilon$; ebenso die in den Zeiten $\alpha_2\alpha_4$ und $\alpha_4\alpha_6$ zurückgelegten Wege numerisch gleich den Rechtecken $\alpha_2\alpha_4\delta_4\varepsilon_2$ und $\alpha_4\alpha_6\delta_6\varepsilon_4$. Setzen wir diese Betrachtung weiter fort, so kommen wir zu folgendem Schlusse: der Weg, den der Körper mit der dargestellten sprungweisen Änderung der Ge-

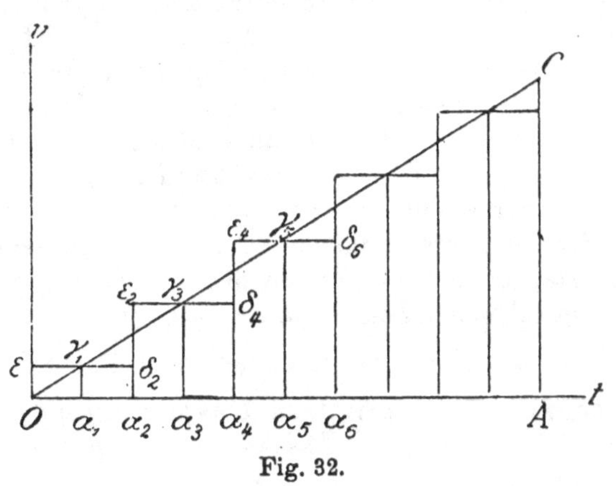

Fig. 32.

schwindigkeit zurücklegt bis zu der durch OA dargestellten Zeit t, ist numerisch gleich dem Inhalte der von OA, von der Zickzacklinie $O\,\varepsilon\,\delta_2\,\varepsilon_2\,\delta_4\,\varepsilon_4\ldots$ und von der Ordinate AC begrenzten Figur, d. h. gleich dem Inhalte des Dreiecks OAC. Der fingierte Vorgang nähert sich der wirklichen Bewegung um so mehr, je kleiner die Zeitintervalle werden, die durch $O\,\alpha_2$, $\alpha_2\,\alpha_4\ldots$ dargestellt sind; in demselben Maße schließt sich auch unsere Zickzacklinie enger an die gegebene Linie der Geschwindigkeiten an. Wir werden daher annehmen, daß auch bei der wirklichen Bewegung der zur Zeit t zurückgelegte Weg dargestellt sei durch den Inhalt des Dreiecks OAC, durch $\frac{1}{2}\,OA \cdot AC$. Nun ist OA numerisch gleich der Zeit t, AC gleich der zugehörigen Geschwindigkeit v, somit der Weg

$$s = \tfrac{1}{2} v t,$$

oder, wenn wir den Wert von v aus der Gleichung 1 benutzen,

2) $$s = \tfrac{1}{2} a t^2,$$

eine Gleichung, durch die unsere frühere Bemerkung über die Dimension der Beschleunigung a bestätigt wird. Die Beschleunigung selbst ist danach numerisch gleich dem Doppelten des in der ersten Sekunde zurückgelegten Weges.

Die Wege s verhalten sich wie die Quadrate der Zeiten t.

§ 31. **Allgemeine Definition von Geschwindigkeit und Beschleunigung.** Die im vorhergehenden entwickelte Methode, bei einer nicht gleichförmigen Bewegung den Weg zu berechnen, ist von besonderer Bedeutung, weil sie in ähnlicher Weise bei einer Bewegung benützt werden kann, deren Geschwindigkeit in beliebiger Weise mit der Zeit sich ändert. Gleichzeitig knüpft sich aber an die ihr zugrunde liegende Zerlegung der Bewegung in einzelne Abschnitte von kurzer Dauer die allgemeinere Bestimmung der Geschwindigkeit. Bei einer veränderlichen Bewegung liefert die ursprüngliche Definition der Geschwindigkeit verschiedene Werte, je nach der Größe des zurückgelegten Weges, $s_2 - s_1$, und des entsprechenden Zeitraumes, $t_2 - t_1$, je nach der Stelle der Bahn, an der die Beobachtung vorgenommen wird. Der Bruch $\frac{s_2 - s_1}{t_2 - t_1}$ liefert nur das, was wir als die m i t t l e r e G e s c h w i n d i g k e i t während der Zeit $t_2 - t_1$ bezeichnen können. Lassen wir neben dem wirklichen einen fingierten Körper mit der gleichförmigen Geschwindigkeit $\frac{s_2 - s_1}{t_2 - t_1}$ sich bewegen, so wird dieser in der Zeit $t_2 - t_1$ denselben Weg zurücklegen, wie der wirkliche. Je kleiner wir nun den Zeitraum $t_2 - t_1$ nehmen, um so geringer werden die Unterschiede zwischen den Geschwindigkeiten seiner aufeinanderfolgenden Bruchteile sein, um so mehr wird die Bewegung jenes fingierten Körpers mit der des wirklichen sich decken; wir können somit den Bruch $\frac{s_2 - s_1}{t_2 - t_1}$ mit um so größerem Rechte als die wirkliche Geschwindigkeit des Körpers betrachten, je kleiner der Zeitraum $t_2 - t_1$ ist.

Der Bruch $(s_2 - s_1)/(t_2 - t_1)$ nähert sich dann immer mehr einem bestimmten „Grenzwerte", den wir mit dem Symbole ds/dt bezeichnen. So erhalten wir als Wert der wahren Geschwindigkeit

$$v = \frac{ds}{dt}.$$

Damit ist dann auch die Definition der Geschwindigkeit allgemein für eine beliebige Bewegung gegeben als der „Differentialquotient des Weges nach der Zeit".

Als Zeit, für welche die Geschwindigkeit gilt, könnten wir zunächst die Mitte des Zeitelementes dt betrachten; da aber die Geschwindigkeit während der Zeit dt nur eine unendlich kleine Änderung erleidet, so stellt $\frac{ds}{dt}$ ebensogut die Geschwindigkeit im Anfang jenes Zeitraumes dar. Sind $dt_1, dt_2, dt_3, \ldots$ aufeinanderfolgende kleine Zeitabschnitte, $v_1, v_2, v_3, \ldots$ die ihnen entsprechenden, als gleichförmig zu betrachtenden Geschwindigkeiten, so ergibt sich nach § 29 für den in der Zeit

$$dt_1 + dt_2 + dt_3 + \ldots$$

zurückgelegten Weg der Ausdruck

$$s = v_1 dt_1 + v_2 dt_2 + v_3 dt_3 + \ldots = \sum v\,dt.$$

Wir wollen die wechselnden Werte der Geschwindigkeit in ihrer Abhängigkeit von der Zeit wieder durch eine Kurve darstellen (Fig. 33). Die auf der horizontalen Achse abgetragene Strecke OA repräsentiere die Zeit $t = dt_1 + dt_2 + dt_3 + \ldots$

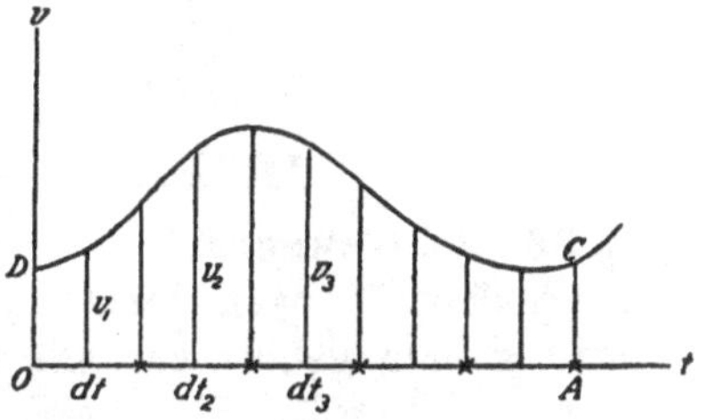

Fig. 33.

Aus den Bemerkungen von § 29 ergibt sich dann, daß der Weg, der in der Zeit t zurückgelegt wird, numerisch gleich dem Inhalte der von der Geschwindigkeitskurve und den Achsen begrenzten Fläche $OACD$ ist.

Eine ganz analoge Betrachtung führt auch zu der allgemeinen Definition der Beschleunigung. Wir nehmen zunächst an, daß die Geschwindigkeitskurve gegen die Abszissenachse steige; bei einer wellenförmigen Kurve beschränken wir uns auf einen ansteigenden Teil derselben. Wir wählen dann das Zeitintervall $(t_2 - t_1)$ so klein, daß das entsprechende Stück der Geschwindigkeitskurve als geradlinig betrachtet werden kann; die Geschwindigkeit steigt dann in der Zeit t_1 bis t_2 gleichmäßig an; die Bewegung hat solange den Charakter einer gleichmäßig beschleunigten. Sind v_1 und v_2 die Geschwindigkeiten am Anfang und am Ende des betrachteten Zeitraumes, so ist die Beschleunigung

$$a = \frac{v_2 - v_1}{t_2 - t_1}.$$

Wird Zähler und Nenner dieses Bruches immer kleiner, so nähert sich a einem Grenzwerte dv/dt. Dann ist die Beschleunigung gegeben durch

$$a = \frac{dv}{dt}.$$

In den gegen die Achse der Zeit fallenden Teilen einer wellenförmigen Geschwindigkeitskurve tritt eine allmähliche Abnahme der Geschwindigkeit ein. Findet der Abfall in gerader Linie statt, so nimmt die Geschwindigkeit in gleichen Zeiten um gleich viel ab; die Abnahme der Geschwindigkeit, bezogen auf 1 Sekunde, die Verzögerung, ist konstant. Die Bewegung ist eine gleichmäßig verzögerte. Aber auch die Bewegung deren Geschwindigkeitskurve in beliebiger Weise gegen die Abszissenachse sich senkt, wird innerhalb eines sehr kleinen Zeitraumes $(t_2 - t_1)$ den Charakter einer gleichmäßig verzögerten Bewegung annehmen. Ist die Geschwindigkeit im Anfang des betrachteten Zeitraumes gleich v_1, am Schlusse gleich v_2, so ergibt sich ebenso wie vorher zur Berechnung der Beschleunigung die Formel:

$$a = \frac{v_2 - v_1}{t_2 - t_1}.$$

Aber nun ist v_2 kleiner als v_1, es wird also die Beschleunigung negativ.

Die verzögerte Bewegung ist also eine Bewegung mit negativer Beschleunigung. Auf die gleichförmig verzögerte Bewegung werden wir in § 40 zurückkommen.

Die Dimensionsgleichungen von Geschwindigkeit und Beschleunigung im cm-sec-Systeme sind:

$$[v] = \text{cm} \cdot \text{sec}^{-1} \text{ und } [a] = \text{cm} \cdot \text{sec}^{-2}.$$

II. Fallbewegung und Pendel.

§ 32. **Fallbewegung.** Bei jeder Bewegungserscheinung können wir gewisse Beobachtungen machen, die eine Messung der Zeit nicht erfordern. Hierzu gehört vor allem die Bestimmung der Bahn, in der die Bewegung sich vollzieht. Beim freien Fall ist die Bahn des fallenden Körpers eine vertikale gerade Linie. Eine zweite Frage, die gleichfalls ohne Zeitmessung entschieden werden kann, ist die, ob die Fallbewegung verschiedener Körper eine verschiedene ist, oder ob sie bei allen in derselben Weise erfolgt. Die Beantwortung wird erschwert durch die Reibung, welche die Körper bei ihrer Bewegung in der Luft erleiden. Be leichten Körpern von großer Oberfläche wird die Fallbewegung dadurch ganz wesentlich abgeändert; die Bahn eines fallenden Papierstreifens ist nicht vertikal, sondern geneigt, und mit der fortschreitenden Bewegung verbindet er eine wirbelnde Bewegung um seine Längsrichtung. Wenn man aber die Fallbewegung in einer evakuierten Röhre vor sich gehen läßt, so wird diese von den verschiedenartigsten Körpern in derselben Zeit durchfallen. Zu einem endgültigen Beweise dieser fundamentalen Tatsache genügt allerdings der Versuch nicht; wir setzen ihre Richtigkeit vorläufig voraus, bis uns die Pendelbewegung ein Mittel zu ihrer exakten Prüfung liefern wird. Gestalt, Größe, Gewicht würden danach von keinem Einfluß auf die Fallbewegung sein; wir kennen die Fallbewegung aller Körper, wenn wir die eines einzigen untersucht haben.

Eine dritte ohne Zeitmessung auszuführende Beobachtung ist folgende. Wir befestigen eine vertikale und eine geneigte Rinne so, daß sie mit ihren unteren Enden in einem und demselben Punkte zusammenstoßen. In demselben Momente lassen wir eine erste Kugel längs der vertikalen Rinne frei herabfallen, eine zweite längs der geneigten mit möglichst geringer Reibung heruntergleiten. Durch Probieren bestimmen wir die Länge der geneigten Rinne so, daß die Kugeln wieder in demselben Momente unten zusammentreffen. Es ergibt sich, daß das obere Ende der geneigten Rinne auf einem Kreise liegt, der um die vertikale Rinne als Durchmesser beschrieben wird. Allgemein gilt hiernach der Satz: Alle nach dem tiefsten Punkte einer Kugel gehenden Sehnen werden in derselben Zeit von einem fallenden Körper durchlaufen.

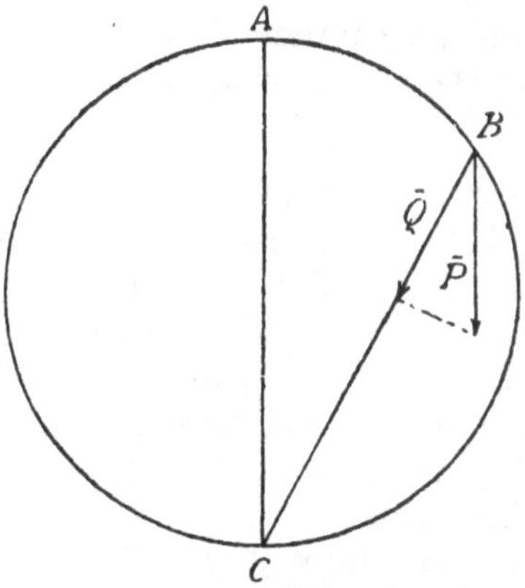

Fig. 34.

Wir knüpfen hieran noch eine wichtige Bemerkung. Längs der geneigten Sehne BC (Fig. 34) wird der Körper nur durch die ihr parallele Komponente Q des Gewichtes getrieben, längs der vertikalen AC durch das ganze Gewicht P; nun findet die Proportion statt

$$\bar{P}:\bar{Q} = AC:BC\,.$$

Da aber AC und BC in gleichen Zeiten durchlaufen werden, so ergibt sich der Satz: Die von einem Körper in gleichen Zeiten von der Ruhe aus zurückgelegten Wege sind proportional den treibenden Kräften.

Nach diesen Vorbereitungen gehen wir nun über zu vollständigen Systemen von Messungen mit Zuhilfenahme von Zeitbeobachtungen. Für diese bleibt nur übrig die Beobachtung der Fallräume und der Fallzeiten. Wir müßten die Höhe, von der der Körper fällt, so regulieren, daß er, bei einem bestimmten Sekundenschlage, der Zeit Null, losgelassen, bei einem bestimmten späteren Schlage auf den Boden auffällt. Die Ausführung der Messung ist aber auf diesem Wege nicht möglich, da schon die einer Fallzeit von zwei, drei Sekunden entsprechenden Fallräume zu groß sind. Nun gibt aber der vorhergehende Satz ein Mittel, das eine Verkleinerung der Fallräume in beliebigem Verhältnisse gestattet. Wird der Körper bei seiner Fallbewegung getrieben nicht durch sein ganzes Gewicht, sondern nur durch einen Teil davon, so reduzieren sich die Fallräume in dem Verhältnisse, in dem das treibende Gewicht zu dem ganzen Gewichte steht. Das hierdurch gegebene Prinzip wurde von Galilei verwertet, indem er an Stelle des freien Falles den auf der schiefen Ebene untersuchte.

Galilei[1] (1568—1642) wurde so der Begründer der klassischen Bewegungslehre oder Dynamik.

Fallgesetze. Läßt man einen Körper, Gewicht P, möglichst reibungslos längs einer schiefen Ebene fallen, so ist die treibende Kraft nach § 22 $P \sin \alpha$, wo α der Neigungswinkel der schiefen Ebene ist. Hat man auf letzterer eine Teilung so ausgeführt, daß der in der ersten Sekunde zurückgelegte Weg die Längeneinheit bildet, so findet man, daß in den Zeiten von 1, 2, 3, 4, ... Sekunden die Wege 1, 4, 9, 16, ... zurückgelegt werden.

Die Fallräume verhalten sich wie die Quadrate der Fallzeiten.

Damit ist aber nach § 30 gezeigt, daß die beobachtete Bewegung eine gleichförmig beschleunigte ist. Nennen wir die Beschleunigung an der Galileirinne a, so gelten dann nach § 30 die Beziehungen:

$$s = \tfrac{1}{2} a t^2, \quad v = a t .$$

Die Fallgeschwindigkeiten sind proportional den Fallzeiten.

Wäre es möglich, an der Galileischen Rinne den Fallraum s in irgendeiner Zeit t genau zu bestimmen, so erhielte man die Beschleunigung a. Dieses a verhält sich zur Beschleunigung des freien Falles, wie die Antriebe, also wie $P \sin \alpha$ zu P. Theoretisch wäre das möglich. Die vorhandene Reibung bildet aber eine zu große Fehlerquelle.

Atwoodsche Fallmaschine. Über einer fixen Rolle hängen an einer Schnur 2 gleiche Gewichte P_1 und P_2 im Gleichgewicht. Legt man zu einem dieser Gewichte ein kleines Übergewichtchen p hinzu, so ist das Gleichgewicht gestört, und es entsteht eine immer raschere und raschere Bewegung, das Übergewichtchen fällt nach den Gesetzen des freien Falles, aber viel langsamer, weil es die schweren Gewichte in immer raschere Bewegung versetzen muß. Man kann mit dieser Fallmaschine viel genauer als mit der Galileischen Rinne die Fallgesetze nachweisen. Zu einer wirklich exakten Bestimmung der Beschleunigung des freien Falles ist aber auch dieser Apparat nicht geeignet.

Die Beschleunigung der Schwere bildet eine der fundamentalen Konstanten der Physik, und man hat sie daher durch einen besonderen Buchstaben, g, bezeichnet. Aus Pendelbeobachtungen (§ 50) leitet sich (für 49° Breite) ab:

$$g = 981 \text{ cm} \cdot \text{sec}^{-2} .$$

Daran schließen sich dann die Formeln für Geschwindigkeit und Weg beim freien Falle:

$$v = g \cdot t \quad \text{und} \quad s = \tfrac{1}{2} g \cdot t^2.$$

[1] Discorsi e dimostrazioni mathematiche (Leiden 1638). Es gibt viele Gesamtausgaben seiner Werke.

§ 33. Arbeit beim freien Fall. Durch Verbindung der 2 letzten Gleichungen erhalten wir auch $\frac{1}{2}v^2 = gs$. Multiplizieren wir beiderseits mit p, das eine Gewichtskraft bedeuten soll, so wird

$$\frac{1}{2}pv^2 = psg \quad \text{oder} \quad \frac{1}{2}\frac{p}{g}v^2 = ps\,.$$

Nun ist ps, Gewichtskraft mal Fallhöhe, das was wir § 25 Arbeit nannten. Für den Ausdruck $\frac{p}{g}$ setzen wir m, die „Masse" des Gewichtes p. Dann erhalten wir

$$\frac{1}{2}mv^2 = ps\,.$$

Diesen hier zuerst gegebenen Begriff der „Masse" werden wir später (§ 38) allgemeiner definieren.

Die Wichtigkeit des Ausdruckes links verlangt eine eigene Bezeichnung. Dies halbe Produkt aus Masse mal Geschwindigkeitsquadrat heißt die Wucht (früher auch die „lebendige Kraft") oder die kinetische Energie einer mit der Geschwindigkeit v sich bewegenden Masse m.

Bei der Atwoodschen Fallmaschine fällt eigentlich nur das kleine Übergewicht p, von den beiden großen P_1 und P_2 fällt das eine, während das andere um ebensoviel steigt. Sei der Weg s, so ist sp die vom fallenden Übergewichte geleistete Arbeit. Sei die erreichte Geschwindigkeit dabei v, so bewegen sich mit dieser Geschwindigkeit (wenn wir von der Rolle absehen) die Gewichte $P_1 + P_2 + p$, deren Gesamtmasse $M = \frac{2P_1 + p}{g}$ wäre. Hier gilt dann, wie sich leicht an der Fallmaschine experimentell zeigen läßt

$$ps = \frac{1}{2}Mv^2\,.$$

Wenn wir an der Atwoodschen Maschine auf verschieden große Gesamtgewichte gleiche Arbeiten des Übergewichtes wirken lassen, so verhalten sich die Quadrate der erzeugten Geschwindigkeiten umgekehrt wie die Massen der Gewichte. Vergrößern wir die Masse auf das Vierfache, so sinkt die Geschwindigkeit auf die Hälfte.

§ 34. Wurfbewegung. Die Wurfbewegung, die sich in natürlicher Weise an die Fallbewegung anschließt, ist zu Messungen wenig geeignet; wir begnügen uns daher mit der Betrachtung der Bahn des geworfenen Körpers. Diese kann man beobachten, wenn man eine Reihe von Körpern unter ganz denselben Bedingungen in Wurfbewegung versetzt, so daß sie durch ihre Aufeinanderfolge ein bleibendes Bild der Bahn entwerfen. Am vollkommensten wird dies erreicht bei einem Wasserstrahle, der aus einem Gefäße mit konstantem Niveau ausströmt. Die Bahn des Strahls, die Bahn des geworfenen Körpers, ist eine Parabel. Für diese ergibt sich eine hübsche Konstruktion, wenn die anfängliche Wurfrichtung AW und die Stelle C gegeben ist, in welcher der geworfene Körper den Boden erreicht (Fig. 35). Wir ziehen durch C eine Vertikale, welche die Wurfrichtung in B schneidet. Die Strecken AB und BC teilen wir in eine gleiche Anzahl gleicher Teile, z. B. in je vier. Nach den Teilpunkten von *BC* ziehen wir die Linien *A1'*, *A2'*, *A3'*, durch die Teilpunkte *1*, *2*, *3* von *AB* vertikale Linien, welche die vorhergehenden in *I*, *II*, *III* treffen. Die Kurve, welche die Richtung *AW* in *A* berührt und die Punkte *A*, *I*, *II*, *III*, *C* verbindet, ist die gesuchte Parabel. An diese Konstruktion schließt sich noch eine Bemerkung, die in der Folge von Bedeutung sein wird. Würde der Körper sich mit der ihm anfänglich erteilten Geschwindigkeit weiter bewegen, so würde er in gleichen aufeinanderfolgenden Zeiten die gleichen Wege *A1*, *12*, *23*, *3B* zurücklegen. Die vertikalen Abweichungen von der Richtung *AW*, die Strecken *1I*, *2II*, *3III*, *BC* verhalten sich wie 1:4:9:16, d. h. wie Fallräume, die in den Zeiten 1, 2, 3, 4 von der Ruhe aus zurückgelegt werden. Hierdurch wird die Auffassung nahe gelegt, daß es sich bei der Wurfbewegung um eine Kombination der gleichförmigen Bewegung in der Wurfrichtung mit der Fallbewegung handelt.

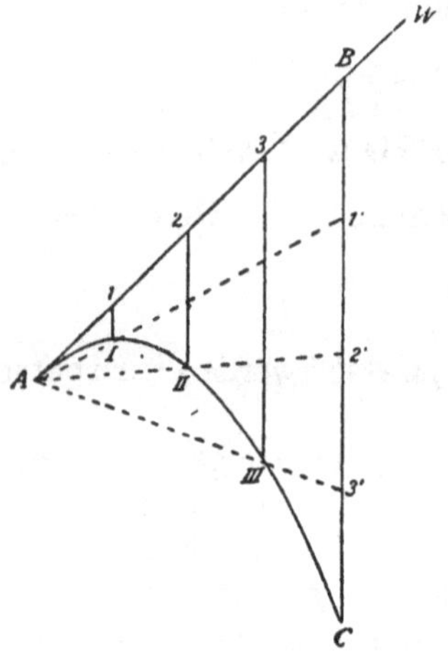

Fig. 35. Schiefer Wurf.

§ 35. Bewegung des Pendels. Eine zweite Bewegung, die als eine Abänderung der Fallbewegung betrachtet werden kann, ist die Bewegung des Pendels. Wir haben früher gesehen, daß ein an einem Faden aufgehängtes Senkel sich in Ruhe befindet, wenn der Faden vertikal ist. Wenn wir den Faden als unausdehnbar voraussetzen, so ist das Senkel gezwungen, auf einer Kugelfläche zu bleiben, deren Mittelpunkt in dem Aufhängepunkt liegt; die Ruhelage entspricht dem tiefsten Punkte. Ziehen wir das Senkel zur Seite und lassen es los, so wird es unter der Wirkung seines Gewichtes auf einem Kreisbogen wie auf einer Reihe von schiefen Ebenen von allmählich abnehmender Neigung herabfallen (Fig. 36). In dem tiefsten Punkte kommt es mit einer gewissen Geschwindigkeit an und steigt infolgedessen auf der anderen Seite mit abnehmender Geschwindigkeit wieder aufwärts. Es kehrt um, wenn es die ursprüngliche Höhe wieder erreicht hat und wiederholt rückwärts die frühere Bewegung; es reiht sich so eine ununterbrochene Folge von Hin- und Hergängen des Senkels aneinander; die hierdurch charakterisierte Bewegung nennen wir eine Pendelbewegung, das Senkel, sofern es diese Bewegung ausführt, ein Pendel.

Fig. 36. Pendel.

Eben durch diese ununterbrochene Wiederholung von Hin- und Hergängen bildet die Pendelbewegung ein ausgezeichnetes Objekt für Zeitbeobachtungen. Die **Schwingungsdauer** ist die Zeit, die das Pendel zu einem einmaligen Durchlaufen seiner Bahn, zu einem Hingange oder einem Hergange braucht. Man bezeichnet diese Zeit wohl auch als die Dauer einer halben Schwingung; unter einer ganzen Schwingung versteht man dann ein zweimaliges Durchlaufen der Bahn (Hin- und Hergang).

Wenn wir die Zeit messen, die während einer großen Zahl von Hin- und Hergängen vergeht, können wir die Dauer eines einzelnen Hin- oder Herganges, die Schwingungsdauer, mit großer Genauigkeit bestimmen.

Hängen wir Körper von verschiedener Gestalt, verschiedenem Gewichte, verschiedenem Stoffe an gleich langen Fäden auf, ziehen wir sie gleich weit von ihrer Ruhelage zur Seite und lassen wir sie im selben Momente los, so führen sie ganz übereinstimmende Pendelschwingungen aus. Die Pendelschwingung ist ebenso wie der freie Fall von Gestalt, Größe, Stoff des bewegten Körpers unabhängig; bei der Pendelbewegung ist aber dieser Satz einer ungleich schärferen Prüfung fähig als beim Falle.

Wir nehmen ferner zwei Pendel mit gleich langen Fäden, entfernen sie aber ungleich weit von ihren Ruhelagen und lassen sie gleichzeitig los. Auch in diesem Falle kehren die Pendel anscheinend gleichzeitig in den Endpunkten der von ihnen durchlaufenen Bahnen um. Doch gilt dies nur, wenn die durchlaufenen Bögen nicht zu groß sind. Ein Pendel, das in sehr weitem Bogen hin und her schwingt, bleibt gegen ein in kleinem Bogen schwingendes allmählich etwas zurück. Immerhin sind die hierdurch bedingten Unterschiede minimal, und bei kleinen Schwingungsbögen brauchen wir den Einfluß der Schwingungsweite jedenfalls nicht zu berücksichtigen.

Nach diesen Erfahrungen kann nun die Schwingungsdauer eines Pendels nur noch abhängen von der Länge des Pendelfadens. Um diese Abhängigkeit zu ermitteln, suchen wir zuerst ein Pendel herzustellen, dessen Schwingungsdauer gleich einer Sekunde ist, ein sogenanntes Sekundenpendel; ebenso machen wir durch Probieren ein Zwei-, ein Dreisekundenpendel. Wir finden so experimentell die Pendellängen 99,4 cm, 397,6 cm, 894,6 cm. Hieraus folgt das Gesetz:

Die Quadrate der Schwingungsdauern sind proportional den Pendellängen.

Bezeichnen wir durch T die Schwingungsdauer in Sekunden, durch l die Pendellänge in Zentimetern, so ist

$$T^2 = \frac{l}{99,4}.$$

Wir haben bemerkt, daß die Pendelbewegung in naher Beziehung zu der Fallbewegung steht. Es ist zu vermuten, daß diese Verwandtschaft der Bewegungen auch in ihren Gesetzen zum Ausdrucke kommt; in der Tat ist nun $99{,}4 = \frac{981}{\pi^2} = \frac{g}{\pi^2}$. Das Pendelgesetz kann daher in der Form geschrieben werden:

$$\frac{T^2}{\pi^2} = \frac{l}{g} \text{ oder } T = \pi\sqrt{\frac{l}{g}}.$$

Die Schwingungsdauer hängt demnach nicht allein von der Pendellänge, sondern auch von der Beschleunigung der Schwere ab.

Die theoretische Ableitung folgt § 46.

III. Newtons Prinzipien der Dynamik.

§ 36. Entwicklung der Prinzipien der Dynamik. Ehe wir zu der Betrachtung komplizierterer Bewegungserscheinungen übergehen, ist es notwendig, eine neue Methode der Untersuchung zu entwickeln. Wir haben uns bisher lediglich auf die Beobachtung gestützt; wir stellten mit ihrer Hilfe Formeln her, die den Zusammenhang der gemessenen Größen (Fallraum — Fallzeit, Pendellänge — Schwingungsdauer) in allgemeiner Weise wiedergeben und die Gesetze der Bewegungen darstellen. Es ist aber nicht zu verkennen, daß die so gewonnenen Resultate nur wenig befriedigende sind. Zwar sind wir zu einer vollständigen Kenntnis der Gesetze des freien Falles gelangt, aber die Beobachtungen, aus denen sie abgeleitet sind, können nur mit mäßiger Genauigkeit angestellt werden, die Gesetze selbst sind nicht sicher begründet. Die Beobachtung der Schwingungsdauer eines Pendels ist allerdings einer außerordentlichen Genauigkeit fähig, aber das Pendelgesetz selbst gibt über die Bewegung doch nur einen teilweisen Aufschluß. Es läßt ganz unentschieden die Frage nach dem Ort, an dem sich das Pendel zu einer gegebenen Zeit befindet, nach der Geschwindigkeit, mit der es eine bestimmte Stelle seiner Bahn durchläuft. Wenn so die experimentelle Forschung schon bei den einfachsten Bewegungen zu ungenügenden Resultaten führt, so würde dies natürlich in noch viel höherem Maße der Fall sein, wenn wir zu komplizierteren Bewegungen übergehen wollten. Diese Schranke, die der Erforschung der Bewegungserscheinungen entgegenzustehen scheint, wurde durchbrochen durch die genialen Leistungen von Galilei und Newton. Diese erst haben das Fundament für eine wissenschaftliche Dynamik gelegt. Die epochemachende Bedeutung des Galilei-Newtonschen Ideenkreises für die ganze Naturforschung macht es notwendig, ihn wenigstens seinem allgemeinen Inhalte nach zu entwickeln.

Vor Galilei knüpft sich die Vorstellung der „Kraft" in erster Linie an den Zug oder Druck, den wir empfinden, wenn wir ein Gewicht in der Hand halten. Wir haben uns überzeugt, daß jede Kraft, welches auch ihr Ursprung sein mag, gemessen werden kann durch den Zug oder Druck eines Gewichtes, welches ihr das Gleichgewicht hält. Innerhalb der statischen Betrachtung unterscheiden sich die Kräfte nur durch Angriffspunkt, Richtung und Größe. Wenden wir uns zu den Erscheinungen der Bewegung, so zeigt sich, daß ein Körper nie von selbst aus dem Zustande der Ruhe in den der Bewegung übergeht oder von selbst die Bewegung, die er in einem gegebenen Augenblicke besitzt, verändert. Alle solche Veränderungen treten nur ein, wenn der betrachtete Körper in die Nähe, in eine gewisse Beziehung zu andern Körpern gebracht wird. Eine kleine Eisenkugel kommt in Bewegung, wenn in ihrer Nähe ein Elektromagnet erregt wird; ein Papierstückchen steigt auf, wenn wir darüber eine mit Wolle geriebene Siegellackstange halten. Wir drücken nichts anderes aus, als jene Tatsache, wenn wir die entstehende Bewegung als Folge einer auf den Körper wirkenden, von jenen anderen Körpern ausgehenden Kraft bezeichnen. Dieselben Kräfte, die im Falle des Gleichgewichtes als Druck, Zug oder Spannung sich äußern, betrachten wir andererseits als die Ursache einer entstehenden oder sich ändernden Bewegung. Setzen wir dann voraus, daß auch bei ihrer dynamischen Wirkung Kräfte sich nur unterscheiden durch Angriffspunkt, Richtung und Größe, so kann das Galilei-Newtonsche Problem in folgender Weise formuliert werden.

Gegeben sind die auf einen Körper wirkenden Kräfte nach Angriffspunkt, Richtung und Größe; es soll eine allgemeine Regel aufgestellt werden, nach der die hervorgerufene Bewegung durch Rechnung oder Zeichnung zum voraus bestimmt werden kann.

Wenn es gelingt, solche Regeln zu entdecken, so werden wir die aus ihnen abgeleiteten Bewegungsgesetze allerdings nicht ohne weiteres als gültig betrachten, sondern sie erst einer Prüfung durch den Versuch unterwerfen. Da aber nun die Gesetze fertig vorliegen, so ist es leicht, für den Versuch bequeme, die Beobachtung vereinfachende und erleichternde Verhältnisse auszuwählen, und wenn die experimentelle Forschung auch nicht ausreicht, jene Bewegungsgesetze zu entdecken, so wird sie doch der einfacheren Forderung genügen, die Richtigkeit der auf anderem Wege gefundenen Gesetze durch einzelne unter günstigen Verhältnissen angestellte Beobachtungen zu bestätigen.

Es fragt sich nun, wie wir zu der Aufstellung jener allgemeinen Regeln gelangen. Wenn die Kräfte gegeben sind, so kann nach dem vorhergehenden die Bewegung der Körper nur noch abhängen von ihrer inneren Natur; mit Bezug auf diese aber ist eine doppelte Möglichkeit vorhanden. Entweder besitzen alle Körper so viel Gemeinsames, daß die Regeln, nach denen sich die Bewegungen berechnen, für alle dieselben sind; oder aber jene innere Beschaffenheit ist eine jedem Körper oder wenigstens einzelnen Körperklassen eigentümliche; dann würden für jeden Körper oder für jede Körperklasse besondere Bewegungsregeln aufzustellen sein. Es ist klar, daß die letztere Annahme die Begründung einer wissenschaftlichen Dynamik außerordentlich erschwert. Wir versuchen es also mit der einfachsten ersten. Wenn aber für alle Körper die zu der Berechnung der Bewegung bei gegebenen Kräften dienenden

Regeln dieselben sind, so müssen sie schon verborgen sein in den Gesetzen der Fallbewegung. Es handelt sich also darum, die bei der Fallbewegung gemachten Erfahrungen so zu verallgemeinern, daß sie auf die Bewegungen aller möglichen Körper unter der Wirkung aller möglichen Kräfte Anwendung finden können.

§ 37. **Prinzip der Trägheit.** Eine erste Verallgemeinerung knüpfen wir an eine Beobachtung, daß der an der Atwoodschen Maschine fallende Körper sich mit gleichbleibender Geschwindigkeit weiterbewegt, wenn das ihn treibende Übergewicht weggenommen wird. Wir haben in diesem Falle eine Bewegung, die nicht durch eine äußere Einwirkung unterhalten wird, sondern ihren Grund lediglich in dem sich bewegenden Körper haben muß. Die Geschwindigkeit, die der Körper in einem bestimmten Augenblicke besitzt, bleibt dieselbe, solange keine Kraft auf ihn einwirkt; sie kann nur durch äußere Ursachen geändert werden. So schloß auch Galilei aus seinen Versuchen, daß ein Körper, der längs einer schiefen Ebene fallend eine gewisse Geschwindigkeit erreicht hat, mit derselben Geschwindigkeit unaufhörlich sich weiterbewegt, wenn er von der schiefen auf eine horizontale Ebene übergeht; denn hier verschwindet jeder Impuls des Gewichtes, jede Ursache einer Änderung. Newton weist auf die fortschreitende und rotierende Bewegung der Planeten hin, die ihre durch Reibung nicht gestörten Bewegungen unaufhörlich fortsetzen, und faßt das Resultat der Betrachtung in seinem ersten Gesetze der Bewegung so zusammen:

Jeder Körper beharrt in seinem Zustande der Ruhe oder der geradlinigen, gleichförmigen Bewegung, wenn er nicht durch einwirkende Kräfte gezwungen wird, seinen Zustand zu ändern.[1]

Man bezeichnet die hierin liegende allgemeine Eigenschaft der Körper als ihre Trägheit oder ihr Beharrungsvermögen. (Siehe dagegen § 321.)

§ 38. **Prinzip der Masse.** Aus dem vorhergehenden folgt, daß die Bewegung eines Körpers in jedem Augenblicke zerlegt werden kann in zwei Teile, von denen der eine lediglich als die Fortsetzung der früheren Bewegung, als Folge der Trägheit erscheint, während der andere neu hinzukommt. Eine solche hinzukommende Bewegung tritt nur auf, wenn der bewegte Körper in physikalischer Beziehung zu irgend einem anderen Körper steht, wenn auf ihn eine Kraft wirkt. Wir haben zu untersuchen, wie die neu hinzukommende Bewegung von der Kraft abhängen kann. Die Frage wurde entschieden durch den von Galilei in die Mechanik eingeführten Begriff der Beschleunigung. Denn von den Elementen der Bewegung: Weg, Geschwindigkeit, Beschleunigung, kann in der Tat nur die letztere in einfacher und unmittelbarer Abhängigkeit

---

[1] Sir Isaac Newtons mathematische Prinzipien der Naturlehre, herausgegeben von Prof. Dr. Ph. Wolfers. Berlin 1872. (Newtons I. Ausgabe. London 1686.)

von der auf den Körper wirkenden Kraft stehen. Schon die Geschwindigkeit enthält jederzeit einen Teil, der mit der wirkenden Kraft nichts zu tun hat, sondern Folge der Trägheit ist. Bei den Fallversuchen GALILEIs tritt Beschleunigung ein, sobald ein treibendes Gewicht vorhanden ist, und solange dieses gleich bleibt, erweist sich die Beschleunigung als dieselbe, wie auch im übrigen die Verhältnisse der Bewegung sich ändern; sie bedingt bei einem vertikal aufwärts geworfenen Körper eine Verzögerung der Bewegung, entsprechend der Beschleunigung des frei fallenden. Wenn also die Beobachtung der Fallbewegung lehrt, daß Kräfte unmittelbar Beschleunigungen bestimmen und nicht etwa Wege oder Geschwindigkeiten, so fragt sich nur, in welcher Abhängigkeit die Beschleunigung von der sie erzeugenden Kraft steht.

Was zunächst die Richtung anbelangt, so wird diese identisch sein mit der Richtung der Kraft; das ergibt sich aus der Bewegung des frei fallenden und aus der eines geworfenen Körpers.

Die Größe der Beschleunigung können wir auf Grund der GALILEIschen Fallversuche der wirkenden Kraft proportional setzen; denn bei der Bewegung auf der schiefen Ebene vermindert sich die Beschleunigung in demselben Maße, in dem mit abnehmender Neigung die treibende Komponente des Gewichtes abnimmt; ebenso ist bei der ATWOODschen Maschine die Beschleunigung proportional dem treibenden Teile des Gewichtes. Wenn aber allgemein die Beschleunigung der wirkenden Kraft proportional ist, so muß der Quotient aus Kraft und Beschleunigung eine für einen gegebenen Körper unveränderliche Zahl, eine konstante Eigenschaft des Körpers sein; diese Eigenschaft bezeichnen wir als seine Masse (§ 33). Wir erhalten somit den Satz:

Die auf einen Körper wirkenden Kräfte erteilen ihm Beschleunigungen, deren Richtung mit der Richtung der Kräfte zusammenfällt, deren Größe der der Kräfte proportional ist; das für einen gegebenen Körper unveränderliche Verhältnis der wirkenden Kraft zu der ihr entsprechenden Beschleunigung nennt man die Masse des Körpers.

Sind F, F', F'' Kräfte beliebigen Ursprungs, die zeitlich nacheinander auf einen Körper wirken, a, a', a'' die ihnen jeweils entsprechenden Beschleunigungen, m die Masse des Körpers, so ist:

$$F = m \cdot a, \quad F' = m \cdot a', \quad F'' = m \cdot a''.$$

Die auf einen Körper wirkende Kraft ist gleich seiner Masse, multipliziert mit der Beschleunigung seiner Bewegung.

Das Gewicht P eines Körpers ist eine Gewichtskraft, welche im freien Fall die Beschleunigung g erzeugt; also ist die Masse M dieses Gewichtes gegeben durch $M = P/g$, wie wir dies schon § 33 gezeigt.

Beziehung zwischen dem Prinzip der Masse und dem der Trägheit. Die im vorhergehenden aufgestellte Beziehung zwischen Kraft und Beschleunigung entspricht dem Inhalte des zweiten NEWTONschen Gesetzes der Bewegung, eines Gesetzes, dem eine ungleich größere Tragweite zukommt, als dem der Trägheit, und dem man dieses letztere unterordnen kann. Von Beschleunigung kann nämlich nur die Rede sein, wenn die Geschwindigkeit in ihrer Abhängigkeit von der Zeit durch eine stetige Reihe zusammenhängender Maßzahlen gegeben ist, also graphisch durch eine Kurve dargestellt werden kann, deren Abszissen die Zeiten, deren Ordinaten die Geschwindigkeiten sind. Wenn aber von irgendeinem Momente an keine Kraft mehr wirkt, so fällt die Veränderung der Geschwindigkeit fort und die vorher irgendwie auf- oder absteigende Linie der Geschwindigkeit geht in eine horizontale über. Der Körper bewegt sich gleichförmig mit der erlangten Geschwindigkeit weiter.[1]

Massenvergleichung. Wir bedürfen eines bequemen Maßstabes zur Beurteilung der Größenverhältnisse verschiedener Massen m, m', m''. Wir wählen zu diesem Zwecke die Kräfte F, F', F'' so, daß die Beschleunigungen, die sie den Massen m, m', m'' erteilen, gleich groß sind. Bezeichnen wir die gemeinsame Beschleunigung durch a, so ist:

$$m = F/a\,, \quad m' = F'/a\,, \quad m'' = F''/a\,.$$

Somit verhalten sich die Massen wie die auf sie wirkenden Kräfte. Die Schwere hat nun, wie wir gesehen haben, die Eigenschaft, allen Körpern dieselbe Beschleunigung g zu erteilen. Die Massen der Körper verhalten sich wie ihre Gewichte, jede Wägung ist zugleich eine Vergleichung der Massen.

Es sei betont, daß dieser — unserer Denkgewohnheit scheinbar selbstverständliche — Satz nicht selbstverständlich ist. Wir haben ihn aus Versuchen abgeleitet. Siehe Weiteres darüber § 56 (Eötvös) und § 321 (Einstein).

§ 39. **Einfluß der Masse auf die Bewegung.** Der Einfluß der Masse auf die Bewegung tritt hervor, wenn wir dieselbe Kraft auf einen Körper von großer und einen von kleiner Masse wirken lassen. Hängen wir zwei Senkel von recht verschiedener Masse, also verschiedenem Gewichte, an gleich langen Fäden auf, und führen wir gegen beide einen Schlag von der gleichen Stärke, so macht das Pendel von kleiner Masse eine weite Schwingung, während das von großer kaum aus seiner Gleichgewichtslage herausgebracht wird. Derselbe Stoß erteilt dem Pendel von kleiner Masse eine große, dem von großer Masse eine kleine Geschwindigkeit. Umgekehrt, wenn wir verschiedene Pendel in gleich weite Schwingungen versetzen, so haben wir zum Anhalten derselben eine um so größere Kraft nötig, je größer ihre Masse ist.

In § 33 haben wir gesehen, daß bei der Atwoodschen Maschine dieselbe Arbeit eines Übergewichtes einer fallenden großen Masse eine

[1] Vgl. Mach, Die Mechanik in ihrer Entwicklung historisch-kritisch dargestellt. (Leipzig 1883.) (Letzte Auflage 1912.)

kleine, einer kleinen Masse eine große Geschwindigkeit erteilt. In demselben Sinne können wir die Anziehung benützen, die ein Magnetpol auf eine kleine Kugel von weichem Eisen ausübt. Diese wird nicht geändert, wenn wir die Kugel mit irgendwelchen nicht magnetischen Stoffen verbinden. Wir umgeben sie einmal mit einer konzentrischen Hohlkugel von Kork, dann mit einer solchen von Blei. Legen wir die Kugel beidemal auf eine horizontale Schiene vor den Pol des Magnets, so wird sie bei kleiner Masse schneller, bei größerer langsamer dem Pole zurollen. Hängen wir die in der angegebenen Weise vorgerichtete Kugel über dem Pole eines Elektromagnets auf, so schwingt sie schnell, wenn sie mit Kork, langsam, wenn sie mit Blei umgeben ist.

§ 40. **Gleichförmig beschleunigte oder verzögerte Bewegung.** Was endlich den Nutzen des Massenprinzips für die Erforschung der Bewegungserscheinungen anbelangt, so beschränken wir uns vorläufig auf

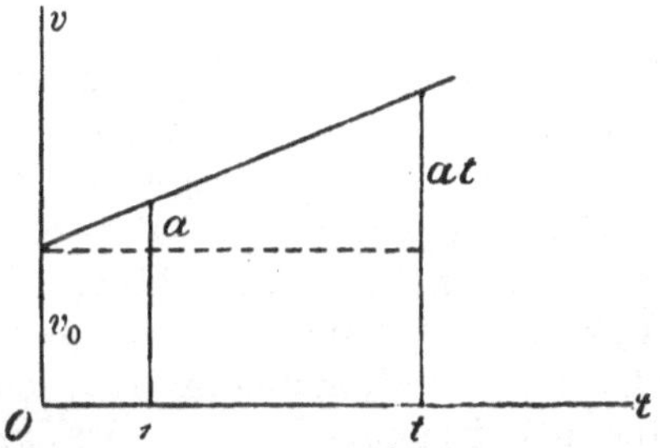

Fig. 37. Beschleunigte Bewegung.

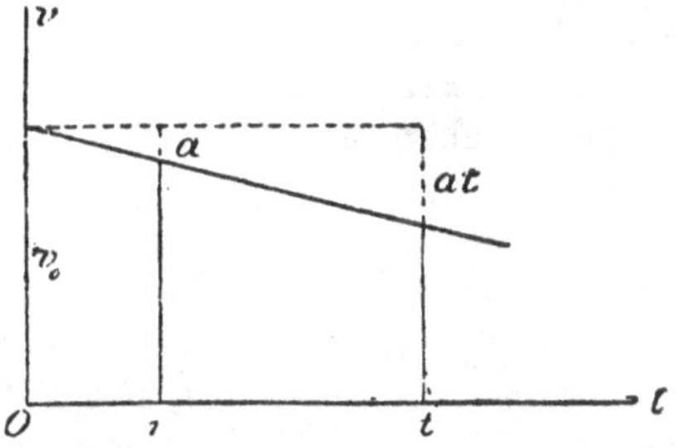

Fig. 38. Verzögerte Bewegung.

die folgende Bemerkung. Ist die Masse eines Körpers bekannt, so ist die einer gegebenen auf ihn wirkenden Kraft F entsprechende Beschleunigung $a = F/m$. Ist die Kraft ihrer Richtung und Größe nach konstant, so gilt gleiches von der Beschleunigung, und die Bewegung ist im wesentlichen der Fallbewegung analog. Bezeichnen wir durch v_0 und s_0 die Werte von Geschwindigkeit und Weg für den Nullpunkt der Zeit, so sind ihre Werte v und s zu einer beliebigen Zeit t

$$v = v_0 + a\,t,$$
$$s = s_0 + v_0\,t + \tfrac{1}{2}a\,t^2.$$

Ist die Beschleunigung der ursprünglichen Bewegung entgegengesetzt, so erhalten wir eine verzögerte Bewegung. Dabei ist nach § 31 die Beschleunigung als eine negative einzuführen, und wir erhalten dann die Formeln:

$$v = v_0 - a\,t,$$
$$s = s_0 + v_0\,t - \tfrac{1}{2}a\,t^2.$$

Die graphische Darstellung der Geschwindigkeiten für diese beiden Fälle ist durch die Figuren 37 und 38 gegeben. Mit ihrer Hilfe und mit Benutzung der in den §§ 29 bis 31 entwickelten Sätze sind die vorstehenden Formeln leicht zu beweisen.

Wir machen von den Gleichungen noch eine Anwendung auf die Bewegung eines Körpers, der zur Zeit Null von dem Punkte A aus mit der Geschwindigkeit v_0 vertikal aufwärts geworfen wird. Bezeichnen wir durch t_0 die Zeit, die er braucht, um den höchsten Punkt B seiner Bahn zu erreichen, so muß für $t = t_0$ die Geschwindigkeit v Null geworden sein. Es ist also, da die Beschleunigung a in diesem Falle gleich g,

$$0 = v_0 - g\,t_0 \quad \text{oder} \quad t_0 = \frac{v_0}{g},$$

und daher allgemein $v = g(t_0 - t)$. Fällt nun der Körper von dem Punkte B aus wieder herab, so ist seine Geschwindigkeit, wenn abermals die Zeit t_0 verflossen, gleich $g t_0$ oder v_0. Zugleich ist er wieder in dem Ausgangspunkt A angelangt, wie man mit Hilfe der Gesetze des freien Falles leicht beweisen kann. Die Bewegung des fallenden Körpers ist zeitlich genommen ein Spiegelbild von der des steigenden. Die Steighöhe berechnet sich daraus zu $v^2/(2g)$.

§ 41. **Prinzip der Kombination.** Bei der Bewegung eines geworfenen Körpers haben wir bemerkt, daß sie als eine Kombination der geradlinigen und gleichförmigen Bewegung in der Wurfrichtung mit der Fallbewegung betrachtet werden kann. Wenn Ausgangspunkt A, Wurfrichtung AW und Geschwindigkeit w gegeben sind, so ist es in der Tat auf Grund jener Vorstellung möglich, für jeden späteren Zeitpunkt den Ort des geworfenen Körpers zu bestimmen. Würde er sich nur infolge seiner Trägheit bewegen, so legte er in der Richtung AW (Fig. 39) in der Zeit t den Weg $AB = wt$ zurück; würde nur das Gewicht auf ihn wirken, so fiele er in vertikaler Richtung um die Strecke $AC = \frac{1}{2} g t^2$ herab; der in Wirklichkeit zu der Zeit t erreichte Ort ist gegeben durch den Endpunkt D der Diagonale des aus AB und AC konstruierten Parallelogramms.

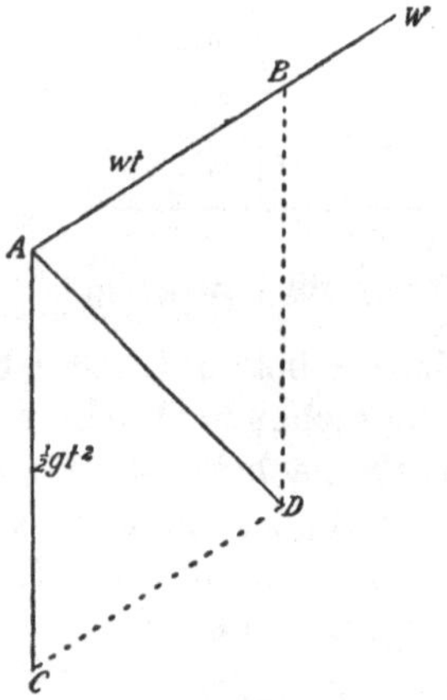

Fig. 39. Wegkombination.

Auf diese Weise sind in der Wurfparabel Fig. 35 die Punkte *I*, *II*, *III* und C gewonnen.

Gehen wir über zur Betrachtung eines Körpers, auf den beliebige Bewegung bestimmende Umstände wirken. Wir können uns denken, daß ihm gleichzeitig gegebene Geschwindigkeiten nach verschiedenen Richtungen erteilt werden, daß er verschiedenen beschleunigenden Kräften unterworfen sei, deren Richtung und Größe mit der Bewegung selbst sich ändert. Wir kommen in diesem allgemeinsten Falle zu Verhältnissen, auf welche die für den Wurf geltenden Sätze anwendbar sind, wenn wir die Betrachtung einschränken auf eine so kleine Zeit, daß wir innerhalb dieser die Beschleunigungen und Kräfte nach Richtung und Größe als konstant betrachten können. Die weitere Reduktion des Problems kann nun auf einem doppelten Wege erfolgen. Der erste ergibt sich, wenn man die gegebenen Kräfte nach dem Satz vom Parallelogramm oder der Vektorenaddition (§ 14) zu einer einzigen Resultante vereinigt und die dieser entsprechende Beschleunigung bestimmt. Macht man außerdem die naheliegende Annahme, daß auch die verschiedenen gegebenen Geschwindigkeiten nach dem Satze vom Parallelogramm durch eine einzige resultierende Geschwindigkeit ersetzt werden können, so hat man schließlich nur mit einer Beschleunigung und einer Geschwindigkeit zu tun und kann während der betrachteten kurzen Zeit die Bewegung ganz so bestimmen, wie beim Wurfe.

Man kann zweitens die beim Wurfe gemachten Beobachtungen weiter verallgemeinern. Wenn ein Körper verschiedenen, Bewegung bestimmenden Ursachen, Geschwindigkeiten und Beschleunigungen, unterworfen ist, so kann man annehmen, daß jede dieser Ursachen unabhängig von den anderen wirkt. Man verfolge nun die Bewegung während einer so kleinen Zeit τ, daß die vorhandenen Kräfte nach Richtung und Größe als unveränderlich zu betrachten sind. Nach denselben Regeln wie bei der Wurfbewegung werden dann die verschiedenen Wege AB_1, AB_2, AB_3 ... bestimmt, die der Körper in der Zeit τ zurücklegen würde, falls je nur eine der gegebenen Geschwindigkeiten oder Beschleunigungen vorhanden wäre. Der Ort, an den der Körper in der Zeit τ wirklich gelangt, ergibt sich durch die wiederholte Anwendung des Parallelogrammsatzes auf jene einzelnen Wege, durch die Konstruktion der Resultante aus den Strecken AB_1, AB_2, AB_3 ... (Fig. 40). Man sucht also die Ecke D_2 des aus AB_1 und AB_2 konstruierten Parallelogramms, dann die Ecke D_3 des aus AD_2 und AB_3 konstruierten usf.; der schließlich resultierende Weg wird durch dieselbe Konstruktion bestimmt, wie die resultierende Kraft in Fig. 8. Formulieren wir das im vorhergehenden entwickelte Prinzip für den Fall von nur zwei Bewegung bestimmenden Momenten, so ergibt sich seine Erweiterung auf den Fall beliebig vieler von selbst. Das Prinzip der Kombination kann daher ausgedrückt werden durch den Satz:

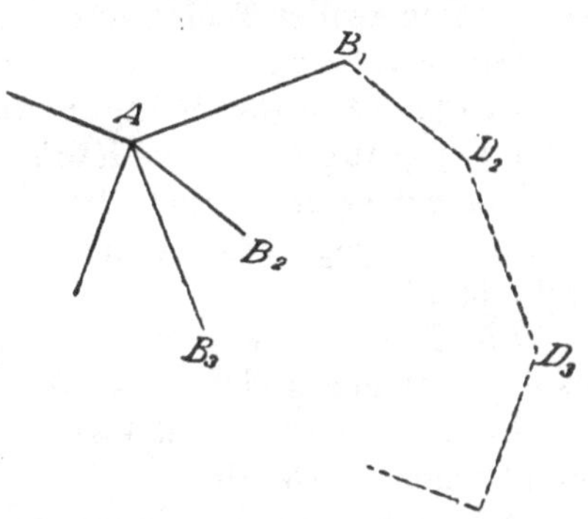

Fig. 40. Wegkombination.

Unterliegt ein Körper gleichzeitig der Wirkung zweier, Bewegung bestimmender Ursachen und sind die Wege gefunden, die er in einer kleinen Zeit zurücklegt, falls jedesmal nur die eine zur Geltung kommt, so wird der unter der gleichzeitigen Wirkung beider erreichte Ort durch den Endpunkt der Diagonale des aus jenen beiden Wegen konstruierten Parallelogramms gegeben.

Die Zeit, in der die untersuchte Bewegung erfolgt, muß so klein gewählt werden, daß während derselben Beschleunigungen, die auf den Körper wirken, nach Richtung und Größe als konstant zu betrachten sind.

Man sieht leicht, daß das Prinzip der Kombination in dieser Fassung, als spezielle Fälle die Sätze vom Parallelogramm der Geschwindigkeiten, der Beschleunigungen und der Kräfte umfaßt. Ebenso wie durch Parallelogrammkonstruktionen können alle diese Fälle natürlich auch durch Vektorenaddition gelöst werden.

§ 42. Prinzip von der Gleichheit der Aktion und Reaktion. Eine der wichtigsten Leistungen Newtons für die Dynamik haben wir in der Aufstellung des Prinzips von der Gleichheit der Wirkung und Gegenwirkung zu erkennen. Er spricht dasselbe in seinem dritten Bewegungsgesetz in folgender Weise aus:

Die Wirkung ist stets der Gegenwirkung gleich, oder die Wirkungen zweier Körper aufeinander sind stets gleich und von entgegengesetzter Richtung.

Ein schwerer Körper drückt auf seine Unterlage und erleidet von ihr einen entgegengesetzt nach oben gerichteten Druck von der gleichen Größe (§ 11).

Ein Magnet zieht ein Stückchen weiches Eisen an und wird umgekehrt mit der gleichen Kraft von ihm angezogen.

Zwei gleichnamig elektrische Körper stoßen sich wechselseitig mit der gleichen Kraft ab.

Alle Kräfte in der Natur existieren nur als Paare von Kräften. Die Erfahrung lehrt, daß Körper, die in gewissen physikalischen Beziehungen zueinander stehen, in der Richtung der sie verbindenden Linie entgegengesetzt gerichtete Beschleunigungen erhalten. Ihre Werte stehen im umgekehrten Verhältnisse der unveränderlichen Körpermassen.

Nach dem Newtonschen Gravitationsgesetze (§ 56) besteht zwischen zwei Weltkörpern eine wechselseitige Anziehung; dieselbe Kraft, mit der die Erde gegen die Sonne gezogen wird, zieht in umgekehrter Richtung die Sonne gegen die Erde. Die Beschleunigung aber, welche die Erde hierdurch in der Richtung der Verbindungslinie erfährt, übertrifft ebenso viele Male die gleichzeitige Beschleunigung der Sonne, als die Masse der Sonne die der Erde; die Beschleunigung der letzteren ist 320000mal größer als die der ersteren. Das Produkt aus der Masse der Sonne und aus ihrer Beschleunigung, die auf die Sonne von der Erde ausgeübte Anziehung, ist gleich dem Produkte aus der Beschleunigung der Erde und aus ihrer Masse, gleich der in umgekehrter Richtung auf die Erde wirkenden Kraft.

§ 43. Masseneinheit; technisches und absolutes Maßsystem. Die in den vorhergehenden Paragraphen entwickelten Prinzipien genügen nun in der Tat, um die Bewegung eines Körpers bei beliebig gegebenen Kräften und anfänglichen Geschwindigkeiten zu bestimmen; denn sobald man für irgendeinen Zeitpunkt die Beschleunigungen gefunden hat, kann man das resultierende Wegelement bestimmen und so, von Intervall zu Intervall fortschreitend, die ganze Bahn konstruieren. Die Bestimmung der Beschleunigungen setzt aber die Kenntnis der Masse voraus; die graphische Anwendung der allgemeinen Resultate auf konkrete Bewegungen wirklicher Körper ist daher nur möglich, wenn wir ein bestimmtes Maß für die Masse festgesetzt und eine Methode entwickelt haben, um gegebene Massen nach diesem Maße zu messen. Nun besteht jede Messung in einer Vergleichung der zu messenden Größe mit einer als Maßeinheit angenommenen gleichartigen. Man könnte also die Masse eines beliebigen Körpers willkürlich als Masseneinheit wählen; die Vergleichung anderer Massen mit dieser würde dann nach § 38 durch eine Wägung auszuführen sein. Allein eine solche Lösung der Aufgabe würde uns in einen Widerspruch mit einer früheren Festsetzung verwickeln. Nach § 38 ist nämlich die Masse eines Körpers gleich einer auf ihn wirkenden Kraft, dividiert mit der durch sie erzeugten Beschleunigung, insbesondere also gleich seinem Gewichte, dividiert durch die Beschleunigung der Schwere. Ist das Gewicht des Körpers, gemessen in Grammgewichten, gleich p, so ist seine Masse

$$m = \frac{p}{981},$$

sie ist also völlig bestimmt durch das Gewicht. Die Masse des Grammgewichtes ist $^1/_{981}$, und die Einheit der Masse besitzt ein Körper, der 981 Grammgewichte wiegt. Jede Willkür in der Wahl der Masseneinheit ist hierdurch ausgeschlossen.

Die zwischen Gewicht und Masse bestehende Beziehung $p = m \cdot g$ gibt uns aber Veranlassung zu einer weiteren Erwägung. Wir haben gesehen, daß die Masse bestimmt ist, sobald wir p nach einer bestimmten Maßeinheit gemessen haben. Kommen wir auf den schon vorher berührten Gedanken einer willkürlichen Fixierung der Masseneinheit zurück, so ergibt sich, daß umgekehrt p bestimmt ist, sobald wir m in jener Einheit gemessen haben. Nichts aber zwingt uns zu der früher angenommenen Messung eines Druckes nach Gramm- oder Kilogrammgewichten, nichts hindert uns, diese früher gemachte Festsetzung fallen zu lassen und durch die neue zu ersetzen, welche durch die willkürliche Annahme einer Masseneinheit bedingt wird. Nun liegt aber in der Tat ein Umstand vor, der die Definition einer Krafteinheit durch das Gewicht eines Grammstückes als unzweckmäßig erscheinen läßt. Die Beschleunigung der Schwere ist nicht an allen Stellen der Erdoberfläche dieselbe, sie nimmt vielmehr vom Äquator nach dem Pole um etwa $^1/_2\,^0/_0$ zu. Daraus folgt aber eine gleiche Veränderlichkeit des Gewichtes; in den verschiedenen angeführten Breiten hat das Gewicht eines Körpers verschiedene Werte (§ 50).

Um mit Hilfe des Grammstückes die Gewichtseinheit in unzweideutiger Weise zu definieren, müssen wir unsere Angabe beziehen auf einen bestimmten Punkt der Erdoberfläche. Wir können als Einheit des Gewichtes den Druck wählen, den ein Grammstück in einer Breite von 45° ausübt. Für jede andere Breite müssen wir dann das Gewicht eines Grammstückes besonders berechnen. Auf diese Weise wird das auf der Einheit des Grammgewichtes beruhende System zu einem in sich konsequenten; allein die Schwerfälligkeit bleibt bestehen, die darin liegt, daß jedes Gewichtsstück nur unter der Breite von 45° die seiner Bezeichnung entsprechende Zahl von Gewichtseinheiten repräsentiert, während für jede andere Breite seine Bedeutung durch eine Rechnung zu ermitteln ist. Tatsächlich fällt es niemand, der zu praktischen Zwecken eine Wägung ausführt, ein, diese Rechnung anzustellen; denn es kommt ihm in der Regel gar nicht auf den Druck an, den der Körper vermöge seines Gewichtes auf die Unterlage ausübt, sondern nur auf die Menge des Gewogenen; für diese aber gibt die Masse ebensogut einen Maßstab, wie der Gewichtsdruck. Damit ist es aber auch vom praktischen Standpunkte aus gerechtfertigt, wenn wir die dem Techniker geläufige Definition des Gramms als einer Gewichtseinheit verlassen und an ihre Stelle die Definition des Gramms als einer Masseneinheit setzen. Wir stellen damit dem zuerst entwickelten Maßsystem, in dem das Maß des Gewichtes zur Ableitung eines solchen für die Masse benutzt wurde, ein zweites gegenüber, in dem zuerst die Einheit der Masse festgesetzt und daraus die Einheit des Gewichtes abgeleitet wird. Wir benützen in diesem sogenannten absoluten Maßsystem als Einheit der Masse die eines Grammstückes; ist die Masse irgendeines Körpers in Grammen gleich m, so ist sein Gewicht gleich $m \cdot g$. Unter der Breite von 45° ist das Gewicht eines Grammstückes gleich 980,6, und die Einheit des Gewichtes besitzt ein Körper, dessen Masse gleich $^1/_{980,6}$ g, gleich 1,0198 mg oder nahezu gleich 1,02 mg ist.

Mit Bezug hierauf ergibt sich die folgende Gegenüberstellung der beiden Maßsysteme:

<table>
<tr><th>Absolutes</th><th>Technisches</th></tr>
<tr><th colspan="2">Maßsystem.</th></tr>
<tr><td>Masse als Grundmaß.</td><td>Gewicht als Grundmaß.</td></tr>
<tr><td>Einheit der Masse gleich der Masse des Grammstückes.</td><td>Einheit des Gewichtes gleich dem Gewichte eines Grammstückes unter 45° Breite.</td></tr>
<tr><td>Einheit des Gewichtes gleich dem Gewichte von $^1/_{980,6}$ g unter 45° Breite.</td><td>Einheit der Masse gleich der Masse von 980,6 g-Gewichten.</td></tr>
</table>

Ebensogut kann natürlich im absoluten Systeme das Kilogrammstück zur Einheit der Masse, im technischen das Kilogrammgewicht als Einheit des Gewichtes genommen werden. Als Einheit der Länge wird man dann das Meter benutzen, so daß die Beschleunigung der Schwere gleich $9,806 \, m \cdot sec^{-2}$ wird. Im absoluten Systeme wird dann die Einheit des Gewichtes gleich dem Gewichte von $\frac{1}{9,806}$ kg, im technischen die Einheit der Masse gleich der Masse von 9,806 kg-Gewichten.

Die gleichzeitige Anwendung der beiden Maßsysteme ist unzweckmäßig wegen der doppelten Bedeutung, in der das Grammstück in ihnen auftritt. Wir werden uns vorzugsweise des absoluten Systems bedienen. Wir werden aber in Teilen der Physik, die in unmittelbarer Beziehung zu der Technik stehen, z. B. in der Elastizitäts- und Wärmelehre, auch das technische Maßsystem benützen. Damit jede Zweideutigkeit über den Sinn, den wir mit dem Worte Gramm zu verbinden haben, ausgeschlossen ist, bedienen wir uns der Ausdrücke Grammgewicht oder Kilogrammgewicht, so oft es sich um die Einheit des Gewichtes oder der Kraft im technischen Systeme handelt, während unter Gramm oder Kilogramm schlechtweg die Masseneinheit im absoluten Systeme verstanden werden soll.

Wir haben wiederholt bemerkt, daß jede beliebige Kraft gemessen werden kann durch den Zug oder Druck eines Gewichtes. Die im vorhergehenden eingeführten Maßeinheiten des Gewichtes sind also gleichzeitig auch Maßeinheiten der Kraft. Nun müssen wir aber bemerken, daß unserer Bestimmung der Gewichtseinheit im absoluten, der Masseneinheit im technischen Systeme eine gewisse Unsicherheit anhaftet, weil der Wert der Schwerebeschleunigung doch nur innerhalb gewisser Grenzen bekannt ist. Wir können diese Unsicherheit beseitigen, wenn wir die Definition der Einheiten etwas allgemeiner fassen.

Nach § 38 besteht zwischen Kraft und Beschleunigung ganz allgemein die Beziehung:

$$F = m \cdot a\,.$$

Die abgeleitete Krafteinheit des absoluten Maßsystems kann hiernach so definiert werden:

Die Einheit der Kraft ist die, welche der Masseneinheit die Einheit der Beschleunigung erteilt.

Die Dimension der Kraft ist danach $[F] = l m t^{-2}$, wenn wir mit m die Fundamentalgröße einer Masse bezeichnen.

Arbeit (A) haben wir früher definiert als das Produkt aus einer Kraft mal Weg, den ihr Angriffspunkt in der Richtung der Kraft zurücklegt; die Dimension einer Arbeit im absoluten Maßsystem ist daher $[A] = l^2 m t^{-2}$.

Im technischen Maßsysteme würde die analoge Definition der Masseneinheit sein: Die Masseneinheit besitzt ein Körper, welchem durch die Einheit der Kraft (eine Kraft gleich dem Gewicht eines Gramm- oder eines Kilogrammstückes) die Einheit der Beschleunigung erteilt wird.

Spezielle Maßeinheiten. Dasjenige absolute Maßsystem, in dem das Zentimeter als Einheit der Länge, das Gramm als Einheit der Masse, die Sekunde als Einheit der Zeit benützt wird, nennt man das cm·g·sec-System.

In diesem Systeme ist die Einheit der Kraft diejenige, welche der Masse von 1 g die Beschleunigung 1 $cm \cdot sec^{-2}$ erteilt; man nennt diese Krafteinheit ein „Dyn" (oder eine Dyne).

Nach den Bemerkungen des vorhergehenden Paragraphen ist ein Dyn gleich dem Gewichte von 1,0198 mg, nahezu gleich 1 mg-Gewicht; man erhält dadurch eine unmittelbare Vorstellung von der Größe des Dyns, während die allgemeine Definition eine solche Anschauung nicht gewährt.

Die Einheit der Arbeit im cm · g · sec-System ist gleich der eines Dyns auf dem Wege von 1 cm; diese Arbeitseinheit nennt man ein „Erg". Ein „Joule" sind 10^7 Erg.

Oft kommt es nicht bloß darauf an, daß eine Arbeit überhaupt verrichtet wird, sondern es spielt auch die Zeit, die dazu nötig ist, eine wesentliche Rolle. Man hat daher den Begriff des Effektes oder der Leistung eingeführt und versteht darunter die in der Zeiteinheit geleistete Arbeit, die ganze Arbeit dividiert durch die dazu gebrauchte Zeit.

Die Effekteinheit im cm · g · sec-System ist das „Sekundenerg". Ein „Watt" ist dann ein Effekt oder eine Leistung von 10^7 Sekundenerg oder 1 Sekunden-Joule.

Als technische Einheit der Kraft benützen wir das Kilogrammgewicht; es ist:

$$1 \text{ Kilogrammgewicht} = 980600 \text{ Dynen (oder rund } 10^6\text{)}.$$

Ist eine Kraft im absoluten Systeme gleich F Dynen, so ist ihr Maß im technischen Systeme

$$F_t = \frac{F}{980600} \text{ Kilogrammgewichte.}$$

Die technische Einheit der Arbeit ist die beim Heben eines Kilogrammgewichtes um 1 m geleistete, das Kilogrammgewicht-Meter; es ist daher

$$1 \text{ Kilogrammgewicht-Meter} = 980{,}6 \cdot 10^5 \text{ Erg.}$$

Ist eine Arbeit im cm · g · sec-Systeme gleich A Erg, so ist ihr Maß in technischen Einheiten

$$A_t = \frac{A}{980{,}6 \cdot 10^5} \text{ kg-Gewicht-Meter.}$$

Eine Arbeit von 75 Kilogrammgewicht-Metern in der Sekunde nennt man eine Pferdestärke (P.S.). Es ist

$$1 \text{ P.S.} = 75 \cdot 980{,}6 \cdot 10^5 \text{ Sekundenerg}$$

$$= 735{,}4 \cdot 10^7 \text{ Sekundenerg} = 735{,}4 \text{ Watt} = 7{,}354 \text{ Hektowatt}$$

oder mit Angabe der Dimension im absoluten cm · g · sec-System

$$1 \text{ P.S.} = 735{,}4 \cdot 10^7 \text{ cm}^2 \cdot \text{g} \cdot \text{sec}^{-3}.$$

§ 44. Dichte und spezifisches Gewicht. Die in der Volumeinheit enthaltene Masse eines Körpers bezeichnen wir als seine Dichte.

Im absoluten Systeme gibt die Dichte die Zahl der Gramme im Kubikzentimeter, der Kilogramme im Kubikdezimeter, der Milligramme im Kubikmillimeter.

Das Gewicht der Volumeinheit bezeichnen wir als das spezifische Gewicht. Im technischen Maßsysteme ist das spezifische Gewicht gleich der Anzahl der Kilogrammgewichte des dm^3, der Grammgewichte des cm^3, der Milligrammgewichte des mm^3.

Bei den gegebenen Definitionen ist der Körper als homogen vorausgesetzt. Ändert sich die Dichte für verschiedene Stellen, so bestimmen wir in irgendeiner kleinen Volumseinheit v die daselbst vorhandene Masse m und erhalten für diese Stelle die Dichte $d = \frac{m}{v}$.

Die Dichte im absoluten und das spezifische Gewicht im technischen Systeme werden durch dieselben Zahlen gegeben, da ja die Masse eines Körpers immer ebensoviel Gramme beträgt, als sein Gewicht Grammgewichte. Dagegen ist im absoluten Systeme das Gewicht der Volumeinheit gleich der Dichte mal der Beschleunigung der Schwere; im technischen Maßsysteme die Masse der Volumeinheit gleich dem spezifischen Gewichte, dividiert durch die Beschleunigung der Schwere, entsprechend den Sätzen von § 43.

§ 45. Massenmittelpunkt. Die Einführung des Massenbegriffes gibt noch Veranlassung zu einem wichtigen Zusatze zu der Lehre vom Schwerpunkte. Er wurde bezeichnet als der Punkt, in dem man das ganze Gewicht eines Körpers vereinigt denken kann. Sind nun $m, m', m'', \ldots$ die Massen der einzelnen Teilchen, in die wir den Körper zerlegen können, so ist sein Gewicht gleich der Summe der Teilgewichte $mg + m'g + m''g + \ldots$ oder gleich $(m + m' + m'' + \ldots)g$, d. h. gleich der ganzen Masse des Körpers, multipliziert mit der Beschleunigung der Schwere. Statt die Teilgewichte zu einer Resultante zu vereinigen, können wir erst die ganze Masse des Körpers im Schwerpunkte konzentrieren und dann das in ihm angreifende Gewicht durch Multiplikation mit g bestimmen. Man nennt daher den Schwerpunkt eines Körpers auch seinen Massenmittelpunkt. Die Bedeutung des Massenmittelpunktes ist aber nicht beschränkt auf Probleme, bei denen die Schwere allein als bewegende Kraft auftritt; in allen Fällen, welches auch die wirkenden Kräfte sein mögen, ermöglicht die Einführung des Massenmittelpunktes eine wesentliche Vereinfachung der Aufgabe. Man kann nämlich jede Bewegung eines Körpers zerlegen in eine Parallelverschiebung und in eine Drehung um eine Achse, die durch den Schwerpunkt hindurchgeht (Fig. 16). Die Parallelverschiebung für sich genommen läßt sich aber in einfacher Weise bestimmen, wenn man alle auf den Körper wirkenden Kräfte parallel mit sich selber nach dem Schwerpunkte verlegt und gleichzeitig in diesem als dem Massenmittelpunkte die ganze Masse des Körpers vereinigt. Das Problem, die translatorische Bewegung des Körpers zu bestimmen, ist dann reduziert auf die Bestimmung der Bewegung eines mit Masse begabten, sogenannten materiellen Punktes unter der Wirkung gegebener Kräfte. Dementsprechend haben wir schon im vorhergehenden etwaige Rotationsbewegungen der Körper stillschweigend außer acht gelassen. Der Satz von der Bewegung des Schwerpunktes gilt auch für ein aus diskreten Massen bestehendes System, wenn die inneren Wechselwirkungen dem Reaktionsprinzipe gehorchen.

In einem nach außen abgeschlossenen Systeme von Massen, in welchem nur innere gegenseitige Kräfte wirken, kann trotz aller Massenverschiebungen der Massenmittelpunkt sich nicht ändern. Ein fliegendes Geschoß hat einen Massenmittelpunkt, der längs der ballistischen Kurve sich auch dann weiterbewegt, wenn das Geschoß durch innere Explosivwirkungen in einzelne Stücke zerborsten ist.

IV. Anwendungen der Newtonschen Prinzipien.

§ 46. **Schwingende Bewegungen.** Für die Pendelbewegung sind charakteristisch die in ununterbrochener Folge sich wiederholenden Hin- und Hergänge in der kreisförmigen Bahn, deren Mitte mit der Ruhelage des Pendels zusammenfällt. Bewegungen von analoger Art begegnen wir in den verschiedensten Teilen der Physik; die Bewegung des Pendels ist ein typisches Beispiel für eine große Klasse von Bewegungen, die wir schwingende, oszillierende oder periodische nennen. Hängen wir an einer Spiralfeder, wie sie zur Konstruktion der Federwagen benützt wird, ein Gewicht auf, so können wir dieses um seine Ruhelage hinauf und hinunter in derselben Weise schwingen lassen, wie ein Pendel um den tiefsten Punkt seiner Bahn nach rechts und links; die Bewegung der Teile einer tönenden Saite, die Bewegung einer aus dem magnetischen Meridian abgelenkten und dann losgelassenen Kompaßnadel sind von derselben Art. Wegen der Saitenschwingungen nennt man diese Schwingungen auch harmonische.

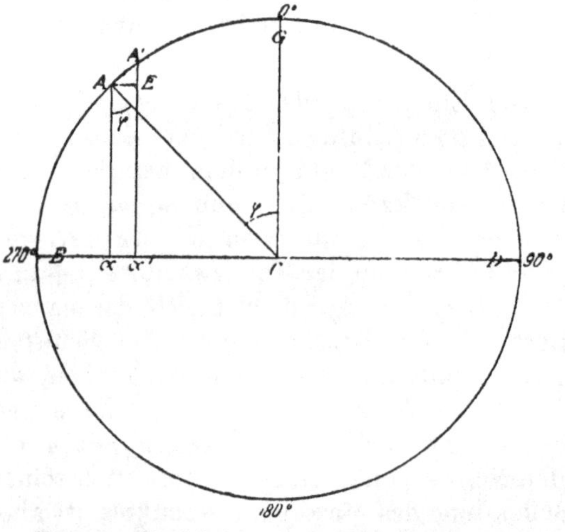

Fig. 41. Projektion einer Kreisbewegung.

Wir können für die Zwecke der Untersuchung eine solche Bewegung künstlich auf folgendem Wege herstellen. In der Peripherie eines Kreises (Fig. 41) bewege sich ein Punkt A mit vollkommen gleichförmiger Geschwindigkeit. Von A fällen wir auf den horizontalen Kreisdurchmesser

BD das Lot $A\alpha$. Wenn der Punkt A durch den oberen Halbkreis von B nach D geht, so legt gleichzeitig der projizierte Punkt α den Durchmesser BD zurück. Während der Punkt A von D unten im Kreise nach B zurückgeht, läuft auch α von D wieder nach B zurück. Während also der Punkt A ohne Unterbrechung gleichförmig im Kreise herumläuft, schwingt der Projektionspunkt α auf dem Durchmesser BD hin und her. Die Hälfte der durchlaufenen Bahn, den Halbmesser CB, bezeichnen wir dabei als die Amplitude der Schwingung. Die Schwingungsdauer T von α, die Zeit eines einmaligen Hin- oder Herganges durch BD, ist gleich der halben Umlaufszeit von A. Diese Bewegung des Projektionspunktes α ist, wie wir später sehen werden, identisch mit einer Pendelbewegung. Für das vorliegende künstliche Pendelmodell können wir die wirkenden Kräfte mit Hilfe der NEWTONschen Prinzipien leicht bestimmen.

Wir betrachten die Bewegung während einer so kurzen Zeit τ, daß der Bogen AA', den der Punkt A in dieser Zeit zurücklegt, als eine gerade Linie anzusehen ist. Der Punkt α gelangt gleichzeitig nach α' und seine Geschwindigkeit ist gegeben durch $\alpha\alpha'/\tau$. Ziehen wir durch A die Parallele AE zu BD, so sind die Dreiecke $C\alpha A$ und $A'EA$ einander ähnlich, somit ist:

$$\alpha\alpha' = AE = A\alpha \cdot \frac{AA'}{AC}.$$

Nun durchläuft der Punkt A in der Zeit T den halben Umfang $\pi \cdot AC$ des Kreises, somit den Weg AA' in der Zeit

$$\tau = \frac{T}{\pi} \cdot \frac{AA'}{AC}.$$

In derselben Zeit durchläuft aber der Projektionspunkt die Strecke $\alpha\alpha'$. Seine Geschwindigkeit an der Stelle α ist somit gegeben durch $\frac{\alpha\alpha'}{\tau} = \frac{\pi}{T} \cdot A\alpha$; sie ist proportional der Länge von $A\alpha$.

Man erkennt weiter aus der Figur, daß der Zuwachs, den die Geschwindigkeit des Punktes α in der Zeit τ erfährt, gleich ist $\frac{\pi}{T} A'E$. Die Beschleunigung des Projektionspunktes an der Stelle α ist daher $\frac{\pi}{T} \cdot \frac{A'E}{\tau}$.

Es ist aber
$$A'E = C\alpha \frac{AA'}{AC} = \pi \frac{\tau}{T} \cdot C\alpha;$$

somit findet man für die Beschleunigung des Punktes α den Wert $\frac{\pi^2}{T^2} \cdot C\alpha$. Ist in α die Masse m konzentriert, so ist die gesuchte Kraft, welche von dem Mechanismus auf α ausgeübt wird, gegeben durch

$$m \cdot \frac{\pi^2}{T^2} \cdot C\alpha.$$

Sie fällt in die Richtung des Durchmessers BD, ist nach dem Mittelpunkte C gerichtet und proportional dem jeweiligen Abstande des

Punktes μ von C. Die Kraft ist nach Richtung und Größe einem periodischen Wechsel unterworfen.

Dasselbe Gesetz gilt nun aber für die wirkenden Kräfte in den angeführten Beispielen: Pendel (siehe nächste Seite), Saite usw.; diese Kräfte sind proportional dem Abstande des schwingenden Körpers von der Ruhelage und nach dieser hin gerichtet. Wir schließen hieraus, daß die schwingenden Bewegungen jener Körper denselben Gesetzen folgen, wie unsere künstliche Schwingung. Die zu ihrer Erzeugung dienende Konstruktion kann auf jede pendelnde Bewegung angewandt werden, sobald die Schwingungsdauer bekannt ist, und sobald die Bahn des schwingenden Körpers als geradlinig betrachtet werden kann.

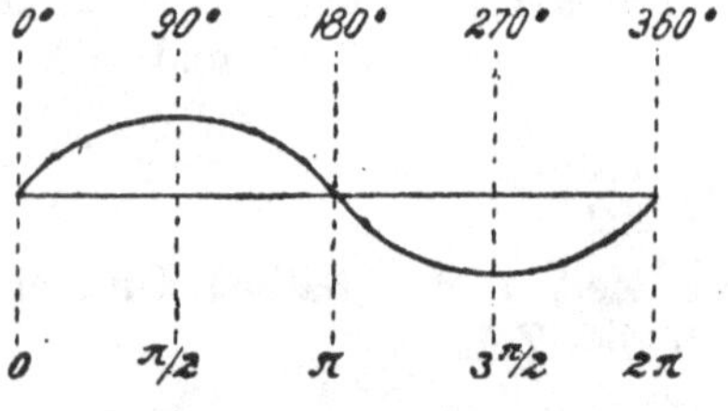

Fig. 42. Sinuslinie.

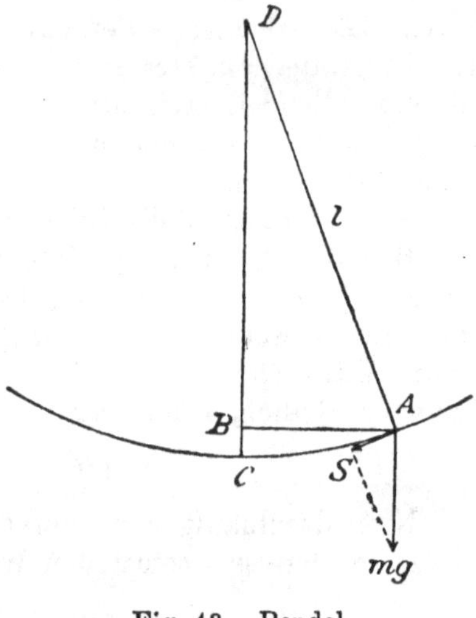

Fig. 43. Pendel.

In Fig. 41 ist die Elongation $C\alpha = AC \cdot \sin(\alpha AC)$. Es ist $\sphericalangle \alpha AC$ gleich dem Winkel von AC mit einer Vertikalen CG, z. B. φ. Schreiben wir am Kreise Fig. 41 oben 0°, rechts 90° (neben D), unten 180° und links 270° (neben B), so wächst bei einer Doppelschwingung φ von 0° über 90°, 180° und 270° bis wieder zu 360° oder 0°; die Elongation ändert sich also genau wie der $\sin \varphi$. Fig. 42 gibt eine Sinusfunktion; hier ist $\sin 0° = 0$, $\sin 90° = +1$, $\sin 180° = 0$, $\sin 270° = -1$ usw. Proportionale Strecken stellen auch die periodische Elongation eines Pendels dar. Darum heißen diese Schwingungen auch Sinusschwingungen. In den mathematischen Gleichungen dieses Gebietes finden sich immer Sinus- und Cosinusfunktionen. Die Angabe des jeweiligen Schwingungszustandes durch eine Winkelfunktion mit z. B. $\pi/2$ oder $\pi/3$ ... usw. gibt die Schwingungsphase.

Ergänzung des Pendelgesetzes. Die vorhergehende Bemerkung wenden wir nun an auf den Fall des Pendels. Es sei D in Fig. 43 der Mittelpunkt des Kreises, auf dem sich das Pendel bewegt, C seine Ruhelage, A der Punkt, in dem es sich zu irgendeiner Zeit befindet, AB eine Senkrechte zu DC; die Kraft P, die auf das Pendel wirkt, ist sein Gewicht, also, wenn wir unter m die Masse des Pendels verstehen, $P = mg$. Von dieser Kraft kommt nur die zur Bahn tangentiale Komponente $S = mg \cdot \frac{AB}{AD}$ zur Geltung. Bezeichnen wir die Pendellänge durch l, so ist

$$S = \frac{mg}{l} \cdot AB.$$

Wenn die Schwingungsweite des Pendels klein ist gegen seine Länge, so fällt AB nahe zusammen mit dem Kreisbogen AC, und wir können setzen: $S = \frac{mg}{l} \cdot AC$. Gleichzeitig können wir die Krümmung der Pendelbahn vernachlässigen und sie als eine Gerade betrachten, deren Endpunkte beiderseits gleich weit von C abstehen; in diese Gerade fällt dann natürlich auch die Richtung von S. Unter der gemachten Voraussetzung wird also das Pendel nach seiner Ruhelage gezogen mit einer Kraft, die gleich ist $\frac{mg}{l}$ multipliziert mit dem jeweiligen Abstande von der Ruhelage. Die für das künstliche Pendelmodell gefundenen Sätze finden somit auf das in kleinem Bogen schwingende Pendel Anwendung; es kann die treibende Kraft aus der Schwingungsdauer T berechnet werden nach der Formel $m\frac{\pi^2}{T^2} \cdot AC$. Wir haben damit für ein und dieselbe Kraft zwei verschiedene Ausdrücke gefunden; setzen wir sie gleich, so ergibt sich:

$$\frac{mg}{l} \cdot AC = m\frac{\pi^2}{T^2} \cdot AC \qquad \text{oder} \qquad \frac{T^2}{\pi^2} = \frac{l}{g}.$$

Wir sind damit zu demselben Gesetze gelangt, das wir früher auf dem Wege der Beobachtung gefunden hatten. Wir erkennen aber deutlich die Überlegenheit der Galilei-Newtonschen Methode über die rein empirische Forschung. Einmal liefert die Theorie eine vollständige Beschreibung der Bewegung nach all ihren Einzelheiten, was wir früher vermißten; sodann zeigt sie, daß das früher für die Schwingungsdauer aufgestellte Gesetz in der Tat nicht allgemein gültig ist, sondern beschränkt auf Schwingungen, bei denen die Abweichung der Kreisbahn von einer geradlinigen vernachlässigt werden kann, auf Schwingungen von kleiner Amplitude.

§ 47. Das physische Pendel. Wir haben uns bei den vorhergehenden Betrachtungen die ganze Masse des Pendels in einem Punkte konzentriert gedacht; bei jedem wirklichen Pendel besitzt aber diese Masse eine gewisse Ausdehnung, und ihre Konzentration im Massenmittelpunkt ist im allgemeinen nicht statthaft, da die Bewegung eine drehende ist. Die bisher betrachtete Bewegung stellt also einen idealen Fall dar, dem man sich mehr und mehr durch Verkleinerung der Pendelkugel nähert, der aber von der Bewegung eines wirklichen Pendels als verschieden betrachtet werden muß. Ein Pendel, dessen Masse in einem einzigen Punkte vereinigt ist, nennt man ein mathematisches, zum Unterschiede von den **physischen** Pendeln, auf die sich unsere Experimente beziehen. Am nächsten kommen den mathematischen Pendeln physische Pendel, die aus langem Faden mit kleiner Kugel bestehen. Wir haben bisher mit derartigen Fadenpendeln operiert; wir dehnen jetzt unsere Untersuchung aus auf Pendel, die durch beliebige um einen festen Unterstützungspunkt oder eine horizontale Achse A (in Fig. 44) drehbare Körper dargestellt sind.

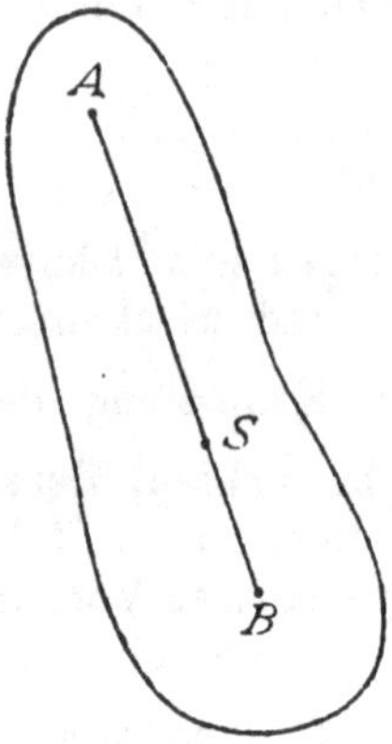

Fig. 44.
Physisches Pendel.

Der Körper mit dem Schwerpunkte S schwingt dann, richtig angestoßen, wie ein Pendel um seine Ruhelage hin und her. Wir können uns den ganzen Körper gleichsam aus vielen Fadenpendeln vereint denken: die kurzen würden allein rascher schwingen als die langen; alle vereint schwingen z. B. so wie ein mathematisches (Faden)Pendel von der Länge AB. Es heißt B der **Schwingungspunkt** des physischen Pendels. Die Schwingungsdauer T des Pendels ist gleich der eines mathematischen Pendels von der Länge AB, somit

$$\frac{T^2}{\pi^2} = \frac{AB}{g}.$$

Das Reversionspendel. Der im vorhergehenden eingeführte Schwingungspunkt hat noch eine weitere merkwürdige Eigenschaft. Stecken wir durch ihn eine horizontale Achse, und hängen wir nun das Pendel umgekehrt so auf, daß die Achse B seine Drehungsachse wird, so ist seine Schwingungsdauer dieselbe wie zuvor; für die neue Schwingung ist somit der Punkt A Schwingungspunkt geworden. Wir drücken das aus in dem von Huygens entdeckten Satze:

Bei jedem physischen Pendel existieren zwei mit dem Schwerpunkte in einer Ebene, aber im allgemeinen unsymmetrisch zu ihm gelegene einander parallele Achsen, welchen dieselbe Schwingungsdauer entspricht. Der Abstand dieser Achsen ist gleich der Länge des gleichschwingenden mathematischen Pendels, gleich der sog. „**reduzierten Pendellänge**“.

Ein Pendel, das man um zwei solche zu beiden Seiten des Schwerpunktes liegende Achsen schwingen lassen kann, heißt ein Reversionspendel.

§ 48. Allgemeine Formulierung des Pendelgesetzes. Unabhängig von der Bestimmung des Schwingungspunktes kann das Gesetz für die Schwingungsdauer des physischen Pendels in folgender Weise formuliert werden. Wir betrachten zunächst ein mathematisches Pendel und nehmen an, der Pendelkörper sei durch eine starre gewichtlose Linie mit der Drehungsachse verbunden. Sein Gewicht übt dann ein statisches Moment $mg \cdot AB$ (Fig. 43) oder, wenn wir hier die Länge l des Pendels einführen, $mg \cdot l \cdot \frac{AB}{AD}$. Nun ist der letztere Bruch gleich dem Sinus des Winkels φ, um den das Pendel aus der Ruhelage abgelenkt ist, bei kleiner Elongation ist also das Drehungsmoment gleich $mgl\varphi$. Der Faktor mgl, mit dem hier der im Bogenmaß ausgedrückte Ablenkungswinkel multipliziert ist, wird als die auf das Pendel wirkende Direktionskraft bezeichnet. Es ist nun leicht, diese Direktionskraft in die Formel für die Schwingungsdauer des mathematischen Pendels einzuführen, indem man setzt:

$$\frac{T^2}{\pi^2} = \frac{l}{g} = \frac{m\,l^2}{m\,g\,l}.$$

Den im Zähler stehenden Ausdruck ml^2 nennt man das Trägheitsmoment des Pendels mit Bezug auf die Drehungsachse. Mit Hilfe der neu eingeführten Begriffe ergibt sich also der folgende Ausdruck für das Pendelgesetz:

$$\frac{T^2}{\pi^2} = \frac{\text{Trägheitsmoment}}{\text{Direktionskraft}}.$$

In dieser Form gilt nun das Gesetz allgemein für jeden schwingenden Körper, gleichgültig welches die Lage der Drehungsachse, welches der Ursprung der Direktionskraft ist. Wir nehmen dies hier als ein feststehendes Ergebnis der Forschung hin und behalten uns vor, gleich darauf zurückzukommen. Für das physische Pendel insbesondere erhalten wir zunächst die Direktionskraft, wenn wir beachten, daß die Wirkung der Schwere dieselbe ist, wie wenn die ganze Masse des Pendels im Schwerpunkte konzentriert wäre. Bezeichnen wir jene Masse durch M, durch s die Entfernung des Schwerpunktes von der Drehungsachse, so ist die Direktionskraft gleich Mgs. Das Trägheitsmoment des ganzen Körpers aber ist gleich der Summe der Trägheitsmomente seiner kleinsten Teilchen. Bezeichnen wir die Massen dieser durch $m, m', m'', \ldots$, ihre Entfernungen von der Drehungsachse durch $l, l', l'', \ldots$ (Fig. 45), so ist das Trägheitsmoment gleich

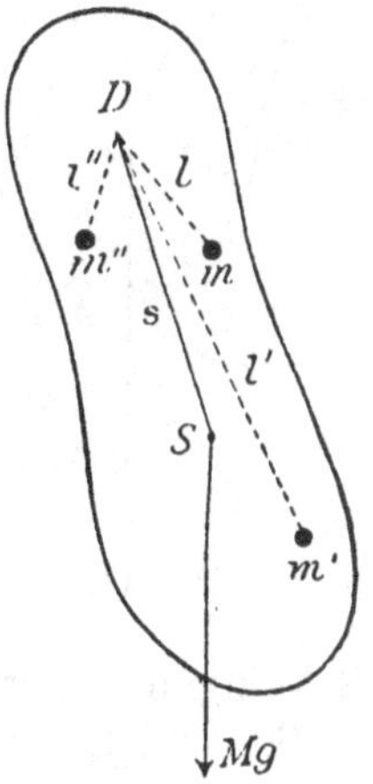

Fig. 45.

$$m\,l^2 + m'\,l'^2 + m''\,l''^2 + \ldots = \sum m\,l^2,$$

und das Pendelgesetz: $$\frac{T^2}{\pi^2} = \frac{\sum m\,l^2}{M\,g\,s}.$$

§ 49. **Winkelbeschleunigung und Kräftepaar.** Wenn die Drehung eines Körpers um eine Achse keine gleichförmige ist, so entwickelt sich aus dem Begriffe der Winkelgeschwindigkeit der der Winkelbeschleunigung ganz ebenso wie der Begriff der linearen Beschleunigung aus dem der linearen Geschwindigkeit (§§ 30, 31). Wenn die Winkelgeschwindigkeit in der Zeit τ gleichmäßig von ω_1 auf ω_2 wächst, so ist die Winkelbeschleunigung gleich $\frac{\omega_2 - \omega_1}{\tau}$.

Wirkt auf einen Körper eine Kraft, so erteilt sie ihm eine Beschleunigung in ihrer eigenen Richtung. Wirkt auf einen Körper ein Kräftepaar, so sucht dieses den Körper um eine Achse zu drehen, die zu der Ebene des Kräftepaares senkrecht steht. Das Kräftepaar erteilt dem Körper eine Winkelbeschleunigung um diese Achse. Im allgemeinen ist der Zusammenhang zwischen Winkelbeschleunigung und Drehungsmoment des Kräftepaares ein sehr verwickelter.

Die Beziehung zwischen dem Drehungsmomente des Kräftepaares und zwischen der Winkelbeschleunigung ist nur in zwei Fällen eine einfache; erstens, wenn die Drehungsachse des Kräftepaares zugleich eine Figurenachse des Körpers ist, und infolge dieser Symmetrie die Zentrifugalkräfte sich gegenseitig zerstören. Zweitens, wenn die Drehungsachse sowohl im Innern des Körpers, wie im Raume eine unveränderliche Lage besitzt. In diesen Fällen ist das Verhältnis zwischen dem Drehungsmomente und der Winkelbeschleunigung gleich dem von der Masse und den Dimensionen des Körpers abhängenden Ausdruck, den wir in § 48 als Trägheitsmoment mit Bezug auf die Drehungsachse bezeichnet haben. Hat man diesen Ausdruck berechnet, so findet man die Winkelbeschleunigung des Körpers, indem man das Drehungsmoment durch das Trägheitsmoment dividiert. Dann aber kann man die weitere Drehung des Körpers ebenso bestimmen, wie die geradlinige Bewegung eines Körpers unter der Wirkung einer beschleunigenden Kraft.

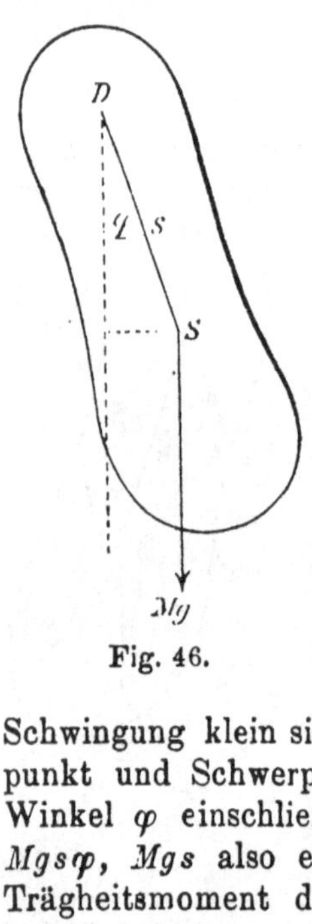

Fig. 46.

Insbesondere ergibt sich aus dem angeführten Satze das Gesetz für die Schwingungsdauer des physischen Pendels. Wenn die Amplituden der Schwingung klein sind, wenn also die Verbindungslinie DS von Drehungspunkt und Schwerpunkt (Fig. 46) mit der Vertikalen nur einen kleinen Winkel φ einschließt, so ist das Drehungsmoment der Schwere gleich $Mgs\varphi$, Mgs also ebenso wie in § 48 die Direktionskraft. Ist $\mathfrak{M}$ das Trägheitsmoment des Pendels um die Drehungsachse, α die Winkelbeschleunigung, so ist:

$$\mathfrak{M} \cdot \alpha = -Mgs \cdot \varphi .$$

Ist andererseits m die Masse der Kugel eines Fadenpendels, α ihre Beschleunigung, x ihr augenblicklicher Abstand von der Ruhelage, so ist nach § 46:

$$m \cdot \alpha = -m \frac{\pi^2}{T^2} \cdot x .$$

In beiden Fällen geben wir der rechten Seite der Gleichung ein negatives Vorzeichen, weil die Kraft dem Ausschlage entgegenwirkt.

Die Analogie der beiden Gleichungen führt zu dem Schlusse, daß die Schwingungsdauer des physischen Pendels durch die Formel bestimmt wird:

$$\frac{\pi^2}{T^2} = \frac{M g s}{\mathfrak{M}}.$$

§ 50. **Beschleunigung der Schwere.** Wir haben früher bemerkt, daß die Fallversuche zu der Berechnung von g wenig brauchbar sind. Dagegen läßt sich g bestimmen aus der Länge eines mathematischen Pendels von bekannter Schwingungsdauer. Man wählt dazu die Länge des Sekundenpendels, d. h. eines Pendels, dessen Schwingungsdauer eine Sekunde beträgt. Ein solches wird entweder dargestellt in einer dem mathematischen Pendel nahe kommenden Form durch eine an einem Faden hängende Kugel, oder in der Form eines Reversionspendels, bei dem die Entfernung der Achsen die Länge des Sekundenpendels gibt.

Die Gleichheit der Beschleunigung der Schwere für alle möglichen Stoffe hat Newton und später Bessel geprüft, indem er an demselben Pendelfaden Kugeln aus Platin, anderen metallischen Massen, Glas usw. aufhing (siehe § 59).

Die Messung der Länge des Sekundenpendels an verschiedenen Orten der Erdoberfläche hat gezeigt, daß die Beschleunigung der Schwere mit der geographischen Breite zunimmt. Der numerische Betrag der Änderung ergibt sich aus der folgenden Tabelle:

Breite	0	15	30	45	60	75	90	
g	978,00	978,35	979,30	980,60	981,89	982,84	983,19	$\mathrm{cm \cdot sec^{-2}}$.

Die Abhängigkeit der Beschleunigung der Schwere von der geographischen Breite läßt sich nach Helmert durch die Formel darstellen:

$$g = 978{,}00\ (1 + 0{,}00531\ \sin^2\varphi)\ \mathrm{cm \cdot sec^{-2}}.$$

§ 51. **Gedämpfte Pendelschwingung.** Wenn man ein frei schwingendes Pendel in Bewegung bringt und dann sich selber überläßt, so bemerkt man, daß die Schwingungsamplituden allmählich kleiner werden, und daß schließlich das Pendel wieder zur Ruhe kommt. Es rührt das daher, daß die Luft der Bewegung des Pendels einen gewissen Widerstand entgegensetzt; die hierdurch bedingte fortwährende Verkleinerung der Schwingungsweite bezeichnet man als die Dämpfung der Schwingung. Dämpfung spielt bei den verschiedensten physikalischen Erscheinungen eine bedeutende Rolle. Wir stoßen auf sie bei den Schwingungen der Saiten, bei den Schwingungen von Lichtstrahlen, welche in einen Körper von geringer Durchsichtigkeit eindringen; sie findet statt bei den schwingenden Bewegungen der Elektrizität, wie sie bei elektrischen Entladungen auftreten. Mit Rücksicht auf diese mannigfache Anwendung, welche die Gesetze der gedämpften Schwingung finden, scheint es zweckmäßig, sie an dem einfachen Beispiele der Pendelschwingung etwas eingehender zu untersuchen.

Wie wir die gewöhnliche Pendelschwingung in § 46 geometrisch aus der Projektion einer Kreisbewegung abbilden, so können wir in analoger Weise die gedämpfte Schwingung durch Projektion einer logarithmischen Spirale gewinnen, wie sie durch Fig. 47 dargestellt wird.

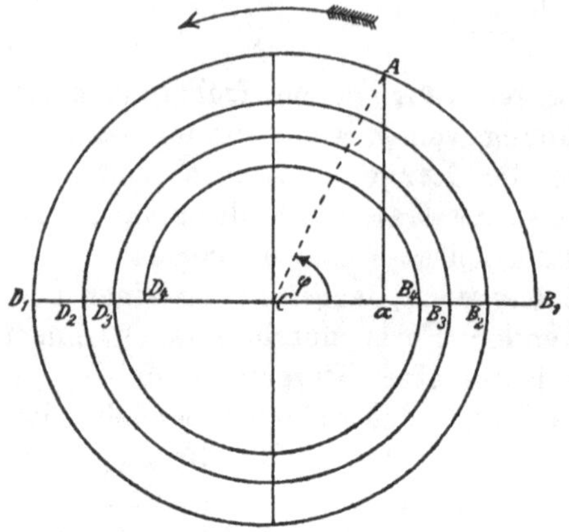

Fig. 47. Gedämpfte Schwingung.

C ist der Mittelpunkt, um den sich die Spirale windet; um ihn lassen wir den Radiusvektor CA mit ganz gleichmäßiger Geschwindigkeit im Sinne des eingezeichneten Pfeiles sich drehen; der Punkt A, in dem der Radius die Spirale schneidet, bewegt sich dann auf der Spirale mit einer Geschwindigkeit, welche kleiner wird in dem Maße, in dem der Punkt A auf engere Windungen der Spirale übergeht. Von A fällen wir auf den horizontalen Durchmesser $B_1 D_1$ das Lot $A\alpha$; während der Punkt A in der Spirale herumläuft, geht dann der Projektionspunkt α in dem horizontalen Durchmesser $B_1 D_1$ hin und her; er führt in diesem eine Schwingung mit allmählich abnehmender Amplitude, d. h. eine gedämpfte Schwingung aus.

Die Windungen der Spirale durchschneiden den Durchmesser $B_1 D_1$ nicht senkrecht; daher bezeichnen die Punkte B_1, D_1, B_2 ... nicht die Stellen größter Abweichung des Punktes α von seiner Ruhelage C; vielmehr sind diese letzteren Stellen gegen die Punkte B_1, D_1, B_2 ... immer etwas nach außen verschoben. Bei einer Spirale, deren Windungen sich nur langsam zusammenziehen, ist die Abweichung immerhin nicht groß, und wir wollen daher, um die Betrachtung nicht unnötig zu erschweren, annehmen, daß die Punkte B_1, D_1, B_2 ... für die extremen Lagen des Punktes α genommen werden können. Die aufeinanderfolgenden Amplituden der Schwingung sind dann gegeben durch die Strecken CB_1, CD_1, CB_2, CD_2, CB_3 ... Bezeichnen wir den Winkel, den der Radiusvektor CA mit der horizontalen Achse CB_1 einschließt, durch φ, so ist (nach mathematischen Betrachtungen) der Radiusvektor der Spirale gegeben durch die Gleichung:

$$CA = CB_1\, e^{-\gamma\varphi}.$$

Hier ist e die Basis der natürlichen Logarithmen und γ ein von der Weite der Spirale abhängiger Faktor.

Für $\varphi = 0$ ist $e^0 = 1$, somit $CA = CB_1$. Für die Abweichung des Punktes α von C ergibt[1] sich aus der Fig. 47 $C\alpha = CB_1 \cdot e^{-\gamma\varphi} \cdot \cos\varphi$.

[1] Wir geben im folgenden oft Formeln, ohne deren für uns viel zu weitgehende Ableitungen liefern zu können. Es geschieht dies, weil dem Studierenden die Formen solcher Gleichungen, die er bei eingehenderem Studium in Spezialwerken wiederfinden wird, von Interesse sein müssen und dann, weil wir nur an der Hand solcher theoretischen Resultate Übersicht und Verständnis vieler Gebiete gewinnen können.

Somit ergibt sich für die aufeinanderfolgenden Amplituden der Schwingung von α, entsprechend der Änderung des φ, bzw. $\cos\varphi$:

$$\begin{aligned} CB_1 &= \quad CB_1\,, \\ CD_1 &= -\,CB_1\cdot e^{-\gamma\pi}\,, \\ CB_2 &= \quad CB_1\cdot e^{-2\gamma\pi}\,, \\ CD_2 &= -\,CB_1\cdot e^{-3\gamma\pi}\,, \\ CB_3 &= \quad CB_1\cdot e^{-4\gamma\pi}\,, \\ &\ldots\ldots\ldots\ldots \end{aligned}$$

Die nach rechts gewandten Amplituden sind hier von den nach links gewandten unterschieden durch das Vorzeichen. Aus der Zusammenstellung der Amplitudenwerte ergibt sich nun leicht die charakteristische Eigenschaft der von uns betrachteten logarithmischen Dämpfung.

Das Verhältnis zweier aufeinanderfolgender Amplituden bleibt dasselbe während der ganzen Dauer der Schwingung

In der Tat ist, wenn wir von dem Vorzeichen absehen:

$$\frac{CB_1}{CD_1} = \frac{CD_1}{CB_2} = \frac{CB_2}{CD_2} = \frac{CD_2}{CB_3} = \ldots = e^{\pi\gamma},$$

also konstant. Man bezeichnet dieses Verhältnis als das Dämpfungsverhältnis, die Zahl $\pi\gamma$ als das logarithmische Dekrement. Von experimenteller Seite ist der ausgesprochene Satz durch die Beobachtung der verschiedenartigsten gedämpften Schwingungen bestätigt worden.

Die Geschwindigkeit und die Beschleunigung des Punktes α in seiner geradlinigen Bahn läßt sich nicht in so elementarer Weise bestimmen wie in dem Falle von § 46. Wir begnügen uns, das Resultat der Rechnung mitzuteilen. Es ergibt sich für die Geschwindigkeit der Wert:

$$v = -\frac{\pi}{T}(A\alpha + \gamma\cdot C\alpha);$$

für die Beschleunigung:

$$a = -\frac{\pi^2}{T^2}(1+\gamma^2)\cdot C\alpha - 2\gamma\cdot\frac{\pi}{T}\cdot v.$$

Hier bedeutet T die Schwingungsdauer, d. h. die Zeit, welche der Punkt α zu einem einmaligen Hin- oder Hergange in seiner Bahn, zu der Bewegung von $B_1 \rightarrow D_1$, $D_1 \rightarrow B_2$, $B_2 \rightarrow D_3$ ... braucht. Die negativen Vorzeichen deuten an, daß Geschwindigkeit und Beschleunigung in dem betrachteten Zeitpunkte der Richtung der horizontalen Achse CB_1 entgegengesetzt sind.

Der Radiusvektor CA durchstreicht in der Zeit T die obere oder die untere Hälfte, von $\varphi = 0$ bis $\varphi = \pi$ oder von $\varphi = \pi$ bis $\varphi = 2\pi$. Hat der Radius zur Zeit $t = 0$ die Lage CB_1, so ist für $t = 0$ auch $\varphi = 0$; zur Zeit $t = T$ wird $\varphi = \pi$. Zu einer beliebigen Zeit t sei der Winkel, um den sich der Radiusvektor CA von der Ausgangslage CB_1 an gedreht hat, gleich φ; wir haben vorausgesetzt, daß der Radius sich ganz gleichmäßig um den Punkt C dreht, somit ist:

$$\varphi : t = \pi : T \quad \text{oder} \quad \varphi = \frac{\pi}{T}\cdot t,$$

wodurch die Beziehung zwischen Drehungswinkel und Zeit festgelegt ist.

Setzt man in den für v und a gegebenen Gleichungen $\gamma = 0$, so kommt man zurück zu den Formeln, welche unmittelbar vorher für Geschwindigkeit und Beschleunigung der ungedämpften Schwingung gegeben worden sind.

Ist in dem Punkte α die Masse m konzentriert, so ergibt sich schließlich für die Kraft F, welche der von uns benützte Mechanismus auf den Punkt α ausübt, der Ausdruck

$$F = m a = -\frac{\pi^2}{T^2}(1 + \gamma^2) m \cdot C\alpha - 2\gamma \frac{\pi}{T} m v .$$

Die Kraft F setzt sich zusammen aus zwei Teilen,

$$F_1 = -\frac{\pi^2}{T^2}(1 + \gamma^2) m \cdot C\alpha \quad \text{und} \quad F_2 = -2\gamma \frac{\pi}{T} m v .$$

Beide Kräfte sind der Richtung der horizontalen Achse CB_1 entgegengesetzt, was in dem negativen Vorzeichen zum Ausdrucke kommt. Die erste Kraft ist dem jeweiligen Abstande des Punktes α von seiner Ruhelage proportional, wie bei der gewöhnlichen Pendelbewegung; die zweite Kraft ist der Bahngeschwindigkeit v des Punktes α proportional und wirkt dieser Geschwindigkeit entgegen; sie ist es, welche die allmähliche Abnahme der Schwingungsbewegung, die Dämpfung erzeugt; man bezeichnet sie als eine Kraft der Reibung.

Ganz ebenso wie in § 46 ziehen wir aus diesen Betrachtungen nun noch eine weitere Konsequenz. Es sei ein in gerader Linie um eine mittlere Gleichgewichtslage C pendelnder Körper gegeben, dessen Masse wir uns in dem Punkte α der Fig. 47 konzentriert denken; auf ihn wirke einmal eine Kraft

$$F_1 = -p^2 \cdot C\alpha ,$$

welche ihn nach der Ruhelage zurückzuziehen sucht, andererseits eine der Bahngeschwindigkeit v proportionale Reibung:

$$F_2 = -2q \cdot v .$$

Wir schließen aus der vorhergehenden Untersuchung, daß der Körper eine gedämpfte Pendelschwingung ausführen wird. Dann aber kann man die Kräfte F_1 und F_2 mit Hilfe der im vorhergehenden gegebenen Formeln auch aus den Elementen der Bewegung, aus der Schwingungsdauer T und aus dem logarithmischen Dekrement $\pi\gamma$ berechnen. Setzt man nun die verschiedenen für dieselben Kräfte geltenden Werte einander gleich, so kommt man zu den folgenden Formeln für die Schwingungsdauer und für das logarithmische Dekrement:

$$\frac{T^2}{\pi^2} = \frac{m(1 + \gamma^2)}{p^2}; \qquad \pi\gamma = \frac{qT}{m} .$$

Sind die Koëffizienten p^2 und q bekannt, so kann man hieraus die Schwingungsdauer und das logarithmische Dekrement berechnen; umgekehrt kann man die Koëffizienten der Kräfte bestimmen, wenn T und $\pi\gamma$ durch Beobachtung gefunden sind.

Die Schwingungsdauer wird durch die Dämpfung vergrößert; das logarithmische Dekrement wächst mit der Reibung und mit der Schwingungsdauer; es nimmt ab bei zunehmender Masse des Pendels.

Zum Schlusse machen wir noch auf eine andere graphische Darstellung der gedämpften Schwingung aufmerksam (Fig. 48). Auf der von C ausgehenden horizontalen Linie sind die Zeiten abgetragen, senkrecht dazu die entsprechenden Strecken $C\alpha$, um welche der schwingende Punkt α von seiner Ruhelage entfernt ist. Man erhält dann eine Wellenlinie mit allmählich abnehmender Amplitude. Verbindet man die Punkte der größten Abweichungen beiderseits von der Ruhelage, so erhält man zwei die Wellenlinie einschließende Kurven, die anfangs steiler, allmählich schwächer gegen die Achse der Zeiten abfallen.

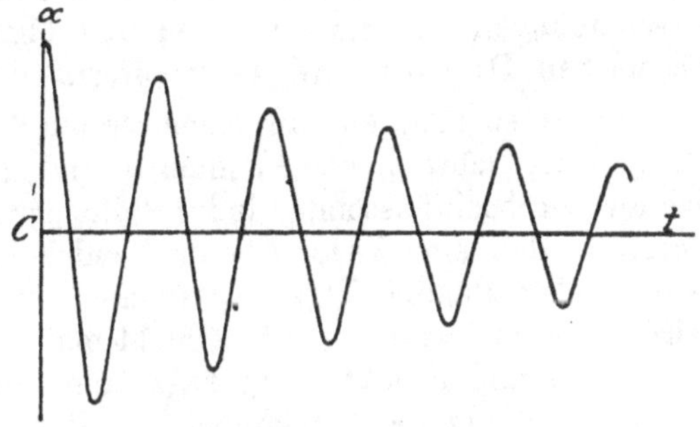

Fig. 48. Gedämpfte Schwingung.

§ 52. **Erzwungene Schwingung.** Wir betrachten nun eine andere merkwürdige Bewegung des Pendels, die in folgender Weise zustande kommt. Wir lassen auf das Pendel außer der Schwere noch eine Kraft wirken in der als geradlinig betrachteten Bahn, die es bei seiner natürlichen Schwingung durchläuft; diese Kraft wechsle in periodischer Weise ihre Richtung und ihre Größe. Tragen wir auf einer horizontalen Linie die Zeiten ab, senkrecht dazu die den Zeiten entsprechenden Werte der Kraft, so ergibt sich als Bild ihrer Abhängigkeit von der Zeit eine Sinuslinie. Man kann daher von einem Hin- und Herschwingen der Kraft sprechen; als Schwingungsdauer U wird dabei die Zeit zu bezeichnen sein, die vergeht, während die Kraft von einem größten Werte in der einen Richtung bis zu dem entgegengesetzten Werte in der anderen, von dem Gipfel des Wellenberges bis zu dem tiefsten Punkte des Wellentales schwankt.

Durch eine solche periodische Kraft wird nun das Pendel gleichfalls in Schwingung versetzt. Die Schwingungsdauer hängt aber nicht zusammen mit der Länge des Pendelfadens und mit der Beschleunigung der Schwere, sie wird vielmehr bestimmt durch die periodische Kraft und ist dieselbe wie bei dieser. Die Schwingung, die ein Pendel nur unter der Wirkung der Schwere ausübt, nennen wir seine natürliche oder freie Schwingung (Schwingungsdauer $= T_0$). Im Gegensatze dazu nennen wir die durch eine periodische Kraft erzeugte, bei der dem Pendel eine ihm fremde Schwingungsdauer von außen aufgenötigt wird, eine erzwungene Schwingung.

Die hier geltenden Gesetze spielen in der Akustik, Optik und vor allem in der Elektrizitätslehre eine große Rolle.

Statt einer längeren mathematischen Behandlung wollen wir die Erscheinungen an dem einfachen und übersichtlichen Beispiele des sog. physischen Doppelpendels erläutern.

Es seien (Fig. 49) an einem festen Querbalken zwei (in der Zeichnungsebene schwingende) Pendel *I* und *II* aufgehängt. Das Pendel *II* sei das zu beeinflussende, indes *I* die periodisch störende Kraft dadurch darstellt, daß eine Feder *f* beide Pendelstangen verbindet. In der Ruhelage beider Pendel ist *f* ungespannt; bringt man *I* etwas nach links, wird *f* ausgedehnt und zieht; schiebt man *I* nach rechts, wird *f* zusammengeschoben und drückt. Man sagt dann, die schwingenden Systeme *I* und *II* sind miteinander „gekoppelt". Befestigt man die Feder *f* weiter oben, so hat man eine schwächere Koppelung, umgekehrt ist die Koppelung stark, wenn die Feder ganz unten ist.

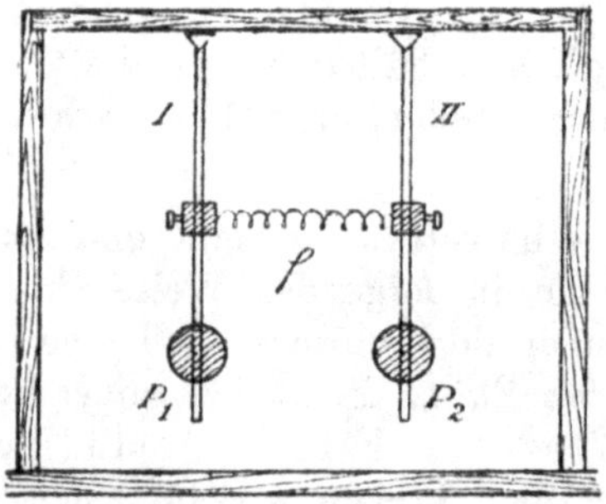

Fig. 49. Doppelpendel.

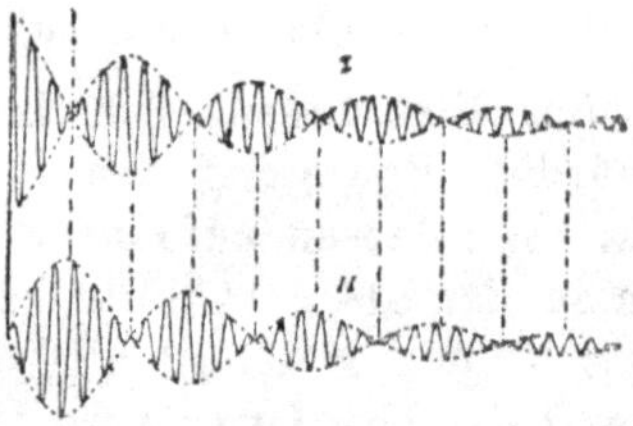

Fig. 50. Schwingung der Doppelpendel.

Schwebungen des Doppelpendels. Es seien beide Pendel in Fig. 49 wieder gleich lang. Es werde *II* in der Ruhelage und *I* in Elongation links festgehalten und beide Pendel gleichzeitig losgelassen. Dann gerät allmählich *II* in Schwingungen, indes die Amplituden von *I* immer kleiner werden. Diese Bewegungsübertragung zwischen den beiden Pendeln wechselt ab und Fig. 50 zeigt den Schwingungsverlauf. Immer wenn *I* steht, schwingt *II* und umgekehrt. Man nennt ein solches Zu- und Abnehmen der Amplituden eine Schwebung. Wir kommen in der Akustik noch einmal darauf zurück.

Macht man die Koppelung sehr stark, so werden die Schwebungen sehr zahlreich, umgekehrt liegen die Schwebungen bei schwacher Koppelung weit auseinander und werden so, da ja die Elongationen ohnedies infolge der Dämpfung kleiner werden, unmerklich.

Bei der Bestimmung von *g* durch Pendelschwingungen (§ 50), läßt sich ein Mitschwingen des noch so festen Pendelstatives nicht ganz vermeiden. Hängt man ein zweites gleiches Pendel an dasselbe Stativ, so kann man aus dessen Mitschwingen die Korrektionen für das Mitschwingen des Statives errechnen.[1]

Phasenverschiebung der erzwungenen Schwingung. In den folgenden Betrachtungen werde die störende Sinusbewegung U durch irgendeine Vorrichtung dauernd in ungeänderter Weise aufrecht erhalten; es wird also eine Beeinflussung von I auf II ausgeübt, nicht aber umgekehrt. Es sei z. B. die Masse von P_1 (Fig. 49) sehr groß gegen P_2; dann ist die Rückwirkung der erzwungenen Schwingung II auf die erzwingende sehr klein.

Es seien zunächst beide Pendel in Fig. 49 gleich lang, die Pendel stehen in sog. „Resonanz". Wieder halten wir II fest und bringen I nach

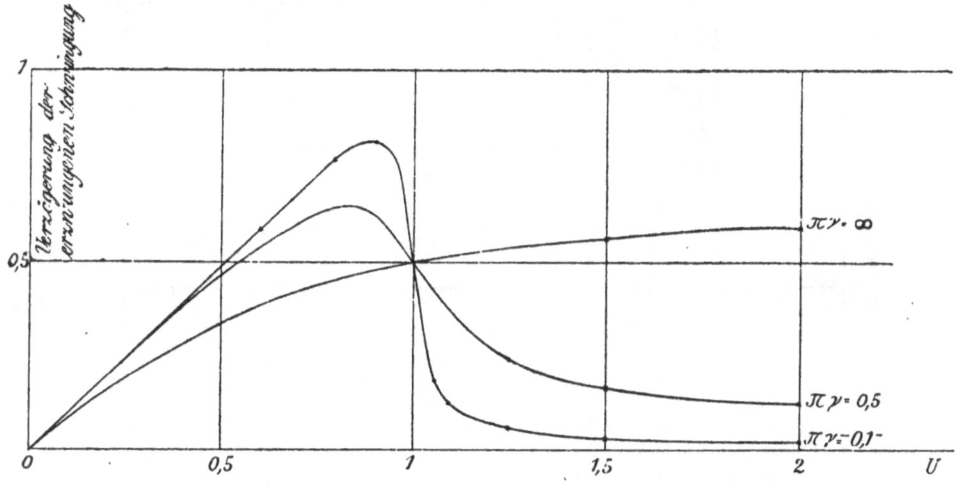

Fig. 51. Phasenverschiebung einer erzwungenen Schwingung.

links. Lassen wir beide Pendel gleichzeitig los, so wird ersichtlich II infolge der Federspannung nach links schwingen, indes I zurückgeht; in diesem einfachsten Falle ist also die Sinusbewegung der erregten Schwingung um $^1/_2$ Schwingungsdauer hinter der der erzwingenden. Diese Phasendifferenz von $\pi/2$ zwischen erzwingender und erzwungener Schwingung gilt, ob II stark oder schwach gedämpft ist.

Dies gilt aber nur für den Fall der Resonanz. Um eine Übersicht für andere Fälle zu gewinnen, wollen wir die Rechnungsresultate in zwei Figuren darstellen.

In Fig. 51 gibt die Abszisse die Schwingungsdauer U der erregenden Schwingung, wobei als Maßeinheit die Schwingungsdauer T_0 der natürlichen Schwingung genommen ist.

Die Ordinaten geben dagegen die Verzögerung der Schwingungsphase und zwar in der Kurve $\pi\gamma = \infty$ für sehr stark gedämpfte Schwingung (des Pendels II), für $\pi\gamma = 0{,}1$ für sehr schwach gedämpfte.

[1] Furtwängler. Berl. Ber. 1902.

Für den Fall der Resonanz, wenn die Schwingungsdauer U der Kraft gleich der natürlichen Schwingungsdauer T_0 des Pendels ist, wird die Verzögerung, wie schon oben auseinandergesetzt wurde, gleich der halben Schwingungsdauer; die Phasenverzögerung ist gleich $\pi/2$, unabhängig von der Dämpfung der erzwungenen Schwingung, da alle 3 Kurven in dem Punkte $x = 1$ und $y = 0{,}5$ sich schneiden.

Bei kleiner Dämpfung zeigt die Verzögerung im übrigen den folgenden Verlauf. Wird U größer als T_0, in unserer Figur also größer als 1, so nimmt die Verzögerung rasch ab, um so mehr, je kleiner die Dämpfung. Wird U kleiner als T_0, so wächst die Verzögerung bis zu einem Maximum,

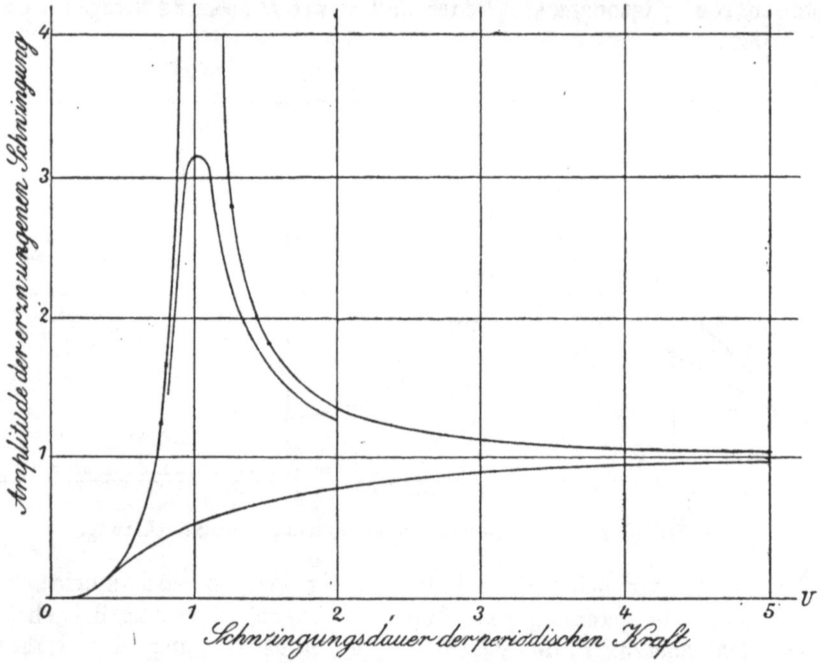

Fig. 52. Amplitude der erzwungenen Schwingung.

nimmt dann wieder ab, um mit U zu Null zu werden. Der Maximalwert der Verzögerung wird mit abnehmender Dämpfung größer. Bei verschwindender Dämpfung ist die Verzögerung Null, solange U größer als T_0, gleich U, wenn U kleiner als T_0. Bei starker Dämpfung nimmt die Verzögerung mit der Schwingungsdauer U zunächst stetig zu, um bei sehr großen Werten von U einen Grenzwert $2\gamma/(\pi\sqrt{1+\gamma^2})$ zu erreichen.

Die Amplitude einer erzwungenen Schwingung eines Pendels bestimmt sich aus der Schwingungsdauer U der störenden Kraft, dem Koppelungsgrade und der Dämpfung. Die Rechnungsresultate zeigt Fig. 52. Die Abszisse gibt wieder die Schwingungsdauer U der erregenden Schwingung in Einheiten der freien Schwingungsdauer, die Ordinaten sind die Amplituden.

Die obere Kurve entspricht dem Falle, daß das Pendel von Reibung frei, ungedämpft ist. In diesem Falle ist $\gamma = 0$ und die Amplitude wird unendlich groß im Falle der Resonanz, wenn $U = T_0$ ist.

In Wirklichkeit kann natürlich ein solches unbeschränktes Anwachsen der Amplitude nicht eintreten; die Theorie gilt ja auch nur für den Fall kleiner Amplituden und tritt also an dieser Stelle mit ihren eigenen Grundlagen in Widerspruch. Die zweite Kurve, welche nur in dem Intervall $U = 0{,}8$ bis $U = 2$ gezeichnet ist, entspricht dem Falle eines schon ziemlich stark gedämpften Pendels. Es ist angenommen, daß das Dämpfungsverhältnis $e^{\pi\gamma}$, das Verhältnis zweier aufeinanderfolgender Amplituden, gleich 1,65 sei; zwei aufeinanderfolgende Schwingungsbögen verhalten sich wie 165:100. Man bemerkt hier, daß die Dämpfung von geringem Einflusse auf die Amplituden ist, solange die Schwingungsdauer der Kraft von der des Pendels erheblich abweicht. Der Einfluß tritt erst hervor, wenn U sich der Schwingungsdauer T_0 nähert, er ist am stärksten, wenn $U = T_0$ wird. Es bleibt dann auch der durch die Theorie bestimmte Wert der Amplitude endlich. Übrigens liegt das Maximum der Amplitude bei gedämpfter Schwingung nicht bei $U = T_0$, sondern um so mehr (in Fig. 52 nach rechts) verschoben, je größer die Dämpfung ist.

Die unterste Kurve in Fig. 52 bezieht sich auf sehr starke Dämpfung. Viele technische Probleme gehören hierher.

Die Eigenschwingung einer Brücke könnte, wenn sie mit dem Schrittempo einer darüber marschierenden Truppe in Resonanz steht, bis zu einer bruchgefährlichen Größe ansteigen, weshalb die Soldaten dann „ohne Schritt" marschieren.

Oder: Wenn die Schwingungsperiode der Meereswellen mit dem Pendeln eines Schiffes um seine Längsachse in Resonanz ist, so gerät das Schiff in ein sehr unangenehmes „Rollen". Dies mindert der Frahmsche Schlinkertank, ein entsprechend gebautes Riesengefäß, zum Teil mit Wasser gefüllt. Die Meereswellen stellen die erregende Schwingung dar. Das Wasser im Tank gerät in erzwungene Schwingung mit Phasenverschiebung und dämpft das Rollen des Schiffes.

§ 53. Aperiodische Dämpfung. Die in § 51 entwickelten Gesetze der freien gedämpften Schwingung erleiden eine Veränderung, wenn die der Bewegung entgegengerichtete Reibung ein gewisses Maß übersteigt. Wir sehen, daß die Schwingungsbögen um so schneller abnehmen, je größer die Reibung ist. Nun kann aber die Reibung einen solchen Betrag erreichen, daß eine schwingende, periodische Bewegung überhaupt nicht mehr zustande kommt. Man erteile in diesem Falle dem Pendel in der Ruhelage einen Stoß, der es zur Seite treibt. Es macht einen der Stärke des Stoßes entsprechenden Ausschlag, kehrt aber dann mit immer weiter abnehmender Geschwindigkeit zur Ruhelage zurück, ohne diese zu überschreiten und Schwingungen um sie auszuführen. Zieht man das Pendel aus der Ruhelage zur Seite und läßt es dann los, ohne ihm einen Stoß zu geben, so kehrt es gleichfalls zur Ruhelage zurück, ohne über sie hinauszuschwingen. Man bezeichnet eine solche Bewegung als eine aperiodische, ein Pendel, das sie ausführt, als ein aperiodisch gedämpftes.

Die Gesetze dieser aperiodischen Dämpfung, die insbesondere bei der Konstruktion elektrischer Meßapparate Verwendung findet, mögen im Anschlusse an § 51 noch etwas weiter verfolgt werden. Von besonderem Interesse ist dabei die Frage, wie sich jener kritische Wert der Reibung bestimmt, bei dem die periodische Dämpfung in die aperiodische übergeht.

Der Ausschlag des Pendels, sein jeweiliger Abstand von der Ruhelage, sei x; ferner sei T die Dauer der gedämpften Schwingung, T_0 die der ungedämpften; m ist die Pendelmasse, über q, mit dem die Reibung proportional ist, siehe § 51. Dann ergibt eine eingehendere Berechnung, die wir hier nicht mitteilen,

$$T = T_0 \frac{1}{\sqrt{1 - \frac{q^2 T_0^2}{\pi^2 m^2}}}$$

$$\text{und} \quad x = A e^{-\frac{q}{m} t} \cos \frac{\pi}{T_0} \sqrt{1 - \frac{q^2 T_0^2}{\pi^2 m^2}} \cdot t.$$

An diese Formeln knüpfen sich nun die folgenden wichtigen Bemerkungen. Solange das Produkt $q T_0$ kleiner als πm ist, bleibt auch die gedämpfte Bewegung eine periodische, ihre Schwingungsdauer ist aber größer als die der ungedämpften Schwingung. Wird $q T_0 = \pi m$, so wird die Schwingungsdauer der gedämpften Bewegung unendlich groß; das dem Einflusse der Reibung unterworfene Pendel schwingt überhaupt nicht mehr; wird es aus seiner Ruhelage abgelenkt, so kehrt es allmählich in diese zurück, ohne sie zu überschreiten. Wird $q T_0$ größer als πm, so wird die Schwingungsdauer T imaginär, d. h. das Pendel führt auch in diesem Falle keine Schwingungen mehr aus, sondern kehrt nach einer Ablenkung aperiodisch in die Ruhelage zurück. Der kritische Punkt, bei dem die periodische Bewegung in eine aperiodische sich verwandelt, ist bestimmt durch $q T_0 = \pi m$. Bei gegebener Pendelmasse m kann also die periodische Dämpfung auf zweierlei Weise in die aperiodische verwandelt werden; einmal dadurch, daß man bei konstant gehaltenem T_0 die mit q proportionale Reibung vergrößert, bis $q T_0$ den kritischen Wert erreicht; andererseits dadurch, daß man bei konstanter Reibung die Schwingungsdauer T_0 vergrößert, bis $q T_0 = \pi m$ geworden ist. Nun ist aber die Kraft, welche das Pendel nach seiner Ruhelage zurückzieht, gegeben durch $F_1 = \frac{\pi^2}{T_0^2} m$. Vergrößerung von T_0 wird also durch Verkleinerung von F_1 zu erreichen sein.

§ 54. Kreisbewegung, Zentralkraft und Winkelgeschwindigkeit. Wir sind in § 46 von der Bewegung eines gleichförmig im Kreise umlaufenden Punktes übergegangen auf die Pendelbewegung; wir machen nun jene Bewegung selbst zum Gegenstande der Untersuchung. Ein Punkt A (Fig. 53), in dem wir uns die Masse einer kleinen Kugel konzentriert denken, bewege sich mit gleichförmiger Geschwindigkeit in der Peripherie eines Kreises, dessen Mittelpunkt in C liege. Vermöge seiner Trägheit würde er in jedem Augenblicke in der Richtung der Tangente von der Kreisbahn abweichen. Er muß also durch eine senkrecht zur Bahn, in der Richtung des Radiusvektors wirkende Kraft immer wieder auf die Kreisperipherie zurückgeführt werden. Wir bezeichnen diese als eine auf den Körper wirkende Zentralkraft. Ist beispielsweise der Punkt A durch einen Faden mit C verknüpft und in Umschwung um C versetzt worden, so ist es die Spannung des Fadens, die ihn in der Kreisbahn erhält; die Zentralkraft ist gleich dieser Spannung. Umgekehrt spannt also der in Umschwung befindliche Körper den Faden, er übt auf ihn eine nach außen gerichtete Kraft aus, die wir als Zentrifugalkraft bezeichnen. Mit dieser wächst die Spannung des Fadens und kann schließlich einen solchen Betrag erreichen, daß der Faden zerreißt. In diesem Augenblicke verschwindet die Zentralkraft, die den Körper in seiner Kreisbahn erhielt, und dieser fliegt in der Richtung der Kreistangente mit gleichbleibender Geschwindigkeit fort.

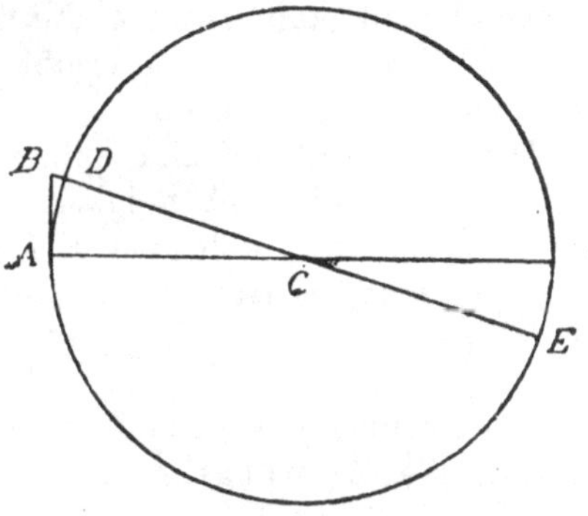

Fig. 53. Zentralbewegung.

Die Abhängigkeit der Zentralkraft von den Elementen der Bewegung ergibt sich in folgender Weise. Ist v die Bahngeschwindigkeit des Punktes A, so wird er in der kleinen Zeit τ infolge seiner Trägheit den Weg $AB = v\tau$ in der Richtung der Tangente zurücklegen. Tatsächlich gelangt er in dieser Zeit in den Punkt D der Kreisperipherie, legt also in der Richtung senkrecht dazu den Weg BD zurück; dieser ist die Folge der Zentralkraft. Bezeichnen wir die ihr entsprechende Beschleunigung durch a, so ist nach § 40 $BD = \frac{1}{2} a \tau^2$. Zieht man von einem Punkte außerhalb eines Kreises eine Tangente und eine Sekante (BA und BE), so ist nach einem bekannten Satze der Geometrie $AB^2 = BE \cdot BD$ oder, da BD sehr klein gegen DE, mit hinreichender Genauigkeit $AB^2 = DE \cdot BD$. Setzen wir den Halbmesser des Kreises gleich r, so ist $BD = \frac{AB^2}{2r}$; setzen wir hier für BD und AB die zuvor angegebenen Werte, so ergibt sich $a = \frac{v^2}{r}$ und die Zentralkraft

$$m a = \frac{m v^2}{r}.$$

Wenn eine Masse in Kreisbewegung versetzt wird, so ist die auf sie wirkende Zentralkraft oder die von ihr ausgeübte Zentrifugalkraft proportional der Masse, proportional dem Quadrate der Bahngeschwindigkeit und umgekehrt proportional dem Halbmesser der Bahn.

Hat der von dem Radiusvektor CA des Punktes A in der Zeiteinheit durchstrichene Winkel im Bogenmaß den Wert ω, so nennt man ω die Winkelgeschwindigkeit von A. Zwischen dieser und der Bahngeschwindigkeit besteht die Beziehung $v = \omega r$. Mit Einführung der Winkelgeschwindigkeit ergibt sich also für die Zentralkraft der bequemere Ausdruck $m r \omega^2$.

Mit Rücksicht auf eine später auszuführende Rechnung ist es vielleicht nützlich, die Abhängigkeit der Geschwindigkeit v und ω von der Zeit U anzugeben, welche der Punkt A zu einem Umlauf in seinem Kreise braucht; es ist:

$$v = \frac{2 \pi r}{U}, \qquad \omega = \frac{2 \pi}{U}.$$

Zur Prüfung der gefundenen Gesetze benützt man einen besonderen Apparat, die Zentrifugalmaschine. Diese besteht im wesentlichen aus

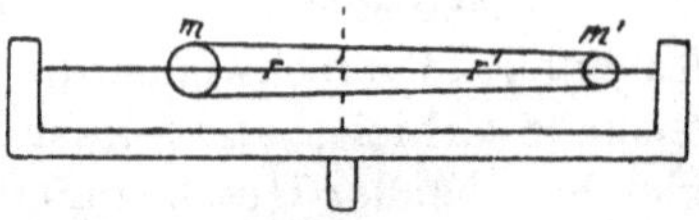

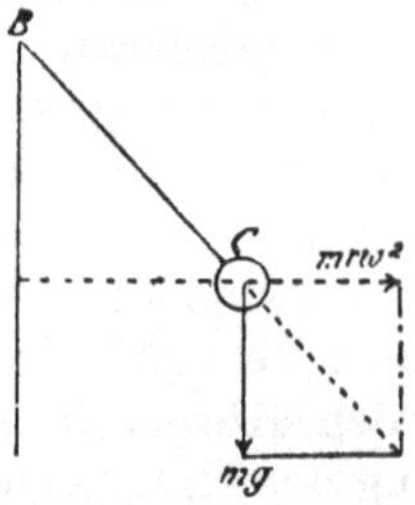

Fig. 54. Zentrifugalmaschine. Fig. 55.

einer vertikalen, möglichst stabilen Achse, die in rasche Umdrehung versetzt werden kann. Von den mannigfachen Versuchen, die man mit der Maschine anstellen kann, heben wir nur wenige hervor. 1. Auf einem glatten Drahte (Fig. 54), der senkrecht zur Achse der Maschine in einem Rahmen befestigt ist, sind zwei durch einen Faden verbundene Kugeln m und m' leicht verschiebbar. Die Kugeln halten sich bei der Drehung im Gleichgewichte, wenn ihre Abstände von der Drehungsachse sich umgekehrt verhalten wie ihre Massen, $r : r' = m' : m$. Da ihre Winkelgeschwindigkeit ω dieselbe ist, so sind dann in der Tat die auf sie ausgeübten Zentralkräfte $m r \omega^2$ und $m' r' \omega^2$ gleich groß; die Zentralbeschleunigungen $r \omega^2$ und $r' \omega^2$ sind den Entfernungen von der Drehungsachse direkt proportional, sie verhalten sich umgekehrt wie die Massen der beiden Körper, in Übereinstimmung mit den Bemerkungen von § 42. 2. Die Achse der Maschine wird durch einen in sie eingeschraubten Stab nach oben verlängert. Das obere Ende trägt eine kleine horizontale Achse, um die eine an einem Arme BC befestigte Kugel in vertikaler Ebene sich drehen kann (Fig. 55). Wird die Maschine in Rotation versetzt, so stellt sich der Draht BC in die Richtung der Resultante aus Zentrifugalkraft und Schwerkraft; die Kugel steigt um so höher, je größer die Umdrehungsgeschwindigkeit der Maschine ist. Von dieser Bewegung macht man Gebrauch bei der Dampfmaschine, um den Zutritt des Dampfes zu dem Zylinder zu regulieren und den Gang zu einem gleichmäßigen zu machen. 3. Wir setzen auf die Achse der Maschine ein zylindrisches Gefäß konzentrisch mit ihr und füllen dieses bis zu einer angemessenen Höhe mit einer Flüssigkeit, etwa Quecksilber. Wird die Maschine gedreht, so stellt sich die freie Oberfläche der Flüssigkeit senkrecht gegen die Resultante aus Zentrifugalkraft und Schwerkraft. Man berechnet, daß die Gestalt der Oberfläche die eines Umdrehungsparaboloides sein muß, was durch den Versuch bestätigt wird.

Wir erinnern noch an einige Erscheinungen des praktischen Lebens, bei denen die Zentrifugalkraft eine wesentliche Rolle spielt. Wenn die Eisenbahn eine Kurve macht, so wird die Fläche des Bahnkörpers beim Bau nach innen geneigt, so daß die Resultante aus der Zentrifugalkraft und aus der Schwere des Zuges auf dieser senkrecht steht. Die Schienen erleiden dann nur einen Normaldruck, keinen Schub nach außen hin. Aus demselben Grunde legt sich der Schlittschuhläufer und der Radfahrer nach innen, wenn er einen Bogen beschreibt. Er lenkt, wenn er zu fallen droht, in einem Bogen nach der betreffenden Seite ein, um den Körper durch die dann auftretende Zentrifugalkraft von neuem ins Gleichgewicht zu setzen.

§ 55. Gesetze von Kepler (1571 – 1630). Das großartigste und mannigfachste Objekt für die Anwendung unserer Prinzipien bietet das Planetensystem dar. Zugleich gestattet die Schärfe, deren die astronomischen Beobachtungen fähig sind, eine sehr genaue Prüfung der Theorie durch Vergleichung ihrer Ergebnisse mit denen der Beobachtung. Das Fundament für die dynamische Erforschung des Planetensystems ist gegeben durch die bekannten Gesetze, die Kepler aus den Beobachtungen Tychos abgeleitet hat.

1. Die Planeten bewegen sich in Ellipsen, in deren einem Brennpunkte die Sonne sich befindet.

2. Der von der Sonne nach einem Planeten gezogene Leitstrahl durchstreicht in gleichen Zeiten gleiche Flächenräume. Die Erde bewegt sich also in Sonnennähe, Perihel, rascher als in Sonnenferne, Aphel.

3. Die Quadrate der Umlaufszeiten zweier Planeten verhalten sich wie die Kuben der großen Achsen der Bahnellipsen.

§ 56. Allgemeine Gravitation nach Newton (1642—1726). Die beiden ersten Keplerschen Gesetze erklären sich in einfacher Weise durch die Annahme einer gegen die Sonne gerichteten Zentralbeschleunigung oder durch eine von der Sonne auf die Planeten in der Richtung der Leitstrahlen ausgeübte Anziehung, die dem Quadrate der Entfernung umgekehrt proportional ist. Das dritte Gesetz verlangt (wie eine einfache Rechnung zeigt), daß diese Kraft außerdem der Masse des angezogenen Planeten direkt proportional sein muß. Nimmt man noch das Prinzip der Gleichheit von Aktion und Reaktion zu Hilfe, so ergibt sich das Newtonsche Anziehungsgesetz.

Zwischen der Sonne und einem Planeten besteht eine wechselseitige Anziehung, die dem Produkte der Massen beider Körper direkt, dem Quadrate ihrer Entfernung umgekehrt proportional ist.

Die hiermit gegebene Anschauung wurde von NEWTON sofort erweitert; dieselbe Anziehung betrachtete er als die Ursache, welche die Trabanten der Planeten in ihren Bahnen erhält; er sah in ihr eine allgemeine zwischen irgend zwei Körpern des Planetensystems wirkende Kraft und bahnte so den Weg zu der Theorie der Bahnstörungen, welche die Planeten infolge ihrer wechselseitigen Anziehung erleiden. Endlich aber, und hierin liegt eine seiner bewunderungswürdigsten Leistungen, erkannte er, daß jene zwischen den Himmelskörpern vorhandene Anziehung ihrem Wesen nach keine andere ist, als die an der Oberfläche der Erde beobachtete Anziehung der Schwere. In der Tat, wenn wir sehen, daß die Schwere in den Schächten der Bergwerke und auf den Spitzen der höchsten Berge vorhanden ist, so fordert die Kontinuität, daß sie auch über irdische Entfernungen hinaus, z. B. bis zum Monde wirke, daß also der Mond gegen die Erde schwer sei, und daß diese Schwere ihn in seiner Bahn um die Erde erhalte. Wenn aber die Schwere mit der NEWTONschen Anziehung identisch ist, so nimmt sie ab nach dem umgekehrten Quadrate der Entfernung vom Erdmittelpunkte. Beträgt die Beschleunigung an der Oberfläche der Erde 981 cm·sec^{-2}, so ist sie in der Entfernung des Mondes, d. h. in einem Abstande von 60,3 Erdhalbmessern gleich $\frac{981}{60{,}3 \cdot 60{,}3} = 0{,}27$ cm·sec^{-2}. Dies ist aber tatsächlich die Zentralbeschleunigung des Mondes, wie sie sich aus Bahnhalbmesser und Umlaufszeit nach § 54 berechnen läßt, wenn man von der geringen Elliptizität der Bahn absieht und die Bewegung als eine kreisförmige betrachtet. Die Annahme, daß die Schwere mit jener Zentralkraft, welche die Planeten in ihren Bahnen erhält, identisch sei, führt somit für die Mondbewegung zu einem mit der Beobachtung vollkommen übereinstimmenden Resultate. Der Begriff der Schwere erweitert sich hierdurch zu dem der allgemeinen Gravitation. Aber es wird damit auch die Vorstellung, daß die zwischen den Weltkörpern vorhandenen Anziehungen ihren physischen Ursprung in ihren Mittelpunkten haben, aufgehoben; die Schwere muß ausgehen von jedem beliebigen Teil ihrer Massen; es müssen je zwei Massenteilchen, welches auch ihre Herkunft, welches ihre sonstige Beschaffenheit sei, dem NEWTONschen Gesetz entsprechend sich anziehen. Bezeichnen wir also durch m und m' irgend zwei Massen, durch r ihre Entfernung, so findet zwischen ihnen eine wechselseitige Anziehung K statt, die gegeben ist durch

$$K = \varkappa \frac{m m'}{r^2}.$$

Der in dieser Formel auftretende Faktor $\varkappa$ hat eine einfache physikalische Bedeutung; es wird nämlich die Anziehung gleich $\varkappa$, wenn wir

m und m' gleich der Masseneinheit, r gleich der Einheit der Entfernung setzen. Es ist also $\varkappa$ diejenige konstante Kraft, mit der sich zwei Masseneinheiten in der Einheit der Entfernung anziehen. Man bezeichnet $\varkappa$ als die Gravitationskonstante; aus der Anziehung, die zwei beliebige Massen in beliebiger Entfernung aufeinander ausüben, berechnet sie sich nach der Formel

$$\varkappa = \frac{K r^2}{m m'}.$$

Im absoluten Maßsysteme ist daher die Dimension von $\varkappa$

$$[\varkappa] = l^3 m^{-1} t^{-2}.$$

Mit Rücksicht auf die Identität, die zwischen der Anziehung der Weltkörper und der Schwere an der Erde besteht, nennt man alle Körper, die nach dem Newtonschen Gesetze aufeinander wirken, ponderable.

Aus dieser Identität folgt weiter, daß die Keplerschen Gesetze auch für die Wurfgesetze an der Oberfläche der Erde gelten müssen. Wenn wir einen Stein von einem in einiger Höhe über dem Boden liegenden Punkte aus in horizontaler Richtung werfen, so beschreibt er, abgesehen von den durch den Luftwiderstand bedingten Abweichungen, eine Ellipse, deren einer Brennpunkt in dem Massenmittelpunkt der Erdkugel sich befindet. Die Dimensionen der Wurfbahn sind aber im allgemeinen so klein, daß die von der Erdmitte aus nach ihren Punkten gezogenen Radien als parallel erscheinen, die Ellipse kann daher ersetzt werden durch eine Parabel.

Es ist nicht ohne Interesse, die Veränderung zu verfolgen, welche die Wurfbahn erleidet, wenn die anfängliche Wurfgeschwindigkeit immer mehr gesteigert wird. Wir setzen dabei wieder voraus, daß die Wurfrichtung zu Anfang eine horizontale sei. Bei kleineren Geschwindigkeiten ist die Bahn eine Ellipse, deren ferner liegender Brennpunkt in den Mittelpunkt der Erde fällt. Wird die Wurfgeschwindigkeit gesteigert, so kann die Ellipse in einen Kreis übergehen, dessen Mittelpunkt in den Mittelpunkt der Erde fällt. Die Zentrifugalbeschleunigung muß dann gleich sein der Beschleunigung der Schwere; bezeichnen wir also mit v_0 die anfängliche Wurfgeschwindigkeit, mit r den Halbmesser des Kreises, mit g wie früher die Beschleunigung der Schwere, so ergibt sich zur Bestimmung von v_0 die Gleichung:

$$\frac{v_0^2}{r} = g.$$

Setzen wir r gleich dem Erdhalbmesser, g gleich 981, so wird $v_0 = 790000$ cm/sec, gleich einer Geschwindigkeit von nahezu 8 km in der Sekunde.

Wächst die Anfangsgeschwindigkeit des Steines über diesen Betrag hinaus, so wird die Bahn wieder elliptisch, aber der Mittelpunkt der Erde stellt jetzt den näher liegenden Brennpunkt der Ellipse dar. Wird die Anfangsgeschwindigkeit gleich 11,18 km/sec, so fällt der zweite Brennpunkt der Ellipse in unendliche Entfernung, d. h. die Ellipse verwandelt sich in eine Parabel. Übersteigt die Anfangsgeschwindigkeit den zuletzt gegebenen Wert, so tritt an Stelle der Parabel eine hyperbolische Bahn, welche um den Mittelpunkt der Erde als um ihren einen Brennpunkt sich herumbiegt und im Unendlichen sich verliert.

Sätze über die Anziehung von Kugeln. Wenn wir die Wechselwirkungen der Planeten oder die von der Erde an ihrer Oberfläche ausgeübte Anziehung berechnen, so denken wir uns ihre Massen in den Mittelpunkten konzentriert. Dieses Verfahren findet seine Rechtfertigung durch einen von NEWTON aufgestellten Satz:

Eine homogen mit Masse erfüllte Kugelschale wirkt auf einen äußeren Punkt gerade so, wie wenn ihre Masse im Kugelmittelpunkte vereinigt wäre.

Gleiches gilt dann auch für eine aus konzentrischen homogenen Schichten aufgebaute Vollkugel.

Auf einen im Inneren einer homogenen Kugelschale liegenden Punkt wirkt diese eine homogene Kugelschale gar nicht; hiernach läßt sich die Änderung der Schwere im Inneren einer Kugel bestimmen, die entweder durchaus homogen ist oder aus konzentrischen homogenen Schalen von bekannter Dichte besteht.

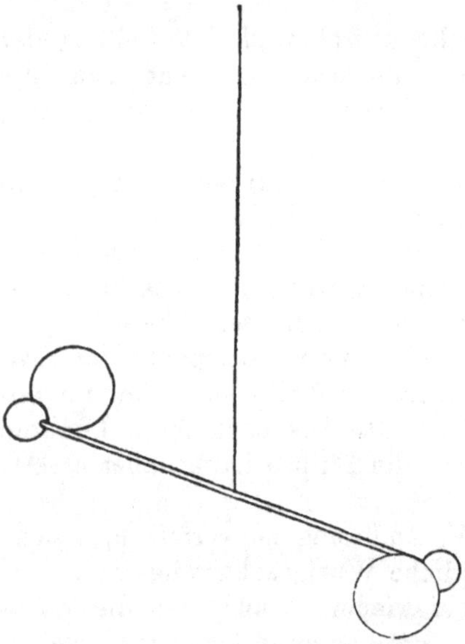

Fig. 56. CAVENDISH Drehwage.

Bestimmung der Gravitationskonstante und Dichte der Planeten. Die Gravitationskonstante kann nach einem zuerst von CAVENDISH angegebenen Prinzip mit Hilfe einer sogenannten Drehwage bestimmt werden. Ein leichter Stab, der Wagbalken (Fig. 56), der an seinen beiden Enden zwei kleine Bleikugeln trägt, wird an einem dünnen Draht so aufgehängt, daß er sich in einer horizontalen Ebene drehen kann.

Ist die Ruhelage des Balkens bestimmt, so wird jeder der von ihm getragenen Kugeln eine große Bleikugel gegenübergestellt, so daß die zwischen den Kugelpaaren wirkenden Anziehungen den Stab in demselben Sinne zu drehen suchen. In der neuen Ruhelage hält die von der Drillung des Drahtes herrührende elastische Kraft dem Drehungsmomente der Anziehung das Gleichgewicht. Ist die erstere bekannt, so ist auch das letztere gegeben, und aus ihm kann die Größe der Anziehung selbst berechnet werden. Dann aber ergibt sich nach der Formel $\varkappa = \frac{K r^2}{m m'}$ der Wert der Gravitationskonstanten. Im cm·g·sec-System wird

$$\varkappa = 6{,}68 \cdot 10^{-8}\,\mathrm{cm}^3 \cdot \mathrm{g}^{-1}\,\mathrm{sec}^{-2}.$$

Die Kraft, mit der zwei Kilogrammstücke in der Entfernung von 10 cm einander anziehen, ist hiernach im absoluten Maßsysteme:

$$\begin{aligned} K &= 6{,}68 \cdot 10^{-8} \cdot \frac{10^3 \cdot 10^3}{10^2}\,\mathrm{cm} \cdot \mathrm{g} \cdot \mathrm{sec}^{-2} \\ &= 6{,}68 \cdot 10^{-4}\,\mathrm{Dynen} \end{aligned}$$

oder gleich dem Gewichte von 0,00068 Milligramm.

Mit Bezug auf die Konstruktion der Drehwage fügen wir noch eine Bemerkung hinzu. Der Balken muß so lang gemacht werden, daß die Wirkung einer festen Kugel auf die ihr nicht benachbarte bewegliche Kugel der anderen Wagebalkenhälfte außer Betracht kommt; denn sie wirkt der Anziehung auf die benachbarte Kugel entgegen. Es läßt sich dies aber auch bei einem Balken von kleiner Länge erreichen, wenn man die beiden von ihm getragenen Kugeln in verschiedene Höhe bringt. Es kann dies etwa so gemacht werden, daß man die kleinen Bleikugeln nicht direkt an dem Balken befestigt, sondern von seinen Enden an verschieden langen Fäden vertikal herunterhängen läßt. Damit ist die Möglichkeit gegeben, das ganze System in kleinem Maßstabe und mit sehr geringem Gewichte herzustellen. Zu der Aufhängung der Drehwage wird dann ein feiner, aus geschmolzenem Quarze gezogener Faden benutzt.[1]

Von den vielen anderen Methoden zur experimentellen Bestimmung von $\varkappa$ sei noch erwähnt die von A. König und Richarz.[2]) Die Wagschalen einer Wage seien a und b. An a hängt eine etwa 2 m lange Stange frei hindurch durch den Kanal eines festliegenden großen Bleiparallelepipeds und unten hänge eine dritte Wagschale c, genau unter a; aber dazwischen liegt der Bleiklotz. Man wägt nun einen Körper einmal, wenn er über dem Bleiklotz auf a und dann wenn er unter dem Bleiklotz auf c liegt. Im ersteren Falle kommt zum Körpergewicht die Anziehung durch das Blei, im zweiten Falle wird das Körpergewicht durch diese Anziehung vermindert. Die halbe Gewichtsdifferenz ergibt dann die Anziehung durch das Blei.

Bei genauen Wägungen zeigt obige Wage ohne Bleiklotz umgekehrt eine Gewichtsvermehrung des Körpers, wenn er von a nach c gebracht wird, weil c dem Erdmittelpunkt näher (also r in der Newtonschen Formel kleiner) ist.

An die Bestimmung der Gravitationskonstanten schließt sich noch eine Aufgabe von besonderem Interesse: die Bestimmung der Masse und

[1] Boys, Phil. Trans. Roy. Soc. London 186 (1895). — Carl Braun, Wien. Denkschr. 64 (1896).

[2] Wied. Ann. 24 (1885). Schlußmessungen von Richarz und Krigar-Menzel, Wied. Ann. 66 (1898).

der Dichte der Himmelskörper. Nach dem Gravitationsgesetze ist die Beschleunigung a, die eine Kugel von der Masse M in der Entfernung r von ihrem Mittelpunkte erzeugt, gegeben durch

$$a = \varkappa (M/r^2).$$

Sind durch Beobachtung zwei zusammengehörige Werte von a und r gegeben, so ist

$$M = a r^2/\varkappa.$$

Wenn wir durch V das Volumen der Kugel bezeichnen, so ist

$$\delta = \frac{M}{V} = \frac{a r^2}{V \varkappa} = \frac{3 a}{4 \pi r \varkappa}$$

bei beliebiger Massenverteilung ihre mittlere Dichte. An der Oberfläche der Erde ist $a = g$ und r gleich ihrem Halbmesser; die mittlere Dichte der Erde wird danach gleich 5,5 (genau $5{,}505 \pm 0{,}009$) während die durch direkte Dichtenmessungen gefundene Dichte der Erdrinde etwa gleich 2,5 anzunehmen ist.

§ 57. **Abplattung der Erde, Massenverteilung in ihrem Inneren.** Auf einen Körper an der Oberfläche der Erde wirken gleichzeitig zwei Kräfte: die durch das Newtonsche Gesetz bestimmte Anziehung und die von der Drehung der Erde um ihre Achse herrührende Zentrifugalkraft; durch die Richtung ihrer Resultante wird die Ruhelage, durch ihre Größe die Schwingungsdauer eines Pendels bestimmt.

Wenn man bedenkt, daß der größte Teil der Erdoberfläche mit Wasser bedeckt ist, daß die ganze Erde in früheren Epochen wahrscheinlich flüssig war, so liegt es nahe, ihre Abplattung als eine Wirkung der Zentrifugalkraft zu betrachten. Wir nehmen zunächst an, die Erde bestehe aus einem festen kugelförmigen Kerne, der von einer Flüssigkeit von geringerer oder höchstens gleicher Dichte bedeckt sei. Auf ein beliebiges Teilchen der Flüssigkeit wirkt die nach dem Mittelpunkte gerichtete Anziehung des Kernes, die Anziehung der übrigen Flüssigkeitsteilchen und die Zentrifugalkraft; die Oberfläche der Flüssigkeit stellt sich ebenso wie in dem Beispiel des § 54 senkrecht gegen die Resultante aus diesen drei Kräften; die Zentrifugalkraft hat daher in der Tat die Folge, daß die Flüssigkeitsschichte, die sonst den Kern mit konstanter Dicke konzentrisch umhüllen würde, an den Polen sich abplattet. Für die Größe der Abplattung ergeben solche Betrachtungen aber Werte, welche mit den an der Oberfläche der Erde ausgeführten Gradmessungen nicht stimmen. Letztere zeigten, daß die Erde im wesentlichen als ein abgeplattetes Rotationsellipsoid zu betrachten ist. Der Überschuß der äquatorialen Achse über die Polarachse, die sogenannte Abplattung, beträgt $\frac{1}{297}$ der ersteren.

Unsere Voraussetzungen dürften nämlich in zwei Punkten der Wirklichkeit nicht entsprechen. Es ist von vornherein unwahrscheinlich, daß der Kern der Erde, den wir als dichter von der umgebenden Hülle absondern, kugelförmig sei; entsprechend der äußeren Oberfläche wird auch der Kern eher durch ein abgeplattetes Rotationsellipsoid zu begrenzen sein. Ferner weist die Verteilung der Schwere darauf hin, daß die Oberfläche der Erde nicht mit hinreichender Genauigkeit durch ein abgeplattetes Rotationsellipsoid dargestellt wird. Die von dem letzteren etwas abweichende Begrenzungsfläche des Erdkörpers, welche den Beobachtungen besser entspricht, bezeichnet man als das Geoid. Auf Grund dieser verallgemeinerten Annahme gelangt man nun in der Tat zu einer befriedigenden Übereinstimmung zwischen Beobachtung und Rechnung. Im einzelnen ergeben sich die folgenden bemerkenswerten Daten.

Man kann annehmen, daß auch das Geoid eine Umdrehungsfläche sei, deren beide Hälften zu der Ebene des Äquators symmetrisch sind. Der äquatoriale Halbmesser a des Geoids ist dann gleich 6378200 m, der polare Halbmesser b gleich 6356700 m, die Abplattung $\frac{a-b}{a} = \frac{1}{297}$. Von der Form des Geoides erhalten wir am leichtesten eine Vorstellung, wenn wir zuerst das Rotationsellipsoid konstruieren, dessen Achsen gleich den eben gegebenen Werten von a und b sind. Das Geoid liegt dann, abgesehen von Pol und Äquator, innerhalb dieses Ellipsoids; in einer Breite von 45° ist das Geoid in der Richtung des Erdradius 2,7 m niedriger als das Ellipsoid; dieser Unterschied ist beinahe verschwindend klein gegenüber der Größe des Erdhalbmessers selber.

Für den Kern der Erde ergibt die Rechnung eine äquatoriale Achse von 4977400 m, eine polare Achse von 4962000 m, eine Abplattung von $\frac{1}{323}$.

Während nach § 56 die mittlere Dichte der Erde gleich 5,5 ist, ergibt sich für die Dichte des Kerns die Zahl 8,2. Dieser hohe Betrag macht es wahrscheinlich, daß der Kern der Erde aus Metall besteht, vielleicht aus Eisen, dessen Dichte dem gefundenen Werte am nächsten liegt. Die mittlere Dichte der Erdrinde wird 3,1, etwas mehr als die mittlere Dichte der Gesteine.

Die genaue Theorie[1], welche von der Geoidform der Erde ausgeht, führt auch zur Abhängigkeit der Schwere von der geographischen Breite.

$$g = g_0 + (g_{90} - g_0)\sin^2\varphi - 2(g_0 + g_{90} - 2g_{45})\sin^2\varphi\cos^2\varphi.$$

Hier bezeichnet g_0 die Beschleunigung der Schwere am Äquator, g_{90} die am Pole, g_{45} die in einer Breite von 45°, und es ist $g_0 = 978{,}046$, $g_{90} - g_0 = 5{,}185$, $g_{90} + g_0 - 2g_{45} = 0{,}014$.

§ 58. Reine Gravitation. Die Newtonsche Anziehung bewirkt eine reine Gravitationsbeschleunigung a; sie wäre gleich der wirklich beobachteten Gravitationsbeschleunigung g, wenn keine Zentrifugalbeschleunigung wirkte. Am Pol sind a und g identisch. Am Äquator aber ist das wirklich beobachtete g gleich dem a vermindert um die Zentrifugalbeschleunigung z, also $a = g + z$. In letzterem Falle berechnet sich (nach

[1] E. Wiechert, Gött. Nachr. (1897). F. R. Helmert, Berl. Sitzber. 14 (1901).

§ 54) die Zentrifugalbeschleunigung aus Äquatorumfang (ca. $4 \cdot 10^6$ m) und Umdrehungszeit der Erde in Sternzeit (§ 9) $24 \cdot 60 \cdot 60 - 236 = 86164$ sec. mit 0,0339 $m \cdot sec^{-2}$.

Die Beschleunigung der reinen Gravitation ist somit am Äquator:

$$a = 978{,}00 + 3{,}39 = 981{,}39 \text{ cm} \cdot \text{sec}^{-2},$$
$$\text{am Pol: } a = 983{,}19 \text{ cm} \cdot \text{sec}^{-2}.$$

Auch die reine Gravitation ist demnach am Pole größer als am Äquator. Das folgt daraus, daß die Erde keine Kugel, sondern ein an den Polen abgeplatteter Körper ist.

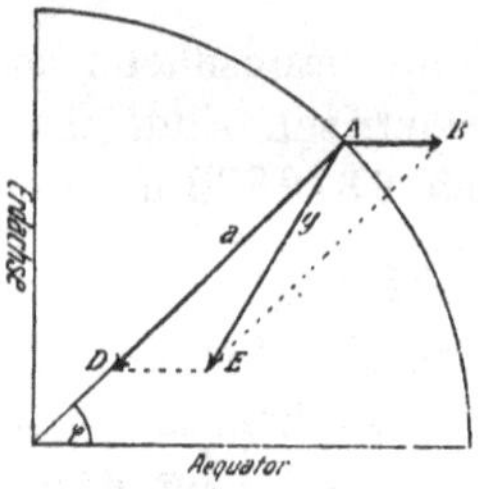

Fig. 57.
Reine Gravitation.

Für mittlere Breiten gibt Fig. 57 die Zentrifugalbeschleunigung AB und die reine Gravitationsbeschleunigung $AD = a$, deren Resultierende AE dann die beobachtete Gravitationsbeschleunigung g darstellt. Die Maße der Zeichnung sind übertrieben, der Winkel zwischen der Richtung a und g, nämlich $DAE = \varepsilon$ ist in Wirklichkeit sehr klein. Es ist nach Eötvös unter Zugrundelegung der Helmertschen Formel für die Erdgestalt

für geogr. Breite	$\varphi =$	0°	15°	30°	45°	60°	75°	90°
	$\varepsilon =$	0	2′58″	5′9″	5′57″	5′9″	2′58″	0

Um diese Beträge weicht die wirkliche von der reinen Gravitationsrichtung ab.

Zu bemerken wäre auch noch, daß die Kraftrichtung AD wegen der Geoidform der Erde in obiger Zeichnung nicht genau nach dem Mittelpunkte, sondern etwas nach rechts zeigen sollte.

§ 59. Schwere und träge Masse. Es ist nach der klassischen Mechanik von vornherein nicht logisch notwendig, daß die schwerere Masse die trägere sein muß. Daß Körper verschiedener Natur gleich schnell fallen, ist nur ein Erfahrungsgesetz (§ 38). Wir messen aber die Masse einer Substanz durch ihre Schwere und die Richtigkeit dieser Proportionalität muß genau bewiesen werden. Schon die in § 50 erwähnten Pendelversuche von Newton und später von Bessel wurden von solchen Gesichtspunkten aus unternommen. Viel genauer aber sind moderne Versuche von Eötvös.

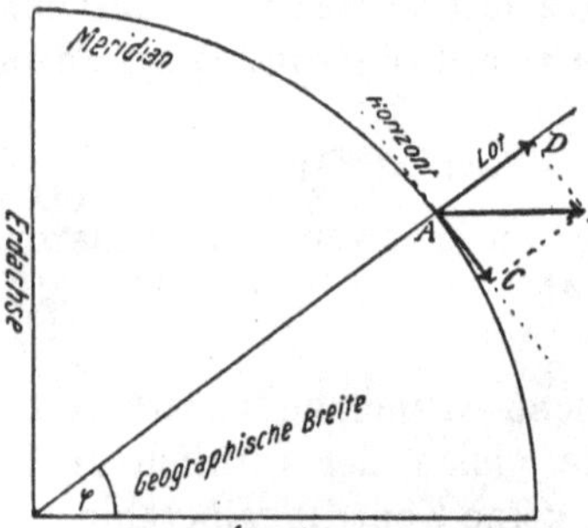

Fig. 58.

Im Punkte A mittlerer geographischer nördlicher Breite sei AB die Zentrifugalbeschleunigung (Fig. 58). Wir zerlegen sie in 2 Komponenten, die beide in der Ebene des Meridianes (Papierebene) liegen, und zwar in AD als Vertikalkomponente (Lotrichtung) und AC als Horizontalkomponente.

Uns interessiert weiter nur diese durch die Trägheit der Masse gegen den Äquator (Süden) erzeugte Horizontalkomponente AC.

An einem 150 cm langen dünnen Platindrahte hängt ein 34 cm langer, horizontaler, leichter Querbalken, an dessen Enden je ein zylindrisches Gewicht a und b steckt. Fig. 59a zeigt die Ansicht von oben

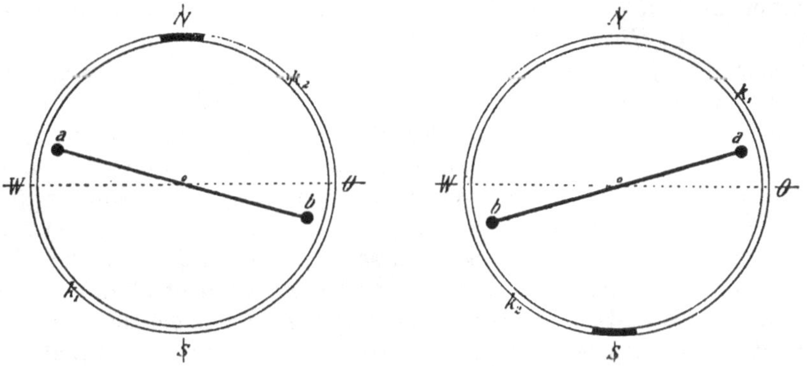

Fig. 59a. Eötvös Trägheitsversuch. Fig. 59b.

her; den Aufhängedraht denke man sich also über o senkrecht zur Papierebene, das Ganze also einer Drehwage ähnlich wie Fig. 56. Beide Gewichte, a und b, (etwa je 30 g), sind genau gleich schwer, aber aus verschiedener Substanz, z. B. eins aus Kupfer, eins aus Platin. Dies Horizontalpendel ab schwingt in einem Kasten k_1 k_2 mit doppelten Wänden (zur Vermeidung jeder Wärmeströmung). Die Richtung des Pendels ab ist senkrecht auf den Meridian.

Würde nun die Zentrifugalkomponente AC aus Fig. 58 stärker für b als für a sein, so wäre die Kraft auf b stärker als auf a und es würde die Drehwage aus der Richtung West-Ost (W-O) sich herausdrehen, wie dies Fig. 59a anzeigt. Da dieser eventuelle Ausschlag aber sehr klein, würde er durch Drillungen des Aufhängefadens vollkommen verdeckt. Man bestimmt darum zuerst mittels genauer Spiegelablesungen (§ 252) die relative Lage von ab gegen den Aufhängekasten, z. B. gegen die punktierte Linie WO. Dann dreht man den ganzen Kasten samt Pendel um 180°. Die punktierte Linie geht wieder durch WO, aber verkehrt. Würde b jetzt wieder stärker nach Süden gezogen, so müßte die Stellung ab der Fig. 59b entsprechen. Ein derartiger Ausschlag ließ sich aber innerhalb der erreichbaren Genauigkeitsgrenze nicht nachweisen.

Mit solchen Messungen konnte Eötvös[1]) zeigen, daß (für Platin,

[1]) Baron Eötvös, Math. Naturw. Berichte aus Ungarn 8 (1889) 90; Wied. Ann. 59 (1896). Zusammen mit Pepál und Fekete, Verhandlungen der 16. internationalen Erdmessungsberechnung (1909); Zs. f. Instrk. (1910).

Kupfer, Magnalium, Schlangenholz, Talg, Asbest, Kupfersulfat) bis auf 10^{-8} genau Körper von gleicher Masse gleich schwer sind. Auch Luft wurde untersucht, doch konnte man hier die Genauigkeit nicht so weit treiben.

§ 60. Gleichgewicht und Bewegung an der Oberfläche der rotierenden Erde. In § 58 haben wir es als etwas beinahe Selbstverständliches hingestellt, daß die Schwere an der Oberfläche der Erde eine Resultante aus zwei Kräften sei, aus der reinen Gravitation und aus der Zentrifugalkraft. In Wirklichkeit aber enthält dieser Satz große begriffliche Schwierigkeiten, und es scheint daher zweckmäßig, etwas ausführlicher auf diese Dinge zurückzukommen.

Wäre ein Körper, der an der Rotation der Erde teilnimmt, mit ihrer Achse durch ein festes Band verbunden, so würde die auf den Körper wirkende Zentralkraft durch die Spannung des Bandes gegeben sein. Wenn aber ein Stein an der Oberfläche der Erde ruht, so ist er mit dieser nicht durch ein festes Band, sondern nur durch die Newtonsche Gravitation verbunden. Es fragt sich, wie dann die Zentralkraft zustande kommt, die den Stein in seiner kreisförmigen Bahn erhält. Der Einfachheit halber nehmen wir an, der Stein befinde sich im Äquator der Erde; er durchläuft dann in einem Tage den Umfang des Äquators, und es muß daher in der Richtung des Erdhalbmessers eine Zentralkraft auf ihn wirken, die durch das in § 54 gefundene Gesetz bestimmt wird. Nun wirken auf den Stein in Wirklichkeit zwei Kräfte; einmal die Anziehung der Erde, die reine Gravitation; andererseits übt die Unterlage des Steines auf ihn einen nach oben gerichteten Druck aus, der gleich seinem Gewichte ist. Die reine, gegen den Erdmittelpunkt gerichtete Gravitation ist aber größer als der Gewichtsdruck; die Differenz zwischen der reinen Gravitation und zwischen dem Gewichte ist gleich der zur Erhaltung der Kreisbewegung nötigen Zentralkraft.

Ganz ähnlich liegt der Fall bei einem in Ruhe befindlichen Pendel, das wir uns gleichfalls im Äquator aufgehängt denken. Nach dem Erdmittelpunkte hin wirkt die reine Gravitation, nach oben die Spannung des Pendelfadens, die wir gleich dem Gewichte der Pendelkugel setzen. Die Differenz zwischen der Gravitation und der Fadenspannung muß gleich der Zentralkraft sein, die nötig ist, um die nur scheinbar ruhende Pendelkugel in der kreisförmigen Bahn zu erhalten, die sie infolge der Drehung der Erde in Wirklichkeit beschreibt. Die Betrachtung läßt sich leicht ausdehnen auf ein schwingendes Pendel.

Der Halbmesser des Äquators sei R, die Winkelgeschwindigkeit der Erdrotation ω, die Masse der Pendelkugel m; dann ist nach § 54 die Zentralkraft gleich $m R \omega^2$. Bezeichnen wir die reine Gravitation, wie sie durch die Newtonsche Anziehung erzeugt wird, mit A, die Fadenspannung und das ihr gleiche Gewicht der Pendelkugel mit G, so ist:

$$G = A - m R \omega^2.$$

Hier tritt $m R \omega^2$ als eine Kraft auf, welche von der reinen Gravitation abzuziehen ist; diese Kraft muß vom Erdmittelpunkte weg gerichtet sein, und wir bezeichnen sie deshalb als eine Zentrifugalkraft. In Worten wird dann der Inhalt der Formel so auszudrücken sein: Das Gewicht der Pendelkugel ist gleich der reinen Gravitation, vermindert um die Zentrifugalkraft. Dasselbe gilt natürlich für jeden Körper, den wir uns am Äquator an der Oberfläche der Erde liegend denken.

Wie steht es nun mit dem freien Falle eines Körpers an der Oberfläche der Erde? Hier hört jede materielle Verbindung zwischen dem Körper und der Erde auf, sobald er die ihn haltende Hand verläßt. Hier sind es nur zwei Ursachen, welche seine Bewegung im wesentlichen bestimmen: die reine Gravitation und die Geschwindigkeit, die der Körper im Momente des Loslassens infolge der Erdrotation besitzt. Von einer Zentral- oder Zentrifugalkraft als einer wirklich vorhandenen Bewegungsursache ist hier von vornherein keine Rede.

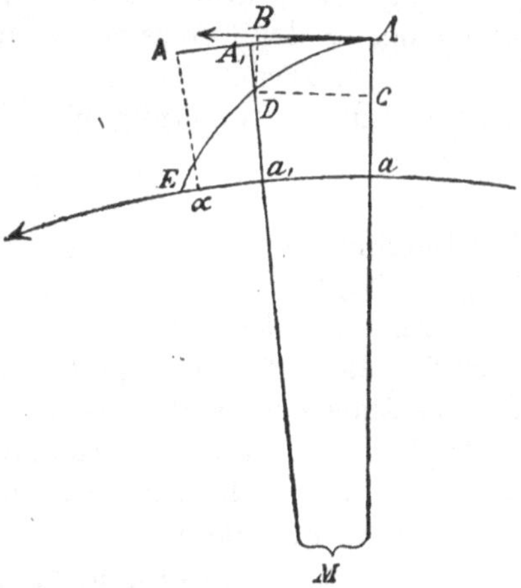

Fig. 60. Freier Fall und Erdrotation.

Um die Verhältnisse etwas eingehender zu untersuchen, begeben wir uns wieder in einen Punkt des Äquators, von dem ein Stück durch den Kreisbogen der Fig. 60 dargestellt sei; aA sei die durch den Mittelpunkt M der Erde gehende Vertikale, A etwa die Spitze eines Turmes, von der aus wir einen Stein frei fallen lassen. Wir ziehen durch A einen Kreisbogen AA_1 mit M als Mittelpunkt; legen wir an diesen Kreisbogen die Tangente AB, so hat der Stein infolge der Rotation der Erde in A eine Geschwindigkeit v in der Richtung der Tangente. Die Winkelgeschwindigkeit der Erdrotation sei ω, der Halbmesser des Äquators R, die Höhe des Turmes $aA = h$, dann ist:

$$v = \omega(R + h).$$

Außerdem wirkt nun in der Richtung Aa auf den Stein die Anziehung der Erde, deren Beschleunigung, die Beschleunigung der reinen Gravitation, wir wieder mit a bezeichnen. Infolge des Zusammenwirkens der beiden Bewegungsursachen muß nun der Stein in einer elliptischen Bahn um den Mittelpunkt der Erde sich bewegen, geradeso, wie die Planeten um die Sonne. Diese Bahn ist in der Figur in rein schematischer Weise gezeichnet, sie trifft den Äquator in dem Punkte E. Ein Stück der elliptischen Bahn können wir nach den Vorschriften von § 41 konstruieren. Wir betrachten die Bewegung während einer Zeit τ, die so klein ist, daß wir annehmen können, die Gravitation wirke während derselben in der unveränderten Richtung Aa; die Strecke AC, welche in dieser Richtung infolge der Beschleunigung a zurückgelegt wird, ist dann $\frac{1}{2} a \tau^2$; gleichzeitig legt der Stein infolge seiner Geschwindigkeit v in der Richtung der Tangente des Bogens AA_1 die Strecke AB gleich $v\tau$ zurück. Unter der gemeinsamen Wirkung der beiden Bewegungsursachen kommt der Stein in der Zeit τ in die Ecke D des aus AB und AC konstruierten Rechtecks. Was wir aber beobachten, ist nicht die wirkliche Bewegung des Steines von A bis D. Wir drehen uns selber mit der Erde, und während der Stein den Ellipsenbogen AD durchläuft, kommt unser Turm von aA nach $a_1 A_1$. Wir beobachten nur, um wieviel der Stein von der Spitze des Turmes ab gefallen ist. Dieser Fallraum $A_1 D$ ist aber offenbar kleiner als die Strecke AC, welche der Stein infolge der nach M gerichteten Anziehung zurücklegt. Die aus dem beobachteten Fallraume berechnete Beschleunigung in der Richtung des rotierenden Radius $A_1 a_1$, die Beschleunigung der Schwere, ist somit kleiner als die in der festen Richtung Aa wirkende Beschleunigung der reinen Gravitation. Eine kleine geometrische Betrachtung gibt die Beziehung:

$$g = a - R\omega^2.$$

Die Beschleunigung der Schwere ist gleich der Beschleunigung der reinen Gravitation, vermindert um die Beschleunigung der Zentrifugalkraft. Hier aber sieht man deutlich, daß die Zentrifugalkraft keine wirkliche Existenz besitzt. Sie ist eine fingierte Kraft; durch ihre Einführung tragen wir den Veränderungen Rechnung, die dadurch bedingt sind, daß wir die Bewegung des fallenden Steines nicht von einem ruhenden Standpunkt außerhalb der Erde, sondern von dem mitbewegten Standpunkte an ihrer Oberfläche beobachten.

Es kann nun nicht geleugnet werden, daß unsere Betrachtung infolge des zweideutigen Charakters der Zentrifugalkraft, die bald als eine reale Ursache, bald als eine bloße Rechnungsgröße auftritt, einen Rest von Unbehagen zurückläßt. Dieses Unbehagen empfand Heinrich Hertz[1] so stark, daß es für ihn zur Veranlassung wurde, die Mechanik von dem Begriffe der Kraft ganz zu befreien und auf eine neue Weise zu begründen. Er nahm an, daß die Körper ihre Bewegungen wechselseitig dadurch bestimmen, daß sie durch irgendwelche materielle Zwischenglieder miteinander verbunden sind, ähnlich wie die Elemente einer Maschine durch Kurbeln, Räder oder Ketten. In der Tat hat Hertz auf Grund dieser Annahme ein in sich vollkommenes Lehrgebäude der Mechanik errichtet. Aber eine unbehagliche Empfindung bleibt uns auch hier, solange wir nicht wissen, was wir uns unter jenen hypothetischen Verbindungen und Zwischengliedern zu denken haben, und wie sie beschaffen sein müssen, um die beobachteten Erscheinungen zu erklären.

Das praktische Resultat der bisherigen Überlegungen können wir so ausdrücken: Wollen wir die Bewegungen von Körpern an der Oberfläche

[1] Prinzipien der Mechanik (1894).

der Erde nicht im ruhenden Raume, sondern so bestimmen, wie sie sich von dem mit der Erde rotierenden Standpunkte des Beobachters aus darstellen, so müssen wir zu den wirklich auf den Körper wirkenden Kräften noch eine fingierte Kraft hinzufügen, die von der Erdachse weg gerichtete Zentrifugalkraft. Nun ergibt sich aber, daß dies nicht der einzige Unterschied zwischen der wahren Bewegung des Körpers im Raume und seiner scheinbaren Bewegung an der Oberfläche der Erde ist.

Wir wollen dies zunächst an dem Beispiele der Fallbewegung zeigen; der Einfachheit halber betrachten wir wieder die Verhältnisse am Äquator, so daß wir an die Fig. 60 anknüpfen können. Bestände die durch die Rotation bedingte Änderung allein darin, daß an Stelle der Beschleunigung a der reinen Gravitation die Beschleunigung der Schwere g tritt, so müßte der fallende Stein immer auf der mit der Erde rotierenden Vertikallinie $A_1\,a_1$ bleiben. In Wirklichkeit ist dies nicht der Fall. Man kann dies zunächst theoretisch in folgender Weise zeigen. Die elliptische Bahn, welche der von A fallende Stein im Raume beschreibt, läßt sich konstruieren mit Hilfe der bekannten Anfangsgeschwindigkeit v in der Richtung AB und der Beschleunigung a der reinen Gravitation in der Richtung Aa. Man kann somit auch den Punkt E bestimmen, in dem die Bahn die Oberfläche der Erde schneidet, den Punkt, in dem der Stein zu Boden fällt. Während dieser Zeit geht der Fußpunkt des Turmes von a bis α. Die Zeichnung entspricht dem Sinne nach den durch solche Überlegungen errechneten Resultaten. Ferner kann man die Zeit t berechnen, welche der Stein braucht, um den Ellipsenbogen AE zu durchlaufen.

Der Stein eilt also bei seinem Falle jener Achse im Sinne der Erdrotation voran; er trifft den Boden nicht in ihrem Fußpunkte α, sondern in einem Punkte E, der gegen α nach Osten hin um die Srecke $aE - a\alpha$ verschoben ist. Die Rechnung findet

$$\alpha E = \frac{2}{3}\,\frac{v}{R}\cdot h\sqrt{\frac{2h}{g}};$$

an Stelle von v kann man hier ohne merklichen Fehler die Geschwindigkeit im Äquator selber einführen. Am Äquator ist aber:

$$R = 6378000 \text{ m}, \qquad v = 465{,}12 \text{ m}\cdot\text{sec}^{-1}, \qquad g = 9{,}780 \text{ m}\cdot\text{sec}^{-2}.$$

Setzen wir mit Rücksicht auf einen sofort zu erwähnenden Versuch die Höhe des Turmes $h = 158{,}5$ m, so wird:

$$\alpha E = 43{,}6 \text{ mm}.$$

Beobachtungen über die Abweichung des frei fallenden Körpers von der Vertikalen hat Reich in einem Bergwerksschachte in Freiberg, also unter einer Breite von 50° 57′ angestellt; er fand eine östliche Abweichung des fallenden Steines von 28,4 mm. Das ist beträchtlich weniger als wir für den Äquator berechnet haben. Aber in einer Breite von 50° 57′ beträgt die von der Erdrotation herrührende Anfangsgeschwindigkeit des Steines auch nicht 465,12 m, sondern nur 293,02 m, der berechnete Wert der Abweichung wird daher 27,5 mm, eine Zahl, die mit der von REICH beobachteten hinreichend übereinstimmt, um die Richtigkeit unserer Überlegungen zu beweisen.

Ein Physiker, der von der Rotation der Erde nichts wüßte, würde durch die Beobachtungen von REICH zu der Vorstellung gedrängt, daß auf die Körper an der Oberfläche der Erde eine von West nach Ost gerichtete Kraft wirke. Eine fingierte Kraft von dieser Art müssen wir einführen, wenn wir die Bewegungen der Körper nicht im ruhenden Raume, sondern in dem mit der Erde rotierenden Raume des Beobachtungsortes richtig bestimmen wollen. Wir sehen also, daß die Rotationsbewegung noch zu der Einführung einer zweiten fingierten Kraft neben der Zentrifugalkraft führt. Diese zweite Kraft tritt aber nur auf, wenn der betrachtete Körper sich gegen die Oberfläche der Erde bewegt, nicht, wenn er an der Oberfläche ruht.

Einen ganz neuen Versuch, solche Schwierigkeiten zu lösen, werden wir in der Relativitätstheorie kennen lernen (§ 321).

§ 61. FOUCAULTsches Pendel. Eine andere jener Wirkungen, die wir in den vorhergehenden §§ besprochen haben, macht sich in besonders auffallender Weise bei einem Fadenpendel geltend, das um den Aufhängepunkt des Fadens nach allen Richtungen hin schwingen kann. Die Verhältnisse, die wir zu untersuchen haben, sind im allgemeinen ziemlich verwickelt; wir erleichtern unsere Aufgabe, indem wir uns das Pendel über dem Nordpole der Erde aufgehängt denken, wo die Erscheinung besonders einfach sich gestaltet. Wenn der Aufhängungspunkt des Pendels in der Erdachse liegt, so erfährt er bei der Drehung der Erde keinerlei Verschiebung. Die Pendelkugel bewege sich von Anfang an in einer durch den Pendelfaden und die Erdachse gelegten Ebene; senkrecht dazu wirkt weder eine Beschleunigung noch eine Geschwindigkeit; das Pendel wird also im ruhenden Raume immer in derselben durch die Erdachse hindurchgehenden Ebene schwingen, in welcher der Anfang der Bewegung sich vollzog. Unter dem Pendel aber dreht sich die Erde in nahe 24 Stunden einmal um ihre Achse. Da der Beobachter an dieser Drehung teilnimmt, so ist für seine Empfindung die Erde in Ruhe; ihm scheint also die Ebene der Pendelschwingung in 24 Stunden einmal im Kreise umzulaufen in einem der Drehung der Erde entgegengesetzten Sinne. Die scheinbare Bahn, welche die Pendelkugel über die Oberfläche der Erde hin beschreibt, hat den durch Fig. 61 dargestellten Typus. Nur beträgt die Zahl der Schleifen, welche auf eine Umdrehung kommen, bei einem Sekundenpendel z. B. nahezu 43000.

Für andere Stellen der Erdoberfläche wird die theoretische Betrachtung durch den Umstand erschwert, daß der Aufhängungspunkt des Pendels an der Rotation der Erde teilnimmt. Wir begnügen uns daher mit der Angabe des sehr einfachen Resultates der Rechnung:

An einem beliebigen Orte dreht sich die Schwingungsebene eines Fadenpendels mit einer Geschwindigkeit, welche gleich ist der Winkelgeschwindigkeit der Erdrotation, multipliziert mit dem Sinus der geographischen Breite.

Am Äquator fällt die Drehung fort.

Foucault hat die Drehung der Schwingungsebene eines Fadenpendels zuerst (1851) beobachtet und durch die Übereinstimmung der Beobachtungen mit dem angeführten Satze einen Beweis für die Achsendrehung der Erde geliefert, der nur Beobachtungen an der Oberfläche der Erde selbst voraussetzt.

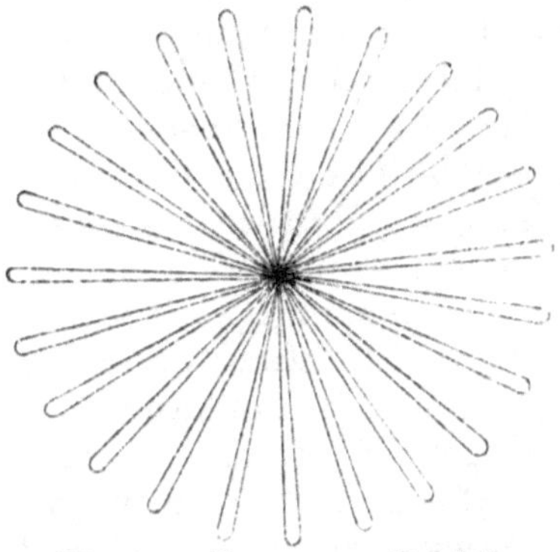

Fig. 61. Foucaults Pendel.

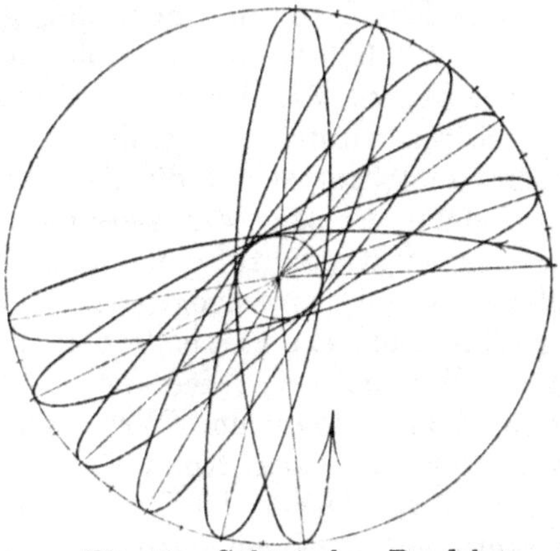

Fig. 62. Sphärisches Pendel.

Sphärisches Pendel. Bei dem Foucaultschen Versuche benutzen wir ein Fadenpendel, welches nach allen Richtungen hin frei schwingen kann, ein sogenanntes sphärisches Pendel. Die Theorie des Pendels, wie wir sie in früheren §§ entwickelt haben, setzt voraus, daß das Pendel in einer durch seinen Aufhängungspunkt hindurchgehenden vertikalen Ebene schwingt. Bei physischen Pendeln wird diese Bedingung in der Regel schon dadurch erfüllt, daß das Pendel nicht um einen Punkt, sondern um eine horizontale Achse drehbar ist. Bei dem Fadenpendel suchen wir der Bedingung dadurch zu genügen, daß wir die Pendelkugel zur Seite ziehen und loslassen, ohne ihr irgendeine seitliche Geschwindigkeit zu erteilen. Gerade durch die Beobachtungen mit dem Foucaultschen Pendel, bei denen wir von der allseitigen Beweglichkeit des Fadenpendels Gebrauch machen, wird aber die Frage nahegelegt, wie sich ein Pendel bewegt, wenn ihm beim Loslassen eine, wenn auch kleine, seitliche Geschwindigkeit erteilt wird. Die Bahn des Pendels besitzt dann den Typus der in Fig. 62 gezeichneten Kurve. Man erhält sie, wenn man die Pendelkugel eine Ellipse durchlaufen läßt, und diese Ellipse zugleich um ihren Mittelpunkt im Kreise herumdreht. Ist die Ellipse sehr schmal, so ergibt sich auch hier der Eindruck einer Drehung der Schwingungsebene um die Vertikale. Wenn also das Foucaultsche Pendel beim

Loslassen einen seitlichen Stoß erleidet, so wird auch hierdurch eine Drehung der Pendelebene erzeugt; die durch die Erdrotation bedingte Drehung kann dadurch mehr oder weniger gestört, bei größerer Seitenabweichung des Pendels völlig verdeckt werden.

§ 62. **Stoß.** Die Erscheinungen des Stoßes, die wir im folgenden behandeln, sind von allgemeiner Bedeutung, weil sie Veranlassung geben zur Einführung der wichtigen Begriffe der impulsiven Bewegung, der Bewegungsgröße und des schon in § 33 benützten der kinetischen Energie. Über die physikalischen Vorgänge beim Zusammenstoße zweier Körper gewinnen wir einige Aufklärung durch die folgenden Versuche. Lassen wir eine Kugel von weichem Ton auf eine fest aufgestellte, ebene und harte Platte fallen, so bleibt sie nach dem Auffallen ruhig liegen, und wir beobachten, daß sie an der Berührungsstelle eine Abplattung erlitten hat. Diese wurde erzeugt durch den Druck der Platte auf die Kugel, einen Druck, der zuerst die Bewegung der die Platte berührenden Teilchen, dann vermöge des Zusammenhanges der Teilchen die Bewegung der ganzen Kugel aufhob. Machen wir denselben Versuch mit einer Elfenbeinkugel, so springt diese im Momente des Auffallens wieder in die Höhe und fällt abermals herab, um, von neuem zurückgeworfen, die frühere Bewegung zu wiederholen. Eine bleibende Abplattung der Kugel ist nicht zu beobachten. Wenn wir aber die Platte mit Ruß überziehen, so entsteht an jeder Auffallstelle auf der Kugel ein schwarzer Kreis. Während der Dauer der Berührung ist eine Abplattung vorhanden, sie verschwindet aber vollständig, sobald der Druck zwischen Kugel und Platte aufhört. Hiernach wird der Vorgang des Stoßes bei der Elfenbeinkugel zunächst derselbe sein, wie bei der Tonkugel. Die von der Platte ausgehenden Druckkräfte zerstören die Bewegung der sie berührenden Teilchen und damit die Bewegung der ganzen Kugel. Während aber bei dem Tone die abgeplattete Kugel eine neue Gleichgewichtsfigur darstellt, hat das Elfenbein das Bestreben, die ursprüngliche Gestalt wiederherzustellen. Daraus folgt, daß der wechselseitige Druck zwischen Kugel und Platte so lange besteht wie die Abplattung. Wenn die ursprüngliche Bewegung verschwunden ist, und gleichzeitig die Abplattung ihren größten Betrag erreicht hat, so wird dieser Druck die Kugel von der Platte zurückstoßen, bis sie bei zunehmender Entfernung wieder volle Kugelgestalt erreicht hat. Mit der in diesem Augenblicke vorhandenen Geschwindigkeit springt sie von der Platte zurück.

Körper, die unter der Wirkung äußerer Kräfte eine neue dauernde Gleichgewichtsfigur annehmen, nennen wir plastische Körper; jene, die hierbei zwar deformiert werden, aber nach dem Verschwinden jener Kräfte ihre ursprüngliche Gestalt wiederherstellen, heißen elastische. Man übersieht leicht, daß die Erscheinungen des Stoßes für die beiden Klassen von Körpern wesentlich verschieden sein müssen.

Bewegungsgröße und Impuls. Vor allem müssen wir uns die charakteristischen Eigenschaften der beim Stoße wirkenden Kräfte klar machen. Dabei kommt in Betracht, daß die Stoßzeit, die Zeit, während der die beiden stoßenden Körper mit den aus der Abplattung entspringenden Druckkräften aufeinander wirken, eine sehr kurze ist; sie beträgt bei zwei Stahlkugeln von der Masse von 50 g, die mit einer relativen Geschwindigkeit von 50 cm/sec zusammenstoßen, kaum mehr als $\frac{1}{10000}$ sec.[1] Während der Stoßzeit wächst der Druck bis zu einer gewissen Größe, um dann wieder zu verschwinden. Setzen wir an Stelle des veränderlichen Druckes seinen mittleren Wert, so charakterisiert sich die Stoßkraft als eine Kraft von bestimmter Größe, deren Wirkung sich über einen so kurzen Zeitraum erstreckt, daß innerhalb desselben die räumliche Lage der stoßenden Körper eine sichtbare Änderung nicht erleidet. Wirkungen von dieser Art nennen wir Impulse, Bewegungen, die durch sie erzeugt werden, impulsive Bewegungen. Mit Bezug auf sie ergeben sich aus dem Prinzipe der Masse die folgenden Sätze:

1. Ein Impuls, der auf eine gegebene Masse wirkt, erteilt ihr eine bestimmte Geschwindigkeit. Befindet sich die Masse schon vorher in Bewegung, so kombiniert sich die durch den Impuls erzeugte Geschwindigkeit mit der schon vorhandenen.

2. Das Produkt aus der Masse und aus der ihr erteilten Geschwindigkeit ist gleich dem Produkte aus der den Impuls erzeugenden Kraft und aus der Dauer des Impulses.

Verstehen wir unter Bewegungsgröße eines Körpers das Produkt aus seiner Masse und seiner Geschwindigkeit, unter der Größe eines Impulses das Produkt aus Kraft und Dauer ihrer Wirkung, so müssen wir den vorhergehenden Satz so aussprechen:

Die Bewegungsgröße, die einem Körper durch einen Impuls erteilt wird, ist gleich dem Impulse.

Lassen wir auf einen gegebenen Körper einen Impuls wirken, etwa durch einen kurzen Stoß unserer Hand, so erlangt er eine bestimmte Geschwindigkeit; verdoppeln wir, ohne die Kraft zu ändern, die Dauer des Impulses, so wird die Geschwindigkeit verdoppelt; dasselbe geschieht, wenn wir bei gleichbleibender Dauer des Impulses die Kraft verdoppeln. Lassen wir andererseits denselben Impuls auf verschiedene Körper wirken, so verhalten sich die ihnen erteilten Geschwindigkeiten umgekehrt wie ihre Massen, eine Bemerkung, die wir in § 39 zur Erläuterung des Massenprinzips benutzt haben.

§ 63. Erhaltung der Bewegungsgröße und kinetische Energie beim Stoße. Wenden wir die vorhergehenden Sätze an auf den Stoß zweier Kugeln, die sich auf einer und derselben geraden Linie bewegen (Fig. 63). Die erste besitze die Masse m_1 und die Geschwindigkeit v_1, sie werde verfolgt von der zweiten mit der Masse m_2 und der Geschwindigkeit v_2. Ist $v_2 > v_1$, so wird die zweite Kugel der ersten sich mehr und mehr nähern und schließlich sie einholen. Durch den

[1] M. Hamburger, Wied. Ann. 28 (1886). — Hertz, Ges. Werke. Bd. I.

Zusammenstoß werden beide Kugeln abgeplattet, sie üben in der Berührungsstelle einen wechselseitigen Druck aufeinander aus, der die Bewegung der vorderen Kugel zu beschleunigen, die der hinteren zu verzögern sucht.

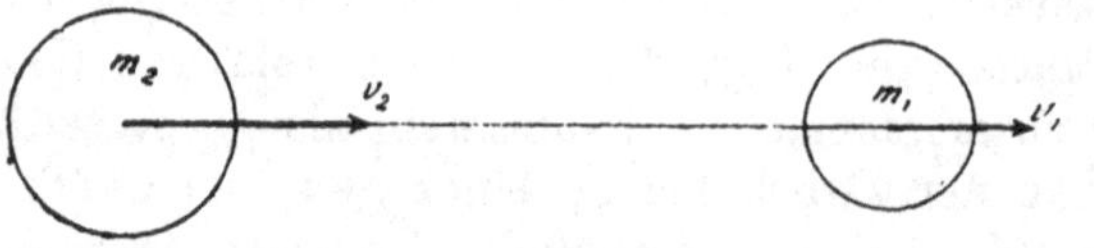

Fig. 63. Stoß.

Sind beide Kugeln **plastisch**, bleiben sie nach dem Stoße in dauernder Berührung, die Abplattung bleibt bestehen. Das Produkt aus Druckkraft und Stoßzeit stellt den auf beide Kugeln in entgegengesetztem Sinne wirkenden Impuls dar. Ist c die gemeinsame Geschwindigkeit der Kugeln nach ihrer Berührung, so hat die vordere Kugel durch den Stoß die Bewegungsgröße $m_1 (c - v_1)$ gewonnen, die hintere die Bewegungsgröße $m_2 (v_2 - c)$ verloren. Beide Änderungen müssen gleich dem sie erzeugenden Impulse sein. Da aber auf die beiden Kugeln derselbe Impuls in entgegengesetzter Richtung wirkt, so müssen die Änderungen gleich sein:

$$m_1 (c - v_1) = m_2 (v_2 - c) \qquad \text{oder} \qquad m_1 v_1 + m_2 v_2 = (m_1 + m_2) c .$$

Die Summe der Bewegungsgrößen beider Kugeln wird durch den Stoß nicht verändert.

Sind die beiden Kugeln aber **elastisch**, so tritt zu diesem Satze der Erhaltung der Bewegungsgröße noch ein zweiter. Es bleibt nicht bei der Abplattung. Diese verschwindet, und dabei erhält die vordere Kugel noch einmal denselben Geschwindigkeitszuwachs $(c - v_1)$; für ihre Geschwindigkeit nach dem Stoße v'_1 gilt also

$$v_1' = v_1 + 2\,(c - v_1) = 2c - v_1$$

ebenso

$$v_2' = \qquad 2c - v_2 .$$

Seien z. B. die Massen $m_1 = m_2 = m$, so ist

$$c = \frac{v_1 + v_2}{2}, \qquad \text{somit } v_1' = v_2 \text{ und } v_2' = v_1 ,$$

d. h. die beiden gleich großen, elastischen Kugeln vertauschen ihre Geschwindigkeiten.

Wir nannten $\frac{1}{2} m v^2$ die kinetische Energie einer mit der Geschwindigkeit v bewegten Masse (§ 33). Man findet leicht auch für 2 verschieden große elastische Kugeln den Satz:

Die gesamte kinetische Energie der beiden Kugeln erleidet durch den Zusammenstoß keine Veränderung.

Das gilt für alle Stöße elastischer Körper, nicht aber für Stöße plastischer Körper; in letzterem Falle verschwindet kinetische Energie (scheinbar, wie auch bei der Reibung § 177).

§ 64. Kräftefreie Rotation eines starren Körpers um eine Achse. $\Sigma m l^2$ das Trägheitsmoment eines Körpers (§ 48), ist für verschiedene

Drehungsachsen verschieden; diese Achsen können natürlich durch verschiedene Punkte innerhalb oder außerhalb des Körpers gehen.

Man kann für jeden solchen Punkt als Zentrum ein sog. Trägheitsellipsoid berechnen, das in manchen Fällen zu einem Rotationsellipsoid oder einer Kugel wird. Die 3 Achsen des Ellipsoides heißen Hauptträgheitsachsen. Liegt der Schwerpunkt des rotierenden Körpers in einer dieser Achse, so nennt man diese eine freie Achse. Es läßt sich weiter theoretisch zeigen, daß ein Körper, der um seine kleinste freie Hauptachse der Trägheit rasch rotiert, kleine Stöße oder andere Störungen erdulden kann, ohne daß seine Rotationsachse sich ändert. Diese kehrt vielmehr nach einigen Schwankungen in ihre ursprüngliche Lage zurück. Diese Probleme erfordern einen etwas umständlichen mathematischen Apparat; wir wollen darum in den folgenden §§ nur das Wichtigste dieses Gebietes mitteilen.

§ 65. **Kreisel.** Das bekannteste Beispiel einer solchen Bewegung bildet der Kreisel, der mit seiner Spitze in eine glatte Pfanne eingesetzt ist, so daß er sich um die Spitze dreht, während diese zugleich gezwungen ist, an derselben Stelle zu bleiben. Aber auch die Achsendrehung der Erde, die Rotation eines Geschosses in der Luft besitzen denselben Charakter. Der Unterschied liegt nur darin, daß in den letzteren Fällen zu der drehenden Bewegung um den Schwerpunkt noch eine fortschreitende Bewegung hinzukommt.

Vor allem setzen wir voraus, daß der betrachtete Körper mit Bezug auf eine bestimmte Achse nach allen Seiten hin symmetrisch gebaut sei, daß er die Gestalt eines Umdrehungskörpers besitze; jene Symmetrieachse bezeichnen wir als Figurenachse des Körpers; aus Symmetriegründen muß dann der Schwerpunkt in der Figurenachse liegen; wir nehmen zunächst an, daß der Drehungspunkt mit dem Schwerpunkt zusammenfalle, der Körper sich so bewege, als ob überhaupt keine äußeren Kräfte auf ihn wirkten.

Wir betrachten nun zuerst den Fall, daß die Drehungsachse zusammenfällt mit der Figurenachse des Körpers. Die Resultante aller auf den Körper wirkenden Zentrifugalkräfte ist in diesem Falle gleich Null, da die rotierenden Massen um die Achse vollkommen symmetrisch verteilt sind. Die Drehung geht also geradeso vor sich, wie wenn keine Zentrifugalkräfte wirkten. Es ist dies der Fall eines vollkommen zentrierten Schwungrades, dessen Lager durch Zentrifugalkräfte in keiner Weise in Anspruch genommen werden.

Ganz anders aber gestalten sich die Erscheinungen, wenn wir ein Schwungrad um seine Symmetrieachse rotieren lassen und wenn wir diese Achse gleichzeitig um eine darauf senkrechte Achse zu verdrehen suchen. Es treten dann komplizierte Bewegungen, Drehungen um neue Achsen, auf. Zunächst geben wir ein einfaches Beispiel.

Der Kreisel K (Fig. 64) — wie ihn unsere Jugend als Spielzeue auf den Straßen benützt — rotiere um seine Symmetrieachse $a\,a$, welche schief auf einer festen horizontalen Unterlage steht. Trotzdem fällt der Kreisel nicht um. Seine Achse rotiert vielmehr in einer sogleich zu beschreibenden Weise um die Vertikale herum.

In unserer schematischen Figur dreht sich der Kreisel in der Pfeilrichtung. Die Betrachtung der Punkte *b* und *d* einerseits, *c* und *e* andererseits, ergibt folgende ungefähre Vorstellung der hier ins Spiel kommenden Kräfte.

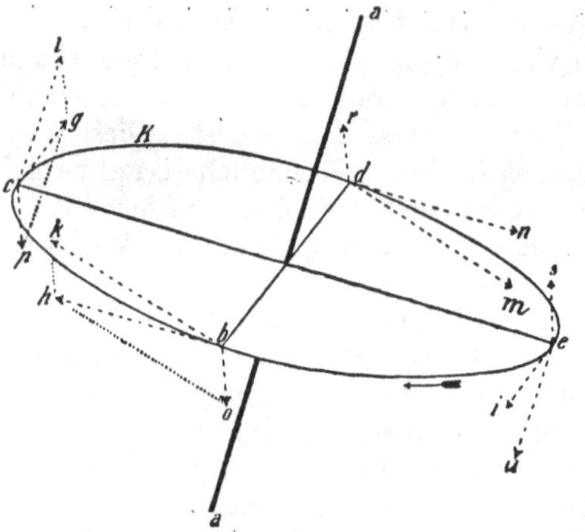

Fig. 64. Coriolis-Kräfte.

Die Bewegungsrichtung des Punktes *b* ist gegeben durch *bh*. Nun fällt die rechte Seite des Kreisels infolge der Schwere ein wenig. Statt der Wegrichtung *bh* muß sich der Punkt *b* zwangläufig in der Richtung *bk* bewegen. Wir zerlegen darum die ursprüngliche Richtung *bh* (in dem in der Zeichnungsebene gelegenen Bewegungsparallelogramm *bkho*) in die Richtung *bk* und *bo*. Letzteres stellt die durch die zwangsweise Änderung der Bewegungsrichtung *bh* nach *bk* ausgelöste Kraftkomponente nach abwärts dar. Ganz Analoges gilt für die durch die Schwera bewirkte zwangsweise Änderung der tangentiellen Bewegung *dn* nach *dm*; die dadurch erzeugte Druckkomponente ist *dr*. Diese Kräfte *bo* und *dr* suchen den Kreisel nach vorn umzukippen; es resultiert also zunächst eine Neigung des Kreisels nach vorn.

Durch diese Neigung nach vorn wird die ursprünglich nach rückwärts gelegene Tangentenrichtung *cg* verwandelt in die wirkliche Bewegung *cl* schief nach aufwärts; dies ist nur möglich, wenn eine Komponente *cp* auftritt (Parallelogramm *clgp* senkrecht zur Zeichnungsebene). Analog wie in *c* wird in *e* die nach vorn gerichtete tangentielle Bewegung *ei* durch die Neigung nach vorn mehr nach abwärts gerichtet, *eu*; das ist nur möglich, wenn gleichzeitig eine Druckkomponente *es* nach oben auftritt. (Parallelogramm nicht gezeichnet.) Diese Druckkomponenten *cp* und *es* wirken dem Umfallen des Kreisels entgegen.

Solche durch Zusammensetzung zweier Drehungen erzeugten „zusammengesetzten Drehkräfte“ heißen nach ihrem Entdecker Coriolis**sche Kräfte**. **Diese** bewirken in ihrem Zusammenspiel in unserem Beispiel, während der untere Punkt *a* in der Unterlage festbleibt, eine Verschiebung der Kreiselachse *aa* längs eines Kegelmantels, **Präzession**. Das obere *a* rotiert in einem Horizontalkreise um eine durch das untere *a* gehende Vertikallinie. Von oben gesehen haben Kreisel und Präzession denselben

Rotationssinn, wenn die Unterstützung des Kreisels unterhalb des Schwerpunktes liegt. Die eigentliche Rotationsachse des Systems ist aber nicht mehr die Kreiselachse.

Um eine genauere Vorstellung der tatsächlichen Bewegung zu gewinnen, wollen wir uns in folgender Weise eine deutliche und anschauliche Vorstellung machen (Fig. 65). Wir beschreiben um den Drehungspunkt *C* eine Kugel. Wir haben dann einmal den mit dem Kreisel fest verbundenen Kegel, der von den aufeinanderfolgenden Lagen der Drehungsachse gebildet wird. Seine Figurenachse, zugleich die des Kreisels selbst, durchbohrt in dem betrachteten Augenblicke die Ober-

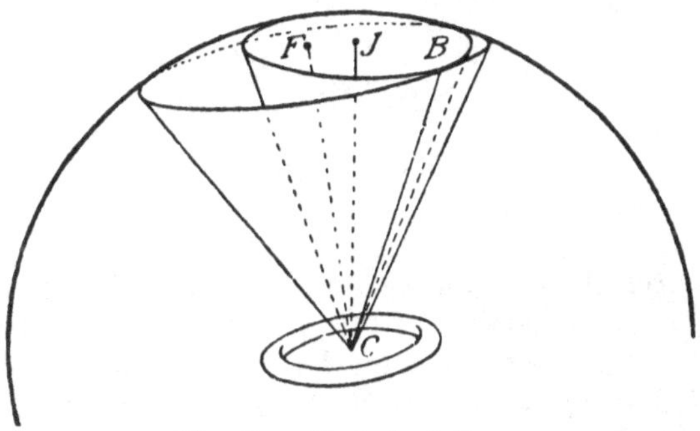

Fig. 65. Kreiselrotation.

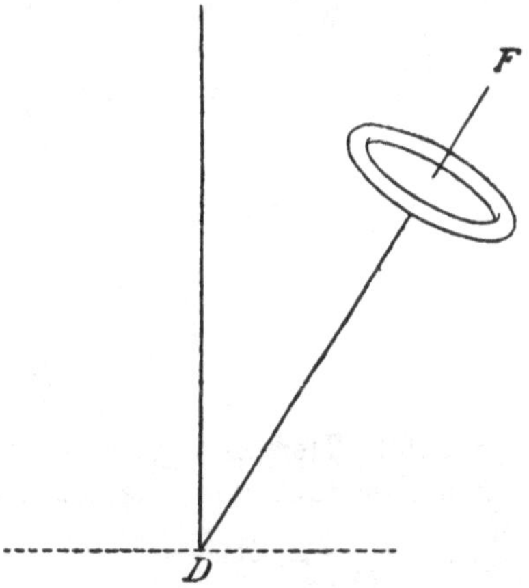

Fig. 66. Kreisel.

fläche der Kugel in dem Punkte *F*; der Mantel durchschneidet die Kugel in einem Kreise, dessen sphärischer Mittelpunkt *F* ist. Wir haben zweitens einen im Raume festen Kegel, dessen Achse auf der Kugelfläche den unveränderlichen Punkt *J* bestimmt. Der Mantel dieses Kegels erzeugt auf der Oberfläche der Kugel einen zweiten Kreis, dessen Mittelpunkt *J* ist. Die beiden Kreise berühren sich bei der momentanen Lage des Kreisels in einem Punkte *B*, die Kante *BC* ist die Achse, um die augenblicklich die Drehung des Kreisels erfolgt; die weitere Bewegung ergibt sich, wenn man den mit dem Kreisel verbundenen Kegel um den im Raume festen, d. h. den Kreis *F* um den Kreis *J* ohne Gleiten rollen läßt. Die Bewegung stimmt dem Ansehen nach überein mit dem Kreiseln einer flachen Scheibe, eines Geldstückes, eines Ringes auf einer ebenen Tischplatte.

Präzessionsbewegung. Es stelle Fig. 66 den Kreisel mit der Rotationsachse *DF* vor. *DF* ist im Punkte *D* beliebig beweglich.

Wenn die Rotationsgeschwindigkeit genügend groß ist, so sinkt die Figurenachse nicht, und ihr Endpunkt *F* beschreibt auf einer über *D* liegenden Halbkugel Kurven, die für zunehmende Rotationsgeschwindigkeit in den Figg. 67 und 68 gezeichnet sind. Man hat dann bei großer

Rotationsgeschwindigkeit den überraschenden Anblick, daß die Achse *DF* der Wirkung der Schwere zum Trotz anscheinend in derselben Höhe sich hält, daß sie aber zugleich schwankend oder zitternd einen Kegel beschreibt, dessen Achse mit der Vertikalen im Drehungspunkt zusammenfällt. *F* beschreibt in einer über *D* gelegten Halbkugel die Fig. 67 und bei größerer Rotationsgeschwindigkeit des Kreisels die

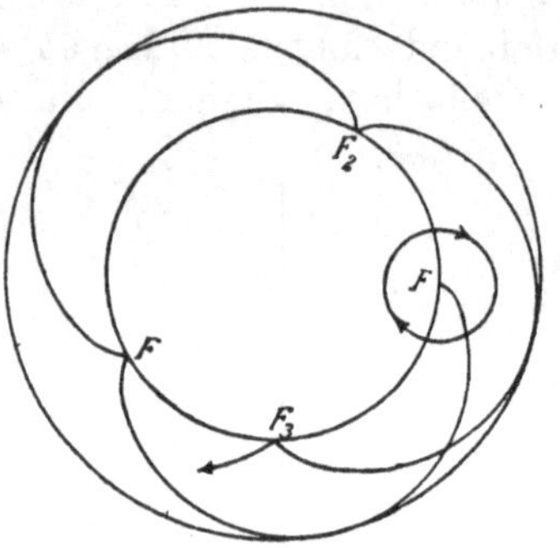

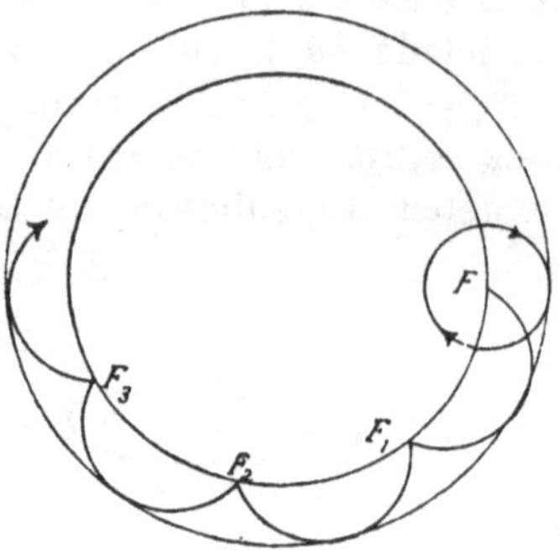

Fig. 67. Kleinere Fig. 68. Größere
Rotationsgeschwindigkeit.

Fig. 68. Der Sinn, in dem der Kreisel um seine Achse rotiert, ist durch den Pfeil auf dem kleinen um *F* beschriebenen Kreis gegeben.

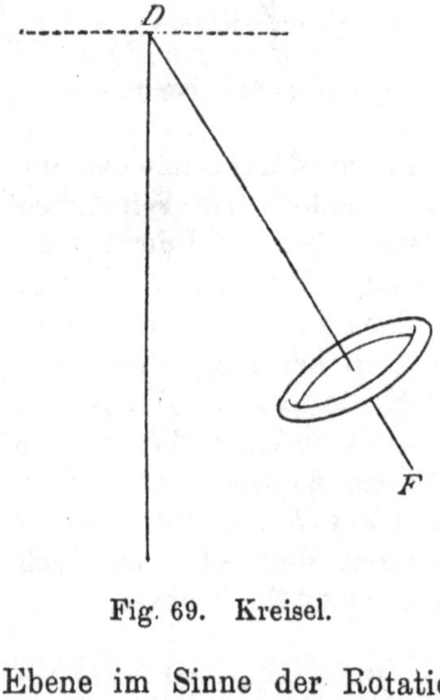

Fig. 69. Kreisel.

Das ist die Rotation eines gewöhnlichen auf seiner Spitze stehenden Kreisels.

Fig. 69 sei ein Kreisel, dessen Achse über dem Schwerpunkt in *D* frei drehbar befestigt ist.

Wenn der Kreisel keine Rotation um seine Achse besitzt, so wird er, losgelassen, einfache ebene Pendelschwingungen ausführen. Wenn er aber, um seine Figurenachse in Rotation versetzt, in der Stellung *DF* erst ruhig gehalten und dann losgelassen wird, so gesellt sich zu der durch die Schwere erzeugten Winkelgeschwindigkeit noch die um die Figurenachse. Kombiniert man die Bewegungen, die ihnen einzeln entsprechen, so ergibt sich, daß die Figurenachse des Kreisels aus der vertikalen Ebene im Sinne der Rotation abweicht. Das Ende der Figurenachse beschreibt eine Kurve, die in Fig. 70 von oben gesehen gezeichnet ist. Die Kurve verläuft in dem Raume zwischen zwei konzentrischen Kreisen, deren Mittelpunkte in der Vertikalen durch den Drehungspunkt liegen; auf dem äußeren Kreise bildet sie eine Reihe von Spitzen, den inneren berührt sie. Die Fig. 71 zeigt, wie die von dem Endpunkte der Figurenachse beschriebene Kurve sich ändert, wenn die Rotationsgeschwindigkeit des Kreisels wächst.

Die eben gezeichneten Figuren ändern sich, wenn DF in Fig. 69 nicht einfach losgelassen wird, sondern gleichzeitig einen seitlichen Stoß in der Richtung der eintretenden Bewegung erhält. Die Figg. 72—74 zeigen die Änderung der Bahn bei allmählich steigendem Seiten-

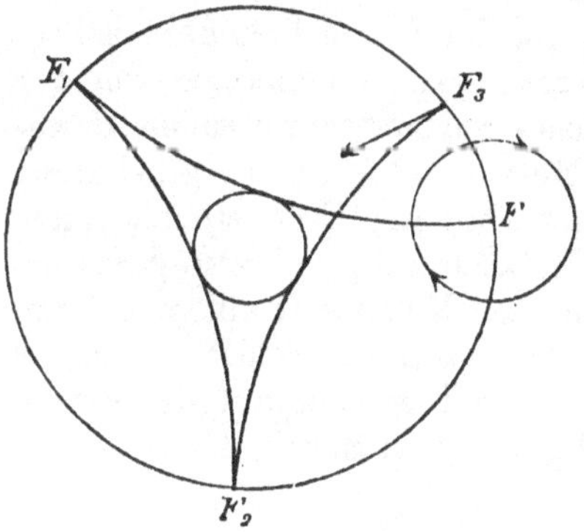

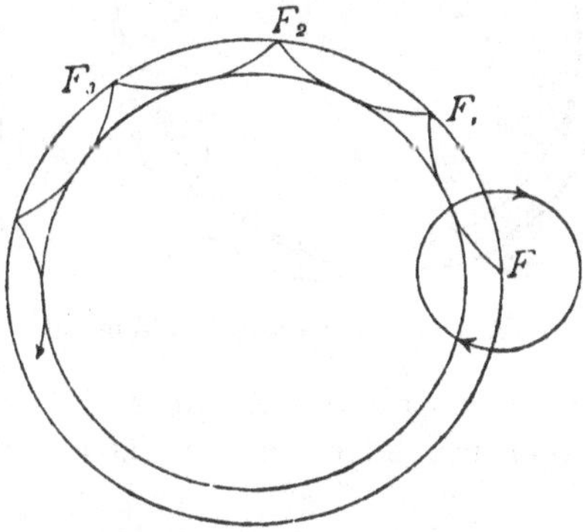

Fig. 70. Kleinere Fig. 71. Größere
Rotationsgeschwindigkeit.

stoß. Man erkennt aus denselben, daß eine gewisse Stärke jenes Stoßes existieren muß, bei welcher der äußere und der innere Berührungs-

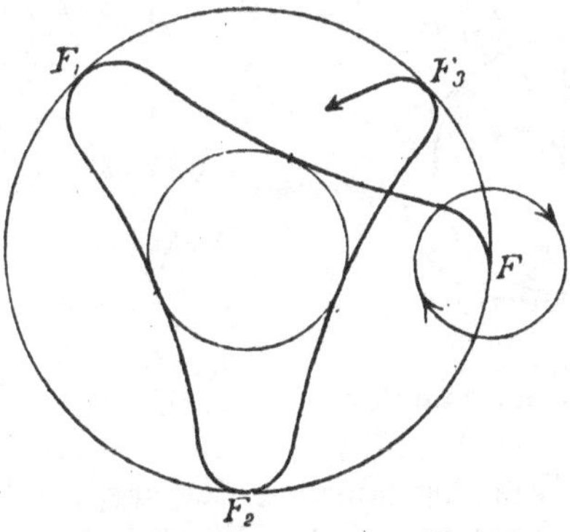

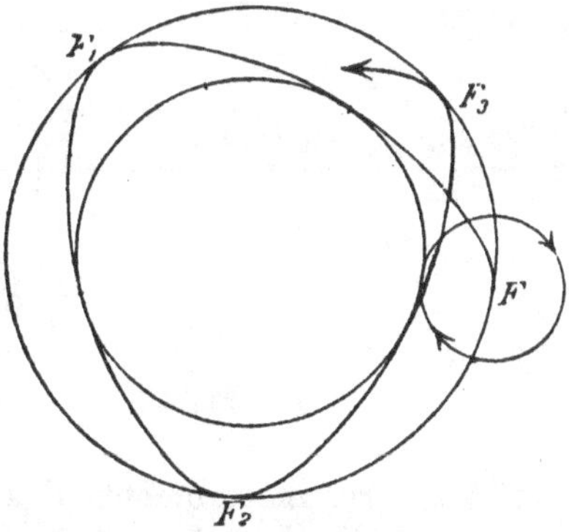

Fig. 72. Rotation mit Seitenstoß. Fig. 73.

kreis zusammenfallen, bei dem also der Punkt F einen Kreis, die Figurenachse DF einen Kegel um die Vertikallinie durch D beschreibt. Es ergibt sich ferner aus der Figur, daß der Endpunkt F der Figurenachse in seinem Kreise, die Achse DF in ihrem Kegel in einem Sinne umläuft, welcher der Achsendrehung des Kreisels entgegengesetzt ist.[1]

[1] Hess, Math. Ann. 19 (1881), 29 (1887). — Klein und Sommerfeld, Über die Theorie des Kreisels (1897—1910).

Präzession der Tag- und Nachtgleichen. Der in Fig. 71 dargestellte Fall der Bewegung ist von einem ganz besonderen Interesse deshalb, weil er sich realisiert findet bei der Achsendrehung der Erde: Wäre die Erde eine vollkommene Kugel, so wäre kein Grund vorhanden, weshalb die Richtung ihrer Drehungsachse im Raume sich ändern sollte; sie würde ganz unabhängig von der gleichzeitigen fortschreitenden Bewegung stets dieselbe Richtung behalten. Nun ist aber die Erde ein abgeplattetes Rotationsellipsoid, also gewissermaßen eine Kugel mit einem auf den Äquator gesetzten Wulste. Dieser wird angezogen von Sonne und Mond, und zwar stärker auf der diesen Weltkörpern zugewandten als auf der abgewandten Seite. Es resultiert

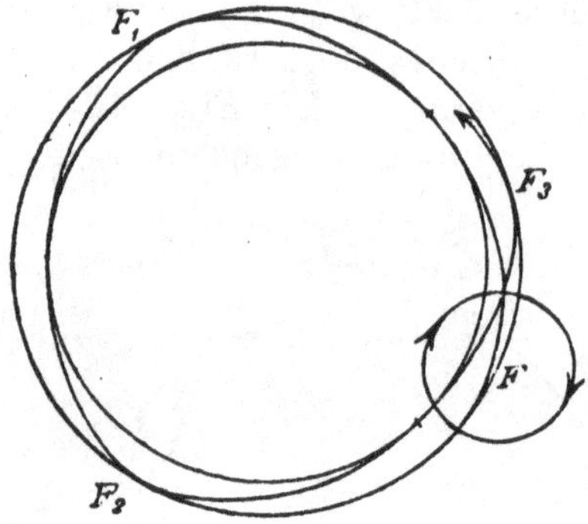

Fig. 74. Rasche Rotation mit Seitenstoß.

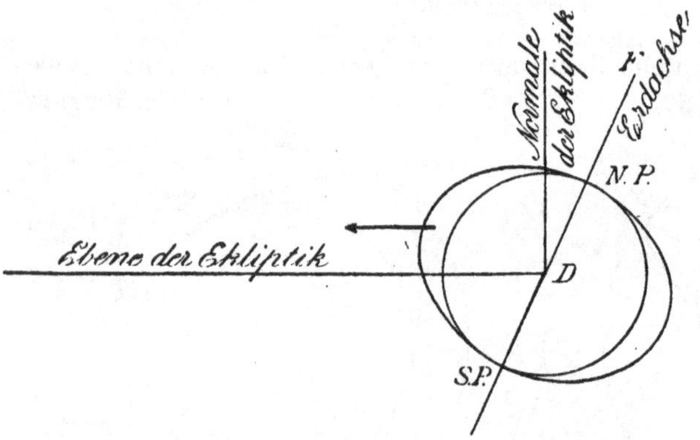

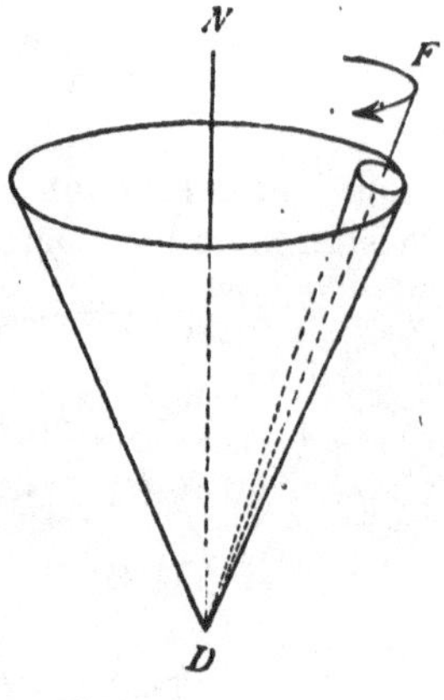

Fig. 75. Präzession der Erdachse. Fig. 76.

daraus ein Drehungsmoment, das die Erdachse aufzurichten, gegen die Ebene der Ekliptik senkrecht zu stellen sucht (Fig. 75). Die Erde verhält sich also, wenn wir von ihrer fortschreitenden Bewegung absehen, in der Tat geradeso wie ein hängender Kreisel. In Übereinstimmung damit ergibt sich aus den Beobachtungen, daß ihre Figurenachse DF in einem der täglichen Drehung entgegengesetzten Sinne einen Kegel durchläuft, dessen Achse normal zu der Ekliptik steht. Diese Bewegung bezeichnet man als die Präzession der Erdachse. Eine genauere Vorstellung davon gibt die folgende Konstruktion (Fig. 76). Wir wissen, daß die Achse der Erde gegen die Normale der Ekliptik um einen Winkel von $23\frac{1}{2}^0$ geneigt ist. Durch den Mittelpunkt D der Erde, den wir uns der Einfachheit halber im Raume fest denken, ziehen wir eine Parallele *DN* zu jener Normalen und beschreiben um sie mit jenem Winkel von $23^1/_2{}^0$ einen Kegel, der gleichfalls im Raume fest steht. Wir beschreiben ferner um die Figurenachse der Erde *DF* einen mit ihr fest verbundenen Kegel, dessen gegenüberliegende Kanten einen Winkel von 0,0173″ miteinander bilden[1]; er durchschneidet die Oberfläche der Erde in einem den Pol umgebenden Kreise von 26,6 cm Halbmesser. Diesen Kegel legen wir so, daß er den im Raume festen Kegel von innen berührt und daß die gemeinsame Kante der beiden Kegel der augenblicklichen Drehungsachse der Erde parallel ist. Die Änderung der Achse ergibt sich, wenn wir den mit der Erde verbundenen Kegel auf dem im Raume festen abrollen lassen, so daß der Mantel des ersteren an jedem Tage gerade einmal auf dem Mantel des letzteren sich abwickelt; die Figurenachse *DF* durchläuft dann in der Zeit von 25800 Jahren einen um die Normale *DN* der Ekliptik beschriebenen Kegel. Die Richtung, in welcher jener schmale Kegel rollt, ergibt sich aus der zwischen der täglichen Achsendrehung der Erde und der Präzessionsbewegung ihrer Figurenachse bestehenden Beziehung. Für einen auf dem Nordpole stehenden Beobachter erfolgt die tägliche Rotation in einem der Bewegung des Uhrzeigers entgegengesetzten Sinne. Die Präzessionsbewegung aber ist wie in den Figg. 70 und 71 der Rotation entgegengesetzt; die Verschiebung der Figurenachse erfolgt also im Sinne des Uhrzeigers, und der mit der Figurenachse verbundene Kegel muß in der hierdurch bestimmten Richtung rollen. Eine genauere Untersuchung zeigt übrigens, daß man dem im Raume festen Kegel nicht die Gestalt eines vollkommenen Kreiskegels geben darf, da die Figurenachse *DF* der Erde bald der Normalen der Ekliptik sich ein wenig nähert, bald von ihr ebenso sich entfernt; sie schwankt in einer Periode von $18^1/_2$ Jahren um einen Winkel von 9″ zur Rechten und Linken ihrer Mittellage; diese Bewegung nennt man Nutation der Erdachse. In der Präzessionsbewegung der Erdachse liegt der Grund für die in § 9 erwähnte Verschiebung des Frühlingspunktes in der Ekliptik. Man wird sich hiervon leicht überzeugen, wenn man beachtet, daß im Frühlingspunkte der in der Ekliptik liegende Durchmesser des Erdäquators nach der Sonne gerichtet sein muß, und daß dieser Durchmesser im selben Sinne sich dreht wie die Erdachse.

§ 66. **Kombination von Winkelgeschwindigkeiten.** Auf eine genauere Begründung der in den vorhergehenden Paragraphen enthaltenen Resultate müssen wir verzichten; nur ein paar Sätze mögen hervorgehoben werden, die für die Untersuchung von fundamentaler Wichtigkeit sind. Bei der Drehung eines Körpers um einen festen Punkt handelt es sich um die Kombination von Drehungen, die gleichzeitig um verschiedene Achsen stattfinden; z. B. Rotation um eine beliebige Achse mit einer

[1] Poinsot, Précession des Equinoxes. Paris 1857.

durch Zentrifugalkraft erzeugten um eine dazu senkrechte Achse; Rotation um die Figurenachse und Rotation um eine dazu senkrechte infolge der Schwere oder einer äußeren Einwirkung. Es leuchtet ein, daß eine Zusammensetzung der verschiedenen Bewegungen nach dem Prinzipe der Kombination unter allen Umständen möglich ist. Die Anwendung des Prinzips führt aber zu dem überaus einfachen Resultate, daß Winkelgeschwindigkeiten oder kleine Drehungen sich direkt nach dem Satze vom Parallelogramm zu einer resultierenden Winkelgeschwindigkeit oder Drehung zusammensetzen. Dabei müssen die Winkelgeschwindigkeiten in bestimmter Weise durch Linien graphisch dargestellt sein, und zwar geschieht dies folgendermaßen: Die beiden verschiedenen Achsen, um welche der Körper gleichzeitig und in gleichem Sinne sich dreht, seien DA und DB (Fig. 77), die entsprechenden Winkelgeschwindigkeiten α und β. Wir machen dann die Strecken DA und DB numerisch gleich α und β und bezeichnen sie nun als Repräsentanten dieser Winkelgeschwindigkeiten. Konstruieren wir die Diagonale DC des aus DA und DB gebildeten Parallelogramms, so besteht die wirkliche Bewegung des Körpers in dem betrachteten Zeitpunkte in einer Drehung um die Achse DC mit einer Winkelgeschwindigkeit γ, deren Betrag numerisch gleich der Diagonale DC ist. In Bogenmaß sind die Drehungen um die drei Achsen während einer kleinen Zeit τ gegeben durch $\alpha\tau$, $\beta\tau$ und $\gamma\tau$. Machen wir in Fig. 78 auf den drei Achsen die Strecken DA', DB', DC' numerisch gleich den Drehungen, so findet die resultierende Drehung $\gamma\tau$ ihre geometrische Repräsentation durch die Diagonale des aus DA' und DB' konstruierten Parallelogramms.

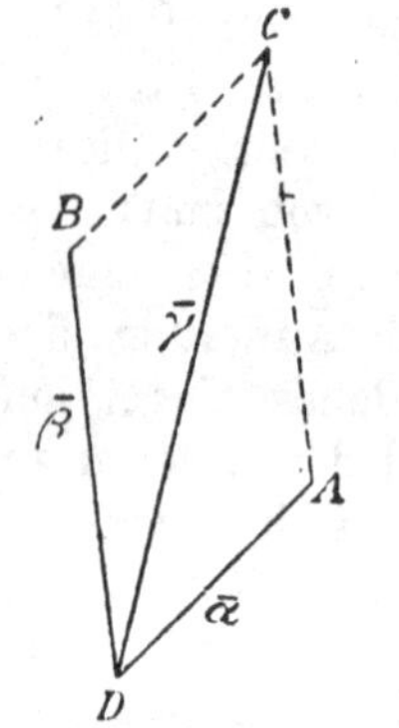

Fig. 77. Kombination von Winkelgeschwindigkeiten.

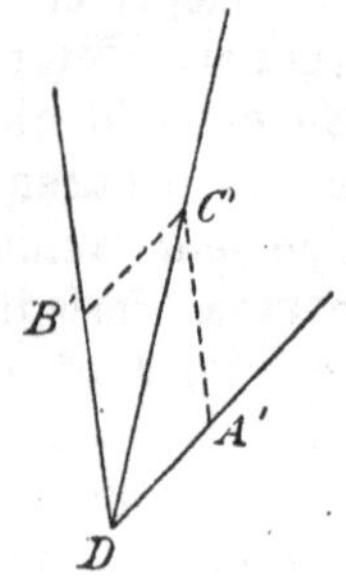

Fig. 78.

Wenn ein Kreisel um seine Figurenachse rotiert und dabei in seinem Schwerpunkte unterstützt ist, so fährt er fort, um jene Achse zu rotieren, und nur eine äußere Kraft vermag die Richtung der Achse zu ändern. Wir können umgekehrt sagen, daß der Kreisel die Richtung seiner Rotationsachse mit einer gewissen Kraft festzuhalten sucht, und davon können wir uns in der Tat in einer sehr sinnfälligen Art mit Hilfe eines Kreisels überzeugen, der, von einem Ringe gehalten, um seine Figurenachse in rascher Rotation begriffen ist. Wenn wir versuchen, den Ring und mit ihm die Rotationsachse zu drehen, so empfinden wir eine lebhafte seitliche Reaktion, indem der Kreisel senkrecht gegen die erzwungene Bewegung auszuweichen sucht.

Die in Fig. 64 gegebene — nur ungefähre — Darstellung der

Präzession kann auch mit Einführung des Begriffes der Kombination von Winkelgeschwindigkeiten durchgeführt werden.

§ 67. Impulsmoment des Kreisels. Die Rechnung ergibt nun hier eine sehr einfache geometrische Darstellung der auftretenden Erscheinungen. Wir können nur die Resultate angeben.

Der Kreisel in Fig. 79 rotiere um eine horizontale Achse. Man kann nun eine Linie in der Richtung der Drehungsachse ziehen und diese in einer bestimmten Länge als geometrisches „Symbol" der bei der Drehung ins Spiel kommenden Faktoren betrachten. Dabei sei festgesetzt:

1. Wir ziehen die Linie N in der Richtung der Kreiselachse, daß von ihr aus gesehen der Kreisel im Uhrzeigersinne rotiert;

2. wir machen die Größe von N so, daß sie gleich dem Trägheitsmoment des Kreisels (um seine Drehungsachse) mal Winkelgeschwindigkeit (um diese Achse) wird.

Wir sprachen in § 62 von „Impuls" des Stoßes und analog sprechen wir hier von einem „Impulsmoment", welches durch die Linie N dargestellt ist. Dann ergibt sich ganz analog wie bei dem Impulsbegriffe in § 62 hier folgendes:

1. Der kräftefreie Kreisel bewegt sich so, daß sein Impulsmoment nach Richtung und Größe im Raum konstant bleibt (entsprechend dem Trägheitsgesetz des einzelnen Massenpunktes);

2. unter dem Einfluß äußerer Kräfte bewegt sich der Kreisel derart, daß die Änderungsgeschwindigkeit des Impulsvektors nach Richtung und Größe gleich ist dem (ebenfalls durch einen Vektor dargestellten) Moment der äußeren Kräfte in bezug auf den Stützpunkt des Kreisels (entsprechend dem Newtonschen Beschleunigungsgesetz).[1]

Drehen wir das Impulsmoment N in Fig. 79 um den Winkel φ, so bedeutet das eine neue Drehung des Kreisels um eine Vertikalachse. Es wird also ein neues Impulsmoment V für diese neue Drehung einzuzeichnen sein. Um diese Drehung ausführen zu können, bedarf es (abgesehen von der Trägheit um die Achse V), wie eine eingehende geometrische Überlegung zeigt, eines neuen Drehmomentes R. Diesem entgegen steht die gleichgroße Kreiselwirkung, die eine Drehung um R in Pfeilrichtung der Zeichnung bewirkt.

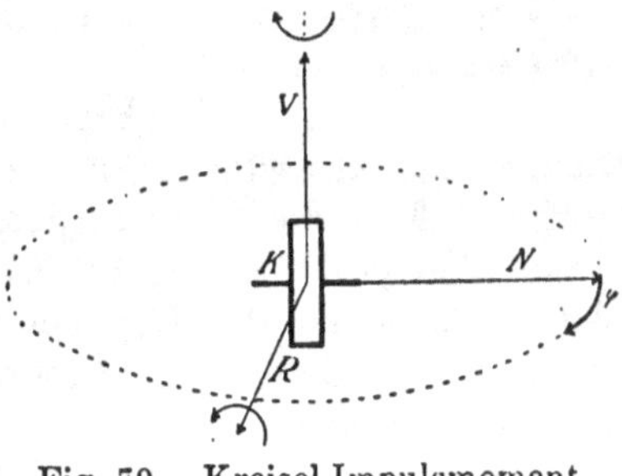

Fig. 79. Kreisel-Impulsmoment.

Die Kreiselwirkung besteht also darin, daß sich die Achse des Kreisels aufzurichten und mit der Achse der hinzukommenden Drehung in gleichsinnigem

[1] Sommerfeld, Theorie des Kreisels IV (1910).

Parallelismus zu setzen strebt derart, daß der Drehsinn der Eigenrotation mit dem der hinzukommenden Drehung übereinstimmen würde.

Dabei ist aber eine Bedingung zu besprechen.

Nehmen wir an, es werde durch die Drehung um die Vertikale nun wirklich die rechte Seite des Kreisels gehoben. Diese Drehung des rechten Endes von N nach aufwärts kommt noch zur Kreiselwirkung hinzu, und liefert genau nach den früher angestellten Überlegungen eine Ablenkung der rechten Kreiselhälfte nach hinten. Ist N (Eigenimpuls) sehr groß, so ist letztere Kraft dem ursprünglich ablenkenden Momente überlegen. Die Kreiselachse strebt also geradeso wie ein stabil aufgehängtes Pendel in ihre Anfangslage zurück, geht über diese hinaus, um sich ihr abermals zu nähern usw.

Diese Stabilisierung ist aber nur möglich, wenn bei einem Druck des rechten Endes der Kreiselachse nach vorn wirklich eine kleine Bewegung nach aufwärts eintreten kann; der Kreisel muß drei „Freiheitsgrade" haben, d. h. eine Bewegungsmöglichkeit um die z. B. horizontale Kreiselachse (diese gehe wie in Fig. 79 von links nach rechts), eine zweite Bewegungsmöglichkeit für eine Drehung um die Vertikale und eine dritte für eine Drehung um eine horizontale, auf die Kreiselachse senkrechte Achse (in Fig. 79 von vorn nach hinten).

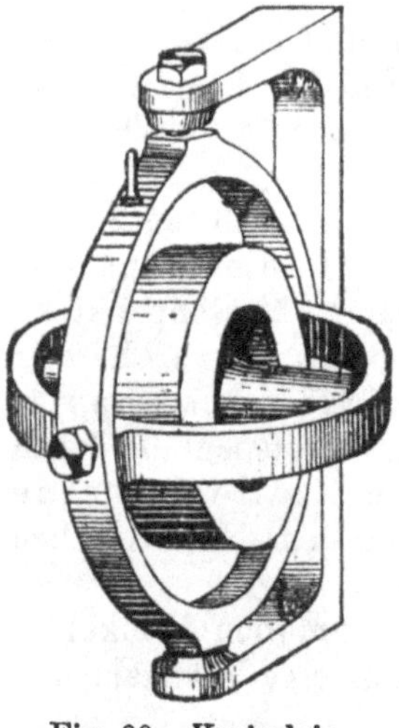

Fig. 80. Kreisel in Cardanischer Aufhängung.

Fig. 80 gibt uns eine solche Aufstellung. Im äußeren viereckigen Rahmen dreht sich der äußere Ring um eine Vertikalachse, in diesem ein innerer Ring um die von vorne nach hinten liegende Horizontalachse und in diesem liegt von rechts nach links die eigentliche Drehachse des Kreisels. Dieser hat somit die verlangten 3 Freiheitsgrade.

Auch bei ruhendem Kreisel müßte in Fig. 80 bei beliebiger Verdrehung des äußeren Rahmens die Kreiselachse immer in dieselbe Weltrichtung zeigen, vorausgesetzt, daß in den Achsenlagern absolut keine Reibung vorhanden wäre. Das ist aber praktisch nie zu erreichen. Rotiert aber der schwere Kreisel sehr rasch, so ist sein Impulsmoment so groß, daß die Kreiselachse nun für praktische Zwecke, eine „Art absolute Orientierung im Raume, eine spezifische Widerstandsfähigkeit gegen Richtungsänderungen hat".

Geradelaufapparat von Torpedos. Der österreichische Ingenieur Obry verwendete einen nach Fig. 80 konstruierten schweren Kreisel zur automatischen Torpedosteuerung. Es sei der viereckige Rahmen so im Torpedo fest eingebaut, daß die Längsachse (Bewegungsrichtung) des Torpedos mit der Kreiselachse zusammenfällt. Wenn im Momente des Abfeuerns Torpedo und Kreisel gegen das Ziel gerichtet sind, so kann zwar die Torpedorichtung durch Wind, Wellen usw. sich ändern, nicht aber die Kreiselachse, sie zeigt immer nach derselben Richtung gegen das Ziel. Es verdreht sich also der Torpedo gegen diese Kreiselachse und ein Zapfen, der am äußeren Ringe in Fig. 80 angedeutet ist, stößt gegen ein Ventil, das ein entsprechendes Korrektursteuer auslöst.

Kreiselkompaß. Hat aber ein Kreisel nur 2 Freiheitsgrade, so ist seine fixe Orientierung im Raume nicht mehr vorhanden, wohl aber stellt sich bei zwangsweiser Rotation des Systemes die Kreiselachse in durch diese Rotation bestimmte Richtungen.

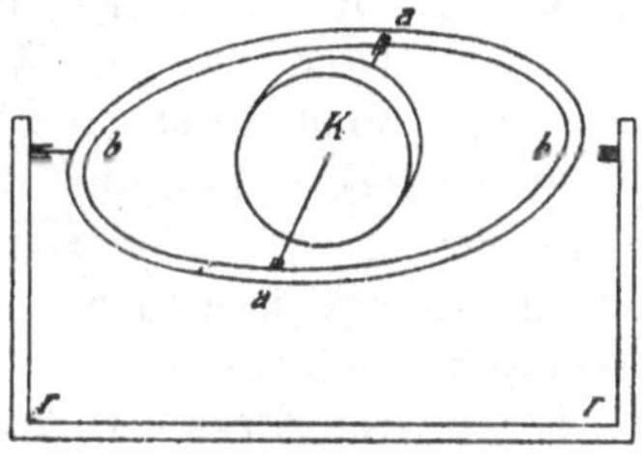

Fig. 81. Kreiselkompaß Foucault.

Es sei z. B. in Fig. 80 die Vertikalachse des äußersten Ringes fix mit dem viereckigen Rahmen verbunden. Wir erhalten so Fig. 81. Der Kreisel dreht sich um seine von vorn nach hinten gehende Achse *a a* und kann sich auch nur noch drehen um die von rechts nach links gehende Horizontalachse *b b*. Drehe ich hier den Rahmen *r r* um irgendeine Vertikalachse *v v* (nicht gezeichnet), so stellt sich *a a* so zu dieser vertikalen Rotationsachse parallel, daß der Rotationssinn von *v v* und *a a* gleich wird. Ein empfindliches Instrument nach Fig. 81 wird auch bei

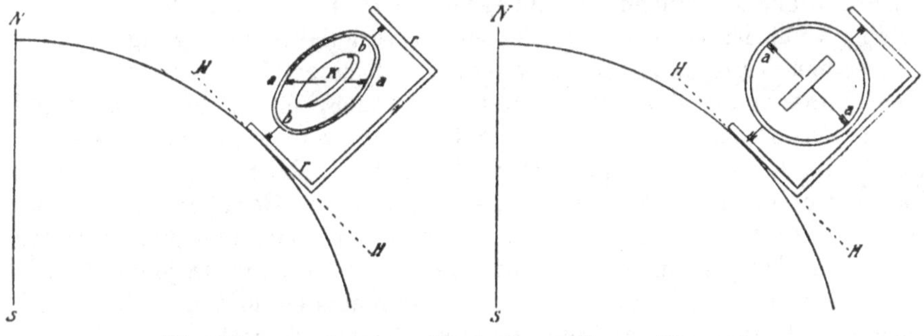

Fig. 82a. Anschütz-Kreiselkompaß. Fig. 82b.

feststehendem Rahmen *r r* infolge der Achsendrehung der Erde sich so einstellen, daß *a a* der Erdachse *NS* möglichst parallel wird. Der Effekt wird am stärksten am Nordpol sein, am Äquator aber verschwinden.

Der moderne Kreiselkompaß hält umgekehrt die Kreiselachse horizontal. Das Schema zeigt Fig. 82a, b. Es sei *NS* die Erdachse, *HH* der Horizont. Im feststehenden Rahmen *r r* kann ein Ring um die Vertikalachse *b b* rotieren. Dieser gibt die Stützpunkte für die Horizontalachse *a a* des Kreisels *K*. Infolge der Erdrotation dreht sich der Ring mit *a a* (z. B. aus der in Fig. 82a gezeichneten Stellung) so, daß die Kreiselachse im Meridian nach Norden zeigt entsprechend Fig. 82b. Wieder hat sich der Kreisel soweit als möglich so gedreht, daß seine Rotationsachse und Rotationssinn mit Rotationsachse und

Rotationssinn der Erde übereinstimmt. Dieser Effekt ist am stärksten am Äquator und verschwindet am Nordpol.

Nach diesem Prinzip sind von ANSCHÜTZ elektrisch angetriebene Kreiselkompasse gebaut worden, welche besonders in der Kriegsmarine trotz ihres hohen Preises den Magnetkompaß immer mehr und mehr verdrängen.

§ 68. **Wellenbewegung einer gespannten Kette.** Auf der Lehre von der Wellenbewegung beruht die ganze Akustik und Optik. Schon in der Akustik ist die Wahrnehmung der Bewegung schwierig, in manchen Fällen direkt überhaupt nicht möglich. In der Optik können wir eine direkte Kenntnis von der Existenz der Wellenbewegung nicht gewinnen; wir schließen auf sie nur auf Grund von experimentellen Tatsachen, die wir in anderer Weise nicht zu erklären vermögen. Es ist daher von Wichtigkeit, solche Wellenbewegungen genauer zu untersuchen, bei denen eine direkte Übersicht über die Verhältnisse zu gewinnen ist, um so zu der Kenntnis der allen gemeinsamen Eigenschaften zu gelangen. In diesem Sinne bietet sich als ein geeignetes Objekt für die Untersuchung die Bewegung dar, die an einer gespannten Kette entsteht, wenn an irgendeiner Stelle ein kurzer Schlag senkrecht gegen sie geführt wird. Es wird dadurch auf gewisse Glieder der Kette ein Impuls ausgeübt, infolgedessen sie eine zu der Längsrichtung der Kette senkrechte Geschwindigkeit erlangen, sie entfernen sich von der Ruhelage und das Gleichgewicht ist gestört. Die hierdurch veranlaßte Bewegung, die wir in derselben Weise an einem gespannten Seile, einem Kautschukschlauche, einem Faden oder einer Saite erzeugen können, bildet den Gegenstand unserer Untersuchung. Obwohl die Kette im ganzen einen biegsamen Körper darstellt, so reichen doch die für die Mechanik der starren Körper geltenden Sätze zu der Untersuchung der Bewegung aus; denn die einzelnen Glieder der Kette sind starre Körper, und die Wirkung ihrer Verbindung kann durch Kräfte ersetzt werden, die an jedem Gliede in den Berührungspunkten mit dem vorhergehenden und dem folgenden angreifen. Eine Saite aber oder ein Seil können wir zerlegen in einzelne Abschnitte von solcher Länge, daß wir sie bei der Bewegung als unveränderlich oder starr betrachten können. Wieder werden wir dann anzunehmen haben, daß auf die Endpunkte eines solchen Stückes Kräfte wirken, die von den benachbarten Teilen der Saite herrühren. Wir halten uns im folgenden vorzugsweise an das Beispiel einer Kette, weil wir dieser leicht die nötige Länge geben können, und weil die Bewegung der Kettenglieder leicht zu verfolgen ist.

Wir hängen die Kette an ihrem einen Ende fest auf und verbinden das andere mit einer Rolle, die um eine horizontale Achse leicht drehbar ist (Fig. 83). Um die Rolle schlingen wir eine Schnur, die an dem frei herabhängenden Ende eine Wagschale trägt; durch Belastung dieser können wir die Spannung der Kette beliebig regulieren. Von der leichten Krümmung nach unten, die schon in der Ruhelage vorhanden ist, sehen wir ab und zeichnen die Kette zunächst als eine horizontale gerade Linie AB. Nehmen wir ein Stück EF der Kette, so wird dieses an seinen Endpunkten dem von den benachbarten Teilen ausgeübten Zug unterworfen sein; da aber die Kette in ihrer ganzen Ausdehnung gleich gespannt ist, so halten sich die beiden entgegengesetzten Züge das Gleichgewicht. Wenn aber eine Ausbiegung entsteht, von der das Stück EF einen Teil bildet, so fallen die von beiden Seiten her wirkenden

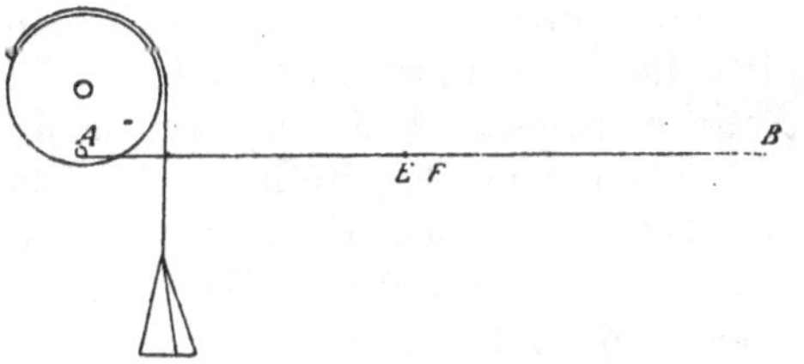

Fig. 83. Gespannte Kette.

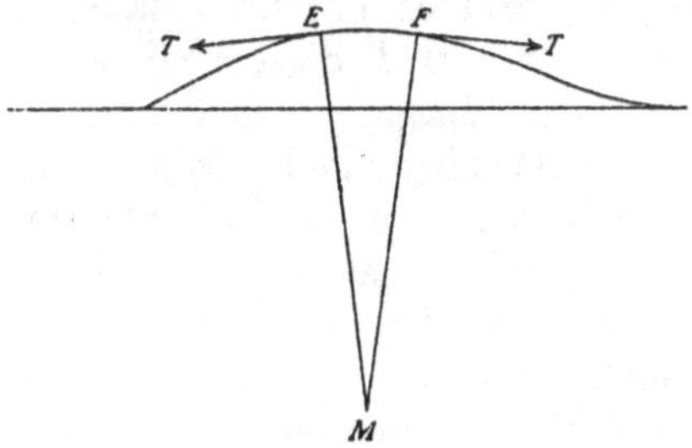

Fig. 84.

Züge nicht mehr in eine gerade Linie; vielmehr schließen ihre Richtungen ET und FT miteinander einen Winkel ein, der um so größer ist, je schwächer die Krümmung der Kette (Fig. 84). In der Tat kann man die Gestalt der Kette in der unmittelbaren Umgebung des Stückes EF als eine kreisförmige betrachten. Der Mittelpunkt des Kreises, der sogenannte Krümmungsmittelpunkt des Stückes EF, sei M; die in E und F angreifenden Spannungen haben die Richtung der in diesen Punkten an den Kreis gezogenen Tangenten und schließen miteinander einen Winkel ein, der den Winkel EMF zu 180^0 ergänzt. Ihre Resultante steht senkrecht zu EF und ist gleich $T \cdot \frac{EF}{ME}$, wenn wir mit T die Spannung der Kette bezeichnen. Mit dieser, dem Krümmungshalbmesser ME umgekehrt proportionalen Kraft wird das Stück EF gegen seine Ruhelage hin gezogen. Verstehen wir unter m die Masse, welche ein Stück der Kette von der Länge Eins besitzt, so ist die Masse des Stückes EF gleich $m \cdot EF$, und somit seine Beschleunigung gegen die Ruhelage

$$a = \frac{T}{m} \cdot \frac{1}{ME} \cdot$$

Die Untersuchung dieser Gleichung ist eine Aufgabe der Mathematik, die wir nicht weiter verfolgen; es zeigt sich, daß sie in der Tat zu der Lösung des Problems genügt und zu einer vollständigen Aufklärung über alle Einzelheiten der Bewegung führt, zu deren Beschreibung wir nun übergehen.

Wenn man gegen die Mitte der Kette einen Schlag von oben her führt, so entsteht an der getroffenen Stelle eine Ausbiegung nach unten hin. Diese teilt sich dann in zwei Teile, von denen der eine nach dem rechten, der andere nach dem linken Ende der Kette hineilt. Wir beobachten also hier eine Bewegung, die nicht Fortbewegung eines Körpers ist, sondern nur Fortpflanzung der an der Kette erzeugten Formänderung von einer Stelle zur anderen; wir nennen eine solche Bewegung eine scheinbare im Gegensatze zu der wirklichen Bewegung eines Körpers. Es leuchtet ein, daß die scheinbare Bewegung, das Fortschreiten der Ausbiegung, auf einer reellen Bewegung der einzelnen Kettenglieder beruht, und es entsteht daher die Aufgabe, den Zusammenhang jener scheinbaren und dieser reellen Bewegung zu ermitteln. Die Übersicht über den Vorgang wird erschwert durch das gleichzeitige Auftreten zweier Ausbiegungen. Wir vermeiden dies, wenn wir die anfängliche Verschiebung unmittelbar vor der Rolle erzeugen. Was wir dann beobachten, ist folgendes. Die Ausbiegung eilt von der Rolle nach dem festen Ende der Kette hin, von dort kehrt sie zurück, aber mit umgekehrter Richtung, d. h. als eine nach oben hin gehende Ausbiegung, sie wird, wie man sagt, an dem festen Ende reflektiert. An der Rolle angekommen, erleidet sie eine abermalige Reflexion, sie ist also wieder in dem ursprünglichen Sinne nach unten gerichtet und schreitet nach dem festen Ende fort, um dort von neuem reflektiert zu werden. So geht die Ausbiegung zwischen den Endpunkten der Kette hin und her, bei jeder Reflexion ihre Richtung wechselnd, bis endlich, infolge von Reibungswiderständen, die Bewegung erlischt. Das Hinlaufen der Ausbiegung an der Kette hat eine gewisse Ähnlichkeit mit dem Fortschreiten einer Wasserwelle in einem Kanale. Man bezeichnet daher auch die Bewegung der Kette als eine Wellenbewegung, die an ihr hinlaufende Ausbiegung als eine Welle.[1]

Reflexion der Welle. Die Reflexion der Welle an dem festen Ende der Kette vollzieht sich so rasch, daß sie in ihren einzelnen Phasen experimentell nur sehr schwer zu verfolgen ist. Hier tritt die theoretische Forschung ergänzend ein, indem sie zu einer einfachen konstruktiven Darstellung des Vorganges führt. Es sei CFD (Fig. 85) eine Ausbiegung, die eben gegen das Ende A der Kette sich bewegt. Wir zeichnen nun eine Ausbiegung $C'F'D'$, die zu CFD symmetrisch ist mit Bezug auf den Punkt A; diese lassen wir längs der durch die Kette gegebenen geraden Linie in entgegengesetztem Sinne mit derselben Geschwindigkeit fortrücken, wie die Welle selbst. Im selben Momente werden dann die symmetrischen Endpunkte C und C' der Ausbiegungen in dem Punkte A eintreffen; in einem folgenden Momente wird die wirkliche Welle zu einem Teile über das Ende A hinausgerückt sein, und

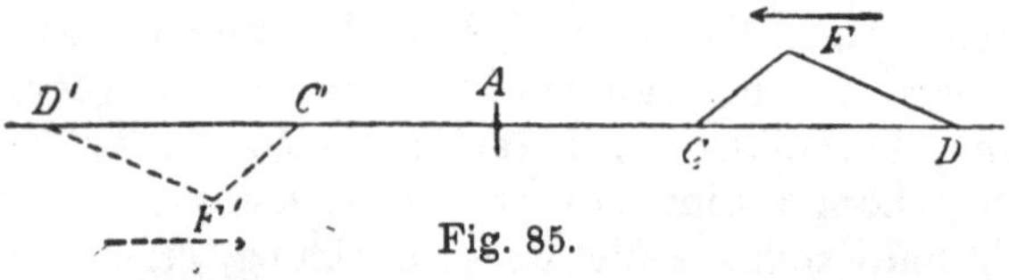

Fig. 85.

[1] E. H. und W. Weber, W. Webers Werke. Bd. V.

also jegliche reelle Bedeutung verloren haben, während gleichzeitig die Ausbiegung $C'F''D'$ mit einem entsprechenden Teile auf die Kette selbst übergegangen ist. Nun setzen wir die Abweichungen von der Ruhelage, die den Ausbiegungen CFD und $C'F''D'$ einzeln genommen entsprechen, zusammen nach dem Prinzip der Kombination; d. h. wir summieren gleichgerichtete Ausschläge, nehmen die Differenzen entgegengesetzter. Die so erhaltenen Punkte geben dann die augenblickliche Gestalt der in Reflexion begriffenen Welle. Man sieht, daß die Konstruktion der Bedingung genügt, daß das Ende A der Kette fest ist, bei der Bewegung also in Ruhe bleiben muß; bei der vorausgesetzten Symmetrie der Ausbiegungen CFD und $C'F''D'$ kommen nämlich immer gleiche, aber entgegengesetzte Ausschläge an die Stelle von A, dem Zentrum der Symmetrie, zu liegen. Die Fig. 86 stellt einige der Phasen des Reflexionsvorganges dar, entsprechend der angegebenen Konstruktion.

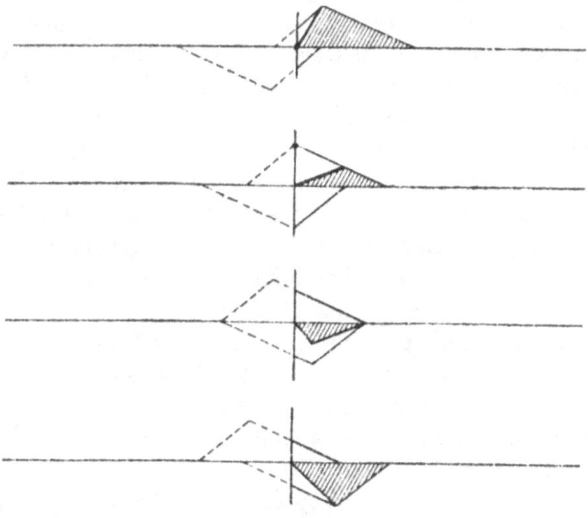
Fig. 86.

Weiteres siehe in „Akustik".

V. Energetik.

§ 69. Arbeitsvorrat als potentielle Energie. Die folgenden §§ sind der Entwicklung eines Satzes gewidmet, der mehr und mehr eine zentrale Bedeutung für das ganze Gebiet der Physik gewonnen hat; es ist der Satz von der Erhaltung der Energie, den wir zuerst nach der rein mechanischen Seite begründen wollen. Wir knüpfen an den in § 25 besprochenen Begriff der Arbeit an. Wenn wir ein Gewicht P auf eine Höhe h emporheben, so leisten wir eine Arbeit, die in technischem Maßsystem gegeben ist durch das Produkt Ph. Dabei ist es gleichgültig, auf welchem Wege wir die Hebung bewirken, ob wir das Gewicht direkt in vertikaler Richtung in die Höhe ziehen oder auf irgendeiner schiefen Bahn; denn wenn wir diese durch eine Treppe ersetzen, so erfordert die (reibungslose) Verschiebung zwischen 2 Punkten der horizontalen Absätze nach § 25 keine Arbeit. Das gehobene Gewicht können wir benutzen, um Arbeit zu gewinnen; so unterhält das Uhrgewicht die Bewegung des Pendels entgegen den Widerständen der Reibung. Das aus einem Bache abgeleitete, einem oberschlächtigen Mühlrade zugeführte Wasser ist in demselben Sinne ein gehobenes Gewicht; nur waren es nicht die Kräfte des Menschen, sondern die Sonnenwärme, die meteorologischen Prozesse in der Atmosphäre, die es hoben. Indem das Wasser die Zellen auf der vorderen Seite des Rades füllt, bringt es diese durch sein Übergewicht zum Sinken, und dreht so das Mühlrad. Die Arbeit, welche die Schwere dabei leistet, erhalten wir, wenn wir das Gewicht des von den Zellen aufgefangenen Wassers mit dem Durchmesser des Rades, der Höhe, um die das Wasser sinkt, multiplizieren; ebenso ist die Arbeit des sinkenden Uhrgewichts gegeben durch das Produkt $P \cdot h$ aus Gewicht und Fallhöhe. Jedes gehobene Gewicht enthält also für uns eine Möglichkeit, Arbeit zu gewinnen, wir schreiben ihm einen gewissen Arbeitsvorrat, eine potentielle Energie zu. Das Maß dafür ist eben die Arbeit, die wir gewinnen können, wenn wir das Gewicht ganz ablaufen, so tief fallen lassen, als es unter den gegebenen Verhältnissen möglich ist. Bezeichnen wir diese größte Fallhöhe durch H, so ist der ganze Arbeitsvorrat gleich $P \cdot H$, also auch gleich der Arbeit, die zuvor geleistet werden mußte, um das Gewicht P auf die Höhe H zu heben. Fällt das Gewicht um die Höhe h, so ist der noch vorhandene Arbeitsvorrat gleich $P \cdot (H-h)$; er hat sich vermindert um $P \cdot h$, d. h. um die Arbeit, die von der Schwere bei dem Herabsinken um die Höhe h geleistet wurde.

Wir wenden den Begriff des Arbeitsvorrates weiter an auf die Theorie der in §§ 22, 23 betrachteten sogenannten einfachen Maschinen. Bei dem Hebel, dem Wellrad, dem Flaschenzug, dem Räderwerke haben wir einen Arbeitsvorrat in der an dem einen Teile des Mechanismus hängenden Last und in dem Gewichte, durch das die Last im Gleichgewichte gehalten wird. Wenn bei einer virtuellen Verschiebung der im Gleichgewicht befindlichen Maschine die Last gehoben wird, so wird hier ein gewisser Arbeitsvorrat erzeugt, gleichzeitig aber sinkt das Gewicht, es geht Arbeitsvorrat verloren, und wird Arbeit von der Schwere geleistet. Nach dem in § 26 aufgestellten Prinzip der virtuellen Verschiebungen ist der Gewinn an Arbeitsvorrat auf der einen Seite gleich dem Verluste auf der anderen. Es wird also der gesamte Arbeitsvorrat nicht geändert. Die Arbeit, die bei der Verschiebung geleistet wird, dient eben dazu, einen mit ihr gleichen Arbeitsvorrat zu erzeugen.

Arbeitsvorrat als kinetische Energie. Eine andere wichtige Beziehung erhielten wir § 33, auf die wir noch einmal zurückkommen, wobei wir die Fallstrecke s diesmal durch h bezeichnen, nämlich

$$\tfrac{1}{2} m v^2 = p h \text{ in technischem Maßsystem oder}$$
$$\tfrac{1}{2} m v^2 = m g h \text{ in absolutem Maßsystem.}$$

Auf der linken Seite haben wir nun den Ausdruck, der in § 33 und § 63 als die Wucht oder kinetische Energie (lebendige Kraft) des bewegten Körpers bezeichnet wurde, auf der rechten die von der Schwere auf dem Fallraume geleistete Arbeit. Wir haben also den Satz:

Die kinetische Energie eines freifallenden Körpers ist in jedem Augenblicke gleich der bis dahin von der Schwere geleisteten Arbeit.

Die ganze verfügbare Fallhöhe des Körpers bezeichnen wir wieder durch H; wenn wir dann auf beiden Seiten der vorhergehenden Gleichung den ganzen ursprünglich vorhandenen Arbeitsvorrat $m g H$ addieren, so können wir sie auf die Form bringen

$$\tfrac{1}{2} m v^2 + m g (H - h) = m g H.$$

Nun ist $m g (H - h)$ der Arbeitsvorrat oder die potentielle Energie, der in dem Körper noch übrig bleibt, nachdem er um die Strecke h gefallen ist. Wir können also sagen, daß in jedem Augenblicke des Falles die Summe aus der kinetischen und aus der potentiellen Energie dieselbe, nämlich gleich der ursprünglich in dem Körper enthaltenen Energie sei. Man sagt im Anschlusse an die vorhergehenden Betrachtungen, daß die Energie in zwei verschiedenen Formen existieren könne, nämlich als potentielle Energie und als kinetische Energie.

Solange wir den Körper schwebend in der Höhe H halten, besitzt er Energie nur in ihrer potentiellen Form; lassen wir ihn fallen, so verschwindet potentielle Energie, an ihre Stelle tritt kinetische Energie, so daß die ganze Energie unverändert denselben Wert behält; sie ändert nur ihre Form, nicht ihre Größe.

Beim freien Falle von der Ruhe aus verwandelt sich potentielle Energie in kinetische. Umgekehrt verwandelt sich bei einem in die Höhe geworfenen Steine kinetische Energie in potentielle. Hier wird Arbeit gegen die Schwere verrichtet, und um ihren Betrag sinkt die kinetische Energie. Eine Verwandlung von derselben Art können wir bei dem mathematischen Pendel beobachten. In den höchsten Punkten seiner Bahn hat seine ganze Energie die potentielle Form; sie ist gleich $m g H$, wenn wir mit m die Masse des Pendels, mit H die Höhe der Umkehrpunkte über dem tiefsten Punkte der Bahn bezeichnen. Schwingt das Pendel gegen diesen letzteren hin, so verwandelt sich die potentielle Energie in kinetische. Im tiefsten Punkte selbst ist die Energie nur noch in der kinetischen Form vorhanden, und es ist $\tfrac{1}{2} m v^2 = m g H$, wenn v die Bahngeschwindigkeit; sobald das Pendel jenen Punkt überschreitet, verwandelt sich die kinetische Energie ihrerseits allmählich wieder in potentielle, und wenn der zweite Umkehrpunkt erreicht, und die kinetische Energie verschwunden ist, hat die potentielle wieder den Betrag $m g H$.

§ 70. Energie des Gravitationspotentials. Der in einem gehobenen Körper enthaltene Arbeitsvorrat beruht auf der Anziehung, die nach dem Newtonschen Gesetze zwischen der Erde und dem Körper vorhanden ist. Er stellt daher eine potentielle Energie dar, die dem von

Körper und Erde zusammen gebildeten Systeme eigentümlich ist. Diese Energie wird um so kleiner, je näher der Körper der Oberfläche der Erde kommt, sie verschwindet, sobald er bis zu dieser herabsinkt. Den größten Wert von Arbeitsvorrat oder Energie erhalten wir, wenn der Körper sich in so großer Entfernung von der Erde befindet, daß ihre Anziehung unmerklich klein ist. Er ist gleich der Arbeit, die von der Anziehung geleistet wird, wenn man den Körper von jener Entfernung bis auf die Oberfläche der Erde herabführt. Geschehe dies in der

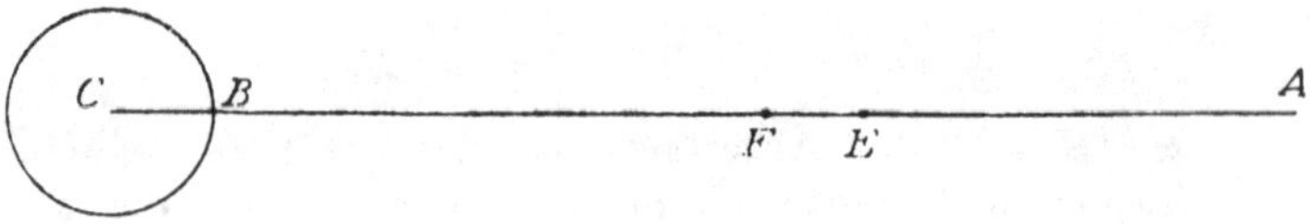

Fig. 87.

Richtung des Radiusvektors AB (Fig. 87). Wir können dann die Arbeit, die auf einer kleinen Strecke EF der Bahn geleistet wird, in folgender Weise berechnen. Die Entfernungen der Punkte E und F vom Mittelpunkte der Erde seien r_1 und r_2, somit $EF = r_1 - r_2$. Ist die Anziehung auf der Strecke EF gleich K, so ist die von ihr geleistete Arbeit gleich $(r_1 - r_2)\,K$. Sind M und m die Massen von Erde und Körper, so ist nach § 56 die Anziehung in E gleich $\varkappa\frac{m\,M}{r_1^2}$, in F gleich $\varkappa\frac{m\,M}{r_2^2}$, im Mittel können wir also für die Strecke EF setzen: $K = \varkappa\frac{m\,M}{r_1\,r_2}$; damit aber wird die Arbeit:

$$\varkappa\frac{m\,M}{r_1\,r_2}(r_1 - r_2) = \varkappa\, m\, M\left(\frac{1}{r_2} - \frac{1}{r_1}\right).$$

Teilen wir die Strecke AB in eine Reihe von aufeinanderfolgenden kleinen Abschnitten, so können wir für jeden davon die Arbeit nach dieser Formel berechnen; summieren wir die Einzelarbeiten, so ergibt sich die bei der Bewegung von A nach B geleistete Arbeit, d. h. der in A vorhandene Arbeitsvorrat U. Ist r die Entfernung von A zum Mittelpunkte der Erde, b der Erdhalbmesser, so ergibt sich

$$U = \varkappa\frac{m\,M}{b} - \varkappa\frac{m\,M}{r}\,.$$

Der Arbeitsvorrat erreicht seinen größten Wert $\varkappa\frac{m\,M}{b}$, wenn r so groß wird, daß der Wert des zweiten Bruches verschwindet.

Setzen wir noch $m = 1$, so heißt $U_b = \varkappa\, M/b$ das Gravitationspotential der Erde im Punkte B, dessen Entfernung vom Erdmittelpunkte b ist. Dieses Potential bedeutet jene Arbeit, die man leisten muß, um die Einheit der Masse vom Punkte B gegen die Anziehungskraft der Erde ins Unendliche wegzuziehen.

Die Arbeit, die man durch den Fall eines Körpers von A nach B, aus der großen Entfernung r_1 in die kleinere r_2 gewinnt, ist gleich der Potentialdifferenz

$$U_b - U_a = \varkappa\left(\frac{M}{r_2} - \frac{M}{r_1}\right).$$

Energie im Sonnensystem. Dieselbe Betrachtung, die wir hier für die Erde und einen von ihr angezogenen Körper angestellt haben, gilt nun offenbar für beliebige Massen, die sich nach dem NEWTONschen Gesetze anziehen. Bei sehr großer Entfernung werden sie, als ein zusammengehöriges Paar betrachtet, einen gewissen konstanten Betrag von potentieller Energie besitzen den wir durch $\mathfrak{E}$ bezeichnen wollen. Wenn sie sich einander nähern, so nimmt diese Energie ab und hat in der Entfernung r noch den Wert

$$U = \mathfrak{E} - \varkappa\frac{m\,m'}{r},$$

wenn m und m' die Massen der Körper sind. So kommt also dem von Erde und Sonne gebildeten Systeme eine gewisse potentielle Energie zu, die mit abnehmender Entfernung der Erde von der Sonne kleiner wird. Gleichzeitig hat aber, wenn wir die Sonne als ruhend betrachten, die Erde eine gewisse kinetische Energie; diese wächst, wenn sie der Sonne sich nähert, sie nimmt ab, wenn sie sich entfernt. Nun ergibt sich, daß die Veränderungen der potentiellen und der kinetischen Energie bei dem von Erde und Sonne gebildeten Systeme sich stets wechselseitig kompensieren; es gilt also auch hier der Satz, daß die gesamte Energie eine unveränderliche Größe besitzt und nur ihre Form in periodischer Weise wechselt. Wenn bei Annäherung an die Sonne potentielle Energie verloren geht, so entsteht ein damit gleicher Betrag von kinetischer Energie und umgekehrt. Es gilt diese Bemerkung aber nur, wenn wir Erde und Sonne als ein für sich abgeschlossenes System betrachten, wenn wir also von den Störungen der Erdbahn durch die übrigen Planeten absehen. Aber auch für das Planetensystem im ganzen gilt der Satz von der Erhaltung der Energie; nehmen wir die Körper des Planetensystems, Sonne und Planeten, paarweise zusammen, so entspricht jedem Paare eine gewisse potentielle Energie, die der Formel

$$U = \mathfrak{E} - \varkappa\frac{m\,m'}{r}$$

entsprechend von der Entfernung abhängt. Die potentielle Energie des ganzen Planetensystems ist gleich der Summe der Energien der einzelnen Paare. Andererseits kommt jedem Körper des Systems eine gewisse kinetische Energie zu, und die gesamte kinetische Energie des Systems ist gleich der Summe der Energien seiner einzelnen Glieder. Nun zeigt sich, daß die Summe der potentiellen und kinetischen Energien immer die gleiche bleibt, wie auch die Konfiguration und die Geschwindigkeit der einzelnen Teile wechselt. Es wohnt also auch dem Sonnensystem eine Energie von unveränderlichem Betrage inne, aber bei einem Teile derselben ist die Form veränderlich, er tritt bald als potentielle, bald als kinetische Energie auf, jedoch wird immer die verschwindende potentielle Energie vollkommen kompensiert durch die entstehende kinetische und umgekehrt.

§ 71. **Spannkraft.** Betrachten wir eine Federwage (Fig. 88), wie sie für die Zwecke des praktischen Lebens vielfach Verwendung findet. Hängen wir an den Haken ein Gewicht P, so sinkt die ihn tragende Hülse, und die Feder wird von dem auf ihr lastenden Gewichte zusammengedrückt. Sie enthält dann eine gewisse potentielle Energie, die man dadurch bestimmen kann, daß man die Wage ganz allmählich entlastet, ohne daß sie dabei in merkliche Schwankungen gerät, d. h. ohne daß kinetische Energie entsteht. Wenn schließlich die Belastung wieder auf Null reduziert ist, so steht auch der Zeiger wieder auf seinem Nullpunkte und es ist eine Arbeit geleistet gleich dem Produkte aus der Strecke h, um die sich der Haken gehoben hat, und aus dem Mittelwerte der zu Anfang und Ende des Vorganges vorhandenen Belastungen. Diese Arbeit gibt den Betrag der potentiellen Energie, die in der zusammengedrückten Feder enthalten war. Bei einem bekannten Spielzeuge benützen wir die in einer zusammengedrückten Feder enthaltene Energie, um einen Pfeil zu schnellen; dabei verwandelt sich die potentielle Energie der gespannten Spiralfeder in die kinetische Energie des Pfeiles. Zu demselben Zwecke dient beim Bogen die elastische Spannung der durch das Anziehen der Schnur erzeugten Biegung. Bei dem Chronometer oder der Taschenuhr wird in der aufgezogenen Feder eine gewisse potentielle Energie angesammelt, die beim Ablaufen verbraucht wird, um der schwingenden Unruhe die durch Reibung vernichtete kinetische Energie immer von neuem zu ersetzen.

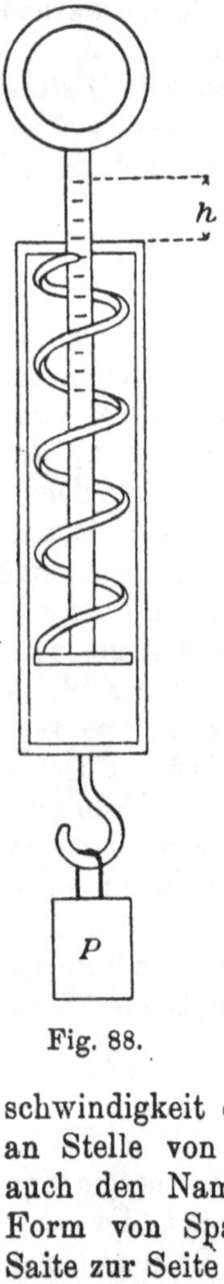

Fig. 88.

Bei Armbrust und Bogen ist es uns geläufig, von einer Spannkraft zu sprechen, die dem Pfeile seine Geschwindigkeit erteilt. Durch diese Beziehung wird es erklärt, daß man an Stelle von Arbeitsvorrat oder potentieller Energie als gleichwertig auch den Namen Spannkraft benützt hat. Potentielle Energie in der Form von Spannkraft erhalten wir auch, wenn wir eine Kette oder Saite zur Seite ziehen und so eine über ihre ganze Länge sich erstreckende Ausbiegung erzeugen. Die stehende Schwingung, die nach dem Loslassen der Kette entsteht, bildet ähnlich der Pendelbewegung ein Beispiel für die wechselseitige Verwandlung von potentieller und kinetischer Energie.

§ 72. **Prinzip der Erhaltung und Vermehrung der Energie für ein mechanisches System.** Die in den vorhergehenden §§ an einzelnen Beispielen erläuterten Eigenschaften der Energie kann man in dem Satze zusammenfassen:

Bei jedem in sich abgeschlossenen und sich selbst überlassenen System ist die Energie konstant; sie ist aber im allgemeinen in zwei verschiedenen Formen vorhanden, als potentielle Energie, die sich mit der räumlichen Konfiguration, als kinetische, die sich mit der Geschwindigkeit der bewegten Massen ändert. Jede Änderung der potentiellen Energie ist verbunden mit einer gleichen, aber entgegengesetzten der kinetischen und umgekehrt.

Betrachten wir den Fall, daß das System nicht sich selbst überlassen, sondern irgendwelchen äußeren Einwirkungen unterworfen wird. Wenn die äußeren Kräfte eine positive Arbeit leisten, so wächst die Energie um den Betrag dieser Arbeit. Wenn umgekehrt die von dem Systeme selbst auf die umgebenden Körper ausgeübten Kräfte bei einer Veränderung seines Zustandes positive Arbeit leisten, so nimmt die Energie um den Betrag der geleisteten Arbeit ab. Betrachten wir beispielsweise die Erde und ein von ihr angezogenes Gewicht; heben wir das letztere, so leistet eine äußere Kraft Arbeit an dem Systeme und vermehrt seine Energie. Benützen wir das sinkende Gewicht, um eine Arbeit zu leisten, etwa um ein zweites mit ihm verbundenes zu heben, so nimmt die Energie jenes Systems um den Betrag der geleisteten Arbeit ab.

Maß der Energie. Aus all den vorhergehenden Betrachtungen folgt, daß der Maßstab der Energie kein anderer ist, als der der Arbeit. Handelt es sich um potentielle Energie, so messen wir sie ja eben dadurch, daß wir zusehen, wieviel Arbeit aus ihr zu gewinnen ist. Wir haben die Einheit der potentiellen Energie, wenn die Einheit der Arbeit von ihr erzeugt wird. Kinetische Energie aber können wir verwandeln in potentielle und so indirekt durch eine Arbeit messen. Im absoluten Systeme ist also die Einheit der Energie gegeben durch das Erg, im technischen durch das Kilogrammgewicht-Meter (§ 43).

Verwandlung von kinetischer Energie in potentielle beobachten wir bei einem aufwärts geworfenen Körper, bei einem Pendel. Man hat sie benützt, um die Geschwindigkeit von Geschossen zu bestimmen, indem man diese gegen ein sogenanntes ballistisches Pendel schlagen ließ und die durch den Stoß erzeugte Elongation beobachtete. Diese bestimmt die Hebung des Pendels über seine Ruhelage und nach der Formel des § 69 die potentielle Energie im Momente des größten Ausschlages. Die letztere ist aber zugleich das Maß für die anfängliche kinetische Energie (Wucht) des Pendels und des, bei unelastischem Stoße, mit ihm zusammen sich bewegenden Geschosses. Hieraus kann dann nach den Stoßgesetzen die ursprüngliche Geschwindigkeit des Geschosses selbst berechnet werden.

Perpetuum mobile. Die Erfinder der letztvergangenen Jahrhunderte wandten allen möglichen Scharfsinn auf, um eine Maschine zu konstruieren, die Arbeit leistet und sich selbst fortdauernd im Gange hält: z. B. ein Mühlrad, das nicht bloß die Mühle treibt, sondern auch das Wasser, von dem es gedreht wird, wieder auf die frühere Höhe zurückpumpt, so daß dieses in einem Kreislaufe sich bewegt und dabei Arbeit leistet; oder zwei gleiche Uhrwerke, von denen immer das eine ablaufend das andere aufzieht, und die dabei noch irgendeine Maschine treiben. Aus dem Prinzipe von der Erhaltung der Energie folgt, daß ein Perpetuum mobile ein Ding der Unmöglichkeit ist. Denn wenn durch Verschwinden der Energie A eine ihr äquivalente B von irgendeiner Form erzeugt ist, so kann sich B rückwärts eben nur wieder in A verwandeln, unmöglich aber nebenbei noch Arbeit leisten, d. h. eine vorher nicht vorhandene Energie aus nichts erzeugen. In Wirklichkeit würde natürlich nicht einmal jene Rückverwandlung gelingen; denn bei allen unseren Maschinen gibt Reibung und die dadurch erzeugte Wärme zu einer Zerstreuung der Energie Veranlassung, die nicht wieder rückgängig zu machen ist.

§ 73. **Erhaltung der Energie und virtuelle Verschiebungen.** Wir haben in § 27 gesehen, daß die von selbst eintretenden, natürlichen Verschiebungen eines mechanischen Systems immer in dem Sinne eintreten, in dem positive Arbeit geleistet wird. Im Sinne der Energetik wird dieser Satz so auszusprechen sein: Die natürlichen Bewegungen gehen immer so vor sich, daß die potentielle Energie der beweglichen Systeme kleiner wird. Gibt es keine virtuelle Verschiebung, bei der diese Energie abnimmt, hat also die potentielle Energie einen Minimalwert erreicht, so ist das System im Gleichgewichte.

§ 74. **Bedeutung des Energiesatzes für die Mechanik.** Wir haben die bisher vorgebrachten Lehren der Mechanik so ziemlich gemäß ihrer historischen Entwicklung dargestellt, indem wir von dem Satz des Kräfteparallelogrammes ausgehend zum Gesetze der Erhaltung der Energie gelangten. Letzterer Satz ist aber der viel allgemeinere, ihm ordnen sich, wie wir noch oft sehen werden, alle Erscheinungen physikalischen Geschehens unter. Es hätte daher auch die Möglichkeit vorgelegen, das Energieprinzip als Erfahrungssatz an die Spitze zu stellen, und daraus das andere abzuleiten.[1]

Keiner dieser Sätze aber ist selbstverständlich, es sind immer nur Erfahrungssätze.

[1] Über den Wert der verschiedenen Ausgangspunkte siehe Mach, Die Mechanik in ihrer Entwicklung. Letzte Ausgabe 1912.

MECHANIK DER FLÜSSIGKEITEN UND GASE.

Erster Teil. Statik der Flüssigkeiten und Gase.

§ 75. Inkompressible und kompressible Flüssigkeiten. Flüssigkeiten und Gase besitzen die gemeinsame Eigenschaft, einer nicht zu raschen Änderung der Form keinen merklichen Widerstand entgegenzusetzen. Sofern man also in dieser leichten gegenseitigen Verschiebbarkeit der Teilchen die wesentliche Eigenschaft einer Flüssigkeit sieht, würden auch die Gase als flüssige Körper zu bezeichnen sein. Wenn man aber das Volumen von Flüssigkeiten und Gasen zu verkleinern sucht, so verhalten sie sich sehr verschieden. Schließt man in einem Zylinder durch einen verschiebbaren Kolben eine gewisse Menge einer Flüssigkeit ab, so bewirkt der größte auf den Kolben ausgeübte Druck eine so kleine Änderung des Volumens, daß sie sich lange Zeit der Beobachtung entzogen hat. Man hielt die Flüssigkeiten für unzusammendrückbar und bezeichnete sie dementsprechend als inkompressible Flüssigkeiten. Bei Gasen genügt schon eine kleine Änderung des Druckes zu einer sehr merklichen Volumänderung; man nennt daher die Gase, um die Übereinstimmung und den Unterschied ihres Verhaltens dem der Flüssigkeiten gegenüber zu bezeichnen, kompressible Flüssigkeiten.

Inkompressible Flüssigkeiten, oder Flüssigkeiten schlechtweg, besitzen ein nahezu unveränderliches Volumen; sie bieten in jedem Gefäße, dessen Raum sie nicht ganz erfüllen, die Erscheinung der freien Oberfläche dar. Gase dagegen füllen jeden ihnen dargebotenen Raum, wie groß er auch sei, vollständig an; sie vermögen sich ins Unbegrenzte auszudehnen, und es fehlt ihren Teilchen der Zusammenhalt, der bei den Flüssigkeiten das Volumen konstant erhält, wie auch ihre Form, d. h. die Form des sie enthaltenden Gefäßes wechselt. Diesem Verhalten entsprechend, bezeichnet man die Gase auch als ausdehnbare Flüssigkeiten.

I. Statik der inkompressiblen Flüssigkeiten.

§ 76. Prinzip der Niveauflächen. Die freie Oberfläche einer Flüssigkeit — wir werden hierunter eine inkompressible verstehen — ist immer senkrecht gegen die auf sie wirkenden Kräfte. Würde dies nicht der Fall sein, so würden die auf Teilchen der Oberfläche wirkenden Kräfte tangentiale Komponenten besitzen (Fig. 89); diese aber würden sofort eine Verschiebung der Teilchen längs der Oberfläche, eine Bewegung der Flüssigkeit bewirken, die erst zur Ruhe käme, wenn jene tangentialen

Komponenten verschwunden sind, die Oberfläche sich senkrecht zu den Kräften gestellt hat. Die freie Oberfläche der Flüssigkeit bezeichnet man auch als ihre Niveaufläche, und man überträgt diesen Namen auf alle Flächen, die ein gegebenes System von Kräften senkrecht zu deren Richtung durchschneiden, wie etwa die um ein Gravitationszentrum als Mittelpunkt beschriebenen Kugelflächen.

An der Oberfläche der Erde ist die freie Oberfläche einer Flüssigkeit in einem Gefäße eine horizontale Ebene.

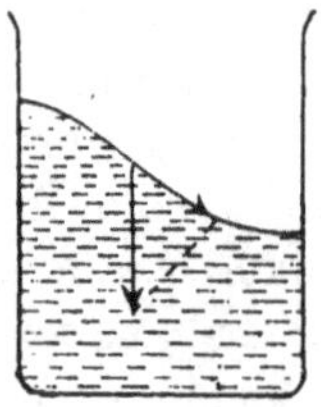

Fig. 89.

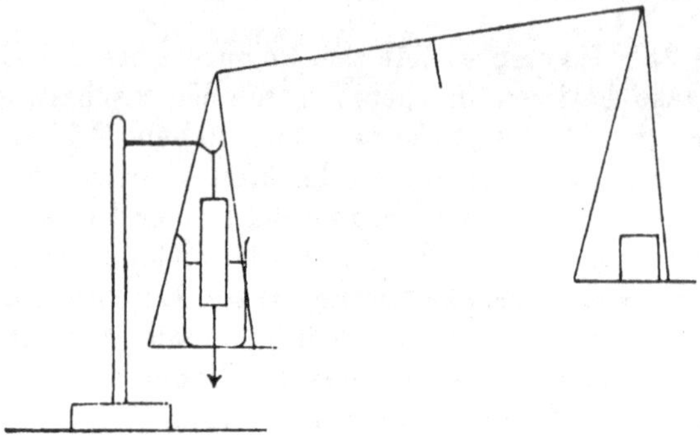

Fig. 90. Hydrostatischer Druck.

§ 77. Druck einer Flüssigkeit gegen die Gefäßwand. Wir richten unsere Aufmerksamkeit jetzt auf die unfreie von der Gefäßwand begrenzte Oberfläche der Flüssigkeit. Machen wir einen Teil der Wand beweglich, indem wir eine zylindrische Röhre in sie einsetzen und durch einen verschiebbaren Kolben verschließen, so wird die Flüssigkeit durch ihre Schwere den Kolben herauszudrücken suchen. Wir müssen ihn auf der anderen Seite mit einer zu seiner Fläche senkrechten Kraft nach innen drücken, um den Ausfluß der Flüssigkeit zu verhindern. Der Satz des vorhergehenden § läßt sich somit auch auf die unfreie Oberfläche übertragen, insofern die Wirkung der begrenzenden Wand ersetzt werden kann durch einen, senkrecht zu ihr, auf die Flüssigkeit ausgeübten Druck.

Der experimentelle Nachweis dieser Druckkräfte kann, entsprechend der reziproken Stellung von Flüssigkeit und Gefäßwand, in doppelter Weise geführt werden. Einmal kann man die Flüssigkeit beweglich machen gegen die Oberfläche eines sie begrenzenden festen Körpers; oder man kann den begrenzenden Körper beweglich machen gegen die Flüssigkeit. Im ersten Falle (Fig. 90) setzen wir einen mit Flüssigkeit gefüllten Zylinder auf die Schale einer Wage und bringen diese ins Gleichgewicht; tauchen wir dann einen an einem Stative befestigten Zylinder mit vertikaler Achse teilweise in die Flüssigkeit, so sinkt die Wagschale, auf der sie steht. Wir können durch Auflegen von Gewichten auf die andere Schale die Wage wieder ins Gleichgewicht bringen und so den auf die Flüssigkeit ausgeübten Druck messen. Dieser rührt offenbar von der unteren Grenzfläche des Zylinders her, da die von dem Mantel ausgehenden horizontalen Drucke sich wechselseitig kompensieren. Als Resultat von Messungen, die unter verschiedenen Verhältnissen angestellt werden, ergibt sich der Satz: Der auf die Flüssigkeit ausgeübte Druck ist gleich dem Gewichte der von dem Zylinder verdrängten Flüssigkeit.

Mit Rücksicht auf dieses Ergebnis kann man nun den zweiten Versuch, bei dem ein beweglicher Körper dem Drucke der ihn umgebenden Flüssigkeit unterworfen wird, in folgender Weise anordnen (Fig. 91). Man hängt den Körper — er sei wieder durch einen Zylinder mit vertikaler Achse repräsentiert — an den einen Arm einer Wage, über ihn an denselben Arm einen Hohlzylinder, der durch den unteren massiven Zylinder genau ausgefüllt wird. Taucht nun der untere Zylinder zuerst nur teilweise in die Flüssigkeit ein, so erleidet seine untere Fläche einen Druck oder **Auftrieb**, der dadurch kompensiert werden kann, daß man in den Hohlzylinder Flüssigkeit eingießt. Die Höhe, bis zu welcher dieser gefüllt werden muß, ist dann immer gleich der Tiefe, bis zu der der Vollzylinder eintaucht. Heben wir das Niveau der Flüssigkeit, so daß der Zylinder tiefer eintaucht, so nimmt der Auftrieb zu; von dem Augenblicke an, in dem der Zylinder ganz eintaucht, bleibt er konstant gleich dem Gewichte der den oberen Zylinder bis zum Rande füllenden Flüssigkeit. In der Tat wirken dann, wie aus späteren Betrachtungen noch deutlicher hervorgehen wird, auf beide Endflächen des untergetauchten Zylinders Druckkräfte von entgegengesetzter Richtung, und der Auftrieb wird durch ihre Differenz bestimmt.

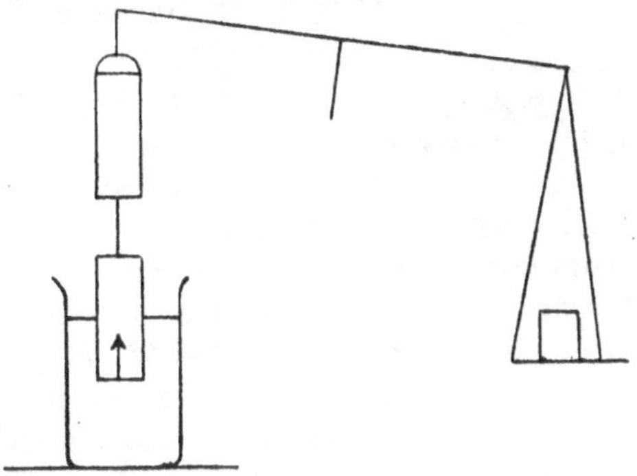

Fig. 91. Hydrostatischer Druck.

§ 78. Archimedisches Prinzip. Den Beobachtungen des vorhergehenden § zufolge wird der Auftrieb unter allen Umständen durch das Gewicht der verdrängten Flüssigkeit gemessen. Da in diesem Satze gar keine Beziehung mehr auf die zylindrische Form des eingetauchten Körpers enthalten ist, so liegt es nahe, ihm eine allgemeine Gültigkeit für Körper von beliebiger Gestalt zuzuschreiben. Man kann diese Vermutung leicht prüfen, wenn man den Zylinder mit horizontaler Achse an der Wage aufhängt. Man gelangt so zu dem bekannten Prinzipe des ARCHIMEDES:

Ein Körper, der in eine Flüssigkeit ganz oder teilweise eintaucht, erleidet einen Auftrieb oder Gewichtsverlust, der gleich ist dem Gewichte der verdrängten Flüssigkeit.

Archimedes[1] (287—212 v. Chr.) wurde auf sein Prinzip geführt durch eine Überlegung, die in modernem Gewande auf die Betrachtung der Arbeit führt, die bei einer Verschiebung des eingetauchten Körpers geleistet wird. Bezeichnen wir sein Gewicht durch P, so ist die bei einer Senkung des Schwerpunktes um die Höhe h geleistete Arbeit in technischem Maßsystem gleich $P \cdot h$ (Fig. 92). Nun füllt sich dabei der vorher von dem Körper eingenommene Raum mit Wasser; die ganze mit der Senkung des Körpers verbundene Bewegung des Wassers verhält sich so, wie wenn der Schwerpunkt der verdrängten Flüssigkeit um die Strecke h gehoben worden wäre; hierdurch wird aber eine Arbeit von dem Betrage $W \cdot h$ konsumiert, wenn W das Gewicht der verdrängten Flüssigkeit bezeichnet. Wird also ein Körper in einer Flüssigkeit nach unten hin verschoben, so ist die von der Schwere geleistete Arbeit gleich $(P - W) \cdot h$, dieselbe, wie bei der Verschiebung des Gewichtes $(P - W)$ im leeren Raume. Der Körper erleidet in der Flüssigkeit einen Gewichtsverlust gleich dem Gewichte der verdrängten Flüssigkeit.

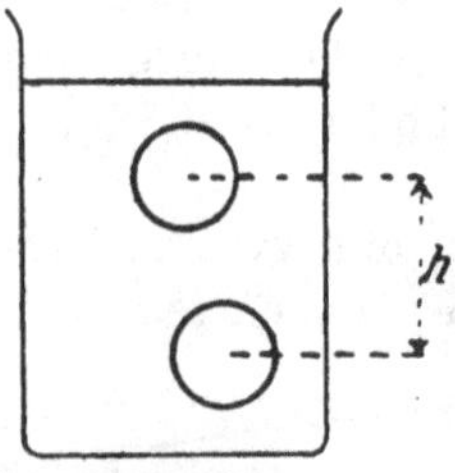

Fig. 92.
Prinzip Archimedes.

Wir wollen die allgemeine Gültigkeit des Archimedischen Prinzips endlich noch auf einem Wege begründen[2], der von Interesse ist, weil der ihm zugrunde liegende Gedanke nicht selten zu der Entscheidung von Gleichgewichtsfragen bei Flüssigkeiten benützt werden kann. Wir grenzen durch eine geschlossene Fläche (Fig. 93) einen Teil A der Flüssigkeit ab; wäre die übrige Flüssigkeit nicht vorhanden, so würde A infolge seines Gewichtes fallen; wenn A im Innern der Flüssigkeit im Gleichgewicht ist, so muß ein Auftrieb vorhanden sein, der dem Gewichte von A gleich ist, und der durch Druckkräfte erzeugt wird, welche die umgebende Flüssigkeit auf die Oberfläche von A ausübt. Diese Druckkräfte aber müssen dieselben sein, welches auch die Natur jener Oberfläche ist; man kann sich diese als eine starre Fläche denken, man kann ihr Inneres mit irgendeiner von der Flüssigkeit verschiedenen Substanz füllen. Dann aber hat man in der Tat den Satz, daß die Flüssigkeit auf einen den Raum A erfüllenden Körper einen Auftrieb ausübt gleich dem Gewichte eines gleichen Volumens Flüssigkeit.

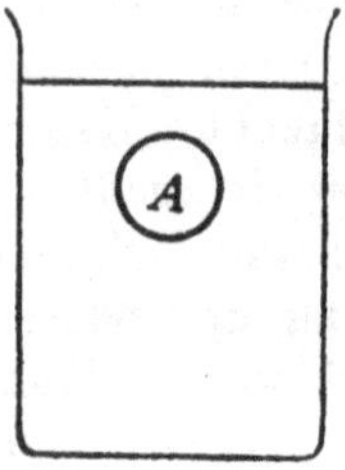

Fig. 93.

Wir werden später sehen, daß auch die Gase schwere Flüssigkeiten sind; die vorhergehende Betrachtung findet dann auch bei ihnen Anwendung, und das Archimedische Prinzip gilt daher ebenso für die ausdehnbaren Flüssigkeiten.

[1] Deutsche Ausgabe seiner Werke von C. Nizze, 1824.
[2] G. Stevinus, Hypomnemata mathematica, 1608.

§ 79. Spezifisches Gewicht des Wassers bei 4° Celsius. Nach der in § 44 gegebenen Definition ist das spez. Gewicht des Wassers bei 4° gleich 1, d. h. das Gewicht von 1 dm³ Wasser bei 4° ist gleich dem Gewichte von 1 kg. Es fragt sich nun, ob die zu der Herstellung des kg-Gewichtes erforderlichen Messungen mit solcher Genauigkeit anzustellen sind, daß jene Beziehung wirklich erfüllt ist. Die fundamentale Bedeutung, welche diese Frage für die ganze Metrologie besitzt, wird es rechtfertigen, wenn wir einige Augenblicke bei ihr verweilen.

Im Prinzipe ist der bei der Herstellung des kg-Gewichtes eingeschlagene Weg der folgende. Der erste Schritt besteht in der sorgfältigen Herstellung eines Metallzylinders, dessen Volumen durch Messung der Länge und des Durchmessers zu bestimmen ist; dasselbe betrage v dm³. Zweitens handelt es sich um die Herstellung eines Volumens Wasser von 4°, das dem Rauminhalte des Zylinders genau gleich ist. Das Gewicht dieses Volumens sei nach einer beliebigen Gewichtseinheit gemessen gleich w. Dann ist das Gewicht von 1 dm³ Wasser von 4° gleich w/v, d. h. das kg-Gewicht ist repräsentiert durch eine Anzahl w/v jener willkürlichen Gewichtseinheiten. Der zweite Teil der Aufgabe wird dadurch gelöst, daß wir den Zylinder in ein mit Wasser von 4° gefülltes Gefäß einhängen. Nach dem Archimedischen Prinzip ist dann der Gewichtsverlust, den der Zylinder in dem Wasser erleidet, gleich dem Gewicht des verdrängten Wassers, also gleich dem Gewichte w von v dm³ Wasser bei 4°. Wenn man nun ein Gewichtsstück herstellt, das gleich w/v willkürlichen Gewichtseinheiten sein soll, so wird man bei der Unvollkommenheit aller Messungen nicht erwarten dürfen, daß dieses Stück genau gleich dem Gewichte von 1 dm³ Wasser bei 4° sei, sondern nur, daß seine Abweichung von diesem Gewichte einen gewissen von der Genauigkeit der Beobachtungen abhängenden Grad nicht übersteige. Dementsprechend können wir (§ 8) die sog. internationale Einheit des Gewichtes, bzw. die Einheit der Masse definieren als Gewicht oder Masse eines in Paris aufbewahrten Normalkilogramms. Unter der Voraussetzung dieser Definition zeigen neuere Untersuchungen, daß das Gewicht von 1 dm³ Wasser von 4° nicht gleich 1 kg-Gewicht, sondern gleich 0,999972 kg-Gewichten, daß also das spez. Gewicht und ebenso die Dichte des Wassers bei 4° nicht gleich 1, sondern gleich 0,999972 ist.[1]

§ 80. Anwendung des Archimedischen Prinzips zur vergleichenden Bestimmung spezifischer Gewichte. Um direkt das spez. Gewicht oder die Dichte eines Körpers zu finden, würde man, dem in § 79 geschilderten Verfahren entsprechend, sein Gewicht durch Wägung nach g-Gewichten, sein Volumen durch Messung der linearen Dimensionen nach cm³ bestimmen und das erhaltene absolute Gewicht durch das Volumen dividieren. Die praktische Ausführung dieser Methode ist in den meisten Fällen ausgeschlossen durch die Schwierigkeit der Volumbestimmung;

[1] Congrès international de Physique Paris (1900).

man greift daher zu indirekten Methoden, die auf einem von den folgenden Sätzen beruhen.

I. Bei gleichem Volumen verhalten sich die spez. Gewichte oder Dichten zweier Körper wie ihre absoluten Gewichte.

II. Bei gleichem absoluten Gewichte verhalten sich die spez. Gewichte oder Dichten zweier Körper umgekehrt wie ihre Volumina.

Auf dem ersten Satze beruhen die Bestimmungen spez. Gewichte mit der hydrostatischen Wage. Bei einem festen Körper bestimmt man an einer hydrostatischen Wage (ähnlich der Fig. 91) durch Wägung in Luft, aber mit Berücksichtigung des von ihr herrührenden Auftriebes, das absolute Gewicht p, durch Wägung in Wasser den Gewichtsverlust w, nach dem Archimedischen Prinzip das Gewicht des verdrängten Wassers. Ist dann δ das spez. Gewicht des Körpers, Q das des Wassers, so hat man: $\delta / Q = p / w$.

Die spez. Gewichte von Flüssigkeiten werden bestimmt, indem man den Auftrieb, den ein vollständig eingetauchter Glaskörper in ihnen erleidet, vergleicht mit dem von Wasser ausgeübten. Man kann gleiche Volumina von einer Flüssigkeit und von Wasser auch dadurch herstellen, daß man ein Gefäß mit ausgezogenem Halse, ein sogenanntes konstantes Gefäß (oder Pyknometer) nacheinander zu gleicher Höhe mit beiden füllt. Aus der Wägung des leeren, des mit Wasser und des mit der Flüssigkeit gefüllten Gefäßes ergibt sich das spez. Gewicht.

Eine sehr bequeme Methode zur Bestimmung spezifischer Gewichte von Flüssigkeiten beruht auf dem zweiten Satze. Wir benützen dabei ein „Aräometer“, eine an beiden Enden zugeschmolzene Glasröhre, von der wir vorerst annehmen, daß sie überall gleiche Weite besitze; an ihrem unteren Ende wird sie mit Quecksilber oder Schrot so beschwert, daß sie, in eine Flüssigkeit eingetaucht, in vertikaler Stellung stabil schwimmt. Setzen wir sie in zwei verschiedene Flüssigkeiten, so wird sie in beiden so lange sinken, bis der Auftrieb dem Gewichte der Röhre gleich ist. Dem Archimedischen Prinzipe zufolge sind dann die Gewichte der verdrängten Flüssigkeitsvolumina einander gleich, und die spez. Gewichte verhalten sich umgekehrt wie die verdrängten Volumina. Bei einer gleich weiten Röhre verhalten sich aber diese Volumina wie die eingetauchten Längen. Man verbessert die Genauigkeit, indem man den aus der Flüssigkeit ragenden Teil gegen den eigentlichen Schwimmer in der Flüssigkeit drinnen recht eng macht. Die Eichung dieser Aräometer geschieht empirisch.

§ 81. Prinzip der gleichmäßigen Ausbreitung des Druckes. Eine Flüssigkeit, von deren Schwere wir vorerst absehen, sei in ein Gefäß eingeschlossen, das eine zylindrische, durch einen beweglichen Kolben abgeschlossene Ansatzröhre besitzt (Fig. 94). Üben wir auf jenen Kolben einen Druck aus, so verbreitet dieser sich der Erfahrung zufolge gleichmäßig durch die Flüssigkeit hindurch nach allen Seiten der Gefäßwand.

Setzen wir an irgendeiner anderen Stelle eine zweite Röhre ein von demselben Querschnitte wie die erste, so müssen wir den in ihr beweglichen Kolben ebenso stark nach innen drücken wie den ersten, um ein Zurückweichen zu verhindern. Bei doppeltem Querschnitte der zweiten Ansatzröhre ist die doppelte, bei dreifachem die dreifache Kraft nötig. Die Druckkraft ist der gedrückten Fläche proportional.

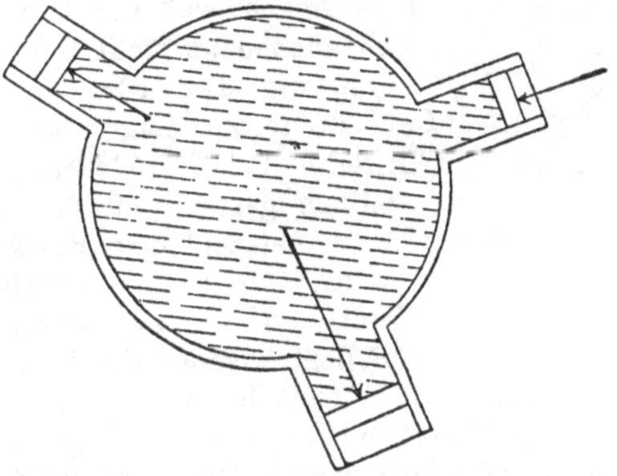

Fig. 94. Druckfortpflanzung.

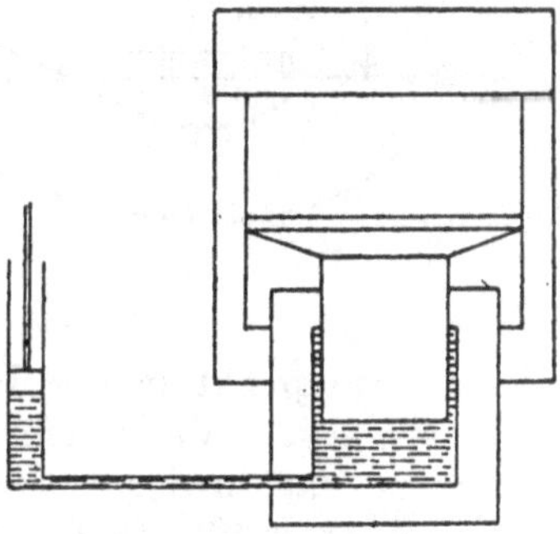

Fig. 95. Hydraulische Presse.

Eine wichtige Anwendung findet dieses Prinzip in der **hydraulischen Presse** (Fig. 95). Zwei vertikal stehende Zylinder von verschiedenen Querschnitten Q und q sind miteinander verbunden durch eine horizontale Röhre. Beide sind mit Wasser gefüllt und verschlossen durch verschiebbare Kolben. Der Kolben des weiteren Zylinders trägt eine horizontale Platte, mit welcher der zu pressende Gegenstand gegen ein festes Widerlager gedrückt werden kann. Wird der Kolben in dem engen Zylinder mit der Kraft p nach unten gedrückt, so wird auf den Kolben vom Querschnitt Q eine Kraft $p\,Q/q$ übertragen, und mit dieser der zwischen Platte und Widerlager liegende Körper zusammengepreßt. Um die Pressung kontinuierlich steigern zu können, befinden sich an passender Stelle Ventile, ähnlich wie bei einer Druckpumpe (Fig. 109).

§ 82. Druck im Innern einer schweren Flüssigkeit. Wir gehen über zu der Betrachtung der Druckkräfte, die im Innern einer Flüssigkeit durch das Gewicht der einzelnen Flüssigkeitsteilchen selbst erzeugt werden. Wir werden dabei die Druckkräfte beziehen auf die Flächeneinheit 1 cm², und werden die so reduzierten Druckkräfte als **Druck schlechtweg** bezeichnen. Wir erhalten demnach einen Druck p, wenn wir eine Kraft durch eine Fläche dividieren; im absoluten Maßsystem ist nach § 43 die Dimension eines Druckes gegeben durch

$$[p] = \frac{\text{Kraft}}{\text{Fläche}} = l^{-1} m t^{-2}.$$

Wenn wir ein Quadratzentimeter etwa aus dünnem Bleche ausschneiden und in das Innere einer Flüssigkeit bringen, so wird es durch einen senkrecht von beiden Seiten her wirkenden Druck zusammengepreßt. Legen wir das Blech horizontal, so wird der Druck durch das Gewicht der über ihm stehenden Flüssigkeitssäule gegeben sein. Solange also das Blech in derselben Horizontalebene liegt, bleibt der Druck derselbe. Wir können aber zeigen, daß der Druck sich auch dann nicht ändert, wenn wir dem Bleche bei unveränderter Lage seines Mittelpunktes eine geneigte Stellung geben. Zu diesem Zwecke betrachten wir (Fig. 96) ein cm² AB mit horizontaler Fläche und ein zweites cm², dessen Mittelpunkt in der Horizontalebene AB liegt, dessen Fläche CD aber geneigt ist. Verbinden wir den Rand von AB mit dem von CD durch Linien, so daß in der Flüssigkeit ein Kanal entsteht, der AB mit CD verbindet, so müßte in diesem eine immerfortdauernde Verschiebung der Flüssigkeit stattfinden, wenn auf CD ein anderer Druck ausgeübt würde als auf AB. Wir hätten — was unmöglich ist — ein Perpetuum mobile. In einer horizontalen Ebene ist der Druck unabhängig von seiner Richtung. Wir sind daher berechtigt, von einem solchen Drucke zu sprechen ohne Rücksicht auf eine bestimmte Richtung, in der er wirkt. In einer beliebigen horizontalen Ebene wird der Druck dargestellt durch das Gewicht einer Flüssigkeitssäule, deren Querschnitt gleich 1 cm², deren Höhe gleich der Tiefe der betrachteten Ebene unter der freien Oberfläche der Flüssigkeit ist.

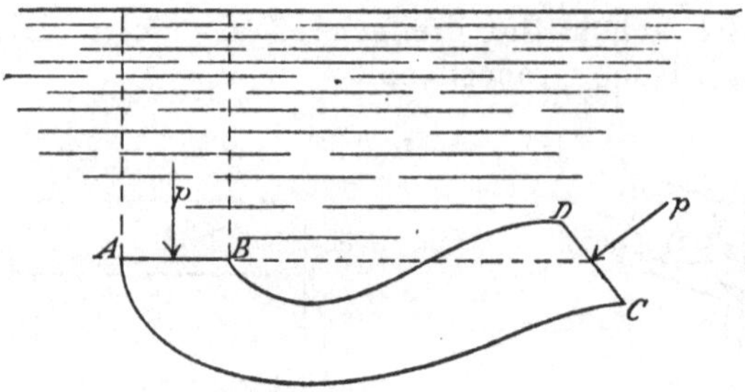

Fig. 96.

In einer schweren Flüssigkeit wird nun der auf die obere horizontale Seite einer Ebene wirkende Gewichtsdruck durch eine über ihr stehende Flüssigkeitssäule von 1 cm² Querschnitt erzeugt. Das Gewicht dieser Säule gibt also überhaupt den Druck an der betrachteten Stelle der Flüssigkeit, unabhängig von seiner Richtung.

Der Satz gilt allgemein für jede beliebige Form des Gefäßes. Man wird dies verstehen, wenn man zunächst bemerkt, daß derselbe Druck, der im Innern zwischen den aneinandergrenzenden Teilen der Flüssigkeit besteht, auch zwischen Wand und Flüssigkeit wirkt. Wenn aber die Flüssigkeit im Gleichgewichte ist, so kann dieses, einer Bemerkung von § 78 zufolge, nicht verändert werden, wenn wir durch sie hindurch eine beliebig gestaltete Fläche EFG (Fig. 97) legen und diese als eine unbewegliche starre Wand betrachten. Jeder Teil dieser Wand übt dann auf den angrenzenden Teil der Flüssigkeit denselben Druck aus, der früher durch die benachbarten Flüssigkeitsteilchen ausgeübt wurde. Die Druckverteilung in der Flüssigkeit ist also durch die Einführung der Wand *EFG* nicht geändert worden. Daraus aber folgt, daß der Druck im Innern einer Flüssigkeit nicht abhängt von der Gestalt des Gefäßes, sondern nur von der Tiefe der betrachteten Stelle unter ihrem Niveau.

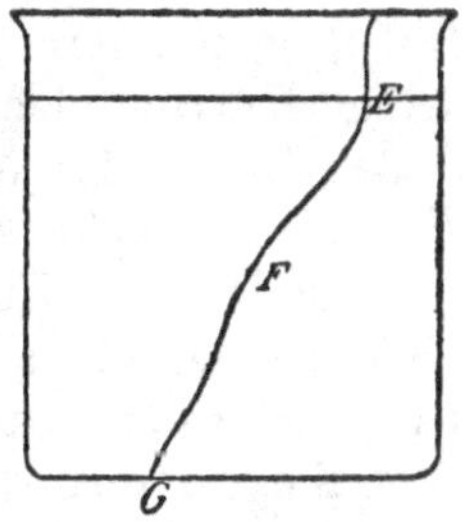

Fig. 97.
Hydrostatischer Druck.

Den ganzen Druck im Innern einer ruhenden Flüssigkeit, wie er teils durch ihre Schwere, teils durch äußere Kräfte nach dem Ausbreitungsprinzipe erzeugt wird, nennt man den **hydrostatischen Druck.**

Unter Bodendruck versteht man den auf den Boden eines mit Flüssigkeit gefüllten Gefäßes ausgeübten Druck. Aus dem vorhergehenden ergibt sich, daß dieser Druck ganz unabhängig ist von der Form des Gefäßes, nur abhängig von dem Höhenunterschied zwischen der Oberfläche der Flüssigkeit und dem Boden.

§ 83. **Kommunizierende Gefäße.** Kehren wir den im vorhergehenden § gefundenen Satz um, so ergibt sich, daß eine schwere Flüssigkeit nur dann in Ruhe sein kann, wenn in allen Punkten einer horizontalen Ebene der Druck derselbe ist. Wenden wir dies an auf eine Flüssigkeit, die zwei beliebige, miteinander kommunizierende Gefäße erfüllt (Fig. 98), so ergibt sich, daß die freien Oberflächen in beiden Gefäßen in einer und derselben horizontalen Ebene liegen müssen. Legen wir nämlich durch den verbindenden Kanal eine horizontale Ebene, so wird der Druck in dieser ebensogut bestimmt durch ihren Vertikalabstand von der freien Oberfläche des einen wie von der des anderen Gefäßes; der Druck kann also in den Punkten der Ebene nur dann überall der gleiche sein, wenn jene Abstände gleich sind.

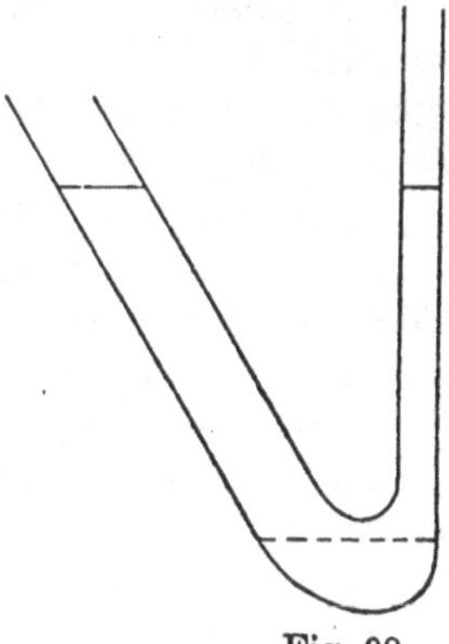
Fig. 98.

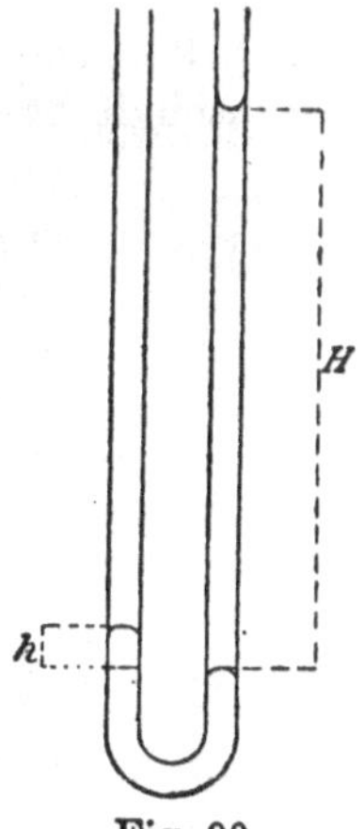

Fig. 99.

Korrespondierende Flüssigkeitshöhen. Zwei kommunizierende Gefäße, die beiden Schenkel einer U-förmig gebogenen Röhre (Fig. 99), seien mit zwei verschiedenen Flüssigkeiten gefüllt, die sich nicht mischen, etwa mit Wasser und Quecksilber (Hg). Das spez. schwere Hg füllt den unteren Teil der Röhre aus. Die freie Oberfläche der Wassersäule erhebt sich beträchtlich höher, als die des Hg. Legen wir durch die Berührungsfläche von Wasser und Hg in dem einen Schenkel eine horizontale Ebene, so schneidet diese den zweiten Schenkel in einem entsprechenden Querschnitte. Auf der Berührungsfläche lastet der Druck der darüberstehenden Wassersäule, auf dem Querschnitte des zweiten Schenkels der Druck der über ihm stehenden Hg-Säule. Ist das Hg in Ruhe, so müssen die Drucke gleich sein, da sie auf Teile einer und derselben Horizontalebene wirken. Die Verhältnisse von den spez. Gewichten δ des Hg, s des Wassers, und von den Höhen h und H der über der Berührungsfläche stehenden Flüssigkeitssäulen müssen reziprok sein.

Diejenigen Höhen zweier Flüssigkeitssäulen, bei denen sie den gleichen Druck auf ihre Grundflächen ausüben, bezeichnen wir als **korrespondierende Höhen**. Wir haben dann den Satz:

Korrespondierende Höhen zweier Flüssigkeiten verhalten sich umgekehrt wie die spez. Gewichte.

Es ist damit ein neues Prinzip zu der Bestimmung von spez. Gewichten oder Dichten gegeben; einige wichtige Anwendungen desselben werden wir gelegentlich kennen lernen.

II. Statik der kompressiblen Flüssigkeiten (Gase).

§ 84. Der Torricellische Versuch. Wenn die Luft an sich die Eigenschaft hat, Druck auszuüben, so wird man vermuten, daß ihr ein solcher nicht bloß zukommt, wenn sie rings eingeschlossen ist, sondern auch in der freien Atmosphäre. Die Entscheidung dieser Frage wurde durch einen fundamentalen Versuch gegeben, der im Jahre 1643 durch Torricelli veranlaßt wurde. Eine an dem einen Ende zugeschmolzene Glasröhre wird mit Hg gefüllt und dann in umgekehrter Stellung in ein mit Hg gefülltes Gefäß gesetzt (Fig. 100). Es sinkt dann das Hg in der Röhre so weit zurück, daß seine Kuppe in der Höhe von etwa 76 cm über der Oberfläche des Hg in dem Gefäß sich befindet. Torricelli erklärte die Erscheinung dadurch, daß er der Luft einen Druck zuschrieb, der dem Druck einer Hg-Säule von der angegebenen Höhe das Gleichgewicht zu halten vermag.

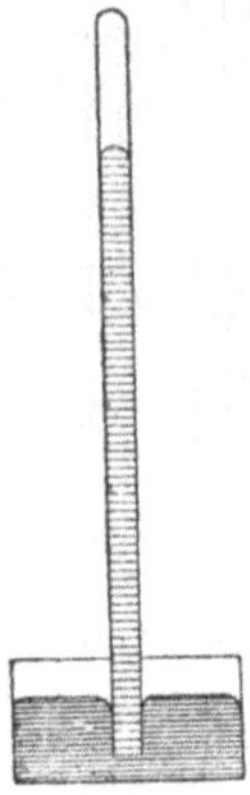

Fig. 100. Versuch Torricelli.

Der Versuch von Torricelli ist im Grunde nichts als eine geschickte und in einfacher Weise auszuführende Darstellung von Erfahrungen, die man schon früher bei der Konstruktion der Wasserpumpen gemacht hatte; man schrieb aber die saugende Wirkung, die der in die Höhe gezogene Kolben der Pumpe scheinbar auf das Wasser ausübt, einem horror vacui, oder in mehr physikalischer Ausdrucksweise, einer anziehenden Kraft zu, die der leere Raum auf das Wasser ausübe, einer Kraft, die dann imstande sein mußte, noch das Gewicht einer Wassersäule von etwas über 10 m Höhe zu tragen. Torricelli erkannte zuerst, daß alle dem horror vacui zugeschriebenen Erscheinungen sich in vollständiger, konsequenter und einfacher Weise aus dem Drucke der Luft erklären, daß man für sie keine neue Hypothese zu ersinnen braucht.

§ 85. Gesetz Boyle-Mariotte. Wir kommen nun zu der Entwicklung des Gesetzes, durch welches Volumen und Druck der Gase miteinander verbunden sind, wobei die Temperatur als konstant vorausgesetzt wird. Dasselbe wurde im Jahre 1662 von Boyle, im Jahre 1679 von Mariotte entdeckt und heißt daher das Boyle-Mariottesche Gesetz. Mariotte benutzte zu seinen Versuchen eine heberförmig gebogene Röhre mit einem kurzen zugeschmolzenen und einem langen offenen Schenkel (Fig. 101). Der erstere ist kalibriert, so daß das Volumen der in ihm enthaltenen Luft unmittelbar abgelesen werden kann. Man gießt zunächst so viel Hg in die Röhre, daß die Verbindung der beiden Schenkel eben unterbrochen wird. In dem zugeschmolzenen Schenkel (rechts) ist dann ein bestimmtes Luftvolumen abgeschlossen, das denselben Druck besitzt, wie die freie atmosphärische Luft, einen Druck, der durch die Höhe der Hg-Säule bei dem Torricellischen Versuche bestimmt wird. Gießt man nun in dem langen Schenkel der Röhre Hg zu, so wird die Luft in dem zugeschmolzenen Schenkel komprimiert, gleichzeitig ihr Druck vergrößert. Der neue Druck ergibt sich, wenn man zu der Höhe der Hg-Säule in der Torricellischen Röhre noch den Vertikalabstand der Hg-Kuppen in der Mariotteschen Röhre addiert. Auf diese Weise gelangt man zu dem Gesetze von Boyle-Mariotte:

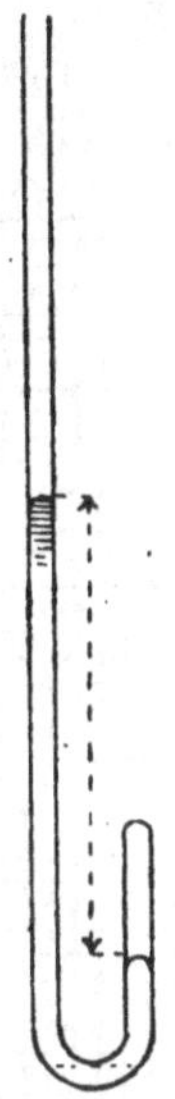

Fig. 101. Versuch Mariotte.

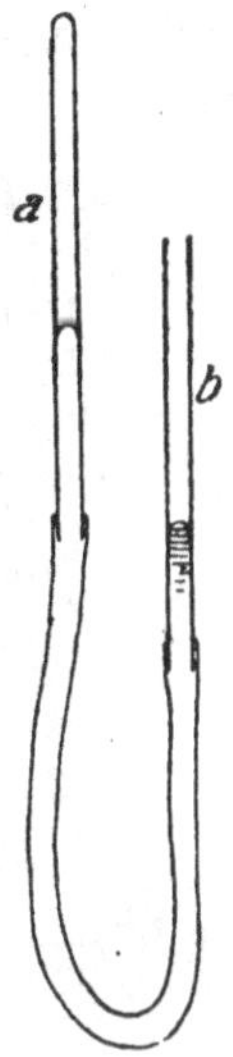

Fig. 102.

Der Druck einer bestimmten Gasmenge ist ihrem Volumen umgekehrt proportional, das Produkt aus Druck und Volumen ist konstant. Dabei ist Vorsorge zu treffen, daß die Temperatur konstant bleibt.

Will man das Gesetz auch bei einer Verminderung des anfänglichen Druckes prüfen, so benützt man eine oben geschlossene Glasröhre *a* (Fig. 102), die mit einer oben offenen *b* durch einen biegsamen Kautschukschlauch verbunden ist. Stehen die Kuppen des Hg in beiden Röhren in gleicher Höhe, so ist der Druck der in *a* abgeschlossenen Luft gleich dem der freien atmosphärischen. Senkt man dann die offene Röhre *b*, so vergrößert sich das Volumen der Luft in *a* und in demselben Verhältnisse sinkt ihr Druck.

Abweichungen von dem Boyle-Mariotteschen Gesetze. Bei höheren Drucken treten Abweichungen von dem Gesetze von Boyle-Mariotte ein, von denen wir uns am besten durch eine graphische

Darstellung Rechenschaft geben können. Auf einer horizontalen Achse (Fig. 103) tragen wir die nach Metern Hg gemessenen Drucke, senkrecht dazu die entsprechenden Werte des Produktes pv ab. Nach dem Mariotteschen Gesetze müßten diese Produkte gleich groß sein, die Endpunkte der sie darstellenden Ordinaten müßten auf einer horizontalen geraden Linie liegen. Stattdessen sieht man, daß die Kurve des Wasserstoffes (H_2) von dem Anfangsdrucke von 30 m an steigt; die Kurve des Stickstoffes (N_2)

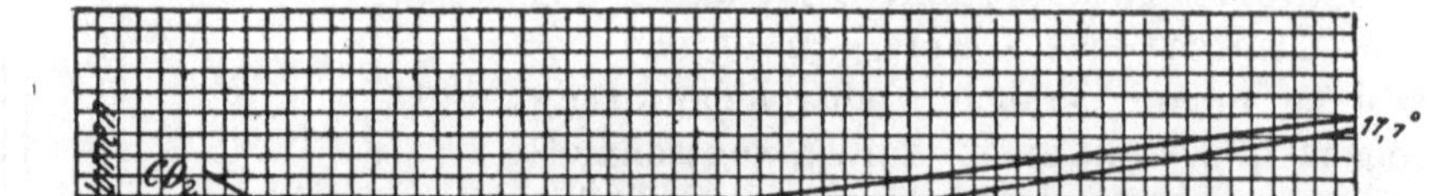

Fig. 103. **Abweichungen vom Gesetz Boyle-Mariotte.**

ist zuerst horizontal und beginnt erst bei einem Drucke von 60 m zu steigen. Die Kurven für Kohlensäure (CO_2) fallen, erreichen ein Minimum und gehen dann erst in die Höhe. Aus den für CO_2 gezeichneten Kurven, die sich auf die Temperaturen von 35,1° und 100° beziehen, wird der Einfluß der Temperatur auf den Verlauf des Produktes pv ersichtlich. Derselbe ist auch bei N_2 und H_2 bemerklich, bei denen die gezeichneten Linien auf eine Temperatur von 17,7° sich beziehen. Bei höherer Temperatur steigt die Kurve des N_2, wie die des H_2, von dem Drucke von 30 m an in die Höhe, bei tieferer Temperatur sinkt sie zuerst ähnlich der der CO_2. Bei der Beurteilung der Kurven muß man sich übrigens gegenwärtig halten, daß der kleinste angewandte Druck das 40fache des Druckes der atmosphärischen Luft, der größte das 400fache davon beträgt.[1]

§ 86. Das Barometer. Die Kenntnis des Druckes, den die freie atmosphärische Luft ausübt, ist nicht bloß für die Meteorologie, sondern auch für eine große Zahl physikalischer Untersuchungen von Bedeutung. Es ist daher notwendig, das zur Messung des Luftdruckes dienende Barometer kurz zu betrachten.

---

[1] E. H. Amagat, Ann. de chimie (5) 22, 1881.

Der Luftdruck wird gemessen durch die Höhe der Hg-Säule in der Torricellischen Röhre; die Herstellung des Barometers besteht daher in nichts anderem, als in der Ausführung des Torricellischen Versuches. Natürlich wird dabei die größte Sorgfalt darauf zu verwenden sein, daß keine Luft in den Torricellischen Raum gelangt. Zu diesem Zwecke wird das Hg, wenn es in die Torricellische Röhre gefüllt ist, durch Auskochen von Luft befreit. Der Vertikalabstand der Hg-Kuppen in der Röhre und in dem Gefäße gibt den Barometerstand, der Maßstab muß genau vertikal stehen und, um die Ablesung unten zu ersparen, ist der untere Teil des Gefäßes aus einem Lederbeutel hergestellt, der durch eine Schraube gehoben oder gesenkt werden kann (Fig. 104). Der Nullpunkt des Maßstabes wird dabei repräsentiert durch eine in das Gefäß hinabreichende Spitze, die bei jeder Beobachtung mit ihrem Spiegelbilde in der Hg-Oberfläche zur Berührung gebracht wird.

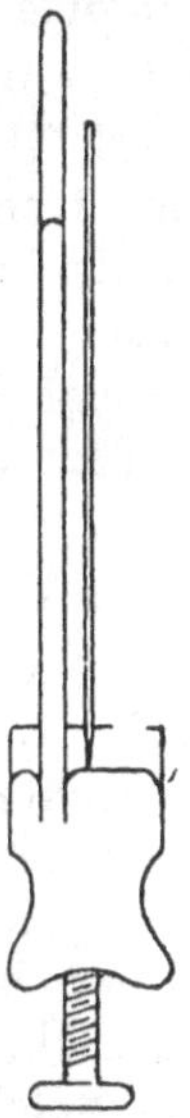

Fig. 104. Gefäßbarometer.

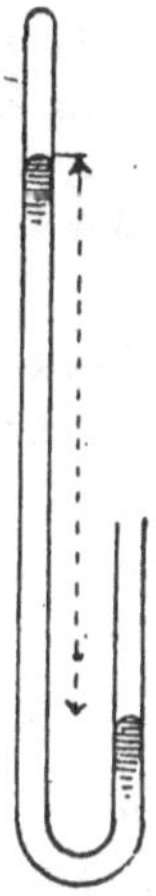

Fig. 105. Heberbarometer.

Eine zweite Form des Barometers ist gegeben durch das Heberbarometer (Fig. 105); eine heberförmig gebogene Röhre mit einem zugeschmolzenen, etwa 1 m langen Schenkel und einem kürzeren, oben offenen, wird mit luftfreiem Hg gefüllt, so daß sie die in der Figur gezeichnete Stellung annimmt. Das Hg sinkt in dem zugeschmolzenen Schenkel so weit zurück, daß der Druck der über der Kuppe in dem offenen Schenkel schwebenden Hg-Säule gleich dem Luftdrucke ist. Die Heberform eignet sich vorzugsweise für transportable Barometer; der Nullpunkt des mit der Röhre zu verbindenden Maßstabes wird zweckmäßig in ihre Mitte gelegt, so daß man den Barometerstand durch Addition der unteren und oberen Ablesung erhält.

Infolge von Kapillarkräften (siehe § 126) ist das Hg in der Barometerröhre nach oben gewölbt und es resultiert eine kleine nach unten gerichtete Kraft, welche die sog. Kapillardepression (§ 126) erzeugt, die bei genauen Messungen berücksichtigt werden muß.

Wir wollen auch der Aneroidbarometer gedenken. Ihren wesentlichen Bestandteil bilden luftleere, biegsame Hohlkörper aus Metall von verschiedener Form, die bei Änderungen des äußeren Luftdruckes ihre Gestalt verändern. Die hierdurch bedingten Bewegungen werden durch Hebelvorrichtungen in genügender Weise vergrößert und durch einen Zeiger sichtbar gemacht. Die Drehungen des Zeigers werden durch Vergleichung auf die Angaben des Hg-Barometers reduziert.

Die Luft eine schwere Flüssigkeit. Daß der eben besprochene Luftdruck durch das Gewicht der Luft verursacht wird, wurde durch einen im Jahre 1648 unternommenen Versuch bestätigt, welcher durch Pascal, vielleicht infolge einer Anregung Descartes', veranlaßt worden war. Ein Barometer wurde auf einen Berg gebracht und zeigte in der Tat hier einen geringeren Luftdruck als im Tale.

Das Gewicht von 1 cm^3 Luft werden wir ebenso als ihr spez. Gewicht, seine Masse ebenso als ihre Dichte bezeichnen, wie bei einem festen oder flüssigen Körper. Aber das spez. Gewicht der Luft ist wesentlich abhängig vom Drucke. Es steigt in dem Maße, in dem die Luftteilchen durch Zunahme des Druckes auf ein kleineres Volumen zusammengedrängt werden.

Das spezifische Gewicht der Luft ist bei gleicher Temperatur ihrem Drucke proportional.

Das spezifische Gewicht der Luft. Eine Methode zur Bestimmung des spez. Gewichtes der Luft ergibt sich aus dem Versuche von Pascal. Bei diesem ist nämlich die Verminderung des Luftdruckes einmal gleich dem Gewichte der Luftsäule, die sich von der Talsohle bis zum Berggipfel erhebt, und andererseits ist sie gegeben durch die Gewichtsabnahme der Hg-Säule, die dem Luftdrucke das Gleichgewicht hält. Die Höhe, um welche die Hg-Säule des Barometers sank, und die Höhe jener Luftsäule haben die Eigenschaft korrespondierender Flüssigkeitshöhen, und umgekehrt wie sie verhalten sich also nach § 83 die spez. Gewichte von Luft und von Hg. Nun ist aber zu bedenken, daß innerhalb der ganzen bis zu der Bergspitze sich erhebenden Luftsäule Druck und Dichtigkeit der Luft stetig abnimmt, so daß die aus der angegebenen Proportion berechnete Zahl nur einen innerhalb jener Luftsäule vorhandenen Mittelwert des spez. Gewichtes darstellt. Wollen wir die Methode zu der Bestimmung des wahren spez. Gewichtes benützen, so müssen wir die Beobachtung beschränken auf eine Luftsäule von so geringer Höhe, daß innerhalb derselben die Unterschiede des spez. Gewichtes verschwinden. Dabei wollen wir als Basis der zu untersuchenden Säule die Oberfläche des Meeres benützen, an der im Mittel ein Luftdruck von 76 cm Hg herrscht. Gehen wir nun um 1050 cm in die Höhe, so sinkt der Barometerstand um 0,1 cm. Das spez. Gewicht der Luft bei einem Barometerstande von 76 cm ist somit, wenn wir das von Hg gleich 13,6 nehmen:

$$\lambda_0 = 13{,}6 \cdot \frac{0{,}1}{1050} = 0{,}00129.$$

Haben wir einen Barometerstand von b cm Hg, so ist nach dem Boyle-Mariotteschen Gesetze das spez. Gewicht

$$\lambda = 0{,}00129 \cdot b/76 .$$

Die Zahlen gelten genau für eine Temperatur von 0°.

Luftdruck. Wir haben den Druck der Luft bisher nur durch die Höhe der Hg-Säule gemessen, die ihm das Gleichgewicht hält; auf Grund der im vorhergehenden enthaltenen Angaben können wir den Druck, zunächst für die Oberfläche des Meeres, auch wirklich berechnen. Wie bei den inkompressibeln Flüssigkeiten beziehen wir ihn auf die Flächeneinheit, das cm². Er ist dann gegeben durch das Gewicht einer Hg-Säule von 1 cm² Querschnitt und 76 cm Höhe; somit im technischen Maßsysteme gleich

$$76 \cdot 13{,}6 = 1033 \text{ g-Gewichten}$$

pro cm²; im absoluten Systeme gleich

$$981 \cdot 76 \cdot 13{,}6 = 1014000 \text{ Dynen pro cm}^2 (\text{cm}^{-1}\,\text{g}\,\text{sec}^{-2}).$$

Man bezeichnet diesen Druck, den Druck von etwa 1 kg-Gewicht oder 10^6 Dynen auf ein cm², als den Druck einer Atmosphäre (76 cm Hg) und benützt ihn häufig als eine besondere Maßeinheit bei der Messung größerer Drucke.

Abhängigkeit des Luftdruckes von der Höhe. Die Möglichkeit, den Luftdruck für jede beliebige Höhe über dem Meere zu finden, ergibt sich aus der folgenden Überlegung. Gehen wir aus von der Oberfläche des Meeres, so sinkt nach dem vorhergehenden der Barometerstand bei einer Erhebung um 10,5 m von 760 mm auf 759 mm (Fig. 106). Gleichzeitig wird sich dann auch das spez. Gewicht im Verhältnisse 759 : 760 vermindern. Dieses kleinere spez. Gewicht betrachten wir nun als konstant in einer zweiten Luftschicht von abermals 10,5 m Dicke und können dann die nach Durchlaufung dieser Schicht eintretende Verminderung des Druckes berechnen. Wir finden so den Druck in einer Höhe von $2 \cdot 10{,}5$ m. Durch fortgesetzte Wiederholung dieses Verfahrens würde es möglich sein, den Druck der Luft von 10,5 m zu 10,5 m zu bestimmen. Die mathematische Behandlung des Problems führt zu einem sehr einfachen Gesetze. Wird die Meereshöhe in Kilometern durch h, der Druck, nach technischem Maße in kg-Gewichten gemessen, durch p bezeichnet, so ist

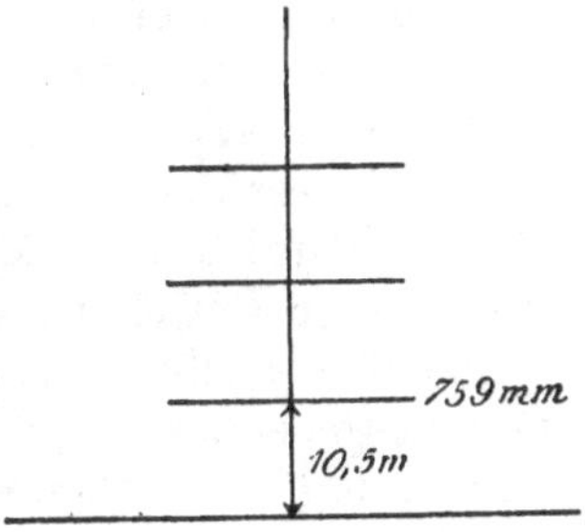

Fig. 106. Abnahme des Luftdruckes mit der Höhe.

$$p \doteq 1{,}033 \cdot e^{-\frac{h}{7{,}99}}.$$

Hier ist $e = 2{,}718$ die Basis der natürlichen Logarithmen.

Die Formel kann auch umgekehrt benützt werden, um aus dem gemessenen Drucke p die Höhe h zu berechnen; sie enthält das Prinzip der sogenannten barometrischen Höhenmessung.

Virtuelle Druckhöhe. Nach dem Boyle-Mariotteschen Gesetze ist das Verhältnis von Druck und spez. Gewichte der Luft konstant.

Bezeichnen wir also durch p und λ zwei zusammengehörige Werte von Druck und spez. Gewichte, so muß der Quotient p/λ gleich sein dem entsprechenden Quotienten aus den Werten 1033 und 0,00129, die für die Oberfläche des Meeres gelten, wenn das technische System und cm und g-Gewicht als Einheiten zugrunde gelegt werden. Wir erhalten so:

$$p/\lambda = 1033/0{,}00129 = 801000$$

oder bei Benutzung genauerer Werte der spez. Gewichte von Luft und Hg:

$$p/\lambda = 799000.$$

Für den Druck der Luft in g-Gewichten auf 1 cm² also:

$$p = 799000\,\lambda.$$

Betrachten wir nun 799000 als die in cm gemessene Höhe einer Luftsäule, so würde der Druck, den sie durch ihr Gewicht auf die Fläche von 1 cm² ausübt, gleich 799000 λ g-Gewichten sein, also eben gleich jenem Produkte, durch das der Luftdruck p angegeben wird. Die Zahl 799000 bedeutet also die in cm gemessene Höhe einer Luftsäule, die durch ihr Gewicht den beobachteten Luftdruck p zu erzeugen imstande ist, und die dabei in ihrer ganzen Ausdehnung dasselbe spez. Gewicht besitzt, wie die gegebene Luftmenge vom Drucke p. Man bezeichnet diese Höhe als die virtuelle Druckhöhe der Luft. Das Boyle-Mariottesche Gesetz kann danach auch in dem Satze ausgesprochen werden: Die virtuelle Druckhöhe der Luft ist konstant.

Mit besonderer Beziehung auf die Atmosphäre bezeichnet man die virtuelle Druckhöhe auch als die scheinbare Höhe der Atmosphäre. Aus dem vorhergehenden ergibt sich dann, daß diese Höhe (von dem Einflusse der Temperatur abgesehen) für jede beliebige Stelle der Atmosphäre 7,99 km beträgt, d. h. daß eine Grenze der Atmosphäre nicht existiert, daß sie sich vielmehr durch den ganzen Weltraum erstreckt. Der Widerspruch ist nur scheinbar, weil ja die Dichte schließlich unendlich klein wird.

§ 87. **Der Heber.** Der Heber ist eine U-förmige Glasröhre, die mit einer Flüssigkeit gefüllt und in umgekehrter Stellung mit ihren Enden in zwei mit derselben Flüssigkeit gefüllte Gefäße gesetzt wird (Fig. 107). AB sei das Niveau in dem einen, CD in dem anderen. Bezeichnen wir mit p und p' die Drucke, die von außen auf den freien Niveaus AB und CD lasten, mit h und h' die Höhen der Flüssigkeitssäulen, die sich in den Schenkeln des Hebers über die entsprechenden Niveaus erheben, endlich mit s das spez. Gewicht der Flüssigkeit. Für die Drucke in den oberen Enden der vertikalen Schenkel ergeben sich dann die folgenden Werte: $(p - sh)$ in E, und $(p' - sh')$ in F. Die in der Richtung von E nach F wirkende Druckdifferenz ist: $(p - p') + s(h' - h)$. Hat diese Differenz einen positiven Wert, so wird die Flüssigkeit in eine Strömung geraten, die von E nach F, von AB nach CD gerichtet ist. Bei der gewöhnlichen Benützung des Hebers sind die Drucke p und p' gegeben durch den Luftdruck; bei der geringen Niveaudifferenz zwischen *AB* und *CD* kann man daher $p = p'$ setzen; die im Sinne von *E* nach *F* wirkende Druckdifferenz ist dann einfach gleich $s(h' - h)$. Die Flüssigkeit strömt von *E* nach *F*, solange $h' - h$ positiv ist, das Niveau *AB* höher steht als *CD*. Die Flüssigkeit strömt dann so lange aus dem Gefäß zur Linken in das zur Rechten, bis die Höhe des Niveaus in beiden Gefäßen gleich geworden ist.

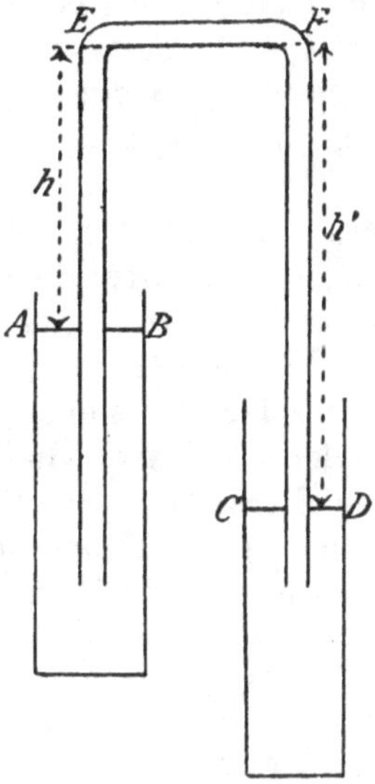

Fig. 107. Heber.

Diese Betrachtung gilt im wesentlichen auch dann, wenn der eine Schenkel des Hebers, statt in ein mit Flüssigkeit gefülltes Gefäß zu tauchen, in die freie Luft mündet. Der Luftdruck wirkt dann an der unteren Öffnung der Röhre; vermöge des Zusammenhaltens ihrer Teilchen fließt die Flüssigkeit in einem Strahle aus, wenn die Öffnung tiefer steht als das Niveau im Gefäße.

Die Rolle, die der Luftdruck beim Heber spielt, ist bei inkompressiblen Flüssigkeiten anders als bei Gasen. Davon überzeugt man sich am besten auf Grund der Tatsache, daß der Heber, z. B. mit Hg, auch im luftleeren Raume fließt. Die Drucke p und p' sind dann gleich 0. Für den Teil der Flüssigkeit, der sich in der Heberröhre über den Niveaus *AB* und *CD* befindet, ergibt sich daraus eine sehr eigentümliche Folgerung. Der Druck wird hier negativ, d. h. es herrscht kein Druck, sondern ein Zug oder eine Spannung in der Flüssigkeit. Denken wir uns durch einen Punkt in ihrem Inneren eine Fläche gelegt, so werden die auf beiden Seiten dieser Fläche liegenden Teile der Flüssigkeit nicht mehr durch einen Druck, den sie wechselseitig aufeinander üben, zusammengehalten; zwischen ihnen besteht vielmehr eine Spannung oder ein Zug, so daß sie sich mit einer gewissen Kraft voneinander zu lösen suchen. Nun ist uns die Vorstellung geläufig, daß Flüssigkeiten keine Zugfestigkeit besitzen, daß sie schon bei dem geringsten auf sie ausgeübten Zuge ihren Zusammenhang verlieren, während wir z. B. einen Stahldraht mit einem großen Gewichte belasten können, ohne daß er zerreißt. Das Beispiel des Hebers im Vakuum zeigt, daß jene populäre Meinung nicht in allen Fällen zutrifft. Unter gewissen Umständen besitzt auch eine Flüssigkeit Festigkeit gegen Zug. Zu einer ganz analogen Erfahrung bietet die Konstruktion des Barometers Veranlassung. Wenn das Hg in der Barometerröhre durch Abkochen recht vollständig von Luft befreit wurde, und wenn dann die Röhre umgekehrt in das mit Hg gefüllte Gefäß eingesetzt wird, so bleibt das Hg in der Röhre hängen und kann oft nur durch einen kräftigen Stoß von der Wand des Glasrohres gelöst werden. Solange aber das Hg fest an dem Glase haftet, herrscht in all den Teilen, deren Höhe über dem freien Niveau den Barometerstand übertrifft, ein negativer Druck. Ungleich größere Spannungen als bei diesen Barometerversuchen wurden bei Vakuumhebern erreicht mit Benützung eines Kunstgriffes; man setzt dem Hg, mit dem die Heberröhre gefüllt wird, etwas Wasser zu, so daß die Hg-Säule ab und zu durch einen kurzen Wasserfaden unterbrochen ist. Es überzieht sich dann die ganze innere Wand des Glases mit einer dünnen Wasserschichte, und das Hg haftet fester daran, als an trockenem Glase. Es gelang so, Vakuumheber von 3 m Länge zu konstruieren, bei denen die Flüssigkeiten in dem oberen Ende einem Zuge von etwa vier Atmosphären unterworfen waren.[1]

In Fig. 107 kann oben das Gefäß links auch mit Kohlensäure gefüllt sein, oder mit einem schweren gasförmigen Dampf, z. B. Äther. Diese Kohlensäure oder dieser Ätherdampf werden genau so abgehebert wie eine Flüssigkeit. In diesem Falle kann man von einer Zugfestigkeit der im gebogenen Heber befindlichen Gas- oder Dampfmasse nicht sprechen, hier wirkt der Luftdruck allein, wie eingangs dieses § vorausgestellt wurde.

§ 88. Brunnen. Die eine Form der Wasserpumpe, die Saugpumpe (Fig. 108), ist nach dem folgenden Prinzipe konstruiert. Der eine Hauptteil besteht aus einem vertikalen Zylinder, dem Pumpenstiefel, in dem ein an einer Stange befestigter Kolben auf und ab bewegt werden kann. Von diesem geht die Saugröhre hinab in ein Wasserreservoir. Zwischen Stiefel und Saugröhre befindet sich ein Ventil, das sich gegen den Stiefel hin öffnet; zieht man den Kolben von dem Boden des Stiefels in die Höhe, so wird die Luft unter ihm verdünnt, und der auf der Oberfläche des Wasserreservoirs lastende Luftdruck treibt das Wasser in die Saugröhre und den Stiefel hinein. Drückt man den Kolben nach unten, so schließt sich das Ventil und verhindert das Zurücksinken des Wassers. Gleichzeitig öffnet sich ein in den Kolben eingelassenes Ventil, und das Wasser gelangt in den Raum oberhalb des Kolbens. Gehen wir mit dem Kolben bis zu dem Boden des Stiefels herab und ziehen ihn dann abermals in die Höhe, so wird das Kolbenventil durch den Druck des über ihm stehenden Wassers geschlossen; indem das Bodenventil sich wieder öffnet, dringt von neuem Wasser aus dem Reservoir in den Stiefel ein; gleichzeitig wird die über dem Kolben befindliche Wassersäule gehoben und entleert sich durch eine in der Wand des Pumpenzylinders angebrachte Röhre, die Brunnenröhre.

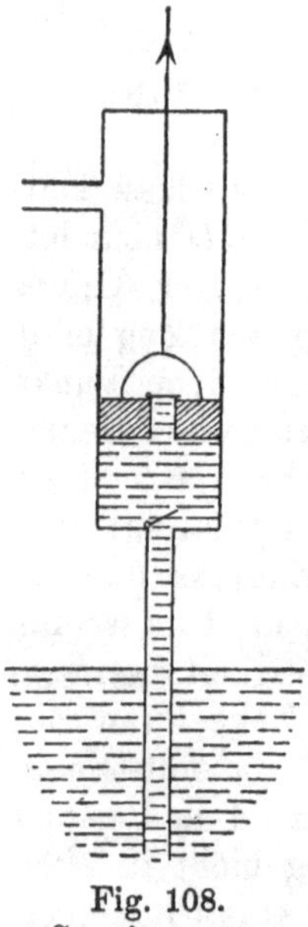

Fig. 108.
Saugbrunnen.

[1] Steinbrinck, Untersuchungen über die Kohäsion strömender Flüssigkeiten. Leipzig (1906).

Jedes Ventil muß sich stets in der Richtung öffnen, in der die Flüssigkeit strömen soll.

Bei der Druckpumpe (Fig. 109) ist der Kolben nicht durchbrochen; die bei einem Pumpenzuge gehobene Wassermenge wird beim Niedergange des Kolbens in eine seitlich in dem Boden des Stiefels mündende Röhre, die Steigröhre, hineingepreßt; zwischen dem Stiefel und der Steigröhre befindet sich ein nach der letzteren hin sich öffnendes Ventil, das beim Aufziehen des Kolbens durch den Druck der im Steigrohre stehenden Wassersäule geschlossen wird.

In der Saugröhre einer Saugpumpe kann das Wasser höchstens bis zu der Höhe gehoben werden, bei der sein eigener Druck dem Luftdrucke das Gleichgewicht hält. In der Steigröhre einer Druckpumpe hängt die Höhe der Wassersäule lediglich von dem auf den Kolben ausgeübten Drucke ab.

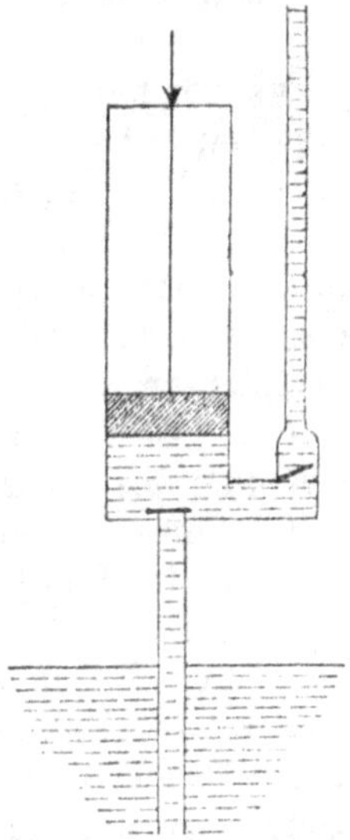

Fig. 109. **Druckbrunnen.**

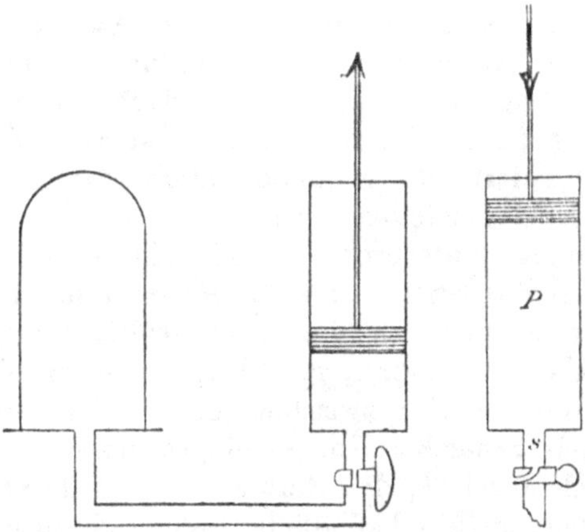

Fig. 110. **Stiefelluftpumpe.**

§ **89. Luftpumpen.** Der für physikalische Zwecke wichtigste der hier zu besprechenden Apparate ist die Luftpumpe, (die von Otto von Guericke erfunden und auf dem Regensburger Reichstage im Jahre 1654 demonstriert wurde). Ihre einfachste Form wird repräsentiert durch die einstiefllige Hahnluftpumpe (Fig. 110). Den ersten Bestandteil bildet der Rezipient, der Raum, in dem die Luft verdünnt werden soll. Er wird hergestellt durch eine Glasglocke, die mit eben geschliffenem Rande auf einen horizontalen Teller aufgesetzt ist. Der zweite Bestandteil ist die aus Stiefel und Kolben bestehende Pumpe; der dritte die mit einem Hahne versehene Röhre, die den Rezipienten mit dem Pumpenstiefel verbindet. Wir stellen den Hahn zuerst so, daß der Rezipient mit dem Pumpenstiefel kommuniziert, ziehen den Kolben von dem Boden des letzteren zurück und saugen so einen Teil der Luft aus dem Rezipienten in den Raum des Pumpenstiefels hinein. Wenn der Kolben bis zu dem Deckel des letzteren emporgezogen ist, legen wir den Hahn um, so daß der Rezipient abgeschlossen und gleichzeitig der Pumpenraum mit der atmosphärischen Luft durch eine seitliche Durchbohrung des Hahns in Verbindung gesetzt ist. Beim Herabgehen des Kolbens wird die vorher aus dem Kolben herausgezogene Luft in die Atmosphäre entleert. Durch Zurückdrehen des Hahns stellen wir jetzt wieder die Verbindung der Pumpe mit dem Rezipienten her und können nun von neuem Luft aus dem letzteren herausziehen. Wir sehen, wie durch Wiederholung der Operation die Luft in dem Rezipienten mehr und mehr verdünnt werden kann.

Selbstredend können statt des Hahnes auch 2 Ventile angewendet werden, eines am untersten Boden des Stiefels, eines im Kolben (analog Fig. 108).

Es knüpft sich hieran eine wichtige Bemerkung, aus der hervorgeht, daß die mit der Pumpe zu erreichende Verdünnung eine bestimmte Grenze besitzt. So oft wir durch Umlegen des Hahns den Pumpenraum mit der Atmosphäre in Verbindung setzen, füllt sich der zwischen dem Hahn und der unteren Kolbenfläche vorhandene Raum s mit atmosphärischer Luft. Wir wollen nun das Spiel der Pumpe ein wenig abändern. Statt sofort die Kommunikation zwischen dem Rezipienten und der Pumpe herzustellen, drehen wir den Hahn nur so weit, daß alle Verbindungen unterbrochen sind. Ziehen wir dann den Kolben bis zu dem Deckel des Stiefels zurück, so wird die Luft, die zuerst jenen Raum s mit atmosphärischem Drucke erfüllt hatte, auf den Raum des Pumpenstiefels sich ausbreiten. Bezeichnen wir durch s zugleich das Volumen des Raumes, der zwischen dem Hahne und dem auf dem Boden des Stiefels ruhenden Kolben eingeschlossen ist, das Volumen des Pumpenstiefels durch P, den Barometerstand durch b, so ist der Druck, den die zu Anfang in s befindliche Luft nach ihrer Ausbreitung über den Raum des Stiefels annimmt, gleich $b \cdot s / P$. Legen wir nun den Hahn vollends um, so daß der Rezipient mit der Pumpe kommuniziert, so wird Luft aus dem ersteren nur austreten, wenn der Druck der in ihm enthaltenen Luft größer ist als $b \cdot s / P$; ist dieser Druck erreicht, so ist eine weitere Verdünnung der Luft im Rezipienten nicht möglich. Die zu erreichende Verdünnung ist um so kleiner, je größer der Raum s; man bezeichnet ihn daher als den **schädlichen Raum**, und bei der Konstruktion der Pumpe wird man also vor allem darauf zu sehen haben, daß der schädliche Raum möglichst verringert wird. Verkleinerung des schädlichen Raumes, größere Bequemlichkeit in der Handhabung der Pumpe hat man zu erreichen gesucht, indem man an Stelle des Hahns Ventile setzte; stärkere Wirkung durch Konstruktion von zweistiefligen Pumpen.

Bei diesen ist besonders wichtig, daß, wenn ein gewisser Grad von Verdünnung erreicht ist, der Stiefel II so eingestellt werden kann, daß er gleichsam den Stiefel I auspumpt. Geht Kolben I herunter, so wird die Luft nicht verdichtet, sondern ohne Verdichtung nach dem Stietel II hinübergesaugt. Im schädlichen Raum I ist dann nicht, wie im vorigen Abschnitte auseinandergesetzt wurde, Luft vom Atmosphärendruck, sondern sehr verdünnte Luft.

Dieses Prinzip, sowie Anwendung passender Öldichtung läßt verschiedene Konstruktionen zu, von welcher als erfolgreich erwähnt sei die Geryk-Ölpumpen, und ganz besonders eine „Hochvakuumpumpe für Schulunterricht“ von Gaede, die scheinbar nur einen Stiefel hat, der aber aus drei übereinander gelagerten Kolbenpumpen besteht. Diese Pumpe geht (ohne Vorpumpe) in überraschend kurzer Zeit[1] bis auf 0,0001 mm Verdünnung. Gewöhnliche Kolbenluftpumpen gehen nur etwa auf 3 bis 1 mm Druck. Diese Drucke sind stets als Hg-Druck gemeint. 1 mm bedeutet also $^1/_{760}$ des Normaldruckes.

§ 90. Gaedes rotierende Kapselpumpe. Jede hin und her gehende Bewegung ist technisch minder vollkommen als eine rotierende. Darum

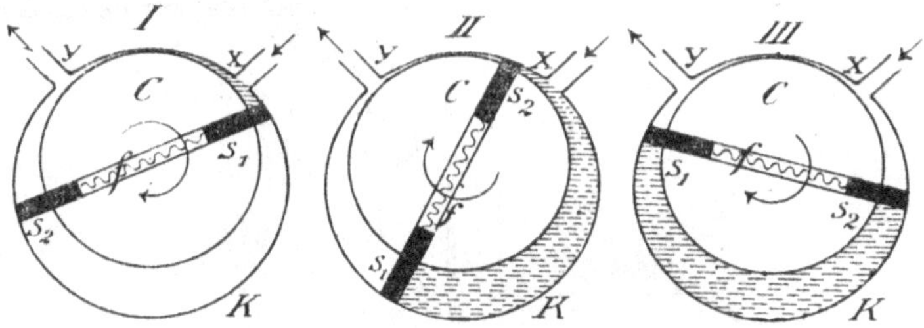

Fig. 111. Kapselpumpe.

wurden auch viele Pumpen konstruiert, deren bewegliche Bestandteile rotieren. Fig. 111 gibt die Kapselpumpe von Gaede. In einer feststehenden, hohlen und allseitig geschlossenen, zylindrischen Messingkapsel K rotiert (in der gezeichneten Pfeilrichtung), ein exzentrisch gelagerter massiver Zylinder C, der nach oben an K anschließt. Ebenso schließen seine Vorder- und Hinterfläche an K. K ist der Übersicht wegen nach vorn offen gezeichnet. C hat eine Durchbohrung, so daß durch eine Feder f zwei Schieber s_1 und s_2 gegen die innere Mantelfläche von K pressen, an deren Wänden sie allseits luftdicht anschließend schleifen. Die Luft wird bei x angesaugt, bei y hinausgepreßt. Man verfolge die drei nebeneinander gezeichneten Stellungen des Schiebers s_1. Zuerst (I) ist ein kleiner Luftraum, schraffiert gezeichnet, zwischen C, K und s_1 eingeschlossen und in Verbindung mit x. Dieser Luftraum vergrößert sich bei einer Drehung (II). Dann (III) wird dieser Luftraum durch s_2 von x abgeschlossen und bei noch weiterer Drehung (nicht mehr gezeichnet) durch y hinausgedrückt. Diese Pumpe wirkt also auch als Gebläse. Sie verdünnt auf etwa 2 mm Hg, aber viel schneller als

[1] Zs. f. phys. u. chem. Unterr. 1914.

die alten zweistiefligen Pumpen, was für viele Versuche von Wichtigkeit ist.

§ 91. **Quecksilberpumpen Geissler.** Es sind viele Pumpen konstruiert worden, bei denen Hg die Stelle des Kolbens der alten Pumpen vertritt. Wir beschreiben zuerst im folgenden ihre einfache Form (Fig. 112), die der einstiefligen Hahnluftpumpe entspricht. Der Stiefel ist repräsentiert durch einen Glasballon *A*, der etwa 1 Liter Hg faßt. Die Bewegung

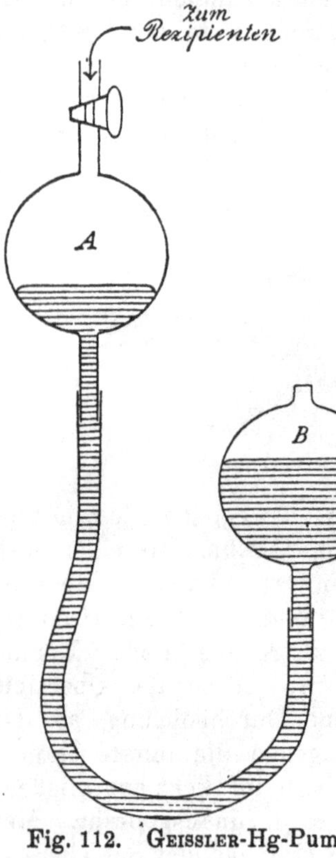

Fig. 112. Geissler-Hg-Pumpe.

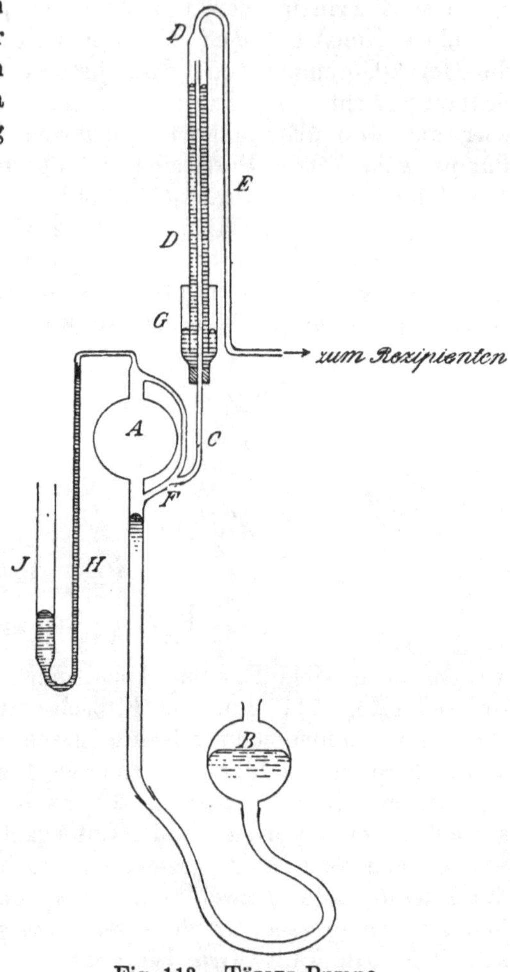

Fig. 113. Töpler-Pumpe.

des den Kolben ersetzenden Hg geschieht mit Hilfe eines zweiten Gefäßes *B* von gleichem Volumen wie *A*, das mit diesem durch einen biegsamen Kautschukschlauch verbunden ist. Der Hahn über *A* hat eine Doppelbohrung (wie Fig. 110) und wird zuerst so gestellt, daß *A* mit der atmosphärischen Luft kommuniziert. Das Niveau des Hg stellt sich dann in den Gefäßen *A* und *B* gleich hoch. Wird *B* gehoben, so steigt das Niveau in *A*, und man kann so das ganze Gefäß *A* bis zu dem Hahne mit Hg füllen. Stellt man jetzt durch Drehen des Hahns die Verbindung mit dem Rezipienten her, so wird beim Senken des Gefäßes *B* das Hg in *A* sich zurückziehen, und eine entsprechende Menge Luft aus dem Rezipienten in das Gefäß übertreten. Diese wird durch Zurückdrehen des Hahns in die erste Stellung und abermaliges Heben des Gefäßes *B* in die Atmosphäre entleert. Man sieht, daß der Rezipient ebenso evakuiert werden kann, wie bei der Hahnluftpumpe, aber der schädliche Raum ist vermieden, und dementsprechend die Grenze der Verdünnung ganz außerordentlich erniedrigt.

Eine spätere Form dieses Systems von Hg-Pumpen, bei der gar keine Hähne oder andere Schliffstücke verwandt sind, zeigt Fig. 113, welche dem Zustande einer schon weit fortgeschrittenen Verdünnung entspricht. Der Ballon *A* kommuniziert mit dem Rezipienten durch das Rohr *C*. Dieses ist mit Hilfe eines durchbohrten Korkes in ein mit Hg gefülltes Glas *G* eingesetzt und steigt über das Niveau des Hg noch um etwa 80 cm in die Höhe. Über das Steigrohr *C* ist der eine weitere Schenkel *D* eines heberförmig gebogenen Glasrohres gestülpt, so daß der Rand unter das Hg in dem Gefäße *G* taucht und der innere Raum durch das Hg gegen die Luft abgeschlossen wird. Der zweite Schenkel *E* des Heberrohres führt zu dem Rezipienten. Wenn die Verdünnung der Luft in dem Rezipienten fortschreitet, so wird das Hg durch den Druck der äußeren Luft in den Raum zwischen den Röhren *C* und *D* getrieben und bewirkt so stets einen luftdichten Hg-Abschluß des Rezipienten und des mit ihm verbundenen Ballons *A*. Will man weiter evakuieren, so hebt man den Ballon *B*; das vordringende Hg verschließt selbst die Mündung *F* der Steigröhre *C* und verhindert so das Zurückströmen der in *A* noch vorhandenen Luft in den Rezipienten. Hebt man die Kugel *B* weiter, so erfüllt das Hg allmählich den Ballon *A* und treibt die Luft in die enge Röhre, welche die Verbindung mit dem Auslaßrohre *HJ* vermittelt. Hebt man so weit, daß etwas Hg in das Rohr *HJ* überfließt, so reißt dieses die kleinsten noch vorhandenen Luftmengen mit sich und treibt sie durch den offenen Schenkel *J* des Auslaßrohres in die Atmosphäre hinaus. Mit einer solchen Pumpe ist es möglich, den Druck der Luft im Rezipienten auf 0,00001 mm zu reduzieren.

Von solchen Quecksilberpumpen gibt es die verschiedensten Konstruktionen.

§ 92. Rotierende Quecksilberpumpe Gaede. Zur raschen Herstellung eines hohen Vakuums, d. h. eines sehr niedrigen Druckes, eignet sich ganz besonders die von Gaede konstruierte rotierende Hg-Pumpe. Ihr wesentlichster Teil besteht in einer Porzellantrommel, welche im Inneren eines eisernen Gehäuses herumgedreht werden kann. Die Trommel ist in Fig. 114a in schematischer Weise dargestellt. Sie ist durch Querwände in drei Kammern (Wände schwarz gezeichnet) geteilt, welche in der Mitte miteinander kommunizieren, wie dies durch die Figur anschaulich gemacht wird. Trommel und Gehäuse sind bis über die Mitte mit Hg gefüllt, so daß die Kammern dadurch voneinander abgeschlossen sind. Die durch den Pfeil angedeutete Rotationsrichtung sei der Bewegung des Uhrzeigers entgegengesetzt. Wir betrachten eine der Kammern in dem Augenblick, in dem ihre Scheidewand gerade über das Niveau des Hg emportaucht. In diesem Augenblick tritt die Kammer durch eine Öffnung *f* in Kommunikation mit dem zu evakuierenden Raume. Gegen den Innenraum des Gehäuses wird der Rezipient durch die Hg-Füllung abgeschlossen, wie dies aus Fig. 114b zu ersehen ist. Bei fortschreitender Drehung der Trommel vergrößert sich der von Hg freie Raum der Kammer; eine entsprechende Menge von Luft strömt aus dem Rezipienten in die Kammer ein. Hat die Trommel von dem Emportauchen der Öffnung aus dem Hg an etwas weniger als eine halbe Umdrehung gemacht, so verschwindet *f* wieder unter dem Spiegel des Hg. Das Innere der Kammer ist jetzt von dem Rezipienten abgeschlossen, tritt aber nun durch einen

Fig. 114a. Gaede-Hg-Pumpe.

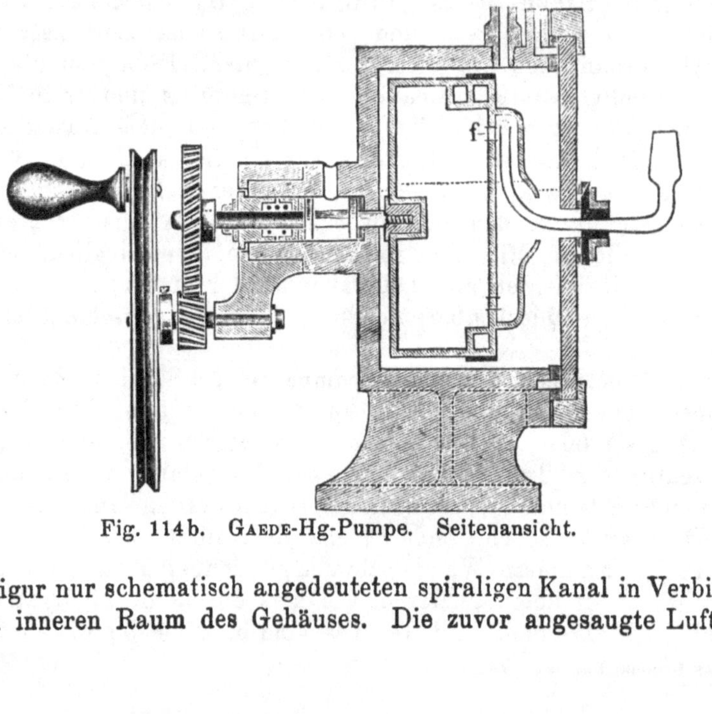

Fig. 114b. Gaede-Hg-Pumpe. Seitenansicht.

in der Figur nur schematisch angedeuteten spiraligen Kanal in Verbindung mit dem inneren Raum des Gehäuses. Die zuvor angesaugte Luft wird von dem die Kammer mehr und mehr ausfüllenden Hg durch den erwähnten Kanal hindurch nach dem zwischen Trommel und Gehäuse befindlichen Raume getrieben; aus diesem wird die Luft mittels einer Vorpumpe abgesaugt.

Die Niveaudifferenzen der Hg-Oberflächen würden in dieser Pumpe bis zu 76 cm steigen, die Pumpe müßte also Riesendimensionen erhalten. Um dies zu vermeiden, ist alles durch die oben erwähnte „Vorpumpe“ (z. B. Kapselpumpe) auf einige mm Hg ausgepumpt. Die Hg-Niveaudifferenzen (punktiert gezeichnet) betragen dann in der Pumpe nur einige mm.

§ 93. Tröpfelpumpen. Diese beruhen auf einem anderen Prinzipe. Wir wollen dies an Fig. 115 zeigen. *B* ist mit Hg gefüllt, welches über *c* zur eigentlichen Pumpe *A* fließt. Der Hahn *e* wird so reguliert, daß das Hg aus der links in *A* mündenden Röhre nur tropfenweise herausspringt. Jeder Tropfen fällt einzeln durch die Fallröhre *f* und zwischen den einzelnen, langsam durch *f* abfließenden Hg-Tropfen befindet sich Luft, die aus *A*, bzw. aus dem mit *A* verbundenen auszupumpenden Raume *x* kommt. *f* ist also gleichsam ein Luftpumpenstiefel und jeder einzelne Tropfen ein Luftpumpenkolben. Damit das durch *f* abgeflossene Hg wieder nach *B* zurückfließt, ist bei *v* eine Vorpumpe (Kapselpumpe oder dgl.) eingeschaltet. Durch den Hahn *h* wird so von außen etwas Luft eingesaugt, daß die aufsteigende Luft in der Steigröhre *s* das Hg mit emporreißt: durch diesen Kunstgriff (Kahlbaum) gelangt das Hg von unten wieder nach *B* zurück.

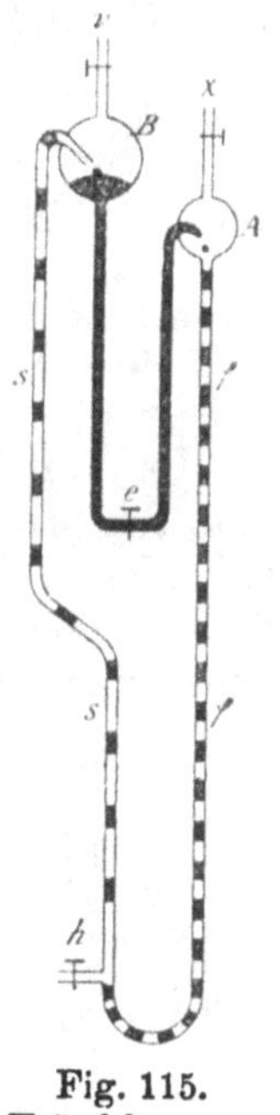

Fig. 115.
Tröpfelpumpe.

Damit die Pumpe auf Vakuum pumpt, müßte die Höhensumme der einzelnen Hg-Säulchen in *f* gleich 76 cm sein, die Länge der Röhre also — wegen der Luftzwischenräume — etwa 1,5 m. Da aber der ganze Apparat durch die Wirkung der Vorpumpe bei *v* unter niedrigem Drucke steht, genügt für *f* etwa 1 m. Die durch *h* eingesaugte Luft läßt man durch Zwischengefäße (mit z. B. Chlorcalcium oder Schwefelsäure) gehen, so daß das zirkulierende Hg immer mit reiner Luft in Berührung kommt, also eventuelle Feuchtigkeit in *B* abdampft.

Der Apparat, einmal eingestellt, arbeitet ganz automatisch bis zu dem allerhöchsten Vakuum, aber langsam.

Dasselbe Prinzip kann auch für eine Wasserpumpe verwendet werden. In das Gefäß *A* strömt statt des Hg in Fig. 115 Wasser aus einer Wasserleitung tropfenweise ein, das vom untern Ende von *f* in den Kanal abfließt. *x* bedeute wieder den Ort des auszupumpenden Raumes Die Fallröhre *f* müßte hier gegen 15 m lang sein. Solche Pumpen können daher nur in hochgelegenen Stockwerken verwendet werden, indem dann das Fallrohr bis in den Kanal hinunterreicht. Die Pumpe arbeitet sehr langsam, braucht aber sehr wenig Wasser; sie ist ganz verdrängt durch die Wasserstrahlpumpe.

Wasserstrahlpumpe und -Gebläse. In das Röhrchen *a* (Fig. 116) tritt Wasser aus der Wasserleitung unter hohem Drucke ein und spritzt bei der Spitze *s* mit großer Geschwindigkeit in das etwa 25 cm lange Rohr *ff*. Bei diesem Spritzen wird durch den Stoß des Wassers Luft aus *A* mitgerissen und ein Raum bei *x* ausgepumpt. Das Wasser in *f* ist ganz milchig, undurchsichtig wegen der vielen Luftblasen, die es mitreißt. Dieses Luft-Wassergemisch sammelt sich am Boden von *B*. Die Luft steigt auf und wird bei *y* hinausgepreßt, das klare Wasser rinnt bei *z* ab. Der Raum, der vor *x* liegt, wird ausgepumpt, aber nur bis zum Dampfdruck des Wassers, im Sommer bis etwa 20 mm, im Winter bis etwa 10 mm.

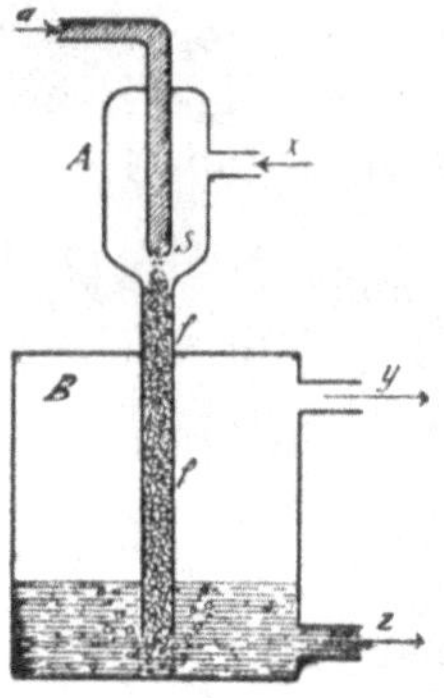

Fig. 116. Wasserstrahlpumpe und -Gebläse.

§ 94. **Barometerprobe.** Bei der praktischen Anwendung der Luftpumpe ist es vor allem nötig, den Grad der erreichten Verdünnung, den Druck der Luft im Rezipienten zu messen. Man kann zu diesem Zwecke mit dem Rezipienten ein Barometer, am bequemsten ein Heberbarometer, verbinden. Das Hg in dem zugeschmolzenen Schenkel wird in dem Maße sinken, in dem der Druck abnimmt. Da es sich aber in der Regel nur um die Bestimmung sehr kleiner Drucke handelt, so hat man nicht nötig, dem geschlossenen Schenkel die dem Atmosphärendrucke entsprechende Länge zu geben. Man kürzt ihn ab (auf etwa 6 cm) und erhält so ein Barometer, dessen beide Schenkel gleiche Länge besitzen, dessen zugeschmolzener Schenkel ganz mit Hg gefüllt ist, eine sogenannte Barometerprobe (Fig. 117).

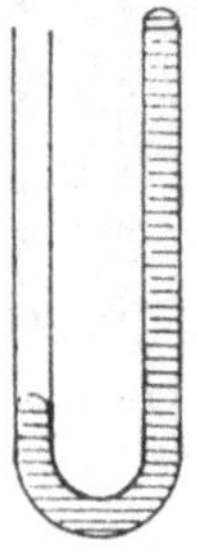
Fig. 117. Barometerprobe.

Die sehr kleinen Drucke, die mit der Hg-Luftpumpe zu erreichen sind, lassen sich natürlich nicht mit einem solchen Manometer messen.

Man verwendet hier nach Arago folgendes Prinzip. *r* in Fig. 118 ist in dauernder Verbindung mit dem ausgepumpten Raume. Das Volumen des Hohlraumes *A*, von *a* angefangen bis ans Ende der oben geschlossenen Kapillaren *k* sei *V* mm³. Die Röhre *k* ist, von oben angefangen, in mm³ geteilt. Hebt man nun *B*, so daß das Hg über *a* steigt, so ist *A*, in dem zunächst derselbe Druck *x* herrscht, wie im ausgepumpten Raume, abgeschlossen. Hebt man nun das Hg weiter, z. B. bis *b*, so ist alles Gas von *A* auf den kleinen Raum, z. B. *v* mm³ über *b* komprimiert, der Druck *x* muß also nach dem Mariotteschen Gesetze von *x* an im Verhältnis $\frac{V}{v}$ gestiegen sein. Diesen Druck p zeigt, da ja nach dem Heben des Hg dieses auch in r, z. B. bis c gestiegen ist, die Höhendifferenz zwischen b und c, diese sei p. Also $p = x(V/v)$ oder $x = p(v/V)$.

Hier, wie bei allen Hochvakuumversuchen, ist peinlich darauf zu achten, daß das Gas absolut trocken ist.

§ 95. **Spezifisches Gewicht der Gase.** Von den mannigfachen Versuchen, die man mit der Luftpumpe anzustellen pflegt, um die Wirkungen des Luftdruckes oder die Eigenschaften der Luft zu demonstrieren, beschränken wir uns auf zwei von allgemeiner Bedeutung. Wir haben früher das spez. Gewicht der Luft gemessen nach einer Methode, die im wesentlichen auf dem Satze von den korrespondierenden Höhen beruhte. Die Luftpumpe bietet die Möglichkeit, auch die anderen bei den inkompressiblen Flüssigkeiten besprochenen Methoden (Pyknometer) zur Anwendung zu bringen. Ein Glasballon wird gewogen: luftleer, mit Luft und mit Wasser gefüllt. Man erhält so das Gewicht gleicher Volumina von Luft und von Wasser und daraus das spez. Gewicht der Luft. Die Methode ist natürlich ebenso anwendbar bei anderen Gasen. Betrachtet man das spez. Gewicht der Luft als gegeben, so hat man dabei nicht nötig, den Ballon luftleer zu wägen, man kann ebensogut das Gewicht des mit Luft gefüllten Ballons bestimmen. Auf diese Weise ergibt sich bei einem Drucke von 76 cm Hg für Wasserstoff ein spez. Gewicht von 0,0000895, für Chlor 0,00317, für Kohlensäure 0,00196. Die Angaben beziehen sich, ebenso wie die früher für Luft gemachten, auf eine Temperatur von 0°.

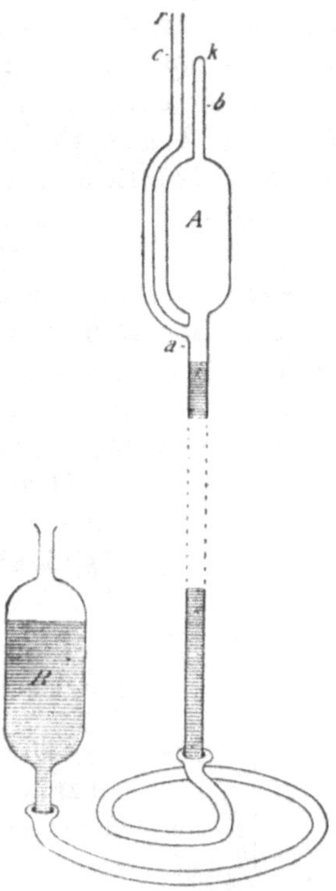

Fig. 118. Messung niedrigster Drucke.

Nach dem Boyle-Mariotteschen Gesetze ist der Quotient aus dem Drucke und dem spez. Gewichte für jedes Gas eine konstante Zahl, die wir als virtuelle Druckhöhe bezeichnet haben. Da der Druck von 76 cm Hg 1033 g-Gewichten auf das Quadratzentimeter entspricht, so ist die virtuelle Druckhöhe des Wasserstoffes gleich

$$1033 : 0{,}0000895 = 11540000 \text{ cm.}$$

Ebenso ergibt sich für Chlor eine virtuelle Druckhöhe von 326000 cm, für Kohlensäure eine solche von 527000 cm.

Da die Gase schwere Flüssigkeiten sind, so üben sie auf Körper, die in ihnen schweben, einen Auftrieb aus, der gleich dem Gewichte des verdrängten Gases ist. Man kann somit auch die auf der Anwendung des Archimedischen Prinzips beruhende Methode der spez. Gewichtsbestimmung bei den Gasen anwenden. An den einen Arm einer kleinen empfindlichen Wage, die unter den Rezipienten der Luftpumpe gebracht werden kann, hängt man einen zugeschmolzenen Glasballon und legt auf die am anderen Arme hängende Schale so viel Gewichte, daß die Wage in dem evakuierten Rezipienten im Gleichgewichte ist. Wenn man nun den Rezipienten mit einem Gase füllt, so erleidet der Ballon einen Auftrieb gleich dem Gewichte des durch ihn verdrängten Gasvolumens. Hieraus und aus dem Gewichtsverluste in Wasser ergibt sich das spez. Gewicht des Gases.

Aus der Definition der virtuellen Druckhöhe folgt, daß die spez. Gewichte zweier Gase bei gleichem Drucke sich umgekehrt verhalten wie ihre virtuellen Druckhöhen. Hiernach ist das Verhältnis, welches zwischen dem spez. Gewichte eines Gases und dem spez. Gewichte der Luft bei gleichem Drucke besteht, eine von dem absoluten Werte des Druckes unabhängige Konstante; man bezeichnet sie als Gasdichte. Ihre Werte für die obengenannten Gase sind bei:

Luft	Wasserstoff	Kohlensäure	Chlor
1,0000	0,0695	1,502	2,451.

Die Zahlen beziehen sich zunächst auf eine Temperatur von 0°. Betrachtungen, die wir der Wärmelehre vorbehalten müssen, zeigen aber, daß diese Zahlen auch von der Temperatur unabhängig sind, sofern nur die Temperatur der Luft dieselbe ist wie die des betreffenden Gases.

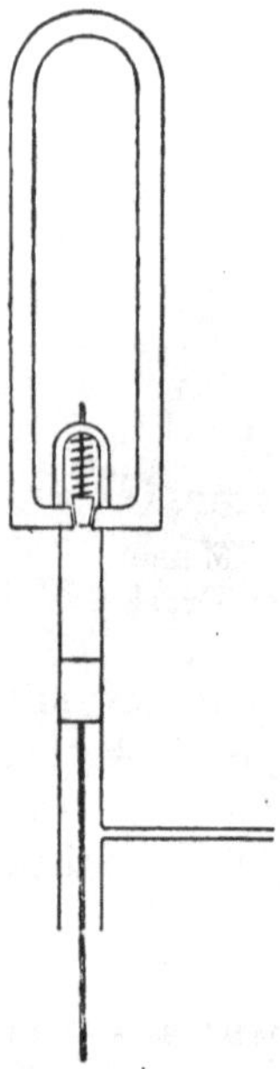

Fig. 119. Kompressionspumpe.

§ 96. **Kompressionspumpen.** Jede Verdünnungs-Hahnluftpumpe kann in eine Kompressionspumpe, durch die Luft im Rezipienten verdichtet wird, verwandelt werden, wenn man das Spiel des Hahnes umkehrt. Beim Rückgange des Kolbens wird er so gestellt, daß der Stiefel mit der atmosphärischen Luft kommuniziert; ist der Kolben zurückgezogen, so wird die Verbindung mit dem Rezipienten hergestellt und die in dem Stiefel enthaltene Luft in den Rezipienten hineingepreßt. An Stelle von Teller und Glocke, die fest zusammengepreßt werden müßten, um das Entweichen der verdichteten Luft zu verhindern, benützt man als Rezipienten eine mit dem Pumpenstiefel luftdicht verschraubte Flasche. Der Hahn kann dann ersetzt werden durch ein in ihren Boden eingesetztes Ventil, das sich nach ihrem Innern öffnet (Fig. 119). Um den Raum des Pumpenstiefels bei jedem Rückgange des Kolbens von neuem mit atmosphärischer Luft zu füllen, setzt man in die Wand des Zylinders eine kleine, nach außen offene

Röhre ein, durch welche die Luft einströmt, sobald der Kolben über sie zurückgegangen ist. Eine solche Pumpe kann natürlich ebenso zur Kompression irgendeines anderen Gases gebraucht werden, wenn man die Einströmungsöffnung mit dem Gasometer verbindet.

§ 97. **Luftballon.** Die im vorhergehenden betrachteten Gesetze finden eine interessante Anwendung auf die Gleichgewichtstheorie eines Luftballons. Dieser sei kugelförmig, unten offen und mit einem leichten Gase, z. B. Wasserstoff, W, von oben her bis zum horizontalen Strich in Fig. 120 gefüllt. Wir nehmen an, daß der Druck des in dem Ballon enthaltenen Gases stets gleich dem äußeren Luftdrucke sei.

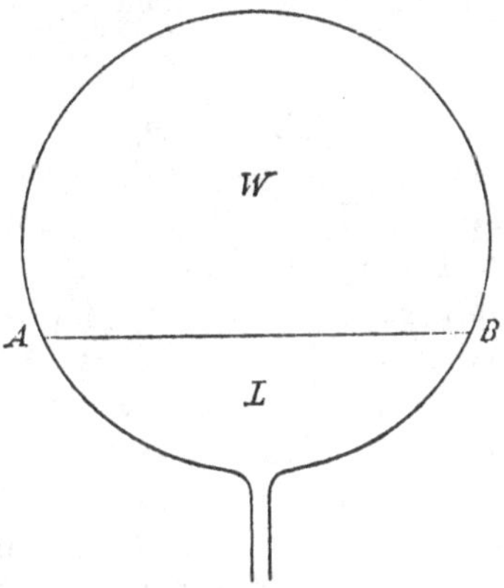

Fig. 120. Luftballon.

Wenn er in die Höhe steigt, so nimmt mit dem Luftdrucke auch der Druck des Gases ab. Für die theoretische Betrachtung wird es zweckmäßig sein, wenn wir die Form und den inneren Raumgehalt des Ballons als unveränderlich betrachten. Wir nehmen dann an, daß der Ballon zu Anfang in seinem oberen Teile bis zu der Linie AB (Fig. 120) mit H_2, in seinem unteren Teile mit Luft gefüllt sei. Der Auftrieb, den die äußere Luft auf den unteren Teil L des Ballons ausübt, wird durch das Gewicht der im Ballon enthaltenen Luft kompensiert. Es kommt also nur der auf den oberen, mit H_2 gefüllten Teil wirkende Auftrieb in Betracht. Bezeichnen wir durch W das Gewicht des in dem Ballon enthaltenen H_2, durch σ sein spez. Gewicht, so ist das vom H_2 eingenommene Volumen gleich W/σ; ist λ das spez. Gewicht der Luft, so ist das Gewicht der von dem H_2 verdrängten Luft gleich $\lambda W/\sigma$. Subtrahieren wir hiervon das Gewicht des in dem Ballon enthaltenen H_2, so ergibt sich als Größe des wirksamen Auftriebes:

$$W(\lambda/\sigma - 1).$$

Nun ist σ/λ nach § 95 eine von Druck und von Temperatur unabhängige Konstante; der auf den Ballon wirkende Auftrieb ist somit nur abhängig von dem Gewichte des in ihm enthaltenen Wasserstoffes, einerlei, ob dieser einen größeren oder geringeren Teil des inneren Raumes, oder ob er diesen ganz ausfüllt; einerlei, welches Druck und Temperatur der äußeren Luft sind. Bei gegebenen Verhältnissen läßt sich hiernach der auf den Ballon wirkende Auftrieb leicht ausrechnen. Der Durchmesser des Ballons betrage 10 m; er sei zu Anfang bei 0^0 und 76 cm Hg bis zu $^2/_3$ seines Volumens mit H_2 gefüllt. Das Volumen des letzteren beträgt dann 349 100 dm³, sein Gewicht mit Benützung der in § 95 angegebenen Zahl 31,24 kg. Für λ/σ ergibt sich aus der in diesem § angeführten Gasdichte der Wert 14,39. Hiermit wird der wirksame Auftrieb für den betrachteten Ballon gleich 418 kg. Dieser Auftrieb bleibt in jeder Höhenlage des Ballons derselbe, solange nur das in ihm enthaltene H_2-Gewicht W unverändert bleibt. Wenn also das Gewicht G des Ballons selbst samt dem von ihm getragenen Korbe kleiner ist als 418 kg, so steigt der Ballon; benützen wir die allgemeinen zu Anfang eingeführten Symbole, so ergibt sich für die Kraft, welche den Ballon nach oben treibt, der Ausdruck:

$$W(\lambda / \sigma - 1) - G.$$

Der Ballon steigt also zunächst mit konstanter Kraft; je höher er kommt, um so geringer wird der Druck der Luft; der im Ballon enthaltene H_2 dehnt sich aus und verdrängt mehr und mehr die Luft, die zu Anfang den unteren Raum des Ballons erfüllte. Schließlich wird die Luft ganz verdrängt, das H_2-Gewicht W erfüllt das ganze Innere des Ballons. Bis zu diesem Augenblicke behält die nach oben gerichtete Kraft den angegebenen Wert. Wenn aber der Ballon weiter steigt, so entweicht H_2, das Gewicht W wird kleiner, die treibende Kraft nimmt ab und wird schließlich zu Null, wenn eine hinreichende Menge von H_2 entwichen ist. Will man nun noch weiter steigen, so muß man das Gewicht des Ballons vermindern, indem man Ballast auswirft. Das weitere Steigen aber ist mit weiterem Verluste von H_2 verbunden, und nach einiger Zeit wird abermals Gleichheit zwischen Auftrieb und Ballongewicht erreicht sein; der Ballon wird nun in der erreichten Höhe im Gleichgewichte schweben. Man bemerkt aber, daß dieses Gleichgewicht einen labilen Charakter besitzt. Denn wenn jetzt durch irgendwelche Umstände ein neuer Verlust von H_2 eintritt, wird der Auftrieb kleiner als das Gewicht des Ballons; der Ballon wird mit einer konstanten Kraft nach unten getrieben und ins Fallen geraten. Ist W' das Gewicht des noch in dem Ballon vorhandenen H_2 und G' das um den ausgeworfenen Ballast verminderte Ballongewicht, so ist die nach unten treibende konstante Kraft:

$$G' - W'(\lambda / \sigma - 1).$$

Sie kann nur dadurch verringert oder aufgehoben werden, daß man das Ballongewicht G' von neuem verkleinert.

Zweiter Teil. Dynamik der Flüssigkeiten und Gase.

I. Strömungen und Wirbel in idealen Flüssigkeiten.

§ 98. **Bewegung idealer Flüssigkeiten.** In dem vorhergehenden Teil haben wir die Gleichgewichtserscheinungen der Flüssigkeiten und Gase entsprechend ihrer augenfälligen Verschiedenheit gesondert behandelt. Dagegen zeigen die Bewegungserscheinungen der inkompressiblen und der kompressiblen Flüssigkeiten, insbesondere die im folgenden zu besprechenden, eine so große Übereinstimmung, daß eine Teilung des Stoffes nach der Art der betrachteten Flüssigkeit unnütz wäre.

Aus der leichten Verschiebbarkeit, welche die Teilchen einer Flüssigkeit gegeneinander besitzen, folgt, daß ihre Bewegungen viel mannigfaltiger sind, als die der starren Körper. Wenn ein starrer Körper nicht rotiert und keine Kräfte auf ihn wirken, so ist er nur einer einzigen Bewegung fähig, einer Verschiebung in gerader Linie mit konstanter Geschwindigkeit. Eine Flüssigkeit dagegen, auf die keine Kräfte wirken und die keine Rotationsbewegung besitzt, kann noch unendlich viele verschiedene Bewegungen ausführen. Ihre Mannigfaltigkeit ist nur beschränkt durch den zwischen Dichte und Druck bestehenden Zusammenhang, d. h. durch die Inkompressibilität bei den Flüssigkeiten im engeren Sinne, durch das Boyle-Mariottesche Gesetz bei den Gasen.

Wir betrachten in den nächstfolgenden §§ Bewegungen einer Flüssigkeit, auf die keine Kräfte wirken. Man könnte vermuten, daß das Studium solcher Bewegungen kein praktisches Interesse besitze, weil alle Bewegungen, die wir in Flüssen, Kanälen, Röhren vor sich gehen sehen, zu ihrer Erhaltung einer äußeren Kraft bedürfen, sei es der auf die Teilchen der Flüssigkeit wirkenden Schwere, sei es eines auf ihre Oberfläche ausgeübten äußeren Druckes. Nun verhalten sich aber jene Bewegungen doch in vielen Fällen so, als ob keine Kraft auf die Flüssigkeiten wirkte. In einem Kanale, der von parallelen Wänden begrenzt und nur wenig geneigt ist, fließen die Wasserteilchen mit unveränderter Geschwindigkeit dahin, ebenso in einer Röhre von gleichförmigem Querschnitte, wenn zwischen ihrem Anfange und ihrem Ende eine konstante Druckdifferenz herrscht. Dies ist nur dadurch zu erklären, daß die Flüssigkeitsteilchen einer zweiten Wirkung unterliegen, durch welche die beschleunigende Wirkung der äußeren Kraft aufgehoben wird. Eine solche ist gegeben durch die Reibung, welche die Teilchen einer jeden realen Flüssigkeit bei ihrer Bewegung gegeneinander und gegen die begrenzende Wand erleiden. Wenn wir mit der Zentrifugalmaschine ein mit Flüssigkeit gefülltes zylindrisches Gefäß um seine Achse in Rotation versetzen, so teilt sich die Rotation der Flüssigkeit mit infolge der Reibung, die zwischen ihr und der Wand besteht; wegen der

Reibung zwischen den Teilchen der Flüssigkeit selber breitet sich die Rotation weiter und weiter nach ihrem Innern aus, bis zuletzt Gefäß und Flüssigkeit zusammen wie ein starrer Körper rotieren. Hält man das Gefäß an, so kommt auch die Flüssigkeit wieder zur Ruhe, zuerst die an der Wand liegenden Schichten, dann infolge der wechselseitigen Reibung auch die inneren Teile; die kinetische Energie der Flüssigkeit verwandelt sich dabei in einen äquivalenten Betrag von Wärme (§ 177). Eine Flüssigkeit, wie wir sie im folgenden betrachten, die keine innere Reibung besitzt, bei der keine kinetische Energie in Wärme verwandelt wird, die also, ohne daß eine Kraft auf sie wirkt, eine einmal empfangene Bewegung lediglich vermöge ihrer Trägheit unendlich lange fortsetzt, stellt also einen idealen Fall dar, von dem die Flüssigkeiten, die wir in der Natur beobachten, in bestimmter Weise unterschieden sind. Nehmen wir aber bei den vorher benützten Beispielen an, daß die Widerstände der Reibung der Schwere oder dem äußeren Drucke gerade das Gleichgewicht halten, so wird die Flüssigkeit sich im wesentlichen so verhalten, als ob keine Kräfte auf sie wirkten. Die Bewegung wird dann wenigstens im allgemeinen nach den für eine reibungslose, ideale Flüssigkeit geltenden Gesetzen sich vollziehen, deren Teilchen äußeren Kräften nicht unterworfen sind. Immerhin muß man bei der Übertragung dieser Gesetze auf reale Flüssigkeiten mit einer gewissen Vorsicht verfahren; wir werden später sehen, daß die Teilchen einer reibenden Flüssigkeit, die unmittelbar an der begrenzenden Wand sich befinden, an dieser haften, sich also überhaupt nicht bewegen. Infolge der zwischen ihnen und den benachbarten Flüssigkeitsteilchen vorhandenen Reibung wird auch die Bewegung dieser mehr oder weniger gehemmt. Die ideale, reibungslose Flüssigkeit dagegen kann längs der Wand mit jeder beliebigen Geschwindigkeit strömen. Hieraus folgt, daß Übereinstimmung zwischen den Bewegungen einer idealen Flüssigkeit und der wirklichen Strömung in Flüssen, Kanälen, Röhren jedenfalls nur in einem gewissen Abstande von den Wänden möglich ist, ein Umstand, der nicht übersehen werden darf, wenn man die bei einer idealen Flüssigkeit möglichen Bewegungen mit den Bewegungen vergleichen will, die man bei realen Flüssigkeiten beobachtet.

§ 99. Strömung. Wenn eine Flüssigkeit sich so bewegt, daß die Geschwindigkeit an jeder bestimmten Stelle der Richtung und Größe nach konstant bleibt, so nennt man dies eine stationäre Strömung; alle Teilchen der Flüssigkeit, die nacheinander dieselbe Stelle passieren, gehen mit gleicher Richtung und gleicher Geschwindigkeit durch sie hindurch. Daraus folgt, daß die Flüssigkeit in ganz bestimmten Linien, den Strömungslinien, sich bewegt, die wir durch Beobachtung bestimmen können, wenn wir die Bahnen verfolgen, die von leichten, in der Flüssigkeit suspendierten Körperchen durchlaufen werden. Eine Fläche, welche senkrecht zu den Strömungslinien den Kanal durchschneidet, wollen wir als einen Querschnitt des Stromes bezeichnen. Wenn wir in einem solchen Querschnitte ein kleines Flächenstück abgrenzen, so schließen die durch seinen Rand hindurchgehenden Strömungslinien eine Röhre ein, in der die Flüssigkeit strömt, geradeso, wie wenn ihre Wände undurchdringlich wären; wir nennen die in einer solchen Röhre sich bewegende Flüssigkeit einen **Stromfaden**. Wenn die Dichte der Flüssigkeit dieselbe bleibt, so wollen wir unter **Stromstärke** in einem solchen Faden das Volumen verstehen, das in einer Sekunde durch seinen Querschnitt fließt. Es ist klar, daß bei jeder stationären Bewegung die Stromstärke in einem Faden allenthalben konstant sein muß. Nun ist aber die Stromstärke gleich dem Produkte aus Querschnitt und Geschwindigkeit. Wir erhalten somit den Satz:

Im Falle der stationären Bewegung einer Flüssigkeit von konstanter Dichte verhalten sich an den verschiedenen Stellen

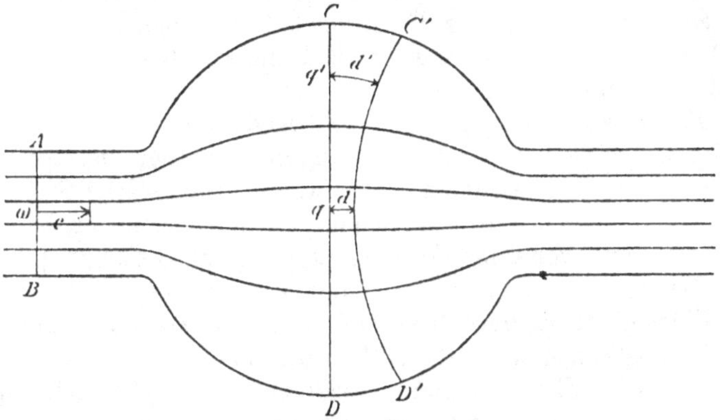

Fig. 121. Strömungslinien.

eines Stromfadens die Geschwindigkeiten umgekehrt wie seine Querschnitte.

Wir betrachten den Fall eines von parallelen Wänden begrenzten, sehr langen Kanales, der in der Mitte eine Erweiterung besitzt. Solange die Flüssigkeit zwischen parallelen Wänden sich bewegt, sind die Strömungslinien parallele Gerade, die Strömungsgeschwindigkeit ist überall dieselbe. Wenn die Flüssigkeit dem weiteren Becken sich nähert, so divergieren die Strömungslinien in der durch Fig. 121 angedeuteten Weise. An der Stelle AB teilen wir den ebenen Querschnitt des Kanals in gleich große Flächenstücke vom Inhalte ω; in den durch sie bestimmten Stromfäden ist dann auch die Stromstärke, das in einer Sekunde durch ω gehende Flüssigkeitsvolumen, gleich groß, nämlich bei allen gleich ωc, wenn wir durch c die konstante Stromgeschwindigkeit in dem geraden Teile des Kanals bezeichnen. Gehen wir nun über zu dem mittleren Querschnitte CD des erweiterten Beckens; die Figur läßt erkennen, daß der Stromfaden, der unmittelbar an der Achse des ganzen Kanals liegt, einen kleineren Querschnitt besitzt als ein weiter nach außen liegender. Sind q und q' die beiden Querschnitte, v und v' die Geschwindigkeiten, so ist $vq = v'q' = c\omega$. Wir legen nun einen Querschnitt $C'D'$ durch den Kanal, der dem Querschnitte CD benachbart ist. Zwischen den beiden Querschnitten liegen dann Stücke der durch q und q' gehenden Stromfäden, deren Längen durch d und d' bezeichnet werden mögen. Man sieht dann, daß dem kleineren Querschnitte auch die kleinere Höhe entspricht; die genauere Untersuchung zeigt, daß die Proportion erfüllt ist: $q : q' = d : d'$. Nun verhalten sich aber die Strömungsgeschwindigkeiten in den Querschnitten q und q' umgekehrt wie diese Querschnitte, also auch umgekehrt wie die Höhen. Man hat somit den Satz:

In dem von zwei Querschnitten des Stromes begrenzten Raume verhalten sich die Geschwindigkeiten an verschiedenen Stellen umgekehrt wie die Abstände der Querschnitte.

Dieser Satz enthält die eigentliche Definition der Bewegung, die wir als eine Strömung der Flüssigkeit bezeichnen; er gibt mit dem vorhergehenden zusammen einen vollständigen Überblick über die Verteilung der Geschwindigkeiten.

§ **100. Zirkulation.** In einer Flüssigkeitsmasse, die nichts nach außen abgibt und keine Zufuhr von außen empfängt, müssen die Stromfäden alle in sich zurücklaufen. Wir wollen eine solche Strömung einer Flüssigkeit eine Zirkulation nennen. Eine, wenn auch nicht ganz reine, Anschauung von dem Vorgange gewährt die Bewegung des Wassers in einem Becherglase, das unten in der Mitte erwärmt wird. Man sieht, wie die Flüssigkeit in der Mitte aufsteigt, wie sie sich oben ausbreitet und, an den Wänden des Glases herabsinkend, zur Mitte zurückkehrt. Die großartigsten Zirkulationen vollziehen sich in der Atmosphäre der Erde; der Austausch der warmen und kalten Luftmassen des Äquators und der Pole beruht auf einer Zirkulation; die parallel zu der Erdoberfläche übereinander liegenden Teile der Strömung, welche entgegengesetzte Richtungen haben, sind bekannt als unterer und oberer Passatwind.

§ **101. Wirbelbewegung.** Wenn wir ein zylindrisches Gefäß mit einer Flüssigkeit auf die Zentrifugalmaschine setzen und um die Achse des Zylinders rotieren lassen, so wird nach einiger Zeit die Flüssigkeit mit dem Gefäße rotieren, wie wenn beide zusammen einen starren Körper bildeten. Wir können leicht zeigen, daß diese Rotation der Flüssigkeit von der im vorhergehenden betrachteten Strömung ganz wesentlich verschieden ist. Zunächst sind die Strömungslinien der Flüssigkeit Kreise, deren Achse mit der Zylinderachse zusammenfällt (Fig. 122). Legen wir eine Ebene durch die letztere, so schneidet sie die Strömungslinien senkrecht, sie würde also dem entsprechen, was wir früher Querschnitt der Strömung nannten. Nun legen wir durch die Achse zwei einander benachbarte Ebenen M und M'; sie schließen miteinander den Winkel w ein, der gleich der Winkelgeschwindigkeit der Zentrifugalmaschine sein möge. Da die Bewegung der Flüssigkeit in einer einfachen Rotation um die Achse besteht, so müssen alle Teilchen, die sich zu einer bestimmten Zeit in einer Ebene M befinden, nach einer Sekunde in die

Ebene M' gelangt sein. Nehmen wir zwei Teilchen in den Entfernungen r und r_1 von der Achse, so sind ihre linearen Geschwindigkeiten gleich wr und wr_1; ebensogroß aber sind die Abstände der Querschnitte M und M' an den beiden Stellen. Während also bei der Strömung einer Flüssigkeit die Geschwindigkeiten in dem Raume zwischen zwei Querschnitten ihren Abständen umgekehrt proportional sind, stehen bei der Rotation die Geschwindigkeiten in dem gleichen Verhältnis wie jene Abstände. Damit ist offenbar ein fundamentaler Unterschied der beiden Bewegungsarten gegeben.

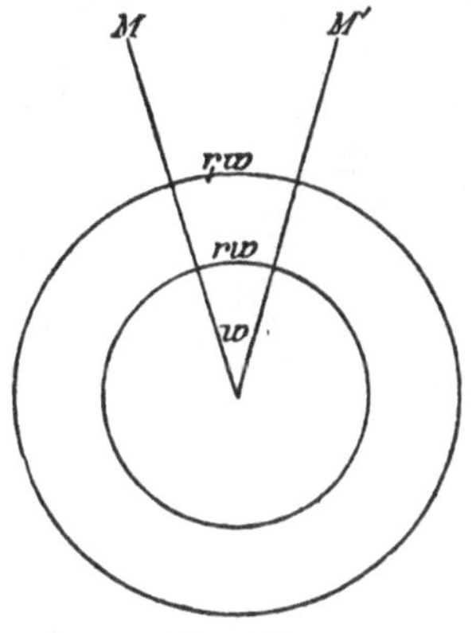

Fig. 122.

Rotationsbewegungen sind nun auch im Innern ausgedehnter Flüssigkeitsmassen möglich; so oft solche auftreten, spricht man von Wirbelbewegungen in der Flüssigkeit. Für uns ist von besonderem Interesse der spezielle Fall, daß die Rotation auf abgegrenzte Teile der Flüssigkeit von der Form, dünner Röhren mit zunächst gleichförmigem Querschnitte beschränkt ist. Wir bezeichnen dann den in Rotationsbewegung begriffenen Teil der Flüssigkeit als einen Wirbel. Die Achse, um welche die Teilchen alle mit derselben Winkelgeschwindigkeit rotieren, nennen wir Wirbelachse. Der Wirbel selbst wird von der die Achse umgebenden Röhre eingehüllt. Wir setzen voraus, daß ihr Querschnitt klein sei gegen ihre Länge und sprechen mit Bezug hierauf von einem Wirbelfaden. Die Wirbelachse braucht keineswegs eine gerade Linie zu sein, sie kann jede beliebige Form haben; immer werden die Flüssigkeitsteilchen relativ zu ihr in Kreisen sich bewegen, deren Ebene in einem Querschnitte des Wirbelfadens, deren Mittelpunkt in der Achse liegt. Wenn die Achse des Wirbels selber in Bewegung ist, so werden die Kreisbahnen der rotierenden Flüssigkeitsteilchen von der Achse mitgeführt, wie wenn sie fest mit ihr verbunden wären, der ganze Wirbelfaden schwimmt wie ein biegsamer Schlauch in der Flüssigkeit fort, ohne daß die in ihm enthaltenen Teilchen sich irgendwie mit den anderen vermischen. Im Innern einer Flüssigkeit kann ein Wirbelfaden offenbar nicht aufhören, da sonst die Kontinuität der Bewegung zerstört würde. Die Wirbelachse muß somit entweder in sich selbst zurückkehren, oder an den die Flüssigkeit begrenzenden Wänden endigen. Der Querschnitt eines Wirbelfadens kann sich mit der Zeit ändern, er kann auch räumlich, von einer Stelle der Achse zur andern wechseln, immer ändert sich dann auch die Rotationsgeschwindigkeit, so daß das Produkt aus dem Querschnitte q und der Winkelgeschwindigkeit w dasselbe bleibt. Das Produkt qw stellt also eine unveränderliche und unzerstörbare Eigenschaft des Wirbels dar.

Betrachten wir die Flüssigkeit, die außerhalb des Wirbelfadens sich befindet, so kann auch diese nicht in Ruhe sein; die an den Wirbelfaden unmittelbar angrenzenden Teilchen werden in eine zirkulierende Bewegung versetzt und übertragen diese auch auf die entfernteren. Die so in der Flüssigkeit außerhalb des Wirbelfadens entstehende Bewegung folgt den in § 99 angegebenen Gesetzen der Strömung, sie hat den Charakter einer Zirkulation, bei der die Geschwindigkeit mit der Entfernung von dem Faden immer kleiner wird.

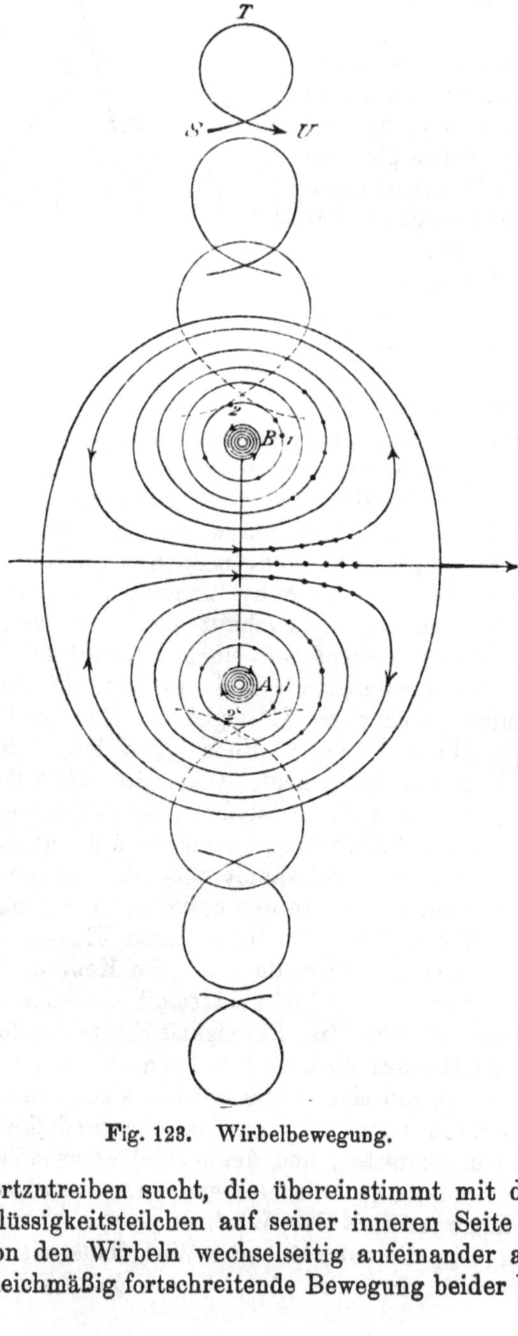

Fig. 123. Wirbelbewegung.

Geradlinige Wirbelfäden und Wirbelringe. Wir werden im folgenden die Eigentümlichkeiten der Wirbelbewegung an ein paar speziellen Beispielen noch etwas genauer studieren. In einer idealen Flüssigkeit, die wir uns durch zwei horizontale Ebenen begrenzt denken können, seien zwei parallele vertikale Wirbelfäden von kreisförmigem Querschnitte gegeben. Die Strömungslinien sind dann notwendig horizontal und in allen Horizontalebenen dieselben. Unsere Zeichnung (Fig. 123) stellt die Verhältnisse in irgendeiner durch die Flüssigkeit gelegten Horizontalebene dar; die Kreise A und B sind die Querschnitte der Wirbelfäden; die Rotationsrichtungen seien einander entgegengesetzt und werden durch die eingezeichneten Pfeile gegeben. Man findet, daß jeder Wirbelfaden den anderen in einer Richtung fortzutreiben sucht, die übereinstimmt mit der Richtung, in der sich die Flüssigkeitsteilchen auf seiner inneren Seite bewegen. Die Folge dieser von den Wirbeln wechselseitig aufeinander ausgeübten Impulse ist eine gleichmäßig fortschreitende Bewegung beider Wirbel senkrecht zu der sie verbindenden Ebene. Durch die eigene Bewegung der Wirbel wird nun die Zirkulation, die ein feststehender Wirbel in der ganzen umgebenden Flüssigkeit erregen würde, in sehr eigentümlicher Weise verändert. Um die beiden geraden Wirbelfäden herum grenzt sich ein vertikaler Zylinder ab von ovalem Querschnitte, der sich mit den Wirbelfäden weiterbewegt und sie immer in derselben Weise umgibt. Innerhalb dieses Zylinders zirkuliert die Flüssigkeit um die beiden Wirbelfäden in den aus der Figur ersichtlichen Strömungslinien, so daß der Zylinder immer von denselben Flüssigkeitsteilchen erfüllt bleibt. Da auch seine Mantelfläche eine unveränderte Gestalt bewahrt, so verhält sich der Zylinder mit der in ihm zirkulierenden Flüssigkeit gerade wie ein starrer Körper, der sich mit gleichmäßiger Geschwindigkeit durch die übrige, im ganzen ruhende Flüssigkeit bewegt; wir bezeichnen diesen, um die Wirbelfäden zirkulierenden und mit ihnen fortschreitenden Teil der ganzen Flüssigkeit als den Wirbelkörper. Betrachten wir nun ein Teilchen der Flüssigkeit, das seitwärts von dem Wirbel, etwa an der Stelle *S*, sich befindet. Wenn der Wirbelkörper dem betrachteten Teilchen sich nähert, so wird es zuerst nach vorn und außen gedrängt, bewegt sich nachher wieder rückwärts, während die seitliche Bewegung noch andauert; in dem Momente, in dem die Achsenebene der beiden Wirbelfäden durch das Teilchen geht, hat es seine größte seitliche Abweichung in dem Punkte *T* erreicht; wenn der Wirbelkörper weitergeht, so bewegt es sich auf einer zu der bisherigen symmetrischen Kurve und kommt in dem Punkte *U* zur Ruhe, wenn der Wirbelkörper in großer Ferne verschwunden ist.

Die Zirkulationsbewegung in dem Wirbelkörper gibt noch zu einer Bemerkung Veranlassung, die mit Rücksicht auf gewisse Beobachtungen von Interesse ist. Wir betrachten die Flüssigkeitsteilchen, die sich in einem bestimmten Augenblicke zwischen den beiden Wirbelfäden auf der geraden Linie *AB* befinden. Bei der Zirkulation bewegen sie sich auf den zugehörigen Strömungslinien mit verschieden großen Geschwindigkeiten in der Richtung, in welcher der Wirbelkörper selbst fortschreitet. Für einige der Strömungslinien sind die Punkte markiert, in welche die zu Anfang auf der Linie *AB* liegenden Teilchen nach 1, 2, 3, 4 und 5 sec gelangen. Denken wir uns eine dünne Flüssigkeitslamelle zu Anfang in der Ebene der Wirbelfäden *AB* ausgespannt, so wird diese durch die verschiedene Geschwindigkeit der Strömung rasch deformiert; ihre Mitte baucht sich immer weiter aus, während ihre Ränder spiralig um die Wirbelfäden herum aufgewunden werden.[1]

Der Fall geradliniger Wirbelfäden ist von besonderer Bedeutung, weil bei ihm die Berechnung der Bewegung nach den allgemeinen Prinzipien der Mechanik vollständig durchgeführt werden kann. Der Beobachtung dagegen sind Wirbelfäden mit kreisförmigen, überhaupt gekrümmten Achsen leichter zugänglich. Wirbel in der Luft mit in sich

[1] Riecke, Gött. Nachr. 13 (1888). Wied. Ann. 36 (1889).

zurücklaufender kreisförmiger Achse sind z. B. Rauchringe, die durch eine kreisförmige Öffnung erzeugt werden; Wirbel in einer inkompressiblen Flüssigkeit, bei denen zwei Punkte der Oberfläche durch eine gekrümmte Achse verbunden sind, erhält man, wenn man ein Ruder durch die Oberfläche des Wassers, oder wenn man eine halbkreisförmige Scheibe, den unteren Rand eines Löffels eine kurze Strecke längs der Oberfläche einer Flüssigkeit führt und dann schnell herauszieht.

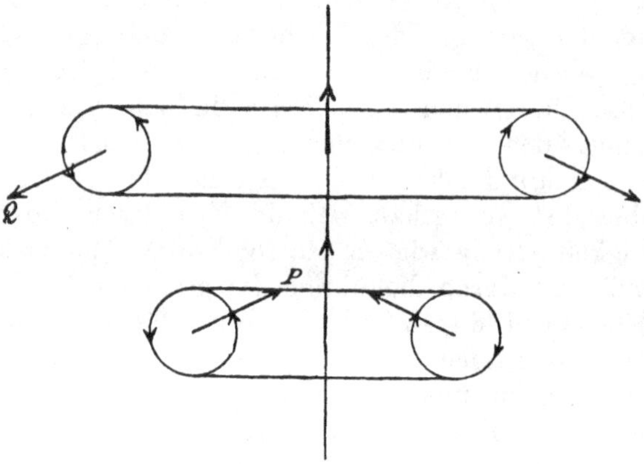

Fig. 124.

Zwei einander diametral gegenüberliegende Teile eines kreisförmigen Wirbelfadens verhalten sich zueinander ebenso, wie zwei parallele geradlinige Wirbelfäden von entgegengesetzter Rotationsrichtung; daraus folgt, daß jeder kreisförmige Wirbelfaden in der Richtung fortschreitet, in der die Flüssigkeitsteilchen auf seiner inneren Seite sich bewegen. — **Wenn zwei kreisförmige Wirbelfäden** mit gemeinsamer Figurenachse im selben Sinne rotieren (Fig. 124), so schreiten sie auch in demselben Sinne längs der Figurenachse fort; der hintere wird dabei durch den von ihm ausgehenden, seiner Rotation entsprechenden Antrieb *Q* den vorderen erweitern, der vordere den hinteren durch den Antrieb *P* verengern; zugleich nimmt die Translationsgeschwindigkeit des vorderen ab, die des hinteren zu. So kommt es, daß der hintere Ring den vorderen einholt und durch seine Öffnung hindurchschlüpft, worauf dann dasselbe Spiel mit umgekehrten Rollen sich wiederholt; so können dieselben Ringe immer von neuem durcheinander hindurchschlüpfen.[1]

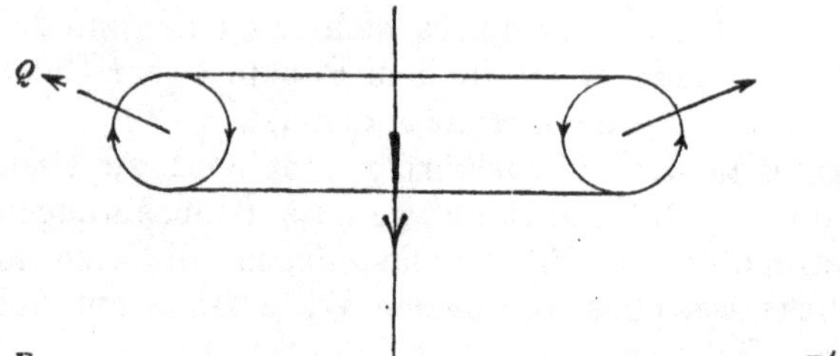

Fig. 125.

[1] Helmholtz, Wissensch. Abh. I (1858).

Wenn die beiden kreisförmigen Wirbelfäden bei gemeinsamer Figurenachse in entgegengesetztem Sinne rotieren, wie in Fig. 125, so daß sie sich einander nähern, so erweitern sie sich gegenseitig durch die Antriebe P und Q, und zugleich nimmt ihre Geschwindigkeit immer mehr ab. Umgekehrt, wenn sie sich voneinander entfernen, wie in Fig. 126, so verengern sie sich wechselseitig, und ihre Geschwindigkeit nimmt zu.

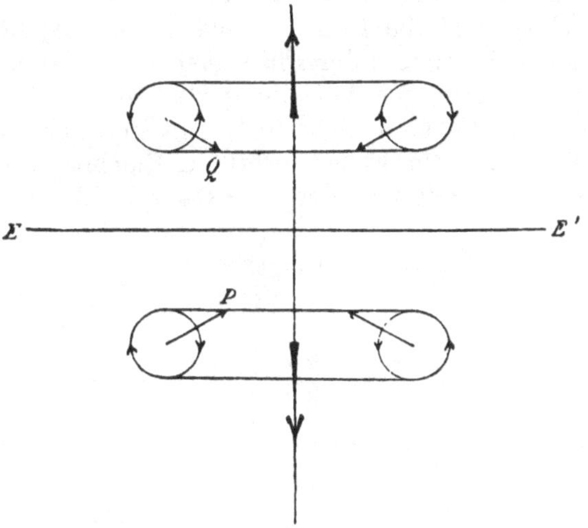

Fig. 126.

In den beiden letzten Fällen haben die in der Symmetrieebene EE' der Wirbelfäden liegenden Flüssigkeitsteilchen keine Geschwindigkeit senkrecht zu dieser Ebene; man kann daher an ihrer Stelle eine feste Wand in die Flüssigkeit einsetzen, ohne daß dadurch in der Bewegung irgend etwas geändert wird. So erhalten wir die Bewegung eines kreisförmigen Wirbelfadens in einer durch eine ebene, ihm parallele Wand begrenzten Flüssigkeit. Nehmen wir an, die Flüssigkeit erhebe sich über einer horizontalen Grundfläche; wenn der gleichfalls horizontale Wirbelring so rotiert, daß die infolge der Zirkulation durch ihn strömende Flüssigkeit aufsteigt, so geht der Ring, wie Fig. 126, selbst mit zunehmender Geschwindigkeit in die Höhe und wird enger. Geht umgekehrt die zirkulierende Flüssigkeit durch den Ring hindurch nach dem Boden, so bewegt sich der Ring wie in Fig. 125 mit abnehmender Geschwindigkeit nach unten und wird weiter.

Auch in dem Falle zweier paralleler, geradliniger und entgegengesetzt rotierender Wirbelfäden (Fig. 123) kann man die Mittelebene als eine feste Wand einführen, ohne die Bewegung zu ändern. Ein zu der horizontalen Grundfläche einer Flüssigkeit paralleler Wirbelfaden schreitet also parallel der Grundfläche fort, in der Richtung, in der sich die Flüssigkeitsteilchen seiner unteren Seite bewegen.

§ 102. Druck in einer bewegten Flüssigkeit. Verfolgen wir einen bestimmten Stromfaden in einer stationär sich bewegenden Flüssigkeit, so wird nach § 99 die Geschwindigkeit der Flüssigkeitsteilchen größer, wenn sie von einem größeren Querschnitte zu einem kleineren fließen. Es muß also eine Kraft vorhanden sein, welche die Beschleunigung hervorbringt. Da wir von äußeren Kräften absehen, so kann diese nur daher rühren, daß in dem weiteren Querschnitte, also bei der kleineren Geschwindigkeit, der Druck der Flüssigkeit größer ist als in dem engeren

Querschnitte bei größerer Geschwindigkeit. Nach dem Energieprinzipe muß die Zunahme der kinetischen Energie gleich der Arbeit sein, die von der Druckkraft an der bewegten Flüssigkeit geleistet wird. Es mögen nun die Linien F und G der Fig. 127 die Grenzen eines Stromfadens im Innern der Flüssigkeit repräsentieren. Im stationären Zustande ändert sich die Verteilung der Geschwindigkeiten und der Drucke in dem Stromfaden nicht mehr mit der Zeit, es kommt also jedem Punkte des von dem Faden erfüllten Raumes ein bestimmter Wert der Geschwindigkeit und des Druckes zu. In dem Stromfaden grenzen wir ein

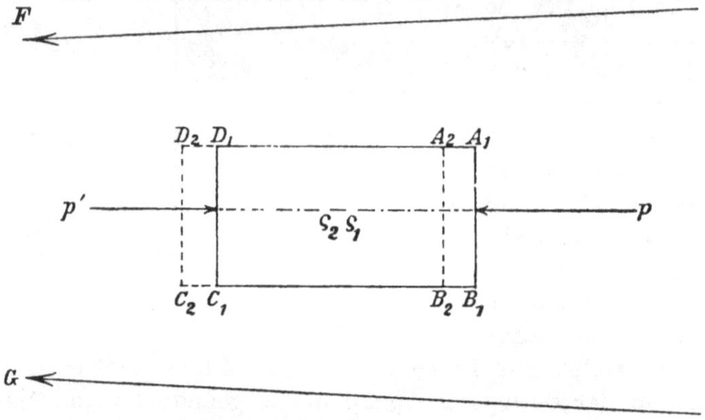

Fig. 127. Hydrodynamischer Druck.

kleines zylindrisches Stückchen $A_1 B_1 C_1 D_1$ ab, dessen Längsachse mit einer Stromlinie zusammenfällt, dessen Endflächen auf dieser Stromlinie senkrecht stehen. Der Schwerpunkt des Stückchens sei ς_1, die ihm entsprechenden Werte der Geschwindigkeit und des Druckes v_1 und p_1. Bezeichnen wir mit m die Masse des abgegrenzten Teilchens der Flüssigkeit, so ist die kinetische Energie, welche ihm in der Lage $A_1 B_1 C_1 D_1$ zukommt, gleich $\frac{1}{2} m v_1^2$. Infolge der Strömung gelangt der Zylinder $A_1 B_1 C_1 D_1$ nach einer kleinen Zeit in die Lage $A_2 B_2 C_2 D_2$, sein Schwerpunkt verschiebt sich von ς_1 nach ς_2. Die Werte von Geschwindigkeit und Druck in dem Punkte ς_2 seien v_2 und p_2. Die kinetische Energie des betrachteten Teilchens der Flüssigkeit in der Lage $A_2 B_2 C_2 D_2$ ist dann gleich $\frac{1}{2} m v_2^2$. Die Grenzen des Stromfadens konvergieren von rechts nach links, die Geschwindigkeit nimmt in demselben Sinne zu. Die Flüssigkeitsmenge m erleidet also einen Zuwachs an kinetischer Energie

$$\frac{1}{2} m v_2^2 - \frac{1}{2} m v_1^2,$$

während ihr Schwerpunkt von ς_1 nach ς_2 sich verschiebt. Ein solcher Zuwachs kann nur dadurch erklärt werden, daß eine von außen wirkende Kraft an der Flüssigkeitsmenge eine Arbeit leistet. Von einer etwaigen Wirkung der Schwere sehen wir ab; es bleibt uns nur die Wirkung der auf die Flächen $A_1 B_1$ und $C_1 D_1$ wirkenden Drucke. Sollen diese eine mit der Bewegung gleichgerichtete Kraft liefern, so muß der Druck p auf $A_1 B_1$ größer sein als der Druck p' auf $C_1 D_1$. Ist q der Querschnitt des Zylinders, so ist die auf $A_1 B_1$ wirkende Kraft gleich $p q$, die auf $C_1 D_1$ wirkende gleich $p' q$; die mit der Bewegung gleichgerichtete Kraft ist somit gleich $(p - p')q$, und die von ihr geleistete Arbeit gleich $(p - p')q \cdot \varsigma_1 \varsigma_2$. Nach dem Prinzipe der Energie muß nun die Beziehung bestehen:

$$\tfrac{1}{2} m v_2^2 - \tfrac{1}{2} m v_1^2 = (p - p')q \cdot \varsigma_1 \varsigma_2 .$$

Wenn das von uns abgegrenzte zylindrische Stückchen $A_1 B_1 C_1 D_1$ hinreichend klein ist, so können wir annehmen, daß innerhalb desselben die Druckänderungen den Längenänderungen proportional sind; d. h.

$$\frac{p - p'}{A_1 D_1} = \frac{p_1 - p_2}{\varsigma_1 \varsigma_2} .$$

Mit Hilfe dieser Beziehung können wir die vorhergehende Gleichung in die Form bringen:

$$\tfrac{1}{2} m v_2^2 - \tfrac{1}{2} m v_1^2 = (p_1 - p_2) q \cdot A_1 D_1 .$$

Das Produkt $q \cdot A_1 D_1$ ist aber nichts anderes als das Volumen des Flüssigkeitsteilchens mit der Masse m; die Dichte δ der Flüssigkeit, die Masse der Volumeinheit, ist somit:

$$\delta = \frac{m}{q \cdot A_1 D_1} ;$$

dividieren wir unsere Gleichung durch $q \cdot A_1 D_1$, so ergibt sich:

$$\tfrac{1}{2} \delta v_2^2 - \tfrac{1}{2} \delta v_1^2 = p_1 - p_2 \qquad \text{oder} \qquad \tfrac{1}{2} \delta v_1^2 + p_1 = \tfrac{1}{2} \delta v_2^2 + p_2 .$$

In einer stationär sich bewegenden Flüssigkeit besitzt somit die Summe aus der kinetischen Energie der Volumeinheit und aus dem Drucke an allen Stellen der Flüssigkeit denselben Wert. Es ist $\tfrac{1}{2} \delta v^2 + p =$ constans. Natürlich müssen dabei kinetische Energie und Druck in demselben Maßsysteme angegeben werden. Wählen wir das absolute System mit cm, g, sec als Einheiten, so ist der Druck in Dynen pro cm^2 auszudrücken. Gewisse Teile der ganzen Flüssigkeitsmasse mögen so wenig bewegt sein, daß man ihre lebendige Kraft vernachlässigen kann. Der in ihnen herrschende Druck sei p_0, dann gilt für das ganze Innere der Flüssigkeit:

$$\tfrac{1}{2} \delta v^2 + p = p_0 .$$

Aus ihr kann der Druck p, der sogenannte hydrodynamische Druck, berechnet werden, wenn die Geschwindigkeit v gegeben ist.

Bei der Ableitung des Satzes haben wir von der Wirkung äußerer Kräfte abgesehen. Sind solche vorhanden, so rührt die Zunahme der lebendigen Kraft auch von der von ihnen geleisteten Arbeit her. Handelt es sich um die Wirkung der Schwere, so ergibt sich die folgende Beziehung. Der als ruhend betrachtete Teil der Flüssigkeit befinde sich in der Tiefe z_0 unter ihrem Spiegel, die betrachtete Stelle der strömenden Flüssigkeit in der Tiefe z; dann ist: $\frac{1}{2}\delta v^2 + p = p_0 + g\delta(z - z_0)$. Zu p_0 kommt also die hydrostatische Druckdifferenz der betrachteten Stellen.

§ **103. Strahlbildung.** Wir nehmen an, in den nur wenig bewegten Teilen einer Flüssigkeit sei der Druck gleich dem Luftdrucke, also nach § 86 gleich 1014000 Dynen pro cm². Dann gilt im ganzen Innern der strömenden Flüssigkeit die Gleichung $\frac{1}{2}\delta v^2 + p = 1014000$.

Im Falle des Wassers ist $\delta = 1$ und es ist der Druck

$$p = 1014000 - \tfrac{1}{2}v^2.$$

Daraus folgt, daß der Druck Null wird überall, wo die Geschwindigkeit des Wassers den Betrag von 1420 $\mathrm{cm \cdot sec^{-1}}$ erreicht. Wird die Geschwindigkeit größer, so wird der Druck negativ; die Teilchen des Wassers werden nicht mehr zusammengedrückt, sondern auseinandergezogen; aus theoretischen Betrachtungen ergibt sich, daß die hierzu erforderliche Steigerung der Geschwindigkeit immer da eintreten wird, wo die kontinuierliche Strömung um eine scharfe Kante herumbiegen muß. Nun zeigt aber die Erfahrung, daß das Wasser, abgesehen von den besonderen Erscheinungen des § 87, einem Zuge nicht widerstehen kann, sondern unter seiner Wirkung zerreißt. Sobald ein solches Zerreißen eingetreten ist, brauchen benachbarte Teilchen des Wassers, die eben durch die Fläche der Zerreißung voneinander getrennt sind, nicht mehr gleiche Geschwindigkeit zu besitzen, es können sogar die auf der einen Seite befindlichen Teilchen in Ruhe sein, während die auf der anderen Seite mit großer Geschwindigkeit sich bewegen. Die Zerreißungsfläche kann einen ruhenden Teil der Flüssigkeit von einem anderen trennen, der an der Zerreißungsfläche wie an einer festen Wand dahinströmt. Zu beiden Seiten einer solchen Trennungsfläche muß der Druck derselbe sein; man hat dann auf der einen Seite den einfachen hydrostatischen Druck der ruhenden Flüssigkeit; auf der anderen Seite muß der zu Anfang vorhandene Überdruck durch die Strömung so vermindert sein, daß er dem Drucke der ruhenden Flüssigkeit gleich geworden ist. Auf diesen Verhältnissen beruhen die diskontinuierlichen Bewegungen der Flüssigkeiten, die wir als Strahlen bezeichnen.[1] Luft, die mit nicht zu großer Geschwindigkeit aus einer feinen zylindrischen Öffnung hervordringt, bildet einen solchen Strahl, wie man beobachten kann, wenn man die Luft mit Rauch vermischt. Man sieht dann, daß die Luft in dem Strahle in der Tat wie in einer von festen Wänden gebildeten Röhre sich bewegt, während die äußere Luft von dem Strahle kaum beeinflußt wird. Gleiches beobachtet man, wenn man den Strahl gegen eine Flamme richtet; er durchbohrt die Flamme in einem scharf abgegrenzten Loche, während sie im übrigen ungestört bleibt. Die Figg. 128 zeigen die Strahlbildung in einer quadratischen

---

[1] Helmholtz, Wiss. Abh. Bd. I (1868).

Wasserplatte, wenn Zu- und Abfluß in den Ecken einer Diagonale liegen. Bei dem sehr geringen Drucke, unter dem das Wasser anfänglich durch die Platte strömt, ist von Strahlbildung kaum etwas wahrzunehmen, mit wachsendem Drucke bildet sich der quer durch die Platte gehende Strahl immer mehr aus. Dabei zeigt sich aber, daß die neben dem Strahle liegenden Teile des Wassers nicht wie bei der Luft in Ruhe bleiben, sondern in Wirbelbewegung geraten. Es ist dies eine Folge

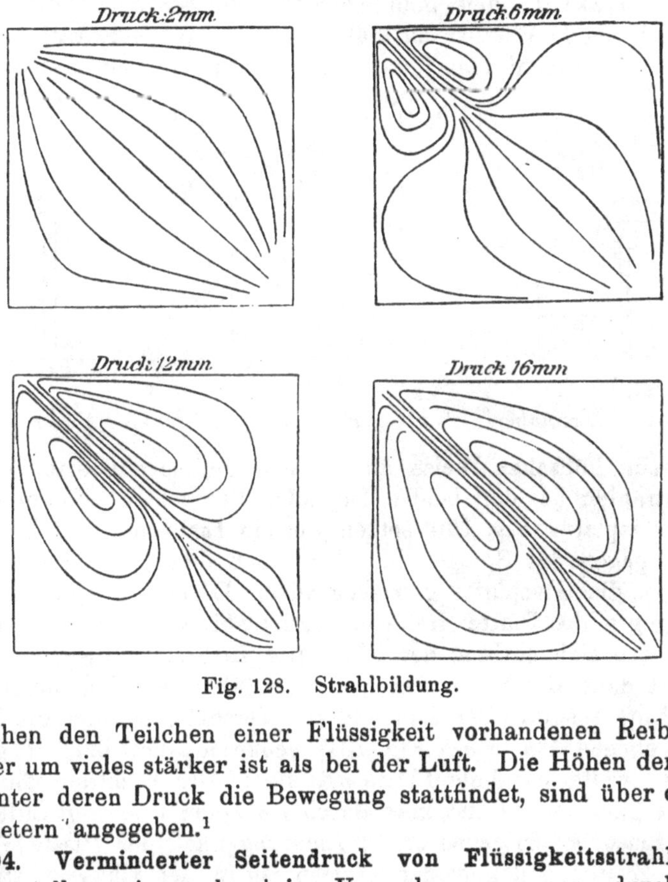

Fig. 128. Strahlbildung.

der zwischen den Teilchen einer Flüssigkeit vorhandenen Reibung, die bei Wasser um vieles stärker ist als bei der Luft. Die Höhen der Wassersäulen, unter deren Druck die Bewegung stattfindet, sind über den Figg. in Millimetern angegeben.[1]

§ 104. Verminderter Seitendruck von Flüssigkeitsstrahlen. Im folgenden stellen wir noch einige Versuche zusammen, durch welche der verminderte Druck bewegter Flüssigkeiten anschaulich gemacht wird, sowie einige Anwendungen, die man davon bei der Konstruktion von Apparaten gemacht hat. Der Charakter der Erscheinungen ist allerdings ein komplizierter, da wir nicht mit idealen Flüssigkeiten zu tun haben. Wegen der Reibung zieht jeder Strahl die umgebende Flüssigkeit in die Bewegung hinein; bei der Luft spielt außerdem die mit Verdünnung verbundene Druckabnahme eine wesentliche Rolle.

[1] Riecke, Wied. Ann. 36 (1889).

Wir nehmen eine enge Röhre *ab* (Fig. 129), die bei *b* in eine weitere *bc* einmündet. Von *bc* führe durch die seitliche Öffnung *d* eine Röhre *de* in ein mit Flüssigkeit gefülltes Gefäß *G*. Blasen wir z. B. durch *ac* bei *a* Luft ein, indes in *G* Wasser ist, so steigt letzteres in *ed* in die Höhe. (Aërodynamisches Paradoxon.) Das Einblasen eines Dampfstrahles bei *a* aspiriert Flüssigkeit aus *G*, welche im Dampfstrahl zerstäubt. Auf dieser Wirkung beruht der bekannte Zerstäuber, sowie der Injektor, den man benützt, um bei den Dampfmaschinen dem Kessel neues Wasser zuzuführen. Für die Aspiration von Luft durch einen Gasstrahl liefert der Bunsenbrenner ein Beispiel.

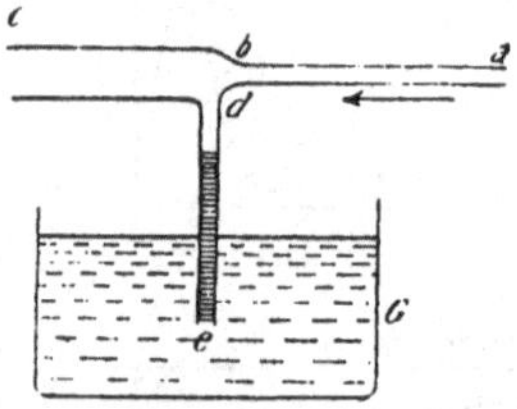

Fig. 129. Zerstäuber.

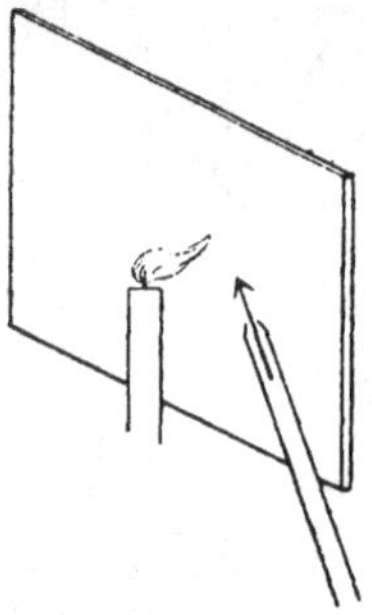

Fig. 130.

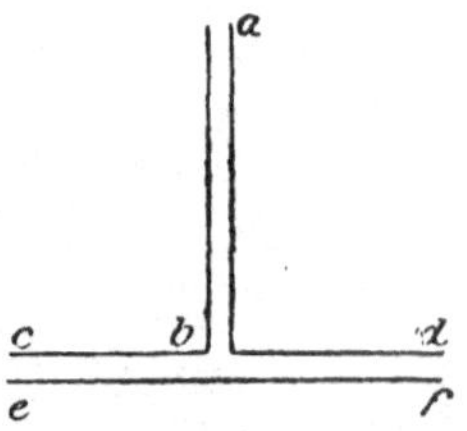

Fig. 131.

In sehr hübscher Weise äußert sich der verminderte Seitendruck von Luftstrahlen bei den beiden folgenden Versuchen. Vor eine vertikal gestellte Glasplatte (Fig. 130) setzen wir ein Licht und blasen mit einer Glasröhre gegen das Spiegelbild. Wir sehen dann, daß das Licht senkrecht gegen die Glasplatte getrieben wird. Es erklärt sich dies daraus, daß der gegen die Platte treffende Luftstrahl von ihr nicht reflektiert wird, sondern sich entlang der Glasplatte ausbreitet; die Bewegung des Lichtes ist dann die Folge des geringeren Druckes, den die im Strahle bewegte Luft ausübt. Bei dem anderen Versuche mündet die Röhre *ab* in einer ebenen Platte *cd* (Fig. 131) senkrecht zu ihr; *cd* gegenüber steht eine zweite parallele Platte *ef*, die in der Richtung der Röhrenachse beweglich ist. Bläst man durch *ab* einen kräftigen Luftstrom, so wird die Platte *ef* entgegen seiner Richtung nach der Platte *cd* hinaufgezogen. Zwischen den beiden Platten ist in der rings ausströmenden Luft der Druck erniedrigt, und die Bewegung ist eine Folge des von der ruhenden Luft ausgeübten Überdruckes.

Mit dem verminderten Drucke einer bewegten Flüssigkeit hängt endlich noch die Wirkung der Sprengelschen Quecksilberluftpumpe zusammen; nur wird dabei nicht ein freier Flüssigkeitsstrahl, sondern eine in einer Glasröhre fallende Hg-Säule benützt. Die in ein untergestelltes Gefäß mündende Glasröhre *ab* (Fig. 132) ist mit einem Trichter durch einen Schlauch verbunden, der durch einen Quetschhahn geschlossen werden kann. In die Röhre *ab* mündet seitlich eine

Röhre *de*, die mit dem zu evakuierenden Rezipienten verbunden ist. Man füllt den Trichter mit Hg, öffnet den Hahn und läßt das Hg durch die Röhre *ab* herunterfließen. Bei *d* wird dann infolge des verminderten Druckes Luft aspiriert und die Luft im Rezipienten verdünnt. Schließt man den Quetschhahn, so bleibt in der Röhre *ab* eine Hg-Säule stehen, die den Grad der erreichten Verdünnung angibt.

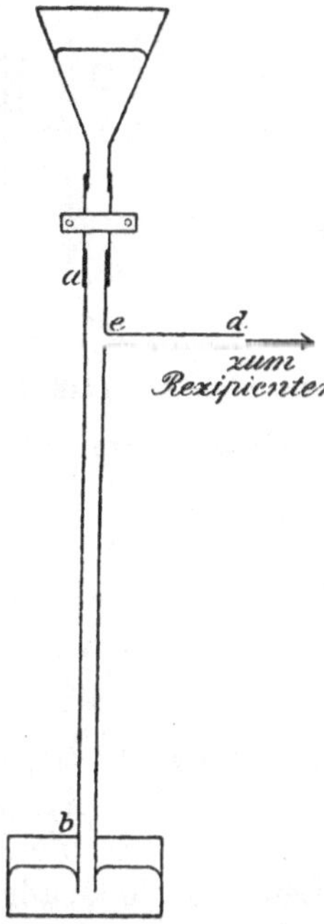

Fig. 132. Sprengelpumpe.

Man kann auch dieses Prinzip für den Bau von Luftpumpen verwenden; in der praktischen Ausführung ähnelt aber eine solche Konstruktion der Darstellung Fig. 115 oder 116. Die rein dynamische Saugwirkung wirkt gleichzeitig mit den früher geschilderten Vorgängen.

§ 105. **Ausfluß einer Flüssigkeit.** Wir gehen über zu der Betrachtung des durch die Schwere, also durch eine äußere Kraft, veranlaßten Ausflusses einer Flüssigkeit aus einem Gefäße. Eine kleine kreisförmige Öffnung befinde sich in dem Boden des Gefäßes in der Tiefe *h* unter dem freien Niveau (Fig. 133). Das Loch sei so klein, daß wir die Bewegung in der Flüssigkeit selbst vernachlässigen können; die Geschwindigkeit im ausfließenden Strahl sei v. Wenn eine kleine Menge mit der Masse m ausfließt, ist ihre kinetische Energie $\frac{1}{2} m v^2$. Der Spiegel der Flüssigkeit ist etwas gesunken; um das alte Niveau wieder herzustellen, müssen wir die ausgeflossene Masse m um h heben. Aus dem Energieprinzip ergibt sich $\frac{1}{2} m v^2 = m g h$ oder

$$v = \sqrt{2 g h}.$$

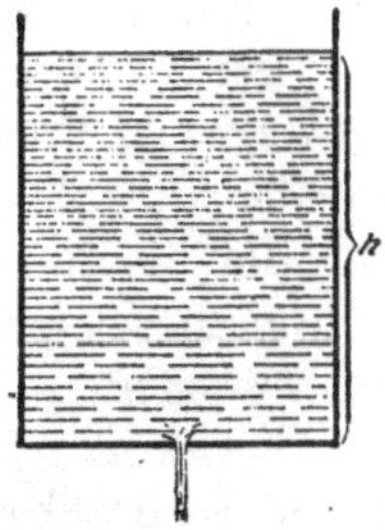

Fig. 133. Flüssigkeitsausfluß.

Die Ausflußgeschwindigkeit einer idealen Flüssigkeit ist hiernach unabhängig von dem spez. Gewichte und gleich der Geschwindigkeit eines frei fallenden Körpers, dessen Fallhöhe gleich der Druckhöhe der Flüssigkeit ist. Die Ausflußöffnung kann auch seitlich in der Gefäßwand angebracht werden; der Strahl beschreibt dann, entsprechend den Gesetzen des Wurfes, eine Parabel, deren Weite von der Ausflußgeschwindigkeit abhängt. Die Ausmessung der Parabel kann zur Prüfung des gefundenen Gesetzes dienen. Bringt man endlich die Ausflußöffnung in einem seitlichen Ansatze des Gefäßes nach oben hin an, so springt aus ihr ein Strahl in die Höhe, allerdings nicht bis zu dem Niveau der Flüssigkeit, wie dies nach der Formel zu erwarten wäre; der Grund hierfür ist im wesentlichen in den Reibungswiderständen zu suchen, denen die Bewegung unterliegt.

Die Flüssigkeit in Fig. 133 könnte auch ein Gas sein. Da ein solches aber wohl, meist in Gefäßen eingeschlossen, unter bestimmtem Drucke steht, betrachten wir Fig. 134. G sei das Gas (punktiert gezeichnet), unten von Wasser (strichliert gezeichnet) begrenzt, das mit dem Reservoir R in Verbindung steht. Ist in der Wand des Gasgefäßes irgendwo, z. B. oben (bei o), ein kleines Loch, so strömt während einer bestimmten kleinen Zeit die Masse m' des Gases mit der Geschwindigkeit v aus. Dafür ist ein ebenso großes Wasservolumen mit der Masse m um die Druckhöhe h abgesunken. (Die Masse des Gases vernachlässigen wir.) Also ist

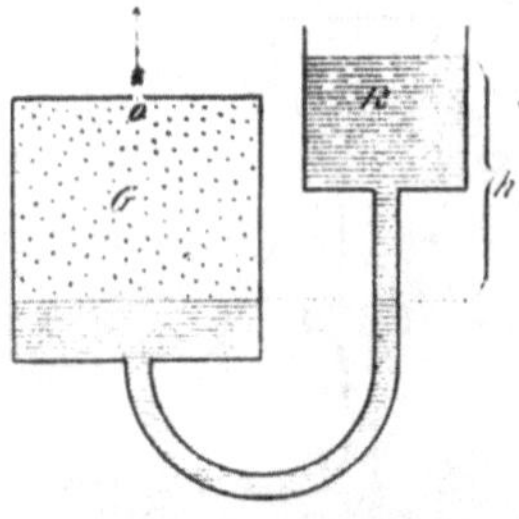

Fig. 134. Gasausfluß.

$$\tfrac{1}{2} m' v^2 = m g h \qquad \text{oder} \qquad v = \sqrt{2 g h \frac{m}{m'}}\,.$$

Nun ist $m'/m = d$, der Dichte des Gases, also

$$v = \sqrt{\frac{2 g h}{d}}\,.$$

Das h/d hat die Bedeutung einer virtuellen Druckhöhe (§ 86).

Es ergibt sich somit der Satz, daß bei gleichen Druckverhältnissen die Ausflußgeschwindigkeiten verschiedener Gase sich umgekehrt verhalten wie die Quadratwurzeln ihrer Dichten. Es ist dadurch ein Prinzip gegeben, nach dem sich leicht zu vergleichende Messungen der Dichten oder der spez. Gewichte verschiedener Gase anstellen lassen; nur muß die nicht ausführbare Beobachtung der Ausflußgeschwindigkeiten durch die Messung der in gleichen Zeiten ausströmenden Gasmengen ersetzt werden. Solche Bestimmungen der Gasdichte sind besonders nützlich, wenn nur kleine Gasmengen zur Verfügung stehen.

Bei der Berechnung von Ausflußmengen aus den im vorhergehenden entwickelten Formeln muß man auf die Kontraktion Rücksicht nehmen, die der Strahl beim Austritt aus der Öffnung erleidet. Sie rührt daher, daß die an dem Rande der Öffnung vorbeigehenden Flüssigkeitsteilchen sich nicht senkrecht zu ihr, sondern seitlich gegen die Achse des Strahles hin bewegen.

Reaktion des ausfließenden Strahles. Aus einem um die Achse D drehbaren zylindrischen Gefäße (Fig. 135 von oben gesehen) ströme Flüssigkeit durch die seitlichen Röhren JH und FG aus. Das Gefäß sei zunächst festgehalten. Die Zentrifugalkräfte der Flüssigkeitsteilchen, die in den beiden kreisförmig gebogenen Stücken der Ausflußröhren sich bewegen, üben dann ein Drehungsmoment um die Achse D aus. Da die Verhältnisse auf beiden Seiten der Drehungsachse ganz dieselben sind, so können wir uns auf die Betrachtung einer Seite beschränken. Die auf den Viertelkreis AB wirkenden Zentrifugalkräfte verteilen sich symmetrisch zu beiden Seiten des Radius CE; wir können sie somit zu einer Resultante P vereinigen, welche durch die Mitte des Bogens AB senkrecht hindurchgeht. Bezeichnen wir die Dichte der Flüssigkeit durch δ, den Querschnitt der Ausflußröhre mit q, die Ausflußgeschwindigkeit mit v, so ergibt sich für jene Resultante der Ausdruck $P = \sqrt{2} \cdot \delta q v^2$. (Vgl. hierzu die analoge und ausführlichere Rechnung in § 108.)

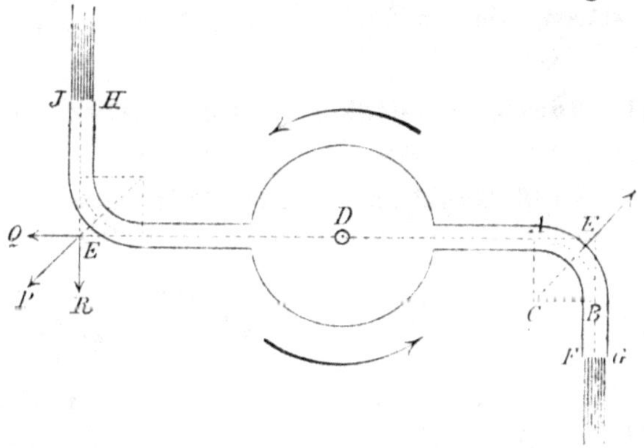

Fig. 135. Reaktionsrad.

Wir verlegen nun, entsprechend dem Satze von § 14, den Angriffspunkt der Kraft P in ihrer Richtung nach E. Dann können wir, wie dies auf der linken Seite der Zeichnung geschehen ist, die Kraft P zerlegen in zwei Komponenten R und Q; die erste steht gegen die Linie DE senkrecht, die zweite fällt in ihre Richtung, beide greifen an in dem Punkte E. Die Wirkung von Q wird aufgehoben durch eine ihr gleiche und entgegengesetzte Komponente auf der rechten Seite der Drehungsachse; die Komponente R erzeugt ein Drehungsmoment $R \cdot DE$ um die Achse D. Ein ebensolches Moment wird von der entsprechenden Komponente der rechten Seite ausgeübt; das gesamte Moment, welches das Gefäß um die Achse D zu drehen sucht, ist somit gleich $2\, R \cdot DE$.

Die Bewegung vollzieht sich so, als ob nur die Kraft R und die ihr entsprechende der anderen Seite vorhanden wäre; die Richtung von R fällt in die Achse der Ausflußöffnung JH, sie ist der Richtung des ausfließenden Strahles entgegengesetzt; die Kraft R sucht also das Gefäß in einem Sinne zu bewegen, welcher der Bewegung des Strahles entgegengesetzt ist. Man bezeichnet daher R als die Reaktion des ausfließenden Strahles, die dadurch erzeugte Bewegung als die Reaktionsbewegung des Strahles.

Aus der Figur folgt, daß

$$R = \frac{P}{\sqrt{2}} = \delta q v^2.$$

Die Reaktion des ausfließenden Strahles ist also bei ruhendem Gefäße gleich dem Produkte aus seinem Querschnitte, aus der Dichte der Flüssigkeit und aus dem Quadrate der Ausflußgeschwindigkeit.

Dies gilt ganz allgemein. Die Seitenwände eines mit Flüssigkeit gefüllten Gefäßes erleiden Seitendrucke nach allen Seiten, die sich gegenseitig aufheben. Dieses Gleichgewicht wird gestört, wenn eine Seitenwand ein Loch hat.

Dieser Rückstoß einer ausfließenden Flüssigkeitsmenge läßt sich auch aus dem Gesetze der Erhaltung des Massenmittelpunktes (§ 45) erklären, wie der Rückstoß einer Kanone beim Abfeuern eines Geschosses.

II. Ideale Flüssigkeiten und starre Körper in wechselseitiger Bewegung.

§ 106. Kugel und Flüssigkeit in gegenseitiger Bewegung. Die Fragen, mit denen wir uns im folgenden beschäftigen, sind von mannigfacher praktischer Bedeutung. Bei der Schwierigkeit des Gegenstandes müssen wir aber auf ein tieferes Eindringen verzichten und die allgemeine Untersuchung durch die Betrachtung von speziellen Beispielen ersetzen.

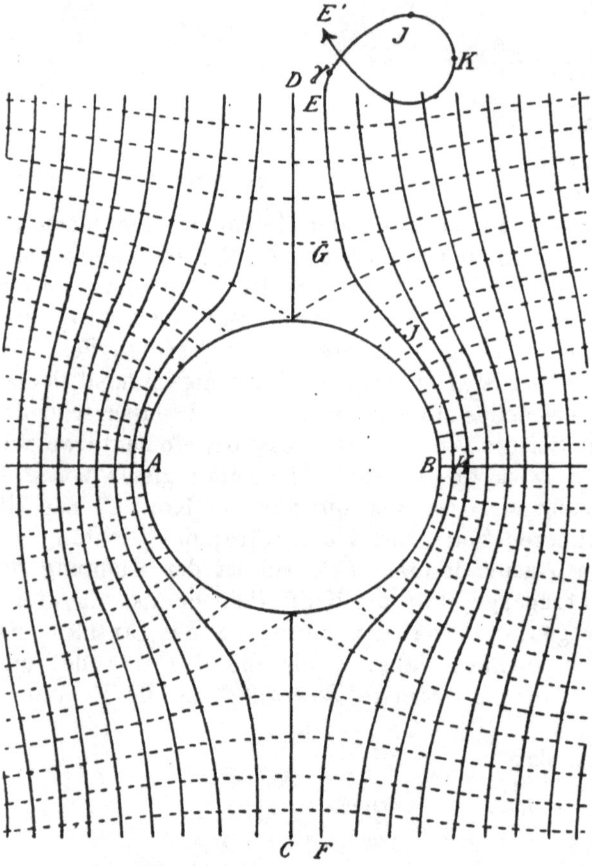

Fig. 136. Kugel im Flüssigkeitsstrom.

Wir nehmen zuerst eine Flüssigkeit, die in einem Kanale von gleichmäßigem Querschnitt mit kleiner Geschwindigkeit hinfließt. Die Strömungslinien sind durch gerade, den Wänden des Kanales parallele Linien dargestellt. Nun bringen wir in die Mitte des Kanales eine feste Kugel. Die Strömungslinien müssen sich dann um die Kugel herumbiegen. Wenn die Wände des Kanales weit genug von der Kugel entfernt sind, um keine Asymmetrie zu erzeugen, so ergibt sich für die Strömung der Flüssigkeit um die feste Kugel das in Fig. 136 gezeichnete Bild. Die Strömungslinien sind vollkommen symmetrisch zu dem Äquator AB der Kugel; dasselbe gilt von den Geschwindigkeiten und von den hydrodynamischen Drucken. Es folgt daraus, daß die Gesamtdrucke, die auf die beiden durch den Äquator AB geschiedenen Halbkugeln ausgeübt werden, einander gleich sind. Die in der Strömung befindliche Kugel erleidet somit keinerlei Wirkung in der Richtung der Strömung.

Wir sind damit zu einem Schlusse gelangt, welcher der alltäglichen Erfahrung widerspricht, und es entsteht die Frage, woher dieser Widerspruch rührt. Es kommt dabei in erster Linie in Betracht, daß bei allen realen Flüssigkeiten zu den hydrodynamischen Drucken noch eine zweite Klasse von Kräften sich gesellt, die von der wechselseitigen Reibung der Flüssigkeitsteilchen abhängen. Die Reibung erzeugt in unserem Falle eine Kraft, welche die Kugel im Sinne der Strömung mitzureißen sucht, eine Kraft, wie wir sie tatsächlich beobachten. Es gibt aber noch einen Umstand, der selbst bei der Strömung einer reibungslosen Flüssigkeit einen Druck in der Stromrichtung erzeugen kann. Es ist dies die in § 103 betrachtete Strahlbildung; sobald sie eintritt, wird die Symmetrie der Verhältnisse zu beiden Seiten des Äquators AB völlig zerstört und es bleibt ein Drucküberschuß im Sinne der Strömung.

Genau das gleiche Ergebnis muß eintreten, wenn wir, statt die Flüssigkeit um die Kugel nach abwärts strömen zu lassen, die Kugel in der ruhenden Flüssigkeit heben.

Dabei muß die Flüssigkeit ausweichen; $E\gamma JKE'$ stellt die Bewegung des Flüssigkeitsteilchens von E vor, wenn die Kugel nach oben an E vorbeigegangen ist. (Flüssigkeit natürlich nicht wie in Zeichnung begrenzt, sondern unbegrenzt.)

Die Bewegung, welche in einer Flüssigkeit durch eine in gerader Linie gleichmäßig fortschreitende Kugel erzeugt wird, ist nach dem vorhergehenden ganz ähnlich der durch einen fortschreitenden Wirbelkörper erzeugten, eine Analogie, auf die wir schon in § 101 hingewiesen haben.

Das Resultat, daß eine in einem Flüssigkeitsstrome ruhende Kugel keine Kraft in der Richtung des Stromes erleidet, überträgt sich auf den Fall einer in einer ruhenden Flüssigkeit gleichmäßig bewegten Kugel. Das Auffallende und scheinbar Unannehmbare des Satzes wird durch dieselben Bemerkungen beseitigt, wie in dem zuerst betrachteten Falle.

Zwei Kugeln in einer Flüssigkeit. Besonders eigentümliche Wirkungen treten auf, wenn gleichzeitig mehrere Körper in eine strömende Flüssigkeit tauchen oder in einer ruhenden Flüssigkeit sich bewegen. Wir erläutern diese Verhältnisse an dem Beispiele zweier Kugeln. Dabei gehen wir wieder von dem Falle einer Flüssigkeit aus, die in einem Kanale von gleichmäßigem Querschnitte in parallelen Linien mit konstanter Geschwindigkeit strömt. In den Strom tauchen wir zwei Kugeln, so daß die Verbindungslinie ihrer Mittelpunkte zu den Strömungslinien senkrecht steht. Man übersieht dann, daß die Stromlinien in dem Raume zwischen den Kugeln sich mehr zusammendrängen als außerhalb. Die Geschwindigkeit der Strömung ist also zwischen den Kugeln größer als außerhalb, der hydrodynamische Druck kleiner.

Die Kugeln werden durch den überwiegenden äußeren Druck zusammengetrieben, sie üben scheinbar eine anziehende Wirkung aufeinander aus.

Wir bringen nun umgekehrt die beiden Kugeln so in den Strom, daß die Verbindungslinie ihrer Mittelpunkte den Stromlinien parallel wird. Der Abstand benachbarter Stromlinien wird dann in dem Zwischenraume zwischen den Kugeln größer, ebenso der Druck, und dieser vergrößerte Druck treibt die Kugeln auseinander. Diese üben scheinbar eine abstoßende Wirkung aufeinander aus.

Das Verhalten bewegter Kugeln in einer im ganzen ruhenden Flüssigkeit kann aus den vorhergehenden Betrachtungen für zwei spezielle Fälle leicht abgeleitet werden. Man braucht nur dem ganzen Systeme, welches aus der strömenden Flüssigkeit und aus den in ihr ruhenden Kugeln besteht, eine Geschwindigkeit zu erteilen, welche der Strömungsgeschwindigkeit gleich und entgegengesetzt ist. In größerer Entfernung von den Kugeln kommt die Flüssigkeit dadurch zur Ruhe; die Kugeln aber schreiten mit derselben Geschwindigkeit in der im ganzen ruhenden Flüssigkeit fort. In den Wirkungen, welche die Kugeln scheinbar aufeinander ausüben, kann durch die Hinzufügung einer gemeinsamen Geschwindigkeit nichts geändert werden. Wir erhalten somit die Sätze:

Wenn in einer im ganzen ruhenden Flüssigkeit zwei Kugeln senkrecht zu der Verbindungslinie ihrer Mittelpunkte mit derselben Geschwindigkeit sich bewegen, so ziehen sie sich scheinbar an. Fällt die Richtung der gemeinsamen Geschwindigkeit mit der Verbindungslinie der Mittelpunkte zusammen, so stoßen sich die Kugeln scheinbar ab.

Wir betrachten noch den allgemeineren Fall, daß die beiden Kugeln im Innern der im ganzen ruhenden Flüssigkeit in beliebigen Richtungen mit konstanten Geschwindigkeiten bewegt werden. Die Anwendung der allgemeinen Prinzipien der Mechanik hat hier zu dem folgenden, verhältnismäßig einfachen Satze geführt.

K_1 und K_2 (Fig. 137) seien die beiden Kugeln, V_1 und V_2 die Richtungen, in welchen sie sich bewegen. Die durch den Mittelpunkt von K_1 gelegte Richtung V_1 schneide ihre Oberfläche in den Polen a_1 und b_1. Durch den Mittelpunkt der Kugel K_2 legen wir eine Parallele zu V_1, welche auf ihrer Oberfläche die Pole α_1 und β_1 bestimmt. Die von der Kugel K_1 auf K_2 scheinbar ausgeübte Wirkung verhält sich dann so, als ob zwischen den Polen a_1 und α_1, b_1 und β_1 Anziehung, zwischen a_1 und β_1, b_1 und α_1 dagegen Abstoßung vorhanden wäre. Beide Wirkungen sind den Quadraten der Entfernungen $a_1\alpha_1$, $b_1\beta_1$, $a_1\beta_1$, $b_1\alpha_1$ umgekehrt proportional zu setzen, außerdem proportional dem Quadrate der Geschwindigkeit, mit der sich die Kugel K_1 bewegt. Die von K_1 auf K_2 ausgeübte Wirkung ist somit von der Bewegung dieser Kugel selbst unabhängig.

meter aufgenommene Wärmemenge ist gleich $(w + \omega)(\tau - t_w)$. Da beide Wärmemengen gleich sein müssen, so ergibt sich zur Berechnung der spez. Wärme

$$c = \frac{(w + \omega)(\tau - t_w)}{m(t_m - \tau)}.$$

Dabei ist die spez. Wärme des Wassers gleich 1 gesetzt: nun sind aber die spez. Wärmen allgemein abhängig von der Temperatur; die Kenntnis dieser Abhängigkeit ist beim Wasser von besonderer Bedeutung, da sie allein genaue Berechnung, sowie Vergleichung kalorimetrischer Messungen möglich macht, die bei verschiedenen Temperaturen angestellt wurden. Die Werte der spez. Wärme des Wassers für einige Temperaturen sind:

t	0°	5°	10°	15°	20°	25°	30°	35°
Spez. Wärme	1,0065	1,0048	1,0019	1,0000	0,9981	0,9972	0,9968	0,9975

Mit dem Begriffe der spez. Wärme hängt unmittelbar der der **Wärmekapazität** zusammen. Es ist dies die Wärmemenge, die ein Körper abgibt, wenn er sich um 1° abkühlt, die ihm zugeführt werden muß, um ihn um 1° zu erwärmen. Die Wärmekapazität ist danach gleich dem Produkte aus spez. Wärme und Masse.

Wir schließen hieran noch eine Bemerkung, die sich auf den Charakter der in diesem Paragraphen eingeführten Größen bezieht. Als eine Größe von eigener Art, zunächst unvergleichbar mit anderen Größen der Physik, tritt uns die Wärmemenge entgegen. Wir bezeichnen sie im allgemeinen durch den Buchstaben Q. Sie ist gleich dem Produkte aus einer spez. Wärme, aus einer Masse und aus einer Temperaturänderung; die letztere können wir nach § 161 als eine reine Zahl betrachten. Die spez. Wärme c ist dann gleich einer Wärmemenge, dividiert durch eine Masse; wenn wir auch bei der spez. Wärme den Begriff der Dimension benützen, um anzugeben, wie sich bei ihrer Berechnung Wärmemenge und Masse kombinieren, so erhalten wir die Dimensionsgleichung:

$$[c] = Q \cdot m^{-1}.$$

Über eine elektrische Methode zur Bestimmung von c siehe Band II.

§ 173. Spez. Wärme der Gase. Im Grunde genommen ist es nicht richtig, von der spez. Wärme eines Körpers schlechtweg zu reden. Wenn wir einem Körper Wärme zuführen, so besteht ihre Wirkung nicht bloß in der Erhöhung der Temperatur; es kommt dazu im allgemeinen die Wärmeausdehnung; bei einem festen Körper können wir die Ausdehnung in einer beliebigen Richtung unterdrücken dadurch, daß wir ihn nach dieser mechanisch komprimieren; wir können die Volumausdehnung verhindern, indem wir einen allseitig gleichen Druck auf den Körper ausüben. Es ist von vornherein zu vermuten, daß diese Verhältnisse die Kugeln mit gleicher Phase, so findet Anziehung, schwingen sie mit entgegengesetzter Phase, so findet Abstoßung statt.

Schließlich betrachten wir solche Pendelbewegungen zweier Kugeln in bewegter Flüssigkeit. Die beiden Kugeln mögen zunächst nicht bloß mit gleicher Schwingungsdauer, Richtung und Phase, sondern auch mit gleicher Amplitude schwingen. Sie bewegen sich dann so, wie wenn sie fest miteinander verbunden wären. Wenn man nun dem ganzen, aus Kugeln und Flüssigkeit bestehenden Systeme in jedem Augenblicke eine Geschwindigkeit erteilt, die der Geschwindigkeit der Pendelbewegung entgegengesetzt gleich ist, so kommen die Kugeln zur Ruhe; dafür wird die Flüssigkeit in eine hin und her schwankende Bewegung versetzt, deren Oszillationsdauer dieselbe ist, wie vorher die der Kugeln, deren Oszillationsrichtung im ganzen übereinstimmt mit der früheren Schwingungsrichtung der Kugeln. Die scheinbaren Wechselwirkungen werden in den beiden Fällen dieselben sein. Wir erhalten somit die beiden Sätze:

Zwei Kugeln sollen sich im Innern einer Flüssigkeit in Ruhe befinden; die Flüssigkeit aber schwanke im ganzen periodisch hin und her in einer Richtung, welche zu der Verbindungslinie der Kugelmittelpunkte senkrecht stehe. Unter diesen Umständen ziehen sich die beiden Kugeln scheinbar an.

Ist andererseits die Schwingungsrichtung der Flüssigkeit parallel der Verbindungslinie der Kugelmittelpunkte, so stoßen sich die beiden Kugeln scheinbar ab.

Diese Wirkungen stimmen dem Sinne nach mit den in einem konstanten Strome auftretenden überein.

§ 107. Ebene Scheibe im Flüssigkeitsstrom. Wir haben schon in den ersten Paragraphen dieses Kapitels darauf hingewiesen, daß die Strömung einer Flüssigkeit, in die ein fester Körper eingetaucht ist, bei größeren Strömungsgeschwindigkeiten durch Strahlbildung wesentlich modifiziert werden kann. Wir haben ferner in § 103 davon gesprochen, daß Strahlbildung, Zerreißen der Flüssigkeit besonders dann eintritt, wenn sie gezwungen wird, um eine scharfe Kante herumzubiegen. Gerade dieser Fall aber hat ein großes praktisches Interesse, er tritt beispielsweise ein, wenn ein Ruder in bewegtes Wasser getaucht wird, oder wenn ein Drache in der Luft entgegen der Richtung des Windes im Gleichgewichte steht. So scheint es nützlich, etwas genauer auf die Verhältnisse einer solchen diskontinuierlichen Bewegung einzugehen.

Wir berichten zunächst über die Resultate theoretischer Untersuchungen; dieselben beziehen sich auf den Fall einer Flüssigkeit, die von Hause aus, etwa in einem Kanale von gleichmäßigem, großem Querschnitte, in parallelen Linien mit der konstanten Geschwindigkeit c dahinströmt. In die Flüssigkeit werde nun eine Scheibe oder Lamelle von rechteckiger Form und von großer Länge, l, aber kleiner Breite, b, so eingetaucht, daß ihre Längskanten zu der ursprünglichen Richtung der Strömungslinien senkrecht stehen; die schmalen Kanten sollen gegen die Strömungslinien unter einem wechselnden Winkel geneigt werden. Die folgenden Sätze beziehen sich auf die Strömung über die Längskanten, und zwar auf solche Punkte derselben, in denen der störende Einfluß der Seitenkanten noch nicht merklich ist.

Am übersichtlichsten gestalten sich die Verhältnisse, wenn die Fläche der Lamelle zu der ursprünglichen Richtung der Strömungslinien senkrecht steht. Auf diesen Fall bezieht sich die Fig. 138, welche einen Durchschnitt der strömenden Flüssigkeit mit einer zu den Längskanten der Lamelle senkrechten Ebene darstellt. AB ist der Schnitt dieser Ebene mit der Lamelle; C der Mittelpunkt, DC das Mittellot von AB; dieses liegt in der Richtung der ungestörten Strömung, und zu DC als Achse ist das ganze Bild der Bewegung symmetrisch. An den Kanten A und B der Lamelle zerreißt die Flüssigkeit infolge der vermehrten Geschwindigkeit der Strömung; sie zerfällt in zwei Teile, entsprechend den Räumen, welche in unserer Zeichnung durch die Linien AE und BF und durch das Bild der Lamelle, AB, geschieden werden. Die in dem Raume $EABF$ befindliche Flüssigkeit bleibt in Ruhe. Der umgebende Raum, sowie der vor der Lamelle AB befindliche ist mit strömender Flüssigkeit erfüllt. Die Strömungslinien sind in der Figur eingezeichnet. Sie bleiben für alle c gleich, wenn nur b sich nicht ändert.

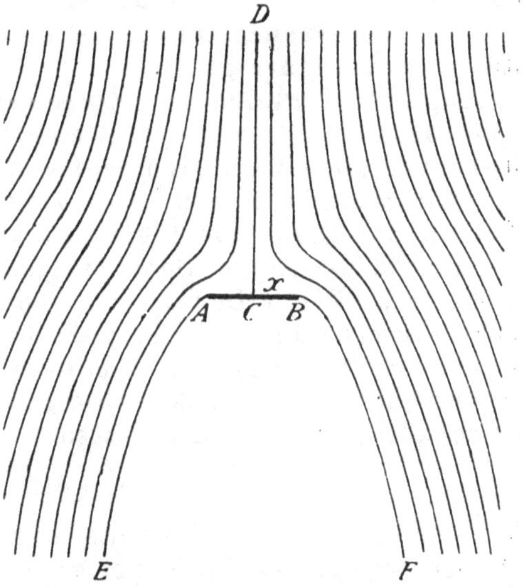

Fig. 138. Ebene Scheibe im Flüssigkeitsstrom.

In der Achse DC bewegen sich die Flüssigkeitsteilchen mit stetig abnehmender Geschwindigkeit, dem Punkte C selbst würde die Geschwindigkeit Null entsprechen; er wird von Flüssigkeitsteilchen umgeben sein, welche nur eine sehr kleine Geschwindigkeit besitzen. Wir nehmen daher an, daß in C der hydrodynamische Druck dem hydrostatischen Drucke p gleich sei. In dem ruhenden Teile $EABF$ der Flüssigkeit herrscht überall derselbe hydrostatische Druck p_0, sofern wir von dem Einfluß äußerer Kräfte, wie etwa der Schwere, absehen. An den Grenzflächen AE und BF der ruhenden und der bewegten Flüssigkeit kann Gleichgewicht nur bestehen, wenn der Druck der strömenden Flüssigkeit allenthalben derselbe ist, wie der Druck der ruhenden. Ist $\mathfrak{g}$ die Geschwindigkeit der Strömung in der Grenze, δ die Dichte der Flüssigkeit, so ist der hydrodynamische Druck gleich $p - \frac{1}{2}\delta \mathfrak{g}^2$, und es muß also an den Grenzflächen AE und BF

$$p - \tfrac{1}{2}\delta \mathfrak{g}^2 = p_0$$

sein; $\mathfrak{g}$ ist hiernach konstant. In großer Entfernung von der Lamelle wird aber die Geschwindigkeit $\mathfrak{g}$ wieder gleich der ursprünglichen Strömungsgeschwindigkeit c, sie muß also in der ganzen Grenze gleich c sein und wir erhalten so den wichtigen Satz:

An den Grenzflächen AE und BF der strömenden gegen die ruhende Flüssigkeit ist die Geschwindigkeit der ersteren konstant und gleich der Geschwindigkeit c des Stromes in einer Entfernung von der Lamelle, wo der störende Einfluß derselben sich noch nicht geltend macht.

Wir betrachten jetzt eine Stelle x der Lamelle zwischen den Punkten C und B. Die Flüssigkeit wird hier eine Geschwindigkeit v besitzen, kleiner als die Geschwindigkeit c, welche an der Kante B erreicht wird. Der hydrodynamische Druck, den die bewegte Flüssigkeit auf die Lamelle an der Stelle x ausübt, ist gleich $p - \frac{1}{2}\delta v^2$. Dem vorhergehenden Satze zufolge ist aber $p - \frac{1}{2}\delta c^2 = p_0$, d. h. gleich dem Drucke in dem ruhenden Teile der Flüssigkeit. Der hydrodynamische Druck an der Stelle x kann somit ausgedrückt werden durch:

$$p_0 + \tfrac{1}{2}\delta(c^2 - v^2).$$

Ihm entgegen wirkt auf der Seite der ruhenden Flüssigkeit der Druck p_0. An der betrachteten Stelle übt somit die strömende Flüssigkeit einen Überdruck aus von der Größe:

$$\tfrac{1}{2}\delta(c^2 - v^2).$$

Der Überdruck ist am größten in der Mitte der Lamelle, für $v = 0$; er verschwindet an ihrem Rande, für $v = c$. Im ganzen resultiert aus diesen Überdrucken eine Kraft, welche die Lamelle in der Richtung der Strömung fortzutreiben sucht. Die theoretische Betrachtung gibt für diese Kraft die Formel:

$$\frac{\pi}{4 + \pi} \cdot b\, l\, \delta\, c^2.$$

Benützt man als Einheiten cm, g, sec, so wird die Kraft angegeben in Dynen. Mit Rücksicht auf praktische Anwendungen scheint es zweckmäßiger, die Kraft auszudrücken durch Kilogrammgewichte, die Länge zu messen in m. Die sich ergebenden neuen Maßzahlen der Länge, der Breite und der Geschwindigkeit seien b', l' und c'; dann ist die auf die Lamelle wirkende Druckkraft gegeben durch:

$$\frac{\pi}{4 + \pi}\, b'\, l'\, \delta\, c'^2 \cdot \frac{10^8}{981\,000},$$

d. h. gleich:

$$45 \cdot b'\, l'\, \delta\, c'^2 \text{ Kilogrammgewichten.}$$

Die Kraft ist proportional der von der Strömung getroffenen Fläche, dem Quadrate der Strömungsgeschwindigkeit und der Dichte der Flüssigkeit.

Für Luft (mit $\delta = 0{,}0012$) ergibt sich der Wert der Druckkraft zu

$$0{,}054 \cdot b' l' c'^2 \text{ Kilogrammgewichten.}$$

Wir behandeln noch kurz den Fall, daß die Richtung der Strömung gegen die Ebene der Lamelle unter einem beliebigen Winkel α geneigt ist. Eine erste Abweichung von dem Falle der senkrechten Strömung besteht darin, daß die Grenze zwischen den nach rechts und den nach links abfließenden Teilen der Flüssigkeit nicht mehr durch die Mitte der Lamelle geht. Sie trifft vielmehr die Lamelle seitlich, wie dies durch die Linie DG der Fig. 139 anschaulich gemacht wird. In dem Falle von Fig. 138 ergibt sich ferner schon aus der Symmetrie, daß die resultierende Druckkraft ihren Angriffspunkt in der Mitte C der Lamelle haben muß. Bei schiefer Richtung der Strömung erfährt auch dieser Punkt eine seitliche Verschiebung; in Fig. 139 ist die Druckkraft durch den Pfeil N dargestellt, ihr Angriffspunkt liegt in dem Punkte n. Sein Abstand von der Mitte C der Lamelle wird um so größer, je kleiner der Winkel α zwischen der Stromrichtung und der Fläche der Lamelle ist. Die Theorie gibt für den Abstand Cn die Formel

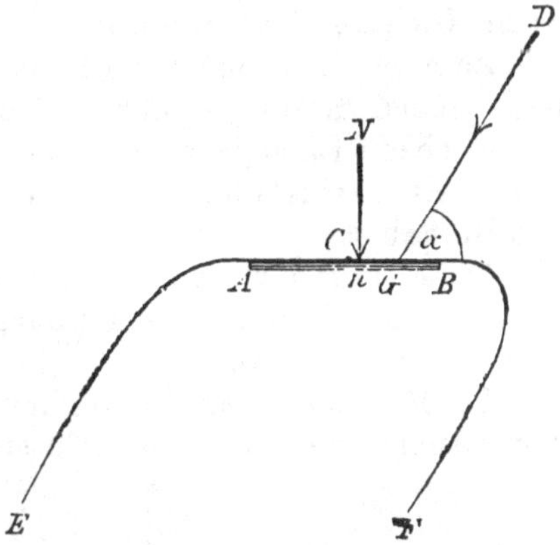

Fig. 139.
Flüssigkeitsstrom schief gegen Ebene.

$$\frac{Cn}{AB} = \frac{3 \cos \alpha}{4\,(4 + \pi \sin \alpha)}.$$

Seinen größten Wert erreicht Cn für α gleich Null, und zwar wird dann:

$$(Cn)_0 = 0{,}187 \cdot AB.$$

Endlich ist natürlich auch die Größe der Druckkraft abhängig von dem Winkel α. Hierfür ergibt sich das Gesetz:

$$\text{Resultierende Druckkraft } N = \frac{\pi \sin \alpha}{4 + \pi \sin \alpha} \cdot b\, l\, \delta\, c^2.$$

Bezeichnen wir mit N_{90} den Betrag der Druckkraft bei senkrechter Strömung, so ist:

$$\frac{N}{N_{90}} = \frac{(4 + \pi) \sin \alpha}{4 + \pi \sin \alpha}.$$

An das vorhergehende knüpfen sich noch ein paar praktische Folgerungen. Machen wir unsere Lamelle drehbar um eine Achse, welche durch ihren Mittelpunkt C parallel zu den Längskanten hindurchgeht, so stellt sie sich unter der Wirkung des von der Strömung herrührenden Druckes zu dieser senkrecht. Wir nehmen andererseits einen Punkt n seitlich von der Achse, aber so, daß die Entfernung Cn kleiner als $0{,}187 \cdot AB$ ist. Machen wir die Lamelle drehbar um eine durch jenen Punkt gehende Längsachse, so stellt sie sich schief gegen die Strömung und der Betrag der Neigung kann mit Hilfe obiger Gleichungen bestimmt werden. Wird die Entfernung der Drehungsachse von der Mitte der Lamelle gleich oder größer als $0{,}187 \cdot AB$, so stellt sie sich in die Richtung der Strömung.

Zum Schlusse möge noch darauf hingewiesen werden, daß die vorhergehenden Resultate sich auf den Fall übertragen lassen, daß eine starre, ebene Lamelle durch eine im ganzen ruhende Flüssigkeit bewegt wird. Es beruht dies auf derselben Überlegung, die wir in § 106 angestellt haben.

Diese Formeln stimmen mit den wirklichen Beobachtungen nicht, weil wir den Einfluß der Reibung nicht berücksichtigen. Das soll in § 130 nachgeholt werden.

§ 108. Stoß von Flüssigkeitsstrahlen gegen starre Körper. Von dem Drucke, den ein freier Flüssigkeitsstrahl, der einen starren Körper trifft, auf diesen ausübt, hat man bei gewissen Formen der Turbinen praktische Anwendung gemacht. Die Größe der Druckkraft läßt sich in einem speziellen Falle durch eine ziemlich elementare Betrachtung bestimmen. Der starre Körper habe die Gestalt eines Keiles mit scharfer Schneide, dessen Seitenflächen durch zwei sich berührende Zylinder von gleichem Radius dargestellt sein mögen. Fig. 140 gibt einen Durchschnitt des Keiles senkrecht zu seiner Kante. Die Kreisbogen AC und BC entsprechen den Seitenflächen des Keiles; CD ist ihre gemeinsame Tangente und zugleich Symmetrieachse der Figur. In der Richtung CD stoße nun auf die Kante des Keiles ein Flüssigkeitsstrahl mit der Geschwindigkeit v. Seine Dicke sei b, seine Breite (senkrecht zur Zeichnungsebene) sei gleich der Schneidenlänge L des Keiles. L sei sehr groß gegen b. Der Strahl habe also die Gestalt einer breiten, aber dünnen Lamelle. Beim Auftreffen

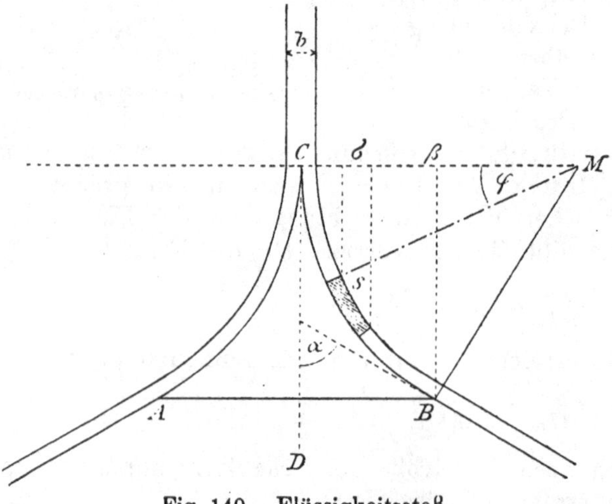

Fig. 140. Flüssigkeitsstoß.

auf die Kante des Keiles teilt er sich in zwei Teile, deren jeder die Dicke $\frac{1}{2}\,b$ besitzt. Diese werden längs der Kreisbögen CA und CB von der ursprünglichen Richtung CD abgelenkt, und verlassen den Keil in den Enden A und B in tangentialer Richtung mit der Geschwindigkeit v. Dabei üben die im Kreise sich bewegenden Wasserteilchen Zentrifugalkräfte auf die Seiten des Keiles aus; die Resultante dieser Zentrifugalkräfte gibt die auf den Keil wirkende Druckkraft.

Nehmen wir in dem an CB entlang gleitenden Strahle ein Stück von der Länge s, so ist das ihm entsprechende Flüssigkeitsvolumen gleich $\frac{1}{2}\,b\,L\,s$; ist δ die Dichte der Flüssigkeit, so ist die in dem betrachteten Stücke s enthaltene Masse gleich $\frac{1}{2}\,\delta\,b\,L\,s$, somit die von ihm auf die Wand des Keiles ausgeübte Zentrifugalkraft gleich

$$\frac{1}{2}\,\delta\,b\,L\,s\,\frac{v^2}{r}\,,$$

wenn wir unter r den Halbmesser MC des Kreisbogens CB verstehen. Von dieser Kraft wird aber aus Symmetriegründen nur die der Mittellinie CD parallele Komponente zur Geltung kommen. Diese ist

$$\frac{1}{2}\,\delta\,b\,L\,\frac{v^2}{r}\,s\sin\varphi\,.$$

Nun ist aber $s\sin\varphi$ nichts anderes, als die Projektion von s auf die Linie MC. Bezeichnen wir diese Projektion mit σ, so ergibt sich für die ganze Kraft, die auf die Seite BC des Keiles in der Richtung CD wirkt, der Ausdruck:

$$\frac{1}{2}\,\delta\,b\,L\,\frac{v^2}{r}\,\Sigma\,\sigma = \frac{1}{2}\,\delta\,b\,L\,\frac{v^2}{r}\cdot C\beta\,,$$

wo wir mit β den Projektionspunkt von B auf MC bezeichnen. Der Winkel, den die Strahlrichtung beim Verlassen der Keilfläche mit der Achse CD einschließt, sei α, dann ist $C\beta = r - r\cos\alpha$, weil $\beta \widehat{M} B = \alpha$. Für die gesamte Kraft, welche der Strahl in der Richtung CD auf beide Flächen des Keiles zusammengenommen ausübt, ergibt sich hiernach der Wert: $\delta\,b\,L\,v^2\,(1-\cos\alpha)$.

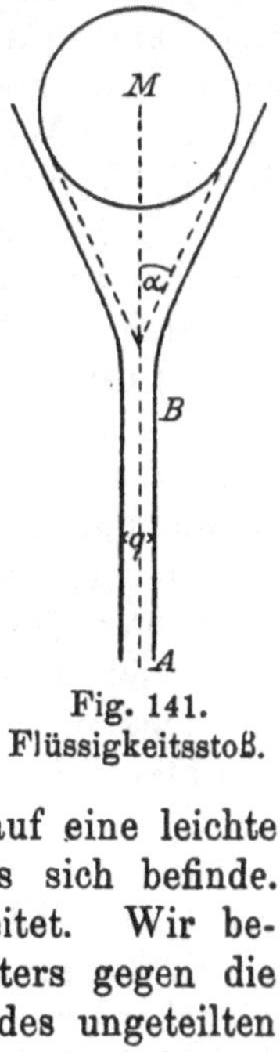

Fig. 141. Flüssigkeitsstoß.

Dasselbe Gesetz gilt noch in einem anderen Falle, der zu einem hübschen Experimente Veranlassung gibt. Es sei AB (Fig. 141) ein zylindrischer Luftstrahl, der vertikal aus der Mündung eines Windkessels bei einem Drucke von 6—8 Atmosphären emporsteigt. Er treffe auf eine leichte Kugel, deren Mittelpunkt M in der Achse des Strahles sich befinde. Der Strahl wird an der Kugel trichterförmig ausgebreitet. Wir bezeichnen den Winkel, unter dem die Kanten des Trichters gegen die Achse des Strahles geneigt sind, mit α, den Querschnitt des ungeteilten Strahles mit q, die Geschwindigkeit der Luft, wie oben die der Flüssigkeit, mit v, die Dichte mit δ; die Kraft, welche der Strahl auf die Kugel nach oben hin ausübt, ist dann gleich:

$$\delta q v^2 (1 - \cos \alpha).$$

Ist diese Kraft gleich dem Gewichte der Kugel, so bleibt diese auf dem Gipfel des Strahles schweben, allein von dem Drucke des Strahles getragen. Das Gleichgewicht der Kugel ist ein vollkommen stabiles; denn verschieben wir den Mittelpunkt der Kugel, so daß sie an der Seite des Luftstrahles sich befindet, so schwingt sie infolge des verminderten Seitendruckes der bewegten Luft (§ 104) von selber nach der Achse des Strahles zurück. Man kann zu dem Versuche auch den Strahl eines Springbrunnens benützen; in diesem Falle spielen aber Adhäsion und Reibung eine wesentliche Rolle.

III. Wellenbewegung auf idealen Flüssigkeiten.

§ 109. **Wellen inkompressibler Flüssigkeiten.** Wenn man einen Stein in die ruhige Oberfläche eines Teiches wirft, so sieht man die bekannte Erscheinung der Wellenringe, die sich um den getroffenen Punkt konzentrisch verbreiten. Die Brüder Weber erzeugten bei ihren klassischen Untersuchungen über Wellenbewegung ähnliche Wellen in einer von parallelen Glaswänden begrenzten Rinne, indem sie an dem einen Ende eine Säule der Flüssigkeit, mit der die Rinne gefüllt war, in einer Glasröhre aufsaugten und dann fallen ließen. In beiden Fällen besteht die Welle aus einem voranschreitenden Wellenberg und einem darauf folgenden Wellental. Beide zusammen geben die ganze Länge der Welle. Wie bei jeder Wellenbewegung, so ist auch hier zu unterscheiden zwischen der scheinbaren Bewegung, welche in dem Fortschreiten der Welle, d. h. der in der angegebenen Weise veränderten Gestalt der Oberfläche, von einer Stelle zu der anderen besteht, und der reellen Bewegung, welche die einzelnen Teilchen der Flüssigkeit selbst dabei ausführen. Wie bei den Seilwellen in § 68, so wird auch hier eine Hauptaufgabe der Forschung in der Ermittelung des zwischen den beiden Bewegungen vorhandenen Zusammenhanges bestehen. Daß die reelle Bewegung der Flüssigkeitsteilchen keine fortschreitende, sondern im wesentlichen eine schwingende ist, erkennen wir, wenn wir irgendeinen auf dem Wasser schwimmenden oder in ihm suspendierten Körper beobachten. Die Welle ist also kein Körper, der dauernd aus denselben Teilchen sich zusammensetzt, sondern nur eine Form der Oberfläche und der übereinander gelagerten Schichten der Flüssigkeit; im Zustande der Ruhe sind diese eben, bei der Wellenbewegung gekrümmt, so daß sie Erhebungen und Vertiefungen bilden. Das Fortrücken einer Welle ist daher nur ein Fortrücken dieser Form; während die Welle, die durch den in das Wasser geworfenen Stein erzeugt wurde, über einen immer größeren Kreis sich ausdehnt, bleibt das Wasser, aus dem sie jeweils besteht, an seinem Orte.

Für die reelle Bewegung der Flüssigkeitsteilchen bei der Wellenbewegung ergeben sich aus den Beobachtungen der Brüder Weber die folgenden Sätze:

Die Schwingungsbahnen der in der Nähe der Oberfläche der Flüssigkeit befindlichen Teilchen sind anscheinend Ellipsen, die sich der Kreisgestalt nähern; mit der Tiefe wird die elliptische Gestalt der Bahnen immer gestreckter und fällt endlich mit einer horizontalen geraden Linie zusammen.

Mit der Tiefe nehmen die Bahnen der daselbst schwingenden Teilchen, sowohl im senkrechten als im horizontalen Durchmesser, an Größe ab.

Die schwingende Bewegung der Teilchen ist selbst in einer Tiefe, welche der 350maligen Höhe der Welle über der Oberfläche gleichkommt, noch wahrnehmbar.

In die Tiefe der Flüssigkeit hinab bemerkt man weder bei der Erregung noch bei dem Fortgange der Wellen ein allmähliches Fortschreiten derselben, sondern die schwingende Bewegung scheint gleichzeitig in der Tiefe und an der Oberfläche zu geschehen, und die senkrecht untereinander liegenden Teilchen einer Flüssigkeit scheinen gleichzeitig in die sich entsprechenden Punkte ihrer Schwingungsbahnen einzutreten.[1]

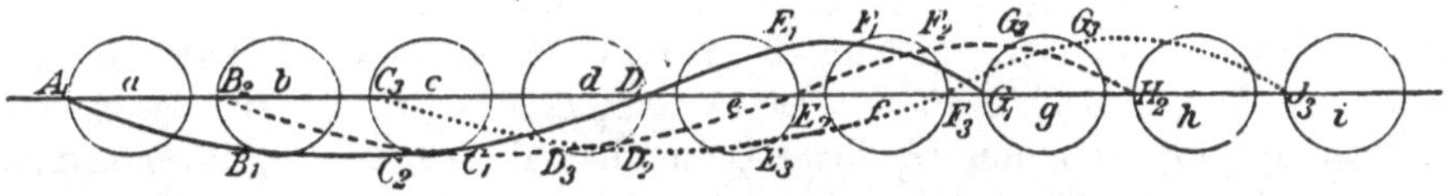

Fig. 142. Fortschreitende Wasserwelle.

Daß durch eine solche schwingende Bewegung der einzelnen Teilchen der Flüssigkeit in der Tat die Formänderung der Oberfläche hervorgebracht wird, die wir bei der Wellenbewegung beobachten, ergibt sich aus Fig. 142. Die Punkte $a, b, c, \ldots i$ stellen die in gleichen Abständen genommenen Mittelpunkte von vertikalen Kreisen dar, in denen sich die an der Oberfläche befindlichen Teilchen $A, B, C, \ldots J$ der Flüssigkeit bewegen. Von diesen Teilchen mögen sechs gerade auf die Länge der Welle kommen. Die Welle schreite von links nach rechts fort, die Teilchen bewegen sich in ihren kreisförmigen Bahnen im Sinne des Uhrzeigers. Die Welle sei mit dem Anfange ihres Berges bis zu dem Teilchen G vorgedrungen, und dieses befinde sich in dem Punkte G_1 eben noch in Ruhe. Das links vor G liegende Teilchen F hat schon $^1/_6$ seines Kreises durchlaufen und befindet sich in F_1, das Teilchen E befindet sich in E_1, nachdem es $^2/_6$ seiner Bahn durchlaufen hat; D hat

[1] E. H. Weber u. W. Weber, Wellenlehre auf Experimente gegründet. (1825.) W. Webers Werke, Bd. V.

schon die Hälfte seiner Bahn zurückgelegt und steht seiner Ruhelage diametral gegenüber in D_1. Die Teilchen C und B haben $^4/_6$ und $^5/_6$ ihrer Bahnen zurückgelegt und sind in den Punkten C_1 und B_1 angelangt; A endlich hat schon seine ganze Bahn vollendet und ist in die Ruhelage A_1 zurückgekehrt und beginnt seine periodische Bewegung wieder von vorn.

Die Gestalt der Welle ist gegeben durch die Linie $A_1 B_1 C_1 D_1 E_1 F_1 G_1$, welche die augenblicklichen Lagen der betrachteten Teilchen verbindet. Suchen wir nun die Formänderung, welche die Oberfläche der Flüssigkeit in dem Zeitintervall erleidet, in dem die Flüssigkeitsteilchen den sechsten Teil ihrer Bahn durchlaufen. Die betrachteten Teilchen haben sich alle um $^1/_6$ des Kreisumfanges weiterbewegt nach den mit dem Index 2 versehenen Punkten der betreffenden Kreise; der Fuß des Wellenberges ist vorgedrungen bis zu der Ruhelage H_2 des zunächst vor G liegenden Teilchens, das Ende des Wellentales ist bei B_2. Die Welle selbst ist gegeben durch die Linie $B_2 C_2 D_2 E_2 F_2 G_2 H_2$. Während also die Teilchen $^1/_6$ ihrer Bahn durchliefen, ist die Welle um $^1/_6$ ihrer Länge vorgerückt. In einem folgenden, gleich großen Zeitintervalle gelangen die Teilchen in die mit dem Index 3 versehenen Punkte; die Welle ist dargestellt durch die Linie $C_3 D_3 E_3 F_3 G_3 H_3 J_3$; sie ist in der Zeit, in der die Teilchen $^2/_6$ ihrer Bahn durchliefen, um $^2/_6$ ihrer Länge vorgeschritten. Setzen wir diese Betrachtung weiter fort, so erkennen wir, daß die Wellenbewegung, soweit sie als Formänderung der Oberfläche erscheint, in der Tat dadurch dargestellt werden kann, daß wir eine unveränderliche aus Berg und Tal zusammengesetzte Wellenlinie über die Oberfläche mit gleichbleibender Geschwindigkeit hinbewegen. Wir sehen aber auch, wie diese scheinbare Bewegung aus der kreisförmigen Schwingung der Flüssigkeitsteilchen entsteht, und wir gewinnen den beide Bewegungen verbindenden Satz:

Während ein Teilchen der Flüssigkeit einmal seine Bahn durchläuft, schreitet die Welle, in der sich das Teilchen befindet, um so viel fort, als ihre Länge beträgt.

Bezeichnen wir die Länge der Welle durch l, ihre Fortpflanzungsgeschwindigkeit durch v, die Umlaufszeit der Teilchen in ihrer kreisförmigen Bahn durch T, so ist:

$$l = vT.$$

Wenn durch einen kontinuierlichen Zug von Wellen die Teilchen andauernd in ihrer kreisförmigen Bewegung erhalten werden, ist es zweckmäßig, an Stelle von T die Schwingungszahl n der Teilchen einzuführen, die Anzahl der Umläufe, die sie in einer Sekunde machen. Es wird dann:

$$n = v/l.$$

Die Schwingungszahl der in der Welle befindlichen Teilchen ist gleich der Fortpflanzungsgeschwindigkeit der Welle, dividiert durch die Wellenlänge.

Die scheinbare Bewegung, das Fortschreiten der Welle, ergibt sich aus der geschilderten reellen Bewegung dadurch, daß die horizontal in der Fortschreitungsrichtung hintereinander liegenden Teilchen sukzessiv in eine schwingende Bewegung geraten, und zwar so, daß sich niemals mehrere Teilchen, die zu einer Welle gehören, gleichzeitig in entsprechenden Punkten ihrer Schwingungsbahnen befinden, sondern erst nacheinander in diese entsprechenden Punkte kommen.

Nach der Lage der Teilchen in den Schwingungsbahnen bemessen wir, ebenso wie in § 46, die Phasen der Schwingung; die Beziehung zwischen den Schwingungen verschiedener Teilchen drückt sich dann dadurch aus, daß sie eine bestimmte Phasendifferenz besitzen.

Die Kraft, die bei der Wellenbewegung wirksam ist, liegt in den hydrostatischen Druckdifferenzen, die zwischen dem Berge und dem Tale einer Welle und ebenso zwischen beiden und dem Spiegel der ruhenden Flüssigkeit bestehen. Daraus ergibt sich die Möglichkeit einer theoretischen Untersuchung der Bewegung vom Standpunkte der Newtonschen Prinzipien aus. Wir beschränken uns auf die Angabe eines Resultates, das sich auf die Fortpflanzungsgeschwindigkeit der Flüssigkeitswellen bezieht. Diese hängt im allgemeinen ab von der Wellenlänge und von der Tiefe der Flüssigkeit. Ist die letztere sehr groß gegenüber der Wellenlänge, so verschwindet ihr Einfluß, und es ergibt sich für die Fortpflanzungsgeschwindigkeit der Wert

$$v = \sqrt{\frac{g}{2\pi} l}.$$

Die Fortpflanzungsgeschwindigkeit ist proportional der Wurzel aus der Wellenlänge. Ist umgekehrt die Wellenlänge sehr groß im Vergleiche mit der Tiefe h der Flüssigkeit, pflanzen sich z. B. lange Wellen in einem flachen Kanale fort, so ist ihre Geschwindigkeit $v = \sqrt{g h}$.

Der von uns benützte Mechanismus gibt zwar in sehr anschaulicher Weise die Hauptzüge der Wellenbewegung einer Flüssigkeitsoberfläche, aber er hat doch nur die Bedeutung einer schematischen Darstellung und vermag nicht, alle Einzelheiten der Beobachtung und Theorie in richtiger Weise wiederzugeben.

Aus dem von uns angenommenen Mechanismus der Wellenbewegung folgt, daß die Welle die Form einer verkürzten Zykloide besitzt; der Wellenberg ist erheblich kürzer als das Wellental. Die wirklichen Wellen jedoch an der Oberfläche einer Flüssigkeit nähern sich sehr viel mehr der Form einer Sinuslinie, mit gleicher Länge von Berg und Tal.

Die Bahn der Flüssigkeitsteilchen ist in Wirklichkeit nicht geschlossen; man gewinnt von ihr eine Vorstellung, wenn man sich die Kreise der Fig. 142 bei jedem Umlauf des Flüssigkeitsteilchens ein wenig in der Richtung verschoben denkt, in der die Welle fortschreitet. Auch die Wasserteilchen selbst verschieben sich daher ein wenig in derselben Richtung, so oft eine Welle über sie hinweggeht.

§ 110. Das Huygenssche Prinzip. Es sei die von dem Erschütterungszentrum *O* (Fig. 143) ausgehende Welle zu irgendeiner Zeit bis zu dem Kreise *abcde*... vorgedrungen. Nun denkt sich Huygens (1629—1695), daß die von der Welle erschütterten Teilchen *a, b, c, d, e*...sich wie neue Wellenzentren verhalten, daß von ihnen neue Wellen, Elementarwellen, nach vorwärts sich ausbreiten mit derselben Geschwindigkeit, mit der die Hauptwelle über die Oberfläche der Flüssigkeit hingeht. In der Zeit also, in der die Hauptwelle sich bis zu dem Kreise *ABCDE*... ausgebreitet hätte, haben die von den Punkten *a, b, c, d, e*... ausgehenden

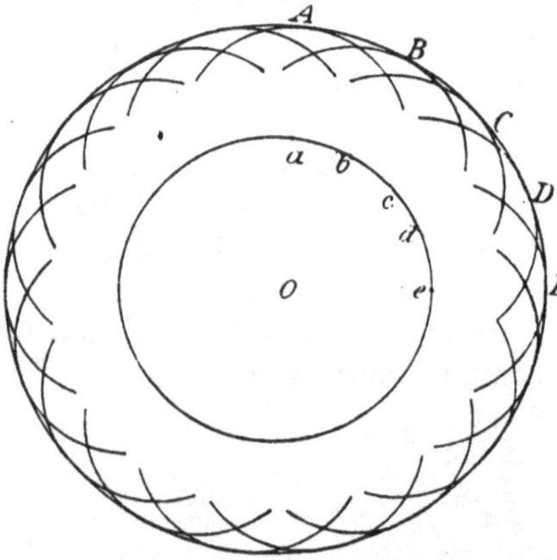

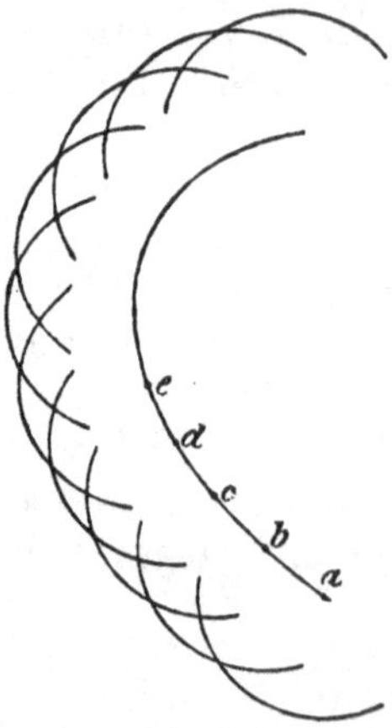

Fig. 143. Huygens-Prinzip. Fig. 144.

Elementarwellen auf Kreise von dem Halbmesser *aA, bB, cC, dD, eE*... sich erweitert, welche den Wellenkreis *ABCDE*... als gemeinsame Umhüllungslinie besitzen. Dementsprechend können wir uns den Kreis *ABCDE*... zusammengesetzt denken aus den ihn berührenden und sich kontinuierlich aneinanderreihenden Segmenten der von den Punkten *a, b, c, d, e*... ausgehenden Elementarwellen. Wir können also in der Tat sagen, daß diese nach vorwärts sich zu der neuen Welle *ABCDE*... zusammensetzen; wir müssen aber zugleich annehmen, daß im Innern dieses Wellenkreises die Wirkung der sich durchkreuzenden Elementarwellen verschwindet. Für das Verständnis der Ausbreitung einer kreisförmigen Welle von einem Erschütterungszentrum aus erscheint das Huygenssche Prinzip überflüssig; es wird aber sofort zu einem mächtigen Hilfsmittel für die Untersuchung der Wellenbewegung, wenn wir ihm eine etwas allgemeinere Fassung geben, welche durch die zugrunde liegende Vorstellung unmittelbar an die Hand gegeben wird.

Auf der Oberfläche der Flüssigkeit, auf welcher eine Welle sich ausbreitet, sei eine beliebige Linie gegeben (Fig. 144).

Werden ihre Punkte *a, b, c, d, e* ... von der Welle, sei es gleichzeitig (wie in der Fig.), sei es sukzessiv, getroffen, so breiten sich von ihnen Elementarwellen aus, mit derselben Geschwindigkeit, die der gegebenen Welle zukommt; für irgendeine spätere Zeit ist dann die Gestalt der Welle, die Linie, bis zu der die ursprüngliche Wellenbewegung sich ausgebreitet hat, durch die Umhüllende jener Elementarwellen gegeben.

Wir wenden diesen Satz an auf den Durchgang einer von einem Punkte *O* (Fig. 145) ausgehenden Welle durch eine Öffnung, die von zwei in die Flüssigkeit eintauchenden Wänden gebildet wird. Hier werden die in den Punkten *a, b, c, d, e* der Öffnung liegenden Flüssigkeitsteilchen der Reihe nach von der Welle getroffen. Fragen wir nach der Gestalt, welche die Welle zu einer Zeit besitzt, in der bei ungestörter Ausbreitung die von *O* ausgehende Welle bis zu dem Kreise *AE* gelangt wäre. Die von den Teilchen *a, b, c, d, e* erregten Elementarwellen haben sich in dem betrachteten Zeitpunkte zu Kreisen mit den Halbmessern *aA, bB, cC, dD* und *eE* erweitert. Ihre gemeinsame Umhüllungslinie wird durch den Kreisbogen *ABCDE* dargestellt, der von den Verbindungslinien *OA* und *OE* des Wellenzentrums mit den Rändern der Öffnung begrenzt wird. Die Welle dringt also von *O* aus in den Raum hinter der Öffnung ein, aber so, daß sie in diesem Raume begrenzt wird durch die nach den Rändern der Öffnung hingehenden Strahlen. Man bezeichnet dies als geradlinige Ausbreitung der Welle. Jedoch findet eine solche in Wirklichkeit nur statt, wenn die Wellenlänge klein ist gegen die Breite der Öffnung. Es folgt dies aus einer tiefer eindringenden Untersuchung, die wir der Wellenlehre des Lichtes vorbehalten.

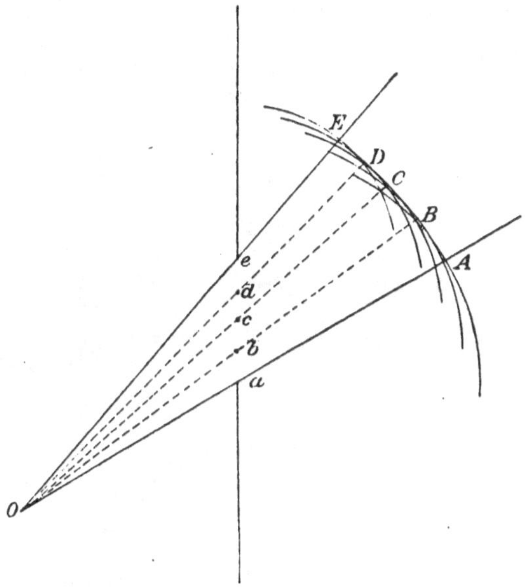

Fig. 145. Wellendurchgang durch Loch.

Wir betrachten zweitens mit Hilfe des Huygensschen Prinzips den Vorgang der Reflexion einer Welle. In einer Flüssigkeit, die auf einer Seite durch eine ebene Wand begrenzt ist, werde in dem Punkte *O* (Fig. 146) eine Welle erregt; sie breitet sich zunächst kreisförmig aus, bis sie an die Wand stößt. Es entsteht nun die Aufgabe, die weitere Bewegung zu bestimmen, die Gestalt der Welle für irgendeinen späteren

Zeitpunkt zu konstruieren. Wir können diesen Zeitpunkt dadurch fixieren, daß wir den Kreis $feAe'f'$ zeichnen, bis zu dem die Welle von O aus sich verbreitet hätte ohne das Dazwischentreten der Wand. Ist a die Mitte der Sehne ee', die jener Kreis aus der Wand ausschneidet, so wird das in a befindliche Flüssigkeitsteilchen zuerst von der Welle getroffen, darauf die Teilchen b, b', dann c, c', dann d, d', dann zuletzt die

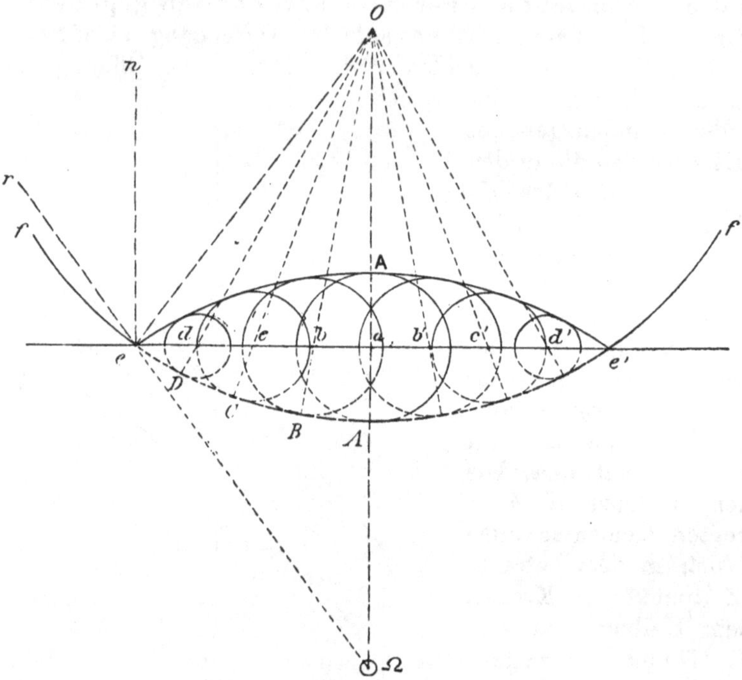

Fig. 146. Reflexion einer Welle.

Teilchen e, e'. In der Zeit, in der die Hauptwelle bis zu dem Kreis eAe' fortschreiten würde, breiten sich die von den Teilchen a, b, b', c, c', d, d' ausgehenden Elementarwellen auf Kreise mit den Halbmessern aA, bB, cC, Dd aus. Im Falle der Reflexion können von diesen Kreisen nur die rückwärts gewandten Teile in Betracht kommen, im Gegensatze zu dem Falle der fortschreitenden Welle, in dem wir nur die vorwärts liegenden Teile zu berücksichtigen hatten. Die Umhüllende dieser Elementarwellen ist ein Kreisbogen $e\mathsf{A}e'$, der zu dem Bogen eAe' symmetrisch liegt mit Bezug auf die feste Wand. Sein Mittelpunkt liegt in dem zu O symmetrischen Punkte Ω. Hieraus folgt, daß zu der betrachteten Zeit die Welle aus zwei Teilen besteht, dem ungestörten Wellenkreise fe und $f'e'$, der noch nicht mit der Wand in Berührung gekommen ist, und dem von der Wand reflektierten Teile $e\mathsf{A}e'$. Dieser reflektierte Teil besteht aus einem Kreisbogen, dessen Mittelpunkt Ω auf dem von dem Erschütterungszentrum auf die Wand gefällten Lote Oa

gerade so weit hinter der Wand liegt, als O vor derselben. Der reflektierte Teil der Welle verhält sich demnach geradeso, als ob er zu einer Welle gehörte, die in einem zu dem Wellenzentrum mit Bezug auf die Wand symmetrischen Punkte erregt wäre.

In dem Punkte e ist die Fortschreitungsrichtung der ursprünglichen Welle gegeben durch den Radius Oe, die der reflektierten Welle durch Ωer; wir bezeichnen diese Richtungen als die Wellenstrahlen. Ziehen wir in dem Punkte e die Linie en senkrecht zu der reflektierenden Wand, so sind die Winkel Oen und ren gleich. Wir nennen en das Einfallslot, Oen den Einfalls-, ren den Reflexionswinkel und haben dann den Satz:

Trifft eine Welle auf eine ebene Wand, so wird sie so reflektiert, daß der Einfallswinkel gleich dem Reflexionswinkel ist.

§ **111. Stehende Wellen.** Wir betrachten den Fall, daß in dem Erschütterungszentrum O eine stetige Folge von gleich langen Wellen erregt wird, die sich zu einem zusammenhängenden Wellenzuge verbinden. Wird dieser an einer geradlinigen Wand reflektiert, so gilt für jeden einzelnen Wellenimpuls das in § 68 Gesagte. Da jeder Berg und jedes Tal für sich reflektiert wird, so erhalten wir nach der Reflexion wieder einen zusammenhängenden, aus Berg und Tal bestehenden Wellenzug, der kreisförmig vom Zentrum aus herzukommen scheint. Die gleichzeitige Ausbreitung der beiden Wellenzüge auf der Oberfläche, die damit verbundene Durchkreuzung ihrer Berge und Täler gibt zu eigentümlichen Erscheinungen, den sog. Interferenzen, Veranlassung. Das Ergebnis der Durchkreuzung bestimmt sich nach dem Prinzipe der Kombination. An jeder Stelle der Flüssigkeitsoberfläche ist die wirkliche Abweichung der Teilchen von ihrer Ruhelage gleich der algebraischen Summe der auf sie fallenden Ordinaten der verschiedenen sich durchkreuzenden Wellen.

Wenn die Oberfläche der Flüssigkeit mit feinen Kräuselwellen bedeckt ist, und zugleich größere Wogen über sie hinrollen, so scheinen die letzteren mit einem Netz von feinen Wellen überzogen; diese Bemerkung enthält den Grund, weshalb man bei der Wellenbewegung das allgemeine Prinzip der Kombination als das der Superposition bezeichnet.

Wir betrachten ausführlicher nur die Verhältnisse, wie sie sich in der Nähe einer ebenen reflektierenden Wand in nicht zu großer Entfernung von der die Wellenzentren O und Ω (Fig. 146) verbindenden Linie gestalten. Die Wellen selbst können wir dann als parallel mit der Wand betrachten; der ursprüngliche und der reflektierte Wellenzug sind also ebenfalls einander parallel, ihre Wellenlänge ist dieselbe, aber ihre Fortpflanzungsrichtungen sind entgegengesetzt. Schneiden wir die beiden Wellenzüge durch eine vertikale Ebene nach der Linie $O\Omega$, so bieten sie in einem bestimmten Momente das in Fig. 147a dargestellte

Bild; der direkte Wellenzug ist ausgezogen, der reflektierte gestrichelt. In den Punkten K_1, K_2, K_3, ... sind die den einzelnen Wellen entsprechenden Ordinaten entgegengesetzt gleich, die in ihnen liegenden Flüssigkeitsteilchen befinden sich somit in ihrer Ruhelage; wir nennen diese Punkte Knotenpunkte; in den mitten zwischen ihnen liegenden Punkten B_1, B_2, B_3, ... summieren sich die nach oben gerichteten Ordinaten der Berge, die nach unten gehenden der Täler; in ihnen sind die Teilchen der Flüssigkeit am weitesten in dem einen oder anderen Sinne von ihrer Ruhelage entfernt; wir nennen diese Punkte Schwingungsbäuche. Die Oberfläche der Flüssigkeit hat im Schnitte durch die Vertikalebene $O\Omega$ in dem betrachteten Augenblicke die Gestalt der

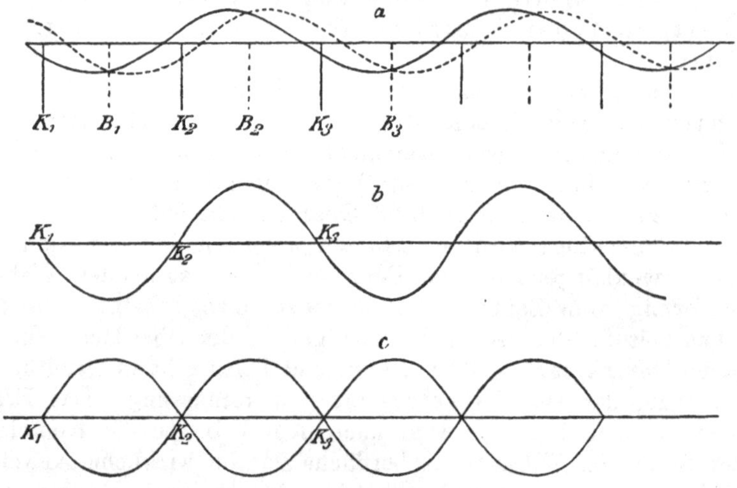

Fig. 147. Stehende Wellen.

ausgezogenen Kurve (Fig. 147b). Wenn wir nun die Bewegung der Wellen weiter fortschreiten lassen, so schieben sich die Wellenlinien der Fig. 147a im entgegengesetzten Sinne mit gleicher Geschwindigkeit durcheinander. Man erkennt, daß in den Punkten K stets entgegengesetzt gleiche Ordinaten zusammentreffen, daß sie stets den Charakter von Knotenpunkten behalten, in denen die Flüssigkeitsteilchen in Ruhe sind. In den Bäuchen B dagegen schwanken die Teilchen am stärksten auf und ab, indem sie bald zu der doppelten Höhe des Berges einer einzelnen Welle erhoben, bald in die doppelte Tiefe ihres Tales hinabgezogen werden. Die extremen Gestalten, die der Durchschnitt $O\Omega$ dabei annimmt, sind in Fig. 147c gezeichnet. Übertragen wir dies auf den betrachteten Teil der Oberfläche der Flüssigkeit, so entsprechen den Punkten K Knotenlinien, die sich der Wand parallel über die Oberfläche hinziehen; in ihnen bleibt der Spiegel der Flüssigkeit in Ruhe; in den dazwischen liegenden Streifen schwankt der Spiegel auf und ab, so daß benachbarte Streifen sich stets in entgegengesetzten Schwingungsphasen befinden, der eine einen Wellenberg, der andere gleichzeitig ein Wellental bildet. Man bezeichnet diese Bewegung als eine stehende Wellenbewegung oder stehende Schwingung. Die Entfernung zweier benachbarter Knoten oder zweier benachbarter Bäuche ist dabei gleich der halben Länge der interferierenden Wellen. Die Periode der Schwingung, die Zeit, in der die Flüssigkeit in einem durch zwei Knotenlinien begrenzten Streifen in ihrer größten Erhebung durch das Tal hindurch wieder zu derselben Höhe zurückkehrt, ist gleich der Zeit, in der die Wellen ihre eigene Länge durchlaufen. Sei diese Zeit einer ganzen Schwingung T, die Länge der Welle l, ihre Fortpflanzungsgeschwindigkeit v, so ist $T = l/v$. Bezeichnen wir die Anzahl der ganzen Schwingungen, welche der Flüssigkeitsspiegel in einer Sekunde ausführt, durch n, so ist diese Schwingungszahl:

$$n = v/l.$$

§ 112. **Wellen in Gasen.** Wenn wir in der Luft an irgendeiner Stelle die gleichmäßige Verteilung des Druckes und der Dichte stören, indem wir etwa in einem kugelförmigen Bereiche die Luftteilchen periodisch nach außen und innen verdrängen, so daß in ihm die Luft periodisch verdünnt und verdichtet, ringsherum periodisch verdichtet und verdünnt wird, so gibt dies Veranlassung zu einer Luftwelle, die sich kugelförmig von dem Störungspunkte aus verbreitet. Ebenso wie bei den Wasserwellen ist das, was sich in der Luftwelle ausbreitet, nicht ein Körper, sondern eben nur jene veränderte Verteilung der Dichte und des Druckes. Die Luftteilchen selbst führen eine schwingende Bewegung aus; in dem verdichteten Teile der Welle bewegen sie sich nach vorn, in der Richtung, in der die Welle sich ausbreitet; wenn sie in den verdünnten Teil gelangen, so schwingen sie zurück, der Fortpflanzungsrichtung der Welle entgegen. Als charakteristisch für die Wellenbewegung in der Luft erscheint der Umstand, daß die Richtung, in der die Welle fortschreitet, mit der Schwingungsrichtung der Teilchen in dieselbe gerade Linie fällt. Wellenbewegungen von dieser Art nennt man im Gegensatze zu den früher behandelten transversalen Wellen, longitudinale Wellen. Auch hier gilt die eben gegebene Beziehung $n = v/l$. Die Anwendung der Newtonschen Prinzipien auf die Wellenbewegung der Luft oder der Gase überhaupt gelingt am leichtesten, wenn man eine in einer langen zylindrischen Röhre eingeschlossene Luftsäule betrachtet. Schließt man sie an dem einen Ende durch einen beweglichen Stempel ab, so kann man eine Welle in der Röhre erzeugen, indem man den Stempel einmal rasch vorwärts stößt; die vor dem Stempel entstehende Verdichtung bewegt sich dann als Welle in der Röhre weiter; ebenso kann man durch Zurückziehen des Stempels eine Verdünnungswelle, durch rasches Hin- und Zurückschieben eine aus Verdichtung und Verdünnung zusammengesetzte Welle erzeugen. Die

Kraft, welche die einzelnen Teile der Luft in Bewegung setzt, resultiert aus den in der Röhre herrschenden Druckdifferenzen. Nehmen wir (Fig. 148) die zwischen den Querschnitten *AB* und *CD* der Röhre eingeschlossene Luftsäule, so wird der auf ihre Endflächen wirkende Druck verschieden groß sein, solange sich der Abschnitt *ABCD* in der Welle befindet. Bezeichnen wir den auf *AB* wirkenden Druck durch p, den auf *CD* ausgeübten durch p', den Querschnitt der Röhre durch q, so wirkt auf die Säule *ABCD* eine Kraft $q\,(p - p')$ im Sinne von *A* nach *C*. Ist δ die mittlere Dichte der in *ABCD* enthaltenen Luft, a die von der wirkenden Kraft erzeugte Beschleunigung, so ist nach dem Prinzipe der Masse:

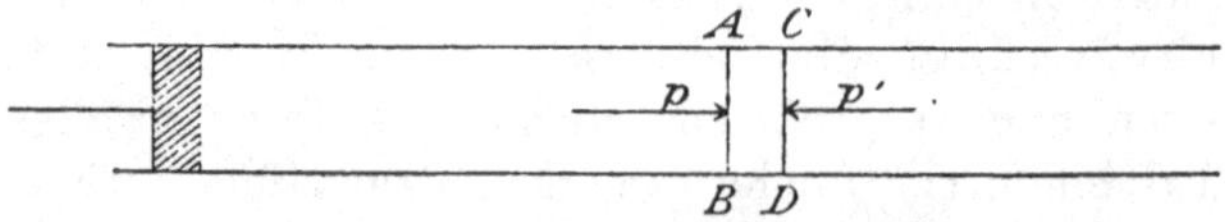

Fig. 148. Longitudinale Luftwellen.

$$AC \cdot q \cdot \delta \cdot a = q(p - p') \quad \text{oder} \quad \delta \cdot a = \frac{p - p'}{AC}.$$

Zu dieser Gleichung kommt zunächst noch die zwischen Druck und Dichte der Luft bestehende Beziehung hinzu; außerdem eine Gleichung für die Dichtigkeitsänderungen, welche durch die Bewegung der Luft herbeigeführt werden. Nimmt man an, daß die erstere Beziehung durch das Boyle-Mariottesche Gesetz gegeben sei, so liefert die weitere mathematische Behandlung der Gleichungen für die Fortpflanzungsgeschwindigkeit den Wert:

$$v = \sqrt{p/\delta}.$$

Dabei ist nun unter p der Druck der ruhenden Luft zu verstehen. Die Anwendung der Formel setzt voraus, daß Druck und Dichte in demselben Maßsysteme ausgedrückt werden. Benutzen wir das absolute System, so ist p in Dynen pro cm^2 anzugeben; δ bezeichnet die Dichte. Benutzen wir das technische System, so ist p die Anzahl der g-Gewichte pro cm^2; die Dichte δ ist gleich dem spezifischen Gewichte σ, dividiert durch die Beschleunigung der Schwere. Bei Zugrundelegung des technischen Systems erhalten wir somit:

$$v = \sqrt{g\frac{p}{\sigma}}$$

oder mit Benutzung der in § 86 eingeführten virtuellen Druckhöhe

$$v = \sqrt{gh},$$

eine Formel, die ebenso für irgendein anderes Gas gilt, wie für Luft.

Schallgeschwindigkeit. Die für die Fortpflanzungsgeschwindigkeit der Luftwellen gegebene Formel kann in sehr einfacher Weise geprüft werden, wenn man beachtet, daß Luftwellen, wenn sie zu unserem Ohre gelangen, oft die Empfindung eines Schalles hervorrufen. Die Geschwindigkeit, mit der Wellen in der Luft sich fortpflanzen, ist somit keine andere als die Schallgeschwindigkeit. Diese kann bestimmt werden, wenn man auf zwei Stationen A und B Kanonen abfeuert und sowohl in A als in B die Zeit beobachtet, die zwischen der Wahrnehmung des Blitzes und der des Schalles vergeht; das Mittel aus den Beobachtungen gibt die Zeit, welche der Schall braucht, um die Strecke AB zu durchlaufen, unabhängig von der Geschwindigkeit eines etwa herrschenden Windes. Auf diese Weise ergab sich bei 0° für die Fortpflanzungsgeschwindigkeit des Schalles oder der Luftwellen der Wert:

$$v = 33170 \text{ cm} \cdot \text{sec}^{-1}.$$

Setzen wir dagegen in die im vorhergehenden gegebene Formel die virtuelle Druckhöhe der Luft, 799000 cm, ein, so ergibt sich:

$$v = \sqrt{981 \cdot 799000} \quad \text{oder} \quad v = 28000 \text{ cm} \cdot \text{sec}^{-1}.$$

Zwischen Theorie und Erfahrung besteht hiernach eine sehr bedeutende Differenz. Der Grund davon wurde aufgeklärt durch Laplace. Jede Verdichtung der Luft ist mit einer Erwärmung, jede Verdünnung mit einer Abkühlung verbunden; bei der Wellenbewegung der Luft vollziehen sich aber diese Änderungen so schnell, daß ein Ausgleich der Temperaturunterschiede während der Schwingung nicht möglich ist. Das Boyle-Mariottesche Gesetz ist daher nicht gültig; an seine Stelle tritt eine andere Beziehung, deren Entwicklung eine Aufgabe der Wärmelehre ist. Aus der verbesserten Theorie ergibt sich dann für die Schallgeschwindigkeit in einem beliebigen Gase der Ausdruck

$$v = \sqrt{k(p/\delta)}.$$

Hier ist im absoluten Maße p der Druck in Dynen pro cm², δ die Dichte und k das Verhältnis der spezifischen Wärmen des Gases bei konstantem Drucke und bei konstantem Volumen. Für Luft ist $k = 1{,}411$. Weiteres später in Wärmelehre (§ 186).

STATIK UND DYNAMIK UNTER EINFLUSS DER MOLEKULARKRÄFTE.

§ 113. **Molekularkräfte.** Wir werden uns in den folgenden Abschnitten mit einer Gruppe von Erscheinungen befassen, die man, von gewissen theoretischen Vorstellungen ausgehend, als Molekularerscheinungen bezeichnet hat. An das NEWTONsche Gesetz hat man zunächst die Vermutung geknüpft, daß außer der Gravitation zwischen zwei Körpern A und B noch andere Wechselwirkungen existieren, die von der Entfernung abhängig sind. Ganz im allgemeinen ergibt sich dann folgendes. Wenn die Dimensionen von A und B sehr klein sind im Vergleich mit ihrer Entfernung, so kann eine zwischen ihnen vorhandene Wechselwirkung außer von der besonderen Beschaffenheit der Körper nur von ihrer Entfernung und etwa noch von deren zeitlichen Änderungen abhängig sein; die Richtung der Wechselwirkung muß mit der Richtung der Verbindungslinie zusammenfallen, die Körper müssen sich einfach anziehen oder abstoßen, wenigstens so lange, als in ihrem Innern keine ausgezeichneten Richtungen existieren, die außerdem zu Direktionskräften Veranlassung geben. Abhängigkeit der Kraft von der relativen Geschwindigkeit oder Beschleunigung wurde von WILHELM WEBER angenommen, um die Erscheinungen der Elektrizität aus Fernwirkungen zu erklären; schließen wir diese Annahme aus, so kann die zwischen A und B vorhandene Wechselwirkung in eine Reihe entwickelt werden von der Form:

$$K = \frac{b}{r^2} + \frac{c}{r^3} + \frac{d}{r^4} + \cdots,$$

wo r die Entfernung ist, b, c, d gewisse, von der Beschaffenheit der Körper abhängige Konstanten bedeuten.

Das erste Glied repräsentiert die NEWTONsche Anziehung; die den folgenden entsprechenden Kräfte müssen gegen die Gravitation so klein sein, daß sie ihr gegenüber nicht bloß bei planetarischen Distanzen verschwinden, sondern auch in den kleinen Entfernungen, wie sie bei den Beobachtungen in Betracht kommen, durch welche die Gravitationskonstante bestimmt worden ist. Nun kann man fragen, wieweit die Entfernung zweier Körper verkleinert werden muß, damit außer der NEWTONschen Anziehung noch weitere Glieder der allgemeinen Reihe sich bemerkbar machen. Es zeigt sich, daß dies nicht der Fall ist, solange die Entfernung der Körper mit gewöhnlichen Hilfsmitteln meßbar ist. Erst bei unmittelbarer Berührung treten neue Wirkungen auf, die wir nun als Molekularwirkungen bezeichnen. Die NEWTONsche

Vorstellung von fernwirkenden Kräften versagt unter diesen Verhältnissen, solange man sich die Körper als kontinuierlich den Raum erfüllend denkt. Erst die Annahme der molekularen Konstitution gewährt wieder die Möglichkeit, die bei unmittelbarer Berührung auftretenden Wirkungen auf einzelne Paare von Kräften zu reduzieren. Man hat demnach der ganzen von uns zu betrachtenden Klasse von Erscheinungen die Annahme zugrunde gelegt, daß die Körper im kleinen ähnlich wie die Weltsysteme im großen aus einzelnen Teilchen, den Molekeln, zusammengesetzt seien, die voneinander durch relativ große Zwischenräume getrennt sind, so daß man sie wie materielle Punkte behandeln kann. Diese Molekel wirken aufeinander mit Kräften, die mit wachsender Entfernung rasch abnehmen; beschreibt man um den Mittelpunkt eines Molekels A eine Kugel, deren Halbmesser gleich der größten Distanz ist, bis zu welcher die von ihm auf ein anderes Molekel ausgeübte Molekularkraft noch wirkt, so nennt man sie die Wirkungssphäre von A; jene größte Entfernung bezeichnet man als den Radius der Wirkungssphäre. Nach Versuchen von Quincke kann man den Radius der Wirkungssphäre etwa gleich $50 \cdot 10^{-6}$ mm setzen. Mindestens auf eine solche Distanz müßte man also die Oberflächen zweier Körper einander nähern, um molekulare Wechselwirkungen zu erhalten. Die Annahme von der molekularen Konstitution und den zwischen den Molekeln wirkenden Kräften ist eine Hypothese, die sich in vielen Fällen als ein nützlicher Leitfaden erwiesen hat; sie enthält aber eine Reihe von willkürlichen Annahmen, deren Berechtigung keineswegs sichergestellt ist, und so sehr sie durch die dem Chemismus nahestehenden Erscheinungen der Lösung, der Absorption, endlich durch die Tatsachen der Chemie selbst gefordert zu werden scheint, darf sie nicht in dogmatischer Weise als eine ausgemachte Sache betrachtet werden. Es ist daher wünschenswert, die Gruppe der Molekularerscheinungen noch unter einem anderen, allgemeineren Gesichtspunkte zusammenzufassen. Ein solcher ergibt sich aus der Betrachtung der ihnen zugrunde liegenden Energieformen. Die Energie erscheint bei ihnen gebunden an die einzelnen Volum- oder Oberflächenelemente der Körper und hängt mit direkt meßbaren Änderungen der geometrischen Verhältnisse zusammen. Man kann sagen, daß den Erscheinungen der Gravitation eine Distanzenergie, den Molekularerscheinungen eine Volum- oder Oberflächenenergie zugrunde liege[1], eine Bemerkung, die in der folgenden Darstellung selbst ihre Begründung finden wird.

[1] Ostwald, Sächs. Ges. d. Wiss. (1892).

Erster Teil. Einfluß der Molekularkräfte auf die Mechanik fester Körper.

§ 114. **Elastizität; spezielle Gesetze.** Wenn man einen prismatischen Stab oder einen Draht belastet, so wird er verlängert oder verkürzt, gebogen oder gedreht, je nachdem die Last wirkt. Wenn man das angehängte Gewicht wieder entfernt, so kehrt er zu seiner ursprünglichen Form zurück. Man bezeichnet diese Eigenschaft eines Körpers, nach Fortfall der deformierenden Ursache seine ursprüngliche Gestalt wieder anzunehmen, als seine Elastizität. Wir betrachten im folgenden die für gewisse spezielle Formänderungen geltenden Gesetze.

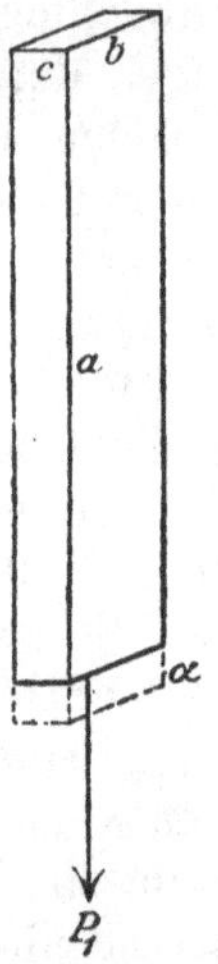

Fig. 149. Zugelastizität.

Elastizität der Ausdehnung. Die Länge des Stabes (Fig. 149) sei a; der Querschnitt sei rechteckig mit den Kantenlängen b und c; der Stab sei an seinem oberen Ende festgeklemmt, an seinem unteren belastet; die ganze in der Richtung der Länge a wirkende Zugkraft sei P_1, die auf die Flächeneinheit kommende „Spannung" $p_1 = \frac{P_1}{b\,c}$; die Verlängerung der Kante a sei gleich α. Als Dilatation bezeichnen wir dann das Verhältnis der Verlängerung zu der ursprünglichen Länge, $\lambda = \alpha/a$. Die Beobachtung führt dann zu folgendem Gesetze für die Verlängerung:

$$\alpha = \frac{1}{E} \cdot \frac{P_1}{b\,c} \cdot a\,.$$

Hier ist E eine der Substanz des Stabes eigentümliche Konstante, der Elastizitätsmodul der Ausdehnung. Zwischen der Spannung und der Dilatation besteht dementsprechend die Beziehung $\lambda = p_1/E$.

Wenn wir auf das Prisma nicht einen Zug, sondern einen Druck in der Richtung a ausüben, so tritt an Stelle der Verlängerung eine Verkürzung, an Stelle der Dilatation eine Kontraktion, aber die Beziehung $\lambda = p_1/E$ bleibt dieselbe, wenn wir jetzt unter λ die Kontraktion, unter p_1 den Druck auf die Flächeneinheit verstehen.

Wird das Prisma durch einen in der Richtung a ausgeübten Zug gedehnt, so ist mit der Verlängerung α eine Verkürzung der Kanten des Querschnittes verbunden, die sogenannte Querkontraktion. Sind β und γ diese Verkürzungen für die Kanten b und c, so sind die Kontraktionen gegeben durch die Verhältnisse $\mu = \beta/b$ und $\nu = \gamma/c$. Sie sind bei isotropen Körpern einander gleich, und ihr Verhältnis zu der Längsdilatation $\lambda = \alpha/a$ stellt eine zweite dem Stabe eigentümliche Konstante dar. Bezeichnen wir dieses Verhältnis der Querkontraktion zu der Längsdilatation durch $\varkappa$, so ist $\mu = \nu = \varkappa\lambda$. Die Abhängigkeit der Querkontraktion von der Spannung in der Richtung der Kante a ist somit durch die Formel gegeben:

$$\frac{\beta}{b} = \frac{\gamma}{c} = \frac{\varkappa}{E} p_1 .$$

Diese Gesetze gelten ebenso bei anderen Formen des Stabquerschnittes; die Querkontraktion ist dann allgemeiner gleich dem Verhältnis, in dem die Verkürzungen seiner Querdimensionen zu den ursprünglichen Werten selbst stehen.

Lassen wir gleichzeitig auf alle drei Seitenflächen eines Prismas Spannungen wirken, p_1 auf die Fläche bc, p_2 auf ca und p_3 auf ab, so superponieren sich die den einzelnen entsprechenden Dilatationen und Kontraktionen, und man erhält so zur Berechnung der resultierenden Wirkungen die Formeln:

$$\lambda = \frac{\alpha}{a} = \frac{1}{E} p_1 - \frac{\varkappa}{E} p_2 - \frac{\varkappa}{E} p_3 ,$$

$$\mu = \frac{\beta}{b} = -\frac{\varkappa}{E} p_1 + \frac{1}{E} p_2 - \frac{\varkappa}{E} p_3 ,$$

$$\nu = \frac{\gamma}{c} = -\frac{\varkappa}{E} p_1 - \frac{\varkappa}{E} p_2 + \frac{1}{E} p_3 .$$

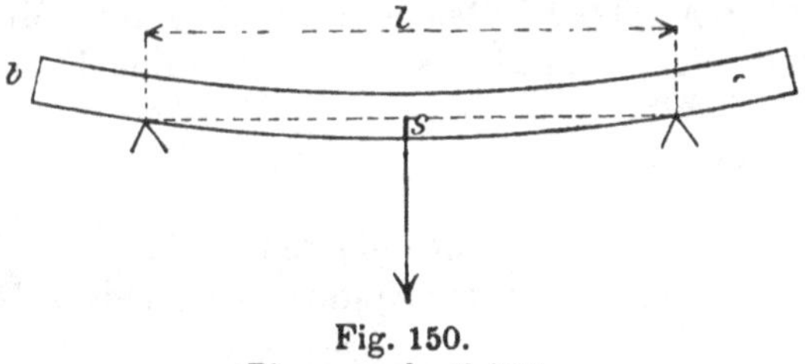

Fig. 150.
Biegungselastizität.

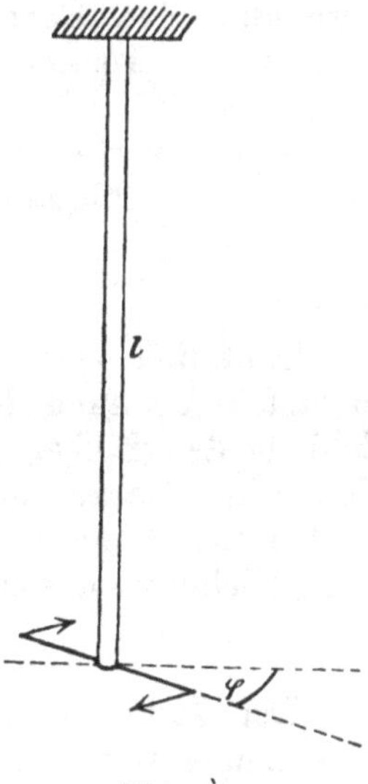

Fig. 151.
Torsionselastizität.

Hier sind α, β, γ die ganzen Verlängerungen, die durch das Zusammenwirken der drei verschiedenen Züge erzeugt werden; die Spannungen p_1, p_2, p_3 sind, wie immer, berechnet für die Flächeneinheit.

Biegungselastizität. Ein prismatischer Stab von der Breite a und der Höhe b werde an seinen Enden auf zwei feste Schneiden aufgelegt und in der Mitte mit einem Gewichte P belastet; die Mitte senkt sich dadurch um eine Strecke s (Fig. 150). Gleichzeitig werden die oberen Längsfasern des Stabes verkürzt, die unteren gedehnt. Ist die Entfernung der Schneiden gleich l, so gilt das Gesetz:

$$s = \frac{1}{4E} \cdot \frac{l^3}{a b^3} \cdot P .$$

Torsionselastizität. Ein Draht mit kreisförmigem Querschnitte von dem Halbmesser r werde vertikal aufgehängt und an seinem oberen Ende fest eingeklemmt (Fig. 151). Auf das freie untere Ende wirke in horizontalem Sinne das Drehungsmoment D. Der Draht wird dadurch um einen Winkel φ gedrillt, der in Bogenmaß gegeben ist durch die Formel:

$$\varphi = \frac{2}{\pi} \cdot \frac{1}{T} \cdot \frac{l}{r^4} \mathsf{D}.$$

Hier bezeichnet l die Länge des Drahtes, T eine von seiner Natur abhängende Konstante, den Torsionsmodul. Zwischen diesem und den bei der Ausdehnung eingeführten Konstanten besteht die Beziehung:

$$T = \frac{1}{2} \cdot \frac{E}{1 + \varkappa}.$$

Verbindet man Beobachtungen über Ausdehnung oder Biegung mit solchen über Torsion, so kann man danach die beiden elastischen Konstanten E und $\varkappa$ bestimmen.

Numerische Werte. Bei der Ausdehnungselastizität bestand zwischen der Dilatation und dem Zuge die Beziehung

$$\lambda = \frac{p_1}{E}.$$

Die Dilatation ist das Verhältnis zweier Längen, also eine reine Zahl; es muß somit auch der auf der rechten Seite stehende Bruch eine reine Zahl, in den Einheiten der Länge, Masse und Zeit von der Dimension Null sein. Daraus folgt, daß der Elastizitätsmodul im absoluten Maße die Dimension einer Spannung oder eines Druckes besitzt; seine Dimensionsgleichung ist somit nach § 82:

$$[E_a] = l^{-1} m t^{-2}.$$

Der Index a ist hier eingefügt, um anzudeuten, daß bei der Berechnung von E die Einheiten des absoluten Systems zugrunde gelegt werden.

Das Verhältnis der Querkontraktion zu der Längsdilation ist natürlich eine reine Zahl, somit hat der Torsionsmodul T dieselbe Dimension wie der Elastizitätsmodul der Ausdehnung. Messen wir in der Formel

$$\lambda = \frac{p_1}{E}$$

Spannung oder Druck nach Dynen pro cm², so erhalten wir den Elastizitätsmodul E im absoluten cm·g·sec-System. Messen wir in

$$\varphi = \frac{2}{\pi} \cdot \frac{1}{T} \cdot \frac{l}{r^4} \mathsf{D}$$

die in Betracht kommenden linearen Dimensionen nach cm, die das Drehungsmoment D erzeugende Kraft nach Dynen, so ergibt sich auch der Torsionsmodul T in Einheiten des absoluten cm·g·sec-Systems. Wir bezeichnen die so berechneten Moduln, entsprechend der vorigen Bemerkung, durch E_a und T_a; die Dimensionsgleichungen sind:

$$[E_a] = \mathrm{cm}^{-1}\cdot\mathrm{g}\cdot\mathrm{sec}^{-2} \quad \text{und} \quad [T_a] = \mathrm{cm}^{-1}\cdot\mathrm{g}\cdot\mathrm{sec}^{-2}.$$

In der Technik rechnet man bei der Bestimmung der Elastizitätsmoduln die Spannung nach kg-Gewichten pro mm². Verstehen wir unter E den in diesem technischen Maße ausgedrückten Elastizitätsmodul der Ausdehnung, so ergibt sich seine Beziehung zu dem Werte E_a im absoluten Systeme in folgender Weise. Es ist nach § 43 1 Dyne $= \frac{1}{981000}$ kg-Gewichten. Um also die Spannung von Dynen zu reduzieren auf kg-Gewichte, müssen wir den Wert E_a dividieren durch 981000; wollen wir ferner die Spannung statt auf das cm² auf das mm² beziehen, so müssen wir noch weiter dividieren durch 100; somit wird der Modul in technischem Maße:

$$E = \frac{E_a}{98100000}, \text{ und umgekehrt } E_a = 98100000\,E.$$

Daß die Reduktion auch für den Torsionsmodul in derselben Weise sich gestaltet, sieht man leicht, wenn man für das Drehungsmoment D das Produkt aus Kraft P und Hebelarm a einführt und die Gleichung der Drillung so schreibt:

$$\varphi = \frac{2\,l\,a}{r^2}\cdot\frac{1}{T}\cdot\frac{P}{\pi r^2}.$$

Einige Werte dieser Konstanten sind z. B. für

	$E\,\frac{\text{kg-Gew.}}{\text{mm}^2}$	$T\,\frac{\text{kg-Gew.}}{\text{mm}^2}$	$\varkappa$
Aluminium	6570	2580	0,26
Eisen	12800	5210	0,23
Kupfer	10800	4780	0,13
Silber	7790	2960	0,31
Stahl	20000	8070	0,26
Messing	9220	3700	0,25
Solnhofer Lithographenstein	5890	2350	0,25
Opal	3880	1830	0,06

Diese Werte schwanken sehr je nach der Reinheit der Substanzen. Man kann die Konstante E auch bezeichnen als die zur Verdoppelung der Länge dienende Spannung; der Versuch ist natürlich nicht ausführbar, die entsprechende Definition von E aber sehr anschaulich.

Am größten ist E für Iridium, nämlich 52500.

§ 115. Allgemeine Theorie der Elastizität. Auf Grund der speziellen Resultate, mit denen wir uns im ersten Teile von § 114 beschäftigt haben, ist es möglich, zu einer allgemeinen Theorie zu gelangen, mit Hilfe deren die Formänderungen elastischer Körper auch unter komplizierteren Bedingungen im voraus berechnet werden können.

Nehmen wir einen Körper beliebiger Form, der irgendwelchen deformierenden Ursachen unterworfen wird. In seinem Innern herrschen Spannungen oder Drucke, ähnlich wie in einer schweren Flüssigkeit.

Um eine unnötige Schwerfälligkeit des Ausdruckes zu vermeiden, werden wir zunächst nur von Drucken sprechen, welche die aneinandergrenzenden Teile des Körpers wechselseitig aufeinander ausüben; aber unsere Sätze gelten ebenso für Spannungen und Dilatationen, wie für Drucke und Kontraktionen. Während nun bei einer Flüssigkeit der Druck von der Richtung, in der er wirkt, unabhängig ist, hängt der Druck im Innern eines festen Körpers von der Lage der Fläche ab, auf die er ausgeübt wird. Damit hängt zusammen, daß an einer Stelle *A* im Innern eines Körpers der Druck im allgemeinen nicht senkrecht gegen eine durch *A* gelegte Fläche *F* gerichtet ist, sondern schief (Fig. 152); er besitzt eine in der Fläche selbst liegende Komponente, welche die in *F* aneinandergrenzenden Teile des Körpers gleitend gegeneinander zu verschieben sucht. Man bezeichnet eine derartige Kraft als eine scherende, und wir haben also im allgemeinen in dem Innern der festen Körper

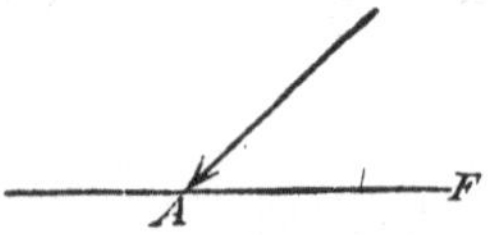

Fig. 152. Scherkraft.

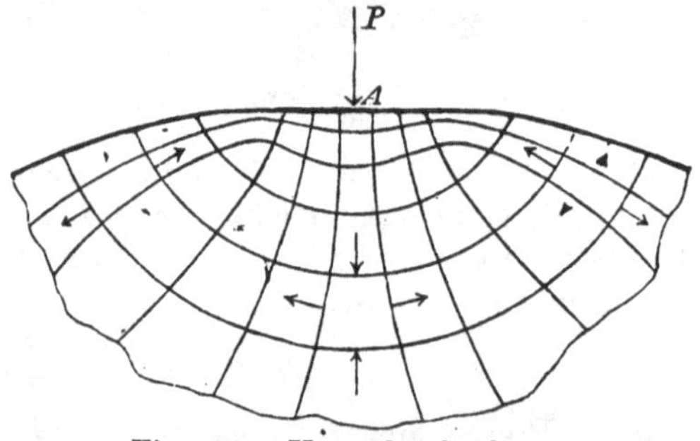

Fig. 153. Hauptdruckachsen.

nicht bloß mit normalen Drucken, sondern auch mit diesen **Scherkräften** zu rechnen.

Nun ergibt sich aber, daß an jeder Stelle *A* drei zueinander senkrechte Flächen F_1, F_2 und F_3 sich finden lassen, so daß auf sie nur normale Drucke, keine Scherkräfte wirken. Die zu den Flächen F_1, F_2, F_3 senkrechten Richtungen dieser Drucke bezeichnen wir als **Hauptdruckachsen**, die entsprechenden Drucke p_1, p_2, p_3 selbst als die **Hauptdrucke**. Bei einem Körper, der beliebigen äußeren Kräften unterworfen ist, ändern die Hauptdruckachsen von einer Stelle zur anderen ihre Richtung. Es existiert daher im allgemeinen im Innern des Körpers ein System von drei sich unter rechten Winkeln kreuzenden Linien, die den Verlauf der Hauptdruckachsen darstellen. Zerschneidet man den Körper in Gedanken in Prismen, deren Kanten durch Kurven der Hauptdrucke gebildet werden, so wirken an keiner Schnittfläche Kräfte, die eine Scherung, eine gleitende Verschiebung der Prismen gegeneinander zu bewirken suchen. Wäre der Körper nach allen Richtungen in der Tat nur auf Druck in Anspruch genommen, so könnte man ihn in der angegebenen Weise wirklich durchschneiden, ohne daß der Zusammenhang gelockert würde. Dadurch wird verständlich, weshalb die konstruktiven Elemente bei Maschinen, bei den Knochen des menschlichen Körpers den Kurven der Hauptdrucke angepaßt sind.

Zur Erläuterung diene noch Fig. 153. Sie bezieht sich auf eine Kugel, auf welche an der Stelle A von außen ein Druck P ausgeübt wird, etwa dadurch, daß die Kugel gegen eine harte, ebene Platte gepreßt wird, oder dadurch, daß sie mit einer anderen Kugel zusammenstößt (§ 62). Die Kugel wird bei A eingedrückt und abgeplattet. Die Fig. stellt die Linien der Hauptdrucke dar in einer durch P gehenden Meridianebene. Die senkrecht unter A liegenden Prismen erleiden alle in der Richtung P einen Druck; die unmittelbar unter A liegenden werden auch senkrecht zu P zusammengepreßt. Die Pressung verschwindet aber in einem gewissen Abstand von A und verwandelt sich weiterhin in eine Spannung.[1]

Wenden wir uns nun zu der Betrachtung der durch äußere Kräfte im Innern des Körpers erzeugten Deformationen. Wenn wir einen Streifen von Kautschuk aufhängen und belasten, so wird ein Kreis, den wir vorher auf der Oberfläche gezeichnet hatten, infolge der Längsdilatation und Querkontraktion, zu einer Ellipse verzerrt. Allgemein wird eine Kugel, die wir um einen Punkt A im Innern eines Körpers konstruieren, in ein dreiachsiges Ellipsoid verwandelt. Damit sind nun wieder drei ausgezeichnete Richtungen an der Stelle A gegeben, die Achsen X, Y, Z jenes Ellipsoides, die **Hauptdilatationsachsen** (Fig. 154). Schneiden wir um den Punkt A ein Prisma aus, dessen den Hauptdilatationsachsen parallele Kanten ursprünglich die Längen a, b, c, nach der Deformation die Längen $a + \alpha$, $b + \beta$, $c + \gamma$ besitzen, so nennen wir die Dilatationen

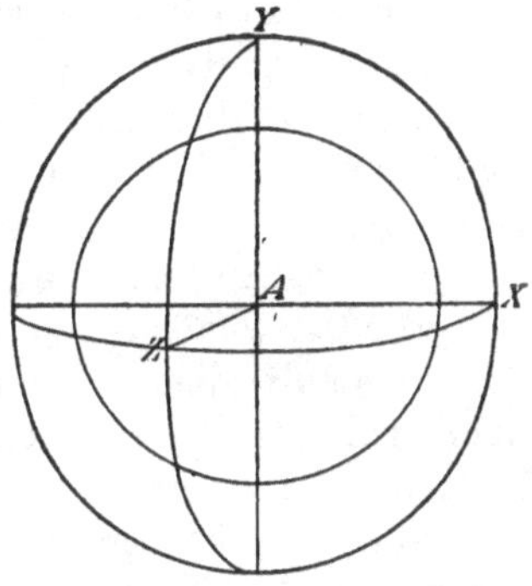

Fig. 154. Dilatationsellipsoid.

$$\lambda = \frac{\alpha}{a}, \qquad \mu = \frac{\beta}{b}, \qquad \nu = \frac{\gamma}{c}$$

die **Hauptdilatationen**. Nun verhält sich aber ein solches Prisma geradeso wie das in § 114 betrachtete; auf seine Seitenflächen wirken also normale Spannungen p_1, p_2, p_3, welchen die Dilatationen λ, μ, ν entsprechen. Wir werden somit annehmen müssen, daß die Richtungen der Hauptdrucke oder Hauptspannungen, von den besonderen Verhältnissen der Kristalle abgesehen, mit denen der Hauptdilatationen zusammenfallen, und daß zwischen ihnen die in § 114 aufgestellten Beziehungen bestehen.

Auf die weitere mathematische Behandlung dieses Ansatzes und seine Anwendung zu der Lösung allgemeinerer Probleme der Elastizitätslehre gehen wir nicht ein. Nur auf einen aus der Theorie sich ergebenden Zusammenhang wollen wir noch hinweisen. Wenn wir einen

[1] H. Hertz, Ges. Werke Bd. I (1882).

elastischen Körper einem allseitig gleichen Drucke p unterwerfen, so wird er zusammengedrückt; die räumliche Kompression messen wir durch das Verhältnis der Volumabnahme ω zu dem ursprünglichen Volumen v; sie ist dem Drucke p proportional und kann daher durch die folgende Formel dargestellt werden:

$$\omega / v = p / C.$$

Hier bezeichnen wir die Konstante C als den Kompressionsmodul oder Modul der Volumelastizität. Aus den vorstehenden Formeln folgt, daß sich C durch den Elastizitätsmodul der Ausdehnung und durch das Verhältnis der Querkontraktion zur Längsdilatation in folgender Weise ausdrückt:

$$C = \frac{1}{3} \cdot \frac{E}{1 - 2\varkappa}.$$

Würde $\varkappa = 0{,}5$, so würde die räumliche Kompression 0, für $\varkappa > 0{,}5$ würde sie negativ. Schließt man die Fälle, in denen allseitiger Druck räumliche Dilatation, einseitiger Zug Querdilatation erzeugt, aus, so ergibt sich, daß der Wert von $\varkappa$ zwischen den Grenzen 0 und 0,5 liegen muß.

Energiegehalt eines deformierten elastischen Körpers. Wir wenden uns nun zu der schon in § 113 berührten Frage nach dem Energiegehalt eines elastisch deformierten Körpers. Einen solchen, z. B. einen gebogenen oder tordierten Stab, können wir nach dem vorhergehenden Paragraphen in Prismen zerlegen, deren Kanten von Kurven der Hauptdrucke gebildet werden. Im nicht deformierten Zustande haben wir die Kanten eines solchen Prismas bezeichnet durch a, b, c. Die Deformation wollen wir uns so entstanden denken, daß zuerst auf die Fläche bc eine Spannung ausgeübt wird, die von dem Werte Null allmählich bis zu dem Betrage p_1 steigt. Gleichzeitig findet in der Richtung der zu bc senkrechten Kanten a eine Dilatation λ statt, so daß die Verlängerung der Kanten gleich $a\lambda$ ist. Die Kraft, unter deren Wirkung diese Verlängerung des Prismas entsteht; ist zu Anfang Null, am Schlusse $p_1 \cdot bc$, im Mittel $\frac{1}{2} p_1 \cdot bc$; die von ihr bei der Verlängerung geleistete Arbeit ist $\frac{1}{2} p_1 \cdot bc \cdot \lambda a = \frac{1}{2} p_1 \lambda abc$; wenn auf die anderen Seitenflächen der Prismen die Spannungen p_2 und p_3 wirken, und die Dilatationen in der Richtung der Kanten b und c wie früher durch μ und ν bezeichnet werden, so ist die ganze von den Druckkräften geleistete Arbeit gleich

$$\frac{1}{2}(p_1 \lambda + p_2 \mu + p_3 \nu) abc.$$

Hier muß man für λ, μ, ν die ganzen schließlich vorhandenen Dilatationen setzen; denn die durch einen auf eine bestimmte Fläche ausgeübten Zug bedingten Querkontraktionen konsumieren Arbeit, wenn auch auf die sich kontrahierenden Flächen ein Zug wirkt, und die Kontraktion entgegen diesem Zuge sich vollzieht. Die ganze geleistete Arbeit hat sich verwandelt in eine in dem Prisma abc aufgespeicherte

Energie, die dem Volumen des Prismas proportional ist. Für die auf die Volumeinheit bezogene Energie ergibt sich der Wert

$$\Omega = \tfrac{1}{2}(p_1 \lambda + p_2 \mu + p_3 \nu);$$

setzen wir hier für λ, μ, ν die früher gegebenen Werte, so drückt sich die elastische Energie der Volumeinheit aus durch die Formel:

$$\Omega = \frac{1}{2E}(p_1^2 + p_2^2 + p_3^2) - \frac{\varkappa}{E}(p_1 p_2 + p_2 p_3 + p_3 p_1).$$

Man kann aber die früheren Formeln auch nach p_1, p_2, p_3 als unbekannten Größen auflösen und diese durch λ, μ, ν ausdrücken. Dann ergibt sich die elastische Energie in Übereinstimmung mit einer früheren Bemerkung als Funktion der Deformationen.

Ein Beispiel von Rückverwandlung elastischer Energie in Arbeit gibt uns die Feder einer Taschenuhr, welche beim Ablaufen sich entspannt und die Uhr den Reibungswiderständen entgegen im Gange hält.

Zur Molekulartheorie der Elastizität. Die Theorie der molekularen Konstitution der festen Körper setzt voraus, daß ihre kleinsten Teilchen im natürlichen Zustande in ganz bestimmten Punkten im stabilen Gleichgewichte sich befinden. Im natürlichen Zustande wirken aber nur die Wechselkräfte der Molekel, und diese müssen also bei einer bestimmten Anordnung der Molekel stabiles Gleichgewicht zur Folge haben. Es scheint dies kaum auf andere Weise möglich, als dadurch, daß jene Wechselwirkungen abstoßende sind, wenn die Entfernung der Molekel unter eine gewisse Grenze sinkt, anziehende, wenn sie diesen kritischen Wert übertrifft.

Wenn man annimmt, daß die Molekel nach allen Seiten gleiche Kräfte ausüben wie homogene Kugeln, so ergibt sich aus der Molekulartheorie für die Konstante $\varkappa$ der Wert 0,25. Wenn dies nach der in § 114 gegebenen Tabelle im allgemeinen nicht der Fall ist, so folgt, daß die Wirkungen der Molekel einen polaren Charakter besitzen, daß sie nicht bloß von der Entfernung, sondern auch von der Orientierung abhängen, die gewisse ausgezeichnete, mit den Molekeln verbundene Achsen gegen die Entfernung besitzen.

§ 116. Elastizität der Kristalle. Die eben aufgestellten Gesetze gelten für sogenannte isotrope Körper, die nach allen Richtungen hin dieselben Eigenschaften zeigen. Bei den Kristallen sind die elastischen Eigenschaften von der Richtung im Kristalle abhängig; die Hauptdilatationen fallen mit den Hauptdrucken im allgemeinen nicht zusammen; die Zahl der elastischen Konstanten ist eine um so größere, je geringer die Symmetrie des Kristalles; die Erscheinungen werden in entsprechendem Maße verwickelt.

Wir beschränken uns auf einige Angaben, welche die elastischen Eigenschaften des Quarzes betreffen; diese sind von einem gewissen Interesse, da man Fäden von geschmolzenem und dann freilich isotropem Quarze vorteilhaft verwendet, um einen Körper so aufzuhängen, daß er um eine vertikale Achse sich drehen kann und nach seiner Gleichgewichtslage mit einer sehr kleinen Direktionskraft zurückgetrieben wird.

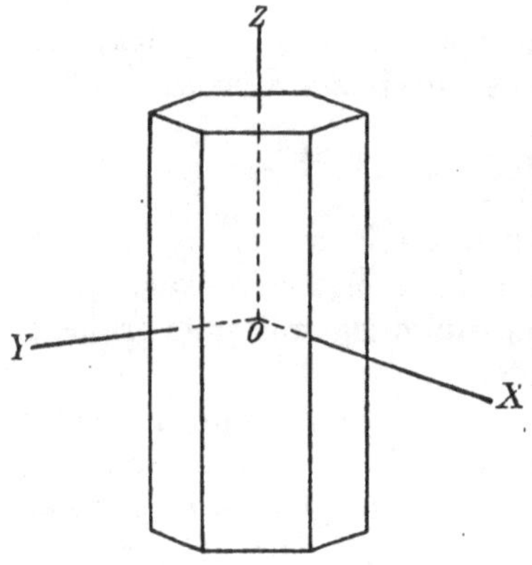

Fig. 155. Quarzsäule.

So hat man zu der Konstruktion der in § 56 erwähnten Drehwage Quarzfäden benutzt. Der Quarz kristallisiert im rhomboëdrischen Systeme; bei diesen Kristallen erscheint als Grundform eine regelmäßige sechsseitige Säule (Fig. 155); ihre Achse bezeichnen wir als die Achse Z; durch sie gehen senkrecht zu den Seiten der Säule drei Ebenen, mit Bezug auf welche die elastischen Eigenschaften symmetrisch sind. Eine von der Mitte O der Z-Achse in einer dieser Symmetrieebenen senkrecht zu OZ gezogene Linie bezeichnen wir als die Y-Achse; endlich ziehen wir noch die zu OZ und OY senkrechte Linie OX, die X-Achse.

Schneiden wir aus dem Kristalle einen Zylinder, dessen Längsrichtung mit der Z-Achse zusammenfällt, so ist für diesen der Elastizitätsmodul der Ausdehnung $E^0 = 10300$, der Modul der Torsion $T^0 = 5080$. Die Werte beziehen sich auf das technische Maßsystem; es wird also der Druck in kg-Gewichten pro mm² angegeben.

Schneiden wir aus dem Kristalle einen Zylinder, dessen Längsrichtung zu der Z-Achse senkrecht steht, also irgendwie in der Ebene XY gelegen ist, so hat der Elastizitätsmodul der Ausdehnung den Wert $E' = 7850$, der Modul der Torsion den Wert $T' = 4130$.

Wenn man die Längsrichtung des Zylinders durch eine Drehung um die X-Achse allmählich aus der mit der Z-Achse parallelen Stellung in die Richtung der Y-Achse übergehen läßt, so verändert sich der Elastizitätsmodul stetig. Man gewinnt von der Änderung ein anschauliches Bild, wenn man auf den verschiedenen Richtungen der Zylinderachse Strecken abträgt, die den entsprechenden Elastizitätsmoduln numerisch gleich sind. Auf diese Weise ergibt sich für den Ausdehnungsmodul die in Fig. 156a gezeichnete, in der Symmetrieebene ZY liegende Kurve. Man sieht, daß die Moduln bei gleicher Neigung der Zylinderachse gegen die Z-Achse verschieden sind, je nachdem die Längsrichtung des Zylinders in dem vorderen oder hinteren Quadranten liegt. Bei Zylindern, deren Längsrichtung der XZ-Ebene angehört, fällt dieser Unterschied weg, hier muß die Kurve, durch welche die Werte der Ausdehnungsmoduln graphisch dargestellt werden, notwendig gegen die beiden Achsen Z und X symmetrisch sein; dies wird durch die in Fig. 156b gegebene graphische Darstellung bestätigt. Die Figg. 157a und 157b geben die entsprechenden Bildet für die Torsionsmoduln von Zylindern, deren Achsen in der Symmetrieebene YZ oder in der dazu senkrechten

Ebene XZ beliebig gegen die kristallographische Hauptachse des Quarzes geneigt sind.[1]

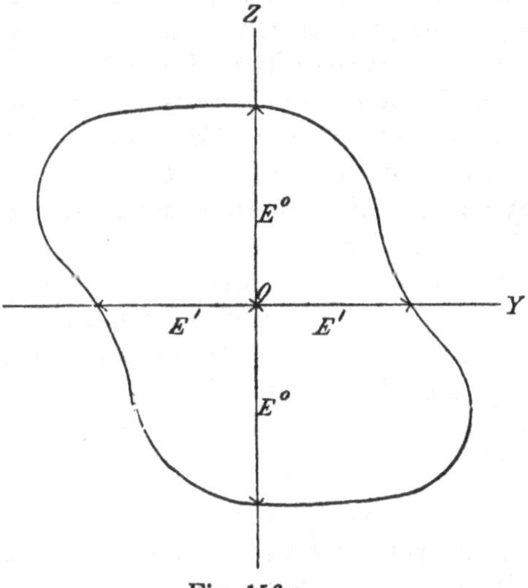

Fig. 156 a.

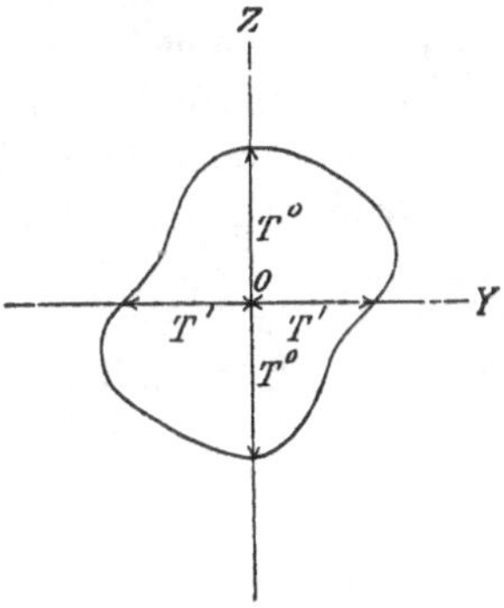

Fig. 157 a.

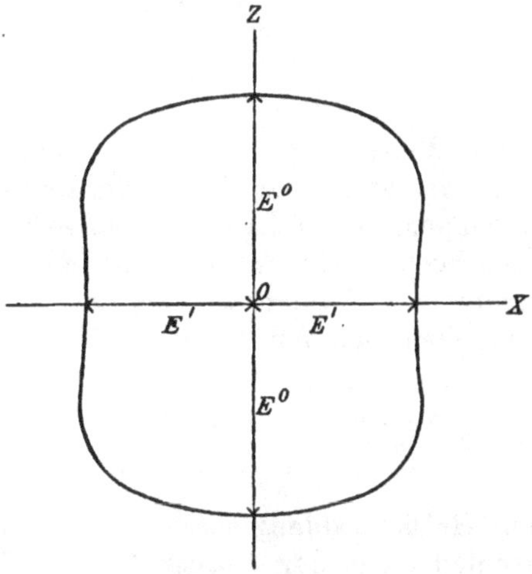

Fig. 156 b.
Ausdehnungsmodul

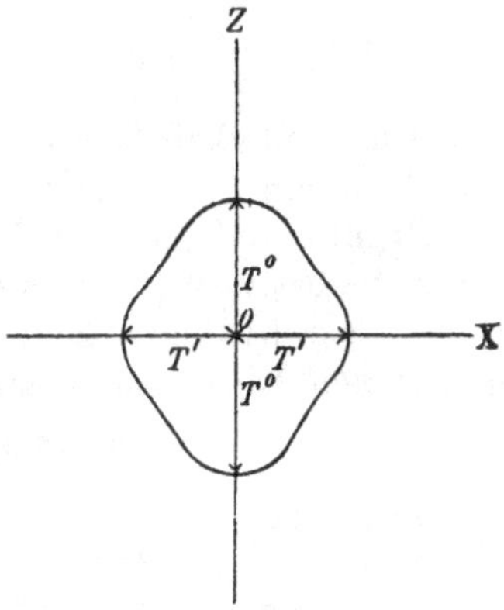

Fig. 157 b.
Torsionsmodul

des Quarzes.

§ 117. Wellenbewegung im isotropen elastischen Körper. In einem isotropen elastischen Körper möge an irgendeiner Stelle das Gleichgewicht durch eine vorübergehende Verschiebung oder Erschütterung der Teilchen gestört werden. Diese Stelle wird dann Ausgangspunkt

[1] W. Voigt, Gött. Nachr. (1886). — Liebisch, Phys. Kristallographie. Leipzig. 1891.

einer Wellenbewegung, ähnlich derjenigen in einem Gase, dessen Dichte in einem kleinen Bezirke eine vorübergehende Veränderung erlitten hatte. Während aber in einem Gase nur longitudinale Wellen möglich sind, können in einem festen elastischen Körper sowohl longitudinale als transversale Wellen fortschreiten. Bei den ersteren fällt die Richtung, in der sich die Elemente des elastischen Körpers bewegen, zusammen mit der Ausbreitungsrichtung der Wellen, Verschiebungen senkrecht zu dieser Richtung sind nicht vorhanden; die Welle ist mit einseitigen Kontraktionen und Dilatationen in der Ausbreitungsrichtung verbunden. Bei den transversalen Wellen stehen die Verschiebungen auf der Richtung der Wellenfortpflanzung senkrecht, räumliche Dilatationen oder Kontraktionen sind nicht vorhanden. Die theoretische Untersuchung der Bewegung gibt für die Geschwindigkeit der longitudinalen Wellen den Ausdruck:

$$\sqrt{\frac{2T}{\delta}\cdot\frac{1-\varkappa}{1-2\varkappa}} \quad \text{oder} \quad \sqrt{\frac{3C}{\delta}\cdot\frac{1-\varkappa}{1+\varkappa}}.$$

Hier bezeichnet T wie früher den Elastizitätsmodul der Torsion, C den Kompressionsmodul, $\varkappa$ das Verhältnis von Querkontraktion zu Längsdilatation, δ die Dichte des elastischen Körpers. Für die Fortpflanzungsgeschwindigkeit der Transversalwellen ergibt sich der sehr viel einfachere Ausdruck:

$$\sqrt{\frac{T}{\delta}}.$$

Die Geschwindigkeit der transversalen Wellen wird durch den Torsionsmodul bestimmt. Es hängt dies damit zusammen, daß die bei der Drillung eines Drahtes auftretenden Verschiebungen gleichfalls einen transversalen Charakter besitzen. Sie stehen senkrecht auf der Längsrichtung des Drahtes; sie bedingen keine Änderung des Volumens. Aus den früher angegebenen Elastizitätkonstanten ergeben sich für die

Fortpflanzungsgeschwindigkeit in m/sec

	Eisen	Stahl	Messing	Solnhofer Stein	Opal
longitudinal	4310	5560	3620	5150	3840
transversal	2560	3180	2090	2980	2600

Es fällt hier die ungefähr gleiche Größenordnung der Fortpflanzungsgeschwindigkeit auf, weil die Verschiedenheit der Elastizität zum Teil kompensiert wird durch die Verschiedenheit der Dichte.

Reflexion kugelförmiger Wellen. Bei der ausführlicheren Untersuchung der Wellenbewegung in einem festen elastischen Körper kann man, ebenso wie bei den Wasserwellen, das Huygenssche Prinzip benutzen. Man wird nur die Konstruktionen, die wir in § 110 in der Ebene des Wasserspiegels ausgeführt haben, auf den Raum übertragen müssen. Denn die Wellen in einem unbegrenzten elastischen Körper breiten sich von einem Erschütterungszentrum in Kugelform aus, nicht in Kreisen wie die Wasserwellen.

Die Konstruktionen, wie die aus ihnen abzuleitenden Gesetze der Wellenbewegung werden aber im Falle des elastischen Körpers komplizierter als bei den Wasserwellen. Denn wir haben bei dem elastischen Körper von vornherein mit zwei Wellen zu tun, mit einer longitudinalen und mit einer transversalen. Es möge dies etwas weiter ausgeführt werden in dem besonders wichtigen Falle, daß der Raum von zwei verschiedenen elastischen Medien a und b erfüllt wird, welche in einer ebenen Grenzfläche F zusammenstoßen.

Von einem in dem Medium a gelegenen Zentrum O (Fig. 158) breite sich eine kugelförmige Welle aus; wir nehmen an, daß es sich nur um

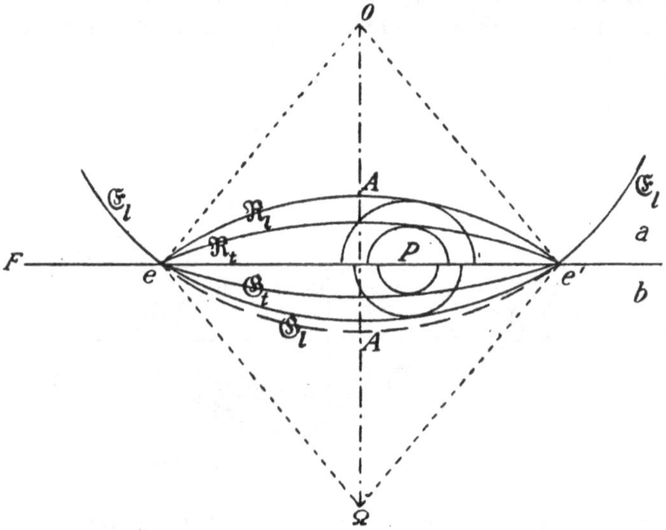

Fig. 158. Reflexion einer Longitudinalwelle.

eine einzige Welle, und zwar um eine longitudinale handle, die wir durch $\mathfrak{E}_l$ bezeichnen wollen.

Wenn diese Welle bei ihrer Ausbreitung einen Punkt P der Grenzfläche F trifft, so bildet P dem Huygensschen Prinzipe zufolge ein neues Erschütterungszentrum. Als solches wirkt P zunächst auf das Medium a zurück; P erzeugt aber hier nicht bloß eine Elementarwelle, sondern zwei, eine longitudinale r_l und eine transversale r_t. Die erstere breitet sich mit derselben Geschwindigkeit aus, wie die Welle $\mathfrak{E}_l$; die Geschwindigkeit von r_t ist kleiner. Wir benutzen zur Zeichnung eine Ebene, die durch das Erschütterungszentrum O senkrecht zu der Grenzfläche F hindurchgeht; für die resultierende longitudinale Welle $\mathfrak{R}_l$ gelten dann die Verhältnisse der Fig. 158; sie verhält sich so, als ob sie von einem Punkte Ω herrührte, der mit Beziehung auf die Grenzfläche F symmetrisch zu O gelegen ist. Die Welle $\mathfrak{R}_l$ gehorcht also dem in § 110 ausgesprochenen Reflexionsgesetze. Die transversalen

Elementarwellen r_t dagegen pflanzen sich mit kleinerer Geschwindigkeit fort, als die longitudinalen; demnach wird auch die sie umhüllende transversale Hauptwelle $\mathfrak{R}_t$ innerhalb des Kreisbogens eAe' liegen; sie ist nicht mehr kugelförmig und gehorcht nicht mehr dem gewöhnlichen Reflexionsgesetze.

Ein Punkt P der Grenzfläche, welcher von der Welle $\mathfrak{E}_l$ getroffen wird, sendet aber Elementarwellen auch in das zweite Medium b hinein, eine longitudinale Welle g_l, eine transversale Welle g_t; wieder ist die Geschwindigkeit der Welle g_l größer als die von g_t. Die Elementarwellen setzen sich nach dem Huygensschen Prinzip zu zwei Hauptwellen $\mathfrak{G}_l$ und $\mathfrak{G}_t$ zusammen, welche sich in dem Medium b so ausbreiten, daß die transversale Welle $\mathfrak{G}_t$ stets umschlossen wird von der rascher sich

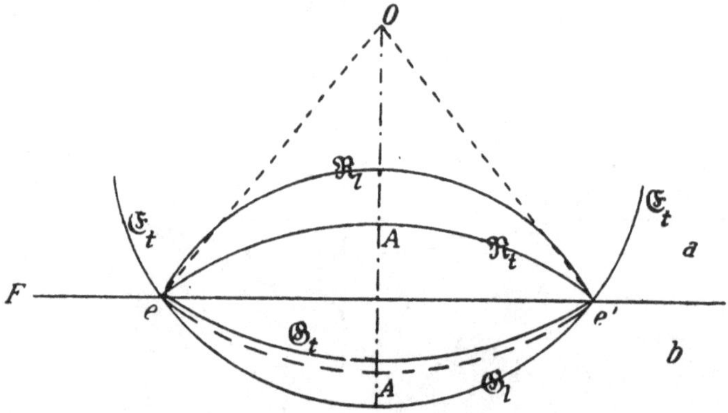

Fig. 159. Reflexion einer Transversalwelle.

ausbreitenden Welle $\mathfrak{G}_l$. Die Form beider Wellen ist eine von der Kugelform abweichende. Die in das Medium b eindringenden Wellen bezeichnen wir als die gebrochenen Wellen.

Dieselben Konstruktionen können wir nun auch ausführen, wenn die ursprüngliche in dem Medium a erregte Welle eine transversale ist. Auch in diesem Falle erhalten wir zwei reflektierte und zwei gebrochene Wellen. Nur die reflektierte transversale Welle bewahrt die Kreisform und gehorcht damit dem gewöhnlichen Reflexionsgesetze. Die vier aus der ursprünglichen entstehenden Wellen sind für diesen Fall in Fig. 159 dargestellt. Dabei sind, ebenso wie bei Fig. 158, für das Medium a die Konstanten des Solnhofer Steines, für das Medium b die des Eisens benutzt.

Brechung ebener Wellen. Wenn das Zentrum O, von dem die ursprünglichen Wellen ausgehen, sehr weit von der Grenzfläche der Medien a und b entfernt ist, so werden die Wellen innerhalb eines kleineren Bereiches den Charakter ebener Wellen haben; d. h. alle Punkte, welche gleichzeitig von der Welle ergriffen werden, liegen in einer und derselben Ebene, und diese Wellenebene schreitet, sich selber parallel, in der Richtung ihrer Normale fort; die Richtung, in welcher die Wellenbewegung sich fortpflanzt, ist durch die Normale der Wellenebene bestimmt. Wir wollen für diesen Fall den Übergang der Welle von dem einen Medium zu dem anderen noch etwas genauer verfolgen.

Die Linie *FD* (Fig. 160) stelle die Grenzfläche der Medien *a* und *b* dar; wir nehmen an, daß diese Grenzfläche selbst zu der Ebene der Zeichnung senkrecht stehe. Die Linie *AB* stelle die ebene Welle 𝔈 dar, welche in dem Medium *a* gegen die Grenzfläche sich bewegt, die **einfallende Welle**; dabei können wir unentschieden lassen, ob es sich um eine longitudinale oder um eine transversale Welle handelt. Ebenso wie die Grenzfläche stehe auch die Ebene der einfallenden Welle auf der Zeichenebene senkrecht. Dem Punkte *A* der Zeichnung entspricht im Raume eine Linie *A*, in welcher die Wellenebene die Grenzfläche der Medien *a* und *b* schneidet; wir begrenzen die Welle 𝔈 dadurch, daß wir durch den Punkt *B* eine Parallele zu jener Schnittlinie *A* ziehen.

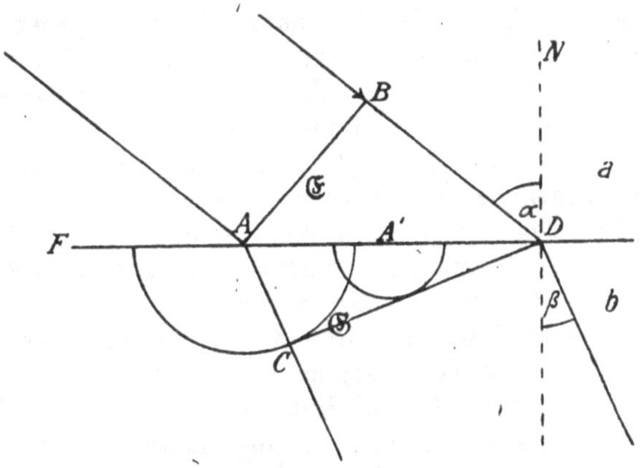

Fig. 160. Brechung ebener Wellen.

Die Fortpflanzungsrichtung der Welle ist durch die senkrecht zu *AB* stehende Linie *BD* gegeben. Während nun der obere Rand der Welle die Strecke *BD* bis zu der Grenzfläche der beiden Medien durchläuft, werden von dem Punkte *A* und von den in ihm sich projizierenden Punkten der Schnittlinie *A* longitudinale und transversale Elementarwellen halbkugelförmig sich ausbreiten mit den Geschwindigkeiten, wie sie dem Medium *b* eigentümlich sind. Von diesen Wellen betrachten wir nur die von einer Art, einerlei, ob dies die longitudinalen oder die transversalen sind. Wir berechnen den Halbmesser der von *A* ausgehenden Elementarwelle für den Moment, in welchem der obere Rand der ebenen Welle 𝔈 die Grenzfläche in *D* trifft. Ist v_a die Geschwindigkeit der Wellenbewegung in dem Medium *a*, so ergibt sich für die Zeit, welche die Welle zum Durchlaufen der Strecke *BD* braucht, $\tau = BD/v_a$; ist v_b die Geschwindigkeit der Wellenbewegung in dem Medium *b*, so breitet sich die von *A* ausgehende Elementarwelle in derselben Zeit τ auf eine Kugel von dem Halbmesser

$$AC = BD \cdot \frac{v_b}{v_a}$$

aus. Bei der Zeichnung ist angenommen, daß $v_b < v_a$, also auch $AC < BD$ sei.

Die Wellenebene trifft gleichzeitig mit A alle Punkte der Grenzfläche, welche sich in A projizieren, alle Punkte der Linie, die wir mit dem gleichen Buchstaben bezeichnet haben. Die von ihnen ausgehenden kugelförmigen Elementarwellen werden jederzeit umhüllt von einem zu der Ebene der Zeichnung senkrecht stehenden Zylinder, dessen Achse durch die Linie A gebildet wird. Man kann daher diese Linie, in welcher die Grenzfläche von der ebenen Welle 𝔈 getroffen wird, als den Ursprung einer zylindrischen Elementarwelle betrachten, welche in dem Medium b mit der Geschwindigkeit v_b sich ausbreitet. Ganz ähnliche Zylinderwellen breiten sich aber nacheinander von den Linien der Grenzfläche aus, welche durch die zwischen A und D liegenden Punkte senkrecht zu der Ebene der Zeichnung hindurchgehen. Die Gestalt der Hauptwelle ist für irgendeinen Moment gegeben durch die Fläche, welche sämtliche für den gleichen Moment konstruierte Zylinderwellen berührt. Wir beschreiben nun um A als Mittelpunkt einen Kreis mit dem Halbmesser $AC = BD \cdot v_b / v_a$; er stellt den Querschnitt der von der Linie A ausgehenden Zylinderwelle für die Zeit τ dar, in welcher der obere Rand der einfallenden Welle 𝔈 die Strecke BD durchlaufen hat. Ziehen wir von D aus die Tangente DC an den Kreis A, so entspricht ihr eine Ebene DC, welche die in jenem Kreise projizierte Zylinderwelle berührt. Betrachten wir nun irgendeinen Punkt A' der Grenzfläche, der zwischen A und D gelegen ist; er wird später von der in der Richtung BD fortschreitenden ebenen Welle erreicht, als A. Zur Zeit τ wird also der Halbmesser der von A' ausgehenden Elementarwelle kleiner sein als AC, und zwar ergibt sich, daß die Elementarwelle des Punktes A' zur Zeit τ die Ebene DC gerade berührt. Dies gilt also für alle Punkte der Grenzfläche, welche nacheinander von der ebenen Welle des Mediums a getroffen werden; es folgt daraus weiter, daß die Ebene DC auch all die Zylinderwellen berührt, die von den Linien der Grenzfläche ausgehen, welche der Reihe nach den unteren Rand der in dem Medium a fortschreitenden Welle bilden. Dem HUYGENSschen Prinzipe zufolge stellt also die Ebene DC die in dem Medium b fortschreitende Welle 𝔊 dar, und zwar für den Moment, in welchem der obere Rand der einfallenden Welle eben die Grenzfläche getroffen hat. Die Welle bleibt also auch nach dem Übergange in das Medium b eine ebene, nur ihre Neigung gegen die Grenzfläche und ihre Fortpflanzungsrichtung ist eine andere geworden.

Die Änderung gehorcht einem einfachen Gesetze, das wir leicht aus der Figur ableiten können. Wir ziehen zu diesem Zwecke die Normale DN der Grenzfläche, das Einfallslot. Den Winkel α, welchen die Fortpflanzungsrichtung BD der Welle 𝔈 mit dem Einfallslote bildet, nennen wir, wie bei den Wasserwellen, den Einfallswinkel. Die Welle 𝔊 des Mediums b, welche aus der einfallenden Welle entsteht, nennen wir die **gebrochene Welle**, den Winkel β zwischen ihrer Fortpflanzungsrichtung AC und dem Einfallslote nennen wir den **Brechungswinkel**. Nun ist $BD = AD \sin\alpha$ und $AC = AD \sin\beta$. Somit:

$$\frac{BD}{AC} = \frac{\sin\alpha}{\sin\beta}.$$

Andererseits ergibt sich aus der früheren Betrachtung:

$$\frac{BD}{AC} = \frac{v_a}{v_b}.$$

Der Zusammenhang zwischen den Fortpflanzungsrichtungen der einfallenden und der gebrochenen Welle ist somit gegeben durch die Formel:

$$\frac{\sin\alpha}{\sin\beta} = \frac{v_a}{v_b}.$$

Aus dieser kann für jeden Einfallswinkel α der zugehörige Brechungswinkel β berechnet werden, sobald die Geschwindigkeiten v_a und v_b bekannt sind. Das Gesetz, welches seinen Ausdruck in der letzten Formel findet, bezeichnet man als das **Brechungsgesetz**.

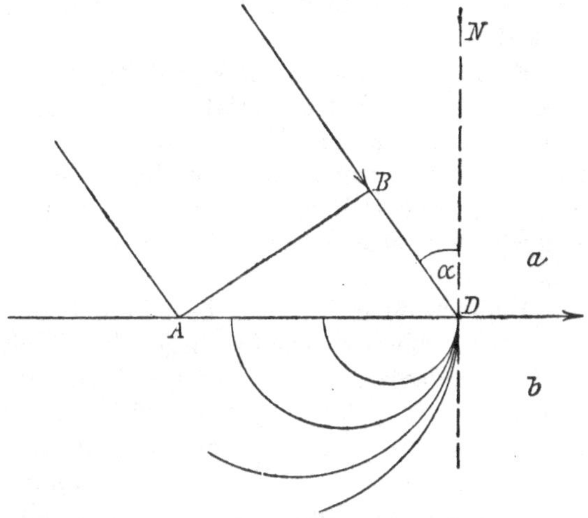

Fig. 161. Grenzbrechungswinkel.

An die Ableitung dieses wichtigen Gesetzes, dem wir bei der Brechung des Lichtes wieder begegnen werden, schließen wir noch einige ergänzende Bemerkungen an.

Die erste bezieht sich auf den Fall, daß die **Fortpflanzungsgeschwindigkeit der Welle in dem Medium** b **größer ist, als in** a. Man kann dann immer eine solche Neigung der einfallenden Welle AB (Fig. 161), einen solchen Einfallswinkel α finden, daß die Strecke BD von der Welle im Medium a in derselben Zeit durchlaufen wird, wie die Strecke AD von einer Welle in b. Während die obere Kante der einfallenden Welle in der Zeit τ von B nach D vorrückt, breitet sich die von A ausgehende Elementarwelle auf eine Kugel vom Halbmesser AD aus, welche das Einfallslot DN in D berührt. In demselben Punkte D berühren sich aber auch all die anderen Elementarwellen, die während der Zeit τ von den zwischen A und D liegenden Punkten der Grenzfläche ausgehen. Räumlich entsprechen den in der Figur gezeichneten Kreisen zylindrische Wellen, die zu der Ebene der Zeichnung senkrecht stehen; dem Berührungspunkte der Kreise entspricht eine Berührungskante der Zylinder. Dem Bogenelemente, welches die Kreise im Berührungspunkte gemeinsam haben, entspricht im Raume ein unendlich schmaler Flächenstreifen als die gemeinsame Berührungsfläche der Zylinderwellen. Der Flächenstreifen stellt die gebrochene Welle dar; ihre Normale ist gegeben durch AD; in dieser Richtung, also parallel mit der Grenzfläche schreitet die gebrochene Welle als ein unendlich schmales, zur Grenzfläche senkrecht stehendes Band fort. Man bezeichnet diese Welle als eine streifend gebrochene. Der Brechungswinkel ist in diesem Falle gleich 90°; der zu ihm gehörende Einfallswinkel ergibt sich aus der Formel:

$$\sin \alpha_g = \frac{v_a}{v_b}.$$

Den hieraus berechneten Winkel α nennt man den Grenzbrechungswinkel.

Es frägt sich noch, was eintritt, wenn die Welle in dem Medium a unter einem Winkel α einfällt, der größer ist als der Grenzbrechungswinkel α_g. In diesem Falle umhüllen sich die Elementarwellen, welche der Reihe nach von A und von den zwischen A und D liegenden Punkten ausgehen, ohne sich zu berühren. Das HUYGENSsche Prinzip liefert also wenigstens so, wie es in § 110 ausgesprochen wurde, keine gebrochene Welle mehr.

Eine zweite Bemerkung bezieht sich auf die reflektierten Wellen. Wir haben schon vorher hervorgehoben, daß das gewöhnliche Reflexionsgesetz nur dann gilt, wenn die reflektierte Welle mit der einfallenden gleichartig ist. Wenn aber aus einer einfallenden longitudinalen Welle eine reflektierte transversale, oder umgekehrt aus einer einfallenden transversalen eine reflektierte longitudinale entsteht, so findet zwischen dem Einfallswinkel und dem Reflexionswinkel eine Beziehung von derselben Art statt wie bei der Brechung. Nun ist die Geschwindigkeit, mit der sich die transversalen Wellen fortpflanzen, stets kleiner als die Geschwindigkeit der longitudinalen; daraus folgt, daß für die transversale Welle ein Grenzwert des Einfallswinkels existiert, für welchen die zugehörige longitudinale Welle unter einem Winkel von 90° streifend reflektiert wird. Für Einfallswinkel, die größer sind als jener Grenzwinkel, gibt es dann keine reflektierte longitudinale Welle mehr.

Die vorhergehenden Betrachtungen bezogen sich auf die geometrischen Verhältnisse der Reflexion und der Brechung; sie werden zu ergänzen sein durch eine Untersuchung, welche die Ermittlung der Intensitätsverhältnisse der Wellen zum Ziele hat. Man kann von vornherein annehmen, daß bei Wellen von gleicher Oszillationsdauer die größere oder geringere Intensität der Bewegung davon abhängt, ob die Teilchen bei ihrer Schwingung sich mehr oder weniger weit von ihrer Gleichgewichtslage entfernen, ob die Amplitude ihrer Schwingung größer oder kleiner ist. Die Frage nach den Intensitätsverhältnissen der Wellen kann also im wesentlichen auf die Frage nach dem Verhältnis ihrer Amplituden zurückgeführt werden. Zu ihrer Lösung dient auf seiten der Theorie die folgende Überlegung. Wenn die beiden Medien *a* und *b* in der Grenzfläche fest gegeneinander gepreßt sind, so müssen die einander berührenden Elemente von *a* und von *b* dieselbe Bewegung besitzen. Die einfallende Welle möge etwa eine longitudinale sein; sie gibt dann Veranlassung zu einer reflektierten longitudinalen und einer reflektierten transversalen Welle. Ein Teilchen des Mediums *a*, welches gerade an der Grenze gelegen ist, nimmt an der Bewegung der drei in *a* vorhandenen Wellen teil; seine Verschiebung bestimmt sich nach dem Prinzipe der Kombination aus den Verschiebungen, die den einzelnen Wellen entsprechen. Ebenso ergibt sich aus den Verschiebungen der beiden gebrochenen Wellen die Verschiebung eines an derselben Stelle der Grenze liegenden, aber dem Medium *b* angehörenden Teilchens. Stellt man die Bedingung auf, daß die Verschiebungen der beiden betrachteten Teilchen einander gleich sein sollen, so ergeben sich gewisse Bedingungen, welchen die Amplituden der Wellen zu genügen haben. Aber zu einer Berechnung der Amplituden reichen sie nicht aus. Die noch fehlenden Gleichungen ergeben sich aus der Annahme, daß auch der Druck auf beiden Seiten der Grenzfläche derselbe sein muß. Da der Druck einerseits abhängt von den Verschiebungen in dem Medium *a*, andererseits von den Verschiebungen in *b*, so ergeben sich weitere Beziehungen zwischen den Amplituden. Im ganzen erhält man auf diese Weise vier Gleichungen, welche die Amplituden der beiden reflektierten und der beiden gebrochenen Wellen als Unbekannte enthalten und zu ihrer Berechnung ausreichend sind.

Eine Kontrolle für die Ergebnisse der Rechnung ergibt sich aus einer energetischen Betrachtung, die wir noch kurz andeuten wollen. Die einfallende Welle enthält eine gewisse Menge von Energie, welche mit der Welle von einer Stelle des Raumes zur anderen fortgetragen wird. Wenn die einfallende Welle sich spaltet in die beiden reflektierten und in die beiden gebrochenen, so verwandelt sich ihre Energie in die Energie dieser vier Wellen, vorausgesetzt, daß keine inneren Reibungswiderstände zu berücksichtigen sind, die zur Entstehung von Wärme Veranlassung bieten würden. Unter dieser Voraussetzung muß die Energie der einfallenden Welle gleich der Summe der Energien sein, die in den reflektierten und in den gebrochenen Wellen enthalten sind. Eine genauere Untersuchung der hierdurch gegebenen Bedingung würde uns zu weit führen. Wir beschränken uns auf die Bemerkung, daß die Energie einer in einem elastischen Körper fortschreitenden Welle mit dem Quadrate der Wellenamplitude und mit der Dichte des Körpers proportional ist. In einem ähnlichen Falle, nämlich bei einer schwingenden Saite, werden wir später die Energiebestimmung wirklich ausführen (§ 149).

Eine letzte Bemerkung bezieht sich auf den Fall, daß der elastische Körper durch eine freie Oberfläche begrenzt wird. Auf diese wirkt der Druck der Luft; der Körper wird dadurch ein wenig komprimiert.

Wir können nun in dem Körper elastische Wellen erzeugen, etwa dadurch, daß wir gegen irgendeine Stelle der Oberfläche einen Schlag führen. Über die konstanten durch den Luftdruck erzeugten Deformationen lagern sich dann die Verschiebungen, welche den elastischen Wellen entsprechen. Der Druck, den die Oberfläche des Körpers erleidet, der Luftdruck, wird aber durch die Wellen nicht geändert. Die Verschiebungen der oberflächlichen Körperteilchen, welche von den elastischen Wellen herrühren, müssen daher so beschaffen sein, daß der ihnen entsprechende Oberflächendruck gleich Null ist. Diese Bedingung ermöglicht die Berechnung der Amplituden der beiden von der freien Oberfläche reflektierten Wellen, welche aus einer einfallenden longitudinalen oder transversalen Welle entstehen.

§ 118. **Erdbebenwellen.** Die Ergebnisse der beiden vorhergehenden Paragraphen finden zurzeit nur e i n e interessante Anwendung, und zwar auf die elastischen Schwingungen, die von einem Erdbebenzentrum aus wellenförmig durch die Erde sich verbreiten.

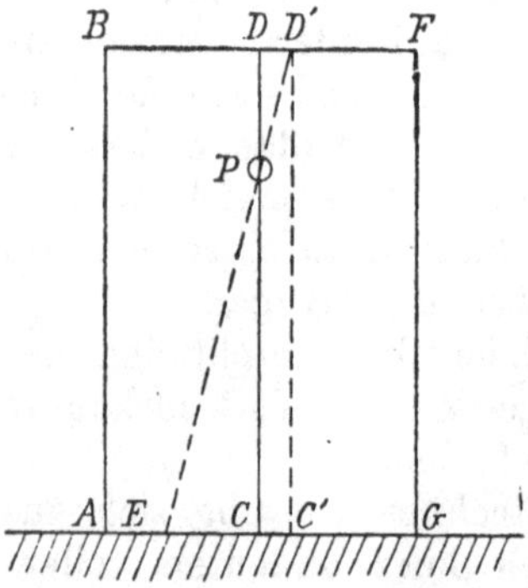

Fig. 162. Seismometer.

Die Schwingungen, die an einem Orte der Erdoberfläche durch ein Beben mit fernem Zentrum erzeugt werden, sind überaus klein; es bedarf zu ihrem Nachweise sehr feiner Hilfsmittel, und es scheint nicht überflüssig, zunächst über diese einiges zu sagen. Das Prinzip für die Konstruktion eines Apparates, der die Bewegungen des Erdbodens aufzeichnet, ist durch das in § 52 besprochene Doppelpendel gegeben. Der Erdboden selbst zusammen mit einem festen, wohl fundamentierten Gestell entspricht dem Pendel von großer Masse; dem in erzwungene Schwingung versetzten Pendel von kleiner Masse entspricht ein an dem Gestelle hängendes Pendel, welches zur Aufzeichnung von Erdbebenwellen dient.

Der Rahmen $ABFG$, Fig. 162, repräsentiert das Gestell; das Pendel besteht aus einem starren Stabe, der an seinem unteren Ende die Pendelmasse P trägt. Soll das Pendel Bewegungen des Erdbodens anzeigen, die parallel sind mit der Richtung AG, so verbinden wir dasselbe mit einer horizontalen Drehungsachse D, die senkrecht zu dem Rahmen $ABFG$ steht. Die Vergrößerung der Bewegungen wird durch einen langen Zeiger PC bewirkt, der seine Bewegungen mit einer feinen Spitze auf berußtem Papiere aufschreibt. Die Theorie dieses s e i s m o g r a p h i s c h e n Pendels ist außerordentlich einfach, wenn die Schwingungen des Erdbodens sehr schnell sind im Vergleiche mit der Schwingungsdauer des Pendels P. Für diesen Fall folgt, daß der Schwerpunkt der Pendelmasse P an derselben Stelle des Raumes in Ruhe bleibt. Wenn also die Achse D infolge der Schwingungen des Erdbodens nach D'

verschoben wird, so dreht sich die Pendelstange DP und der Zeiger PC um den Schwerpunkt von P; die Spitze des Zeigers kommt dadurch nach E; gleichzeitig hat sich die vertikale Linie DC nach $D'C'$ verschoben. Der Ausschlag des Zeigers ist somit gleich EC'. Er verhält sich zu der wirklichen Verschiebung DD' des Erdbodens wie die Länge DC zu der Pendellänge DP; es ist also

$$DD' = EC' \cdot \frac{DP}{DC}.$$

Die Länge DC bezeichnet man als die Indikatorlänge, das Verhältnis $\frac{DC}{DP}$ als die Indikatorvergrößerung.[1]

Komplizierter wird der Zusammenhang zwischen dem Ausschlage, den der Zeiger aufschreibt, und der wirklichen Bewegung des Bodens, wenn die Schwingungsdauer der Erdbebenwellen der Schwingungsdauer des Pendels mehr oder weniger nahe kommt. Die Amplitude der Pendelschwingungen wird insbesondere dann eine unverhältnismäßig große, wenn die Wellen dieselbe Schwingungsdauer besitzen wie das Pendel, d. h. wenn dieses auf die Schwingungen des Bodens resoniert. Die Untersuchungen des § 52 zeigen, wie man ein übermäßiges Anwachsen der Ausschläge in diesem Falle vermeiden kann; man muß einen Reibungswiderstand einführen, welcher die Bewegungen des Pendels dämpft. Eine solche Dämpfung ist aber noch aus einem anderen Grunde notwendig. Im allgemeinen werden zu den erzwungenen Schwingungen, welche den Wellen des Erdbebens entsprechen, freie Schwingungen des Pendels von der ihm eigentümlichen Dauer sich gesellen. Durch die Überlagerung der beiden Bewegungen würde die Deutung eines von dem Zeiger aufgeschriebenen Erdbebendiagrammes außerordentlich erschwert. Der verwirrende Einfluß der freien Schwingungen wird vermieden, wenn das Pendel so stark gedämpft ist, daß ihre Amplitude schon nach wenigen Schwingungen auf einen kleinen Bruchteil des ursprünglichen Betrages herabgedrückt wird.

In Fig. 163 ist ein in Göttingen erhaltenes Erdbebendiagramm, wenn auch nicht in all seinen Einzelheiten, so doch in seinem ganzen Charakter wiedergegeben. Die an den horizontalen Linien angeschriebenen Zahlen bedeuten Minuten. Die Schwingungsdauer des Pendels betrug 5,6 sec, die Indikatorlänge 6600 m. Eine solche Länge kann natürlich nicht durch einen einfachen mit dem Pendel verbundenen Zeiger hergestellt werden. An seine Stelle tritt vielmehr ein Hebelmechanismus, der aber die Pendelausschläge ebenso vergrößert wie ein Indikator von der angegebenen Länge.

Die Schwingungen sind zu einer wellenförmigen Kurve dadurch auseinander gezogen, daß das berußte Papier unter dem Schreibstifte mit

[1] Wiechert, Phys. Zs. 2. (1900—1901).

einer Geschwindigkeit von etwa 80 cm in der Stunde in einer zu der Schwingung des Pendels senkrechten Richtung fortgezogen wurde.

Das Beben beginnt mit unregelmäßigen Schwingungen von etwa 2,5 sec Dauer, den Vorläufern. Diese zeigen nach 3 min einen neuen charakteristischen Einsatz, der Erschütterungen mit größerer Amplitude einleitet. Nach Ablauf von etwa 6 min setzen regelmäßigere Schwingungen von größerer Amplitude ein, die Hauptwellen; ihre Schwingungsdauer beträgt etwa 5,5 sec; ihre Amplituden wachsen rasch zu einem Maximum an, um dann allmählich wieder abzunehmen. Nach einer Zeit von etwa

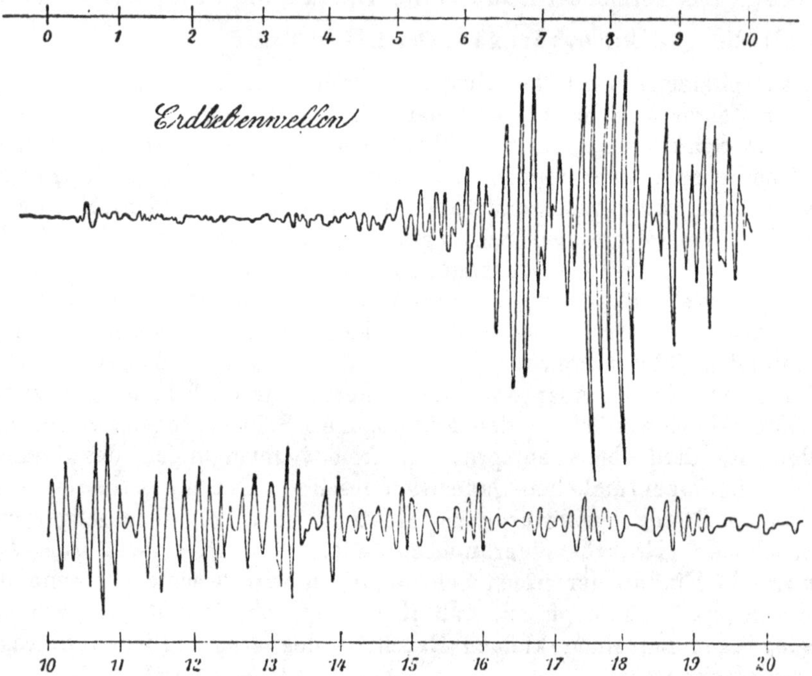

Fig. 163. **Erdbebendiagramm.**

30 min ist die Bewegung unmerklich geworden. Das Zentrum des dargestellten Bebens lag in Kleinasien.

In Göttingen betrugen die Verschiebungen des Bodens im Maximum etwa $^1/_3$ mm.

Der bei dem Pendel benutzten Schwingungsdauer von 5,6 sec würde bei einem Fadenpendel eine Länge von 31 m entsprechen.

Das längste Pendel, welches bisher zur Registrierung von Erdbebenwellen, als Seismometer, benutzt wurde, hat VICENTINI in Padua konstruiert. Es besitzt eine Länge von 20 m bei einer Pendelmasse von 400 kg. Schon bei einem solchen Pendel sind die Schwierigkeiten der Aufhängung sehr groß; Pendel von noch größerer Länge würden nur unter ganz besonderen Verhältnissen zu brauchen sein. Man muß also die große bei dem Göttinger Pendel benutzte Schwingungsdauer von 5,6 sec dadurch erreichen, daß man die Einwirkung der Schwere auf die Pendelmasse bis auf einen kleinen Rest kompensiert.

Bei dem sogenannten Horizontalpendel (Fig. 164) geschieht dies in folgender Weise: Die Pendelmasse P wird einerseits von dem in B befestigten Faden BA gehalten, und andererseits stützt sie sich mittels der Stange DE gegen die mit B in derselben Vertikallinie liegende Spitze E einer Schraube. Durch Drehen der letzteren kann der Stützpunkt E der Stange in horizontaler Richtung verschoben werden. Liegen die Punkte E und B in einer Vertikalen, so bleibt der Schwerpunkt der Pendelmasse bei einer Drehung um BE in derselben Höhe; das Pendel befindet sich in jeder Lage im Gleichgewichte. Neigen wir die Linie BE durch Drehen der Schraube nach der Seite, auf welcher das Pendel sich befindet, so hat der Schwerpunkt des letzteren die tiefste mögliche Lage, wenn die Ebene des Dreieckes BCE vertikal steht. Diese Lage entspricht somit dem stabilen Gleichgewichte des Pendels. Die Direktionskraft, durch welche das Pendel bei einer Ablenkung aus der Gleichgewichtslage in diese zurückgetrieben wird, ist um so kleiner, je geringer die Neigung der Linie BE. Nun wächst aber die Schwingungsdauer des Pendels mit abnehmender Direktionskraft; durch passende Einstellung der Spitze E wird man also leicht eine Schwingungsdauer von der gewünschten Größe herstellen können.[1]

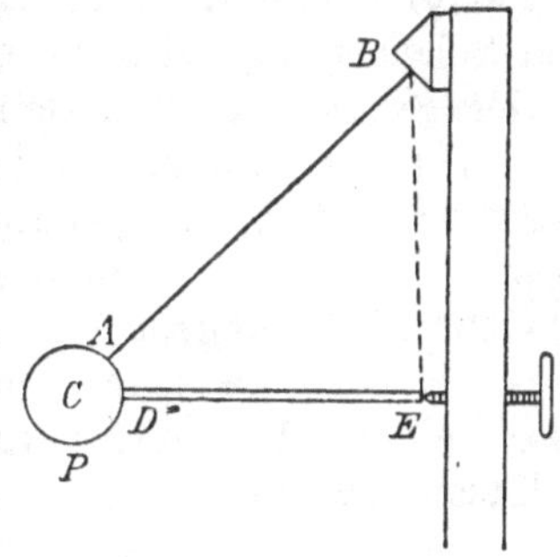

Fig. 164.
Horizontalpendel.

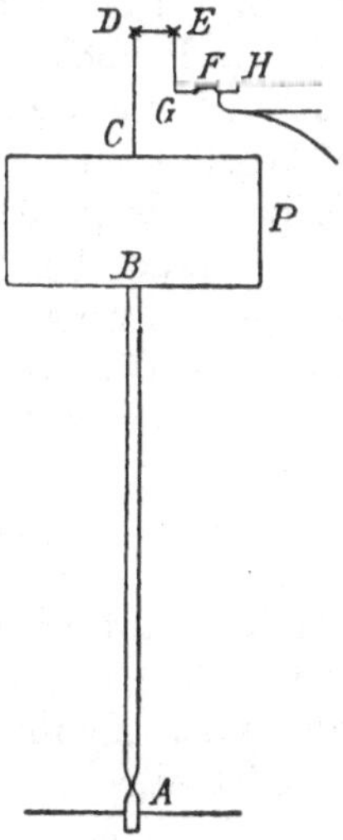

Fig. 165.
Wiechertsches Pendel.

In anderer Weise ist die Kompensation bei den neuesten von Wiechert konstruierten Pendeln erreicht (Fig. 165). Die Pendelmasse P ruht mit der Stange AB auf der Fußplatte des Apparates. Wir wollen annehmen, daß AB um eine horizontale Achse drehbar sei, welche wir uns in A senkrecht zu der Ebene der Zeichnung stehend denken. Das Pendel wird dann zu der Registrierung von horizontalen Bodenbewegungen dienen können, welche senkrecht zu jener Drehungsachse stehen. Damit das Pendel nicht umfällt, muß man auf dasselbe außer der Schwere noch eine zweite Kraft in entgegengesetztem Sinne wirken lassen. Zu diesem Zwecke ist die Stange verlängert bis D. In diesem Punkte greift eine aus zwei Gliedern DE und EGF bestehende Führung an und verbindet

[1] Vgl. hierzu Wiechert, Gött. Nachr. (1899).

ihn mit einem Punkte *H* des den Apparat tragenden festen Gestelles. In den Punkten *D*, *E* und *F* befinden sich Gelenke, so daß die in ihnen zusammenhängenden Teile sich gegeneinander um Achsen drehen können, welche der Drehungsachse der Stange *AB* parallel sind. Um Reibungswiderstände zwischen sich berührenden Teilen zu vermeiden, sind jene Gelenke durch elastische Federn dargestellt, wie dies bei *F* in schematischer Weise angedeutet ist. Auch die Stange *AB* ist dadurch drehbar gemacht, daß sie bei *A* zu einer Feder ausgefeilt ist, welche sich in der zu ihrer Fläche senkrechten Richtung hin und her biegen kann. Wenn wir die Pendelstange etwa nach der linken Seite der Figur hinüberneigen, so wird die Feder *F* nach unten gebogen; sie übt dann infolge ihrer Elastizität ein Drehungsmoment auf das Pendel aus, welches, dem der Schwere entgegengesetzt, die Pendelstange wieder aufzurichten versucht. Die Stärke der Feder *F* muß so reguliert werden, daß das durch ihre Biegung erzeugte Drehungmoment dem der Schwere ein wenig überlegen ist. Die Wirkung der Schwere wird also bei dem Apparat von Wiechert durch die elastische Gegenkraft um einen kleinen Betrag überkompensiert. Den einzigen Punkt, wo bei dem Wiechertschen Pendel gleitende Reibung verschiedenartiger Körper auftritt, bildet die Spitze des Schreibstiftes. Der Reibungswiderstand des Stiftes kann bei Anwendung von berußtem Papiere auf $^1/_2$ mg-Gewicht herabgedrückt werden; er wirkt aber am Ende des langen Zeigers, also an einem großen Hebelarme. Um den störenden Einfluß der Reibung tunlichst herabzudrücken, gibt man dem Pendel eine große Masse, bei dem Apparate von Wiechert von etwa 1000 kg.

Eigenschwingungen des Pendels, wie sie durch jede Erschütterung erzeugt werden, werden durch besondere Vorrichtungen vermieden.

Wir ergänzen den vorstehenden Bericht über Instrumente und Beobachtungen durch einige Bemerkungen von theoretischer Natur.

Wären wir mit der Beschaffenheit der Erde, mit ihrer Elastizität, ihrer Dichte bekannt, so würde § 117 die Mittel enthalten, um eine vollständige Theorie der Erdbebenwellen zu entwerfen. Umgekehrt darf man hoffen, daß aus einer vollständigen Beobachtung der Erdbeben wichtige Schlüsse auf die Beschaffenheit der Erde sich werden ziehen lassen. Immerhin muß man von vornherein darüber klar sein, daß es sich um die Entwirrung sehr komplizierter Vorgänge handelt. In § 57 haben wir gesehen, daß die Erdkugel aus einem Mantel von Gesteinen mit geringerer Dichte und einem Kerne von großer metallischer Dichte bestehen muß.

Unter dieser Voraussetzung können wir uns von der Ausbreitung der Wellen von einem an der Oberfläche der Erde gelegenen Erschütterungszentrum aus das folgende Bild machen. Wir wollen dabei annehmen, die Ausbreitungsrichtungen eines Bebens seien durch gerade Linien gegeben. In Wirklichkeit trifft dies nicht zu; vielmehr sind die Strahlen, längs derer die Erschütterung sich fortpflanzt, kreisförmig gebogen. Da es aber im folgenden nur auf eine schematische Übersicht über die Erscheinungen ankommt, nicht auf eine Darstellung der quantitativen Verhältnisse, so wird für diesen Zweck auch die einfachere Annahme genügen.

Wir legen zunächst von dem Erschütterungzentrum A aus einen Kegel, welcher den Metallkern der Erde berührt; ihre Oberfläche zerfällt dadurch in zwei Zonen. In der Mitte der einen liegt das Erdbebenzentrum A, in der Mitte der anderen der Gegenpunkt B von A. Die beiden Zonen mögen bzw. mit denselben Buchstaben A und B bezeichnet werden. Wir nehmen zuerst einen Punkt P der Zone A; die in A erzeugten Wellen pflanzen sich nach ihm in einer geraden Linie AP unmittelbar durch den Gesteinsmantel hindurch fort. Außerdem gelangen nach P Wellen, die an der Oberfläche der Erde eine einmalige oder eine wiederholte Reflexion erlitten haben. Ferner erhält P eine Welle, die an der Oberfläche des Metallkernes einmal reflektiert wurde, andere Wellen, die zwischen der Oberfläche des Kernes und zwischen der äußeren Oberfläche der Erde wiederholt hin und her geworfen wurden. Wenn endlich die Geschwindigkeit der Wellen in dem Metallkerne größer ist als in dem Gesteinsmantel, so können Wellen auch durch den Kern hindurch von A nach P kommen.

Nehmen wir einen Punkt Q der Zone B, so kann in einer geraden Linie AQ keine Welle nach ihm gelangen; es bleiben nur die Wellen, welche an der äußeren und an der inneren Oberfläche des Gesteinsmantels reflektiert worden sind. Dazu kommen die durch den Metallkern gebrochenen Wellen; ihr Verhalten hängt wesentlich davon ab, ob sie sich in dem Kerne mit größerer oder mit kleinerer Geschwindigkeit fortpflanzen, als die entsprechenden Wellen im Mantel. Im ersteren Falle würde die Wirkung des Kernes an die der Zertreuungslinsen der Optik erinnern, im zweiten an die Wirkung der Sammellinsen. Den Verhältnissen der Optik gegenüber bleibt aber die große Komplikation, daß im allgemeinen jede einfallende elastische Welle in zwei reflektierte und in zwei gebrochene sich spaltet, wobei immer die longitudinalen Wellen sich rascher fortpflanzen als die entsprechenden transversalen. Die Annahme, daß die Wellen in dem Gesteinsmantel einerseits, dem Metallkerne andererseits in gerader Linie sich fortpflanzen, würde nur zutreffen, wenn das Verhältnis von Elastizität und Dichte in jedem einen konstanten Wert besäße. Aus den Beobachtungen folgt, daß diese Annahme zwar für den Metallkern im wesentlichen zutrifft, aber nicht für den Gesteinsmantel. In diesem muß sich die Fortpflanzungsgeschwindigkeit der Welle mit der Tiefe ändern, so daß die Linien, nach denen sich die Wellen fortpflanzen, die Gestalt von Kreisen annehmen.

§ 119. **Elastische Nachwirkung.** Wenn man einen elastischen Körper einer deformierenden Kraft unterwirft, so nimmt die Deformation noch längere Zeit hindurch, bei manchen Körpern mehr, bei anderen weniger zu. Wenn man die deformierende Kraft aufhebt, so verschwindet die

Formänderung nicht sofort vollständig, es bleibt vielmehr zunächst ein Rest, der erst nach längerer Zeit ganz rückgängig wird. Man bezeichnet diese mit großer Regelmäßigkeit verlaufenden Erscheinungen als elastische Nachwirkung.

Wenn nach irgendeiner äußeren Einwirkung eine merkliche, dauernde Formänderung eines Körpers zurückbleibt, so sagt man, seine Elastizitätsgrenze sei überschritten worden.

Zyklische Deformationen. In eigentümlicher Weise äußert sich die elastische Nachwirkung bei zyklischen Prozessen. Wir lassen auf einen Körper erst eine kleine Anfangsbelastung wirken, wir steigern sie in stetiger Weise bis zu einem bestimmten Maximalwerte, lassen sie ebenso abnehmen, bis der Anfangswert wieder erreicht ist; von da an steigen wir von neuem auf bis zu dem Maximalwerte, gehen abermals herunter zum Anfangswerte, und wiederholen diesen Prozeß so lange, bis das Verhalten des Körpers ein ganz konstantes geworden ist, d. h. bis jeder Belastung der aufsteigenden wie der absteigenden Reihe immer wieder dieselbe Deformation entspricht, so daß der Körper eine geschlossene Folge von Deformationen in gleicher Weise durchläuft. Dabei stellt sich dann heraus, daß die den abnehmenden Belastungen entsprechenden Deformationen andere sind, als die bei zunehmender Belastung beobachteten. Es wird dies am einfachsten an der Hand einer graphischen Darstellung deutlich zu machen sein.

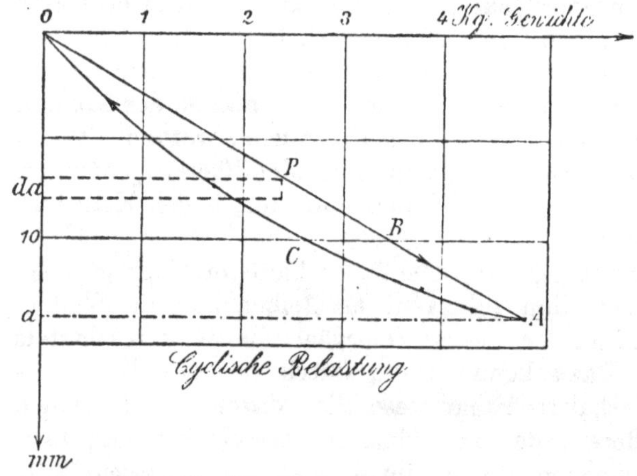

Fig. 166. Elastische Hysteresis.

Die Zeichnung, Fig. 166, bezieht sich auf den Fall der Dehnung einer Lederschnur durch ein angehängtes Gewicht; die Länge der Schnur betrug 130 cm, ihr Durchmesser 0,49 cm; die anfängliche Belastung ist gleich Null genommen. Die allmählich bis zu dem Maximalwerte P_m = 4,76 kg-Gewichten gesteigerte Last ist auf der horizontalen Achse, abgetragen, senkrecht dazu nach unten hin die entsprechenden Verlängerungen a in mm. Die Linie OBA entspricht der Zunahme der Belastung, die Linie ACO der Wiederabnahme. Infolge der elastischen Nachwirkung verläuft ACO unterhalb von OBA. Daraus ergibt sich noch eine weitere eigentümliche Folgerung. Die Schnur sei belastet mit einem Gewichte P; wenn wir nun ein kleines Mehrgewicht hinzufügen, so dehnt sich die Schnur um einen kleinen Betrag da; bei dieser

Dehnung wird von dem Gewichte P die Arbeit $P \cdot da$ geleistet, strichliert gezeichnetes Parallelogramm. Die gesamte Arbeit, welche von der allmählich bis zu dem Maximalwerte steigenden Belastung geleistet wird, ist gegeben durch $\sum P\,da$, oder durch den Inhalt der zwischen den Linien OBA, Aa und aO eingeschlossenen, dreieckigen Figur (siehe analoge eingehendere geometrische Überlegung § 187). Wenn nun die Schnur allmählich wieder entlastet wird, so verkürzt sie sich und hebt dabei die jeweilig noch vorhandene Belastung; es wird also bei der Entlastung Arbeit wiedergewonnen, und diese gewonnene Arbeit ist durch den Inhalt der Figur $ACOaA$ gegeben. Die gewonnene Arbeit ist hiernach kleiner als die geleistete; die Differenz ist numerisch gleich dem Inhalte der Figur $OBACO$. Nun kehrt bei einem vollkommen zyklischen Prozesse die Schnur stets wieder in denselben Zustand zurück; es scheint also, daß ein gewisser Teil der geleisteten Arbeit verloren gegangen ist. Nach dem Prinzipe von der Erhaltung der Energie muß aber die anscheinend verlorene Arbeit in irgendeiner Form von Energie sich wiederfinden, und es ist kaum eine andere Annahme möglich, als daß dies die Form der Wärmeenergie ist. Wir kommen somit zu dem Schlusse, daß in jedem Körper, der einen zyklischen Prozeß von der geschilderten Art durchläuft, Wärme erzeugt wird.

Die Erscheinungen, von denen wir hier gesprochen haben, bezeichnet man als elastische Hysteresis[1]; ganz analogen Erscheinungen werden wir auf dem Gebiete des Magnetismus begegnen.

§ **120. Innere Reibung.** Mit der Erscheinung der elastischen Nachwirkung hängt die der inneren Reibung zusammen. Wenn wir eine gebogene Feder schwingen lassen, oder wenn wir einen vertikal aufgehängten Draht drillen und dann loslassen, so daß er in Torsionsschwingung gerät, so bemerken wir, daß die Weite der Schwingungen immer mehr abnimmt, bis die Bewegung schließlich erlischt. Wir bezeichnen dies als Dämpfung der Schwingungen, und den Grund der Erscheinung suchen wir in einer Reibung, welche die Teilchen des schwingenden Körpers bei der gegenseitigen Verschiebung erfahren. Die Energie des deformierten Körpers, welche während der Schwingung bald potentieller, bald kinetischer Art ist, verwandelt sich infolge der inneren Reibung allmählich in Wärme.

§ **121. Festigkeit.** Wenn man einen Draht so belastet, daß seine Elastizitätsgrenze überschritten wird, so zerreißt er sehr bald, wenn er aus einem spröden Stoffe besteht; Stoffe, die große Formänderungen erleiden können, ohne daß der Zusammenhang ihrer Teile zerstört wird, nennen wir zähe oder duktile. Unter Zugfestigkeit verstehen wir die auf die Flächeneinheit kommende Spannung, bei der ein Stab oder Draht

[1] Siehe Warburg und Heusse, Dtsch. Phys. Ges. 17 (1915).

zerreißt. Um eine Vorstellung von den hier vorliegenden Verhältnissen zu geben, bringen wir einige Werte von Zugfestigkeiten, kg-Gewicht/mm²

Stahl	Eisen	Messing	Silber	Blei
80	60	60	29	2

Bei Glas erweist sich die Zugfestigkeit in hohem Grade als abhängig von der chemischen Zusammensetzung und der Beschaffenheit der Oberfläche. Sie schwankt zwischen 3,5 und 11,9 kg-Gewichten pro mm² und steigt bei Glasstäben mit geätzter Oberfläche bis auf 17,8.[1]

Rückwirkende Festigkeit nennen wir den Druck, der zum Zerdrücken eines Körpers von prismatischer Form erfordert wird. Biegungsfestigkeit ist die Kraft, welche zum Zerbrechen, Torsionsfestigkeit die, welche zum Abdrehen eines stabförmigen Körpers notwendig ist. Auffallend ist die große Biegungsfestigkeit schnell gekühlten Glases, z. B. des Schwanzes der Glastränen; sie ist gleich der des Stahles; sobald aber der Bruch eintritt, so zerfällt das ganze Glasstück explosionsartig in kleine Splitter.

Sehr merkwürdig sind die Erscheinungen, welche dem Zerreißen eines über die Festigkeitsgrenze hinaus in Anspruch genommenen Stabes vorhergehen. Ein gedehnter Stahlstab schnürt sich an einer Stelle ein, es tritt ein Fließen der Masse ein, bis schließlich an der Stelle der größten Einschnürung der Bruch erfolgt. Im Zusammenhange damit stehen gewisse Veränderungen der Oberfläche; insbesondere tritt beim Beginn des Fließens eine eigentümliche netzartige Zeichnung auf, die sich von dem einen Ende aus über die Oberfläche verbreitet; eine Erscheinung, die man als Überfließen bezeichnet. Charakteristisch für die Natur des Materials sind die Bruchflächen selbst; es scheint, daß sie bei spröden Körpern senkrecht stehen zu der Richtung der größten linearen Dilatation, während sie bei duktilen der Richtung der größten Scherkraft folgen; bei den letzteren treten daher in der Regel trichterförmige Bildungen an den Bruchflächen auf. Während des Überfließens ist das Eisen besonders empfänglich für magnetische Erregung; die Stellen eines gedehnten Stabes, an denen das Überfließen eintritt, werden schon unter dem Einflusse des Erdmagnetismus relativ stark magnetisch; es hängt dies mit Tatsachen zusammen, über die wir in der Lehre vom Elektromagnetismus berichten werden. Beim Fließen selbst bis zu dem schließlichen Bruche nimmt die magnetische Erregbarkeit wieder ab.[2]

Für die Kenntnis der Vorgänge, welche dem Eintreten eines Bruches vorhergehen, sind Beobachtungen wichtig, welche den Zusammenhang zwischen Deformation und Zug oder Druck während der ganzen Dauer der Erscheinung verfolgen. Solche Beobachtungen sind in besonders ausführlicher Weise bei Marmor durch v. Kármán[3] ausgeführt worden.

[1] C. Brodmann, Gött. Nachr. (1894). – Winkelmann und Schott, Wied. Ann. 51 (1894).

[2] Kirsch, Kgl. techn. Versuchsanst. Berlin (1887, 1888, 1889).

[3] Göttinger Habilitationsschrift (1910).

Die Versuche wurden so angestellt, daß außer der einseitigen Belastung, welche die rückwirkende Festigkeit des Materiales in Anspruch nahm, noch ein allseitig gleicher Druck auf die benützten Marmorzylinder ausgeübt wurde. Zu diesem Zwecke wurden die Versuche im Innern eines Hohlzylinders ausgeführt, der mit Öl gefüllt war, und in dem der Druck der Flüssigkeit bis auf 3260 Atmosphären gesteigert wurde. Bei kon-

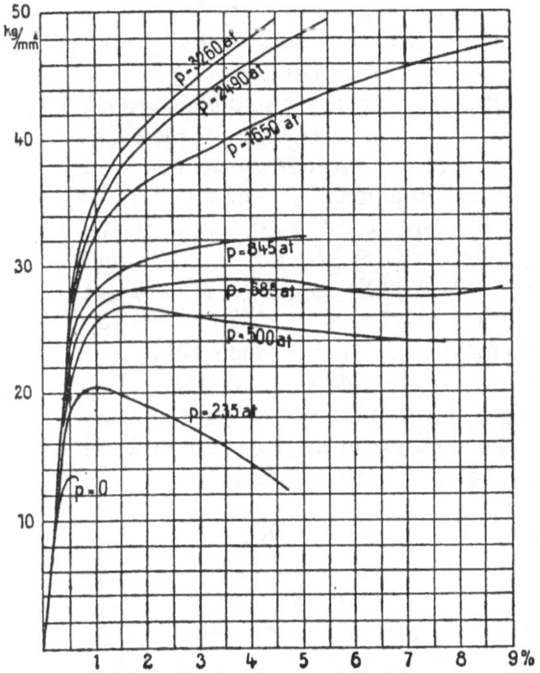

Fig. 167a. Längenänderung.

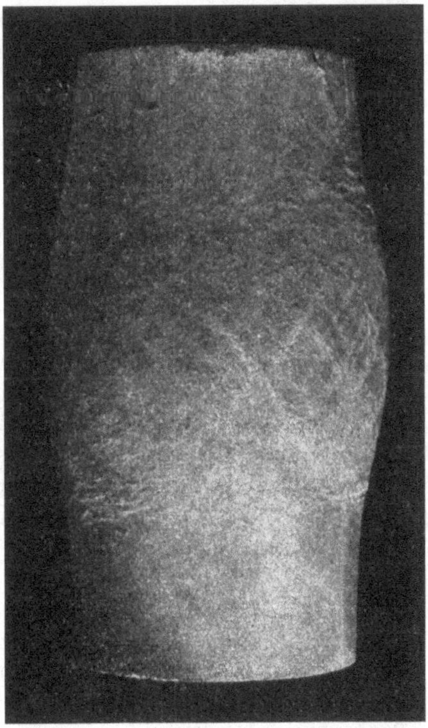

Fig. 167b. Flüssigkeitsdruck 500 Atm.

stant gehaltenem Flüssigkeitsdruck wurde der Zusammenhang zwischen dem einseitigen Druck und der entsprechenden Kompression der Zylinder messend verfolgt. Die Ergebnisse der Beobachtungen sind in Fig. 167a graphisch dargestellt. Vertikal sind die Drucke, horizontal die Kompressionen abgetragen. Solange der gleichmäßige äußere Druck kleiner ist als 585 Atmosphären, zeigen die Kurven ein Maximum des einseitigen Drucks bei einer bestimmten Kompression; von da an wird bei wachsender Kompression der Druck wieder kleiner, bis schließlich der Bruch eintritt. Innerhalb des betrachteten Gebietes allseitig gleicher Drucke erweist sich der Marmor einer genügend hohen Belastung gegenüber als plastisch. Fig. 167b gibt ein Bild von den dabei auftretenden permanenten Deformationen. Bei Drucken der Flüssigkeit, die über dem kritischen Werte liegen, behalten die Druckkurven für alle angewandten Belastungen ihre ansteigende Richtung. An Stelle des Maximums findet sich nur noch ein Knick, welcher den ersten steileren Ast der Kurven von dem späteren weniger steilen trennt. Die netzartigen Fließkurven, die wir bei dem Stahle erwähnt haben, treten auch bei dem Marmor auf.

Besonders bei kristallinischem Materiale ist die Entstehungsgeschichte wichtig. Man hat für Glühlampenfäden lange Zeit eine Pasta mit Wolfram und etwas Thoriumoxyd durch dünne Diamantlöcher gepreßt und dann erst geglüht. Diese Faden brachen leicht. Jetzt aber erhitzt man diese Pasta schon während der Fadenbildung durch eigene Kunstgriffe bis 2600°. So entsteht ein Kristalldraht als Kristallindividuum von einigen Metern Länge, dessen Bruchfestigkeit eine besonders günstige ist.

§ 122. **Adhäsion.** Wenn man zwei vollkommen reine, eben geschliffene Glasplatten zusammendrückt, so haften sie fest zusammen. Ist die eine Platte größer als die andere, so kann man sie auf einen horizontalen Ring auflegen, so daß die kleinere an ihrer unteren Fläche hängt. Man nimmt gewöhnlich an, daß die Erscheinung durch molekulare Anziehung der sich berührenden Teile, die Adhäsion, bewirkt werde. Aus optischen Beobachtungen ergibt sich aber, daß die Platten sich dabei nicht zu berühren brauchen, sondern durch einen Zwischenraum von 0,0001 mm Dicke voneinander getrennt sein können. Das ist mehr als der Radius der Wirkungssphäre, und es ist daher wahrscheinlich, daß der Zusammenhang der Platten unter Umständen auch durch Luftschichten vermittelt wird, die an ihrer Oberfläche verdichtet sind.[1]

§ 123. **Gleitende Reibung.** Zwei Körper mögen sich berühren und normal zu der Berührungsfläche mit einer gewissen Kraft N gegeneinander gedrückt werden. Sobald man versucht, den einen Körper gegen den anderen gleitend zu verschieben, entsteht in der Berührungsfläche eine Kraft, die jener Verschiebung entgegengerichtet ist. Man bezeichnet diese Kraft als gleitende Reibung. Die Kraft, welche die wechselseitige Verschiebung der sich berührenden Körper zu erzeugen sucht, möge von einem sehr kleinen Betrage an allmählich zunehmen. Der Widerstand der Reibung ist dann fürs erste immer geradeso groß, wie jene äußere Kraft. Aber die gleitende Reibung besitzt einen gewissen Maximalwert, den sie nicht überschreiten kann. Wenn die äußere Kraft diesem Maximalwerte gleich geworden ist, so werden die beiden Körper eben noch in Ruhe gegeneinander bleiben; sobald aber die äußere Kraft noch weiter steigt, wird sie die beiden Körper in der Berührungsfläche gegeneinander verschieben. Der Maximalwert der gleitenden Reibung ist unabhängig von der Größe der Berührungsfläche; sein Verhältnis zu dem Drucke N, der Koëffizient der

[1] W. VOIGT, WIED. Ann. 19 (1883).

gleitenden Reibung, kann für zwei bestimmte Substanzen näherungsweise als konstant betrachtet werden. Bezeichnen wir ihn durch η, die Maximalkraft der gleitenden Reibung durch F, so ist $F = \eta \cdot N$. Wenn man einen Körper von dem Gewichte P auf eine schiefe Ebene legt, die aus einer beliebigen Substanz hergestellt ist, so hält (Fig. 168) die Reibung der zu jener Ebene parallelen Komponente des Gewichtes eben noch das Gleichgewicht, wenn $\operatorname{tg} \varphi = \eta$ ist, unter φ den Neigungswinkel der schiefen Ebene verstanden. Einige der von den Technikern benutzten Reibungskoëffizienten sind:

Holz auf Holz:	0,2—0,5	Holz auf Metall:	0,2—0,6
Holz auf Stein:	0,4	Leder auf Metall:	0,56
Eisen auf Stein:	0,3—0,7	Metall auf Metall:	0,15—0,25

Nehmen wir an Stelle der schiefen Ebene eine horizontale, an Stelle des Gewichtes eine beliebige auf den Körper wirkende Kraft P, welche gegen die Vertikale unter dem Winkel φ nach unten geneigt ist. Wir können dann fragen, wie groß der Winkel φ werden kann, ohne daß der Körper auf der horizontalen Unterlage verschoben wird. Man findet für diesen Maximalwert wieder $\operatorname{tg} \varphi = \eta$. Nun liegt es nahe, an Stelle des Koëffizienten η eine andere Konstante ϱ einzuführen, welche mit η durch die Gleichung verbunden ist:

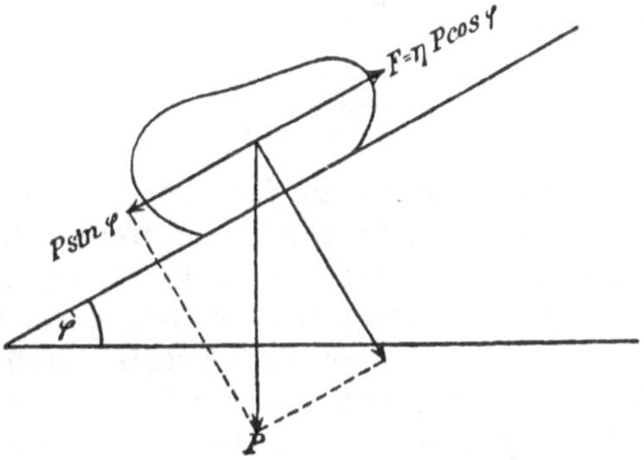

Fig. 168. Gleitende Reibung.

$$\operatorname{tg} \varrho = \eta.$$

Der Körper wird dann auf der horizontalen Ebene unter der Wirkung der Kraft P im Gleichgewichte sein, solange der Winkel zwischen P und der Vertikalen kleiner als ϱ ist. Man nennt ϱ den Reibungswinkel. Wir beschreiben ferner um die Normale der Ebene, auf welcher der Körper liegt, als Achse einen Kegel, dessen Kanten mit der Achse den Winkel ϱ einschließen; dieser Kegel heißt der Reibungskegel. Kräfte, deren geometrische Repräsentanten innerhalb dieses Kegels liegen, vermögen keine Verschiebung des Körpers auf der Unterlage zu erzeugen.

Bei den bisherigen Betrachtungen haben wir angenommen, daß die sich berührenden Körper unter der Mitwirkung der gleitenden Reibung in Ruhe sind; die Reibung wirkt aber auch, wenn die Körper in der gemeinsamen Berührungsfläche aufeinander gleiten. Quantitativ ist diese Reibung der Bewegung namentlich bei großen Geschwindigkeiten verschieden von der Reibung der Ruhe.

Gleitende Reibung benützen wir bei der Kraftübertragung durch Riemen und Riemenscheiben, sie macht sich geltend bei jeder Achse in der Berührungsfläche mit dem sie umhüllenden Lager. Bei den Achsen der Maschinen benützen wir Schmiermittel, um die gleitende Reibung zu vermindern; auf ihre Wirkung werden wir in § 128 zurückkommen.

Auch die Messung des von einer Maschine gelieferten Effektes, der in einer Sekunde geleisteten Arbeit, beruht auf einer Anwendung der gleitenden Reibung. Man preßt die Backen einer Bremse, des Pronyschen Zaumes (Fig. 169), gegen den Umfang der rotierenden Maschinenachse und reduziert dadurch die Umdrehungsgeschwindigkeit auf den

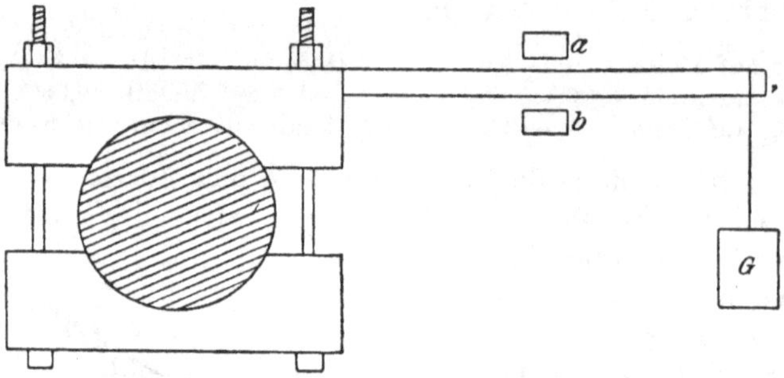

Fig. 169. Pronyscher Zaum.

Wert, für welchen die Leistung gefunden werden soll. Dabei wird ein mit dem Zaume verbundener Hebelarm je nach der Rotationsrichtung gegen den Anschlag *a* oder *b* sich legen. Man verschiebt dann an dem Hebelarm ein Gewicht *G* so lange, bis er frei zwischen den Anschlägen schwebt. Nach dem Hebelgesetze muß das statische Moment der auf den Umfang der Achse wirkenden Reibung dem Momente des Gewichtes *G* gleich sein; man kann also die Reibungskraft berechnen, die in dem Umfange der Welle von dieser auf die Bremsbacken ausgeübt wird. Dieselbe Kraft ist dann umgekehrt von der rotierenden Welle zu überwinden, und eben darin besteht die ganze von der Maschine geleistete Arbeit. Multipliziert man die Kraft mit dem Umfange der Welle und mit der Anzahl der Umdrehungen in einer Sekunde, so hat man die Leistung, wie sie der bei dem Versuche vorhandenen Rotationsgeschwindigkeit entspricht.

Rollende Reibung. Das Rollen eines Zylinders auf einer ebenen Fläche kann man auffassen als eine Rotationsbewegung, bei der die Drehung in jedem Augenblicke um die Kante erfolgt, in der sich gerade Zylinder und Ebene berühren. Dieser Bewegung setzt sich ein Widerstand entgegen in der Form eines statischen Momentes, das der Drehung um jene Berührungslinie entgegenwirkt; man bezeichnet dieses Moment als das Moment der rollenden Reibung; dieses ist dem zwischen Zylinder und Ebene vorhandenen Drucke proportional: der Koëffizient der rollenden Reibung ist aber sehr viel kleiner als der der gleitenden. Bezeichnen wir den Normaldruck durch N, das Moment der rollenden Reibung durch D, jenen Koëffizienten durch ζ, so ist

$$D = \zeta N;$$

zur Erläuterung diene Fig. 170. Dabei ist *D* als eine Kraft eingeführt, die an dem Hebelarme *1* wirkt. Der Reibungskoëffizient selbst hat die Eigenschaft eines Hebelarmes, seine Dimension ist die einer Länge.

Für Eichenholz auf Eichenholz ist ζ gleich 0,018 cm, für Gußeisen auf Gußeisen ζ gleich 0,006 cm.

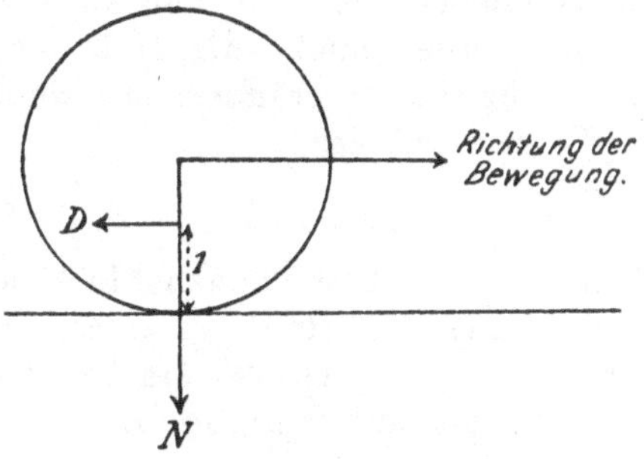

Fig. 170. Rollende Reibung.

Um schwere Lasten zu bewegen, setzen wir sie auf Rollen oder Räder; um eine Achse möglichst leicht beweglich zu machen, lassen wir sie auf Friktionsrollen laufen. Bei der Riemenscheibe kann man die relative Bewegung zwischen Scheibe und Riemen als ein Abrollen der ersteren auf dem Riemen betrachten; an den Stellen, wo der Riemen die Scheibe verläßt, widersetzt sich dieser Trennung nur die rollende, nicht die gleitende Reibung, während diese letztere das Haften des Riemens an der Peripherie der Scheibe verursacht.

Zweiter Teil. Einfluß der Molekularkräfte auf die Mechanik der Flüssigkeiten.

§ 124. Kompressibilität. Die Flüssigkeiten haben den früheren Betrachtungen zufolge keine Elastizität der Form, wohl aber eine solche des Volumens; sie widerstehen einer Zusammendrückung mit großer Kraft, besitzen eine sehr geringe Kompressibilität. Die Messung der letzteren ist zunächst erschwert durch den Umstand, daß jeder Druck, der auf eine Flüssigkeit wirkt, zugleich das Gefäß deformiert, in dem sie enthalten ist. Die erste Bedingung für genaue Messungen war also die, eine Versuchsanordnung zu finden, bei der die Deformation des Gefäßes klein und leicht zu berücksichtigen ist. Dies ist der Fall bei dem Piëzometer (Fig. 171). Das Gefäß *G*, welches die zu untersuchende Flüssigkeit enthält, ist in eine Kapillarröhre ausgezogen und durch Quecksilber gegen außen abgeschlossen. Es befindet sich in einem zweiten, weiteren und mit Wasser gefüllten Gefäße, in dem der Druck in geeigneter Weise gesteigert werden kann; er pflanzt sich durch das Wasser hindurch auf das absperrende Quecksilber und die in dem Piëzometer enthaltene Flüssigkeit fort, und die durch ihn erzeugte Kompression kann an der geteilten Kapillare abgelesen werden. Die Größe

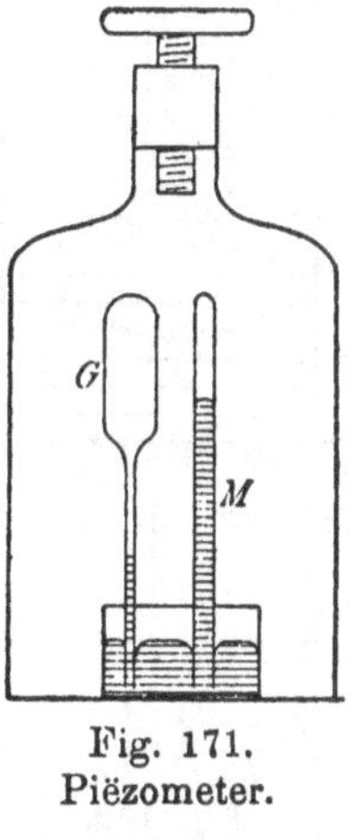

Fig. 171. Piëzometer.

des Druckes wird mit einem Luftmanometer M gemessen. Das Piëzometergefäß erleidet keine Änderung der Form, wohl aber eine solche des Volumens, die nach den Elastizitätsgesetzen berechnet und berücksichtigt werden muß. Als Maß der Kompression benützen wir das Verhältnis der Volumveränderung ω zu dem ursprünglichen Volumen v. Sei p die Druckzunahme, so ist

$$\frac{\omega}{v} = \frac{p}{C}.$$

C ist eine der betreffenden Flüssigkeit eigentümliche Konstante, die wir Modul der Volumelastizität oder Kompressionsmodul nennen. Rechnen wir den Druck wie bei der Elastizität der festen Körper nach kg-Gewichten auf mm², so ist z. B. für

	$C \frac{\text{kg-Gew.}}{\text{mm}^2}$	Temperatur
Quecksilber	3503	0° Cels.
Wasser.	205	0° „
Äthylalkohol	124	7° „

Zum Vergleiche fügen wir die nach der Formel von § 115 berechneten Kompressionsmoduln einiger Metalle hinzu:

	C		C		C
Aluminium	4830	Nickel	17000	Silber	7080
Eisen . . .	7900	Kupfer	4950	Gold	7470

Man könnte, allerdings nur auf Grund einer Fiktion, den Kompressionsmodul definieren als den Druck, der das Volumen eines Körpers auf Null reduzieren würde. Der Vergleich der obigen Zahlen macht dann die viel kleinere Kompressibilität der Metalle dem Wasser und den Alkoholen gegenüber anschaulich.

Bei Vermehrung des Druckes um eine Atmosphäre wird Wasser um 50 Milliontel, Quecksilber um 3 Milliontel seines Volumens komprimiert.

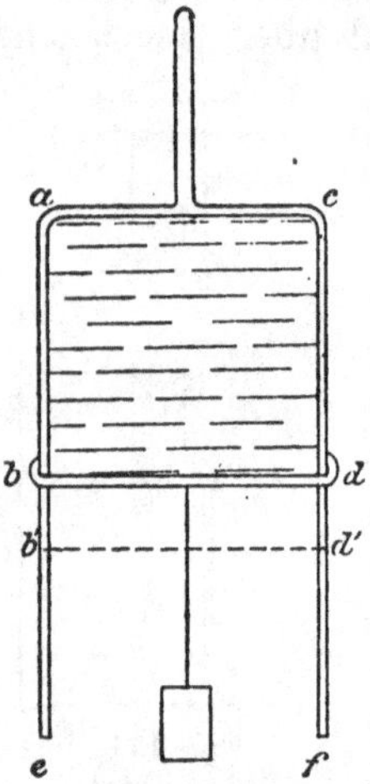

Fig. 172. Seifenlamelle.

§ 125. Oberflächenspannung der Flüssigkeiten. Flüssige Körper besitzen, ebenso wie die festen, Volumelastizität; d. h. Energie kann durch Kompression in den einzelnen Volumelementen angesammelt werden. Bei den Flüssigkeiten tritt aber noch eine zweite Energie auf, die ihren Sitz in den Elementen der Oberfläche hat. Sie beruht auf einer Spannung der Oberfläche, die wir durch den folgenden Versuch nachweisen können. An den beiden parallelen Schenkeln $a\,b$ und $c\,d$ eines U-förmig gebogenen Drahtes (Fig. 172) sei mit Hilfe zweier Ösen ein zweiter Draht $b\,d$ leicht verschiebbar; wir bringen in das Rechteck $a\,b\,c\,d$ eine Seifenlamelle und halten die Vorrichtung so, daß die Schenkel $a\,b$ und $c\,d$ vertikal nach unten gerichtet sind. Der bewegliche Draht *b d* wird in die Höhe gezogen und die Lamelle zieht sich zusammen. Wenn wir ein kleines Gewicht an *b d* hängen, so wird an der Erscheinung zunächst nichts verändert; bei vorsichtiger Vermehrung der Belastung gelingt es aber, ein Gewicht zu finden, welches der in der Lamelle vorhandenen Spannung gerade das Gleichgewicht hält. Man kann dann die Lamelle weit ausziehen oder auf einen engen Raum zusammenschieben, ohne das Gleichgewicht zu stören. Wenn man jedoch das Gewicht noch weiter vergrößert, so wird die Lamelle immer mehr gedehnt, bis sie schließlich zerreißt. Um die Beobachtung zu erklären, nehmen wir an, auf den beiden Seiten der Lamelle sei die Oberfläche überzogen mit einer äußerst dünnen Schicht von abweichender Beschaffenheit, und diese sei der Sitz der Spannung, die wir demnach als Oberflächenspannung bezeichnen. Man hat gefunden, daß die Dicke einer Seifenlamelle im Minimum $16 \cdot 10^{-6}$ mm beträgt.[1] Auf Quecksilber kann man zusammenhängende Ölhäutchen ausbreiten, deren Dicke[2] kleiner ist als $5 \cdot 10^{-6}$ mm. Die Schlüsse, die man daraus auf den Radius der Wirkungssphäre gezogen hat, beruhen auf der zweifelhaften Annahme, daß die Dicke der dünnsten, existenzfähigen Flüssigkeitslamellen gleich dem Doppelten jenes Radius sei.

Die Oberflächenspannung wirkt in der Oberfläche senkrecht zum Rande. Wir beziehen die Spannung auf die Längeneinheit; ihre Dimension ist daher gegeben durch einen Bruch, dessen Zähler eine Kraft, dessen Nenner eine Länge ist. Die Dimensionsgleichung im absoluten Systeme ist:

$$[T] = m t^{-2}.$$

Ziehen wir den Draht *b d* (Fig. 172) nach unten bis in die Lage *b' d'*, so leisten wir eine Arbeit, die gleich dem Produkte aus der doppelten Spannung $2T$ und aus dem Inhalte des Rechteckes *b b' d' d* ist; die Oberflächenspannung wirkt ja auf beiden Seiten der Lamelle, und die ganze bei der Verschiebung zu überwindende Kraft ist also gleich $2T \cdot bd$. Die Arbeit verwandelt sich in Oberflächenenergie und diese wächst somit um $2T \cdot bd \cdot bb'$. Andererseits ist die Vergrößerung, welche die Oberfläche der Lamelle auf beiden Seiten zusammen erleidet, gleich $2 \cdot bd \cdot bb'$. Es ergibt sich hieraus, daß die Oberflächenspannung gleich der Zunahme der Energie bei einer Vergrößerung der Oberfläche um die Einheit, d. h. gleich der Energie der Flächeneinheit ist.

Aus Versuchen, z. B. nach Fig. 175 oder mit Kapillarröhren (§ 126), ergeben sich die folgenden Werte der Oberflächenspannung; dabei sind technische Einheiten und zwar g-Gewichte pro cm zugrunde gelegt; vorausgesetzt ist ferner, daß die Oberfläche der Flüssigkeiten von Luft begrenzt ist:

	Quecksilber	Wasser	Olivenöl	Alkohol	Äther
T	0,550	0,075	0,035	0,025	0,018

[1] Drude, Gött. Nachr. (1890). [2] K. T. Fischer, Ann. d. Phys. 68 (1899).

Wenn zwei Flüssigkeiten sich berühren, so hängt die Spannung in der gemeinsamen Grenzfläche von der Natur der beiden Flüssigkeiten ab. Im folgenden sind einige Beispiele solcher Spannungen gegeben.

Wasser	Quecksilber	Quecksilber	Olivenöl
Quecksilber	Olivenöl	Chloroform	Wasser
0,421	0,342	0,403	0,021

Erscheinungen der Ausbreitung. Es seien drei Flüssigkeiten gegeben, *a*, *b*, *c*. Die Spannungen an ihren Berührungsflächen seien T_{ab}, T_{bc}, T_{ca}. Stoßen die Flüssigkeiten in einer Linie zusammen, so müssen die Grenzflächen sich so stellen, daß die Spannungen im Gleichgewichte sind. Dies ist nach dem Satze vom Parallelogramm der Fall, wenn ihre geometrischen Repräsentanten sich zu einem Dreiecke zusammenfügen lassen. Hiernach sind die Winkel, unter denen die Grenzflächen sich schneiden, entsprechend Fig. 173 leicht zu konstruieren.

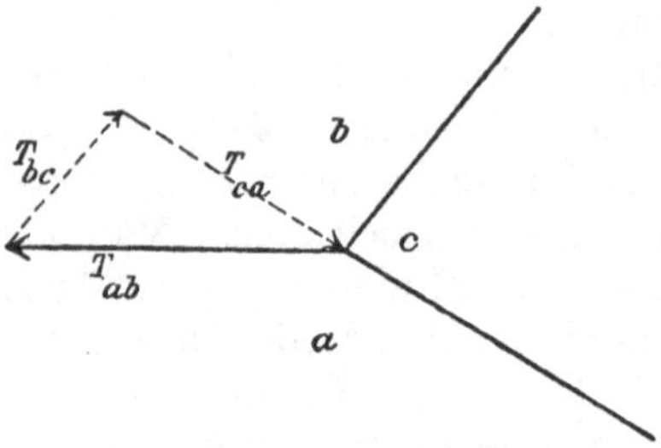

Fig. 173. Oberflächenspannung.

Ist die Summe zweier Spannungen kleiner als die dritte, so ist Gleichgewicht nicht möglich; bringt man nun z. B. einen kleinen Öltropfen auf Wasser, so ist die Spannung in der Oberfläche des Wassers, 0,075, größer als die in der Oberfläche des Öls zusammen mit der in der Berührungsfläche von Öl und Wasser, 0,035 + 0,021. Der Öltropfen wird daher sofort zu einer Haut ausgezogen, die sich über die ganze Oberfläche des Wassers ausbreitet (Fig. 174). Da das Wasser eine viel größere Oberflächenspannung hat, als die meisten anderen Flüssigkeiten, so breiten sich alle energisch auf ihm aus, und es ist sehr schwierig, eine wirklich reine Wasseroberfläche herzustellen. Bringt man an einer Stelle Alkohol auf die Oberfläche des Wassers, so wird die Oberflächenspannung verändert, sie ist da, wo noch reiner Alkohol sich findet, auf 0,025 erniedrigt und steigt bis zu dem Werte 0,075 des reinen Wassers. Dieses wird daher lebhaft nach außen getrieben und der Alkohol verbreitet sich mit großer Schnelligkeit über die ganze Oberfläche.

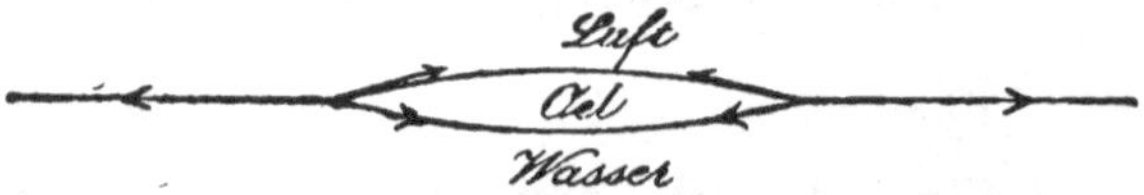

Fig. 174. Ölausbreitung auf Wasser.

In derselben Weise werden die fetten Öle vermöge ihrer größeren Oberflächenspannung von Terpentin, Alkohol, Äther, Benzol verdrängt; davon ziehen wir beim Entfernen von Fettflecken Nutzen. Wir umgeben den Fleck mit Benzol; das Fett zieht sich dann zu einem Tropfen zusammen, der von einem damit in Berührung gebrachten Stück Fließpapier vermöge der in § 126 zu besprechenden Kapillarwirkungen aufgesaugt wird.

Gleichgewichtsfiguren. Wir haben in § 73 gesehen, daß die natürlichen Bewegungen mechanischer Systeme so geschehen, daß ihre potentielle Energie kleiner wird. Dies gilt auch von den durch Oberflächenspannung veranlaßten Bewegungen flüssiger Körper; vermöge ihrer Spannung sucht sich die Oberfläche so weit zu verkleinern, als es unter den gegebenen Bedingungen möglich ist; mit der Oberfläche vermindert sich aber in gleichem Maße diese Energie. Wenn die Oberfläche und mit ihr die Spannungs-Energie ein Minimum geworden ist, so ist der Gleichgewichtszustand erreicht.

Am einfachsten gestaltet sich die Anwendung dieses Prinzips, wenn keine äußere Kraft auf die Flüssigkeit wirkt. Dies ist der Fall bei den Seifenlamellen, welche man zwischen Drähten herstellen kann, die z. B. zu einem windschiefen Viereck, einem Polyeder miteinander verlötet oder zu irgendeiner zusammenhängenden Kurve gebogen sind. Tatsächlich wirkt zwar auf die Lamellen noch ihre Schwere, bei dünnen Lamellen hat sie aber keinen merklichen Einfluß auf das Gleichgewicht. Dem Einflusse der Schwere völlig entziehen lassen sich Ölmassen, die in einer Mischung von Wasser und Alkohol schweben. Ein freier Tropfen nimmt dabei Kugelform an, da die Kugel der Körper ist, der bei gegebenem Volumen die kleinste Oberfläche hat. Andere Formen erhält man, wenn man den Tropfen an Drahtringen adhärieren läßt oder ihn in Rotation um eine durch seinen Mittelpunkt gehende Achse versetzt.

Einen wesentlichen Einfluß übt dagegen die Schwere auf die Form von Tropfen, die an einer Röhre oder Platte hängen, oder auf horizontaler, nicht benetzter Unterlage liegen, sowie auf die Form von Luftblasen in einer Flüssigkeit.

Seifenblasen. Bei einer Seifenblase ist der Überdruck der eingeschlossenen Luft im Gleichgewichte mit der Oberflächenspannung. Bei einer virtuellen Verschiebung muß dann nach § 26 die Summe der Arbeiten gleich Null sein. Bezeichnen wir die Oberfläche der kugelförmigen Blase mit O, jenen Überdruck durch p, so ist der ganze auf die innere Oberfläche wirkende Druck gleich Op; die bei einer kleinen Zunahme ϱ des Halbmessers geleistete Arbeit ist gleich $Op\varrho$ (Fig. 175). Andererseits ist mit dieser Zunahme des Halbmessers eine Vergrößerung ω der Oberfläche verbunden; bezeichnen wir den Halbmesser der Blase durch r, so wird für die innere und äußere Oberfläche zusammengenommen $\omega = 4\,O\frac{\varrho}{r}$;

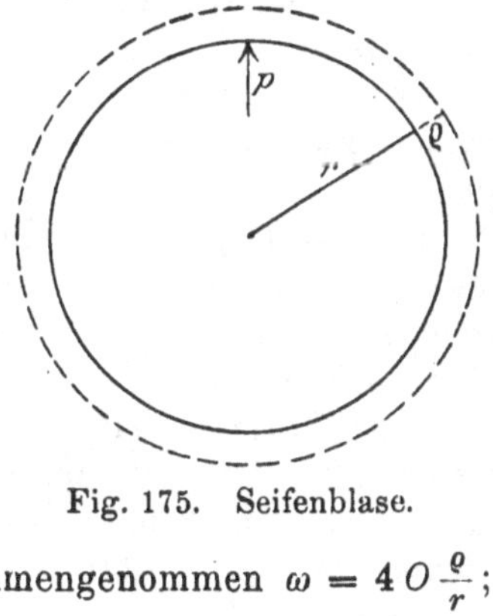

Fig. 175. Seifenblase.

die Vermehrung der Oberflächenenergie ist also gleich ωT oder $4\,O\frac{\varrho}{r}T$.

Dieser Energiezuwachs muß aber gleich der von dem Drucke p geleisteten Arbeit sein. Wir haben somit die Gleichung:

$$O p \varrho = 4 O \frac{\varrho}{r} T \quad \text{oder} \quad p = 4 \frac{T}{r}.$$

Der Druck der in einer Seifenblase eingeschlossenen Luft ist um so größer, je kleiner ihr Halbmesser. Die Messung von p und r kann zu der Bestimmung der Oberflächenspannung dienen.

§ **126. Randwinkel und Kapillarität.** Wenn die Grenzfläche zweier Flüssigkeiten a und b (Fig. 176) an eine ebene feste Wand c stößt, so wird die zur Wand senkrechte Komponente der Spannung T_{ab} in der Berührungsfläche durch die Festigkeit der Wand aufgehoben. Die zu der Wand parallele Komponente muß der Differenz der Spannungen T_{ab} und T_{bc} zwischen den Flüssigkeiten und der festen Wand entgegengesetzt gleich sein. Es bestimmt sich hierdurch der Winkel, unter dem die Berührungsfläche der beiden Flüssigkeiten die Wand trifft, der Randwinkel. Fig. 176 entspricht einer nicht benetzenden Flüssigkeit, z. B. Glas und Hg in Luft. Für eine benetzende Flüssigkeit würde sich die Flüssigkeitsoberfläche nach aufwärts krümmen.

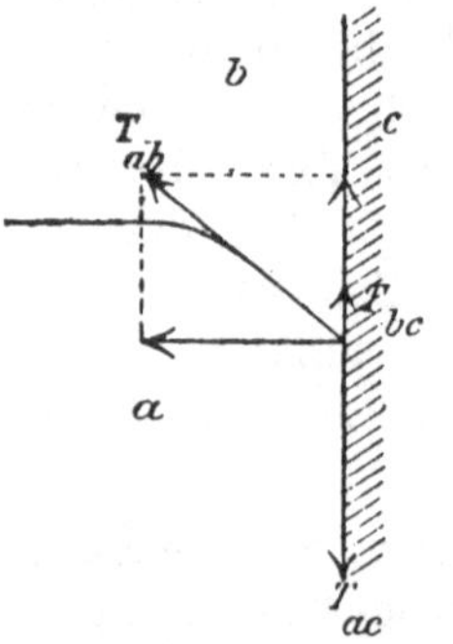

Fig. 176. Randwinkel.

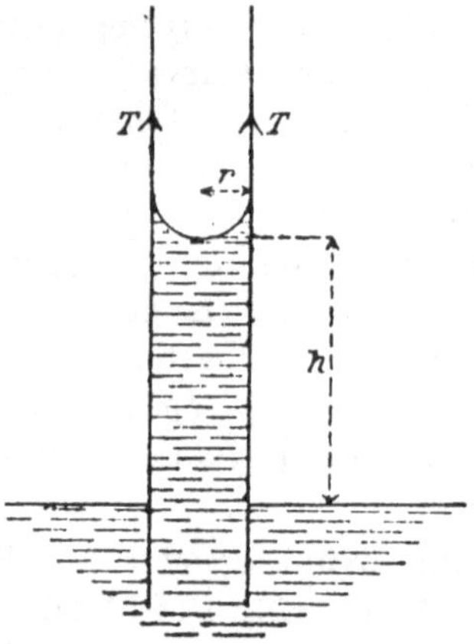

Fig. 177. Kapillarröhre.

Die Konstruktion des Randwinkels ist aber nur möglich, solange die Spannung T_{ab} in der Grenzfläche der beiden Flüssigkeiten größer ist als die Differenz $T_{ac} - T_{bc}$ der Spannungen in den Berührungsflächen zwischen den Flüssigkeiten und der Wand. Es existiert also auch nur unter dieser Voraussetzung ein Randwinkel. Ist dagegen $T_{ab} < T_{ac} - T_{bc}$, so wird sich die Flüssigkeit b über die ganze Oberfläche des festen Körpers ausbreiten und die Flüssigkeit a von derselben verdrängen. Darauf beruht das Kriechen von Flüssigkeiten an der Oberfläche des Glases.

Kapillarröhren. Wenn man eine enge Glasröhre in eine benetzende schwere Flüssigkeit taucht, so stellt sich diese in ihr höher als außerhalb. Die Flüssigkeit zieht sich an der Wand der Röhre in einer dünnen an ihr haftenden Schicht über das äußere Niveau hinauf. Ihre freie Oberfläche bildet angenähert eine hohle, die Röhre berührende Halbkugel (Fig. 177). Auf dem ganzen Umfange dieser Halbkugel wirkt die Spannung T nach oben; ist der Halbmesser der Röhre gleich r, so ergibt sich hieraus ein nach oben gerichteter Zug von der Größe $2\pi r T$, der dem Gewichte der gehobenen Flüssigkeit das Gleichgewicht halten muß. Ist h die Steighöhe, σ das spez. Gewicht der Flüssigkeit, so ergibt sich $2\pi r T = \pi r^2 h \sigma$, somit

$$h = \frac{2T}{r\sigma} \quad \text{und} \quad T = \frac{1}{2} h r \sigma .$$

Die Steighöhe ist hiernach dem Halbmesser der Röhre umgekehrt proportional; ihre Beobachtung liefert eine bequeme Methode zur Bestimmung der Oberflächenspannung.

Taucht man analog eine Kapillare in Hg, so bildet das Hg in der Röhre einen konvexen Meniskus und steht tiefer. Mit Berücksichtigung des Randwinkels ergibt sich für eine nichtbenetzende Flüssigkeit diese schon in § 86 erwähnte Depression des Flüssigkeitsmeniskus. Verstehen wir unter h die Größe der Depression, unter r den Halbmesser der Röhre, unter σ das spez. Gewicht der Flüssigkeit, unter T ihre Oberflächenspannung, unter α den Randwinkel, so gilt die Gleichung:

$$h = \frac{2T\cos\alpha}{\sigma r} .$$

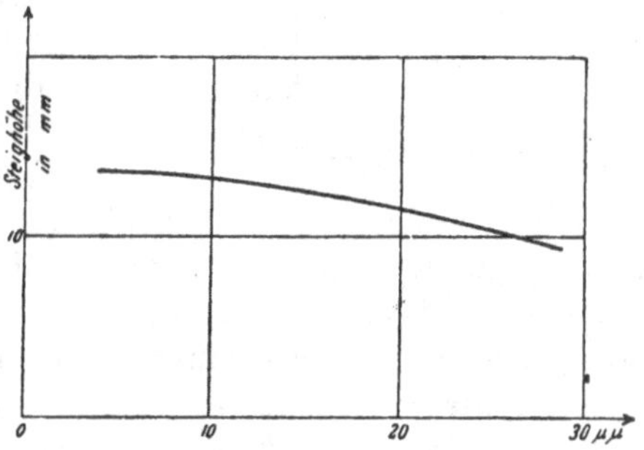

Fig. 178. QUINCKE Wirkungssphäre.

Die Ursache der Depression hat man in den nach innen gerichteten Druckkräften zu suchen, welche in allen Elementen des gewölbten Flüssigkeitsmeniskus durch die Oberflächenspannung T erzeugt werden. In ihrer Gesamtheit geben diese Druckkräfte eine vertikal nach unten gerichtete Resultante von der Größe $2\pi r T \cos\alpha$.

Radius der Wirkungssphäre. Der Wert, den wir auf S. 193 für den Radius der Wirkungssphäre angegeben haben, beruht auf Beobachtungen der Steighöhe von Wasser zwischen Glasplatten, die mit gleichen, keilförmigen Silberschichten bedeckt waren. Die Platten wurden in kleinem Abstande einander parallel so in das Wasser gestellt, daß sich überall gleiche Dicken der Silberschichten gegenüberstanden. Die Resultate einer von QUINCKE ausgeführten Beobachtungsreihe sind in Fig. 178 graphisch dargestellt. Als Abszissen sind die Dicken der Silberschichten in Millionte1 mm abgetragen, als Ordinaten die Steighöhen des Wassers, welche bei diesen Dicken beobachtet wurden. Die Steighöhe nimmt mit wachsender Dicke des Silbers ab; die Abnahme war bis zu einer Dicke von $50 \cdot 10^{-6}$ mm noch bemerklich. Daraus schloß QUINCKE, daß die Molekularkräfte, die von Glas auf Wasser ausgeübt werden, noch in einer Entfernung von $50\,\mu\mu$ merklich seien, daß also der Radius der Wirkungssphäre in diesem Falle gleich jener Entfernung gesetzt werden könne.

Bewegung durch Kapillarkräfte. Daß kapillare Kräfte auch Bewegungen starrer Körper zu erzeugen vermögen, wollen wir nur an einem Beispiele zeigen. In ein mit Wasser oder mit einer anderen benetzenden Flüssigkeit gefülltes Gefäß tauchen wir zwei Glasplatten AB und CD (Fig. 179). Beide seien vertikal und in kleinem Abstande einander parallel gestellt. AB werde festgehalten, die Platte CD sei in horizontalem Sinne beweglich, etwa dadurch, daß sie an zwei feinen Fäden aufgehängt ist. In dem Zwischenraume zwischen den Platten steigt die Flüssigkeit an; gleichzeitig wird die bewegliche Platte nach der festen hingezogen. Der Luftdruck spielt bei der Erscheinung keine wesentliche Rolle; er wirkt sowohl auf die äußere, wie auf die innere Seite der Platte CD; die kleine durch den Höhenunterschied h bedingte Verschiedenheit können wir vernachlässigen. Die ganze Wirkung muß von dem Zuge herrühren, welchen die in dem Zwischenraume emporgehobene Flüssigkeitsschichte durch ihre Schwere ausübt. Gerade wie der Druck im Innern einer Flüssigkeit, wirkt auch dieser Zug ebenso in horizontaler wie in vertikaler Richtung. In der vertikalen Richtung wird er aufgehoben durch die Spannung in der die Platten berührenden Oberfläche der Flüssigkeit. Der in horizontaler Richtung auf die Platte CD wirkende Zug aber treibt diese Platte gegen die feste Platte hin. An dem oberen Ende ist der Zug der gehobenen Flüssigkeitsschichte für 1 cm² durch das Gewicht einer Flüssigkeitssäule von 1 cm² Querschnitt und von der Höhe h gegeben; er ist also hier gleich σh, wenn σ das spez. Gewicht der Flüssigkeit ist. In der Höhe der äußeren Oberfläche der Flüssigkeit ist der Zug gleich Null; im Mittel ist er gleich $\frac{1}{2}\sigma h$. Bezeichnen wir mit l die Länge der Platten, so ist die Fläche, auf welche der Zug wirkt, gleich lh, und somit die Kraft, welche die Platte CD nach innen treibt, gleich $\frac{1}{2}\sigma l h^2$. Die Steighöhe h in dem Zwischenraume der Platten hängt mit der Oberflächenspannung T durch die Gleichung zusammen:

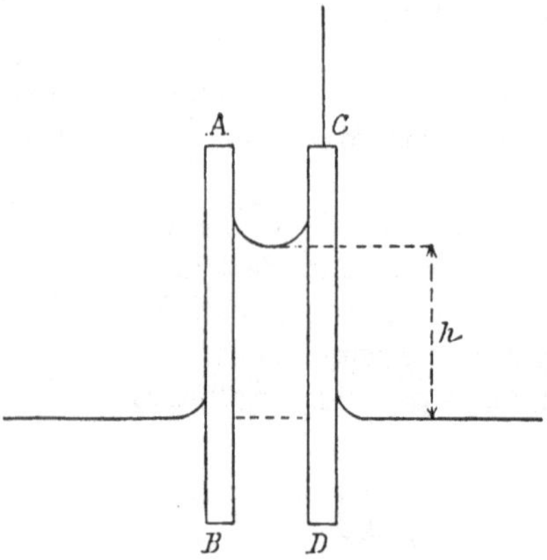

Fig. 179. Glasplatten in Wasser.

$$h = \frac{2T}{\sigma d}.$$

Hier bezeichnet d die Distanz der Platten.

Kapillarwellen. Die Wellenbewegung einer Flüssigkeit hängt im allgemeinen von der Schwere und von der Oberflächenspannung ab. Bei größeren Wellen tritt der Einfluß der Spannung zurück gegenüber dem hydrostatischen Drucke. Wenn man aber auf die Oberfläche einer Flüssigkeit an einer bestimmten Stelle schwache Impulse in regelmäßiger Folge wirken läßt, so bildet sich ein System sehr feiner Wellen, deren Fortpflanzung nur von der Oberflächenspannung abhängt, während die Wirkung des hydrostatischen Druckes verschwindet. Diese Wellen bezeichnet man als Kapillarwellen. Man erzeugt die Wellen am besten dadurch, daß man über der Flüssigkeit eine Stimmgabel anbringt, an deren Zinken feine, in die Oberfläche der Flüssigkeit eintauchende Stifte befestigt sind. Sobald die Schwingungen der Stimmgabel erregt werden, entsteht auf der Flüssigkeit ein sehr regelmäßiges System von Kapillarwellen. Wir bezeichnen die Länge der Wellen mit λ, die Schwingungszahl der Stimmgabel, d. h. die Anzahl der auf 1 sec kommenden ganzen Schwingungen, mit n, die Dichte der Flüssigkeit mit σ, ihre Oberflächenspannung in g-Gewichten pro cm mit T; dann findet die Beziehung statt:

$$\lambda^3 = \frac{2\pi g T}{\sigma n^2}.$$

Hier bedeutet g die Beschleunigung der Schwere. Man sieht, daß man durch Beobachtung der Wellenlänge λ die Oberflächenspannung T bestimmen kann. Viele solche Messungen wurden von GRUNMACH[1] ausgeführt.

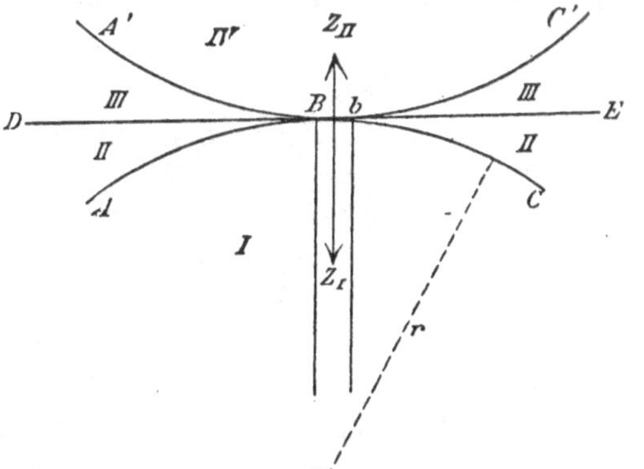

Fig. 180. Binnendruck bei Flüssigkeiten.

§ 127. Zur Molekulartheorie der Kapillarität. Nehmen wir an, daß die Teilchen einer Flüssigkeit mit molekularen Kräften aufeinander wirken, so ist klar, daß für ein Teilchen im Innern so lange keine resultierende Wirkung sich ergibt, als seine Wirkungssphäre ganz in das Innere der Flüssigkeit fällt. Dagegen erleidet das Teilchen, anziehende Wechselwirkung vorausgesetzt, einen nach innen gerichteten Zug, sobald seine Wirkungssphäre die Oberfläche der Flüssigkeit durchschneidet; denn dann ist die allseitige Symmetrie der Wirkungen verschwunden.

Wir betrachten eine Flüssigkeit (Fig. 180), deren Oberfläche durch eine mit dem Halbmesser r aus dem Punkte O beschriebene Kugel begrenzt wird; diese ist im Durchschnitte durch den Kreis ABC dargestellt. Den unterhalb der Kugel liegenden, von Flüssigkeit erfüllten Raum bezeichnen wir mit I. Bei B grenzen wir ein durch Bb bezeichnetes Flächenstück ab, dessen Inhalt wir gleich der Einheit nehmen; errichten wir senkrecht auf bB einen in das Innere der Flüssigkeit

[1] Ann. d. Phys. 3 (1900).

hineingehenden Zylinder, so wird der molekulare Zug oder Druck, dem das Flächenstück Bb unterworfen ist, gleich der Anziehung sein, die der von Flüssigkeit erfüllte Raum I auf jenen Zylinder ausübt. Es ergibt sich, daß dieser Druck aus einem konstanten und einem mit dem Kugelhalbmesser veränderlichen Teile besteht; bezeichnen wir ihn durch Z_I, so besteht eine Gleichung von der Form:

$$Z_I = K + A/r.$$

Für den Fall einer ebenen Grenzfläche wird der Druck somit gleich K. Wir legen in B eine Tangentialebene DBE an die Kugel; den zwischen ihr und der Kugel eingeschlossenen Raum bezeichnen wir durch II; füllen wir ihn mit der gleichen Flüssigkeit, so übt er auf den Zylinder Bb einen offenbar nach oben gerichteten Zug aus, der durch Z_{II} bezeichnet werden möge. Der von den Räumen I und II zusammengenommen nach unten geübte Druck ist dann gleich $Z_I - Z_{II}$. Aber die Räume I und II bilden zusammen einen von der Ebene DBE begrenzten Flüssigkeitsraum, und der resultierende Druck muß daher gleich K sein. Es ergibt sich somit:

$$Z_I - Z_{II} = K,$$

und mit Rücksicht auf die vorhergehende Gleichung:

$$Z_{II} = A/r.$$

Konstruieren wir eine Kugel $A'BC'$, die zu ABC mit Bezug auf die Tangentialebene DBE symmetrisch liegt, und füllen wir den zwischen ihr und jener Ebene liegenden Raum III ebenfalls mit der gleichen Flüssigkeit, so läßt sich zeigen, daß er auf den Zylinder Bb einen Zug Z_{III} nach oben ausübt, der ebensogroß ist wie der von dem Meniskus II herrührende; es ist somit auch:

$$Z_{III} = A/r.$$

Wenn also die Oberfläche der Flüssigkeit durch die Hohlkugel $A'BC'$ begrenzt ist, so hat der in B herrschende molekulare Druck den Wert

$$Z_I - Z_{II} - Z_{III} = K - A/r.$$

Endlich ergibt sich noch, daß der von der Kugel $A'BC'$ umschlossene Raum IV, mit Flüssigkeit erfüllt, einen Zug Z_{IV} nach oben auf den Zylinder Bb ausübt, der gegeben ist durch

$$Z_{IV} = K - A/r.$$

$Z_{IV} + Z_{III} + Z_{II}$ ist dann wieder gleich $K + A/r$, also gleich Z_I, aber umgekehrt gerichtet.

Wir nehmen nun an, daß der Raum I von einer Flüssigkeit, der Raum $II + III + IV$ von einer anderen erfüllt sei (Fig. 181). In ähnlicher Weise wie zuvor kann man dann die molekularen Züge berechnen, die an der Stelle B auf den Zylinder Bb von der einen und anderen Flüssigkeit ausgeübt werden. Ihre Differenz stellt einen nach dem Innern von I gerichteten Druck dar, der gegeben ist durch

$$P_1 = K_1 - K_{12} + (A_1 - A_{12})/r.$$

Hier haben die Konstanten K_1 und A_1 für die Flüssigkeit, welche den Raum *I* erfüllt, dieselbe Bedeutung, wie K und A bei der vorhergehenden Betrachtung; dagegen sind K_{12} und A_{12} Konstanten, die von der Wirkung abhängen, welche die Teilchen der beiden Flüssigkeiten wechselseitig aufeinander ausüben.

Über der Fläche Bb können wir nun einen zweiten Zylinder errichten, der in das Innere der zweiten Flüssigkeit hineingeht. Unsere Betrachtung gilt dann auch umgekehrt für die zweite Flüssigkeit. Im Falle der Fig. 181 wird auf die Fläche Bb, als Grenzfläche der zweiten Flüssigkeit, ein nach oben gerichteter Druck

$$P_2 = K_2 - K_{12} - (A_2 - A_{12})/r$$

wirken. K_2 und A_2 sind die Werte, welche die Konstanten K und A für die zweite Flüssigkeit besitzen.

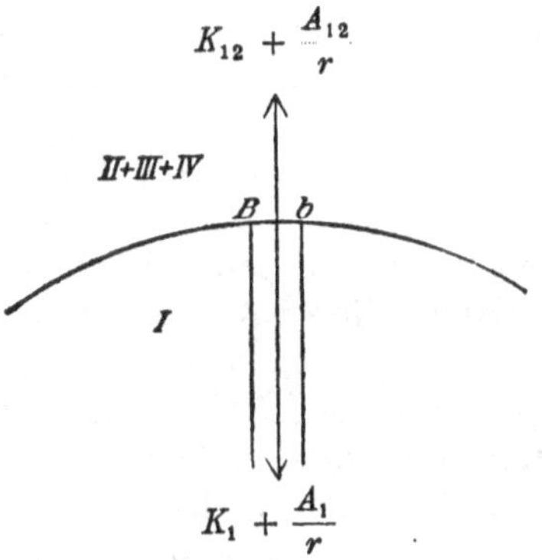

Fig. 181.

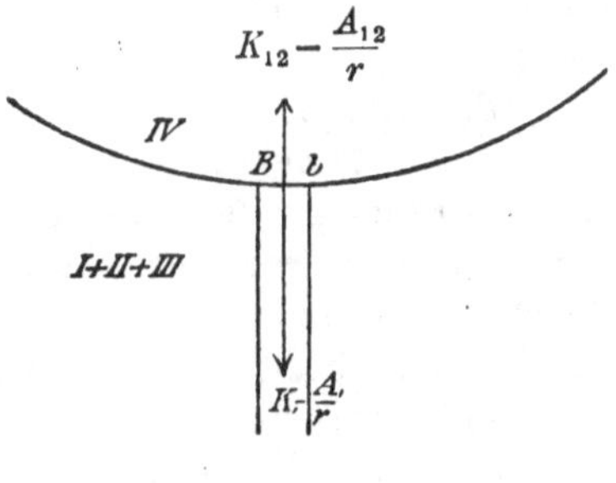

Fig. 182.

Wir wollen schließlich den gesamten Druck bestimmen, der an der Stelle B nach dem Innern der ersten Flüssigkeit wirkt. Er ist offenbar gleich der Differenz der zuvor betrachteten Drucke P_1 und P_2; für diese aber ergibt sich:

$$P_1 - P_2 = K_1 - K_2 + (A_1 + A_2 - 2A_{12})/r.$$

Erfüllt die erste Flüssigkeit den Raum $I + II + III$, die zweite den Raum IV (Fig. 182), so werden die Drucke P_1 und P_2:

$$P_1 = K_1 - K_{12} - (A_1 - A_{12})/r,$$
$$P_2 = K_2 - K_{12} + (A_2 - A_{12})/r.$$

Somit der nach dem Innern der ersten Flüssigkeit gerichtete Druck:

$$P_1 - P_2 = K_1 - K_2 - (A_1 + A_2 - 2A_{12})/r.$$

Immer also zerfällt der Molekulardruck in einen konstanten Teil, dessen Wert nur abhängig sein kann von dem Wirkungsgesetze der Molekularkräfte und von der Zahl der in der Wirkungssphäre enthaltenen Teilchen, d. h. von der Dichte der Flüssigkeiten, und in einen variablen Druck, der dem Krümmungshalbmesser der Oberfläche umgekehrt proportional ist. Mit Hilfe der in § 125 benutzten Methode kann man andererseits zeigen, daß eine Oberflächenspannung T einen Druck erzeugt, der gleich $2T/r$, dem Krümmungshalbmesser gleichfalls umgekehrt proportional ist. Der in der molekularen Theorie sich ergebende variable Druck kann also als das Resultat einer Oberflächenspannung angesehen werden, deren Betrag $T = \frac{1}{2}(A_1 + A_2 - 2A_{12})$ ist.

Die Übereinstimmung der theoretischen Betrachtung mit den Vorstellungen, die wir in § 125 entwickelt hatten, ist aber doch nur eine formale. Der unmittelbaren Anschauung erscheint die Oberflächenspannung als eine ursprüngliche, reale Wirkung, welche mit der Gestalt der Oberfläche nichts zu schaffen hat. Die Theorie betrachtet als das real Existierende einen nach dem Innern der Flüssigkeit gerichteten Druck, dessen einer Teil konstant, dessen anderer Teil der Krümmung der Oberfläche proportional ist. An Stelle dieses letzteren Druckes setzen wir eine ihm äquivalente Spannung der Oberfläche, welcher dann aber nur die Bedeutung einer Fiktion und keine reale Existenz zukommt.

Bei der Berechnung der Konstanten K und A aus den Wechselwirkungen der Molekel macht man zunächst die Annahme, daß die Dichte der Flüssigkeiten konstant sei, und daß die Molekel in allen Entfernungen sich wechselseitig anziehen. Keine dieser Annahmen dürfte der Wirklichkeit entsprechen. Die der Oberfläche benachbarte Schichte der Flüssigkeit besitzt vermutlich eine wechselnde Dichte, die molekularen Kräfte werden nur in größerer Entfernung anziehende, in kleinerer abstoßende sein. Wenn die Berücksichtigung dieser Verhältnisse auch zu denselben allgemeinen Ausdrücken führt, durch die wir oben die molekularen Drucke dargestellt haben, so werden die quantitativen Verhältnisse der Konstanten K und A doch wesentlich andere werden können.

Für die Oberflächenspannung an der Grenze zweier Flüssigkeiten haben wir die Formel erhalten:

$$T = \tfrac{1}{2}(A_1 + A_2) - A_{12}\,.$$

Sie ist bemerkenswert, weil sie die Möglichkeit nahe legt, daß T negativ werden kann. In diesem Falle würde die gemeinsame Grenzfläche nicht das Bestreben haben, sich zusammenzuziehen, sondern umgekehrt, sich auszudehnen. Einen solchen negativen Wert der Oberflächenspannung könnte man z. B. annehmen an der Grenze eines festen Körpers und einer ihn benetzenden Flüssigkeit.[1]

§ 128. Innere Reibung der Flüssigkeiten. Gehen wir nun über zu der Betrachtung bewegter Flüssigkeiten, so treten zu den Erscheinungen der Kompressibilität und der Oberflächenspannung noch die der inneren Reibung, von deren Bedeutung wir schon § 98 gesprochen haben.

---

[1] Van der Mensbrugghe, Congrès international de Physique I. Paris (1900).

Eine Flüssigkeit fließe über einer ruhenden horizontalen Platte (Fig. 183); die unmittelbar an der Platte liegenden untersten Teilchen mögen an dieser haften und seien daher gleichfalls in Ruhe. Proportional der zunehmenden Höhe wachse die Geschwindigkeit der Flüssigkeit und sei in einer Höhe c über der Platte gleich v. Infolge der verschiedenen Geschwindigkeit der übereinander liegenden Flüssigkeitsschichten entsteht zwischen je zweien eine Kraft, welche die schnellere Schicht zu verzögern, die langsamere zu beschleunigen sucht. Wir bezeichnen als ihre Ursache die innere Reibung der Flüssigkeit; sie hat den Charakter eines auf die Grenzflächen der Schichten wirkenden Zuges, dessen Richtung bei der langsamer bewegten mit der Stromrichtung übereinstimmt, während sie bei der schneller bewegten dem Strome entgegengeht. Nehmen wir in der Höhe c als Grenze zweier Flüssigkeitsschichten eine Fläche s, so ist die in ihr parallel zu der Strömungsrichtung liegende Reibungskraft gegeben durch

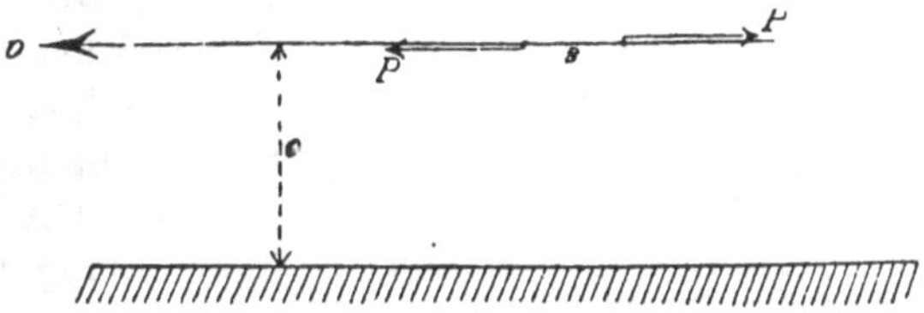

Fig. 183. Innere Reibung.

$$P = \varrho \frac{v}{c} s .$$

Sie hängt nicht ab von der absoluten Geschwindigkeit v, sondern nur von dem Verhältnisse zwischen v und zwischen der Höhe c, in welcher die Geschwindigkeit v erreicht wird, von dem Geschwindigkeitsgefälle v/c; ϱ ist eine von der Natur der Flüssigkeit abhängende Konstante, die man als Koëffizienten der inneren Reibung bezeichnet. Benutzt man die Gleichung zu der Berechnung von ϱ, so ergibt sich

$$\varrho = \frac{Pc}{sv} .$$

Die Dimension des Reibungskoëffizienten im absoluten Maßsysteme ist daher:

$$[\varrho] = l^{-1} m t^{-1} .$$

Sind v und v' die Geschwindigkeiten der Flüssigkeit in den Höhen c und c', so kann das Geschwindigkeitsgefälle auch durch den Bruch $(v - v')/(c - c')$, bzw. dv/dc definiert werden. Es ist nützlich, dies zu bemerken, weil so eine Bestimmung des Gefälles auch bei ungleichförmiger Geschwindigkeitsänderung möglich wird.

Wenn wir eine starre Scheibe in einer Flüssigkeit in horizontaler Stellung bifilar aufhängen und in Schwingung versetzen, so teilt sich ihre Bewegung der Flüssigkeit mit, nach einiger Zeit aber kommen Scheibe und Flüssigkeit zur Ruhe; dies ist eine Folge der inneren

Reibung, und die Beobachtung der Dämpfung, welche die Schwingung der Scheibe erleidet, kann zu der Bestimmung des Reibungskoëffizienten dienen.

Von großer Bedeutung ist die innere Reibung bei dem Ausflusse der Flüssigkeiten aus langen Röhren. An der Röhrenwand haftet eine Flüssigkeitsschicht, die ein für allemal in Ruhe bleibt; die Geschwindigkeit nimmt dann gegen die Achse der Röhre hin zu, und so zerfällt die in der Röhre strömende Flüssigkeit in koaxiale Ringe, die mit verschiedener Geschwindigkeit, also unter Reibung, sich gegeneinander bewegen. Die Druckdifferenz zwischen dem Anfang und dem Ende der Röhre sei $(p_0 - p)$, der Halbmesser der letzteren R, ihre Länge l; dann kann man, was hier nicht ausgeführt ist, die Geschwindigkeit der Flüssigkeit im Abstande r von der Röhrenachse berechnen mit:

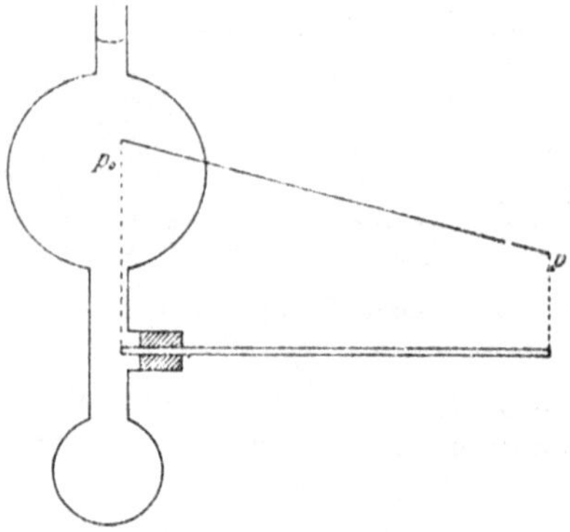

Fig. 184. Flüssigkeitsreibung.

$$\frac{1}{\varrho} \cdot \frac{p_0 - p}{4l} (R^2 - r^2);$$

der Druck nimmt auf der Länge l von p_0 bis p stetig ab, kann also graphisch für eine beliebige Stelle der Röhre durch die in Fig. 184 gezeichnete Gerade $p_0 p$ bestimmt werden. Für das pro sec ausströmende Volumen V der Flüssigkeit gilt das Gesetz von POISEUILLE, wonach:

$$V = \frac{\pi}{\varrho} \cdot \frac{p_0 - p}{8l} R^4 .$$

Die Messung von V kann daher zu der Bestimmung des Reibungskoëffizienten ϱ dienen.

Diesen kann man, auf Grund der Formel für ϱ, definieren als den Zug, der auf die Flächeneinheit wirkt, wenn die Geschwindigkeit auf der Längseinheit um die Einheit abnimmt, d. h. wenn das Geschwindigkeitsgefälle $v/c = 1$ ist.

Im folgenden sind die Werte einiger Reibungskoëffizienten im technischen und absoluten Maße gegeben.

	$\frac{\text{g-Gewichte}}{\text{cm}^2}$	absolutes Maß $\text{cm}^{-1} \cdot \text{g} \cdot \text{sec}^{-1}$
Glyzerin (15°) . .	0,00238	2,34
Quecksilber . . .	0,0000163	0,0160
Wasser (15°) . .	0,0000116	0,0114.

Wenn man zwischen eine rotierende Achse und das sie umschließende Lager Schmieröl bringt, so haftet dieses einerseits an der Achse, andererseits an dem Lager; die äußerste Schicht ist in Ruhe; die innerste rotiert mit der Achse. Der Bewegung wirkt die innere

Reibung des Öles entgegen. Auf dem viel kleineren Betrage, den sie der gleitenden Reibung fester Körper gegenüber besitzt, beruht die Wirkung des Schmiermittels.

Die Bewegungen von Flüssigkeiten, die eine sehr große innere Reibung besitzen, führen endlich noch hinüber zu den Bewegungen duktiler fester Körper unter sehr großem Drucke. Es ist bekannt, daß man aus Natrium mit leichter Mühe Drähte herstellen kann, wenn man das Metall in einem Zylinder zusammenpreßt, in dessen Boden eine kleine Öffnung sich befindet. Ebenso kann man, nur mit Anwendung sehr viel stärkerer Drucke, Blei in Drahtform auspressen. Auch das Schmieden und Walzen des Eisens, das Treiben des Kupfers, das Prägen der Metalle, die Herstellung der nahtlosen MANNESMANNschen Röhren sind Prozesse, die zu dieser Kategorie gehören. Die dabei auftretenden Deformationen kann man als ein Fließen der Metalle bei hohem Drucke bezeichnen, wobei die aneinander gleitenden Schichten einer sehr starken inneren Reibung unterworfen sind.

Turbulente Strömung. Das Gesetz von POISEUILLE besitzt keine unbeschränkte Gültigkeit. Bei jeder Röhre und bei jeder Flüssigkeit existiert eine Geschwindigkeit, bei der eine plötzliche Änderung der Bewegungsform eintritt. Während bis dahin eine geordnete Strömung in mit der Röhrenachse parallelen Fäden vorhanden war, tritt nun eine sogenannte turbulente Strömung ein, über deren Wesen wir noch sehr wenig wissen. Nur so viel ist sicher, daß dabei ein fortwährender Austausch der an der Wand der Röhre befindlichen Flüssigkeitsteilchen gegen die in der Mitte befindlichen stattfindet. Das Kriterium für den Eintritt der Turbulenz kann in ganz allgemeiner Weise ausgedrückt werden mit Hilfe der sogenannten REYNOLDSschen Zahl. Diese setzt sich aus der Dichte der Flüssigkeit s, dem Koëffizienten der inneren Reibung ϱ, der mittleren Strömungsgeschwindigkeit $\bar{w}$ und dem Halbmesser der Röhre r in folgender Weise zusammen:

$$\mathfrak{R} = \frac{s\,\bar{w}\,r}{\varrho}.$$

$\mathfrak{R}$ ist eine reine Zahl, wie man leicht nachweisen kann, wenn man für die auf der rechten Seite stehenden Größen ihre Dimensionen einsetzt. Es hat sich nun gezeigt, daß die geordnete Strömung in einer Röhre in die turbulente übergeht, sobald die REYNOLDSsche Zahl den kritischen Wert $\mathfrak{R}_k = 1100$ überschreitet. Beispielsweise kann man daraus die Geschwindigkeit berechnen, bei der für Wasser in einer Röhre von 0,1 cm Halbmesser die Turbulenz beginnt. Man findet:

$$\bar{w} = \frac{1100 \cdot 0{,}0114}{0{,}1} = 125 \text{ cm/sec}.$$

Berechnet man den Reibungskoëffizienten mit Hilfe von Ausflußversuchen nach der Formel von POISEUILLE, so ergeben sich konstante Werte, solange die REYNOLDSsche Zahl unter dem kritischen Werte bleibt. Der

Eintritt der Turbulenz macht sich dadurch bemerklich, daß der berechnete Wert von ϱ plötzlich ansteigt, und zwar so, daß der Zuwachs von ϱ dem von $\mathfrak{R}$ proportional scheint. Die Turbulenz bedingt also eine scheinbare Vergrößerung der Reibung.

Der Theorie dieser turbulenten Reibung und Strömung gebricht es noch an Erfahrungsmaterial. Praktische Versuche, besonders von amerikanischen Ingenieuren, wurden in neuester Zeit erweitert durch einige interessante Beobachtungen von ZEEMAN.[1] Dieser holländische Forscher brauchte für optische Zwecke (§ 309) eine genaue Kenntnis der Strömungsgeschwindigkeit (etwa 500 cm/sec) von Wasser in einer etwa 3 m langen und 4 cm weiten Horizontalröhre. Dem Wasser wurden kleine durch elektrische Zersetzung erzeugte Gasbläschen[2] beigemischt. Ein schmaler Lichtstreif durchsetzt parallel der Achse diese Röhre und durch ein Fenster in der Röhrenwand sieht man diese vorüberschießenden Lichtbläschen als horizontale Streifen. Betrachtet wird dies Bild durch ein rotierendes Spiegelchen außerhalb der Röhre, dessen Rotationsachse der Röhrenachse parallel ist. Ein ruhendes Lichtpünktchen würde in diesem rotierenden Spiegel einen vertikalen Lichtstreifen ergeben; Rotation und Bewegung der strömenden Gasbläschen ergaben die Resultierende nach dem Bewegungsparallelogramm: eine geneigte Gerade, wonach aus dieser Neigung und der Rotationsgeschwindigkeit sich die Strömungsgeschwindigkeit für verschiedene Stellen des Flüssigkeitsstroms bestimmen lassen. Die Resultate sind sehr verwickelter Natur.

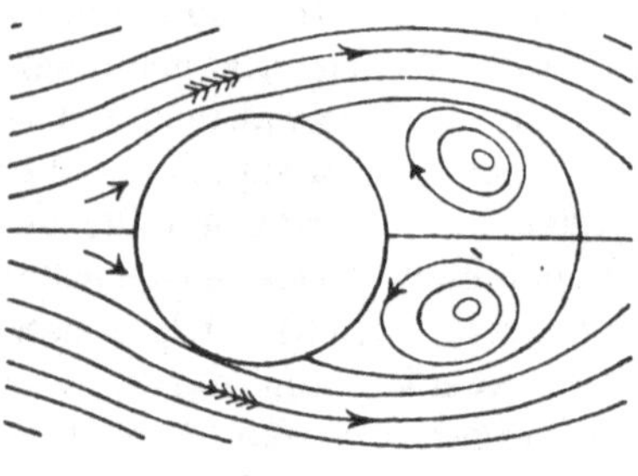

Fig. 185.
Kugel in strömender Flüssigkeit.

§ 129. Einfluß der Reibung auf die Strömung einer Flüssigkeit um eine Kugel. Die Gesetze der Strömung, wie sie §§ 98ff. entwickelt wurden, gelten also nicht in der Nähe der Wände, die die Flüssigkeit begrenzen; die Flüssigkeit haftet an der Wand, und die Bewegung der in der Nähe davon liegenden Flüssigkeitsteilchen wird durch die Reibung gestört. Wir wollen auf diese Verhältnisse noch etwas genauer eingehen im Anschlusse an die Untersuchungen von § 106. Wir haben dort die Strömung einer reibungslosen Flüssigkeit um eine in ihr ruhende Kugel betrachtet. Wir wollen nun versuchen, uns ein Bild davon zu machen, wie die Reibung die Bewegung verändert. Fig. 185 gibt den tatsächlichen Verlauf der Stromfäden. Auf der Rückseite der Kugel strömt die Flüssigkeit mit abnehmender Geschwindigkeit und gegen einen mehr und mehr wachsenden Druck. An der Oberfläche der Kugel haftet die

[1] Proc. Amsterdam 18 (1915), 19 (1916).

[2] ZENNECK, Dtsch. phys. Ges. (1916) zeigte, daß solche Bläschen sich gut zu Demonstrationen von Stromlinien im Innern einer Füssigkeit eignen.

Flüssigkeit; der Einfluß der Reibung bedingt aber eine weitere Verlangsamung der Bewegung; der Druckanstieg wird noch weiter verstärkt und erzeugt eine Umkehr der Flüssigkeitsbewegung. Durch den Rückstrom wird der Vorwärtsstrom von der Oberfläche der Kugel abgehoben und es entsteht nun ein Strömungsbild, das eine gewisse Ähnlichkeit mit der Strahlbildung besitzt. Die Vorwärtsströmung schließt sich hinter der Kugel nicht wieder zusammen, sondern es bildet sich dort ein Raum, in dem die Flüssigkeit längs der Kugeloberfläche rückwärts strömt und der sich infolge der Reibung mit wirbelnder Flüssigkeit erfüllt. Die Symmetrie der Verhältnisse auf der vorderen und auf der hinteren Seite der Kugel wird vollkommen zerstört. Der Druck auf der Rückseite der Kugel wird durch die Bewegung der Flüssigkeit vermindert; es bleibt ein Überdruck in der Richtung der Strömung übrig. Zwischen der Strahlbildung und der hier beschriebenen Flüssigkeitsbewegung besteht natürlich ein ganz fundamentaler Unterschied. Strahlbildung tritt ein, wenn die Strömungsgeschwindigkeit einen gewissen kritischen Wert überschreitet, die Ablösung der Strömung von der Kugel ist bedingt durch eine Verlangsamung der Bewegung und die damit verbundene Steigerung des Drucks.[1]

Einfluß der Reibung auf die Fallbewegung. Läßt man eine schwere Kugel im Innern einer Flüssigkeit von der Ruhe aus fallen, so wird sie zunächst in eine beschleunigte Bewegung geraten. Aber mit der wachsenden Geschwindigkeit nimmt auch die von der Reibung herrührende Gegenkraft zu. Es wird schließlich der Moment kommen, in dem die beschleunigende Wirkung der Schwere durch jene Kraft gerade kompensiert wird, von diesem Augenblicke an fällt die Kugel mit konstanter Geschwindigkeit. Bezeichnet man diese mit c, und ist r der Halbmesser der Kugel, so wird die Gegenkraft der Reibung durch den Ausdruck

$$6\pi\varrho r c$$

dargestellt. Ist andererseits δ die Dichte des Materials, aus dem die Kugel besteht, so ist ihr Gewicht $\frac{4}{3}\pi\delta r^3 g$; man erhält also zur Berechnung der konstanten Endgeschwindigkeit die Formel:

$$c = \frac{2}{9}\cdot\frac{\delta}{\varrho} r^2 g.$$

Die Endgeschwindigkeit ist dem Reibungskoëffizienten ϱ umgekehrt proportional, außerdem proportional der Dichte und der Oberfläche der Kugel. An Stelle dieser letzteren Bestimmungen kann man auch die direkte Proportionalität mit dem Gewichte, die umgekehrte mit dem Halbmesser der Kugel setzen.

Diese von Stokes[2] abgeleiteten Formeln setzten voraus 1. langsame Bewegung, so daß die Trägheitseffekte in den hydrodynamischen Glei-

[1] Prandtl, Verhandl. d. III. intern. mathem. Kongresses Heidelberg (1904).

[2] Math. and Phys. Pap. I. Cambridge (1901).

chungen gegen die Reibungseffekte verschwinden, dann 2. daß an der starren Kugel die Flüssigkeit ohne Verschiebung vollständig adhäriert und schließlich 3. daß die Flüssigkeit in Ruhe sich befindet und gegen die Kugel unendlich ausgedehnt ist.

Wirkliche Fallversuche[1] bestätigten dies Gesetz.

Sinken 2 Kugeln nebeneinander in eine Flüssigkeit, so fallen sie rascher und nähern sich einander. Anderweitige Abweichungen vom einfachen STOKESschen Gesetze treten auf, wenn viele Kügelchen gleichzeitig fallen.[2]

Wieder anders verhalten sich nicht starre Kugeln, z. B. Gasblasen, die in einer Flüssigkeit aufsteigen.

§ 130. Einfluß der Reibung auf die Strömung einer Flüssigkeit um eine ebene Scheibe. An den Rändern A und B steigt in Fig. 138 auf S. 175 die Geschwindigkeit von dem Werte 0 in der Mitte der Platte sehr schnell zu beträchtlichen Werten an. Infolge der Reibung, welche die Flüssigkeitsteilchen wechselseitig aufeinander ausüben, entstehen an den Rändern der Platte Wirbel, deren Achsen den Längskanten A und B der Platte parallel sind. Es geht also von der rechten und von der linken Kante der Platte eine Schar von Wirbeln aus; ihre Rotationsrichtung entspricht einer Drehung, welche die am Rande der Platte liegenden Flüssigkeitsteilchen von ihrer oberen Fläche zu ihrer unteren führt; unter den Verhältnissen von Fig. 138 rotieren also die bei A entstehenden Wirbel im entgegengesetzten Sinne des Uhrzeigers, die bei B entstehenden im gleichen Sinne. Aus der Beobachtung ergibt sich die eigentümliche Tatsache, daß die Ablösung der Wirbel von den Kanten A und B nicht gleichzeitig erfolgt, sondern abwechselnd. Betrachten wir einen Moment, in dem eben ein Wirbel bei A entsteht, so befinden sich die Wirbel der von A ausgehenden Wirbelreihe in den Entfernungen $0, a, 2a, 3a \ldots$ von der Kante, wo dann a den Abstand zweier aufeinanderfolgenden Wirbel bezeichnet. Gleichzeitig sind die Abstände der von B ausgehenden Wirbel gegeben durch $\frac{1}{2}a, \frac{3}{2}a, \frac{5}{2}a \ldots$ Es ist also die von B ausgehende Wirbelreihe um die halbe Entfernung zweier Wirbel derselben Reihe gegen die von A ausgehende versetzt. Der Grund für diese eigentümliche Erscheinung muß darin gesucht werden, daß nur eine derartige Anordnung von Wirbelfäden einen stabilen Charakter besitzt. Diese Stabilität erfordert aber weiter, daß der durch die Breite der Platte bestimmte Abstand h der beiden Wirbelreihen zu der Entfernung a zweier Wirbel derselben Reihe in einem bestimmten Verhältnisse steht; es muß sein $h/a = 0{,}283$, ein Resultat der theoretischen Untersuchung, welches durch die Beobachtungen vollkommen bestätigt wird. Man sieht nun, daß durch diese Vorgänge das Bild der Strömung hinter der Platte ein wesentlich anderes wird. Ein von ruhender Flüssig-

---

[1] ARNOLD, Phil. Mag. 22 (1911).

[2] v. SMOLUCHOWSKI, Intern. Congress of Math. Cambridge (1912).

keit erfüllter Raum hinter der Platte existiert nicht, vielmehr wird die Flüssigkeit hinter der Platte durch die von A und B sich lösenden Wirbel in eine strömende Bewegung versetzt. Die Geschwindigkeit, mit der die Wirbel im Sinne der Strömung fortschreiten, ist etwa $^1/_3$ der Geschwindigkeit, mit welcher die ungestörte Flüssigkeit strömt. Die von A und B abfließenden Wirbel vermindern den Druck hinter der Platte und üben auf diese eine Art von Reaktionswirkung aus. Der Vergleich der Druckkräfte, wie sie wirklich beobachtet werden, mit dem Drucke, welcher sich aus den in § 107 mitgeteilten Formeln berechnen läßt, zeigt nun, daß die auf die Platte ausgeübte Kraft zum größten Teile bedingt wird durch die von den Rändern der Platte sich ablösenden Wirbel und die damit zusammenhängende Bewegung des Wassers hinter der Platte. Das gleiche gilt natürlich von dem Widerstand, welchen eine Platte erfährt, wenn sie mit konstanter Geschwindigkeit in konstanter Richtung durch ruhendes Wasser bewegt wird.[1]

§ 131. **Relaxation.** In einer ruhenden Flüssigkeit ist der Druck nach allen Richtungen derselbe; in einer reibenden Flüssigkeit, die in Bewegung begriffen ist, sind die Drucke in verschiedenen Richtungen verschieden. Nun legt das ganze Verhalten der zähen Flüssigkeiten die Annahme nahe, daß sie einer plötzlich einwirkenden Kraft gegenüber sich im ersten Momente verhalten wie feste Körper; dann würden also auch in der anscheinend ruhenden Flüssigkeit verschiedene Drucke nach verschiedenen Richtungen wirken. Aber diese Verschiedenheit muß sich mehr oder weniger schnell verlieren und man bezeichnet dies als die Relaxation.[2]

Maxwell hat in seiner dynamischen Theorie der Gase einen auf diesen Vorgang bezüglichen Satz entwickelt. Von dem Momente ab, in dem die äußere Kraft zu wirken begann, sei die Zeit t verflossen; in einer beliebigen Richtung wirkt jetzt der Druck p'. Nach vollendeter Relaxation sei p der Wert des Druckes; dann gibt eine eingehendere Betrachtung

$$p' - p = C \cdot e^{-\frac{t}{T}}.$$

Die Differenz $(p' - p)$ hat zu Anfang den Wert C; sie sinkt in der Zeit T auf den Wert $\frac{C}{2{,}718}$. Diese Zeit T bezeichnet Maxwell als die Relaxationszeit. Er findet, daß $T = \varrho / \mathsf{H}$; hier ist H der Modul der elastischen Reaktion, welche der deformierenden Kraft widerstrebt, ϱ der Koëffizient der inneren Reibung. Aus den Angaben der §§ 124, 125 ergibt sich die Relaxationszeit für Wasser zu $670 \cdot 10^{-15}$ sec, für Quecksilber zu $46 \cdot 10^{-15}$ sec. Bei Gasen ist der Modul H identisch mit dem Drucke; nun beträgt die innere Reibung der Luft $19{,}1 \cdot 10^{-8}$ g-Gew./cm², ihre Relaxationszeit ist somit $T = 2 \cdot 10^{-10}$ sec.

[1] v. Karman, Gött. Nachr. (1912).
[2] Maxwell, Scientific Papers, II. (1866). — A. Kundt, Wied. Ann. 13 (1881).

§ 132. **Diffusion in Flüssigkeiten.** Wenn man in einem Gefäße über eine wässerige Lösung von Kupfersulfat vorsichtig Wasser schichtet, so sind die beiden Flüssigkeiten zu Anfang durch eine ziemlich scharfe Grenze geschieden. Bald aber sieht man, wie die blaue Färbung des Kupfersulfates sich nach oben ausbreitet, während nach unten hin die Intensität der Färbung abnimmt. Man bezeichnet diese Erscheinung, die nicht auf einer sichtbaren Strömung, sondern auf einem molekularen Vorgange beruht, als Diffusion. Die Molekel des gelösten Salzes wandern dabei von den Orten größerer nach denen kleinerer Konzentration. Kann man während der Zeit t das Konzentrationsgefälle, die Abnahme der Konzentration auf der Längeneinheit, als konstant betrachten, so ist die Menge Salz, die in dieser Zeit durch den Querschnitt q eines Diffusionszylinders wandert, gegeben durch

$$\varrho = D \frac{c - c'}{l} \cdot q\,t.$$

Hier bezeichnen c und c' die Konzentrationen am Anfang und am Ende der Strecke l, längs welcher die Konzentration gleichmäßig sinkt, $\frac{c - c'}{l}$ das Konzentrationsgefälle, D eine von der Natur des gelösten Körpers und des Lösungsmittels abhängende Konstante, den Diffusionskoëffizienten. Betrachten wir die in der Volumeinheit enthaltene Masse als Maß der Konzentration, so ergibt sich für die Dimension des Diffusionskoëffizienten die Gleichung $[D] = l^2 \cdot t^{-1}$. Nehmen wir als Einheit der Zeit den Tag, als Einheit der Länge das cm, so gibt D die Anzahl Gramm gelöster Substanz, die an einem Tage durch ein cm^2 wandern, wenn das Konzentrationsgefälle gleich 1 ist. Die Konzentration ist dabei in Grammen auf das cm^3 anzugeben. Diese Diffusionskoëffizienten sind z. B. für

Salzsäure	Harnstoff	Rohrzucker	Eiweiß
2,4	0,81	0,31	0,05 g pro cm^2 und Tag.

Etwas verwickelter ist der Vorgang, wenn zwei verschiedene, aber miteinander in jedem Verhältnisse mischbare Flüssigkeiten, wie Wasser und Alkohol, ineinander diffundieren.

Wie sich aus den mitgeteilten Zahlen ergibt, ist die Diffusion ein sehr langsam verlaufender Vorgang; beschleunigen kann man die Mischung zweier Flüssigkeiten nur durch Vergrößerung der Berührungsfläche, und darauf beruht der Nutzen des Rührens.

Trennt man die beiden ineinander diffundierenden Flüssigkeiten durch eine poröse Membran, so treten die sog. osmotischen Erscheinungen ein, über die wir später § 221 sprechen werden.

Dritter Teil. Einfluß der Molekularkräfte auf die Mechanik der Gase.

§ 133. **Diffusion in Gasen.** Wir denken uns einen vertikalen Zylinder, der in seinem unteren Teile mit einem schweren Gase $\mathfrak{G}_1$ gefüllt wird, über dem ein leichteres $\mathfrak{G}_2$ sich befindet. Der Druck sei im ganzen Innern des Zylinders der gleiche und ändere sich auch nicht während der Diffusion. Diese bedingt eine mehr und mehr fortschreitende Vermischung beider Gase; betrachten wir zu irgendeiner Zeit zwei Querschnitte, a und b, die in der Entfernung l übereinander sich befinden. Die Dichtigkeit des ersten Gases sei in dem Querschnitte a gleich δ_1^a, in b gleich δ_1^b, das Gefälle der Dichtigkeit ist dann $\frac{\delta_1^a - \delta_1^b}{l}$. Unter diesen Umständen geht durch einen Querschnitt c, der in der Mitte zwischen a und b liegt, während einer kleinen Zeit τ eine gewisse Menge von $\mathfrak{G}_1$ von unten nach oben hindurch. Ist m_1 die Zahl der hindurchgehenden Gramme, q der Flächeninhalt des Querschnittes, so gilt das Gesetz:

$$m_1 = D_{12}\,\frac{\delta_1^a - \delta_1^b}{l} \cdot q \cdot \tau .$$

Hier ist D_{12} eine von der Natur der beiden Gase abhängende Größe, der Diffusionskoëffizient. Er hat ebenso wie der Diffusionskoëffizient der Flüssigkeiten die Dimension $[D_{12}] = l^2 \cdot t^{-1}$. Er ist dem Drucke des Gasgemisches umgekehrt proportional und wächst mit steigender Temperatur.

Dem Diffussionsstrome des Gases $\mathfrak{G}_1$ entspricht natürlich ein umgekehrt gerichteter Strom von $\mathfrak{G}_2$; die Zahl m_2 der in der Zeit τ durch den Querschnitt q hindurchgehenden Gramme wird durch die leicht verständliche Gleichung

$$m_2 = D_{12}\,\frac{\delta_2^b - \delta_2^a}{l} \cdot q \cdot \tau$$

bestimmt.

Für cm und sec als Einheiten ergeben sich aus den Beobachtungen die folgenden Werte der Diffusionskoëffizienten bei Atmosphärendruck und 0°

H_2—O_2	O_2—CO_2	CO_2—H	CO_2—Luft
0,722	0,180	0,556	0,151 $cm^2\,sec^{-1}$.

Eine andere und wohl etwas anschaulichere Deutung des Diffusionskoëffizienten ergibt sich aus der Betrachtung des folgenden Vorganges. Zwei große Gasometer 1 und 2 seien mit den Gasen $\mathfrak{G}_1$ und $\mathfrak{G}_2$ bei gleichem Drucke gefüllt; die Dichten seien δ_1 und δ_2. Die Gasometer werden miteinander verbunden durch einen Zylinder von der Länge l

und dem Querschnitte q. Noch seien in keinen der Gasometer bemerkbare Spuren von dem Gase des anderen eingedrungen, dagegen mögen sich die Gase in der Verbindungsröhre vermischt haben, so daß die Dichte von $\mathfrak{G}_1$ auf der Länge l von δ_1 abnimmt auf Null, die von $\mathfrak{G}_2$ in umgekehrter Richtung von δ_2 auf Null. Unter diesen Umständen verschwinden infolge der Diffusion in der Zeit τ Teilchen des Gases $\mathfrak{G}_1$ aus dem Gasometer 1; das Volumen v von $\mathfrak{G}_1$, gemessen bei dem Drucke der Gasometer, welches in der Zeit τ durch die Verbindungsröhre nach dem Gasometer 2 übergeht, ist gegeben durch:

$$v = D_{12} \cdot \frac{q}{l} \cdot \tau ;$$

an seine Stelle tritt aus dem zweiten Gasometer ein ebensogroßes Volumen des Gases $\mathfrak{G}_2$. Dies gilt so lange, bis durch den wechselseitigen Übergang der Gase die Dichtigkeiten δ_1 und δ_2 merklich verändert worden sind. Die Formel ergibt sich aus dem zuvor angeführten allgemeinen Gesetze, wenn man $\delta_1{}^b = 0$ setzt und durch $\delta_1{}^a$ dividiert.[1]

(Siehe Weiteres § 206.)

§ 134. **Gasabsorption, Adsorption, Okklusion.** Die Absorption eines Gases in einer Flüssigkeit können wir vergleichen mit der wechselseitigen Lösung zweier Flüssigkeiten, die miteinander nicht mischbar, aber bis zu einem gewissen Grade ineinander löslich sind, wie z. B. Äther und Wasser. Die absorbierte Gasmenge hängt ab von Druck und Temperatur. Die Abhängigkeit vom Druck wird durch den folgenden Satz bestimmt. Eine Flüssigkeit absorbiert von einem Gase ein Volumen, welches unabhängig von dem Drucke des über ihr stehenden Gases, sich als konstant erweist. Die absorbierte Gasmasse ist danach dem Absorptionsdrucke proportional. Absorptionskoëffizient nach Bunsen ist das Volumen, welches von der Volumeinheit der Flüssigkeit aufgenommen wird, gemessen bei dem Drucke des über der Flüssigkeit stehenden Gases und bei 0°.

Die Absorptionskoëffizienten einiger Gase in Wasser und Alkohol bei 15° sind im folgenden zusammengestellt.

	N_2	H_2	O_2	CO_2
In Wasser	0,0148	0,0193	0,0299	1,0020
In Alkohol	0,1214	0,0672	0,2840	3,1993

Mit wachsender Temperatur nehmen die Absorptionskoëffizienten stark ab. Auch bei sehr hohen Drucken tritt eine Abnahme der Koëffizienten ein.[2]

Die besonders starke Absorption von Ammoniak und Chlorwasserstoff ist chemischer Natur.

---

[1] Maxwell, Scientific papers. Vol. II. — O. E. Meyer, Die kinetische Theorie der Gase. Breslau (1899).

[2] Casuto, Phys. Zs. (1904).

An die Erscheinung der Absorption schließt sich zunächst die der Verdichtung von Gasen an der Oberfläche fester Körper, die Adsorption. Die Oberfläche fester Körper ist unter gewöhnlichen Umständen immer mit einer Schichte von verdichteter Luft überzogen. Auf den Eigenschaften dieser adsorbierten Gasschichte beruht das Zustandekommen der sog. Moserschen Hauchbilder. Wenn man auf eine Metall- oder Glasplatte einen gravierten Metallstempel setzt, nach einiger Zeit abnimmt und die Platte behaucht, so wird das Bild des Stempels sichtbar. Die Dämpfe schlagen sich an den von ihm berührten Stellen anders nieder als an den nicht berührten infolge einer Veränderung der adsorbierten Gasschicht bei der Berührung zwischen Platte und Stempel.

Besonders stark ist die Adsorption bei poröser Kohle; ein Volumen Buchsbaumkohle adsorbiert bei 0° die folgenden Volumina von

NH_3	CO_2	O_2	N_2	H
90	35	9,2	7,5	1,7.

Der Adsorptionsdruck betrug bei den Versuchen, aus denen die Zahlen berechnet sind, 72,4 cm.

Lösung von Gasen in festen Körpern, wie z. B. von Wasserstoff in Platin und Palladium, bezeichnet man als Okklusion. Ein Volumteil Palladium okkludiert 960 Volumteile elektrolytisch abgeschiedenen Wasserstoffs und dehnt sich dabei um $^1/_{10}$ seines Volumens aus.

§ 135. **Gasreibung.** Über diese werden wir später (§ 204) vom Standpunkte der kinetischen Gastheorie aus sprechen. Hier seien nur einige Erscheinungen angegeben, wo die einfachen in § 107 gegebenen Vorstellungen durch die Luftreibung verändert werden.

Für den Druck, welchen der Wind auf eine senkrecht zu seiner Richtung stehende Lamelle von der Fläche F ausübt, hat Lilienthal die empirische Formel aufgestellt:

$$N_{90} = 0{,}13\, F v^2 \text{ Kilogrammgewichten.}$$

Hier bedeutet v die Windgeschwindigkeit in m/sec, wobei als Einheit der Fläche das m² genommen ist. Mit der theoretischen Formel von § 107 stimmt die empirische nur in der Größenordnung überein; der beobachtete Druck ist 2,4 mal größer als der berechnete.

Die Erklärung dieser Differenz liegt vor allem darin, daß die Theorie sich auf eine ideale, reibungslose Flüssigkeit bezieht; die Reibung der Luft wirkt aber einmal direkt vergrößernd auf die Druckkraft, andererseits erzeugt sie auf der Rückseite der Lamelle Wirbel, welche den dort vorhandenen hydrostatischen Druck verkleinern (wie § 130).

Der Einfluß der Luftreibung tritt sehr deutlich hervor, wenn die Windrichtung nicht senkrecht zu der Lamelle steht, sondern unter einem kleineren Winkel α gegen sie geneigt ist. Während bei der idealen Füssigkeit der Druck nach wie vor senkrecht zu der Fläche der Lamelle bleibt, tritt bei den Experimenten Lilienthals zu der normalen Druckkraft N noch eine tangentiale Kraft P hinzu, welche die Lamelle in ihrer Ebene der Windrichtung entsprechend zu verschieben sucht.

§ 136. **Der Drache.** Dieses bekannte Spielzeug ist in neuerer Zeit vielfach verwandt worden, um Untersuchungen über den Zustand der Atmosphäre anzustellen; der Drache bildet außerdem in mancher Hinsicht eine Vorstufe des Aeroplans. Wir werden uns darauf beschränken, an einem den Verhältnissen der Wirklichkeit einigermaßen entsprechenden Beispiele die in Betracht kommenden Wirkungen zu studieren, und insbesondere das Gewicht zu bestimmen, welches der Drache zu tragen imstande ist; denn dieses ist gerade mit Rücksicht auf die praktischen Anwendungen von besonderem Interesse.

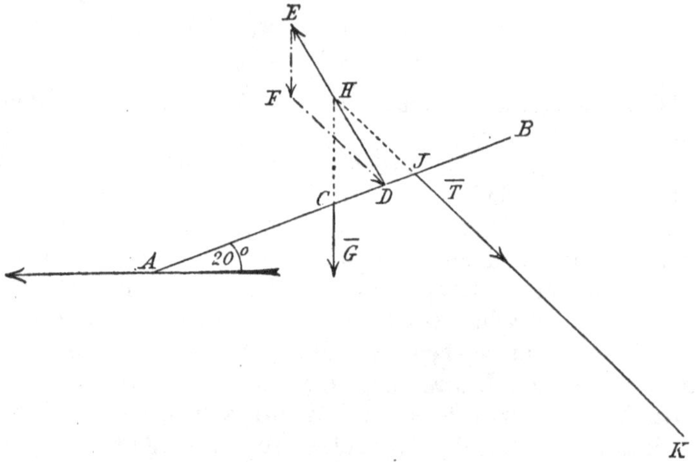

Fig. 186. Gleichgewicht des Drachen.

Der Drache bestehe zunächst aus einem einfachen, möglichst leichten Rahmen von rechteckiger Form, 1,5 m zu 1 m, der mit Papier überspannt ist. Wir nehmen an, der Drache stehe ruhig im Winde so, daß seine Längskanten zur Windrichtung senkrecht sind, seine Fläche unter einem Winkel von 20° gegen jene Richtung geneigt ist: Der Wind wehe in horizontaler Richtung; die Längskanten des Drachens stehen gleichfalls horizontal. Die Windgeschwindigkeit betrage 10 m in der Sekunde. Unter diesen Umständen ergibt sich aus den Versuchen von LILIENTHAL eine normale Druckkraft N von im ganzen 7,47 kg-Gewichten, ein tangentialer Zug P von 1,05 kg-Gewichten. Der Angriffspunkt der normalen Druckkraft kann aus den Angaben des § 107 näherungsweise bestimmt werden. Er ist von dem Mittelpunkte des Rechteckes um etwa 14,5 cm der Windrichtung entgegen verschoben. Diesen Verhältnissen entspricht die Fig. 186. A und B stellen die Mitten der langen Kanten der Drachenfläche dar; ihre Verbindungslinie AB wollen wir als die

Mittellinie des Drachens bezeichnen. Die Fig. bezieht sich auf eine Ebene, welche durch die Mittellinie senkrecht zu den langen Kanten gelegt ist; diese Ebene ist vertikal und geht durch die Windrichtung. C ist der Mittelpunkt der Drachenfläche; in ihm werden wir das Gewicht G des Drachens samt der etwaigen Belastung angreifen lassen. D bezeichnet den Angriffspunkt der normalen Druckkraft, DE die Resultante R aus der normalen Kraft N und aus der tangentialen P. Die Schnur oder der Draht, welcher den Drachen hält, mache mit der Horizontalen einen Winkel von 45°; seine Spannung sei T. Von den drei Kräften, welche auf den Drachen wirken, ist uns die eine R der Größe und der Richtung nach bekannt; von den anderen G und T kennen wir nur die Richtung. Konstruieren wir demnach über der Linie DE, der Repräsentanten von R, ein Dreieck EFD, dessen eine Seite EF vertikal, dessen andere Seite FD unter 45° gegen die Horizontale geneigt ist, so stellt EF das Gewicht des Drachens, FD den Zug des Drahtes dar. Die Resultante DE ist gleich 7,55 kg-Gewichten; aus der Fig. ergibt sich für das Gewicht G der Betrag von 3 kg-Gewichten, für den Zug T ein solcher von 5,2 kg-Gewichten. Beträgt das Eigengewicht des Drachens etwa 1 kg-Gewicht, so ist er imstande, noch eine Last von 2 kg-Gewichten zu tragen, die in C anzuhängen ist.

Damit aber der Drache unter den angenommenen Verhältnissen wirklich im Gleichgewichte sich befindet, muß schließlich noch der Punkt, in dem der Draht zu befestigen ist, in geeigneter Weise bestimmt werden. Drei Kräfte können an einem starren Körper nur dann im Gleichgewichte sein, wenn ihre geometrischen Repräsentanten durch einen und denselben Punkt gehen. Nun schneiden sich die Richtungen des Gewichtes G und des resultierenden Winddruckes DE in H; durch denselben Punkt muß somit auch der Zug T gehen; wir erhalten seinen Angriffspunkt J, wenn wir durch H die Parallele HJ zu FD ziehen. In dem Punkte J muß der Draht JK befestigt sein.

In Wirklichkeit wird der Befestigungspunkt J des Drachens von Hause aus gegeben sein; man kann dann die ganze im vorhergehenden enthaltene Schlußfolgerung umkehren und erhält den Satz: Wenn das gesamte Gewicht des Drachens 3 kg-Gewichte beträgt, so ist er bei horizontaler Windrichtung unter den folgenden Bedingungen im Gleichgewichte. Seine Mittellinie AB muß mit dem Drahte JK in einer und derselben vertikalen Ebene liegen, die langen Kanten der Drachenfläche, A und B, müssen horizontal, also senkrecht zu der Richtung des Windes liegen; die Fläche des Drachens muß unter einem Winkel von 20° gegen die Windrichtung geneigt sein, der Draht, welcher den Drachen hält, einen Winkel von 45° mit der Horizontalen bilden.

Man wird nun zu der weiteren Frage kommen, ob das so bestimmte Gleichgewicht des Drachens ein stabiles ist. Um dies zu entscheiden, muß man den Drachen aus der Gleichgewichtsstellung herausbringen und zusehen, ob unter allen Umständen Kräfte entstehen, die ihn in die Gleichgewichtslage zurückzuführen suchen. Bei unveränderter Länge des haltenden Drahtes KJ kommen vorzugsweise die folgenden Bewegungen in Betracht. Der Punkt J kann sich nach oben oder nach unten auf einem Kreisbogen verschieben, welcher sich in der Vertikalebene KJA mit KJ als Halbmesser beschreiben läßt; zugleich kann sich der Drache um eine durch J gehende horizontale Achse drehen, so daß seine Neigung gegen den Wind eine andere wird. Zweitens kann sich der Punkt J seitlich auf einem Kreisbogen verschieben, der mit KJ als Halbmesser so beschrieben ist, daß er in J auf der Ebene AJK senkrecht steht; zugleich kann sich der Drache um seine Mittellinie AB drehen. Es ergibt sich nun in der Tat, daß das Gleichgewicht des Drachens all jenen Verschiebungen gegenüber stabil ist, wenigstens so lange, als sie ein gewisses Maß nicht überschreiten. Daraus folgt aber nicht, daß der Drache ruhig in seiner Gleichgewichtslage steht; es folgt daraus nur, daß er um seine Gleichgewichtslage herum schwingt und immer wieder nach ihr zurückzukehren sucht. Man hat häufig Gelegenheit, solche Schwingungen zu beobachten, namentlich die durch die seitlichen Abweichungen bedingten. Dabei besteht aber immer die Gefahr, daß diese schlingernden Bewegungen durch äußere Störungen verstärkt werden, so daß die Grenze der Stabilität überschritten wird, und der Drache zu Boden stürzt.

Fig. 187. Kisten-Drachen.

Aber auch ganz abgesehen hiervon werden Schwingungen störend sein, wenn der Drache irgendwelche Instrumente zu Beobachtungszwecken zu tragen hat. Man wird also unter allen Umständen schwingende Bewegungen zu unterdrücken suchen, und man wird dies erreichen, indem man sie in einer möglichst wirksamen Weise dämpft. Bei dem Spielzeuge der Knaben dient dazu der Drachenschwanz. Bei den zu wissenschaftlichen Zwecken bestimmten Drachen hat man denselben Zweck ohne Verminderung der Tragkraft dadurch erreicht, daß man ihnen die Form einer Röhre von rechteckigem Querschnitte gibt, welche mehr breit als lang ist, und durch welche der Wind hindurchstreichen kann (Fig. 187). Auf die untere Fläche wirkt der Wind ebenso, wie auf die Fläche eines einfachen Drachens; von der Bewegung der Luft zwischen der oberen und der unteren Fläche kann man sich zwar ein ungefähres Bild machen; es scheint aber schwierig, die hier auftretenden Druckkräfte zu bestimmen. Vorerst ist es jedenfalls nicht möglich, die Gleichgewichtsbedingungen in derselben Weise aufzustellen, wie bei einem einfachen Drachen. Die Erfahrung aber zeigt, daß solche röhrenförmige Drachen, der Vergrößerung der Fläche entsprechend, eine größere Tragkraft und eine starke Dämpfung besitzen; sie stehen ruhig im Winde.

Es wird dies zum Teil von Luftreibung, zum Teil davon herrühren, daß die Luft seitlichen Bewegungen des Drachens einen erheblichen Widerstand entgegensetzt, vermöge des auf die Seitenwände ausgeübten Druckes. Ein weiteres Mittel, die Stabilität des Drachens zu vergrößern, besteht darin, daß man die Schnur oben in zwei oder vier Stränge teilt, die an dem Umfange der Drachenfläche in geeigneter Weise befestigt werden.

Das Steigen des Drachens wird durch Nachlassen des haltenden Drahtes bewirkt; seine Spannung wird dadurch vorübergehend vermindert, es entsteht eine Resultante der wirkenden Kräfte, welche den Drachen in der Richtung des Drahtes nach oben treibt. Mit einem einzelnen Drachen hat man so eine Höhe von 1000 m erreicht; bis zu Höhen von 4000 m ist man gekommen, indem man mehrere Drachen übereinander setzte, so daß einer den andern trug.

§ **137. Kinetische Gastheorie.** Die Molekularphysik der Gase führte zu einer ungemein einfachen und fruchtbaren Auffassung aller einschlägigen Erscheinungen, welche unter dem obigen Schlagworte zusammengefaßt werden. Diese Gastheorie ist viel weiter ausgebildet als die kinetischen Vorstellungen über die Erscheinungen des flüssigen oder gar des festen Aggregatzustandes. Da aber die Temperatureinflüsse von maßgebender Bedeutung sind, wollen wir dieses Kapitel erst später in der Wärmelehre bringen (§ 201 ff.).

AKUSTISCHE SCHWINGUNGEN.

Erster Teil. Die musikalischen Töne.

§ 138. Entstehung der Töne und Tonhöhe. Es zeigt sich, daß ganz allgemein jede schwingende Bewegung, gleichgültig auf welchem Wege sie hervorgerufen wird, eine Tonempfindung in uns erzeugt, wenn diese Schwingung nur mit einer bestimmten Schnelligkeit vor sich geht. Wenn man ein Kartenblatt gegen den Rand eines rasch rotierenden Zahnrades hält, so wird es in Schwingungen versetzt und gibt einen Ton, dessen Höhe mit der Rotationsgeschwindigkeit zunimmt.

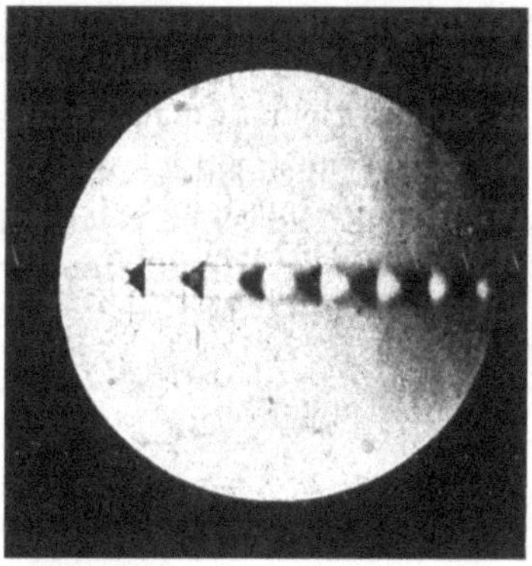

Fig. 188. Luftstrahl.

Wenn man einen Luftstrahl durch eine feine Öffnung austreten läßt, so entsteht ein Ton. Er muß durch eine irgendwie mit dem Ausflusse verbundene, periodisch sich wiederholende Bewegung der Luft erzeugt werden. In der Tat sind nun die Verhältnisse eines Luftstrahles, der unter hohem Drucke aus einem Gasometer austritt, überaus kompliziert. Fig. 188 gibt ein photographisches Bild eines Strahles, der bei einem Drucke von 48 Atmosphären aus einer feinen, runden Öffnung tritt.[1] Der Querschnitt des Strahles ist nicht konstant, sondern zeigt wellenförmige Erweiterungen und Einschnürungen; in seinem Innern wechselt die Dichte der Luft in regelmäßigen Intervallen. Die Wellen treten an der Oberfläche des Strahles nur auf, wenn die mittlere Geschwindigkeit der Luft im Strahle größer ist als die Schallgeschwindigkeit. Das Gas muß darum aus einem Gasometer ausströmen, wo es einige Atmosphären Überdruck besitzt.

Mit den stationären Wellen an der Oberfläche des Strahles müssen fortschreitende Wellen in der umgebenden Luft zusammenhängen, deren Ursprung an der Austrittsöffnung gelegen ist, und welche die Entstehung der Tonempfindung veranlassen. Auf ähnlichen Verhältnissen müssen die Töne beruhen, die entstehen, wenn eine Peitschenschnur oder ein Draht in rascher Bewegung die Luft durchschneiden. Umgekehrt entstehen durch die Strömung der Luft gegen einen an seinen Enden befestigten

[1] E. Mach u. P. Salcher, Wied. Ann. 41 (1890). — R. Emden, Wied. Ann. 69 (1899). — Prandtl, Phys. Zs. (1904).

Draht die Töne, die man bei den Äolsharfen, bei Telegraphendrähten beobachten kann.

Die Tonhöhe. Die für die Unterscheidung der Töne weitaus wichtigste Eigenschaft ist ihre Höhe. Die Frage, von welchen Eigentümlichkeiten der sie erzeugenden Bewegung die Höhe abhängt, werden wir sicher nur entscheiden können, wenn wir uns nicht auf qualitative Versuche beschränken, sondern zur Erzeugung der Töne Bewegungen von vollkommen bestimmter Periodizität benützen. Wir werden anderseits auch die auf die Bedingungen ihrer Höhe zu untersuchenden Töne nicht ganz willkürlich, sondern so wählen, daß sie ein bestimmtes musikalisches Intervall, eine Oktave, Quarte usw. bilden.

Beide Bedingungen werden erfüllt durch die Konstruktion der Sirene. Eine Scheibe, die um ihre Achse in rasche Rotation versetzt werden kann, trägt an ihrem Umfange eine z. B. vierfache Löcherreihe,

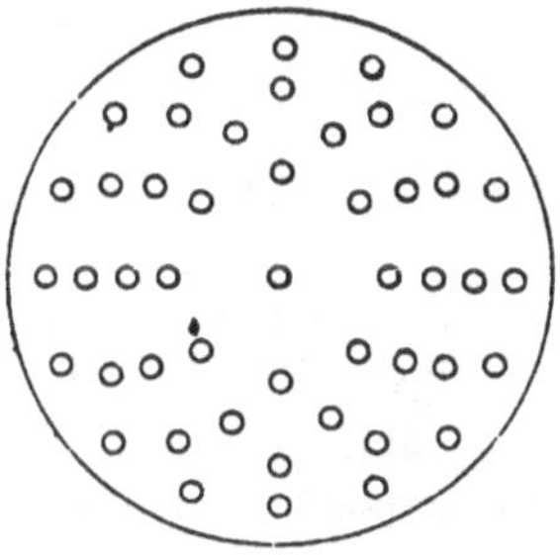

Fig. 189. Sirene.

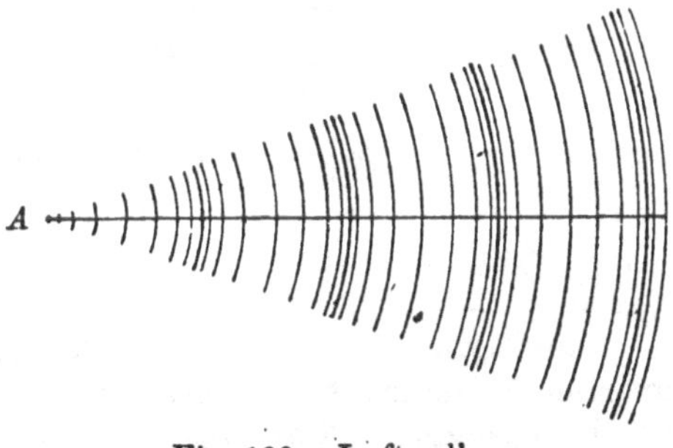

Fig. 190. Luftwellen.

wie dies in Fig. 189 gezeichnet ist. Die Zahl der Löcher betrage in der innersten Reihe 40, in der folgenden 50, in der dritten 60 und in der äußersten 80. In der Fig. ist die Zahl der Löcher der Deutlichkeit halber fünfmal kleiner genommen. Bläst man mit einem Glasröhrchen gegen eine Löcherreihe der rotierenden Scheibe, so wird der Luftstrahl unterbrochen, so oft eine massive Stelle der Scheibe vor die Mündung der Röhre kommt; es tritt ein Tropfen Luft in den Raum jenseits der Scheibe hinein, so oft ein Loch der Mündung gegenübersteht.

Von der Stelle A des Raumes, an der sich die Mündung der Röhre befindet, geht somit ein regelmäßiger Zug von Wellen aus; jede Welle besteht, wie dies in Fig. 190 durch die verschiedene Entfernung der Kreise anschaulich gemacht wird, aus einem Teile, in dem die Luft verdichtet, aus einem, in dem sie verdünnt ist. Die Zahl der pro sec erregten Wellen ist gleich dem Produkte aus Touren- und aus Löcherzahl. Wir verfolgen diese Wellen auf ihrer Bewegung nach unserem Ohre, die sich mit der Geschwindigkeit des Schalles vollzieht; sie treffen da in denselben Zeitintervallen ein, in denen sie von A ausgehen. Sie setzen mit ihren verdichteten und verdünnten Teilen die Luft in unserem Gehörgange in eine schwingende, abwechselnd nach innen und nach außen gerichtete Bewegung, deren Periode offenbar gleich ist dem Intervalle zwischen dem Eintreffen zweier aufeinanderfolgender Wellen. Die Anzahl der in einer Sekunde stattfindenden ganzen Schwingungen der Luft bezeichnen wir als die Schwingungszahl des gehörten Tones.

Wenn wir nun den Luftstrom gegen die innerste und gegen die äußerste Löcherreihe unserer Scheibe richten, so hören wir Grundton und Oktave, welches auch die Rotationsgeschwindigkeit sein mag. Für das Intervall der Oktave ist danach das Verhältnis der Schwingungszahlen 40 : 80 oder 1 : 2. Die drei inneren Löcherreihen geben die Töne eines Durdreiklangs, Grundton, große Terz, Quinte. Daraus folgen die Verhältnisse der Schwingungszahlen für die Töne der musikalischen Intervalle, z. B.: $^5/_4$ für die große Terz und $^3/_2$ für die Quinte usw.

Man kann natürlich auch Sirenenscheiben mit einer größeren Zahl von Löcherreihen herstellen, so daß die von ihnen erzeugten Töne die aufeinanderfolgenden Intervalle einer diatonischen Tonleiter bilden. Nimmt man die Schwingungszahl des Grundtones als Einheit, so ergeben sich so für die relativen Schwingungszahlen der Durtonleiter die Werte:

Grundton	Sekund	gr. Terz	Quarte	Quinte	gr. Sexte	gr. Septime	Oktave
1	$^9/_8$	$^5/_4$	$^4/_3$	$^3/_2$	$^5/_3$	$^{15}/_8$	2.

Diese Zahlen sind nur Verhältniszahlen, sie geben die Tonintervalle. Man hat nun eine bestimmte Schwingungszahl, nämlich 435 [Doppelschwingungen, also 870 einfache] Schwingungen für den sog. Kammerton a_1 international festgesetzt. Daraus berechnen sich für die verschiedenen Oktaven (mit einer kleinen Korrektur der sog. temperierten Stimmung)

	C_{-2}	C_{-1}	C	c	c_1	c_2	c_3	c_4
C	16,17	32,33	64,66	129,3	258,7	517,3	1035	2069
D	18,15	36,29	72,58	145,2	290,3	580,7	1161	2323
E	20,37	40,74	81,47	162,9	325,9	651,2	1304	2607
F	21,58	43,16	86,31	172,6	345,3	690,5	1381	2762
G	24,22	48,44	96,89	193,8	387,5	775,1	1550	3100
A	27,19	54,37	108,75	217,5	**435,0**	870,0	1740	3480
H	30,52	61,03	122,07	244,1	488,3	976,5	1953	3906.

Zum Zwecke absoluter Bestimmungen der Schwingungszahlen hat man die Einrichtung der Sirene in mannigfacher Weise verbessert. Vor allem wird mit der Achse ein Tourenzähler verbunden, der in einem gegebenen Momente in Gang zu setzen oder wieder auszurücken ist. Die Löcher werden in der Peripherie einer dickeren, eben abgedrehten Metallscheibe angebracht; der Luftstrom wird allen Löchern des Kranzes zugleich zugeführt mit Hilfe entsprechender Durchbohrungen einer festen Metallscheibe. Dadurch wird der Ton verstärkt und es wird gleichzeitig die Möglichkeit gewonnen, die rotierende Scheibe durch den Luftstrom selbst zu treiben, indem man sie mit schiefen Durchbohrungen versieht, die alle in demselben Sinne gegen die Löcher der festen Scheibe geneigt sind.

Aber nicht nur bei den Sirenen, auch bei allen sonstigen tonerzeugenden Instrumenten hängt die Tonhöhe in gleicher Weise von der Schwingungszahl ab. Die Richtigkeit dieses Satzes wird durch alle weiteren Untersuchungen der Akustik bestätigt werden. Sie leuchtet aber auch a priori ein, wenn wir bemerken, daß die Tonempfindung unmittelbar nur abhängen kann von den Schwingungen der Luft in unserem Gehörgange, nicht davon, wie diese Schwingungen zustande gekommen sind.

Konsonanz. Aus den vorhergehenden Untersuchungen folgt, daß konsonante d. h. musikalisch zusammenstimmende Töne, solche sind, deren Schwingungszahlen zueinander im Verhältnisse einfacher ganzer Zahlen stehen, und zwar erscheint die Konsonanz um so vollkommener, je einfacher jene Zahlen sind. Dem scheint nun obige Tabelle in gewisser Weise zu widersprechen. Zwar finden wir, daß die Schwingungszahlen der Oktaven sich durchaus wie 1 : 2 verhalten. Dagegen ergibt sich für die große Terz, $c:e$ das Verhältnis 4 : 5,039, und für die Quinte, $c:g$, das Verhältnis 2 : 2,997. Daraus folgt also, daß diese sog. temperierte Stimmung, z. B. unseres Klavieres, nur in den Oktaven rein, dagegen im übrigen eine unreine ist. Es wird dies dadurch bedingt, daß wir uns in der Musik nicht mit einer einfachen Tonreihe begnügen können, wie sie etwa durch die diatonische Tonleiter dargestellt wird; es muß vielmehr möglich sein, von jedem einzelnen Tone der Reihe ausgehend eine neue Reihe mit derselben Folge von Intervallen zu bilden, und zwar bei einer begrenzten Anzahl von Tönen. Die Lösung der Aufgabe ist nur möglich, wenn man sich kleine Abweichungen von den richtigen Verhältnissen der Intervalle gestattet. Die Oktaven selbst, bei denen eine Abweichung am empfindlichsten sein würde, werden dabei rein erhalten, während die Verhältnisse der anderen konsonierenden Intervalle in der angegebenen Weise verändert sind.

Mit Bezug auf die Konstruktion der sog. chromatischen Tonleiter sei noch folgendes bemerkt. Schreiten wir von einem gegebenen Ton als Grundton um 12 Intervalle fort, so treffen wir die Oktave des Grundtones. Dabei sollen die Intervalle gleichmäßig temperiert, d. h. es soll das Verhältnis der Schwingungszahlen zweier aufeinander folgender Töne stets dasselbe sein. Bezeichnen wir dieses Verhältnis mit x, so muß

$$x^{12} = 2, \quad \text{also} \quad x = 1{,}05946$$

sein. Die Quinte ist der siebente in der Reihe der eingeschalteten Töne. Das Verhältnis ihrer Schwingungszahl zu der des Grundtones ist daher

$$(\sqrt[12]{2})^7 = 1{,}05946^7 = 1{,}4983,$$

übereinstimmend mit dem aus der Tabelle abgeleiteten Werte. Schreiten wir von einem gegebenen Grundton aus um 12 Quinten fort, so erhalten wir einen Ton mit der relativen Schwingungszahl 2^7; zu demselben Tone führt ein Fortschreiten um 7 Oktaven.

Grenzen der Tonhöhenempfindung. Wenn die Tonempfindungen nach dem vorhergehenden durch Bewegungen erzeugt werden, die in periodischer Weise mit einer gewissen Geschwindigkeit sich wiederholen, so können wir umgekehrt fragen, ob jede schwingende Bewegung eines Körpers mit einer Tonempfindung verbunden ist. Es ist dies offenbar nicht der Fall, da ja sonst jedes Uhrpendel einen Ton hervorrufen müßte. In der Tat ergibt die genauere Untersuchung, daß mindestens 16 Schwingungen in der Sekunde erforderlich sind, um eine Tonempfindung zu erzeugen, und daß andererseits kein Ton mehr hörbar ist, wenn die Anzahl der Schwingungen etwa 20000 übersteigt. Bei der Bestimmung der Grenzen spielt die subjektive Empfänglichkeit des Beobachters eine große Rolle, und es darf daher den angegebenen Zahlen keine absolute Geltung zugesprochen werden.

§ 139. **Luft als Schallmedium.** Wir können der vorhergehenden Bedingung für das Entstehen einer Tonempfindung noch eine weitere hinzufügen. Der schwingende Körper erzeugt zunächst einen regelmäßigen Wellenzug in der Luft; wenn dieser in unser Ohr gelangt, so setzt er hier die Luft in Schwingung; die Tonempfindung wird unmittelbar nur durch diese erzeugt. Wenn wir einen schwingenden Körper, etwa eine Glocke, die wir von außen anschlagen können, in dem evakuierten Rezipienten einer Luftpumpe aufhängen, hören wir keinen Ton, da nun die Schwingungen nicht an die Luft abgegeben werden können. Der Ton tritt auf, sobald wir Luft in den Rezipienten einströmen lassen.

Es können aber auch statt Luft andere Körper als schalleitende Medien dienen, z. B. Wasser: ein Taucher hört unter Wasser Geräusche, Tauchboote können sich gegenseitig akustische Signale geben usw.

§ 140. **Dopplersches Prinzip.** Den vorhergehenden Bemerkungen nach scheint die Tonempfindung vollkommen bestimmt, wenn die sie er-

Fig. 191. Dopplers Prinzip.

zeugenden Schwingungen und ein Schallmedium gegeben sind. Dies ist aber in der Tat nur der Fall, wenn der tönende Körper und das Ohr ihre Entfernung nicht ändern, wenn also beide in Ruhe sind oder beide mit derselben Geschwindigkeit sich bewegen. Wir wollen untersuchen, was für eine Änderung der Tonempfindung eintritt, wenn der tönende Körper mit der Geschwindigkeit c m/sec dem Ohre sich nähert, während er pro sec n ganze Schwingungen macht. Wir nehmen an, er sei bei der ersten Schwingung in dem Punkte A (Fig. 191) 332 m/sec von dem Ohre O entfernt; dann gelangt die von ihm erzeugte Welle nach etwa 1 sec ins Ohr, wenn wir 332 m/sec als Fortpflanzungsgeschwindigkeit des Schalles in Luft von 0° annehmen (§ 112); nach Verlauf von 1 sec ist der tönende Körper in B vom Ohre um $(332 - c)$ entfernt, zugleich macht er die $n$te Schwingung und sendet die $n$te Welle nach dem

Ohre; diese hat aber nur die Strecke von $(332 - c)$ zu durchlaufen und trifft daher nach $(332 - c) : 332$ sec im Ohre ein. Dieses nimmt somit in der Zeit von $(332 - c) : 332$ sec n Wellen auf; die im Gehörgange befindliche Luft macht in der Zeit von $(332 - c) : 332$ sec n, also in 1 sec $332 \cdot n : (332 - c)$ Schwingungen. Da aber die Tonempfindung lediglich von der Schwingung der Luft im Gehörgange abhängig ist, so ist die Schwingungszahl des gehörten Tones gleich

$$\frac{332\,n}{332 - c},$$

also höher als die des tönenden Körpers. Würde umgekehrt der letztere mit der Geschwindigkeit c sich von dem Ohre entfernen, so wäre die Schwingungszahl des gehörten Tones

$$\frac{332\,n}{332 + c},$$

die Tonhöhe schiene erniedrigt.

Man bezeichnet diesen Satz, der insbesondere auch für die Wellenbewegung des Lichtes von Bedeutung ist, als das Dopplersche Prinzip. Von seiner Richtigkeit kann man sich gelegentlich überzeugen, wenn man den Ton beobachtet, den die Pfeife einer vorüberfahrenden Lokomotive gibt.

Durch die vorangehende Betrachtung wird man leicht weiter geführt werden zu der Frage, was eintritt, wenn der die Luftwellen

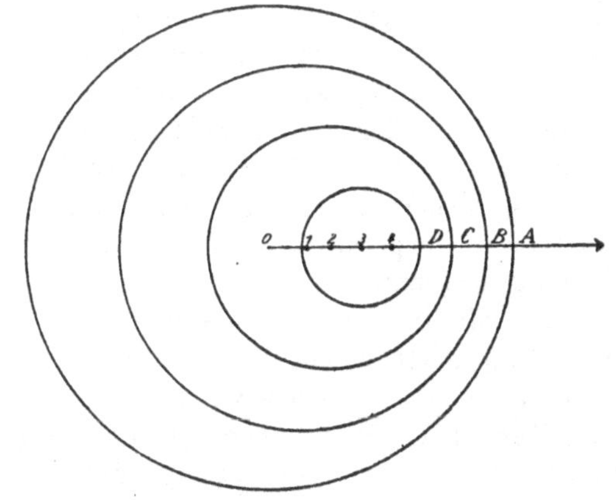

Fig. 192a.

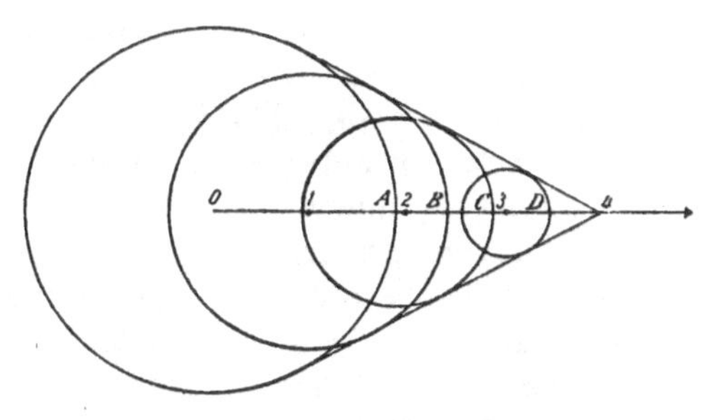

Fig. 192b.

erzeugende Körper sich mit einer Geschwindigkeit bewegt, welche die des Schalles übertrifft. Der Unterschied dieses Falles gegen den zuvor angenommenen wird durch die Figg. 192a und b anschaulich gemacht. Im Anfange der Beobachtung befinde sich der Körper in den mit 0 bezeichneten Punkten; er bewege sich in der Richtung der Pfeile und sende in regelmäßigen Intervallen Wellen aus, welche durch die in den Figuren gezeichneten Kreise dargestellt sind. Bezeichnen wir die

Zeit, die zwischen der Aussendung zweier aufeinanderfolgender Wellen verfließt, durch T, so gelangt der Körper nach den Zeiten T, $2T$, $3T$, $4T$ in die Punkte 1, 2, 3, 4. Bestimmen wir den Zustand der Wellenbewegung für den letzten dieser Momente; die von 0 ausgehende Welle hat dann zu ihrer Ausbreitung die Zeit $4T$; bezeichnen wir die Schallgeschwindigkeit durch v, so ist der Halbmesser der von dem Punkte 0 ausgehenden Wellenkugel: $0A = 4Tv$; die von 1, 2, 3 ausgehenden Wellen haben sich in dem Momente, in dem der Körper nach 4 gekommen ist, auf Kugeln ausgebreitet, deren Halbmesser $(1B)$, $(2C)$, $(3D)$ beziehungsweise gleich $3Tv$, $2Tv$, Tv sind. Der Anblick der Figg. zeigt, daß die Wellenkugeln ineinandergeschachtelt bleiben, solange die Geschwindigkeit des Körpers kleiner ist als die des Schalles, sie drängen sich nur nach der einen Richtung zusammen, während sie in der entgegengesetzten ihren Zwischenraum vergrößern. Wenn aber das Verhältnis der Geschwindigkeiten das umgekehrte ist, so überschneiden die später erzeugten Wellen die früheren, wie in Fig. 192b. Sie besitzen einen gemeinsamen Umhüllungskegel, der durch die von 4 aus gezogenen Tangenten unserer Figur dargestellt ist; die von dem bewegten Körper erzeugten Wellen setzen sich in diesem Falle zu einer kegelförmigen sogenannten Streckwelle zusammen. Diese entspringt an dem bewegten Körper und schreitet mit ihm durch den Raum fort. Die Spitze des Kegels ist um so schärfer, je größer die Geschwindigkeit des Körpers. Verstehen wir unter α den Winkel, den die Kegelkanten mit der Achse einschließen, unter c die Geschwindigkeit des Körpers, unter v die des Schalles, so ist $\sin \alpha = v/c$. Diese Wellen hat man bei Geschossen in der Tat beobachtet, mit Hilfsmitteln, die wir in der Optik erwähnen werden. Fig. 193 zeigt die von einem Mannlicher Projektil mit 8 mm Kaliber und 530 m/sec Geschwindigkeit erzeugten Streckwellen.[1]

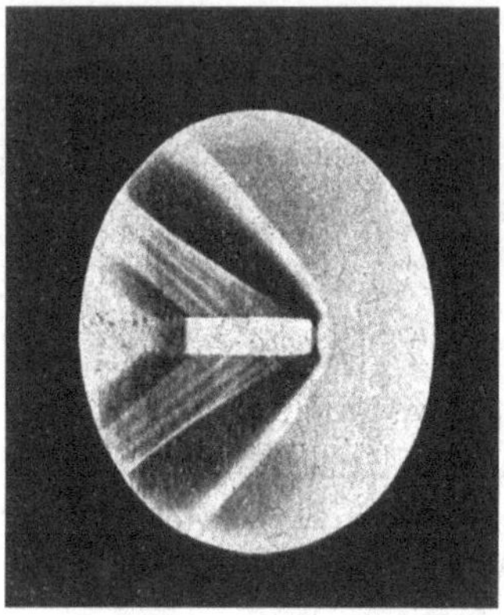

Fig. 193. Streckwellen.

§ **141. Beziehung der Akustik zur Mechanik.** Wir haben gesehen, daß jede Schwingung eines Körpers, wenn sie sich mit genügender Schnelligkeit vollzieht, einen Ton erzeugt, und daß die Höhe des Tones allein abhängig ist von der Schwingungszahl des Körpers. Dieser Satz kann bestätigt werden durch Beobachtung von Schwingungen solcher Körper, bei denen man die Gesetze der Bewegung aus den allgemeinen Prinzipien der Mechanik zu entwickeln imstande ist. Er kann, seine Richtigkeit vorausgesetzt, auch umgekehrt dienen, die aus der allgemeinen Theorie sich ergebenden Gesetze schwingender Bewegungen durch Beob-

[1] E. Mach u. P. Salcher, Wied. Ann. 32 (1887).

achtung zu prüfen. In diesem Sinne verwenden wir akustische Beobachtungsmethoden ganz besonders als ein Mittel zur Untersuchung solcher schwingender Bewegungen der Körper, die durch Molekularkräfte hervorgerufen werden. Wenn ein elastischer Körper einer Deformation unterworfen und dann losgelassen wird, oder wenn wir durch einen Schlag seinen Teilchen an einer Stelle eine gewisse Geschwindigkeit erteilen, während er an anderen Stellen festgehalten wird, so pflanzt sich die Störung des elastischen Gleichgewichtes wellenförmig in dem Körper fort, und es bildet sich bei geeigneter Begrenzung eine stehende Schwingung aus. Solche Schwingungen vollziehen sich aber in sehr kleinen Räumen und in sehr kurzen Zeiten, so daß ihre direkte Beobachtung mit großen Schwierigkeiten verbunden ist. Aber eben vermöge ihrer Schnelligkeit geben sie Veranlassung zu Tönen, aus deren Höhe die Zahl der Schwingungen bestimmt werden kann. Andererseits aber kann man die Bewegungen der Körper aus den Gesetzen der Elastizität nach den allgemeinen Prinzipien der Mechanik bestimmen, kann also auch ihre Schwingungszahl zum voraus auf theoretischem Wege berechnen. Die Übereinstimmung der berechneten und der beobachteten Zahl liefert dann die Prüfung für die Richtigkeit der aus den allgemeinen Gesetzen der Elastizität gezogenen Folgerungen.

Zweiter Teil. Freie Schwingungen tönender Körper.

§ 142. Schwingungen der Saiten. Bezeichnen wir die Geschwindigkeit, mit der eine Welle längs der Saite fortschreitet, durch v, die Saitenlänge durch l, so ist die Schwingungszahl:

$$n = v/2l.$$

Die Länge der Saite sei gleich der halben Wellenlänge. Für die Geschwindigkeit v gibt die Theorie:

$$v = \sqrt{g\,M/m}.$$

Hier bezeichnet M die Masse des die Saite spannenden Gewichtes, also $g\,M$ die Spannung selbst; m ist die Masse, welche die Längeneinheit der Saite besitzt. Wir können diese Gesetze zu einer Prüfung der Resultate benützen, die wir in dem vorhergehenden Kapitel mit der Sirene erhielten. Die Saite erzeugt einen Ton, sobald Länge und Spannung so reguliert werden, daß die Schwingungen mit hinreichender Schnelligkeit vor sich gehen. Wenn wir bei gleichbleibender Spannung die Länge der Saite auf die Hälfte, ein Drittel, ein Viertel, ein Fünftel reduzieren, so erhalten wir die Oktave, die Quinte der Oktave, die zweite

Oktave, die große Terz der zweiten Oktave. Gleichzeitig stehen aber die Schwingungszahlen der aufeinanderfolgenden Töne in dem Verhältnisse der Zahlen

1 : 2 : 3 : 4 : 5.

Es ergeben sich daraus für die Schwingungszahlen der genannten musikalischen Intervalle dieselben Zahlen wie in dem vorhergehenden Kapitel.

Bei den durch ihre Spannung bedingten Schwingungen einer Saite stehen die reellen Bewegungen ihrer Teilchen senkrecht zu der Fortpflanzungsrichtung der Welle, der Längsrichtung der Saite. Man bezeichnet eine solche Schwingung, ebenso wie die ihr entsprechende Wellenbewegung, als eine **transversale**.

Obertöne. Die im vorhergehenden betrachtete Schwingung einer Saite bezeichnen wir als ihre **Grundschwingung**, den dabei auftretenden Ton als den **Grundton**. Bei demselben sind die Endpunkte der Saite selbstverständlich Punkte ohne Bewegung, Knotenpunkte, der in der Mitte der Saite liegende Punkt ein Punkt größter Bewegung, ein Schwingungsbauch. Außer der Grundschwingung können wir nun noch eine Reihe höherer Schwingungen erzeugen.

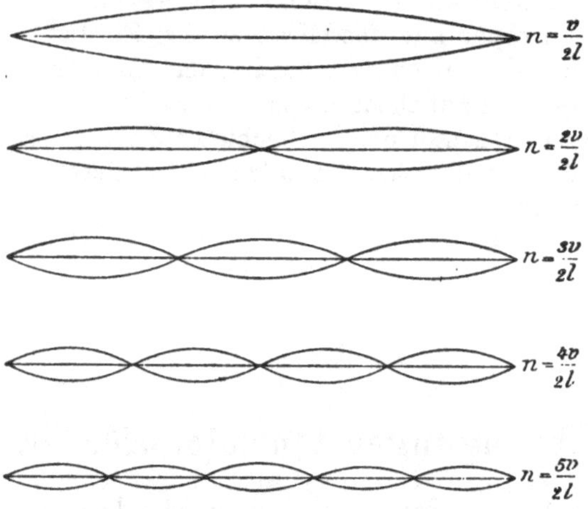

Fig. 194. Saitenschwingungen.

Wir berühren die Saite in der Mitte mit dem Finger und zupfen oder streichen sie in ein Viertel ihrer Länge. Sie schwingt dann so, daß in ihrer Mitte sich ein weiterer Knoten bildet, während die beiden Hälften stets in entgegengesetzter Schwingungsphase sich befinden. Die Länge der Saite entspricht jetzt der ganzen Wellenlänge, und die Schwingungszahl ist $\frac{2v}{2l}$, wenn l wieder die Saitenlänge bezeichnet. In derselben Weise können wir erreichen, daß sich zwischen den Enden der Saite 2, 3, 4... weitere Knoten bilden, daß die Saite in drei Dritteln, vier Vierteln, fünf Fünfteln ... schwingt. Wenn wir eine Saite der Reihe nach mit der Grundschwingung, mit zwei, drei, vier, fünf... gleichen Teilen schwingen lassen, so erhalten wir Töne, deren Schwingungszahlen sich verhalten, wie die Zahlen rechts in Fig. 194

1 : 2 : 3 : 4 : 5 : ...

Die entsprechenden Schwingungsformen sind durch Fig. 194 dargestellt.

Die Reihe der Töne, deren Schwingungszahlen durch die ganzen Vielfachen der Schwingungszahl des Grundtones gegeben werden, bezeichnen wir als die Reihe der harmonischen Obertöne. Die Saite gibt also durch ihre höheren Schwingungsarten die ganze Reihe dieser Töne.

Die Knotenpunkte in der Mitte der Saite sind nicht Punkte ohne Bewegung, sondern nur solche, in denen die Amplitude der Schwingung kleiner ist als in den Nachbarpunkten. Es gehen von ihnen fortwährend kleine Impulse aus, die sich summieren, wenn ihre Periode mit der Eigenschwingung des Nachbargebietes übereinstimmt, und die diese dann in weite Schwingungen versetzen.

§ 143. Gespannte Membranen. Mit den Schwingungen der Saiten stehen in einer gewissen Analogie die Schwingungen gespannter Membranen, z. B. eines Trommelfelles. Auch bei ihnen rührt die Kraft, mit der ein aus der Gleichgewichtslage herausgebogenes Stück der Membran in diese zurückgezogen wird, her von der Spannung. Untersucht hat man vorzugsweise Membranen von quadratischer und kreisförmiger Gestalt, die an ihrem ganzen Rande fest eingespannt wurden. Bei der einfachsten Schwingungsart bewegen sich alle Punkte der Membran gleichzeitig nach derselben Seite; der erzeugte Ton heißt der Grundton. Zu der Grundschwingung gesellt sich dann aber eine große Zahl von höheren Schwingungen, bei denen die Membran sich in eine allmählich steigende Zahl von schwingenden Abteilungen teilt; dabei sind benachbarte Abteilungen stets in entgegengesetzter Richtung bewegt und voneinander getrennt durch Knotenlinien, die ein für allemal in Ruhe bleiben. Die Lage dieser Knotenlinien kann man bei horizontalen Membranen sichtbar machen durch aufgestreuten Sand, der, von den schwingenden Teilen der Membran abgeworfen, in den Knotenlinien sich ansammelt.

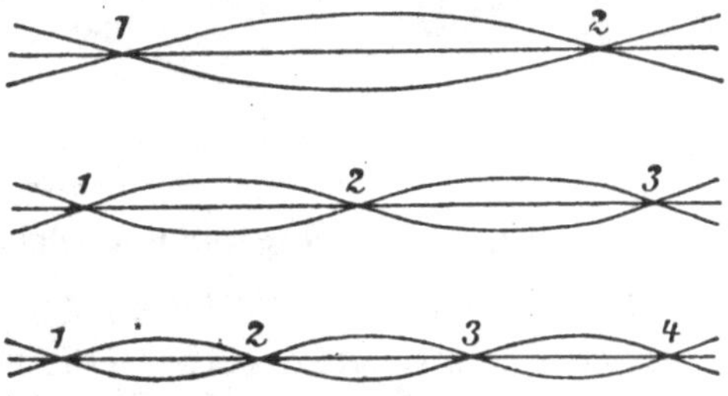

Fig. 195. Stabschwingungen.

§ 144. Transversalschwingung von Stäben. Wenn wir einen elastischen Stab, den wir uns nach der einen Seite unbegrenzt denken wollen, horizontal aufhängen und gegen sein Ende senkrecht zu der Längsrichtung einen Schlag führen, so biegen wir den Stab, und diese Biegung wird ähnlich wie eine Welle an ihm entlang sich fortpflanzen. Die wirksame Kraft entspringt dabei der Biegungselastizität. Die Bewegung der einzelnen Teilchen des Stabes ist zu seiner Länge, zu der Fortpflanzungsrichtung der Welle senkrecht; die Schwingung ist somit, ebenso wie die einer gespannten Saite, eine transversale. Bei einem begrenzten Stabe entstehen durch einen Schlag stehende Wellen; ebenso wenn man den in geeigneten Punkten, Knotenpunkten der entstehenden Schwingung, festgehaltenen Stab an dem einen Ende mit einem Violinbogen streicht. Die Reihe der aufeinanderfolgenden Schwingungen eines an beiden Enden freien Stabes ist durch Fig. 195 anschaulich gemacht; man unterscheidet sie am bequemsten durch die Anzahl der Knotenlinien, die auf der Länge des Stabes sich bilden. Ihre Lage kann wieder durch aufgestreuten Sand sichtbar gemacht werden. Bei jeder einzelnen Schwingungsart bezeichnen wir die Gesamtzahl der Knotenlinien durch k. Zählen wir die Knotenlinien von dem einen Ende des Stabes an, so bezeichnen wir die Nummer, welche eine bestimmte Knotenlinie dabei erhält, durch p. Es sei ferner d_p der Abstand der Knotenlinie p von dem freien Ende des Stabes, l seine Länge, dann gilt wenigstens angenähert die Gleichung:

$$\frac{d_p}{l} = \frac{4p - 3}{4k - 2}.$$

Es ist ferner die zu der Schwingung mit k Knotenlinien gehörende Schwingungszahl:

$$n = \left(\frac{2k - 1}{2}\right)^2 \frac{\pi a}{l^2} \sqrt{\frac{4E}{\delta}}.$$

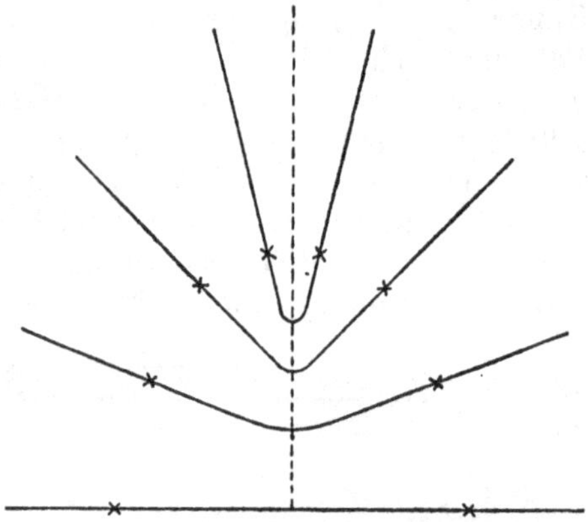

Fig. 196. Gebogener Klangstab.

Fig. 197. Stimmgabel.

Hier bezeichnet a die Dicke des Stabes, E den Elastizitätsmodul der Biegung in absolutem Maße, δ die Dichte des Stabes. Wie man sieht, wachsen die Schwingungszahlen im Verhältnisse der Zahlen $9:25:49:\ldots$

Stimmgabeln. Wenn man einen Klangstab um seine Mitte biegt, so hat das den Erfolg, daß die Knotenlinien zusammenrücken (Fig. 196). Durch fortgesetzte Biegung erhält man so aus dem Klangstabe eine Stimmgabel, bei der die beiden Knotenlinien der ersten Schwingung an dem unteren Ende der Zinken einander ziemlich nahe liegen; die Zinken schwingen gleichzeitig nach innen und gleichzeitig nach außen, das untere Ende der Gabel, an dem der sie tragende Stiel befestigt ist, schwingt nach unten, wenn die Zinken nach innen, nach oben, wenn sie nach außen gehen (Fig. 197). Die höheren Schwingungen einer Stimmgabel sind schwach und werden schnell gedämpft; man hört in der Regel nur den Grundton.

Um die Schwingungszahl einer Stimmgabel zu bestimmen, kann man die Schwingungen sich selbst auf einen berußten Zylinder aufschreiben lassen, der mit bekannter Geschwindigkeit gedreht wird (Fig. 198). Man befestigt an der einen Zinke der Gabel einen zugespitzten Federkiel. Schwingt die Gabel parallel der Achse des rotierenden Zylinders, so schreibt sie ihre Schwingungen in Form einer Sinuslinie auf den Zylinder auf; aus der Anzahl der auf den Umfang des Zylinders gehenden Wellen und der Umdrehungsgeschwindigkeit läßt sich dann die Schwingungszahl der Gabel leicht berechnen.

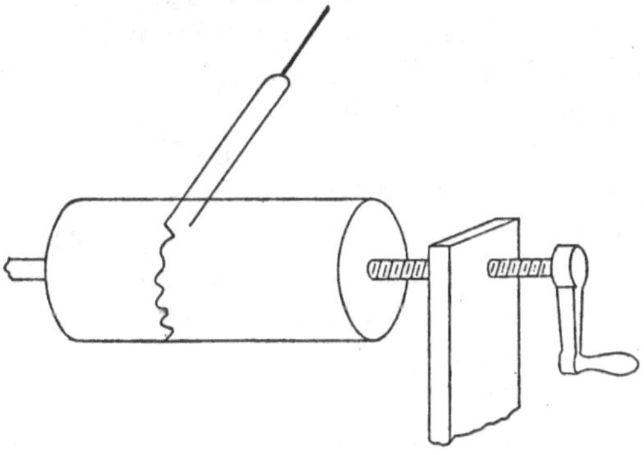

Fig. 198. Registrierung der Stimmgabelschwingungen.

Klangscheiben. Eine quadratische Scheibe von Messing, möglichst homogen, werde durch eine in ihrer Mitte angreifende Klemme in horizontaler Lage gehalten. Wenn man die Scheibe in bestimmten Punkten ihres Randes festhält und an be-

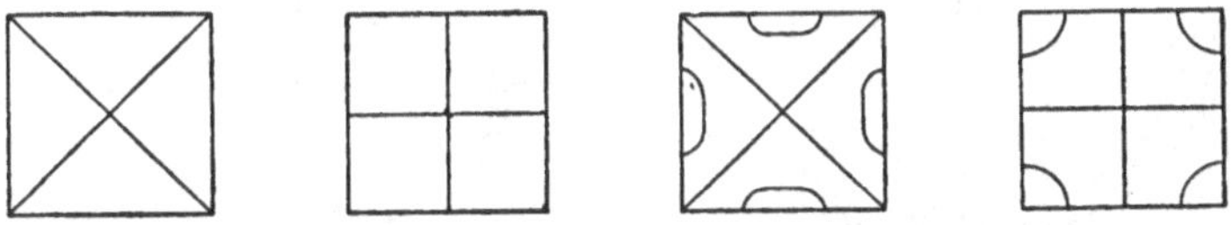

Fig. 199. CHLADNIsche Klangfiguren.

stimmten anderen mit dem Violinbogen senkrecht zu ihrer Fläche streicht, so kann man eine große Mannigfaltigkeit von Schwingungen erzeugen. Wie die Membranen, so teilen sich auch die Platten bei ihrer Schwingung in eine gewisse Zahl von Abteilungen, von denen immer zwei benachbarte gleichzeitig in entgegengesetzter Richtung schwingen und durch eine Knotenlinie getrennt sind. Diese Linien machen wir ebenso wie bei den Membranen durch aufgestreuten Sand sichtbar, der sich in den Knotenlinien anhäuft. Einige der auf diese Weise zu erzeugenden Figuren sind in Fig. 199 dargestellt; man nennt sie nach ihrem Entdecker die CHLADNIschen Klangfiguren.

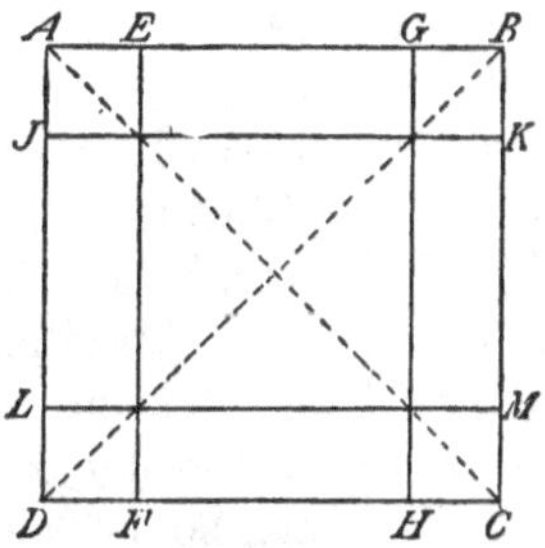

Fig. 200.

Man kann über die Schwingungsarten einer quadratischen Klangplatte eine schematische Übersicht gewinnen auf Grund der folgenden, mit den strengen Bedingungen des Problems allerdings nicht vereinbaren Vorstellung. Eine solche Platte $ABCD$ (Fig. 200) betrachtet man zunächst als einen Klangstab, dessen Längsrichtung mit AB zusammenfällt, der aber in der Richtung *AD* verbreitert ist, so daß seine Breite seiner Länge gleich geworden ist. Bei der einfachsten Schwingung entstehen dann zwei Knotenlinien *EF* und *GH*, deren Lage durch das S. 262 angegebene Gesetz bestimmt werden kann. Nun können wir aber mit demselben Rechte die Scheibe *ABCD* als einen Klangstab betrachten, dessen Länge durch *AD* gegeben, der nach *AB* verbreitert ist. Der einfachsten Schwingung würden dann die Knotenlinien *JK* und *LM* entsprechen. Im allgemeinen Falle werden die beiden genannten Schwingungen gleichzeitig vorhanden sein, ihre Ausschläge sich superponieren. Nehmen wir an, die Phase der Schwingungen sei entgegengesetzt d. h. es schwingen vermöge der ersten Schwingungsart die in dem Streifen *EFGH* befindlichen Teilchen nach oben, während zugleich vermöge der zweiten Schwingungsart die in *JKLM* befindlichen Teilchen nach unten sich bewegen. Es ergibt sich dann, daß alle in den Diagonalen *AC* und *BD*

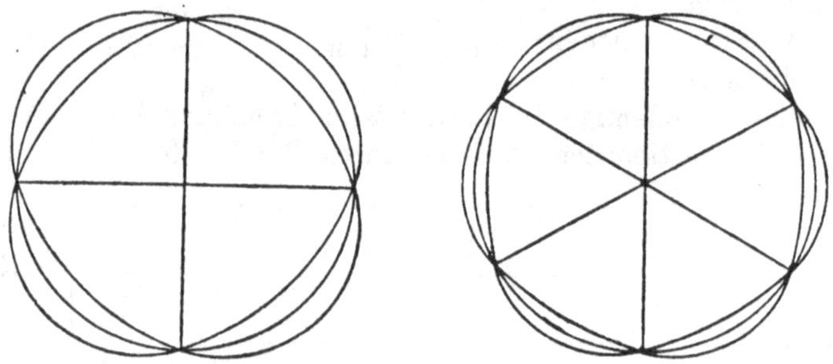

Fig. 201. Glockenschwingungen.

liegenden Punkte unter der gleichzeitigen Wirkung der beiden Schwingungen in Ruhe bleiben, während die zwischen ihnen eingeschlossenen Dreiecke auf und ab schwingen, so daß je zwei benachbarte gleichzeitig entgegengesetzte Bewegungsrichtungen besitzen. Es ergibt sich also die erste von den in Fig. 199 dargestellten Schwingungen.

Von besonderem Interesse sind noch die Schwingungen kreisförmiger Platten. Bei ihnen treten zwei Arten von Knotenlinien auf, einmal Kreishalbmesser, die nur in gerader Zahl vorhanden sein können, da ja benachbarte Abteilungen gleichzeitig immer entgegengesetzt schwingen; sodann konzentrische Kreise; diese können für sich allein nur auftreten, wenn die Mitte der Platte frei ist. Wird diese in ihrem Mittelpunkte festgeklemmt, so können Kreise als Knotenlinien nur in Kombination mit Durchmessern verbunden sein.

Glocken. Aus den Schwingungen kreisförmiger Klangplatten können wir die der Glocken durch eine Deformation ableiten, ebenso wie wir die Schwingungen der Stimmgabel aus denen des Klangstabes entwickelt haben. Die Knotenlinien einer Glocke teilen den Rand in eine gerade Zahl von 4, 6, 8, . . . Teilen (Fig. 201). Von zwei durch eine Knotenlinie getrennten Segmenten schwingt das eine nach innen, das andere gleichzeitig nach außen. Die Knotenlinien einer nach oben offenen Glasglocke kann man sehr schön nachweisen, wenn man diese mit Wasser füllt und den Rand mit einem Violinbogen streicht. Von den Schwingungsbäuchen gehen Kräuselungen der Oberfläche aus, und wenn man kräftig streicht, so erhebt sich das Wasser an den schwingenden Abteilungen in einem Sprühregen feiner Tröpfchen.

§ 145. Longitudinalschwingungen von Saiten und Stäben. Während die bisher betrachteten Schwingungen durch die Spannung oder die Elastizität der Biegung bedingt waren, hängen die im folgenden betrachteten von der Elastizität der Dehnung ab.

Wenn man eine an den beiden Enden festgeklemmte Saite mit einem wollenen Lappen, der etwas mit Kolophonium eingerieben ist, der Länge nach streicht, so hört man einen hohen, schrillen Ton, der durch eine longitudinale Schwingung der Saite erzeugt wird.

An irgendeiner Stelle der Saite sei das elastische Gleichgewicht gestört, indem etwa auf der Strecke AB eine Dilatation, auf BC eine Kompression bestehe (Fig. 202). Vermöge der Ausdehnungselastizität suchen sich die auf AB voneinander entfernten Querschnitte wieder zu nähern, die auf BC zusammengedrängten sich wieder voneinander zu entfernen. Es ergibt sich daraus eine wellenförmige Ausbreitung der erzeugten Veränderung, welche in ihrem Verlaufe mit der Wellenbewegung an einer gespannten Kette die größte Analogie besitzt. Der wesentliche Unterschied ist der, daß bei der Kette die reelle Bewegung der einzelnen Glieder gegen die Fortpflanzungsrichtung der Welle senkrecht steht, während bei der hier betrachteten Bewegung einer Saite die reelle Bewegung ihrer einzelnen Querschnitte mit der Länge der Saite, der Richtung, in der die Bewegung fortschreitet, zusammenfällt. Die Wellenbewegung einer Kette ist transversal, die auf der Ausdehnungselastizität beruhende einer Saite longitudinal. Für die Fortpflanzungsgeschwindigkeit der longitudinalen Welle ergibt sich der Ausdruck:

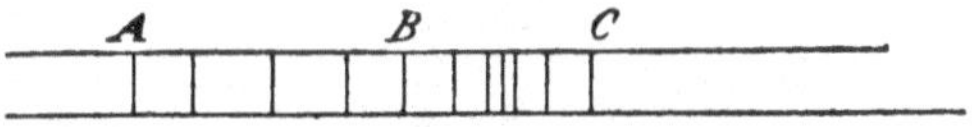

Fig. 202. Longitudinalschwingung.

$$v = \sqrt{E/\delta}.$$

Hier ist E der Elastizitätsmodul der Ausdehnung in absolutem Maße, δ die Dichte der Saite. Wenn eine Welle an den festen Enden der Saite anlangt, so wird sie reflektiert, und durch Interferenz reflektierter Wellen bildet sich eine stehende Schwingung aus, in ähnlicher Weise, wie dies früher bei den transversalen Wellen der Saite gezeigt worden ist.

Für die stehende Longitudinalschwingung einer Saite ist natürlich gleichfalls Bedingung, daß die beiden Enden Knotenpunkte sind. Die einfachste Schwingung ist daher die, bei der alle Querschnitte der Saite zu gleicher Zeit in gleichem Sinne sich bewegen, also alle von dem Ende A nach B, oder nach Verfluß einer halben Schwingung von B nach A

(Fig. 203, oberste Reihe). Dabei findet in den Knotenpunkten ein Wechsel der Dichte statt; während die Querschnitte von A nach B schwingen, wird die Saite gegen B hin verdichtet, gegen A verdünnt; wenn die Schwingungsrichtung sich umkehrt, so gilt gleiches von der Veränderung der Dichte. Die Mitte der Saite bildet die Grenze zwischen den verdichteten und verdünnten Teilen; sie behält immer die normale Dichte, ist aber gleichzeitig die Stelle, an welcher die Querschnitte der Saite in der lebhaftesten Bewegung sind; die Mitte der Saite ist ein Schwingungsbauch. Die Saitenlänge entspricht der halben Wellenlänge, und daher ist die Schwingungszahl:

$$n = v/(2\,l).$$

Höhere Schwingungsarten erhält man, wenn man die Saite in zwei Hälften, drei Dritteln usw. schwingen läßt; in benachbarten Abteilungen sind die Bewegungsrichtungen einander entgegengesetzt; sie sind voneinander getrennt durch Knoten, Stellen ohne Bewegung, aber mit größtem Wechsel der Dichte. Eine Anschauung von der Reihe der Longitudinalschwingungen einer Saite gibt die Fig. 203. Die ausgezogenen Pfeile sollen die im Augenblicke vorhandenen Schwingungsrichtungen darstellen, die gestrichelten die nach Verlauf einer halben Schwingung eintretenden. Die Schwingungszahlen sind gegeben durch die Reihe:

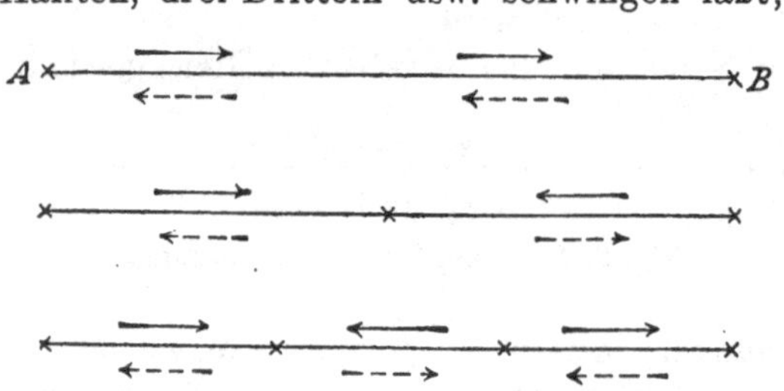

Fig. 203. Longitudinalschwingung einer Saite.

$$v/(2\,l),\ 2\,v/(2\,l),\ 3\,v(2\,l),\ 4\,v/(2\,l),\ 5\,v/(2\,l)\ldots.$$

Die Saite gibt die ganze Reihe der harmonischen Obertöne.

Ein Gegenstück zu den longitudinalen Schwingungen der Saite bilden die eines Stabes, der an seinen beiden Enden frei ist, während er in geeigneten Punkten seiner Länge, Knotenpunkten der zu erzeugenden Schwingung, festgehalten wird; die Töne werden hervorgebracht dadurch, daß man den Stab, ebenso wie zuvor die Saite, mit einem mit Kolophonium eingeriebenen Lappen reibt. Der zuerst festhaftende und plötzlich abreißende Lappen versetzt den Stab in Schwingung. Wenn es aber gelingt, durch fortgesetzte Reibung den Ton des Stabes mehr und mehr zu verstärken, so muß dies darauf beruhen, daß das Anhaften und Abreißen des Lappens eben durch die Schwingung zu einem rhythmischen Vorgange sich gestaltet, dessen Periode mit der der Stabschwingung übereinstimmt, so daß die Kraft der Reibung mit der Bewegung der Stabquerschnitte an der geriebenen Stelle jederzeit gleichgerichtet ist. Die Bedingung, welche für die Schwingung des Stabes aus der Freiheit seiner Enden folgt, ist die, daß die Enden Stellen ohne Änderung der Dichte, aber von größter Bewegung sein müssen, Schwingungsbäuche.

Jede Bewegung, die mit dieser Bedingung übereinstimmt, repräsentiert eine mögliche Schwingungsart des Klangstabes. Bei der einfachsten befindet sich ein Knoten in der Mitte, bei der zweiten zwei Knoten in $^1/_4$ und $^3/_4$ der Stablänge, bei der dritten drei Knoten in $^1/_6$, $^3/_6$, $^5/_6$. Diese Schwingungen sind durch die Fig. 204 anschaulich gemacht. Die Länge des Stabes entspricht bei ihnen $^1/_2$, $^2/_2$, $^3/_2$, $^4/_2$, ... Wellenlängen. Die Schwingungszahlen verhalten sich wie die Reihe der Zahlen

$$1:2:3:4:5:\ldots$$

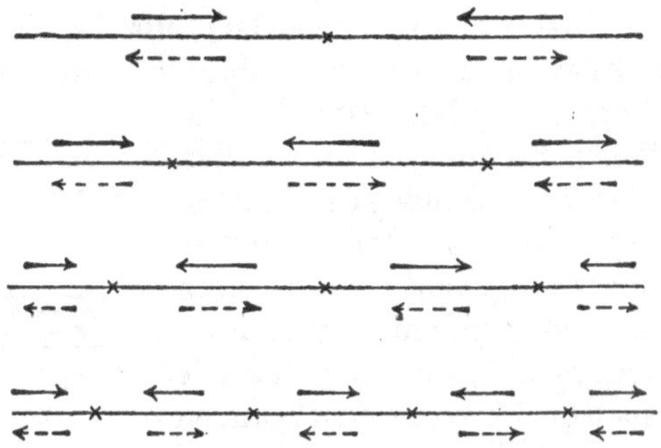

Fig. 204. Freier Klangstab.

Der an beiden Enden freie Klangstab liefert bei Longitudinalschwingungen die ganze Reihe der harmonischen Obertöne.

Wir gehen endlich noch über zu den Schwingungen eines an dem einen Ende eingeklemmten, an dem anderen freien Stabes. Die Bedingung ist, daß das feste Ende ein Knoten, das freie ein Bauch der Schwingung ist. Am einfachsten wird ihr genügt, wenn alle Querschnitte des Stabes in gleichem Sinne von dem festen Ende weg und wieder zu ihm zurückschwingen. Die Länge des Stabes entspricht dabei dem vierten Teile der Wellenlänge, die Schwingungszahl ist $n = \frac{v}{4l}$, wenn l die Stablänge. Die Reihe der möglichen Schwingungen ist durch Fig. 205 angedeutet; die Schwingungszahlen verhalten sich wie die Zahlen $1:3:5:7:\ldots$ Jeder an einem Ende eingeklemmte, am anderen freie Stab gibt bei Longitudinalschwingungen nur die Reihe der ungeraden Obertöne.

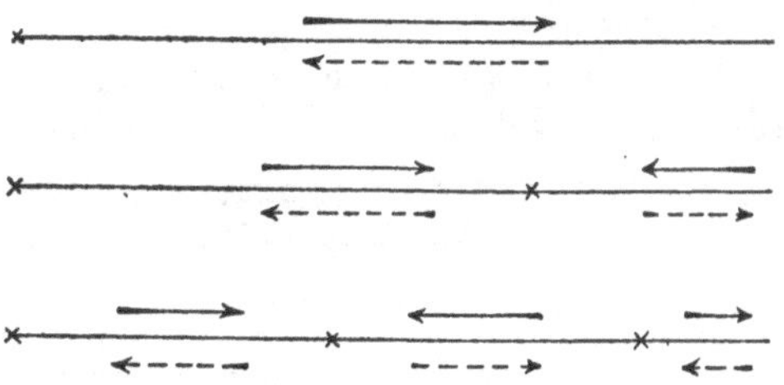

Fig. 205. An einem Ende fester Klangstab.

§ 146. Schwingungen in Pfeifen. Die größte Analogie mit den Longitudinalschwingungen der Klangstäbe besitzen die Schwingungen der Orgelpfeifen. Nach § 112 pflanzt sich eine Verdichtung oder Verdünnung, die wir in einer von einer Röhre eingeschlossenen Luftsäule erregen, in dieser mit der Geschwindigkeit $v = \sqrt{1{,}41 \frac{p}{\delta}}$ fort, wo p den Druck, δ die Dichte der Luft bezeichnet. Wenn die Röhre begrenzt ist, so geben die Reflexionen zu der Bildung stehender Wellen Veranlassung, die der Art nach mit den Longitudinalschwingungen der Klangstäbe vollkommen übereinstimmen. Dabei ist zu beachten, daß an einem geschlossenen

Ende Verdichtung als Verdichtung, Verdünnung als Verdünnung reflektiert wird; an einem offenen Ende dagegen tritt an Stelle von Verdichtung Verdünnung und umgekehrt.

Die Schwingungen der Luft in einer an beiden Enden offenen Röhre, einer offenen Pfeife, sind dieselben, wie die eines an den Enden freien Klangstabes. Die offenen Enden sind unter allen Umständen Bäuche der Schwingung; die Reihe der möglichen Schwingungsarten ist durch Fig. 206 gegeben. Die ausgezogenen und gestrichelten Pfeile geben die Bewegungsrichtungen der Luftquerschnitte zu zwei um eine halbe Schwingung auseinanderliegenden Zeiten, die Querlinien die Knoten der Schwingung. Die Reihe der relativen Schwingungszahlen ist gegeben durch 1:2:3:4... Die offene Pfeife gibt die ganze Reihe der harmonischen Obertöne.

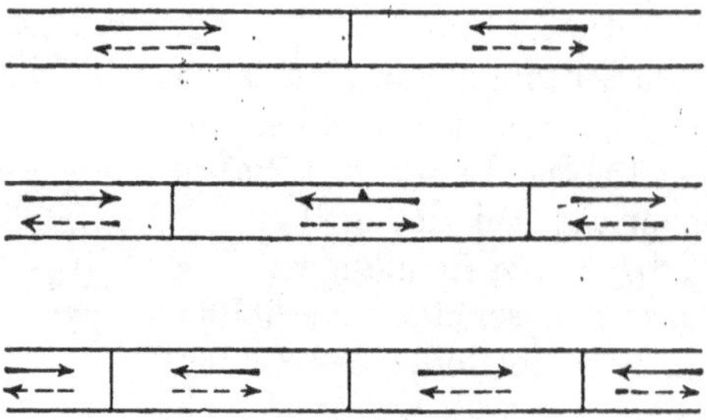

Fig. 206. Offene Pfeife.

Die Schwingungen einer an dem einen Ende offenen, an dem anderen geschlossenen, einer sog. gedeckten Pfeife stimmen

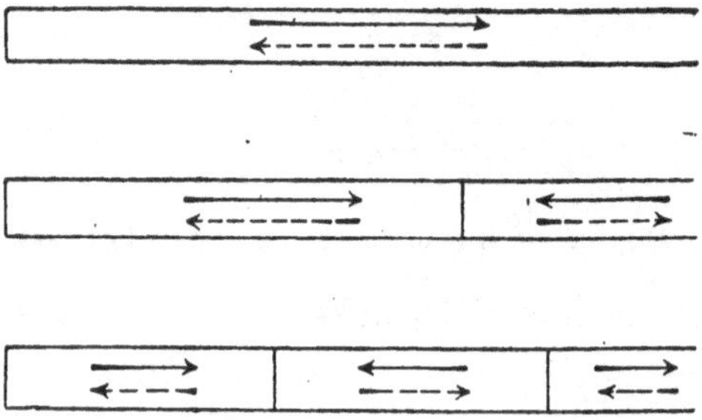

Fig. 207. Geschlossene Pfeife.

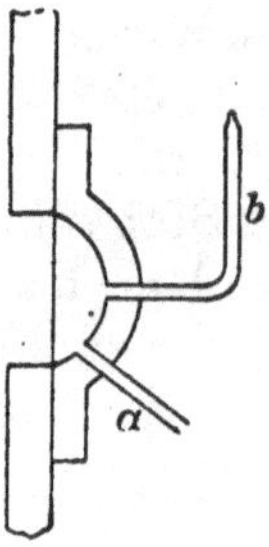

Fig. 208. Flammenkapsel.

überein mit den Longitudinalschwingungen eines am einen Ende festen, am anderen Ende freien Stabes. Das gedeckte Ende ist Knoten, das offene Bauch der Schwingung. Die verschiedenen Schwingungsarten sind durch die Fig. 207 dargestellt. Die Reihe der relativen Schwingungszahlen ist 1:3:5:... Die gedeckte Pfeife gibt nur die ungeraden Obertöne.

Bedeutet l die Pfeifenlänge, v die Geschwindigkeit des Schalles, so hat der Grundton einer offenen Pfeife die Schwingungszahl $n = v/(2\,l)$, der einer gedeckten die Schwingungszahl $n' = v/(4\,l)$; bei gleicher Länge gibt die offene Pfeife die Oktave der gedeckten.

Die Knotenstellen tönender Pfeifen lassen sich nachweisen mit Hilfe sog. manometrischer Flammen. Aus der Wand der Pfeife (Fig. 208) wird ein kreisförmiges Stück herausgeschnitten und durch eine dünne Kautschukmembran verschlossen. Über der Membran befindet sich eine luftdichte Kapsel, in die durch ein Rohr *a* Gas geleitet werden kann, das aus einer feinen Öffnung am Ende des Rohres *b* heraustritt und angezündet wird, so daß es mit einer dünnen spitzen Flamme brennt. Wenn an der Stelle der Membran ein Schwingungsknoten sich befindet, so wird bei jeder Verdichtung die Membran nach außen, bei jeder Verdünnung nach innen getrieben; es wird dadurch das Gas in der Kapsel gleichfalls in schwingende Bewegung versetzt, die sich dem Flämmchen mitteilt und dieses in eine auf und nieder hüpfende Bewegung versetzt. Um diese zu erkennen, betrachtet man das Bild der Flamme in einem Spiegel, der um eine zu seiner Fläche nahezu senkrechte Achse rotiert. Das Bild der ruhenden Flamme wird durch ihn zu einem Ringe ausgezogen, das Bild der schwingenden erscheint als eine aus einzelnen Flammen gebildete Krone. — Wenn man die Luft in der Pfeife in sehr starke Schwingung versetzt, so wird die Flamme an einer Knotenstelle unter Umständen völlig ausgeblasen, während sie ruhig weiter brennt, wenn an der Stelle der Membran ein Schwingungsbauch sich befindet.

§ **147. Schallgeschwindigkeit in festen Körpern.** Wir haben gesehen, daß die Schwingungen der Pfeifen der Art nach mit den longitudinalen Schwingungen der Klangstäbe übereinstimmen; der Unterschied liegt in der verschiedenen Höhe der Töne, und diese wird durch die verschiedenen Werte der Geschwindigkeiten v bedingt. Bei den Pfeifen ist v die Geschwindigkeit des Schalles in Luft.

Ebenso stimmt auch in einem stabförmigen festen Körper die Geschwindigkeit, mit der sich eine durch Kompression oder Dilatation erzeugte Welle seiner Länge nach fortpflanzt, überein mit der Schallgeschwindigkeit in dem betreffenden Materiale. Es wird dadurch die Frage nahegelegt, ob v bei stabförmigen festen Körpern sich nicht in ähnlicher Weise bestimmen läßt, wie in Luft. In der Tat wurde eine solche direkte Messung der Schallgeschwindigkeit in Gußeisen von Biot ausgeführt. Er benutzte eine eiserne Röhrenleitung von 951 m Länge; an dem einen Ende befestigte er eine Glocke und beobachtete dann an dem anderen Ende den doppelten, durch das Eisen und durch die Luft fortgepflanzten Schall der angeschlagenen Glocke. Aus der Zeit, die zwischen der ersten und der zweiten Wahrnehmung verfloß, konnte die Schallgeschwindigkeit im Eisen berechnet werden. Es ergab sich ein Wert von 3500 m/sec. Dieser muß nun übereinstimmen mit dem aus der Elastizitätstheorie sich ergebenden $v = \sqrt{E/\delta}$. Der Elastizitätsmodul des Eisens in absolutem Maße ist nach § **114**:

$$E = 12800 \cdot 98100000 \text{ cm}^{-1} \cdot \text{g} \cdot \text{sec}^{-2}.$$

Die Dichte des Eisens setzen wir gleich 7,8, dann ergibt sich der allerdings erheblich abweichende Wert $v = 4030$ m/sec. Man muß aber bedenken, daß eine wirkliche Vergleichung der Zahlen nur möglich wäre, wenn die für Elastizität und Dichte angenommenen Werte mit denen jenes Röhrensystems übereinstimmten. Da beide Eigenschaften von der spezifischen Beschaffenheit des Eisens in erheblichem Maße abhängig sind, so kann eine genaue Vergleichung der beobachteten Schallgeschwindigkeit mit der berechneten durch das Vorstehende nicht gegeben werden. Man kann aber die Schallgeschwindigkeit in einem Metallstabe auch aus der Höhe der bei Longitudinalschwingungen auftretenden Töne bestimmen. Auf diesem Wege hat man für eine Reihe von Metallen die Schallgeschwindigkeit gemessen, und die gefundenen Werte stehen mit den aus der Elastizität berechneten in einer durchaus befriedigenden Übereinstimmung.

Die Ergebnisse dieser Betrachtungen stehen in einem gewissen Widerspruche mit den Untersuchungen von § 117. Dort haben wir uns mit der Fortpflanzungsgeschwindigkeit longitudinaler Wellen in einem elastischen Körper beschäftigt, von dem wir annahmen, daß er sich nach allen Seiten unbegrenzt ausdehne. Aus den dort angegebenen Formeln ergibt sich für die Fortpflanzungsgeschwindigkeit der abweichende Wert $\sqrt{\frac{E(1-\varkappa)}{\delta(1+\varkappa)(1-2\varkappa)}}$. Der Unterschied erklärt sich dadurch, daß bei dem stabförmigen Körper die Längsdilatation verbunden ist mit Querkontraktion; Longitudinalwellen in dem unbegrenzten Körper dagegen werden durch rein longitudinale Verschiebungen erzeugt, ohne sie begleitende transversale.

§ 148. **Schallgeschwindigkeit in Flüssigkeiten.** Vermöge der Volumelastizität einer Flüssigkeit muß eine an irgendeiner Stelle erzeugte Kompression zu einer Welle Veranlassung geben, ebenso wie in einem Gase oder in einem festen Körper. Für die Fortpflanzungsgeschwindigkeit einer solchen Welle ergibt sich auf Grund der allgemeinen Prinzipien der Mechanik der Ausdruck

$$v = \sqrt{C/\delta}.$$

Hier bezeichnet C den Kompressionsmodul der Flüssigkeit in absolutem Maße, δ ihre Dichte. Der Wert von C folgt aus dem Werte dieses Moduls in dem technischen Maße des § 124 durch Multiplikation mit 98100000; es ergibt sich dies in derselben Weise wie in § 114, wenn der Druck in Dynen pro cm^2, statt in kg-Gewichten pro mm^2 ausgedrückt wird. Eine direkte Bestimmung der Schallgeschwindigkeit in Wasser wurde im Genfer See ausgeführt; an einer Stelle war eine Glocke in das Wasser versenkt, an einer anderen ein Hörrohr. Aus der Zeitdifferenz zwischen dem Anschlage der Glocke und der Ankunft des Schalles an der entfernten Stelle ergab sich die Schallgeschwindigkeit zu 1435 m/sec. Setzen wir die Dichte des Wassers gleich 1, den Kompressionsmodul in absolutem Maße $C = 205 \cdot 98100000$ cm$^{-1} \cdot$ g $\cdot$ sec^{-2}, so ergibt sich als theoretischer Wert der Schallgeschwindigkeit in Wasser $v = 1410$ m/sec, ein Resultat, das mit der Beobachtung in befriedigender Weise übereinstimmt.

In Röhren eingeschlossene Flüssigkeitssäulen kann man ebenso in stehende longitudinale Schwingungen versetzen, wie Luftsäulen; die Gesetze sind im wesentlichen dieselben, wie die in § 146 für lufterfüllte Pfeifen entwickelten.

Auch hier möge noch auf einen Zusammenhang mit den Betrachtungen von § 117 hingewiesen werden. Setzen wir in der Formel $v = \sqrt{\frac{3C}{\delta} \cdot \frac{1-\varkappa}{1+\varkappa}}$, welche dort für die Fortpflanzungsgeschwindigkeit der longitudinalen Wellen angegeben wurde, $\varkappa$ gleich dem Grenzwerte 0,5, so wird $v = \sqrt{C/\delta}$, in Übereinstimmung mit der für Flüssigkeiten geltenden Formel. Zwischen dem Elastizitätsmodul der Dehnung E und dem Kompressionsmodulus C besteht ferner die Beziehung $E = 3\,C\,(1 - 2\varkappa)$; ist $\varkappa = 0{,}5$, so wird $E = 0$, sofern C keinen unendlich großen Wert hat.

§ 149. **Energie einer schwingenden Saite.** Von den vorangegangenen speziellen Untersuchungen wenden wir uns zu Betrachtungen von allgemeiner Bedeutung, Anwendungen des Energieprinzips auf Wellenbewegungen; wir beginnen mit der Schwingung der Saiten. Um die in einer schwingenden Saite enthaltene Energie zu bestimmen, zerlegen wir sie in einzelne Stücke, deren Länge der Längeneinheit gleich, deren Masse m sei. Wenn wir die Masse jedes Stückes in seinem Mittelpunkte konzentriert denken, so zerfällt die Saite in eine Reihe von Massenpunkten, die wie kleine Pendel hin und her schwingen. Die größte Entfernung, die ein solches Pendel von seiner Ruhelage, von der durch die ruhende Saite gegebenen geraden Linie, erreicht, nennen wir die Amplitude seiner Schwingung. Wir bezeichnen sie durch a, die zu irgendeiner anderen Zeit vorhandene Abweichung durch x; ist die Schwingungszahl der Saite gleich n, so ist die Dauer einer halben Schwingung, die Schwingungsdauer im Sinne des Pendelgesetzes, gleich $1/2n$. Nach § 46 ist dann die Geschwindigkeit, mit der sich das betrachtete Element der Saite im Abstande x von seiner Ruhelage bewegt, gegeben durch:

$$2n\pi\sqrt{a^2 - x^2}.$$

Die kinetische Energie ist somit:

$$2\,n^2\pi^2 m\,(a^2 - x^2).$$

Für die Kraft, mit der ein Pendel im Abstande x von seiner Ruhelage nach dieser zurückgezogen wird, gilt nach § 46 der Ausdruck:

$$4\,n^2\pi^2 m\,x\,.$$

Wenn das Pendel von der Ruhelage bis zu der Entfernung x bewegt wird, so ist die von jener Kraft geleistete Arbeit gleich $2\,\pi^2 n^2 m\,x^2$. Diese hat sich verwandelt in die potentielle Energie oder Spannkraft des aus der Ruhelage entfernten Pendels. Der gefundene Ausdruck gilt ebenso für das betrachtete Element der Saite.

Es ergibt sich somit, daß für jedes einzelne Stück der Saite die Summe der kinetischen und potentiellen Energie einen konstanten Wert besitzt:

$$2\,\pi^2 n^2 m\,(a^2 - x^2) + 2\,\pi^2 n^2 m\,x^2 = 2\,\pi^2 n^2 m\,a^2.$$

Während der Schwingung wechselt die Energie fortwährend ihre Form; in dem Momente, in dem die Saite durch ihre Ruhelage geht, existiert sie nur in der Form von kinetischer, wenn die Saite ihre größte Schwingungsweite erreicht hat, nur in der Form von potentieller Energie. Man kann die Mittelwerte der beiden Energieformen während einer ganzen Schwingung bestimmen; man findet, daß der Gesamtwert der kinetischen Energie ebenso groß ist, wie der der potentiellen, so daß also beide Werte durch den Ausdruck

$$\pi^2 n^2 m a^2$$

gegeben sind. Wollen wir den Mittelwert der kinetischen oder potentiellen Energie für die ganze Saite bestimmen, so müssen wir für jeden ihrer Abschnitte den obigen Ausdruck mit Rücksicht auf die Veränderung der Amplitude a bilden und alle den einzelnen Abschnitten entsprechenden Energiewerte summieren. Die mittlere kinetische und ebenso die mittlere potentielle Energie der ganzen Saite wird somit durch eine Summe von der Form

$$\sum \pi^2 n^2 m a^2$$

repräsentiert.

Die Saite hat, wie sich aus der in §§ 68, 109 angedeuteten Theorie ergibt, bei ihrer Grundschwingung die Form von Berg oder Tal einer Wellenlinie. Betrachten wir sie im Momente der größten Abweichung von der Ruhelage, so sind die Ordinaten der Welle zugleich die Amplituden a der Pendelschwingungen, die von den einzelnen Elementen der Saite ausgeführt werden. Bezeichnen wir also durch s den Abstand eines der Stücke, in die wir die Saite geteilt hatten, von ihrem Anfangspunkte, durch l die Länge der Saite, so können wir

$$a = A \sin \pi \frac{s}{l}$$

setzen. Die einzelnen von uns betrachteten Amplituden a sind somit alle proportional mit der Amplitude A, die der Mitte der Saite entspricht. Ihre ganze Energie kann durch den Ausdruck

$$U = 2\pi^2 n^2 m A^2 \sum \sin^2 \pi \frac{s}{l} = \pi^2 n^2 A^2 \cdot m l$$

dargestellt werden; sie ist proportional mit A^2. Bezeichnen wir A, den maximalen Ausschlag in der Mitte der Saite, als Amplitude der Schwingung schlechtweg, so ist die Energie dem Quadrate der Amplitude proportional.

Nun betrachten wir aber die Energie als Maß für die Intensität einer Schwingung. Aus dem vorhergehenden ergibt sich dann, daß die Intensität der Schwingung dem Quadrate ihrer Amplitude proportional ist.

Zerstreuung der Energie. Wenn eine Saite im Luftraume schwingt, so geht von ihr ein ununterbrochener Zug von Wellen aus;

die Saite überträgt dabei Energie auf die umgebende Luft, und in dem Maße, in dem die Wellen im Luftraume fortschreiten, breitet sich diese Energie über eine immer größere Luftmasse aus. Nach dem Satze von der Erhaltung der Energie muß die Energie der schwingenden Saite um den Betrag der abgegebenen Energie sinken, die Amplitude der Schwingung, mit deren Quadrat die Energie der Saite proportional ist, muß abnehmen. Man bezeichnet den Vorgang als eine Zerstreuung der Energie; die Verbreitung der Energie durch die von der schwingenden Saite ausgehenden Tonwellen als Strahlung. Die allmähliche Abnahme der Saitenschwingungen, ihre Dämpfung, ist daher nicht bloß eine Folge der inneren Reibung, sondern auch der Ausstrahlung ihrer Energie.

§ 150. Tonstärke. Nach denselben Prinzipien, die wir im vorhergehenden angewandt haben, um die Energie einer schwingenden Saite zu bestimmen, wird es möglich sein, die Energie einer in der Luft fortschreitenden longitudinalen Welle zu ermitteln. Nur wird dabei nicht allein die Länge der Welle in Betracht kommen, wie bei der nur nach einer Dimension sich erstreckenden Saite. Eine Luftwelle erfüllt im allgemeinen das Innere einer Kugelschale, ihre ganze Energie wird durch die Summe der kinetischen und potentiellen Energien all der Teilchen dargestellt, die sich im Innern der Kugelschale befinden. Wir beschränken uns nun auf die Betrachtung eines von der Tonquelle ausgehenden Schallstrahles. In einer größeren Entfernung von der Tonquelle legen wir senkrecht zu ihm eine Fläche f von 1 cm^2 Inhalt. Wenn die Schwingungszahl des Tones gleich n ist, so gehen in 1 sec n Wellen durch die Fläche, die dann einen abgestumpften, nach außen sich erweiternden Kegel erfüllen, dessen Basis gleich 1, dessen Länge gleich der Schallgeschwindigkeit ist. Jede von diesen Wellen führt, wenn sie die Fläche f durchdringt, eine gewisse Energie durch sie hindurch. Die ganze Energie, die auf diese Weise pro sec durch die Fläche f hindurchgeführt wird, nennen wir das mechanische Maß der Tonstärke an der Stelle von f. Die Länge einer kugelförmigen Luftwelle ändert sich nun nicht bei ihrer Ausbreitung; die Räume der Kugelschalen, die von der Welle der Reihe nach erfüllt werden, verhalten sich daher wie die Quadrate ihrer Radien; da aber die Gesamtenergie der Welle konstant bleibt, so nimmt der Energiegehalt gleicher Volumina ab, entsprechend dem umgekehrten Quadrate der Entfernung von der Tonquelle. Somit ist auch die Energie, welche von jeder einzelnen Welle durch die Fläche f geführt wird, dem Quadrate des Abstandes zwischen f und der Tonquelle umgekehrt proportional, und man erhält daher den Satz: Die Tonstärke ist dem Quadrate des Abstandes von der Tonquelle umgekehrt proportional.

Aus Betrachtungen ähnlich denen von § 149 folgt, daß die Energie einer Luftwelle, bei gleichem Inhalte des von ihr erfüllten Raumes, dem Quadrate der Schwingungsamplitude proportional ist. Wir werden ferner annehmen, daß die Amplitude der Schwingung, in welche die Luftteilchen durch einen tönenden Körper versetzt werden, der Schwingungsamplitude des letzteren selbst proportional ist. Danach wächst die Intensität eines Tones proportional mit dem Quadrate der Schwingungsamplitude des tönenden Körpers.

Durch die im vorhergehenden gemachte Festsetzung ist ein mechanisches Maß für die Tonstärke gegeben. Wir müssen davon unterscheiden die Stärke der subjektiven Empfindung, das physiologische Maß, welches von dem anatomischen Bau des Ohres abhängt.

§ 151. **Klangfarbe.** Wir haben uns im folgenden mit einer merkwürdigen Eigenschaft der Töne unserer Musikinstrumente zu beschäftigen, die man als ihren Klang bezeichnet. Es scheint zweckmäßig, die hierher gehörenden Verhältnisse zunächst an dem Beispiele der Saiten zu erläutern. Wenn wir eine Saite an einer beliebigen Stelle, etwa nahe ihrem Ende, zupfen oder streichen, so werden wir zunächst ihren Grundton hören. Wenn wir nun die Saite in ihrer Mitte leicht mit dem Finger berühren, so wird die Grundschwingung zerstört, der Grundton verschwindet, aber wir hören jetzt die Oktave. Berühren wir die Saite ganz leise in einem Drittel ihrer Länge, so erklingt die Quinte der Oktave, in einem Viertel die zweite Oktave usf. Diese höheren Schwingungsarten können nicht erst durch das Anlegen des Fingers erzeugt werden, sie müssen schon vorher vorhanden gewesen sein. Es ergibt sich also, daß die Saite durch eine beliebige Art der Anregung in einen komplizierten Schwingungszustand versetzt wird, den man als eine Superposition der verschiedenen einfachen Schwingungsarten ansehen kann, die wir in § 142 betrachtet haben. In der Tat gelingt es nun bei gesteigerter Aufmerksamkeit, bei einer beliebigen Erregung der Saite neben dem Grundtone und zugleich mit ihm auch die harmonischen Obertöne zu hören. Wir müssen also dem Ohre die Fähigkeit zuschreiben, daß es die komplizierte Schwingung, wie sie durch die Superposition der einfachen Schwingungsarten entsteht, in die letzteren aufzulösen, die ihnen entsprechende Reihe von Tönen aus der komplizierten Bewegung der Luft herauszuhören vermag. Die Klangfarbe eines Tones würde dann eben darauf beruhen, daß zu dem Grundtone Obertöne treten, deren Intensitätsverhältnisse im Vergleiche mit der Stärke des Grundtones, je nach der Art der Erregung, je nach der Befestigung der Saite, in der mannigfachsten Weise variieren können.

Ebenso beruht dann auch der Klang anderer tönender Körper darauf, daß sie bei willkürlicher Erregung in einen komplizierten Schwingungszustand geraten, der als eine Superposition von einfachen Schwingungen mit bestimmten Intensitätsverhältnissen aufgefaßt werden kann. Dementsprechend empfindet das Ohr neben dem Grundtone eine Reihe von Obertönen, und ihre Vermischung mit dem Grundtone bedingt den Klang. Vergleichen wir von diesem Gesichtspunkte aus die Töne der offenen und der gedeckten Pfeifen, so sehen wir, daß bei den letzteren alle geraden Obertöne fehlen, während die offenen Pfeifen alle Obertöne besitzen. Der Klang der gedeckten Pfeife ist weicher, aber auch weniger voll als der der offenen.

Die im vorhergehenden entwickelte Theorie der Klangfarbe steht in einer sehr merkwürdigen Beziehung zu einem von FOURIER aufgestellten

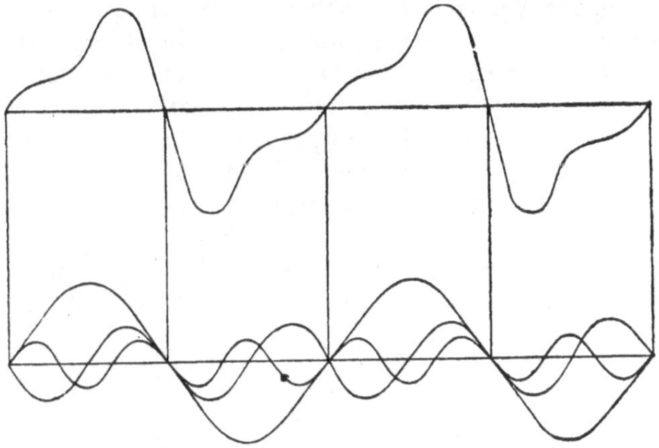

Fig. 209. FOURIERsche Zerlegung.

mathematischen Satze. Auf einer Linie (z. B. Fig. 209) sei eine wellenartige Kurve gezeichnet, die sich in Intervallen von der Länge λ immer

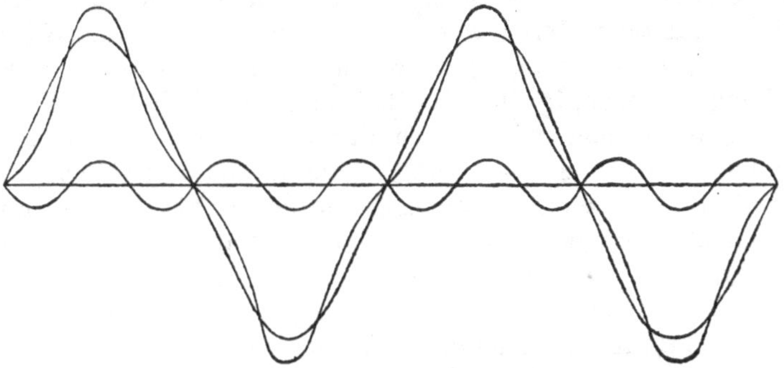

Fig. 210. Zusammensetzung von Sinusschwingungen.

in derselben Weise wiederholt; man bezeichnet λ, die Länge der kongruenten, sich wiederholenden Stücke, als die Periode der Kurve. Diese kann dann durch eine Superposition von einfachen Sinuslinien dargestellt werden, deren erste die Wellenlänge λ, deren zweite die Wellenlänge $^1/_2\,\lambda$, deren folgende der Reihe nach die Wellenlängen $^1/_3\,\lambda$, $^1/_4\,\lambda\ldots$ besitzen. Jede beliebige Kurve von der Periode λ kann also gewissermaßen in eine Reihe einfacher Wellen aufgelöst werden, für deren Amplitudenverhältnisse die Gestalt der ursprünglich gegebenen Kurve maßgebend ist. Hiernach kann man auch die komplizierte Schwingungsform, die eine Saite bei einer beliebigen Art der Erregung annimmt, nach rein mathematischen Gesichtspunkten zerlegen in übereinandergelagerte Wellen, deren Länge gleich der doppelten, der einfachen Saitenlänge, gleich $^2/_3$, $^2/_4$, $^2/_5$ ... davon ist.

In vollkommener Übereinstimmung hiermit übt das Ohr den komplizierten Bewegungen der Luft gegenüber die Funktion eines harmonischen Analysators aus, indem es genau die Töne heraushört, welche den bei der geometrischen Zerlegung auftretenden einfachen Wellen entsprechen. Aber in unserem Bewußtsein, in unserem geistigen Ohre verschmelzen die verschiedenen Töne, die das körperliche Ohr zu gleicher Zeit empfindet, wieder zu einem einheitlichen Ganzen, dem Klange.

Beispiele sogenannter harmonischer Zerlegungen komplizierterer Kurven sind in den Figg. 209 u. 210 gegeben.

§ **152. Vokalklänge und Phonograph.** Für die Untersuchung der Vokalklänge besitzen wir ein ausgezeichnetes Hilfsmittel in dem Phono-

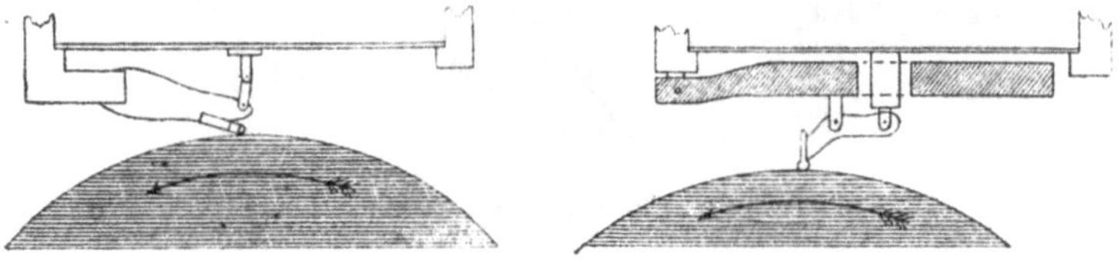

Fig. 211a. Phonograph. Fig. 211b.

graphen von Edison. Er enthält zunächst als wesentlichen Bestandteil eine mit wachsartiger Masse überzogene vollkommen zylindrische Walze, deren Achse durch eine Schraubenspindel gebildet wird, so daß sie bei der Drehung gleichzeitig in der Richtung der Achse sich verschiebt. Vor der Walze befindet sich in einer Fassung, zwischen Kautschukringen eingepreßt, eine Glasmembran von $^1/_8$ mm Dicke (Fig. 211a). Sie trägt in ihrer Mitte ein Metallplättchen, das durch Scharniere mit einem kleinen Meißel verbunden ist, der sich gegen die Oberfläche der Walze leicht anlegt. Wenn man gegen die Membran singt oder spricht, während die Walze gedreht wird, so gräbt das Meißelchen eine Furche in die Wachsoberfläche, deren Berge und Täler den Schwingungen der Membran auf das Treueste entsprechen. Wenn man einen bestimmten Vokal gegen die Membran singt oder spricht, so erhält man eine Furche, welche die für den Vokalklang charakteristischen Schwingungen durch ihre Höhen und Tiefen genau wiedergibt. Man kann nun das gegen die Membran Gesungene oder Gesprochene reproduzieren. Zu diesem Zwecke dient eine ähnliche, nur noch etwas dünnere Glasmembran (Fig. 211b); ihre Mitte ist durch Scharniere wieder mit einem Hebel verbunden, der aber an seinem Ende eine kleine Kugel trägt, die sich genau in die von dem Schreibmeißel gegrabene Furche einlegt. Wenn man die Kugel an den Anfang der Furche legt und nun die Walze dreht, so gleitet sie über all die Höhen und Tiefen der Furche weg; infolge der Hebelverbindung bringt sie die Membran in eine Bewegung, identisch mit der, durch welche die Furche erzeugt wurde. Die Membran ihrerseits wird die Luft wieder in dieselben Bewegungen versetzen, durch welche sie früher erschüttert wurde, d. h. sie wird das reproduzieren, was zuvor gegen sie gesprochen oder gesungen ward.

Will man nun die in die Wachsfläche gegrabenen Furchen benützen, um die Eigenschaften der Vokalklänge zu untersuchen, so muß man vor allem von ihren Höhen und Tiefen, von ihrem ganzen Verlaufe ein vergrößertes Bild herstellen, das in all seinen Einzelheiten ausgemessen werden kann. Man hat ein solches Bild auf photographischem Wege erhalten; den die schleifende Kugel tragenden Hebel verband man mit einem Spiegel, der den Hebungen und Senkungen der Kugel entsprechend nach oben oder unten sich drehte. Von dem Spiegel wurde der Strahl einer elektrischen Lampe reflektiert; dieser zeichnete dann auf einem mit photographischem Papiere überzogenen, gleichmäßig rotierenden Zylinder die Bewegungen der Kugel in vergrößertem Maßstabe. Einige so erhaltene Kurven sind in Fig. 212 dargestellt; die Vokale sind dabei auf den Ton a_1 gesungen. Die Ausmessung der Kurven hat zu den folgenden Resultaten geführt.

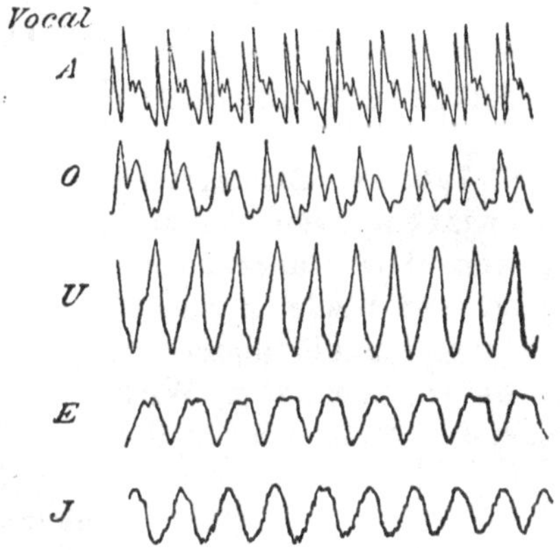

Fig. 212. Phonographische Kurven.

Die Vokale sind charakterisiert durch bestimmte Töne, die sogenannten Formanten; diese sind von der Tonhöhe des Vokales selber unabhängig, und hängen nur ab von der für die verschiedenen Vokale verschiedenen Stellung des Mundes. Die Tonhöhe der Formanten ist keine absolut feste, sondern schwankt in individueller Weise innerhalb gewisser Grenzen.[1] Die Lage der Formanten für die verschiedenen Vokale ergibt sich aus folgender Tabelle:

Vokal.	Lage der Formanten.
U	Erster Teil der Oktaven c_1 und c_2
O	Erster Teil der Oktave . c_2
A	Mitte der Oktave . . . c_2
E	Anfang der Oktave. . . . c_2 und Ende der Oktave c_3
J	Erster Teil der Oktave. c_4.

Die Oktaven sind wie in Tabelle § 138 bezeichnet durch die zugehörigen Grundtöne. Bei *E* ist der stärkere Formant der gesperrt gedruckte.

[1]) L. Hermann, Arch. f. d. ges. Phys. 53 (1892). — F. Auerbach, Zs. f. franz. Spr. u. Lit. 16 (1894).

Dreht man einen Phonographen bei der Reproduktion rascher als bei der Aufnahme, so erklingt eine Melodie in höherer Tonlage (transponiert), ohne daß die Klangfarbe sich geändert hätte, Grundtöne und Obertöne sind ja gleichförmig erhöht worden. Vokale hingegen werden undeutlich, weil die Formanten sich ändern.

Dritter Teil.

Interferenzen und erzwungene Schwingungen.

§ 153. **Schallinterferenzen.** Wenn zwei tönende Körper, etwa zwei Stimmgabeln, von genau gleicher Tonhöhe gegeben sind, so haben die von ihnen ausgehenden Wellen dieselbe Länge. Wenn nun an irgendeiner Stelle *A* des Raumes von der einen Gabel her eine Verdichtung, von der anderen zugleich eine Verdünnung eintrifft, so werden die entgegengesetzten Wirkungen sich aufheben; die Luft an der betreffenden Stelle wird weder verdichtet noch verdünnt werden. Man sieht aber leicht, daß, wenn die Wirkungen der beiden Wellenzüge an der Stelle *A* sich einmal zerstören, dies auch in der Folge der Fall sein muß; denn nach einer halben Schwingung der tönenden Körper haben sich die von ihnen ausgehenden Wellenzüge um eine halbe Wellenlänge verschoben; an derselben Stelle, wo vorher eine Verdichtung war, ist jetzt eine Verdünnung und umgekehrt, nach einer ganzen Schwingung aber haben die Verdichtungen und Verdünnungen wieder ganz dieselbe Lage wie zu Anfang.

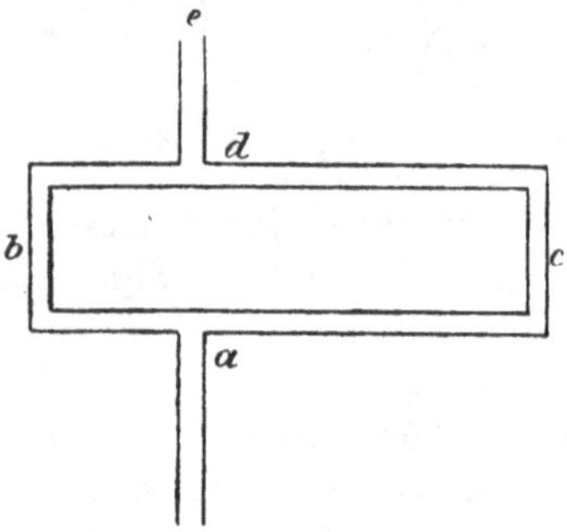

Fig. 213. Interferenzröhre.

Hiernach würde also zu erwarten sein, daß in der Umgebung zweier gleichschwingender Stimmgabeln gewisse Stellen vorhanden sind, wo die Dichte der Luft immer dieselbe bleibt, wo also kein Ton zu hören ist. Übrigens ergibt sich aus Betrachtungen, die wir bei der analogen Interferenzerscheinung der Optik anstellen werden, daß die Schwingungen zweier einfacher Tonquellen nur dann vollständig sich aufheben können, wenn die letzteren voneinander um mindestens eine halbe Wellenlänge entfernt sind. In Wirklichkeit gelingt der Versuch, auch bei Berücksichtigung dieser Bedingung, nur unvollkommen wegen der störenden Wirkung der Reflexionen, die an den Wänden des Beobachtungsraumes stattfinden.

Viel sicherer läßt sich die Interferenz zweier Wellenzüge und das dadurch bedingte Verschwinden des Tones nach einem zuerst von Nörremberg angegebenen Verfahren zeigen (Fig. 213). Man benützt dabei nur eine einzige Stimmgabel und läßt den von ihr ausgehenden Wellenzug in eine Röhre eintreten, die sich an der Stelle *a* in zwei Zweige gabelt; die Länge des einen Zweiges *acd* von *a* bis zu der Stelle *d* der Wiedervereinigung macht man um eine halbe Wellenlänge größer als die des anderen Zweiges *abd*. Der durch den längeren Zweig gehende Wellenzug wird dadurch um eine halbe Wellenlänge verzögert; wenn an der Stelle *d* durch *abd* gerade eine Verdichtung anlangt, so kommt gleichzeitig durch *acd* eine Verdünnung, und die entgegengesetzten Wirkungen zerstören sich, so daß an der Öffnung *e* kein Ton zu hören ist. Sobald wir aber die eine oder die andere Zweigröhre schließen, so daß nur ein Wellenzug zum Ohre gelangen kann, tritt der Ton hervor.

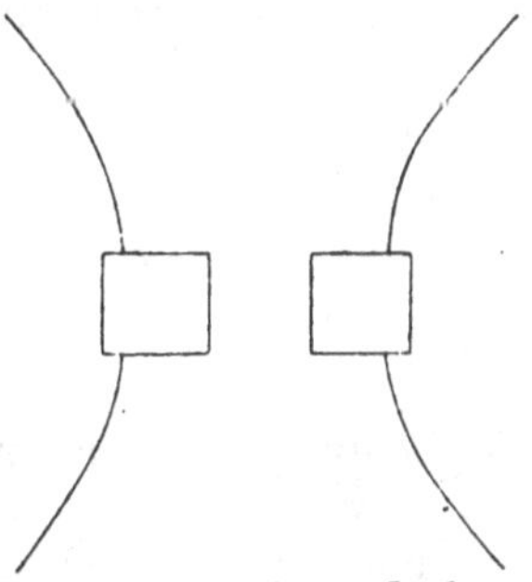
Fig. 214. Interferenzflächen.

Flächen der Stille bei einer Stimmgabel. Weber hat eine sehr eigentümliche Interferenzerscheinung bei einer Stimmgabel beobachtet.[1] Wenn man eine angeschlagene Gabel über der Öffnung eines Resonators dreht, so bemerkt man, daß der Ton in vier Stellungen der Gabel vollkommen verschwindet. Es gehen von den Zinken vier Flächen aus, in denen weder Verdichtung noch Verdünnung der Luft durch die Schwingung erzeugt wird. Jede dieser vier Interferenzflächen bildet einen Teil eines hyperbolischen Zylinders; die vier Brennlinien der Zylinder liegen in den vier äußeren Kanten der Stimmgabelzinken und die Flächen selbst divergieren in der durch die Linien der Fig. 214 angedeuteten Weise; die Stimmgabel ist dabei auf eine zu ihrer Länge senkrechte Ebene projiziert.

Die Erklärung der Erscheinung muß jedenfalls in dem Umstande gesucht werden, daß bei jeder Zinke die Luft auf der vorderen und hinteren Seite gleichzeitig in entgegengesetztem Zustande sich befindet; immer wird auf der Seite, nach welcher die Zinken sich bewegen, Verdichtung, auf der entgegengesetzten Verdünnung entstehen; die Flächen, in denen diese verschiedenen Zustände sich ausgleichen, müssen Webers hyperbolische Interferenzflächen sein.

§ 154. Schwebungen. Wenn zwei Stimmgabeln genau gleiche Tonhöhe haben, so werden sich ihre Töne entweder fortdauernd verstärken oder fortdauernd schwächen, je nachdem von Anfang an Verdichtung mit Verdichtung oder Verdichtung mit Verdünnung zusammenfiel; immer erhalten wir den Eindruck eines vollkommen gleich dahinfließenden Tones. Nun wollen wir die eine Gabel nur ganz wenig (z. B. durch Aufkleben von etwas Wachs) verstimmen; wir hören jetzt den Ton abwechselnd anschwellen und wieder schwächer werden, und dies bezeichnen wir als Schwebungen oder Stöße des Tones.

Die Schwingungszahl des höheren Tones sei n_1, die des tieferen n_2, in einer Sekunde sendet der erstere n_1, der zweite n_2, Wellen aus, die

[1] W. Weber, Werke Bd. I.

sich in dieser Zeit über eine Strecke von 332 m ausbreiten. Betrachten wir den Strahl, der die Verbindungslinie der beiden Gabeln nach außen verlängert, und grenzen wir auf ihm eine Strecke von 332 m ab, so daß in ihrem Anfangspunkte A (Fig. 215) eine Verdichtung der einen Gabel mit einer Verdichtung der anderen zusammenfällt. In der Fig. sind die Stellen der größten Verdichtungen durch vertikale Striche bezeichnet. Nun ist die Wellenlänge l_1 des höheren Tones in Metern gegeben durch $l_1 = 332/n_1$, die des tieferen durch $l_2 = 332/n_2$. Gehen wir auf dem Strahle vorwärts, so treffen wir also zuerst in dem Abstande l_1 auf die nächste

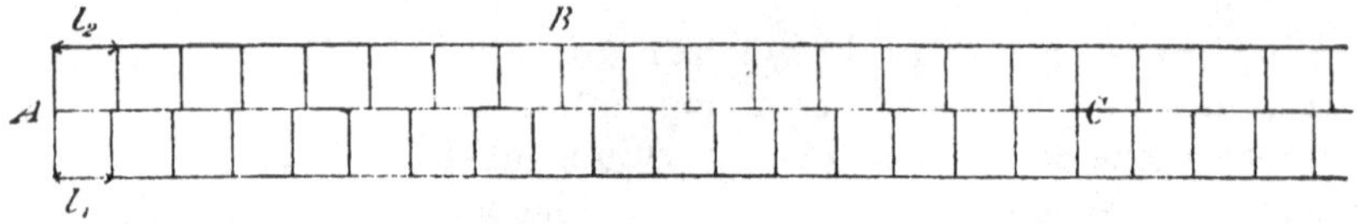

Fig. 215. Schwebungen.

Verdichtung des höheren Tones, dann im Abstande l_2 auf die des tieferen; gehen wir weiter, so folgt in dem Abstande $2\,l_1$ die dritte Verdichtung des höheren, im Abstande $2\,l_2$ die entsprechende des tieferen Tones. Wir sehen, daß die Verdichtung des tieferen Tones immer mehr der entsprechenden des höheren voraneilt; ist die Entfernung der beiden Verdichtungen gerade auf eine halbe Wellenlänge des höheren Tones

Fig. 216. Schwebungen.

angewachsen, wie bei B, so fällt die Verdichtung des tieferen Tones gerade mit einer Verdünnung des höheren zusammen, und die entgegengesetzten Wirkungen heben sich auf; wir haben dann weder Verdichtung noch Verdünnung, die Stelle B des Strahles kann also auch keine Tonempfindung erzeugen. Weiterhin entfernt sich die Verdichtung des tieferen Tones um mehr als eine halbe Wellenlänge von der entsprechenden des höheren, sie nähert sich einer Verdichtung des letzteren, deren Ordnungszahl um eins höher ist; schließlich fällt wieder eine Verdichtung des tieferen Tones mit einer des höheren zusammen. Ist C der Punkt, in dem dies des Fall ist, so ist die auf der Strecke AC liegende Wellenzahl des höheren Tones offenbar um eins größer als die des tieferen; gehen von dem tieferen Tone x Wellenlängen auf die Strecke AC, so ist sie gleich $x+1$ Wellenlängen des höheren; wir haben somit:

$$AC = (x+1)\,l_1 = x\,l_2 = 332:(n_1 - n_2)\,.$$

Tragen wir (Fig. 216) von A aus die Strecken $AC = CE = EG = GJ\ldots = 332/(n_1 - n_2)$ der Reihe nach ab, so werden in all den Punkten $C, E, G, J\ldots$ zwei Verdichtungen zusammenfallen, in den zwischen ihnen in der Mitte liegenden eine Verdichtung mit einer Verdünnung. Auf einer Strecke von 332 m fällt somit $(n_1 - n_2)$ mal Verdichtung mit Verdichtung und ebenso oft Verdichtung mit Verdünnung zusammen; das erstere bedingt eine Verstärkung, das letztere eine Schwächung der Schwingung. Da aber alle auf der Länge von 332 m liegenden Wellen in 1 sec in unser Ohr gelangen, so werden auch hier die Schwingungen der Luft in einer Sekunde $(n_1 - n_2)$ mal eine Verstärkung, und damit abwechselnd $(n_1 - n_2)$ mal eine Schwächung erfahren. Es ergibt sich somit, daß die Zahl der pro sec erfolgenden Stöße oder Schwebungen gleich der Differenz der Schwingungszahlen der zusammenklingenden Töne ist.

Man kann von den Schwebungen zweier Stimmgabeln ein sehr anschauliches und schönes Bild in der folgenden Weise entwerfen. Wir befestigen an den äußeren Flächen der Zinken beider Gabeln leichte Spiegel, die mit den Zinken zusammen schwingen (Fig. 217). Wenn wir auf den Spiegel der einen Gabel einen Lichtstrahl fallen lassen, so wird er reflektiert und zeichnet, solange der Spiegel in Ruhe ist, auf einem in geeigneter Weise aufgestellten Schirm einen hellen Punkt. Versetzen wir die Stimmgabel in Schwingung, so wird durch die Bewegung des Spiegels der Punkt in eine Lichtlinie ausgezogen. Nun stellen wir die zweite Gabel mit ihrer Längsrichtung und der durch die Mitten ihrer Zinken gehenden Ebene der ersten parallel und so, daß der von dieser reflektierte Lichtstrahl auf den Spiegel der zweiten Gabel fällt; er wird hier, entsprechend der Zeichnung von Fig. 217, abermals reflektiert und erzeugt auf dem Schirme, der nun auf die andere Seite der Gabeln zu stellen ist, wieder einen hellen Punkt, solange beide Gabeln in Ruhe sind. Wenn aber beide Gabeln schwingen, so geschieht dies infolge der Verschiedenheit ihrer Schwingungszahlen bald im gleichen, bald im entgegengesetzten Sinne. Demzufolge werden die durch die Reflexion erzeugten Ablenkungen des Lichtstrahles sich abwechselnd summieren und kompensieren; die Lichtlinie auf dem Schirme wird sich bald in die Länge dehnen, bald zu einem Punkte zusammenschrumpfen. Noch anschaulicher wird das Bild, wenn wir die zweite Gabel leicht hin- und herdrehen, so daß der von ihr reflektierte Strahl abwechselnd auf verschiedene nebeneinanderliegende Stellen des Schirmes fällt, es entsteht dann eine aus einer wellenartigen Linie gebildete, leuchtende Spindel (Fig. 218), die an den Stellen der Kompensation sich einschnürt, an denen der Sum-

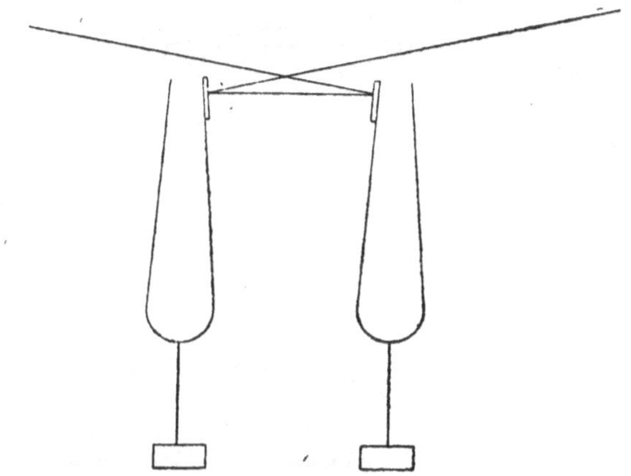

Fig. 217. Objektive Darstellung der Schwebungen.

mation der Wirkungen sich erweitert, und die durch den Wechsel der Amplitude, welchen die sie bildenden Einzelwellen zeigen, das Anschwellen und Schwächerwerden des Tones anschaulich macht.

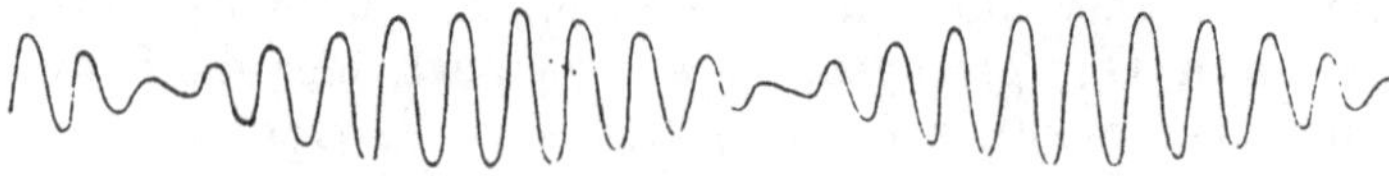

Fig. 218. Demonstration von Schwebungen.

Man kann die zweite Stimmgabel auch so befestigen, daß ihre Längsrichtung horizontal wird, wenn die erste Gabel vertikal aufgestellt ist (Fig. 219). Wenn man dann den von der ersten Gabel reflektierten Lichtstrahl auf den Spiegel der zweiten fallen läßt, so macht sie ihn in horizontalem Sinne hin- und herschwingen, sobald sie selbst in Schwingung versetzt wird. Wenn beide Gabeln zusammentönen, so entstehen aus der Kombination der vertikalen und der horizontalen Bewegungen des Strahles eigentümliche Lichtkurven, die sogenannten LISSAJOUschen Kurven. Man kann ihre verschiedenen Formen konstruieren, wenn man zwei zueinander senkrechte Pendelschwingungen von verschiedenen Phasen- und Periodenverhältnissen nach dem Prinzipe der Kombination zu einer resultierenden Bewegung vereinigt.

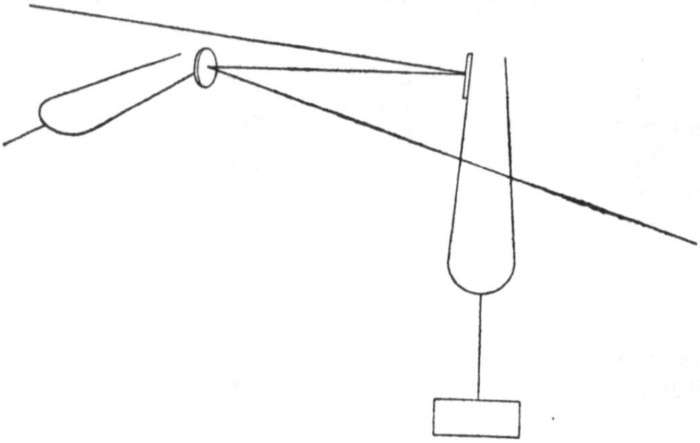

Fig. 219. LISSAJOUsche Stimmgabel.

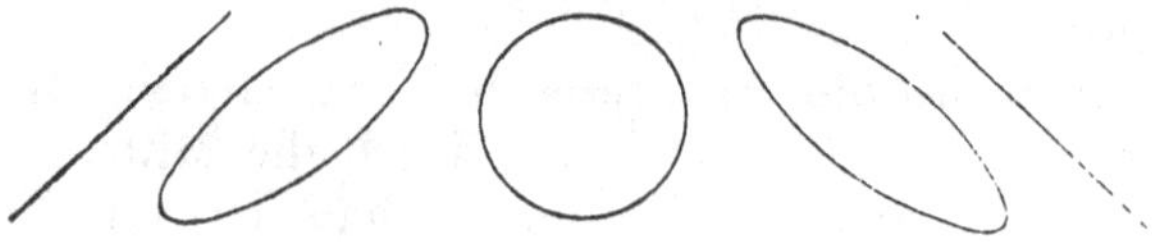

Fig. 220. LISSAJOUsche Kurven.

Schwingen die beiden Gabeln vollkommen unisono, so ergeben sich je nach der Phasendifferenz die in Fig. 220 gezeichneten Kurven. Sind die Schwingungszahlen etwas verschieden, so ändert sich die Phasendifferenz stetig mit der Zeit; die von den Gabeln erzeugte LISSAJOUsche Figur durchläuft der Reihe nach vor- und wieder rückwärts die Formen der Fig. 220; die gerade Linie erweitert sich zu einer Ellipse, diese verwandelt sich in einen Kreis, der Kreis geht über in eine Ellipse mit umgekehrter Lage der großen und kleinen Achse, die Ellipse in eine gerade

Linie usw. Der Wechsel wird um so schneller, je größer die Schwingungsdifferenz, je größer die Zahl der pro sec erzeugten Schwebungen.

Ebenso wie bei Stimmgabeln treten Schwebungen natürlich auch auf bei Saiten und Orgelpfeifen, überhaupt immer da, wo zwei Töne von wenig verschiedener Schwingungszahl zusammen erklingen.

§ **155. Freie und erzwungene Schwingung.** Wenn wir irgendeinen Körper aus seiner Gleichgewichtslage entfernen und dann loslassen, oder wenn wir ihm, während er sich im Gleichgewichte befindet, durch einen Schlag eine gewisse Geschwindigkeit erteilen, so schwingt er unter der Wirkung seiner inneren Kräfte um die Gleichgewichtslage. Dies ist eine freie Schwingung. Ein Körper kann aber auch dadurch in Schwingung gebracht werden, daß man von außen her eine periodische Kraft auf ihn wirken läßt. Der Körper schwingt dann nicht mit der vermöge seiner inneren Kräfte ihm eigentümlichen Periode, sondern mit der Periode der äußeren Kraft. Eine solche Schwingung nennen wir eine erzwungene. Die erzwungenen Schwingungen haben wir teilweise schon in § 52 studiert. Die dort gefundenen Gesetze haben eine typische Bedeutung für die entsprechenden Probleme der Akustik.

Eine erzwungene Schwingung einer Saite erhalten wir, wenn wir ihr Ende mit der einen Zinke einer Stimmgabel verbinden, deren Schwingungen bei ihrer überwiegenden Masse durch die Verbindung nicht wesentlich verändert werden. Ein anderes Beispiel für eine erzwungene Schwingung einer Membran infolge von periodischer Änderung des Luftdruckes haben wir in der Membran des Phonographen, ebenso in der Platte des Telephons oder dem Trommelfelle des Ohres.

Mittönen von Körpern bei synchroner Schwingung. Wir lassen auf einen Körper, der eine bestimmte eigene Schwingung besitzt, eine periodische Kraft von außen wirken, wie sie etwa durch die von einem tönenden Körper ausgehenden Luftwellen erzeugt wird. Der von ihnen getroffene Körper, wir nennen ihn den Resonator, wird in eine erzwungene Schwingung versetzt, deren Periode mit der des tönenden Körpers übereinstimmt. Wir nehmen an, der Eigenton des Resonators läge höher als der des tönenden Körpers. Die Periode der äußeren Kraft ist dann eine längere als die der Eigenschwingung. Nun wollen wir die Periode der Kraft verkürzen, so daß sie sich der der Eigenschwingung nähert. Wir finden, daß zugleich die Schwingungsamplitude des Resonators wächst; sie erreicht ein sehr deutliches Maximum in dem Momente, in dem die Periode der Kraft mit der Periode der Eigenschwingung übereinstimmt, in dem die Schwingungen des Resonators mit denen des tönenden Körpers synchron sind. Wird die Periode der Kraft noch mehr verkürzt, so nimmt die Schwingungsamplitude des Resonators wieder ab. Dieses Ergebnis der Beobachtung wird durch das Resultat der theoretischen Untersuchung bestätigt. Daß in Wirklichkeit die erzwungene Resonanzschwingung nicht unendlich wird, liegt darin, daß die Reibung ein allzugroßes Maximum ausschließt und daß außerdem bei sehr großen Entfernungen von der Ruhelage nicht mehr die einfachen Beziehungen zwischen den Deformationen und den entsprechenden Reaktionen gelten, die in der Theorie vorausgesetzt sind.

Ein schönes Beispiel von Mittönen bei synchroner Schwingung liefern zwei Stimmgabeln mit genau gleichem Tone. Wenn man sie in einiger Entfernung einander gegenüberstellt und die eine streicht, so hört man nach wenigen Sekunden die zweite mit erklingen. Es ist dies die Folge von Druckkräften der Luftwellen, die von der gestrichenen Gabel ausgesandt werden. So schwach auch der von einer einzelnen Welle ausgeübte Impuls im Verhältnis zu der großen Masse der resonierenden Stimmgabel sein mag, bei synchroner Schwingung wird die von jedem erzeugte Wirkung durch die nachfolgende im rechten Augenblicke eintreffende Welle verstärkt, und so kommt allmählich eine Schwingung von solcher Amplitude zustande, daß sie einen deutlichen Ton erzeugt. Ebenso vermag ein Knabe, wenn er taktmäßig an dem Seile einer Glocke zieht, die zu Anfang kaum merkbaren Schwingungen immer mehr zu verstärken, bis der Klöppel anschlägt und die Glocke tönt. Ein einzelner Mann ist imstande, die enorme Masse einer Gitterbrücke durch taktmäßiges Treten in Schwingung zu bringen.

Um zu zeigen, daß bei synchroner Schwingung die Resonanz ein Maximum besitzt, ist es bequemer, bei ungeänderter Tonquelle die Stimmung des Resonators zu ändern. Dies kann man in einfacher Weise erreichen, wenn man gedeckte Pfeifen aus Glaszylindern herstellt, die mehr oder weniger hoch mit Wasser gefüllt sind. Als Tonquelle benützt man Stimmgabeln und verändert nun durch Zugießen oder Herausnehmen von Wasser die Länge der Pfeifen so lange, bis das Maximum der Resonanz erreicht ist. So finden wir, daß die gedeckten Pfeifen, die auf die Stimmgabeln c_1, e_1, g_1, a_1 im Maximum resonieren, die Länge von 32, 25,4, 21,4, 19 cm besitzen. Dies sind aber eben die Längen der Pfeifen, welche die Töne c_1, e_1, g_1, a_1 bei ihrer Grundschwingung geben. Die experimentelle Bestätigung des angeführten Gesetzes ist damit geliefert.

Es ist nun aber auch nicht schwer, von dem Grunde der Erscheinung eine anschauliche Vorstellung zu gewinnen. Betrachten wir die Stimmgabel a_1, so berechnet sich die Länge der von ihr ausgesandten Wellen in der Luft nach der Formel $\lambda = v/n$ zu 76 cm. Trifft der Wellenzug auf eine feste Wand, so wird er ähnlich wie ein Zug von Wasserwellen reflektiert; die Interferenz der direkten und der reflektierten Wellen erzeugt eine stehende Schwingung, deren Schwingungsknoten voneinander um die halbe Wellenlänge, d. h. um 38 cm entfernt sind; dabei wird ein erster Schwingungsknoten jedenfalls in der reflektierenden Fläche selber liegen, der erste Schwingungsbauch also um 19 cm von der Wand entfernt sein. Wenn nun die reflektierende Wand durch das geschlossene Ende einer gedeckten Pfeife dargestellt wird, so findet im allgemeinen zwischen der Eigenschwingung der Pfeife, die einen Bauch am freien Ende fordert, und der durch die Reflexion erzeugten stehenden Schwingung eine Differenz statt; beide Schwingungen haben verschiedene Perioden und wirken sich bis zu einem gewissen Grade entgegen. Wenn aber die Pfeife selber den Ton a_1 gibt, so fällt der erste Bauch der durch Reflexion erzeugten stehenden Schwingung auf das freie Ende der Pfeife, und beide Schwingungen stehen nun in vollkommener Übereinstimmung.

Zu einer graphischen Darstellung des Vorganges gelangen wir auf dem folgenden Wege. Wir halten den von der Stimmgabel ausgesandten Wellenzug in einem bestimmten Momente fest, etwa in dem Augenblicke der größten gegenseitigen Entfernung der Zinken; wir ziehen den Schallstrahl, der von der Stimmgabel nach der Pfeife hingeht. Senkrecht zu diesem tragen wir die Entfernungen auf, welche die Luftteilchen in den aufeinanderfolgenden Querschnitten des Strahles gerade von ihren Ruhelagen besitzen, nach oben, wenn die Verschiebung im Sinne der fortschreitenden Welle erfolgt, nach unten im entgegengesetzten Falle. Der augenblickliche Zustand der Luft auf dem Schallstrahle wird dann durch

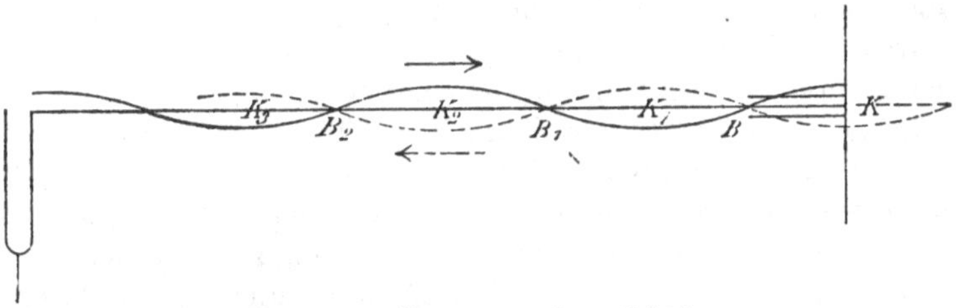

Fig. 221. Resonanz einer Pfeife.

eine ihm folgende Wellenlinie anschaulich gemacht (Fig. 221), seine zeitliche Änderung durch die Fortbewegung der Linie im Sinne des ausgezogenen Pfeiles mit der Geschwindigkeit des Schalles. Die reflektierende Wand befinde sich bei K. Den Vorgang der Reflexion können wir konstruieren mit Hilfe der zweiten gestrichelten Wellenlinie, die wir der ankommenden entgegen im Sinne des gestrichelten Pfeiles sich bewegen lassen. Man sieht, daß bei K, K_1, K_2, K_3 die entgegengesetzten Elongationen der beiden Wellen sich jederzeit kompensieren, weil die Wellen symmetrisch sind zu der reflektierenden Wand; es sind dies Knoten der Bewegung. Bei B, B_1, B_2 dagegen werden bei der Weiterbewegung der Wellen die beiden Ordinaten sich abwechselnd nach unten und oben summieren; wir haben hier die Stellen größter Amplitude der Bewegung, die Schwingungsbäuche. Ist bei K das geschlossene Ende einer gedeckten Pfeife, so findet zwischen der durch Reflexion erzeugten stehenden Schwingung und der Eigenschwingung der Pfeife Übereinstimmung statt, wenn ihre Länge gleich KB; die Pfeife resoniert mit ihrem Grundtone. Dasselbe wäre aber der Fall, wenn die Länge der Pfeife gleich KB_1 oder KB_2 gemacht würde. Die durch Reflexion erzeugte Schwingung würde dann mit der ersten oder zweiten von den höheren Schwingungsarten der Pfeife übereinstimmen, diese resonierte mit ihrem ersten oder dritten Obertone.

Die Resonanz einer Luftsäule auf einen Stimmgabelton benützt man zur Verstärkung des letzteren. Man setzt die Stimmgabel auf einen hölzernen Resonanzkasten, dessen Luftraum auf ihren Ton abgestimmt ist.

Resonanz bei starker Koppelung. Laut § 52 tauschen zwei gleiche Schwingungen (bei ursprünglichem Phasenunterschied von π) bei starker Koppelung abwechselnd ihre Energien aus. Der obere Teil der Fig. 50 ist nun ganz analog mit Fig. 218. Wir haben also bei zwei stark gekoppelten Unisonoschwingungen immer Schwebungen, d. h. man hört zwei Töne, einen gegen den freien Schwingungston höheren und einen tieferen. Wenn man eine Monochordsaite durch einen Steg halbiert und die eine Saitenhälfte zupft, gerät auch die andere Hälfte in Mitschwingen und es entstehen Schwebungen. Es herrscht aber eine Art „Scheu vor der Resonanz", denn es gelingt auch durch behutsames Verschieben des Steges nicht, einen einzigen Unisonoton zu erreichen. Da Schwebungen bei hohen Tönen besonders stark sind, kann man auch hohe Töne von Stahlstäben nicht zur Übereinstimmung bringen.[1]

Akustisch wichtig sind die gekoppelten Systeme mit starker Dämpfung, z. B. eine Stimmgabel auf ihrem Resonanzkasten. Die Stimmgabel ist ein schwachgedämpftes System I (nach § 52) und die Luft im Kasten System II. Letzteres muß mit dem Tone der Gabel schwingen, gibt den Schall an die äußere Luft ab und ist darum stark gedämpft. Man hört bei Nichtunisono ausschließlich den andauernden Ton der angeschlagenen Gabel. Herrscht aber durch richtige Dimensionierung des Luftkastens Resonanz, so wird der Ton viel lauter, tönt aber nur kurze Zeit. Das verlangt ja auch das Gesetz der Erhaltung der Energie.

Daß aber eine Verstärkung des Tones auch durch Mitschwingung nicht abgestimmter Luftmassen erfolgt, zeigen die Resonanzböden der Streichinstrumente, Klaviere usw. Diese sollen ja alle Töne des Instrumentes gleichmäßig verstärken. Daß die Telephonmembran oder das Trommelfell des Ohres nicht durch einen bestimmten Ton besonders in Schwingung gerät, liegt aber nicht nur an der Dämpfung, sondern auch darin, daß die Eigenschwingungen dieser Membran besonders hoch sind.

Es gibt eine Reihe von Schwingungen, wo die Bewegung durch eine ursprünglich gleichförmige Kraft dauernd erhalten wird. Da werden die Erscheinungen sehr kompliziert und bedürfen noch weiterer Untersuchungen. Eine Stimmgabel kann durch kräftigen Luftstrom dauernd zum Tönen gebracht werden, wobei die Schwingungszahl ansteigt.

Auch das Anstreichen einer Saite mit dem Fiedelbogen kompliziert die Schwingungsform der Saite; diese ist genau untersucht worden.

Die musikalische Einwirkung des Resonanzbodens auf den Klang ist aber noch ungeklärt.

§ 156. Zungen- und Lippenpfeife. Diese beiden seit Jahrtausenden bekannten Instrumente bilden auch Systeme gekoppelter Schwingungen.

[1] Rayleigh, Theorie of sound, deutsch von Neesen (1880); R. König, Wied. Ann. 9 (1880.)

Bei der Zungenpfeife (Fig. 222) wird durch den in die Pfeife geleiteten Luftstrom zuerst eine metallene Zunge in Schwingung versetzt, die Pfeife resoniert auf den Ton der Zunge. Dabei ergibt sich aus den Gesetzen der erzwungenen Schwingung, daß die Pfeife nicht genau auf den Eigenton der Zunge abgestimmt zu sein braucht; wenn dies nicht der Fall ist, so beobachtet man eine eigentümliche Rückwirkung der Schwingung der Pfeife auf die der Zunge. Wenn z. B. der Eigenton der Zunge tiefer ist als der der Pfeife, so wird er erhöht; Zunge und Pfeife schwingen vollkommen unisono, aber keine mit ihrer eigenen Periode, vielmehr nähern sie sich von entgegengesetzten Seiten her einer gewissen mittleren Schwingung. Als Zungenpfeife können wir auch den Kehlkopf mit den Stimmbändern und den mit ihm zusammenhängenden Lufträumen betrachten.

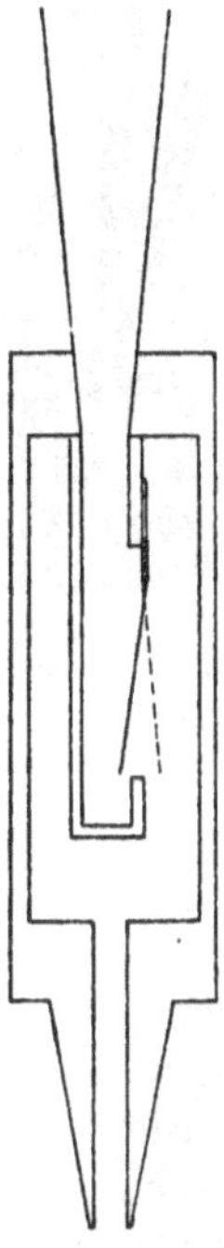

Fig. 222. Zungenpfeife.

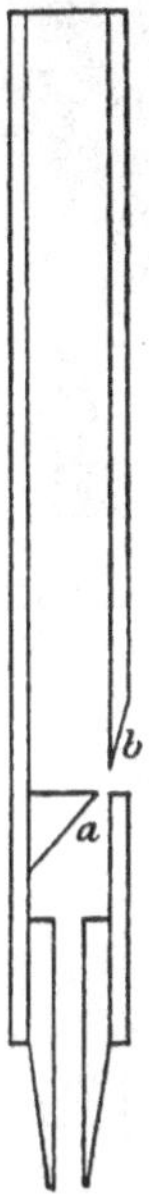

Fig. 223. Lippenpfeife.

Bei den Lippenpfeifen (Fig. 223) dringt aus der Spalte *a* ein Luftstrahl gegen die Lippe *b*; an dieser bricht sich der Strahl; es würde nun ohne die Pfeife ein schwirrendes Geräusch, unter Umständen auch ein Ton, der sogenannte Schneidenton, entstehen; die Höhe dieses Reibungstones hängt von der Strömungsgeschwindigkeit der Luft ab. Wir können daraus schließen, daß der Luftstrahl in einem Zustande mehr oder weniger komplizierter Schwingungen sich befindet, deren Perioden im allgemeinen einem unregelmäßigen Wechsel unterworfen sind. Die Pfeife wählt nun aus den mannigfachen Bewegungen diejenige heraus, die mit ihrer eigenen Schwingung übereinstimmt, sie resoniert auf diese. Sie wirkt aber durch ihre Schwingung zurück auf die Schwingungen des Luftstrahles, verstärkt die mit ihr harmonierende, schwächt die andern, bis zuletzt Pfeife und Luftstrahl in vollkommen übereinstimmender Weise ihre Schwingungen vollziehen; der Luftstrom wendet sich dann regelmäßig abwechselnd nach innen und außen.

Ein Bild von der Bewegung eines Luftstromes, der aus einer feinen Spalte gegen die Schneide eines Keiles vordringt, gibt Fig. 224. Die Schneide des Keiles ist parallel dem Spalte, seine Seitenflächen sind symmetrisch zur Mittelebene des Spaltes. Bei Fig. 224a beträgt der Abstand zwischen Spalt und Schneide 9,6 mm, bei 224b 16 mm. Die Luft strömte aus der Spaltöffnung aus unter einem Wasserdruck von 5 mm. Die Schneide war nicht mit einer resonierenden Pfeife verbunden. Unsere photographischen Momentaufnahmen geben bestimmte Phasen der Schwingung wieder. Nach Verlauf einer halben Schwingung würde der Strahl durch eine Linie dargestellt sein, welche zu der photographisch aufgenommenen symmetrisch läge mit Bezug auf die Mittelebene des Spaltes. Besonders merkwürdig ist das Zerfallen des Strahles in verschiedene nach entgegengesetzten Seiten gewandte Abschnitte, wie es namentlich bei Fig. 224b deutlich hervortritt. Es scheint, daß die Wirkung der Resonanz einer mit der Schneide verbundenen Pfeife wesentlich darin besteht, daß dieses Zerfallen verhindert wird; der ungeteilte Strahl schwingt dann als ganzes ähnlich wie eine Zunge, indem er bald nach der einen, bald nach der anderen Seite ausbiegt.[1]

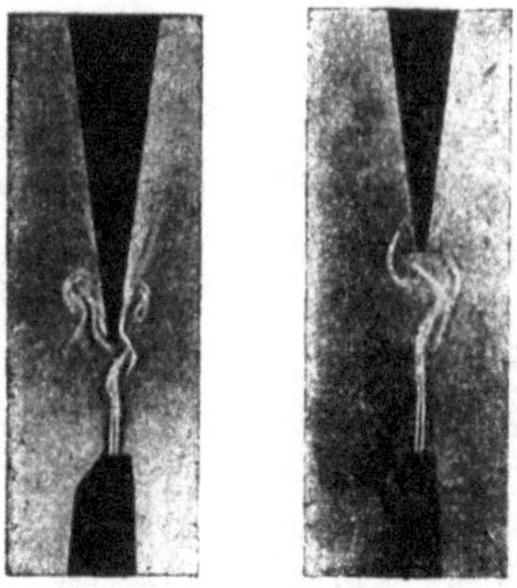

Fig. 224a. Fig. 224b.
Luftstrom in Lippenpfeife.

§ 157. Singende und empfindliche Flammen. Von der übereinstimmenden Schwingung eines Gasstromes und einer Pfeife kann man sich eine unmittelbare Anschauung verschaffen bei den singenden Flammen.

In eine lange aus einer Blechröhre hergestellte Pfeife ist von unten ein Bunsenbrenner mit ziemlich weiter Mündung geschoben; in der Wand befindet sich ein Fenster, durch das man die Flamme beobachten kann; sie gerät in unruhiges Flackern und erregt bei passender Regulierung des Gaszuflusses einen mächtigen Ton in der Pfeife; zugleich sieht man in einem rotierenden Spiegel an Stelle des zusammenhängenden Lichtkreises, der bei ruhigbrennender Flamme erscheint, eine Reihe von einzelnen durch Zwischenräume getrennten Flammenbildern. Bei der Schwingung der Luft in der Pfeife wird die Flamme durch jede Verdichtung in das Innere des Brenners zurückgedrängt und ausgelöscht. Sobald die Verdichtung der Welle vorüber ist, bricht der Gasstrom wieder hervor; er entzündet sich von neuem, da in die Öffnung des Brenners ein Netz von Platindraht eingelegt ist. So abwechselnd erlöschend und sich wieder entzündend erregt die Flamme einen anhaltenden, starken Ton in der Pfeife, der ausgezeichnet ist durch die Fülle der mit dem Grundtone verbundenen Obertöne.

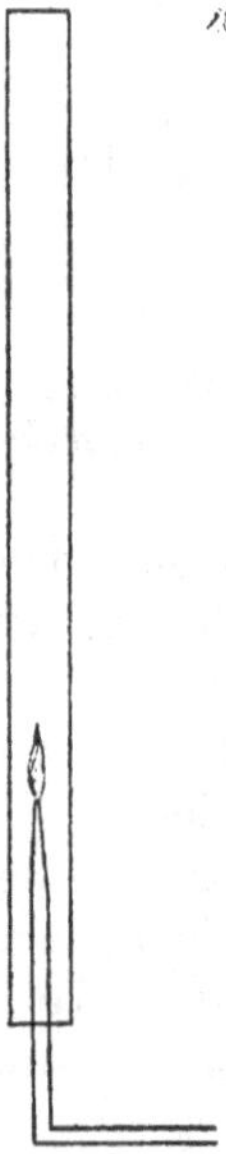

Fig. 225.
Tönende
Flamme.

Kürzere Glasröhren bringt man zum Tönen durch spitze Flammen, die durch Brenner mit einer feinen kreisförmigen Öffnung erzeugt werden (Fig. 225). Der Ton tritt in der Regel erst auf, wenn man die Flamme durch Drehen des Gashahnes

[1] Wachsmuth, Ann. d. Phys. 14 (1904). Strouhal, Wied. Ann. 5 (1878). Meteor. Zs. 39 (1917).

auf eine gewisse Höhe herunterdrückt. Wenn aber die Flamme nicht von selbst zu singen beginnt, so resoniert sie, sobald der Ton der Pfeife gesungen oder in anderer Weise angegeben wird, und die einmal erregte Schwingung hört nicht wieder auf, auch wenn der erregende Ton verschwindet. — Auerflammen geben oft, wenn nicht ganz aufgedreht, einen lauten hohen Ton.

Im Anschlusse an das vorhergehende möge noch der freien sensitiven Flammen gedacht werden, bei denen in sehr eigentümlicher Weise hervortritt, wie leicht die Bewegung eines Strahles durch äußere Einwirkungen verändert werden kann. Es sind Gasflammen, die aus zylindrischen Röhren mit feiner Öffnung unter erheblichem Drucke hervorströmen, so daß sie eine Länge von etwa einem halben Meter erreichen. Wir haben sie zu betrachten als Gasstrahlen, die von der umgebenden, ruhenden Luft durch eine zylindrische Mantelfläche getrennt sind, jenseits deren ein plötzlicher Abfall der Geschwindigkeit eintritt. Die Umhüllungsfläche des Strahles befindet sich wahrscheinlich in einem Zustande, der nahe an ein labiles Gleichgewicht grenzt. Dadurch mag es sich erklären, daß die Form des Strahles, die Wirbel, in die er sich schließlich auflöst, durch die mit den Schallwellen verbundenen Bewegungen der Luft so leicht verändert werden. Es scheint aber nicht leicht, zu einer genaueren Vorstellung darüber zu gelangen, wie das plötzliche Zusammensinken zustande kommt, das eintritt, wenn man zischt oder gewisse hohe Töne erklingen läßt. Die Grundlage für eine dahin gehende weitere Untersuchung wird gegeben durch eine theoretische Untersuchung von Helmholtz über die Verhältnisse in der Grenzfläche zweier Flüssigkeiten, die mit verschiedener Geschwindigkeit übereinander strömen. Er hat gezeigt, daß der Zustand der geradlinigen Strömung mit ebener Grenzfläche ein Zustand labilen Gleichgewichtes ist, der notwendig zu der Bildung von Wogen an der Grenzfläche führt. Wenn an einer solchen Trennungsfläche eine schwache Wellenbewegung entsteht, so wächst, wie aus theoretischen Untersuchungen hervorgeht, die Höhe der Wellen immer mehr an, bis schließlich die Trennungsfläche in eine Reihe von Wirbeln sich auflöst. Trennungsflächen zwischen zwei mit verschiedener Geschwindigkeit sich bewegenden Teilen einer Flüssigkeit befinden sich also in einem labilen Zustand.

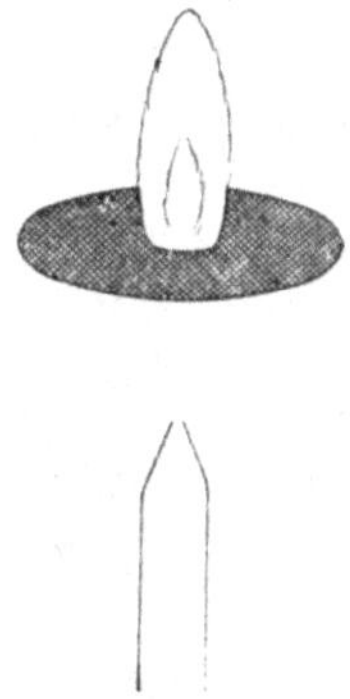

Fig. 226. Empfindliche Flamme.

Es gibt noch verschiedene andere Methoden, sensible Flammen herzustellen. Läßt man (Fig. 226) aus einem spitzen Glasröhrchen Leuchtgas vertikal gegen ein Drahtnetz ausströmen und entzündet man das Leuchtgas oben, so schlägt die Flamme nicht durch das Metallnetz (§ 242) nach unten. Diese Flamme wird durch hohe Töne, selbst auf viele Meter Distanz, beunruhigt.[1]

[1] K. Rosenberg, Zs. f. phys. u. chem. Unterr. 29 (1916).

§ 158. **Resonatoren.** Von der Resonanz machen wir eine wichtige Anwendung, um aus einem komplizierten Klange die einzelnen Töne zu isolieren und zur Wahrnehmung zu bringen. Es geschieht dies mit Hilfe der HELMHOLTZschen Resonatoren (Fig. 227), kugelförmiger Hohlräume mit zwei einander diametral gegenüberliegenden Öffnungen. Von letzteren wird die eine an das Ohr gelegt, während durch die andere die Verbindung des inneren kugelförmigen Luftraumes mit der äußeren Luft unterhalten wird. Wenn in dem zu untersuchenden Klange der Eigenton des Resonators enthalten ist, so wird dieser deutlich ertönen, und mit einer Reihe von abgestimmten Resonatoren kann man daher eine vollständige Analyse des Klanges ausführen.

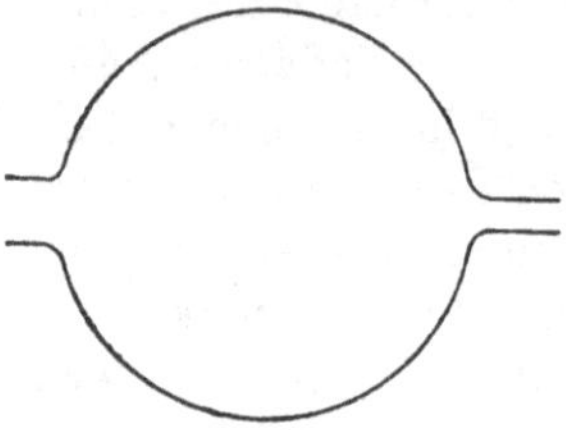

Fig. 227. HELMHOLTZ-Resonator.

§ 159. **KUNDTsche Staubfiguren.** Auf der Resonanz beruht noch eine von KUNDT eingeführte Messungsmethode, die einer ungemein viel-

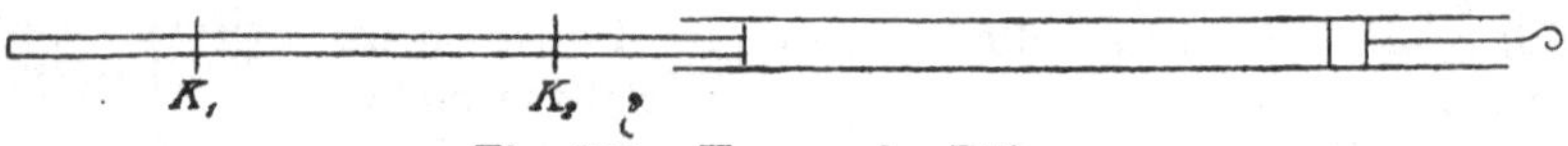

Fig. 228. KUNDTsche Röhre.

seitigen Anwendung fähig ist. Ein Klangstab (Fig. 228) werde in den Punkten K_1 und K_2, in $^1/_4$ und $^3/_4$ seiner Länge in horizontaler Lage eingeklemmt, so daß er, wenn man ihn in der Mitte reibt, seinen ersten Oberton erklingen läßt. Das Ende des Klangstabes reicht in eine Glasröhre hinein, die an dem anderen Ende durch einen verschiebbaren Kork verschlossen ist. Wenn die Länge der Röhre so reguliert wird, daß irgendeiner ihrer Obertöne mit dem Tone des Klangstabes übereinstimmt, so resoniert sie kräftig; die in ihr enthaltene Luft gerät also in eine stehende Schwingung, deren Schwingungszahl dieselbe ist wie die des Klangstabes. Diese stehende Schwingung kann man dann sichtbar machen, wenn man etwas Korkstaub in die Röhre bringt; dieser bildet, wenn sie resoniert, eigentümliche quer durch die Röhre sich legende Rippen (Fig. 229); wenn die Länge der Röhre ein ganzes Vielfaches einer halben Wellenlänge des vom Klangstabe erzeugten Tones ist, so wird der Staub von den in Schwingung begriffenen Abteilungen zuweilen ganz weggefegt, so daß er sich in Häufchen an den Knoten sammelt (Fig. 230). Immer ist es möglich, durch Messung die Abstände der Bäuche oder der Knoten und

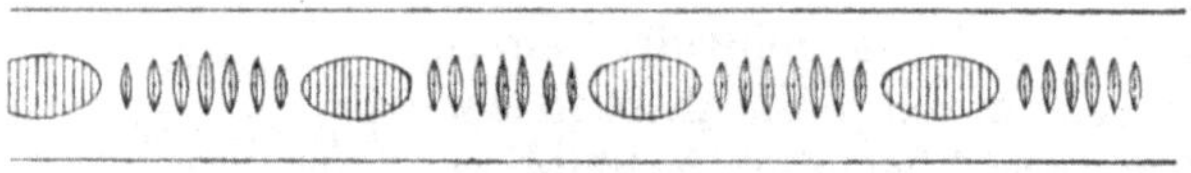

Fig. 229. KUNDTsche Staubfiguren.

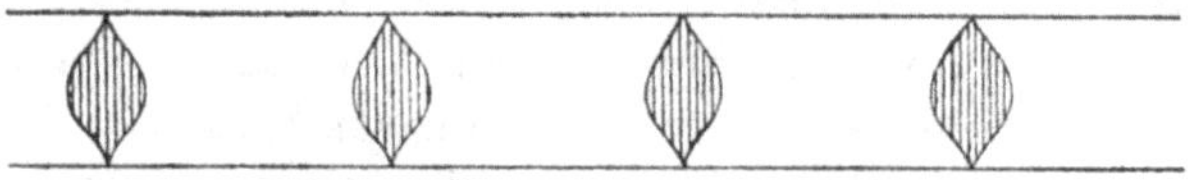

Fig. 230. KUNDTsche Staubfiguren.

hieraus die Wellenlänge des betreffenden Tones in der Röhre zu bestimmen. Bezeichnen wir die Geschwindigkeit des Schalles im Klangstabe durch c, seine Länge durch l, so ist seine Schwingungszahl $n = c/l$; ist λ die Wellenlänge in der von Luft erfüllten Resonanzröhre, v die Schallgeschwindigkeit, so ist die Schwingungszahl auf der anderen Seite gegeben durch $n = v/\lambda$. Wir haben also die Beziehung $c/l = v/\lambda$.

Betrachten wir die Schallgeschwindigkeit v in Luft als bekannt, so ergibt sich aus der Messung von l und λ der Wert von c, die Schallgeschwindigkeit in dem Klangstabe. Aus dieser aber und aus der Dichte des Stabes kann nach der in § 147 angeführten Formel seine Ausdehnungselastizität bestimmt werden.

Füllen wir die Röhre mit einem anderen Gase, in dem die Geschwindigkeit des Schalles gleich v' sein möge, so wird die dem Tone des Klangstabes entsprechende Wellenlänge eine andere sein, λ'. Wir haben dann die Gleichung:

$$\frac{c}{l} = \frac{v'}{\lambda'} \qquad \text{oder} \qquad \frac{v}{\lambda} = \frac{v'}{\lambda'}.$$

Die Schallgeschwindigkeiten in den beiden Gasen verhalten sich wie die Wellenlängen, die einem und demselben Tone in beiden entsprechen.

Wieder können wir die Geschwindigkeit v' berechnen, wenn wir die Schallgeschwindigkeit in Luft als gegeben betrachten. Aus der Schallgeschwindigkeit in einem Gase kann aber weiter nach der in § 112 angeführten Formel das Verhältnis k der beiden spezifischen Wärmen bei konstantem Drucke und bei konstantem Volumen gefunden werden.

An das vorhergehende schließen wir noch die folgende allgemeine Bemerkung. Die von einer Tonquelle ausgehenden Wellen mögen eine Reihe verschiedenartiger Mittel durchdringen; die Wellenlängen in diesen verhalten sich dann wie die Schallgeschwindigkeiten, da die Schwingungszahl immer dieselbe, nämlich gleich der des tönenden Körpers bleibt.

Endlich möge noch erwähnt werden, daß die Schallgeschwindigkeit in Luft bei engen Röhren nach Kundts Versuchen kleiner ist als im freien Raume, wesentlich infolge der Reibung.[1] Bei der Bildung der Kundtschen Figuren spielen die in § 106 untersuchten Kräfte eine wesentliche Rolle.[2]

§ 160. **Helmholtzsche Resonanztheorie des Hörens.** Eine letzte Anwendung machen wir von den Gesetzen der Resonanz auf die Lehre von der Tonempfindung. Im Ohre befinden sich überaus zahlreiche, mikroskopisch kleine, schwingungsfähige Plättchen, die Cortischen Organe in der Basilarmembran, die wie die Tasten eines Klavieres nebeneinanderliegen. Am einen Ende sind sie mit den Fasern des Hörnerven verbunden. Helmholtz nimmt an, daß jedes dieser Plättchen

[1] Rayleigh, Theorie des Schalls, übersetzt von Neesen. II. Bd.

[2] W. König, Wied. Ann. 50 (1893).

auf einen bestimmten Ton abgestimmt sei, so daß es nur, wenn dieser erklingt, die zugehörige Nervenfaser erregen kann. Bei einem aus den mannigfachsten Tönen zusammengesetzten Klange wird jeder Ton das auf ihn abgestimmte Plättchen in Erregung bringen; man sieht, wie auf diese Weise das Ohr imstande ist, die komplizierteste Luftbewegung in ihre einzelnen Teile, in ihre einfachen harmonischen Schwingungen zu zerlegen.

Kombinationstöne. Die Schwebungen scheinen eine einfache Erklärung zu geben für die Tatsache, daß bei dem Zusammenklange zweier Töne noch ein dritter gehört wird, dessen Schwingungszahl gleich der Differenz ihrer Schwingungszahlen ist. Man muß dann dem Ohre die Fähigkeit zuschreiben, durch Schwebungen in ähnlicher Weise affiziert zu werden, wie durch einzelne Schallwellen; auch Schwebungen müßten eine Tonempfindung erzeugen, wenn sie mit solcher Schnelligkeit aufeinander folgen, daß sie einzeln nicht mehr wahrzunehmen sind.

Daß die Erscheinung nicht in so einfacher Weise zu erledigen ist, ergibt sich aus dem Umstande, daß bei dem Zusammenklange zweier Töne nicht bloß der angeführte Differenzton, sondern, wenn auch schwerer hörbar, noch ein zweiter Ton erklingt, dessen Schwingungszahl gleich der Summe der Schwingungszahlen der Grundtöne ist. Durch den Umstand, daß die beiden Kombinationstöne besonders deutlich werden, wenn die Grundtöne stark sind, wurde Helmholtz auf die Vermutung geführt, daß Schwingungen von großer Amplitude nicht mehr dem einfachen Prinzipe der Superposition gehorchen, sondern einen komplizierteren Schwingungszustand erzeugen. Die Vermutung findet eine gewisse Bestätigung in der Theorie der erzwungenen Schwingung eines Pendels. Man muß annehmen, daß die Kraft, welche das Pendel nach seiner Ruhelage zurückzieht, nicht einfach dem Ausschlage proportional sei, sondern ein zweites dem Quadrate des Ausschlages proportionales Glied enthalte. Wirken dann zwei periodische Kräfte mit den Schwingungszahlen p und q auf das Pendel, so gerät dieses in eine Schwingung, die sich aus sechs einfachen Schwingungen zusammensetzt. Ihre Schwingungszahlen sind, in Übereinstimmung mit der akustischen Beobachtung: p, q, $2p$, $2q$, $p + q$ und $p - q$.

Konsonanz und Dissonanz. Wir haben gesehen, daß der Zusammenklang zweier Stimmgabeln von etwas verschiedener Schwingungszahl Schwebungen erzeugt. Diese haben zunächst, solange sie nur ein langsames Auf- und Abwogen des Tones, ein leichtes Beben oder Erzittern mit sich bringen, durchaus nichts Unangenehmes. Wenn aber die Zahl der Schwebungen wächst, so nehmen sie bald den Charakter unangenehmer Stöße und Schläge an, die dem Tone eine gewisse Rauhigkeit erteilen; die zusammenklingenden Töne beginnen zu dissonieren. Helmholtz nimmt an, daß die Dissonanz am stärksten empfunden wird, wenn in einer Sekunde 33 Stöße erfolgen. Wenn nun die beiden Stimmgabeln noch weiter gegeneinander verstimmt werden, so nimmt die Dissonanz allmählich ab; sie hört gänzlich auf, wenn die Zahl der Stöße auf mehr als 132 in der Sekunde steigt. Zwei reine, von Obertönen freie

Schwingungen, wie sie mit Stimmgabeln zu erzeugen sind, fließen glatt und ohne Dissonanz nebeneinander her, wenn die Differenz ihrer Schwingungszahlen größer als 132 ist; sinkt die Differenz unter diesen Betrag, so tritt Dissonanz ein, die bei einer Differenz von 33 ihr Maximum erreicht.

Die Richtigkeit dieser Sätze kann man auch mit Hilfe von zwei Pfeifen nachweisen, die den Grundton möglichst frei von Obertönen geben. Wenn man die Röhre der einen nach Art eines Ausziehfernrohres einrichtet, so kann man, vom vollkommensten Zusammenklange ausgehend, durch allmähliches Ausziehen die schreiendste Dissonanz erzeugen; man wird finden, daß bei noch weiterem Ausziehen die Dissonanz schwächer wird und schließlich verschwindet, immer vorausgesetzt, daß sich die Obertöne nicht in störender Weise geltend machen.

Vom Standpunkte der hier entwickelten Lehre von den Tonempfindungen aus wird die Erscheinung der Stöße in folgender Weise zu erklären sein. Damit Schwebungen oder Stöße empfunden werden, müssen die beiden zusammenklingenden Töne ein und dieselbe Cortische Faser erregen. Wir müssen also den Cortischen Gebilden die Fähigkeit zuschreiben, nicht bloß durch einen einzigen Ton von ganz bestimmter Schwingungszahl erregt zu werden, sondern durch ein gewisses Intervall von Tönen mit erst wachsender und dann wieder abnehmender Stärke. Zwei benachbarte Töne würden eine bestimmte Faser in intermittierender Weise erregen, da ihre Wirkungen sich bald unterstützen, bald aufheben, und dies würde die Empfindung der Schwebungen oder Stöße erzeugen. Nehmen wir nun zwei Töne, deren Schwingungszahlen um mehr als 132 differieren. Eine von den Cortischen Fasern ist genau gleich gestimmt mit dem einen, etwa dem höheren Tone, und besitzt für ihn maximale Resonanz; sie resoniert weniger auf tiefere Töne, um so weniger je größer die Differenz der Schwingungszahlen wird. Bei einer Differenz von 132 Schwingungen in der Sekunde müßte die Wirkung des tieferen Tones auf die betrachtete Faser so gering sein, daß sie vom Ohre nicht mehr empfunden wird, daß Stöße und Dissonanz verschwinden.

Wenn wir nun auf Grund der vorhergehenden Sätze ein Urteil über Konsonanz und Dissonanz der gewöhnlichen musikalischen Intervalle gewinnen wollen, so müssen wir Rücksicht nehmen auf die ganze Reihe der Obertöne, die zu den Grundtönen hinzutreten. Selbst wenn die letzteren konsonieren, können durch die Obertöne Dissonanzen hervorgerufen werden, die den ganzen Zusammenklang der beiden Töne doch zu einem rauhen machen. In den folgenden Tabellen sind für einige musikalische Intervalle die Schwingungszahlen der Grundtöne und die ihrer Obertöne zusammengestellt.

So sind z. B. für die Oktave

Grundton . . .	264	528
1. Oberton . . .	528	1056
2. „ . . .	792	1584
3. „ . . .	1056	2112.

Differenz der Schwingungszahlen der Grundtöne 264. Kleinste vorkommende Differenz 264.

Für die Quinte sind

	Grundton	264	396
1.	Oberton . . .	528	792
2.	„ . . .	792	1188
3.	„ . . .	1056	1584
4.	„ . . .	1320	1980
5.	„ . . .	1584	2376
6.	„ . . .	1848	
7.	„ . . .	2112.	

Differenz der Schwingungszahlen der Grundtöne gleich 132; die kleinste vorkommende Differenz ist 132 und tritt im ganzen sechsmal auf.

Für die Quarte sind

	Grundton . . .	264	352
1.	Oberton . . .	528	704
2.	„ . . .	792	1056
3.	„ . . .	1056	1408
4.	„	1320	1760
5.	„ . . .	1584	2112
6.	„ . . .	1848	2464
7.	„ . . .	2112	
8.	„ . . .	2376.	

Die Differenz der Schwingungszahlen der Grundtöne ist 88 und diese Differenz wiederholt sich in der ganzen Tonreihe noch viermal.

Bleibt die Schwingungszahl des einen Tones gleich 264, so ist die Schwingungszahl der großen Terz gleich 330, die der kleinen Terz gleich 316,8. Die Schwingungszahlen der Grundtöne differieren bei der großen Terz um 66, bei der kleinen Terz um 52,8 Schwingungen. Bei der großen Terz kommt die Differenz 66 bis zum 8. Oberton noch dreimal vor, bei der kleinen Terz die Differenz 52,8 noch zweimal.

Wir sehen, daß die Ergebnisse der Analyse vollkommen mit der Theorie übereinstimmen, nach der die Dissonanz beginnt, wenn die Differenz der Schwingungszahlen kleiner ist als 132, und um so empfindlicher wird, je mehr sich die Differenz der Zahl 33 nähert.

Wenn wir an Stelle der Töne der diatonischen Tonleiter die der temperierten Skala setzen, so gestaltet sich das Resultat ganz ähnlich. Nur können infolge der unreinen Stimmung schon bei den Quinten Stöße auftreten, die dem Zusammenklange eine gewisse Rauhigkeit geben.

Die hier gegebene Resonanztheorie des Hörens hat nicht absolute Anerkennung gefunden. Einwände und Erweiterungen sind jüngst von Budde[1] zusammengestellt und durch interessante neue Ausführungen ergänzt worden.

[1] Dtsch. Phys. Ges. 18 (1916), 19 (1917). Phys. Zs. 18 (1917).

WÄRME.

Erster Teil. Temperatur und Ausdehnung.

I. Thermometrie.

§ 161. **Temperatur.** Eine große Zahl von physikalischen Gesetzen bezieht sich auf Eigenschaften der Körper; diese sind in der Regel dadurch bestimmt, daß die Verhältnisse gewisser Größen, die wir an den Körpern messen, konstant sind; so das spez. Gewicht, die Elastizitätsmoduln, das optische Brechungsverhältnis, der elektrische Widerstand usw. Tatsächlich besitzen aber diese Eigenschaften keineswegs zu allen Zeiten denselben Wert, sie verändern sich mit den Verhältnissen, die wir durch die Worte warm und kalt unterscheiden und die wir allgemein als Temperaturverhältnisse bezeichnen. Für die Physik knüpft sich an diese Bemerkung zunächst eine praktische Aufgabe: die genaue Untersuchung der Veränderungen, welche die physikalischen Eigenschaften durch die Temperatur erleiden. Das Gebiet der Untersuchung wird aber sofort erweitert, wenn wir beachten, daß die Temperaturverhältnisse auch die Aggregatform der Körper ändern; in Berührung mit einem heißen Körper siedet das Wasser, im Winter schlägt sich auf den kalten Zweigen der Bäume der Nebel als Rauhfrost, an unseren Fenstern in Eisblumen, nieder. Das letzte Ziel unserer Untersuchungen wird endlich die Frage sein, was eigentlich diesen wechselnden Temperaturen zugrunde liegt, welches die Natur des Agens ist, das wir Wärme nennen.

Thermometrie. Die Lösung der im vorhergehenden genannten praktischen Aufgabe setzt natürlich voraus, daß wir den Wärmezustand oder die Temperatur der Körper durch genau gemessene Werte zu unterscheiden und zu definieren wissen. Die Instrumente, die wir zu diesem Zwecke benützen, sind die Thermometer, die Lehre von ihrer Konstruktion und Anwendung nennt man Thermometrie; ihre Wurzel ist eine dreifache.

Der erste Schritt, den wir zu ihrer Begründung machen, besteht in der Aufsuchung zweier verschiedener Normaltemperaturen. Wir müssen zwei Räume herstellen, in denen die Temperaturverhältnisse vollkommen konstant, aber verschieden sind, und die dazu erforderlichen

Mittel müssen so beschaffen sein, daß es zu jeder Zeit und an jedem Orte möglich ist, jene Räume mit genau denselben Temperaturzuständen aufs neue zu erzeugen. Einen Raum von konstanter Temperatur erhalten wir in einem Gefäße, das rings umgeben ist von schmelzendem Eise. Daß die Temperatur konstant ist, erkennen wir eben daran, daß in jenem Raume die Bestimmung einer physikalischen Konstanten, eines Volumens, eines Brechungsverhältnisses, eines elektrischen Widerstandes immer wieder genau denselben Wert liefert. Ein zweiter Raum von konstanter Temperatur wird gegeben durch ein Gefäß, das rings umgeben ist von Dämpfen siedenden Wassers. Dabei ist aber vorausgesetzt, daß der Luftdruck, unter dem das Wasser siedet, ein bestimmter sei. Man hat den Druck einer von schmelzendem Eise umgebenen Quecksilbersäule von 76 cm Höhe als einen solchen Normaldruck eingeführt.

Der zweite Schritt besteht in der Graduierung der Temperatur und in der Konstruktion eines Thermometers. Wir nehmen willkürlich irgendeinen Körper, der eine mit den Temperaturverhältnissen stetig sich ändernde, meßbare Eigenschaft besitzt; als solche kann z. B. die Länge eines Stabes, das Volumen eines Körpers, dienen. Wir führen z. B. eine Volummessung einer Flüssigkeit aus in dem von schmelzendem Eise umgebenen Raume und erhalten einen Wert a. In dem Raume, der von den Dämpfen des bei Normaldruck siedenden Wassers umspült wird, finden wir einen größeren Wert b. Die Volumeinheit wählen wir so, daß die Differenz $b - a$ gleich 100 neuen Einheiten wird, d. h. wir nehmen als Einheit den hundertsten Teil der zwischen den Normaltemperaturen eintretenden Volumänderung. Hat dann unsere Flüssigkeit unter irgendwelchen anderen Umständen ein Volumen c, so nehmen wir die in dem neuen Maße ausgedrückte Volumdifferenz $c - a$ als Maß seiner Temperatur τ; diese ist also gegeben durch die Proportion:

$$\tau/100 = (c - a)/(b - a).$$

Die so definierte Temperatur werden wir der Bequemlichkeit halber als eine reine Zahl betrachten, so daß wir sie in den Dimensionsgleichungen nicht zu berücksichtigen brauchen; die Dimensionsgleichungen, die sich andernfalls für einige Größen der Wärmelehre ergeben, sind in § 245 zusammengestellt.

Die unserer Gleichung zugrunde liegenden Annahmen entsprechen der von CELSIUS eingeführten Gradeinteilung; danach ist die Temperatur des schmelzenden Eises mit $c = a$ eine von Null Grad, die Temperatur des bei Normaldruck siedenden Wassers mit $c = b$ eine solche von 100^0; ist c kleiner als a, so wird die Temperatur negativ. Eine zur Gradmessung der Temperatur dienende, nach dem angegebenen Prinzip konstruierte Einrichtung nennen wir ein Thermometer. Wir können aber ein solches ebensogut mit Benützung der Verlängerung eines Stabes, der Druckänderung einer abgeschlossenen Luftmenge, der elektrischen Widerstandsänderung eines Drahtes usw. herstellen.

Der dritte Schritt endlich besteht in der Aufstellung eines Kriteriums, nach dem wir entscheiden, ob ein beliebiger Körper dieselbe Temperatur besitzt wie unser Thermometer. Denn die im vorhergehenden gegebene Methode gibt uns nur Aufschluß über die Temperatur des als Thermometer benützten Körpers, sie sagt unmittelbar nichts aus über die Temperatur eines anderen Körpers. Nun besteht aber die Aufgabe, die wir zunächst in der Wärmelehre zu lösen haben, in der Aufsuchung des Gesetzes, nach dem eine bestimmte Eigenschaft eines Körpers mit seiner Temperatur sich ändert. Dabei wird diese mit einem Thermometer bestimmt und wir müssen also wissen, wann die der Beobachtung unterworfenen Körper mit diesem gleiche Temperatur besitzen. Das Kriterium, dessen wir uns bedienen, ist in dem Satze enthalten: Ein Körper hat die gleiche Temperatur mit einem Thermometer, wenn er in einem Raume von konstanter Temperatur neben diesem befindlich mit unveränderten Eigenschaften fortbesteht. Wollen wir z. B. die Längenausdehnung eines Metallstabes untersuchen, so bringen wir ihn neben ein Thermometer in Räume von verschiedener Temperatur. Wir warten aber jedesmal sorgfältig ab, bis das Thermometer seine Einstellung, der Metallstab seine Länge nicht mehr ändert, erst dann sagen wir, daß beide die Temperatur des umgebenden Raumes, beide dieselbe Temperatur besitzen.

§ 162. **Quecksilberthermometer.** Zur praktischen Bestimmung der Temperatur benützt man in den meisten Fällen das Hg-Thermometer. Es besteht aus einer engen Glasröhre von überall gleicher Weite, an die unten ein meist zylindrisches Gefäß angeschmolzen ist; sie wird mit reinem Hg gefüllt, das durch Auskochen luftfrei gemacht wird. Die Länge der Röhre wird so gewählt, daß sie bei einer geeigneten Temperatur zwischen den Siedepunkten des Wassers und des Hg ganz mit dem letzteren gefüllt ist; man erwärmt auf diese Temperatur und schmilzt die Röhre an der Spitze zu. Wenn sich das Hg beim Erkalten zurückzieht, so entsteht über ihm ein luftleerer Raum. Es werden nun die sogenannten Fundamentalpunkte des Thermometers bestimmt; in schmelzendem Eise der Nullpunkt, gleich 0^{0}, in einem Raume, der rings von Dämpfen bei Normaldruck siedenden Wassers umspült wird, der Siedepunkt, gleich 100^{0}. Der Abstand der Fundamentalpunkte wird in 100 Teile geteilt, so daß zwischen je zwei aufeinanderfolgenden Teilstrichen dasselbe Volumen, der hundertste Teil des ganzen zwischen den Fundamentalpunkten liegenden, eingeschlossen ist; bei einer Röhre von überall gleicher Weite wird dies durch gleiche Länge der Abschnitte erreicht; bei ungleicher Weite ist eine Kalibrierung erforderlich, d. h. man verschiebt einen losgetrennten Hg-Faden von passender Länge in der Röhre und grenzt so eine Reihe von aufeinanderfolgenden Abschnitten mit gleichem Volumen ab. Die Teilung wird über den Siedepunkt aufwärts, unter den Nullpunkt abwärts fortgesetzt. Temperaturen, bei denen die Hg-Kuppe unter dem letzteren steht, werden, in Übereinstimmung mit der Definition von § 161, als negative bezeichnet.

Bei dem Hg-Thermometer gründet sich die Graduierung der Temperatur auf die Tatsache, daß sich das Hg mit steigender Temperatur erheblich stärker ausdehnt als das Glas. Das Volumen, um welches das Hg in der Thermometerröhre steigt, ist gleich der Volumzunahme des Hg vermindert um die des Glases; man spricht daher von der scheinbaren Ausdehnung des Quecksilbers im Glase, und auf diese gründet sich die Gradmessung der Temperatur mit dem Hg-Thermometer. Die Temperaturdifferenz von 1° Hg entspricht dem hundertsten Teile der scheinbaren Ausdehnung zwischen den beiden Fundamentaltemperaturen, den Temperaturen von 0° und 100°.

Bei der Anfertigung und bei dem Gebrauche des Thermometers sind die Nachwirkungserscheinungen des Glases störend. Wenn das Thermometer nach der Erwärmung und dem Zuschmelzen der Spitze sich wieder abkühlt, so zieht sich die Kugel zusammen; nicht bloß wegen der sinkenden Temperatur; es kommt hinzu, daß der Luftdruck, der vorher gleichmäßig innen und außen vorhanden war, jetzt nur noch von außen wirkt. Es kann ein halbes Jahr dauern, ehe die Bewegung vollkommen verschwindet. Dies gibt Veranlassung zu Verschiebungen der Fundamentalpunkte nach oben hin. Etwas Analoges tritt aber ein, so oft ein Thermometer in höherer Temperatur gebraucht worden war; das Gefäß ist erweitert, der Nullpunkt deprimiert, und diese Depression verschwindet gleichfalls nur sehr langsam; ihre Größe wird durch eine Funktion zweiten Grades der vorausgegangenen Temperaturerhöhung gegeben. Die Nachwirkungserscheinungen sind bei verschiedenen Glassorten sehr verschieden, besonders gering bei dem Jenaer Thermometerglas, einem reinen Kali- oder Natronglase.

Die Angaben verschiedener Thermometer, richtige Lage der Fundamentalpunkte und richtige Teilung vorausgesetzt, stimmen zwischen den Fundamentalpunkten sehr wohl überein; in höheren Temperaturen dagegen treten nicht unerhebliche, unter Umständen bis zu 10° ansteigende Verschiedenheiten auf, die ihren Grund in der verschiedenen Ausdehnung verschiedener Glassorten haben.

Hg siedet im Vakuum bei 270°, ein gewöhnliches Hg-Thermometer könnte also nur so weit hinauf gebraucht werden. Nun werden wir sehen, daß jede Flüssigkeit bei höherem Druck einen höheren Siedepunkt hat. Pumpt man daher Stickstoff über das Hg in die Thermometerkapillare, die man aus gutem Glase (Borosilikat) nimmt, so erhält man Hg-Thermometer, die bis 550° reichen. Nimmt man statt Glas Quarz, so gelangt man bis 750°.

Tiefer als bis – 38,89°, dem Schmelzpunkt des Hg kann man ein Hg-Thermometer nicht brauchen. Man nimmt Alkohol oder noch besser technisches Pentan; mit letzterem kann man noch – 200° messen.

§ 163. **Luftthermometer.** Es ist von vornherein wünschenswert, bei der Temperaturbestimmung eine Flüssigkeit zu benützen, deren Ausdehnung so groß ist, daß im Vergleiche mit ihr die Ausdehnung des Glases gering, die verschiedene Ausdehnung verschiedener Glassorten zu vernachlässigen ist. Eine solche ist die Luft. Die einfachste Form des Luftthermometers erhalten wir, indem wir in einer an dem einen Ende zugeschmolzenen, eventuell mit einem erweiterten Gefäße versehenen Glasröhre ein gewisses Quantum trockener Luft durch einen Quecksilberfaden oder durch eine andere Flüssigkeit abgrenzen (Fig. 231 und 232). Da

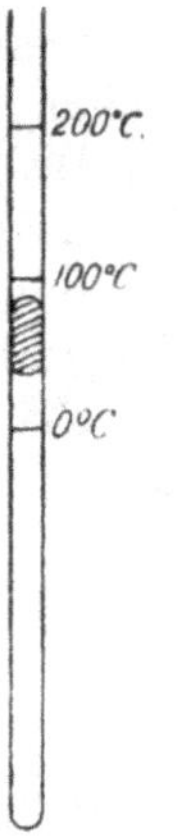

Fig. 231.

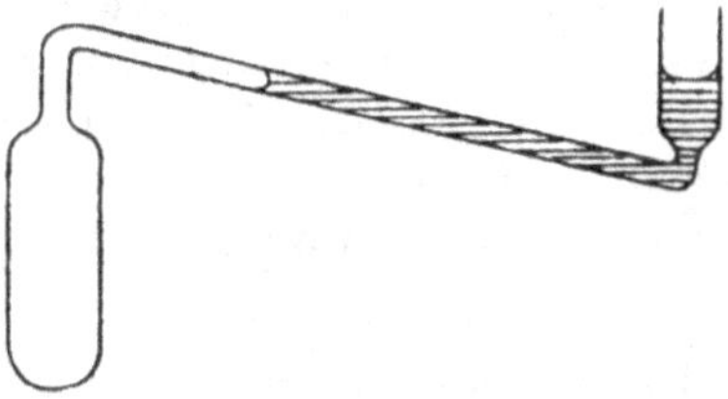

Fig. 232.

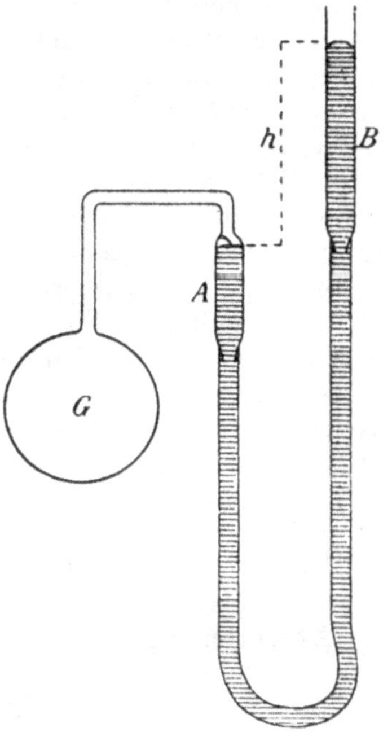

Fig. 233.

Luftthermometer.

aber das Volumen der abgegrenzten Luft nicht bloß von der Temperatur, sondern auch von dem Drucke der äußeren Luft abhängig ist, so sind die Fundamentalpunkte des Instrumentes nicht unveränderlich wie bei dem Quecksilberthermometer, sondern müssen bei jeder Benützung von neuem bestimmt werden.

Die gebräuchliche Form des Luftthermometers beruht auf einem etwas anderen Prinzip. Um ein gewisses Quantum trockener Luft auf konstantem Volumen zu erhalten, ist ein mit der Temperatur steigender Druck erforderlich. Die Druckzunahme ist eine Eigenschaft der Luft, die ebensogut zur Graduierung der Temperatur benützt werden kann wie die Volumvermehrung. Die Verfolgung dieses Gedankens hat zu der folgenden Konstruktion geführt. Ein mit trockener Luft gefüllter Glasballon *G* (Fig. 233) steht durch eine Kapillare mit einer vertikalen Glasröhre *A* in Verbindung, diese kommuniziert durch einen Gummischlauch mit einer zweiten vertikalen Glasröhre *B*. Die Luft in *G* ist durch Hg abgesperrt, das die kommunizierenden Röhren *A* und *B* bis zu einer schicklichen Höhe füllt. Durch Heben der Röhre *B* ist es möglich, die Hg-Kuppe auf eine in dem Rohre *A* nahe der Mündung der Kapillare befindliche Marke einzustellen, um so in dem Ballon *G* ein ganz bestimmtes Luftvolumen abzugrenzen. Von der Veränderlichkeit des äußeren Luftdruckes kann man sich auch bei dieser Form des Luftthermometers dadurch frei machen, daß man bei jeder Temperaturmessung eine erneute Bestimmung der Fundamentalpunkte vornimmt. Die Sache gestaltet sich dann in folgender Weise. Man bringt den Ballon *G* erst in schmelzendes Eis, hebt die Röhre *B* so lange, bis das Hg in *A* auf der Marke einsteht; die Hg-Kuppe in *B* schwebe dabei in der Höhe h_0 über der von *A*. Hierauf umgibt man das Gefäß *G* mit Dämpfen von bei Normaldruck siedendem Wasser; nach der Einstellung sei die Höhe der Kuppe in *B* über der in *A* gleich h_{100}; die Druckdifferenz $h_{100} - h_0$ entspricht dann der Temperatur von 100°. Bei einer beliebigen anderen Temperatur τ sei der Höhenunterschied zwischen den Hg-Kuppen nach der Einstellung gleich h; dann entspricht die Druckdifferenz $h - h_0$ der Temperatur τ. Diese berechnet sich daher aus der Proportion: $\tau : 100 = (h - h_0) : (h_{100} - h_0)$. Bei diesem Verfahren nehmen wir keine Rücksicht auf die Ausdehnung des Glases. Auf die kleine hierdurch bedingte Korrektion wollen wir nicht eingehen, da es uns nicht auf eine vollständige Anweisung zur Temperaturmessung ankommt.

Die durch das Luftthermometer bestimmte Temperatur werden wir im allgemeinen als Normaltemperatur benützen.

Abweichungen verschiedener Thermometerangaben.

Luftthermometer	Thermometer aus Jenaer Glas	gewöhnlichem Glas	gewöhnlichem Glas	Kristallglas
0°	0°	0°	—	—
40°	40,11	40,20	—	—
60°	60,10	60,18	—	—
100°	100	100	100	100
200°	200,04	—	199,70	201,25
300°	301,90	—	301,08	305,72

Luftthermometer sind bis zu 1700° zu Temperaturmessungen brauchbar, wenn man das Gefäß aus Platin-Iridium herstellt. Mit Wasserstoff gefüllte Glasgefäße, Wasserstoffthermometer, dienen zur Messung sehr tiefer Temperaturen, bis zu −190°. Auch in dem Intervalle zwischen 0° und 100° werden genaue Temperaturangaben auf das Wasserstoffthermometer bezogen. Sie stimmen bei den Fundamentalpunkten mit denen eines Luftthermometers selbstverständlich überein; zwischen 20° und 40° zeigt das Luftthermometer um 0,01° höher als das Wasserstoffthermometer. Mit Helium gefüllte Thermometer wurden zu Temperaturbestimmungen bis −259° benützt. In dem Intervalle von −182° bis −192° sind die Angaben des Wasserstoffthermometers um 0,1° niedriger als die des Heliumthermometers. Beispielsweise entspricht der Temperatur −182,40° des Wasserstoffthermometers die Temperatur −182,30°, gemessen mit dem Heliumthermometer.

Nun sollen aber alle Thermometer genau dieselben Temperaturangaben liefern, was am besten durch Vergleich mit einem verläßlichen

Normalthermometer geschieht. Maßgebend für solche amtliche Eichungen wissenschaftlicher Meßinstrumente ist auch hier die Physikalische Reichsanstalt in Charlottenburg, wo jedes — bestimmten Vorschriften genügende — Thermometer für geringes Entgelt geprüft werden kann.

Wir werden später eine thermodynamische Definition der Temperatur kennen lernen, die von theoretischen Gesichtspunkten aus abgeleitet wird und recht genau mit der durch ein Wasserstoffthermometer gegebenen übereinstimmt.

In der Physikalischen Reichsanstalt werden nun alle Temperaturen auf diese thermodynamische Skala reduziert, und man hat, da weitere Verbesserungen kaum mehr nennenswerte Änderungen der bisherigen Resultate erbringen werden, eine Reihe von hohen und tiefen Schmelz- und Siedepunkten genau bestimmt und als offizielle Temperaturen festgelegt, so daß auch bei hohen und tiefen Temperaturen eine solche „internationale" Skala sich leicht immer wieder herstellen läßt. Ebenso wurden bestimmte thermometrische Meßmethoden als Normalmethoden ausgearbeitet.[1]

II. Wärmeausdehnung.

§ 164. **Wärmeausdehnung fester Körper.** Mit der Herstellung der Thermometer ist die Möglichkeit zu einer eingehenden Untersuchung von Form- und Volumänderungen gewonnen, welche die Körper bei Änderung der Temperatur erleiden. Wir betrachten diese Verhältnisse zuerst bei festen Körpern.

Linearen Ausdehnungskoëffizienten β nennt man die Verlängerung, die ein Stab von der Länge Eins bei einer Temperaturerhöhung von 1^0 erleidet. Kennt man die Länge l_0 eines Stabes bei 0^0, die Verlängerung λ bei einer Temperaturerhöhung um τ^0, so ist:

$$\beta = \frac{\lambda}{l_0 \tau},$$

und die Länge des Stabes bei der Temperatur τ^0:

$$l = l_0 + \lambda = l_0(1 + \beta \tau).$$

Die durch Temperaturerhöhung bewirkte Ausdehnung der Körper ist im allgemeinen sehr klein. Man hat daher feine Hilfsmittel zu ihrer Beobachtung nötig. In der Regel läßt man den sich dehnenden Körper auf einen kurzarmigen Fühlhebel mit einem Spiegel wirken, verwandelt so die lineare Verschiebung in eine Drehung des Spiegels und mißt die Ablenkung des Spiegelbildes auf einer Skala.

Der Ausdehnungskoëffizient β ist nicht konstant, sondern selbst wieder abhängig von der Temperatur; setzen wir ihn bei τ^0 gleich $a + 2b\tau$, seinen Mittelwert zwischen 0 und τ^0 mit $\beta = a + b\tau$, und dem-

[1] Ann. d. Phys. 48 (1915).

entsprechend die Länge des Stabes $l = l_0(1 + a\tau + b\tau^2)$, so ergibt sich die folgende Zusammenstellung:

	Al	Si	Fe	Ni	Cu	Zn	Ag	Pt	Pb
$a \cdot 10^6$	21,7	7,0	10,9	11,9	15,5	27,4	18,2	8,6	27,8
$b \cdot 10^{10}$	330	85	170	210	160	234	140	40	90

Beim Diamant ist $a \cdot 10^6 = 0{,}6$, $b \cdot 10^{10} = 72$. Bei einer Temperatur von $-41{,}7^0$ erreichen die linearen Dimensionen eines Diamantkristalles ein Minimum. Bei noch tieferen Temperaturen tritt das eigentümliche Verhalten ein, daß die Kanten sich bei Abkühlung ausdehnen, bei Erwärmung zusammenziehen.

Manche Legierungen haben sehr kleine β, z. B. Nickelstahl (oder „Invar"), bestehend aus 35,7 % Ni und 64,3 % Stahl, hat einen Ausdehnungskoëffizienten von nur etwa $0{,}05 \cdot 10^{-6}$. Man verwendet daher Invar für Pendelstangen bei genauen Uhren.[1]

Bei Kristallen, die nicht dem regulären Systeme angehören, ist die Wärmeausdehnung in verschiedenen Richtungen verschieden, so daß eine aus dem Kristalle geschnittene Kugel sich bei Erwärmung in ein Ellipsoid verwandelt. Häufig, z. B. beim Kalkspat, findet Ausdehnung in einer, Zusammenziehung in einer dazu senkrechten Richtung statt.

Die Eigenschaft, beim Erwärmen sich in der Längsrichtung zusammenzuziehen, zeigen außerdem Guttaperchaschnüre; die Ursache der Erscheinung liegt wahrscheinlich in molekularen Umlagerungen. Kautschukschläuche und Kautschukbänder dehnen sich im unbelasteten Zustande mit zunehmender Temperatur aus; wenn sie aber belastet und dadurch gedehnt werden, so nimmt die Wärmeausdehnung ab; es gibt eine gewisse Belastung, bei der die Ausdehnung verschwindet; wird jene überschritten, so verwandelt sich die Ausdehnung in eine Kontraktion.

Aus der Definition des Ausdehnungskoëffizienten folgt, daß das Produkt $\beta\tau$ eine reine Zahl ist, das Verhältnis zweier Längen. Wenn man also der Temperatur den Charakter einer Zahl beilegt, so gilt gleiches auch von dem Ausdehnungskoëffizienten.

Volumausdehnung fester Körper. Man versteht unter dem Koëffizienten der Volumausdehnung die Volumvergrößerung von 1 cm³ bei einer Temperaturerhöhung von 1°, dieser sei α. Dann ist ein Volumen, das bei 0° Eins war, bei t^0 gleich $(1 + \alpha t)$. Ein Würfel eines isotropen festen Körpers habe bei 0° die Kantenlänge 1; diese wird bei t^0 zu $1 + \beta t$, das Volumen also zu $(1 + \beta t)^3 = 1 + 3(\beta t) + 3(\beta t)^2 + (\beta t)^3$. Da nun βt sehr klein gegen 1, so können wir $(\beta t)^2$ und noch mehr $(\beta t)^3$ als für das numerische Resultat belanglos vernachlässigen, also wird $1 + \alpha t = 1 + 3\beta t$.

Bei festen isotropen Körpern ist also der Koëffizient der Volumausdehnung das Dreifache des linearen. Glas z. B. hat einen linearen Ausdehnungskoëffizienten $\beta = 8{,}5 \cdot 10^{-6}$; der Volumausdehnungskoëffizient ist $\alpha = 25{,}5 \cdot 10^{-6}$.

[1] Guillaume, C. R. 1917.

Bei Kristallen mit einer Hauptachse ist der Koëffizient der Volumausdehnung $\alpha = \beta + 2\beta'$, wenn β den linearen Ausdehnungskoëffizienten in der Richtung der Achse, β' den in der Richtung senkrecht zur Achse bezeichnet. Der Volumausdehnungskoëffizient des Jodsilbers ist danach negativ, seine Kristalle ziehen sich bei Erwärmung zusammen.

Der Hohlraum eines Gefäßes vergrößert sich natürlich geradeso, wie wenn er mit der Substanz des Gefäßes gefüllt wäre.

§ 165. Volumausdehnung des Quecksilbers. Die flüssigen Körper haben keine selbständige Form, deshalb hat die Messung linearer Dimensionen keine Bedeutung. Das einzige, was wir zu messen haben, ist das Volumen, und es handelt sich daher bei den Flüssigkeiten auch nur um die Bestimmung des Koëffizienten der Volumausdehnung. Nun erhebt sich aber eine gewisse Schwierigkeit; wenn wir eine Flüssigkeit in einem Gefäße erwärmen, so dehnt sich das Gefäß immer mit aus; was wir beobachten, ist nur die scheinbare Ausdehnung der Flüssigkeit in dem Gefäße, und um aus ihr den wahren Wert abzuleiten, würde es nötig sein, den Volumausdehnungskoëffizienten des Gefäßes zu kennen. Aus der linearen Ausdehnung seiner Substanz kann dieser nicht mit hinreichender Genauigkeit abgeleitet werden, und es ergibt sich also die Aufgabe, wenigstens für eine Flüssigkeit den Ausdehnungskoëffizienten zu bestimmen, unabhängig von der gleichzeitigen Ausdehnung des Gefäßes. Diese Aufgabe wurde gelöst durch eine Anwendung des Prinzips der korrespondierenden Flüssigkeitshöhen (§ 83). Die vertikalen mit Hg gefüllten Glasröhren A und B (Fig. 234) kommunizieren miteinander durch eine horizontale Kapillare C; die eine, A umgeben wir mit schmelzendem Eise, die andere, B bringen wir auf eine Temperatur von τ^0. Wir messen die Höhen der Hg-Kuppen über der Kapillaren und finden bei der Röhre A die Höhe h_0, bei B die Höhe h. Sind s_0 und s die spez. Gewichte des Hg in den beiden Röhren, so ist nach dem Prinzipe der korrespondierenden Höhen:

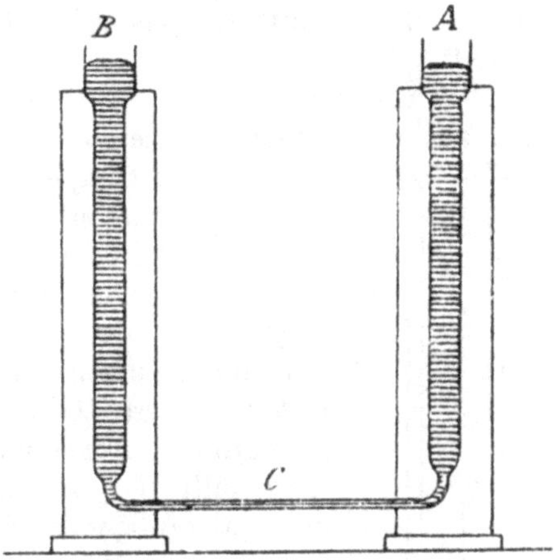

Fig. 234. Hg-Ausdehnung.

$$s : s_0 = h_0 : h, \qquad h s = h_0 s_0 .$$

Nun müssen aber bei einer gegebenen Menge Hg die Produkte aus dem Volumen und der Dichte bei allen Temperaturen denselben Wert behalten. Nennen wir also v_0 das Volumen bei 0^0, v das bei τ^0, so ist auch $v s = v_0 s_0$, und somit:

$$\frac{v}{v_0} = \frac{h}{h_0} \quad \text{und} \quad \frac{v - v_0}{v_0} = \frac{h - h_0}{h_0}.$$

Der Koëffizient der Volumausdehnung ist dann:

$$\alpha = \frac{v - v_0}{v_0\,\tau} = \frac{h - h_0}{h_0\,\tau}.$$

Zu seiner Bestimmung ist nur die Messung der Höhen h und h_0 erforderlich, deren Verhältnis von den das Hg einschließenden Röhren ganz unabhängig ist. Für den Volumausdehnungskoëffizienten α des Hg ergeben sich so die Werte:

Luftthermometer-Temperatur	0°	100°	200°	300°
$\alpha \cdot 10^6$	179	184	189	194

Die mit der Temperatur wachsende Ausdehnung erklärt, daß bei höheren Temperaturen das Hg-Thermometer dem Luftthermometer voraneilt.

Die Änderungen der Dichte sind den Änderungen des Volumens umgekehrt proportional. Kennt man also die Dichte des Hg bei einer bestimmten Temperatur, so kann man sie für alle anderen Temperaturen mit Hilfe der im vorhergehenden angeführten α berechnen.

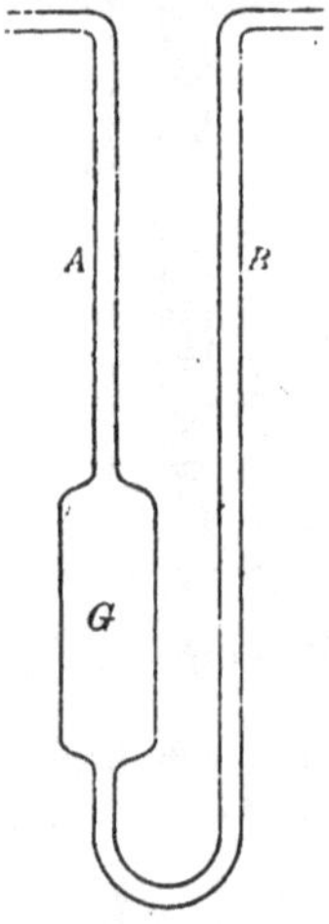

Fig. 235. Dilatometer.

§ 166. **Ausdehnung des Wassers.** Wenn man die Ausdehnung des Hg kennt, so kann man dieses benützen, um die Volumenverhältnisse eines sogenannten Dilatometers zu ermitteln, eines Gefäßes von der aus Fig. 235 ersichtlichen Form mit zwei geteilten Kapillaren A und B. Man füllt das Dilatometer bei Zimmertemperatur mit einer abgewogenen Menge von Hg, so daß dieses in den Kapillaren über dem Gefäße G steht; man beobachtet den Stand der Hg-Kuppen bei verschiedenen Temperaturen und berechnet das jeweilige Volumen des Hg mit Hilfe seiner bekannten Volumausdehnung. Ein so kalibriertes Dilatometer kann dann benützt werden, um die Volumausdehnung anderer Flüssigkeiten zu bestimmen. Von diesen ist von besonderem Interesse das Wasser; bei ihm tritt die anomale Erscheinung ein, daß es sich unterhalb einer Temperatur von 4° bei weiterer Abkühlung ausdehnt. Setzt man das Volumen bei 4° = 1, so ergibt sich für die Volumina v bei der Temperatur t

t	−10°	0°	+ 4°	8°	20°	60°	100°
v	1,00185	1,000129	1	1,000114	1,00174	1,0169	1,0431

Die Angabe für −10° bezieht sich auf flüssiges unterkühltes (§ 211) Wasser.

§ 167. **Ausdehnungskoëffizient der Gase.** Der Ausdehnungskoëffizient der Gase kann mit einem Dilatometer bestimmt werden; ein solches wäre z. B. in Fig. 231 gegeben. Man mißt hier die Volumzunahme durch Erwärmung bei gleichbleibendem Druck. Das Luftthermometer (Fig. 233) mißt die Druckzunahme durch Erwärmung bei gleichbleibendem

Volumen. Ersteres Verfahren mißt, genau analog dem vorangehenden § 165, den Ausdehnungskoëffizienten, das Luftthermometer hingegen den Koëffizienten der Druckvermehrung, die Druckzunahme für eine Temperaturerhöhung von 1°, dividiert durch den ursprünglichen Druck. Als Ausgangspunkt ist dabei die Temperatur von 0° und der ihr entsprechende Druck zu nehmen. Man findet experimentell z. B.

	Ausdehnungskoëffizient bei konstantem Drucke	Koëffizient der Druckzunahme bei konstantem Volumen
Wasserstoff	0,003661	0,003661
Sauerstoff	—	0,003674
Atmosph. Luft	0,003671	0,003668
Kohlensäure	0,003710	0,003696

Die verschiedenen Werte weichen nur wenig voneinander ab, man kann daher den Koëffizienten der Druckvermehrung gleich dem der Ausdehnung und beide sehr nahe für alle idealen Gase gleich 0,003663 $= \frac{1}{273}$ setzen. Dieser Satz wurde zuerst von Gay-Lussac (1802) genau bestimmt und wird daher in der Regel mit seinem Namen bezeichnet.[1]

§ 168. Zustandsgleichung der Gase. Wenn wir von dem jeweiligen Zustande einer gegebenen Menge eines Gases eine vollständige Kenntnis haben wollen, so werden wir Volumen, Druck und Temperatur messen. Wir bezeichnen diese Dinge als die Zustandsgrößen des Gases. Man sieht aber sofort, daß diese voneinander nicht unabhängig sind, sondern daß immer eine durch die beiden andern vollständig bestimmt ist.

Es seien v, p und τ drei zusammengehörige Werte von Volumen, Druck und Temperatur; es sei ferner v_0 das Volumen bei dem Normaldrucke p_0 einer Hg-Säule von der Höhe von 76 cm bei 0°. Reduzieren wir die gegebene Gasmenge bei konstant bleibender Temperatur τ von dem Drucke p auf den Normaldruck p_0, so ist das neue Volumen nach dem Gesetze von Boyle-Mariotte:

$$v' = \frac{v\,p}{p_0}.$$

Reduzieren wir jetzt bei gleichbleibendem Drucke p_0 auf die Temperatur Null, so ist nach dem Gesetze von Gay-Lussac:

$$v_0 = \frac{v'}{1 + \alpha\,\tau},$$

wo α der Ausdehnungskoëffizient des Gases ist. Eliminieren wir v', so ergibt sich:

$$p\,v = p_0\,v_0(1 + \alpha\,\tau).$$

In dieser Formel ist v_0 ein für die gegebene Gasmenge ein für allemal zu bestimmendes konstantes Volumen; es wird also die Gleichung in der

[1] Schon vorher Amontons (1703) und besonders Volta (1793).

Tat genügen, um die dritte Zustandsgröße zu bestimmen, wenn zwei gegeben sind. Wir nennen sie die Zustandsgleichung der Gase.

Besonders einfach gestaltet sich der Ausdruck, wenn wir die Temperatur nicht von dem Schmelzpunkte des Eises, sondern von dem sog. absoluten Nullpunkte an rechnen. Da $\alpha = \frac{1}{273}$, so ist:

$$p v = \frac{p_0 v_0}{273} (273 + \tau).$$

Rechnen wir nun die Temperatur von -273^0 an, so daß der Schmelzpunkt des Eises einer Temperatur von 273^0, der Normalsiedepunkt einer solchen von 373^0 entspricht, so bezeichnen wir, wie schon in § 10 erwähnt wurde, die so gemessene Temperatur als die absolute mit T; es ist $T = 273 + \tau$, und wir erhalten als das vereinte Boyle-Gay-Lussacsche Gesetz

$$\frac{p v}{T} = \frac{p_0 v_0}{273}.$$

Nennen wir nun das Volumen, welches von der Masseneinheit eines Körpers ausgefüllt wird, spezifisches Volumen; das spez. Volumen eines Gases bei 0^0 und dem Normaldrucke sei ω_0, dann ist das Volumen einer Masse m unter denselben Verhältnissen $v_0 = m\,\omega_0$, und wir erhalten, wenn wir den Ausdruck $\frac{p_0 \omega_0}{273}$ gleich R setzen, als „Gasgesetz“:

$$p v = m R T,$$

wo R die Konstante des Gasgesetzes heißt. Schon aus den Angaben von § 85 folgt, daß das Gasgesetz für die wirklichen Gase nicht streng gültig ist; es trifft um so genauer zu, je geringer der Druck und je höher die Temperatur ist; Gase, von denen man annimmt, daß sie dem Gasgesetze in aller Strenge folgen, nennt man ideale.

Der Wert von R für verschiedene Gase hängt ab von den zugrunde gelegten Maßeinheiten; für Länge und Masse benützen wir Zentimeter und Gramm. Für die Messung des Druckes aber ist noch keine konsequente Bestimmung durchgeführt worden. Man definiert einerseits als Einheit des Druckes den eines Grammgewichtes auf 1 cm^2, wobei also, dem technischen Maßsysteme entsprechend, das Gewicht eines Grammstückes als Einheit der Kraft benützt wird. Das auf diese Bestimmung sich gründende Maß des Druckes bezeichnen wir als technisches Maß. Wir reduzieren andererseits den Druck auf die allgemeinen Einheiten des absoluten cm·g·sec-Systemes, indem wir als Einheit des Druckes den Druck von 1 Dyn auf 1 cm^2 bezeichnen. Der Druck von 1 Atmosphäre (76 cm Hg von 0^0) ist im technischen Maße gleich 1033,26 g-Gewichten pro cm^2, im cm·g·sec-Systeme gleich $g \cdot 1033{,}26 = 1013590$ Dynen pro cm^2. Der Wert der Gaskonstanten R im cm·g·sec-Systeme ist daher g mal so groß, als im technischen Maße. Da wir nach der in § 161 getroffenen Festsetzung die Temperatur als eine Zahl betrachten, so ist die Dimension von R im cm·g·sec-Systeme $[R] = cm^2 \cdot sec^{-2}$, entspricht also dem Quadrate einer Geschwindigkeit. R ist z. B.

für	Technisches Maß	Absolutes Maß $cm^2 \cdot sec^{-2}$
Wasserstoff	42313	41508000
Sauerstoff	2655	2604000
Atmosph. Luft	2932	2876000
Kohlensäure	1926	1890000

Gasdichte. Die Dichte der Gase pflegt man auf die Dichte der Luft bei gleichem Drucke und bei gleicher Temperatur zu beziehen; d. h. man dividiert die in 1 cm³ enthaltene Masse eines Gases durch die Masse der Luft, die bei gleichem Drucke und bei gleicher Temperatur im cm³ enthalten ist, und nennt dieses Verhältnis Gasdichte, zum Unterschiede von der Masse der Volumeinheit, der Dichte · absolut genommen (§ 95). Aus der Zustandsgleichung der Gase folgt, daß ihre absoluten Dichten bei gleichem Drucke und bei gleicher Temperatur sich umgekehrt verhalten wie ihre Konstanten R. Die Verhältnisse der absoluten Dichten zu der absoluten Dichte der Luft, die Gasdichten, sind also unabhängig von Druck und Temperatur.

§ 169. **Gesetz von Avogadro.** Durch die Tatsache, daß die chemischen Verbindungen der Gase stets nach einfachen Volumverhältnissen erfolgen, wurde Avogadro (1811) zu dem Satze geführt, daß alle Gase bei gleichem Drucke und bei gleicher Temperatur in der Volumeinheit dieselbe Zahl von Molekeln besitzen; ein Satz, der für die Entwicklung der Grenzgebiete physikalischer und chemischer Forschung von fundamentaler Bedeutung geworden ist. Eine unmittelbare Konsequenz der Avogadroschen Regel ist der Satz, daß die Molekulargewichte der Gase sich verhalten, wie ihre Gasdichten. Es sei μ das Molekulargewicht, D die Dichte eines beliebigen Gases; μ_h und D_h mögen dieselbe Bedeutung für Wasserstoff haben, dann ist:

$$\mu = \mu_h \frac{D}{D_h},$$

oder da $\mu_h = 2$ und $D_h = 0{,}0692$,

$$\mu = 28{,}88 \cdot D.$$

Aus der im vorhergehenden Paragraphen besprochenen Beziehung ergibt sich weiter der wichtige Satz: Die Konstanten des Gasgesetzes verhalten sich umgekehrt wie die Molekulargewichte der Gase.

§ 170. Konstante des Gasgesetzes. Wir schrieben $pv = mRT$; wird bei gleichem p die Masse des Gases größer, so wird links v größer und es muß daher auch der Term rechts durch Einführung des m größer werden. Beschränken wir uns aber von vornherein auf eine immer gleichbleibende Masse, z. B. auf ein Mol (§ 8), so wird der Ausdruck einfacher. Nach der Gleichung ... Masse = Volumen · Dichte erhalten wir für das Mol O_2 ... $32 = v \cdot 0{,}001429$ oder $v = 22393$ cm³ oder

22,4 Liter. Bei Normaldruck und 0^0 nimmt das Mol O_2 und nach Avogadro auch das Mol jedes anderen idealen Gases einen Raum von 22,4 Litern ein.

Wir können nun schreiben $p_0 v_0 = \mathsf{P}\, T_0$, wo P, wenn es sich um ein Mol handelt, an die Stelle von R tritt.

In absolutem Maßsystem wird diese Gleichung 10^6 Dynen $\cdot$ 22400 cm^3 = $\mathsf{P} \cdot 273$, also

$$\mathsf{P}\,(\text{für Dynen, cm}^3) = 83 \cdot 10^6 \ldots (\text{genauer } 8{,}301 \cdot 10^7).$$

Die Chemiker rechnen statt mit cm^3 mit Litern und statt mit Dynen mit Atmosphären, somit $1 \cdot 22{,}4 = \mathsf{P} \cdot 273$, also

$$\mathsf{P}\,(\text{für Atmosphären, Liter}) = 0{,}082 \ldots (\text{genauer } 0{,}08207).$$

Diese neue Gleichung $pv = \mathsf{P}\,T$ ist dadurch ausgezeichnet, daß sie für jedes Mol eines idealen Gases gilt.

Einen anderen, den sog. kalorischen Wert der Gaskonstante werden wir in § 180 kennen lernen.

Zweiter Teil. Kalorimetrie und spezifische Wärme.

§ 171. **Wärmeeinheit oder Kalorie.** Alle Messungen mit dem Thermometer haben nur den Zweck, verschiedene Temperaturverhältnisse voneinander mit wissenschaftlicher Genauigkeit zu unterscheiden; sie haben mit einer Messung der Wärme selbst nichts zu tun und geben keinen Aufschluß darüber, ob Wärme etwas Quantitatives ist, das in verschiedenen Mengen vorhanden sein, als Vielfaches einer irgendwie angenommenen Einheit gemessen werden kann. Zu einer solchen Auffassung der Wärme gibt erst die Beobachtung Veranlassung, daß bei der Berührung verschieden temperierter Körper stets ein Ausgleich der Temperaturen sich vollzieht, der schließlich zu einer gemeinsamen Mischungstemperatur führt. Nehmen wir den einfachen Fall, daß wir 100 g Wasser von der Temperatur von 45^0 vermischen mit 100 g Wasser von der Temperatur 15^0, so liegt die Mischungstemperatur in der Mitte bei 30^0. Nehmen wir 100 g Wasser von 60^0 und 200 g von 15^0, so beträgt die Mischungstemperatur wieder 30^0. Wir können uns von diesen Verhältnissen ein Bild machen, wenn wir die Wärme als etwas betrachten, was immer in einer gewissen Menge im Wasser und ebenso in jedem anderen Körper enthalten ist. Verlust von Wärme ist mit sinkender Temperatur verbunden, Gewinn mit steigender; die Wärmemenge, die von einem Körper bei einer bestimmten Temperaturerhöhung gewonnen wurde, tritt aus ihm wieder aus, wenn die Temperatur um eine gleiche Anzahl von Graden sinkt. Bei den Mischungsversuchen tritt dieselbe Wärmemenge, die aus dem sich abkühlenden Körper austritt, in den sich erwärmenden ein. Um diese Darstellungen in ganz bestimmter Weise zu fixieren, bleibt nur die Festsetzung einer Maßeinheit übrig, nach der wir Wärmemengen messen. Wir führen diese in folgender Weise ein: Wärmeeinheit ist die Wärmemenge, die nötig ist, um 1 g Wasser von 15° auf 16° zu erwärmen, oder umgekehrt die Wärmemenge, die wir erhalten, wenn wir 1 g Wasser von 16° auf 15° abkühlen. Diese Wärmemenge nennen wir die Gramm-Kalorie (g-cal oder cal). In unserem ersten Beispiele verliert danach das warme Wasser 15·100 cal, ebensoviel gewinnt das kalte. In dem zweiten Falle kühlen sich die 100 g Wasser ab um 30°, während sich die 200 g um 15° erwärmen. Wieder ist 100·30 = 200·15, die einerseits verlorene Wärmemenge gleich der andererseits gewonnenen, ein Satz, der sich ganz allgemein bei beliebigen Mengen und Temperaturverhältnissen bestätigt.

1000 g-cal heißen Kilogramm-Kalorie (kg-cal).

§ 172. Spezifische Wärme. Wärmekapazität. Wenn wir 100 g Eisen von 70° mit 100 g Wasser von 15° zusammenbringen, so ergibt sich eine Mischungstemperatur von 20°. Die Temperatur des Wassers hat sich um 5° erhöht: die hierzu nötige Wärmemenge muß aus der Abkühlung des Eisens um 50° stammen. Daraus folgt, daß 1 g Eisen bei einer Abkühlung um 1° keineswegs dieselbe Wärmemenge abgibt wie 1 g Wasser, sondern nur den zehnten Teil davon. Ähnliche Resultate ergeben sich bei der Vermischung anderer Körper mit Wasser; sie führen zu der Einführung des Begriffes der spezifischen Wärme.

Unter spezifischer Wärme eines Stoffes verstehen wir die Wärmemenge, die der Masseneinheit zuzuführen ist, um eine Temperaturerhöhung von 1° zu bewirken. Die spez. Wärme des Wassers zwischen den Temperaturen von 15° und 16° ist danach gleich 1, die des Eisens nach dem angeführten Versuche gleich 0,1.

Bei der Messung der spez. Wärme, die durchaus nach dem Schema des im vorhergehenden beschriebenen Versuches erfolgt, muß auf die zur Erwärmung des Mischgefäßes und des eingesenkten Thermometers nötige Wärme Rücksicht genommen werden. Man muß dafür sorgen, daß hierzu nur wenig Wärme gebraucht wird, und daß das Mischgefäß selbst, das sogenannte Kalorimeter, gegen Wärmeverlust möglichst gesichert ist.

Im allgemeinen gestaltet sich die Bestimmung einer spez. Wärme nach dem Mischungsverfahren in folgender Weise. Von dem zu untersuchenden Körper wird eine Masse m auf die Anfangstemperatur t_m erhitzt; in das Kalorimeter wird eine abgewogene Wassermenge w mit der Temperatur t_w gebracht; es sei bekannt, daß ω Kalorien notwendig sind, um das Thermometer und die Wände des Kalorimetergefäßes um 1° zu erwärmen. Die nach der Mischung sich einstellende Endtemperatur sei τ; die von dem Körper abgegebene Wärmemenge ist, wenn c seine spez. Wärme bezeichnet, gleich $c\,m(t_m - \tau)$; die von dem Kalorimeter aufgenommene Wärmemenge ist gleich $(w + \omega)(\tau - t_w)$. Da beide Wärmemengen gleich sein müssen, so ergibt sich zur Berechnung der spez. Wärme

$$c = \frac{(w + \omega)(\tau - t_w)}{m(t_m - \tau)}.$$

Dabei ist die spez. Wärme des Wassers gleich 1 gesetzt; nun sind aber die spez. Wärmen allgemein abhängig von der Temperatur; die Kenntnis dieser Abhängigkeit ist beim Wasser von besonderer Bedeutung, da sie allein genaue Berechnung, sowie Vergleichung kalorimetrischer Messungen möglich macht, die bei verschiedenen Temperaturen angestellt wurden. Die Werte der spez. Wärme des Wassers für einige Temperaturen sind:

t	0°	5°	10°	15°	20°	25°	30°	35°
Spez. Wärme	1,0065	1,0048	1,0019	1,0000	0,9981	0,9972	0,9968	0,9975

Mit dem Begriffe der spez. Wärme hängt unmittelbar der der **Wärmekapazität** zusammen. Es ist dies die Wärmemenge, die ein Körper abgibt, wenn er sich um 1° abkühlt, die ihm zugeführt werden muß, um ihn um 1° zu erwärmen. Die Wärmekapazität ist danach gleich dem Produkte aus spez. Wärme und Masse.

Wir schließen hieran noch eine Bemerkung, die sich auf den Charakter der in diesem Paragraphen eingeführten Größen bezieht. Als eine Größe von eigener Art, zunächst unvergleichbar mit anderen Größen der Physik, tritt uns die Wärmemenge entgegen. Wir bezeichnen sie im allgemeinen durch den Buchstaben Q. Sie ist gleich dem Produkte aus einer spez. Wärme, aus einer Masse und aus einer Temperaturänderung; die letztere können wir nach § 161 als eine reine Zahl betrachten. Die spez. Wärme c ist dann gleich einer Wärmemenge, dividiert durch eine Masse; wenn wir auch bei der spez. Wärme den Begriff der Dimension benützen, um anzugeben, wie sich bei ihrer Berechnung Wärmemenge und Masse kombinieren, so erhalten wir die Dimensionsgleichung:

$$[c] = Q \cdot m^{-1}.$$

Über eine elektrische Methode zur Bestimmung von c siehe Band II.

§ 173. **Spez. Wärme der Gase.** Im Grunde genommen ist es nicht richtig, von der spez. Wärme eines Körpers schlechtweg zu reden. Wenn wir einem Körper Wärme zuführen, so besteht ihre Wirkung nicht bloß in der Erhöhung der Temperatur; es kommt dazu im allgemeinen die Wärmeausdehnung; bei einem festen Körper können wir die Ausdehnung in einer beliebigen Richtung unterdrücken dadurch, daß wir ihn nach dieser mechanisch komprimieren; wir können die Volumausdehnung verhindern, indem wir einen allseitig gleichen Druck auf den Körper ausüben. Es ist von vornherein zu vermuten, daß diese Verhältnisse für den Wert der spez. Wärme nicht gleichgültig sind, und daß es also eigentlich unendlich viele spez. Wärmen gibt. Man pflegt von diesen, als besonders wichtig, zwei zu betrachten, die spez. Wärme bei konstantem Drucke, c_p, wie sie bei ungehinderter Ausdehnung unter gleichbleibendem äußeren Drucke beobachtet wird; die spez. Wärme bei konstantem Volumen, c_v, entsprechend dem Falle, daß jede Ausdehnung durch einen geeigneten äußeren Druck verhindert wird. Bei festen Körpern sind die Unterschiede der beiden spez. Wärmen nicht sehr bedeutend, wohl aber bei den Gasen.

Bei den letzteren ist die spez. Wärme bei konstantem Volumen der direkten Messung schwer zugänglich, denn die Wärmekapazität einer in einem Glasballon enthaltenen Gasmenge ist zu klein, als daß sie Gegenstand einer genauen Beobachtung sein könnte. Die spez. Wärme bei konstantem Drucke wird dadurch bestimmt, daß man einen Strom erhitzten Gases in einer spiralförmig gewundenen Röhre durch ein mit Wasser gefülltes Kalorimeter streichen läßt, so daß das Gas sich auf die Mischungstemperatur des Wassers abkühlt. Sind die Massen des Wassers, des durchgeleiteten Gases, die Anfangstemperaturen und die Mischungstemperatur bekannt, so ergibt sich die spez. Wärme; sie gilt für konstanten Druck, wenn zwischen dem Anfang und Ende des Schlangenrohres nur eine kleine Druckdifferenz vorhanden ist. Aus einer Bemerkung von § 112, auf die wir noch ausführlicher (§ 186) zurückkommen werden, folgt, daß es möglich ist, noch das Verhältnis k der beiden spez. Wärmen zu bestimmen; ist dieses bekannt, so ergibt sich die spez. Wärme bei konstantem Volumen c_v aus der bei konstantem Drucke c_p nach der Formel

$$c_v = c_p/k.$$

Wir werden außerdem finden, daß die Differenz der beiden spez. Wärmen $c_p - c_v$ mit der Konstante des Gasgesetzes in einem gewissen Zusammenhange steht (§ 180); auch dieser kann zur Berechnung von c_v bei gegebenen c_p benützt werden.

§ 174. Spez. Wärme und Aggregatzustand. Daß die spez. Wärme der Körper auch von ihrem Aggregatzustande abhängt, ergibt sich aus:

	Spezifische Wärme		
	fest	flüssig	gasförmig c_v
H_2O	0,477	1,000	0,370
Br	0,084	0,111	0,043
Hg	0,032	0,033	(0,015)

Auch die verschiedenen allotropen Modifikationen eines Körpers, z. B. des Kohlenstoffes, besitzen eine verschiedene spez. Wärme.

§ 175. Gesetz von Dulong und Petit. Für die spez. Wärmen der Elemente im festen Zustande wurde von Dulong und Petit auf Grund ihrer Untersuchungen das einfache Gesetz aufgestellt: Das Produkt aus der spez. Wärme und aus dem Atomgewichte, die sogenannte Atomwärme, ist konstant, etwa 6,2.

	Atomgewicht	Spez. Wärme	Atomwärme
Pb	206,9	0,0310	6,4
Pt	194,8	0,0324	6,3
Cu	63,6	0,093	5,9
Al	27,1	0,21	5,8

usw.

Für die ersten rohen Bestimmungen mancher Atomgewichte war dies Gesetz von Bedeutung.

Ausführliche Messungen zeigten aber, daß bei tieferen Temperaturen die Atomwärme abnimmt, bes. bei Körpern mit kleinem Atomvolumen (= Atomgewicht: Dichte).

So ergibt sich, daß bei den hier in erster Linie in Frage kommenden Elementen C und B die spez. Wärme in hohem Grade von der Temperatur abhängig ist, so zwar, daß sie bei steigender Temperatur wächst, um sich anscheinend einem konstanten Grenzwerte zu nähern. Bei 1000° steigt der Wert der Atomwärme des C auf 5,5, nähert sich also dem für Elemente von größerem Atomvolumen geltenden. Es ist danach vielleicht möglich, daß das Dulongsche Gesetz nur für solche Temperaturen gelten würde, bei denen die spez. Wärmen von der Temperatur unabhängig wären.

Eine sehr wichtige Erweiterung und Ergänzung findet das Gesetz von Dulong in dem Satze:

Die Molekularwärme einer festen chemischen Verbindung, das Produkt aus dem Molekulargewichte und der spez. Wärme, ist gleich der Summe der Atomwärmen ihrer Bestandteile.

Die Molekularwärme stellt somit eine additive Eigenschaft dar.

Die Veränderlichkeit der Atomwärme der festen Elemente hat sich insbesondere aus Messungen ergeben, welche Nernst und seine Schüler bei sehr tiefen Temperaturen ausgeführt haben. Bei − 233° ist die Atomwärme für Cu auf 0,83, für Al auf 0,47 gesunken. Es unterliegt nach Nernst[1] kaum einem Zweifel, daß für Metalle und Nichtmetalle bei tiefen, aber noch endlichen Temperaturen die spezifische Wärme fast verschwunden ist.

Es wurde vielfach versucht, die Abweichungen des Dulong-Petitschen Gesetzes zu erklären. Dazu braucht man aber bestimmte Vorstellungen über den Aufbau der Molekel und Atome und vor allem über das Wesen der Strahlung.

Die theoretischen Probleme dieses Gebietes werden wir an späterer Stelle (§ 196 und Band II) bringen.

---

[1] Ann. d. Phys. 36 (1911).

Dritter Teil. Thermodynamik. Mechanische Wärmetheorie.

I. Der erste Hauptsatz.

§ 176. Das Wesen der Wärme. Die Gesetze der Mischungstemperatur führen zu dem Schlusse, daß die Wärme etwas ist, was bei ungeänderter Menge auf verschiedene Körper in verschiedener Weise verteilt werden kann, so daß der Verlust, den ein Körper erleidet, stets durch den Gewinn anderer kompensiert wird. Nun gibt es, wenn wir nach mechanischen Analogien für die Wärme suchen, nur zwei Dinge, denen ein solches Verhalten zukommt, einen Stoff oder die Energie. Nach dem Gesetze der Erhaltung des Stoffes und nach dem Gesetze der Erhaltung der Energie könnte also Wärme ein Stoff oder aber Energie sein.

1. Die Erscheinungen der Wärme können beruhen auf der Existenz eines nicht sichtbaren oder wägbaren Stoffes, der den ponderablen Körpern beigemischt ist. Gehen wir aus von einem bestimmten Normalzustande, der Temperatur von 0°, so enthielte der Körper ein bestimmtes, übrigens unbekanntes Quantum jenes Wärmestoffes, des sog. Caloricum. Diese Anschauung herrschte bis zur Mitte des vorigen Jahrhunderts. Führt man dem Körper Wärmestoff zu, so steigt seine Temperatur, raubt man ihm Wärmestoff, so kühlt er sich ab.

2. Der anderen Vorstellung zufolge beruht Wärme und Temperatur auf irgendwelchen Energieerscheinungen des Körpers.

Diese Alternative wird dadurch entschieden, daß wir mechanische Arbeit in Wärme verwandeln können und umgekehrt, wobei immer zwischen der verschwundenen mechanischen Arbeit und der daraus entstandenen Wärme ein genau zu bestimmendes Verhältnis, ein Äquivalent besteht. Wärme ist hiernach sicher nichts anderes als eine besondere Form, welche die Energie oder die Arbeitsfähigkeit eines Körpers annimmt.

§ 177. Mechanisches Wärmeäquivalent. Wir haben das Gesetz der Erhaltung der Energie bisher als richtig für mechanische Vorgänge angenommen, sofern nicht die Reibung störend auftritt. Und damals schon wiesen wir darauf hin, daß die durch die Reibung erzeugte Wärme eben die durch die Reibung verlorene mechanische Energie sei.

Die erste quantitativ noch sehr ungenaue Messung rührt her vom Grafen Rumford (1798 in München).

In einem mit Wasser gefüllten oben offenen Fasse stand vertikal ein Kanonenrohr, das Loch nach oben, in dessen Mündung ein langer bis zum Boden des Rohres reichender, stumpfer Bohrer ging. Wurde nun, mit Hilfe einer Welle und durch Pferdeantrieb der Bohrer um seine Längsachse dauernd gedreht, so entstand Reibung und Wärme. Die mechanische Arbeit eines Pferdes erhitzt das Wasser, etwa 9 kg, bis zum Sieden. RUMFORD sagt: „Wenn wir über diesen Gegenstand nachdenken, dürfen wir nicht ... übersehen, daß ... diese durch Reibung erzeugte Wärme ersichtlich unerschöpflich ist. Irgend etwas, das ... ein isoliertes System von Körpern ohne Begrenzung liefert, kann unmöglich eine materielle Substanz sein. Es erscheint mir ... unmöglich, mir von etwas, das in der Weise erregt und weiter verbreitet wurde, wie die Wärme in diesen Versuchen ..., eine bestimmte Vorstellung zu bilden, außer dieses Etwas wäre Bewegung."

Viele im Wesen gleiche, aber viel genauere Versuche machte JOULE (1840—1850). Er setzte in ein mit einer abgewogenen Menge Wasser

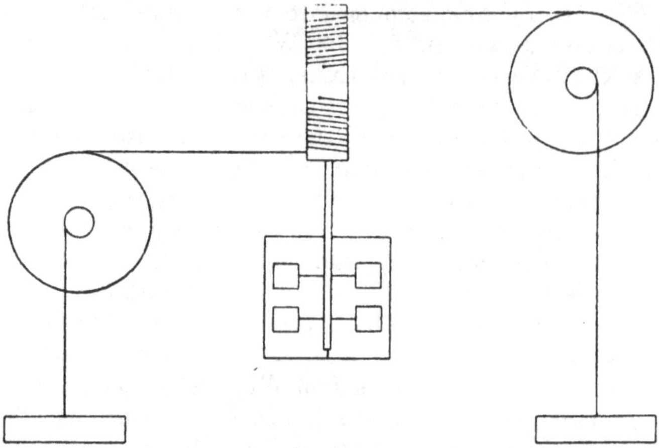

Fig. 236. Wärmeäquivalent.

gefülltes Gefäß (Fig. 236), das Kalorimeter, ein um eine vertikale Achse drehbares Rad mit zwei übereinander liegenden Schaufelkränzen, die durch entsprechend ausgeschnittene Querwände hindurch mit großer Reibung sich bewegten. Die Drehung erfolgte durch einen doppelten Schnurlauf und Gewichte nach dem in Fig. 236 gegebenen Schema. Infolge der Reibung fielen die Gewichte mit gleichförmiger, sehr kleiner Geschwindigkeit; die von der Schwere geleistete Arbeit findet also ihr Äquivalent nicht in der kinetischen Energie der fallenden Gewichte, sondern in der Wärme, die infolge der Reibung in dem Kalorimeter erzeugt wird. Ist h die Fallhöhe, p das fallende Gewicht, so ist die geleistete Arbeit in technischem Maßsysteme gleich $p \cdot h$; ist andererseits die Masse des Wassers in dem Kalorimeter gleich m, die Temperaturerhöhung gleich t^0, so ist die in ihm erzeugte Wärme gleich $m t$; das mechanische Äquivalent der Wärme, die zu der Erzeugung einer Wärmeeinheit erforderliche Arbeit, ist somit im technischen Maßsysteme

$$J = \frac{p h}{m t}.$$

Die Versuchsanordnung wurde von Joule in der mannigfachsten Weise variiert; nach demselben Prinzipe, aber mit viel größeren Mitteln, wurde die Bestimmung von Rowland wiederholt.

Benutzen wir zur Messung der Arbeit die technische Einheit des Kilogrammgewicht-Meter, zur Messung der Wärme die große Kalorie, so wird das mechanische Äquivalent der Wärme

$$\text{(technisch) } J = 427{,}1 \text{ kgm},$$

d. h. die durch den Fall eines Kilogrammgewichtes um 427,1 m erzeugte Wärme genügt, um 1 kg Wasser von 15° auf 16° zu erwärmen. Natürlich ist dasselbe J auch gleich 42710 g Gewicht-cm pro g-cal.

W e n n w i r a l s o 1 G r a m m g e w i c h t 42710 cm h o c h h e b e n u n d d a n n f a l l e n l a s s e n, s o w i r d e s b e i m A u f s t o ß e n a u f d e n B o d e n e i n e W ä r m e m e n g e z u e r z e u g e n v e r m ö g e n, h i n r e i c h e n d, u m 1 g W a s s e r v o n 15° a u f 16° z u e r w ä r m e n. Diese Zahl ist an verschiedenen Punkten der Erde verschieden, weil das g-Gewicht am Pol stärker angezogen wird als am Äquator oder auf hohen Bergen. Dieser Fehler fällt beim absoluten Maßsystem fort. Zu dem Zweck multiplizieren wir g-Gewicht mit der Gravitationbeschleunigung des Ortes, wo obige Zahl experimentell bestimmt wurde. Dann wird

$$\text{(absolutes) } J = 41880000 \text{ Erg pro cal.} = 4{,}188 \text{ Joule.}$$

Man kann endlich die Bestimmung des mechanischen Äquivalentes auch auf die kalorimetrische Messung der Wärme gründen, die von einem galvanischen Strome von bekannter Stärke in einem Drahte von bekanntem Widerstande entwickelt wird. (Siehe darüber Band II.)

T h e r m i s c h - m e c h a n i s c h e s S y s t e m. Die Bestimmung des mechanischen Äquivalentes der Wärme und die Tatsache, daß es ein solches gibt, ermöglicht es, den bisher nur für die Mechanik aufgestellten Energiesatz zu erweitern. Die Energie eines gegebenen Systems von Körpern wird vermehrt, wenn ihm von außen Wärme oder mechanische Energie zugeführt wird. Messen wir die Energie nach den Einheiten des kg-Gewicht-m oder des Erg, so haben wir die Anzahl der zugeführten kg- oder g-Kalorien mit dem entsprechenden Werte des mechanischen Wärmeäquivalentes zu multiplizieren, um den Energiezuwachs zu erhalten. Leistet das System selbst eine Arbeit, so muß seine Energie um ihren Betrag abnehmen. Wenn wir beide Arten von Energieänderung gleichzeitig berücksichtigen, so erhalten wir den Satz:

B e i e i n e m S y s t e m e, d a s t h e r m i s c h e n u n d m e c h a n i s c h e n V e r ä n d e r u n g e n u n t e r w o r f e n w i r d, i s t d i e V e r m e h r u n g d e r E n e r g i e g l e i c h d e m m e c h a n i s c h e n Ä q u i v a l e n t e d e r z u g e f ü h r t e n W ä r m e, v e r m i n d e r t u m d i e v o n d e m S y s t e m e g e l e i s t e t e A r b e i t.

Ist die Energie in dem anfänglichen Zustande des Systems Φ_1, am Schlusse des Prozesses gleich Φ_2, wird während der Veränderung die Wärmemenge Q zugeführt und die Arbeit L geleistet, so ist

$$\Phi_2 - \Phi_1 = J\,Q - L.$$

Eine dem System von außen zugeführte Arbeit ist negativ in Rechnung zu stellen, das —-Zeichen vor L verwandelt sich dann in ein +-Zeichen.

Als klassisches Beispiel einer solchen Rechnung diene folgender §.

§ 178. Mechanisches Wärmeäquivalent und spez. Wärme der Gase. Der erste, der den Satz von der Verwandlung der Arbeit in Wärme, den sog. ersten Hauptsatz der mechanischen Wärmetheorie, in voller Klarheit aussprach und in seiner alle Naturerscheinungen beherrschenden Bedeutung erfaßte, war der schwäbische Arzt J. R. MAYER (1842). Er zeigte, daß die Verschiedenheit der beiden spez. Wärmen eines Gases auf jener Verwandlung beruht, und berechnete hieraus das Verhältnis zwischen der Wärme und der mechanischen Arbeit, welche entweder durch Wärme erzeugt wird oder sich umgekehrt in Wärme verwandelt. Die von MAYER mit noch ungenügenden experimentellen Daten ausgeführte Rechnung ist folgende: In einem Zylinder (Fig. 237) mit einem Querschnitte von 1 cm² seien m Gramm Luft durch einen beweglichen, gewichtslosen Stempel abgeschlossen; der äußere Luftdruck, unter dem dann auch die abgeschlossene Luft steht, betrage p Grammgewichte. Die absolute Temperatur der Luft sei gleich T, ihr Volumen gleich v cm³; da der Querschnitt des Zylinders gleich 1 cm², so ist v gleichzeitig die Höhe, in der sich der Stempel über dem Boden des Zylinders befindet. Nun werde die Luft auf die absolute Temperatur T' erwärmt, so daß sie bei ungeändertem Drucke p sich ausdehnen und den Stempel vor sich herschieben kann. Das Volumen, das sie unter diesen Umständen einnimmt, sei v'; ebenso wie vorher ist v' zugleich die Höhe des Stempels über dem Boden des Zylinders. Die Wärmemenge, die zur Temperaturerhöhung erfordert wird, ist $c_p m (T' - T)$, wenn c_p wie früher die spez. Wärme bei konstantem Drucke bezeichnet.

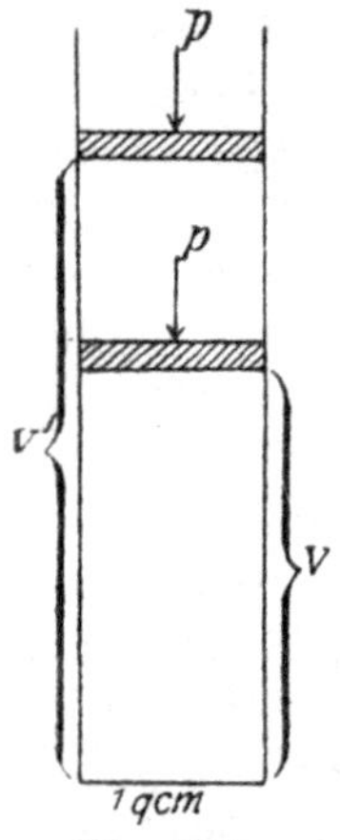

Fig. 237.
Nach J. R. MAYER.

Halten wir den Stempel in seiner anfänglichen Lage fest, so daß die Luft ihr Volumen nicht ändern kann, so brauchen wir zu der Temperaturerhöhung um $(T' - T)$ Grade die kleinere Wärmemenge $c_v m (T' - T)$.

Wir machen nun die Annahme, daß das bei dem Versuche benützte Gas als ein ideales betrachtet werden könne. Dazu gehört, wie wir schon erwähnt haben, in erster Linie die Gültigkeit des Gasgesetzes in der Form $p v = m R T$. Es gehört ferner dazu, daß bei einer Ausdehnung unter konstantem äußeren Drucke die ganze von dem Gase geleistete Arbeit in der Überwindung dieses Druckes bestehe. Bei wirklichen Gasen sind diese Bedingungen nicht in aller Strenge erfüllt; wenn sie aber hinreichend weit von ihrem Kondensationspunkte entfernt sind, so können die Abweichungen von dem Verhalten eines idealen Gases vernachlässigt werden, und wir können bei unserer Rechnung die beiden

Bedingungen als erfüllt betrachten. Aus der zweiten Bedingung folgt dann, daß der Unterschied zwischen der Erwärmung bei konstantem Drucke und der Erwärmung bei konstantem Volumen lediglich darin besteht, daß im ersten Falle der Stempel dem darauf lastenden Drucke entgegen verschoben wird, daß also zu der Erwärmung noch eine Arbeitsleistung hinzukommt. Das Mehr von Wärme,

$$(c_p - c_v)\, m\, (T' - T),$$

welches dabei zu der Erwärmung gebraucht worden ist, muß sein Äquivalent eben in jener Arbeit finden. Die geleistete Arbeit ist aber gleich

$$p\,(v' - v).$$

Nun nennen wir wieder **mechanisches Äquivalent der Wärme** die Zahl von Arbeitseinheiten, die notwendig ist, um eine Wärmeeinheit zu erzeugen; bezeichnen wir dasselbe wieder durch J, so ist:

$$p\,(v' - v) = \mathrm{J}\,(c_p - c_v)\, m\,(T' - T).$$

Nach dem Gasgesetze (§ 168) ist $p\,(v' - v) = m\,R\,(T' - T)$.

Somit $R = \mathrm{J}\,(c_p - c_v)$ und $\mathrm{J} = \frac{R}{c_p - c_v}$.

Für Luft ist im absoluten Maße: $R = 2876000\ \mathrm{cm^2 \cdot sec^{-2}}$, $c_p = 0{,}2375$, $c_v = 0{,}1690$.

Somit: J = 41890000 Erg pro cal. Im technischen Maße ist $R = 2932$, wenn der Druck nach g-Gewichten pro cm², das Volumen nach cm³ gemessen wird; die entsprechende Einheit der Arbeit ist dann das g-Gewicht-cm und es ergibt sich: J = 42800 g-Gewicht · cm pro cal.

Diese Zahlen stimmen recht gut mit den früher angegebenen durch direkte Versuche gewonnenen und darum verläßlicheren Werten.

§ **179. Literatmosphäre.** Im Anschlusse an den vorhergehenden § wollen wir einen neuen Begriff kennen lernen. Der Chemiker nennt jene Arbeit, die 1 Liter eines Gases bei Ausdehnung seines Volumens auf 2 Liter gegen den Atmosphärendruck leistet, eine Literatmosphäre (analog dem „Meterkilogramm"). Denken wir uns ein zylindrisches Litergefäß wie in Fig. 237, aber mit 100 cm² Grundfläche, so ist nach § 86 der Druck gleich 100 · 76 · 13,9 · 981. Dieses Produkt mit dem Wege 10 cm multipliziert, gibt die gesuchte Arbeit in Erg, welche 1 Liter Gas leistet, wenn es sich auf 2 Liter ausdehnt.

Rechnen wir diese Energie in Wärmeeinheiten um, so erhalten wir 1 Literatmosphäre = 24,19 cal.

§ **180. Kalorische Gaskonstante.** In § 170 lernten wir verschiedene Werte von R kennen, einen im technischen und einen im absoluten Maße, und schließlich einen, den wir P nannten, bezogen auf 1 Mol. § 178 läßt uns nun letzteren Wert, der in Arbeitseinheiten ausgedrückt ist, auch umrechnen in Wärmeeinheiten. Zu dem Zwecke bilden wir P/J und erhalten so

die kalorische Gaskonstante $\mathfrak{R} = 1{,}985$ cal/cels. grade.

Es sei C_p die Molwärme bei konstantem Druck, d. h. jene Anzahl Kalorien, welche 1 Mol um 1° bei konstantem Druck erwärmt. Sei das ursprüngliche Volumen v, so ist die Volumszunahme v/T. Der bei der Ausdehnung wirkende Druck ist p, es ist also die äußere Arbeit $p\,v/T$. Ist C_v die Molwärme bei konstantem Volumen, so ist, genau nach der in § 178 gegebenen Überlegung

$$C_p - C_v = \frac{p\,v}{T},$$

da nun $p\,v = \mathfrak{R}T$, so erhalten wir

$$C_p - C_v = \mathfrak{R}.$$

Die Differenz der Molwärmen idealer Gase ist konstant und gleich der kalorischen Gaskonstante.

§ 181. Allgemeine Bedeutung des Energieprinzips. Wir haben uns in den vorhergehenden §§ mit der wechselseitigen Verwandlung von mechanischer Energie und von Wärme beschäftigt. Nun liegt es nahe, sich daran zu erinnern, daß mechanische Energie auch noch andere Umwandlungen erleiden kann; bei der Elektrisiermaschine erzeugen wir durch mechanische Arbeit elektrische Ladungen; in unseren Elektrizitätswerken benutzen wir mechanische Energie, um elektrische Ströme zu gewinnen; umgekehrt dienen diese Ströme bei der elektrischen Eisenbahn zur Erzeugung von Bewegung, von kinetischer Energie. Bei der elektrischen Beleuchtung bringt der elektrische Strom die Wärme hervor, die den Metallfaden der Glühlampen zum Glühen erhitzt. Wärme wird also erzeugt durch mechanische Arbeit, durch den elektrischen Strom; vor allem aber benutzen wir als eine schier unerschöpfliche Quelle von Wärme chemische Prozesse.

Diese Beobachtungen führen nun zu der Vorstellung, daß außer der mechanischen Energie, die sich ihrerseits in die potentielle und in die kinetische Form spaltet, und außer der Wärmeenergie noch eine elektrische und eine chemische Energie existiere; nehmen wir Rücksicht auf die magnetischen Zustände des Eisens, so werden wir diesen noch eine magnetische Energie hinzufügen können. Der Satz von der Erhaltung der Energie würde dann besagen, daß all diese Energiearten nur verschiedene Formen einer und derselben Eigenschaft sind, die einem in sich abgeschlossenen, äußeren Einwirkungen entzogenen Systeme in unveränderlicher Größe innewohnt, und die wir seine Gesamtenergie nennen. Jede Energieform kann sich in jede andere verwandeln, und zwar geschieht dies auf Grund von bestimmten Äquivalenzwerten, die natürlich abhängen von den spezifischen Einheiten, die wir bei der Maßbestimmung verschiedener Energiearten benutzen. Es möge ein Betrag A einer ersten Energieart verschwinden, nnd dafür ein Betrag B einer zweiten entstehen; wir erhalten B, wenn wir A durch den Äquivalenzwert der ersten Energieart dividieren. Umgekehrt kann dann der Betrag B der zweiten Form wieder in den Betrag A der ersten zurückverwandelt werden. Ein Perpetuum mobile mit Energiegewinn, dessen Unmöglichkeit wir (§ 72) nur für das Gebiet der Mechanik aussprachen, ist überhaupt unmöglich.

Aus der Verwandelbarkeit der Energien folgt aber, daß wir den Betrag der Energie immer nach demselben Maße messen können, welches auch ihre Form sei. Als eine gemeinsame Maßeinheit für alle Energiearten empfiehlt sich die Einheit der mechanischen Arbeit, das Erg (absolutes Maßsystem) beziehungsweise das Kilogrammgewicht-Meter (technisches Maßsystem).

§ **182. Energie eines Gases.** Die Energie, die einem Gase in einem gegebenen Zustande eigentümlich ist, können wir leicht bestimmen, wenn wir die spezifische Wärme c_v als eine Konstante betrachten, d. h. als unabhängig von dem Volumen und von der Temperatur des Gases; in der Erfüllung dieser Voraussetzung werden wir dann eine weitere Eigenschaft der in §§ 168 und 178 definierten idealen Gase erblicken. Wir schließen nun eine bestimmte Menge Gas, es seien m g, in einem Gefäße von unveränderlichem Volumen ab und setzen die Energie bei der Temperatur des absoluten Nullpunktes gleich Φ_0. Die Wärmemenge, die wir zuführen, um die Temperatur auf T Grade zu erhöhen, ist $m c_v T$; Arbeit ist keine geleistet, somit ist der Zuwachs der Energie gleich dem mechanischen Äquivalente der zugeführten Wärme; die Energie des Gases bei der Temperatur T ist somit:

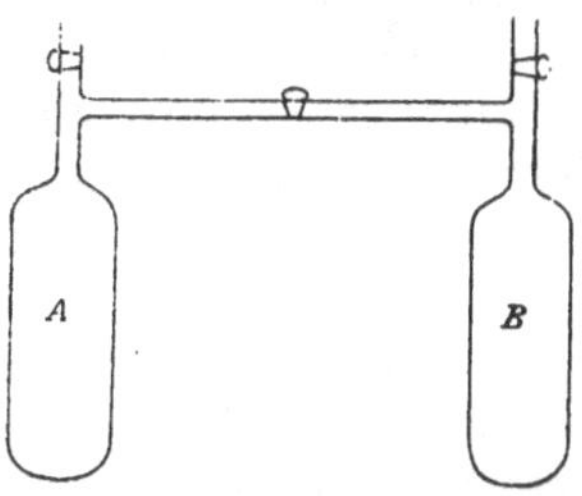

Fig. 238. Versuch Joule.

$$\Phi = \Phi_0 + J m c_v T.$$

Nun wäre möglich, daß Φ_0 von dem Volumen abhängt. Daß eine solche Abhängigkeit in größerem Maßstabe nicht vorhanden ist, ergibt sich aus dem folgenden Versuche von Joule.

In ein kupfernes Gefäß A (Fig. 238) von etwa 2 Liter Inhalt wurde Luft unter einem Drucke von 22 Atmosphären gebracht. Durch eine mit einem Hahne verschlossene Röhre stand das Gefäß A mit einem zweiten evakuierten, B, von gleichem Inhalte in Verbindung, und beide Gefäße befanden sich in einem großen, mit Wasser gefüllten Kalorimeter. Öffnet man den Hahn, so dehnt sich das Gas, ohne eine äußere Arbeit zu leisten, auf das doppelte Volumen aus; dabei zeigt sich in A zunächst eine Abkühlung, in B eine Erwärmung; diese gleichen sich aber durch das Wasser des Kalorimeters hindurch sofort aus. Bei den Versuchen blieb schließlich keine meßbare Temperaturänderung übrig; da eine Arbeit von der eingeschlossenen Luft nicht geleistet wurde, so konnte sich ihre Energie bei der Ausdehnung nicht merklich verändert haben. Nach den Versuchen von Joule bleibt also die Energie einer gegebenen Luftmenge die gleiche, solange ihre Temperatur die gleiche ist, welches auch das von ihr eingenommene Volumen sein mag, die Energie ist also nur abhängig von der Temperatur und nicht von dem Volumen. Setzen wir den Anfangswert der Energie für die Temperatur des absoluten Nullpunktes gleich Null, so ist die Energie bei der Temperatur T einfach gleich Jmc_vT. Da unsere Beobachtungen nur über Veränderungen der Energie Aufschluß geben, ihr absoluter Betrag unbestimmt bleibt, so ist jene Festsetzung im allgemeinen unbedenklich.

Es ist notwendig, der vorhergehenden Betrachtung einige kritische Bemerkungen hinzuzufügen. Zunächst zeigt sich, daß sie nach zwei Seiten hin der strengen Geltung entbehrt.

Ein erstes Bedenken richtet sich gegen die angenommene Konstanz der spez. Wärme; diese ist von der Temperatur abhängig, nur in geringem Grade bei Gasen von einfacher molekularer Zusammensetzung, in erheblichem bei solchen mit komplizierteren Molekeln. Bei einer genauen Berechnung der Energie müßte auf diese Veränderlichkeit Rücksicht genommen werden. Dazu kommt der folgende Umstand. Wenn wir ein Gas in einem Gefäße von unveränderlichem Volumen abschließen und dann abkühlen, so kommen wir meist zu Temperaturen, bei denen nicht mehr der ganze Inhalt gasförmig bleibt, sondern ein Teil sich in flüssiger oder fester Form abscheidet. Gehen wir von einem solchen Zustande aus, so ist jede Erwärmung mit einer Verdampfung verbunden, und es ist von vornherein wahrscheinlich, daß die spez. Wärme nun eine andere ist, als solange der ganze Inhalt gasförmig war. Immerhin werden wir auch bei Berücksichtigung dieses Verhältnisses zu dem Satze kommen, daß die Energie eines Gases bei der absoluten Temperatur T gleich einer konstanten Größe vermehrt um Jmc_vT ist, nur die Bedeutung jenes konstanten Teiles würde sich ändern. Solange es sich also nur um Differenzen der Energiewerte bei verschiedenen Temperaturen handelt, können wir immer den einfachen Ausdruck Jmc_vT für die Energie benützen.

Was ferner den Versuch von Joule anbelangt, so müssen wir bemerken, daß eine Wiederholung unter Umständen, die eine genauere Messung zuließen, ein etwas abweichendes Resultat ergeben hat. Es findet bei der Ausdehnung in der Tat eine kleine Abkühlung statt, wie wir gleich zeigen wollen.

§ 183. Gesetz von van der Waals. Versuch von Joule und Thomson. Die schon in § 85 erwähnten Abweichungen des Boyleschen Gesetzes hat van der Waals in eine Beziehung gebracht; statt unserer alten Gasgleichung

$$pv = mRT$$

ist zu setzen

$$\left(p + \frac{a}{v^2}\right)(v - b) = mRT.$$

Hier sind a und b zunächst zwei Konstanten. Für $T = 0$ oder $p = \infty$ wird jetzt das Volumen nicht Null, sondern erreicht einen Grenzwert b.

Ferner kommt zu dem äußeren Drucke p noch ein Oberflächendruck a/v^2 hinzu. (Siehe weiteres § 207.)

Daraus folgt zunächst ein anderer Wert für die Energie des Gases. Wenn sich dieses etwa von dem Volumen b aus, welches der Temperatur $T = 0$ entspricht, bis zu dem Volumen v bei der Temperatur T unter konstantem äußeren Drucke ausdehnt, so wird die Energie des Gases größer als wir sie für ein ideales Gas berechneten, sie ist gegeben durch den Ausdruck:

$$\Phi = \Phi_0 + \mathrm{J}\, m\, c_v T + \frac{a}{b} - \frac{a}{v};$$

Φ_0 bezeichnet den Anfangswert der Energie für $T = 0$ und $v = b$.

Wiederholen wir die in § 178 angestellte Rechnung mit Zugrundelegung des Gesetzes von VAN DER WAALS, so ergibt sich für die Differenz der spezifischen Wärmen:

$$\mathrm{J}(c_p - c_v) = R\left(1 + \frac{2a}{v^2 p}\right) = R\left(1 + \frac{2ap}{m^2 R^2 T^2}\right).$$

Bei der Berechnung der in den Klammern enthaltenen Korrektionsgrößen sind die höheren Potenzen von a und b vernachlässigt.

Die Theorie des im vorhergehenden Paragraphen erwähnten Versuches von JOULE ergibt sich unmittelbar aus dem für die Energie gewonnenen Ansatze. Vor der Ausdehnung sei das Volumen des Gases v_1, die Temperatur T_1, nachher haben diese Größen die Werte v_2 und T_2. Da die Ausdehnung ohne Arbeit und ohne Wärmezufuhr erfolgt, so ist die Energie in dem ersten und in dem zweiten Zustande die gleiche; man erhält dann

$$\mathrm{J}\, m\, c_v (T_1 - T_2) = a\left(\frac{1}{v_2} - \frac{1}{v_1}\right).$$

Da die Konstante a nur klein ist, so können wir die Volumina v_2 und v_1 nach dem Gesetze der idealen Gase berechnen; wir können überdies auf der rechten Seite der Gleichung die nur wenig verschiedenen Temperaturen T_1 und T_2 durch ihren Mittelwert T ersetzen und erhalten dann:

$$T_1 - T_2 = \frac{a}{\mathrm{J}\, m^2 R\, c_v} \cdot \frac{p_1 - p_2}{T}.$$

Die Abkühlung ist um so größer, je niedriger die Temperatur, bei der der Versuch ausgeführt wird. Bei den Versuchen von JOULE (Fig. 238) waren die Verhältnisse so, daß nur eine Abkühlung von 0,004° entstehen konnte, die sich der Beobachtung entzog.

Wir wenden die gewonnenen Formeln endlich noch auf einen ähnlichen Versuch von JOULE und WILLIAM THOMSON an, der in neuerer Zeit von praktischer Bedeutung geworden ist (vgl. § 238). Wir denken uns einen Zylinder, der an seinen beiden Enden durch verschiebbare Kolben verschlossen ist. Der Zylinder sei durch einen Wattepfropf in zwei Kammern A und B geteilt. In A habe das den Zylinder erfüllende Gas einen größeren Druck p_1, in B einen kleineren p_2. Es wird infolgedessen Gas aus der Kammer A durch die Poren des Wattepfropfens hindurch nach B strömen. Durch Nachschieben des Kolbens von A, durch Ausziehen des Kolbens von B werde dafür gesorgt, daß der Druck in A konstant gleich p_1, der Druck in B konstant gleich p_2 bleibt. Infolge dieses Prozesses diffundiere nun ein Volumen v_1 aus der Kammer A nach B und breite sich dort auf das größere Volumen v_2 aus. Gleichzeitig sinke seine Temperatur von dem Betrage T_1 der Kammer A zu dem Betrage T_2 der Kammer B. Es soll nun die Differenz der Energien Φ_1 und Φ_2 bestimmt werden, welche das ganze zwischen den beiden Kolben eingeschlossene Gas in dem ersten und in dem zweiten Zustande hat. Bei dem Nachschieben des Kolbens in A wird auf das Gas eine Arbeit ausgeübt, die gleich $v_1 p_1$ ist; umgekehrt leistet das Gas in B eine Arbeit $v_2 p_2$, weil sich das Volumen von B unter dem Drucke p_2 um v_2 vergrößert. Im ganzen wird von dem Gase die Arbeit $v_2 p_2 - v_1 p_1$ geleistet; und um diese Größe muß die Energie des Gases abnehmen. Wir erhalten also die Gleichung:

$$\Phi_1 - \Phi_2 = v_2 p_2 - v_1 p_1,$$

oder, wenn wir für Φ_1 und Φ_2 die aus unserem Ansatze folgenden Werte setzen:

$$\mathrm{J}\, m c_v (T_1 - T_2) - a\left(\frac{1}{v_1} - \frac{1}{v_2}\right) = v_2 p_2 - v_1 p_1.$$

Man wird diese Gleichung umformen mit Benützung des Gesetzes von van der Waals; die Rechnung vereinfacht sich dadurch, daß b sehr klein ist; man findet zunächst:

$$T_1 - T_2 = \frac{2a}{\mathrm{J} m c_p}\left(\frac{1}{v_1} - \frac{1}{v_2}\right) - \frac{b}{\mathrm{J} m c_p}(p_1 - p_2).$$

Hier kann man zur Berechnung von $1/v_1$ und $1/v_2$ wieder das gewöhnliche Gasgesetz benützen und auf der rechten Seite die Temperaturen T_1 und T_2 durch ihren Mittelwert ersetzen; dann ergibt sich

$$T_1 - T_2 = \frac{1}{\mathrm{J} m c_p}\left(\frac{2a}{mRT} - b\right)(p_1 - p_2).$$

Die Abkühlung ist der Druckdifferenz zwischen den Kammern A und B proportional und wächst wieder mit abnehmender Versuchstemperatur.

Aus den vorhergehenden Untersuchungen ergibt sich, daß man die Konstanten a und b der van der Waalsschen Gleichung durch thermische Beobachtungen bestimmen kann. Vorläufig sei nur bemerkt, daß a proportional ist mit m^2, b proportional mit m; die Abhängigkeit der Abkühlung von der Masse m, wie sie in den gefundenen Formeln auftritt, ist also nur eine scheinbare.

Mit Bezug auf den Versuch von Joule und William Thomson ist noch zu bemerken, daß die Abkühlung den Beobachtungen zufolge annähernd dem Quadrate der absoluten Temperatur umgekehrt proportional ist. Das deutet darauf hin, daß die Größe a in dem Gesetze von van der Waals keine Konstante, sondern abhängig von der Temperatur ist. In der Tat kann man auch anderen Tatsachen der Beobachtung sehr viel besser entsprechen, wenn man annimmt, daß *a* der absoluten Temperatur umgekehrt proportional ist.

§ 184. **Adiabatische Zustandsänderung.** Der in § 182 gewonnene Satz, daß die Energie eines Gases wesentlich nur von der Temperatur abhängt, führt sofort zu weiteren wichtigen Konsequenzen. Wenn ein Gas bei konstant erhaltener Temperatur sich ausdehnt, so ändert sich seine Energie nicht, wohl aber leistet das Gas Arbeit, indem es den auf ihm lastenden Druck überwindet. Dies kann nur geschehen auf Kosten einer entsprechenden Wärmemenge, die dem Gase von außen zugeführt wird, und die Temperatur kann also auch nur durch eine solche Zufuhr konstant erhalten werden. Wenn wir umgekehrt das Gas bei konstant erhaltener Temperatur komprimieren und die vorhergehende Ausdehnung wieder rückgängig machen, so wird eine Arbeit von der äußeren Kraft geleistet; wenn trotzdem die Energie des Gases dieselbe bleibt, so muß diese Arbeit in Wärme verwandelt und an die Umgebung wieder abgegeben werden. Da die von dem Gase im ersten Falle geleistete Arbeit genau dieselbe ist, wie die im zweiten auf das Gas ausgeübte, so muß auch die im ersten Falle von dem Gase aufgenommene Wärme dieselbe sein, wie die im zweiten Falle abgegebene. Es werden also nicht bloß die mechanischen, sondern ebenso auch die thermischen Veränderungen bei dem umgekehrten Prozesse wieder vollkommen aufgehoben.

Von besonderem Interesse ist nun die Betrachtung einer Zustandsänderung, bei der das Gas gegen Wärmezufluß oder -abgabe vollkommen geschützt ist; es wird sich dies erreichen lassen, wenn man den Gasbehälter mit einer die Wärme sehr schlecht leitenden Hülle umgibt. Es wird dasselbe aber auch dann der Fall sein, wenn die Zustandsänderung so schnell vor sich geht, daß die Aufnahme oder Abgabe von Wärme während dieser Zeit verschwindend klein ist. Man bezeichnet eine Zustandsänderung von der geschilderten Art als eine adiabatische, ein Wort, das abgeleitet ist von *διαβαίνειν*, hindurchgehen, weil dabei keine Wärme durch die Gefäßwände hindurchgehen soll. Dehnen wir das Gas aus, so leistet es Arbeit, deren Äquivalent nur in einer Abnahme seiner Energie gesucht werden kann. Daraus folgt, daß jede adiabatische Ausdehnung mit einer Abnahme der Temperatur verbunden sein muß. Umgekehrt wird adiabatische Kompression Erwärmung zur Folge haben. Das letztere läßt sich in sehr augenfälliger Weise mit dem sogenannten pneumatischen Feuerzeuge zeigen. In einem dickwandigen Zylinder aus Glas ist ein Kolben luftdicht verschiebbar, an dessen unterer Fläche ein Stückchen Zunder befestigt ist. Stößt man den Kolben rasch gegen den Boden des Zylinders, so entwickelt die zusammengepreßte Luft eine Wärmemenge, die hinreicht, um den Schwamm zu entzünden.

Betrachten wir während der adiabatischen Ausdehnung eines Gases zwei durch verschiedene Werte des Volumens, des Druckes und der

Temperatur charakterisierte Zustände, so gilt natürlich für jeden die allgemeine Zustandsgleichung der Gase. Außerdem muß aber zwischen ihnen noch eine weitere Beziehung bestehen, da die der Temperaturdifferenz entsprechende Energieänderung gleich der von den Veränderungen des Volumens und des Druckes abhängenden Arbeitsleistung sein muß. Man erhält daher zwei Beziehungen zwischen den Zustandsgrößen p, v und T. Eliminiert man aus ihnen die Temperatur, so erhält man die für die adiabatische Zustandsänderung charakteristische Beziehung zwischen p und v. Der Ansatz vereinfacht sich, wenn man nur eine sehr kleine Veränderung des Zustandes betrachtet.

Bezeichnen wir die kleine Änderung der Temperatur mit dT, so ist die ihr entsprechende Änderung der Energie nach § 182 gleich $m c_v dT$. Da keine Wärme zugeführt wurde, so besteht die Änderung in einer Abnahme, die gleich der von dem Gase geleisteten Arbeit ist. Wir haben also (siehe zum Verständnis § 178) die Gleichung:

$$\mathrm{J}\, m c_v\, dT = -p\, dv\,.$$

Hier ist dv die kleine Zunahme des Volumens, p der Druck, der dabei zu überwinden ist. Nach dem Gasgesetze ist:

$$p = \frac{m R T}{v}\,.$$

Man erhält zunächst die Gleichung:

$$\mathrm{J}\, c_v \frac{dT}{T} = -R \frac{dv}{v}\,.$$

Ihre Lösung ist eine Aufgabe der Integralrechnung; sie führt zu der Beziehung:

$$T v^{k-1} = \text{Constans} = c_1\,,$$

hier bezeichnet k das Verhältnis der spezifischen Wärme bei konstantem Drucke zu der bei konstantem Volumen. Führt man mit Hilfe des Gasgesetzes an Stelle der Temperatur den Druck ein, so ergibt sich

$$p v^k = \text{Constans} = c_2\,.$$

Die Werte der Konstanten sind natürlich verschieden, sie hängen von Temperatur und Volumen, beziehungsweise von Druck und Volumen des Gases vor Eintritt der adiabatischen Zustandsänderung ab. Die letzten 2 Gleichungen verbinden T und v oder p und v bei adiabatischen Zustandsänderungen.

§ 185. Indifferentes Gleichgewicht der Atmosphäre. Von dem Gesetze der adiabatischen Zustandsänderung möge eine Anwendung gemacht werden auf die Temperaturverteilung in der Atmosphäre der Erde. Wir denken uns an der Erdoberfläche eine bestimmte Luftmenge m abgegrenzt. Wir versetzen diese in der als ruhend angenommenen Luft an eine Stelle, die sich in der Höhe h über der Oberfläche der Erde befindet, und zwar in adiabatischer Weise. Absolute Temperatur, Druck und Volumen haben an der Oberfläche der Erde die Werte T_0, p_0 und v_0, in der Höhe h die Werte T, p, v. Es gilt dann die Beziehung:

$$p\,v^k = p_0\,v_0^k.$$

Mit Hilfe des Gasgesetzes kann man die Volumina durch die entsprechenden Drucke und Temperaturen ausdrücken und erhält dann die Gleichung

$$\frac{T}{T_0} = \left(\frac{p}{p_0}\right)^{\frac{k-1}{k}},$$

durch welche die adiabatische Zustandsänderung ebenso charakterisiert wird, wie durch die früher gegebenen. Die Gleichung zeigt, daß die Temperatur der in adiabatischer Weise bis zu der Höhe h gehobenen Luftmenge sinkt, wie ja von vornherein zu erwarten war. Es sind nun drei Fälle denkbar. Erstens die Temperatur der Luftmenge m wird tiefer als die in der Höhe h über dem Erdboden herrschende; sie ist dann spezifisch schwerer als ihre Umgebung und sinkt wieder bis zur Oberfläche der Erde zurück. Der Zustand der Atmosphäre wäre in diesem Falle ein stabiler. Zweitens die zur Höhe h emporgehobene Luftmenge bleibt wärmer als ihre Umgebung, sie wird dann durch den Auftrieb der umgebenden Luft immer weiter nach oben getrieben; der Zustand der Atmosphäre wäre in diesem Falle ein labiler. Der dritte Fall ist der, daß die Luftmenge m bei ihrer Bewegung immer genau die Temperatur der Umgebung annimmt. Genügt die Temperaturverteilung in der Atmosphäre dieser Bedingung, so ist jene Luftmenge in jeder Höhe h im Gleichgewichte, und das Gleichgewicht der Atmosphäre selbst ist ein indifferentes. Bei dieser Betrachtung ist allerdings vorausgesetzt, daß die Luftmenge m bei ihrer Verschiebung keine merkliche Geschwindigkeit erhält. Sonst würde sie sich im Falle des indifferenten Gleichgewichts mit der erhaltenen Geschwindigkeit weiter bewegen.

Die wirkliche Berechnung der Temperaturverteilung beruht auf Überlegungen, welche den in § 86 angestellten ganz analog sind. Der Unterschied besteht nur darin, daß Volumen und Druck der Luft nicht durch das Boyle-Mariottesche Gesetz miteinander verbunden sind, sondern durch das Gesetz der adiabatischen Zustandsänderung. Beschränkt man sich auf Höhen, innerhalb derer die Beschleunigung der Schwere als konstant betrachtet werden kann, so ergibt sich für die Abnahme des Druckes mit der Höhe die Gleichung:

$$\left(\frac{p}{p_0}\right)^{\frac{k-1}{k}} = 1 - \frac{k-1}{k}\,\frac{g}{R\,T_0}\,h.$$

Daraus folgt dann für die Temperaturabnahme mit der Höhe die Formel:

$$T_0 - T = \frac{k-1}{k}\,\frac{g}{R}\,h.$$

Der Wert von k ist für Luft gleich 1,41, die Beschleunigung der Schwere $g = 981$, die Gaskonstante R ist für die Luft nach § 168 gleich

2876000. Setzen wir diese Werte ein, so ergibt sich für je 100 *m* eine Temperaturabnahme von 0,99° Cels. Die beobachteten Temperaturabnahmen sind im allgemeinen etwas kleiner, entsprechend einem stabilen Gleichgewichte der Atmosphäre.

§ 186. Verhältnis der beiden spez. Wärmen der Gase. Das Gesetz der adiabatischen Zustandsänderung ist abhängig von k, es muß also durch Beobachtung solcher Änderungen das Verhältnis der beiden spez. Wärmen zu bestimmen sein.

Die erste hierauf beruhende Methode zur Bestimmung von k ist folgende. In einem großen Ballon (Fig. 239) ist das Gas unter einem Überdrucke p abgeschlossen, der manometrisch gemessen werden kann. Wir lassen durch Umdrehen des mit einer weiten Durchbohrung versehenen Hahnes a rasch eine gewisse Gasmenge entweichen; dabei dehnt sich eine Gasmenge, die ursprünglich nur einen Teil des Ballons mit dem Volumen v erfüllt hatte, auf den ganzen Raum v_1 des Ballons aus; zugleich sinkt der Druck auf p_1. Die mit der Ausdehnung verbundene Abkühlung wird sich durch Wärmezufuhr von außen allmählich wieder ausgleichen. Wenn die ursprüngliche Temperatur sich wieder hergestellt hat, sei der Druck p_2; das Volumen bleibt dabei konstant gleich v_1. Die Zustände der im Ballon verbleibenden Gasmenge, welche durch die Werte v, p einerseits, v_1, p_1 andererseits charakterisiert werden, sind verbunden durch die Gleichung der adiabatischen Änderung, die Zustände vp und $v_1 p_2$ durch das Boyle-Mariottesche Gesetz, es ist also $p v^k = p_1 v_1^k$ und $p v = p_2 v_1$. Hieraus aber folgt:

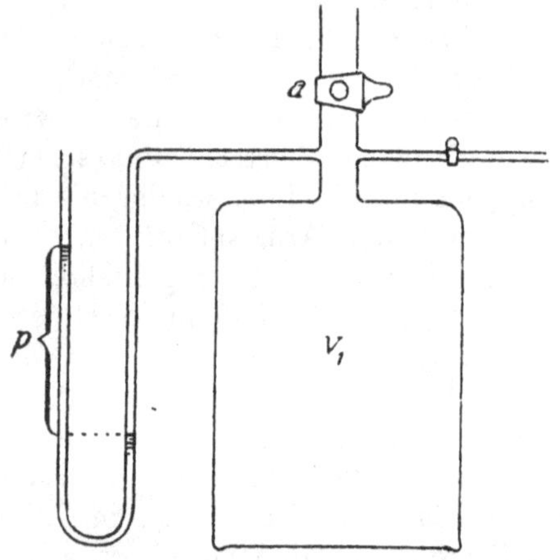

Fig. 239. Bestimmung von k.

$$\frac{p}{p_1} = \left(\frac{p}{p_2}\right)^k .$$

Man sieht, daß die Beobachtung der drei Drucke p, p_1 und p_2 zu der Berechnung von k genügt. Für Luft ergibt sich so der Wert $k = 1{,}4053$.

Der zweite Weg zu der Bestimmung von k beruht auf der Messung der Schallgeschwindigkeit (§ 112). Die Verdichtungen und Verdünnungen einer Schallwelle entstehen und verschwinden so schnell, daß ein merklicher Wärmeaustausch währenddessen nicht eintritt; das Gas folgt also dem Gesetze der adiabatischen Zustandsänderung. Daraus ergibt sich für die Fortpflanzungsgeschwindigkeit einer Schallwelle der Ausdruck:

$$v = \sqrt{k \frac{p}{\delta}} \,.$$

Hier bezeichnet p den Druck in absolutem Maße, $cm^{-1} \cdot g \cdot sec^{-2}$, δ das spez. Gewicht der Luft; es ist also $\frac{p}{\delta} = \frac{pv}{m} = RT$ (§ 168).

In Luft ist die Schallgeschwindigkeit bei 0° gleich $33280\,cm \cdot sec^{-1}$, $R = 2876000$ und $T = 273$. Man hat somit: $33280 = \sqrt{k \cdot 273 \cdot 2876000}$. Hieraus folgt:

$$k = 1{,}411,$$

ein Wert, der mit dem zuvor angeführten wohl übereinstimmt.

Weitere theoretische Betrachtungen siehe Band II.

II. Der zweite Hauptsatz.

§ 187. Die graphische Darstellung der Zustandsänderungen. Im folgenden betrachten wir eine bestimmte, immer gleichbleibende Gasmenge.

In Fig. 240 seien als Abszissen die Volumina, als Ordinaten die Drucke eingetragen. Irgendein Punkt A entspricht einem bestimmten Drucke p und einem bestimmten Volumen v. Dadurch ist aber auch nach dem Gesetze $pv = mRT$ eine bestimmte Temperatur festgelegt.

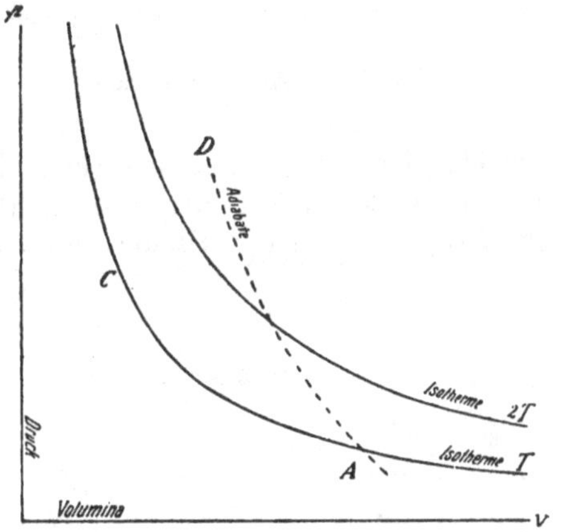

Fig. 240. Isothermen. Adiabaten.

Wir können nun p und v verändern und T konstant halten. Die Gleichung $pv =$ Constans ergibt eine gleichseitige Hyperbel, ausgezogene Kurve in Fig. 240; diese Linie ist die Isotherme für T. In doppelter Höhe ist dann die entsprechende Isotherme für $2\,T$ eingezeichnet. Die ganze Fig. 240 können wir uns so mit einer ganzen Schar von Isothermen durchzogen denken und jedem Punkte der Fläche entspricht nicht nur ein bestimmtes vp (Abszisse und Ordinate), es liegt jeder Punkt auch auf einer bestimmten Isotherme mit einem bestimmten T.

In unserer Gasmasse können wir also von den drei Größen v, p, T nur je zwei beliebig ändern, wodurch dann die dritte gegeben erscheint.

Komprimieren wir das Gas längs einer Isotherme von A nach C, so müssen wir, um T konstant zu halten, fortwährend die erzeugte Kompressionswärme wegnehmen. Tun wir dies aber nicht, lassen wir die erzeugte Wärme im Gase, so steigt T und damit p; die adiabatische Linie, z. B. AD, strichliert gezeichnet, verläuft steiler. In Fig. 240 können wir natürlich auch eine ganze Schar von Adiabaten einzeichnen.

Arbeitsdiagramm. Es sei das Gas zuerst durch den Punkt A charakterisiert, Fig. 241; wir verändern nun Druck, Volumen und Temperatur so, daß die aufeinanderfolgenden Zustände des Gases durch die einzelnen aufeinanderfolgenden Punkte der gezeichneten Kurve AB dargestellt werden.

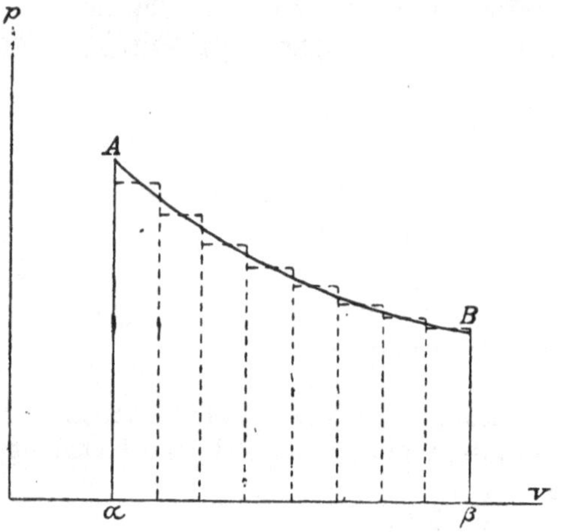

Fig. 241. Arbeitsdiagramm.

Welche Energie gewinnen wir bei diesem Vorgange? Druck mal Volumänderung dürfen wir hier nicht nehmen, weil der Druck sich ja fortwährend ändert.

Wir ersetzen die Kurve AB zunächst durch eine treppenförmige Zickzacklinie, d. h. wir lassen abwechselnd nur den Druck und nur das Volumen sich ändern und nicht beide zugleich. Um die notwendigerweise gleichzeitig auftretenden Temperaturänderungen kümmern wir uns nicht. Es sei das Gas wieder wie in Fig. 237 in einem Zylinder mit 1 cm² Grundfläche eingeschlossen. Während einer kleinen Strecke von v z. B. längs dv, kann der Druck p als konstant gelten. Die bei dieser kleinen Ausdehnung des Gases vom Drucke p geleistete Arbeit (§ 178) ist gegeben durch $p\,dv$. Die Gesamtarbeit bei der Ausdehnung von A bis B längs der Kurve AB ist gegeben durch die Summe aller schmalen Parallelogramme, $\Sigma p\,dv$, oder numerisch durch den Flächeninhalt des Viereckes $\alpha A B \beta$.

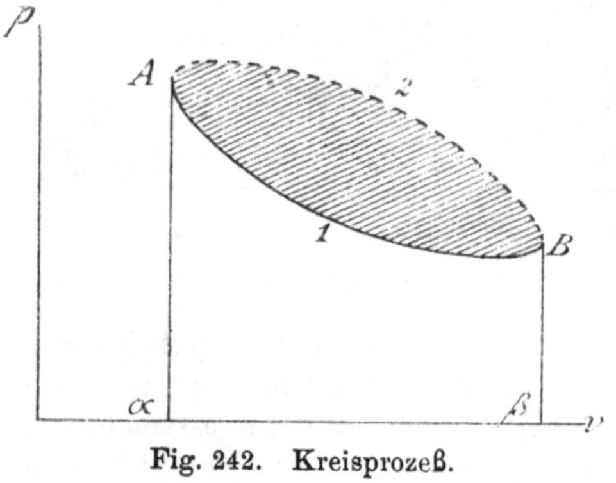

Fig. 242. Kreisprozeß.

Die Arbeit, die bei einer durch die Kurve AB dargestellten Zustandsänderung geleistet wird, ist numerisch gleich dem Inhalte des von AB, der Achse der Volumina und den Ordinaten von A und B begrenzten Viereckes.

Umgekehrt verbraucht das Gas dieselbe Energie, wenn wir genau den gleichen Weg in umgekehrter Richtung BA durchlaufen, also beim Komprimieren längs BA.

Diese Energien hängen aber nicht nur von den Endpunkten A und B

ab, sondern ersichtlich auch von den — willkürlich zu wählenden — Wegen. Verbinden wir A mit B durch eine Kurve, die höher liegt, in Fig. 242 strichliert gezeichnet, so wird diese neue Fläche, $A2B\beta\alpha$, größer.

Gehen wir nun den alten Weg von A nach B über 1 und den neuen Weg über 2 nach A zurück, so hat das Gas eine geschlossene Kurve, einen Kreisprozeß durchlaufen, dann haben wir für den Hin- und Rückgang zwei verschiedene Vierecke, das eine mit der Richtung $A\,1\,B$ stellt eine Energieabgabe, das andere mit der Richtung $B\,2\,A$ eine Energieaufnahme dar. Ihre Differenz ist die von den beiden Kurven eingeschlossene schraffiert gezeichnete Fläche.

Durchläuft die Zustandsänderung eines Gases eine geschlossene Kurve, so wird von dem Gase im ganzen eine Arbeit geleistet, wenn die Umlaufsrichtung mit der Bewegung des Uhrzeigers übereinstimmt; es wird im ganzen eine Arbeit auf das Gas ausgeübt, wenn die Umlaufsrichtung entgegengesetzt ist, wie die Bewegung des Uhrzeigers; immer ist der Betrag der Arbeit numerisch gleich dem Inhalte der von der Kurve umschlossenen Fläche.

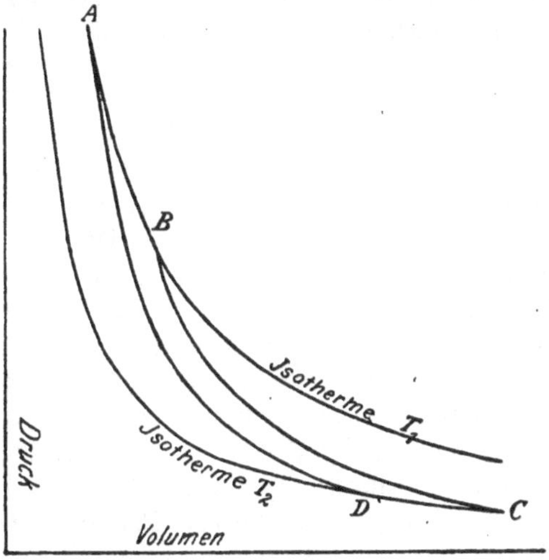

Fig. 243. CARNOTS Kreisprozeß.

§ 188. CARNOTscher Kreisprozeß. Wir wollen dies an einem Beispiele zeigen. Wir zeichnen ein Viereck $ABCD$ (Fig. 243), von dem zwei Seiten AB und CD durch Isothermen, zwei BC und DA durch adiabatische Linien dargestellt sind. Eine gegebene Menge Gas unterwerfen wir einem Kreisprozesse, dessen aufeinander folgende Phasen durch die Punkte des Linienzuges $ABCDA$ dargestellt sind.

Wärme wird von dem Gase aufgenommen bei der Ausdehnung längs der Isotherme AB, abgegeben bei der Kompression längs der Isotherme CD; während der durch die adiabatischen Linien BC und DA dargestellten Perioden des Prozesses wird aber Wärme weder aufgenommen noch abgegeben, und hierin liegt eben das Eigentümliche dieses sogenannten Kreisprozesses von SADI CARNOT (1796—1832). Seine Realisierung können wir uns in folgender Weise bewerkstelligt denken: während der Periode AB bringen wir das Gas in Berührung mit einem Reservoir, das mit Wasser von der konstanten Temperatur T_1 gefüllt ist; die Ausdehnung selbst lassen wir so langsam vor sich gehen, daß nie eine irgend merkliche Abkühlung des Gases eintritt; es wird dann in jedem Augenblicke eine gewisse Wärmemenge aus dem Reservoir in das Gas übergehen; wenn aber die in dem ersteren befindliche Wassermenge hinreichend groß ist, so wird damit keine merkliche Abkühlung des Wassers verbunden sein. Während der Periode BC und ebenso später während DA umgeben wir das Gas mit einer für die Wärme undurchdringlichen Hülle; wenn sich das Gas von B bis C ohne Wärmezufuhr ausdehnt, so findet eine Abkühlung auf die niedrige Temperatur T_2 statt. Wenn diese erreicht ist, setzen wir das Gas in Berührung mit einem Wärmereservoir von der gleichen Temperatur und komprimieren das Gas langsam längs der Isotherme CD. Wir leiten den Prozeß so, daß nie eine merkliche Temperaturerhöhung eintritt, sondern jede durch die Kompression erzeugte Wärmemenge sich sofort in dem Wasser des Reservoirs verliert. Endlich wird dann durch adiabatische Kompression das Gas längs DA wieder auf die Temperatur T_1 erwärmt und in den ursprünglichen durch A dargestellten Zustand zurückgeführt.

Der Wirkungsgrad des Carnotschen Kreisprozesses. Bei dem Carnotschen Prozesse wird von dem Gase eine gewisse Arbeit geleistet. Sie ist nach dem vorhergehenden Satze numerisch gleich dem Inhalte des Viereckes $ABCD$. Da das Gas am Ende des Prozesses sich in demselben Zustand befindet, wie am Anfang, so muß jene Arbeit das Äquivalent für die dem Gase zugeführte Wärme sein. Dabei ist aber zu bedenken, daß von dem Gase Wärme nicht bloß aufgenommen, sondern auch wieder abgegeben wird, daß also nur die Differenz dieser Wärmemengen in Arbeit verwandelt sein kann. Bezeichnen wir die Wärmemenge, die längs AB aufgenommen wird, durch Q_1, die längs CD abgegebene durch Q_2, so ist die in Arbeit verwandelte gleich $Q_1 - Q_2$. Den Wirkungsgrad unseres Prozesses werden wir nun danach beurteilen, welcher Bruchteil der ganzen zugeführten Wärme Q_1 in Arbeit verwandelt ist; wir erhalten daher als Wirkungsgrad η den Bruch:

$$\eta = \frac{Q_1 - Q_2}{Q_1}.$$

Die in Betracht kommenden Wärmemengen können für die isothermischen Prozesse AB und CD auf Grund des Prinzipes von der Äquivalenz der Wärme und Arbeit berechnet werden. Berücksichtigt man außerdem daß die Punkte A, B und C, D je einer Isotherme, die Punkte A, D und B, C je einer adiabatischen Kurve angehören, so kommt man mittels einer Rechnung, die uns zu weit führen würde, zu der einfachen Beziehung:

$$\eta = \frac{Q_1 - Q_2}{Q_1} = \frac{T_1 - T_2}{T_1}.$$

Der Wirkungsgrad ist gleich dem Verhältnisse der Temperaturdifferenz beider Reservoire zu der Temperatur desjenigen, aus dem das Gas Wärme aufnimmt. Es ergibt sich hieraus, daß die Wärme, welche dem Gase zugeführt wurde, nicht vollständig in Arbeit verwandelt werden kann, daß vielmehr durch die Natur des Prozesses selbst eine bestimmte Grenze in dieser Richtung gegeben ist. Der Wirkungsgrad ist um so größer, je tiefer die Temperatur der unteren Isotherme ist, und die Verwandlung würde vollständig sein, wenn es möglich wäre, ihre Temperatur gleich der des absoluten Nullpunktes zu machen. Aus der obigen Proportion folgt unmittelbar:

$$\frac{Q_1}{T_1} = \frac{Q_2}{T_2}.$$

Bei dem Carnotschen Kreisprozesse ist die an der oberen Isotherme aufgenommene Wärmemenge, dividiert durch die absolute Temperatur der Isotherme, gleich der an der unteren abgegebenen, dividiert durch die absolute Temperatur dieser Isotherme.

§ 189. Wärmemotoren. Diese allgemeinen Gesichtspunkte können wir auch auf alle Maschinen, bei welchen aus Wärme Arbeit gewonnen wird, anwenden.

Dampfmaschine. Bei dieser werden Eigenschaften des Wassers benützt, die von denen der Gase sehr verschieden sind; es handelt sich aber im folgenden nicht um eine Schilderung all der einzelnen technischen Einrichtungen, durch welche die Verwertung der Dampfkraft für den Betrieb von Maschinen zu einer immer größeren Vollendung gelangt ist, sondern nur um die Betrachtung eines idealen Schemas, dem sich die wirklichen Maschinen ihrer allgemeinen Wirkung nach unterordnen lassen.

Der Kessel der Dampfmaschine repräsentiert ein Reservoir oder eine Wärmequelle von konstanter, hoher Temperatur T_1; durch Öffnen eines Hahnes setzen wir den Kessel in Verbindung mit einem Zylinder, der durch einen verschiebbaren Kolben abgeschlossen ist. Der im Kessel entwickelte Dampf strömt in den Raum unter dem Kolben ein und schiebt diesen in die Höhe, während die Temperatur konstant gleich T_1 bleibt; nach einer gewissen Zeit schließen wir den Hahn und lassen den Dampf sich noch weiter ausdehnen, während er gegen Wärmeaufnahme geschützt ist. Er kühle sich adiabatisch ab auf die Temperatur T_2. Nun verbinden wir den Raum des Zylinders durch Öffnen eines zweiten Hahnes mit dem Kondensator, einem Wärmereservoir von der konstanten, niedrigen Temperatur T_2; der Kolben des Zylinders wird wieder zurückgeschoben und der Dampf so in den Kondensator getrieben; dort werde er bei der konstanten Temperatur T_2 verdichtet. Das Kondensationswasser kann mit Hilfe einer Pumpe wieder in den Kessel hinübergetrieben und auf diese Weise einem vollständigen Kreisprozesse unterworfen werden. Bezeichnen wir durch Q_1 die im Kessel bei der Verdampfung aufgenommene, durch Q_2 die an den Kondensator bei der Verflüssigung wieder abgegebene Wärmemenge, so ist die in Arbeit verwandelte gleich $Q_1 - Q_2$, der Wirkungsgrad $\eta = \frac{Q_1 - Q_2}{Q_1}$ ebenso wie in dem Beispiele des vorhergehenden Paragraphen.

Handelt es sich darum, direkt die Arbeit zu bestimmen, die von dem Kolben der Dampfmaschine bei einem Hin- und Hergange verrichtet wird, so kann man eine mechanische Einrichtung treffen, durch welche diese Arbeit selbsttätig aufgezeichnet wird. Man benützt dazu einen mit Papier überzogenen Zylinder, der durch die hin und hergehende Bewegung des Kolbens bald in der einen, bald in der anderen Richtung gedreht wird, so daß der Drehungswinkel der Volumenänderung des Dampfes in dem Zylinder entspricht. Gegen die Fläche des Papiers drückt ein Schreibstift, der durch den Druck des Dampfes auf und ab bewegt wird. Man erhält so ein Diagramm, bei dem die Achse der Volumina durch den Umfang des Zylinders, die Achse des Druckes durch eine Mantellinie gegeben ist. Die Berechnung der Arbeit erfolgt dann nach dem in § 187 gegebenen Satze. Apparate von solcher Art nennt man Indikatoren, die von ihnen gelieferte Zeichnung ein Indikatordiagramm.

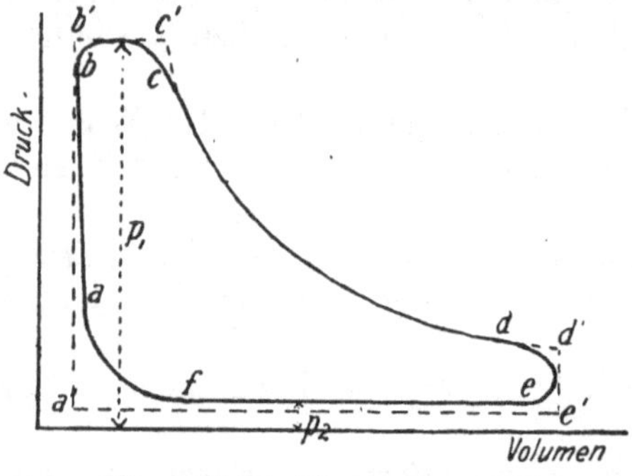

Fig. 244. Indikatordiagramm einer Dampfmaschine.

Beispiele von Indikatordiagrammen. Fig. 244 gibt ein in der geschilderten Weise erhaltenes Diagramm einer Dampfmaschine. Auf der horizontalen Achse sind die Volumina, auf der vertikalen die zugehörigen Drucke aufgetragen. Das Verständnis wird erleichtert, wenn wir an Stelle des durch die ausgezogene Linie dargestellten Diagrammes zunächst die gestrichelte Linie $a' b' c' d' e' a'$ betrachten; sie stellt den idealen Prozeß dar, welcher dem Spiele der Dampfmaschine zugrunde liegt. Dabei ist zu beachten, daß vermöge eines Gesetzes, mit dem wir uns später beschäftigen werden, der hohen Temperatur des Kessels ein hoher Dampfdruck p_1, der niedrigen Temperatur des Kondensators ein niedriger Druck p_2 entspricht. Wir betrachten zuerst die vertikale Linie $a' b'$; sie bezieht sich auf die Zustandsänderung des flüssigen Wassers; dieses wird durch die Pumpe von dem Drucke p_2 des Kondensators auf den Druck p_1 des Kessels gebracht, in den Kessel eingeführt und dort auf die Temperatur des Kessels erwärmt. Von den damit verbundenen kleinen Volumänderungen sehen wir ab; die ganze Zustandsänderung des flüssigen Wassers wird daher durch eine vertikale gerade Linie $a' b'$ dargestellt. Die horizontale Strecke $b' c'$ entspricht der vollständigen Verdampfung der betrachteten, in dem Kessel erhitzten Wassermenge; sie vollzieht sich bei dem konstanten Drucke p_1 des Kessels und ist mit einer sehr bedeutenden Vergrößerung des Volumens verbunden. Der Punkt c' entspricht dem Momente, in dem der Dampf vom Kessel abgesperrt wird; er dehnt sich dann längs der Linie $c'd'$ adiabatisch aus. Während in dem Diagramme der Weg $b'c'd'$ beschrieben wird, durchläuft der Kolben die ganze Hubhöhe von dem tiefsten bis zum höchsten Punkte, die ganze zwischen den sog. Totpunkten liegende Strecke. Der Punkt d' entspricht zugleich dem Momente, in dem der Dampfzylinder verbunden wird mit dem Kondensator. Der Druck sinkt sofort auf den Druck p_2 des Kondensators; das Volumen bleibt dabei konstant, so daß bei abnehmender Temperatur die vertikale Linie $d'e'$ beschrieben wird. Der Kolben kehrt nun von dem höchsten zu dem tiefsten Punkte seiner Bahn zurück. Bei dem konstanten Drucke p_2 wird der Dampf aus dem Zylinder in den Kondensator geschoben und dort vollkommen verflüssigt; dem entspricht die horizontale Linie $e'a'$. In a' beginnt dann der Kreislauf von neuem.

Die Abweichungen des wirklich aufgezeichneten Diagrammes $abcdefa$ von der Linie $a'b'c'd'e'a'$ sind dadurch bedingt, daß der wirkliche Prozeß etwas anders geleitet wird, als der ideale. Insbesondere sind die Krümmungen der Kurve bei d und bei f durch die folgenden Umstände veranlaßt. Man läßt den im Zylinder enthaltenen Dampf nach dem Kondensator abströmen, noch ehe der Kolben in dem oberen Totpunkte angelangt ist. Auf der anderen Seite schließt man den Austritt des Dampfes in den Kondensator ab, ehe der Kolben den unteren Totpunkt erreicht hat; es bleibt dann in dem Zylinder Dampf zurück, dessen Zustand durch den Punkt f des Diagrammes dargestellt wird. Während nun der Kolben gegen den unteren Totpunkt zurückgeht, wird der Dampf komprimiert und sein Zustand bewegt sich auf der adiabatischen Kurve fa. In a, noch ehe der Kolben den unteren Totpunkt erreicht hat, beginnt das Einströmen des Dampfes vom Kessel. Der Druck steigt sehr schnell auf den im Kessel herrschenden Druck p_1, während zugleich der Kolben in dem unteren Totpunkte ankommt. Es würde zu weit führen, wenn wir die Gründe auseinandersetzen wollten, aus denen man den wirklichen Prozeß etwas anders führt, als den idealen.

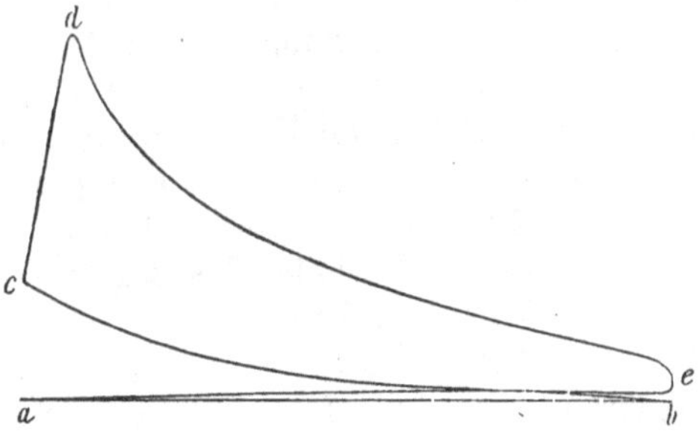

Fig. 245. Indikatordiagramm eines Gasmotors.

Bei einer zweiten Klasse von Wärmemotoren, den Verbrennungskraftmaschinen, wird der Brennstoff, statt von außen einen Kessel zu heizen, in den Zylinder der Maschine selbst eingeführt. Zu dieser Klasse gehört der vielbenützte Gasmotor, dessen Indikatordiagramm durch Fig. 245 dargestellt wird.

Die horizontalen Abmessungen des Diagrammes geben wieder die Volumina, die vertikalen die Drucke. Der Punkt *a* entspricht der tiefsten Lage des in dem Zylinder hin und her gehenden Kolbens. Der Kolben bewegt sich von *a* bis zu dem oberen Totpunkte *b* und saugt dabei eine Mischung von Leuchtgas und von Luft bei atmosphärischem Drucke in den Zylinder hinein. In *b* wird die Verbindung des Zylinders mit dem Gasometer und mit der Luft unterbrochen. Der Kolben geht nach dem unteren Totpunkte zurück und komprimiert dabei die explosible Mischung auf etwa $^1/_5$ des ursprünglichen Volumens; der Druck steigt; wenn der Kolben in dem unteren Totpunkte angekommen ist, so wird der Zustand des Gemisches durch den Punkt *c* des Diagrammes dargestellt, in diesem Momente erfolgt die Zündung und die Explosion; der Druck steigt sehr stark an, während sich das Volumen nur wenig vergrößert, entsprechend der Linie *cd* des Diagrammes. Wenn die Explosion vorüber ist, dehnen sich die Verbrennungsgase aus, indem sie den Kolben wieder bis zu dem oberen Totpunkte vor sich herschieben. Ist dieser erreicht, so wird der Raum des Zylinders mit der freien Luft in Verbindung gesetzt; der durch die Expansion längs *de* schon sehr erniedrigte Druck der Verbrennungsgase geht vollends auf den der Atmosphäre herunter. Der nach dem unteren Totpunkte zurückgehende Kolben treibt den größeren Teil der Zylinderfüllung in die Luft hinaus, nur der unter dem Kolben noch vorhandene Kompressionsraum bleibt mit Verbrennungsgasen gefüllt; die zusammengehörenden Werte von Volumen und Druck während dieser Periode des Auspuffs werden durch die Linie *ea* dargestellt. Von *a* ab beginnt das beschriebene Spiel von neuem. Zwischen dem Kreislaufe der Dampfmaschine und dem des Gasmotors besteht ein eigentümlicher Unterschied. Bei der ersteren geht der Kolben während des Kreislaufes zweimal von dem einen Totpunkte zum anderen, bei dem Gasmotor viermal. Der Kolben der Dampfmaschine arbeitet im Zweitakt, der des Gasmotors im Viertakt.

§ 190. Satz von Carnot. Die ungeheure Rolle, die nach Erfindung der Dampfmaschine der Wärme als bewegender Kraft zufallen mußte, veranlaßte Carnot (1824) zu einer Untersuchung der Fragen, ob diese Kraft durch irgendwelche Bedingungen beschränkt, ob sie abhängig sei von den Körpern, deren Veränderungen zu der Leistung der Arbeit benützt werden. Im Beginne seiner Abhandlung macht Carnot eine Bemerkung, durch welche das Wesen des Vorganges, der in den Wärmemaschinen zu der Erzeugung der bewegenden Kraft dient, losgelöst von allen Besonderheiten der Einrichtung, in ein neues und überraschendes Licht gestellt wird.

Als das Wesentliche des Vorganges betrachtet er den Übergang von Wärme von dem heißen Kesselraume zu dem kühlen Kondensator. Ebenso wie bei einem Mühlrade der Sturz des Wassers von der Höhe der zuleitenden Rinne zu der Tiefe des Mühlgrabens eine Quelle bewegender Kraft ist, so wird bei jeder Wärmemaschine die bewegende

Kraft erzeugt durch den Fall der Wärme von einem Körper mit höherer zu einem solchen mit tieferer Temperatur. Von diesem Gesichtspunkte aus kommt Carnot zu einer Fragestellung von fundamentaler Bedeutung. Zu dem Transporte der Wärme von der oberen Wärmequelle zu der unteren kann man alle möglichen Substanzen gebrauchen; ein permanentes Gas, einen Dampf, einen festen elastischen Körper. Ist nun der Wirkungsgrad einer Maschine abhängig von dem Körper, der zum Transport der Wärme dient, oder ist er für alle hierzu verwandten Körper der gleiche? Carnot entschied die Frage in dem letzteren Sinne; seine ganze Betrachtung beruhte aber auf der Annahme eines besonderen Wärmestoffes und verlor ihre Beweiskraft mit dem Siege der mechanischen Wärmetheorie. Es ist das Verdienst von Clausius, die bleibende Bedeutung des Carnotschen Satzes den neuen Anschauungen gegenüber erkannt, ihn zu einem Prinzip von ungemeiner Fruchtbarkeit und vielseitiger Anwendung entwickelt zu haben.

Der umkehrbare Kreisprozeß. Der Beweis des Carnotschen Satzes setzt voraus, daß die Kreisprozesse, denen wir die Arbeit erzeugenden Körper unterwerfen, umkehrbar seien; wir verstehen darunter folgendes. Es werde einmal der Prozeß in der durch die Reihenfolge der Buchstaben $ABCDA$ angegebenen Richtung vollzogen. Dabei erleidet der Körper in stetiger Folge mannigfache Änderungen seines Volumens, seines Druckes, seiner Temperatur, er nimmt in gewissen Phasen des Prozesses Wärme auf, gibt in anderen Wärme ab. Wenn wir nun in A angekommen sind, so lassen wir denselben Prozeß wieder rückwärts vor sich gehen, entsprechend der Reihenfolge $ADCBA$. Wir nennen den Prozeß umkehrbar, wenn bei dieser rückläufigen Operation in jeder Phase genau dieselbe Wärmemenge, die der Körper früher abgegeben hatte, wieder eintritt, dieselbe Wärmemenge, die er früher aufgenommen hatte, jetzt von ihm abgegeben wird. Es setzt dies voraus, daß bei dem direkten Prozesse keine Wärme verloren gegangen ist, die nachher durch den umgekehrten Prozeß nicht wieder gewonnen wird, daß bei dem umgekehrten Prozesse keine Wärme dem Körper entzogen wird, die er nicht in der entsprechenden Phase des direkten aufgenommen hatte. Die wirklichen Maschinen werden dieser Bedingung nicht entsprechen; unsere Betrachtung bezieht sich auf einen idealen Fall, dem wir uns durch geschickte Anordnungen mehr oder weniger nähern, den wir nie völlig erreichen werden. Die erste Bedingung, die wir erfüllen müssen, besteht in der Vermeidung jeder Berührung zwischen ungleich warmen Körpern. Würde die dem Kreisprozesse unterworfene Substanz bei der Bewegung auf der unteren Isotherme eine merklich höhere Temperatur haben als die Wärmequelle, so würde sie Wärme abgeben, die bei der Umkehr des Prozesses nicht wieder in die Substanz zurückströmte; ebenso würde jede andere merkbare Temperaturdifferenz zwischen der arbeitenden Substanz und den Wärmequellen Wärmebewegungen veranlassen, die durch die Umkehr des Prozesses nicht rückgängig zu machen wären. Ähnlich verhält sich die Wärme, die bei der Bewegung des Kolbens durch Reibung zwischen ihm und der Zylinderwand erzeugt wird, sobald der Kolben eine merkliche Geschwindigkeit bekommt; dies wird immer der Fall sein, wenn der äußere auf dem Kolben lastende Druck plötzlich um einen endlichen Betrag vermindert oder vermehrt wird. Die bei dem direkten Prozesse gewonnene Arbeit ist dann nicht mehr gleich der bei der Umkehr aufzuwendenden, der Prozeß ist nicht mehr reversibel. Eine zweite Bedingung für die Umkehrbarkeit besteht also darin, daß man den äußeren Druck stets nur unendlich wenig von dem der arbeitenden Substanz abweichen läßt.

§ 191. Die Sätze von Clausius und Thomson. Der Satz, daß der Wirkungsgrad einer Wärmemaschine, die mit einem Kreisprozesse zwischen einer oberen und einer unteren Wärmequelle arbeitet, von der speziellen Wahl der arbeitenden Substanz unabhängig ist, kann nicht aus irgendwelchen allgemeinen Sätzen a priori erschlossen, sondern muß durch Tatsachen der Erfahrung begründet werden. Auf dem Wege eines direkten Experimentes ist dies nicht möglich, da die störenden Einflüsse der Reibung, der Wärmeverluste bei größeren Temperaturunterschieden sich nicht eliminieren, die in Frage kommenden Arbeiten und Wärmemengen sich nicht genau messen lassen. Man ist also auf einen indirekten Gedankengang angewiesen; man wird versuchsweise annehmen, daß es zwei Substanzen mit verschiedenem Wirkungsgrade gäbe, und wird zeigen, daß diese Annahme mit der Erfahrung in Widerspruch tritt. Die beiden Substanzen nennen wir M und N; der Wirkungsgrad von M sei gleich η_m, der von N gleich η_n, und zwar sei η_m größer als η_n. Wir konstruieren nun eine Wärmemaschine, die auf der Kombination der mit M und N auszuführenden umkehrbaren Kreisprozesse beruht. Wir bedürfen dazu einer oberen Wärmequelle mit der Temperatur T_1, einer unteren mit der Temperatur T_2, die durch ein großes mit Wasser gefülltes Reservoir, einen See oder das Meer repräsentiert sein soll. Mit der Substanz M führen wir zuerst einen direkten Prozeß aus. Die Substanz nimmt an der oberen Quelle die Wärme Q_1^m auf, gibt an der unteren Q_2^m ab, erzeugt die mit der Wärmemenge $Q_1^m - Q_2^m$ äquivalente Arbeit; es ist dann $\frac{Q_1^m - Q_2^m}{Q_1^m} = \eta_m$ oder $Q_1^m - Q_2^m = \eta_m Q_1^m$; die Substanz M selbst ist nach dem Prozesse in demselben Zustande wie vorher. Nun führen wir mit der Substanz N einen zweiten, aber inversen Prozeß aus; sie nimmt dann aus dem Seewasser eine Wärmemenge Q_2^n auf, gibt an die obere Wärmequelle die größere Wärmemenge Q_1^n ab; dies wird möglich dadurch, daß wir auf die Substanz eine Arbeit ausüben, die mit der Wärmemenge $Q_1^n - Q_2^n$ äquivalent ist; es gilt dann, ebenso wie bei dem direkten Prozesse, die Gleichung $Q_1^n - Q_2^n = \eta_n Q_1^n$.

Die speziellere Einrichtung können wir nun auf zwei verschiedene Arten ausführen.

I. Wir treffen nach William Thomson (1851) die Einrichtung so, daß die von der Substanz M der oberen Wärmequelle entnommene Wärmemenge Q_1^m gleich der von N an sie abgegebenen Q_1^n, daß also $Q_1^m = Q_1^n = Q_1$ wird. Dann ist nach Ausführung der beiden Kreisprozesse die obere Wärmequelle ebenso unverändert geblieben, wie die Substanzen M und N; es ist aber Arbeit geleistet vom Betrage:

$$J(\eta_m - \eta_n) Q_1,$$

und es ist der unteren Wärmequelle entnommen die entsprechende Wärmemenge:

$$Q_2^n - Q_2^m = Q_1 - Q_2^m - (Q_1 - Q_2^n) = (\eta_m - \eta_n) Q_1 .$$

Es ist also Wärme verwandelt in Arbeit; aber diese Wärme ist, ohne daß irgendeine sonstige Veränderung eingetreten wäre, der unteren Wärmequelle, dem Seewasser, entnommen. Die Erfahrung zeigt, daß die Konstruktion einer in dieser Weise mit Kreisprozessen arbeitenden Maschine, die den im Seewasser enthaltenen Wärmevorrat in Arbeit verwandelte, nicht möglich ist. Wir müssen also schließen, daß die von unserer Maschine gelieferte Arbeit gleich Null, daß $\eta_m = \eta_n$ ist, wie es der Carnotsche Satz verlangt.

II. Anders ist die Betrachtungsweise von Clausius (1850). Er stützt sich auf die Tatsache, daß Wärme nie von selbst, d. h. ohne einen gleichzeitigen Aufwand von Arbeit von einem kälteren zu einem wärmeren Körper übergehen kann. Clausius leitet den doppelten Kreisprozeß der Maschine so, daß im direkten ebensoviel Arbeit geleistet, wie im inversen konsumiert wird. Dann ist:

$$Q_1^m - Q_2^m = Q_1^n - Q_2^n .$$

Somit:

$$\eta_m Q_1^m = \eta_n Q_1^n ,$$

und da η_m nach unserer Voraussetzung größer als η_n, ist umgekehrt

$$Q_1^m < Q_1^n .$$

Arbeit hat unsere Maschine keine verrichtet, wohl aber hat sie die Wärmemenge $Q_1^n - Q_1^m$ von der unteren Wärmequelle nach der oberen gebracht. Auch dieses müssen wir als etwas Unmögliches betrachten. Wärme strömt überall in der Richtung von dem wärmeren Körper zum kälteren. Wo immer wir einen umgekehrten Transport beobachten, wird gleichzeitig eine äußere Arbeit auf den die Wärme übertragenden Körper ausgeübt.

Dieser Satz von Clausius und der von Thomson sind äquivalent, jeder der beiden Sätze folgt aus dem anderen. Beide Sätze sind Erfahrungssätze.

Wir sind somit auf beiden Wegen zu dem Schlusse gelangt:

Der Wirkungsgrad eines Carnotschen Kreisprozesses, der sich zwischen zwei gegebenen Wärmequellen abspielt, ist von der speziellen Natur der arbeitenden Substanz unabhängig.

Nun haben wir den Wirkungsgrad des Prozesses für Gase bereits kennen gelernt; es war:

$$\frac{Q_1 - Q_2}{Q_1} = \frac{T_1 - T_2}{T_1}.$$

Dem CARNOTschen Satze zufolge gilt dieses Resultat allgemein für jede beliebige Substanz, die wir einem Kreisprozesse zwischen zwei Wärmequellen mit den absoluten Temperaturen T_1 und T_2 unterwerfen.

Wir knüpfen hieran noch eine weitere Bemerkung. Wenn der CARNOTsche Prozeß Arbeit erzeugen soll, so muß er so geleitet werden, daß gleichzeitig Wärme von der oberen Quelle zu der unteren übergeht. Dies ist aber die Richtung, in der sich Wärme von selber, ohne irgendeinen äußeren Eingriff, bewegt; Arbeit wird also aus Wärme nur gewonnen, wenn man jene natürliche Bewegung benützt. Man kann diesen Gedanken verallgemeinern und sagen, daß es überhaupt nur sogenannte natürliche, von selber sich vollziehende Prozesse sind, aus denen wir Arbeit gewinnen, z. B. der Fall des Wassers, der eine Turbine, ein Wasserrad treibt, der Fall des Uhrgewichtes, die bei einer gewissen Temperatur von selber erfolgende Verbrennung der Kohle. Umgekehrt also würden die natürlichen Prozesse dadurch charakterisiert sein, daß sie Arbeit oder mit ihr äquivalente Wärme erzeugen. Jede Veränderung dieser Art tritt von selber ein, wenn dies nicht durch künstliche Gegenanstalten verhindert wird. Es scheint hierdurch eine gewisse Ergänzung für das Prinzip von der Erhaltung der Energie gegeben. Dieses behauptet nur, daß wie auch immer der Zustand eines gegebenen Systemes sich ändert, die Summe von kinetischer Energie, von Wärme und von Spannkraft dieselbe bleiben muß, solange äußere Einwirkungen nicht vorhanden sind. Das Prinzip sagt nichts aus über die Richtung, in der die natürlichen Veränderungen des Systems sich vollziehen. Die vorhergehenden Bemerkungen enthalten eine Andeutung darüber, die im folgenden noch etwas weiter ausgeführt werden soll.

§ 192. Die Entropie. Wir haben schon in § 188 die Gleichung

$$\frac{Q_1}{T_1} = \frac{Q_2}{T_2} \qquad \text{oder} \qquad \frac{Q_1}{T_1} - \frac{Q_2}{T_2} = 0$$

durch eine einfache Umformung des CARNOTschen Satzes gewonnen. Es läßt sich zeigen, daß diese Gleichung in viel allgemeinerem Sinne gültig ist. Wir unterwerfen eine beliebige Substanz einem Kreisprozesse, bei dem sie der Reihe nach mit den verschiedensten Wärmequellen in Berührung kommt; graphisch können wir einen solchen Prozeß in der einfachsten Weise darstellen, indem wir in der Ebene der Achsen v und p eine ganz beliebige, in sich zurücklaufende Kurve ziehen. Die Temperatur der Substanz wird dabei eine stete Änderung erfahren; wir ändern den Prozeß ein klein wenig ab, indem wir an Stelle der ihn darstellenden Kurve eine Zickzacklinie setzen, die abwechselnd aus kleinen Stücken von Isothermen und von adiabatischen Linien zusammengesetzt ist. Eine solche ist in Fig. 246 in schematischer Weise gezeichnet; in Wirklichkeit müssen wir uns die einzelnen Seiten der Zickzacklinie mikroskopisch klein denken, so daß diese der gegebenen Kurve aufs engste sich anschließt. Die aufeinander folgenden Isothermensegmente wollen wir durchnumerieren, so daß das erste die Nummer 1, das letzte die Nummer n erhält. Die Temperaturen der Isothermensegmente seien der Reihe nach $T_1, T_2, T_3 \,.\,.\, T_n$, die bei ihrer Durchlaufung aufgenommenen kleinen Wärmemengen $dQ_1, dQ_2, dQ_3 \,.\,.\, dQ_n$.

Dem Falle, daß Wärme nicht aufgenommen, sondern abgegeben wird, tragen wir dadurch Rechnung, daß wir das betreffende dQ mit

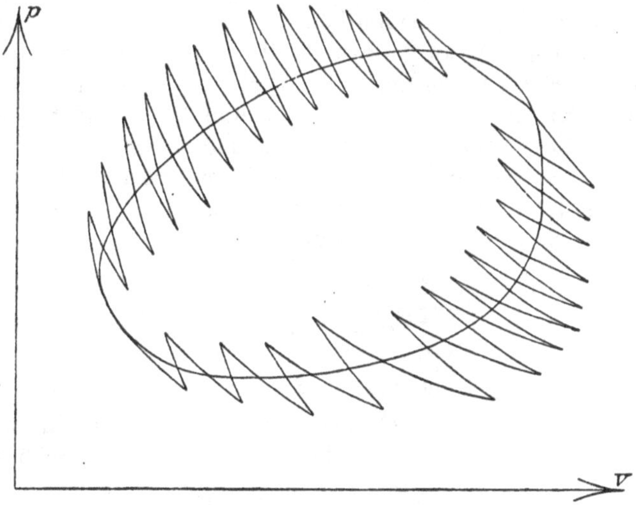

Fig. 246. $\Sigma dQ/T = 0$.

einem negativen Zeichen versehen. Unter diesen Umständen gilt, was wir nur in historischer Weise mitteilen, für jede beliebige Substanz die Gleichung:

$$\frac{dQ_1}{T_1} + \frac{dQ_2}{T_2} + \frac{dQ_3}{T_3} + \,.\,.\, + \frac{dQ_n}{T_n} = 0,$$

vorausgesetzt, daß der Prozeß ein umkehrbarer ist. In Worten läßt sich ihr Inhalt so ausdrücken. Bei einem umkehrbaren Kreisprozesse ist die Summe der aufgenommenen Wärmemengen, jede dividiert durch die absolute Temperatur, bei der sie aufgenommen wurde, gleich der Summe der abgegebenen, wiederum jede dividiert durch die absolute Temperatur, bei der sie abgegeben wurde. Man erkennt so unmittelbar die Übereinstimmung des Satzes mit dem spezielleren, der den Schluß von § 188 bildet.

Man kann die Gleichung, in welcher der Satz ausgedrückt ist, durch die folgende Annahme befriedigen. Bei einer Zustandsänderung, die bei konstanter Temperatur, also längs einer Isotherme erfolgt, sei die zugeführte Wärme gleich der absoluten Temperatur, multipliziert mit dem Zuwachse, den eine nur von Druck und Volumen, allgemeiner nur von den Zustandsgrößen des Körpers, abhängende Funktion S dabei erleidet; dieselbe Bestimmung gelte aber auch für jede andere Zustandsänderung, wenn nur die Differenz zwischen der Anfangs- und der Endtemperatur so klein ist, daß sie dem absoluten Betrage der Temperatur gegenüber vernachlässigt werden kann. Aus der letzteren Annahme folgt dann sofort, daß jene Funktion S konstant bleibt, sobald keine Wärme zugeführt wird, sobald der Zustand des Körpers längs einer adiabatischen Kurve sich bewegt. Danach werden wir die verschiedenen adiabatischen Kurven voneinander unterscheiden können durch die verschiedenen Werte, welche die Funktion S auf ihnen besitzt. Kehren wir nun zu dem Diagramme der Fig. 246 zurück; der Wert von S auf der adiabatischen Kurve, welche die Isothermensegmente 1 und 2 verbindet, sei S_1; sein Wert auf der die Isothermensegmente 2 und 3 verbindenden Adiabate sei $S_2 \ldots$, endlich sei der Wert von S auf der letzten Adiabate, auf der die Endpunkte der Isothermensegmente n und 1 liegen, gleich S_n. Der gemachten Annahme zufolge ist dann:

$$d\,Q_1/T_1 = S_1 - S_n,$$
$$d\,Q_2/T_2 = S_2 - S_1,$$
$$\cdot \quad \cdot \quad \cdot \quad \cdot \quad \cdot \quad \cdot \quad \cdot$$
$$d\,Q_n/T_n = S_n - S_{-1}.$$

Addieren wir alle diese Gleichungen, so kommen wir in der Tat, in Übereinstimmung mit dem allgemeinen Satze, zu der Gleichung:

$$d\,Q_1/T_1 + d\,Q_2/T_2 + \ldots + d\,Q_n/T_n = 0.$$

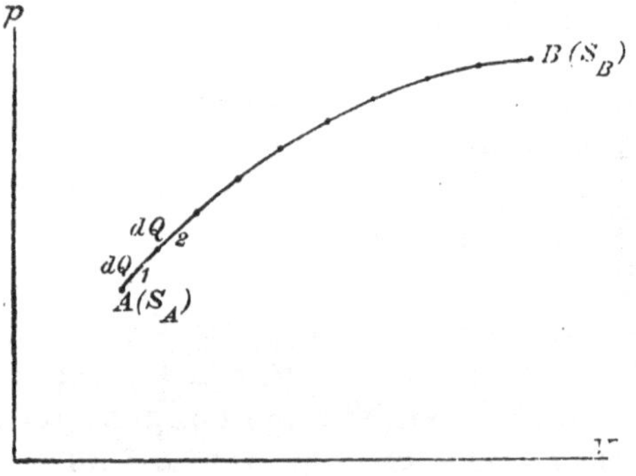

Fig. 247. Entropie.

Lassen wir nun den Zustand des Körpers längs einer ungeschlossenen Linie AB (Fig. 247) in umkehrbarer Weise fortschreiten. T_1, T_2, $T_3 \ldots$ seien die auf ihren einzelnen Segmenten herrschenden Temperaturen, $d\,Q_1$, $d\,Q_2$, $d\,Q_3 \ldots$ die auf ihnen dem Körper zugeführten Wärmemengen. S_A sei der Wert von S in dem Punkte A, S_B der in B, dann ergibt sich auf Grund einer Rechnung, die der im vorhergehenden ausgeführten ganz analog ist:

$$S_B - S_A = d\,Q_1/T_1 + d\,Q_2/T_2 + d\,Q_3/T_3 + \ldots$$

Hier hängt S_B nur ab von Druck und Volumen in B, S_A nur von den entsprechenden Werten in A. Fällt der Punkt B mit A zusammen, so ist $S_B - S_A$ gleich Null, und wir haben wieder den für den vollen Kreisprozeß geltenden Satz. Die Funktion S wurde von CLAUSIUS als die Entropie des Körpers bezeichnet nach ἡ τροπή, die Verwandlung; sie stellt eine neue Eigenschaft des Körpers dar, die für sein thermodynamisches Verhalten ebenso wichtig ist wie die Energie. Ihr absoluter Wert ist ebenso unbekannt wie der der Energie. Wir können nur die Änderungen bestimmen, die sie einem willkürlich gewählten Normalzustande gegenüber erleidet. Es ist ja nach der obigen Gleichung:

$$S_B = S_A + d\,Q_1/T_1 + d\,Q_2/T_2 + d\,Q_3/T_3 + \dots$$

Setzen wir willkürlich den Anfangswert in dem Punkte A, d. h. für die ihm entsprechenden, willkürlich anzunehmenden Normalwerte von Druck und Volumen gleich Null, so ist die Entropie in irgendeinem anderen Punkte B, also für irgendwelche anderen Werte von Druck und Volumen, gleich der Summe der Wärmemengen, die wir dem Körper zuführen müssen, um seinen Zustand auf einem umkehrbaren Wege von A nach B zu führen, jede dieser Wärmemengen vorher dividiert durch die absolute Temperatur, bei der sie zugeführt wurde. Abgegebene Wärmemengen sind negativ zu rechnen, dementsprechend kann natürlich auch die Entropie selbst einen negativen Wert annehmen.

Man könnte darüber im Zweifel sein, ob die Entropie in dem Punkte B durch dieses Verfahren eindeutig bestimmt werde, ob sich nicht ein anderer Wert für S_B ergäbe, wenn man von A nach B auf irgendeinem anderen Wege hingeht. Sind $d\,Q_1'$, $d\,Q_2'$, $d\,Q_3'\dots$ die auf den einzelnen Elementen des neuen Weges dem Körper zugeführten Wärmemengen, T_1', T_2', $T_3'\dots$ die entsprechenden Temperaturen, so ist:

$$S_B' = S_A + d\,Q_1'/T_1' + d\,Q_2'/T_2' + d\,Q_3/T_3' \dots$$

Auf der anderen Seite können wir aber die beiden Wege zu einem umkehrbaren Kreisprozesse verbinden, indem wir den Körper auf dem ersten Wege von A nach B, auf dem zweiten von B nach A zurückführen. Dann ergibt sich:

$$\frac{d\,Q_1}{T_1} + \frac{d\,Q_2}{T_2} + \frac{d\,Q_3}{T_3} + \dots - \frac{d\,Q_1'}{T_1'} - \frac{d\,Q_2'}{T_2'} - \frac{d\,Q_3'}{T_3'} - \dots = 0.$$

Es ist also $S_B' = S_B$. Die Entropie in B hängt somit lediglich von der Lage dieses Punktes ab, d. h. von den ihm entsprechenden Werten des Volumens und des Druckes. Die Entropie ist unabhängig von dem Wege, auf welchem der durch den Punkt B dargestellte Zustand erreicht wurde, sie hängt, wie wir von vornherein angenommen haben, nur von dem augenblicklichen Zustande des Körpers ab.

Die Entropie ist der Masse der Körper proportional; denn um etwa 2 g Wasser von dem Normalzustande A in den Zustand B überzuführen, muß man offenbar die doppelten Wärmemengen zuführen wie bei 1 g.

Der Zustand des Körpers erleide nun nur eine so kleine Veränderung, daß die Temperatur während derselben als konstant betrachtet werden kann; die entsprechende Vermehrung der Entropie sei dS, die zugeführte Wärme dQ, die absolute Temperatur T; dann ist:

$$dQ = T dS.$$

Die Wärmemenge ist gleich der absoluten Temperatur, multipliziert mit dem Zuwachs, den die Entropie des Körpers durch die Wärmezufuhr erleidet. Dieser Satz ist es, den wir im besonderen als den zweiten Hauptsatz der Wärmetheorie bezeichnen wollen. Sehr häufig wird dieser Name aber auch für das von CLAUSIUS eingeführte Prinzip benützt, daß Wärme nicht ohne Arbeit von einem kälteren zu einem wärmeren Körper übergehen kann.

Bei einer größeren Zustandsänderung, wie sie durch eine längere Kurve AB (Fig. 247) dargestellt wird, kann die vorhergehende Gleichung auf die aufeinander folgenden Segmente angewandt werden, und wir erhalten dann für die ganze dem Körper zugeführte Wärmemenge die Gleichung:

$$dQ_1 + dQ_2 + dQ_3 \ldots = T_1 dS_1 + T_2 dS_2 + T_3 dS_3 + \ldots$$

Der Begriff der Entropie ist aus der Betrachtung umkehrbarer Vorgänge hervorgegangen. Die Rechnung, die wir nötig haben, um von irgendeinem Zustande A ausgehend die Entropie für einen anderen Zustand B zu bestimmen, kann man natürlich ebenso anstellen, auch wenn die von A zu B führenden Zustandsänderungen nicht umkehrbar sind. Man kann also auch in diesem Falle von einer Vermehrung der Entropie sprechen. Die wichtigste Eigenschaft der Entropie, nur von dem augenblicklichen Zustande des Körpers abzuhängen, geht aber dabei verloren; die Entropie wird abhängig von der Reihe der Veränderungen, welche der Körper früher erlitten hat. Der erweiterte Entropiebegriff gibt Veranlassung zu einem Satze, der den Ablauf natürlicher Prozesse betrifft; er möge durch einige Beispiele erläutert werden.

Wir betrachten den Fall, daß zwei Körper $\mathfrak{K}_1$ und $\mathfrak{K}_2$ gegeben sind von den Temperaturen T_1 und T_2, wo $T_1 > T_2$. Durch Leitung gehe die Wärmemenge Q von $\mathfrak{K}_1$ auf $\mathfrak{K}_2$ über. Dann steigt die Entropie der beiden Körper zusammengenommen um $Q/T_2 - Q/T_1$, während die Energie konstant bleibt. Der Vorgang, der zu den in der Natur fortwährend von selbst sich abspielenden, aber nicht umkehrbaren gehört, ist also mit einer Vermehrung der Entropie verbunden.

Wenn ein Gewicht von einer gewissen Höhe herabfällt, so wird durch einen Stoß auf eine plastische Unterlage Wärme erzeugt; auch dieser Vorgang ist mit einer Vermehrung der Entropie verbunden, einmal durch die erzeugte Wärme selbst, sodann durch ihre Verbreitung in den kühleren Körpern, welche die zusammenstoßenden umgaben.

In ähnlicher Weise läßt sich der Fall einer chemischen Verbindung betrachten, die sich bei einer bestimmten Temperatur ohne unser Zutun unter Wärmeentwicklung vollzieht. Die Energie bleibt dabei konstant; es verwandelt sich nur chemische Energie in Wärme. Dadurch aber wächst die Entropie ebenso wie bei Temperaturzunahmen, die durch Wärmezufuhr von außen her verursacht werden.

Auf Grund solcher Beispiele und auf Grund des erweiterten Entropiebegriffes kann man es als eine Tatsache der Erfahrung betrachten, daß bei natürlichen Prozessen die Entropie zunimmt, während der Gesamtwert der Energie unverändert bleibt.

§ 193. Das Prinzip der Energiegleichungen. Wir denken uns zwei verschiedene Zustände eines Körpers. In dem einen sei seine Energie Φ_1, in dem andern Φ_2. Während des Überganges von dem einen Zustande zu dem anderen werde dem Körper die Wärmemenge Q zugeführt; gleichzeitig leiste er aber eine Arbeit L; dann ist der Zuwachs der Energie:

$$\Phi_2 - \Phi_1 = J\,Q - L.$$

Wir beschränken uns nun auf eine kleine Änderung des Zustandes. Der ihr entsprechende Energiezuwachs sei $d\,\Phi$, die zugeführte Wärme $d\,Q$, die geleistete Arbeit $d\,L$. Wir erhalten dann die Gleichung:

$$d\,\Phi = J\,d\,Q - d\,L.$$

Für $d\,Q$ können wir nach § 192 $T\,d\,S$ setzen. Was die Arbeit anbelangt, so nehmen wir an, sie werde lediglich bedingt durch die Volumausdehnung des Körpers bei seiner Zustandsänderung. Der äußere Druck sei p, die Volumvergrößerung $d\,v$; für ein Gas ergibt sich dann auf Grund der in § 178 angestellten Rechnung $d\,L = p\,d\,v$. Es läßt sich indessen zeigen, daß dieser Ausdruck unter der gemachten Voraussetzung bei einem beliebigen Körper die geleistete Arbeit darstellt. Für das Prinzip der Vermehrung der Energie ergibt sich dann die Form:

$$d\,\Phi = J\,T\,d\,S - p\,d\,v.$$

§ 194. Die freie Energie. Außer der Energie und der Entropie hat man noch eine dritte thermodynamische Eigenschaft der Körper eingeführt, die freie Energie. Sie hat für Prozesse, die bei konstant gehaltener Temperatur sich abspielen, isotherme Prozesse, dieselbe Bedeutung, wie die Gesamtenergie Φ für adiabatische. Bei den letzteren muß die Abnahme von Φ gleich der von dem Systeme geleisteten Arbeit sein. Ebenso ist bei isothermen Prozessen die geleistete Arbeit gleich der Abnahme der freien Energie. Die freie Energie stellt also den Teil der Gesamtenergie dar, der bei konstanter Temperatur in Arbeit verwandelt werden kann. Bezeichnen wir die freie Energie des Systemes durch F, seine Entropie durch S, seine absolute Temperatur durch T, so bestehen die, hier nur historisch anzuführenden Beziehungen:

$$F = \Phi - J\,T\,S,$$

$$d\,F = -J\,S\,d\,T - d\,L, \quad \text{bzw.} \quad d\,F = -J\,S\,d\,T - p\,d\,v.$$

Die beiden letzten Gleichungen beziehen sich auf kleine Zustandsänderungen, ebenso wie die Gleichungen am Schlusse des vorhergehenden Paragraphen. Ist die Temperaturänderung $dT = 0$, so wird $dF = -dL$. Die freie Energie nimmt in der Tat ab um den Betrag der geleisteten Arbeit. Wenn die in der Natur von selbst sich abspielenden Prozesse in dem Sinne verlaufen, in dem sie die Arbeit erzeugen, so sind sie bei gleichbleibender Temperatur mit einer Abnahme der freien Energie verbunden. Der umgekehrte Satz, daß alle natürlichen Prozesse so sich vollziehen, daß bei konstanter Temperatur die freie Energie abnimmt, bildet in ähnlichem Sinne eine Ergänzung des Energiegesetzes, wie der am Schlusse von § 192 besprochene.

Erfolgt die Zustandsänderung umgekehrt so, daß keine Arbeit geleistet wird, sondern lediglich die Temperatur des Körpers sich ändert, so ist

$$dF = -J\,S\,dT \quad \text{und} \quad J\,S = -dF/dT.$$

Die letztere Gleichung enthält eine neue Definition der Entropie S, die wir in folgender Weise fassen können: Bei einem Prozesse, der nicht mit Arbeitsleistung verbunden ist, ändere sich die Temperatur um den kleinen Betrag dT, die freie Energie um den Betrag dF; dann ist die Entropie gleich dem negativ genommenen Verhältnisse dF/dT noch dividiert durch das mechanische Äquivalent der Wärme.

Zwischen der ganzen Energie Φ, der freien Energie F und der Entropie S besteht aber die Beziehung:

$$\Phi - F = J\,T\,S;$$

für Prozesse, bei denen keine Arbeit geleistet wird, sondern nur die Temperatur sich ändert, gilt somit die Gleichung:

$$\Phi - F = -T\,dF/dT.$$

§ 195. **Gleichgewicht thermodynamischer Systeme.** Wenn in einem rein mechanischen Systeme die Möglichkeit vorliegt, durch irgend eine Änderung der Konfiguration Arbeit zu leisten, so tritt die entsprechende Bewegung immer von selber ein, wenn nicht eine künstliche Hemmung geschaffen wird. Wir haben dies in § 191 an dem Beispiele des fallenden Wassers, des Uhrgewichtes erläutert. Umgekehrt ist ein mechanisches System im Gleichgewichte, wenn keine Änderung der Konfiguration mehr möglich ist, bei der Arbeit geleistet wird; wir haben dies schon in § 27 an dem Beispiele einer Kugel gesehen, die in dem Grunde eines Trichters gelegen ist. Wenn wir diesen Satz, der für mechanische Systeme unzweifelhaft gilt, erweitern auf Systeme, in denen irgendwelche Wärmewirkungen oder auch chemische Prozesse sich abspielen, so kommen wir zu den drei Sätzen:

Bei konstanter Energie ist ein thermodynamisches System im Gleichgewichte, wenn bei keiner möglichen Änderung seine Entropie zunimmt.

Bei konstanter Entropie ist Gleichgewicht vorhanden, wenn bei keiner möglichen Änderung die Energie abnimmt.

Bei konstanter Temperatur ist das System im Gleichgewichte, wenn bei keiner möglichen Änderung die freie Energie abnimmt.

§ 196. Der Wärmesatz von Nernst.[1] Der vorhergehenden Gleichung zufolge verschwindet bei der absoluten Temperatur 0 der Unterschied zwischen der Gesamtenergie Φ und der freien Energie F. Sie besitzen hier einen gemeinsamen Grenzwert, den wir mit Φ_0 bezeichnen wollen. Denkt man sich die beiden Energien in ihrer Abhängigkeit von der absoluten Temperatur graphisch dargestellt — die Temperatur T möge auf der horizontalen, die Werte von Φ und F auf der vertikalen Achse abgetragen werden —, so gehen die Kurven für F und für Φ von einem und demselben Punkte der vertikalen Achse aus, den wir mit Φ_0 bezeichnen wollen. Nernst macht nun die weitere Annahme, daß die beiden Kurven in dem Punkte Φ_0 eine gemeinsame Tangente besitzen, das heißt, nach den Lehren der Differentialrechnung:

$$dF/dT = d\Phi/dT \quad \text{für} \quad T = 0.$$

Wir beschränken die Anwendung dieses Satzes auf den Fall fester Körper, bei denen die äußeren Arbeitsleistungen bei einer Änderung des Zustandes zu vernachlässigen sind, und welche überdies beim absoluten Nullpunkt vermutlich allein existieren. Wir haben in § 182 die Energie eines Gases ausgedrückt durch die spez. Wärme c_v. Dieselbe Formel gilt auch für den zu betrachtenden festen Körper; seine Energie Φ bei der Temperatur T kann also dargestellt werden durch den Ausdruck:

$$\Phi = \Phi_0 + \mathrm{J}\, m c T.$$

Hier bezeichnet m die Masse des Körpers, c die als konstant betrachtete spez. Wärme. Diese ist aber selber abhängig von der Temperatur; mit Rücksicht hierauf machen wir für Φ den allgemeineren Ansatz:

$$\Phi = \Phi_0 + \mathrm{J}\, m(\alpha T + \beta T^2 + \gamma T^3).$$

Der Ansatz gestattet nun auch die Berechnung der freien Energie mit Hilfe der Gleichung:

$$\Phi - F = -T\, dF/dT.$$

Wir stellen F ebenso wie Φ durch eine nach Potenzen von T fortschreitende Reihe dar:

$$F = p + qT + rT^2 + sT^3.$$

Dann wird:

$$F - T\,dF/dT = p - rT^2 - 2sT^3.$$

[1] Berl. Ber. (1906).

Das muß aber gleich sein dem Werte von Φ; daraus ergibt sich:

$$p = \Phi_0, \quad \alpha = 0; \quad r = -\mathrm{J}\, m\beta; \quad s = -\tfrac{1}{2}\mathrm{J}\, m\gamma.$$

Der Wert von Φ kommt also auf die Form:

$$\Phi = \Phi_0 + \mathrm{J}\, m\beta \cdot T^2 + \mathrm{J}\, m\gamma \cdot T^3.$$

In der graphischen Darstellung hat die Kurve für Φ in Φ_0 eine horizontal gerichtete Tangente. Nach dem Satze von Nernst muß dasselbe für die Tangente der Kurve F im Punkte Φ_0 gelten. Daraus folgt, daß der Koëffizient q gleich 0 ist.

Man erhält also schließlich die beiden Formeln:

$$\Phi = \Phi_0 + \mathrm{J}\, m\beta T^2 + \mathrm{J}\, m\gamma T^3$$

und

$$F = \Phi_0 - \mathrm{J}\, m\beta T^2 - \tfrac{1}{2}\mathrm{J}\, m\gamma T^3.$$

Wir wollen die Formeln noch weiter dadurch vereinfachen, daß wir uns beschränken auf die von T^2 abhängenden Glieder. Dann ergibt sich:

$$\Phi = \Phi_0 + \mathrm{J}\, m\beta T^2; \quad F = \Phi_0 - \mathrm{J}\, m\beta T^2.$$

Um eine Anwendung dieser Gleichungen zu machen, ziehen wir zunächst die Konsequenzen, welche sich daraus für die spez. Wärme des Körpers ergeben. Bei T'' und T' sind die Energien gegeben durch:

$$\Phi'' = \Phi_0 + \mathrm{J}\, m\beta T''^2; \quad \Phi' = \Phi_0 + \mathrm{J}\, m\beta T'^2.$$

Somit ist:

$$\Phi'' - \Phi' = \mathrm{J}\, m\beta (T'' + T') \cdot (T'' - T').$$

Nehmen wir an, die Temperaturen T'' und T' unterscheiden sich nur um den sehr kleinen Betrag dT, ihr Mittelwert sei T, so ergibt sich:

$$\Phi'' - \Phi' = \mathrm{J}\, m \cdot 2\beta T \cdot dT.$$

Daraus folgt, daß die spez. Wärme des Körpers $= 2\beta T$ ist, also proportional mit der absoluten Temperatur. Damit stehen die neueren Untersuchungen über die Temperaturabhängigkeit der spez. Wärme im Einklange (§ 175).

Etwas weitergehend formuliert Planck[1] das Nernstsche Wärmetheorem: Beim Nullpunkt der absoluten Temperatur hat die Entropie eines jeden chemisch homogenen Körpers von endlicher Dichte einen bestimmten, vom Druck, vom Aggregatzustand und von der speziellen chemischen Modifikation unabhängigen Wert. Da der Entropiewert, wie wir ihn § 192 ableiteten, immer eine additive Konstante besitzt, können wir auch festsetzen: Beim Nullpunkt der absoluten Temperatur besitzt die Entropie eines jeden chemisch homogenen Körpers von endlicher Dichte den Wert Null.

§ 197. Zusammenfassung der drei Grundsätze. Wir haben also im ganzen drei Wärmesätze, die wir so zusammenfassen können:

I. Hauptsatz. Es ist unmöglich, eine ideale mechanische Maschine zu konstruieren, d. h. eine solche, die fortwährend Wärme oder Arbeit aus nichts schafft. Unmöglichkeit des Perpetuum mobile erster Art.

[1] Thermodynamik, Leipzig (1917).

II. Hauptsatz. Es ist unmöglich, eine ideale kalorische Maschine zu konstruieren, d. h. eine solche, die fortwährend die Wärme der Umgebung in äußere Arbeit verwandelt. Unmöglichkeit des Perpetuum mobile zweiter Art.

III. Nernst-Theorem. Es ist unmöglich, eine ideale Kältemaschine zu konstruieren, d. h. eine solche, die einen Körper völlig der Wärme beraubt und bis -273^0 abkühlt.[1]

§ 198. Irreversible Kreisprozesse. Der Carnotsche umkehrbare Kreisprozeß läßt die Entropie des aus den beiden Wärmequellen und der arbeitenden Substanz gebildeten Systemes unverändert; seine Energie nimmt ab, da ein Teil der Wärme in Arbeit verwandelt wird. Bei dem Kreisprozesse, den die Substanz in irgendeiner realen Maschine durchläuft, wie etwa das Wasser in einer Dampfmaschine, finden außerdem Energieverluste statt durch Reibung, durch Wärmeübergang zwischen Körpern von merklich verschiedener Temperatur, die durch eine Umkehr des Prozesses nicht wieder zu ersetzen sind, es wird, wie man sagt, Energie zerstreut. Der Nutzeffekt einer realen Maschine ist daher kleiner als der des idealen Carnotschen Prozesses. Ihre „effektive", mit dem Pronyschen Zaume zu bestimmende Leistung ist kleiner, als die „indizierte", wie sie aus der zwischen Kessel und Kondensator bestehenden Druckdifferenz, aus der Hubhöhe des Kolbens und aus der Tourenzahl der Maschine nach dem Indikatordiagramm berechnet werden kann.

Wir wollen nun untersuchen, welche Bedingungen sich für einen Kreisprozeß aus der bloßen Eigenschaft der Nichtumkehrbarkeit ergeben. Wir benützen dabei die Betrachtung, die wir in § 191 auf einen umkehrbaren Carnotschen Prozeß angewandt haben. Wir nehmen an, der nicht umkehrbare Prozeß könne sich nur in der Richtung von der oberen zu der unteren Wärmequelle vollziehen; die arbeitende Substanz bewege sich dabei, ähnlich wie in Fig. 243, zuerst auf einer Isotherme AB, dann folge eine Ausdehnung ohne Wärmezufuhr, aber in nicht umkehrbarer Weise; nach Ablauf derselben werde der Zustand der Substanz durch einen Punkt C' repräsentiert, der aber verschieden ist von dem Punkt C der Fig. 243; von C' bewege er sich, ähnlich wie in Fig. 243, auf einer Isotherme weiter nach D, und kehre von da auf einer adiabatischen Kurve nach A zurück. Alle Änderungen, mit Ausnahme der zwischen B und C' eintretenden, seien reversibel. Die an der oberen Wärmequelle von der Substanz aufgenommene Wärmemenge sei Q_1, die an der unteren abgegebene Q_2. Wir kombinieren nun diesen Prozeß mit einem umkehrbaren, den wir in der inversen Richtung vor sich gehen lassen. Die an der unteren Wärmequelle dabei aufgenommene Wärmemenge sei Q_2', die an der oberen abgegebene Q_1'. Wir leiten die beiden Prozesse so, daß $Q_1 - Q_2 = Q_1' - Q_2'$, daß also im ganzen keine Arbeit

[1] Nernst, Theoretische Chemie (1913).

geleistet wird. Nach dem in § 191 eingeführten Prinzip kann dann keine Wärme von der unteren Wärmequelle zu der oberen übergehen, es muß also Q_1 größer, mindestens gleich Q_1' sein. Nehmen wir an, daß in Wirklichkeit $Q_1 > Q_1'$, so folgt weiter $\frac{Q_1 - Q_2}{Q_1} < \frac{Q_1' - Q_2'}{Q_1'}$. Da aber der zweite Prozeß ein umkehrbarer ist, so gilt (§ 191) die Gleichung $\frac{Q_1' - Q_2'}{Q_1'} = \frac{T_1 - T_2}{T_1}$; für den nicht umkehrbaren Prozeß folgt hieraus:

$$\frac{Q_1 - Q_2}{Q_1} < \frac{T_1 - T_2}{T_1} \quad \text{und daher} \quad \frac{Q_2}{T_2} > \frac{Q_1}{T_1}.$$

Gehen wir (Fig. 243) von A auf der Isotherme T_1 nach B, so wächst die Entropie der arbeitenden Substanz um Q_1/T_1; gehen wir von D auf der Isotherme T_2 nach C', so wächst die Entropie um Q_2/T_2. Nun liegen die Punkte A und D auf derselben adiabatischen Linie, nach § 192 entspricht ihnen also derselbe Wert der Entropie; die Ungleichung $Q_2/T_2 > Q_1/T_1$ zeigt hiernach, daß die Entropie der arbeitenden Substanz in C' größer ist als in B. Der nicht umkehrbare Teil des Prozesses ist mit einer Vermehrung der Entropie für die arbeitende Substanz verbunden.

Betrachten wir den ganzen Kreisprozeß, so befindet sich die arbeitende Substanz am Schlusse wieder in demselben Zustande wie am Anfange, sie besitzt also auch wieder dieselbe Entropie, aber die Entropie der unteren Wärmequelle ist um Q_2/T_2 gewachsen, während die der oberen um Q_1/T_1 abgenommen hat. Die Entropie des von der arbeitenden Substanz zusammen mit den beiden Wärmequellen gebildeten Systems ist größer geworden. Gleichzeitig hat sich die Energie des Systems verringert, da ja ein Teil der Wärme in Arbeit verwandelt wurde. Diese Arbeit wird dadurch bedingt, daß der auf den Kolben des Zylinders wirkende Druck während der Volumzunahme größer ist, als bei der Wiederabnahme, die Arbeitsleistung erscheint in der Form eines gehobenen Gewichtes, sie dient also zu der Herstellung von potentieller Energie. Wir können nun auch das gehobene Gewicht als einen integrierenden Bestandteil des ganzen Systems betrachten, das dann aus ihm, aus den beiden Wärmequellen und aus der arbeitenden Substanz besteht. Bei diesem vervollständigten Systeme wird durch unseren nicht umkehrbaren Kreisprozeß nur eine Verwandlung der Energie, aber keine Veränderung ihres Betrages erzeugt. Nur die Entropie wird größer. Bei dieser Betrachtung, die auf alle an dem Prozesse beteiligten Körper Rücksicht nimmt, stellt sich der nicht umkehrbare Kreisprozeß vollständig unter das in § 192 angegebene Prinzip, daß bei konstanter Energie jeder natürliche Prozeß eine Vermehrung der Entropie bedingt. Der Satz von der Tendenz natürlicher Prozesse, den wir in § 192 auf etwas hypothetischem Wege gefunden hatten, wird durch die vorstehenden Betrachtungen auf das in § 191 eingeführte Prinzip von Clausius zurückgeführt.

§ 199. Thermodynamische Messung der Temperatur. Von dem CARNOTschen Prinzip machen wir schließlich noch eine Anwendung auf die Lehre von der Temperatur. Zu diesem Zwecke ist eine kleine Umformung des in § 188 gegebenen Ausdruckes notwendig. Die bei dem umkehrbaren Prozesse geleistete Arbeit sei A; das mechanische Äquivalent J Q_1 der an der oberen Wärmequelle aufgenommenen Wärme Q_1 sei A_1; ersetzen wir in der Gleichung

$$\frac{Q_1 - Q_2}{Q_1} = \frac{T_1 - T_2}{T_1}$$

die Wärmemengen durch die mit ihnen äquivalenten Arbeiten, so erhalten wir:

$$\frac{A}{A_1} = \frac{T_1 - T_2}{T_1},$$

und hieraus:

$$\frac{T_1}{T_2} = \frac{1}{1 - \frac{A}{A_1}}.$$

Sind die Arbeiten A und A_1 durch Versuche bestimmt, so können wir T_1 berechnen, wenn T_2 gegeben ist, oder umgekehrt T_2 bei gegebenem T_1. Wir gewinnen also die Möglichkeit, die absoluten Temperaturen durch rein mechanische Messungen zu bestimmen, wenn uns irgendeine derselben gegeben ist. Wir wollen als diese gegebene Temperatur im folgenden die Schmelztemperatur des Eises betrachten, die mit T_0 bezeichnet werden möge. Soll eine höhere Temperatur T bestimmt werden, so benützen wir einen CARNOTschen Kreisprozeß, bei dem T die Temperatur der oberen, T_0 die der unteren Wärmequelle ist, und berechnen T nach der Formel

$$\mathsf{T} = T_0 \frac{1}{1 - \frac{A}{A_1}}.$$

Handelt es sich umgekehrt um Temperaturen, die unter T_0 liegen, so muß T_0 die Temperatur der oberen, T die der unteren Wärmequelle sein, und wir erhalten:

$$\mathsf{T} = T_0 \left(1 - \frac{A}{A_1}\right).$$

Wir wollen eine solche Bestimmung der Temperatur als eine t h e r m o d y n a m i s c h e bezeichnen.

Thermodynamisch gemessene Temperaturen haben wir mit T bezeichnet. Die Gleichungen $\frac{Q_1 - Q_2}{Q_1} = \frac{\mathsf{T}_1 - \mathsf{T}_2}{\mathsf{T}_1}$ und $\frac{A}{A_1} = \frac{\mathsf{T}_1 - \mathsf{T}_2}{\mathsf{T}_1}$ betrachten wir als Definitionsgleichungen der thermodynamischen Skale. Sie haben also nur für diese unbedingte Gültigkeit, und die Frage, inwieweit sie auch für die absolute Skale gelten, bedarf einer besonderen Untersuchung.

Um die Bedeutung der vorhergehenden, zuerst von WILLIAM THOMSON eingeführten Berechnung zu erkennen, ist es zweckmäßig, zunächst auf die Definition der absoluten Temperatur zurückzukommen. Wir haben sie gegeben auf Grund der Eigenschaften eines idealen Gases, dessen Wärmeausdehnungskoeffizient gleich $\frac{1}{273}$ angenommen wurde. Bei unseren Messungen beobachten wir aber wirkliche Gase, und diese weichen von dem angenommenen idealen Verhalten mehr oder weniger ab. Wollen wir auf Grund der Eigenschaften der Gase zu einer vollkommen bestimmten Definition der absoluten Temperatur kommen, so müssen wir von einem bestimmten Gase ausgehen, und als solches wählen wir in Übereinstimmung mit § 163 den Wasserstoff. Wir betrachten dann als einen Maßstab für die Temperatur den Druck, der nötig ist, um eine gegebene Menge m von H_2 unter verschiedenen Temperaturverhältnissen immer wieder auf dasselbe Volumen v zu reduzieren. p_0 sei dieser Druck bei der Temperatur T_0 des schmelzenden Eises, p_{100} der Druck bei der Temperatur T_{100} des bei normalem Barometerstande siedenden Wassers, p der einer beliebigen Temperatur T entsprechende Druck; dann haben wir zu der Berechnung von T die allgemein gültige Formel:

$$T - T_0 = (p - p_0)\frac{T_{100} - T_0}{p_{100} - p_0}.$$

Hier ist noch $T_{100} - T_0$ gleich 100 Graden zu setzen.

Wir gehen nun, ähnlich wie in § 163, zu einer Vereinfachung der Formel und der auf sie gegründeten Temperaturmessung über. Wir setzen:

$$p_{100} - p_0 = 100 \cdot \alpha p_0.$$

Hier bezeichnet α den Druckkoeffizienten des H_2; nach § 167 ist:

$$\alpha = 0{,}003661 = 1/273{,}15$$

eine konstante, von dem Drucke p_0 unabhängige Zahl. Für die Temperaturdifferenz $T - T_0$ ergibt sich jetzt:

$$T - T_0 = 273{,}15 \cdot \frac{p - p_0}{p_0}.$$

Setzen wir nun die absolute Temperatur des schmelzenden Eises

$$T_0 = 273{,}15,$$

so erhalten wir zur Berechnung einer beliebigen Temperatur T die speziellere Gleichung:

$$T = 273{,}15 \cdot p/p_0.$$

Die Bestimmung läßt sich graphisch ausführen, wenn wir die Werte des Druckes p auf einer horizontalen Achse als Abszissen, die entsprechenden Werte der Temperatur T senkrecht dazu als Ordinaten abtragen. Für $p = 0$ ist auch $T = 0$; den Druck p_0, der dem Schmelzpunkte des Eises entspricht, müssen wir durch einen Versuch bestimmen. Der durch die Abszisse p_0 und die Ordinate 273,15 bestimmte Punkt der Zeichenebene sei S. Ziehen wir die Gerade OS, welche den Anfangspunkt O der Abszissenachse mit S verbindet, so stellt sie graphisch die zusammengehörenden Werte von p und T dar, sie gibt also für jeden beobachteten Druck die zugehörige Temperatur des H_2-Thermometers.

Nun hat das H_2 jedenfalls innerhalb ziemlich weiter Grenzen der Temperatur und des Druckes die Eigenschaften eines idealen Gases; d. h. es gehorcht dem Gesetze von BOYLE: $pv =$ Constans, und dem Gesetze:

$$p v = \frac{p_0 v_0}{273{,}15} T = m R T;$$

seine Energie ist unabhängig von dem Volumen, seine spez. Wärmen sind unabhängig von Temperatur und Druck. Der Wirkungsgrad eines mit H_2 zwischen den Temperaturen T_1 und T_2 ausgeführten Kreisprozesses ist somit gegeben durch

$$\frac{A}{A_1} = \frac{T_1 - T_2}{T_2},$$

wo T_1 und T_2 die mit dem H_2-Thermometer bestimmten absoluten Temperaturen sind. Die Gleichung ist identisch mit der Definitionsgleichung der thermodynamischen Temperaturen. Umgekehrt sind die thermodynamisch bestimmten Temperaturen identisch mit den Temperaturen des Wasserstoffthermometers innerhalb des Bereiches von Temperatur und Druck, in dem die Abweichungen des H_2 von dem Verhalten eines idealen Gases verschwinden.

Der Anwendung der thermodynamischen Skala zur Bestimmung beliebig tiefer Temperaturen steht prinzipiell nichts im Wege. Die Benützung des H_2-Thermometers findet aber ihre Grenze, wenn die Temperatur so weit sinkt, daß das H_2 zum Teil flüssig wird. Man kann nun vermuten, daß das H_2, schon ehe es diesen Punkt erreicht, nicht mehr dem Gesetze des idealen Gases $vp = mRT$ folge. Wir wollen beispielsweise annehmen, es trete an Stelle jenes Gesetzes die VAN DER WAALSsche Formel:

$$p = \frac{m R \mathsf{T}}{v - b} - \frac{a}{v^2},$$

in der T die thermodynamisch bestimmte Temperatur bezeichne. Zur Bestimmung einer beliebigen Temperatur T innerhalb des Gültigkeitsbereiches dieser Formel ergibt sich dann die Gleichung:

$$\frac{p}{p_0} = \frac{\mathsf{T} - \dfrac{a}{mRv}}{\mathsf{T}_0 - \dfrac{a}{mRv}}.$$

T_0 ist die thermodynamische Temperatur des Schmelzpunktes. Bezeichnen wir mit T und T_0 die nach der absoluten Skala des H_2-Thermometers gemessenen Temperaturen, so ist:

$$\frac{p}{p_0} = \frac{T}{T_0};$$

zwischen den thermodynamisch gemessenen Temperaturen und zwischen den absoluten Temperaturen des Wasserstoffthermometers besteht somit unter der gemachten Annahme die Beziehung:

$$\frac{T}{T_0} = \frac{\mathsf{T} - \frac{a}{mRv}}{\mathsf{T}_0 - \frac{a}{mRv}}.$$

Zwischen der thermodynamischen Skala und der des H_2-Thermometers ist somit bei tiefen Temperaturen eine Differenz.

Vierter Teil.

Atomistisch-statistische Betrachtungsweisen.

§ **200. Wärme und Atomistik.** Bei den Ableitungen in der Thermodynamik haben wir die Wärme als Energieform dargestellt, ohne daß es nötig gewesen wäre, Näheres über ihre Form auszusprechen. Die „Hauptsätze der Wärme" sind Erfahrungssätze; sie genügen, um eine Reihe wichtiger Vorgänge zu beschreiben. Eine solche Betrachtungsweise können wir eine phänomenologische nennen. Wir dürfen aber über diese Beschreibung hinausgehen und uns Vorstellungen über das Wesen der Wärmeenergie bilden, indem wir die Hypothese der atomistischen Struktur der Materie heranziehen. Diese atomistische Anschauung, zunächst von chemischen Gesichtspunkten (§ 8) aus entstanden, tritt in der gesamten Physik immer mehr in den Vordergrund; der Ausgangspunkt jedoch dieses physikalischen Siegeszuges der Atomistik lag auf dem Gebiete der Wärmelehre. Die kinetische Wärmehypothese lautet:

Wärme ist kinetische Energie, beruhend auf der Bewegung der Molekel, Atome (und Elektronen, Bd. II). Im festen Körper schwingt oder rotiert das Molekel um seine fixierte Gleichgewichtslage, in der Flüssigkeit bewegen sich die Molekel knapp aneinander vorbei, und schließlich haben wir im Gase nurmehr frei herumfliegende Molekel. In allen drei Aggregatformen gibt es natürlich auch Bewegungen der Atome (und Elektronen) innerhalb der einzelnen Molekularbezirke.

Da die Gasgesetze sehr einfach sind, erreichte man hier zuerst quantitativ bestimmte Vorstellungen.

§ **201. Kinetische Gastheorie. Grundvorstellungen.** Man denkt sich die Gase bestehend aus einzelnen kleinsten Teilchen, den Molekeln, die voneinander im allgemeinen durch große Zwischenräume getrennt sind. Wir nehmen an, diese Molekel haben die Eigenschaften von harten, elastischen Kugeln und fahren, ähnlich den Mücken eines Mückenschwarmes, mit einer gewissen Geschwindigkeit durcheinander. Jedes bewegt sich, dem Prinzipe der Trägheit entsprechend, so lange in gerader Linie fort, bis es mit einem anderen zusammenstößt und aus seiner Bahn abgelenkt wird; in der neuen Richtung bewegt es sich abermals geradlinig bis zu einem neuen Zusammenstoße usf. Die ganze Bahn, die ein bestimmtes Molekel durchläuft, ist somit durch eine Zickzacklinie im Raume dargestellt, bei der die aufeinanderfolgenden geradlinigen Strecken alle möglichen Winkel einschließen. Da man die Bewegungen der einzelnen Gasmolekel nicht verfolgen kann, so ist man in der Gastheorie auf die Methode der Statistik angewiesen. Anstatt die mannigfach wechselnden Bahngeschwindigkeiten der einzelnen Molekel zu betrachten, operiert man mit gewissen Durchschnittswerten der molekularen Geschwindigkeit. Ebenso setzt man an Stelle der individuellen, veränderlichen Werte, welche die geradlinigen Strecken der zickzackförmigen Molekelbahnen besitzen, einen Durchschnittswert, den man als die mittlere Weglänge bezeichnet. Wir gehen nun zu einer Skizzierung der Theorie über, die auf dem Grunde dieser Vorstellungen sich aufbaut.

Gesetz von Boyle-Mariotte. Der Druck eines Gases gegen die begrenzende Wand rührt her von den Stößen, welche die Molekel des Gases auf sie ausüben. Denken wir uns ein Gasmolekel von der Masse μ, das mit der Geschwindigkeit u senkrecht auf die begrenzende Wand stößt, so wird es von dieser mit unveränderter Geschwindigkeit, aber entgegengesetzter Bewegungsrichtung reflektiert; die Änderung seiner Bewegungsgröße ist $2\mu u$. Ebenso groß ist nach § 62 der bei dem Stoße auf die Wand wirkende Impuls. Man gelangt nun am einfachsten zu dem Boyle-Mariotteschen Gesetze, wenn man einen Würfel von 1 cm³ Inhalt betrachtet, unter der Annahme, daß die in ihm enthaltenen Gasmolekel sich in drei Scharen sondern, von denen jede, ohne durch die anderen irgendwie gestört zu werden, parallel einer Würfelkante hin und her fährt. Nehmen wir (Fig. 248) ein Molekel, das parallel der Kante AB gegen die Wand BC sich bewegt. Die Zeit zwischen zwei aufeinanderfolgenden Stößen des Molekels gegen BC ist gleich der Zeit, die es braucht, um zweimal die Länge AB zu durchlaufen, d. h. gleich der Zeit $2/u$, in der es eine Strecke von 2 cm zurücklegt. Das Molekel stößt somit in einer Sekunde $u/2$ mal gegen die Fläche BC; bei jedem Stoße ist der auf die Wand ausgeübte Impuls gleich $2\mu u$, der Gesamtimpuls während

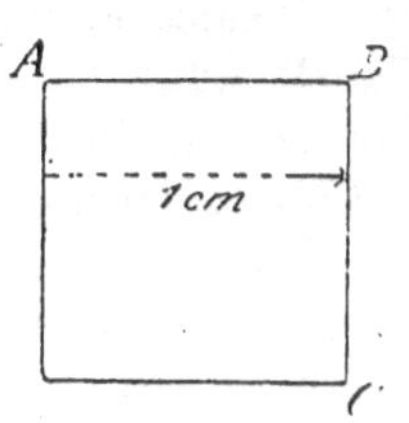

Fig. 248.

einer Sekunde somit gleich μu^2, entsprechend einer kontinuierlich wirkenden Kraft von gleichem Betrage. Dasselbe gilt auch von den übrigen Molekeln. Ist die Gesamtzahl der in 1 cm^3 enthaltenen Gasmolekel gleich N, so stößt der dritte Teil davon gegen die eine Seitenfläche; der ganze pro sec ausgeübte Impuls ist somit $\frac{1}{3} N \mu u^2$, entsprechend einem konstanten Drucke von derselben Größe. $N\mu$ ist hier die Masse des in 1 cm^3 enthaltenen Gases, d. h. seine Dichte δ. Wir können somit die gefundene Beziehung auch in der Form schreiben:

$$\frac{p}{\delta} = \frac{1}{3} u^2,$$

in der ihre Übereinstimmung mit dem Gesetze von Boyle-Mariotte in die Augen springt. Zu demselben Resultate gelangt man übrigens auch dann, wenn man eine gleichförmige Verteilung der Geschwindigkeit u auf alle möglichen Richtungen annimmt. u^2 würde zunächst den mittleren Wert des Quadrates der molekularen Geschwindigkeit bezeichnen. Wir wollen aber, um unsere Betrachtungen nicht unnötig zu verwickeln, die molekulare Geschwindigkeit als eine konstante behandeln; dann ist u^2 das Quadrat der molekularen Geschwindigkeit, und diese selbst gegeben durch:

$$u = \sqrt{3 \frac{p}{\delta}}\ .$$

Hiernach ergeben sich folgende molekulare Geschwindigkeiten bei 0°:

für	Wasserstoff	Stickstoff	Sauerstoff	Kohlensäure	
	183900	49200	46100	39200	cm sec^{-1}.

Diese molekularen Geschwindigkeiten sind unabhängig vom Druck.

Die vorstehende Formel zeigt, daß u^2 umgekehrt proportional ist der Gasdichte; natürlich ebenso die Ausflußgeschwindigkeit. Statistische Überlegungen liefern uns also dasselbe Resultat wie die mechanische Vorstellung im § 105. Es ist p/δ für jedes Gas konstant und gleich der virtuellen Druckhöhe (§ 86).

Gesetz von Gay-Lussac. Nach § 168 lautete das Gasgesetz $vp = mRT$. In $p/\delta = \frac{1}{3} u^2$ setzen wir für δ Masse durch Volumen, d. i. $N\mu/v$, wo N die Molekelzahl im Volumen v, so haben wir $pv = \frac{1}{3} N \mu u^2$ oder

$$pv = \frac{2}{3}\left(\frac{N\mu u^2}{2}\right) = mRT.$$

Nach der kinetischen Gastheorie ist also T proportional der Bewegungsenergie der Molekel.

Daltonsches Gesetz. Wenn mehrere Gase in einem und demselben Raume zusammen sind, so verhält sich jedes so, als ob die anderen nicht vorhanden wären. Der Gesamtdruck des Gasgemenges ist gleich der Summe der Partialdrucke der einzelnen Gase, und diese sind für die einzelnen Gase dieselben, wie wenn sie allein den Raum erfüllten. Diese Sätze sind eine unmittelbare Konsequenz der eben gegebenen Ableitung des Boyle-Mariotteschen Gesetzes.

Satz von Avogadro. Zwei Gase mögen gleichen Druck und gleiche Temperatur besitzen. Die Massen eines Molekels seien μ_1 bzw. μ_2, die molekularen Geschwindigkeiten u_1 und u_2, die Anzahlen der in 1 cm³ enthaltenen Molekel N_1 und N_2. Als Bedingung der Temperaturgleichheit betrachten wir die Gleichheit der kinetischen Energie der Molekel. Wir haben dann die Gleichungen:

$$\tfrac{1}{3} N_1 \mu_1 u_1^2 = \tfrac{1}{3} N_2 \mu_2 u_2^2,$$
$$\tfrac{1}{2} \mu_1 u_1^2 = \tfrac{1}{2} \mu_2 u_2^2.$$

Somit muß $N_1 = N_2$ sein.

Gleiche Volumina zweier verschiedener Gase enthalten bei gleichem Drucke und gleicher Temperatur gleiche Anzahlen von Molekeln.

Das sind die Hauptgesetze idealer Gase, betrachtet vom Standpunkt der kinetischen Gastheorie, wie sie in erster Reihe durch Clausius geliefert wurden.[1]

Äquipartitionstheorem von Gibbs und Boltzmann. Es lautet: Die kinetische Energie von in Wechselwirkung stehenden mechanischen Systemen verteilt sich auf diese im Mittel nach der Zahl der Freiheitsgrade.

Unter Freiheitsgrad eines mechanischen Systems versteht man die Anzahl jener Größen, welche zur genauen Bestimmung der Gesamtkonfiguration notwendig sind. Für einen im Raum beweglichen Massenpunkt haben wir 3 Freiheitsgrade, z. B. die 3 kartesischen Koordinaten; für einen starren Körper kommen zur Bestimmung noch drei Winkel hinzu, welche dessen Orientierung im Raume angeben; dieser hat somit 6 Freiheitsgrade. Ein System von n Punkten (bzw. n starren Körpern) hat dann $3\,n$ (bzw. $6\,n$) Freiheitsgrade.

Alle Molekel eines Körpers haben also im Durchschnitte nicht nur die gleiche Energie; wir können noch weiter gehen und diesen Energiebetrag gleichmäßig auf die einzelnen Freiheitsgrade aufteilen.

Bezeichnen wir jetzt mit N die in einem Mol befindliche Molekelzahl, so können wir die vorstehenden Gleichungen in der Form schreiben:

$$\text{Bewegungsenergie} \left(N \frac{\mu u^2}{2}\right) = \frac{3}{2} \mathsf{P} T.$$

Daraus folgt für die Energie eines einzelnen Teilchens

$$\frac{\mu u^2}{2} = \frac{3}{2} \frac{\mathsf{P}}{N} T = \alpha T, \quad \text{wo} \quad \alpha = \frac{3}{2} \frac{\mathsf{P}}{N}.$$

Hier ist P die Gaskonstante für ein Mol (nach § 170 gleich $83 \cdot 10^6$) und N die Molekelzahl pro Mol (Loschmidtsche Zahl, nach § 207 gleich $6{,}07 \cdot 10^{23}$). Somit

$$\alpha = \frac{3}{2} \frac{83 \cdot 10^6}{6{,}07 \cdot 10^{23}} = 2{,}02 \cdot 10^{-16}.$$

[1] Pogg. Ann. 100 (1857); 105 (1858).

Wir werden von diesem universellen Faktor α in Band II Gebrauch machen.

Die Gesamtenergie in einem Mol können wir statt mit $\frac{3}{2} PT$ in mechanischem, auch in kalorischem Maße (§ 180) mit $\frac{3}{2} \mathfrak{R} T$ schreiben.

Für ein einatomiges Gas mit 3 Freiheitsgraden ist also die kinetische Energie pro Mol und pro Freiheitsgrad

$$\frac{1}{3}\left(\frac{3}{2} \mathfrak{R} T\right) = \frac{1}{2} \mathfrak{R} T.$$

Anders steht es mit dem Energieinhalt fester Körper. Dieser ist zum Teil kinetischer, zum Teil potentieller Natur. Wir nehmen diese zwei Teile, wie BOLTZMANN für ein einfaches Beispiel beweisen konnte, als gleich an. Der bisher angegebene Energiebetrag bezog sich auf die fortschreitende Bewegung der Gasmolekel, also auf die kinetische Energie allein. Wenn die potentielle ebenso groß ist, so ist die Energie eines festen Körpers die doppelte, nämlich pro Freiheitsgrad $\mathfrak{R} T$, und wenn der Körper n Freiheitsgrade hat, $n \mathfrak{R} T$. Die zur Erwärmung eines Mol um 1^0 nötige Wärme C_v ist somit $n \mathfrak{R} = n \cdot 1{,}98$ oder rund $2n$. Da die Erfahrung (DULONG-PETITsches Gesetz § 175) in den meisten Fällen etwa 6 cal liefert, so muß für diese Körper $n = 3$ sein. Die Atome eines einatomigen festen Körpers wären also Massenpunkte mit drei Freiheitsgraden.

§ 202. **Wahrscheinlichkeitskurven.** In dem Gebiete der Statistik kennen wir die wirklichen Eigenschaften (Weg, Geschwindigkeit, Stoßzahl, Masse usw.) eines einzelnen Molekels nicht. Was wir messen und errechnen, ist das Gesamtsergebnis des gleichzeitigen Wirkens einer sehr großen Anzahl von Einzelteilchen. Das im vorigen § errechnete Geschwindigkeitsquadrat z. B. ist ein Mittelwert. Denn daß alle Molekel eines Gases trotz der zahlreichen gegenseitigen Zusammenstöße genau gleich schnell fliegen, ist nicht anzunehmen, es ist unwahrscheinlich.

Um nun trotz weitgehender Verschiedenheiten im einzelnen zu einem bestimmten Gesamtresultate zu kommen, müssen diese dem Zufalle unterworfenen Einzelfälle gewisse Bedingungen erfüllen, welche die Wahrscheinlichkeitsrechnung zeigt. In dem Maße, als die atomistischen Anschauungen in der Physik erstarkten, gewannen solche statistische Methoden immer mehr Bedeutung.

Wir wollen zuerst einige einfache Beispiele solcher Anschauungsweisen besprechen.

1. In ein quadratisches Brett — 1 m² — werden, wie in Fig. 249 durch die vielen schwarzen Punkte angedeutet, in regelmäßiger Weise Drahtstifte geschlagen, so daß ihre Köpfe etwa 3 cm über das Brett ragen. Die Stifte sind zahlreicher als in der Figur gezeichnet. Darüber liegt eine Glasplatte — 1 m² —, gestützt durch die Nägelköpfe und durch 3 cm hohe Holzleisten AC, CD und BD. Der Rand AB des Brettes liegt horizontal etwa 20 cm höher als der horizontale Rand CD. Das Ganze ist also eine schiefe Ebene; auf dieser läßt man viele kleine Kügelchen

aus Blei (Schrott von etwa 3 mm Durchmesser) aus dem Blechtrichter T (unterhalb der Glasplatte) abrollen. Die aus der Trichteröffnung — Durchmesser etwa 5 mm — kommenden Kügelchen würden ohne die Hindernisse der Nägel genau nach q rollen. Der Anprall an den Nägeln aber zerstreut sie — ganz zufällig — entsprechend ihrem zufälligen Austritte nach allen Seiten. Die Bahn eines einzelnen Teilchens läßt sich nicht angeben. Nun sind längs CD kleine Brettchen (rr usw.) eingelassen, welche nach oben gegen AB offene Behälter zum Auffangen der abgerollten Kugeln bilden. So oft nun sehr viele Kugeln abgerollt sind, ergibt sich der in Fig. 249 unten längs CD schraffiert gezeichnete Endzustand. Die mittleren Behälter sind sehr voll, und je weiter die Behälter nach rechts und links liegen, desto weniger Schrott haben sie erhalten. Die Oberflächen der Behälterfüllungen entsprechen einer in der Mitte hohen und nach rechts und links gleich abfallenden Kurve, einer Wahrscheinlichkeitskurve.

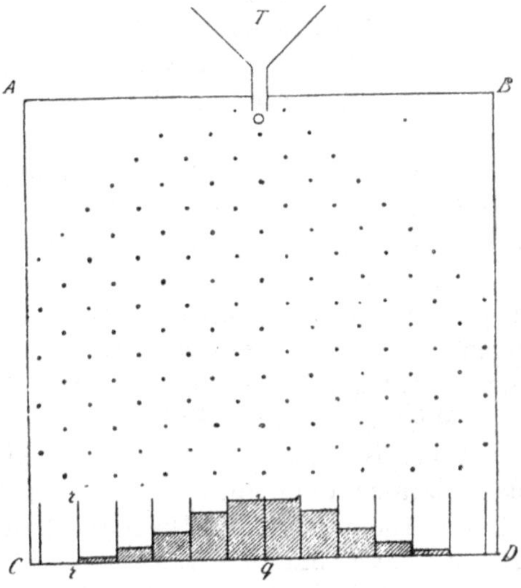

Fig. 249. Galton-Brett.

2. Ein Schütze schieße nach einer Scheibe, etwa 500 Schüsse. Wir zählen nun die Abweichungen von der vertikalen Mittellinie der Scheibe und finden z. B. für die rechts gelegenen

Abweichungen zwischen ...	0,4 u. 0,5	0,3—0,4	0,2—0,3	0,1—0,2	0,0—0,1 m
Schüsse	10	20	40	80	100

Genau gleich wäre die linke Seite. Nur 200 Schüsse gingen (knapp) ins Ziel; wir finden auch Fehler, die immer kleiner werden, je weiter wir vom Zentrum wegkommen.

Die ausgezogene Kurve Fig. 250 gibt das gleiche Resultat als Schaulinie. Die Vertikale durch 0 bedeutet die Zentrumslinie, und daran sind als Abszissen rechts und links die seitliche Entfernung der Einschlagstelle des Projektils aufgetragen. Die Ordinaten geben dann durch ihre Höhe die Trefferwahrscheinlichkeit für das betreffende x. Man sieht, wie diese

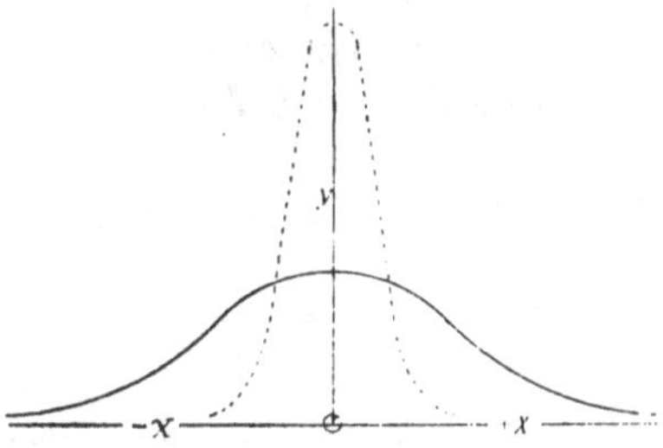

Fig. 250. Wahrscheinlichkeit.

Kurve der Stufenkurve in Fig. 249 gleicht, es ist dasselbe Problem. Diese LAPLACEsche Glockenkurve entspricht einer Gleichung

$$y = k \cdot e^{-h^2 x^2}.$$

3. Dieselbe Wahrscheinlichkeitskurve gilt auch für die Fehler bei physikalischen Beobachtungen. Viele Beobachtungen derselben Größe geben verschiedene Werte. Die in der Nähe des wirklichen Wertes werden sehr zahlreich sein und die Abweichungen davon — nach oben und unten — werden um so weniger zahlreich sein, je größer diese Abweichungen oder Fehler sind.

k und h sind Konstante von folgender Bedeutung. Für $x = 0$ wird $y = k$, d. h. k gibt die Anzahl der richtigen Treffer oder richtigen Beobachtungen. Dieses k wird natürlich um so größer, je mehr Schüsse oder je mehr Beobachtungen gemacht wurden. Viel wichtiger ist h, das Präzisionsmaß. Je größer h, desto steiler fällt die Kurve in der Mitte nach rechts und links ab. Die punktierte Linie in Fig. 250 entspricht einem großen h, einem besseren Schützen oder einem besseren Beobachter.

Wie wir zu den Grundregeln der Wahrscheinlichkeitsbetrachtungen kommen, ist unklar. „Jedermann glaubt an dies Fehlergesetz, weil es der Mathematiker für eine Beobachtungstatsache und der Beobachter für ein Theorem der Mathematik hält.“[1] Jedenfalls stimmt Formel und Beobachtung, und das genügt.

Auch die Einführung der Wahrscheinlichkeitsrechnung ins praktische Leben, im Eisenbahnverkehr, Versicherungswesen usw. zeigt die Richtigkeit und Wichtigkeit solcher statistischen Methoden.

Alle diese Gesetze gelten aber nur für sehr große Zahlen.

§ 203. MAXWELLs Verteilungsgesetz. Die molekulare Durchschnittsgeschwindigkeit für die Luftmolekel (hauptsächlich N_2 und O_2) ist rund 500 m/sec. Die vertikal mit 500 m/sec nach aufwärts fliegenden Molekel erreichen dann eine Steighöhe (§ 40) von 12,5 km. Höher hinauf könnte also die Luft nicht gelangen; in dieser Höhe sollte die Grenze unserer Atmosphäre sein.

Dem widersprechen aber die Überlegungen von § 86 und vielfache Erfahrungen. Unbemannte Luftballons erreichten mehr als 30 km Höhe, das Aufglühen von Meteoren infolge der Reibung in unserer Atmosphäre wurde noch in 150 km Höhe beobachtet und Nordlichter (Erglühen von Gasresten infolge elektrischer Einflüsse) sogar in Höhen von 350 km sichergestellt.

Dieser Widerspruch löst sich leicht, wenn wir uns überlegen, daß wir unser u im § 201 so rechneten, daß jedem einzelnen Molekel die gleiche Wucht $\mu u^2/2$ zukomme. Unser u ist also ein Mittelwert aus den verschiedensten Geschwindigkeitsquadraten, denn in Wirklichkeit werden sich ja die einzelnen Molekel nicht gleich schnell bewegen.

---

[1] Diese Bemerkung ist von H. POINCARÉ, Thermodynamique (1892) (Vorrede).

In Fig. 251 ist das MAXWELLsche Gesetz der Geschwindigkeitsverteilung aufgetragen. Die Wahrscheinlichkeit y, daß ein Molekel die Geschwindigkeit x hat, ist gegeben durch die Formel

$$y = \frac{4}{\sqrt{\pi}} \left(\frac{x}{a}\right)^2 e^{-\left(\frac{x}{a}\right)^2}.$$

Daraus läßt sich analytisch alles Weitere ableiten. Wählen wir den „wahrscheinlichsten" (häufigsten) Wert als Einheit, so haben wir von 10 000 Molekeln z. B. Geschwindigkeiten zwischen

0—0,1	0,8—0,9	0,9—1,0	1,0—1,1	1,1—1,2	1,9—2,0	
8	790	825	825	794	192	Molekel.

Ein Teilchen mit vierfacher Geschwindigkeit kommt in einer Million Molekel nur einmal vor. Es sind ganz große und ganz kleine Geschwindigkeiten sehr selten. Molekel mit größerer Geschwindigkeit sind häufiger als solche mit kleiner.

Neben dem u, der Geschwindigkeit der mittleren Energie, haben wir also hier weiter kennen gelernt die wahrscheinlichste Geschwindigkeit, sie sei a; dann gibt es noch das arithmetische Mittel aller Geschwindigkeiten (Summe aller Geschwindigkeiten durch ihre Anzahl), es sei c. Dann ist

$$u > c > a.$$

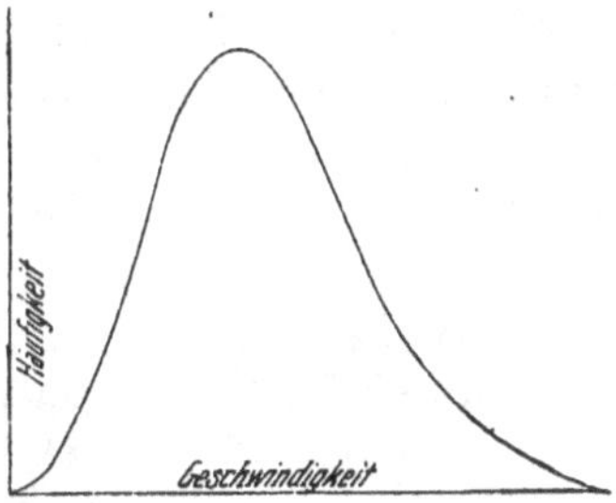

Fig. 251.
MAXWELLs Verteilungsgesetz.

Es sei hier als physikalisch interessant noch bemerkt, daß, da ja die Wahrscheinlichkeitsbetrachtungen sich auch auf Beobachtungsfehler anwenden lassen, man bei Messungen auch zwischen mittlerem und wahrscheinlichem Fehler unterscheidet.[1]

§ 204. Innere Gasreibung, mittlere Weglänge in Gasen. Unter freier Weglänge L eines Gasmolekels versteht man die zwischen zwei Zusammenstößen zurückgelegte Strecke. Diese wechselt natürlich fortwährend und man kann auch hier nur zum Ziele kommen, wenn man das Mittel L aus sehr vielen dieser Strecken nimmt. Dieses L kann man in verschiedener Weise bestimmen, z. B. durch die innere Reibung.

Auch die Gase zeigen ebenso wie die Flüssigkeiten Reibungserscheinungen. Die Geschwindigkeit einer horizontal strömenden Gasmasse nehme von unten nach oben zu. Zwei Schichten im Vertikalabstand von 1 cm haben die Geschwindigkeitsdifferenz 1 cm sec^{-1}; dann ist der Reibungskoëffizient ϱ (wie in § 128) der auf 1 cm^2 wirkende Zug in Dynen. Dieser Zug ist verursacht durch die Übertragung von Bewegungsenergie, und diese geschieht dadurch, daß neben der fortschreitenden Gesamtbewegung des Gases die Eigenbewegung der einzelnen Molekel da ist.

[1] Siehe diesbezüglich Einleitung zu KOHLRAUSCH: Praktische Physik.

Infolge dieser Eigenbewegung kommen Teilchen von unten aus dem langsamer fließenden Gase hinauf und verlangsamen das Fließen und umgekehrt. Wir haben also wieder die Wirkung sehr vieler Einzelteilchen, also wieder ein statistisches Problem, das, mittels Wahrscheinlichkeitsrechnung gelöst, ergibt, daß

$$\varrho = \tfrac{1}{3}\,\delta\,u\,L,$$

wo u die molekulare Geschwindigkeit und δ die Gasdichte bezeichnet.

Da L, die mittlere molekulare Weglänge, mit steigender Dichte δ fällt, ist ϱ unabhängig von der Dichte. Zwar nimmt mit steigender Verdünnung die Zahl der die Bewegung des Fließens übertragenden Molekel ab, dafür aber dringen sie desto tiefer in die andere Gasschichte ein. Diese merkwürdige Voraussage der kinetischen Gastheorie wurde durch Versuche glänzend bestätigt.

Solche Reibungsversuche macht man z. B. als Transpirationsversuche, da die Gase den in § 128 gegebenen Gesetzen beim Durchströmen einer Kapillare folgen. Oder man ermittelt ϱ durch Bestimmung der Abnahme der Schwingungselongationen einer an einem Torsionsdrahte zentrisch aufgehängten horizontalen Metallscheibe. Solche Versuche ergaben z. B.

bei 0° für	ϱ (cm^{-1}·g·sec^{-1})	L (mm)	Stoßzahl pro sec
Helium	0,0001887	0,000283	$4190 \cdot 10^6$
Stickstoff	0,0001671	0,000095	$4780 \cdot 10^6$
Wasserstoff ...	0,0000841	0,000178	$9520 \cdot 10^6$

Überraschend ist die Kleinheit der mittleren Weglänge und die große Häufigkeit der Zusammenstöße pro sec (letzte Vertikalreihe). Die angegebenen L gelten für Normaldruck 76 cm Hg. Pumpt man ein Gas auf das äußerste aus, so kann man Weglängen bis zu 10 m erreichen!

Bei kleinen Drucken wird der vorher konstante Reibungskoëffizient kleiner.[1] Es tritt dann ein Gleiten der Gase längs der Wand ein, was den Voraussetzungen des § 128 nicht mehr entspricht.

Die Abhängigkeit der Gasreibung von der Temperatur verlangt einige komplizierende Hilfsannahmen und führte noch nicht zu einer allseitig befriedigenden Formel.

Wenn bei niedrigem Drucke Gas durch eine enge Röhre fließt, so treten die gegenseitigen Zusammenstöße der Molekel zurück gegenüber den Stößen an die Wand. Knudsen[2] kommt zur Anschauung, daß hier auf eine feste Wand anprallende Teilchen unabhängig von der Einfallsrichtung in absoluter Unordnung reflektiert werden. Unter diesen Voraussetzungen ist diese „Molekularströmung" verschieden von den früher betrachteten Reibungsströmungen. Gaede[3] zeigte, daß diese unregelmäßige Reflexion der Molekel nach allen Richtungen nur bei Drucken unter 0,001 mm stattfindet, weil bei höheren Drucken die molekularen Unebenheiten der Wand durch eine anhaftende Gashaut geebnet werden.

[1] Kundt und Warburg, Pogg. Ann. 155, 156 (1875).
[2] Ann. d. Phys. 28 (1909). [3] Ann. d. Phys. 41 (1913).

§ **205. Molekularpumpe.** Zwei Gasbehälter mit dem Gasdrucke p_0 bzw. p_1, seien durch eine Kapillare, Länge l, Halbmesser R verbunden; dann strömt nach dem Gesetze von Poiseuille (§ 128) pro sec ein Volumen

$$V = \frac{\pi}{\varrho} \frac{p_0 - p_1}{8\,l} R^4$$

durch. Daraus ergibt sich für die mittlere Geschwindigkeit $\bar{v}$ in der Kapillare

$$\bar{v} = \frac{V}{\pi R^2} = \frac{p_0 - p_1}{8 \varrho l} R^2 .$$

Da der Reibungskoëffizient ϱ vom Drucke unabhängig ist, wird $\bar{v}$ abhängen von $p_0 - p_1$.

Andererseits müßte eine in sich selbst bewegliche Kapillare die Luft in ihrem Innern durch Reibung mit sich ziehen und eine Druckdifferenz $p_0 - p_1$ erzeugen, welche von vielen Faktoren, nicht aber von dem ursprünglich herrschenden Drucke abhängt.

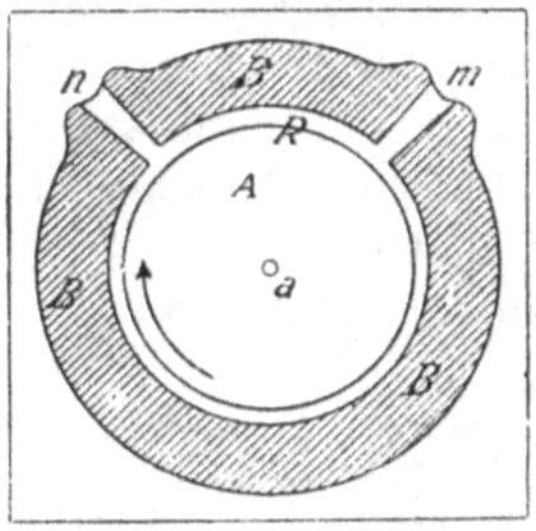

Fig. 252. Molekularpumpe.

Gaede verschiebt nun in einer solchen Kapillare nicht alle Wände, sondern nur einen Teil in sich selbst. Es (Fig. 252) rotiert ein massiver Metallzylinder A um seine Achse a innerhalb eines ihn sehr knapp umschließenden, konzentrischen, feststehenden, vorne und hinten geschlossenen Metallzylinders B; der Zwischenraum zwischen diesen beiden Zylindern ist in der Zeichnung viel zu weit gegeben. In R ist oben eine kleine Nut ausgespart, einige Zehntel Millimeter hoch. Für diesen kapillaren Raum R zwischen A und B rotiert die untere Wand A in der Pfeilrichtung, nimmt durch Reibung Luft mit, aus einem Behälter vor n ansaugend und in einen Behälter hinter m hineinblasend. Es soll für eine bestimmte Rotationsgeschwindigkeit diese Druckdifferenz zwischen n und m bei ursprünglich normalem Luftdruck die Größe von z. B. 1 cm erreichen. Pumpen wir aber vorher mit einer Vorpumpe auf 3 cm aus, so würde dann durch das Wirken der Molekularpumpe wieder eine weitere Druckdifferenz von 1 cm erzeugt. Wir erhielten also (3 — 1) gleich 2 cm. Würde die Vorpumpe auf 1 cm pumpen, so würde die Mitarbeit der Molekularpumpe den Druck Null erzeugen, wenn nicht die Unabhängigkeit des ϱ vom Drucke (s. vorigen §) bei tiefen Drucken aufhörte.

Die bisherige Betrachtung war rein hydrodynamisch. Wir können aber auch mit statistischen Überlegungen die Wirkung erklären, daher der Name Molekularpumpe. Wenn die Vorpumpe weit vorgearbeitet, werden die am raschrotierenden A anprallenden Molekel rein mechanisch gegen m geschleudert und zwar um so energischer, je tiefer der Druck sinkt (Molekularströmung).

Wir schilderten nur das Prinzip der Pumpe; die wirkliche Ausführung ist viel komplizierter als unser Modell. Diese Pumpe arbeitet sehr weit und rasch, ist aber wegen der großen Rotationsgeschwindigkeit der Trommeln A bei dem kleinen Abstand von B im Betriebe besonders vorsichtig zu behandeln. Ein großer Vorzug dieser Pumpe besteht darin, daß sie auch Dämpfe auspumpt, weil das auszupumpende Gas nirgends (wie z. B. in dem Stiefel der gewöhnlichen Luftpumpen) komprimiert wird, eine Dampfkondensation also unmöglich ist.

§ **206. Gasdiffusion.** Schichtet man leichteres Gas, z. B. Wasserstoff, behutsam über ein schwereres, z. B. Kohlensäure, so tritt trotz der entgegengesetzten Wirkung der Schwere nach und nach eine gleichförmige Mischung der Gase ein. Die hydrodynamische Berechnung ist in § 133 vorgenommen worden.

Man kann aber auch von statistischen Gesichtspunkten ausgehen. Wie die innere Reibung eines Gases von Weglänge und Molekulargeschwindigkeit abhängt, so muß auch die wechselseitige Diffusion zweier Gase durch ihre molekularen Geschwindigkeiten und Weglängen bedingt sein. Die grundlegende Überlegung ist hier folgende allgemein gültige. Falls jedes Molekel einen Anteil G von einer gewissen Größe Q besitzt, so geht von dieser Größe Q (z. B. Druck oder Temperatur oder elektrische Ladung u. dgl.) in der Zeiteinheit durch die Flächeneinheit die Menge

$$\Gamma = \frac{N}{3} L u \frac{dG}{dx}.$$

Von den N-Molekeln gehen $1/3$ in der x-Richtung, wo das Gefälle dG/dx ist und transportieren von Q den Betrag Γ mit sich (durch einen zu x senkrechten cm^2). Es knüpft sich hieran die Möglichkeit, molekulare Weglängen aus dem Diffusionskoëffizienten, diese selbst aus den Koëffizienten der inneren Reibung zu berechnen. Die wirkliche Verfolgung dieses Weges stößt auf Schwierigkeiten, vor allem deshalb, weil die molekularen Weglängen der Gase bei ihrer Mischung andere werden. Weiteres über Diffusion §§ 208 u. 209; über die Diffusionspumpe § 219.

§ **207. Molekeldurchmesser und Loschmidtsche Zahl.** Aus Wahrscheinlichkeitsrechnungen ergibt sich, daß die mittlere Weglänge L abhängig sein muß von der Größe, d. h. dem Durchmesser σ eines Molekels und von ihrer Dichte, d. h. von der Teilchenanzahl N pro cm^3. Je größer die Molekel und je dichter sie liegen, desto eher wird ein durchfliegendes Molekel anstoßen, d. h. desto kürzer wird L sein. Maxwell errechnete nun, daß

$$L = \frac{1}{\sqrt{2} \cdot \pi \sigma^2 N}.$$

Daraus erhalten wir $\pi \left(\frac{\sigma}{2}\right)^2 N = \frac{1}{4\sqrt{2}\,L}$, d. h. die Summe aller Molekelquerschnitte in 1 cm^3, wenn die mittlere Weglänge L durch Reibung oder durch Diffusion oder durch Wärmeleitung (§ 242) bestimmt ist, wobei jedoch noch N unbekannt bleibt. Wir können obige Gleichung aber auch auf die Form bringen $\pi \frac{\sigma^3}{6} N = \frac{\sigma}{6\sqrt{2}\, L}$. Hier ist der Ausdruck links nach LOSCHMIDT[1] experimentell gegeben, wenn die kugelförmigen N Molekel von 1 cm³ Gas bis zur gegenseitigen Berührung zusammengebracht werden, also gleich jenem Raume sind, den das Gas nach Verflüssigung (oder Erstarrung) noch einnimmt. So läßt sich aus L und diesem „Kondensationsvolumen" sowohl σ als auch N der Größenordnung nach berechnen.

Genauere Werte erhalten wir aber aus dem folgenden Gesetze.

Das Gesetz von VAN DER WAALS.[2] Um die in § 85 erwähnten Abweichungen von dem BOYLE-MARIOTTEschen Gesetze zu erklären, kann man die Annahme machen, daß zwischen den Gasmolekeln anziehende Kräfte existieren, von der Art, wie wir sie in der Molekulartheorie der Kapillarität betrachtet haben. Aus diesen resultiert dann ein gegen die Oberfläche des Gases wirkender normaler Druck K, der sich zu dem von den begrenzenden Wänden ausgeübten addiert. Nun ist jener konstante Kapillardruck proportional mit dem Quadrate der Dichte oder umgekehrt proportional dem Quadrate des Volumens; man kann daher setzen $K = a/v^2$, wo a eine dem Gase eigentümliche Konstante repräsentiert. Der Gesamtdruck, unter dem dieses steht, ist dann:

$$p + a/v^2.$$

Will man endlich zum Ausdruck bringen, daß bei unendlich großem Drucke das Volumen des Gases nicht verschwindet, sondern einen bestimmten Grenzwert b erreicht, so muß man in dem BOYLEschen Gesetze an Stelle von v den Wert $v - b$ einsetzen und gelangt so zu der Formel

$$(p + a/v^2)(v - b) = mRT,$$

wo m die Masse des Gases bezeichnet. Diese Gleichung haben wir schon § 183 verwendet.

Aus theoretischen Betrachtungen ergibt sich, daß b gleich dem vierfachen Kondensationsvolumen ist, also

$$b = 4\left(\pi \frac{\sigma^3}{6} N\right).$$

Die Kenntnis von b für verschiedene Gase läßt dann analog wie oben σ und N berechnen. Es ergibt sich z. B.

	Sauerstoff	Stickstoff	Wasserstoff	Kohlensäure
Molekeldurchmesser	3,03	3,47	3,33	$2{,}65 \cdot 10^{-8}$ cm
LOSCHMIDTsche Zahl	2,41	1,98	1,15	$4{,}95 \cdot 10^{19}$

Die unteren Zahlen beziehen sich auf 0° und 76 cm Hg, sollen also nach dem Gesetze von AVOGADRO gleich sein. Die Abweichungen illustrieren die Unsicherheit, welche der Rechnung in theoretischer wie in experi-

[1] Wien. Ber. 52 (1865).

[2] Dissertation London 1890: „Die Kontinuität des gasförmigen und flüssigen Zustandes". Deutsche Übersetzung (1899).

menteller Beziehung anhaftet. Wir werden später andere Wege finden, die es gestatten, die fraglichen Größen mit mehr Sicherheit zu bestimmen; danach wird ungefähr

$$N = 2{,}71 \cdot 10^{19}.$$

Da das „Mol“ (§ 170) für alle Gase bei 0° und 76 cm Hg 22400 cm³ einnimmt, so wird die

$$\text{Loschmidtsche Zahl für ein Mol} = 6{,}07 \cdot 10^{23}.$$

Letztere Zahl wird auch oft Avogadrosche Zahl genannt, was historisch ganz ungerecht ist. Wir wollen in unseren folgenden Ausführungen unter N oder der Loschmidtschen Zahl letzteren Wert verstehen.

Diese Loschmidtsche Zahl N ist aber nicht absolut sicher bestimmt, verschiedene Autoren benutzen verschiedene Werte. Wir wollen als den vielleicht zuverlässigsten Wert immer annehmen

$$N = 6{,}07 \cdot 10^{23}.$$

Da diese Zahl nicht allseitig verwendet wird, so werden sich im Laufe unserer weiteren Darstellungen manchmal kleine Differenzen, immer nur wenige Prozente, mancher Bestände ergeben, je nach dem Loschmidtschen Wert, den die betreffenden Forscher ihren Betrachtungen zugrunde legen.

§ 208. Brownsche Bewegung. Kleine, in einer Flüssigkeit suspendierte Teilchen zeigen unter dem Mikroskop eine ganz unregelmäßige hin und her zuckende Bewegung (entdeckt vom Botaniker Brown.[1]) Chr. Wiener[2] erklärt als erster diese durch innere, den Flüssigkeiten eigentümliche Bewegungen. Die Erfindung des Ultramikroskops (§ 316) läßt noch kleinere Teilchen beobachten, welche dann ganz besonders lebhaft „herumwimmeln“. Auch kleine, in Luft schwebende Teilchen zeigen unter dem Mikroskop ähnliche Bewegungen. Wir wollen diese Erscheinungen zunächst in Gasen genauer untersuchen.

Die Geschwindigkeit der Gasmolekel ist verschieden; es müssen also auch in einer größeren makroskopisch vollständig homogenen Gasmasse an mikroskopisch benachbarten Punkten verschiedene Drucke herrschen. Schwebt in der Gasmasse ein kleines, festes Teilchen, ein sog. Suspensionskern, und ist die Gasdichte, also der Gasdruck an verschiedenen Seitenflächen dieses Teilchens verschieden, so muß es in Bewegung geraten. Das Teilchen empfängt ja unregelmäßige Molekelstöße von allen Seiten und es ist ganz unwahrscheinlich, daß diese sich gerade das Gleichgewicht halten. Wahrscheinlichkeitsbetrachtungen ergeben fortwährend wechselnde Verschiebungen des Teilchens. In welcher Richtung es geht, kann man natürlich nicht angeben, wohl aber kann man auch hier wieder statistische Mittelwerte herausrechnen.

---

[1] Pogg. Ann. 14 (1828). [2] Pogg. Ann. 118 (1863).

Es wurden verschiedene Betrachtungsweisen eingeführt.[1] Am einfachsten erscheint folgender Ausgangspunkt. Das Suspensionsteilchen erfahre in bestimmten Zeitteilchen nach jeder von drei senkrechten Richtungen bestimmte Verschiebungen, welche ebenso wahrscheinlich positives, wie negatives Zeichen haben können. Läßt man auf dem GALTONschen Brette (Fig. 249) eine einzige Kugel (am besten von solcher Größe, daß sie eben noch zwischen den Stiften durchschlüpfen kann) fallen, so entsprechen die horizontalen Abweichungen dieser BROWNschen Bewegung.

Um bestimmtere Vorstellungen zu gewinnen, kann man auch so schließen. Sei M die Masse des schwebenden Kügelchens, C seine Geschwindigkeit; für ein Gasmolekel seien diese Größen m und u. Es müssen sich beim Zusammenstoße die kinetischen Energien im Mittel ausgleichen, es muß werden

$$\tfrac{1}{2} M C^2 = \tfrac{1}{2} m u^2 \quad \text{oder} \quad C = u \sqrt{\frac{m}{M}}\,.$$

Das Kügelchen wird von den Gasmolekeln sehr oft, z. B. n mal pro sec gestoßen. Die mikroskopisch beobachtete Geschwindigkeit ist selbst schon aus unsichtbaren kleinen Zickzacklinien zusammengesetzt.

Es sei Λ ein von M pro sec zurückgelegter Weg, so ergibt die statistische Überlegung für die Quadratwurzel aus dem Mittel der Quadrate vieler Λ die Formel

$$\sqrt{\overline{\Lambda^2}} = \frac{8\,L}{3} \sqrt{\frac{M n}{m}}\,.$$

Es ist einleuchtend, daß für die Beweglichkeit das Verhältnis M/m, die Stoßzahl n und die mittlere Weglänge des Gases maßgebend sein müssen. Da

$$L = \frac{C}{n} = \frac{u}{n}\sqrt{\frac{m}{M}} \quad \text{wird} \quad \sqrt{\overline{\Lambda^2}} = \frac{8}{3}\,\frac{u}{\sqrt{n}}\,.$$

Infolge dieser Beziehung fehlt in der Schlußformel M und m. Die kinetische Gastheorie zeigt, daß

$$n = N r^2 \pi u\,,$$

wo N die LOSCHMIDTsche Zahl und r der Radius der Kugel M ist. So erhalten wir

$$\sqrt{\overline{\Lambda^2}} = \frac{8}{3\sqrt{\pi}}\,\frac{1}{r}\sqrt{\frac{u}{N}}\,.$$

Setzt man für u und N die von uns (§§ 201, 207) gegebenen Werte, so wird z. B. für $r = 3 \cdot 10^{-6}$ cm das $\sqrt{\overline{\Lambda^2}}$, die mittlere Ortsveränderung pro sec. $4{,}8 \cdot 10^{-3}$.

Wirkliche Versuche[2] mit so kleinen Silberkügelchen zeigten unter Dunkelfeldbeleuchtung lebhafteste BROWNsche Bewegungen, und eine Reihe

---

[1] EINSTEIN, Ann. d. Phys. 17 (1905). — SMOLUCHOWSKI, Ann. d. Phys. 21 (1906).

[2] EHRENHAFT, Wien. Ber. (1907).

von genauen Messungen ergaben $\sqrt{\overline{\Delta^2}} = 4{,}6 \cdot 10^{-3}$, eine geradezu überraschende Übereinstimmung. Messungen analoger Art wurden von verschiedenen Forschern wiederholt, und immer stimmten Theorie und Versuch.

Da in der Formel N vorkommt, kann man umgekehrt, obige Formel als bewiesen vorausgesetzt, aus solchen BROWNschen Bewegungen die LOSCHMIDTsche Zahl ableiten.

Dieses ganze Gebiet ergibt eine wichtige Stütze für unsere atomistischen Anschauungsweisen.

Konzentrationsschwankungen. Die in einem kleinen Volumelemente bei Konzentrationsgleichheit befindlichen Suspensionsteilchen sollen der makroskopischen Auffassung gemäß unverändert bleiben; eine theoretische mikroskopisch statistische Betrachtung ergibt hierfür aber natürlich Schwankungen. Zählt man diese Teilchen, z. B. alle $^1/_{30}$ sec ab, so ändert sich ihre Zahl fortwährend auf- und abwärts in unregelmäßiger Weise. Bildet man auch hier die Quadratwurzel aus dem Quadratmittel vieler Schwankungen, so erhält man ganz bestimmte Zahlen, welche vollständige theoretische und experimentelle Übereinstimmung aufweisen.[1]

Auch die Diffusion läßt sich als direkte Folge der BROWNschen Bewegung errechnen.

Alle diese Betrachtungen illustriert treffend folgendes Beispiel. Eine Luftkugel vom Radius a in umschließender Luft enthalte den normalen Prozentsatz O_2. Manchmal wird dieser Anteil größer sein, manchmal kleiner. Nach welcher Zeit Θ tritt eine automatische Entmischung um $1\,^0/_0$ auf? Die Wahrscheinlichkeit gibt folgende Antwort:

$a =$	1	$5 \cdot 10^{-5}$	$3 \cdot 10^{-5}$	$2{,}5 \cdot 10^{-5}$	$1 \cdot 10^{-5}$ cm
$\Theta =$	$10^{(10^{14})}$	10^{68}	10^{6}	1	10^{-11} sec

Für große Volumina müßte man kolossal lange Zeiten warten; die Diffusion ist da praktisch irreversibel. Anders bei kleinerem Volumen, hier sind die Konzentrationsschwankungen sehr groß und so rasch, daß da von einer Irreversibilität nicht die Rede sein kann.

§ 209. Versuche von PERRIN.[2] In § 86 gaben wir das Gesetz der Druckabnahme in unserer Atmosphäre mit steigender Höhe. Die dort gegebene Formel läßt sich auch so schreiben:

$$\log \text{nat} \frac{p_0}{p} = \frac{Mgh}{RT}.$$

Hier ist p_0 der Druck in einer tieferen Schicht, p der Druck in einer h cm höheren Schichte, M das Gramm-Molekel des Gases. Gleiche vertikale Erhöhungen entsprechen somit prozentuell gleichen Verdünnungen. Für O_2 z. B. sinkt die Dichte in 5 km Höhe auf die Hälfte, für H_2 mit einem 16 mal leichteren Molekel erst in 16 km. Unsere Luft besteht aus einem Gemisch verschiedener Gase. H_2, den wir prozentuell in der Mischung an der Erdoberfläche nicht nachweisen können, wird an der

[1] SMOLUCHOWSKI, Phys. Zs. 17 (1916). [2] C. R. 147 (1908); 149 (1909).

Grenze unserer Atmosphäre fast 100 % ausmachen. Fig. 253 stellt solche Verhältnisse für einige Gase schematisch dar.[1] In Wirklichkeit sind ja die Molekel viel zu zahlreich, um gezeichnet werden zu können.

Bei Versuchen im Luftballon[2] ergab sich in wachsender Höhe eine Abnahme von CO_2 und eine Zunahme von H_2, doch sind die meteorologischen Einflüsse zu vorwiegend, als daß diese Resultate dem von uns geforderten Daltonschen Gesetze genauesten Diffusionsgleichgewichtes entsprechen könnten.

Eine Flüssigkeit, in der fremde kleine Teilchen sich befinden, die nur ultramikroskopisch sichtbar sind, dabei aber immer noch durch entsprechende Filtration entfernt werden können, heißt eine kolloidale Lösung (§ 220). Gießt man z. B. etwas alkoholische Mastixlösung in Wasser, so erhält man eine milchartig aussehende Emulsion: durchsichtige Mastixkügelchen schwimmen im Wasser herum. Die größeren Teilchen fallen langsam zu Boden; durch Zentrifugieren kann man diesen Prozeß beschleunigen. In geduldiger — durch Monate dauernder — Auslese erhielt Perrin schließlich eine kolloidale Lösung mit kleinen, aber untereinander ganz gleichen Kügelchen. Bringt man einen solchen Tropfen vor ein horizontal gestelltes Mikroskop, so sieht man zunächst eine gleichförmige Verteilung. Bald aber werden die Teilchen unten zahlreicher, oben spärlicher, wie Fig. 254 zeigt. In diesem Zustande bleiben sie; wird der Zustand irgendwie gestört, so stellt er sich nach einiger Zeit wieder her. Die Teilchen verteilen sich wie die Molekel in unserer Atmosphäre, Fig. 253, doch ist die ganze Erscheinung nur etwa $^1/_{20}$ mm hoch, entsprechend dem gegen ein O_2-Molekel riesigen Gewichte eines noch so kleinen mikroskopischen Mastixkügelchens. p_0/p in obiger Gleichung muß gleich sein n_0/n, dem Verhältnis der in gleichem Volumen enthaltenen Teilchenzahl (Häufigkeit der Mastixkügelchen). Sei Δ die Dichte der

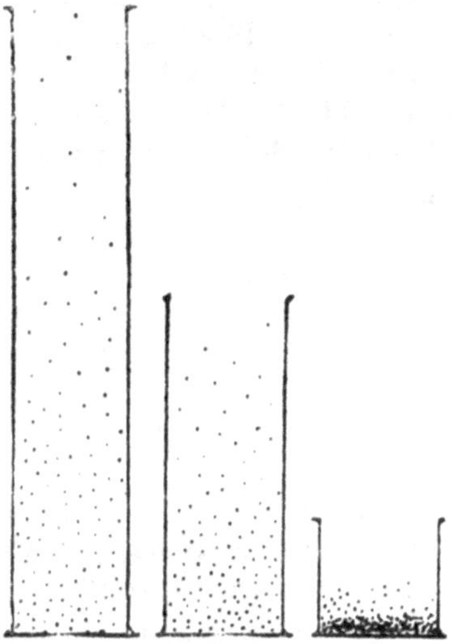

H_2 He O_2

Fig. 253.
Gasatmosphären.

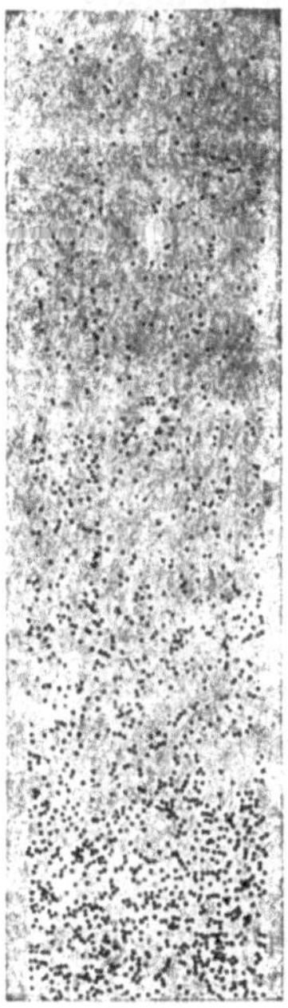

Fig. 254.
Perrins Emulsion.

[1] Nach Perrin, Abh. d. Bunsenges. 3 ([illegible]).
[2] Wigand, Phys. Zs. 17 (1916).

Teilchen, δ die der Flüssigkeit, m die Masse eine Teilchens, N die LOSCHMIDTsche Zahl, so wird obenstehende Gleichung zu

$$\log \mathrm{nat} \frac{n_0}{n} = \frac{N}{RT} m \left(1 - \frac{\delta}{\Delta}\right) g h .$$

Für N erhält PERRIN durch Einsetzung sämtlicher beobachteten Werte $68{,}2 \cdot 10^{22}$. Diese Zahl stimmt in der Größenordnung mit der früher für ideale Gase angegebenen, und doch haben wir hier eine ganz andere Art von Gas: Mastixkügelchen als Molekel in der Flüssigkeit zerstreut.

Dasselbe N ergibt sich auch, wenn man nach den Überlegungen des vorigen § die BROWNsche Bewegung dieser Mastixkügelchen mißt.

Als wahrscheinlichsten Wert des N aus nach verschiedenen Methoden angestellten Messungen gibt PERRIN die Zahl $67 \cdot 10^{22}$.

Dieser Wert ist höher als der früher angegebene $6{,}07 \cdot 10^{23}$. Es dürfte nämlich nicht gelungen sein, die Gleichheit aller Mastixkügelchen zu erreichen. SMOLUCHOWSKI schlägt deshalb vor, die Bewegung eines einzelnen Teilchens für solche Versuche heranzuziehen.

§ 210. BOLTZMANNs Theorem. Die wohl interessanteste Anwendung des Wahrscheinlichkeitskalküls bezieht sich auf den II. Hauptsatz.

Wir haben diesen als Erfahrungssatz kennen gelernt, z. B. in der Erfahrung: Wärme geht nie von selbst von einem kälteren zu einem wärmeren Körper.

Nun traten immer wieder von Zeit zu Zeit Zweifel an der Richtigkeit dieses Satzes auf. Bald nachdem das MAXWELLsche Verteilungsgesetz aufgestellt war, bildete — ein Beispiel von vielen — folgende Vorstellung Schwierigkeit. Ein Gasbehälter sei durch eine Scheidewand in zwei Teile geteilt. Diese Wand enthalte eine kleine reibungslose Schiebetür, welche von irgendeinem kleinen Zauberwesen jedem von einer Seite kommenden rascher fliegenden Molekel, nicht aber einem langsamen, geöffnet werde. Dann müßte der eine Raum immer raschere Molekel enthalten, also wärmer werden. Diesem Einwande erwiderte MAXWELL treffend, er habe eine Physik für Menschen und nicht für „Dämonen" geschrieben. Der zweite Hauptsatz gilt nicht für „Mikrophysiker", sondern für „Makrophysiker" (PLANCK), die selbst in ihren kleinsten Massen immer noch mit vielen Billionen Molekel gleichzeitig operieren. Nur für so große Zahlen gelten eben die Regeln der Wahrscheinlichkeit.

Faßt man alles Geschehen als Erscheinungen mechanischer Bewegungen von Molekeln und Atomen auf, so ergibt sich, daß ungeordnete Bewegung die meiste Wahrscheinlichkeit besitzt.

Der derzeitige Zustand des uns zugänglichen Universums ist in einem unwahrscheinlichen Zustande; noch gibt es ja wohlgeordnete Bewegungen der Molekel, z. B. in den Planeten mit einheitlicher Geschwindigkeit ihrer Gesamtmasse, im strömenden Wasser, im wehenden Wind usw. Alle solche Ordnung ist unwahrscheinlich, sie muß zur Unordnung werden. Alle unwahrscheinlichen Energieformen müssen bei Veränderungen immer mehr in die wahrscheinlichste Energieform sich umwandeln, und das ist eben die „molekular ungeordete" Energieform der Wärme.

Für Gase zeigte BOLTZMANN[1], daß die immer wachsende Entropie S ein Ausdruck für die besonders definierte Wahrscheinlichkeit W des betreffenden Systems sei; es ist

$$S = k \log W + \text{const.}$$

k ist eine universelle Konstante, P/N; wir kommen in Band II darauf zurück.

Solche Wahrscheinlichkeitsbetrachtungen verlangen also, daß im Wechsel der Naturerscheinungen, die ja nur in gegenseitiger äquivalenter Umwandlung der verschiedenen Energieformen bestehen, die Umwandlungen in die Wärmeform bevorzugt werden. Die Natur hat (nach PLANCK) eine „Vorliebe" für die Form der Wärmeenergie. Das Ende der Welt ist (nach CLAUSIUS) der „Wärmetod", d. h. alle Körper sind dann gleich warm, jede Temperaturdifferenz und jede Bewegung großer Massenteile hat aufgehört. Keine Energie ist verschwunden, aber die dann resultierende Energieform ist weiterer Umwandlung (in Arbeit oder Elektrizität usw.) nicht mehr fähig. Die Entropie hat ihr Maximum erreicht.

Diese Überlegungen haben keine Gültigkeit für ein mikroskopisch kleines Universum. Siehe die „Entmischungs"-Überlegungen von SMOLUCHOWSKI in § 208. Sie haben aber auch keine Gültigkeit für ein großes Universum, wenn unendlich lange Zeiten ins Spiel treten. In einer unendlichen Zeit kann auch einmal ein unwahrscheinlicher Zustand eintreten.

Fünfter Teil. Veränderungen des Aggregatzustandes.

I. Schmelzen.

§ 211. **Schmelzpunkt.** Wärme, die wir einem Körper zuführen, ändert nicht bloß seine Temperatur, sein Volumen oder den Druck, den er auf seine Umgebung ausübt. Sie ruft unter Umständen viel tiefere Veränderungen hervor; sie bewirkt das Entstehen allotroper Modifikationen, Änderungen der chemischen Konstitution; vor allem aber vermag sie die Körper aus dem festen Zustand in den flüssigen, aus diesem in den gasförmigen überzuführen, sie bewirkt die Veränderungen des Aggregatzustandes.

Wir haben den Nullpunkt der Temperaturskala definiert als die Temperatur des schmelzenden Eises; daß diese in der Tat eine kon-

[1] Seit 1877 an verschiedenen Stellen. Bis auf spätere kleinere Diskussionen zusammengestellt in „Vorlesungen über Gastheorie" 1895, Leipzig.

stante ist, davon können wir uns jederzeit überzeugen, wenn wir ein Thermometer in schmelzendes Eis stecken. Solange das Eis schmilzt, zeigt das Thermometer einen vollkommen unveränderlichen Stand. Wenn wir ein mit Paraffin gefülltes Gefäß durch eine untergesetzte Flamme erwärmen, so beginnt das Paraffin bei 46° zu schmelzen; von jetzt ab bleibt das Thermometer unverändert stehen, trotz der Wärme, die dem Gefäße ohne Unterlaß von der heißen Flamme zuströmt. Erst wenn alles Paraffin geschmolzen ist, fängt die Temperatur wieder an zu steigen. Nehmen wir die Flamme weg, so beginnt die Erstarrung des Paraffins, sobald das Thermometer wieder auf 46° gesunken ist. Die Temperatur, über der ein Körper flüssig, unter der er fest ist, heißt sein Schmelzpunkt. Einige Schmelzpunkte sind z. B.:

Wolfram	+ 3540° ?	Silber	+ 960,5°	Kohlensäure	− 57
Tantal	+ 2900 ?	Zinn	+ 231,84	Stickstoff	− 210,5
Iridium	+ 1950	Wasser	0	Sauerstoff	− 218
Platin	+ 1764	Quecksilber	− 38,89	Wasserstoff	− 259

Legierungen und Gemische schmelzen tiefer als ihre Bestandteile, z. B. Woods Metall bei + 68°. Auf diese Erscheinung kommen wir noch zurück (§ 229).

Bei behutsamem Abkühlen kann man eine Flüssigkeit weit unter ihren Schmelz- oder Erstarrungspunkt unterkühlen, Wasser z. B. bis − 20°. Unterkühlte Flüssigkeiten sind in einem labilen Zustande (§ 236).

Abhängigkeit des Schmelzpunktes vom Druck. Bei der Definition des Nullpunktes haben wir keine Angabe darüber gemacht, bei welchem Druck das Schmelzen stattfinden soll. Genau genommen müßten wir hinzusetzen: bei dem Druck einer Atmosphäre, denn der Schmelzpunkt zeigt sich in allerdings nur geringem Grade abhängig vom Drucke. Er sinkt beim Wasser mit zunehmendem Druck, für jede Atm. um 0,0075°. Bei einem Drucke von 1000 Atm. würde der Schmelzpunkt auf − 7,5° erniedrigt sein, und umgekehrt: Wasser, welches bei − 7,5° noch flüssig ist, übt einen Druck von 1000 Atm. aus. So erklärt sich die Sprengwirkung von Wasser, das, in eisernen Bomben luftfrei verschlossen, in eine Kältemischung gebracht wird.

Legt man über einen Eisblock von etwa − 1° eine mit Gewichten stark belastete Drahtschlinge, so schmilzt das Eis unter dem Drahte; das entstehende Wasser entweicht neben dem Drahte nach oben; da aber das unter Druck geschmolzene Wasser unter Null Grad abgekühlt ist, so gefriert es über dem Drahte, wo es keinem besonderen Drucke mehr ausgesetzt ist, und kittet die durch den Draht getrennten Teile des Eisblockes wieder zusammen. Man bezeichnet diese Erscheinung als Regelation; sie ist von großer Bedeutung für die Bewegung der Gletscher über eine unebene, durch Abstürze unterbrochene Talsohle und bewirkt, daß die entstehenden Trümmer sich immer wieder zu kompakten Massen vereinigen.

Die Erniedrigung des Schmelzpunktes durch Druck steht in Beziehung mit der Eigenschaft des Wassers, beim Gefrieren das Volumen zu vergrößern. Wir werden auf diesen Zusammenhang später zurückkommen (§ 230).

§ 212. **Schmelzwärme.** Während des Schmelzens wird dem schmelzenden Körper fortwährend Wärme zugeführt, ohne daß die Temperatur steigt; wir müssen annehmen, daß diese Wärme eben zu der Umwandlung des Aggregatzustandes gebraucht wird. Wenn wir umgekehrt einer bis auf die Schmelztemperatur abgekühlten Flüssigkeit Wärme entziehen, so sinkt ihre Temperatur durchaus nicht; wir sehen nur, daß ein Teil der Flüssigkeit in den festen Aggregatzustand übergeht. Dies dauert so lange, bis die ganze Flüssigkeit erstarrt ist; erst dann verursacht weitere Entziehung von Wärme ein Sinken der Temperatur. Wir schließen hieraus, daß eine Flüssigkeit, die erstarrt, diejenige Wärmemenge wieder an ihre Umgebung abgibt, die sie früher beim Schmelzen angenommen hatte. Man bezeichnet deshalb diese letztere auch als die latente Wärme der Flüssigkeit; man sagt, daß beim Schmelzen eine bestimmte Wärmemenge gebunden, beim Erstarren dieselbe Wärmemenge frei wird.

Unter Schmelzwärme eines Körpers versteht man die Wärme, die nötig ist, um 1 g von demselben zu schmelzen. Mischt man 100 g Wasser von 80^0 mit 100 g Eis von 0^0, so erhält man 200 g Wasser von 0^0 Daraus ergibt sich die Schmelzwärme des Wassers mit 80 cal.

Will man umgekehrt ein Gramm flüssiges Wasser von 0^0 in Eis verwandeln, so muß man ihm 80 cal entziehen. Wenn also in 1 Minute 1 cal infolge von Leitung und Strahlung abgegeben wird, so verfließt eine Zeit von 80 Minuten, ehe das Wasser vollständig gefroren ist, während die Abkühlung von 1^0 auf 0^0 schon in 1 Minute erfolgt.

Schmelzwärmen sind z. B. für

Aluminium	Zink	Silber	Zinn	Wismut	Quecksilber	
77	28,13	21,07	14,25	12,64	2,83	cal pro g

§ 213. **Umwandlung allotroper Modifikationen.** Ein Vorgang, der mit der Veränderung des Aggregatzustandes ganz analog ist, besteht in dem Übergange eines Körpers von einer allotropen Modifikation in eine andere. Bei gegebenem äußeren Drucke ist die Umwandlung an eine ganz bestimmte Temperatur gebunden. Oberhalb dieser ist nur die eine, unterhalb nur die andere Modifikation existenzfähig. Für die Abhängigkeit der Übergangstemperatur vom Druck gelten Beziehungen von derselben Art, wie für die Veränderung des Schmelzpunktes mit dem Drucke. Nehmen wir z. B. rhombischen und monoklinen Schwefel. Bei Atmosphärendruck liegt der Umwandlungspunkt bei $95{,}6^0$; oberhalb dieser Temperatur ist die monokline Modifikation stabil, unterhalb die rhombische. Würde es auf irgendeine Weise gelingen, monoklinen S unter die Temperatur von $95{,}6^0$ abzukühlen, so würde er von selber in die rhombische Modifikation sich verwandeln. Ebenso würde rhombischer S über 95,6° erwärmt von selber in monoklinen übergehen. Nach § 195 werden natürliche Prozesse bei konstanter Temperatur stets so verlaufen, daß die freie Energie abnimmt. Daraus würde folgen, daß oberhalb einer Temperatur von 95,6° die freie Energie des rhombischen Schwefels größer ist als die des monoklinen, unterhalb von 95,6° die freie Energie des monoklinen größer als die des rhombischen. Bei der Temperatur des Umwandlungspunktes selber müssen die freien Energien der beiden Modifikationen gleich sein. Diese Bemerkung erlaubt nun eine Anwendung des Nernstschen Satzes auf die Bestimmung der Übergangstemperatur. Es sei F_1 die freie, Φ_1 die Gesamtenergie des monoklinen S, Φ_{10} ihr gemeinsamer Wert beim absoluten Nullpunkt; ferner sei $2\beta_1 T = c_1$ die spez. Wärme des monoklinen Schwefels. Dieselbe Bedeutung haben die Buchstaben F_2, Φ_2, Φ_{20}, $2\beta_2 T = c_2$ für den rhombischen S. Dann sind:

$$\Phi_1 = \Phi_{10} + \mathrm{J}\, m\beta_1 T^2, \qquad F_1 = \Phi_{10} - \mathrm{J}\, m\beta_1 T^2,$$
$$\Phi_2 = \Phi_{20} + \mathrm{J}\, m\beta_2 T^2, \qquad F_2 = \Phi_{20} - \mathrm{J}\, m\beta_2 T^2.$$

Daraus folgt:

$$\Phi_1 - \Phi_2 = \Phi_{10} - \Phi_{20} + \mathrm{J}\, m(\beta_1 - \beta_2) T^2;$$
$$F_1 - F_2 = \Phi_{10} - \Phi_{20} - \mathrm{J}\, m(\beta_1 - \beta_2) T^2.$$

Nun ist: $(\Phi_1 - \Phi_2)/\mathrm{J}$ nichts anderes als die Wärmemenge, die wir bei der Temperatur des Überganges dem rhombischen S zuführen müssen, um ihn in die monokline Modifikation zu verwandeln. Diese aber kann, bezogen auf 1 g S, ausgedrückt werden in cal durch:

$$(\Phi_1 - \Phi_2)/\mathrm{J} = 1{,}57 + 1{,}15 \cdot 10^{-5} T^2.$$

Für $m = 1$ wird: $(\beta_1 - \beta_2) T = 1{,}15 \cdot 10^{-5} T$.

Die Differenz der spez. Wärme beider Modifikationen ist also:

$$c_1 - c_2 = 2{,}30 \cdot 10^{-5} T.$$

Ferner wird: $(F_1 - F_2)/\mathrm{J} = 1{,}57 - 1{,}15 \cdot 10^{-5} T^2$.

Es sei die Temperatur des Übergangspunktes T, so:

$$1{,}57 - 1{,}15 \cdot 10^{-5}\mathsf{T}^2 = 0,$$

woraus $\mathsf{T} = 369{,}5$.

Der beobachtete Wert $273 + 95{,}6 = 368{,}6$ ist fast gleich.[1]

II. Sieden und Verdunsten.

§ 214. **Siedepunkt.** Wenn wir Wasser in einem Kochfläschchen erwärmen, so beginnt bei einer bestimmten Temperatur eine lebhafte Entwicklung von Dampfblasen in seinem Innern, das Wasser wallt auf, es kocht oder siedet. Dabei geht es in einen luftförmigen Zustand über, es verwandelt sich in Wasserdampf. Verschließt man die Kochflasche

[1] Nernst, Theoret. Chemie. Stuttgart 1913.

durch einen von einer Glasröhre durchbohrten Kork, so tritt aus der Mündung ein Dampfstrahl aus.

Solange das Wasser siedet, bleibt der Stand des Thermometers unverändert; er hängt aber von dem Drucke ab, unter dem das Wasser steht. Die konstante Siedetemperatur des Wassers bei dem Drucke von 76 cm Hg haben wir als die Temperatur von 100° bezeichnet. Einige andere Siedepunkte für den Normaldruck sind z. B.:

Zink	+906°	Schwefel	+444,5°	Quecksilber	+356,7°	Alkohol . .	+78,3°
Äther . . .	+34,5°	Kohlensäure	−78,5°	Sauerstoff	−183,0°	Stickstoff	−195,7°
		Wasserstoff	−252,8°	Helium . .	−268,8°		

§ **215. Verdampfungswärme.** Wenn wir sehen, daß von dem Momente an, in dem das Sieden beginnt, das Thermometer auf demselben Punkte stehen bleibt, bis nach einiger Zeit alle Flüssigkeit in Dampf verwandelt ist, so müssen wir daraus schließen, daß die Überführung eines Körpers aus dem flüssigen in den luftförmigen Aggregatzustand eine gewisse Wärmezufuhr erfordert. Als Verdampfungswärme bezeichnen wir die Wärmemenge, durch welche 1 g Flüssigkeit in Dampf verwandelt wird. Eine ungefähre Messung der Verdampfungswärme des Wassers erhalten wir durch die folgende Beobachtung. Wir füllen ein Kochgefäß mit 200 g Wasser und regulieren die unter demselben befindliche Flamme so, daß zu der Erwärmung von 50° bis 100° eine Zeit von 5 Minuten erforderlich ist. Die in jeder Minute der Flamme zugeführte Wärmemenge ist dann gleich 2000 cal. Von dem Momente an, wo bei 100° das Sieden beginnt, bis zu dem, wo die Hälfte des Wassers verdampft ist, vergehen dann noch etwa 27 Minuten; um 100 g Wasser zu verdampfen, sind somit 54000 cal erforderlich, die Verdampfungswärme des Wassers beträgt 540 cal pro Gramm.

Wenn Dampf sich kondensiert, so gibt er die bei der Verdampfung aufgenommene Wärme wieder an seine Umgebung ab. Man sagt daher, daß der Dampf eine gewisse gebundene oder latente Wärme enthalte, die bei der Kondensation frei wird. Die Beobachtung dieser freiwerdenden Wärme ist es, auf der die genaueren Messungen der Verdampfungswärme beruhen; man kondensiert den Dampf in einem Gefäße, das sich in einem Kalorimeter befindet, und bestimmt die abgegebene Wärmemenge aus der Temperaturerhöhung des Wassers. Beispiele von Verdampfungswärmen sind

Brom	Terpentinöl	Quecksilber	Äther	Alkohol
50	70	68	90	202 cal pro g

§ **216. Dampfdruck.** Man mißt diesen am besten im luftleeren Raume, wo Störungen durch andere Körper (Luft oder Gase) ausgeschlossen sind. Dazu bringen wir über das Hg im Torricellischen Vakuum etwas Flüssigkeit, etwa Wasser, Alkohol oder Äther. Diese Flüssigkeiten verdampfen und drücken das Hg von seiner ursprünglichen Höhe (76 cm) herunter. Bei 20° ist diese Depression für Wasser 1,74 für Alkohol 4,45 und für Äther 43,33 cm. Siehe Fig. 255, wo die gestrichelte Linie dem Barometerstande entspricht. Das den Ätherdampf enthaltende Rohr eignet sich sehr gut zum Nachweise des Einflusses, den die Temperatur auf den Druck des Dampfes ausübt; kühlt man sie ab, so sieht man das Quecksilber in der Röhre steigen, der Druck des Dampfes sinkt also mit der Temperatur.

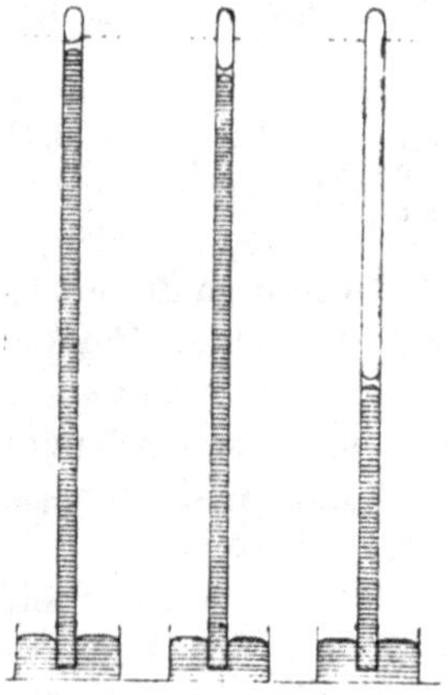

Fig. 255.

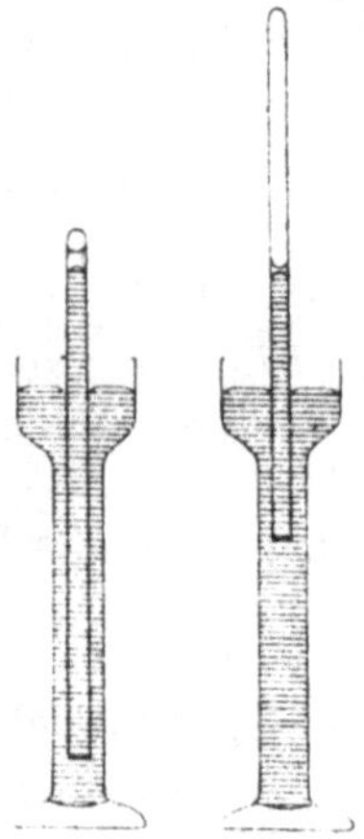
Fig. 256.

Gesättigter Dampf.

In der Vorrichtung Fig. 256 können wir das Volumen des dampferfüllten Raumes durch Senken der mittleren Röhre verkleinern. Dabei zeigt sich, wie wir schon jetzt hervorheben wollen, daß das Verhalten des Dampfes ein ganz anderes ist, wenn *er noch mit Flüssigkeit in Berührung*, als wenn alle Flüssigkeit verschwunden ist, und der *Torricelli*sche *Raum nur Dampf enthält*. Im ersten Falle bezeichnet man den Dampf als *gesättigten*, im zweiten als *nicht gesättigten* oder *überhitzten*. Das Resultat der Beobachtungen läßt sich dann in den beiden Sätzen aussprechen:

1. *Der Druck des gesättigten Dampfes ist nur abhängig von der Temperatur.*

2. *Der überhitzte Dampf folgt in Annäherung den Gasgesetzen.*

Die Richtigkeit der Sätze ergibt sich aus den folgenden Beobachtungen. Wir gehen aus von einem Zustande, bei dem noch ein wenig flüssiges Wasser in dem Torricellischen Raume sich befindet. Wir schieben sodann die Röhre in die Höhe, so daß der Torricellische Raum sich vergrößert; es hat das, konstante Temperatur vorausgesetzt, nicht den geringsten Einfluß auf den Stand der Quecksilberkuppe, der Druck des Dampfes bleibt ungeändert. Nur bemerken wir bei hinreichender Vergrößerung des Raumes eine Abnahme der Menge des flüssigen Wassers. Die Volumenvermehrung hat also nur die Folge, daß eine gewisse Menge Wasser aus dem flüssigen in den dampfförmigen Zustand übergeht. Da Druck und Temperatur gleich bleiben, so gilt dies auch vom spez. Gewicht des Dampfes; der über der Flüssigkeit befindliche Raum füllt sich bei der Vergrößerung immer wieder so mit Dampfteilchen, daß die auf 1 cm^3 kommende Masse die gleiche bleibt. Dies geht so fort, bis endlich das letzte Flüssigkeitsteilchen in Dampf verwandelt ist. Von diesem Momente an wird das Verhalten ein völlig anderes; vergrößern wir das Volumen, so tritt eine Verminderung des Druckes ein, ähnlich wie bei Gasen. Gehen wir von dem nicht gesättigten Zustande aus, so ist zunächst Verminderung des Volumens mit Vermehrung des Druckes verbunden. Gleichzeitig wächst damit das spez. Gewicht des Dampfes und die Zahl der in 1 cm^3 enthaltenen Dampfteilchen. Dies dauert aber nur so lange, bis der Druck des gesättigten Dampfes wieder erreicht ist, bei einer Temperatur von 20° bis zu einem Drucke von 1,74 cm. Von diesem Momente an ist eine Verringerung des Volumens auf den Druck von keinem Einflusse, dagegen beobachtet man, daß ein Teil des Dampfes wieder in flüssiger Form sich niederschlägt. Der Druck des gesättigten Dampfes ist danach zugleich der Maximaldruck, den der Dampf auszuüben vermag; die dabei erreichte Dichte, die Zahl der in der Volumeinheit enthaltenen Dampfteilchen, ist bei gleichbleibender Temperatur einer weiteren Vermehrung nicht fähig, der Raum ist mit Dampf „gesättigt“.

Der Maximaldruck oder Sättigungsdruck eines Dampfes hängt, wie wir schon gesehen haben, ab von der Temperatur. Wenn wir den Torricellischen Raum erhitzen, so steigt der Druck, es geht gleichzeitig auch bei konstant erhaltenem Volumen ein Teil des flüssigen Wassers in den dampfförmigen Zustand über. Wir können die Erhitzung so weit treiben, daß schließlich alles flüssige Wasser verdampft. Von diesem Momente an verhält sich der Dampf ähnlich wie ein Gas. Während bis dahin der Druck des gesättigten Dampfes von einer Vergrößerung oder Verkleinerung des Volumens unabhängig nur durch die Temperatur bestimmt wurde, hängt von jetzt an ähnlich wie bei Gasen der Druck sowohl von Temperatur als von Volumen ab. Man sieht, daß der Zustand des nicht gesättigten Dampfes auch auf dem Wege einer fortgesetzten Temperatursteigerung erreicht werden kann, und daher nennt man solchen Dampf auch „überhitzten“.

Spannkraft von Dämpfen. Den Druck des gesättigten Dampfes bezeichnen wir kurz als seine Spannkraft; die Bestimmung seiner Abhängigkeit von der Temperatur ist eine wichtige Aufgabe der experimentellen Forschung, nicht bloß wegen der vielfachen praktischen Fragen, in denen ihre Kenntnis von fundamentaler Bedeutung ist, sondern ebenso wegen des hohen theoretischen Interesses, das sich an die Untersuchung der Zustandsänderungen knüpft. Fig. 257 zeigt das Resultat der Beobachtungen für Wasserdampf durch eine Kurve; Abszissen und Ordinaten geben die zusammengehörigen Werte von Temperatur und Druck. Wählen wir den Punkt A so, daß der Druck kleiner ist, als der Sättigungsdruck der betreffenden Temperatur, so liegt A unterhalb der Spannkraftskurve. Denken wir uns, wie in Fig. 256, den Dampf bei konstanter Temperatur in dem Torricellischen Raume einer Barometerröhre eingeschlossen, so bedingt Volumverminderung Zunahme des Druckes; der Zustand des Dampfes schreitet längs einer durch A

gehenden vertikalen Linie, einer Isotherme, fort; schneidet diese die Spannkraftskurve in *B*, so stellt die zu *B* gehörende Ordinate den Maximaldruck des Dampfes bei der gegebenen Temperatur dar; weitere Volumverminderung ändert nun den Druck nicht mehr, der Zustand des Dampfes bleibt durch den Punkt *B* dargestellt, solange überhaupt noch Dampf vorhanden ist. Es zeigt sich, was für spätere Betrachtungen von großer Bedeutung ist, daß der dampfförmige Zustand des Wassers nur durch Punkte unterhalb der Spannkraftskurve dargestellt werden kann. Diese selbst repräsentiert die Zustände des gesättigten Dampfes, wir werden sie daher auch als Sättigungskurve bezeichnen.

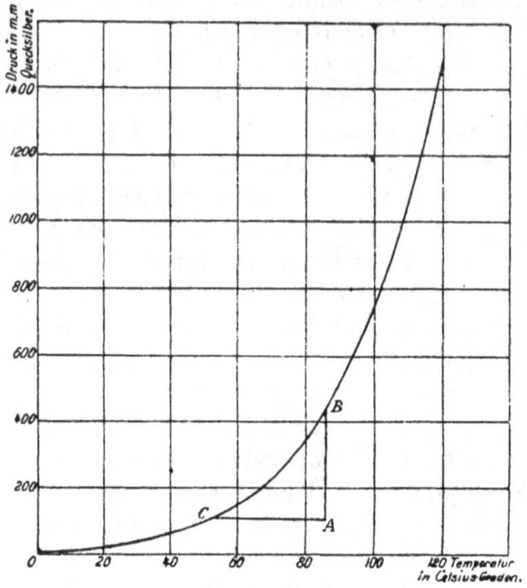

Fig. 257. Spannung von Wasserdampf.

Die analogen Kurven für Alkohol wären höher und steiler, noch mehr die für Äther. Ganz tief liegt die für Hg, da die Dampfspannung von Hg zwischen 0°—100° minimal ist.

Dampfbildung im lufterfüllten Raume. Wir haben bei der vorhergehenden Untersuchung die Verdampfung im luftleeren Raume vor sich gehen lassen. Von unmittelbarer praktischer Wichtigkeit sind aber gerade die Fälle, in denen die Verdampfung in Luft stattfindet. Nach dieser Richtung bedürfen die gefundenen Gesetze einer Ergänzung. Diese wird gegeben durch den einfachen Satz: Das Gesetz der Maximalspannung und ihrer Abhängigkeit von der Temperatur ist im lufterfüllten Raume genau dasselbe, wie im luftleeren. Der einzige Unterschied ist der, daß in dem letzteren die Maximalspannung sofort sich einstellt, während im lufterfüllten Raume bis zu ihrer Erreichung eine längere Zeit vergeht. Dies erscheint nach den Vorstellungen der kinetischen Gastheorie selbstverständlich.

Verdunsten. Jede Flüssigkeit, an der freien Luft stehend, verschwindet allmählich, sie verdunstet. Bei der Verdunstung wird, wie bei jeder Bildung von Dampf aus flüssiger Substanz, Wärme gebunden. Die hierdurch erzeugte Verdunstungskälte kühlt die Flüssigkeit ab.

Siedepunkt. Von dem Verdunsten unterscheidet sich das Sieden dadurch, daß der Dampf aus dem Innern der aufwallenden Flüssigkeit heraus sich entwickelt. Nun ist klar, daß eine von Dampf erfüllte Blase im Innern einer Flüssigkeit (Fig. 258) nur bestehen kann, wenn ihr Druck mindestens gleich dem auf der Oberfläche der Flüssigkeit lastenden ist. Der in der Blase enthaltene Dampf ist gesättigt, sein Druck gleich der Spannkraft des Wasserdampfes für die gegebene Temperatur, ebenso groß muß der Luftdruck sein, unter dem die Flüssigkeit siedet, und es ist also der Zusammenhang zwischen Luftdruck und Siedetemperatur derselbe, wie zwischen Spannkraft und Temperatur; die Zeichnung von Fig. 257 ist ebenso zu der Bestimmung des Siedepunktes für einen gegebenen Luftdruck zu verwenden, wie zu der Bestimmung der Spannkraft bei gegebener Temperatur.

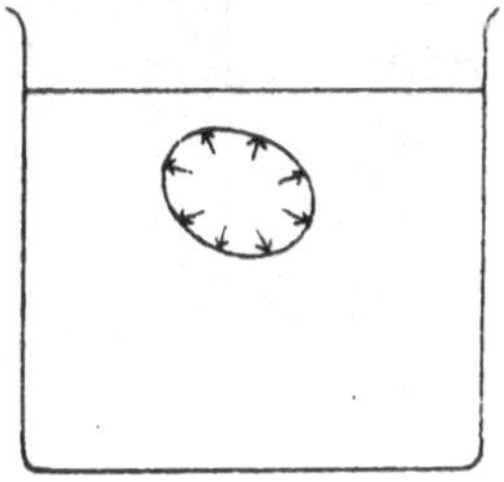
Fig. 258. Sieden.

Die Abhängigkeit des Siedepunktes vom Drucke kann man leicht zeigen, wenn man aus einer mit Wasser gefüllten Kochflasche die Luft auspumpt; sobald der Druck bis auf die Maximalspannung des Wasserdampfes gesunken ist, beginnt das Wasser zu sieden. Arbeitet die Pumpe sehr rasch und gut, so kühlt sich das Wasser so stark ab, daß es friert.

Die Bestimmung des Siedepunktes kann eine barometrische Messung ersetzen.

Taupunkt. Wir betrachten einen unbegrenzten Raum, der, wie etwa der freie Luftraum, von Wasserdampf in nichtgesättigtem Zustande erfüllt ist. Wenn wir an irgendeiner kleinen Stelle die Temperatur in lokaler Weise erniedrigen, so wird dadurch der Druck des Wasserdampfes im ganzen nicht verändert. Sein Zustand bewegt sich also von einem Punkte *A* der Fig. 257 auf einer horizontalen Linie gegen die vertikale Achse hin; bei genügender Abkühlung erreicht die horizontale Linie die Sättigungskurve in dem Punkte *C*. Von diesem Momente an hat jede weitere Wärmeentziehung die Folge, daß sich Wasserdampf an dem abgekühlten Körper kondensiert, seine Oberfläche beschlägt sich mit Tau, bei Temperaturen unter Null Grad mit Reif.

§ 217. Absolute und relative Feuchtigkeit. Die Atmosphäre der Erde ist der Schauplatz eines ununterbrochenen Kreislaufes von Wasserdampf, der von der Oberfläche des Meeres aufsteigt, sich in Wolken verdichtet und durch Niederschläge der Oberfläche der Erde wieder zugeführt wird. Der Zustand des Wasserdampfes in der Luft ist daher nicht ein Zustand des Gleichgewichtes, sondern der Bewegung, der Dampf ist im allgemeinen nicht gesättigt; es entsteht die Aufgabe, den jeweiligen Druck, die Menge des in der Volumeinheit enthaltenen Dampfes zu bestimmen. Unter absoluter Feuchtigkeit versteht man die Masse α des in 1 m^3 enthaltenen Wasserdampfes. Wäre die Luft mit Wasserdampf gesättigt, so sei in 1 m^3 die Masse A. Den Quotienten $100\,\alpha/A$ nennt man dann relative Feuchtigkeit (in $^0/_0$ der absoluten).

Ist p der Druck, den der Wasserdampf in der Luft wirklich besitzt, P der bei der vorhandenen Lufttemperatur mögliche Maximaldruck, so ist nach dem Gasgesetze

$$\alpha = v \frac{p}{RT}, \qquad A = v \frac{P}{RT}.$$

Oder

$$\alpha / A = p / P.$$

P ergibt sich aus der Kurve der Spannkräfte (Fig. 257); ebenso p, die tatsächlich vorhandene Spannung, durch die Bestimmung der Taupunktstemperatur, denn es ist p offenbar identisch mit dem Sättigungsdrucke für die Taupunktstemperatur. Ist p gefunden, so kann dann auch die absolute Feuchtigkeit α nach dem Gasgesetze berechnet werden. Die zur Bestimmung des Taupunktes dienenden Instrumente bezeichnet man als **Hygrometer**.

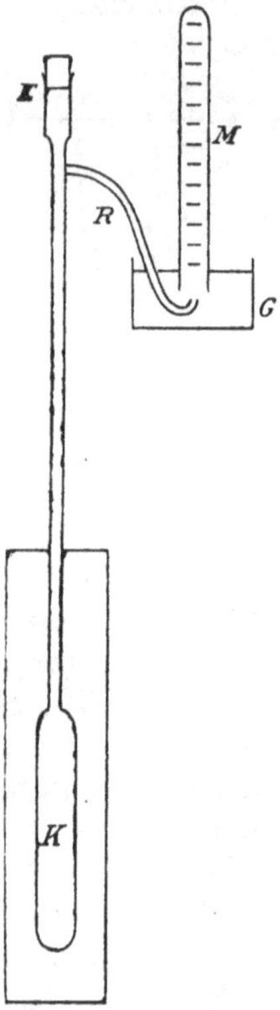

Fig. 259. Dampfdichte-Bestimmung.

§ 218. Bestimmung der Dampfdichte. Die Bestimmung der Dampfdichte ist eines der wichtigsten Hilfsmittel zur Bestimmung des Molekulargewichtes, wenn es sich um die Untersuchung der Konstitution einer flüchtigen chemischen Verbindung handelt. Eine der einfachsten Methoden, welche zugleich der vielfachsten Verwendung fähig ist, ist die Methode der Luftverdrängung von V. Meyer.

Eine kleine Menge der zu untersuchenden Substanz wird in einem Glasröhrchen oder Fläschchen abgewogen. Der Kolben K des Dampfentwicklungsrohres (Fig. 259) wird in einem geeigneten Bade so weit über die Siedetemperatur der Substanz erhitzt, daß die Dämpfe dem Gasgesetze folgen. Dann wird die Substanz durch die Erweiterung E des Steigrohres in den Kolben geworfen, die Öffnung von E rasch wieder durch einen Kork geschlossen. Über das Gasentbindungsrohr R wird ein mit Wasser gefüllter, in das Gefäß G eingesetzter Meßzylinder M geschoben. In diesem wird die Luft aufgefangen, welche von dem in K sich entwickelnden Dampfe verdrängt wird, und ihr Volumen v gemessen. Ihr Druck p ist gleich dem Luftdrucke, vermindert um den Druck der Wassersäule, welche sich in M unter der aufgefangenen Luft befindet. Die Zimmertemperatur betrage τ^0; das Gewicht m der in dem Meßrohre aufgefangenen Luft kann dann aus der Gleichung von § 168

$$m = \frac{p v}{R(273 + \tau)}$$

berechnet werden. In dem Kolben K hatte diese Luftmenge aber genau denselben Raum ausgefüllt, wie der entwickelte Dampf. Das spez. Gewicht des Dampfes verhält sich also zu dem spez. Gewichte der Luft wie das Gewicht des Dampfes zu dem Gewichte m. Das Gewicht des Dampfes ist aber gleich dem Gewichte S der eingeworfenen Substanz. Für die Dampfdichte ergibt sich somit die Gleichung:

$$D = \frac{S}{m} = \frac{SR(273 + t)}{p v}.$$

§ 169 hatten wir für das Molekulargewicht μ erhalten, $\mu = 28{,}88\, D$; wir können also aus der Dampfdichte das Molekulargewicht bestimmen. (Bequemer ist aber die Methode der Gefrierpunkterniedrigung § 229).

§ 219. Diffusionspumpe. Einige der in vorhergehenden Teilen unseres Buches geschilderten Vorgänge benutzte GAEDE zur Konstruktion einer ganz merkwürdigen Luftpumpe. Das in Fig. 260 schematisch dargestellte System ist ganz aus Glas, mit Ausnahme des oben geschlossenen und unten offenen, in die mit Hg gefüllte Rinne r tauchenden Stahlzylinders T. Zuerst wird alles (Rezipient mit inbegriffen) durch eine Vorpumpe bei k auf einige mm ausgepumpt, worauf ein nicht gezeichnetes Ventil die Vorpumpe selbsttätig absperrt. Dabei wird das Hg unten in F durch eine Flamme (oder elektrische Heizung) dauernd erwärmt. Der Raum in T füllt sich mit Hg-Dampf. In T ist ein feiner (0,04 mm breiter) Spalt (in Fig. 260 durch o viel zu groß angedeutet). Durch diesen Spalt o diffundiert nun Luft aus R nach T und umgekehrt Hg aus T nach R. Nach § 201 ist aber die Molekelgeschwindigkeit u der Wurzel aus der Dichte umgekehrt proportional: die kleinen Luftmolekel gehen rasch durch o, die großen Hg-Molekel langsam. Dieser geringe nach R austretende Hg-Dampf wird überdies durch die mit w angedeutete Wasserkühlung gleich kondensiert und fließt über r nach dem unteren Hg-Reservoir ab.

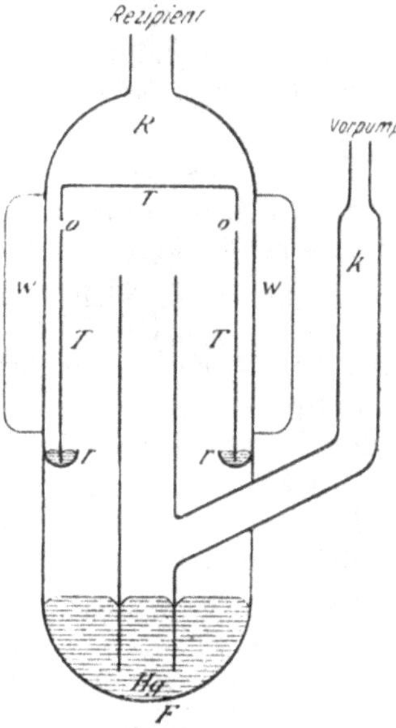

Fig. 260. Diffusionspumpe.

Diese Pumpe arbeitet — ohne irgendwelche mechanische Bewegung — bis zum alleräußersten Vakuum.

III. Lösungen.

§ 220. Lösung. Eine Mischung verschiedener Stoffe kann so innig und homogen sein, daß eine mechanische Trennung der Bestandteile (z. B. durch Filtrieren) unmöglich ist. Auch optisch ist die Lösung eine vollständig einheitliche Menge. Unsere Atmosphäre z. B. können wir (den

Hauptbestandteilen nach) als eine Lösung von O_2 in N_2 oder von N_2 in O_2 auffassen. Die Einteilung in gelöste Substanz und Lösungsmittel ist somit ganz willkürlich. Die Trennung beider Substanzen ist jedoch durch verschiedene physikalische Mittel möglich, z. B. meist durch Verdampfen, Auskristallisierung oder Kondensation. Aus flüssiger Luft verdampft z. B. N_2, indes O_2 zurückbleibt. Umgekehrt würde, wenn man Luft allmählich abkühlte, zuerst O_2 verflüssigt werden.

Unter kolloidaler Lösung versteht man ein Gemisch, bei dem der eine Körper, z. B. die Mastixkügelchen in den Perrinschen Versuchen (§ 209), noch durch optische Mittel erkennbar bleibt. Der Übergang von einer wirklichen Lösung zur kolloidalen und weiterhin zu einem mechanischen Gemenge ist ein allmählicher; scharfe Grenzen lassen sich nicht angeben.

Wässerige Lösungen sind ganz besonders eingehend studiert. Wir wollen daher einige Grundbegriffe an ihnen besprechen, wobei gewisse theoretische Gesichtspunkte auf später verschoben werden. Man kann sagen, daß jeder Körper in Wasser, wenn auch in sehr verschiedenem Grade löslich ist; Glas z. B. oder Bariumsulfat, Jodsilber und alle anderen in der analytischen Chemie verwendeten Niederschläge sind nur in minimalen Spuren, aber doch löslich. Die meisten kristallisationsfähigen Körper, die sog. Kristalloide, sind in einer bestimmten, von Temperatur und Druck abhängigen Menge löslich, hingegen sog. Kolloide, wie Leim, Eiweiß usw. in beliebiger Menge.

Salze sind somit nur in bestimmter Menge löslich; bringt man zu viel Salz ins Wasser, so bleibt ein Teil als Muttersubstanz ungelöst; die darüber stehende Lösung heißt gesättigt. Die Löslichkeit steigt meist mit der Temperatur, z. B. für Salpeter; hingegen ist die Löslichkeit des Kochsalzes für alle t fast gleich. Natriumsulfat ist hingegen von 33° aufwärts immer weniger löslich.

Beim Auflösen jener Körper, deren Löslichkeit mit t steigt, tritt Abkühlung ein. Es verflüssigt sich ja der gelöste Körper nicht nur, die gelösten Molekel diffundieren überdies in die Flüssigkeit hinein; ersterer Vorgang sowohl, analog dem Schmelzen, wie letzterer, analog einer Gasexpansion, bedeutet Energieverbrauch. Beim Auflösen jener Körper, deren Löslichkeit von der Temperatur unabhängig ist, zeigt sich keinerlei Wärmeerscheinung, hingegen tritt bei Körpern, deren Löslichkeit mit der Temperatur fällt, sogar eine Erwärmung ein. Im allgemeinen aber ist die Lösungswärme negativ.

Der Einfluß des Druckes ist unbedeutend. Löst sich ein Körper, z. B. Kupfersulfat, unter Volumsverminderung (Zusammenziehen), so begünstigt Drucksteigerung die Löslichkeit, während z. B. bei der unter Ausdehnung vor sich gehenden Lösung des Chlorammoniums Druck die Löslichkeit herabsetzt.

Auch Lösungen können übersättigt sein; eine bei etwa 30° gesättigte Lösung von Glaubersalz sollte bei Abkühlung auf Zimmertemperatur einiges Salz auskristallisieren lassen; das geschieht oft erst, wenn man einen kleinen Kristall dieses Salzes als Impfkristall in die Lösung gibt; die Kristallisation erfolgt dann unter Erwärmung, weil die Kristallisationswärme plötzlich frei wird. Die Übersättigung ist ein labiler Zustand (§ 236).

§ 221. **Osmotischer Druck.** Bringt man eine hohe Wassersäule behutsam über etwas Kupfersulfat, so löst sich dieses, und die konzentrierte Lösung am Boden des Gefäßes diffundiert allmählich der Schwere entgegen in das Wasser hinauf. Man nennt die Kraft, welche die Salzmolekel gegen die Schwere hinauftreibt, osmotischen Druck. Jede Diffusion kann also durch eine solche fingierte Kraft der Osmose beschrieben werden. Man kann das Ganze aber auch als Brownsche Bewegung auffassen analog der Fig. 254; nur die gleichzeitige Benützung beider Vorstellungen ist zu vermeiden.

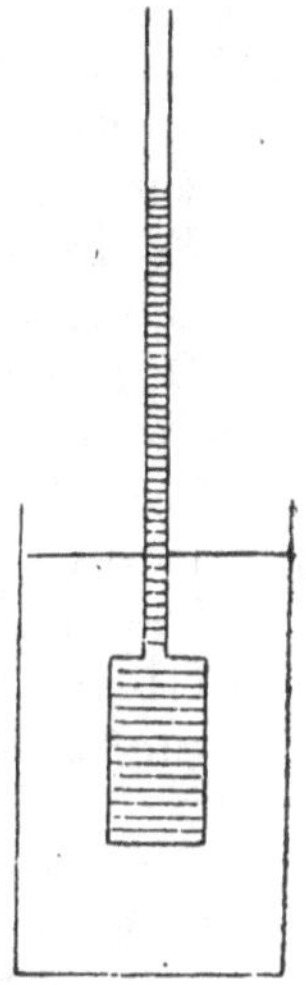

Fig. 261. Osmotischer Druck.

Höchst überraschend gestalten sich die Beziehungen, wenn man eine verdünnte Lösung von dem Lösungsmittel durch eine sogenannte halbdurchlässige (semipermeable) Wand trennt, die wohl dem Lösungsmittel, aber nicht dem gelösten Stoffe den Durchgang gestattet. Für Wasser und Rohrzucker besitzt diese Eigenschaft in sehr vollkommener Weise eine auf einer porösen Tonzelle niedergeschlagene Membran von Ferrocyankupfer. Füllt man die Zelle mit Rohrzuckerlösung und setzt sie in destilliertes Wasser, so dringt Wasser in die Zelle ein; die Lösung steigt in der mit der Zelle verbundenen vertikalen Röhre und vermehrt so den Druck im Innern (Fig. 261). Der osmotische Druck ist gleich dem schließlich erreichten Maximaldrucke, der dem weiteren Eindringen von Wasser in die Zelle ein Ziel setzt. Man erhält auf diese Weise eine direkte manometrische Messung des Druckes. Für verschieden konzentrierte Lösungen ergaben sich so die folgenden Werte:

Prozentgehalt der Zuckerlösung	Spez. Gewicht der Zuckerlösung	Osmotischer Druck in cm Hg	Dichte des gelösten Zuckers
1 %	1,0026	55,5	0,001003
2 %	1,0066	101,6	0,002013
4 %	1,0144	208,2	0,004057
6 %	1,0223	307,5	0,006134

Aus den Zahlen der beiden ersten Kolumnen ergibt sich die Dichte des gelösten Zuckers, d. h. die in 1 cm³ davon enthaltene Menge in Grammen, die Zahlen der letzten Kolumne. Dividieren wir den Druck durch die Dichte, so ergeben sich die vier Zahlen:

55 200, 50 470, 51 370, 50 130.

Aus der annähernden Gleichheit dieser Zahlen folgt der merkwürdige und wichtige Satz:

Der osmotische Druck ist der Konzentration des gelösten Stoffes, der Anzahl der Gramme im Kubikzentimeter, proportional.

Die Analogie dieses Satzes mit dem Gesetze von BOYLE-MARIOTTE springt in die Augen. Weitere Untersuchungen, die sich insbesondere auch auf die Abhängigkeit des osmotischen Druckes von der Temperatur richten mußten, haben gezeigt, daß es sich nicht um eine bloße Analogie, sondern um eine vollkommene Identität handelt. Der osmotische Druck einer Lösung ist genau derselbe wie der Gasdruck, den die gelösten Molekel ausüben würden, wenn das Lösungsmittel entfernt und der von ihm eingenommene Raum allein von jenen Molekeln im Gaszustande erfüllt würde. Es gilt auch hier der Satz $p/\delta = RT$ (§ 168).

Es gelten alle Gasgesetze. Als Analogie des BOYLEschen und des GAY-LUSSACschen Gesetzes erhalten wir:

Der osmotische Druck ist bei gleicher absoluter Temperatur der Konzentration,

bei gleicher Konzentration der absoluten Temperatur proportional.

Die Analogie zur AVOGADROschen Regel ergibt:

Gleiche Volumina von isosmotischen (oder isotonischen) Lösungen sind bei gleicher absoluter Temperatur isomolekular.

Die theoretische Herleitung dieser Beziehungen, welche eine der Hauptlehren der physikalischen Chemie bilden, ist von VAN'T HOFF (1887) gegeben worden.[1]

Diese Ergebnisse gelten nur für verdünnte Lösungen. Alle Materie, die in gleichem Maße verdünnt ist, steht unter gleichem Druck.

Der Chemiker nennt eine „normale“ Lösung eine, die 1 Mol der gelösten Substanz in 1 Liter Lösungsmittel enthält. Würde das osmotische Gesetz bis zu solchen Konzentrationen Gültigkeit haben, wäre der osmotische Druck bei 0° (nach § 170) 22,4 Atm.

Die direkte Bestimmung des osmotischen Druckes ist sehr umständlich; wir werden später, besonders in der Gefrierpunktserniedrigung (§ 229) bequemere Methoden kennen lernen.

IV. Phasen und thermodynamisches Potential.

§ 222. Die Übergangskurven des Wassers. Wir kehren nun wieder zurück zu allgemeineren Betrachtungen, die sich an Fig. 257 anschließen. Wir haben bemerkt, daß alle Punkte unterhalb der Spannkraftskurve Zustände nichtgesättigten Dampfes darstellen; wir haben weiter den

[1] VAN'T HOFF, Zs. f. phys. Chem. 1 (1887).

Zustand des Dampfes verfolgt, wenn das Volumen bei konstanter Temperatur verringert wird; er bewegt sich dann auf einer vertikalen Linie in der Richtung steigenden Druckes, bis der Maximaldruck in der Sättigungskurve erreicht wird. Der Druck bleibt jetzt konstant, bis aller Dampf kondensiert, also nur noch flüssiges Wasser vorhanden ist. Nun können wir eine weitere Steigerung des Druckes hervorbringen, das flüssige Wasser wird eine dementsprechende Kompression erleiden und der Punkt, durch welchen sein Zustand dargestellt wird, rückt in den Raum über der Sättigungskurve hinein; die Punkte dieses Raumes entsprechen verschiedenen Zuständen des Druckes und der Temperatur bei flüssigem Wasser.

Das flüssige Wasser geht nun bei bestimmten zusammengehörigen Werten des Druckes und der Temperatur über in Eis. Es liegt nahe, auch diese Werte in unserer Zeichnung darzustellen; bei normalem Drucke liegt der Schmelzpunkt bei 0°, für eine Druckzunahme von 76 cm Hg sinkt die Temperatur des Schmelzpunktes um 0,0075°. Die Kurve der zusammengehörigen Schmelztemperaturen und Schmelzdrucke ist somit eine gerade Linie, welche die vertikale Achse bei einem Drucke von 76 cm durchschneidet und gegen sie sehr wenig nach links geneigt ist (Fig. 262). Es sei A ein Punkt, der einen Zustand flüssigen Wassers darstellt; entziehen wir bei konstantem Drucke Wärme, so sinkt die Temperatur, der Zustand verschiebt sich längs einer horizontalen Linie von rechts nach links. Wenn wir auf diese Weise bis zu dem Punkte B der zuvor konstruierten Schmelzkurve kommen, so hat weitere Entziehung von Wärme keine Temperaturerniedrigung, sondern Eisbildung zur Folge; der Zustand des Wassers bleibt in dem Punkte B stehen, bis alles in Eis verwandelt ist. Von da ab hat dann weitere Wärmeentziehung wieder Temperaturerniedrigung zur Folge, der Zustand des Eises bewegt sich nun auf der Horizontalen AB weiter nach links. Die Schmelzkurve bedingt somit eine weitere Einteilung unserer Zeichenebene; in dem zwischen ihr und der Spannkraftskurve liegenden Gebiete F können nur Zustände flüssigen Wassers liegen, in dem links von ihr liegenden E nur Zustände des Eises; während in dem Gebiete D unterhalb der Spannkraftskurve nur dampfförmige Zustände vorhanden

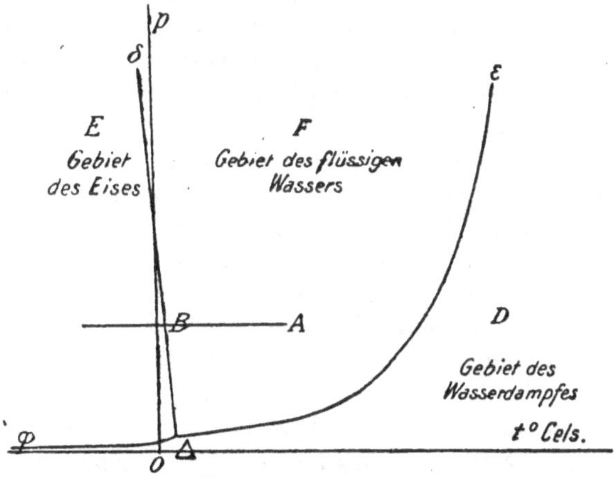

Fig. 262. Übergangskurven des Wassers.

sein können. Die Kurven, durch welche die verschiedenen Gebiete der Zeichenebene voneinander getrennt sind, bezeichnen wir im folgenden als **Übergangskurven**. Auf diesen Kurven selbst sind je zwei von den verschiedenen Zuständen des Wassers miteinander im Gleichgewichte, d. h. sie bestehen nebeneinander, ohne daß der eine von selbst in den andern sich verwandelt, solange nicht etwa Wärme von außen zu- oder abgeführt oder das Volumen des Ganzen geändert wird.

Sublimation. Auch Eis hat eine kleine Dampfspannung, das ergibt sich aus der Tatsache, daß das Eis an der Luft verdunstet; man bezeichnet diesen Übergang, wie überhaupt jede Verdampfung eines festen Körpers, als Sublimation. Aus dieser Bemerkung folgt nun, daß wir in unserer Zeichnung in Wirklichkeit mit drei Übergangskurven zu tun haben. 1. Der Grenzkurve ε zwischen den Gebieten D und F von Wasserdampf und von flüssigem Wasser; 2. der Grenzkurve δ zwischen den Gebieten F und E des flüssigen Wassers und des Eises; 3. der Grenzkurve φ zwischen den Gebieten E und D. Wir bezeichnen die drei Kurven als Verdampfungskurve, Schmelzkurve und Sublimationskurve.

Sublimation von Jod beobachtet man sehr schön in einer luftleeren vertikalen Röhre, in welcher ein paar Jodkristalle am Boden liegen Erhitzt man das untere Ende der Röhre, so bildet sich weiter oben ein Jodspiegel durch Sublimation. Wenn man die Röhre schüttelt, so hört man am Tone, daß die Jodkristalle vollkommen fest bleiben. Schließt man dagegen Jod in eine ebensolche, aber mit Luft gefüllte Röhre ein, so füllt sich beim Erhitzen der Raum über den Kristallen mit violettem Joddampfe, und unter seinem Drucke schmilzt das Jod.

Dreifacher Punkt des Wassers. Wenn wir in der Fig. 262 die Schmelzkurve δ so weit verlängern, bis sie den von der Verdampfungs- und der Sublimationskurve gebildeten Zug $\varepsilon\varphi$ in dem Punkte Δ schneidet, so liegt dieser Punkt wegen der äußerst geringen, in der Fig. sehr übertriebenen Neigung von δ so nahe an der vertikalen Achse, daß der Druck von dem Werte der Spannkraft für 0^0 nicht merklich abweicht; er ist daher sehr nahe gleich 4,52 mm, in Wahrheit gleich 4,57 mm. Die Temperatur des Punktes entspricht somit nahezu der Erhöhung, die der Schmelzpunkt des Eises erfährt, wenn der Druck um 1 Atmosphäre reduziert wird; sie beträgt also $0{,}0075^0$. Der Punkt Δ scheidet die Verdampfungskurve von der Sublimationskurve, und eine genauere Untersuchung zeigt, daß diese Kurven in Δ nicht stetig ineinander übergehen, daß vielmehr die Sublimationskurve gegen die Temperaturachse stärker geneigt ist, als die Verdampfungskurve; der Zug $\varepsilon\varphi$ erleidet also in dem Punkte Δ eine Knickung. Der Punkt Δ ist dadurch ausgezeichnet, daß in ihm Wasserdampf, flüssiges Wasser und Eis im Gleichgewichte nebeneinander bestehen können, ohne daß ein Zustand von selber in den anderen übergeht. Dabei hängt das Verhältnis, nach dem eine gegebene Menge Wasser auf die drei Aggregatzustände sich verteilt, von dem gesamten disponiblen Raume ab. Man bezeichnet den Punkt Δ

als den dreifachen Punkt des Wassers; auf den drei von ihm ausgehenden Kurvenzweigen ε, δ, φ können immer nur zwei von den drei Zuständen im Gleichgewichte nebeneinander bestehen, d. h. so, daß kein freiwilliger Übergang des einen in den anderen stattfindet; in den zwischen den Kurven liegenden Gebieten D, F und E endlich kann das Wasser immer nur in einem einzigen Aggregatzustande sich befinden.

§ 223. **Das thermodynamische Potential.** Für die im vorhergehenden erläuterten Verhältnisse ergibt sich eine einfache und übersichtliche Darstellung durch eine eigentümliche Anwendung des Energieprinzipes. Bei einem thermisch-mechanischen Systeme, das sich im Gleichgewichte befindet, das also keine kinetische Energie besitzt, gilt für die Vermehrung Φ der potentiellen und der Wärmeenergie nach § 177 die Gleichung $\Phi = \mathrm{J}\,Q - L$; hier bezeichnet Q die zugeführte Wärme, L die geleistete Arbeit. Umgekehrt kann man sagen: Ein thermisch-mechanisches System, dessen Zustandsänderungen umkehrbar sind, ist im Gleichgewichte, wenn für jede mögliche Veränderung $\Phi = \mathrm{J}\,Q - L$ ist. Denn andernfalls würden immer Veränderungen zu finden sein, für die Φ kleiner als $\mathrm{J}\,Q - L$ wäre; der fehlende Zuwachs der inneren Energie müßte dann durch kinetische ersetzt werden, d. h. das System wäre nicht im Gleichgewichte.

Wir wenden diesen Satz auf eine gewisse Menge Wasser an, deren Zustand durch einen Punkt der Verdampfungskurve dargestellt ist, so daß Flüssigkeit und Dampf im Gleichgewichte nebeneinander bestehen. Die gegebene Wassermenge sei in einem Zylinder mit beweglichem Stempel eingeschlossen, unten sei flüssiges Wasser, oben Wasserdampf. Der Zustand im Innern des Zylinders ist ein vollkommen stabiler; solange wir das Volumen und die Temperatur konstant halten, würde jede irgendwie herbeigeführte Kondensation von Wasserdampf, oder jede Verdampfung von Wasser wieder rückgängig werden, bis das Verhältnis zwischen der Menge flüssigen Wassers und der Menge des Wasserdampfes wieder denselben unveränderlichen Wert erreicht hätte. Verändern wir dagegen die äußeren Bedingungen, führen wir Wärme zu, vergrößern wir das Volumen des Zylinders, so ändert sich das Mengenverhältnis von flüssigem Wasser und von Wasserdampf, bis ein neuer Zustand stabilen Gleichgewichtes erreicht ist. Bezeichnen wir die dabei zugeführte Wärme mit Q, die bei der Volumvermehrung geleistete Arbeit mit L, die Änderung der Energie mit Φ, so ist nach dem vorhergehenden:

$$\Phi = \mathrm{J}\,Q - L\,.$$

Die Gleichung besitzt eine ganz allgemeine Gültigkeit und an ihrer Richtigkeit in dem vorliegenden Falle kann daher kein Zweifel sein; sie gilt auch hier: Wenn der Übergang von m g Wasser aus dem dampfförmigen in den flüssigen Zustand in umkehrbarer Weise sich vollzieht, so soll dadurch dem Systeme eine Energie zugeführt werden, die, mit m proportional, durch den Ausdruck $m(U_2 - U_1)$ dargestellt werden kann. Dabei soll U_2 nur von dem Endzustande, d. h. außer von Druck und Temperatur nur von den Eigenschaften des flüssigen Wassers, U_1 nur von dem Anfangszustande, d. h. von dem Zustande und den Eigenschaften des Wasserdampfes abhängen. Die dem inneren Energiezuwachs äquivalente Arbeit stellt sich hiernach in derselben Form dar, wie das Gravitationspotential U_b und U_a in § 70.

Mit Beziehung auf diese Analogie bezeichnen wir U_2 als das thermodynamische Potential[1] des flüssigen Wassers, U_1 als das thermodynamische Potential des Wasserdampfes. Die mit Rücksicht auf die Kondensation vervollständigte Energiegleichung wird:

$$\Phi = J\,Q - L + m(U_2 - U_1).$$

Diese Gleichung kann aber mit der allgemeinen Gleichung $\Phi = J\,Q - L$ nur dann zusammen bestehen, wenn der innere Energiezuwachs $m(U_2 - U_1)$ gleich Null ist; man kann nun die mit ihm äquivalente Arbeit zerlegen in die beiden Teile $m\,U_2$ und $-m\,U_1$; der erste stellt dann eine Arbeit dar, die bei der Bildung von m g flüssigen Wassers dem Systeme zugeführt wird, $-m\,U_1$ dagegen eine Arbeit, die bei dem Verschwinden von m g Wasserdampf von dem Systeme geleistet wird. Bezeichnet man mit Benützung eines in der Mechanik eingeführten Ausdruckes, den bei konstanter Temperatur und konstantem Drucke angenommenen Übergang der m g Wasser vom dampfförmigen zum flüssigen Zustande als eine virtuelle Zustandsänderung, so kann man das Resultat unserer Betrachtung so ausdrücken: Wenn flüssiges Wasser und Wasserdampf nebeneinander im Gleichgewichte bestehen, so ist die Summe der bei einer virtuellen Veränderung des Zustandes geleisteten inneren Arbeiten gleich Null. Umgekehrt gilt dann auch der Satz: Wenn die Summe der bei einer virtuellen Veränderung geleisteten inneren Arbeiten gleich Null ist, so ist das System im Gleichgewichte. Die Summe der Arbeiten ist aber gegeben durch $m(U_2 - U_1)$; sie kann nur Null sein, wenn $U_2 = U_1$ ist. Wir erhalten also den Satz:

Flüssiges Wasser und Wasserdampf können nebeneinander im Gleichgewichte nur dann bestehen, wenn ihre thermodynamischen Potentiale gleich sind.

Die Potentiale U_1 und U_2 sind Funktionen des Druckes und der Temperatur; ihre wirkliche Darstellung durch mathematische Formeln ist nicht nötig; es genügt uns zu wissen, daß die Bedingung

$$U_1 = U_2$$

eine Gleichung zwischen Druck und Temperatur liefert, da außer diesen Größen nur noch konstante Koëffizienten in den Werten der Potentiale vorkommen; die Gleichung gibt also in der Tat für jede Temperatur

[1] W. Gibbs, Trans. Connecticut Acad. III (1876). — Duhem, Le potentiel thermodynamique. Paris 1886.

einen zugehörigen Druck, den Sättigungsdruck, und umgekehrt. Gehen wir über zu dem Gleichgewichte zwischen flüssigem Wasser und Eis, so wird dieses ebenso durch die Gleichheit der thermodynamischen Potentiale von Wasser und Eis bedingt sein; bezeichnen wir das Potential des letzteren durch U_3, so haben wir die Bedingung:

$$U_2 = U_3,$$

aus welcher wiederum eine Reihe zusammengehöriger Werte von p und T berechnet werden kann, entsprechend den Punkten der Schmelzkurve.

Die Sublimationskurve endlich wird gegeben durch die Bedingung

$$U_3 = U_1.$$

In dem dreifachen Punkte des Wassers sind die drei Aggregatzustände im Gleichgewichte nebeneinander, es gelten somit die Gleichungen:

$$U_1 = U_2, \quad U_2 = U_3, \quad U_3 = U_1.$$

Die erste Gleichung sagt aus, daß der dreifache Punkt der Verdampfungskurve, die zweite, daß er der Schmelzkurve angehört; er wird danach durch den Schnitt dieser beiden Kurven bestimmt sein. Sind aber die beiden ersten Gleichungen erfüllt, so ist auch die dritte Gleichung befriedigt; die Sublimationskurve geht also durch den Schnitt der beiden anderen hindurch, und die drei Grenzkurven schneiden sich in der Tat in einem und demselben Punkte.

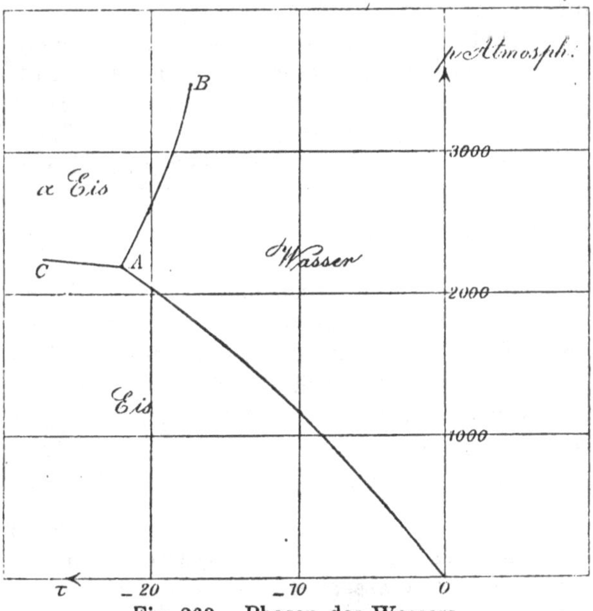

Fig. 263. Phasen des Wassers.

Wir benützen die Gelegenheit, um auf eine sehr merkwürdige Beobachtung Tammanns[1] hinzuweisen, durch welche unsere Kenntnis von den Gleichgewichtszuständen des Wassers wesentlich erweitert wird. In Fig. 263 stellt die Linie 0 *A* die Schmelzkurve des Eises dar; die Temperaturen sind auf der horizontalen, die Drucke auf der vertikalen Achse abgetragen. Mit wachsendem Drucke sinkt, wie wir gesehen haben, der Schmelzpunkt immer tiefer unter 0°; dies dauert aber nur so lange, bis bei einem Drucke von 2200 Atmosphären die Temperatur von − 22°

[1] Ann. d. Phys. 2 (1900).

erreicht ist. Wenn der Druck nun noch weiter gesteigert wird, so beginnt der Schmelzpunkt plötzlich wieder zu steigen. Die Schmelzkurve wird jetzt durch die Linie *AB* dargestellt. Dieses Verhalten wird durch die Existenz einer zweiten Modifikation des Eises bedingt, die wir als *α* Eis bezeichnen wollen. Der Punkt *A* ist ein zweiter dreifacher Punkt des Wassers, in dem die beiden Schmelzkurven *OA* und *AB* mit der Übergangskurve zwischen gewöhnlichem Eis und *α* Eis zusammenstoßen. Tammann hat gezeigt, daß das Eis noch in einer dritten Modifikation existiert, doch würde es zu weit führen, wenn wir auch auf ihr Verhalten eingehen wollten.

§ 224. **Gleichgewicht heterogener Systeme. Phasen.** Der im vorigen § auseinandergesetzte Fall ist sehr einfacher Natur. Wir hatten eine einzige „Komponente", Wasser, welche in 3 Phasen, als Dampf, Wasser oder Eis auftreten kann. Andere Beispiele ähnlicher Art wären gewöhnliches Eis mit *α* Eis, rhombischer Schwefel mit monoklinem im Gleichgewichte, die beiden Modifikationen bestehen nebeneinander, ohne daß die eine von selbst, d. h. ohne eine Wärmezufuhr oder eine willkürlich erzeugte Veränderung des Volumens, in die andere übergeht, wenn die thermodynamischen Potentiale gleich sind. Jene Prinzipien gelten insbesondere auch für die Zustandsänderungen eines Systemes, dessen Teile mehr als eine chemische Komponente enthalten; ein Beispiel eines solchen ist das durch den Zusammentritt von Wasser und Schwefeldioxyd gebildete. Aus diesen beiden Stoffen können sich verschiedene Körper bilden, die alle in sich physikalisch und chemisch vollkommen homogen sind:

1. Mischung von Wasserdampf mit gasförmigem Schwefeldioxyd;
2. eine Lösung von SO_2 in Wasser, und
3. eine von Wasser in flüssigem SO_2;
4. ein festes Hydrat, $SO_2 + 7H_2O$;
5. Eis.

Hier haben wir 2 Komponenten und 5 Phasen. In dem Beispiele des vorigen § haben wir einen Tripelpunkt (*A* in Fig. 263); in vorstehendem Beispiele würden wir einen vierfachen Punkt erhalten. Eine Reihe von Gesetzen dieses Gebietes haben große Bedeutung für die Chemie gewonnen. Sie lassen sich ausdehnen auf Gleichgewichte mit mehreren chemischen Komponenten.[1]

§ 225. **Gleichgewicht im homogenen Systeme. Dissoziation.** Bei der Bestimmung von Dampfdichten war man schon früher auf sogenannte abnorme Dampfdichten gestoßen, d. h. solche, welche von den aus dem Molekulargewichte folgenden so sehr abwichen, daß an eine Erklärung der Abweichung durch Beobachtungsfehler nicht zu denken war. Die Dichte des Salmiaks ist fast um die Hälfte kleiner als der aus der

[1] Bes. Roozeboom, Zs. f. phys. Chem. seit 1888.

Formel NH_4Cl folgende Wert, die Dampfdichte der Essigsäure bei niedrigen Temperaturen umgekehrt erheblich größer, als es der Formel CH_3COOH entspricht. Man erklärt im Anschlusse an die Avogadrosche Regel diese Abweichungen durch den Zerfall der Molekel, beziehungsweise durch die Bildung von komplexen Molekeln aus einfachen. So zerfällt NH_4Cl in NH_3 und HCl; das Molekel J_2 des Joddampfes bei höherer Temperatur in $J + J$; das Stickstofftetroxyd N_2O_4 in $NO_2 + NO_2$. Dabei ist aber die Dissoziation keineswegs eine vollständige, sondern es handelt sich um einen Gleichgewichtszustand zwischen den verschiedenen Gattungen von Molekeln, der abhängig ist von Temperatur und Druck. Unter Dissoziationsgrad verstehen wir das Verhältnis zwischen der Zahl der dissoziierten Molekel und der Gesamtzahl der komplexen Molekel, die als ursprünglich gegeben betrachtet werden. Dieser Dissoziationsgrad ist bei gegebenen Verhältnissen des Druckes und der Temperatur ein ganz bestimmter, er ändert sich aber mit diesen. Die Gesetze der Dissoziation können gleichfalls aus der Theorie des thermodynamischen Potentiales abgeleitet werden. Die im Innern eines Gases sich vollziehenden Dissoziationen und chemischen Kondensationen können ebensogut als Quellen innerer Energieänderungen betrachtet werden, wie etwa das Schmelzen von Eis oder das Verdampfen von Wasser, und diese inneren Energieänderungen müssen sich ebenso wechselseitig kompensieren wie in jenen Beispielen. Nehmen wir den Fall, daß ein Molekel eines Gases a mit einem Molekel des Gases b zusammentritt, um ein Molekel des Gases c zu bilden; U_a, U_b, U_c seien die Potentiale, dm_a und dm_b die Mengen von a und b, die sich bei einer Änderung der äußeren Verhältnisse, etwa bei einer Verringerung des Volumens verbinden, um die Menge dm_c von c zu bilden.

Wir nehmen diese Mengen wieder so klein, daß die Potentiale der Gase durch den Umsatz selbst keine merkliche Änderung erleiden.

Dann gilt $U_a\,dm_a + U_b\,dm_b = U_c\,dm_c$. Die Mengen dm_a, dm_b und dm_c verhalten sich aber wie die Äquivalentgewichte α_a, α_b und $\alpha_c = \alpha_a + \alpha_b$; somit ist auch:

$$\alpha_a\,U_a + \alpha_b\,U_b = \alpha_c\,U_c.$$

Wie man die Funktion von Druck und Temperatur, durch welche das Potential eines Gases dargestellt ist, wirklich auffindet, kann hier nicht entwickelt werden; wir müssen uns begnügen mit der Angabe des Resultates.

Wir bezeichnen die Anzahl der g-Molekel, die von den einzelnen Gasen in dem ganzen Gemische vorhanden sind, durch n_a, n_b und n_c, die Gesamtzahl der vorhandenen g-Molekel durch N, so daß

$$N = n_a + n_b + n_c.$$

Dann wird die Bedingung für das Gleichgewicht der inneren Energie:

$$\frac{n_a}{N} \cdot \frac{n_b}{N} \cdot \frac{N}{n_c} = k,$$

wo die Größe k, die Dissoziationskonstante, noch von Temperatur und Druck abhängig ist. Es läßt sich zeigen, daß das Produkt aus den Konzentrationen der bei der Dissoziation sich bildenden Molekel zu der Konzentration der nicht dissoziierten in einem durch Temperatur und Druck bestimmten Verhältnisse steht.

Sofern die Molekel a und b lediglich durch Dissoziation der binär zusammengesetzten c sich gebildet haben, sind sie notwendig in gleicher Zahl vorhanden; es ist $n_a = n_b = n$ und daher:

$$\frac{n^2}{N^2} \cdot \frac{N}{n_c} = k.$$

Für die Dampfdichte Δ eines Gases, dessen Molekel je in zwei neue Molekel sich spalten, ergibt sich die Formel:

$$\frac{(D - \Delta)^2}{2\Delta - D} = k\,D.$$

Hier bezeichnet D die Dampfdichte des unzersetzten Gases. Bei sehr hohem Drucke wird $k = 0$, und daher $\Delta = D$; bei verschwindendem Drucke wird k unendlich und $\Delta = {}^1/_2\,D$. In dem ersten Falle geht die Dissoziation ganz zurück, und wir haben nur die Molekel des Gases c; im zweiten Falle ist die Dissoziation eine vollständige, wir haben nur die Molekel von a und b, ihre Zahl ist doppelt so groß, wie die der ursprünglich vorhandenen Molekel von c. Bei gleichem Drucke und gleicher Temperatur nehmen die Molekel a und b doppelt so viel Raum ein, wie die Molekel c; die Dampfdichte muß also auf die Hälfte reduziert sein, in Übereinstimmung mit der mitgeteilten Formel.

In ähnlicher Weise lassen sich die Gesetze komplizierterer Dissoziationserscheinungen ermitteln; insbesondere aber finden die vorhergehenden Betrachtungen noch auf Dissoziationserscheinungen in verdünnten Lösungen Anwendung.

Da der osmotische Druck eines in verdünnter Lösung enthaltenen Stoffes dem Gasgesetze folgt, so ist auch das Potential durch einen Ausdruck von derselben Art gegeben, wie das Potential einer gasförmigen Komponente in einem Gasgemische; nur werden wir N einfach gleich der Zahl der g-Molekel des Lösungsmittels setzen können, da dieser Zahl gegenüber in verdünnten Lösungen die Zahlen der gelösten g-Molekel verschwinden. Dementsprechend sind die Konzentrationen der verschiedenen Komponenten einfach durch die Verhältnisse gegeben, in denen die Zahlen der von ihnen gelösten g-Molekel zu der Anzahl der g-Molekel des Lösungsmittels stehen.

§ 226. Dissoziationswärme. Wir wenden uns zu der Betrachtung der mit den Dissoziationsvorgängen verbundenen Wärmewirkungen. Bleiben wir bei dem Beispiele eines Gases c, das sich in zwei einfache Komponenten a und b spaltet, so können wir uns das hiermit gegebene System in zwei extremen Zuständen vorstellen. Das eine Mal möge das ganze gegebene Volumen nur von den nicht dissoziierten Molekeln c

erfüllt sein, das andere Mal mögen alle Molekel c verschwunden und nur die durch Dissoziation entstandenen Molekel a und b vorhanden sein. Wir wollen annehmen, das System sei aus dem ersten Zustande in den zweiten so übergeführt worden, daß Temperatur und Druck in beiden Zuständen gleich sind. Es wird dann zu der vollständigen Zerlegung der Molekel c in a und b dem Systeme eine gewisse Wärmemenge zugeführt werden müssen. Wir verstehen unter Dissoziationswärme Q_{12} die Wärmemenge, die notwendig ist, um ein g-Molekel des Gases c bei konstanter Temperatur und bei konstantem Drucke vollständig in die Komponenten a und b zu spalten. Diese Wärmemenge besteht aus 2 Teilen, der Wärme, welche zu der Zerlegung der Molekel c in die Molekel a und b erfordert wird, und der zur Leistung von äußerer Arbeit verwandten Energie. Wenn nämlich die ursprünglich gegebenen Molekel c bei konstantem Drucke und bei konstanter Temperatur vollständig in die Molekel a und b zerlegt werden, so wird das Volumen verdoppelt, das sich dissoziierende Gas leistet dementsprechend eine äußere Arbeit, und zwar gleichfalls auf Kosten der zugeführten Wärme. Die zur Dissoziation allein erforderliche Wärmemenge q_{12} ist z. B.:

für	92 g N_2O_4	253 g J_2
	12900	28500 cal

Bei diesen Rechnungen spielt eine zweite Dissoziationskonstante K eine Rolle. Dieses K, das bei thermochemischen Untersuchungen in der Regel benützt wird, ist bestimmt durch

$$K = \frac{n_a n_b}{n_c v} = \frac{n_a}{v} \cdot \frac{n_b}{v} \cdot \frac{v}{n_c}.$$

Die Größe K hängt danach von den räumlichen Konzentrationen der verschiedenen Molekelgattungen ebenso ab, wie die Größe k von den relativen Konzentrationen $\frac{n_a}{N}$, $\frac{n_b}{N}$, $\frac{n_c}{N}$; sie steht zu der reinen Dissoziationswärme q_{12} in derselben Beziehung, wie die Größe k zu der ganzen Wärme Q_{12}.

Es läßt sich weiter rechnerisch zeigen, daß

$$Q_{12} = \frac{\mathsf{P}}{\mathsf{J}} T^2 \frac{d \lg k}{dT} \quad \text{und} \quad q_{12} = \frac{\mathsf{P}}{\mathsf{J}} T^2 \frac{d \lg K}{dT},$$

wo P der in § 170 mit $83 \cdot 10^6$ berechnete Wert ist.

§ 227. Freie Energie und chemische Affinität. Die im vorhergehenden eingeführte Dissoziationskonstante K hat eine besondere Bedeutung deshalb, weil sie zur freien Energie des aus den Substanzen a und b bestehenden Systems in einer sehr einfachen Beziehung steht. Von den Substanzen a und b sei ebenso wie im vorhergehenden je 1 g-Molekel gegeben. Wir denken uns die wirklichen Molekel von a und b in einem Zustande der Kondensation, so daß sie paarweise in Entfernungen sich befinden, in denen die chemischen Affinitäten eben anfangen zu wirken. Wenn dann die Verbindung sich vollzieht, so verschwindet die potentielle Energie des Systems und die von den Affinitätskräften geleistete Arbeit verwandelt sich in Wärme, die wir oben mit q_{12} bezeichnet haben. Das mechanische Äquivalent von q_{12} ist somit gleich der potentiellen Energie des Systems und es ist daher:

$$\mathrm{J}\, q_{12} = \Phi .$$

Nun besteht aber nach § 194 bei Prozessen, mit denen eine äußere Arbeit nicht verbunden ist, zwischen der freien Energie F und der Gesamtenergie Φ die Beziehung:

$$\Phi - F = - T\, d F / d T ;$$

oder, wenn wir für Φ den obigen Wert benützen,

$$T\, d F / d T - F = - \mathrm{J}\, q_{12} = - \mathrm{P}\, T^2 d \lg K / d T .$$

Man kann hieraus den Wert von F berechnen und findet:

$$F = \mathrm{P}\, T \cdot \lg K .$$

Dazu muß bemerkt werden, daß die zwischen F und Φ bestehende Beziehung für sich genommen den Wert von F nicht vollkommen bestimmt. Man könnte, ohne jene Gleichung zu verletzen, ein Glied von der Form CT dem Werte von F hinzufügen. Dies wird aber ausgeschlossen durch die Definition der freien Energie als der Arbeit, welche bei einem isothermen Verlaufe der Reaktion zu leisten ist. Wir werden demnach die freie Energie des aus den Substanzen a und b bestehenden Systems durch obigen Ausdruck F darstellen.

Man hat früher die gesamte Wärmeentwicklung einer chemischen Reaktion als ein Maß für die chemische Affinität der reagierenden Substanzen betrachtet. Daß diese Auffassung nicht richtig ist, ergibt sich schon aus der Existenz sogenannter endothermischer Verbindungen, d. h. von Verbindungen, bei deren Entstehung keine Wärme entwickelt, sondern vielmehr Wärme gebunden wird. Das wahre Maß der chemischen Affinität wird bestimmt durch die freie Energie der aufeinander wirkenden Substanzen; d. h. durch die Arbeit, welche bei konstant gehaltener Temperatur von dem Systeme geleistet werden kann. Auf diesem Satze beruht die große Bedeutung, welche die freie Energie in der neueren Entwicklung der theoretischen Chemie gewonnen hat. Es wird nämlich jeder chemische Umsatz zwischen einer gegebenen Zahl reagierender Stoffe zu der Entstehung derjenigen Verbindung Veranlassung geben, für welche die freie Energie des Systems, d. h. die bei isothermem Verlauf der Reaktion geleistete Arbeit den größten Wert besitzt.[1]

§ 228. Wärmetönung chemischer Prozesse. An das vorhergehende schließen wir noch einige allgemeinere Betrachtungen über Wärmevorgänge bei chemischen Prozessen. Wir denken uns die aufeinander reagierenden Stoffe in einem Gefäße, das gegen die Luft durch einen mit

[1] Nernst, Theoret. Chemie.

vollkommener Leichtigkeit beweglichen Stempel abgeschlossen ist. Ehe die Reaktion eintritt, besitzt das von den verschiedenen chemischen Komponenten gebildete System eine gewisse Energie Φ_1; wir wollen annehmen, daß die Reaktion so vor sich geht, daß Wärme entwickelt wird, und das Volumen des Systemes sich vergrößert; die entwickelte Wärme leiten wir ab, indem wir das Reaktionsgefäß in ein großes Wasserbad setzen, so daß die Temperatur des Systemes am Schlusse des Prozesses von der anfänglichen nicht merklich verschieden ist. Nach dem Ablaufe der Reaktion hat das System eine andere Energie Φ_2, und diese muß kleiner sein als die anfängliche um das Äquivalent der abgegebenen Wärme und um die geleistete Arbeit; wir haben somit:

$$\Phi_1 - \Phi_2 = J\,Q + L,$$

wenn wir unter Q die entwickelte Wärme, unter L die gegen den Luftdruck geleistete Arbeit verstehen. Die Wärmemenge $(\Phi_1 - \Phi_2)/J = Q + L/J$, welche der hierdurch gegebenen Abnahme der Energie äquivalent ist, bezeichnet man als die Wärmetönung der chemischen Reaktion. Wird bei dieser Wärme nicht entwickelt, sondern gebunden, so hat man Q mit einem negativen Zeichen zu versehen; wird das Volumen kleiner, so leistet der Luftdruck eine Arbeit an dem Systeme, und es ist dann L negativ zu nehmen.

Wir fügen noch einige Bemerkungen hinzu, die sich auf die Berechnung der Arbeit L beziehen. In der Regel entsteht sie dadurch, daß sich bei der Reaktion ein gasförmiges Produkt bildet. Bei der von uns angenommenen Anordnung des Versuches wird sein Druck während der ganzen Dauer des Versuches konstant bleiben; das Gas wird eben in dem Maße, in dem es sich entwickelt, den das Reaktionsgefäß gegen die Luft abschließenden Stempel vor sich herschieben. Ist das Reaktionsgefäß ein Zylinder von 1 cm² Querschnitt, und ist die bei der Reaktion eintretende Volumvermehrung, das Volumen des neugebildeten Gases, gleich v, so wird der Stempel gegen den Luftdruck verschoben um die Strecke v; nun ist aber in diesem Falle die Fläche des Stempels gleich 1 cm²; der Druck p von einer Atmosphäre ist somit der ganze zu überwindende Druck und die geleistete Arbeit gleich $p\,v$.

Messen wir entsprechend § 179 in Literatmosphären und nach § 180 mit der kalorischen Gaskonstante, so ist $p\,v = \mathfrak{R}\,T = 1{,}98\,T$.

W e l c h e s a l s o a u c h d i e N a t u r d e s e n t s t e h e n d e n G a s e s s e i n m a g , d i e b e i E n t w i c k l u n g e i n e s g - M o l e k e l s g e g e n d e n ä u ß e r e n D r u c k g e l e i s t e t e A r b e i t i s t s t e t s m i t n a h e z u 2 T c a l ä q u i v a l e n t; dabei ist T die absolute Temperatur, bei der die Reaktion vor sich geht. Mit Hilfe dieses Satzes ist es unter allen Umständen leicht, bei der Berechnung von Wärmetönungen den vorkommenden Arbeiten Rechnung zu tragen.

Die im vorhergehenden enthaltenen allgemeinen Bemerkungen mögen nun noch an einigen speziellen Beispielen erläutert werden.

1. Lösen wir 65,1 g Zink (1 g-Atom) bei 20° in verdünnter Schwefelsäure, so wird eine Wärmemenge von 34200 cal entwickelt. Gleichzeitig werden 2 g Wasserstoff (1 g-Molekel) in Freiheit gesetzt. Die hiermit verbundene Volumvermehrung bedingt eine Arbeit gegen den Luftdruck, die nach dem vorhergehenden äquivalent ist mit $2 \cdot (273 + 20)$ oder 586 cal. Diese sind zu der kalorimetrisch gemessenen Wärmemenge von 34200 cal noch hinzuzufügen. Dann ergibt sich für die Wärmetönung der Reaktion, d. h. für die ganze chemische Energie, welche durch die Auflösung von 65,1 g Zn in verdünnter H_2SO_4 in Wärme oder Arbeit verwandelt wird, der Wert von 34786 cal.

2. Wenn wir 1 g-Molekel Wasserstoff, d. h. 2 g, mit 1 g-Atom Sauerstoff, 16 g, zu flüssigem Wasser verbrennen, so werden 68400 cal entwickelt. Aber dabei verschwindet 1 g-Molekel Wasserstoff- und 1 g-Atom Sauerstoffgas, und wenn wir den Prozeß wieder in einem Zylinder mit beweglichem Stempel vor sich gehen lassen, so leistet der Luftdruck bei dem Niedergehen des Stempels eine Arbeit, die sich in Wärme verwandelt. Nicht die ganze beobachtete Wärmemenge ist also das Äquivalent für den durch die Verbrennung bedingten Verlust von chemischer Energie; ein Teil davon stammt aus der vom Luftdrucke geleisteten Arbeit. Diese entspricht bei einer Versuchstemperatur von 20° für 1 g-Molekel Wasserstoff 586 cal, für $\frac{1}{2}$ g-Molekel Sauerstoff 293 cal. Zieht man die Summe mit 880 cal ab, so bleibt als Äquivalent für die bei dem Prozesse verwandelte chemische Energie, d. h. für die Wärmetönung, eine Zahl von 67520 cal.

3. Wenn wir ein g-Atom Diamant, C (12 g), mit 1 g-Molekel Sauerstoff, O_2 (32 g) verbrennen, so erhalten wir 1 g-Molekel Kohlensäure CO_2. Dabei werden 94300 cal entwickelt, wenn der Prozeß so geleitet wird, daß das Volumen des ganzen Systemes keine Änderung erleidet, also keine Arbeit geleistet wird. Bezeichnen wir die in g-cal gemessene Energie von 1 g-Atom Diamant durch das Symbol (C), die Energie eines g-Molekels Sauerstoff durch (O_2), die eines g-Molekels Kohlensäure durch (CO_2), so haben wir die Gleichung:

$$(C) + (O_2) - (CO_2) = 94300 \text{ cal.}$$

Wir können nun das g-Atom Kohlenstoff zunächst nur mit 1 g-Atom Sauerstoff verbrennen; wenn der Prozeß wieder bei konstantem Volumen verläuft, so erhalten wir mit Benützung derselben Bezeichnungsweise:

$$(C) + (O) - (CO) = 26600 \text{ cal.}$$

Endlich können wir das entstandene g-Molekel Kohlenoxyd mit dem zweiten g-Atom Sauerstoff zu Kohlensäure verbrennen und erhalten dann, wenn das Volumen der so gebildeten Kohlensäure dasselbe ist, wie bei der ersten direkten Verbrennung:

$$(CO) + (O) - (CO_2) = 67700 \text{ cal.}$$

Die Summe der Wärmemengen, die bei den beiden letzten Prozessen gewonnen werden, ist gleich der durch direkte Verbrennung erzeugten. Dies ist eine notwendige Folge des Energieprinzipes. Immer gehen wir doch aus von dem durch 1 g-Atom Kohlenstoff und 2 g-Atome Sauerstoff repräsentierten Systeme, und immer wird dieses schließlich in 1 g-Molekel Kohlensäure verwandelt. Damit ist eine gewisse Abnahme der Energie verbunden; äußere Arbeiten kommen nicht in Betracht, die ganze Energieabnahme muß gleich der erzeugten Wärme sein. Wie aber die Umwandlung des Systemes aus dem Anfangs- in den Endzustand herbeigeführt wird, ist gleichgültig, und es muß daher die auf dem direkten Wege erzeugte Wärme gleich der Summe der Wärmemengen sein, die auf irgendwelchen Umwegen sukzessive gewonnen werden, ein Satz, der, wie man leicht sieht, eine ganz allgemeine Bedeutung hat. Er kann in vielen Fällen benützt werden, Wärmetönungen von Reaktionen zu berechnen, die sich der direkten Beobachtung entziehen.

§ 229. Gefrierpunktserniedrigung, Siedepunktserhöhung. Wir wenden uns nun zurück zu Untersuchungen, die sich an die Entwicklungen von § 223 anschließen.

Verdünnte Lösungen. Auf empirischem Wege war von Raoult die merkwürdige Tatsache gefunden worden, daß der Gefrierpunkt eines Lösungsmittels um gleichviel erniedrigt wird, wenn gleiche Zahlen von Molekeln beliebiger Substanzen in diesem aufgelöst sind. Auch zu der genaueren Formulierung dieses Satzes liefert die Theorie des thermodynamischen Potentiales das Mittel. Nehmen wir das Beispiel des Wassers, so war die Bedingung dafür, daß flüssiges Wasser und Eis im Gleichgewichte nebeneinander existieren, die Gleichheit ihrer Potentiale. Wenn nun in dem Wasser eine bestimmte Zahl fremder Molekel gelöst ist, so erleidet sein Potential eine Änderung, die der Zahl der gelösten Molekel proportional gesetzt werden kann. Eine entsprechende Änderung muß bei gegebenem Drucke in der Schmelztemperatur eintreten, und man gelangt so bei einer vollständigen Durchführung der Rechnung in der Tat zu dem Gesetze von Raoult.

Unter reduzierter Gefrierpunktserniedrigung ϑ versteht man die für eine einprozentige Gewichtskonzentration. Für ein und dasselbe Lösungsmittel ist dann $\vartheta \mu = k$, wo μ das Molekulargewicht der gelösten Substanz und k eine für jedes Lösungsmittel bestimmte Konstante ist (z. B. für Wasser 19, für Benzol 50 usw.). Beobachtet man also irgendeine Gefrierpunktserniedrigung γ, wenn die kleine Menge m irgendeiner Substanz gelöst ist, so gibt $\gamma = k\, m/\mu$ das Molekulargewicht. Diese Methode ist bequemer als die Bestimmung der Dampfdichte (§ 218) und für organische Substanzen geeignet, weil starke Erhitzung vermieden wird.

Durchaus analog der Gefrierpunktserniedrigung ist der Einfluß, den die gelösten Molekel auf den Dampfdruck des Lösungsmittels oder auf seinen Siedepunkt haben. Die relative Erniedrigung der Dampfspannung ist gleich dem Verhältnisse zwischen der Zahl der gelösten Molekel und der Zahl der Molekel des Lösungsmittels. Dem entspricht eine Erhöhung des Siedepunktes, die in derselben Weise berechnet werden kann, wie die Schmelzpunktserniedrigung. Es tritt nur an Stelle der Schmelzwärme die Verdampfungswärme, an Stelle der Schmelztemperatur die normale Siedetemperatur. Der Zusammenhang dieser Erscheinungen mit der Theorie des Potentiales ist derselbe, wie bei der Erniedrigung des Schmelzpunktes.

Man kann allgemein zusammenfassen:

Isomolekulare verdünnte Lösungen haben ein und denselben osmotischen Druck, gleiche Gefrierpunktserniedrigung, gleiche Dampfspannungserniedrigung und gleiche Siedepunktserhöhung.

Lösungen, die den elektrischen Strom leiten, sog. Elektrolyte, zeigen, nach einer der oben genannten 4 Methoden untersucht, einen höheren osmotischen Druck oder größere Gefrierpunktserniedrigung usw. als der gelösten Molekelzahl entspricht; man nimmt in solchen Fällen eine elektrolytische Dissoziation an: einen Zerfall einiger (oder bei verdünnten Lösungen, aller) Molekel in 2 oder 3 Bestandteile (siehe darüber Bd. II).

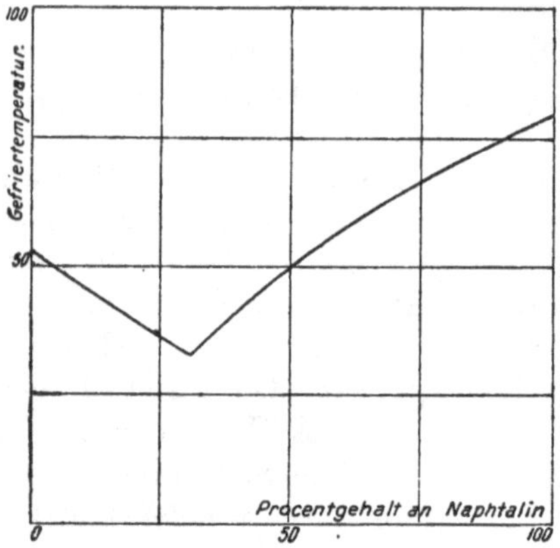

Fig. 264. Eutektischer Punkt.

Konzentrierte Lösungen. Komplizierter, nicht durch so einfache Gesetze darzustellen, sind die Erscheinungen bei konzentrierteren Lösungen. Nehmen wir zwei Stoffe, wie Naphthalin und Diphenylamin, die im flüssigen Zustande in jedem Verhältnisse mischbar sind, so können wir ausgehen von reinem Naphthalin, dessen Gefrierpunkt bei 79,5° liegt; durch Zusatz von Diphenylamin wird der Gefrierpunkt erniedrigt; man kann andererseits ausgehen von reinem Diphenylamin, das einen Gefrierpunkt von 52,6° hat; setzt man wachsende Mengen von Naphthalin zu, so wird sein Gefrierpunkt gleichfalls erniedrigt werden. Man kann nun eine ganze Reihe verschiedener Gemische herstellen, die einen allmählichen Übergang von reinem Naphthalin zu reinem Diphenylamin vermitteln. Man findet dann, daß der Gefrierpunkt von 79,5° an allmählich sinkt, für eine bestimmte Mischung ein Minimum erreicht, und dann allmählich bis zu dem Gefrierpunkte des reinen Diphenylamins wieder ansteigt. Diese Verhältnisse werden durch Fig. 264 anschaulich gemacht, in der auf der horizontalen Achse die prozentische Zusammensetzung, d. h. der Gehalt der Mischung an Naphthalin, auf der vertikalen die Gefriertemperatur abgetragen ist. Diejenige Mischung, die den niedrigsten Schmelzpunkt besitzt, nennt man die eutektische (oder wenn es sich um eine Salzlösung handelt, das Kryohydrat). Sie zeichnet sich dadurch aus, daß sie bei konstant bleibender Temperatur schmilzt, wie ein homogener Körper. Will man daher eine Kältemischung von konstanter Temperatur erhalten, so muß man eine solche kryohydratische Mischung nehmen. Gemische von anderer Zusammensetzung gefrieren nicht bei konstanter Temperatur. Hat man eine flüssige Mischung der beiden Stoffe, so friert der im Überschuß vorhandene aus bei einer Temperatur, wie sie durch die prozentische Zusammensetzung des flüssigen Gemisches bestimmt ist. Eben durch das Ausfrieren wird aber die zurückbleibende Lösung reicher an dem zweiten Stoffe und der Gefrierpunkt des ersten noch weiter erniedrigt. Dies geht so lange fort, bis die Lösung die Zusammensetzung des Kryohydrates erreicht hat. Dann werden beide Stoffe zusammen fest, und die Temperatur hält sich konstant auf dem eutektischen Punkte. Umgekehrt beginnt das Schmelzen einer beliebigen festen Mischung der beiden Stoffe bei dieser Temperatur; hat sich so viel flüssiges Kryohydrat gebildet, daß der eine Körper ganz verflüssigt ist, so kann man den weiteren Vorgang als eine Lösung des im Überschusse vorhandenen Körpers in dem Kryohydrate betrachten. Währenddem steigt die Temperatur und erreicht schließlich die Gefriertemperatur, wie sie der prozentischen Zusammensetzung des flüssigen Gemisches entspricht.

Eine solche Kältemischung bildet z. B. 1 Teil Schnee mit etwa 4 Teilen Kochsalz; man erreicht so Abkühlung von 0^0 auf -21^0.

Als eutektische Mischungen sind auch die bei konstanten Temperaturen leicht schmelzbaren Legierungen zu betrachten (§ 211).

Thermische Analyse. Von besonderem Interesse ist noch der Fall, daß die beiden Stoffe, sie mögen allgemein durch die Buchstaben A und B bezeichnet werden, eine chemische Verbindung miteinander bilden. Sie enthalte $m^0/_0$ von A, $n^0/_0$ von B und werde durch das Symbol $A_m B_n$ bezeichnet. Tragen wir ebenso wie in Fig. 264 auf der horizontalen Achse die Prozentgehalte an A von links nach rechts ab, so entspricht der Teilpunkt m der Zusammensetzung der Verbindung. Ziehen wir durch m eine Parallele zu der Achse der Temperaturen, so zerfällt das Zeichenfeld in zwei Streifen. In jedem wiederholen sich die Verhältnisse der Fig. 264. Auf der durch den Punkt O der horizontalen Achse gehenden Achse der Temperaturen haben wir die Schmelztemperatur des reinen Stoffes A; auf der durch den Teilpunkt m gehenden Parallelen die Schmelztemperatur der Verbindung $A_m B_n$; dazwischen liegen einerseits Schmelztemperaturen von A, erniedrigt durch Zusatz von $A_m B_n$, andererseits Schmelztemperaturen von $A_m B_n$, erniedrigt durch Zusatz von A, ferner der einem bestimmten Mischungsverhältnisse von A und $A_m B_n$ entsprechende eutektische Punkt. Ein zweiter eutektischer Punkt liegt über dem Streifen, der über der Strecke m—100 der horizontalen Achse sich erhebt. Er entspricht einem bestimmten Mischungsverhältnisse von $A_m B_n$ und von B. Die Kurve der Schmelzpunkte besitzt also drei Gipfelpunkte über den Teilpunkten 0, m, 100 der horizontalen Achse; dazwischen liegen die zu den beiden eutektischen Punkten herabführenden Linien. Die Betrachtung zeigt, daß umgekehrt die Bestimmung der Schmelztemperaturen verschieden zusammengesetzter Mischungen zu der Auffindung chemischer Verbindungen zweier Stoffe führen kann.

Körper, die beim Erhitzen weich werden, zeigen keinen bestimmten Schmelzpunkt; der feste Zustand geht vielmehr allmählich und stetig in den flüssigen über. Das kann nach dem vorhergehenden damit zusammenhängen, daß solche Körper nicht einheitlich sind, sondern aus einer Mischung verschiedener Stoffe bestehen. Für die Beurteilung eines solchen Verhaltens ist aber noch ein anderer, allgemeinerer Gesichtspunkt von Bedeutung. Man kann annehmen, daß nur bei Kristallen der Übergang von dem festen zu dem flüssigen Zustande bei einer bestimmten Schmelztemperatur plötzlich eintrete, daß dagegen der amorphe Zustand bei wachsender Temperatur stetig in den flüssigen übergehe.

§ 230. Volumverhältnisse bei Zustandsänderungen; Kurven konstanten Druckes. Kehren wir nun zurück zu den Veränderungen, welche der Aggregatzustand eines einfachen Körpers durch die Wärme erleidet. Um von den damit verbundenen Volumänderungen ein anschauliches Bild zu bekommen, bedienen wir uns einer Zeichnung, bei der auf der horizontalen Achse die v, auf der vertikalen die t abgetragen werden. Wir wählen als Beispiel Wasser.

Der Druck sei zunächst konstant gleich 1 Atm., das v von 1 g Wasser ist bei

0°	Eis	1,0909	cm³	8°	Wasser	1,0001	cm³
0°	Wasser	1,0001	„	100°	„	1,0431	„
4°	„	1,0000	„	100°	Dampf	1650	„

Der Verlauf dieser Zahlen wird durch die Linie $f l \lambda d$ (Fig. 265) in schematischer Weise dargestellt; eine den wirklichen Verhältnissen entsprechende Zeichnung ist wegen der enormen Verschiedenheiten der Volumina nicht möglich. Die gerade Linie $d\delta$ stellt die Ausdehnung des nichtgesättigten Dampfes dar, sie entspricht annähernd einer Volumzunahme von $\frac{1}{273}$ des Volumens bei 0° für je einen Grad und schneidet mit ihrer Verlängerung die t-Achse im absoluten Nullpunkte. Die Linie $f\varphi$ entspricht dem Eise unter 0°. Die Linie λd entspricht der beim Sieden stattfindenden Volumvermehrung, die in dem Maße fortschreitet, in dem das flüssige Wasser sich in Wasserdampf verwandelt. In dem einen Endpunkte bei λ ist noch alles flüssig, in dem anderen d alles in Dampf verwandelt. In einem beliebigen Zwischenpunkte m haben wir Wasser und Dampf im Gleichgewichte nebeneinander; in jedem Punkte m wird die Menge des noch vorhandenen Wassers und die des gebildeten Dampfes vollständig bestimmt sein.

Gehen wir nun über zu einem höheren Drucke, etwa 15,4 Atm., so erhalten wir wegen der Kompression des Wassers eine Kurve, die in dem der flüssigen Phase entsprechenden Teile links von $l\lambda$ liegt. Die Siedetemperatur liegt bei 200°, der bei konstanter Temperatur erfolgende Übergang vom flüssigen zum dampfförmigen Zustande vollzieht sich auf der durch den Punkt 200 der vertikalen Achse gehenden Horizontalen. Die neue für den Druck von 15,4 Atm. geltende Kurve kann die dem Drucke einer Atmosphäre entsprechende nirgends durchschneiden; ihr Verlauf ist durch den Linienzug $\varphi' f' l' \lambda' d' \delta'$ in schematischer Weise gegeben. Die Strecke $f' l'$ stellt den Übergang vom festen zum flüssigen

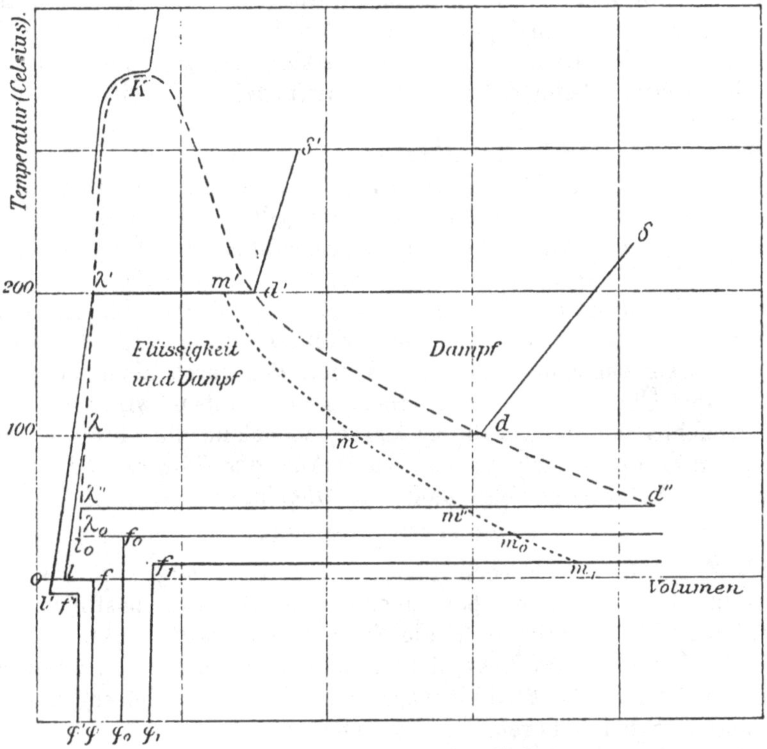

Fig. 265. Isobaren des H_2O.

Zustande dar, und der Anblick der Fig. zeigt daher unmittelbar, daß mit wachsendem Drucke die Schmelztemperatur sinkt. Die von uns konstruierten Kurven $\varphi f l \lambda d \delta$ und $\varphi' f' l' \lambda' d' \delta'$ sind dadurch charakterisiert, daß für alle Punkte einer und derselben Kurve p konstant bleibt, während er von einer zu anderen wechselt; die Kurven sind demnach zu bezeichnen als Kurven konstanten Druckes, als I s o b a r e n.

Wenn man die Veränderung der Isobaren bei abnehmendem p verfolgt, so kommt man auf eine Kurve von eigentümlicher Gestalt, bei der die Punkte l und λ in einen einzigen Punkt $l_0 \lambda_0$, die beiden horizontalen, das Schmelzen und Verdampfen darstellenden Linien ebenso in eine einzige Linie $l_0 f_0 m_0$ zusammenfallen. Es entspricht diese ausgezeichnete

Horizontallinie dem in § 222 besprochenen dreifachen Punkte; bei dem t und p, welche der Linie $l_0 f_0 m_0$ entsprechen, kann das Eis gleichzeitig schmelzen und sublimieren, die drei Phasen des Wassers sind miteinander im Gleichgewichte. Wird der Druck noch kleiner, so erhält man Isobaren von der Form $\varphi_1 f_1 m_1$; das Eis schmilzt nicht mehr, sondern sublimiert.

Ganz in derselben Weise kann man bei anderen Stoffen die mit den Veränderungen des Aggregatzustandes verbundenen Volumänderungen darstellen. Man kommt dann zu dem durch die Erfahrung bestätigten Schlusse, daß der Schmelzpunkt bei allen Substanzen, die sich beim Schmelzen ausdehnen, mit dem Drucke steigt, dagegen bei solchen, die sich, wie Wasser, beim Schmelzen zusammenziehen, mit wachsendem Drucke sinkt.

Diese Bemerkung bildet einen speziellen Fall eines allgemeinen Satzes, der für die Übergangskurven zwischen zwei Phasen eines jeden chemisch unveränderlichen Körpers gilt (§ 222 und 223). Die Wärmemenge, die nötig ist, um die Masseneinheit des Körpers aus der Phase 1 in die Phase 2 überzuführen, sei Q_{12}. Die spezifischen Volumina der Phasen 1 und 2, die Volumina der Masseneinheit, seien ω_1 und ω_2. Der Übergang finde statt bei der absoluten Temperatur T und dem Drucke p, zwei zusammengehörende Werte, die durch einen bestimmten Punkt C der Übergangskurve gegeben sind. Gehen wir von C nach einem benachbarten Punkte dieser Kurve, so nehme die absolute Temperatur um dT, der Druck um dp zu. Aus der Theorie des thermodynamischen Potentiales folgt dann die Gleichung:

$$dT/dp = T(\omega_2 - \omega_1)/J\, Q_{12}\,.$$

Wenden wir die Formel an auf den Übergang von Eis (1) zu Wasser (2), so ist $\omega_2 < \omega_1$; bei zunehmendem Drucke, positivem Werte von dp, wird dT negativ, d. h. die Schmelztemperatur sinkt.

Die Siedetemperatur liegt nicht immer über der Schmelztemperatur; so sei z. B. bemerkt, daß Kohlensäure noch bei Atmosphärendruck sublimiert und erst bei höherem Drucke schmilzt.

§ 231. Zur Theorie der Verdampfung. Zur Bestimmung der Verdampfungswärme können wir zunächst die allgemeine Gleichung benützen, die wir am Schlusse des vorhergehenden § mitgeteilt haben. Wir wollen dabei unter 1 den Zustand des flüssigen Wassers, unter 2 den des Dampfes verstehen. Vernachlässigen wir das spezifische Volumen ω_1 des Wassers gegen das spezifische Volumen ω_2 des Dampfes, so erhalten wir zu der Bestimmung der ganzen Verdampfungswärme:

$$Q_{12} = \frac{T\omega_2}{J} \cdot \frac{dp}{dT}\,.$$

Der Quotient dp/dT ist die Tangente des Winkels, den die Berührungslinie der Sättigungskurve in dem durch die Werte p und T bestimmten Punkte mit der Achse der Temperaturen einschließt.

Bei der Wärmemenge Q_{12} wiederholt sich die Bemerkung, die wir bei der Dissoziationswärme gemacht haben. Sie enthält einen zur Leistung von äußerer Arbeit dienenden Anteil. Sein Betrag, bezogen auf die Einheit der Masse, ist gleich $p\,\omega_2$. Die Wärmemenge, welche lediglich zur Umwandlung des Aggregatzustandes dient, die reine Verdampfungswärme, möge mit q_{12} bezeichnet werden. Dann ist:

$$Q_{12} = q_{12} + \frac{p\,\omega_2}{\mathrm{J}}.$$

Eine Durchrechnung ergibt dann:

$$Q_{12} = \frac{R\,T^2}{\mathrm{J}}\,\frac{d\lg p}{d\,T}, \qquad q_{12} = \frac{R\,T^2}{\mathrm{J}}\,\frac{d\lg(p/T)}{d\,T}.$$

Auf die Analogie dieser Ausdrücke mit denen für Dissoziationswärme (§ 226) sei hingewiesen.

Andere wichtige Beziehungen für die Verdampfungswärme ergeben sich aus dem Prinzip der Energie. Wir wollen dieses zunächst auf den Zustand des überhitzten Dampfes anwenden.

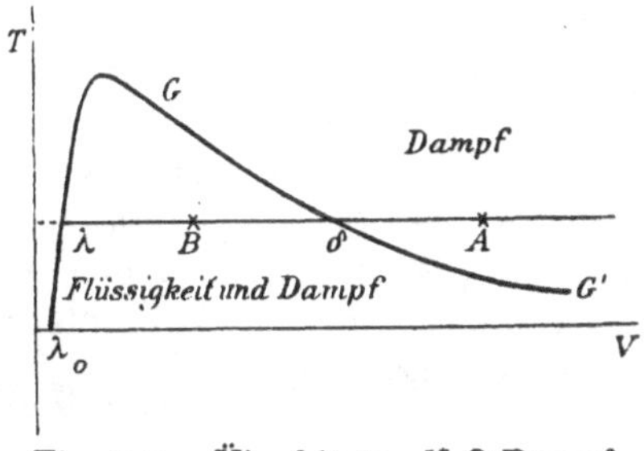

Fig. 266. Überhitzter H_2O-Dampf.

In Fig. 266 sei $G\,G'$ die Grenzkurve, welche das Gebiet des überhitzten Dampfes von dem Gebiete scheidet, in dem Dampf und Flüssigkeit im Gleichgewichte nebeneinander bestehen. Die Isothermen sind graphisch durch gerade Linien dargestellt, welche der Achse der Volumina parallel laufen. A sei ein Punkt einer solchen Isotherme im Gebiete des überhitzten Dampfes, entsprechend einem bestimmten Volumen. Der überhitzte Dampf habe die Eigenschaft eines idealen Gases. Dann ist seine Energie nach § 182:

$$\Phi = \Phi_0 + \mathrm{J}\,m\,c_v\,T.$$

Die Energie ist dieselbe für alle Isothermenpunkte, die im Gebiete des überhitzten Dampfes liegen.

Man kann die Energie in dem Punkte A andererseits berechnen, wenn man von dem Zustande des flüssigen Wassers ausgeht, etwa bei der Temperatur T_0 des Schmelzpunktes. Bezeichnen wir diesen Punkt in unserer graphischen Darstellung mit λ_0, so kommen wir nach dem Punkte A auf dem Wege $\lambda_0\,\lambda\,\delta\,A$. Wir erhalten die Energie in A, wenn wir zu der in λ_0 vorhandenen Energie das mechanische Äquivalent der zugeführten Wärmemengen addieren und die geleisteten Arbeiten subtrahieren. Die Anfangsenergie in dem Punkte λ_0 sei Φ_a; die der Einfachheit halber als konstant betrachtete spez. Wärme des flüssigen Wassers sei c, dann ist:

$$\Phi = \Phi_a + \mathrm{J}\,m\,c\,(T - T_0) + \mathrm{J}\,m\,Q_{12} - p\,m\,(\omega_2 - \omega_1),$$

oder, wenn wir ω_1 gegen ω_2 vernachlässigen:

$$\Phi = \Phi_a + J\,m\,c(T - T_0) + J\,m\,Q_{12} - p\,m\,\omega_2 .$$

Nach dem Gasgesetze ist $p\,\omega_2 = R\,T$, somit:

$$\Phi = \Phi_a + J\,m\,c(T - T_0) + J\,m\,Q_{12} - m\,R\,T .$$

Andererseits war:

$$\Phi = \Phi_0 + J\,m\,c_v\,T .$$

Aus der Vergleichung beider Ausdrücke ergibt sich, wenn wir die konstanten Glieder in dem Buchstaben Q_0 zusammenfassen:

$$Q_{12} = Q_0 - (c - c_v)\,T + R\,T/J.$$

Nun ist $R = J(c_p - c_v)$; wir erhalten somit für die ganze Verdampfungswärme den wichtigen Ausdruck:

$$Q_{12} = Q_0 - (c - c_p)\,T;$$

für die reine Verdampfungswärme ergibt sich:

$$q_{12} = Q_0 - (c - c_v)\,T .$$

c_p und c_v sind die beiden spez. Wärmen des Wasserdampfes. Die Formeln sind nur näherungsweise gültig, denn sie setzen voraus, daß die spez. Wärme des Wassers konstant sei, und daß der Wasserdampf die Eigenschaften eines idealen Gases habe. Zur Bestimmung der Konstanten Q_0 kann man T gleich der absoluten Temperatur des normalen Siedepunktes, gleich 373, setzen. Man erhält dann für Wasserdampf die Gleichung:

$$Q_0 = 540 + (c - c_p)\,373 .$$

Energie im Übergangsgebiete. Der Zustand der betrachteten m g Wasser sei durch einen in dem Übergangsgebiete gelegenen Punkt B dargestellt. Es wird die Frage entstehen, wieviel von der ganzen Wassermenge im dampfförmigen, wieviel im flüssigen Zustande sich befindet. Die Menge des dampfförmigen Wassers sei $x\,m$, die Menge des flüssigen dementsprechend $(1 - x)\,m$. Das dem Punkte B entsprechende Volumen sei gleich v, die spezifischen Volumina des flüssigen Wassers und des Wasserdampfes seien ω_1 und ω_2, dann ist:

$$v = (1 - x)\,m\,\omega_1 + x\,m\,\omega_2 ,$$

somit

$$x = \frac{v - m\,\omega_1}{m\,(\omega_2 - \omega_1)} .$$

Vernachlässigen wir wieder ω_1 gegen ω_2 und setzen wir nach dem Gasgesetze $\omega_2 = \frac{TR}{p}$, so ergibt sich:

$$x = \frac{p}{m\,R\,T}\,(v - m\,\omega_1) .$$

Für die Energie des aus flüssigem Wasser und aus Wasserdampf nebeneinander bestehenden Systemes ergibt sich:

$$\Phi = \Phi_a + J\,m\,c(T - T_0) + J\,x\,m\,Q_{12} - p\,v .$$

Hier ist näherungsweise:

$$p\,v = m\,x\,R\,T .$$

Man kann daher Φ auch auf die Form bringen:

$$\Phi = \Phi_a + J\, m\, c (T - T_0) + J\, x\, m\, q_{12}\,.$$

Ebenso kann die Energie Φ' in einem Punkte des Übergangsgebietes berechnet werden, der einer anderen Isobare angehört. Für die Temperaturen des Siedepunktes und des Schmelzpunktes sind die dem neuen Drucke entsprechenden Werte zu setzen; bei q_{12} ist die Abhängigkeit von der Temperatur zu berücksichtigen. Der neue Wert Φ_a' der Anfangsenergie läßt sich mit Benützung der spez. Wärme und der Kompressibilität des Wassers auf den Wert von Φ_a reduzieren; die für die verschiedenen Punkte des Übergangsgebietes geltenden Energiewerte enthalten dann alle dieselbe unbekannte Konstante Φ_a und sind ohne weiteres miteinander vergleichbar.

Einfluß der Kapillarspannung auf den Druck des gesättigten Wasserdampfes. In einem besonderen, aber in der Wirklichkeit nicht seltenen Falle bedürfen unsere Betrachtungen über die Eigenschaften des Wasserdampfes noch einer Ergänzung. In dem Raume, in dem Wasserdampf und flüssiges Wasser miteinander im Gleichgewichte sind, möge das letztere in der Form feinster Nebeltröpfchen vorhanden sein. In der Gesamtenergie des Systemes muß dann noch ein von der Oberflächenspannung abhängender Teil berücksichtigt werden. Ein solcher ist allerdings immer vorhanden, aber für gewöhnlich verschwindend klein. In dem betrachteten Falle aber wird die Oberfläche des flüssigen Wassers infolge seiner feinen Verteilung sehr groß, und die Oberflächenenergie wird merklich.

Ähnlich wie § 223 betrachten wir den Übergang einer kleinen Menge von dm g aus dem gasförmigen in den flüssigen Zustand. Die Zahl der vorhandenen Nebeltröpfchen sei N; die Masse eines einzelnen wird dann vermehrt um dm/N, und um ebensoviel cm³ nimmt sein Volumen zu. Dem entspricht eine Zunahme der Oberfläche; bezeichnen wir den Halbmesser der Nebeltröpfchen mit r, so berechnet sich diese Zunahme mit $(2\,dm)/(Nr)$. Daraus folgt, daß durch den Niederschlag von dm g Wasserdampf auf die vorhandenen Nebeltröpfchen die Oberflächenenergie um den Betrag $2\,S\,dm/r$ vermehrt wird, wenn S die Oberflächenspannung bezeichnet.

Um mit der im vorhergehenden gebrauchten Numerierung in Übereinstimmung zu bleiben, bezeichnen wir das thermodynamische Potential des flüssigen Wassers mit U_1, das des Wasserdampfes mit U_2; die Bedingung dafür, daß die inneren Energieänderungen des Systemes sich wechselseitig kompensieren, wird dann:

$$U_1\, dm - U_2\, dm + \frac{2\,S\,dm}{r} = 0\,, \qquad \text{oder} \qquad U_1 - U_2 + \frac{2\,S}{r} = 0\,.$$

Bei verschwindender Kapillarspannung sei der zu der Temperatur T gehörende Sättigungsdruck gleich p_0, U_1^0 und U_2^0 seien die entsprechenden

Werte des thermodynamischen Potentiales; dann ist $U_1{}^0 = U_2{}^0$, und es gelten überdies die hier nur historisch anzuführenden Formeln:

$$U_1 = U_1{}^0 + \omega_1 (p - p_0), \quad U_2 = U_2{}^0 + \omega_2 (p - p_0),$$

in welchen p den wirklich vorhandenen Dampfdruck bezeichnet. Mit ihrer Hilfe ergibt sich, wenn wir das spez. Volumen ω_1 des flüssigen Wassers wieder gegen das spez. Volumen ω_2 des Wasserdampfes vernachlässigen:

$$p - p_0 = \frac{2\,S}{\omega_2\, r}\,.$$

Der Sättigungsdruck wird durch die Kapillarspannung erhöht, um so mehr, je kleiner der Halbmesser der Nebeltröpfchen ist.

§ **232. Kurven konstanter Dampfmenge.** Wir haben in der Zeichnung von § 230 zwei Punkte d und d' bestimmt, die dem v des gesättigten Dampfes entsprechen, nachdem eben alles Wasser in Dampf übergegangen ist. Die Menge des Dampfes ist für beide Punkte dieselbe, nämlich 1 g, das v aber ein sehr verschiedenes; in d gleich 1650 cm³, in d' entsprechend einem Drucke von 15,4 Atmosphären und einer Temperatur von 200° ein viel kleineres, nämlich nur gleich 126 cm³. Fügen wir noch die Linie $\lambda'' d''$ hinzu, längs welcher die Verdampfung bei einer Temperatur von 50° und einem Drucke von 91,97 mm vor sich geht, so erhalten wir einen dritten Punkt d''; er entspricht gleichfalls einem Zustande, in welchem nur Wasserdampf vorhanden ist; aber das von dem letzteren eingenommene Volumen beträgt nun 12049 cm³. Verbinden wir die Punkte $d''\,d\,d'$ durch eine Kurve, so ist diese bei niedrigem t nur schwach gegen die v-Achse geneigt, steigt dann aber immer steiler empor. Sie scheidet in unserer Zeichnung zwei Gebiete von verschiedenem Charakter. Rechts von ihr entsprechen die einzelnen Punkte Zuständen überhitzten Dampfes, links von ihr liegen die Punkte, welche Gleichgewichtszustände zwischen der flüssigen und der dampfförmigen Phase darstellen. Die Kurve $d''\,d\,d'$ ist aber außerdem als eine Kurve konstanter Dampfmenge zu bezeichnen, denn das Gewicht des Dampfes ist für alle ihre Punkte dasselbe, nämlich 1 g. In dieser Eigenschaft nun ist die Grenzkurve nur die letzte einer ganzen Schar von Kurven, die innerhalb des Übergangsgebietes verlaufen. Wenn wir auf den verschiedenen Verdampfungskurven $\lambda'' d''$, $\lambda\, d$, $\lambda' d'$ die Punkte m'', m und m' so wählen, daß die Menge des gebildeten Dampfes in ihnen allen dieselbe ist, so erhalten wir eine Kurve konstanter Dampfmenge. Nach links hin ist eine letzte Kurve konstanter Dampfmenge gegeben durch die Kurve $\lambda_0\, \lambda''\, \lambda\, \lambda'$; denn in diesen Punkten beginnt eben erst die Verdampfung, die Dampfmenge ist Null. Die Kurve $\lambda_0\, \lambda''\, \lambda\, \lambda'$ scheidet das rechts von ihr liegende Übergangsgebiet von dem linksliegenden Gebiete, dessen Punkte nur Zustände flüssigen Wassers darstellen; in dem Übergangsgebiete selber können wir die Kurven verschiedener konstanter Dampfmengen ziehen und je weiter rechts eine solche Kurve liegt, einer um so größeren Dampfmenge entspricht sie.

§ 233. Nebelbildung. In der Ebene unserer Zeichnung (Fig. 267) nehmen wir in dem Übergangsgebiete irgendeinen Punkt A; er stellt ein bestimmtes v, ein bestimmtes t dar. Das Volumen v ist zu einem Teile durch flüssiges, zum anderen durch dampfförmiges Wasser ausgefüllt. Jetzt wollen wir v plötzlich in adiabatischer Weise vergrößern; es fragt sich, ob dann Wasser verdampft oder ob umgekehrt Wasserdampf sich niederschlägt, ob Nebelbildung eintritt. Um die Frage zu entscheiden, ziehen wir durch den Punkt A eine adiabatische Kurve AB;

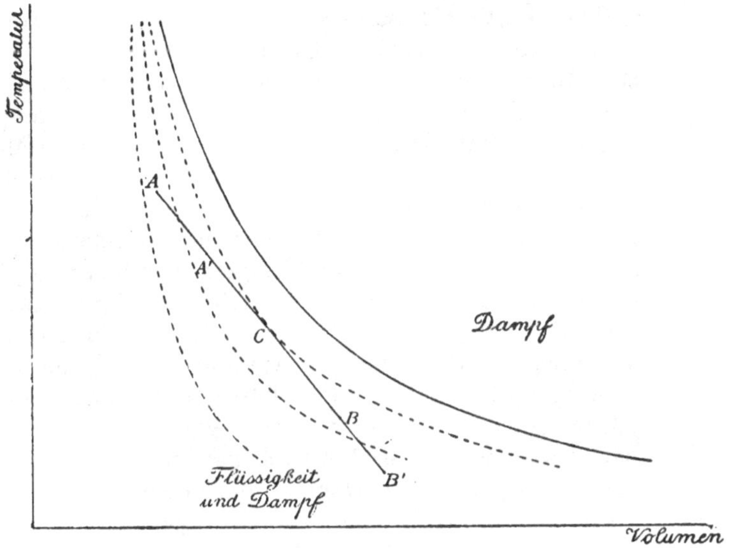

Fig. 267. Zur Nebelbildung.

sie ist in der Fig. durch die ausgezogene, von A entspringende Linie dargestellt. Nun ergibt die genauere Untersuchung folgendes. Es existiert eine bestimmte Kurve konstanter Dampfmenge, welche die adiabatische Kurve berührt, und zwar von der rechten Seite her. Der Berührungspunkt sei C; liegt nun der Punkt A, wie in der Zeichnung, oberhalb von C, so führt eine Bewegung von A nach A' im Sinne wachsenden v von Kurven kleinerer Dampfmenge zu solchen von größerer, die Bewegung ist also mit Verdampfung verbunden. Liegt aber der Ausgangspunkt des Zustandes unterhalb von C, etwa bei B, so führt eine Bewegung von B nach B' zu Kurven von kleinerer Dampfmenge, v-Vergrößerung ist also mit Nebelbildung verbunden; man kann eine solche bei der Öffnung von gut verkorkten Flaschen häufig beobachten, wobei allerdings auch die adiabatische Ausdehnung der Luft eine Rolle spielt.

§ 234. Der kritische Punkt. Das Übergangsgebiet, in dem Dampf und Flüssigkeit im Gleichgewichte nebeneinander bestehen, ist nach links begrenzt durch die sehr steil aufsteigende Kurve $\lambda_0 \lambda'' \lambda \lambda'$, nach rechts durch die anfangs flache, später steiler werdende Kurve *d'' d d'* (Fig. 265). Die gleicher Temperatur entsprechenden Punkte der Kurven nähern sich mit steigender Temperatur, d. h. der Unterschied zwischen dem spez. Volumen des gesättigten Dampfes und dem des flüssigen Wassers wird um so kleiner, je höher *t* steigt. Man kann vermuten, daß bei einem bestimmten *t*, das man als die kritische Temperatur bezeichnet, das Volumen des Dampfes gleich dem der Flüssigkeit ist. Die Existenz eines solchen Punktes, in dem der Zustand des gesättigten Dampfes mit dem der Flüssigkeit zusammentrifft, zeigt z. B. sehr schön flüssige schweflige Säure in einem allseitig zugeschmolzenen starken Glasröhrchen (Fig. 268). Erhitzt man dieses in einem Paraffinbade auf 155°, so verschwindet plötzlich die Grenze zwischen Flüssigkeit und Dampf, und das Ganze hat sich mit homogener Substanz erfüllt.

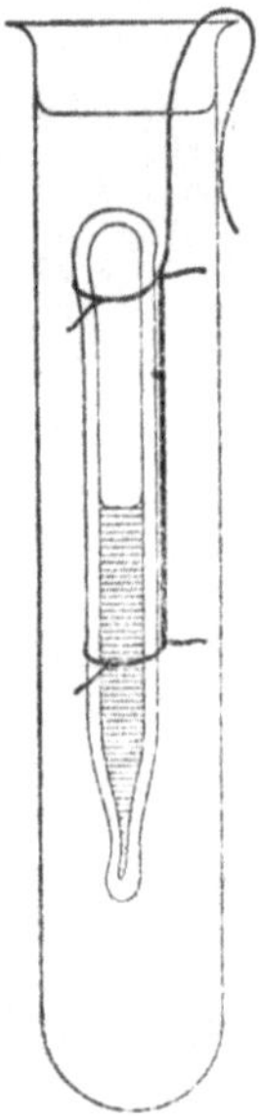

Fig. 268. Kritischer Punkt von SO_2.

Wenn man, nachdem die Temperatur über den kritischen Punkt gestiegen war, Wärme entzieht, so findet nicht eine allmählich fortschreitende Kondensation statt sondern bei der kritischen Temperatur bildet sich plötzlich in der Mitte der Röhre eine schmale, durch zwei horizontale Flächen begrenzte Nebelschicht; während sie verschwindet, tritt in ihrer Mitte die Grenzfläche zwischen dem dampfförmigen und dem flüssigen Teile der schwefligen Säure hervor. Sie ist zunächst ganz eben, ein Zeichen, daß keine merkliche Oberflächenspannung an der Grenze von Flüssigkeit und Dampf vorhanden ist. Zu Anfang zieht sie sich auffallend schnell gegen das untere Ende der Röhre hin zurück; dies zeigt, daß die Wärmeausdehnung der flüssigen schwefligen Säure in der Nähe des kritischen Punktes ungewöhnlich groß ist. Allmählich wird die Kontraktion schwächer und zugleich tritt die Krümmung des Oberflächenmeniskus mehr und mehr hervor.

Nach diesen Beobachtungen hört bei der kritischen Temperatur ϑ_0 der Unterschied zwischen Flüssigkeit und Dampf auf, über dieser existiert die Substanz nur noch in dem Zustande des Dampfes. Der kritische Punkt *K* (Fig. 265), in dem das Volumen des Dampfes gleich dem der Flüssigkeit ist, liegt auf einer Kurve konstanten Druckes; diese ist dadurch ausgezeichnet, daß ihre horizontale Strecke λd verschwindend klein ist. Den ihr angehörenden Druck des kritischen Punktes nennen wir den kritischen Druck π_0, das gemeinsame Volumen von Flüssigkeit und Dampf das kritische Volumen φ_0. Es sind z. B.

	H_2O	SO_2	NH_3	CO_2	C_2H_4	O_2	N_2	H_2	He
ϑ_0	+365	+157	+132	+31	+11	−119	−147	−241	−268°
π_0	196	59	83	55	41	44	21	8	2 Atm.

An das vorhergehende schließen sich noch zwei Fragen von allgemeinem Interesse. Wenn wir auf der Dampfspannungskurve (Fig. 257) zu immer höheren Werten des Druckes und der Temperatur fortschreiten, so müssen wir schließlich zu den Werten gelangen, welche dem kritischen Punkte entsprechen. Es fragt sich, wie sich in dem dadurch bestimmten Punkte die Dampfspannungskurve verhält. Dies läßt sich entscheiden mit Hilfe der auf S. 400 gegebenen Formel:

$$\frac{dp}{dT} = \frac{\mathrm{J}\, Q_{12}}{T(\omega_2 - \omega_1)} \,.$$

Hier bedeuten T und p die Koordinaten eines Punktes der Sättigungskurve, Q_{12} die Verdampfungswärme der Flüssigkeit; ω_2 das spezifische Volumen der gasförmigen, ω_1 das der flüssigen Phase. Da nun im kritischen Punkte der Unterschied zwischen Flüssigkeit und Dampf verschwindet, so wird hier gleichzeitig Q_{12} und $\omega_2 - \omega_1$ gleich 0, d. h. die Tangente der Sättigungskurve kann im kritischen Punkte alle möglichen Richtungen besitzen. Das ist nur denkbar, wenn der kritische Punkt ein Endpunkt der Sättigungskurve ist.

Die zweite Frage ist die, ob auch beim Schmelzen ein kritischer Punkt existieren kann. Die oben benützte Formel gilt ebenso für den Übergang der festen Phase eines Körpers in die flüssige. Man hat dann unter p und T die Koordinaten eines Punktes der Schmelzkurve, unter Q_{12} die Schmelzwärme, unter ω_2 das spezifische Volumen der flüssigen, unter ω_1 das der festen Phase zu verstehen. Die Erfahrung zeigt, daß im allgemeinen sowohl die Schmelzwärme, als auch die spezifischen Volumina von Temperatur oder Druck abhängen. Daraus folgt, daß die Tangente der Schmelzkurve von einem Punkte zum andern ihre Richtung ändert. Die Schmelzkurve ist also im allgemeinen nicht eine gerade, sondern eine gekrümmte Linie.

Der kritische Punkt und die Zustandsgleichung von van der Waals. Die Abweichungen, welche die Gase in ihrem Verhalten bei Druck- und Temperaturänderungen von den Gesetzen von Boyle-Mariotte und Gay-Lussac zeigen, führen zu der (schon § 207 besprochenen) von van der Waals aufgestellten Gleichung:

$$\left(p + \frac{a}{v^2}\right)(v - b) = m R T \,.$$

b ist der Grenzwert, dem das Volumen des Gases zustrebt, wenn T bis zum absoluten Nullpunkte herabsinkt; a / v^2 ist der aus der wechselseitigen Anziehung der Gasmolekel resultierende Druck, der seinem Wesen nach identisch ist mit dem in § 127 betrachteten Kapillardrucke K. Solange v groß ist, kann a / v^2 vernachlässigt werden; es ist dann bei konstantem Drucke das um b verminderte Gasvolumen der absoluten Temperatur proportional. Wir ziehen die horizontale Achse, auf der die v abgetragen werden, durch den absoluten Nullpunkt der Temperatur, und bestimmen auf ihr einen Punkt B (Fig. 269), der von dem Kreuzungspunkte der Achsen um die Strecke b abliegt; für größere v, als in unserer Zeichnung dargestellt werden konnten, sind dann die Kurven konstanten

Druckes durch gerade Linien repräsentiert, die gegen den Punkt B konvergieren, nicht mehr gegen den absoluten Nullpunkt selbst wie in Fig. 265. Bei kleinerem v weichen, wie die geometrische Konstruktion zeigt, die Kurven konstanten Druckes von den Geraden ab und es ergeben sich bei allmählich abnehmendem p die in Fig. 269 gezeichneten Formen. Dabei fällt auf, daß unterhalb eines gewissen p zu einem bestimmten t drei verschiedene Volumina gehören, entsprechend den drei Schnittpunkten $\alpha \beta \gamma$ einer horizontalen Isotherme mit der VAN DER WAALSschen Kurve. Die Vergleichung der Fig. 265 und 269 legt die Vermutung nahe, daß der Punkt α dem Zustande der flüssigen Substanz, dem Punkte λ

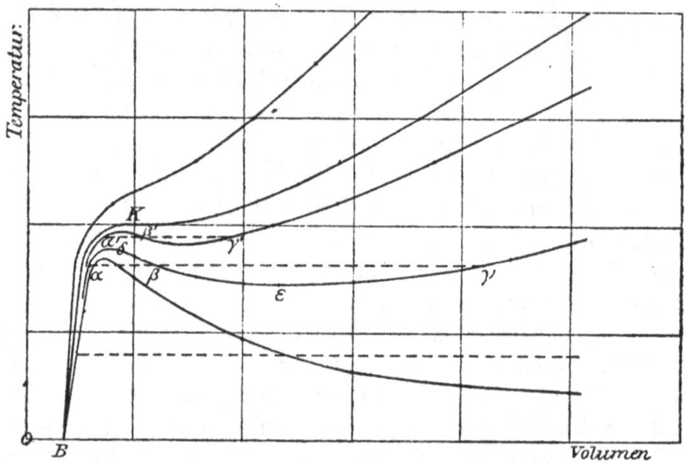

Fig. 269. Kritische Punkte von VAN DER WAALS.

von Fig. 265, der Punkt γ dem des Dampfes, dem Punkte d der Fig. 265, entspreche. In Fig. 265 gelangen wir von dem Zustande der Flüssigkeit zu dem des Dampfes durch die horizontale Linie λd; in ihren Punkten ist aber die Substanz nicht mehr homogen, sondern besteht aus zwei heterogenen Teilen, der flüssigen und der dampfförmigen Phase; im Gegensatze hierzu führt in Fig. 269 der stetige Zug der VAN DER WAALSschen Kurve von α nach γ. Wir können damit die Vorstellung verbinden, daß auf dem Wege $\alpha \delta \beta \varepsilon \gamma$ ein stetiger Übergang vom flüssigen in den dampfförmigen Zustand möglich sei. Allerdings werden wir sofort bemerken, daß die Realisierung gewisser Zustände der Übergangskurve von vornherein ausgeschlossen scheint. In dem Teile $\delta \varepsilon$, der den höchsten mit dem tiefsten Punkte verbindet, wird durch Wärmezufuhr Abkühlung erzeugt. Es leuchtet ein, daß ein solcher Zustand eines Körpers nicht bestehen kann, da die Abkühlung vermehrte Wärmezufuhr und damit unaufhaltsam ein weiteres Fortschreiten des Prozesses zur Folge haben muß.

Wenn wir die Kurven konstanten Druckes bei allmählich wachsenden p verfolgen, so sehen wir, daß die Schnittpunkte $\alpha \beta \gamma$ der Kurven mit einer horizontalen geraden Linie einander näher und näher rücken, bis wir endlich zu einer Kurve kommen, bei der die drei Punkte in einem einzigen, K, zusammenfallen, der dann einen Wendepunkt der Kurve mit horizontal liegender Tangente repräsentiert. Dieser Punkt K entspricht offenbar dem kritischen Punkte; die Volumina der flüssigen und dampfförmigen Phasen sind gleich, und da der mittlere, unmöglichen Zuständen entsprechende Teil der Kurve weggefallen ist, so kann man hier den Zustand der Flüssigkeit in der Tat kontinuierlich in den des Gases überführen. Die Frage nach den kritischen Werten der Zustandsgrößen ist hiermit zu einer rein geometrischen geworden. Bezeichnen wir durch π_0, φ_0, ϑ_0 die Werte des kritischen Druckes, des kritischen Volumens und der kritischen Temperatur, so hat man die Bedingung dafür zu suchen, daß der Punkt φ_0, ϑ_0 ein Wendepunkt mit horizontaler Tangente für die Kurve mit dem konstanten Drucke π_0 ist. Die Auflösung führt zu den folgenden Beziehungen zwischen den kritischen Zustandsgrößen und den Konstanten der VAN DER WAALSschen Gleichung:

$$\varphi_0 = 3\,b, \qquad 3\,\pi_0\,\varphi_0^2 = a, \qquad \pi_0\,\varphi_0 = \tfrac{3}{8}\,m\,R\,\vartheta_0\,.$$

Es ergibt sich also das wichtige Resultat, daß die Daten des kritischen Punktes aus den Abweichungen von dem BOYLE-GAY-LUSSACschen Gesetze berechnet werden können.

§ 235. **Spannkraftkurven.** Kehren wir zurück zu der Betrachtung der gewellten Kurve $\alpha\,\delta\,\beta\,\varepsilon\,\gamma$, durch welche unterhalb des kritischen Punktes der Übergang zwischen der flüssigen und der dampfförmigen Phase vermittelt wird. Der Siedepunkt ist dadurch bestimmt, daß bei den ihm entsprechenden Werten von p und t Flüssigkeit und Dampf im Gleichgewichte nebeneinander bestehen können. Dies ist aber nach der in § 233 entwickelten Theorie der Fall, wenn die thermodynamischen Potentiale der beiden Phasen gleich sind. Wenn also die horizontale Linie $\alpha\,\gamma$ dem Prozesse des Siedens entsprechen soll, so müssen die beiden Punkte α und γ, deren einer der flüssige, deren anderer die dampfförmige Phase darstellt, nicht bloß gleiches t, sondern auch gleiches Potential besitzen; hiermit ist die Möglichkeit gewonnen, aus den Konstanten der VAN DER WAALSschen Gleichung auch die Siedetemperatur, die einer gegebenen Kurve konstanten Druckes zugehört, sowie die spezifischen Volumina der Flüssigkeit und des Dampfes bei der Siedetemperatur zu bestimmen. Die Beziehung zwischen Siedepunkt und p ist ja aber dieselbe, wie die zwischen t und Sättigungsdruck; es ist also damit ein Weg gegeben, auf dem man zu einer theoretischen Bestimmung der Spannkraftkurve gelangen kann. In Fig. 269 sind die horizontalen Isothermen so gezogen, daß sie den Siedetemperaturen der verschiedenen Drucke entsprechen.

Zugleich ergibt sich, daß die in § 230 besprochenen Grenzkurven $\lambda_0\,\lambda''\,\lambda\,\lambda'$ und $d''\,d\,d'$ in der Tat Zweige einer und derselben zusammenhängenden Kurve, $\alpha\,\alpha'\,K\,\gamma'\,\gamma$ (Fig. 269), sind.

§ 236. **Labile Zustände.** In der VAN DER WAALSschen Kurve würde der Teil $\alpha\,\delta$ einem Zustande der flüssigen Phase entsprechen, bei dem sie über den Siedepunkt erhitzt ist; nun ist in der Tat bei den Flüssigkeiten der Siedeverzug eine wohl bekannte Erscheinung, man kann eine Flüssigkeit weit über ihren Siedepunkt erhitzen, ohne daß sie siedet. Man bezeichnet eine solche Flüssigkeit als eine überhitzte. Die Möglichkeit ihrer Existenz ist aber an die Bedingung geknüpft, daß gleichzeitig kein Dampf anwesend ist; denn zwischen diesem und der Flüssigkeit kann Gleichgewicht eben nur bei der Siedetemperatur bestehen. Sobald also zu der überhitzten Flüssigkeit Dampf tritt, kann ihr Zustand nicht weiter beharren; ein Teil verwandelt sich in Dampf und gleichzeitig sinkt t bis zum Siedepunkt. Analoges gilt von dem Teile $\gamma\,\varepsilon$ der Kurve; in ihm ist der Dampf unter die Sättigungstemperatur abgekühlt, man nennt den Dampf einen unterkühlten. Er ist seinerseits nur existenzfähig, solange keine Spur der flüssigen Phase zugegen ist. Sobald dies der Fall ist, kann wegen der Ungleichheit der thermodynamischen Potentiale Gleichgewicht nicht bestehen, ein Teil des Dampfes muß sich kondensieren, und die Temperatur gleichzeitig bis zum Siedepunkte steigen. Der Unterkühlung des Dampfes durchaus analog ist der Erstarrungsverzug, den man bei flüssigen Substanzen und den sogenannten übersättigten Lösungen häufig beobachtet.

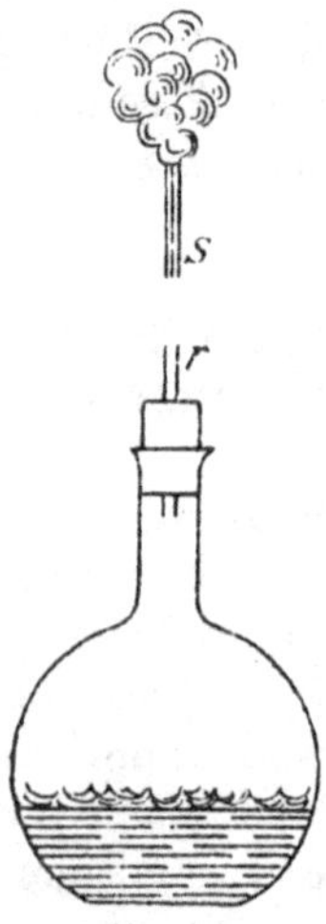

Fig. 270. Unterkühlter H_2O-Dampf.

Unterkühlten Dampf kann man bei jeder Kochflasche erzeugen, wenn man den Dampfstrahl durch eine engere Glasröhre austreten läßt. In dem Raume $r\,s$ (Fig. 270) zwischen der Mündung des Rohres und der Stelle, wo der Strahl durch Kondensation sichtbar wird, befindet sich unterkühlter Dampf. Man schließt dies daraus, daß durch verschiedene äußere Einwirkungen der Punkt s, an dem die Kondensation beginnt, gegen die Mündung der Röhre verschoben, der sichtbarste Teil des Strahles verlängert werden kann. In diesem Sinne wirken Staubteilchen oder Ionen (Band II), die in den Strahl gelangen.[1]

Flüssigkeiten, die, unter ihren Erstarrungspunkt abgekühlt (§ 211), unterkühlt sind, kristallisieren sofort, wenn der kleinste Kristall ihrer festen Phase in die Flüssigkeit geworfen wird. Ebenso können äußere Erschütterungen ein plötzliches Erstarren bewirken.

Auch die Theorie der labilen Zustände läßt sich mit Hilfe des thermodynamischen Potentials entwickeln. Nehmen wir an, wir hätten bei demselben t und demselben p zwei verschiedene Phasen eines Körpers, z. B. flüssiges Wasser und Eis. Wenn der durch Temperatur und

[1] ROBERT VON HELMHOLTZ, WIED. ANN. 32 (1887).

Druck dargestellte Punkt der Zeichenebene (vgl. Fig. 262) nicht einer Übergangskurve angehört, so ist immer eine der beiden Phasen labil, und zwar diejenige, deren Potential den größeren Wert hat. Die Umwandlung der Substanz erfolgt also immer von der Phase mit höherem Potential zu der mit niedrigerem; dadurch ist eine gewisse Analogie mit dem Verhalten der Elektrizität gegeben.

§ 237. Die reduzierte Zustandsgleichung. Die Zustandsgleichung von VAN DER WAALS kommt auf eine besonders einfache Form, wenn man p, v und t in Teilen der kritischen Werte π_0, φ_0 und ϑ_0 mißt; die Größen, die sich in dieser Weise ergeben, nennt man die reduzierten Zustandsgrößen. Bezeichnen wir den reduzierten Druck durch π, das reduzierte Volumen durch φ, die reduzierte Temperatur durch ϑ, so ist:

$$\pi = \frac{p}{\pi_0}\,, \quad \varphi = \frac{v}{\varphi_0}\,, \quad \vartheta = \frac{T}{\vartheta_0}\,.$$

Die Konstanten der VAN DER WAALSschen Formel können nach § 234 durch die kritischen Daten π_0, φ_0, ϑ_0 ausgedrückt werden; tut man dies, so ergibt sich die Beziehung:

$$\left(\pi + \frac{3}{\varphi^2}\right)(\varphi - \tfrac{1}{3}) = \tfrac{8}{3}\,\vartheta\,,$$

in der nur noch die reduzierten Zustandsgrößen enthalten sind. Die individuellen Verschiedenheiten der Körper sind aus der Zustandsgleichung vollkommen verschwunden; sie bestimmen nur den Maßstab, nach dem die Zustandsgrößen gemessen werden, und dieser ist für jeden Körper ein eigentümlicher, durch seine besondere Natur bestimmter. Wenn wir aber diesen Maßstab wählen, so sind die VAN DER WAALSschen Kurven für alle Stoffe identisch dieselben. In der Tat haben wir dieses System schon der Fig. 269 zugrunde gelegt; die in dieser gezeichneten Kurven konstanten Druckes entsprechen den Werten:

$$\pi = \tfrac{8}{5},\ 1,\ \tfrac{4}{5},\ \tfrac{2}{5},\ 0\,,$$

sie geben für jeden beliebigen Körper die Kurven, für welche p gleich dem angegebenen Teile des kritischen Druckes ist. Es ergibt sich weiter, daß auch die Siedetemperaturen und die spezifischen Volumina von Flüssigkeit und Dampf dieselben Werte für alle Substanzen besitzen müssen, wenn man die kritischen Daten als Maßeinheiten benützt. Diese Konsequenzen der VAN DER WAALSschen Theorie, ebenso wie die in §§ 234 und 235 entwickelten, werden durch die Erfahrung nur unvollkommen bestätigt; es bleibt zu untersuchen, welche Einflüsse in Rechnung zu ziehen sind, um die Abweichungen zwischen Theorie und Erfahrung zu beseitigen.[1]

§ 238. Kondensation der Gase. Wenn es für jeden Stoff eine kritische Temperatur gibt, oberhalb deren er im flüssigen Zustande

[1] RIECKE, Wied. Ann. 53 (1894), 54 (1895); REINGANUM, Dissertation Göttingen (1899).

nicht mehr existiert, so ist der Versuch, ein Gas durch Kompression zu kondensieren, natürlich von vornherein aussichtslos, solange die Temperatur nicht unter den kritischen Punkt herabgedrückt ist.

Nach den Zahlen des § 234 liegt noch verhältnismäßig bequem das Äthylen. Dieses — C_2H_4 — kann bei 0° durch starken Druck — 35 Atm. — verflüssigt werden. Diese Flüssigkeit hat zunächst, solange sie unter dem hohen Druck bleibt, die Temperatur 0°. — Öffnet man das Ventil, so daß der Druck auf 1 Atm. sinkt, so tritt starkes Verdampfen ein, wodurch die Temperatur rasch auf die des „normalen" Siedepunktes des C_2H_4, bis — 103°, sinkt. Bringt man aber dieses siedende C_2H_4 überdies noch unter eine gut arbeitende Luftpumpe, sinkt die Temperatur auf — 136°.

In diesem Kältebad kühlt man Luft auf — 136° ab und komprimiert sie. Der Sauerstoff der Luft ($\vartheta_0 = -119$) wird flüssig, nicht aber der Stickstoff ($\vartheta_0 = -147$). Man erhält aber auch dies Gas wenigstens vorübergehend in flüssigem Zustande, wenn man es bei — 136° bis auf 150 Atm. komprimiert und plötzlich entspannt.

Durch solche stufenweise Kondensationen erreicht man aber nur minimale Menge Flüssigkeit.[1]

Die Kältemaschine von Linde. Ein anderes und einfacheres Verfahren zur Erreichung von tiefen Temperaturen und zur Kondensation der Gase beruht auf dem in § 183 erwähnten Thomson-Joule-Effekt. Wenn ein Gas aus einem Raume mit höherem Drucke durch ein Ventil ausströmt, ohne äußere Arbeit zu leisten, so kühlt es sich ab; die an sich sehr kleine Abkühlung ist einerseits um so größer, je größer der Drucküberschuß des komprimierten Gases über den Druck des Raumes, nach dem die Ausströmung stattfindet; anderseits ist aber die Abkühlung dem Quadrate der absoluten Temperatur des komprimierten Gases umgekehrt proportional, so daß sie erheblich zunimmt, wenn man jene Temperatur erniedrigt. Wesentlich hierauf beruht die Wirksamkeit einer von Linde[2] konstruierten Maschine, bei der die kleinen, durch Ausströmung erzielten Temperaturerniedrigungen in höchst sinnreicher Weise summiert werden, so daß die Temperatur stetig bis zu den tiefsten erreichbaren Temperaturen sinkt. Durch einen Kompressor *K* (Fig. 271) wird das Gas in einem geschlossenen Röhrensystem in fortdauernder Zirkulation erhalten. Es wird angesaugt durch das Rohr *A* und auf einen Druck von 200 Atm. komprimiert in der Röhre *B*; die durch die Kompression erzeugte Wärme wird dem Gase vollständig entzogen dadurch, daß die Röhre *B* durch einen Kühler hindurchgeführt ist. Das komprimierte Gas kommt also stets mit der Temperatur *t* des Kühlers in dem Apparate *G* an, der den wichtigsten Bestandteil der ganzen Maschine bildet und als Gegenstromapparat bezeichnet wird. Er

[1] Wroblewski u. Olszewski, Wied. Ann. 20 (1883); 25 (1885).
[2] Wied. Ann. 57 (1896).

besteht aus zwei einander umschließenden Röhren, von denen die innere eine unmittelbare Fortsetzung von B bildet; nach unten ist sie durch das Ventil V gegen das Sammelgefäß S abgeschlossen, nach dem bei der Öffnung von V die Ausströmung erfolgt. Von dem Sammelgefäße führt eine Verbindungsröhre nach dem weiteren umschließenden Rohre des Gegenstromapparates; dieses ist seinerseits wieder mit der Röhre A verbunden, so daß das vom Kompressor angesaugte Gas aus dem Sammelgefäße durch den äußeren Mantel des Gegenstromapparates hindurch streicht. Diese in Fig. 271 schematisch gezeichnete Doppelröhre ist in Wirklichkeit einige m lang und spiralförmig auf einen kleinen Raum angeordnet.

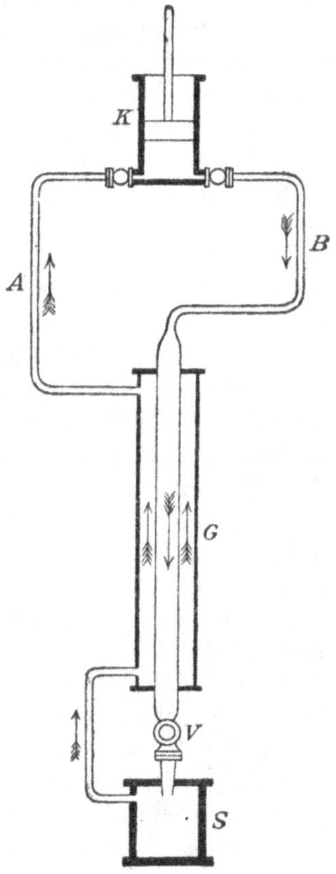

Fig. 271.
Linde-Gegenstrommaschine.

Um von der Wirkung der Maschine ein Bild zu gewinnen, ersetzen wir ihren kontinuierlichen Gang durch einen stoßweisen, wobei wir zunächst annehmen, daß überall die Temperatur t des Kühlers herrsche. Wir lassen nun eine gewisse Gasmenge m_1 aus dem Ventile V in den Sammelraum S ausströmen und durch den Mantel von G nach K zurückgehen. Die Temperatur sinke dabei auf $(t - \tau_1)$ Grade. Das so abgekühlte Gas wird einer zweiten Gasmenge m_2, die durch den Kühler hindurch in der inneren Röhre von G an Stelle der eben ausgeströmten Menge m_1 getreten ist, Wärme entziehen; die Temperatur von m_2 sinke dadurch auf $t - \varepsilon\tau_1$, wo ε jedenfalls ein echter Bruch sein muß. Lassen wir nun m_2 durch das Ventil V ausströmen, so wird seine Temperatur erniedrigt auf $t - \varepsilon\tau_1 - \tau_2$, wo nach dem zu Anfang erwähnten Satze $\tau_2 > \tau_1$. Dem abgekühlten Gase strömt beim Rückgange nach dem Kompressor Wärme zu aus einer dritten Gasmenge m_3, die von dem Kühler her in die innere Röhre von G getreten ist; die Temperatur von m_3 wird dadurch erniedrigt auf $t - \varepsilon^2\tau_1 - \varepsilon\tau_2$; strömt m_3 nach dem Sammelgefäße aus, so ergibt sich eine weitere Temperaturabnahme τ_3, und die Temperatur des ausströmenden Gases ist daher $t - \varepsilon^2\tau_1 - \varepsilon\tau_2 - \tau_3$, wo $\tau_3 > \tau_2 > \tau_1$. Man sieht, wie bei der Fortsetzung des Verfahrens die Temperatur des ausströmenden Gases immer mehr sinkt. Schließlich wird auf diese Weise die kritische Temperatur erreicht und überschritten; die Kondensation des Gases in dem Sammelgefäße S beginnt, sobald die Temperatur gleich der Sättigungstemperatur für den in *S* herrschenden Druck ist. Infolge der bei der Kondensation dei Luft frei werdenden Wärme tritt jetzt ein Beharrungszustand ein, bei dem die in den verschiedenen Teilen des Apparates herrschenden Temperaturen und Drucke keine Änderung mehr erfahren. Bei einem kontinuierlich wirkenden Apparate erfolgt die Temperaturabnahme ganz stetig und man kann damit verhältnismäßig leicht circa -200^0 C erreichen und beliebige Mengen von Luft flüssig machen.

Aus flüssiger Luft, die im Freien siedet, verdampft zuerst N_2 (Siedep. $-195{,}7^0$) und bei allmählicher Erwärmung dann O_2 (Siedep. -183^0). Diese Tatsache wird technisch zur Sauerstoffgewinnung verwendet.

Flüssige Luft bildet das Ausgangsmaterial für die Darstellung einiger gasförmiger Körper, die außer Argon und Kohlensäure noch in der Atmosphäre enthalten sind, des Neon, Krypton und Xenon.

Strömt Wasserstoff durch das Ventil *V*, so kühlt er sich nicht ab, sondern erwärmt sich, der Thomson-Joule-Effekt ist dann dem der Luft entgegengesetzt. Erst unter -80^0 wird er wie bei Luft positiv. Man muß also, um H_2 mit der Linde-Maschine zu verflüssigen, den durch die Röhre *B* strömenden H_2 mit flüssiger Luft abkühlen. Siedepunkt des H_2 ist $-252{,}8^0$. Noch tiefer liegt der Siedepunkt von Helium, bei $-268{,}8$, der unter der Luftpumpe bis $-271{,}5^0$ fällt. Diese Temperatur, $+1{,}5^0$ absolut ist die tiefste, die wir kennen.[1]

§ 239: Zweiter Hauptsatz und Kältemaschinen. Nehmen wir eine Eismaschine. Diese beruht im Prinzipe in einer Art Kreisprozeß. Ammoniak, oder ein anderes leicht komprimierbares Gas, z. B. Kohlensäure, wird komprimiert, entspannt, wieder komprimiert usw. Die bei der Kompression des Gases erzeugte Wärme wird z. B. durch in die Röhren fließendes kaltes Wasser abgeleitet, die bei der raschen Entspannung eintretende Abkühlung kann aber irgendwelche Abkühlung bewirken, Wasser zum Gefrieren bringen usw. Solche Maschinen sind gleichfalls von Linde zu größter technischer Vervollkommnung ausgearbeitet worden.

Die hier dem Kreisprozesse (§ 198) unterworfene Substanz, verdampfendes und wieder kondensiertes NH_3, gibt dabei tatsächlich Wärme an die obere Quelle ab; es ist dies aber nur möglich, weil zu der Kondensation dem Drucke entgegen eine Arbeit aufgewandt werden muß, die größer ist, als die vom verdampfenden NH_3 geleistete. Jeder Wärmetransport von der unteren zu der oberen Quelle erfordert einen Aufwand von Arbeit, und wo dieser fehlt, wie bei der in § 190 besprochenen, mit zwei Kreisprozessen arbeitenden Maschine, kann auch kein Wärmetransport stattfinden.

[1] Versuche über solche tiefe Temperaturen sind bes. von Kamerlingh Onnes in seinem für Kälteversuche eigens eingerichteten Leidner Laboratorium angestellt worden.

Sechster Teil. Wärmeleitung.

§ 240. Mitteilung der Wärme. Bringen wir Körper von verschiedener Temperatur in einen und denselben Raum, so sinkt die Temperatur der heißen, es steigt die der kalten Körper, bis ihre Temperatur die gleiche geworden ist. Wie findet nun dabei ein Übergang von Wärme zwischen den Körpern statt? Bei unmittelbarer Berührung erfolgt die Mitteilung der Wärme durch Leitung; ebenso, wenn verschiedene Teile eines und desselben Körpers auf verschiedener Temperatur sich befinden. Wenn man eine Metallstange an ihrem einen Ende erhitzt, so fühlt man, daß bald auch die dem erhitzten Ende benachbarten Teile der Stange warm werden, und daß die Erwärmung weiter und weiter nach dem anderen Ende der Stange fortschreitet. Wenn wir einen heißen Körper ins Wasser werfen, so wird er den ihn unmittelbar berührenden Teilchen Wärme mitteilen, diese werden infolge ihrer geringeren Dichte aufsteigen, und es entsteht so in dem Wasser eine Strömung, welche dem heißen Körper fortwährend kältere Teile des Wassers zu- und die erwärmten von ihm wegführt. Die hierdurch bedingte Verbreitung der Wärme nennt man eine konvektive. Konvektion der Wärme findet natürlich ebenso in anderen Flüssigkeiten und in Gasen statt. Diese beiden Arten der Wärmemitteilung sind aber nicht die einzigen. Die Wärme, welche durch den leeren Raum hindurch von der Sonne uns zugesandt wird, muß auf eine andere Weise vermittelt sein. Die Mitteilung der Wärme erfolgt hier durch Strahlung; darüber sprechen wir noch eingehend an verschiedenen Stellen.

§ 241. Wärmeleitung in festen und flüssigen Körpern. Wir denken uns aus einem beliebigen Stoffe eine ausgedehnte Platte von d cm Dicke hergestellt; auf der einen Seite werde sie auf konstanter Temperatur, etwa der des schmelzenden Eises erhalten; auf der anderen Seite befinde sich heißes Wasser. Es strömt dann Wärme hindurch und die Temperatur des Wassers sinkt; es wird möglich sein, aus dem Sinken des Thermometers die Wärmemenge zu berechnen, welche während der Dauer des Versuches in jeder Sekunde durch die Platte hindurchgeht. Es ergibt sich dann das folgende Gesetz: Die pro sec durch die Platte hindurchgehende Wärmemenge Q ist proportional ihrer Fläche q, proportional mit der Temperaturdifferenz ϑ zu beiden Seiten der Platte und umgekehrt proportional der Dicke d der Platte

$$Q = k\,q\,\vartheta / d\,.$$

Hier ist k eine von der Natur der Platte abhängende Konstante, das Wärmeleitungsvermögen. Der Bruch ϑ / d, das Temperaturgefälle, gibt die Abnahme der Temperatur auf einer Strecke von 1 cm (bei örtlich verschiedenem Leitvermögen nimmt man dT/dx).

Das Wärmeleitungsvermögen gibt diejenige Anzahl von Kalorien, die durch eine Fläche von 1 cm² bei einem Temperaturgefälle von 1° pro cm in 1 sec durchfließen.

k ist z. B. für

Silber	Kupfer	Eisen	Quarz ⊥ z. Achse	Quarz ∥ z. Achse	Schiefer	Wasser	Alkohol
1,10	0,90	0,15	0,0042	0,0009	0,003	0,00124	0,00094

Diese Leitfähigkeiten ändern sich mit der Temperatur. Bei reinen Metallen nimmt sie meist mit wachsendem t ab (bei Legierungen z. T. umgekehrt). Die gewonnenen Resultate sind nicht einheitlich. Cu leitet bei tiefen Temperaturen besser, Aluminium schlechter.[1] Manche schlechten Wärmeleiter, z. B. Porzellan, werden im Glühzustande zu guten. Auch für einige Kristalle ist für sehr tiefe Temperatur starke Zunahme des Leitvermögens beobachtet worden.

Den Zusammenhang dieses Wärmeleitvermögens mit dem elektrischen Leitvermögen und die Versuche, diese Tatsache theoretisch zu erklären, bringen wir später (Band II).

Dies bis jetzt beschriebene Leitvermögen wird inneres genannt im Gegensatze zum äußeren Wärmeleitvermögen. Darunter versteht man die pro sec und pro cm² der äußeren Oberfläche durch Gasleitung und Strahlung nach außen gehende Wärme. Wir werden über diese noch später sprechen. Hier sei nur erwähnt, daß in einem Stabe, der an einer Stelle erwärmt wird, der Temperaturabfall von diesem Punkt weg infolge der inneren Leitung in arithmetischer Progression stattfinden würde, während infolge des Verlustes durch die äußere Wärmeleitfähigkeit der wirkliche Abfall sich mit der Länge in geometrischer Progression vermindert.

§ 242. Wärmeleitung in Gasen. Hier ist die Theorie aus der kinetischen Gastheorie zu erbringen. Danach haben wir eine Diffusion der schnelleren Molekel in den Bezirk der langsameren. Diese hängt ganz wie die eigentliche Diffusion von Materie verschiedener Art, oder wie die Diffusion geordneter Bewegung, der Reibung, ab von der mittleren molekularen Weglänge. Statistische Methoden errechnen:

$$k = f\varrho \cdot c_v,$$

wo ϱ der Reibungskoëffizient, c_v die spez. Wärme bei konstantem Volumen ist. Für den Zahlenfaktor f sind theoretisch sehr verschiedene Werte von 0,5 aufwärts gefunden worden. Die so berechneten Werte stimmen recht schlecht mit den experimentell beobachteten. Einige dieser beobachteten k sind:

Luft	Wasserstoff	Sauerstoff	Stickstoff
0,000057	0,00039	0,000058	0,000057 $\frac{\text{cal}}{\text{cm} \cdot \text{sec} \cdot \text{grad}}$

[1] R. Schott, Dtsch. phys. Ges. 18 (1916).

Die Gaswärmeleitung ändert sich mit T; in welcher Weise dies geschieht, wird von verschiedenen kinetischen Theorien verschieden angegeben.

Die Theorie verlangt auch für k (genau wie § 204 für ϱ) Unabhängigkeit vom Drucke. Das bestätigen alle Versuche bis hinunter zu 0,1 cm Hg. Bei noch kleineren Drucken wird k, aber nur scheinbar, kleiner. Analog wie bei der Reibung bei ganz kleinen Drucken eine Gleitung auftritt, haben wir bei sehr großen Verdünnungen einen Temperatursprung: die der festen Wand benachbarten Gasschichten haben eine tiefere Temperatur als die Wand. Es ist so, wie wenn die Wand weiter vom Gasraum abstünde.[1]

Davys Sicherheitslampe. Zündet man das aus einem Bunsenbrenner strömende Luft-Gas-Gemisch an der Spitze an, so pflanzt sich die hohe Explosionstemperatur bis zur Brennermündung nach unten hin fort. Schiebt man oben in Fig. 226 ein gut leitendes Metallnetz vor dem Anzünden ein, so brennt nur der obere Teil der Flamme.

Ist die Flamme einer Öllampe von allen Seiten mit einem solchen Drahtnetz umgeben, so verlöscht diese Lampe beim Einbringen in Explosionsgase enthaltende Räume, ohne daß die Explosion aus dem Innern des Drahtnetzes nach außen hin sich ausbreiten kann.

§ 243. Temperaturleitvermögen. An den Begriff des Wärmeleitungsvermögens schließt sich noch ein anderer, für praktische Fragen nicht minder wichtiger, der Begriff des Temperaturleitvermögens. Wir betrachten wieder eine von zwei parallelen, etwa horizontalen Ebenen begrenzte Platte; die obere Grenzfläche werde rasch auf eine bestimmte höhere Temperatur gebracht, etwa durch Berührung mit einer erhitzten Flüssigkeit. Wir fragen nach der Art und Weise, in der die Temperatur der oberen Grenzfläche nach unten sich verbreitet. Vor allem werden wir bemerken, daß in diesem Falle das Temperaturgefälle in der Platte nicht gleichmäßig ist. Wir nehmen zwei den Grenzflächen parallele Ebenen im Innern der Platte, die um 1 cm voneinander abstehen; an der oberen habe das Temperaturgefälle den Wert g_o, an der unteren den Wert g_u. Dann geht durch 1 cm² der oberen Ebene in 1 sec die Wärmemenge $k g_o$ von oben nach unten hindurch, ebenso durch 1 cm² der unteren Grenzfläche die Wärmemenge $k g_u$. Hier bezeichnet k das Wärmeleitungsvermögen. Der Wärmeinhalt eines zwischen unseren Ebenen abgegrenzten Würfels von 1 cm Kantenlänge wird hiernach um $k(g_o - g_u)$ Wärmeeinheiten vermehrt; ist δ das spezifische Gewicht der Platte, c ihre spezifische Wärme, so steigt die Temperatur des Würfels in 1 sec um

$$\tau = \frac{k}{\delta c}(g_o - g_u)$$

[1] Smoluchowski, Wied. Ann. 64 (1898).

Grade. Bei gleichen Verhältnissen des Temperaturgefälles ist die Temperaturerhöhung dem Wärmeleitungsvermögen direkt, der Dichte und der spezifischen Wärme umgekehrt proportional. Den Koëffizienten $k/(\delta c)$, von dem hiernach der Betrag der Temperaturerhöhung abhängt, bezeichnet man als Temperaturleitvermögen. Diese sind z. B. für

Silber	Kupfer	Eisen	Quecksilber
1,850	0,844	0,169	0,036

Die Bedeutung der Zahlen möge noch durch das folgende erläutert werden. In einem Würfel von 1 cm Kantenlänge nehme das Temperaturgefälle von der einen Grenzfläche zu der gegenüberliegenden um die Einheit ab; die eben angeführten Temperaturleitvermögen geben dann an, um wieviel Grade die mittlere Temperatur des Würfels pro sec steigt, je nach dem Metalle, aus dem er hergestellt ist.

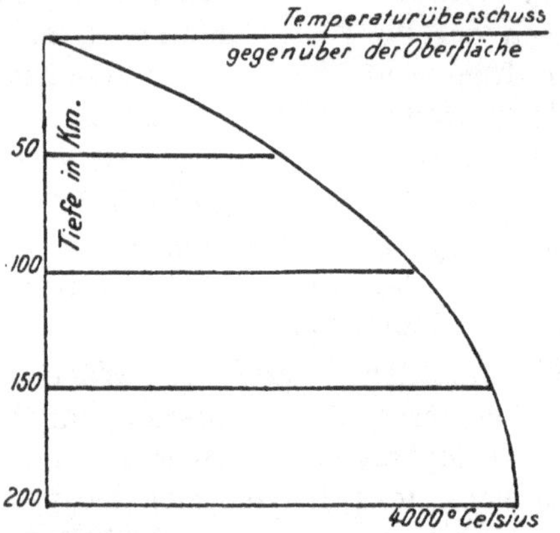

Fig. 272. Temperatur im Erdinnern.

§ 244. Temperaturverteilung im Innern der Erde. Die interessanteste Anwendung, die man von den Gesetzen der Wärmeleitung machen kann, bezieht sich auf die Verteilung der Temperatur im Innern der Erde. Aus geologischen und physikalischen Gründen nehmen wir nach W. Thomson an, daß die Erde früher im ganzen eine Temperatur besaß, bei der die Gesteine, aus denen sich jetzt ihre Rinde zusammensetzt, geschmolzen waren; das würde eine Temperatur von vielleicht 4000° sein. Während nun das Innere der Erde noch diese Temperatur bewahrt, ist die Oberfläche abgekühlt, und es findet daher eine allmähliche Zunahme der Temperatur nach dem Innern statt. Es ist wahrscheinlich, daß bei dem gegenwärtigen Zustande der Erde die maximale Temperatur von 4000° in einer Tiefe von 160 km, entsprechend dem 40sten Teile des Erdhalbmessers, erreicht wird. Während der ersten 30 km nimmt die Temperatur ziemlich gleichmäßig für jedes Meter um 0,036° zu, nachher wird die Zunahme rasch kleiner. Ein Bild von der Zunahme der Temperatur gibt Fig. 272. Die Temperaturverteilung ist verbunden mit einem Wärmefluß von dem Innern der Erde nach ihrer Oberfläche und einer noch fortdauernden, wenn auch sehr langsamen Abkühlung infolge von Wärmestrahlung in den Weltraum.[1]

Die Temperatur der Erdoberfläche ist einem jährlichen periodischen Wechsel unterworfen. In unseren Breiten würde unter normalen Verhältnissen anzunehmen sein, daß die Oberflächenschichte des Bodens

[1] W. Thomson, Mathem. and Physic. Papers. III.

ihre tiefste Temperatur im Januar, ihre höchste im Juli erreicht und daß die Temperaturen im April und Oktober dem Jahresmittel entsprechen. Infolge der Wärmeleitung des Bodens dringen diese Temperaturen in Form einer Welle mit rasch abnehmender Amplitude in die Erde ein. Wenn man für jede Tiefe unter der Oberfläche der Erde für eine bestimmte Epoche des Jahres die Abweichung der Temperatur vom Jahresmittel bestimmt und diese Abweichung als Ordinate senkrecht zu dem Erdhalbmesser aufträgt, so bilden die Endpunkte dieser Senkrechten eine Wellenlinie, deren Gestalt in Fig. 273 für Januar und

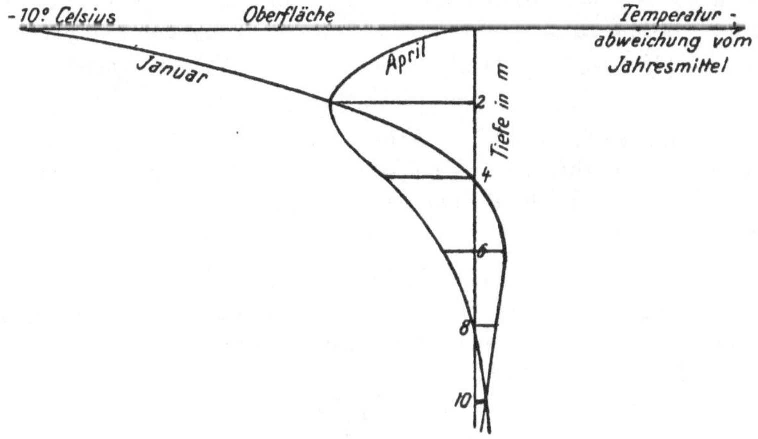

Fig. 273. Temperaturschwankungen im Erdinnern.

April gezeichnet ist. Die Länge der halben Welle beträgt im felsigen Gestein etwa 8 m; wenn an der Oberfläche gerade die größte Kälte herrscht, so findet sich die Temperatur des Jahresmittels in einer Tiefe von 4 m, die größte Wärme wegen der Abnahme der Wellenamplitude in einer Tiefe von ca. 6 m; wenn aber an der Oberfläche die Temperatur des Jahresmittels herrscht, so ist das gleiche wieder in der Tiefe von 8 m der Fall. Der Umfang der jährlichen Temperaturschwankungen nimmt, wie sich aus der Zeichnung ergibt, mit der Tiefe sehr rasch ab; in der Tiefe einer halben Wellenlänge beträgt die Differenz der extremen Temperaturen nur $\frac{1}{23}$ von dem entsprechenden Werte an der Erdoberfläche. Nach Beobachtungen in Edinburg betragen die jährlichen Temperaturschwankungen in einer Tiefe von

97	195	390	780 cm
4,55	3,30	1,85	0,62°

---

§ 245. Über die Dimensionen der in der Wärmelehre auftretenden Größen. Wir beschließen die Wärmelehre mit einer Bemerkung, welche sich auf den Charakter der in ihr auftretenden konstanten Koëffizienten, auf ihre Dimensionen bezieht. In § 164 haben wir bemerkt, daß das

Produkt aus einem Koëffizienten der Wärmeausdehnung und einer Temperatur eine reine Zahl ist, und daß man daher auch die beiden Faktoren des Produktes als reine Zahlen betrachten kann. Will man diese spezielle Annahme vermeiden, so ist die Temperatur als eine neue Größenart einzuführen, als deren Symbol der Buchstabe ϑ gewählt werden möge. Der Ausdehnungskoëffizient ist dann gleich einer reinen Zahl, dividiert durch eine Temperatur, seine Dimension ist gegeben durch ϑ^{-1}. Entsprechend der Festsetzung von § 172 betrachten wir auch eine Wärmemenge zunächst als eine Größe von neuer Art, welche nicht aus den Maßen der Länge, Masse, Zeit und Temperatur abgeleitet werden kann. Wir bezeichnen sie durch das Symbol w. Für die spezifische Wärme ergibt sich dann die Dimensionsgleichung:

$$[c] = w\, m^{-1}\, \vartheta^{-1}.$$

Das mechanische Äquivalent der Wärme ist gleich einer mechanischen Arbeit, dividiert durch eine nach Kalorien gemessene Wärmemenge. Wenn wir die Kraft nach absolutem Maße, nach Dynen messen, so wird die Dimension des mechanischen Äquivalentes der Wärme:

$$[J] = w^{-1}\, l^2\, m\, t^{-2}.$$

Nach dem Gesetze der Wärmeleitung ist die in Kalorien gemessene Wärmemenge, welche in der Zeit t durch eine Platte von der Fläche q hindurchgeht, gegeben durch:

$$Q = k\, q\, \frac{\vartheta}{d}\, t;$$

hier ist ϑ die Temperaturdifferenz zu beiden Seiten der Platte, d ihre Dicke. Die Dimension des Wärmeleitungsvermögens ist daher:

$$[k] = w\, l^{-1}\, \vartheta^{-1}\, t^{-1}.$$

Dividieren wir den Ausdruck rechts durch ein spez. Gewicht und eine spez. Wärme, so ergibt sich für das Temperaturleitvermögen $[l^2 t^{-1}]$.

Sobald es sich darum handelt, Wärmemengen mit anderen mechanischen oder elektrischen Größen in Beziehung zu setzen, wird man immer an Stelle der nach Kalorien gemessenen Mengen ihr mechanisches Äquivalent einsetzen. Tut man dies, so verschwindet in den vorhergehenden Dimensionen das Symbol w, und an seine Stelle tritt die Dimension der mechanischen Energie $l^2 m\, t^{-2}$.

Doch sei hier erwähnt, daß die „Dimensionsgleichungen" in ihrer Anwendung oft besonderer Vorsicht bedürfen.[1]

[1] Ehrenfest-Afanafsjewa, Math. Ann. 77 (1916).

ÄTHERSTRAHLUNG (OPTIK).

§ 246. **Ätherhypothese.** Der nun folgende Teil dieses Bandes behandelt jene Erscheinungen, welche man früher als optische bezeichnete. Das Gebiet umfaßt aber auch Phänomene, die nicht direkt eine Lichtempfindung erregen. Darum wurde auch der bisherige Titel „Optik“ immer mehr zu enge und umgeändert, z. B. in „strahlende Energie“[1] oder „gestrahlte Energie“.[2] Wir wollen fürs erste an der zumindest für die Entwicklung unseres Gebietes hochverdienten Ätherhypothese festhalten und erst später auf die modernen Anschauungen eingehen.

Der Lichtäther soll ein Stoff sein, der nicht nur die von Materie freien interatomistischen und intermolekularen Zwischenräume aller Körper, sondern auch die intrastellaren Zwischenräume des Weltalls, das Vakuum, ausfüllt. Dieser Äther soll von Transversalwellen durchzogen werden können, die im Vakuum mit Lichtgeschwindigkeit ($3 \cdot 10^{10}$ cm/sec) sich fortpflanzen.

Die richtige Bezeichnung für diese Wellen ist „elektromagnetische Wellen“. Erst im nächsten Bande kommen wir zur Erläuterung dieses Begriffes.

Kalorische Strahlung. Die Atome innerhalb der Molekel und die Elektronen (Band II) innerhalb der Atome sind in fortwährender rotierender oder schwingender Wärmebewegung. Dadurch sollen im herumliegenden Äther Wellen entstehen. Ein heißer Körper sendet so Ätherwellen von verschiedener Länge aus, die kürzeste der bisher gemessenen ist 0,00001, die längste 0,03 cm. Auch alle Zwischenglieder sind vorhanden; die Energie aller dieser Strahlen erwärmt einen passend geschwärzten Körper, wenn sie auf ihn auffallen und absorbiert werden. Daher der Name „kalorische Strahlung“ oder „Wärmestrahlung“ (auch „strahlende Wärme“).

Ein sehr kleiner Teil dieses Riesengebietes, nämlich Wellen von etwa 0,00004 bis 0,00008 cm erregen, wenn sie auf die Netzhaut unseres Auges fallen, eine Lichtempfindung, nur dieser kleine Wellenbezirk ist optisch wirksam.

Da nun unser Auge ein sehr bequemes Instrument ist, so wurden die Eigenschaften der optisch wirksamen Strahlen zuerst untersucht.

---

[1] Lehrbuch von Müller-Pouillet oder das von Chwolson.

[2] Lecher, Physik für Mediziner.

Auch wir arbeiten im folgenden meist mit Lichtstrahlen; die Resultate gelten aber, mit entsprechend sinngemäßer Abänderung für alle anderen kalorischen Strahlen. Zur Messung dieser Wärmestrahlung wäre ein gewöhnliches Thermometer meist zu unempfindlich. Man nimmt dazu Thermosäulen oder Bolometer. Die Wirkung einer Thermosäule beruht darauf, daß eine Lötstelle zwischen zwei verschiedenen Metallen, z. B. zwischen Eisen und Konstantan beim Erwärmen einen elektrischen Strom gibt. Im Bolometer hingegen ändert sich beim Erwärmen des Bolometerdrahtes dessen elektrischer Widerstand. Näheres darüber Bd. II.

Die von einer Röntgenröhre ausgehende Strahlung hat noch viel kleinere Wellen, als solche bei kalorischer Strahlung möglich sind. Auch darüber können wir erst Band II sprechen.

Erster Teil. Geradlinige Ausbreitung, Reflexion, Brechung, Dispersion.

I. Geradlinige Ausbreitung.

§ 247. Geradlinige Ausbreitung. Die Linien, längs deren die Lichtwirkungen sich ausbreiten, nennen wir Lichtstrahlen. Aus den geometrischen Verhältnissen des Schattens folgt, daß die Lichtstrahlen gerade Linien sind. Nehmen wir die Lichtquelle als einen leuchtenden Punkt L (Fig. 274), so ist der Schatten, den eine in ihrer Nähe befindliche Kugel auf einen weißen Schirm wirft, ein Kreis, oder, bei schiefer Stellung des Schirmes, eine Ellipse. Allgemein stellt sich der Schatten als Durchschnitt eines Kegels dar, dessen Spitze in dem leuchtenden Punkte L liegt, dessen Mantellinien durch die von L aus an die Kugel gezogenen Tangenten gebildet werden. Die den Schattenkegel begrenzenden Linien können aber keine anderen sein, als die den Rand der Kugel streifenden Lichtstrahlen; sind die Grenzlinien gerade, so gilt gleiches von den Strahlen.

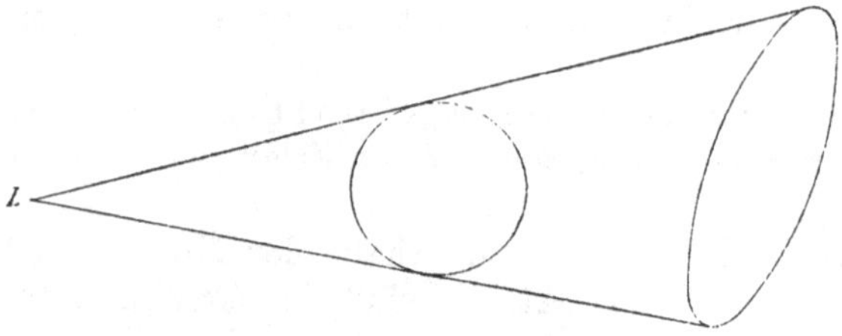

Fig. 274. Schattenkegel.

Dasselbe gilt natürlich für kalorische Strahlen. Befindet sich die geschwärzte Kugel eines Thermometers im Schattenkegel, so erfolgt kein Temperaturanstieg durch die Strahlung von L.

Etwas komplizierter sind die Verhältnisse des Schattens, wenn die Lichtquelle nicht ein Punkt, sondern eine ausgedehnte Fläche ist. Für jeden ihrer Punkte erzeugt dann die Kugel einen besonderen Schattenkegel. Aus der Durchkreuzung dieser Kegel entstehen in dem Raume hinter der Kugel eigentümliche Beleuchtungsverhältnisse, die wir etwas genauer zu untersuchen haben. Wir halten uns dabei an das spezielle Beispiel von Sonne und Mond. An die beiden Körper legen wir die gemeinsamen Berührungskegel *BAC* und *DJE*, die nach ihren Scheitelpunkten als die Kegel *A* und *J* bezeichnet werden mögen (Fig. 275). Für die Punkte einer hinter dem Monde verlaufenden Linie *KL*, etwa einer Strecke der Erdbahn, ergeben sich dann die folgenden Verhältnisse. In allen Punkten von *K* bis α, bis zu dem Mantel des Kegels *J*, ist die Sonne vollständig sichtbar, diese Punkte werden also von dem Lichte der ganzen Sonne getroffen. Tritt der Beobachter in den Kegel *J* bei α

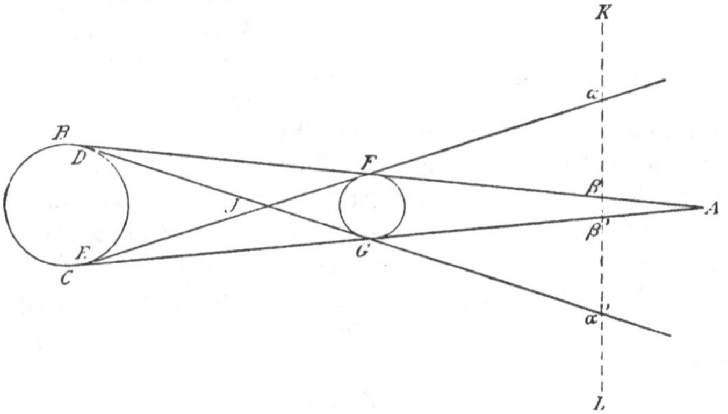

Fig. 275. **Halb- und Kernschatten.**

ein, so verschwindet ein Teil der Sonnenscheibe und dementsprechend wird auch die Beleuchtung schwächer. In dem Momente, in dem der Beobachter bei β in den Kegel *A* gelangt, verschwindet die Sonne vollständig und es tritt Dunkelheit ein, bis bei β' der Rand des Kegels *A* wieder erreicht wird; bei weiterem Fortschreiten nimmt die Helligkeit zu, bei α' am Rande des Kegels *J* leuchtet wieder die ganze Scheibe der Sonne. Den kegelförmigen Raum *FAG*, in den gar kein Licht eindringt, nennt man den Kernschatten des Mondes; er ist umgeben von dem Halbschatten $AF\alpha$ und $AG\alpha'$, in dem von außen nach innen ein allmählicher Übergang von vollkommener Helligkeit zu völligem Dunkel sich vollzieht.

Liegt die Linie *KL* hinter *A*, so fällt der Kernschatten fort; in den Punkten, welche in dem Scheitelkegel des Kernschattens liegen, bleibt ein ringförmiger Teil der Sonne sichtbar.

Die vorhergehende Betrachtung enthält zugleich die Grundlage der Theorie der Sonnenfinsternisse; die Übereinstimmung der berechneten Eintrittszeiten mit den beobachteten liefert einen weiteren Beweis für die geradlinige Ausbreitung des Lichtes.

Von anderen Erscheinungen und Beobachtungen, die auf der geradlinigen Ausbreitung des Lichtes beruhen, betrachten wir noch die Entstehung optischer Bilder durch kleine Öffnungen. In der Wand eines verdunkelten Raumes (Fig. 276) befinde sich eine kleine Öffnung etwa in Form eines Quadrates. Jeder Punkt eines außerhalb befindlichen Gegenstandes sendet durch die Öffnung einen dünnen Lichtkegel in den Raum hinein und beleuchtet auf der gegenüberliegenden Wand einen kleinen quadratischen Fleck, ein vergrößertes Abbild der Öffnung. Die so erleuchteten Quadrate müssen sich an der Wand notwendig in derselben Weise aneinanderreihen, wie die Licht aussendenden Punkte an der Oberfläche des Gegenstandes. Sie entwerfen also in ihrer Gesamtheit ein Bild des Gegenstandes, das aber kein scharfes sein kann, da jeder Punkt des Objektes im Bilde zu einer kleinen quadratischen Scheibe ausgedehnt erscheint. Überdies ist, wie man leicht sieht, in dem Bilde oben und unten vertauscht, dieses ist ein umgekehrtes.

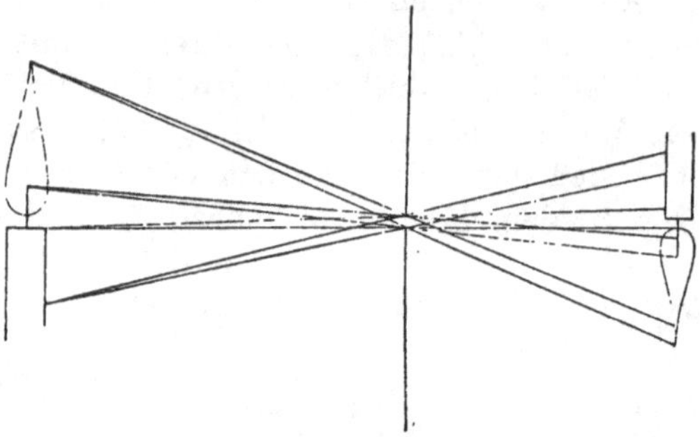

Fig. 276. Lochkamera.

§ **248. Fortpflanzungsgeschwindigkeit.** Die Entdeckung, daß das Licht mit einer gewissen endlichen Geschwindigkeit sich fortpflanzt, machte der Astronom Römer (1675) bei einer Untersuchung über die Umlaufszeiten der Jupitermonde; diese lassen sich sehr einfach bestimmen, wenn man die aufeinanderfolgenden Zeiten beobachtet, zu denen die Monde in den Schatten des Jupiter eintauchen (Fig. 277). Aus Beobachtungen ergab sich für den ersten der Monde eine Umlaufszeit von $1^3/_4$ Tagen. Nun beobachtete Römer eine gewisse Unregelmäßigkeit, die mit der Bewegung der Erde zusammenzuhängen schien. Man fand die Umlaufszeit zu groß, wenn die Erde sich von dem Jupiter entfernte, also an der Stelle *A*, zu klein, wenn sie sich ihm näherte, d. h. in *B*. Römer erklärte diese Verschiedenheiten durch die Annahme einer endlichen Fortpflanzungsgeschwindigkeit des Lichtes.

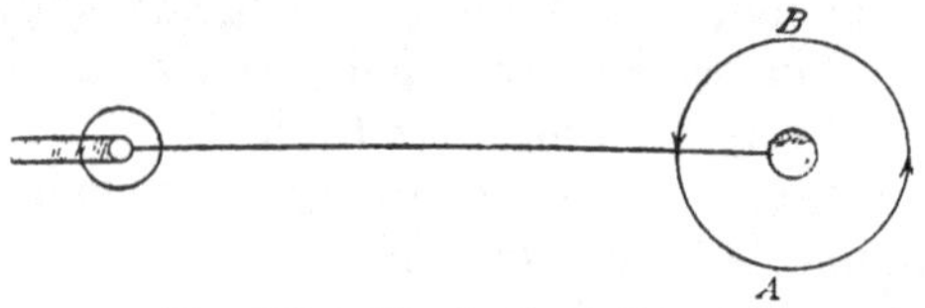

Fig. 277. Nach Olaf Römer.

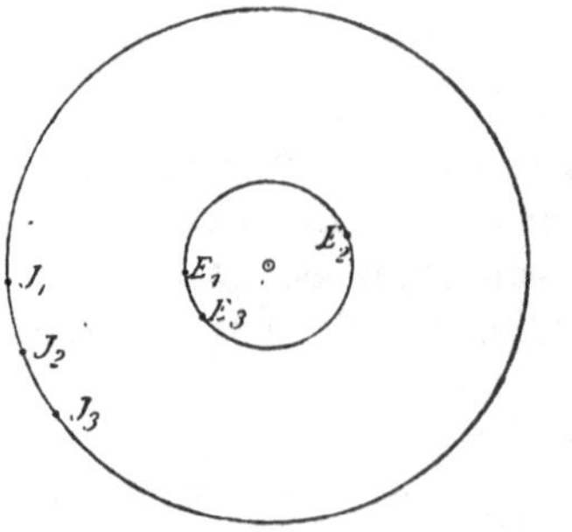

Fig. 278. Nach Olaf Römer.

Zu einer Beobachtungsmethode, die eine genauere Bestimmung der Lichtgeschwindigkeit ermöglicht, führt die folgende Überlegung (Fig. 278).

Wir lassen Sonne und Jupiter zunächst in Opposition treten, die Stellung, in der Erde und Jupiter auf demselben von der Sonne ausgehenden Radius Vektor sich befinden. Die bezüglichen Positionen der beiden Planeten in ihren als Kreise gezeichneten Bahnen mögen durch E_1 und J_1 bezeichnet werden. Bei dieser relativen Lage beobachten wir den Zeitpunkt einer ersten Immersion des Mondes in den Jupiterschatten. Wir warten dann ab, bis Sonne und Jupiter in Konjunktion treten, bis also Erde und Jupiter in entgegengesetzten Punkten E_2 und J_2 eines durch die Sonne gezogenen Radiusvektors sich befinden. Da die Umlaufszeit des Jupiter nahezu 12 Jahre beträgt, so hat die Erde von E_1 bis E_2 $^{12}/_{22}$ ihrer Bahn, der Jupiter von J_1 bis J_2 $^{1}/_{22}$ seiner Bahn zurückgelegt. Gleichzeitig hat der Mond 112 Umläufe um den Jupiter vollzogen. Wir beobachten die Zeit, wenn er nun zum 113-ten Male in den Schatten des Jupiter eintaucht. Bei dieser Beobachtung ist aber die Erde um den ganzen Durchmesser der Erdbahn weiter von dem Jupiter entfernt; der Augenblick des Eintritts erscheint als verzögert um die Zeit, die das Licht gebraucht, um jenen Durchmesser zu durchlaufen. Die Zwischenzeit zwischen der Beobachtung der ersten Immersion in E_1 und der 113-ten in E_2 ist gleich der Zeit von 112 Mondumläufen vergrößert um die Zeit, die das Licht zum Durchlaufen des Durchmessers der Erdbahn braucht. Wir warten nun weiter, bis Jupiter und Erde die mit $J_1 J_2$ und $E_1 E_2$ gleichen Bogen $J_2 J_3$ und $E_2 E_3$ zurückgelegt haben, Sonne und Jupiter wieder in Opposition sich befinden. In der Zwischenzeit haben abermals 112 Mondumläufe stattgefunden und wir beobachten nun den Zeitpunkt der 225-ten Immersion; dieser erscheint verfrüht, weil die Erde dem Jupiter um den ganzen Durchmesser der Erdbahn näher gerückt ist. Die Zwischenzeit zwischen der Beobachtung der 113-ten Immersion in E_2 und der 225-ten in E_3 ist gleich der Zeit von 112 Mondumläufen vermindert um die Zeit, die das Licht zum Durchlaufen des Erdbahndurchmessers braucht. Tatsächlich zeigt sich nun, daß die Zeit zwischen der Beobachtung der ersten und 113-ten Immersion um 33,2 Minuten größer ist, als die Zeit zwischen der Beobachtung der 113-ten und 225-ten. Die Hälfte der Differenz, 16,6 Minuten, muß die Zeit sein, die das Licht zum Durchlaufen des Erdbahndurchmessers gebraucht. Setzen wir den letzteren gleich 40000000 Meilen, so ergibt sich die Lichtgeschwindigkeit gleich $\frac{40000000}{996}$, also nahezu gleich 40000 geographischen Meilen oder gleich 298000 km/sec oder rund $3{,}10^{10}$ cm/sec.

Eine zweite Bestimmung der Lichtgeschwindigkeit ergibt sich aus der von Bradley (1726) entdeckten Aberration der Fixsterne. Bradley ging aus von einer Bemerkung, die mit der Frage nach der Entfernung der Fixsterne von der Erde auf das engste zusammenhängt. Bei der Erläuterung seines Gedankenganges sehen wir der Einfachheit halber von der Rotation der Erde ab; wir denken uns, daß sie einfach parallel mit sich selber die Sonne umlaufe. Wenn nun ein Fernrohr dauernd auf einen bestimmten Fixstern eingestellt bleiben soll, so muß die Richtung seiner Achse offenbar in dem Maße geändert werden, in dem die Erde in ihrer kreisförmigen Bahn fortschreitet. Betrachten wir, dem unmittelbaren Gefühle folgend, den Raum, in dem das Fernrohr aufgestellt ist, als ruhend, so wird umgekehrt der Stern im Laufe eines Jahres scheinbar eine geschlossene Bahn beschreiben, deren Durchmesser um so größer ist, je kleiner seine Entfernung von unserem Sonnensystem, um so kleiner, je größer jene Entfernung. Wenn der Durchmesser der Erdbahn der Entfernung des Sternes gegenüber verschwindet, so bleibt die Richtung des Fernrohres stets dieselbe, und ist keine scheinbare Bewegung des Sternes zu beobachten. In der Tat hat Bradley von der gesuchten Bewegung keine Spur entdeckt. Die große Mehrzahl der Sterne ist so weit entfernt, daß die Unterschiede in der Richtung des Fernrohres, welche durch die jährliche Bewegung der Erde bedingt werden, vollkommen verschwindende sind. Nur bei wenigen Sternen ist es mit den vollkommeneren Hilfsmitteln einer späteren Zeit gelungen, die Divergenz zu messen. Sie erreicht in einem Falle nahezu den Betrag von 1″, in den übrigen ist sie höchstens gleich $^1/_2$″.

Bradley fand nun aber eine andere scheinbare Bewegung der Fixsterne, die abhängig ist von der Fortpflanzungsgeschwindigkeit des Lichtes und die man als Aberration bezeichnet.

Das Verständnis der Erscheinung wird erleichtert, wenn man sich den Lichtstrahl in eine Reihe einzelner Elemente aufgelöst denkt, die mit der Geschwindigkeit des Lichtes in der geraden Richtung des Strahles sich bewegen. Welches die Natur dieser Elemente sei, ist gleichgültig; man kann an materielle Teilchen denken, die von den leuchtenden Körpern ausgeschleudert werden, oder an Wellen, die sich in der Richtung der Strahlen fortpflanzen. Es soll nun das Fernrohr so gestellt sein, daß ein Fixstern gerade in seiner Mitte erscheint, daß seine Achse die Sehlinie nach dem Sterne bildet. Betrachten wir unter diesen Umständen den Strahl, der das Ende der Fernrohrachse trifft; in einem bestimmten Augenblicke liegt eines von den Elementen, die dem Strahle entlang sich bewegen, gerade in dem Endpunkte der Achse; es muß dann auch bei seiner weiteren Bewegung auf der Achse bleiben; denn die Richtung, in der es zum Auge gelangt, ist die Richtung, in der wir den Stern sehen, die Richtung der Fernrohrachse. Würde die Erde in Ruhe sein, so würde die hierin liegende Bedingung erfüllt, wenn die Fernrohrachse mit der nach dem Sterne gehenden Geraden zusammenfiele; anders, wenn die Erde sich bewegt.

Ebenso sieht ein Beobachter in einem mit voller Geschwindigkeit fahrenden Eisenbahnzuge vertikale Regentropfen in einer gegen die vertikalen Fensterrahmen geneigten Richtung sich bewegen. Wollte er mit dem Wagen eine Röhre so verbinden, daß die Tropfen durch sie hindurchfielen, ohne die Wände zu berühren, so dürfte er sie nicht in vertikaler Stellung befestigen, sondern müßte sie, im Sinne der Bewegung, nach vorwärts neigen, ebenso wie bei unserer astronomischen Beobachtung die Achse des Fernrohres.

Die Art der scheinbaren Bewegung des Sternes ergibt sich leicht mit Hilfe der Fig. 279. Es sei S die Sonne, die Ellipse gebe eine perspektivische Ansicht der kreisförmig gedachten Erdbahn; F sei ein Fixstern, A der ihm nächste, C der entfernteste Punkt der Erdbahn, BD der zu FS senkrechte Durchmesser. (Die Fig. hat einen rein schematischen Charakter; denn in der Wirklichkeit müßte die Erdbahn durch einen mikroskopisch kleinen Kreis um S dargestellt werden.) Der Stern erscheint stets verschoben in der Richtung der Bewegung, also in der Richtung der Tangente der Erdbahn. Für die betrachteten Stellen ergeben sich danach die Visierlinien $A\alpha$, $B\beta$, $C\gamma$ und $D\delta$. Die Sache verhält sich so, als ob der Stern in einer der Ekliptik parallelen Ebene einen Kreis $\alpha\beta\gamma\delta$ durchliefe. Es ergibt sich durch einfache Überlegung, daß der Winkel, unter dem der zu SF senkrechte Durchmesser $\alpha\gamma$ erscheint, für alle Sterne derselbe ist. Dagegen wechselt die scheinbare Größe des Durchmessers $\beta\delta$ mit der Höhe des Sternes über der Ekliptik. Für einen Stern im Pole der Ekliptik bleiben die beiden Durchmesser gleich; für einen in der Ekliptik selbst auf SA liegenden Stern fällt der Durchmesser $\beta\delta$ in die Richtung SA; der Winkel, unter dem er von A oder C aus erscheint, ist Null, und an Stelle des von dem Fernrohre im allgemeinen beschriebenen elliptischen Kegels tritt der von den Richtungen $A\alpha$ und $C\gamma$ gebildete Winkel.

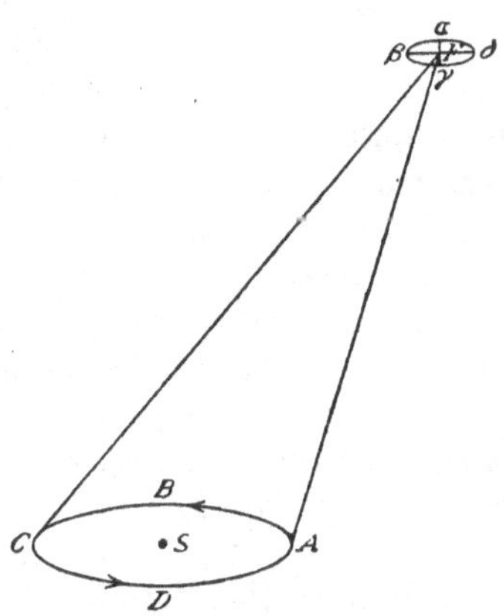

Fig. 279. Aberration.

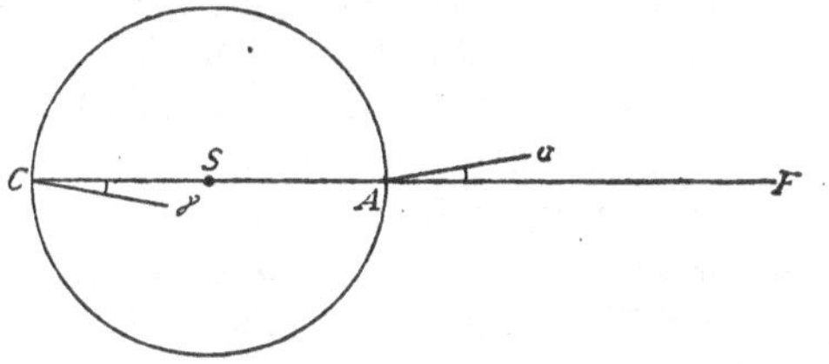

Fig. 280. Aberration.

Wir haben so die Erscheinung der Aberration aus der gegebenen Geschwindigkeit des Lichtes entwickelt; man kann natürlich auch umgekehrt die Messung der Aberration zu einer Bestimmung der Lichtgeschwindigkeit benützen. Betrachten wir der Einfachheit halber einen in der Ekliptik liegenden Stern (Fig. 280). Das auf ihn eingestellte Fernrohr wird an der ihm nächsten Stelle A die Richtung $A\alpha$, an der fernsten Stelle C die Richtung $C\gamma$ besitzen. Nach den Beobachtungen von Bradley schließen die Richtungen einen Winkel von 40,9″, jede derselben mit SF einen Winkel von 20,45″ ein. Im rechtwinkligen

Dreieck AGH (Fig. 281) sei AH die Lichtgeschwindigkeit (x), AG die Bahngeschw. der Erde (= 29,61 km/sec), also 29,61 = x tg 20,45″, woraus x = 298800 km/sec, ein Wert, der sich auch aus der Aberration irgendeines anderen Fixsternes ergeben würde. Das Licht aller Fixsterne verbreitet sich also mit derselben Geschwindigkeit durch den Raum. Die nahe Übereinstimmung des gefundenen Wertes mit dem aus der Verfinsterung des Jupitermondes abgeleiteten zeigt, daß dieselbe Geschwindigkeit auch dem von seiner Oberfläche reflektierten Sonnenlichte zukommt.

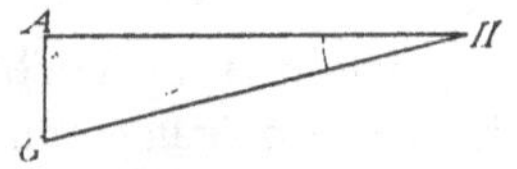

Fig. 281.

Ihre Ergänzung finden diese Ergebnisse in einer Untersuchung von Fizeau (1849), dem es gelang, die Lichtgeschwindigkeit durch Beobachtungen an der Oberfläche der Erde zu bestimmen. Das Prinzip, auf dem seine Versuche beruhten, war folgendes: Durch die Lücke zwischen zwei Zähnen eines gezahnten Rades hindurch wird ein Lichtstrahl gesandt, der nach Durchlaufung eines nahezu 9 km langen Weges durch einen Spiegel in sich selbst reflektiert wird. Bei ruhendem Rade geht der Strahl wieder durch die Lücke durch. Man kann ihn von dem ausgesandten Strahle trennen, wenn man hinter der Lücke eine planparallele Glasplatte unter einem Winkel von 45° gegen die Strahlrichtung aufstellt; der zurückkehrende Strahl wird dann von ihr seitlich reflektiert. Nun werde das Rad gedreht, und zwar mit einer solchen Geschwindigkeit, daß der zurückkehrende Strahl gerade den der Lücke folgenden Zahn auf seinem Wege findet. Er gelangt dann nicht mehr zu der reflektierenden Glasplatte, und das zuvor helle Gesichtsfeld wird dunkel. Mißt man die hierzu erforderliche Rotationsgeschwindigkeit, kennt man den vom Lichte durchlaufenen Weg, sowie die Breite der Zähne und Lücken, so kann man die Lichtgeschwindigkeit berechnen. Die von Cornu nach der geschilderten Methode wiederholten Messungen haben für die Lichtgeschwindigkeit den Wert von 300000 km/sec ergeben. Von anderen Methoden zur Bestimmung der Lichtgeschwindigkeit wird später (§ 303) die Rede sein. Hier möge nur noch bemerkt werden, daß man nach den neuesten Untersuchungen als wahrscheinlichsten Wert der Lichtgeschwindigkeit die Zahl

$$v = 299860 \text{ km/sec}$$

betrachten kann.[1]

§ 249. **Beleuchtungsstärke und Lichtstärke.** Denken wir uns einen leuchtenden Punkt umhüllt von einer Kugel, deren Halbmesser gleich 1 m ist, so wird eine auf ihr befindliche Fläche von 1 cm² Inhalt eine bestimmte Menge von Lichtstrahlen auffangen. Vergrößern wir den Halbmesser der Kugel auf 2 m, so werden dieselben Lichtstrahlen nun auf eine viermal größere Oberfläche sich verteilen, die Zahl der auf 1 cm² fallenden Strahlen ist also viermal kleiner als in der Entfernung von

[1] Rosa and Dorsey (1907). Department of commerce and labor. Washington.

1 m. Bezeichnen wir als Beleuchtungsstärke die Strahlenmenge, die auf 1 cm^2 fällt, so ist diese Stärke in der doppelten Entfernung viermal kleiner; allgemein ist sie dem Quadrate der Entfernung umgekehrt proportional, wobei vorausgesetzt ist, daß die Beleuchtung selbst eine senkrechte ist.

Stellen wir eine beliebige Fläche *AB* (Fig. 282) so, daß sie in schiefer Richtung von den Strahlen eines leuchtenden Punktes *L* getroffen wird, so sind sämtliche auf die Fläche fallenden Strahlen eingeschlossen in dem Kegel *ALB*, der den leuchtenden Punkt mit dem Rande der Fläche verbindet. Konstruieren wir einen senkrechten Durchschnitt *CD* dieses Kegels, indem wir von *L* aus eine Kugelfläche beschreiben, deren Halbmesser gleich ist der mittleren Entfernung der Fläche *AB* von *L*, so hat *CD* notwendig einen kleineren Flächeninhalt als *AB*. Auf 1 cm^2 von *AB* fällt somit eine kleinere Menge von Lichtstrahlen als auf 1 cm^2 von *CD*, die Beleuchtungsstärke ist für eine gegen die Strahlenrichtung geneigte Fläche kleiner als für die senkrecht getroffene; sie ist proportional dem Sinus des Winkels der Strahlen gegen die Fläche.

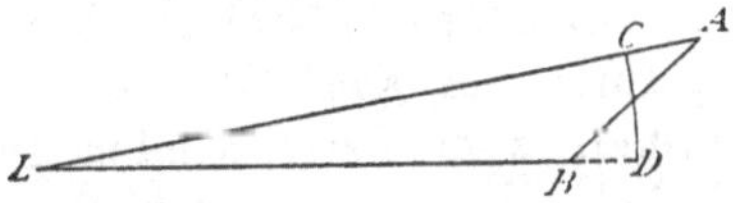

Fig. 282. Beleuchtungsstärke.

Auf den vorhergehenden Sätzen beruht die Photometrie, die Vergleichung der Lichtstärken verschiedener Lichtquellen, wobei wir als Maß der Lichtstärke die in der Entfernung von 1 m bei senkrechtem Strahleneinfall entwickelte Beleuchtungsstärke betrachten. Um die Vergleichungen in einheitlicher Weise durchführen zu können, kann man die Lichtstärke einer bestimmten Lichtquelle als Einheit wählen; hierzu dient in Deutschland allgemein die Hefnerkerze (HK), eine Amylacetatlampe bei einer Dochtdicke von 8 mm und einer Flammenhöhe von 4 cm. Die Stärke einer beliebigen Lichtquelle drückt man dann durch die Zahl der HK aus, die an ihre Stelle gesetzt werden müssen, um eine Beleuchtung von gleicher Stärke zu erzeugen. Das Prinzip, nach dem eine Intensitätsvergleichung praktisch ausgeführt werden kann, ergibt sich aus der folgenden Betrachtung. Die Lichtstärke der HK sei J_n, der zu untersuchenden Lichtquelle J. Wir suchen zwei Abstände r_n und r der beiden Lichtquellen von einer und derselben Fläche so zu bestimmen, daß sie von beiden gleich hell senkrecht beleuchtet wird. Dann haben wir nach dem ersten Gesetze:

$$\frac{J}{r^2} = \frac{J_n}{r_n^2}, \qquad \text{also} \qquad J = J_n \frac{r^2}{r_n^2}.$$

In der Entfernung von 1 m erzeugt somit das gegebene Licht dieselbe Beleuchtung wie eine Zahl von r^2/r_n^2 HK, allgemein erzeugen diese letzteren dieselbe Helligkeit wie das zu untersuchende Licht, wenn sie an seine Stelle gesetzt werden. Die zu bestimmende Lichtstärke beträgt r^2/r_n^2 HK.

Das Photometer von BUNSEN beruht auf der folgenden Beobachtung. Auf ein Stück weißen Papieres macht man in der Mitte einen Stearinfleck. Stellt man ein Licht hinter das Papier, so erscheint der Fleck hell auf dunklerem Grunde; stellt man das Licht vor das Papier, so erscheint der Fleck dunkel auf hellem Grunde. Während hinter dem Papiere ein Licht von beliebiger, aber konstanter Stärke brennt, bringt man die Lichtquelle, deren Stärke gemessen werden soll, vor das Papier in eine solche Entfernung r, daß der Fleck eben verschwindet. Nach Wegnahme des zu untersuchenden Lichtes führt man denselben Versuch mit einer HK aus. Hat man den Fleck bei der neuen Entfernung r_n abermals zum Verschwinden gebracht, so ist das Papier jetzt ebenso hell beleuchtet wie vorher durch das Licht. Die Stärke des letzteren ist wieder gegeben durch den Bruch r^2/r_n^2. Eine Änderung dieses Prinzipes siehe in § 259.

Wir haben gesehen, daß die Beleuchtungsstärke abhängt von dem Winkel, unter dem die beleuchtete Fläche von den Strahlen getroffen wird. Ein ähnliches Gesetz gilt in vielen Fällen für die Emission des Lichtes durch eine leuchtende Fläche. Die Sonne erscheint wenigstens der oberflächlichen Beobachtung als eine gleichmäßig helle Scheibe. Würden die einzelnen Teile ihrer Oberfläche nach allen Richtungen hin gleichviel Strahlen aussenden, so müßten in gleichen Winkelräumen vom Rande mehr Strahlen ins Auge dringen als von der Mitte, der Rand müßte heller erscheinen. Da eine solche Zunahme der Helligkeit mit bloßem Auge nicht wahrzunehmen ist[1], so müssen die am Rande liegenden Teile der Sonnenoberfläche bei gleicher Fläche weniger Strahlen in der Sehrichtung aussenden als die in der Mitte liegenden. Die Intensität der Strahlen muß kleiner sein, wenn sie in schiefer Richtung die leuchtende Fläche verlassen, denn unter der Voraussetzung einer homogenen Beschaffenheit der Sonnenoberfläche ist der Unterschied der Richtung der einzige, der zwischen dem Rande und der Mitte besteht.

II. Reflexion.

§ 250. Diffuse und regelmäßige Reflexion. Ein nicht selbstleuchtender Körper wird sichtbar, wenn er beleuchtet wird. Er sendet dann nach allen Richtungen des Raumes Lichtstrahlen aus, die aber mit dem auffallenden Lichte nicht mehr identisch sind, sondern modifiziert durch die Natur des Körpers. Wir bezeichnen diese Strahlen als diffus reflektiert; sie machen uns den Körper in seiner eigentümlichen Gestalt und Farbe von allen Seiten sichtbar, wenn weißes oder gleichfarbiges Licht auf ihn fällt; dagegen reflektiert ein Körper kein diffuses Licht, er erscheint schwarz, wenn er nur von Strahlen getroffen wird, deren

[1] Vgl. A. M. CLERKE, Geschichte der Astronomie während des 19. Jahrhunderts. Berlin 1889.

Farbe von seiner eigenen verschieden ist, z. B. ein roter Körper von grünen Strahlen.

Ein hiervon wohl unterschiedener Vorgang ist die regelmäßige Reflexion, die um so mehr hervortritt, je glatter die Oberfläche des von den Lichtstrahlen getroffenen Körpers ist. Sie ist aber auch bei matten Flächen, z. B. bei mattgeschliffenem Glase, zu beobachten, wenn die Lichtstrahlen nahezu streifend auf die Fläche fallen. Bei der regelmäßigen Reflexion werden die Strahlen nur nach einer Richtung zurückgeworfen, ohne daß ihre Farbe eine Veränderung erleidet; lassen wir Sonnenlicht auf einen horizontal gehaltenen Spiegel fallen, so erzeugen die regelmäßig reflektierten Strahlen einen hellen Fleck an der Decke oder der Wand des Zimmers; sie zeigen im Spiegel den leuchtenden Körper selbst, nur in einer durch die Reflexion veränderten Richtung.

§ 251. **Reflexionsgesetz.** Um das Gesetz, nach dem die Richtungsänderung der Strahlen bei der regelmäßigen Reflexion erfolgt, bequem

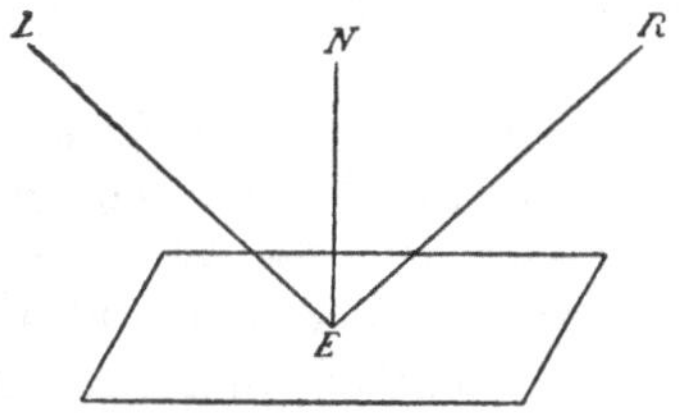

Fig. 283. Reflexion.

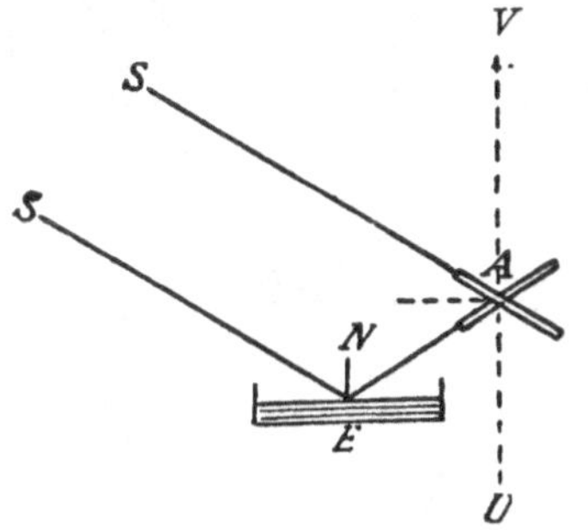

Fig. 284. Hg-Horizont.

ausdrücken zu können, hat man (Fig. 283) die folgenden Definitionen eingeführt. Den Punkt, in dem eine Ebene von dem einfallenden Strahle *LE* getroffen wird, nennt man den Einfallspunkt, eine in diesem auf der Ebene errichtete Senkrechte *EN* das Einfallslot, die durch einfallenden Strahl und Einfallslot gelegte Ebene die Einfallsebene, den Winkel des einfallenden Strahles mit dem Einfallslote den Einfallswinkel, den Winkel des reflektierten Strahles *ER* mit dem Lote den Reflexionswinkel. Für die Richtung des reflektierten Strahles ergibt sich:

1. Der reflektierte Strahl liegt in der Einfallsebene auf der entgegengesetzten Seite des Einfallslotes, wie der einfallende Strahl.

2. Der Reflexionswinkel ist gleich dem Einfallswinkel.

Den schärfsten Beweis für die Richtigkeit dieser Gesetze kann man mit Benützung eines Quecksilberhorizontes geben (Fig. 284). Ein um eine horizontale Achse *A* drehbares Fernrohr wird auf einen beliebigen Fixstern gerichtet, in passendem Abstande wird eine flache mit Hg gefüllte Schale aufgestellt; bei einer Drehung des Fernrohrs nach unten erscheint dann das von dem Hg-Horizonte reflektierte Bild des

Sternes im Gesichtsfelde. Der direkt in das Fernrohr fallende Strahl *SA* liegt somit in einer vertikalen Ebene mit dem reflektierten Strahle *EA*. Der auf den Horizont fallende Strahl *SE* ist aber parallel mit *SA* und liegt somit gleichfalls in der durch *EA* gehenden Vertikalebene, d. h. in der Einfallsebene; der erste Teil des Satzes ist damit bewiesen. Ziehen wir weiter durch *A* eine vertikale Linie *UV*, wie sie praktisch durch die Normale des Hg-Horizontes gegeben ist, so ist der Winkel *SAV* gleich dem Einfallswinkel *SEN*, der Winkel *EAU* gleich dem Reflexionswinkel *AEN*. Die Gleichheit der Winkel *VAS* und *UAE* ist mit Hilfe eines vertikalen von der Achse *A* getragenen Teilkreises leicht zu prüfen, aus ihr folgt aber dann unmittelbar die Gleichheit von Einfallswinkel und Reflexionswinkel.

§ **252. Der ebene Spiegel.** Die Strahlen, die von einem vor einem ebenen Spiegel befindlichen leuchtenden Punkte *A* (Fig. 285) auf den Spiegel fallen, werden so reflektiert, daß ihre Rückverlängerungen sich in einem Punkte schneiden, der symmetrisch zu *A* hinter der Ebene des Spiegels gelegen ist. Wenn die reflektierten Strahlen ins Auge gelangen, so erwecken sie durch ihre Richtung den Anschein, als ob der leuchtende Punkt in *A'* sich befände. Wir nennen daher *A'* das Bild des Punktes *A*. Wenn der letztere einem ausgedehnten Gegenstande, etwa dem Pfeile *AB* angehört, so wiederholt sich dasselbe bei den Strahlen, die von den übrigen Punkten von *AB* ausgehen; die ihnen entsprechenden Bildpunkte werden sich zu einem Bilde *A'B'* des Pfeiles aneinanderreihen, das hinter der Ebene des Spiegels symmetrisch zu diesem gelegen ist. Die Punkte von *A'B'* sind nicht wirkliche Ausgangspunkte von Lichtstrahlen, sondern nur Schnittpunkte ihrer geometrischen Rückverlängerungen; wir bezeichnen daher das Bild *A'B'* als ein scheinbares, imaginäres oder virtuelles, im Gegensatze zu den reellen optischen Bildern, deren einzelne Punkte Durchkreuzungspunkte wirklicher Lichtstrahlen sind.

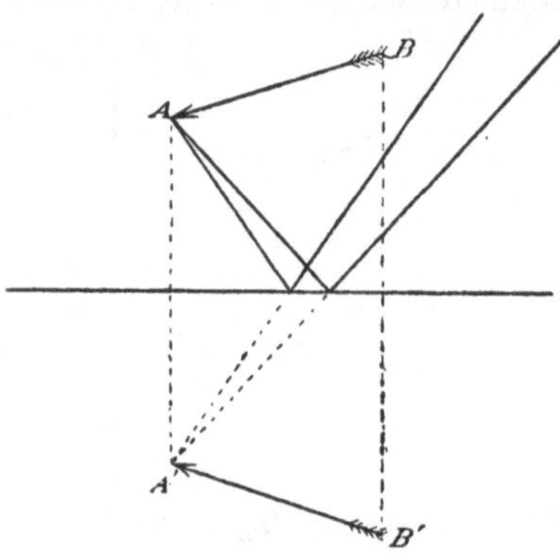

Fig. 285. Ebener Spiegel.

Messung eines Prismenwinkels. Eine wichtige Anwendung findet das Reflexionsgesetz bei der Messung eines Prismenwinkels. Wir verstehen in der Optik unter einem Prisma ein Stück eines durchsichtigen Körpers, das zwei eben geschliffene Flächen besitzt. Die Linie, in der sich diese Flächen schneiden, nennt man die Kante, den Winkel, den sie miteinander bilden, den Winkel des Prismas. Um diesen Winkel zu bestimmen, stellt man das Prisma auf ein horizontales Tischchen so, daß die Kante vertikal steht. In großer Entfernung befinde sich in der Höhe des Prismas ein leuchtender Punkt L. Sind LM und LN zwei Strahlen, die horizontal auf die Seitenflächen AB und CB des in Fig. 286 in einem Horizontalschnitte gezeichneten Prismas fallen, so findet man, daß der Winkel RDS, den die reflektierten Strahlen MR und SN miteinander bilden, gleich dem doppelten Prismenwinkel ist. Die Richtungen RM und SN sind aber diejenigen, in denen das Bild des leuchtenden Punktes in den beiden Prismenflächen erscheint. Verbindet man das Tischchen mit einem um die vertikale Achse desselben drehbaren Fernrohre, so kann man dieses zuerst auf das in AB, dann auf das in CB reflektierte Bild einstellen; der Winkel, um den dabei gedreht wird, ist das Doppelte des Prismenwinkels.

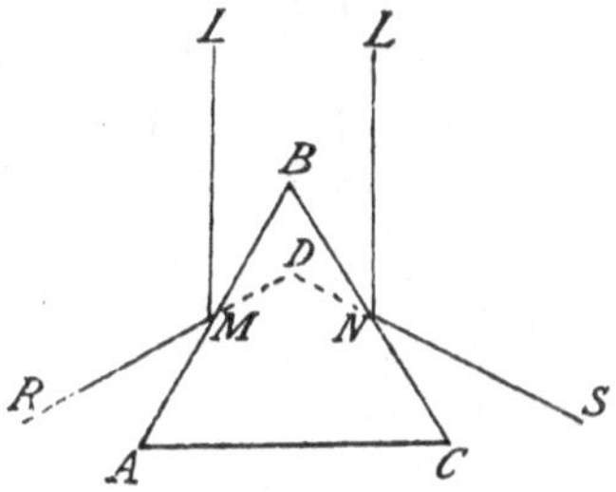

Fig. 286.
Messung eines Prismenwinkels.

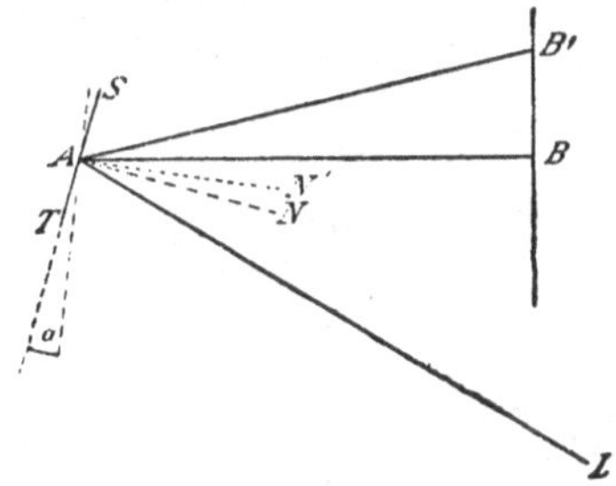

Fig. 287.
Objektive Spiegelablesung.

Winkelmessung mit Spiegel und Skale. Eine andere Anwendung des Reflexionsgesetzes, die in der Physik eine große Rolle spielt, besteht in der Messung kleiner Drehungen durch die Ablenkung eines reflektierten Lichtstrahles. Der Punkt A (Fig. 287) stelle eine zu der Ebene der Zeichnung senkrechte Achse vor, die infolge irgendwelcher Umstände kleinen Drehungen unterworfen ist. Um diese zu beobachten, verbinden wir die Achse mit einem Spiegel ST, dessen Ebene durch die Achse hindurchgeht oder ihr wenigstens sehr nahe liegt. Lassen wir auf den Spiegel einen Lichtstrahl LA von unveränderlicher Richtung fallen, so wird er bei der gegebenen Lage des Spiegels reflektiert nach AB; dreht sich die Achse und der mit ihr verbundene Spiegel um den Winkel α, so dreht sich die Spiegelnormale um denselben Winkel $NAN' = \alpha$; der Einfallswinkel wächst um α, der Winkel zwischen dem einfallenden und reflektierten Strahle um $BAB' = 2\alpha$. Der reflektierte Strahl dreht sich in demselben Sinne, aber in doppeltem Maße, wie die reflektierende Fläche. Die Drehung des reflektierten Strahles wird gemessen, indem man ihn auf einen Maßstab fallen läßt und die Teilstriche B und B' beobachtet, die vor und nach der Drehung von ihm beleuchtet werden. Stellt man den Maßstab so, daß er in B senkrecht steht zu der anfänglichen Reflexionsrichtung AB, so wird das rechtwinkelige Dreieck ABB' vollständig bestimmt durch die Seiten AB und BB'; der Winkel BAB' ist dann der doppelte Drehungswinkel.

Soll bei einer Drehung des Spiegels umgekehrt der reflektierte Strahl seine Richtung behalten, so muß der einfallende um den doppelten Winkel sich drehen. Darauf beruht die Winkelmessung mit Fernrohr, Spiegel und Skale (Fig. 288). Senkrecht zu der Drehungsachse A des Spiegels wird ein Maßstab aufgestellt, so daß ein von dem Spiegel auf ihn gefälltes Lot gerade seinen mittleren Teilstrich B trifft. Das Spiegelbild des Maßstabes wird mit einem Fernrohre beobachtet, das so gerichtet ist, daß in der anfänglichen Lage des Spiegels gerade der Teilstrich B in der Mitte des Gesichtsfeldes erscheint. Dreht sich der Spiegel, so kommt ein anderer Skalenteil B' in die Mitte, und der Winkel $B'AB$ ist dann gleich dem doppelten Drehungswinkel; der Winkel $B'AB$ ergibt sich aber wieder aus dem rechtwinkligen Dreiecke $B'AB$, wenn die Seiten BB' und AB bekannt sind. Die Empfindlichkeit der Methode kann durch die Angabe erläutert werden, daß bei einer Entfernung zwischen Spiegel und Skale von 1,72 m eine Drehung um 1 Minute eine Verschiebung BB' von 1 mm erzeugt. Je weiter die Skala entfernt ist, desto empfindlicher ist diese Methode.

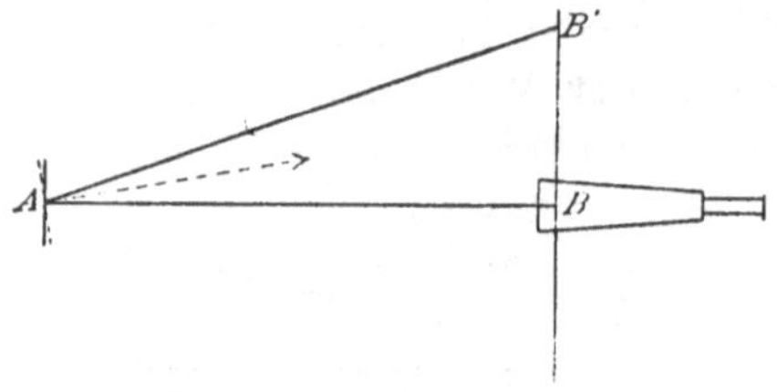

Fig. 288. Subjektive Spiegelablesung.

§ 253. **Sphärische Spiegel.** Wir wenden uns zu der Reflexion an sphärisch gekrümmten Flächen. Die Anwendbarkeit des Reflexionsgesetzes auf krumme Oberflächen ergibt sich daraus, daß wir das Flächenelement in der Umgebung des Einfallspunktes als eine kleine ebene Fläche betrachten können. Das Einfallslot ist durch die Normale der Fläche im Einfallspunkte gegeben, die Konstruktion des reflektierten Strahles ist im übrigen dieselbe wie bei einer ebenen Fläche. Wir beschränken uns im folgenden auf die Betrachtung kugelförmig gekrümmter Flächen, der sogenannten sphärischen Spiegel. Diese können das Licht entweder auf der inneren hohlen oder auf der äußeren konvexen Seite reflektieren, und wir unterscheiden danach Konkav- oder Hohlspiegel und Konvexspiegel. Wir werden uns mit der Theorie des Hohlspiegels etwas ausführlicher beschäftigen, einmal, weil er in der praktischen Optik mannigfache Anwendungen findet, dann auch, weil wir dabei gewisse Betrachtungen und Beziehungen kennen lernen, die für eine Reihe analoger Probleme eine typische Bedeutung besitzen.

Der Hohlspiegel werde begrenzt von einem Kreise; die Gerade, die den sphärischen, auf der Kugelfläche liegenden Mittelpunkt des Kreises mit dem Kugelmittelpunkte verbindet, wird als die Achse des Spiegels bezeichnet. Fig. 289 stellt einen Durchschnitt des Spiegels nach seiner Achse dar; M ist der sphärische Mittelpunkt, C das Zentrum der Kugel, der Krümmungsmittelpunkt des Spiegels.

Wir behandeln die Theorie des Hohlspiegels nicht allgemein, sondern nur unter der speziellen Voraussetzung, daß alle in Betracht zu ziehenden Lichtstrahlen sehr kleine Einfallswinkel besitzen. Um zu untersuchen, was aus dieser Bedingung für die Gestalt des Spiegels folgt, ziehen wir von einem, außerhalb *CM* angenommenen Punkte *L* der Achse den einfallenden Strahl *LE*; das Einfallslot ist gegeben durch die Verbindungslinie des Punktes *E* mit dem Krümmungsmittelpunkte *C*; der Einfallswinkel *LEC* ist Null, wenn *L* in den Krümmungsmittelpunkt fällt; er wird um so größer, je weiter entfernt *L* auf der Achse liegt. Rückt *L* in unendliche Entfernung, so wird der einfallende Strahl der Achse parallel. Unter allen von der Achse ausgehenden und in *E* einfallenden Strahlen, von dem Zentralstrahle *CE* nach außen hin gerechnet, besitzt also der Parallelstrahl den größten Einfallswinkel. Andererseits aber wächst dieser Winkel mit der Entfernung des Punktes *E* von der Achse; den am Rande des Spiegels einfallenden Parallelstrahlen entspricht daher der größte Winkel *LAC*; dieser ist gleich dem Winkel *ACM*, den der nach *A* gehende Kugelradius mit der Achse bildet, oder gleich der Hälfte des Winkels *BCA*, den zwei nach diametral gegenüberliegenden Randpunkten gehende Radien miteinander einschließen. Diesen Winkel nennen wir die Öffnung des Spiegels; der größte in Betracht kommende Einfallswinkel ist somit gleich der halben Spiegelöffnung. Die Bedingung kleiner Einfallswinkel ist erfüllt, wenn der Spiegel eine kleine Öffnung besitzt. Übrigens müssen wir bemerken, daß auch bei Spiegeln von kleiner Öffnung noch Strahlen denkbar sind, die einen großen Einfallswinkel besitzen. Es sind solche, welche die Achse in einem dem sphärischen Mittelpunkte *M* naheliegenden Punkte schneiden; auch diese Strahlen müssen also bei unseren Untersuchungen ausgeschlossen werden.

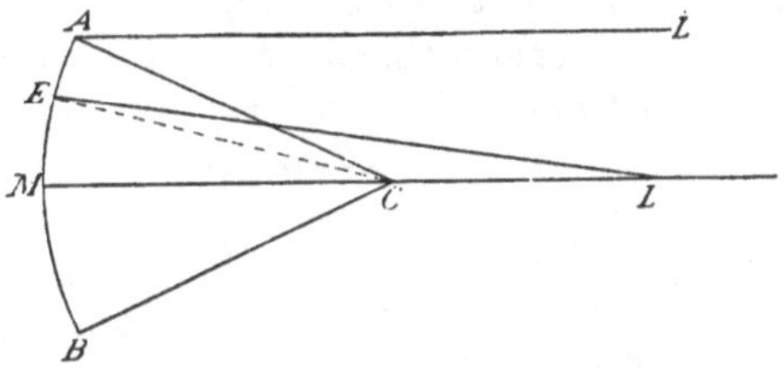

Fig. 289. Hohlspiegel.

Diese Beschränkung hat zur Folge, daß in einer naturgetreuen Darstellung die Entfernung der Randpunkte *A* und *B* von dem sphärischen Mittelpunkte *M* sehr klein wird im Vergleiche mit den Abständen *CM*. Dadurch würden alle Zeichnungen sehr undeutlich. Um nun eine graphische Entwicklung der Theorie zu ermöglichen, benützt man den Kunstgriff, alle zur Spiegelachse senkrechten Dimensionen in einem viel größeren Maßstabe zu zeichnen, als die Entfernung längs der Achse.

Eine geometrisch genaue Konstruktion ergibt, daß alle Parallelstrahlen (d. h. achsenparallel) nach der Reflexion am Spiegel durch einen und denselben Punkt seiner Achse, den Brennpunkt des Spiegels, gehen.

Der Brennpunkt F liegt in der Mitte zwischen dem sphärischen Mittelpunkte und dem Krümmungsmittelpunkte des Spiegels. Die Entfernung des sphärischen Mittelpunktes vom Brennpunkte bezeichnen wir als **Brennweite** (Fig. 290).

Der vorhergehende Satz läßt eine wichtige Verallgemeinerung zu. Parallelstrahlen können wir uns ausgehend denken von einem auf der Achse des Spiegels in unendlicher Entfernung liegenden Punkte; alle von diesem ausgesandten Strahlen vereinigen sich nach der Reflexion in einem einzigen Punkte der Achse, dem Brennpunkte; ebenso durchkreuzen sich die von einem beliebigen anderen Punkte P der Achse ausgehenden Strahlen nach der Reflexion in einem einzigen Punkte der Achse P_1 (Fig. 291). Nach der Reflexion kommen die von P ausgesandten Strahlen her von P_1, es ist also dieser letztere Punkt das Bild von P. Ist umgekehrt P_1 ein leuchtender Punkt, so durchkreuzen sich die von ihm ausgehenden Strahlen nach der Reflexion in P. Die Beziehung zwischen den Punkten P und P_1 ist eine umkehrbare, jeder kann als leuchtender Punkt, jeder als Bildpunkt auftreten; die sie verbindenden Strahlenwege können vom Lichte ebensogut in der einen, wie in der anderen Richtung durchlaufen werden. Punkte, welche in dieser Beziehung zueinander stehen, bezeichnet man allgemein als **konjugierte Punkte**. In unserem Falle stehen die Entfernungen der konjugierten Punkte P und P_1 von dem sphärischen Mittelpunkte in einfacher Beziehung zur Brennweite; es läßt sich geometrisch unschwer der Satz ableiten:

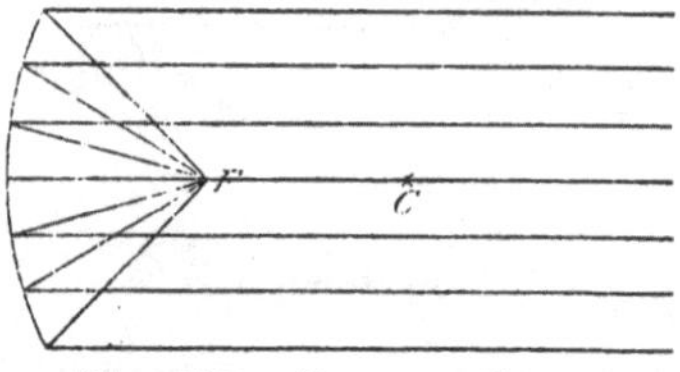

Fig. 290. Brennpunkt.

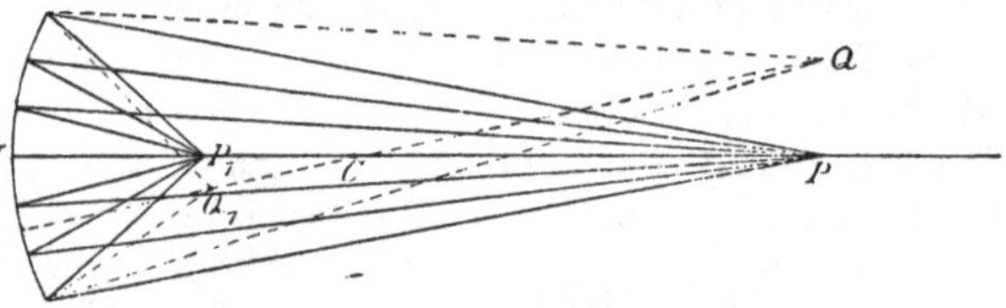

Fig. 291. Konjugierte Punkte.

Die Summe der reziproken Spiegelabstände zweier konjugierter Punkte ist gleich der reziproken Brennweite.

Bezeichnen wir die Brennweite durch f, die Entfernungen MP und MP_1 durch p und p_1, so ist:

$$1/f = 1/p + 1/p_1 .$$

Außer den Parallelstrahlen existiert noch eine zweite ausgezeichnete Strahlengattung, die durch den Krümmungsmittelpunkt gehenden **Zentralstrahlen**. Hier gilt natürlich:

Zentralstrahlen werden in sich selbst reflektiert.

Für einen seitlich von der Achse liegenden Punkt Q (Fig. 291) hat der von ihm ausgehende Zentralstrahl QC dieselbe Bedeutung, wie für einen Achsenpunkt P die Achse selbst; daraus folgt, daß auch **die Strahlen eines seitlich von der Achse liegenden Lichtpunktes** Q sich nach der Reflexion in einem Punkte Q_1 durchkreuzen, der auf dem von Q ausgehendem Zentralstrahle QC liegt.

Die vorhergehenden Sätze enthalten alles, was notwendig ist, um die Verhältnisse der von einem Hohlspiegel entworfenen **optischen Bilder** zu studieren.

Das Objekt sei ein auf der Achse senkrecht stehender Pfeil PQ (Fig. 292); von der Spitze Q ziehen wir einen Parallelstrahl, der durch die Reflexion in einen Brennstrahl verwandelt wird. Außerdem ziehen wir den in sich selbst reflektierten Zentralstrahl QC. Die reflektierten Strahlen kreuzen sich in Q_1. Durch denselben Punkt gehen aber auch alle anderen von Q kommenden Strahlen nach der Reflexion hindurch, es ist Q_1 das Bild der Pfeilspitze Q. Konstruieren wir in derselben Weise die Bilder der übrigen Punkte des Pfeiles, so setzen sie sich zusammen zu einem Bildpfeile $P_1 Q_1$, der gleichfalls zu der Spiegelachse senkrecht steht. Das Bild ist ein reelles, da seine sämtlichen Punkte Durchkreuzungspunkte wirklicher Lichtstrahlen sind; es kann daher auf einem Schirme oder einer Tafel von mattem Glase aufgefangen werden. Das Bild ist ferner ein umgekehrtes; seine Größe verhält sich zu der des Objektes wie der Bildabstand vom Spiegel zum Objektabstande:

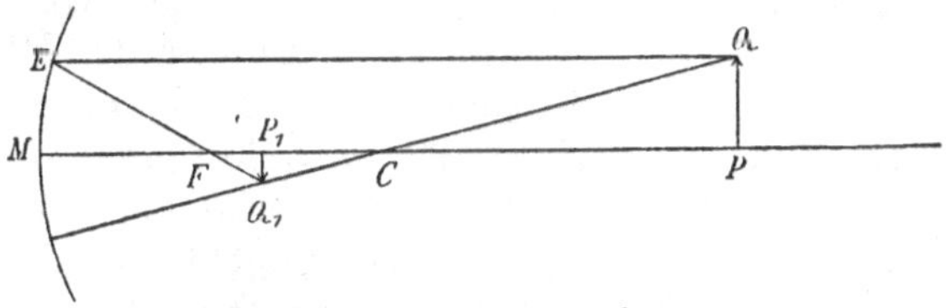

Fig. 292. Bildkonstruktion.

$$P_1 Q_1 / PQ = p_1 / p\,,$$

während zwischen p und p_1 die früher erwähnte Relation besteht:

$$1/p + 1/p_1 = 1/f\,.$$

Für ein Objekt, das in unendlicher Entfernung von dem Spiegel auf der Achse liegt, fällt das Bild in den Brennpunkt. In dem Maße, in dem das Objekt dem Spiegel sich nähert, entfernt sich das Bild von diesem. Liegt das Objekt an der Stelle des Krümmungsmittelpunktes, so fällt das Bild an dieselbe Stelle, und die Bildgröße ist gleich der Objektgröße. Wird das Objekt dem Spiegel noch weiter genähert, so entfernt sich das mehr und mehr vergrößerte Bild immer weiter von dem Spiegel, um schließlich in unendlicher Entfernung zu verschwinden, wenn das Objekt in den Brennpunkt fällt. Es bleibt also schließlich die Frage übrig, welches die Wirkung des Spiegels ist, wenn das Objekt in dem Zwischenraume zwischen Brennpunkt und sphärischem Mittelpunkt, **innerhalb der Brennweite** liegt (Fig. 293). Ziehen wir ebenso wie vorher von der Spitze des Pfeiles aus den Parallelstrahl QE und den Zentralstrahl QC, so sehen wir, daß die reflektierten Strahlen selbst sich jetzt überhaupt nicht mehr schneiden; nur für ihre geometrischen Rückverlängerungen existiert ein Schnittpunkt Q_1 hinter der Fläche des Spiegels. Alle Strahlen, die von dem Punkte Q ausgehen, werden so reflektiert, als ob sie nach der Reflexion von dem Punkte Q_1 herkämen; Q_1 ist demnach ein virtuelles Bild des Punktes Q; in derselben Weise erhalten wir die virtuellen Bilder der übrigen Punkte des Pfeiles, und diese reihen sich dann zu einem Bildpfeile $P_1 Q_1$ aneinander, der ebenso wie PQ aufrecht und senkrecht auf der Achse des Spiegels steht. Dabei ist zu beachten, daß die Bedingung kleiner Einfallswinkel um so weniger erfüllt bleibt, je weiter das Objekt von dem Brennpunkte weg dem Spiegel zu rückt. Nehmen wir auf der Achse innerhalb der Brennweite einen leuchtenden Punkt P, so werden die Einfallswinkel um so größer, je näher wir der Oberfläche des Spiegels kommen, und die im vorhergehenden aufgestellten Sätze sind dann nicht mehr streng richtig.

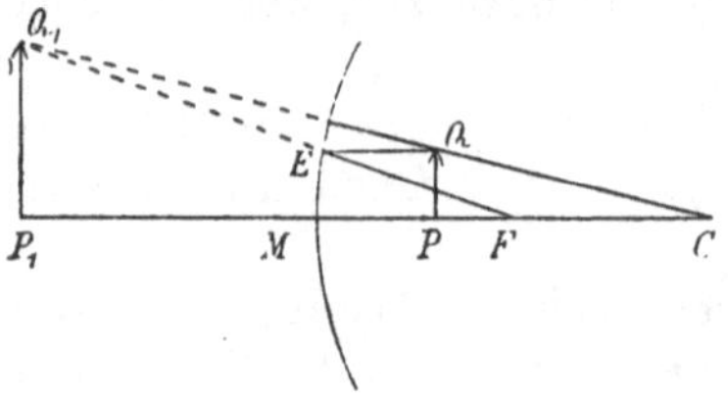

Fig. 293. Virtuelles Bild.

Fassen wir die wesentlichen Resultate der Untersuchung zusammen, so erhalten wir die Sätze:

Der Hohlspiegel entwirft von einem außerhalb der Brennweite befindlichen Objekte ein reelles und umgekehrtes Bild vor der Spiegelfläche. Die Bildgröße verhält sich zur Objektgröße wie der Bildabstand vom Spiegel zum Objektabstande. Das Bild eines innerhalb der Brennweite liegenden Objektes ist ein virtuelles, aufrechtes und vergrößertes, und liegt hinter dem Spiegel.

Eine der vorhergehenden ganz analoge geometrische Konstruktion ergibt für die Theorie des Konvexspiegels (Fig. 294), daß einfallende Parallelstrahlen durch die Reflexion zerstreut werden; nur ihre geometrischen Rückverlängerungen konvergieren gegen einen Punkt F der Achse, den virtuellen Brennpunkt des Spiegels, der wiederum in der Mitte zwischen dem sphärischen Mittelpunkte und dem Krümmungsmittelpunkte gelegen ist. Zentralstrahlen, die nach dem Krümmungsmittelpunkte hin gerichtet sind, werden in sich selbst reflektiert. Die Konstruktion des Bildes für einen vor dem Spiegel befindlichen Gegenstand erfolgt ebenso wie beim Hohlspiegel durch Benützung des Parallel- und des Zentralstrahles; das Bild ist unter

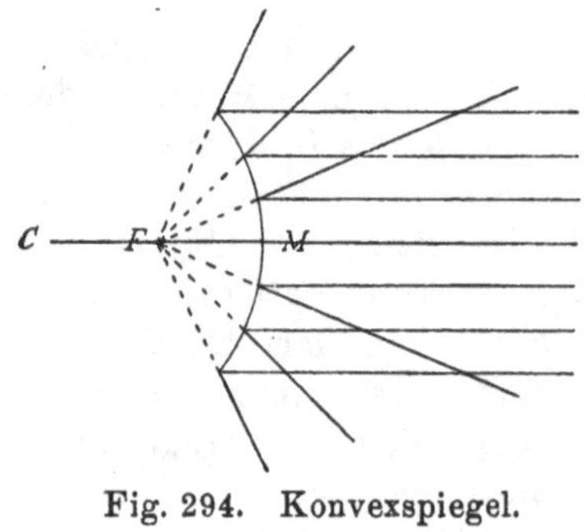

Fig. 294. Konvexspiegel.

allen Umständen ein virtuelles, aufrechtes und verkleinertes (Fig. 295).

Reflexion von Wärmestrahlen. Wir sprachen im vorhergehenden von Lichtstrahlen, die abgeleiteten Gesetze gelten aber auch für den optisch nicht wirksamen Teil der Strahlung. Bringt man z. B. in den Brennpunkt eines Hohlspiegels eine auf etwa 300° erwärmte Metallkugel, so gehen von diesem Hohlspiegel — unsichtbare — parallele Wärmestrahlen aus; fallen diese auf einen entfernten zweiten Hohlspiegel parallel zu dessen Achse, so werden sie in dessen Brennpunkt vereint, wie ein in diesem Brennpunkte stehendes Thermometer unschwer anzeigt.

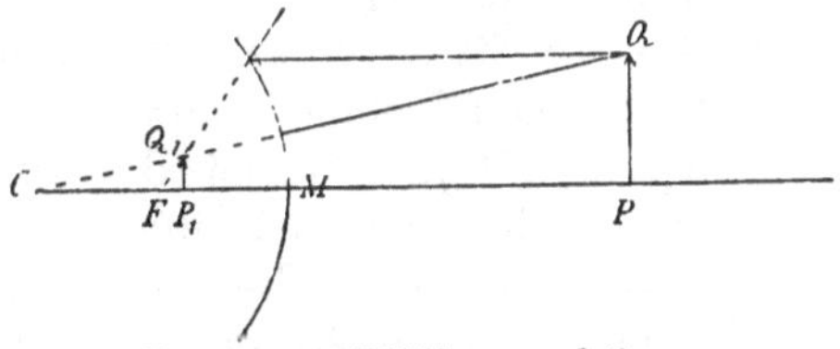

Fig. 295. Bildkonstruktion.

III. Brechung.

§ 254. **Brechungsgesetz.** Fallen Licht- oder Wärmestrahlen, die sich in Luft, Wasser, Glas oder einem anderen Körper bewegen, auf die Grenzfläche eines zweiten diathermanen Körpers, so wird ein Teil reflektiert, ein anderer Teil dringt in das zweite (durchsichtige) Mittel ein, aber so, daß die Strahlen in der Grenze geknickt erscheinen. Um die Richtung des gebrochenen Strahles zu fixieren, verlängern wir das Einfallslot in das Innere des zweiten Mittels hinein; der Winkel des gebrochenen Strahles mit dem Einfallslote heißt Brechungswinkel β, (Fig. 296). Das Brechungsgesetz lautet:

Der gebrochene Strahl liegt in der Einfallsebene auf der entgegengesetzten Seite des Einfallslotes, wie der einfallende Strahl. Der Sinus des Einfallswinkels α steht zu dem Sinus des Brechungswinkels β in demselben Verhältnisse, welches auch die Neigung des einfallenden Strahles gegen die brechende Oberfläche sein mag.

$$\frac{\sin\alpha}{\sin\beta} = n.$$

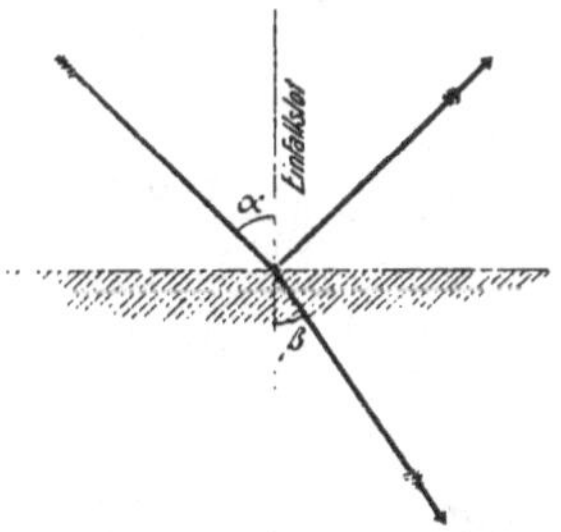

Fig. 296. Brechung.

Dieses Verhältnis n, das nur abhängt von der Natur der Mittel, zwischen denen der Übergang des Lichtes sich vollzieht, heißt das Brechungsverhältnis.

Der Charakter der Brechung oder Refraktion ist hiernach ein wesentlich anderer als der der Reflexion. Die letztere erfolgt an der Oberfläche der verschiedenartigsten Körper in genau derselben Weise;

das Brechungsverhältnis, die Richtungsänderung der Strahlen bei ihrem Übergange von einem Mittel zum anderen, hängt ab von der besonderen Natur der beiden Mittel. Jedem einzelnen Paare von Körpern entspricht ein besonderes Brechungsverhältnis und daher auch ein besonderes Maß der Richtungsänderung. Daß das Brechungsverhältnis auch abhängt von der Farbe der Strahlen, sei nur vorläufig erwähnt; ausführlich werden wir hierüber im folgenden Kapitel berichten.

Seine Bestätigung findet das Brechungsgesetz darin, daß all die Folgerungen, die sich aus ihm ziehen lassen, durch die Erfahrung bestätigt werden, daß die feinen Messungsmethoden, die sich auf dasselbe gründen, noch nie zu widersprechenden Resultaten geführt haben.

Wir werden später (§ 302) sehen, daß $n = \sin\alpha / \sin\beta = C_1 / C_2$, wo C_1 die Lichtgeschwindigkeit im ersten Medium, C_2 die im zweiten ist. (Siehe auch Fig. 160.)

Mit Rücksicht auf gewisse theoretische Vorstellungen über die Natur der Lichtbewegung hat man dasjenige von zwei Mitteln, in dem der gebrochene Strahl mit dem Einfallslote den kleineren Winkel einschließt, das optisch dichtere, das, in dem dieser Winkel größer ist, das optisch dünnere genannt. Im optisch dichteren ist dann die Lichtgeschwindigkeit kleiner als im optisch dünneren. Glas ist optisch dichter als Luft, Alkohol optisch dichter als Wasser.

Umkehr und Kombination von Brechungsverhältnissen. Die Übersicht über die bei der Kombination verschiedener durchsichtiger Mittel auftretenden Brechungsverhältnisse wird sehr erleichtert durch zwei allgemeine Sätze, die sich aus den optischen Eigenschaften planparalleler Platten ergeben.

Wir richten ein Fernrohr auf ein sehr entferntes Objekt, einen leuchtenden Punkt an der Erdoberfläche oder einen Stern. Bringen wir vor das Objektiv eine planparallele Platte aus irgendeinem durchsichtigen Mittel, so wird dadurch die Einstellung in keiner Weise geändert. Daraus folgt, daß die Lichtstrahlen beim Durchgange durch eine planparallele Platte keine Richtungsänderung erleiden. Die Parallelen FF und HH (Fig. 297) stellen die Grenzflächen der Platte vor; das Mittel, aus dem sie hergestellt ist, werde bezeichnet durch den Buchstaben b, das beiderseits an die Platte anstoßende Mittel durch a. Das Brechungsverhältnis für den Übergang aus dem Mittel a in das Mittel b sei bezeichnet durch das Symbol $n(a, b)$. Das Brechungsverhältnis für den umgekehrten Übergang von b zu a sei $n(b, a)$.

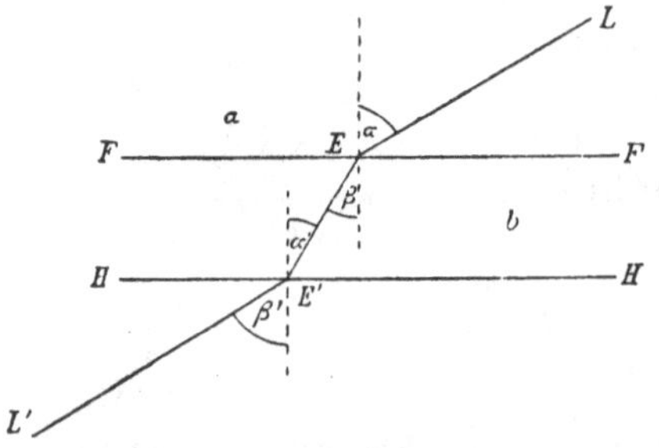

Fig. 297. Planparallele Platte.

LE sei der einfallende Strahl, EE' der gebrochene und $E'L'$ der parallel mit LE in das Mittel a wieder austretende. Bezeichnen wir mit α und β Einfalls- und Brechungswinkel bei E, mit α' und β' dieselben Winkel bei E', so ist $\alpha = \beta'$ und $\beta = \alpha'$. Somit

$$n(a, b) = \sin\alpha / \sin\beta = \sin\beta' / \sin\alpha' = 1 / n(b, a).$$

Ist das Brechungsverhältnis von einem Mittel a zu einem Mittel b gleich $n(a, b)$, so ist das Brechungsverhältnis für den umgekehrten Übergang des Lichtes von b zu a gleich $\frac{1}{n(a, b)}$.

Aus der Gleichheit der Winkel α und β', β und α' folgt, daß das Licht den Weg $LEE'L'$ auch in umgekehrter Richtung durchlaufen kann. Ebenso wie bei der Reflexion gilt auch bei der Brechung der Satz:

Ein Strahlenweg kann vom Lichte ebenso in der einen, wie in der entgegengesetzten Richtung durchlaufen werden.

Das Brechungsverhältnis von Luft zu Glas ist $^3/_2$ oder $\sin\alpha/\sin\beta = {^3/_2}$. Kehren wir die Bewegungsrichtung des Lichtes um, so wird β Einfallswinkel, α Brechungswinkel, und wir erhalten für den umgekehrten Übergang das Brechungsverhältnis $\sin\beta / \sin\alpha = {^2/_3}$ in Übereinstimmung mit dem allgemeinen Satze.

Der im vorhergehenden abgeleitete Satz läßt eine Verallgemeinerung zu, die sich auf die Tatsache stützt, daß zwei verschiedene planparallele Platten zusammengelegt die Richtung eines Lichtstrahles ebensowenig ändern, wie eine einzige. Bezeichnen wir das Mittel, von dem die zusammengesetzte Platte umgeben ist, durch a, die eine planparallele Platte durch b, die andere durch c, so wird ein Lichtstrahl L_1, der in E (Fig. 298) auf die obere Fläche der Platte einfällt, in dieser den gebrochenen Weg EE_1E_2 zurücklegen und in E_2 parallel mit seiner ursprünglichen Richtung nach E_2L_2 austreten. Für die bei den verschiedenen Übergängen auftretenden Brechungsverhältnisse ergibt sich die Beziehung

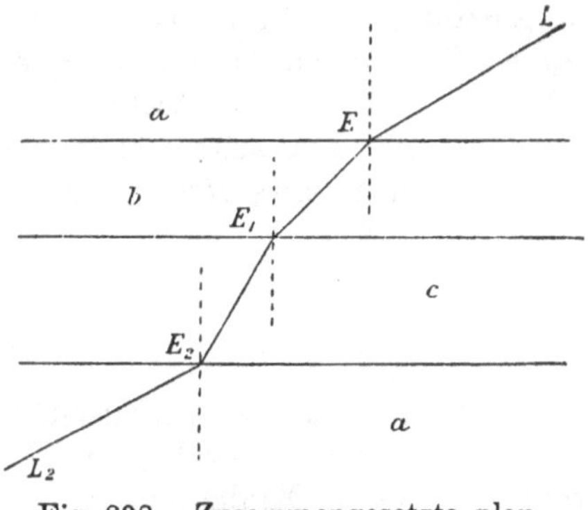

Fig. 298. Zusammengesetzte planparallele Platte.

$$n(a, b) \cdot n(b, c) \cdot n(c, a) = 1$$

oder

$$n(a, b) \cdot n(b, c) = n(a, c)\,.$$

Kennt man hiernach die Brechungsverhältnisse für die Kombination zweier Stoffe a und c mit einem und demselben dritten b, so kann man das Brechungsverhältnis für die Kombination von a mit c aus jenen berechnen. Es ist z. B. das Brechungsverhältnis von Luft zu Wasser gleich $^4/_3$, von Luft zu Glas gleich $^3/_2$, somit das Brechungsverhältnis von Wasser zu Glas gleich $^3/_4 \cdot {}^3/_2 = {}^9/_8$.

§ 255. Brechung des Lichtes durch ein Prisma. Eine ungemein vielseitige Verwendung findet bei optischen Versuchen und bei der Konstruktion optischer Instrumente die Brechung durch ein Prisma. Dieses sei auf einen horizontalen Tisch so gestellt, daß seine Kante (vgl. Fig. 286) — die sogenannte brechende Kante — vertikal steht. Wir betrachten die Brechung eines in horizontaler Richtung senkrecht zu der Kante auf das Prisma fallenden Strahles. Ist das Prisma optisch dichter als Luft, was in der Regel der Fall ist, so wird der Strahl an der ersten Prismenfläche dem Einfallslote zu, an der zweiten Fläche von ihm weg gebrochen (Fig. 299). Die hierdurch bedingte Richtungsänderung hängt nur ab von dem Winkel, unter dem der Strahl die Prismenfläche trifft, sie ist unabhängig von der speziellen Lage des Einfallspunktes.

Fig. 299. Prismenbrechung.

Um das Brechungsverhältnis der Prismensubstanz gegen Luft zu bestimmen, lassen wir parallele Lichtstrahlen in horizontaler Richtung durch das Prisma fallen und drehen dieses, bis das Minimum der Ablenkung (Fig. 299) erreicht ist. Eine geometrische Berechnung zeigt, daß dann der auffallende Strahl und der austretende gebrochene Strahl symmetrisch gegen die Prismenflächen liegen. Bezeichnen wir unter diesen Umständen den Winkel der direkten mit den gebrochenen Strahlen, den Winkel der kleinsten Ablenkung, durch δ, und den brechenden Winkel des Prismas, den Winkel, den seine beiden Flächen miteinander bilden, durch φ, so ergibt eine Rechnung:

$$n = \frac{\sin \frac{\delta + \varphi}{2}}{\sin \frac{\varphi}{2}}.$$

Für jede andere Einfallsrichtung wird die Ablenkung größer und kann nicht mehr durch vorstehenden einfachen Ausdruck bestimmt werden. Dieses Minimum der Ablenkung ist experimentell leicht zu finden.

Eine andere Methode besteht darin, daß man den einfallenden Strahl senkrecht auf die Prismenfläche fallen läßt, dann gibt eine geometrische Überlegung:

$$n = \frac{\sin(\delta + \varphi)}{\sin \varphi}.$$

So bestimmt man experimentell n aus δ und φ.

§ 256. Absolutes Brechungsverhältnis und atmosphärische Strahlenbrechung. Die im vorhergehenden angedeutete Methode liefert die Brechungsverhältnisse für den Übergang des Lichtes von Luft zu irgendeinem anderen Körper. Für die Zwecke der praktischen Optik ist ihre

Kenntnis genügend; wenn man aber darauf ausgeht, den Zusammenhang der Lichtbrechung mit anderen Eigenschaften der Körper zu untersuchen, so erscheint der spezifische Einfluß, den die Luft auf den Wert jener Verhältnisse ausübt, als ein störendes Element. Von diesem Standpunkte aus erscheint es richtiger, die Brechungsverhältnisse der Körper gegen den leeren Raum zu bestimmen; diese bezeichnet man als absolute Brechungsverhältnisse oder Brechungsverhältnisse schlechtweg.

Die absoluten Brechungsverhältnisse der Körper erhält man nach § 254, wenn man die gegen Luft mit dem absoluten Brechungsverhältnisse der Luft multipliziert. Dieses ergibt sich aus der atmosphärischen Strahlenbrechung, vermöge deren die von einem Sterne kommenden Lichtstrahlen nach der Vertikalen abgelenkt werden. Aus astronomischen Beobachtungen über die scheinbaren, durch die Brechung veränderten Zenitdistanzen der Fixsterne ergibt sich für das absolute Brechungsverhältnis der Luft bei Normal-Druck und -Temperatur der Wert 1,00029.

Die Bestimmung der atmosphärischen Strahlenbrechung, des Weges, den ein Lichtstrahl in der Atmosphäre der Erde zurücklegt, wenn er entweder von außen her in sie eindringt, oder, von einem irdischen Objekte ausgehend, Luftschichten von verschiedener Dichte durchdringt, bildet einen speziellen Fall eines Problems von nicht geringem Interesse. Denken wir uns einen Körper, der aus parallelen Schichten von verschiedenem Brechungsverhältnisse besteht. Wenn ein Lichtstrahl sich in ihm bewegt, so wird er an jeder Grenzfläche zweier Schichten eine Brechung erleiden; sein Weg besteht aus einer Reihe von geradlinigen Strecken, die sich zu einem polygonalen Zuge aneinanderreihen. Wenn die Schichten mit ihren verschiedenen optischen Eigenschaften kontinuierlich ineinander übergehen, wenn das Brechungsverhältnis im Inneren des Körpers von Ort zu Ort in irgendeiner Weise stetig sich ändert, so tritt an Stelle des gebrochenen Zuges ein stetig gekrümmter Lichtstrahl. Das Studium dieser gekrümmten Strahlen hat insbesondere für die Physik der Sonne zu interessanten Folgerungen geführt; man kann danach das Vorhandensein eines scheinbar scharfen Sonnenrandes durch die Strahlenbrechung in einer Atmosphäre von abnehmender Dichte erklären; die Annahme einer bestimmten Grenze zwischen einem Sonnenkörper und einer Sonnenatmosphäre wird dadurch überflüssig gemacht.[1]

§ 257. Brechungsvermögen und Molekularrefraktion. Untersuchungen, die mit der sogenannten elektromagnetischen Theorie des Lichtes zusammenhängen, und von denen wir später berichten werden, machen es wahrscheinlich, daß das Brechungsverhältnis n in einer gewissen Beziehung zu der Körperdichte d steht. Es ergibt sich, daß der Ausdruck

$$R = \frac{1}{d} \cdot \frac{n^2 - 1}{n^2 + 2}$$

[1] Dr. A. Schmidt, Strahlenbrechung auf der Sonne. Stuttgart 1891. — Erklärung der Sonnenprotuberanzen. Stuttgart 1895.

eine von Temperatur und Druck, sogar von dem Aggregatzustande unabhängige Konstante sein muß; eine Folgerung der Theorie, die durch die Erfahrung in bemerkenswerter Weise bestätigt worden ist. Man bezeichnet die Konstante R als das spezifische Brechungsvermögen.

Die Formel für R kann man auch so schreiben:

$$R = \frac{n-1}{d} \cdot \frac{n+1}{n^2+2}.$$

Die in Betracht kommenden Werte von n schwanken, solange Änderungen des Aggregatzustandes ausgeschlossen werden, innerhalb enger Grenzen. In noch höherem Grade ist dies der Fall bei dem Bruche $\frac{n+1}{n^2+2}$. Es erweist sich daher auch $\frac{n-1}{d}$ in den meisten Fällen als konstant, und in der Tat ist es dieser Ausdruck, der zuerst auf Grund der empirischen Daten als spezifisches Brechungsvermögen eingeführt wurde.

Der Satz von der Konstanz des spezifischen Brechungsvermögens kann benützt werden zu einer Berechnung des absoluten Brechungsverhältnisses der Luft, indem man durch Beobachtung die Brechungsverhältnisse beim Übergange des Lichtes zwischen Luftschichten von verschiedener Dichte bestimmt.

Wir bezeichnen diese Dichten mit d und d', die entsprechenden absoluten Brechungsverhältnisse mit n und n'; dann ist mit Benützung des vereinfachten Ausdruckes, den wir für das spezifische Brechungsvermögen eingeführt haben:

$$(n-1)/d = (n'-1)/d'.$$

Diese Gleichung läßt n aus n' berechnen.

Das Produkt aus dem spezifischen Brechungsvermögen und dem Molekulargewichte eines Stoffes nennt man seine Molekularrefraktion. Es knüpft sich an die Einführung dieses Begriffes die Aufgabe, den Zusammenhang zu ermitteln, der zwischen der Molekularrefraktion einer chemischen Verbindung und den Molekular- oder Atomrefraktionen ihrer Bestandteile vorhanden ist.

§ 258. Totalreflexion. Ein Strahl, der aus einem optisch dichteren in ein optisch dünneres Medium tritt, wird vom Lot weg gebrochen. Tritt der Strahl z. B. aus Glas in Luft, so ist $\sin\alpha/\sin\beta = \frac{2}{3}$. Der größte Wert von $\sin\beta$ ist 1; dann wird $\sin\alpha = \frac{2}{3}$ oder $\alpha = 42^0$ — d. h. für alle Strahlen, welche mit dem Einfallslot einen größeren Winkel als den Grenzbrechungswinkel 42^0 einschließen, läßt sich der gebrochene Strahl nicht konstruieren, alles auffallende Licht wird total reflektiert. Der Grenzbrechungswinkel bestimmt also die Grenze zwischen den Strahlen, welche, in dem optisch dichteren Mittel die Grenzfläche treffend, die gewöhnliche, mit Brechung verbundene, und denen, welche die totale Reflexion erleiden; man bezeichnet daher den Grenzbrechungswinkel auch als den Winkel der Totalreflexion.

Ein Lichtstrahl oder kalorischer Strahl führt eine bestimmte Menge von Energie mit sich; diese kann durch eine Teilung des Strahles nicht vermehrt werden, und daraus folgt, daß die bei der Reflexion und Brechung auftretenden Teilstrahlen einzeln genommen eine kleinere Menge von Energie enthalten als der ursprüngliche. Bei den total reflektierten Strahlen aber findet ein Energieverlust nicht statt, sie haben dieselbe Intensität wie die einfallenden. Eine total reflektierende Fläche hat daher die Eigenschaft eines vollkommenen Spiegels. Als solcher wird in vielen Fällen die Hypotenusenfläche eines rechtwinkligen Glasprismas benützt. Läßt man einen Lichtstrahl *LE* (Fig. 300) senkrecht auf die eine Kathete auffallen, so trifft er die Hypotenusenfläche in *E* unter einem Einfallswinkel von 45°, der größer ist als der Winkel der Totalreflexion; der Strahl wird somit an der Hypotenuse total reflektiert und tritt durch die andere Kathetenfläche senkrecht wieder aus. Von dem Helligkeitsunterschiede der total und der partiell reflektierten Strahlen kann man sich leicht überzeugen, wenn man zwei rechtwinklige Prismen nach Fig. 300 zusammenstellt. Man kann dann von einem und demselben Gegenstande in der einen Hypotenusenfläche ein durch gewöhnliche, in der anderen ein durch Totalreflexion erzeugtes Spiegelbild beobachten; das letztere ist das ungleich hellere.

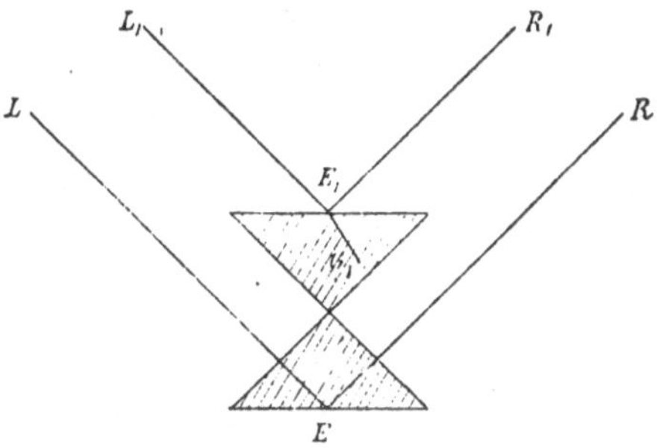

Fig. 300. Totale und gewöhnliche Reflexion.

Da der Winkel der Totalreflexion mit dem Brechungsverhältnisse durch die Gleichung:

$$\sin \alpha = n$$

zusammenhängt, so kann seine Beobachtung zur Bestimmung des Brechungsverhältnisses dienen. Apparate, welche zu dem Zwecke besonders rascher Bestimmung von Flüssigkeits-n konstruiert sind, heißen Totalrefraktometer.

§ 259. **Photometerwürfel.** In einer sinnreichen Weise wurde die Totalreflexion von Lummer und Brodhun zu der Konstruktion eines Photometers verwertet. Sollen die Stärken zweier Lichtquellen Q_1 und Q_2 verglichen werden, so müssen wir die Beleuchtungsstärken zweier Flächen vergleichen, deren eine nur von Q_1, deren andere nur von Q_2 Licht erhält. Die Sicherheit der Vergleichung hängt wesentlich davon ab, daß die beiden Flächen unmittelbar aneinander grenzen. Zu diesem Zwecke dienen zwei rechtwinklig gleichschenklige Prismen *A* und *B*; das eine davon, *A*, ist am Rande abgeschliffen, wie dies in Fig. 301, übertrieben gezeichnet, angedeutet ist. Die beiden Prismen sind mit ihren Hypotenusen fest aufeinander gepreßt, so daß keine Luftschicht zwischen ihnen bleibt; die

Berührungsfläche ist dann vollkommen durchsichtig, es findet keinerlei Reflexion an ihr statt. Blicken wir senkrecht gegen die eine Kathete des Prismas *B*, so erhalten wir einerseits Licht, welches in der Richtung *L* durch die Berührungsfläche der Prismen hindurchgegangen ist, andererseits Licht, welches von dem Rande der Hypotenuse von *B* in derselben Richtung total reflektiert wurde. $F_1 F_2$ ist ein Schirm, dessen beide Seiten mit weißem Gipse überzogen sind. Die eine Seite wird von der Lichtquelle Q_1, die andere von Q_2 senkrecht beleuchtet. S_1 und S_2 sind zwei gleiche Spiegel; S_2 ist so aufgestellt, daß das Spiegelbild der Fläche F_2 durch die Berührungsfläche der Prismen hindurch in der Richtung *L* erscheint.

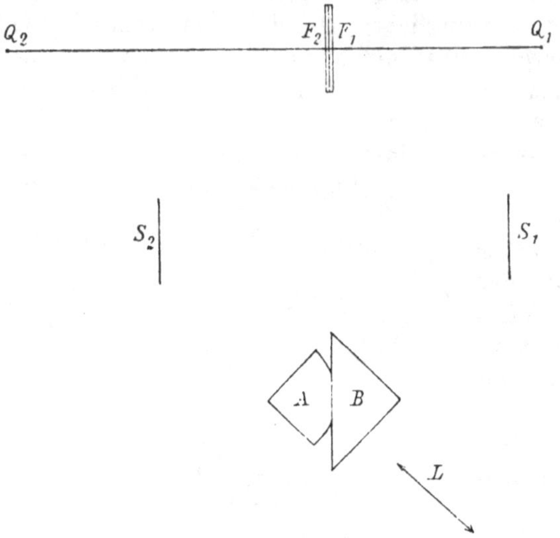

Fig. 301. Photometerwürfel.

Die von der Fläche F_1 ausgehenden Strahlen werden zuerst von dem Spiegel S_1 reflektiert; sie fallen dann durch die eine Kathete von *B* auf die Hypotenuse, gehen in der Mitte ungehindert durch, werden aber an dem freien Rande in der Richtung *L* total reflektiert. In der Tat wird also der mittlere Teil der Hypotenusenfläche nur von F_2, die unmittelbar daran grenzenden Teile des Randes nur von F_1 unter sonst gleichen Umständen beleuchtet. Die Lichtquellen Q_1 und Q_2 werden bei der Messung in solche Entfernungen von dem Schirme $F_1 F_2$ gebracht, daß der Glaswürfel dem in der Richtung *L* blickenden Auge gleichmäßig hell erscheint. Die Zeichnung ist ganz schematisch, in Wirklichkeit sind $F_1 F_2$ und $S_1 S_2$ und *AB* in einem kleinen Kästchen eingebaut, indes die Linie $Q_1 Q_2$ einige Meter lang ist.

§ 260. **Brechung an einer sphärischen Fläche.** Bisher bezogen sich unsere Untersuchungen auf den Fall, daß die verschiedenen Medien in ebenen Flächen aneinander grenzen. Daß unsere Konstruktion des gebrochenen Strahles auch bei gekrümmten Flächen anwendbar bleibt, ergibt sich, wie bei den sphärischen Spiegeln, daraus, daß die Oberfläche in der Nähe des Einfallspunktes als eine kleine ebene Fläche betrachtet werden kann. Wir beschränken uns im folgenden auf den Fall der kugelförmigen Begrenzung, sowie auf die Betrachtung von Strahlen mit kleinem Einfallswinkel. Der Charakter der Untersuchungen ist ein ausgesprochen geometrischer; wir gehen daher nicht auf alle Einzelheiten der Beweisführung ein, sondern begnügen uns, soweit dies angeht, mit einem mehr historischen Berichte über das physikalisch Wichtige.

Es sei r (Fig. 302) Krümmungsmittelpunkt der sphärischen Grenzfläche zweier verschiedener Medien; ihr Rand sei gegeben durch einen Kugelkreis, mit dem sphärischen Mittelpunkt O, dem Scheitelpunkt. Die Linie rO ist die Achse des von den beiden Mitteln gebildeten brechenden Systems.

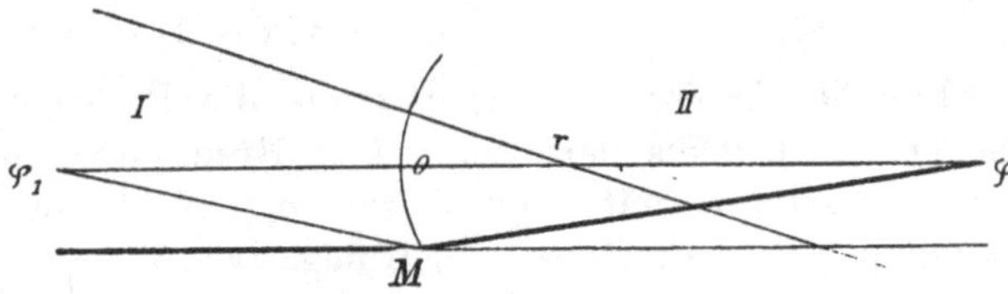

Fig. 302. Brechung an sphärischer Grenzfläche.

Ein Lichtstrahl, der nach r gerichtet ist, geht, weil senkrecht auffallend, ungeändert durch die Grenzfläche hindurch. Bezeichnen wir den Raum vor der Fläche als den Raum *I*, so gehen achsenparallele Strahlen in *I* nach der Brechung in dem hinter der Fläche liegenden Raum *II* durch einen und denselben Punkt φ_2 der Achse. Ebenso gehen achsenparallele Strahlen im Raume *II* nach der Brechung in dem Raume *I* durch einen und denselben Punkt φ_1. Die Punkte φ_1 und φ_2 heißen die Brennpunkte der Kombination, die Abstände $(O\varphi_1) = \varphi_1$ und $(O\varphi_2) = \varphi_2$ die Brennweiten. Bezeichnen wir das Brechungsverhältnis von *I* gegen *II* durch n, den Krümmungshalbmesser Or mit r, so ist:

$$\varphi_1 = -r/(n-1), \quad \varphi_2 = nr/(n-1).$$

Die Richtigkeit der Formeln ergibt sich leicht aus der Fig. 303. Der Winkel OrM ist gleich dem Einfallswinkel α des Parallelstrahles, der von der linken Seite her in M einfällt. Der Winkel $rM\varphi_2$ ist gleich dem Brechungswinkel β, somit der Winkel $O\varphi_2 M = \alpha - \beta$.

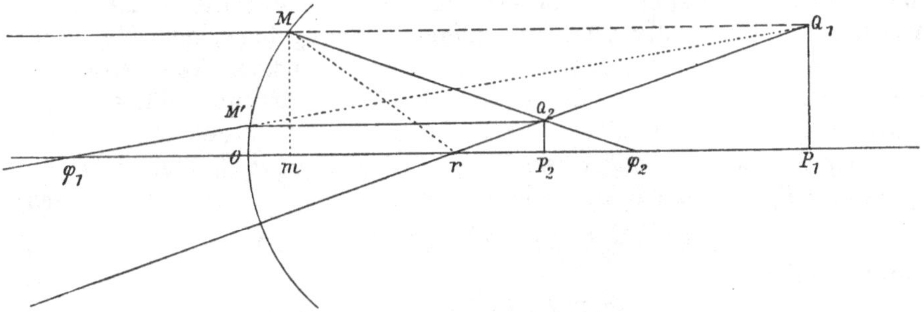

Fig. 303. Brechung an sphärischer Grenzfläche.

Wenn wir nun bedenken, daß alle in Betracht kommenden Winkel unserer Voraussetzung nach sehr klein sind, so können wir mit einem genügenden Grade von Annäherung den Bogen $OM = \varphi_2 O \cdot \sphericalangle O\varphi_2 M$ setzen; andererseits ist $OM = rO \cdot \sphericalangle OrM$.

Also wird:

$$\varphi_2 = r\alpha/(\alpha - \beta).$$

Nach dem Brechungsgesetze ist aber $\sin \alpha/\sin \beta = n$, oder wegen der Bedingung kleiner Winkel $\alpha/\beta = n$. Somit erhalten wir in der Tat die Formel:

$$\varphi_2 = nr/(n-1).$$

In ähnlicher Weise läßt sich auch die Richtigkeit des für φ_1 angegebenen Ausdruckes beweisen. Der Brennpunkt φ_1 liegt aber auf der entgegengesetzten Seite von O wie φ_2. Wir deuten dies dadurch an, daß wir der Brennweite φ_1 einen negativen Wert geben: $\varphi_1 = -r/(n-1)$. Bei dieser Festsetzung gelten noch die folgenden Beziehungen:

$$\varphi_2/\varphi_1 = -n \quad \text{und} \quad \varphi_1 + \varphi_2 = r.$$

Bildkonstruktion. Auf der Verlängerung des in M einfallenden Parallelstrahles nehmen wir einen Punkt Q_1 (Fig. 303). Gegen diesen konvergiere ein in dem Raume I vor der sphärischen Fläche sich bewegendes Strahlenbündel. Der nach Q_1 zielende Parallelstrahl verwandelt sich in den Brennstrahl $M\varphi_2$, der nach Q_1 gehende Zentralstrahl erleidet keine Brechung. Er schneidet den Brennstrahl in Q_2. Es läßt sich zeigen, daß alle Strahlen, welche in dem Raume vor der brechenden Fläche nach Q_1 konvergieren, nach der Brechung durch den Punkt Q_2 hindurchgehen. Wir bezeichnen Q_2 als das Bild von Q_1, oder als den mit Q_1 konjugierten Punkt. Fällen wir von Q_1 und Q_2 die Lote Q_1P_1 und Q_2P_2 auf die Achse der brechenden Fläche, so sind auch P_1 und P_2 konjugierte Punkte. Gleiches gilt von allen Punktpaaren der beiden Linien Q_1P_1 und Q_2P_2, welche auf demselben Zentralstrahle gelegen sind. Die Punkte von Q_1P_1 und Q_2P_2 entsprechen sich paarweise wie Bild und Objekt.

Hieran schließen sich noch ein paar wichtige numerische Beziehungen. Wir wollen von M aus das Lot Mm auf die Achse fällen. Aus der Bedingung der unendlich kleinen Öffnung folgt, daß die gerade Linie Mm von dem Bogen MO kaum zu unterscheiden sein wird, daß wir die Punkte O und m als zusammenfallend betrachten dürfen. Die Entfernungen OP_1 und OP_2 mögen mit x_1 und x_2 bezeichnet werden. Aus der Ähnlichkeit der Dreiecke $\varphi_2 mM$ und $\varphi_2 P_2 Q_2$ einerseits, der Dreiecke rP_1Q_1 und rP_2Q_2 andererseits, folgen dann die Beziehungen:

$$P_2Q_2/P_1Q_1 = (\varphi_2 - x_2)/\varphi_2 = (x_2 - r)(x_1 - r).$$

Daraus ergibt sich:

$$(x_1 - x_2)\varphi_2 = (x_1 - r)x_2,$$

oder durch Division mit x_1x_2 und mit Benützung der im vorhergehenden angegebenen Beziehungen zwischen φ_1, φ_2 und r:

$$\varphi_2/x_2 + n\varphi_1/x_1 = 1 + (n-1)\varphi_1/x_1.$$

Hieraus folgt endlich die symmetrische Formel:

$$\varphi_1/x_1 + \varphi_2/x_2 = 1.$$

Setzen wir für φ_1 und φ_2 ihre Ausdrücke durch den Krümmungshalbmesser r, so erhalten wir noch:

$$n/x_2 - 1/x_1 = (n - 1)/r.$$

Zum Abschlusse dieses Formelsystems fehlt schließlich noch eine Beziehung, die sich aus der folgenden Betrachtung ergibt. Durch den vorderen Brennpunkt φ_1 ziehen wir den nach Q_1 hinzielenden Strahl; er trifft die Grenzfläche in M' und verwandelt sich in den Parallelstrahl $M' Q_2$. Aus der Ähnlichkeit der Dreiecke $\varphi_1 O M'$ und $\varphi_1 P_1 Q_1$ folgt mit Rücksicht auf den negativen Wert von φ_1:

$$P_2 Q_2 / P_1 Q_1 = \varphi_1 / (\varphi_1 - x_1).$$

Diese Sätze gelten unter der Voraussetzung, daß die Öffnung der Grenzfläche, die wir ebenso bestimmen, wie in § 253, klein ist, daß immer nur kleine Einfallswinkel in Frage kommen. In der Fig. ist überdies angenommen, daß der Raum I von dem optisch dünneren Mittel erfüllt sei. Der umgekehrte Fall führt zu analogen Sätzen, nur verlieren die Brennpunkte die Eigenschaft, wirkliche Durchkreuzungspunkte von Lichtstrahlen zu sein, und werden zu virtuellen Punkten.

Es dürfte nicht überflüssig sein, dem vorhergehenden noch eine erläuternde Bemerkung nachzuschicken. Unsere Betrachtung wird vielleicht den Eindruck des Künstlichen erwecken. In der Tat schiene es natürlicher, in Fig. 303 den Punkt Q_1 auf der anderen Seite von M d. h. auf dem einfallenden Parallelstrahle selbst anzunehmen, die Punkte der Linie $P_1 Q_1$ würden dann wirkliche Ausgangspunkte von Lichtstrahlen sein, wir hätten ein reelles Objekt, dem bei passender Wahl von Q_1 ein reelles Bild $P_2 Q_2$ entsprechen würde. Allein man wird sich leicht überzeugen, daß diesem Vorteile der Nachteil gegenübersteht, daß die geometrischen Verhältnisse bei der neuen Figur weniger übersichtlich sich gestalten; hierin liegt der Grund für die getroffene Wahl.

§ 261. Theorie der Linsen. Linse nennen wir einen aus einem durchsichtigen Mittel hergestellten Körper, der von zwei Kugelflächen begrenzt ist. Die Linie, welche die Mittelpunkte r_1 und r_2 der beiden Kugeln verbindet, bezeichnen wir als die Achse der Linse, die Punkte, in denen die Achse die Kugelflächen schneidet, als die Scheitelpunkte der Linsenflächen; in der Regel werden diese Flächen durch Kreise begrenzt, deren sphärische Mittelpunkte in den Scheitelpunkten liegen; zu der vollständigen Begrenzung des Linsenkörpers gehört dann noch eine die beiden Kreise verbindende Zylinderfläche. Von der so entstehenden Linsenform gibt Fig. 304 eine Vorstellung. Die Theorie der Linsen führt nun zu einfachen und übersichtlichen Resultaten nur

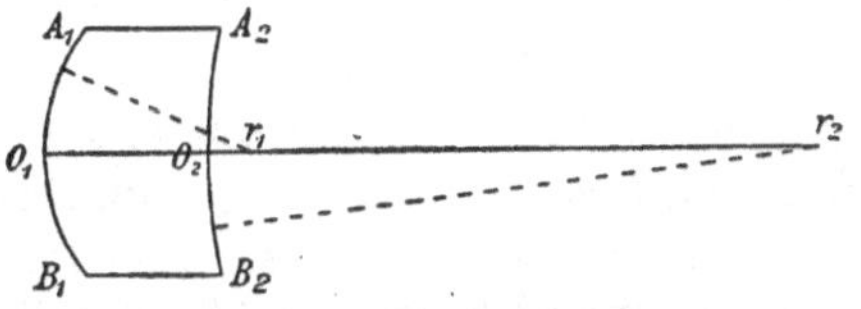

Fig. 304. Linse.

dann, wenn die Einfallswinkel der in Betracht kommenden Lichtstrahlen sehr klein sind. Es folgt daraus, ebenso wie bei dem Hohlspiegel, die Bedingung, daß die Öffnungswinkel der begrenzenden Kugelflächen $A_1 r_1 B_1$ und $A_2 r_2 B_2$ klein sein sollen. Wir fügen dieser Bedingung zuerst noch die weitere hinzu, daß die Dicke der Linse, der Abstand ihrer Scheitelpunkte, sehr klein sein soll gegen die Krümmungshalbmesser der Linsenflächen. Die im folgenden zu entwickelnden Gesetze stellen dann die Lichtbrechung der Linsen um so genauer dar, je dünner diese sind, und wir drücken dies in kurzem so aus, daß wir sagen, sie gelten für unendlich dünne Linsen. Unter den gemachten Voraussetzungen sind sechs Linsenformen denkbar, Fig. 305. Die Formen *a, b, c* besitzen einen scharfen Rand, sie sind in der Mitte dicker als am

Fig. 305. Linsenformen.

Rande, die Formen *d, e, f* sind in der Mitte dünner als am Rande. Lassen wir auf eine Linse von der ersteren Gattung ein Bündel von Strahlen fallen, die der Achse parallel sind, so verhalten sich die von den einzelnen Strahlen getroffenen Stellen der Linse wie Prismen, deren brechende Kanten nach außen gewandt sind. Die Strahlen werden durch die Brechung gesammelt, ihre vorher parallelen Richtungen werden in konvergierende verwandelt. Man nennt daher Linsen, die in der Mitte dicker sind als am Rande, Sammellinsen, und unterscheidet bikonvexe, plankonvexe und konkavkonvexe Sammellinsen entsprechend *a, b, c*. Lassen wir umgekehrt auf eine Linse der zweiten Gattung, bei der die Mitte dünner ist als der Rand, ein Bündel von Strahlen parallel zu der Achse fallen, so verhalten sich die getroffenen Stellen der Linse wie Prismen mit nach innen gewandter Kante. Die Strahlen werden nach außen gebrochen und zerstreut. Linsen der zweiten Gattung nennt man daher Zerstreuungslinsen und unterscheidet bikonkave, plankonkave, konvexkonkave Zerstreuungslinsen entsprechend *d, e, f*.

Wir behandeln im folgenden etwas ausführlicher die Theorie der Sammellinse. Für die Figg. gilt die Bemerkung, die wir bei den Hohlspiegeln gemacht haben; die zu der Achse senkrechten Dimensionen sind in einem sehr vergrößerten Maßstabe gezeichnet. Die Linse selbst repräsentieren wir, der Voraussetzung einer sehr geringen Dicke entsprechend, in der Regel durch einen einfachen zu der Achse senkrechten Strich, der dann ein Symbol zugleich für die vordere und hintere Linsenfläche ist. Der Punkt, in dem dieser Strich die Achse schneidet, entspricht ebenso den beiden Scheitelpunkten. Wir führen ihn in vorläufiger Weise als das Zentrum der Linse ein, bemerken aber zugleich, daß sich bald Gelegenheit zu einer schärferen Bestimmung dieses Punktes ergeben wird. Auf der Achse selbst müssen natürlich die Krümmungsmittelpunkte r_1 und r_2 der vorderen und hinteren Linsenfläche angegeben sein. Der Körper der Linse selbst wird in der Regel aus Glas bestehen, und dann ist das Brechungsverhältnis nahe gleich $^3/_2$. Damit sind dann alle Voraussetzungen gegeben, um mit den in § 254 und § 260 entwickelten Hilfsmitteln die Wege der Lichtstrahlen durch die Linse hindurch zu verfolgen und so die Theorie der Linse zu entwickeln. Wir beschränken uns darauf, die Resultate der Untersuchung mitzuteilen.

Achsenparallele Strahlen und Brennpunkte. Ein Bündel von achsenparallelen Strahlen wird von der Linse so gebrochen, daß die Strahlen hinter der Linse durch einen Punkt der Achse, den Brennpunkt, hindurchgehen (Fig. 306).

Achsenparallele Strahlen verwandeln sich beim Durchgange durch die Linse in Brennstrahlen.

Die Entfernung des Brennpunktes von dem Zentrum nennen wir die Brennweite; da wir Parallelstrahlen von beiden Seiten auf die Linse fallen lassen können, so erhalten wir zwei Brennpunkte; die entsprechenden Brennweiten sind aber gleich, sobald die vordere und hintere Linsenfläche an dasselbe Mittel, z. B. beide an Luft, grenzen.

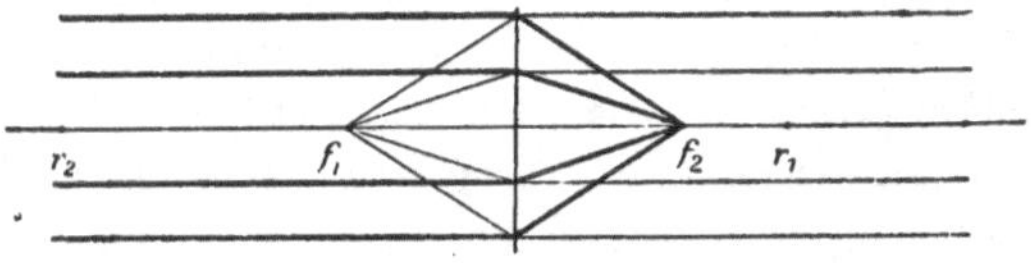

Fig. 306.

Bei einer bikonvexen Linse bestimmt sich dann durch eine geometrische Überlegung die Brennweite aus dem Brechungsverhältnisse n gegen Luft und aus den Krümmungshalbmessern r_1 und r_2 der vorderen und hinteren Linsenfläche nach der Formel:

$$\frac{1}{f} = (n - 1)\left(\frac{1}{r_1} + \frac{1}{r_2}\right).$$

Bei einer konvexkonkaven Linse tritt an Stelle der Summe der reziproken Krümmungshalbmesser deren Differenz.

Zentralstrahlen. Für das Folgende müssen wir den Rahmen unserer Betrachtung etwas erweitern, indem wir zunächst von dem allgemeinen Falle einer sogenannten Stablinse von größerer Dicke ausgehen; legen wir (Fig. 307) an die beiden Grenzflächen in E_1 und E_2 zwei parallele Tangentialebenen, so verhält sich die Linse für einen Strahl, der in ihrem Innern die Richtung $E_1 E_2$ besitzt, wie eine planparallele Platte; die Richtungen $L_1 E_1$ und $E_2 L_2$ der zu $E_1 E_2$ gehörenden einfallenden und austretenden Strahlen sind somit parallel; verlängern wir die Strahlen $L_1 E_1$ und $L_2 E_2$ bis zu ihrem Schnitte mit der Achse,

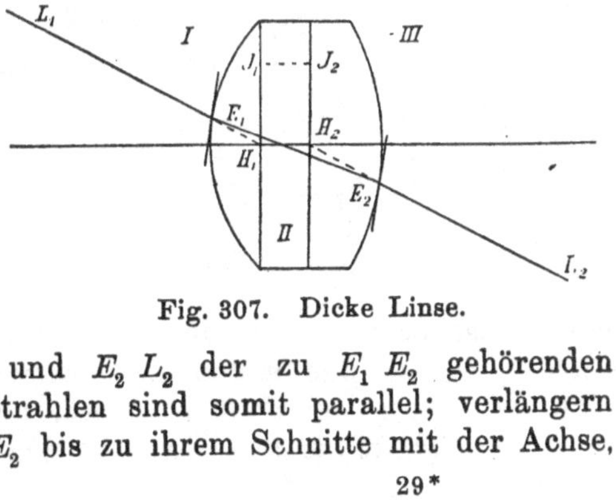

Fig. 307. Dicke Linse.

so erhalten wir auf dieser zwei Punkte H_1 und H_2, die Hauptpunkte, mit sehr bemerkenswerten Eigenschaften. Bezeichnen wir den Raum vor der Linse als den Raum *I*, den von der Linse selbst erfüllten als *II*, den Raum hinter der Linse als *III*; es ergeben sich die folgenden Sätze, die in derselben Weise für eine beliebige Kombination von brechenden Flächen gelten, solange nur ihre Krümmungsmittelpunkte auf derselben Achse liegen, und das erste Mittel mit dem letzten identisch ist.

Zu jedem Strahle, der in dem Raume *I* nach dem Punkte H_1 zielt, gehört in dem Raume *III* ein paralleler, der durch den Punkt H_2 geht.

Legen wir durch die Punkte H_1 und H_2 Ebenen senkrecht zu der Achse, die sogenannten **Hauptebenen**, und nehmen wir in diesen die Punkte J_1 und J_2 auf einer Parallelen zur Achse, so entspricht einem Strahle, der im Raume *I* nach J_1 zielt, ein Strahl in *III*, der rückwärts verlängert durch J_2 geht.

Bei der unendlich dünnen Linse, deren Theorie den eigentlichen Gegenstand unserer Betrachtung bildet, fallen die Punkte H_1 und H_2 und die durch sie gelegten Ebenen zusammen. In schärferer Weise als früher können wir nun das Zentrum einer unendlich dünnen Linse als den Vereinigungspunkt von H_1 und H_2 definieren; wir erhalten dann zugleich den Satz:

Bei einer unendlich dünnen Linse gehen Zentralstrahlen, d. h. solche, die nach ihrem Zentrum gerichtet sind, ungebrochen durch.

Bei der Untersuchung der Parallelstrahlen und Brennpunkte haben wir die Linse durch einen einfachen zu der Achse senkrechten Strich repräsentiert; nach dem vorhergehenden ist es richtiger, wenn wir uns diesen Strich durch das Zusammenfallen der beiden Hauptebenen $H_1 J_1$ und $H_2 J_2$ entstanden denken.

Konjugierte Punkte. Strahlen, die von einem leuchtenden Punkte ausgehen, schneiden sich nach dem Durchgange durch die Linse entweder selber oder mit ihren Rückverlängerungen in einem und demselben Punkte, dem Bildpunkte. Die Beziehung zwischen leuchtendem Punkte und Bildpunkte ist umkehrbar, sie sind einander konjugiert (§ 253).

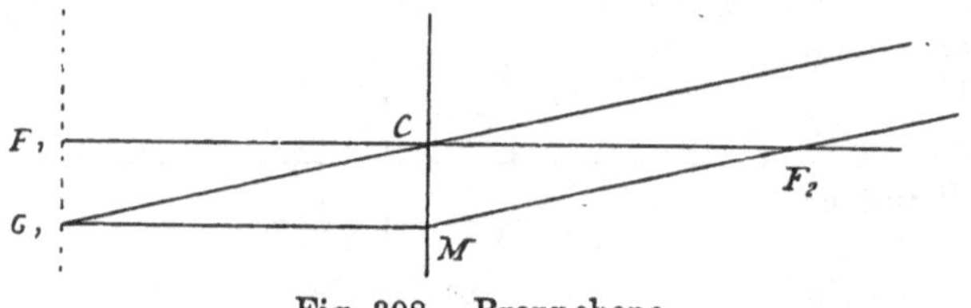

Fig. 308. Brennebene.

Brennebenen. Die Ebenen, die wir durch die Brennpunkte F_1 und F_2 einer Linse senkrecht zu ihrer Achse legen, nennen wir Brennebenen. Nehmen wir in der ersten Brennebene (Fig. 308) den Punkt G_1, so geht der Zentralstrahl $G_1 C$ ungeändert durch die Linse hindurch, der Parallelstrahl $G_1 M$ verwandelt sich in den Brennstrahl MF_2; die

Linien $G_1 C$ und MF_2 sind aber parallel und daraus folgt, daß der von G_1 ausgehende Strahlenkegel beim Durchgange durch die Linse in ein Bündel von Parallelstrahlen sich verwandelt, deren Richtung durch den Zentralstrahl $G_1 C$ gegeben wird. Wenn umgekehrt ein Bündel schiefer Parallelstrahlen auf die Linse fällt, so vereinigen sich diese nach der Brechung in dem Punkte G_1, in dem die Brennebene von dem zu dem Bündel gehörenden Zentralstrahle getroffen wird.

Bildkonstruktionen. Vor der Linse, außerhalb ihrer Brennweite, sei ein Objekt in Gestalt eines zur Achse senkrechten Pfeiles $P_1 Q_1$ aufgestellt (Fig. 309). Von der Spitze Q_1 ziehen wir den Parallelstrahl $Q_1 M$, der sich in den Brennstrahl MF_2 verwandelt; der Zentralstrahl $Q_1 C$ geht ungeändert durch; beide schneiden sich in Q_2; ziehen wir $Q_2 P_2$ senkrecht zur Achse, so ist dieses das reelle umgekehrte Bild von $Q_1 P_1$. Bezeichnen wir die Abstände $P_1 C$ und $P_2 C$ des Gegenstandes und des Bildes von der Linse durch p_1 und p_2, so gilt die Beziehung:

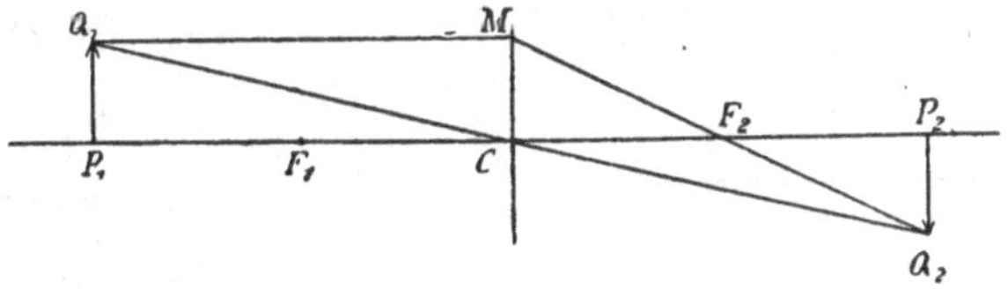

Fig. 309. Reelles Bild.

$$1/p_1 + 1/p_2 = 1/f.$$

Die Summe der reziproken Abstände des Bildes und des Objektes von der Linse ist gleich der reziproken Brennweite.

Ferner ergibt sich der Satz:

Die Bildgröße verhält sich zur Objektgröße wie der Bildabstand zum Objektabstand.

Wir bezeichnen dieses Verhältnis als die Vergrößerung m der Linse und erhalten dafür die Ausdrücke:

$$m = \frac{P_2 Q_2}{P_1 Q_1} = \frac{p_2}{p_1} = \frac{f}{p_1 - f} = \frac{p_2 - f}{f}.$$

Aus diesen 2 Gleichungen ergibt sich: Ist $p_1 = \infty$, so wird $p_2 = f$ und $m = 0$. Das Bild eines auf der Achse der Linse unendlich entfernten Objektes fällt in den hinteren Brennpunkt. Nähern wir das Objekt dem vorderen Brennpunkt, so entfernt sich das Bild von dem hinteren. Wird $p_1 = 2f$, liegt also das Objekt von der Linse um die doppelte Brennweite entfernt, so wird auch $p_2 = 2f$; Objekt und Bild liegen also in derselben Entfernung von der Linse. m wird in diesem Falle gleich 1, die Bildgröße ist gleich der Objektgröße. Wird $p_1 = f$, so wird $p_2 = \infty$; das reelle Bild verschwindet im unendlichen. Zugleich wird $m = \infty$. Allgemein ist die Zahl m kleiner als 1, so lange p_1 größer als $2f$, das Bild ist in diesem Falle ein verkleinertes. Wird p_1 kleiner als $2f$, so wird m größer als 1, und das Bild ist ein vergrößertes.

Wenn das Objekt innerhalb der Brennweite liegt, so gibt Fig. 310 das zugehörige Bild; man sieht, daß dieses ein virtuelles, aufrechtes und vergrößertes ist. Zugleich gilt die Beziehung:

$$1/p_1 - 1/p_2 = 1/f.$$

Fassen wir die Resultate zusammen, so erhalten wir den Satz: Eine Sammellinse entwirft von einem außerhalb der Brennweite gelegenen Objekte ein reelles, umgekehrtes Bild auf ihrer anderen Seite, verkleinert oder vergrößert je nachdem der Objektabstand größer oder kleiner ist als die doppelte Brennweite. Das Bild eines innerhalb der Brennweite gelegenen Objektes ist ein virtuelles, aufrechtes und vergrößertes auf derselben Seite wie das Objekt.

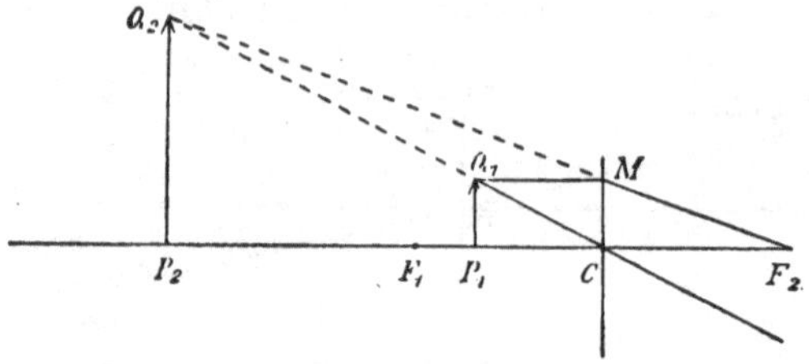

Fig. 310. Virtuelles Bild.

Zerstreuungslinsen. Um die Theorie der Zerstreuungslinsen zu entwickeln, benützen wir einen geometrischen Apparat, der mit dem bei den Sammellinsen eingeführten im wesentlichen übereinstimmt; die Definitionen der Achse, der achsenparallelen Strahlen, des Zentrums, der Brennweite sind dieselben wie dort.

Parallelstrahlen werden durch eine Zerstreuungslinse divergierend gebrochen; die Brennpunkte der Linse sind virtuell, d. h. nur die Rückverlängerungen der gebrochenen Parallelstrahlen gehen durch sie hindurch.

Zentralstrahlen gehen ungeändert durch die Linse.

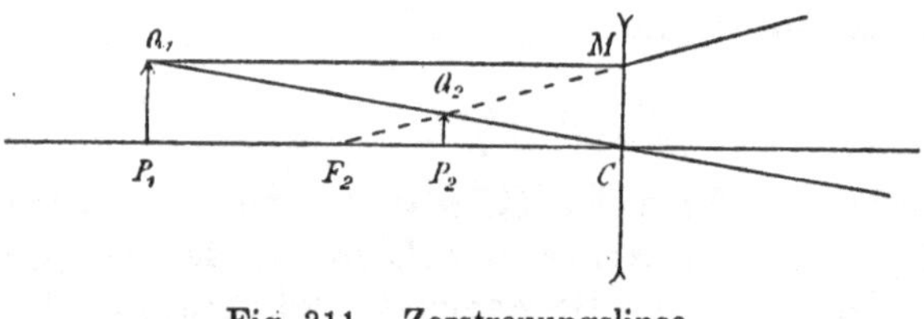

Fig. 311. Zerstreuungslinse.

Die Bildkonstruktion ergibt sich aus Fig. 311. Dem Objekte P_1Q_1 entspricht unter allen Umständen ein virtuelles, aufrechtes und verkleinertes Bild P_2Q_2. Die Beziehung zwischen Objektabstand p_1, Bildabstand p_2 und Brennweite f ist:

$$1/p_2 - 1/p_1 = 1/f.$$

Sphärische Abweichung. Die Bedürfnisse der praktischen Optik nötigen in gewissen Fällen zu der Verwendung von Linsen mit größerer Öffnung und einer im Vergleiche mit den Krümmungshalbmessern größeren Dicke. Es folgt nämlich aus den für die Vergrößerung gegebenen Formeln, daß starke Vergrößerung mit kleiner Brennweite verbunden ist; diese aber erfordert Linsen mit kleinen Krümmungshalbmessern, und solche erhalten aus praktischen Gründen große Öffnung und Dicke. Mit Bezug hierauf ist es wichtig, sich über die Abweichungen zu orientieren, die unter diesen Verhältnissen den vorhergehenden Gesetzen gegenüber sich geltend machen. Die wichtigste Veränderung ist die, daß einem leuchtenden Punkte P_1 der Achse nicht mehr ein einziger Bildpunkt P_2 entspricht, sondern eine Linie, die dadurch entsteht, daß die am Rande der Linse durchgehenden Strahlen sich in einem näherliegenden Punkte vereinigen, als die in der Nähe des Zentrums durchgehenden (Fig. 312). Man kann sich hiervon leicht überzeugen, wenn man das reelle Bild betrachtet, das eine solche Linse von einem Gegenstande, etwa einer Flamme, auf einem hinter der Linse befindlichen Schirme entwirft; dasselbe ist zunächst undeutlich; wenn man aber durch eine Blende mit kreisförmiger Öffnung die Randstrahlen abhält, so gelingt es leicht, durch Verschiebung des Schirmes ein scharfes Bild zu erhalten. Wenn man jetzt umgekehrt durch eine volle Kreisscheibe die in der Umgebung des Zentrums einfallenden Strahlen abhält, so muß man den Schirm gegen die Linse zu verschieben, um abermals ein deutliches Bild zu erhalten. Entfernt man nun die Blende, so erzeugen die von der Mitte der Linse kommenden Strahlen um jeden Punkt des Bildes einen Kreis zerstreuten Lichtes, der das verwaschene Aussehen des Bildes bedingt. Der Durchmesser dieses Kreises, die größere oder geringere Undeutlichkeit des Bildes hängt von der Lage des Punktes P_1 und von den geometrischen Eigenschaften der Linse ab. Um ein bestimmtes Maß für diese Verhältnisse zu gewinnen, betrachten wir Parallelstrahlen; ihnen entspricht nun nicht mehr ein einzelner Brennpunkt, sondern eine Brennlinie, deren Länge wir als die s p h ä r i s c h e A b w e i c h u n g bezeichnen.

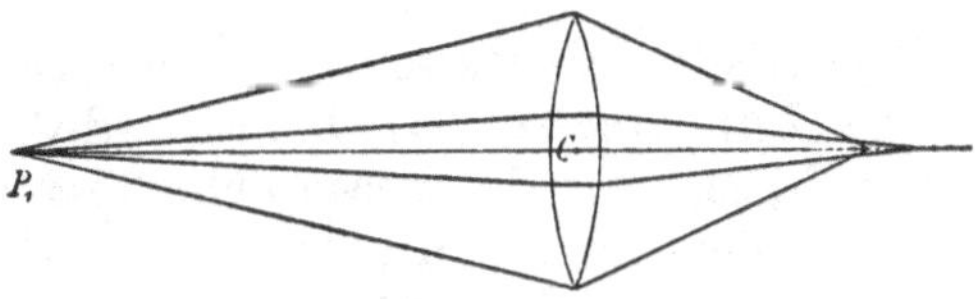

Fig. 312. Sphärische Aberration.

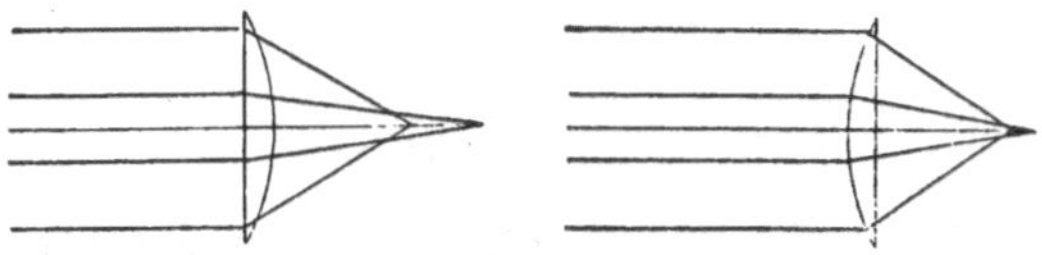
Fig. 313. Sphärische Abweichung.

Für Linsen von gleicher Brennweite kann die sphärische Abweichung nach den verschiedenen Seiten sehr verschiedene Werte haben. Stellen wir z. B. eine plankonvexe Linse mit der planen Seite gegen ein parallel einfallendes Lichtbündel, so ist links in Fig. 313 die sphärische Abweichung viermal so groß als rechts. Will man also mit einer plankonvexen Linse von einem entfernten Gegenstande ein deutliches Bild entwerfen, so muß man die konvexe Seite dem Objekte zuwenden. Soll umgekehrt die plankonvexe Linse von einem außerhalb der Brennweite, aber nahe dem Brennpunkte liegenden Objekte ein stark vergrößertes reelles Bild geben, so muß ihre plane Seite nach dem Objekte gerichtet sein. Man kann aber auch die Linsen so schleifen, asphärische Flächen, daß der Krümmungsradius am Rande größer wird.

Ein anderes Mittel, die störende Wirkung der sphärischen Abweichung zu verringern, besteht in der Ersetzung einer Linse von kleiner Brennweite durch zwei Linsen mit größeren Brennweiten f_1 und f_2; hintereinander geschaltet wirken diese wie eine Linse, deren Brennweite φ gegeben ist durch:

$$1/\varphi = 1/f_1 + 1/f_2.$$

Sphärische Aberrationen treten auch an sphärischen Spiegeln auf.

Astigmatische Strahlenbündel. Bei den bisherigen Betrachtungen haben wir im wesentlichen immer die Bedingung festgehalten, daß die einfallenden Strahlen nur sehr kleine Einfallswinkel besitzen sollen. Für den Fall größerer Einfallswinkel haben wir nur den Satz angeführt, daß einem leuchtenden Punkte nicht mehr ein konjugierter Punkt, sondern eine Linie entspreche. Allein die Veränderung, welche das einfallende Strahlenbündel bei der Brechung an einer sphärischen Grenzfläche erleidet, wird durch diesen Satz doch nur unvollkommen beschrieben, und es erscheint nicht überflüssig, diese Verhältnisse etwas genauer zu untersuchen.

Wir betrachten den Fall einer konvexen sphärischen Fläche, Scheitel O, Krümmungsmittelpunkt r (Fig. 314). Auf der Achse Or be-

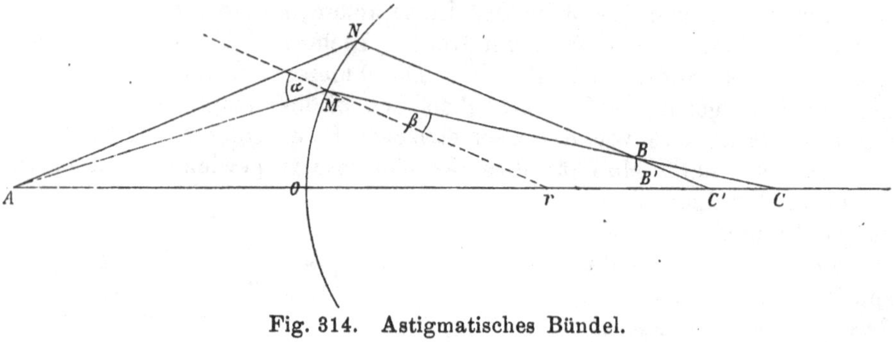

Fig. 314. Astigmatisches Bündel.

finde sich in A ein leuchtender Punkt. Wir werden nun nicht die Veränderungen untersuchen, die der ganze von A aus auf die brechende Fläche fallende Strahlenkegel erleidet; wir zerlegen vielmehr jenen Kegel in lauter ganz schmale von A ausgehende Bündel, und beschränken uns auf die Untersuchung der Veränderungen eines solchen Bündels. Haben wir ihre Gesetze ermittelt, so wird es immer möglich sein, rückwärts die Veränderung des ganzen Strahlenkegels zu finden.

Die Begrenzung des zu betrachtenden Bündels konstruieren wir in folgender Weise. Der in Fig. 314 gezeichnete Kreis stellt einen Schnitt der sphärischen Fläche mit einer durch ihre Achse $O\,r$ gelegten Ebene dar. Auf dem Kreise nehmen wir in beliebiger Entfernung von O, aber sehr nahe beieinander die Punkte M und N. Wir ziehen nach diesen Punkten die Strahlen AM und AN. Nun drehen wir die Figur um die Achse Or um einen sehr kleinen Winkel, so daß die Ebene AMr eine neue, aber von der früheren nur wenig abweichende Lage einnimmt. Die Punkte M und N beschreiben dann auf der sphärischen Fläche zwei Kreise MM' und NN', die von der neuen Lage der Ebene OMr begrenzt, deren Endpunkte auf der Oberfläche durch den Kreisbogen $M'N'$ verbunden werden. Auf der sphärischen Fläche entsteht so ein Rechteck $MNN'M'$. Dieses machen wir zur Basis eines von A ausgehenden Strahlenkegels, und die Veränderung, welche dieser Kegel bei der Brechung erleidet, soll im folgenden untersucht werden. Wir bezeichnen das von A ausgehende Strahlenbündel als ein homozentrisches, eben um anzudeuten, daß alle seine Strahlen durch einen Punkt gehen.

Um unsere Aufgabe zu lösen, konstruieren wir zuerst die zu AM und AN gehörenden gebrochenen Strahlen MC und NC', die sich in dem Punkte B kreuzen. Der ganze zwischen AM und AN eingeschlossene Strahlenfächer verwandelt sich dann in einen gegen B konvergierenden. Die Schnittpunkte der einzelnen Strahlen mit der Achse erfüllen die Strecke CC'. Wir lassen nun die Figur um die Achse Or rotieren, bis MN in die Lage $M'N'$ kommt. Das entspricht einer Zerlegung des von A nach dem Rechtecke $MNN'M'$ hingehenden Strahlenbündels in eine Reihe von Fächern, die in den aufeinanderfolgenden Meridianebenen liegen. Bei der Rotation bleiben die Punkte C und C' unverändert; sie sind für alle jene Fächer dieselben. Dagegen beschreibt der Punkt B einen kleinen Kreisbogen BB'; seine Punkte geben die Kreuzungspunkte der aufeinanderfolgenden gebrochenen Fächer. Wenn die Drehung eine sehr kleine ist, so können wir den Kreisbogen BB' als eine gerade Linie betrachten. Diese Linie steht dann senkrecht auf einer Ebene, die wir durch CC' und durch die Mitte von BB' hindurchlegen. Die Linien CC' und BB' nennen wir Brennlinien. Das ursprüngliche homozentrische Strahlenbündel wird also durch die Brechung an der sphärischen Fläche in ein solches mit zwei Brennlinien verwandelt; jeder Strahl des gebrochenen Bündels schneidet die eine und die andere Brennlinie. Ein Strahlenbündel von dieser Art nennt man ein astigmatisches. Der zwischen den beiden Brennlinien von Strahlen erfüllte Raum ist in Fig. 315 besonders gezeichnet.

Als Maß des Astigmatismus können wir die Entfernung der Punkte B und C betrachten. Zwischen den Abständen der Punkte B und C von dem Einfallspunkte M ergibt eine geometrische Untersuchung, von der wir nur das Resultat anführen, eine bemerkenswerte Beziehung. Es sei α der Einfallswinkel, β der Brechungswinkel des Strahles AM, n das Brechungsverhältnis; dann ist:

$$\frac{1-\cos^2\alpha}{MA} = \frac{n\cos^2\beta}{MB} - \frac{n}{MC}.$$

Aus dieser Gleichung läßt sich eine Bedingung dafür ableiten, daß die astigmatische Differenz BC verschwindet. Dies ist der Fall, wenn $MB = MC$; die Bedingung ist also:

$$\frac{1-\cos^2\alpha}{MA} = \frac{n(\cos^2\beta - 1)}{MB}, \quad \text{oder da} \quad \frac{\sin\alpha}{\sin\beta} = n,$$

$$MA = -n\cdot MB.$$

Das negative Zeichen deutet an, daß der Punkt A nicht vor der sphärischen Fläche, sondern hinter derselben liegen muß. Die astigmatische

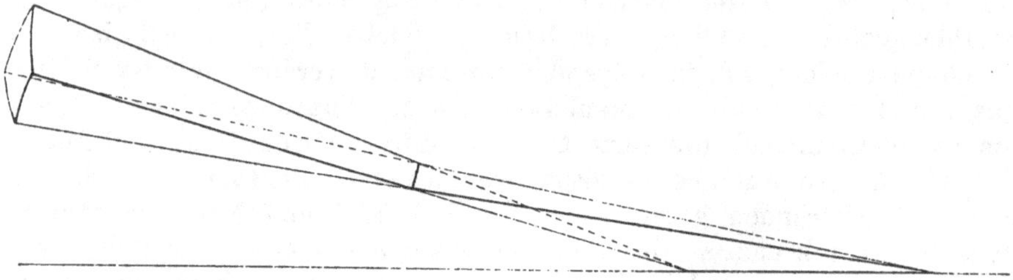

Fig. 315. Astigmatische Brennlinien.

Differenz kann also nur für ein Strahlenbündel verschwinden, welches gegen einen virtuellen, hinter der sphärischen Fläche liegenden Punkt A konvergiert.

Hingegen ist es gelungen (muschelförmige) Linsen zu machen, welche auch schiefe Bündel in einem Punkte vereinigen (punktuell abbildende Brillengläser).

§ **262. Doppelbrechung.** Ehe wir die Lehre von der Brechung verlassen, scheint es zweckmäßig, darauf hinzuweisen, daß das in § 254 aufgestellte Gesetz nur für isotrope Körper gilt, deren optische Eigenschaften nach allen Richtungen dieselben sind. Zu diesen gehören vor allen die Flüssigkeiten, ferner glasartige Körper und Kristalle des regulären Systems. Wesentlich komplizierter gestalten sich die Erscheinungen bei den Kristallen der übrigen Systeme, wie überhaupt bei Körpern, deren optische Eigenschaften von der Richtung abhängig sind, in der sich die Lichtstrahlen in ihrem Innern bewegen. Wir bezeichnen solche Körper als anisotrope.

Um uns über die eigentümlichen Erscheinungen der Brechung in nichtregulären Kristallen in vorläufiger Weise zu orientieren, untersuchen wir im folgenden die optischen Eigenschaften des isländischen Kalkspats.

Der Kalkspat gehört der sogenannten rhomboëdrisch-hemiëdrischen Gruppe des hexagonalen Kristallsystems an; er spaltet in ausgezeichneter Weise nach den drei Flächen eines Rhomboëders, und man kann daher leicht Spaltstücke von beliebigen Verhältnissen erhalten. Sie stellen sich dar als Parallelepipeda; aber die sechs sie begrenzenden Parallelogramme sind dadurch ausgezeichnet, daß sie gleich große stumpfe und natürlich auch gleiche spitze Winkel besitzen. Lassen wir nun auf eine Kalkspatplatte von einem leuchtenden Punkte L aus einen Strahl oder ein Strahlenbündel senkrecht auffallen (Fig. 316), so bemerken wir, daß sie durch die Kalkspatplatte in zwei zerlegt, doppelt gebrochen werden. Stellen wir hinter die Platte einen Schirm, so erhalten wir auf diesem zwei beleuchtete Flecke G_o und G_a. Von diesen liegt G_o in der geraden Fortsetzung der einfallenden Strahlen, dagegen entspricht G_a seitlich abgelenkten Strahlen. Drehen wir die Platte um den einfallenden Strahl, so bleibt der Fleck G_o an seiner Stelle, während G_a einen Kreis um G_o beschreibt. Der dem ersteren entsprechende Strahl EG_o wird somit durch die Kalkspatplatte ebensowenig von seiner senkrechten Einfallsrichtung abgelenkt wie durch eine Glasplatte, er folgt dem gewöhnlichen Brechungsgesetze und wird daher als der ordentliche bezeichnet; den zweiten Strahl, der in der Kalkspatplatte die dem gewöhnlichen Brechungsgesetze durchaus widersprechende Richtung EE_a verfolgt, nennt man den außerordentlichen.

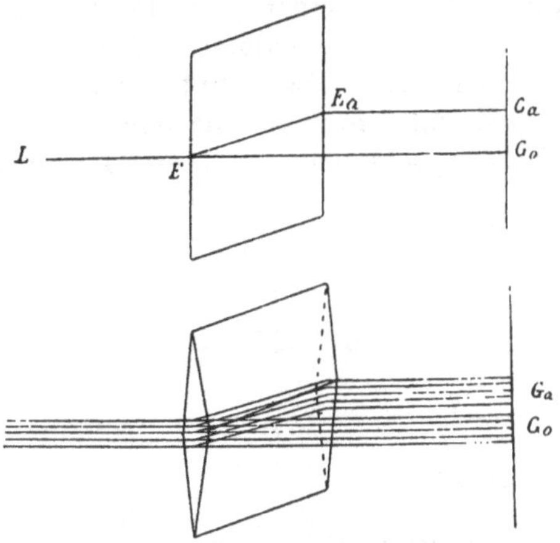

Fig. 316. Brechung im Kalkspat.

Um die gegenseitige Lage der beiden Strahlen genauer angeben zu können, müssen wir auf die kristallographischen Eigenschaften des Kalkspats noch etwas näher eingehen. Ein durch Spalten hergestelltes Rhomboëder ist, wie schon erwähnt wurde, begrenzt von sechs Parallelogrammen, die paarweise kongruent und gleichgerichtet sind. Ihre Winkel sind dieselben, und es stoßen in zwei gegenüberliegenden Ecken des Rhomboëders je drei gleich große stumpfe Winkel von 101° 53′ zusammen. Bei Fig. 317 ist angenommen, daß das Rhomboëder mit einer Fläche auf das Zeichenblatt gelegt sei und nun von oben betrachtet werde. O und O' sind die stumpfen Ecken. In den sechs übrigen Ecken, die wie im Kranze zwischen den beiden stumpfen liegen, trifft immer ein stumpfer mit zwei spitzen Winkeln zusammen, von denen jeder gleich dem Supplemente des stumpfen ist. Ziehen wir durch die stumpfe Ecke O eine Linie OA, die mit den drei in ihr zusammenstoßenden Kanten gleiche Winkel einschließt, so gibt sie die Richtung der kristallographischen Hauptachse des Kalkspats. Eine

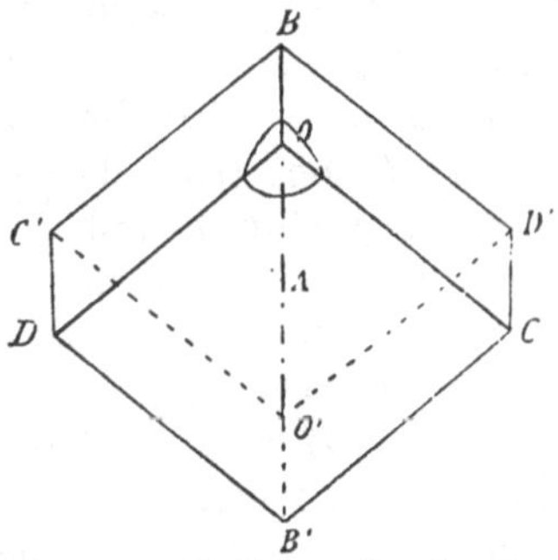

Fig. 317. Kalkspatrhomboëder.

durch die Achse OA senkrecht zu einer der Flächen des Rhomboëders gelegte Ebene nennen wir einen **Hauptschnitt.** In sehr einfacher Weise gestalten sich diese Konstruktionen, wenn wir, wie Fig. 317, die Kanten des Rhomboëders alle gleich lang machen, so daß seine Form wirklich die eines Rhomboëders im geometrischen Sinne wird. Die Verbindungslinie OO' der beiden stumpfen Ecken gibt dann die Richtung der Hauptachse; die Diagonalebene $OBO'B'$ ist der auf der Fläche $OCB'D$ senkrecht stehende Hauptschnitt.

Es falle nun auf die obere Fläche des Rhomboëders ein Strahl LE (Fig. 318) in einem Punkte der Diagonale OB' senkrecht ein. Der ordent-

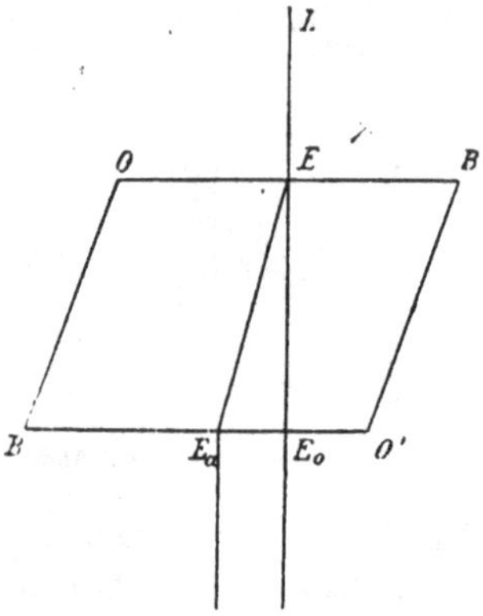

Fig. 318. Hauptschnitt.

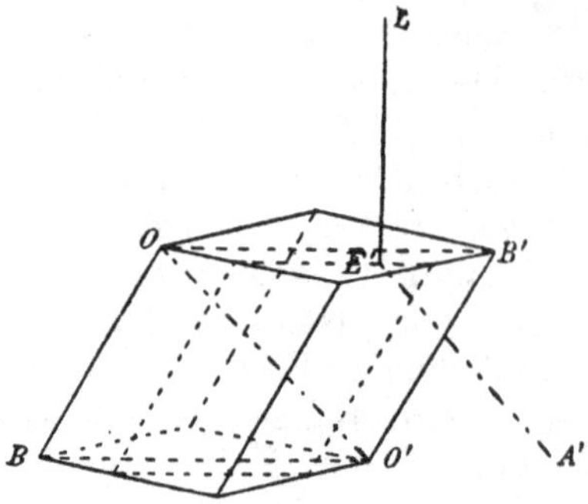

Fig. 319. Hauptschnitte.

liche Strahl geht ungeändert durch, der außerordentliche bleibt im Hauptschnitte $OBO'B'$, wird aber im Sinne der Richtung OB abgelenkt und tritt in E_a parallel mit dem einfallenden Strahle wieder aus dem Rhomboëder aus. Verschieben wir den Einfallspunkt nach irgendeinem anderen Punkte E' der Grenzfläche, so wird in den Richtungen der gebrochenen Strahlen nichts geändert. Die charakteristische Eigentümlichkeit der Kristalle besteht ja überhaupt darin, daß Eigenschaften, die sich auf Vorgänge von bestimmter Richtung beziehen, auch nur von der Richtung abhängen, also längs aller parallelen Geraden die gleichen sind. Ziehen wir durch E' (Fig. 319) eine Linie $E'A'$ parallel zu OO', so können wir sie mit demselben Rechte als Hauptachse benützen wie OO', und eine durch $E'A'$ zu der Rhomboëderfläche senkrecht gelegte Ebene ist ebensogut ein Hauptschnitt, wie die Diagonalebene $OBO'B'$. In jener Ebene liegen die zu $L'E'$ gehörenden gebrochenen Strahlen ebenso wie die Strahlen EE_o und EE_a in der Ebene $OBO'B'$.

Wir ergänzen die im vorhergehenden geschilderte Erscheinung noch durch einige weitere Beobachtungen. Schneidet man aus einem Kalkspate eine Platte (Fig. 320), deren Flächen senkrecht stehen zu der Hauptachse OA, so erzeugt ein senkrecht auffallender Lichtstrahl LE auf einem hinter der Platte aufgestellten Schirme nur einen einzigen

Lichtpunkt G in der Verlängerung von LE. Längs der Hauptachse findet somit nur eine einfache Brechung statt.

Aus einem Kalkspate schneiden wir ein Prisma ABC (Fig. 321), dessen Kante B senkrecht zu der Hauptachse AC steht, und dessen Flächen gegen diese gleich geneigt sind; bringen wir das Prisma in die Stellung der kleinsten Ablenkung, so wird ein durchgehender Lichtstrahl im Innern in der Richtung der Hauptachse sich bewegen. Man kann

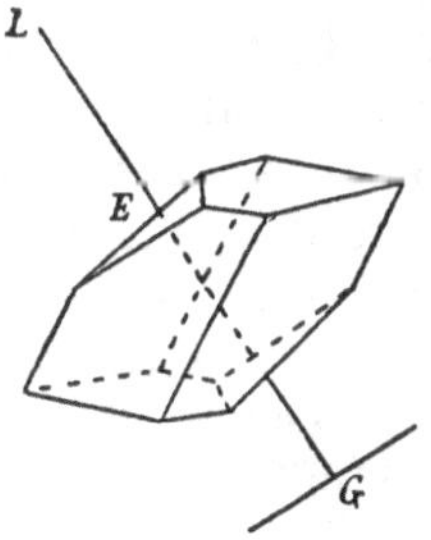

Fig. 320. Schliff ⊥ zur Hauptachse.

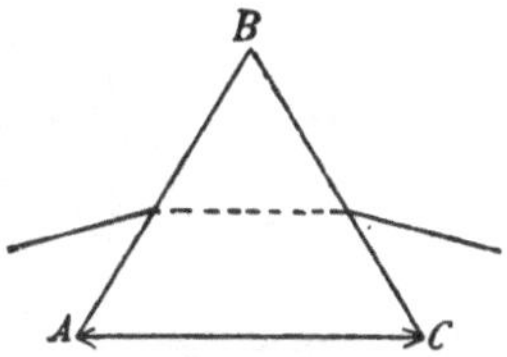

Fig. 321. Hauptachse ∥ AC.

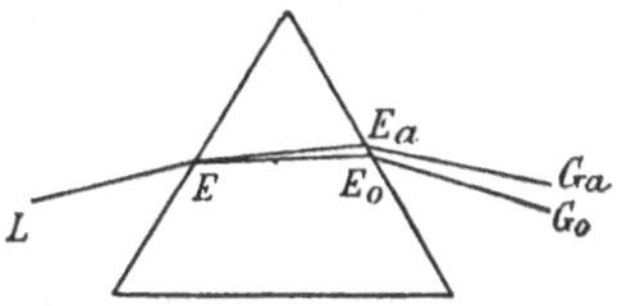

Fig. 322. Hauptachse ⊥ zur Zeichnungsebene.

also nach der in § 255 angegebenen Methode das Brechungsverhältnis n_o eines solchen Strahles bestimmen.

Endlich betrachten wir noch ein Kalkspatprisma, dessen Kante der Hauptachse des Kristalles parallel ist (Fig. 322); in einem solchen findet Doppelbrechung statt; für beide Strahlen kann aber nach der Methode des § 255 das Brechungsverhältnis bestimmt werden. Für den stärker abgelenkten $E_o G_o$ ergibt sich derselbe Wert n_o, wie in der Richtung der Achse; er entspricht dem ordentlichen, dem gewöhnlichen Brechungsgesetze folgenden Strahle. Der weniger stark abgelenkte Strahl $E_a G_a$ dagegen liefert ein anderes Brechungsverhältnis n_a, das kleiner als n_o ist. Es entspricht n_a einem senkrecht zu der Hauptachse sich bewegenden außerordentlichen Strahle.

IV. Farbenzerstreuung des Lichtes (Dispersion).

§ 263. **Newtons Fundamentalversuche.** Bald nachdem das Gesetz der Brechung entdeckt war, suchte man es zur Erklärung einer Erscheinung zu benützen, die von alters her die Phantasie und das Nachdenken des Menschen beschäftigt hatte, der Erscheinung des Regenbogens. Allein erst Newton gelang es, durch eine Reihe von planmäßig angestellten Versuchen die Gesetze zu enthüllen, auf denen die Farbenerscheinung des Bogens beruht. Das wesentliche Resultat seiner Untersuchung besteht in dem Satze:

Das weiße Licht ist zusammengesetzt aus vielen farbigen Strahlen, die sich durch ihre verschiedene Brechbarkeit voneinander unterscheiden.

Dies ergibt sich aus den folgenden Beobachtungen.

In dem geschlossenen Fensterladen eines Zimmers ist ein kleiner vertikaler Spalt. Läßt man durch diesen — von außen her mit Hilfe eines passend gestellten Spiegels (Heliostat) — horizontale Sonnenstrahlen fallen (Fig. 323), so entsteht auf der gegenüberliegenden Wand ein weißes Bild *S* des Spaltes; bringt man nun in den Weg der Lichtstrahlen ein Prisma *A* mit vertikaler Kante, so entsteht da, wo das gebrochene Bild zu erwarten ist, ein horizontaler Streifen, der von dem einen zu dem anderen Ende die Regenbogenfarben, rot, orange, gelb, grün, blau, indigo, violett, zeigt: das Spektrum.

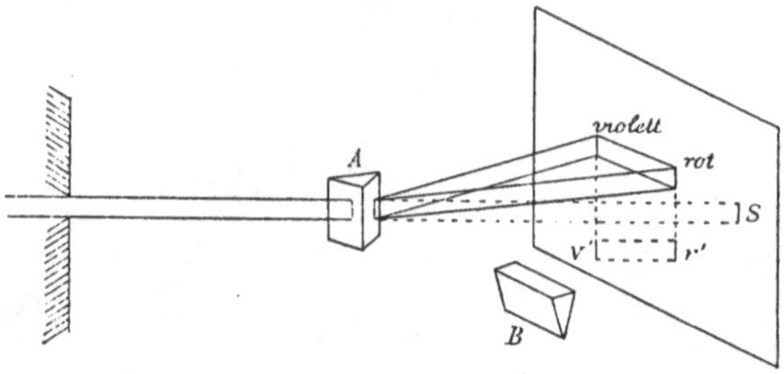

Fig. 323. Zerlegung des Sonnenlichtes.

Daß die farbigen Strahlen durch die Substanz des Prismas erst erzeugt werden, ist nicht wahrscheinlich, da sie bei den verschiedensten durchsichtigen Prismen im wesentlichen in derselben Weise auftreten. Es bietet sich also in der Tat als das Einfachste die Annahme Newtons, daß jene Strahlen schon in dem weißen Lichte enthalten waren und durch das Prisma nur infolge ihrer verschiedenen Brechbarkeit voneinander getrennt wurden. Da das rote Ende des Spektrums, von besonderen, später zu erwähnenden Fällen abgesehen, das am wenigsten, das violette das am meisten abgelenkte ist, so muß den roten Strahlen die kleinste, den violetten die größte Brechbarkeit zukommen.

Eine direkte Prüfung dieser Anschauung ergibt sich, wenn man das von einem vertikalen Spalt entworfene Spektrum durch ein zweites Prisma *B* mit horizontaler Kante betrachtet. Das horizontale Band des Spektrums erscheint dann als ein schiefes Parallelogramm *r' v'*, welches von dem einen nach dem anderen Ende hin von den vertikalen Streifen der Spektralfarben durchzogen wird. Das rote Ende *r'* ist dabei am wenigsten, das violette *v'* am meisten von der ursprünglichen Lage abgelenkt, entsprechend den Verhältnissen der Fig. 323. Das schiefe Spektrum gewährt danach eine unmittelbare Anschauung von den Brechungsverhältnissen der verschiedenen Strahlen, der Dispersion der Farben; auf seiner Erzeugung beruht eine wichtige Methode ihrer Untersuchung, die Methode der gekreuzten Prismen.

Mit Benützung des elektrischen Lichtes können wir den Fundamentalversuch Newtons in folgender Weise wiederholen. Wir werfen die Strahlen der elektrischen Lampe auf einen vertikalen Spalt und entwerfen von diesem mit einer Linse *C* ein deutliches, scharfes Bild *S* (Fig. 324). Wenn wir nun in den Weg der Strahlen hinter die Linse ein Prisma *P* mit vertikaler Kante stellen, so erscheint in abgelenkter Richtung, aber in derselben Entfernung vom Prisma, das Spektrum in Gestalt eines rechteckigen Bandes, in dem die Regenbogenfarben in vertikalen Streifen von Rot bis Violett nebeneinander gereiht sind. Bei dieser Versuchsanordnung wird es besonders deutlich, daß das Spektrum aus einer Reihe von verschiedenfarbigen Spaltbildern besteht, die sich nach der Brechbarkeit der erzeugenden Strahlen ordnen. Es ergibt sich gleichzeitig, daß die verschiedenen Farben um so besser voneinander getrennt werden, daß das Spektrum um so reiner ist, je enger der Spalt gemacht wird. Wenn man umgekehrt den Spalt erweitert, so überlagern sich die verschiedenfarbigen Bilder in immer größerer Ausdehnung, das Spektrum wird immer mehr verwaschen. Bei sehr weitem Spalte erscheint die Mitte des vom Spektrum bedeckten Rechteckes weiß und nur die Ränder sind rot und blau gefärbt. Diese Beobachtung steht mit der NEWTONschen Annahme in vollkommener Übereinstimmung; wenn in der Mitte des Rechteckes die von allen Farben erzeugten Spaltbilder sich überdecken, so kommen von dort aus auch alle möglichen Strahlen ins Auge und müssen dann wieder die Empfindung des Weiß erzeugen.

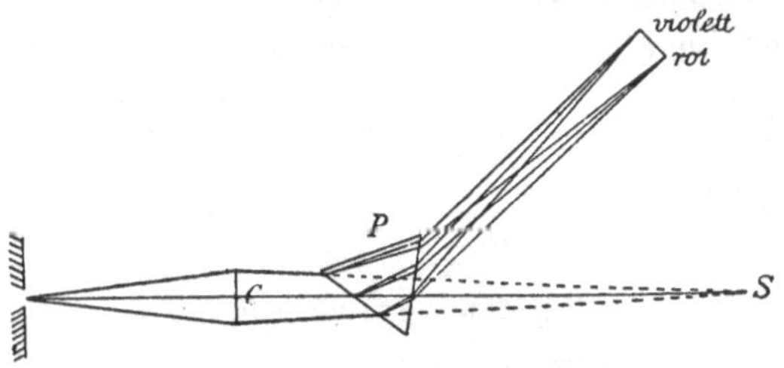

Fig. 324. Objektive Darstellung des Spektrums.

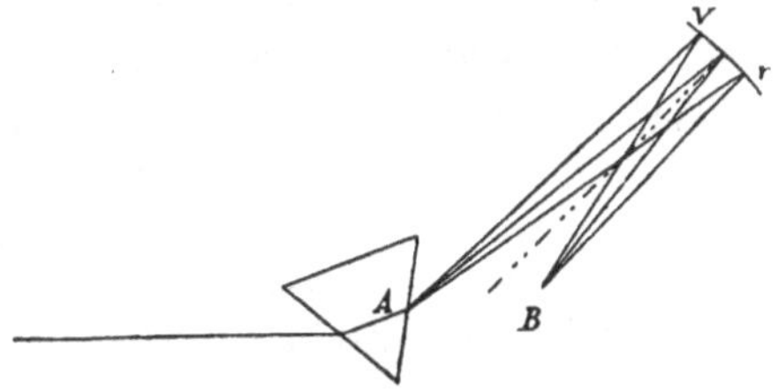

Fig. 325. Synthese des weißen Lichtes.

Die Synthese des weißen Lichtes aus den farbigen Strahlen des Spektrums können wir noch durch den folgenden Versuch nachweisen. Da der Weg, den die aus einem weißen Strahle entstehenden farbigen Strahlen im Innern des Prismas zurückzulegen haben, ein verhältnismäßig kleiner ist, so trennen sie sich hier nur wenig und treten nahezu an derselben Stelle *A* der zweiten Prismenfläche aus (Fig. 325). Wenn wir von dieser Stelle mit einem Hohlspiegel ein reelles Bild *B* entwerfen, so sehen wir ein weißes Bild, das durch die Wiedervereinigung der verschiedenfarbigen Strahlen erzeugt wird.

Farbenkreisel. Auf einer kreisförmigen Scheibe werden sieben Sektoren von bestimmter Größe mit Farben bemalt, die den sieben Spektralfarben möglichst ähnlich sind; wird die Scheibe in rasche Umdrehung versetzt, so vermischen sich im Auge die von den verschiedenen Sektoren herrührenden Eindrücke und erzeugen die Empfindung des Weiß.

§ 264. Die FRAUNHOFERschen Linien. Wenn man ein reines Spektrum der Sonne entwirft, so bemerkt man feine schwarze Linien, die an einzelnen Stellen, parallel der Richtung des Spaltes, die Farben durchziehen. In dem Lichte der Sonne fehlen hiernach gewisse Farben von der Brechbarkeit, wie sie der Lage jener schwarzen FRAUNHOFERschen Linien entspricht. Auf die Erklärung der Erscheinung werden wir später eingehen, vorläufig sind die Linien für uns überaus wertvoll als Mittel zur Orientierung im Spektrum. Fig. 326 gibt die wichtigsten Linien in ihrer Lage zu den fünf hauptsächlichsten Farben des Sonnenspektrums. Die Linien werden nach FRAUNHOFER durch die beigesetzten Buchstaben bezeichnet. Bei der Entwicklung der

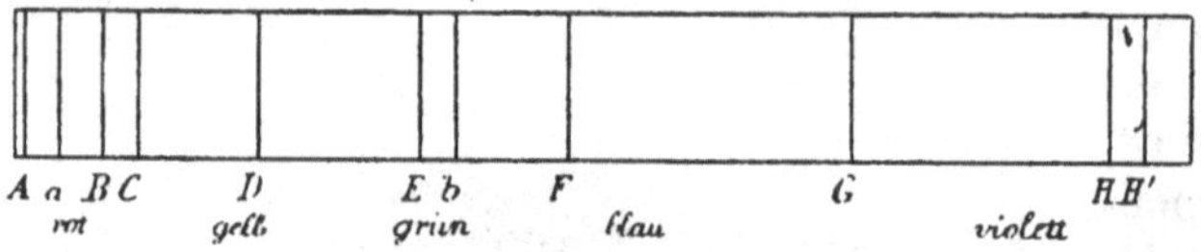

Fig. 326. FRAUNHOFER-Linien.

NEWTONschen Theorie haben wir von der verschiedenen Brechbarkeit des Rot, des Gelb usw. gesprochen; diese Begriffe sind sehr unbestimmter Natur, da die verschiedenen Farben im Spektrum einen mehr oder weniger breiten Raum einnehmen: dagegen ist das Rot an der Stelle der Linie *A*, das Gelb an der von *D* ein ganz bestimmtes. Ihre Brechungsverhältnisse können auf das Schärfste bestimmt werden aus der Ablenkung, welche die Linien *A* und *D* bei der Minimalstellung des Prismas erleiden. Dies ist der Grund, weshalb die Brechungsverhältnisse der verschiedenen Stoffe bei jeder exakteren Untersuchung auf die FRAUNHOFERschen Linien des Sonnenspektrums bezogen werden.

Wenn wir ein passendes Thermometer irgendwo auf *A H'* bringen, erhalten wir einen Temperaturanstieg. Diesen erhalten wir aber auch weiter links außerhalb von *A*, im Ultrarot und ebenso rechts von *H'* im Ultraviolett. Das sichtbare Spektrum ist nur ein ganz kleiner Bruchteil des kalorischen oder Wärmestrahlenspektrums. (Siehe Fig. 376.)

In dem Abschnitte über Brechung haben wir uns mit einer ganz rohen Angabe einiger Brechungsverhältnisse begnügt. In der Tat sind genauere Angaben nur möglich mit Berücksichtigung der Zerstreuung; das Brechungsverhältnis hat einen bestimmten Wert immer nur für eine bestimmte Stelle des Spektrums, für eine FRAUNHOFERsche Linie. So wäre z. B. für ein bestimmtes Glas das n

für die Linien	*A*	*B*	*C*	*D*	*E*	*F*	*G*	*H*
	1,5100	1,5118	1,5127	1,5153	1,5186	1,5214	1,5267	1,5312

§ 265. **Totale Dispersion.** Unter totaler Dispersion eines Stoffes versteht man die Differenz seiner Brechungsverhältnisse im äußersten Rot und äußersten Violett, also für die Linien *A* und *H*. In der folgenden Tabelle sind diese Dispersionen zusammengestellt mit dem mittleren Werte des Brechungsverhältnisses, der etwa mit dem Brechungsverhältnisse der Linie *E* übereinstimmt. Die Brechungsverhältnisse der Linien *A* und *H* sind mit n_r und n_v, das von *E* mit n bezeichnet.

		$n_r - n_v$	n
Wasser		0,0145	1,3353
Schwefelkohlenstoff		0,0914	1,6438
Kronglas	leicht	0,0212	1,5186
	schwer	0,0211	1,6185
Flintglas	leicht	0,0418	1,6145
	schwer	0,076	1,7623
Kalkspat	ordentlich	0,0333	1,6635
	außerordentlich	0,0150	1,4888

In § 255 haben wir eine Formel angegeben, durch die das Brechungsverhältnis mit dem Winkel der kleinsten Ablenkung in Beziehung gebracht wird. Wenn der Prismenwinkel φ, und mit ihm auch der Ablenkungswinkel δ klein ist, so können wir an Stelle der Sinusse die Winkel selber setzen und erhalten dann:

$$\delta = (n - 1)\varphi .$$

Bezeichnen wir durch δ_r den Ablenkungswinkel der Linie A, durch δ_v den von H, so ergibt sich:

$$\delta_v - \delta_r = (n_v - n_r)\varphi .$$

Der von dem Fächer der austretenden Farbenstrahlen erfüllte Winkel, und mit ihm die Ausdehnung des Spektrums ist somit bei gleichem Prismenwinkel der totalen Dispersion proportional; bei gleichem Winkel gibt ein mit Schwefelkohlenstoff gefüllter prismatischer Glastrog ein Spektrum, das viermal so ausgedehnt ist wie das eines Kronglas-, zweimal so ausgedehnt wie das eines Flintglasprismas. Diese für Prismen von kleinem Winkel geltenden Beziehungen können bei größeren Winkeln wenigstens für eine oberflächliche Vergleichung als Maßstab dienen.

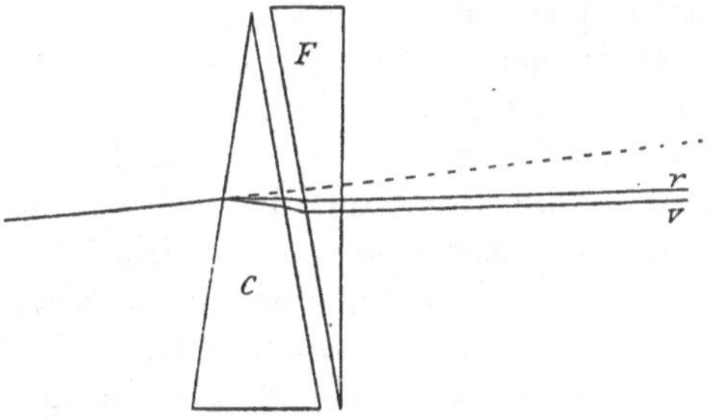

Fig. 327. Achromatische Prismen.

§ 266. Achromatische Prismen und Linsen. Aus den im vorhergehenden Paragraphen angeführten totalen Dispersionen von leichtem Flint- und von Kronglas folgt, daß ein scharfkantiges Prisma von Kronglas mit dem brechenden Winkel 2 φ dieselbe Farbenzerstreuung gibt, wie ein Flintglasprisma mit dem Winkel φ. Dagegen ist die mittlere Brechung des Kronglasprismas noch immer beinahe doppelt so groß, wie die des Flintglasprismas. Wenn man also zwei solche Prismen C und F (Fig. 327) kombiniert, so daß sie ihre brechenden Kanten nach entgegengesetzten Seiten hin wenden, so stellen sie ein einziges Prisma dar, bei dem die Ablenkung der roten Strahlen dieselbe ist, wie die der violetten, ein Prisma, das also keine merkliche Farbenzerstreuung, wohl aber eine Brechung der Lichtstrahlen erzeugt. Man bezeichnet solche Prismen als achromatische.

Farbenzerstreuung oder Dispersion tritt natürlich auch ein bei den Linsen; aus den Brechungsverhältnissen der roten und violetten Strahlen folgt, daß der Brennpunkt der ersteren weiter von der Linse abliegt, als der der violetten. Läßt man weißes Licht auf eine Sammellinse fallen, so erscheint auf einem hinter der Linse aufgestellten Schirme der Brennpunkt der violetten Strahlen von einem roten, der Brennpunkt der roten von einem violetten Kreise umgeben. Ähnliche Farbenhöfe umgeben auch die einzelnen Punkte des Bildes, das die Linse von einem auf ihrer Achse aufgestellten Gegenstande entwirft. Man bezeichnet dies als die chromatische Abweichung der Linse.

Aus der zwischen Linsen und Prismen bestehenden Beziehung folgt, daß es möglich ist, eine bikonvexe Sammellinse von Kronglas mit einer plankonkaven oder konvexkonkaven Zerstreuungslinse von Flintglas so zu kombinieren, daß sie in ihrer Vereinigung eine für zwei Farben von Dispersion freie Sammellinse repräsentieren. Man bezeichnet diese für die Konstruktion optischer Instrumente sehr wichtigen Linsen als achromatische. Man kann sogar durch Kombination mehrerer Linsen, in den sog. Apochromaten 3 Farben zur Deckung bringen. Es ist das große Verdienst der Firmen Zeiss u. Schott in Jena, diese Optotechnik durch optische Berechnung einerseits und durch Auswertung chemisch physikalischer Grundsätze in der Glasindustrie andrerseits zur modernen Höhe gebracht zu haben.

Geradsichtprismen. Die Betrachtungen des vorhergehenden Paragraphen zeigen, daß auch die umgekehrte Aufgabe lösbar ist, Prismen zu konstruieren, die das Licht zerstreuen, aber die Strahlen von mittlerer Brechbarkeit nicht ablenken. Man wird dazu Kombinationen von Kron- und Flintglasprismen verwenden, bei denen etwa für die Fraunhofersche Linie E die Brechung des Kronglases durch die entgegengesetzte des Flintglases aufgehoben wird. Die Zerstreuung des Flintglases wird aber gerade dann beiläufig doppelt so groß, als die des Kronglases, die Zerstreuung der ganzen Kombination der des Kronglases ähnlich sein. Man bezeichnet solche Prismen als Geradsichtprismen. Steigerung der Dispersion kann man durch eine Kombination von mehreren Flint- und Kronglasprismen erzielen.

§ 267. Farbenmischungen. Das Spektrum des weißen Lichtes besteht aus einer unendlichen Mannigfaltigkeit von Farben, die sich kontinuierlich aneinander anschließen und stetig ineinander übergehen. Es ist offenbar willkürlich, wenn wir im Spektrum sieben verschiedene Farben unterscheiden; wir können ebensogut Orange und Indigo weglassen und nur Rot, Gelb, Grün, Blau, Violett unterscheiden. Nun wissen wir, daß man durch Mischung von Pigmenten die mannigfachsten Farbeneindrücke erhalten kann.

Ein durch Tageslicht beleuchtetes rotes Tuch erscheint uns rot, weil das Tuch alle anderen Farben verschluckt, absorbiert, und hauptsächlich das Rot diffus reflektiert. Ein rotes Glas läßt von allen Spektralfarben nur rot durch. Wenn ein Maler durch mechanisches Mischen zweier Pigmentfarben eine neue Mischungsfarbe herstellt, so ist das eine Subtraktionsfarbe; das beleuchtende weiße Licht wird zum Teil im einen Mischungsbestandteil absorbiert und überdies auch noch im zweiten: was wir sehen, ist der Rest des weißen Lichts.

Man kann aber auch Farbenempfindungen addieren. Man erhält so durch gleichzeitige Empfindungserregung des Auges, z. B. durch rotes und violettes Licht, die Empfindung Purpur. Solche Farben nennt man Additionsfarben. Zur Untersuchung solcher Additionsfarben dient am besten der Farbenkreisel, den wir bereits § 263 erwähnt haben. Auf diese Weise läßt sich zeigen, daß bestimmte, subjektiv ganz gleiche Farbenempfindungen durch Addition von ganz verschiedenen Farben entstehen können. So gibt z. B. ein bestimmtes Blau und Gelb oder aber Rot und Grün oder andere zwei Addenden Weiß; solche zwei sich zur Weißempfindung addierende Farbenempfindungen nennt man komplementär.

Ein eingehendes Studium dieser Additionsmischfarben zeigte, daß die zuerst von Young (1807) aufgestellte Ansicht, daß alle Farbenempfindungen durch die Mischung dreier Grundempfindungen, der von Rot, Grün und Violett, entstehen, richtig ist. Diese dann von Helmholtz[1] adoptierte Dreifarbentheorie weist nach, daß auch jede Spektralfarbe, also etwas objektiv ganz einfaches und unzerlegbares, im Auge mehrere Empfindungen gleichzeitig auslöst, somit eine Mischfarbenempfindung ist. Ein weiteres Eingehen in dieses Gebiet gehört in die Physiologie.[2]

V. Das Auge und die optischen Instrumente.

§ 268. Auge. Das Auge entspricht im ganzen genommen der Camera obscura eines photographischen Apparates. Diese besteht bekanntlich aus einem innen geschwärzten Kasten, der vorn in einer verstellbaren Röhre eine Sammellinse, bzw. ein damit äquivalentes Linsensystem trägt. Diese Linse entwirft von einem vor der Kammer befindlichen Gegenstande, einer Person, einer Landschaft, ein reelles, umgekehrtes, verkleinertes Bild; dieses wird auf der lichtempfindlichen Platte aufgefangen und nachher entwickelt und fixiert. (Siehe § 299.)

Beim Auge tritt an Stelle der Linse des Photographen eine Reihe verschiedener brechender Medien. An Stelle der Platte tritt die lichtempfindliche Netzhaut; das reelle umgekehrte Bild, welches die

---

[1] Physiologische Optik (1867).

[2] Ein einfaches und kurzes Referat dieser Vorstellungen siehe z. B. Lecher, Physik f. Mediziner (1917).

brechenden Medien des Auges von einem äußeren Gegenstande entwerfen, muß auf die Netzhaut fallen, wenn er deutlich gesehen werden soll. Ein Unterschied zwischen dem Auge und der Camera obscura besteht darin, daß bei dieser vor und hinter dem brechenden Systeme dasselbe Medium, Luft, sich befindet, bei dem Auge dagegen verschiedene Medien, vorn Luft, hinten der sogenannte Glaskörper. Hiernach repräsentiert das Auge einen optischen Apparat, der von den früher untersuchten Linsen prinzipiell verschieden ist, und es entsteht die Frage, inwieweit die früher entwickelten Gesetze beim Auge Anwendung finden können. Um sie zu beantworten, müssen wir etwas genauer auf den Bau des menschlichen Auges eingehen. Nach vorn ist dasselbe begrenzt von der kugelförmig hervorragenden Hornhaut, deren Scheitelpunkt in O, deren Krümmungsmittelpunkt in r gelegen sei (Fig. 328); die Linie Or ist dann die Achse des Auges. Der Raum zwischen der Hornhaut und der Kristallinse ist erfüllt von einer wasserhellen Flüssigkeit; die beiden Scheitelpunkte der Kristallinse seien O_1 und O_2, die Krümmungsmittelpunkte der vorderen und hinteren Linsenfläche r_1 und r_2. Der Raum hinter der Linse ist von dem nach oben, unten und hinten kugelförmigen Glaskörper erfüllt. An dessen hinterster Fläche (in Fig. 328 ganz rechts) liegt die Netzhaut. Die Fig. ist in etwa 3facher Vergrößerung gehalten.

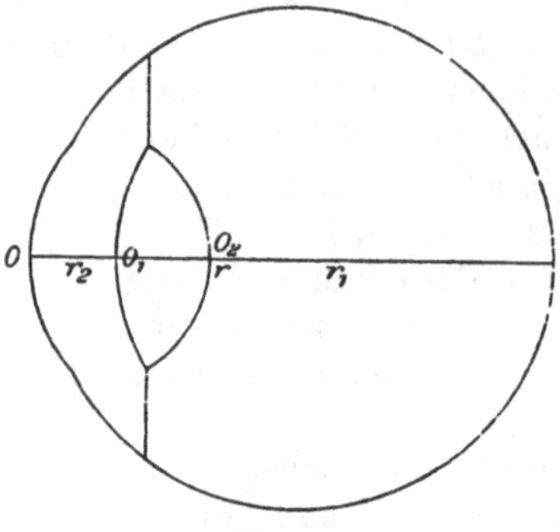

Fig. 328.
Schema des menschlichen Auges.

Für eine brechende Kombination von der Art des Auges gelten nun die folgenden Sätze, deren Analogie mit den in § 261 für die Stablinse

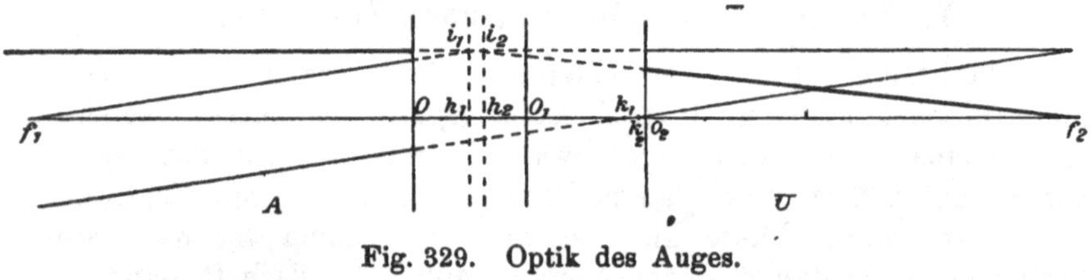

Fig. 329. Optik des Auges.

aufgestellten in die Augen fällt. Wir bezeichnen dabei den Raum vor dem Auge mit A, den Raum des Glaskörpers mit U (Fig. 329).

Achsenparallele Strahlen in A gehen in U durch einen und denselben Punkt der Achse, den zweiten Brennpunkt f_2.

Achsenparallele Strahlen in U gehen in A durch einen und denselben Punkt der Achse, den ersten Brennpunkt f_1.

Es existieren zwei in den Punkten h_1 und h_2 zur Achse senkrechte Ebenen, deren Punkte, ebenso wie die Punkte J_1 und J_2 der Fig. 307, paarweise so konjugiert sind, daß die Verbindungslinien konjugierter Punkte der Achse parallel sind. Man bezeichnet diese Ebenen als die Hauptebenen, die Punkte h_1 und h_2 als die Hauptpunkte. Wenn also in *A* ein Bündel von Strahlen nach dem Punkte i_1 der ersten Hauptebene hinzielt, so divergiert dasselbe in *U* von dem gegenüberliegenden Punkte i_2 der zweiten Hauptebene.

Auf der Achse des Systems liegen außerdem zwei Punkte k_1 und k_2 so, daß ein Strahl, der in *A* nach k_1 hinzielt, in *U* mit sich selber parallel nach k_2 verschoben ist. Diese Punkte nennen wir die Knotenpunkte. Überdies ist beim Auge die hintere Brennweite $f_2 h_2$ größer als die vordere $f_1 h_1$.

Hiernach besteht der wesentliche Unterschied zwischen einem System, in welchem das vordere Mittel mit dem hinteren identisch ist, und einem solchen, in dem diese beiden Mittel verschieden sind, darin, daß im ersteren Falle, z. B. bei der auf Seite 451 betrachteten Stablinse, die Haupt- und Knotenpunkte zusammenfallen, im letzteren, z. B. beim

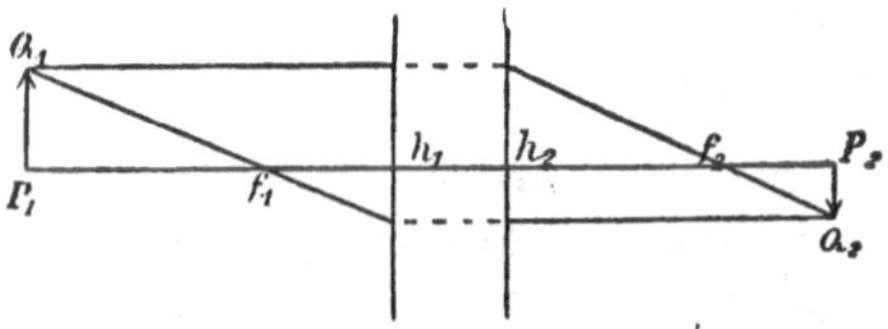

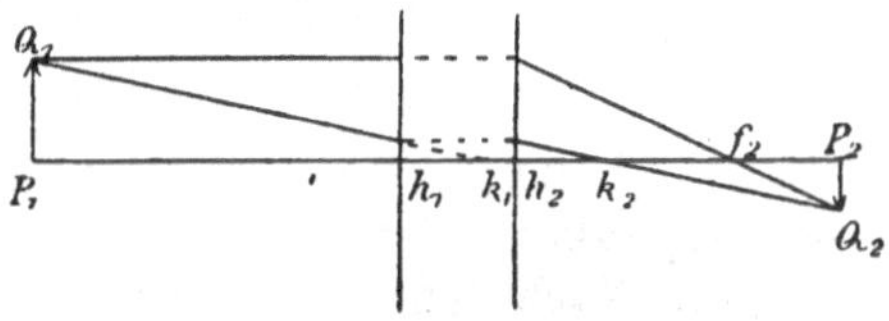

Fig. 330. Bildkonstruktion im Auge. Fig. 331.

Auge, verschieden sind. Immer aber folgen sich die beiden Knotenpunkte k_1 und k_2 in derselben Ordnung und in derselben Distanz wie die Hauptpunkte h_1 und h_2.

Sind bei einem beliebigen System die Haupt- und Brennpunkte gegeben, so ergibt sich die Konstruktion des Bildes in leicht verständlicher Weise nach Fig. 330. Ist nur der hintere Brennpunkt gegeben, außerdem aber die Haupt- und Knotenpunkte, so erhält man die in Fig. 331 dargestellte Konstruktion des Bildes.

Das Bild eines sehr entfernten Objektes entsteht an der Stelle des Brennpunktes f_2; hier muß die Netzhaut des Auges sich befinden, wenn jenes Objekt deutlich wahrgenommen wird. Für einen dem Auge näherliegenden Gegenstand muß dann das von dem brechenden Apparate entworfene Bild hinter die Netzhaut fallen, d. h. wenn das Auge bei den angegebenen Abmessungen ein weit entferntes Objekt deutlich sieht, so sind die Bilder aller näherliegenden verschwommen. Um auch ihre Bilder auf die Netzhaut zu werfen, muß der brechende Apparat des Auges irgendwie verändert, das Auge auf die kleinere Entfernung akkommodiert werden. Die elastische Linse ist beim Sehen in die Entfernung durch einen Muskel am Rande gespannt und dadurch abgeflacht, beim Sehen in die Nähe entspannen sich diese Muskeln und durch die natürliche Elastizität wölbt sich die Vorderfläche der Linse nach vorn.

Diese Akkommodationsfähigkeit des Auges ist aber keine unbegrenzte; wenn man das Objekt dem Auge nähert, so findet man einen Punkt, den Nahpunkt, über den hinaus man nicht gehen kann, ohne die Deutlichkeit der Wahrnehmung zu verlieren; die Entfernung des Nahpunktes vom Auge, die Sehweite, ist für ein normalsichtiges Auge etwa gleich 25 cm. Zugleich vermag das normale Auge achsenparallele Strahlen noch auf der Netzhaut zu vereinigen, sein Fernpunkt liegt im Unendlichen. Bei dem Auge des Kurzsichtigen liegen beide Punkte dem Auge näher.

Aus der Betrachtung der Fig. 329 ergibt sich, daß beim Auge die beiden Hauptpunkte und die beiden Knotenpunkte sehr nahe zusammenfallen. Man kann daher ohne Bedenken diese Punkte durch je einen

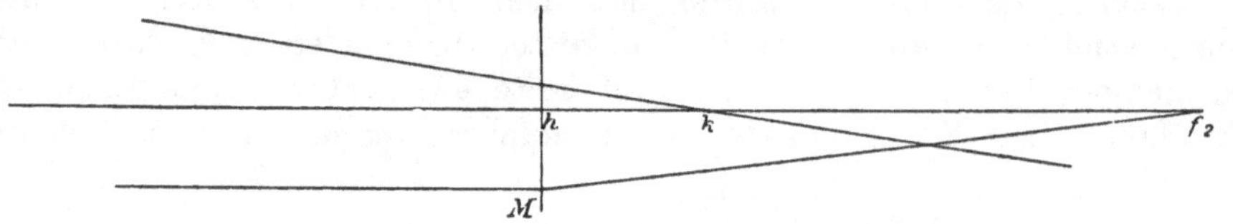

Fig. 332. Reduziertes Auge.

Punkt *h* und *k* ersetzen (Fig. 332). Den aus der Vereinigung der Knotenpunkte entstehenden, *k*, nennen wir den Kreuzungspunkt des Auges. Nach ihm gerichtete Strahlen gehen ganz unverändert bis zu der Netzhaut durch. Wenn die Hauptpunkte zusammenfallen, so gilt gleiches von den Hauptebenen, und die so entstehende zu der Achse senkrechte Ebene *h* verhält sich dann wie eine sphärische brechende

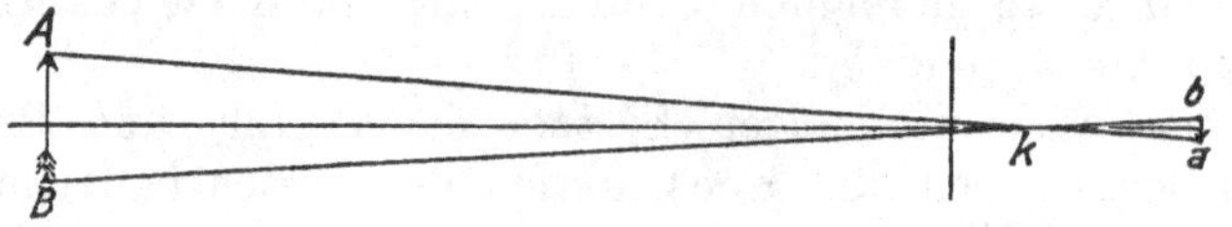

Fig. 333. Sehwinkel.

Fläche mit dem Krümmungsmittelpunkte *k*; ein in *M* einfallender Parallelstrahl wird gebrochen nach Mf_2. Man kann also sagen, daß das Auge sich so verhält, als ob es gegen die Luft durch eine einzige brechende Kugelfläche abgegrenzt wäre, deren Scheitel in *h*, deren Mittelpunkt in *k* sich befindet; das Brechungsverhältnis an der Fläche *h* muß dann so bemessen sein, daß die Brennpunkte der auf sie fallenden achsenparallelen Strahlen nach f_1 und f_2 fallen.

Wir schließen unsere Betrachtung der optischen Eigenschaften des Auges, indem wir noch eine andere Bedingung hervorheben, an die das deutliche Sehen eines Gegenstandes gebunden ist. Richten wir die Achse des Auges auf einen Gegenstand, etwa den Pfeil *AB* (Fig. 333), so gehen die von *A* und *B* nach dem Kreuzungspunkte zielenden Strahlen ungeändert durch das Auge und bestimmen auf der Netzhaut die Bilder *a* und *b*, die um so näher beisammen liegen, je kleiner der Winkel *AkB* ist, unter dem die Strahlen im Kreuzungspunkt sich treffen, der Sehwinkel. Wenn dieser kleiner als eine Minute ist, so erzeugen die Punkte *A* und *B* nicht mehr zwei gesonderte Lichteindrücke. Der Pfeil kann daher nicht als solcher wahrgenommen werden.

§ 269. **Lupe.** Wenn wir einen Gegenstand möglichst deutlich in all seinen Einzelheiten sehen wollen, so können wir ihn bis in den Nahpunkt des Auges bringen; gehen wir über diesen hinaus, so vergrößern wir zwar den Sehwinkel, aber wir verlieren die Möglichkeit der Akkommodation. In diesem Falle bringen wir zwischen Auge und Objekt eine Sammellinse, die Lupe, so daß das Objekt innerhalb der Brennweite liegt. Das von der Linse entworfene virtuelle, aufrechte und vergrößerte Bild muß dann im Nahepunkte des Auges liegen. Fig. 334 zeigt die schon früher besprochene Konstruktion. Die durch die Lupe erzielte Vergrößerung ergibt sich aus der folgenden Überlegung. Ist *A* der Punkt, in dem das Auge sich befindet, so erscheint das virtuelle Bild des Objektes unter dem Winkel $P_2 A Q_2$; wollten wir das Objekt selbst ohne Lupe deutlich sehen, so müßten wir dasselbe in den Nahpunkt nach $P_2 R$ zurückschieben, und der Sehwinkel wäre $P_2 A R$. Die Vergrößerung m ist gleich dem Verhältnisse der beiden Winkel. Da aber nach den allgemeinen Voraussetzungen unserer Theorie die Winkel klein sind, so verhalten sie sich wie die Längen $P_2 Q_2$ und $P_2 R$ oder $P_1 Q_1$. Somit ergibt sich für die Vergrößerung der Wert:

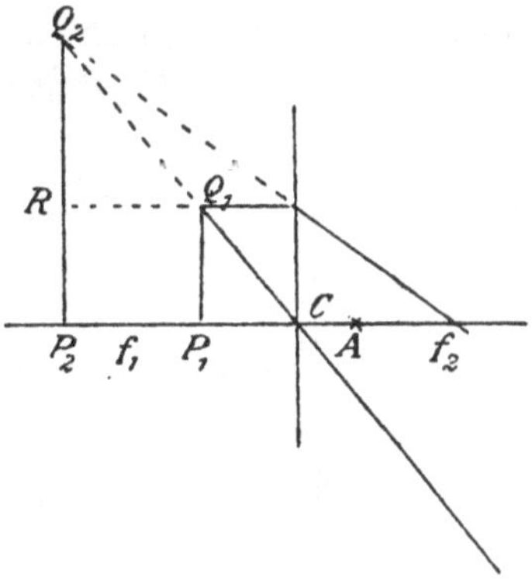

Fig. 334. Lupe.

$$m = \frac{P_2 Q_2}{P_1 Q_1} = \frac{p_2}{p_1},$$

wo $p_2 = CP_2$ und $p_1 = CP_1$; nun ist nach § 261:

$$1/p_1 = 1/p_2 + 1/f, \qquad \text{also auch:} \qquad m = 1 + p_2/f.$$

Bezeichnen wir endlich noch die Sehweite AP_2 mit w, den Abstand des Auges von der Lupe AC mit a, so wird:

$$m = (w - a)/f + 1.$$

Die Vergrößerung der Lupe ist um so stärker, je kleiner ihre Brennweite ist und je mehr das Auge ihr genähert wird.

§ 270. **Fernrohr und Mikroskop.** Das Keplersche oder astronomische Fernrohr und das Mikroskop bestehen beide aus mindestens zwei Sammellinsen, dem Objektiv und dem Okular. Bei beiden Instrumenten entwirft das Objektiv von dem Gegenstande ein reelles, umgekehrtes Bild: das Okular ist nichts anderes als eine Lupe, mit der jenes Bild betrachtet wird. Der Unterschied der Instrumente liegt nur darin, daß bei dem Mikroskope das Objekt im Bereiche unserer Hand ist, so daß wir schon mit dem Objektiv ein stark vergrößertes Bild erzeugen können, während beim Fernrohre das zunächst erzeugte Bild notwendig ein sehr verkleinertes, dem Brennpunkte naheliegendes ist.

Bei dem GALILEIschen Fernrohre dient als Okular eine Zerstreuungslinse. Die Wirkung wird durch Fig. 335 erläutert. Das reelle Bild $P_1 Q_1$, das von dem Objektiv C unter den früheren Verhältnissen entworfen würde, kommt nicht zustande, da die nach $P_1 Q_1$ gehenden Strahlen auf die in C' aufgestellte Zerstreuungslinse fallen. Liegt $P_1 Q_1$

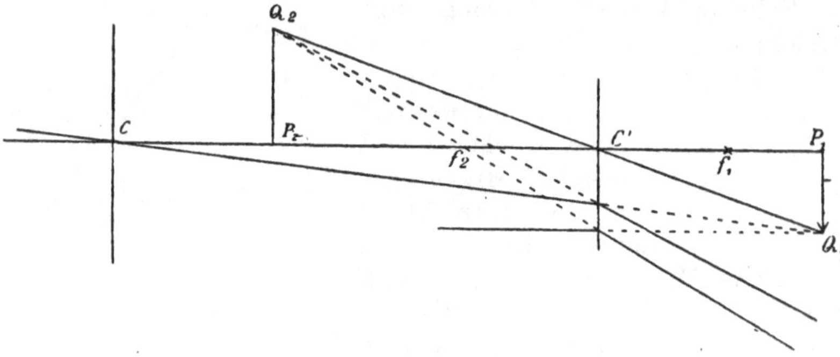

Fig. 335. GALILEI-Fernrohr.

außerhalb ihrer Brennweite $C'f_1$, so entsteht ein virtuelles, aufrechtes, vergrößertes Bild, $P_2 Q_2$.

Wenn man das KEPLERsche Fernrohr auf ein unendlich entferntes Objekt richtet und für ein auf unendliche Entfernung akkommodiertes Auge einstellt, so fällt der hintere Brennpunkt des Objektives zusammen mit dem vorderen des Okulars, die Entfernung der Linsen ist gleich der Summe ihrer Brennweiten. Unter denselben Verhältnissen fällt bei dem GALILEIschen Fernrohre das Bild $P_1 Q_1$ in die Brennebene des Objektives; zugleich muß aber dieses Bild auch in der hinteren Brennebene des Okulars liegen, damit das virtuelle Bild $P_2 Q_2$ in unendliche Entfernung rückt; die Distanz der Linsen ist daher gleich der Differenz ihrer Brennweiten. Das GALILEIsche Fernrohr ist erheblich kürzer als das KEPLERsche, jenes gibt ein aufrechtes, dieses ein umgekehrtes Bild. Das terrestrische Fernrohr unterscheidet sich von dem astronomischen dadurch, daß zwischen Objektiv und Okular noch eine weitere Sammellinse eingeschaltet ist, die das von dem Objektiv erzeugte umgekehrte Bild wieder zu einem aufrechten macht; von diesem entwirft dann die Okularlinse ein virtuelles, vergrößertes und gleichfalls aufrechtes Bild.

Bei dem Spiegelteleskope wird das erste reelle Bild des fernen Objektes durch einen Hohlspiegel entworfen; das Okular wirkt wieder wie eine Lupe, bzw. wie ein Mikroskop.

Prismenfernrohr von Zeiss: Das terrestrische Fernrohr mit seinem nach Art eines Mikroskopes aus zwei Sammellinsen aufgebauten Okular hat eine unbequeme Länge. Man kann diesen Übelstand vermeiden, wenn man die Wiederumkehr des von dem Objektiv erzeugten reellen Bildes durch viermalige Totalreflexion an den Kathetenflächen zweier rechtwinklig-gleichschenkliger Prismen bewirkt, welche hintereinander mit parallelen Hypotenusenflächen, aber gekreuzten Kanten aufgestellt sind (Fig. 336). Etwas genauer wird die Wirkung der Prismenkombination durch Fig. 337 erläutert. Wir nehmen an, das Objekt habe die Form eines Kreises; seine Ebene stehe vertikal, senkrecht zu der horizontal gestellten Achse *CB* des Objektives *C* — weit links, außerhalb der Zeichnung. In diesem nicht gezeichneten Kreise sei der vertikale Durchmesser *OU*, der horizontale *RL*; *O* bezeichne den am höchsten, *R* den am weitesten nach rechts liegenden Punkt des Kreisumfanges. Das Objektiv würde, ohne die Dazwischenkunft der Prismen, von dem Kreise *ORUL* ein reelles Bild an der Stelle *B* entwerfen.

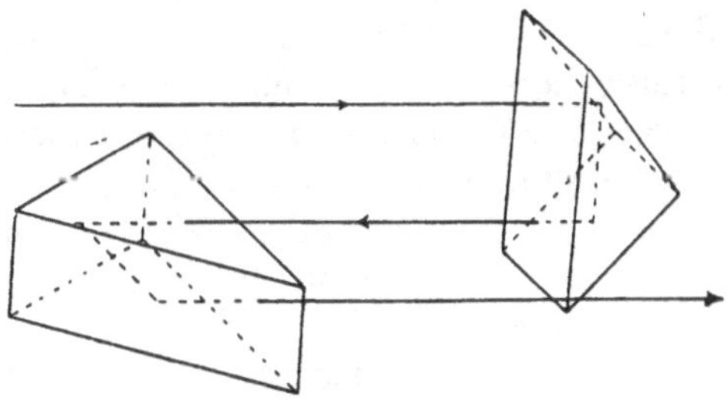

Fig. 336. Prismen-Umkehr.

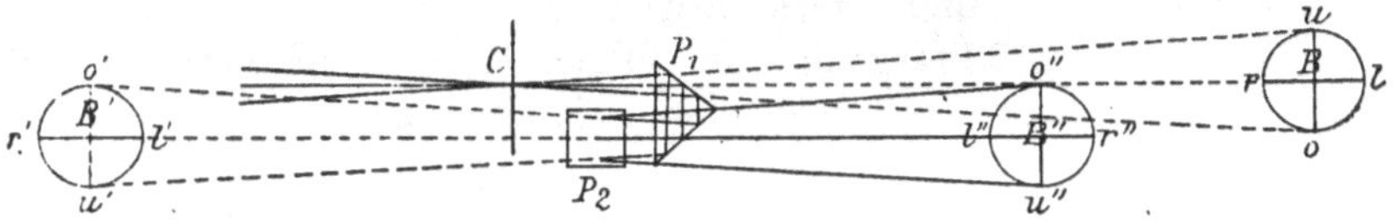

Fig. 337. Prismenfernrohr.

Das Bild steht senkrecht auf der Ebene der Zeichnung, ist aber, um die Zeichnung nicht zu unübersichtlich zu machen, in diese Ebene nach *orul* umgeklappt. Die Reihenfolge der Bildpunkte *orul* ist dieselbe, wie bei den Punkten *ORUL*, aber oben und unten, rechts und links sind vertauscht. Wir stellen nun in den Weg der Strahlen das rechtwinklig-gleichschenklige Prisma P_1 so, daß die Hypotenusenfläche vertikal, senkrecht zur Achse des Objektives, die Kanten horizontal liegen. Durch die doppelte Reflexion an den Kathetenflächen des Prismas wird das reelle Bild des Objektes nach *B'* geworfen; dabei wird die Lage der oberen und der unteren Strahlen vertauscht. Das Bild des Punktes *O* erscheint also in *o'* wieder oben, das Bild von *U* in *u'* wieder unten. Betrachten wir dagegen den Strahl *Cr*: der Punkt *r* liegt im Raume vor der vertikalen Ebene *Cuo*, der Ebene, auf die unsere Zeichnung sich bezieht. Man wird sich leicht davon überzeugen, daß auch der Punkt *r'*, der infolge der doppelten Reflexion in dem Prisma P_1 an Stelle von *r* tritt, vor der Ebene *Cuo* liegt. In dem Bilde *o'l'u'r'* haben also die Punkte *o'* und *u'* dieselbe Lage, wie die Punkte *O* und

U in dem Objekte; dagegen ist die Lage von r' und l' entgegengesetzt der von R und L, es ist also in dem Bilde rechts und links noch immer vertauscht. Wir setzen nun vor das Prisma P_1 ein zweites P_2, dessen Hypotenusenfläche parallel ist der Hypotenusenfläche von P_1 und dessen Kanten vertikal stehen. Infolge der zweimaligen Reflexion an den Kathetenflächen dieses Prismas gelangen die nach o' zielenden Strahlen nach o'', die nach u' zielenden nach u''; die Bildpunkte o'' und u'' behalten also die frühere gegenseitige Lage. Die nach r' und l' zielenden Strahlen dagegen vertauschen ihre Lage infolge der zweimaligen Reflexion. In dem in B'' entstehenden Bilde haben demzufolge die Punkte r'' und l'' wieder dieselbe Lage wie in dem Objekte. In der Fig. sind die in B' und B'' entstehenden Bilder ebenso umgeklappt, wie das Bild in B; das Bild in B' fällt dann in die Ebene der Zeichnung, das Bild in B'' wird dieser Ebene parallel. Man sieht, daß das Bild in B ein umgekehrtes, das in B'' ein aufrechtes ist; zugleich ist das Bild B'' dem Objektiv beträchtlich näher, als das Bild in B. Das aus einer einfachen Lupe bestehende Okular kann unmittelbar hinter B'' gesetzt werden. In der Tat kann man also mit Hilfe der Zeissschen Prismen eine wesentliche Verkürzung des Fernrohres erzielen und erhält zugleich natürlich orientierte Bilder. Die Verkürzung wächst mit dem Abstande der beiden Prismen; denn ihr Zwischenraum wird von den Strahlen dreimal durchlaufen, während die gesamte Länge der Strahlen vom Objektiv bis zum Bilde durch die Reflexionen nicht verändert wird.

§ 271. **Optische Divergenz.** Im folgenden soll ein Satz entwickelt werden, der für das Verständnis der Leistung optischer Apparate von

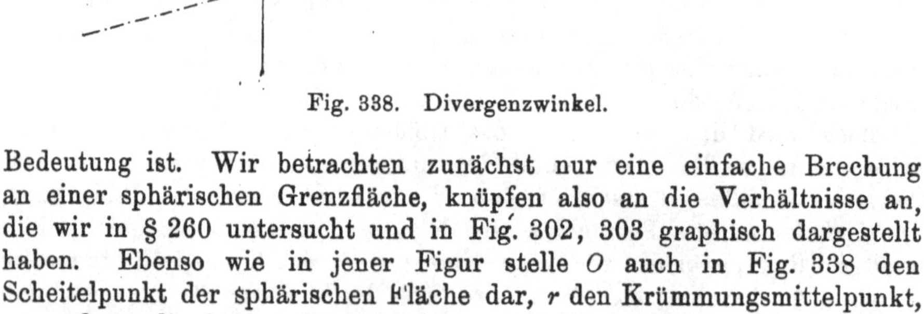

Fig. 338. Divergenzwinkel.

Bedeutung ist. Wir betrachten zunächst nur eine einfache Brechung an einer sphärischen Grenzfläche, knüpfen also an die Verhältnisse an, die wir in § 260 untersucht und in Fig. 302, 303 graphisch dargestellt haben. Ebenso wie in jener Figur stelle O auch in Fig. 338 den Scheitelpunkt der sphärischen Fläche dar, r den Krümmungsmittelpunkt, φ_1 und φ_2 die beiden Brennpunkte. P_1 und P_2 seien, ebenso wie in Fig. 303, zwei konjugierte Punkte der Achse. Ziehen wir durch den Mittelpunkt r einen Zentralstrahl, und schneidet dieser die in P_1 und P_2

auf der Achse errichteten Senkrechten in Q_1 und Q_2, so ist $P_2 Q_2$ das Bild des Objektes $P_1 Q_1$. Das Objekt ist ein virtuelles, sofern seine Punkte nicht Ausgangspunkte von Lichtstrahlen sind, sondern nur Konvergenzpunkte von Strahlenbündeln, die sich in dem vor der brechenden Fläche befindlichen Raume bewegen.

Den Krümmungshalbmesser der Grenzfläche bezeichnen wir mit r, die Brennweiten $O\varphi_2$ und $O\varphi_1$ mit φ_2 und φ_1; dabei halten wir das in § 260 eingeführte Übereinkommen fest, daß die Brennweite φ_1, weil sie entgegengesetzt liegt wie die Achse Or, negativ gerechnet wird. Die Abszissen OP_1 und OP_2 der konjugierten Punkte seien x_1 und x_2. Die Größe des virtuellen Objektes $P_1 Q_1$ sei b_1, die Bildgröße $P_2 Q_2$ gleich b_2. Durch den Rand der Grenzfläche ziehen wir den nach P_1 hinzielenden Strahl MP_1, dem der gebrochene Strahl MP_2 entspricht. Die Winkel $MP_1 O$ und $MP_2 O$ nennen wir die Divergenzwinkel, β_1 und β_2, der betreffenden Strahlen. Wir halten vorerst an der Bedingung sehr kleiner Einfallswinkel fest. Wir können dann bei den folgenden geometrischen Betrachtungen den Bogen OM durch eine in O auf der Achse senkrechte Gerade ersetzen. Das Ziel unserer Betrachtung besteht nun in der Herstellung einer Beziehung zwischen den Divergenzwinkeln β_1 und β_2 und dem Verhältnisse der Objektgröße b_1 zur Bildgröße b_2. Dafür haben wir aber schon in § 260 die Werte abgeleitet:

$$b_1 / b_2 = (\varphi_1 - x_1) / \varphi_1 = \varphi_2 / (\varphi_2 - x_2).$$

Die Vergleichung der beiden Ausdrücke führt zu der Beziehung:

$$(\varphi_1 - x_1)(\varphi_2 - x_2) = \varphi_1 \varphi_2 \qquad \text{oder} \qquad x_1 \varphi_2 + x_2 \varphi_1 = x_1 x_2 ,$$

$$x_1 (\varphi_2 - x_2) = - x_2 \varphi_1 , \qquad x_2 (\varphi_1 - x_1) = - x_1 \varphi_2 .$$

Damit ergibt sich:

$$b_1 / b_2 = - x_1 \varphi_2 / x_2 \varphi_1 \qquad \text{oder} \qquad b_1 / \varphi_2 x_1 = - b_2 / \varphi_1 x_2 .$$

Nach § 260 ist aber $\varphi_2 = - n \varphi_1$, wir können somit schreiben:

$$b_1 / x_1 = n b_2 / x_2 .$$

Multiplizieren wir auf beiden Seiten mit $OM = s$, so ergibt sich:

$$b_1 \cdot s / x_1 = n b_2 s / x_2 .$$

Es ist aber $s / x_1 = \operatorname{tg} \beta_1$, $s / x_2 = \operatorname{tg} \beta_2$, somit:

$$b_1 \operatorname{tg} \beta_1 = n b_2 \operatorname{tg} \beta_2 .$$

Damit ist die gesuchte Beziehung gefunden. Sie nimmt eine noch mehr symmetrische Form an, wenn man an Stelle des Brechungsverhältnisses n die absoluten Brechungsverhältnisse ν_1 und ν_2 der beiden Mittel einführt, die sich vor und hinter der brechenden Fläche befinden. Es ist dann: $n = \nu_2 / \nu_1$, und daher:

$$\nu_1 b_1 \operatorname{tg} \beta_1 = \nu_2 b_2 \operatorname{tg} \beta_2 ,$$

oder, da β_1 und β_2 der Voraussetzung nach kleine Winkel sind:

$$\nu_1 b_1 \beta_1 = \nu_2 b_2 \beta_2 .$$

Zwischen den Größen der konjugierten Linien $P_1 Q_1$, $P_2 Q_2$ und zwischen den Divergenzwinkeln der zu ihnen gehörenden Strahlen MP_1 und MP_2 besteht ein reziprokes Verhältnis. Je größer die Linie, um so kleiner der ihr entsprechende Divergenzwinkel.

Wir haben bei der vorstehenden Untersuchung mit einem virtuellen Objekte operiert aus dem Grunde, der schon in § 260 hervorgehoben wurde. Daß das wesentliche Resultat von der speziellen Wahl der Verhältnisse unabhängig ist, ergibt sich aus Fig. 339, bei der Objekt und

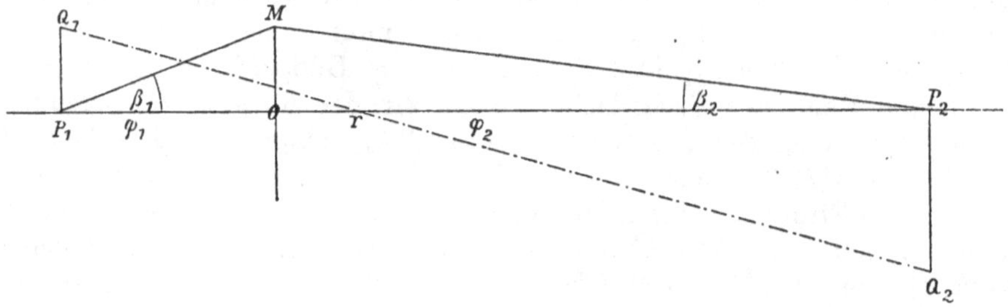

Fig. 339. Divergenzwinkel.

Bild beide reell sind. Man sieht, daß auch hier der Divergenzwinkel um so kleiner wird, je stärker die Vergrößerung des Objektes ist.

Es ist leicht zu zeigen, daß die im vorhergehenden gefundene Beziehung auch für beliebig viele sphärische Flächen gilt, deren Mittelpunkte einer und derselben Achse angehören, die, wie man sagt, zentriert sind. Die Gleichung gilt zwischen jedem Paare von aufeinanderfolgenden Bildern, die mit Bezug auf eine der brechenden Flächen konjugiert sind, folglich auch zwischen dem Objekte und dem letzten Bilde. Bezeichnen wir also mit b_0 die Größe des Objektes, mit β_0 den ihm entsprechenden Divergenzwinkel, mit b_u die Größe des letzten von dem System entworfenen Bildes, mit β_u den zu ihm gehörenden Divergenzwinkel, und sind ν_0 und ν_u die absoluten Brechungsverhältnisse des Objekt- und des Bildraumes, so ist:

$$\nu_0 b_0 \beta_0 = \nu_u b_u \beta_u .$$

Bei Fernrohren und Mikroskopen liegt Objekt und Bild in der Regel in Luft, es ist also $\nu_0 = \nu_u$; und

$$b_0 \beta_0 = b_u \beta_u .$$

Die zu Objekt und Bild gehörenden Divergenzwinkel verhalten sich umgekehrt wie die Größen von Objekt und Bild, wenn Objekt- und Bildraum von demselben Mittel erfüllt sind. Dieser Zusammenhang, vermöge dessen der Divergenzwinkel um so kleiner wird, je stärker die Vergrößerung ist, hat, wie wir später sehen werden, für die Leistungsfähigkeit des Mikroskopes eine sehr große Bedeutung.

§ 272. **Gesetz der Strahlung und Helligkeit optischer Bilder.** Die Frage nach den Helligkeitsverhältnissen optischer Bilder spielt bei der Beurteilung der Leistung von Mikroskop und Fernrohr gleichfalls eine wesentliche Rolle. Wir wollen auch diese Frage an dem Beispiele der Brechung durch eine einzige sphärische Grenzfläche behandeln; wir vermeiden im Interesse der Kürze das genauere Eingehen auf die Konstruktion jener optischen Apparate und bemerken nur, daß den für den Fall einer einfachen Brechung geltenden Sätzen eine allgemeine Tragweite zukommt.

Ehe wir aber auf unsere eigentliche Aufgabe eingehen, ist es notwendig, ein empirisches Gesetz zu besprechen, durch welches man die über die Strahlung leuchtender Flächen gemachten Beobachtungen dargestellt hat. Dieses Gesetz bezieht sich auf die Strahlung eines ebenen Flächenelementes dS nach einem zweiten Flächenelemente ds hin. Um die Lichtmenge zu bestimmen, welche das leuchtende Flächenelement dem beleuchteten zusendet, verbinden wir die Mitten der beiden Elemente durch eine gerade Linie, deren Länge r sein möge; wir errichten ferner in den Mitten der Elemente Senkrechte N und n auf ihren Flächen. Die Winkel, die sie mit der Entfernung r einschließen, seien Θ und ϑ. Unter diesen Umständen läßt sich die Lichtmenge, die von dS dem Elemente ds zugestrahlt wird, durch den folgenden Ausdruck darstellen:

$$L = J\frac{dS\,ds}{r^2}\cos\Theta\cos\vartheta.$$

Hier ist J ein Faktor, der im folgenden als unabhängig von den geometrischen Verhältnissen betrachtet wird, und den man die spezifische Intensität der Strahlung nennt. Um zu einer anschaulichen Bedeutung für diesen Faktor zu gelangen, kann man $dS = ds = 1$, ebenso $r = 1$ und $\Theta = \vartheta = 0$ setzen. Zweckmäßiger ist das folgende Verfahren. Man berechnet die Lichtmenge, die das Element dS einer um seinen Mittelpunkt konstruierten und durch seine Ebene begrenzten Halbkugel zusendet; man findet hierfür den Ausdruck:

$$M = J\pi\,dS.$$

Es ist also J die Lichtmenge, welche ein ebenes Flächenstück von $1/\pi$ cm² einer um seinen Mittelpunkt konstruierten und über seiner Ebene sich wölbenden Halbkugel zusendet.

Nach dieser Vorbereitung gehen wir nun über zu unserer eigentlichen Aufgabe. Entsprechend der zu Anfang gemachten Bemerkung beschränken wir uns auf die Betrachtung eines durch eine einzige sphärische Grenzfläche erzeugten Bildes. O (Fig. 340) sei der Scheitelpunkt dieser Fläche, r der Krümmungsmittelpunkt, Or die Achse; P_1 und P_2 seien zwei konjugierte Punkte der Achse. Durch P_1 als Mittelpunkt legen wir ein leuchtendes Flächenelement dS_1, seine Normale N_1 schließe mit der Achse den Winkel Θ_1 ein. Die sphärische Grenzfläche entwirft von dS_1 ein Bild dS_2, dessen Mitte durch P_2 gegeben ist. Die Normale N_2 von dS_2 bilde mit der Achse den Winkel Θ_2. Die Punkte M und M' bezeichnen gegenüberliegende Randpunkte der sphärischen Grenzfläche, die von einem um O mit dem Halbmesser OM beschriebenen

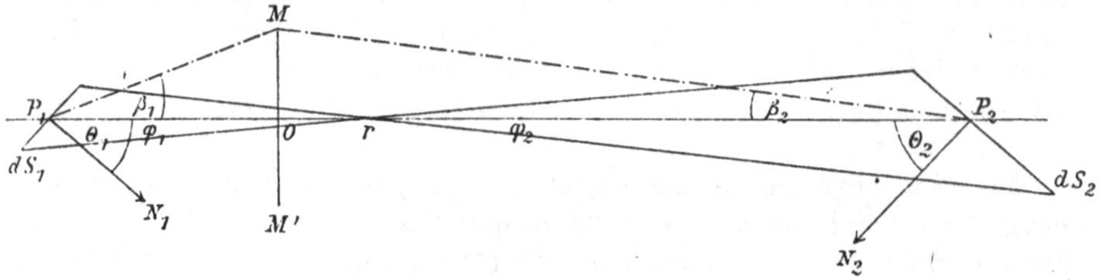

Fig. 340. Helligkeit optischer Bilder.

Kreise begrenzt wird. Der Winkel $OP_1M = \beta_1$ repräsentiert den Divergenzwinkel der von dS_1 ausgehenden Strahlen, der Winkel $OP_2M = \beta_2$ den Divergenzwinkel der das Bild dS_2 erzeugenden Strahlen. Wir setzen voraus, daß alle in Betracht kommenden Winkel, also auch die Öffnung MrM' der brechenden Fläche sehr klein seien.

Unter diesen Voraussetzungen kann man nun die Helligkeit des Bildes dS_2 in folgender Weise ermitteln. Wir betrachten zuerst die Strahlung des Elementes dS_1 gegen die Öffnung MM' der brechenden Fläche. An Stelle der früher mit ds bezeichneten beleuchteten Fläche tritt dann die Öffnung MM'. Bezeichnen wir mit r_1 die Entfernung OP_1, so können wir den Flächeninhalt der Öffnung MM' ausdrücken durch

$$\pi r_1^2 \beta_1^2.$$

Der entsprechende Wert von ϑ ist offenbar Null, also $\cos\vartheta = 1$.

Setzen wir diese Werte in der früheren Formel an Stelle von ds und $\cos\vartheta$, so ergibt sich für die Lichtmenge, die das Flächenelement dS_1 der Öffnung MM' zustrahlt, der Ausdruck:

$$L = J_1 \frac{dS_1 \pi r_1^2 \beta_1^2}{r_1^2} \cos\Theta_1 = J_1 dS_1 \pi \beta_1^2 \cos\Theta_1 .$$

Wir gehen über zu der Frage nach der Beleuchtung des Bildes dS_2. Bei ihrer Untersuchung vernachlässigen wir die Verluste an Licht, welche durch Reflexion und durch Absorption der Strahlen verursacht werden. Wir nehmen also an, daß alle Strahlen, die von einem Punkte von dS_1 aus auf die Öffnung MM' fallen, in einem entsprechenden Punkte des Bildes dS_2 sich wieder vereinigen, daß dieselbe Lichtmenge, die von dS_1 der Öffnung MM' zugestrahlt wurde, von dieser nach dS_2 weiter gestrahlt werde. An Stelle des leuchtenden Elementes tritt also jetzt die Öffnung MM'; was den Intensitätsfaktor anbelangt, so haben wir gesehen, daß er von den geometrischen Verhältnissen unabhängig ist, dagegen kann er von dem Mittel abhängen, in dem sich die Strahlen bewegen. Wir wollen den Wert der spezifischen Intensität in dem hinter der

Grenzfläche liegenden Mittel mit J_2 bezeichnen. Dann erhalten wir für die Lichtmenge, die von der Öffnung MM' dem Bilde dS_2 zugestrahlt wird, den Wert:

$$L = J_2 \frac{dS_2 \pi r_2^2 \beta_2^2}{r_2^2} \cos \Theta_2 = J_2 dS_2 \pi \beta_2^2 \cos \Theta_2 ;$$

r_2 bezeichnet hier die Entfernung OP_2.

Vergleichen wir die beiden für dieselbe Lichtmenge geltenden Ausdrücke, so ergibt sich:

$$J_1 \beta_1^2 dS_1 \cos \Theta_1 = J_2 \beta_2^2 dS_2 \cos \Theta_2 .$$

Ferner folgt für die Beleuchtungsstärke des Bildes dS_2:

$$\frac{L}{dS_2} = J_2 \pi \beta_2^2 \cos \Theta_2 .$$

Wir wollen diese Ausdrücke nun dadurch umgestalten, daß wir das Verhältnis von Objektgröße zu Bildgröße in dieselben einführen. Das ist zunächst dadurch erschwert, daß Objekt und Bild unter verschiedenen Winkeln gegen die Achse geneigt sind, daß die Vergrößerung für verschiedene Teile des Bildes verschieden ist. Wir ersetzen also die Flächenelemente dS_1 und dS_2 durch ihre Projektionen $d\sigma_1$ und $d\sigma_2$ auf zwei Ebenen, die durch P_1 und P_2 senkrecht zur Achse hindurchgehen. Dann ist:

$$d\sigma_1 = dS_1 \cos \Theta_1 , \qquad d\sigma_2 = dS_2 \cos \Theta_2 .$$

Die Elemente $d\sigma_1$ und $d\sigma_2$ weisen nach allen Richtungen dieselbe lineare Vergrößerung auf; bezeichnen wir mit b_1 und b_2 die in der Ebene der Zeichnung liegenden Durchmesser von $d\sigma_1$ und $d\sigma_2$, so ist:

$$\frac{d\sigma_1}{d\sigma_2} = \frac{dS_1 \cos \Theta_1}{dS_2 \cos \Theta_2} = \frac{b_1^2}{b_2^2} .$$

Somit folgt aus der ersten der von uns aufgestellten Gleichungen:

$$J_1 \beta_1^2 b_1^2 = J_2 \beta_2^2 b_2^2 .$$

Andererseits folgt aus dem Satze über die Divergenz, da die Winkel β_1 und β_2 sehr klein sein sollen:

$$\nu_1 \beta_1 b_1 = \nu_2 \beta_2 b_2 .$$

Aus der Verbindung der beiden letzten Gleichungen ergibt sich dann:

$$\frac{J_1}{\nu_1^2} = \frac{J_2}{\nu_2^2} .$$

In zwei verschiedenen Mitteln verhalten sich bei gleich bleibender Menge des gestrahlten Lichtes die spezifischen Intensitäten der Strahlung wie die Quadrate der absoluten Brechungsverhältnisse.

Der Ausdruck für die Beleuchtungsstärke des Bildes dS_2 kann nun auf die folgende Form gebracht werden:

$$\frac{L}{dS_2} = J_2 \pi \beta_2^2 \cos \Theta_2 = J_1 \pi \frac{\nu_2^2 \beta_2^2}{\nu_1^2} \cos \Theta_2 .$$

Nach dem Satze der Divergenz ist: $\frac{\nu_2 \beta_2}{\nu_1} = \beta_1 \frac{b_1}{b_2}$,

somit die Beleuchtungsstärke: $\frac{L}{d S_2} = J_1 \pi \beta_1^2 \left(\frac{b_1}{b_2}\right)^2 \cos \Theta_2$.

Die Beleuchtungsstärke des Bildes ist also um so kleiner, je stärker die Vergrößerung, um so größer, je größer die Divergenz der von dem Objekte ausgehenden Strahlen, Sätze, deren Richtigkeit ohne weiteres einleuchtet.

§ 273. Wechselseitige Strahlung zweier konjugierter Flächenelemente. Die in dem vorhergehenden Paragraphen entwickelten Sätze lassen noch eine etwas andere Auffassung zu; sie können in Beziehung zu gewissen Ergebnissen der Wärmelehre gebracht werden. Ehe wir auf die Sache selbst eingehen, sind einige Vorbereitungen nötig.

In dem von uns benützten Strahlungsgesetze tritt ein Faktor J auf, den wir als die spezifische Intensität der Strahlung bezeichnet haben. Dieser Faktor ist proportional dem Quadrate des absoluten Brechungsverhältnisses für das Mittel, in dem sich die Strahlen bewegen. Bezeichnen wir die spezifische Intensität der Strahlung für den leeren Raum mit J_0, so ist hiernach für ein Mittel mit dem absoluten Brechungsverhältnisse ν:

$$J = \nu^2 J_0 .$$

Es fragt sich, von welchen Verhältnissen der Faktor J_0 abhängen kann. Die Lichtstrahlung als Teil der gesamten kalorischen Strahlung hängt, wie uns die tägliche Erfahrung zeigt, aufs engste mit Wärmestrahlung zusammen. Wir bringen die Körper zum Leuchten, indem wir sie erhitzen; sie strahlen um so heller, je höher ihre Temperatur; danach werden wir nicht darüber im Zweifel sein, daß der Faktor J_0 abhängig ist von der Temperatur. Führen wir an Stelle der spezifischen Intensität J den Wert $\nu^2 J_0$ in dem Gesetze der Strahlung ein, so erhalten wir für die Lichtmenge, welche dem Elemente ds von dS zugestrahlt wird, den Ausdruck:

$$L = \nu^2 J_0 \frac{d S \, d s}{r^2} \cos \Theta \cos \vartheta .$$

Hier ist ν das absolute Brechungsverhältnis des Mittels, in dem dS und ds gelegen sind. Es sei nun dS_2 das optische Bild eines Elementes dS_1, wie es durch eine einzelne sphärische Grenzfläche, oder durch ein Fernrohr oder Mikroskop entworfen wird, dann lehrt die Erfahrung, daß eine kleine materielle Fläche, die wir an den Ort des Bildes halten, durch die in ihren Punkten konzentrierten Strahlen erwärmt wird; wir brauchen dabei nur an die Wirkung des Brennglases zu denken. In diesem Falle wird nun auch das Element dS_2 Strahlen aussenden, die in umgekehrter Richtung von dS_2 nach dS_1 laufend dieses letztere Element erleuchten oder erwärmen. Man hat also mit einer wechselseitigen Strahlung der beiden Elemente dS_1 und dS_2 zu tun. Es könnte nun die Frage entstehen, ob nicht die Strahlung an einem Elemente sich konzentrieren, ob nicht eines der Elemente auf Kosten des anderen wärmer werden könnte? Das ist nach dem II. Wärmehauptsatz unmöglich. Wärme kann nicht von selbst von einem Orte tieferer Temperatur, z. B. von dS_1 auf einen Ort höherer Temperatur, z. B. dS_2, übergehen (§ 191). Wir werden also annehmen, daß die Temperatur von dS_2 höchstens gleich der von dS_1 sein könne; J_0 hat unter dieser Voraussetzung für beide Elemente denselben Wert.

Wenn aber Temperaturgleichheit zwischen den Elementen dS_1 und dS_2 sich hergestellt hat, so muß sie nun auch weiter dauernd sich erhalten. Es muß also nun jedem der beiden Elemente von dem anderen so viel kalorische Strahlung zufließen, als das Element selbst durch Ausstrahlung nach dem anderen Elemente verliert. Diese Bedingung ist erfüllt, wenn die konjugierten Bilder dS_1 und dS_2 durch eine sphärische Grenzfläche von sehr kleiner Öffnung erzeugt werden. Das folgt aus einer Betrachtung, die beinahe identisch ist mit der in dem vorhergehenden § angestellten. Mit Beziehung auf die Fig. 340 ergibt sich, daß die Lichtmenge, die von dem Elemente dS_1 der Öffnung MM', und durch ihre Vermittlung dem Elemente dS_2 zugestrahlt wird, gegeben ist durch

$$L_1 = \nu_1^2 J_0 \pi \beta_1^2 dS_1 \cos\Theta_1 = \nu_1^2 J_0 \pi \beta_1^2 d\sigma_1 .$$

Für die umgekehrt von dS_2 nach MM' und weiter nach dS_1 gestrahlte Lichtmenge ergibt sich:

$$L_2 = \nu_2^2 J_0 \pi \beta_2^2 dS_2 \cos\Theta_2 = \nu_2^2 J_0 \pi \beta_2^2 d\sigma_2 .$$

Also: $$\frac{L_1}{L_2} = \frac{\nu_1^2 \beta_1^2 d\sigma_1}{\nu_2^2 \beta_2^2 d\sigma_2} .$$

Nach § 272 ist aber $d\sigma_1 / d\sigma_2 = b_1^2 / b_2^2$, wenn b_1 und b_2 entsprechende Durchmesser von $d\sigma_1$ und $d\sigma_2$ bezeichnen.

Wir erhalten also: $$\frac{L_1}{L_2} = \frac{\nu_1^2 \beta_1^2 b_1^2}{\nu_2^2 \beta_2^2 b_2^2} .$$

Nach dem Satze von der Divergenz ist der rechts stehende Bruch gleich 1; die von den konjugierten Flächenelementen dS_1 und dS_2 einander wechselseitig zugestrahlten Licht- und Wärmemengen sind also in der Tat gleich, sobald sie dasselbe J_0, d. h. dieselbe Temperatur besitzen.

Das einmal hergestellte Gleichgewicht der Temperatur und der Strahlung wird sich aber nun in der Tat weiter erhalten. Sinkt in irgendeinem Augenblicke die Temperatur von dS_2 unter die von dS_1, so überwiegt die von dS_1 herkommende Einstrahlung über die Ausstrahlung des Elementes dS_2. Die Temperatur von dS_2 wird also wieder steigen, bis sie von neuem der Temperatur von dS_1 gleich geworden ist.

Der im vorhergehenden betrachtete Fall der Temperaturgleichheit zwischen dem strahlenden Elemente dS_1 und dem bestrahlten dS_2 ist ein Grenzfall, der in Wirklichkeit nicht erreicht wird, vor allem deshalb, weil das Element dS_2 Wärmeverlusten durch Strahlung nach allen möglichen Richtungen des Raumes ausgesetzt ist, auf die wir bei der vorhergehenden Betrachtung keine Rücksicht genommen haben. Man wird also das praktische Ergebnis der Untersuchung so zu formulieren haben: Wenn dS_2 ein optisches Bild des leuchtenden Elementes dS_1 ist, so kann die Temperatur und der davon abhängende Intensitätsfaktor J_0 bei dem Bilde unter keinen Umständen größer als bei dem Objekte sein.

Bei der bisherigen Betrachtung haben wir angenommen, daß die Öffnung der das optische Bild erzeugenden sphärischen Fläche sehr klein sei. Man wird aber kaum daran zweifeln, daß der gefundene Satz von dieser Voraussetzung unabhängig sein muß. Das Bild dS_2 werde von einer sphärischen Grenzfläche oder von einer Kombination von Medien, die durch zentrierte sphärische Flächen voneinander getrennt sind, mit beliebig großen Öffnungen entworfen, die Divergenzwinkel haben dementsprechend

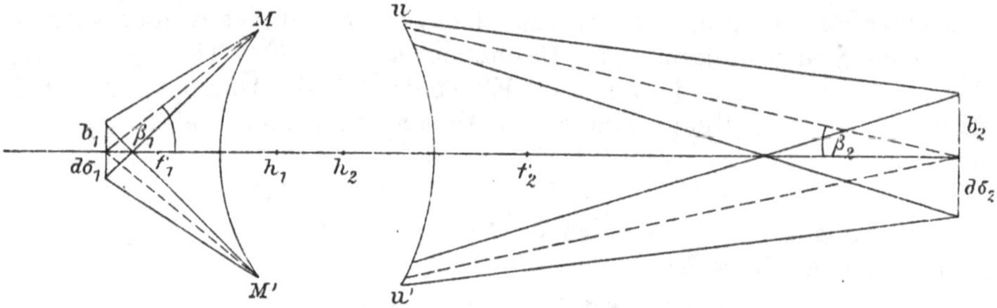

Fig. 341. Strahlungsgleichgewicht und Divergenz.

beliebig große Werte. Immer wird die Temperatur und die ihr entsprechende Intensität J_0 des Bildes höchstens gleich sein der Temperatur und der Intensität J_0 des leuchtenden Elementes dS_1, immer wird dann zwischen der wechselseitigen Strahlung der Elemente Gleichgewicht bestehen.

Gibt man die Richtigkeit des Satzes zu, so kann er umgekehrt benützt werden, um den Satz von der Divergenz, bei dessen Ableitung wir von der Voraussetzung sehr kleiner Winkel ausgegangen waren, zu verallgemeinern für den Fall beliebig großer Divergenzwinkel.

Wir gehen aus von der Betrachtung eines optischen Systems, das nach Art des Auges aus einer größeren Zahl von brechenden Medien zusammengesetzt sei. f_1 und f_2 (Fig. 341) seien seine Brennpunkte, h_1 und h_2 seine Hauptpunkte. Das Objekt sei gegeben durch eine kleine Scheibe $d\sigma_1$ mit dem Durchmesser b_1; sie stehe senkrecht zu der Achse des Systems. Wir machen nun die Annahme, daß die Lage von $d\sigma_1$ und die Beschaffenheit des Systems eine solche sei, daß $d\sigma_1$ abgebildet wird durch eine Scheibe $d\sigma_2$ mit dem Durchmesser b_2, welche gleichfalls eben und gleichfalls zur Achse senkrecht ist. Man drückt dieses so aus, daß man sagt, das System sei mit Bezug auf die gegebene Lage von $d\sigma_1$ ein aplanatisches. MM' sei die Öffnung der ersten, uu' die der letzten der sphärischen Grenzflächen. Die Öffnungen dieser

Flächen werden so bestimmt, daß alle Strahlen, die von einem Punkte von $d\sigma_1$ aus auf die Öffnung MM' fallen, auch nach dem konjugierten Punkte in $d\sigma_2$ gelangen. Von dem Einflusse der Reflexion und der Absorption sehen wir dabei ab. Wir nehmen an, daß die Temperatur der Fläche $d\sigma_2$ der von $d\sigma_1$ gleich geworden sei; dann ist auch J_0 für die beiden Flächen dasselbe, ein Zustand, der aber in Wirklichkeit aus den schon erwähnten Gründen nie ganz erreicht wird. Ferner müssen nun auch die Lichtmengen L_1 und L_2, die von den Elementen $d\sigma_1$ und $d\sigma_2$ den Grenzflächen MM' und uu' zugestrahlt werden, gleich sein. Diese Lichtmengen lassen sich allerdings nicht mehr durch eine elementare Rechnung bestimmen. Wir begnügen uns daher mit der Angabe des Resultates der Rechnung, es wird:

$$L_1 = \pi \nu_1^2 J_0 \, d\sigma_1 \sin^2\beta_1, \qquad L_2 = \pi \nu_2^2 J_0 \, d\sigma_2 \sin^2\beta_2 .$$

Hier sind β_1 und β_2 die Divergenzwinkel der Strahlen in dem ersten und in dem letzten Medium. Nun verhält sich aber:

$$d\sigma_1 : d\sigma_2 = b_1^2 : b_2^2 .$$

Somit ergibt sich, wenn wir $L_1 = L_2$ setzen, als Ausdruck des verallgemeinerten Divergenzsatzes die Beziehung:

$$\nu_1 b_1 \sin\beta_1 = \nu_2 b_2 \sin\beta_2 .$$

Bei sehr kleinen Divergenzwinkeln stimmt dies natürlich mit der in § 271 entwickelten Formel überein.

Die vorstehende Entwicklung ruht auf der Voraussetzung, daß die Abbildung des Objektes $d\sigma_1$ eine aplanatische sei, d. h. daß jedem Punkte von $d\sigma_1$ ein Punkt von $d\sigma_2$ entspreche, daß also in keinem Punkte des Bildes eine Abweichung (Aberration) der Strahlen auftrete. Man kann den Satz auch umkehren und sagen: das Bestehen der Gleichung $\nu_1 b_1 \sin\beta_1 = \nu_2 b_2 \sin\beta_2$ für beliebige zusammengehörige Strahlen des ersten und des letzten Mediums bildet die Bedingung für die aplanatische Abbildung. Wenn man eine bestimmte Lage des Objektes gefunden hat, für die sie erfüllt ist, so entspricht jedem Punkte des ebenen Objektes $d\sigma_1$ ein Punkt des Bildes $d\sigma_2$.

Nach der Formel, die wir oben für L_1 gegeben haben, ist die Lichtmenge, die von dem Objekte aus in ein optisches Instrument, z. B. ein Mikroskop gelangt, proportional mit $\nu_1^2 \sin^2\beta_1$. Das Produkt aus dem Brechungsverhältnisse und aus dem Sinus des Divergenzwinkels der einfallenden Strahlen bezeichnet man als numerische Apertur des Instruments; man hat dann den Satz: die Lichtmenge, die von dem Instrumente aufgenommen wird, ist proportional dem Quadrate der numerischen Apertur.

§ 274. Helligkeit des Netzhautbildes. Zum Abschlusse unserer Untersuchungen über die Theorie der optischen Instrumente möge noch die Frage berührt werden, wie sich die Helligkeit beim Sehen durch ein System brechender Flächen, etwa durch ein Fernrohr, zu der Helligkeit bei direktem Sehen verhält. Um diese Frage an einem konkreten Beispiele zu entscheiden, nehmen wir an, das auf unendliche Weite eingestellte Auge werde direkt auf den Mond gerichtet.

Wir bezeichnen die Fläche des Mondes mit S, den Halbmesser der Pupille des Auges mit ϱ, die Entfernung des Mondes von der Erde mit D; dann ist die Lichtmenge, welche der Mond in die Pupille sendet, gleich

$$J \frac{\pi \varrho^2 S}{D^2}.$$

Die durch die Pupille eindringende Lichtmenge verteilt sich gleichmäßig über das auf der Netzhaut entstehende Bild. Bezeichnen wir den Halbmesser dieses Bildes mit b, so ist seine Beleuchtungsstärke, seine Helligkeit, gegeben durch:

$$J \frac{S \varrho^2}{D^2 b^2}.$$

Wir wollen nun zwischen Auge und Mond ein astronomisches Fernrohr bringen; dabei wollen wir aber, um eine möglichst große Helligkeit zu erzielen, die Öffnung des Objektives und den Ort der Augenpupille so bestimmen, daß alle Strahlen, die vom Monde aus auf das Objektiv fallen, auch zu dem Netzhautbilde gelangen.

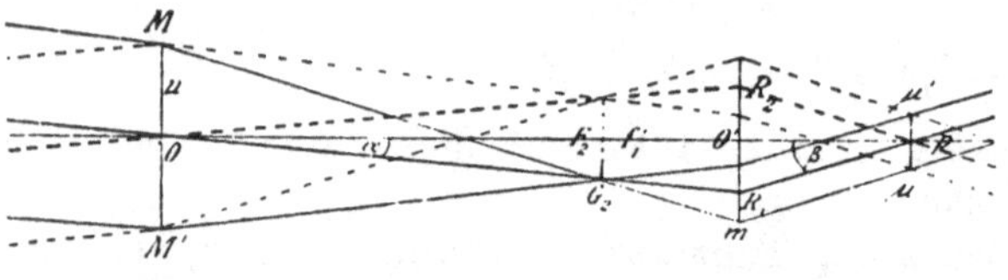

Fig. 342. Helligkeit des Netzhautbildes.

O in Fig. 342 sei der Mittelpunkt des Objektives, O' der des Okulares; das Fernrohr sei auf unendliche Entfernung eingestellt, so daß parallele Strahlen in einem Punkte der Netzhaut vereinigt werden. Der vordere Brennpunkt f_1' des Okulares fällt dann mit dem hinteren Brennpunkte F_2 des Objektives zusammen. Wir betrachten zunächst den obersten Randpunkt P der Mondscheibe. Von diesem geht ein Strahl nach dem Mittelpunkt O des Objektives und trifft nach dem Durchgange durch dasselbe das Okular in R_1. Gleichzeitig fällt aber von P ein ganzes Bündel von Strahlen auf die Fläche des Objektives. Da diese Strahlen als parallel zu betrachten sind, so vereinigen sie sich nach dem Durchgange durch die Linse in dem Punkte G_2, in welchem der Zentralstrahl POR_1 die Brennebene schneidet. M sei der oberste Randpunkt des Objektives; der in ihm vom obersten Randpunkte des Mondes her eintreffende Strahl verwandelt sich bei der Brechung in den Strahl MG_2, der das Okular in m trifft. Wir verfolgen den Strahlengang weiter durch das Okular hindurch. Der Voraussetzung nach ist die hintere Brennebene des Objektives zugleich vordere Brennebene des Okulares; Strahlen, die von einem Punkte G_2 der Brennebene divergieren, verwandeln sich also bei der Brechung durch das Okular in ein Bündel schiefer Parallelstrahlen. Hiernach läßt sich der Gang der von dem (weil zu weit, nicht gezeichneten) Punkte P der Mondscheibe stammenden Strahlen durch die Linsen des Fernrohres hindurch leicht verfolgen. Dieser Strahlengang ist durch die ausgezogenen Linien der Figur anschaulich gemacht. Ganz ebenso können wir nun den Gang der Strahlen verfolgen, die von dem untersten Punkte P′ der Mondscheibe ausgehen. Der Weg des Zentralstrahls ist gegeben durch OR_2p; die Veränderung, welche das ganze von P′ herrührende Strahlenbündel erleidet, ist durch die gestrichelten Linien der Figur dargestellt.

Man erkennt nun unschwer die folgenden wichtigen Beziehungen unserer Fig. Die durch O gehenden Zentralstrahlen durchschneiden sich nach dem Durchgange durch das Okular in dem Punkte p; d. h. p und O sind konjugiert mit Beziehung auf das Okular. Die von dem obersten Randpunkte M des Objektives ausgehenden Strahlen schneiden sich hinter dem Okular in dem Punkte μ; d. h. μ ist konjugiert mit M. Ebenso ist der Punkt μ' konjugiert mit M'; $\mu\mu'$ ist somit das vom Okular entworfene Bild der Objektivöffnung MM'. Sollen alle Strahlen, die von einem Punkte der Mondscheibe her das Objektiv treffen, auch auf der Netzhaut des Auges sich vereinigen, so muß der Durchmesser der Pupille mindestens gleich $\mu\mu'$ sein, und die Pupille muß sich an der Stelle p befinden. Ist umgekehrt der Halbmesser der Pupille gegeben, so kann man mit Hilfe der Figur die Halbmesser des Objektives und des Okulares bestimmen, die nötig sind, wenn alles auf die Objektivöffnung fallende Licht auch auf die Netzhaut kommen soll.

Wir haben jetzt noch die mit dem Fernrohre erzielte Vergrößerung zu bestimmen. Mit bloßem Auge wird der Mond unter dem Winkel $POP' = 2\alpha$ erscheinen, im Fernrohre ist der Winkel, unter dem das Mondbild erscheint, $R_1 p R_2 = 2\beta$. Somit ist die Vergrößerung: $m = \beta/\alpha$. Nach dem Satze von der Divergenz ist aber $\alpha \cdot OM = \beta \cdot p\mu$, und daher, wenn wir mit u den Halbmesser des Objektives, mit ϱ den Halbmesser der Pupille bezeichnen: $m = u/\varrho$.

Den Halbmesser des bei direktem Sehen auf der Netzhaut entstehenden Mondbildes haben wir mit b bezeichnet; der Halbmesser des durch das Fernrohr entworfenen Netzhautbildes ist daher gleich mb, seine Fläche gleich $\pi m^2 b^2$. Die auf das Fernrohrobjektiv fallende Lichtmenge ist gleich $J \cdot S\pi u^2/D^2$.

Hier bezeichnet, wie früher, S die Scheibe des Mondes, D seine Entfernung von der Erde. Für die Helligkeit des Netzhautbildes, seine Beleuchtungsstärke, ergibt sich der Wert:

$$J\frac{S}{D^2} \cdot \frac{u^2}{m^2 b^2}.$$

Nun ist aber $u/m = \varrho$, somit die Helligkeit

$$J\frac{S}{D^2} \cdot \frac{\varrho^2}{b^2},$$

d. h. die Helligkeit des Netzhautbildes ist mit Fernrohr dieselbe wie bei direktem Sehen.

Die vorhergehenden Betrachtungen enthalten einen Satz, der für die Bestimmung der Vergrößerung eines Fernrohres von praktischer Bedeutung ist. Die Vergrößerung eines auf Unendlich eingestellten Fernrohres ist gleich dem Verhältnisse zwischen dem Durchmesser des Objektives und zwischen dem Durchmesser des Bildes, das von der Objektivöffnung durch das Okular entworfen wird. Im vorhergehenden erscheint der Satz als eine Folge des Divergenzsatzes; man kann ihn aber auch direkt aus der Fig. mit Hilfe einer einfachen geometrischen Betrachtung gewinnen.

§ 275. Lichtbogen. Projektionsapparat. Die weißglühenden Kohlenspitzen der elektrischen Lampe sind in einem innen geschwärzten

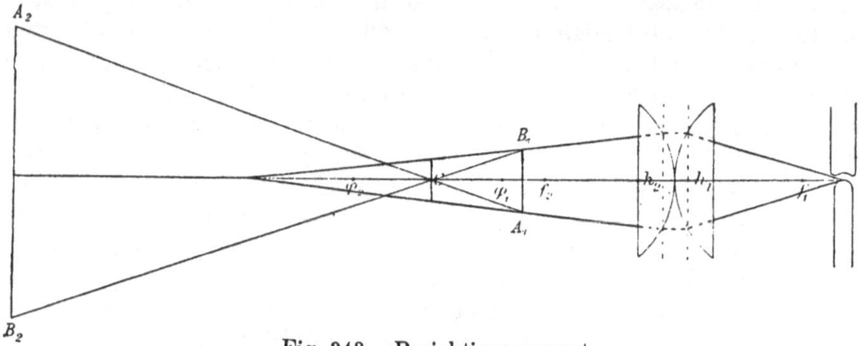

Fig. 343. Projektionsapparat.

Kasten eingeschlossen; dieser (Fig. 343) trägt in einem Rohransatze ein verschiebbares Linsensystem, den Kollimator oder Kondensor $h_1 h_2$, dessen horizontale Achse mit dem Lichtpunkte in gleicher Höhe sich befindet. Stellt man den Kondensor so, daß die Kohlenspitzen an der Stelle des Brennpunktes f_1 liegen, so werden die von ihnen ausgehenden Strahlenkegel in Bündel von Parallelstrahlen verwandelt; entfernt man die Linsen von den Spitzen, so treten die Strahlen konvergent aus.

Will man die elektrische Lampe zu Projektionszwecken benützen, so konzentriert man das von den Kohlenspitzen ausgehende Licht durch den Kollimator auf eine Sammellinse C (Brennpunkte φ_1 und φ_2) und stellt zwischen dieser und dem Kollimator den zu projizierenden Gegenstand $A_1 B_1$ so auf, daß die Sammellinse von ihm ein reelles, umgekehrtes, vergrößertes Bild $A_2 B_2$ auf dem Projektionsschirme entwirft.

§ 276. Schlierenmethode. Von den Anwendungen, die wir von den Gesetzen der Lichtbrechung machen, möge endlich noch die Methode der Schlierenbeobachtungen erwähnt werden; sie kann zur Erkennung der feinsten Störungen dienen, welche die Homogenität der Luft durch Strömungen oder Wellenbewegungen erleidet. AB (Fig. 344) sei eine quadratische, von einem intensiven Lichte gleichmäßig von links her beleuchtete Öffnung; C_1 das Zentrum einer Sammellinse, welche von der Öffnung AB ein reelles Bild in $A_1 B_1$ entwirft. Wir stellen nun an der Stelle, wo das Bild $A_1 B_1$ entsteht, einen quadratischen, undurchsichtigen Schirm auf, der das Bild $A_1 B_1$ vollständig auffängt, so daß von all den Strahlen, die von AB aus durch die Linse C_1 gehen, unter normalen Verhältnissen keiner in den Raum hinter den Schirm gelangen kann. Hinter dem Schirme befinde sich eine zweite Linse, C_2, die von der Oberfläche der Linse C_1 in D ein reelles Bild entwerfen würde. Nun werde an der Stelle α, nahe der Oberfläche der Linse C_1, die Homogenität der Luft gestört; es steige etwa ein Strom von heißer Luft, ein Gasstrahl, auf;

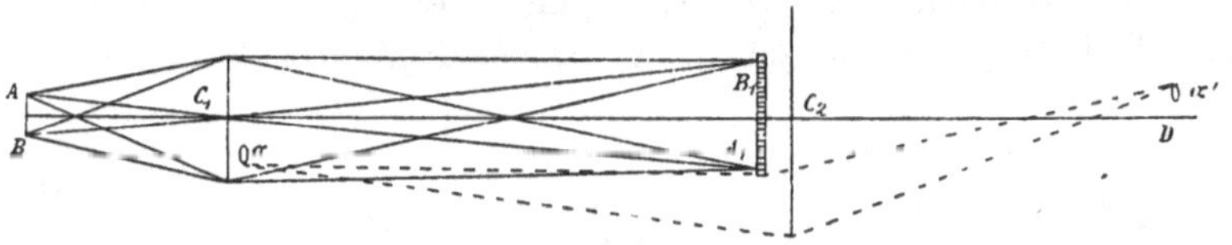

Fig. 344. Schlierenmethode.

dann werden alle durch α gehenden Strahlen von dem ursprünglichen Wege abgelenkt. Sie gehen jetzt am Rande des undurchsichtigen Schirmes vorbei und erzeugen in der Ebene, die durch D senkrecht zu der Achse der Linsen hindurchgeht, ein Bild α'. Dieses entspricht genau dem Gebiete, in dem die optische Dichtigkeit verändert ist; die gebrochenen Strahlen erzeugen also in den erwähnten Beispielen ein genaues Bild des aufsteigenden Strahles. Wenn man in die Ebene D eine photographische Platte bringt, so kann man eine Photographie des Strahles erhalten. In der Tat hat man auf diesem Wege bei Strahlen, die unter hohem Drucke austreten, die in § 138 erwähnten Diskontinuitäten beobachtet; es ist mit Benützung dieses Prinzipes gelungen, die in § 140 erwähnten Streckwellen, die Explosionswellen des elektrischen Funkens zu photographieren.

Zweiter Teil. Emission und Absorption.

I. Spektralanalyse.

§ 277. **Spektralapparate.** Die zuerst von KEPLER[1] in seiner Dioptrik beschriebene Zerlegung des weißen Lichtes durch ein Prisma enthält offenbar ein Prinzip, nach dem wir bei einem beliebigen leuchtenden Körper die Natur der von ihm ausgehenden Strahlen, die Zusammensetzung seines Lichtes, bestimmen können. Der von NEWTON aufgestellte Satz, daß Licht von verschiedener Farbe sich objektiv unterscheidet durch seine verschiedene Brechbarkeit, beseitigt auch die Unsicherheit, die nicht zu vermeiden ist, solange wir die Strahlen nur durch die ihnen entsprechende Farbenempfindung charakterisieren. Die Resultate

[1] IOANNIS KEPLERI opera omnia ed. Dr. CH. FRISCH (1858).

der Untersuchungen über die Zusammensetzung des von verschiedenen Lichtquellen ausgesandten Lichtes bilden den Inhalt der Spektralanalyse.

Wenn ein leuchtender Körper Licht von solcher Intensität aussendet, wie die Sonne oder eine elektrische Lampe, so kann man das Spektrum leicht auf einem Schirme entwerfen, wie dies in § 263 angegeben wurde. Zur subjektiven Beobachtung dient der von KIRCHHOFF und BUNSEN konstruierte Spektralapparat (Fig. 345 a). Dieser besteht aus dem Prisma, das auf ein horizontales, drehbares Tischchen gestellt

Fig. 345 a. Spektrometer.

ist, so daß seine Kante vertikal steht; dem Spaltrohre oder Kollimator S, das an seinem einen Ende den von der Lichtquelle beleuchteten vertikalen Spalt, an seinem anderen eine Sammellinse trägt. Der Spalt befindet sich in der Brennebene der Linse, so daß die von seinen Punkten ausgehenden Strahlen die Linse parallel miteinander verlassen. Das Spektrum wird beobachtet mit einem auf unendliche Entfernung eingestellten Fernrohre F; dieses vereinigt die aus dem Prisma parallel austretenden gebrochenen Strahlen in der Brennebene des Objektives und erzeugt hier reelle Farbenbilder des Spaltes, die sich nach der Brechbarkeit der Strahlen zu dem Spektrum der Lichtquelle aneinanderreihen. Auf dieses in der Brennebene des Objektives entstehende Spektrum wirkt das Okular nach dem in § 269 und § 270 angegebenen Prinzipe wie eine Lupe.

Sollen die zu verschiedenen Zeiten mit dem Spektralapparate angestellten Beobachtungen miteinander vergleichbar sein, so muß bei allen die Stellung des Prismas gegen das Spaltrohr dieselbe sein. Man erreicht dies am einfachsten dadurch, daß man das Prisma immer so stellt, daß die Ablenkung der *D*-Linie des Sonnenspektrums die minimale ist. Einen letzten Teil des Spektralapparates bildet endlich das Skalenrohr *T*, das an dem einen Ende eine horizontale, auf Glas photographierte Skale, an dem anderen, dem Prisma zugewandt, eine Sammellinse trägt, in deren Brennebene die Skale sich befindet. Das Skalenrohr wird so gestellt, daß die aus der Linse austretenden Strahlen von der Vorderfläche des Prismas nach dem Fernrohre reflektiert werden.

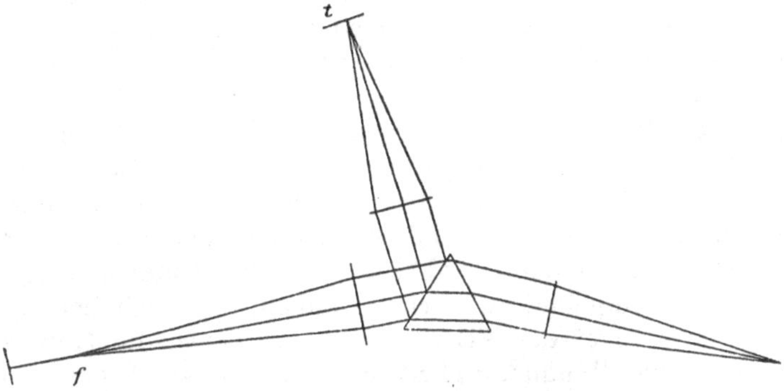

Fig. 345 b. Spektralapparat.

Wenn man dann die Skale von hinten beleuchtet, so erscheint das Spektrum über dem hellen Bilde der Teilung, und die Orientierung im Spektrum wird auf diese Weise wesentlich erleichtert. Der Gang der Strahlen wird anschaulich gemacht durch Fig. 345b; *s* bezeichnet den Spalt, *t* die Skale, *f* den Brennpunkt des Fernrohrobjektives.

§ **278. Spektra fester und flüssiger Körper.** Wenn man einen festen Körper, z. B. Metall, Kalk, Kohle, stark (auf 1600° und mehr) erhitzt, so sieht man im Spektroskop ein Spektrum; dabei reihen sich die einzelnen Farben in vollkommener Kontinuität aneinander ohne irgend eine Trennung, wie sie beim Sonnenspektrum durch die Fraunhoferschen Linien bedingt wird; das Spektrum eines glühenden festen oder flüssigen Körpers ist ein kontinuierliches. Ausnahmen hiervon machen nur die Oxyde des Cer, Didym und Erbium; sie zeigen eigentümliche streifenartige Spektren, namentlich wenn sie nicht für sich, sondern mit Tonerde und anderen Oxyden vermischt zum Glühen gebracht werden.

§ **279. Spektra von Metalldämpfen.** Die Spektra von Flammen, die durch Metallsalze gefärbt sind, wurden zuerst von Kirchhoff und Bunsen einer systematischen Untersuchung unterworfen. Sie zeigen eine von dem Spektrum glühender fester oder flüssiger Körper völlig verschiedene Natur; sie bestehen aus einzelnen hellen, durch lichtlose Zwischenräume voneinander getrennten Linien, und man bezeichnet sie daher als Linienspektren. Die Metalle, auf die sich die Untersuchungen von Kirchhoff und Bunsen bezogen, waren K, Na, Li, Sr, Ca, Ba. Sie brachten zunächst die Metallchloride in die nicht leuchtende Flamme des Bunsenbrenners und bestimmten die Lage der einzelnen Linien. Nun erhob sich die Frage: woher rühren diese Linien? Gehören sie dem Metalle als solchem an, sind sie abhängig von den besonderen, in der Flamme stattfindenden chemischen Prozessen, von der Temperatur, der Dichte der in die Flamme eingeführten Metalldämpfe? Zur Entscheidung der Frage wurde eine doppelte Reihe von Versuchen angestellt; einmal wurden die Chloride vertauscht mit den Bromiden, Jodiden, Oxydhydraten, Sulfaten und Karbonaten, sodann wurden an Stelle der Bunsenflamme andere Flammen mit tieferer und höherer Temperatur gesetzt.

Endlich wurde zu der Erzeugung von Spektren auch noch ein kräftiger elektrischer Funken angewandt, der zwischen Spitzen aus dem zu untersuchenden Metall übersprang. Über das Resultat ihrer Beobachtungen berichten Kirchhoff und Bunsen mit den folgenden Worten:

„Bei dieser umfassenden und zeitraubenden Untersuchung, deren Einzelheiten wir übergehen zu dürfen glauben, hat sich herausgestellt, daß die Verschiedenheit der Verbindungen, in denen die Metalle angewandt wurden, die Mannigfaltigkeit der chemischen Prozesse in den einzelnen Flammen und der ungeheure Temperaturunterschied dieser letzteren keinen Einfluß auf die Lage der den einzelnen Metallen entsprechenden Spektrallinien ausübt.“[1]

Wenn hiernach die Lage der hellen Linien in den Spektren der Metalldämpfe unabhängig ist von ihrer Temperatur und Dichte, so gilt nicht dasselbe von ihrer Intensität; es ist also damit keineswegs gesagt, daß jene Spektren absolut unveränderliche sind. Vielmehr zeigte es sich, daß bei Steigerung der Temperatur in mehreren Spektren neue Linien auftraten, daß die Intensitätsverhältnisse vorhandener Linien andere wurden. Das Ba besitzt zwei Linien im Grünen, von Kirchhoff und Bunsen mit den Buchstaben η und γ bezeichnet. Bei niedriger Temperatur ist die weniger brechbare γ sehr deutlich, η nicht sichtbar, bei hoher Temperatur ist η heller als γ. Das Ca besitzt zwei scheinbar ganz verschiedene Spektra: in der Flamme des Bunsenbrenners erhält man ein Spektrum, das breite Streifen in Rot, Gelb, Grün enthält, mit dem elektrischen Funken ein aus feinen Linien bestehendes. Schaltet man in die Entladungsstrecke des Funkens eine nasse Schnur ein, so wird seine Temperatur erheblich herabgesetzt, und das Spektrum ist dasselbe wie in der Bunsenschen Flamme.

Aus den Untersuchungen von Kirchhoff und Bunsen folgt mit großer Wahrscheinlichkeit, daß die hellen Linien der Metallspektren durch die gasförmigen Atome der Metalle selbst erzeugt werden; denn

[1] Kirchhoff u. Bunsen, Chemische Analyse durch Spektralbeobachtung. Pogg. Ann. 110 (1860), 113 (1861).

nur dadurch wird die Übereinstimmung der unter sehr verschiedenen Umständen erhaltenen Spektren begreiflich. Man wird anzunehmen haben, daß die in die Flamme eingeführten Salze in dieser sich dissoziieren, und daß die das Spektrum erzeugenden Strahlen von den durch Dissoziation entstandenen Metallatomen ausgehen. Je leichter die Dissoziation eintritt, um so leichter, d. h. bei um so niedrigerer Temperatur ist das Spektrum zu erhalten. Bei den sehr beständigen Salzen der schweren Metalle genügt der Bunsenbrenner nicht zur Erzeugung des Spektrums, es muß hier der elektrische Funke oder der Lichtbogen zwischen Elektroden aus dem betreffenden Metalle benützt werden. Mit den Dissoziationsverhältnissen können außerdem die Veränderungen des Spektrums in Zusammenhang gebracht werden, wie sie bei Ba und Ca erwähnt wurden. Das kompliziertere Spektrum, das der tieferen Temperatur entspricht, kann seinen Grund in einer noch unvollständigen

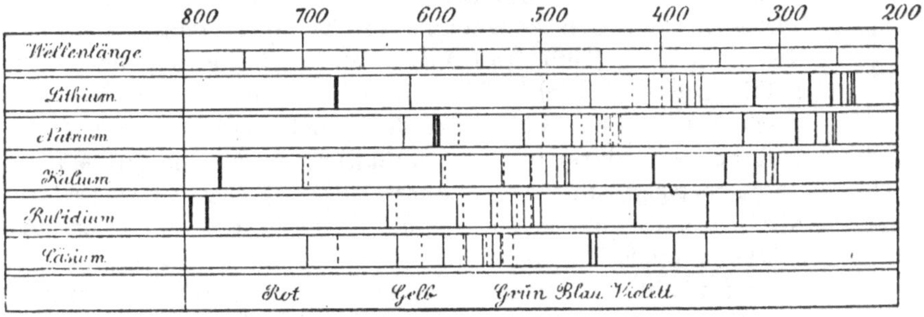

Fig. 346. Spektra der Alkalimetalle.

Dissoziation der Metallsalze haben. Endlich muß aber aus den Beobachtungen von Kirchhoff und Bunsen der Schluß gezogen werden, daß auch bei den von den Metallatomen ausgesandten Strahlen die Intensitätsverhältnisse von der Temperatur und der Dichte der metallischen Dämpfe abhängig sind. Ihre Bestätigung finden diese Anschauungen durch Untersuchungen, über die wir in den nächsten § berichten.

Die Spektren der Alkalimetalle sind durch Fig. 346 dargestellt. Die Linien ordnen sich zu gewissen Gruppen oder S e r i e n, die durch die Art der gezeichneten Striche (stark oder schwach ausgezogen, oder gestrichelt) kenntlich gemacht sind. Die meisten Linien erweisen sich als doppelt; so die erste der stark ausgezogenen Linien des Natriums, die bekannte gelbe Natriumlinie. Unten ist die Farbe der betreffenden Spektralbezirke angegeben; über den Spektren befindet sich mit Rücksicht auf spätere Betrachtungen eine Skale der Wellenlängen, deren Bestimmung uns in der Undulationstheorie des Lichtes beschäftigen wird, in Milliontel-Millimetern ($\mu\mu$). Die Spektren selbst sind nicht so gezeichnet, wie sie im Prisma erscheinen, sondern so, daß jene Skale nach gleichen Intervallen fortschreitet; eine Anordnung, deren Bedeutung und deren Vorteil freilich erst in der Wellenlehre des Lichtes verständlich werden wird.[1]

§ 280. Spektra GEISSLERscher Röhren. Schon vor KIRCHHOFF und BUNSEN hatte sich PLÜCKER mit spektralanalytischen Untersuchungen beschäftigt, zu denen er durch die Erscheinungen der elektrischen Entladung in verdünnten Gasen angeregt wurde. Verdünnte Gase sind Leiter der Elektrizität, aber der Durchgang des Stromes ist mit eigentümlichen Lichtwirkungen verbunden. Zu ihrer Beobachtung benützte PLÜCKER Glasröhren mit eingeschmolzenen kurzen Platindrähten, die von dem Mechaniker GEISSLER in Bonn in mannigfachster Form hergestellt wurden, sogenannte GEISSLERsche Röhren (Fig. 347). Durch die Platindrähte tritt die Elektrizität ein und aus. Um das von der Entladung erzeugte Licht spektralanalytisch zu untersuchen, werden die Röhren in ihrem mittleren Teile mit Kapillaren von etwa 0,6 mm Durchmesser versehen; dadurch konzentriert sich der Entladungsstrom in dem kapillaren Teile und entwickelt in diesem ein verhältnismäßig intensives Licht. Diese Röhren werden mit verschiedenen, stark verdünnten Gasen gefüllt (Druck etwa 0,5 bis 3 mm). Röhren, die dasselbe Gas enthalten, zeigen im allgemeinen dasselbe Spektrum; doch ändert sich das Intensitätsverhältnis der einzelnen Linien, so daß die durch ihre Mischung erzeugte Färbung auch bei demselben Gase eine verschiedene sein kann. PLÜCKER untersuchte in dieser Weise, zum Teile in Verbindung mit HITTORF, die Spektren von H_2, N_2, O_2, Cl_2 usw. Durch die Resultate der Untersuchung werden die Sätze von KIRCHHOFF und BUNSEN nach mehreren Seiten erweitert und ergänzt. Vor allem ergab sich, daß außer den kontinuierlichen und den Linienspektren noch eine dritte Art von Spektren existiert, die wir als Bandenspektren bezeichnen. In einem solchen treten vor allem helle scharfe Kanten hervor, die durch lichtstarke Linien erzeugt werden; an jede Kante schließt sich dem violetten Ende des Spektrums zu eine Serie heller Linien von allmählich abnehmender Intensität an. Die Abstände dieser oft doppelten oder dreifachen Linien nehmen anfangs rasch, dann langsamer zu und scheinen schließlich konstant zu werden. Auf die erste Kante folgt in einigem Abstande eine zweite mit einer ähnlichen Serie von Linien, auf die zweite Kante eine dritte, und man hat so unter Umständen bis zu sechs Kanten beobachtet, die dann mit den zugehörenden Linienreihen eben das ausmachen, was wir eine Bande nennen; dabei entsteht durch die Übereinanderlagerung der verschiedenen Serien ein schwer zu übersehendes Gewirr von Linien. Es kommt hinzu, daß das Spektrum eines glühenden Gases aus mehreren Banden bestehen

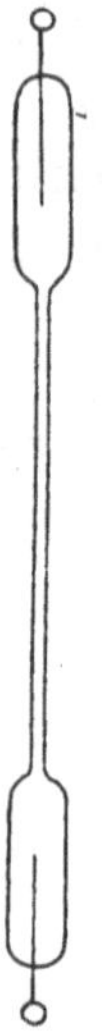

Fig. 347. GEISSLER-Röhre.

[1] H. KAYSER u. C. RUNGE, Berl. Ber. (1890).

kann; da, wo die verschiedenartigen Linien sich häufen, eine Bande die andere überdeckt, scheint es dann unmöglich, das Spektrum in die einzelnen Bestandteile aufzulösen. Der allgemeine Anblick eines Bandenspektrums erinnert durch das scharfe Hervortreten der hellen Kanten, die allmähliche Abnahme der Helligkeit von einer Kante bis zu der nächsten an den einer kannelierten Säule.

Aus den Untersuchungen von Plücker und anderen geht hervor, daß Bandenspektren in Geisslerschen Röhren vornehmlich bei niedriger Temperatur, Linienspektren bei hoher Temperatur, bei starken Entladungen, auftreten. So gelang es bei N_2, S, Se, J_2 Bandenspektren

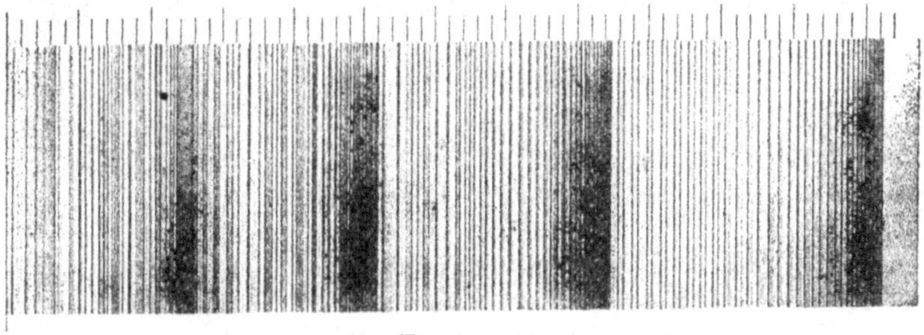

Fig. 348.

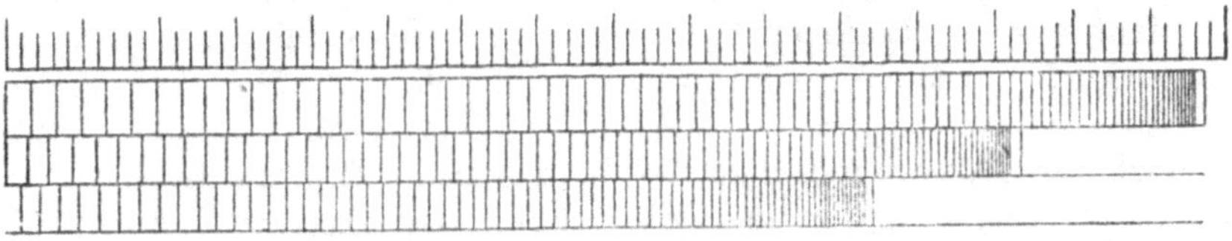

Fig. 349. Banden des Kohlenspektrums.

und Linienspektren zu erzeugen. H_2 gibt bei niedriger Temperatur ein ungemein linienreiches Spektrum, bei höherer eines, das verhältnismäßig wenige Linien, aber von wunderbarer Regelmäßigkeit der Anordnung enthält. Die im Spektrum des elektrischen Bogenlichtes auftretenden Banden gehören sehr wahrscheinlich zum Teil dem Kohlenstoffe, zum Teil dem Kohlenstickstoffe an.

In Fig. 348 sieht man fünf aufeinanderfolgende Kanten mit den daran sich schließenden Serien von Linien. In Fig. 349 sind für einen anderen Teil des Spektrums die Serien auseinandergerückt, die sich an drei aufeinanderfolgende Kanten anschließen. Dabei sind die leuchtenden Linien des Spektrums in der Zeichnung durch schwarze Linien wiedergegeben; die Skalen beziehen sich wie bei Fig. 346 auf Wellenlängen.[1]

§ 281. Spektra chemischer Verbindungen. Schon die Untersuchung der Gasspektren Geisslerscher Röhren hat gezeigt, daß zusammen-

[1] H. Kayser u. C. Runge, Berl. Ber. (1889).

gesetzte Gase, wie z. B. Cyan, ein eigentümliches, von der Kombination der Elementarspektra verschiedenes Spektrum besitzen. In systematischer Weise wurde die Frage nach den Verbindungsspektren von Mitscherlich behandelt.[1] Er ging aus von der Untersuchung der Chloride, und drängte ihre Dissoziation dadurch zurück, daß er in die Flamme eines Bunsenbrenners oder in eine Wasserstofflamme freies Chlor einführte. Bei Ba, Sr, Ca, Bi, Pb, Cu, Au wurden Spektren erhalten, die, von den Metallspektren ganz verschieden, als Spektra der Chloride anzusehen waren. Dagegen gelang es bei K, Na, Li, Mg, Zn, Cd, Ag und Hg nicht, andere als die Metallspektren zu erhalten, ohne Zweifel infolge der leichteren Dissoziation der entsprechenden Chloride. Weiterhin wurde die Untersuchung ausgedehnt auf die Bromide, Jodide und Fluoride, sowie auf die Oxyde. Die Spektren der letzteren wurden in der Flamme eines Leuchtgassauerstoffgebläses erzeugt, in deren oxydierenden Teil die Metalle gebracht wurden. Bei all den zuerst genannten Metallen wurden eigentümliche, den Verbindungen angehörende Spektren gefunden. Besonders bemerkenswert ist es, daß diese Spektren den Charakter von Bandenspektren besitzen; es spricht dies für die Vermutung, daß Bandenspektren einem komplizierteren Zustande der Licht aussendenden Molekel oder Atome entsprechen, als Linienspektren. Allein die Frage ist noch keineswegs entschieden; denn wir kennen eine merkwürdige Tatsache, die mit jener Annahme unvereinbar scheint. Das Quecksilber, dessen Molekel als einatomig zu betrachten sind, besitzt nicht nur ein Linienspektrum, in dem 600 Linien gemessen sind, sondern noch ein hiervon völlig verschiedenes und ziemlich kompliziertes Bandenspektrum.[2] An die Untersuchungen von Mitscherlich knüpft sich noch die Bemerkung, daß die in den Spektren von Ba, Sr, Ca in der Bunsenflamme sich zeigenden Banden den Oxyden dieser Metalle angehören.

§ 282. **Spektrum und Dampfdichte.** Der Einfluß der Temperatur auf das Spektrum erweist sich als ein individueller, er ändert in einer den einzelnen Dämpfen eigentümlichen Weise die Intensitätsverhältnisse der Linien, er verwandelt Bandenspektren in Linienspektren. Da nun die Eigenschaften der Gase überhaupt außer von der Temperatur noch von dem Drucke oder der Dichte abhängen, so ist auch bei dem Spektrum ein Einfluß der Dichte von vornherein zu erwarten. Nach den vorliegenden Beobachtungen äußert er sich aber bei den Spektren der verschiedenen Dämpfe in übereinstimmender Weise. Mit zunehmender Dichte werden die Linien des Spektrums breiter. Dies wurde zuerst von Plücker und Hittorf bei einer Röhre beobachtet, die mit N_2 bei einem Drucke von 250 mm gefüllt war. Sehr auffallend ist die Erscheinung bei H_2; in dem einfachen Linienspektrum des H_2 treten be-

[1] A. Mitscherlich, Pogg. Ann. 116 (1862), 121 (1864).
[2] Eder u. Valenta, Wied. Ann. 55 (1895).

sonders drei Linien in Violett, Blau und Rot hervor, die mit den Buchstaben Hγ, Hβ und Hα bezeichnet werden. Bei zunehmendem Drucke wird zuerst Hγ, darauf Hβ breiter, während Hα sich am wenigsten ändert. Bei einem Drucke von 60 mm Hg verwandelt sich das Spektrum in ein nahezu kontinuierliches, an dessen Ende nur noch die rote Linie sichtbar ist; bei einem Drucke von 360 mm tritt ein glänzendes, kontinuierliches Spektrum auf, von dem die in ein breites Band ausgedehnte Linie Hα kaum mehr sich abhebt.[1] Ähnliche Beobachtungen wurden mit Na gemacht, bei dem die Verbreiterung der Linien schon mit sehr einfachen Mitteln zu zeigen ist.

§ 283. **Chemische Spektralanalyse.** Nach den Untersuchungen von Kirchhoff und Bunsen repräsentiert die Stellung, welche die Linien der Metallspektren einnehmen, eine chemische Eigenschaft, die von ebenso unwandelbarer und fundamentaler Natur ist wie das Atomgewicht. Dazu kann ihre Lage im Spektrum mit astronomischer Genauigkeit bestimmt werden. Wo immer in einem Spektrum die Linien eines Metalles auftreten, kann mit absoluter Sicherheit auf seine Anwesenheit in der Lichtquelle geschlossen werden. Die Spektrallinien können daher als Reaktionsmittel dienen, durch welche die Metalle schärfer, schneller und in geringerer Menge sich nachweisen lassen, als durch irgend ein anderes analytisches Hilfsmittel.

Voraussetzung der hierdurch gegebenen chemischen Spektralanalyse ist natürlich, daß die den verschiedenen Metallen angehörenden Spektren einmal genau untersucht, die Linien in Tabellen registriert, oder durch eine Zeichnung des Spektrums anschaulich gemacht werden. Über die Ergebnisse dieser zuerst von Kirchhoff und Bunsen unternommenen Arbeit mögen wenige Bemerkungen genügen.

Beim Na tritt in der Regel nur eine einzige Linie, oder vielmehr eine Doppellinie in Gelb hervor, welche man als Natriumlinie schlechtweg zu bezeichnen pflegt. Die auf das Erscheinen derselben begründete Reaktion ist so empfindlich, daß man mit ihr noch 1/3000000 Milligramm Na mit der größten Deutlichkeit erkennen kann.

Das Li zeigt stets eine rote glänzende, scharf begrenzte Linie und eine sehr schwache gelbe. Na- und Li-Flammen sind infolge dieser Beschaffenheit ihrer Spektren hervorragend geeignet zur Erzeugung eines homogenen, einfarbigen Lichtes, und man macht hiervon bei optischen Beobachtungen in ausgedehntem Maße Gebrauch. Ausgezeichnet durch die ungeheure Menge seiner Linien ist das Spektrum des Eisens; man hat deren ca. 4500 beobachtet und gemessen.

Wenn die Linien aller bekannten Metalle beobachtet, ihrer Lage nach genau bestimmt und gezeichnet sind, so kann das Auftauchen neuer Linien durch die Anwesenheit bis dahin unbekannter Metalle bedingt sein. In der Tat gelang auf diese Weise Bunsen selbst die Entdeckung

[1] Frankland, Proc. Roy. Soc. V (1868).

des Rubidiums und Cäsiums; später wurden auf demselben Wege viele Metalle und Gase gefunden.

Über Messung von Wellenlängen siehe § 310.

§ 284. Numerische Gesetzmäßigkeiten der Emissionsspektra. Die Linien und Bandspektren zeigen gewisse Regelmäßigkeiten, die man in einfachen Fällen rein arithmetisch (ohne physikalische Begründung) in Formeln fassen konnte.

Der Wasserstoff besitzt in nicht zu niederer Temperatur ein einfaches Linienspektrum, das sogenannte erste Spektrum (Fig. 350); es ist

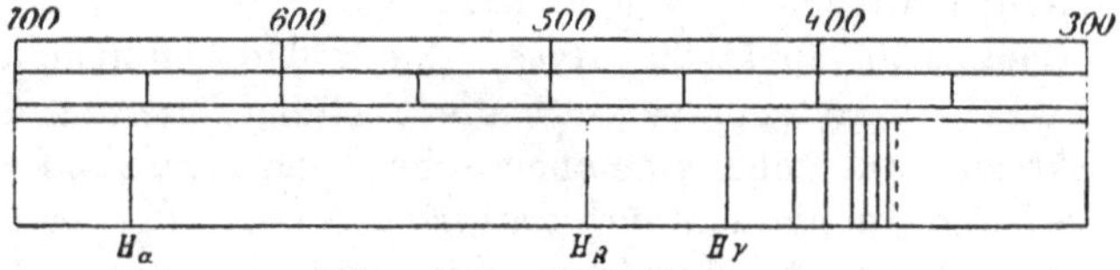

Fig. 350. H_2-Spektrum.

dasselbe, welches in dem Lichte des Sirius und der Wega in ausgezeichneter Weise entwickelt ist. Die Wellenlängen seiner Linien können (in $\mu\mu$) mit großer Genauigkeit nach der Balmerschen Formel:

$$\lambda = 364{,}720 \frac{n^2}{n^2 - 4}$$

berechnet werden; für n sind der Reihe nach alle ganzen Zahlen von 3 an zu setzen. Der Grad der Übereinstimmung berechneter und gemessener Wellenlängen ist ein geradezu überraschender.[1]

Später wurde bei Wasserstoff noch eine zweite Serie und eine isolierte Linie mit der Wellenlänge 468,79 $\mu\mu$ beobachtet.

Bei anderen Elementen stellen sich die Spektren von vornherein in komplizierterer Weise dar. Es treten einmal mehrere Serien auf, deren Linien in ähnlicher Weise zusammengehören, wie die des Wasserstoffes. Dann aber treten an Stelle einfacher Linien sehr häufig doppelte und dreifache, Linienpaare und Linientripel. Werfen wir zunächst einen Blick auf die Spektren der Alkalimetalle. Jedes dieser Spektren setzt sich aus mehreren Linienserien zusammen, unter denen eine besonders hervortretende als die Hauptserie bezeichnet wird. Diese besteht beim Li aus scheinbar einfachen Linien,[2] beim Na aus engen Paaren, bei den anderen aus Paaren, deren Linien mit steigendem Atomgewichte weiter und weiter auseinander rücken. Die Serien selbst verschieben sich mit wachsendem Atomgewichte nach dem weniger brechbaren Ende des Spektrums, was bei den in Fig. 346 gezeichneten Spektren sehr deutlich hervortritt; die Wellenlängen der Linien lassen sich nach der Formel

$$10^6/\lambda = A - B/n^2 - C/n^4$$

[1] Wied. Ann. 25 (1885).

[2] Hagenbach, Ann. d. Phys. 9 (1902), daß auch hier die Linien doppelt sind, zeigte Kent, Phys. ZS. 15 (1914).

berechnen, in der für die Ordnungszahl n der Reihe nach alle ganzen Zahlen von 3 an zu setzen sind.

Bei den Alkalimetallen werden die Hauptserien, welche von dem ultraroten bis zu dem ultravioletten Ende des Spektrums sich erstrecken, von einer oder zwei Nebenserien begleitet, die im wesentlichen auf den sichtbaren Teil des Spektrums beschränkt sind. Auch bei den Nebenserien gilt die eben gegebene Formel. Die Linien der Nebenserien sind doppelt oder dreifach. Ihre Zusammengehörigkeit zu einer und derselben Serie verrät sich auch durch ihr sonstiges Verhalten. Die Linien der sogen. ersten Nebenserie sind stärker, wenig scharf; die Linien der zweiten Nebenserie sind schwächer, aber schärfer und nur nach dem roten Ende des Spektrums hin verbreitert. Die Hauptserie tritt nur bei den Alkalimetallen auf; bei einer Reihe anderer Metalle finden sich zwei Serien, welche in ihrem Verhalten eine unverkennbare Ähnlichkeit mit den Nebenserien der Alkalimetalle zeigen; sie werden daher gleichfalls als Nebenserien bezeichnet.

Die Konstanten A, B und C sind für viele Metalle berechnet, wobei sich zwischen ihnen ganz merkwürdige, einfache Gesetzmäßigkeiten ergeben.[1]

In all den betrachteten Fällen bilden die Wellenlängen oder die Schwingungszahlen der einzelnen Serien eine einfache Reihe, wie etwa die Schwingungszahlen einer Saite oder eines Klangstabes. Man könnte daraus schließen, daß die Atome oder Elektronen, von denen die entsprechenden Wellen erzeugt werden, nach Art von linearen Gebilden schwingen.

Zu einer anderen Auffassung führt eine Darstellung der Serienschwingung, welche von Rydberg[2] gegeben worden ist, und welche dem Wesen der Erscheinung um vieles näher zu kommen scheint, als die Formel von Kayser und Runge.

Wir knüpfen zunächst wieder an die Verhältnisse des Wasserstoffes an; bei der schon erwähnten zweiten Serie, welche von Pickering in dem Spektrum des Sternes ζ Puppis aufgefunden wurde (vielleicht aber He-Linien, siehe Bd. II), können die Schwingungszahlen dargestellt werden durch die Formel:

$$\frac{10^6}{\lambda} = N\left\{\frac{1}{4} - \frac{1}{(m+\frac{1}{2})^2}\right\};$$

m ist der Reihe nach gleich 3, 4, 5 ... zu setzen. Die Serie charakterisiert sich durch ihre schwachen aber scharfen Linien als eine zweite Nebenserie. Die Schwingungszahl der isolierten Linie mit der Wellenlänge 468,79 $\mu\mu$ kann ausgedrückt werden durch:

$$\frac{10^6}{\lambda} = -N\left\{\frac{1}{4} - \frac{1}{1{,}5^2}\right\}.$$

Endlich kann man der Balmerschen Formel die Gestalt geben:

$$\frac{10^6}{\lambda} = N\left\{\frac{1}{4} - \frac{1}{n^2}\right\}.$$

[1] Kayser und Runge, Berl. Ber. (1890).

[2] Rydberg, Congrès international de Physique. Paris II (1900).

Die hierdurch dargestellte Serie zeigt verbreiterte Linien; nach Analogie mit den Spektren anderer Elemente wird sie daher als eine erste Nebenserie anzusprechen sein. Schließlich liegt dann die Vermutung nahe, daß die isolierte Linie einer Hauptserie angehöre, deren übrige, im Ultravioletten liegende Linien bisher nicht beobachtet werden konnten. Die allgemeine Formel für die Schwingungszahlen dieser Hauptserie würden sein:

$$\frac{10^6}{\lambda} = N\left\{\frac{1}{n^2} - \frac{1}{1{,}5^2}\right\},$$

wo für n die Zahlen $n = 2, 3, 4 \ldots$ zu setzen wären.

Die Zahl N hat, wie sich aus den Beobachtungen ergibt, für alle drei Serien einen und denselben Wert:

$$N = 10967,$$

wobei als Einheit der Wellenlänge das $\mu\mu$ vorausgesetzt ist. Die hiermit entwickelte Anschauung wäre eine sehr willkürliche, wenn wir das Wasserstoffspektrum für sich allein betrachten würden. Sie wird lediglich durch die Analogie gestützt, welche dadurch zwischen diesem Spektrum und den drei bei den Alkalimetallen auftretenden Serien hergestellt wird. Wenn wir aber jene Auffassung gelten lassen, so liegt natürlich der weitere Schritt nahe, die für die Hauptserie und für die zweite Nebenserie geltenden Formeln zu einer einzigen zu verbinden:

$$\frac{10^6}{\lambda} = \pm N\left\{\frac{1}{n^2} - \frac{1}{(m + \frac{1}{2})^2}\right\}.$$

Der rechts stehende Ausdruck ist dabei stets positiv zu nehmen. Man erhält dann die Hauptserie, wenn man $m = 1$ und $n = 2, 3, 4 \ldots$, die zweite Nebenserie, wenn man $n = 2$ und $m = 3, 4, 5 \ldots$ setzt. Die Schwingungen beider Serien bilden aber jetzt ein System, sie sind aufzufassen als Partialschwingungen eines nach zwei Dimensionen ausgedehnten Gebildes, analog etwa den Schwingungen einer Klangplatte. Zwischen diesen letzteren und zwischen dem Systeme der beiden Serien besteht aber ein sehr bemerkenswerter Unterschied. Bei einer Klangplatte nimmt die Schwingungszahl immer mehr zu, je komplizierter die Teilung der Platte, je höher die Ordnungszahlen des Tones werden. Lassen wir dagegen bei unseren Serienschwingungen die Zahlen m und n bis ins Unendliche wachsen, so wird die Schwingungszahl schließlich gleich Null.

Ganz analoge Darstellungen, wie wir sie im vorhergehenden für die Serien des Wasserstoffes aufgestellt haben, gelten nun auch für die Serien der Alkalimetalle. Auch hier bilden die Schwingungen der Hauptserie zusammen mit denen der zweiten Nebenserie ein zweidimensionales System; seine Partialschwingungen lassen sich durch einen Ausdruck von der Form:

$$\frac{10^6}{\lambda} = \pm N\left\{\frac{1}{(n + \nu)^2} - \frac{1}{(m + \frac{1}{2} + \mu)^2}\right\}$$

darstellen. Hier sind ν und μ konstante Zahlen, welche positiv oder negativ sein können, deren Werte aber stets kleiner als $\frac{1}{2}$ sind. Wir erhalten die Hauptserie, wenn wir $m = 1$ und $n = 2, 3, 4 \ldots$, die zweite Nebenserie, wenn wir $n = 2$ und $m = 1, 2, 3, 4, 5 \ldots$ setzen.

Der Wert von N ist in allen Formeln derselbe wie bei Wasserstoff, 10967; die Konstante N scheint hiernach eine universelle, von der chemischen Natur des leuchtenden Gases unabhängige Bedeutung zu besitzen.

Neuere Bearbeitungen[1] ergaben den Wert

$$N = 10973{,}718 \pm 0{,}006 .$$

In der Darstellung von Rydberg werden Hauptserie und zweite Nebenserie zu einem Systeme verbunden, dem die erste Nebenserie isoliert gegenübersteht. Die beiden erstgenannten Serien entsprechen den Schwingungen eines zweidimensionalen Gebildes, die letzte den Schwingungen eines linearen. Es ist vielleicht nicht überflüssig zu bemerken, daß man auch alle drei Serien zusammenfassen kann durch die Formel

$$\frac{10^6}{\lambda} = \pm N \left\{ \frac{1}{(n + \nu)^2} - \frac{1}{(m + \frac{1}{2} + \mu)^2} - \frac{1}{(r + \varrho)^2} \right\} .$$

Man erhält dann die Hauptserie mit $m = 1$ und $r = \infty$, die erste Nebenserie mit $n = 2$ und $m = \infty$, die zweite Nebenserie mit $n = 2$ und $r = \infty$. Sämtliche Schwingungen des Spektrums erscheinen dann als Partialschwingungen eines dreidimensionalen Systems.

Die Tatsachen, welche den vorhergehenden Betrachtungen zugrunde liegen, haben eine bemerkenswerte Ergänzung erfahren durch die Entdeckung je einer neuen Serie bei Ka, Ru und Cä im ultraroten Teile des Spektrums.[2] Die neue Serie steht zu der ersten Nebenserie des Kaliums in ähnlicher Beziehung, wie die Hauptserie zu der zweiten Nebenserie; sie gehört zu dem durch die obige Formel dargestellten Systeme von Linien, und zwar ergeben sich ihre Schwingungszahlen, wenn man in der allgemeinen Formel $m = \infty$, r gleich einer konstanten Zahl setzt.

Es gibt noch andere Formeln; eine mit der Erfahrung sehr gut übereinstimmende ist die von Ritz[3].

Gruppen von Linien. Bei einer von einem Linienpaare oder von einem Tripel gebildeten Serie wiederholt sich eine von zwei oder drei Linien gebildete Gruppe an verschiedenen Stellen des Spektrums, so daß die Schwingungszahlen entsprechender Linien eine konstante Differenz bewahren. Zugleich aber werden die Stellen, in welchen die Wiederholung der Gruppen eintritt, durch die Serienformel bestimmt. Bei den Spektren von Sn, Pb, As, Sb, Bi, und ebenso bei den Spektren

[1] Paschen, Ann. d. Phys. 50 (1916).
[2] Arno Bergmann, Dissertation, Jena (1907).
[3] Ann. d. Phys. 12 (1903).

der Metalle der Pt-Gruppe ist es nicht gelungen, Serien aufzufinden; aber die Eigentümlichkeit, daß bestimmte Gruppen von Linien sich an verschiedenen Stellen des Spektrums wiederholen, so daß die Differenz der Schwingungszahlen entsprechender Linien konstant bleibt, ist auch bei diesen Spektren vorhanden; es fehlt nur das die Wiederholungsstellen verbindende Gesetz. In dem Spektrum des Pd z. B. findet sich ein Tripel von Linien, welches sich sechsmal wiederholt.

Bandenspektren. Sehr viel komplizierter ist der Charakter der Bandenspektren. Bei ihnen können wir eine erste einfache Reihe herstellen, indem wir die Schwingungszahlen der ersten Kante aller Banden notieren, oder etwa graphisch auf einer Achse OX (Fig. 351) auftragen. Wir bezeichnen sie durch a_{00}, a_{10}, a_{20}, a_{30}, ... Der ersten Kante jeder Bande ordnen sich nun weitere Kanten zu. Ihre Schwingungszahlen bestimmen sich nach einem Gesetze, das von einer Bande zur anderen sich ändern kann, so daß die darin auftretenden Koëffizienten als Funktionen der Zahlen $a_{00}, a_{10}, a_{20}, a_{30}, \ldots$ erscheinen. Wir bezeichnen die Schwingungszahlen der Kanten bei der ersten Bande durch

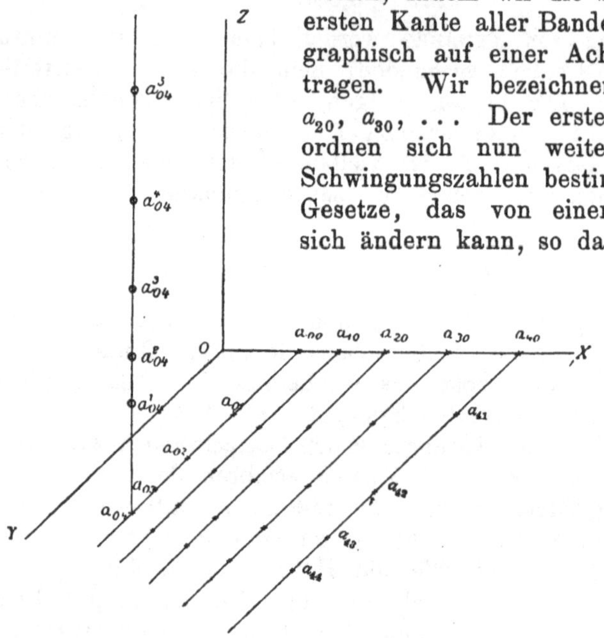

Fig. 351. Bandenspektrum.

$a_{00}, a_{01}, a_{02}, a_{03} \ldots,$

bei der zweiten durch

$a_{10}, a_{11}, a_{12}, a_{13} \ldots,$

bei der dritten durch

$a_{20}, a_{21}, a_{22}, a_{23} \ldots$ usw.

Diese Zahlen stellen wir auf Linien, die durch die Punkte a_{00}, a_{10}, a_{20}, a_{30} ... parallel mit einer Achse OY gezogen werden, graphisch durch Punkte dar.

Endlich ordnen sich zu jeder Kante die Schwingungen der ihr zugehörenden Serie; das Gesetz, dem die entsprechenden Schwingungszahlen folgen, wird im allgemeinen wieder von Serie zu Serie wechseln, seine Koëffizienten werden also abhängig sein von der Schwingungszahl a_{ik} der entsprechenden Kante. Die Schwingungszahlen der Linien, welche in dieser Weise der Schwingungszahl a_{ik} entsprechen, bezeichnen wir durch a_{ik}, a^1_{ik}, a^2_{ik}, a^3_{ik} .... Wir können diese Zahlen auf Linien auftragen, die wir durch die Punkte a_{ik} der XY-Ebene parallel zu einer dritten Achse OZ ziehen. Wir erhalten so ein System von Punkten, das die Schwingungszahlen aller dem Bandenspektrum angehörenden Linien repräsentiert. Die X-Achse enthält die Schwingungszahlen der Anfangskanten der Banden; die Ebenen, welche durch die Punkte der X-Achse parallel zu der YZ-Ebene hindurchgehen, enthalten die Schwingungszahlen der zu den einzelnen Banden gehörenden Linien. Es ergibt sich hieraus, daß die Schwingungen der Molekel, die ein Bandenspektrum erzeugen, durch drei verschiedene, voneinander unabhängige Bedingungen bestimmt werden, daß sie sich verhalten wie die Schwingungen räumlich ausgedehnter Körper.

Bei den Banden des Kohlenstoffes finden zwischen den von uns unterschiedenen Schwingungszahlen wenigstens in erster Annäherung die Beziehungen statt:

$$\begin{aligned} a_{i0} &= a_{00} + \alpha_0 i + \beta_0 i^2 \\ a_{i1} &= a_{01} + \alpha_1 i + \beta_1 i^2 \\ &\ldots\ldots, \\ a_{0k} &= a_{00} + \gamma_0 - \sqrt{c\,k^2 + \gamma_0^2} \\ a^n_{ik} &= a_{ik} + \delta_{ik} n^2. \end{aligned}$$

Hier sind die α, β, γ und δ Konstanten; für i, k und n hat man der Reihe nach die Zahlen 0, 1, 2, 3 ... zu setzen.

Die erste Gruppe von Gleichungen verbindet die entsprechenden Kanten verschiedener Banden, die vorletzte Gleichung die Kanten der ersten Bande, die letzte die Linien einer zu einer Kante gehörenden Serie.[1] Aus den Beobachtungen scheint zu folgen, daß die Konstanten α, β und δ für alle Banden den gleichen Wert besitzen; unter dieser Voraussetzung lassen sich die Schwingungszahlen sämtlicher Linien des Bandenspektrums durch die einheitliche Formel

$$a^n_{ik} = a_{00} + \alpha\, i + \beta\, i^2 + \gamma - \sqrt{c\,k^2 + \gamma^2} + \delta\, n^2$$

darstellen, in der für i, k und n der Reihe nach die Zahlen 0, 1, 2, 3, ... zu setzen sind.

§ 285. **Theoretische Gesetzmäßigkeiten der Emissionsspektra.** In vorhergehendem § haben wir eine Reihe von rein rechnerischen Ergebnissen angeführt, welche die numerische Darstellung vieler Spektra ermöglicht. In jüngster Zeit entwickelte sich nun eine theoretische Spektralanalyse, ausgehend von bestimmten Atommodellen. (Darüber später Band II.)

§ 286. **Absorptionsspektren.** Auf der spektralanalytischen Methode beruht nicht bloß unsere Kenntnis von der Lichtemission der Körper; sie führt auch zu einer sehr einfachen und übersichtlichen Bestimmung ihrer Absorptionsverhältnisse. Man hat nichts nötig, als das kontinuierliche Spektrum eines weißglühenden festen Körpers durch eine aus der zu untersuchenden Substanz hergestellte planparallele Platte zu betrachten

[1] KAYSER und RUNGE, Berl. Ber. (1899). — RYDBERG, Congrès international de physique. Paris II (1900).

oder besser, zu photographieren; man sieht dann unmittelbar, welche Teile des Spektrums ausgelöscht, welche mehr oder weniger geschwächt erscheinen, und welche mit ungeänderter Intensität durchgehen. Man kann so auch den Einfluß, den die Dicke der durchstrahlten Schichten, die Konzentration der in Lösung befindlichen Farbstoffe auf die Größe der Absorption ausübt, bestimmen. Man findet, daß Schichten von gleichem Gehalte an absorbierender Substanz von den auffallenden Strahlen immer denselben Bruchteil absorbieren; die Absorption nimmt daher mit der Dicke der durchstrahlten Körper sehr rasch zu. Manche Lösungen, wie die des Blutes, des Chlorophylls, des übermangansauren Kalis zeigen sehr eigentümliche streifenartige Absorptionen, die besonders überraschend bei den vollkommen farblosen Lösungen der Didymsalze oder Xenotimkristalle sind. Ausgezeichnet durch eine Fülle von Absorptionslinien sind endlich gewisse Gase, wie Stickstoffdioxyd und Joddampf.

Glas läßt die optisch wirksame Strahlung durch; absorbiert hingegen teilweise die ultrarote und ultraviolette. Durch eine passend konzentrierte Jodlösung in Schwefelkohlenstoff geht gar kein Licht, aber ziemlich viel ultrarote Strahlung. Wasser absorbiert wieder viel ultrarote Strahlung, man schaltet daher bei Projektionsapparaten ein mit Wasser gefülltes planparalleles Glasgefäß in den Strahlengang und mildert so die Erhitzung der bestrahlten Objekte, ohne an Licht zu verlieren. Neben dem optisch wirksamen Teil lassen Steinsalz und Sylvin auch die ultrarote Strahlung durch, hingegen Flußspat und Quarz auch die ultraviolette. Spektralapparate zum Photographieren des Spektrums haben darum Linsen und Prismen aus Quarz oder einem besonderen Glase, dem Uviolglas.

Farbige Gläser lassen meist einige Farben durch, alle Farbenfilter (ausgenommen Rubinglas für Rot) liefern somit keine einheitliche, homogene Strahlung, sondern ein Farbengemisch.

Für ultraviolette Strahlen hat H. Lehmann einen UV-Filter konstruiert, der alle Strahlen absorbiert bis auf das Spektralgebiet 300 bis 400 $\mu\mu$. Nach Durchgang durch ein solches Filter wird z. B. der Strahl einer elektrischen Lampe ganz unsichtbar, zeigt aber alle Wirkungen der ultravioletten Strahlung, z. B. Fluoreszenz (§ 296) u. dgl.

§ 287. Anomale Dispersion. An die Absorption knüpft sich zunächst noch eine Erscheinung, durch die unsre Anschauungen über die Natur der Brechung eine nicht unwesentliche Erweiterung erfahren. Körper, die im Spektrum Absorptionsstreifen erzeugen, brechen die in der Nähe der Streifen liegenden Strahlen in einer von der gewöhnlichen abweichenden Weise. Wenn wir ein Spektrum, das von einem Prisma aus farblosem Glase mit vertikaler brechender Kante erzeugt ist, durch ein ebensolches Prisma mit horizontaler Kante betrachten, so erscheint das abgeleitete Spektrum als ein ziemlich gleichmäßig schief gezogener Streifen, in dem die einzelnen Farben um so mehr abgelenkt sind, je mehr sie sich dem violetten Ende des Spektrums nähern. Es ist dies die Methode der gekreuzten Prismen, die wir schon in § 263 erwähnt haben. Benützen wir nun bei dieser Methode als zweites Prisma ein solches mit ausgesprochenen Absorptionsstreifen, z. B. ein Prisma von Fuchsin, so zeigt das abgeleitete Spektrum Formen wie Fig. 352. Wenn man vom roten Ende des Spektrums ausgeht, so nimmt die Brechung bis zum Absorptionsstreifen in Grün stark zu, um hinter ihm auf einen kleineren Betrag zurückzugehen und dann wieder gegen Violett zu steigen.

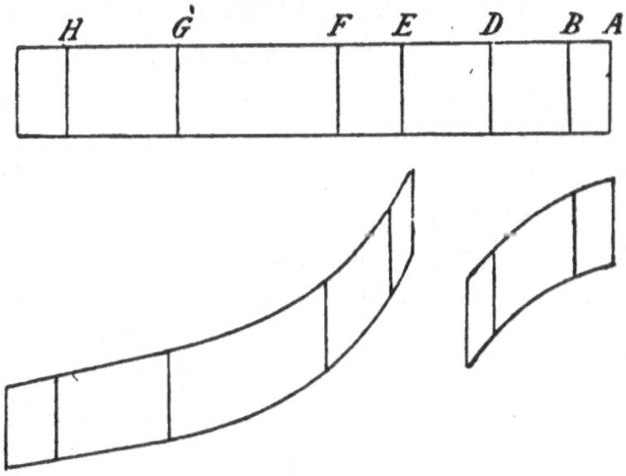

Fig. 352. Anomale Dispersion.

Die Verschiebung der Brechbarkeit geht bei einer Fuchsinlösung, die das grüne Licht vollständig absorbiert, so weit, daß Rot und Gelb stärker abgelenkt wird, als Blau und Violett.

Die Theorie dieser Erscheinung beruht auf der von „gekoppelten Schwingungen“ (§ 52). Die schwingungsfähigen Teile im Körper geraten durch die einfallenden Strahlen ins Mitschwingen. Absorptionsstreifen entsprechen einer Resonanz zwischen Ätherschwingung und molekularer Schwingung. Ist die Schwingungsdauer der erregenden Ätherstrahlen größer (bzw. kleiner) als die der Molekularschwingungen, so tritt eine Hemmung (bzw. eine Beschleunigung) der Ätherschwingung ein, d. h. die Ausbreitungsgeschwindigkeit wird verlangsamt (bzw. vergrößert) oder mit anderen Worten sie wird größer (bzw. kleiner). Die „Scheu vor der Resonanz“ des erregten Systems sucht, falls die erregende Schwingung zu tief oder zu hoch ist, diese Abweichung noch zu vergrößern.[1]

Eine vollständige Angabe dieser Theorien würde zu weit führen, wir wollen nur mitteilen, daß eine Untersuchung zu allgemeinen Dispersionsformeln (d. h. Abhängigkeit des Brechungsverhältnisses von der Wellenlänge) führt. Für schwächere Absorptionen wird da:

$$n^2 = \varepsilon + \frac{\varepsilon_1 \lambda_1^2}{\lambda^2 - \lambda_1^2} + \frac{\varepsilon_2 \lambda_2^2}{\lambda^2 - \lambda_2^2} + \frac{\varepsilon_3 \lambda_3^2}{\lambda^2 - \lambda_3^2}.$$

Hier ist λ die Wellenlänge in Luft (oder Äther); $\lambda_1, \lambda_2, \lambda_3 \ldots$ sind jene Wellen, wo Absorption stattfindet, $\varepsilon_1, \varepsilon_2, \varepsilon_3 \ldots$ sind Konstante dieser betreffenden Absorptionsgebiete.

Hat ein Körper mehrere Dispersionsstellen, so wiederholt sich obige Erscheinung bei jeder Stelle. Na-Dampf z. B. zeigt zwei Gebiete anomaler Dispersion, entsprechend den Absorptionsstreifen D_1 und D_2.

---

[1] Lord Rayleigh, Phil. Mag. (4) 41 (1871). — Sellmeyer, Pogg. Ann. 145, 147 (1872). Helmholtz, Pogg. Ann. 154 (1875). Später wurden diese Ideen in die elektromagnetische Lichttheorie übersetzt, Helmholtz, Wied. Ann. 48 (1893) und in die Elektronentheorie, Drude, Ann. d. Phys. 14 (1904).

Findet keine Absorption statt, so wird in obiger Formel

$$\varepsilon_1 = \varepsilon_2 = \varepsilon_3 = 0$$

und daher $n^2 = \varepsilon$. Den Wert dieses ε findet die elektromagnetische Lichttheorie (Bd. II) identisch mit der Dielektrizitätskonstante D.

§ 288. **Kirchhoffscher Satz vom Verhältnis des Emissions- und Absorptionsvermögens.** Wenn zwei Körper von verschiedener Temperatur sich in demselben Raume befinden, so strahlt jeder unabhängig von dem anderen Wärme aus in einem seiner Temperatur entsprechenden Maße; der, dessen Temperatur höher ist, verliert mehr Wärme, als er durch die Absorption der von dem kälteren kommenden Strahlen gewinnt; der kältere gewinnt mehr, als er durch seine eigene Ausstrahlung verliert. Nach einiger Zeit muß aber alles ins Wärme- und Strahlungs-Gleichgewicht kommen. Dieses Theorem des Wärmegleichgewichtes wurde schon 1809 von Prevost ausgesprochen. Wir erkannten dessen Notwendigkeit (§ 273) als eine Folge des II. Hauptsatzes.

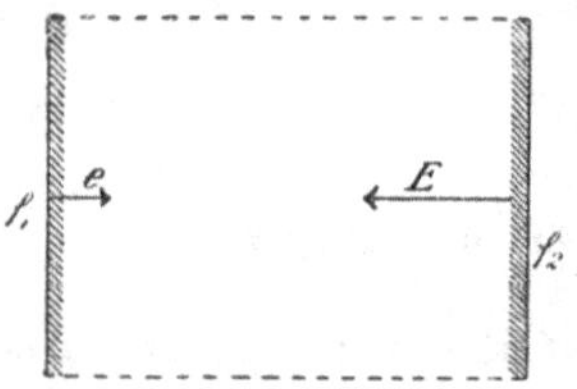

Fig. 353. Kirchhoffs Absorptionsgesetz.

Denken wir uns nun (Fig. 353) zwei parallele, z. B. kreisförmige Flächen f_1 und f_2, von je 1 cm², einander gegenübergestellt. Die strichlierten Linien stellen eine Zylinderwand vor, nach innen ideal reflektierend. f_1 und f_2 strahlen gegeneinander im Temperaturgleichgewichte; jeder Strahl, der nach innen hin die eine Fläche verläßt, muß — eventuell erst nach Reflexionen an der Zylinderwand — die andere Fläche erreichen. Überdies denken wir uns das Ganze nach außen hin adiabatisch umhüllt.

Emissionsvermögen nennen wir die von 1 cm²-Fläche pro sec ausgestrahlte Energie. Unter Absorptionsvermögen verstehen wir einen echten Bruch, der, mit der auf eine Fläche auffallenden Energie multipliziert, die in dieser Fläche absorbierte Energie angibt.

Die Fläche f_2 sei eine schwarze. Ein schwarzer Körper ist ein solcher, der alle auffallende Energie absorbiert und in Wärme verwandelt. Das Emissionsvermögen dieses schwarzen Körpers heiße E. Das Emissionsvermögen der Fläche f_1 sei e, das Absorptionsvermögen a, d. h. die Fläche f_1 absorbiert von der auffallenden Strahlung E den Bruchteil aE. Da eben dieselbe Energie wegen des Strahlungsgleichgewichtes ausgestrahlt werden muß, wird $a \cdot E = e$ oder

$$e / a = E.$$

Das Emissionsvermögen irgendeines Körpers, dividiert durch sein Absorptionsvermögen, ist gleich der Strahlung eines schwarzen Körpers gleicher Temperatur.

Dieser Satz gilt, wie KIRCHHOFF[1] eingehend zeigt, für alle einzelnen Wellenlängen und Temperaturen. Unsere Ableitung gibt nur die Grundidee der KIRCHHOFFschen Schlußweise.

Die Umkehrung der Spektrallinien. Da e/a für jede einzelne Wellenlänge einer gemischten Strahlung eine bestimmte Konstante ist, wird jeder Körper gerade die Strahlen stark absorbieren, die er selbst aussendet.

Das Spektrum eines elektrischen Bogenlichtes sei auf einem Schirme nach der in § 263 geschilderten Weise dargestellt. Bringt man nun vor den von den Strahlen der Lampe getroffenen Spalt eine intensiv durch Natrium gefärbte Gasflamme, so bildet sich im Gelb des Spektrums ein scharfer schwarzer Streifen aus, und zwar befindet er sich genau an derselben Stelle, wo der leuchtende Natriumdampf für sich die helle gelbe Linie erzeugen würde. Wir werden daraus schließen, daß der Natriumdampf die Eigenschaft hat, dieselben Strahlen, die er aussendet, auch zu absorbieren. In der Tat können wir dann annehmen, daß die Stelle des Spektrums, an der Licht von der Brechbarkeit der Natriumlinie sich befindet, wesentlich nur von dem Natriumdampfe der Gasflamme beleuchtet wird, während die gleich brechbaren, aber viel intensiveren Strahlen des elektrischen Lichtes in dem Dampfe absorbiert werden. Die schwarze Linie entsteht somit durch eine Kontrastwirkung; die unmittelbar neben ihr liegenden Teile des Spektrums sind beleuchtet von dem vollen Lichte der elektrischen Lampe, die Natriumlinie selbst wesentlich nur von dem Lichte der Flamme; dieses aber ist so viel schwächer als das elektrische Licht, daß die von ihm allein getroffene Stelle völlig dunkel erscheint. Man bezeichnet diese Erscheinung als die Umkehrung der Natriumlinie. Eine eigentümliche, auch mit dem gewöhnlichen Spektralapparate leicht zu beobachtende Erscheinung ist die Selbstumkehrung der Linie. Wenn man in die Bunsenflamme metallisches Natrium einführt, so füllt sie sich mit sehr dichten Dämpfen des Metalles und erzeugt eine stark verbreiterte Linie; in ihrer Mitte erscheint dann eine schwarze Linie, die ihren Ursprung der Absorption in den kälteren äußeren Teilen der Flamme verdankt. Sehr häufig wurden solche Selbstumkehrungen beobachtet, wenn schwerer flüchtige Metalle im galvanischen Lichtbogen verdampft wurden. Auch der zuerst beschriebene Versuch wurde schon von KIRCHHOFF und BUNSEN mit Li, K, Sr, Ca, Ba wiederholt.

Sonnenspektrum als Absorptionsspektrum. Eine große Zahl der hellen Linien der Metalldämpfe befindet sich genau an denselben Stellen des Spektrums wie entsprechende FRAUNHOFERsche Linien des Sonnenspektrums, so z. B. die Doppellinie des Na genau an der Stelle der gleichfalls doppelten D-Linie FRAUNHOFERS; daß es sich dabei nicht

[1] Pogg. Ann. 109 (1860).

um einen Zufall handeln kann, ergibt sich einmal daraus, daß diese Koinzidenzen sich auch bei der stärksten Vergrößerung des Spektrums unverändert erhalten haben. Wie weit man nach dieser Richtung gegangen ist, wird anschaulich, wenn man bemerkt, daß in der FRAUNHOFERschen Zeichnung des Sonnenspektrums die beiden *D*-Linien einen Abstand von 0,3 mm, in der KIRCHHOFFschen einen solchen von 4 mm besitzen. In der von KAYSER und RUNGE aufgenommenen Photographie des Eisenspektrums entspricht der Abstand der *D*-Linien einer Länge von 6 mm, endlich in der ROWLANDschen Photographie des Sonnenspektrums einer Länge von 18 mm. Ein Zufall ist aber auch durch die Anzahl der Koinzidenzen ausgeschlossen, die beim Eisen bei etwa zweitausend Linien konstatiert worden sind. Hiernach ist das Spektrum der Sonne als ein Absorptionsspektrum zu betrachten. Der dichte Kern derselben muß ein kontinuierliches Spektrum erzeugen, von dem Strahlen von bestimmter Brechbarkeit durch die in der äußeren Atmosphäre enthaltenen Dämpfe absorbiert werden. Die Untersuchung des Sonnenspektrums liefert danach eine Analyse der chemischen Zusammensetzung ihrer Atmosphäre. Folgende Elemente sind auf diesem Wege in der Sonne nachgewiesen: Na, Mg, Ca, Sr, Ba, Fe, Co, Ni, Cr, Mn, H_2 und Helium. Für einige von diesen Stoffen ist Koinzidenz nur bei einem Teile der Linien vorhanden, und die Frage daher noch nicht als ganz entschieden zu betrachten.

§ 289. **Kontinuierliche Spektren; Verbreiterung und Verschiebung der Linien.** Wir haben erwähnt, daß das Linienspektrum des Wasserstoffes bei zunehmender Dichte durch Verbreiterung der Linien in ein kontinuierliches Spektrum übergeht. Von dieser Erscheinung kann man sich vielleicht in der folgenden Weise Rechenschaft geben. Wir nehmen an, daß die Molekel des Wasserstoffes nicht allein Licht von der Wellenlänge der Linien Hα, Hβ, Hγ ... aussenden, sondern Licht von allen möglichen Perioden der Schwingung; nur möge die Intensität der Strahlung für alle anderen Wellenlängen sehr klein sein, so daß wir für gewöhnlich nur die Linien Hα, Hβ, Hγ ... beobachten. In demselben Maße wie das Emissionsvermögen ist dann aber auch das Absorptionsvermögen des Wasserstoffes für andere Wellen kleiner. Daraus ergibt sich für sehr dichten Wasserstoff das folgende Verhältnis. Von allen Teilen werden die Wellen ausgesandt, welche die Linien Hα, Hβ, Hγ ... erzeugen. Aber das Absorptionsvermögen des Gases für diese Wellen ist sehr groß, es werden also bei der Strahlung wesentlich nur die an der Oberfläche befindlichen Teilchen wirksam sein. Für Wellen anderer Art ist die Absorption gering; Strahlen von anderer Wellenlänge dringen also auch von den in der Tiefe liegenden Molekeln zu der Oberfläche hindurch; an der Strahlung nimmt hier nicht bloß eine oberflächliche Schichte, sondern die ganze Masse des Gases teil. Bei großer Dichte kann daher die Intensität der Strahlung auch für andere Wellenlängen einen mit der Intensität der Linien vergleichbaren Wert erreichen, und dadurch würde die Entstehung eines kontinuierlichen Spektrums sich erklären.[1]

Bei leuchtenden Gasen existiert noch eine andere Ursache, welche eine, freilich nur geringe, Verbreiterung der Spektrallinien herbeiführt. Die leuchtenden Molekel eines Gases sind ja nicht in Ruhe, sondern bewegen sich mit der ihnen eigentümlichen Geschwindigkeit in ihren zickzackförmigen molekularen Bahnen. Immer wird daher eine gewisse Zahl von Molekeln vorhanden sein, die sich gerade auf das beobachtende Auge zu bewegen, während eine ebenso große Zahl von dem Auge weggeht. Auf die Lichtwellen, welche von diesen Molekeln ausgesandt werden, findet dann das Dopplersche Prinzip Anwendung, wie wir es in § 140 besprochen haben. Es sei die Geschwindigkeit des Lichtes c und die molekulare Geschwindigkeit der Gasmolekel u, die Zahl der Schwingungen, welche die leuchtenden Teilchen in einer Sekunde ausführen, n. Nach dem Dopplerschen Prinzip ist die Schwingungszahl für die Wellen, bei denen die Richtung der Fortpflanzung mit der der Geschwindigkeit u übereinstimmt, gegeben durch $n' = cn/(c-u)$, dagegen bei den Wellen, deren Fortpflanzungsrichtung der Geschwindigkeit u entgegengerichtet ist, durch $n'' = cn/(c+u)$.

Bei den Wellen der ersten Art wird die Schwingungszahl größer und die Wellenlänge dementsprechend kleiner; bei den Wellen der zweiten Art findet das Umgekehrte statt. Bezeichnen wir die den Schwingungszahlen n' und n'' entsprechenden Wellenlängen mit λ' und λ'', so wird, wie sich aus den Betrachtungen von § 140 leicht ergibt:

$$\lambda' = (c-u)/n \qquad \lambda'' = (c+u)/n\,.$$

Aus der scharfen Spektrallinie, welche der Schwingungszahl n entsprechen würde, wird infolge der Bewegung der Molekel ein schmaler Streifen. Nehmen wir als Maß seiner Breite die Differenz der Wellenlängen für die beiden Randlinien, so wird $\lambda'' - \lambda' = 2u/n$.

Für die Länge der Wellen, welche von den ruhenden Molekeln erzeugt wurden, ist $\lambda = c/n$. Führen wir diesen mittleren Wert der Wellenlänge in der vorhergehenden Gleichung ein, so wird $\lambda''-\lambda' = 2\lambda u/c$.

Für H_2 ist bei 50^0 die mittlere molekulare Geschwindigkeit u gleich $2\cdot 10^5$ cm/sec, die Lichtgeschwindigkeit c ist gleich $3\cdot 10^{10}$ cm/sec; die Breite der H-Linien ist also

$$\lambda'' - \lambda' = \tfrac{4}{3}\lambda\cdot 10^{-5}.$$

Diese Linienbreite berechnet sich z. B. für H_α (d. i. $\lambda = 656\,\mu\mu$) mit 0,0087 $\mu\mu$.

Die Interferenzfähigkeit der Linien (§ 318) wird nach den Bemerkungen durch die mit der Verbreiterung wachsende Häufigkeit der Schwebungen vermindert.

Das Doppler-Prinzip spielte auch in der Astrophysik eine große Rolle. Bewegt sich ein Fixstern in der Blickrichtung gegen den Be-

[1] Zöllner, Königl. Sächs. Ges. d. Wissensch. (1870).

obachter, so sind seine Spektrallinien gegen das Violett hin verschoben. Aus der Größe dieser Verschiebung können also Bewegungen der Sterne im Visionsradius gemessen werden.

§ 290. **Schwarzer Körper.** Wenn ein Körper leuchtet, so gehen von ihm Wellen in den umgebenden Äther hinaus, und diese müssen durch Schwingungen im Innern der ponderablen Materie erregt werden, wie etwa die Schallwellen in der Luft durch die Schwingungen tönender Körper. Stellt man sich auf den rein mechanischen Standpunkt, so muß man eine Wechselbeziehung zwischen dem Äther und der ponderablen Materie annehmen, vermöge deren die ponderablen Teilchen ihre Schwingungen dem Äther mitzuteilen vermögen. Wenn man elektrische Schwingungen als Ursache der Lichtwirkungen betrachtet, so kann man annehmen, daß die ponderablen Molekel elektrische Teilchen (Elektronen) enthalten und daß diese durch ihre Schwingungen die elektrischen Wellen des Äthers erregen. Immer wird man zunächst die Tatsache zu erklären haben, daß das Leuchten der Körper in der Regel eine Folge der Temperatursteigerung ist. Nun zeigt die mechanische Theorie der Wärme, daß mit zunehmender Temperatur die kinetische Energie der Molekel wächst, aber nicht nur die ihrer äußeren Bewegung, sondern auch die der inneren Schwingungen, welche die Elektronen (siehe Band II) gegeneinander ausführen. Wenn der Wärmezustand des Körpers ein stationärer ist, so findet zwischen der äußeren und der inneren Bewegung ein gewisses Gleichgewicht statt, so daß die kinetische Energie der inneren Bewegung mit der äußeren Bewegungsenergie proportional ist, mit dieser zusammen steigt. Man übersieht dann wohl, daß die Intensität der von einem Körper ausgehenden Ätherschwingungen um so größer ist, je energischer die sie erregende Schwingung der Molekel, je höher die Temperatur ist. Aber diese Vorstellung bedarf noch der weiteren Ausführung; es ist insbesondere zu erklären, weshalb bei Zunahme der Temperatur zuerst die Oszillationen von längerer Periode eine solche Intensität erlangen, daß wir Wirkungen der von ihnen erzeugten Wellen wahrzunehmen vermögen; es ist zu untersuchen, wie die bei einer bestimmten Temperatur ausgestrahlte Energie auf die einzelnen verschieden langen Wellen sich verteilt.

Die Ausstrahlung ist aber bei gleich warmen Körpern sehr verschieden. Eine mit Ruß oder Platinmohr überzogene Fläche strahlt viel mehr aus als eine hochpolierte Silberfläche. Letztere absorbiert auch viel weniger.

Wir nannten nun (§ 288) den Körper schwarz, der alle auffallenden Strahlen absorbiert und gar nichts reflektiert.

Am besten kann man die Eigenschaften des vollkommen absorbierenden Körpers realisieren, wenn man in die geschwärzte Wand eines auf allen Seiten gleich temperierten Hohlraumes eine verhältnismäßig kleine Öffnung macht. Die Strahlen, welche durch die Öffnung in das Innere des Gefäßes dringen, werden zum größten Teile bei ihrem Auftreffen auf die

Wand direkt absorbiert, der kleine Rest von reflektierten Strahlen aber erleidet wiederholte Reflexionen und wird durch die dabei auftretende Absorption immer mehr geschwächt; der Teil der Strahlen, welcher schließlich durch die Öffnung wieder nach außen gelangt, ist verschwindend klein.

Nennen wir das Emissionsvermögen dieser Öffnung e', so wird, da ihr Absorptionsvermögen gleich 1 ist, nach dem Kirchhoffschen Gesetz $e/a = e'/1 = E$ oder $e' = E$; d. h. dieses Loch ist nicht nur für die Absorption, sondern auch für die Emission ein schwarzer Körper.

Um also die Strahlung eines schwarzen Körpers zu untersuchen[1], erhitzt man z. B. elektrisch einen allseitig geschlossenen, innen mit Platinmohr überzogenen Platinzylinder, in dessen einer Grundfläche ein kleines Loch ist. Dieses Loch strahlt als idealer schwarzer Körper.

Ist hingegen das Absorptionsvermögen eines Körpers Null, so gilt gleiches von seinem Emissionsvermögen. Steinsalz, bis zu 100° erhitzt, strahlt sehr wenig Wärme aus, der stark absorbierende Alaun bei derselben Temperatur ungleich mehr. Ein Körper, der in der höchsten Temperatur vollkommen durchsichtig bleibt, kann nicht leuchten. Wenn wir ein Metall und ein Glasstück zusammen bis zur Rotglut erhitzen, so erscheint das letztere nur schwach glühend. Die polierte Oberfläche eines silbernen Gefäßes, welche von der auffallenden Wärme weitaus den größten Teil reflektiert, nur sehr wenig absorbiert, strahlt auch wenig Wärme aus.

Der bisher viel gebrauchte Begriff „Absorptionsvermögen" (§ 288) darf nicht mit dem Begriff des „Absorptions- (oder Extinktions-) Koëffizienten" μ verwechselt werden. Eine einfallende homogene Strahlung $\mathfrak{J}_0$ erleide auf der Strecke dx den Verlust $d\mathfrak{J}_0$, dann ist $-d\mathfrak{J}_0 = \mu \mathfrak{J}_0 dx$, woraus folgt für die Intensität $\mathfrak{J}_d$ nach Durchgang durch die Strecke d:

$$\mathfrak{J}_d = \mathfrak{J}_0 e^{-\mu d}.$$

II. Temperaturstrahlung und Lumineszenz.

§ 291. Abhängigkeit der Gesamtstrahlung von der Temperatur. Die quantitativen Beziehungen zwischen der Temperatur des strahlenden Körpers und der ausgesandten Wärmemenge wurden zuerst von Dulong und Petit untersucht. Als ausstrahlenden Körper benützten sie die Kugel eines Thermometers, das, auf 350° erwärmt, in eine kupferne Kugel eingesetzt wurde, die von Wasser von konstanter Temperatur umgeben war. Die Kugel wurde nach dem Einsetzen des Thermometers rasch evakuiert und dann das Sinken der Temperatur von Minute zu Minute verfolgt; dies geschah im Anfange schnell, je näher man der Endtemperatur kam, um so langsamer. Die Anzahl der Grade, um welche

[1] Wien u. Lummer, Wied. Ann. 56 (1895). — Lummer u. Pringsheim, Wied. Ann. 63 (1897). — Lummer u. Kurlbaum, Phys. Ges. 17 (1898).

das Thermometer in einer Sekunde sinkt, wird als Abkühlungsgeschwindigkeit bezeichnet. Aus dieser kann man leicht die in einer Sekunde verlorene Wärmemenge Q berechnen, wenn die Masse, m, und die spezifische Wärme, c, des Thermometers bekannt sind. Bezeichnen wir durch V die Abkühlungsgeschwindigkeit, so ist $Q = mcV$. Aus den Beobachtungen von DULONG und PETIT hat STEFAN ein Gesetz abgeleitet, durch welches die Gesamtstrahlung in ihrer Abhängigkeit von der Temperatur bestimmt werden soll. Ist die absolute Temperatur des Thermometers gleich T, die der kupfernen Hülle gleich T_1, so ist die pro sec vom Thermometer verlorene Wärmemenge dargestellt durch:

$$Q = A(T^4 - T_1^4).$$

Die Wärmemenge Q besteht aus zwei Teilen, einem positiven, der eine von der Thermometerkugel ausgestrahlte Wärmemenge anzeigt, einem negativen, der umgekehrt eine Absorption von eingestrahlter Wärme bedeutet. Der erstere hängt nur ab von der Temperatur des Thermometers, der letztere nur von der der Hülle; er stellt den Teil ihrer Strahlung dar, der von der Thermometerkugel absorbiert wird. Setzt man $T = 1$ und $T_1 = 0$, so wird Q gleich A; es bedeutet also A die Wärmemenge, die pro sec vom Thermometer durch Strahlung verloren wird, wenn seine Temperatur -272^0 C, die Temperatur der Hülle -273^0 C beträgt. Die ausgestrahlte Wärmemenge ist natürlich der Oberfläche O des Thermometers proportional; bezeichnen wir, die von einem cm² unter den angegebenen Umständen pro sec ausgestrahlte Wärmemenge durch σ, so ist $A = \sigma O$,

$$Q = \sigma O (T^4 - T_1^4).$$

σ, die Konstante des Strahlungsgesetzes, hängt dann nur noch von der Beschaffenheit der strahlenden Oberflächen ab.

Die Konstante σ repräsentiert nach dem vorhergehenden die Wärmemenge, die von 1 cm² Fläche und von der absoluten Temperatur 1 in einer Sekunde gegen eine Hülle von der absoluten Temperatur 0 ausgestrahlt wird.

Die Bedeutung des Satzes wird noch etwas deutlicher hervortreten, wenn wir uns der Versuchsanordnung von DULONG und PETIT erinnern, auf welche er sich zunächst bezieht. Wir haben dabei eine kleine Kugel, welche gegen eine sie konzentrisch umhüllende große Kugel strahlt. Der Wärme aussendende cm² ist als ein Teil der Oberfläche der kleinen Kugel zu denken. Wir erhalten daher die Fläche, gegen welche die Strahlung erfolgt, wenn wir die Ebene dieses cm² bis zum Schnitte mit der großen Kugel erweitern. Die Konstante σ bestimmt dementsprechend die Wärmemenge, welche gegen den Halbraum auf der einen Seite des cm² pro sec ausgestrahlt wird.

Für einen vollkommen absorbierenden, schwarzen Körper ist der Wert der Strahlungskonstante

$$\sigma = 5{,}4 \cdot 10^{-12} \frac{\text{Watt}}{\text{cm}^2\ \text{Grad}^4}.$$

Hingegen liefern neuere Überlegungen[1]:

$$\sigma = (5{,}738 \cdot 10^{-5} \pm 0{,}011) \frac{\text{Erg}}{\text{cm}^2\,\text{Grad}^4}.$$

Wir werden später (Band II) sehen, daß das STEFANsche Gesetz sich theoretisch begründen läßt.

Die Strahlung des blanken Platin ist ungefähr dem T^4 proportional; sie ist trotzdem viel kleiner, weil hier σ klein ist.

§ **292. Temperatur der Sonne.** Von dem STEFANschen Gesetze kann man eine sehr interessante Anwendung auf die Bestimmung der Sonnentemperatur machen. Dabei liegt die in Wirklichkeit sicher nicht ganz zutreffende Annahme zugrunde, daß die Strahlung der Sonne dieselbe sei, wie die eines vollkommen absorbierenden Körpers. Unter dieser Voraussetzung aber ist die von der Sonne in 1 Minute ausgestrahlte Wärmemenge gleich:

$$60 \cdot \sigma \cdot 4\pi r^2 \cdot T^4,$$

wo r den Halbmesser der Sonne bezeichnet. An der Oberfläche der Erde beträgt die einem cm² zugestrahlte Energie, die sog. Solarkonstante, S, 2 cal pro Minute. Wir beschreiben um die Sonne eine Kugel mit dem Halbmesser R der Erdbahn; wenn wir die vierte Potenz der Erdtemperatur gegen die vierte Potenz der Sonnentemperatur vernachlässigen, so können wir annehmen, daß die Sonne jedem cm² jener Kugeloberfläche pro min $S = 2$ cal zustrahle. Für die Gesamtstrahlung der Sonne in dieser Zeit ergibt sich $S \cdot 4\pi R^2$. Setzen wir die beiden gefundenen Werte einander gleich, so wird:

$$T^4 = \left(\frac{R}{r}\right)^2 \cdot \frac{S}{20\,\sigma} = \left(\frac{R}{2r}\right)^2 \frac{S}{5\,\sigma}.$$

$2r/R$ ist nichts anderes als das Bogenmaß des Winkels, unter dem die Sonne von der Erde aus erscheint. In dem gewöhnlichen Maße ausgedrückt, ist dies ein Winkel von 32′. Der Wert der Solarkonstante S ist nicht leicht zu messen, weil beim Durchgange der Sonnenstrahlung durch unsere Atmosphäre Absorptionen eintreten. Nach Einrechnung dieser Verluste ergibt sich S für die Außenseite der Atmosphäre mit etwa 2 cal (1,922).

Als wahrscheinlichster Wert für die Sonnentemperatur wäre etwa 6000° anzunehmen.[2] Im Inneren der Sonne herrscht eine viel höhere Temperatur. Würde die Sonnenstrahlung nicht eine schwarze, sondern eine „Platin“-Strahlung sein, so wäre die Temperatur natürlich höher.

§ **293. Das NEWTONsche Abkühlungsgesetz.** Wenn die Temperaturdifferenz zwischen dem erwärmten Körper und seiner Umgebung klein ist, so kann man für die Abkühlungsgeschwindigkeit aus dem STEFAN-

[1] COBLENTZ, Jahrb. d. Radioakt. 10 (1913); FLAMM, Phys. Zs. 18 (1917).
[2] LUMMER, Leuchttechnik (1918).

schen Gesetze für die in einer Sekunde ausgestrahlte Wärmemenge die vereinfachte Formel ableiten:

$$Q = m c V = 4 \sigma O T_1^3 \vartheta,$$

wo ϑ der Temperaturüberschuß des sich abkühlenden Körpers über die Temperatur T_1 der Umgebung ist. Die Abkühlungsgeschwindigkeit ist danach dem noch vorhandenen Temperaturüberschusse proportional. Das Produkt $m c V$ gibt, ebenso wie in § 291, die Wärmemenge, die von der Fläche O pro sec ausgestrahlt wird. Setzt man $4 \sigma T_1^3 = f$, so ergibt sich:

$$Q = m c V = f O \vartheta,$$

und man bezeichnet dann f als den Koëffizienten der äußeren Wärmeleitung; er repräsentiert die von einem Quadratzentimeter der Oberfläche in einer Sekunde abgegebene Wärmemenge, wenn der Temperaturüberschuß über die Umgebung 1^0 C beträgt.

Das gilt eigentlich nur für den luftleeren Raum, denn ein großer Teil der Abkühlung erfolgt durch konvektive Fortführung der Wärme infolge der Luftströmungen.

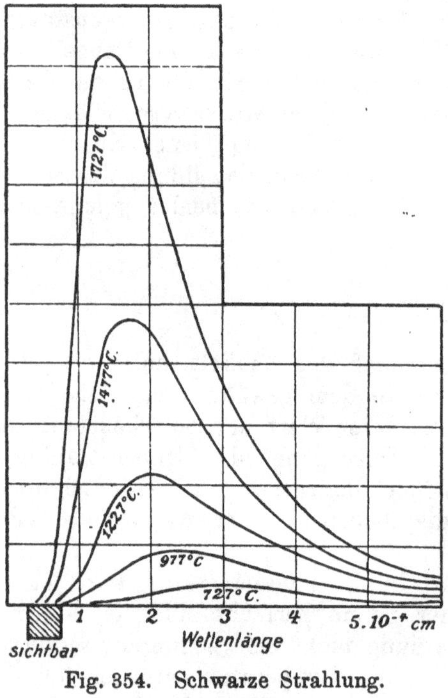

Fig. 354. Schwarze Strahlung.

Bei gleicher Oberfläche, gleicher Masse, gleichem Temperaturüberschusse ist die Abkühlungsgeschwindigkeit der spez. Wärme des erkaltenden Körpers umgekehrt proportional. Das liefert eine Methode, um die spez. Wärmen verschiedener Flüssigkeiten miteinander zu vergleichen.

§ 294. Energieverteilung im Spektrum. Die Strahlung eines schwarzen Körpers sei irgendwie in ein Spektrum aufgelöst. Wir bestimmen immer mit irgendeiner thermometrischen Vorrichtung, z. B. einem Bolometer, für verschiedene Temperaturen des strahlenden Körpers die für ein kleines Wellengebiet ausgestrahlte Energie. Das Verdienst der sehr schwierigen experimentellen Klärung dieser Frage gebührt der planmäßigen Zusammenarbeit vieler ausgezeichneter Forscher[1] der Technisch-Physikalischen Reichsanstalt in Berlin.

Fig. 354 gibt die Resultate. Die Abszisse ist in Wellenlängen ge-

[1] Besonders Lummer-Pringsheim, Dtsch. phys. Ges. 1 (1899).

teilt, links Ultraviolett, dann der kleine durch ein schraffiertes Quadrat gekennzeichnete sichtbare Teil und von da bis rechts das große Gebiet des Ultrarot. Die Ordinaten geben die ausgestrahlten Energiemengen.

Die Kurve für die „schwarze Strahlung" von 727° liegt so, daß außer Rot noch keine optisch wirksamen Strahlen auftreten. (Rotglut beginnt eigentlich schon bei 525°; bei so schwacher Rotglut empfindet aber unser Auge infolge physiologischer Gründe immer ein unbestimmtes Grau, „Grauglut"). Bei weiterer Erhitzung schiebt sich die Kurve in die Höhe und nach Violett (gegen links in Fig. 354). Bei 1000° beginnt die Gelbglut, bei 1200° die Weißglut, und es ist dann der ganze sichtbare Teil des Spektrums entwickelt; bei einer Temperatur von 1600° haben wir intensive Weißglut; gleichzeitig hat die Intensität der schon früher vorhandenen Teile des Spektrums mehr und mehr zugenommen. Aus Beobachtungen von Paschen geht hervor, daß bei jeder Temperatur eine bestimmte Wellenlänge existiert, für welche die Emission ein Maximum besitzt; bei zunehmender Temperatur verschiebt sich dieses Maximum nach den Strahlen mit kleinerer Wellenlänge. Dabei gilt der Satz, daß die Wellenlänge, welche dem Maximum der Strahlung entspricht, der absoluten Temperatur umgekehrt proportional ist. Nun ist aber auch die Schwingungszahl einer Welle umgekehrt proportional ihrer Länge; man kommt somit zu dem Schlusse, daß die Schwingungszahl der Ätherwellen, die hauptsächlich von einem Körper erregt werden, der absoluten Temperatur des letzteren proportional ist; gleiches wird daher auch für die erregenden Schwingungen in den Körpermolekeln anzunehmen sein.[1]

Betrachtet man nur den optisch wirksamen Teil, also das eigentliche Licht, so zeigt die Kurve (Fig. 354) und eventuelle Auswertungen bei noch höheren nicht eingezeichneten Temperaturen, daß die Leuchtkraft um vieles rascher ansteigt als die Temperatur. Wenn wir z. B. t von 1800° auf 1875° steigern, so verdoppelt sich die Lichtstrahlung.

Die Abhängigkeit der ausgestrahlten Energie von der Temperatur des strahlenden Körpers und von der ausgestrahlten Wellenlänge gibt theoretischen Betrachtungen den weitesten Spielraum. Da aber vielen dieser Theorien die Vorstellung elektromagnetischer Schwingungen zugrunde liegt, können wir solche erst im nächsten Band besprechen.

Über Messung von Wellenlängen siehe § 312.

Wie wir die Temperatur der Sonne aus der Größe ihrer Gesamtstrahlung fanden, kann man auch Temperaturen strahlender Körper aus dem Vergleiche der Strahlung bestimmter Wellengebiete, z. B. des Rot, bestimmen. Solche Strahlungspyrometer sind für ganz hohe Temperaturen meist das einzig überbleibende Mittel zu einer Temperaturbestimmung. Dabei nimmt man meistens an, daß der untersuchte heiße Körper eine schwarze Strahlung aussendet und das ergibt nur die untere Temperaturgrenze. Die der Fig. 354 analogen Kurven für einen nicht

[1] Paschen, Gött. Nachr. (1885).

schwarzen Körper müssen immer tiefer liegen. In der KIRCHHOFFschen Gleichung $e/a = E$ ist a ein echter Bruch, also im äußersten Fall 1. Immer also muß sein

$$e \leqq E.$$

Fig. 355 gibt das Energiespektrum der Sonne nach Messungen von LANGLEY. Man bemerkt die Depression der Wärmekurve, die den FRAUNHOFERschen Linien C und A entspricht; man sieht, wie schwach

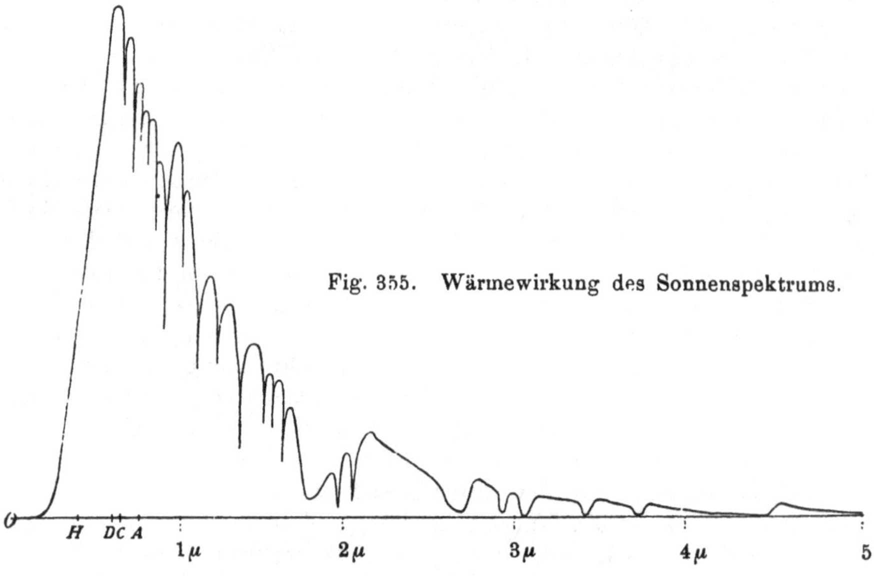

Fig. 355. Wärmewirkung des Sonnenspektrums.

die Wärmewirkung in dem ultravioletten Teile des Spektrums bis zu Wellenlängen von etwa 0,3 μ ist, wie sie dann rasch zu einem Maximum aufsteigt, das etwa bei der Linie C, d. h. bei einer Wellenlänge von 0,65 μ erreicht wird. Die Wärmewirkungen erstrecken sich aber weit über die Grenze des sichtbaren Spektrums, über die Linie A mit einer Wellenlänge 0,76 μ hinaus. Das ganze Spektrum wird von Depressionen durchzogen, die das Vorhandensein von FRAUNHOFERschen Linien anzeigen.

§ 295. **Lumineszenz.** Es gibt auch Strahlen, die genau identisch sind den eben betrachteten Temperaturstrahlen, ohne daß man eine Temperaturerhöhung des strahlenden Körpers bemerkt. So sendet z. B. ein Leuchtkäfer z. T. sehr kleine Wellen aus, bei elektrischen Entladungen in luftverdünnten Räumen ist trotz oft kräftiger Leuchterscheinungen nur eine minimale Temperaturerhöhung festzustellen usw. Ob hier das KIRCHHOFFsche Gesetz gilt, ist strittig.

Man kann sagen, daß dann die Voraussetzungen der Ableitung dieses Gesetzes nicht zutreffen. Die von einem Körper absorbierte

Energie der auffallenden Strahlen teilt sich in zwei Teile; der eine Θ vermehrt die lebendige Kraft der molekularen Bewegung, mit der auch das von dem Körper eingenommene Volumen zusammenhängt, er entspricht der Erhöhung der Temperatur; der andere H vermehrt die lebendige Kraft der innermolekularen Schwingungen, von denen wir uns die Wärme und Lichtstrahlung wenigstens bei gasförmigen Körpern ausgehend denken. Ist Wärmegleichgewicht vorhanden, so besteht zwischen Θ und H ein ganz bestimmtes numerisches Verhältnis. Nun ist es möglich, daß dieses Verhältnis, ungeachtet daß fortwährend Strahlen ausgesandt und absorbiert werden, doch immer dasselbe bleibt; der Körper erleidet in diesem Falle durch die Strahlen, die er aussendet und absorbiert, keine Veränderung, sofern nur seine Temperatur dieselbe bleibt; das Gleichgewicht der Wärme wird durch die Strahlung nicht gestört, und der Kirchhoffsche Satz ist gültig. Nehmen wir im Gegensatze hierzu an, daß die absorbierten Strahlen eine einseitige Vermehrung der innermolekularen Energie erzeugen. Der Körper kann dann weit mehr Licht aussenden, als dem gleichzeitig vorhandenen Energieanteil Θ im Falle des Gleichgewichtes entsprechen würde; der Kirchhoffsche Satz gilt nicht. Ganz ähnliche Verhältnisse liegen vor, wenn durch eine direkte Wirkung elektrischer oder chemischer Kräfte die innere Energie H vermehrt wird ohne eine entsprechende Vermehrung von Θ; die Körper leuchten, ohne daß ihre Temperatur erhöht, ihr Volumen vergrößert wird. Einen Widerspruch gegen den Kirchhoffschen Satz enthalten diese Tatsachen nicht; denn bei allen fehlt das Gleichgewicht der Wärme, das eine der Voraussetzungen jenes Satzes ist. Wohl aber erfährt seine Bedeutung eine Einschränkung, die um so einschneidender ist, je mehr man zu der Erkenntnis kommt, daß auch bei dem Leuchten der Gase[1] Lumineszenz infolge von chemischen und elektrischen Wirkungen eine große Rolle spielt.

§ 296. **Photolumineszenz.** Darunter versteht man die durch äußere Einstrahlung bewirkte Lumineszenz.

Fluoreszenz. Eine Chlorophyllösung ist im durchgehenden Lichte grün gefärbt. Läßt man aber mit Hilfe einer Sammellinse einen Kegel von Sonnenlicht in die Lösung eindringen, so geht von diesem Lichtkegel nach allen Seiten ein rotes Licht aus. Eine ganz analoge Erscheinung wurde an den Flußspaten von Cumberland beobachtet, die im durchfallenden Lichte hellgrün sind. Der Weg eines kondensierten Lichtstrahles in dem Kristalle erscheint dunkelblau. Der Flußspat ist es, welcher der Erscheinung den Namen Fluoreszenz gegeben hat. Sie tritt außerdem in ausgezeichneter Weise bei dem Uranglase auf, das, im durchscheinenden Lichte gelb, ein intensiv grünes Fluoreszenzlicht entwickelt; ebenso zeichnen sich durch ihre prachtvolle grüne Fluoreszenz die Farbstoffe der Eosingruppe, Eosin, Fluorescëin,

[1] Pringsheim, Wied. Ann. 45 (1892); 49 (1893).

aus. Wenn man auf ein mit gelbem Platincyanbarium beschriebenes Papier Sonnen- oder Tageslicht durch ein blaues Glas fallen läßt, so leuchten die Schriftzüge in einem intensiven, grünlichen Lichte; beleuchtet man dagegen durch gelbes oder rotes Glas, so verschwindet die Fluoreszenz. Ebenso fluoresziert ein Uranglaswürfel, wenn man das Sonnenlicht durch ein blaues Glas auf ihn fallen läßt, die Erscheinung verschwindet bei der Anwendung von rotem Lichte. Die Versuche zeigen, daß es sich bei der Fluoreszenz um eine Verwandlung des in den Körper eindringenden Lichtes handelt; dieses wird nicht einfach absorbiert und hierbei in eine andere Energieform übergeführt, sondern es erregt wieder Licht, aber Licht von anderer Farbe und Brechbarkeit. Nach einer von STOKES aufgestellten Regel, welche wenigstens dem allgemeinen Charakter der Erscheinungen zu entsprechen scheint, handelt es sich im wesentlichen um eine Verwandlung von Strahlen von höherer Brechbarkeit in solche von geringerer, z. B. von blauen in grüne. Wenn aber die Fluoreszenz in einer Verwandlung von gewissen in den Körper eindringenden Strahlen in zerstreutes Licht von anderer Farbe besteht, so müssen in dem durch einen fluoreszierenden Körper durchgelassenen Lichte eben diese verwandelten Strahlen fehlen; es kann also dieses Licht nicht mehr die Fähigkeit besitzen, in einem zweiten Körper von derselben Art Fluoreszenz zu erregen; eine Folgerung, die durch die Erfahrung in vollem Umfange bestätigt worden ist.

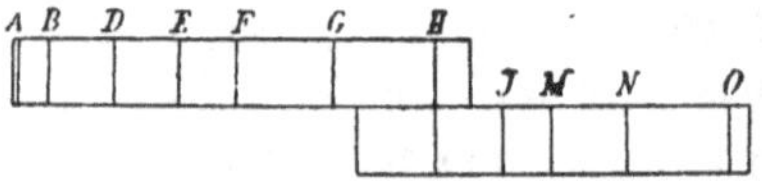

Fig. 356.
Fluoreszenzspektrum.

Fluoreszenzen lassen sich sehr übersichtlich zeigen mit Hilfe von spektralanalytischen Methoden. Man bestreiche einen Papierstreifen zur Hälfte mit Platincyanbarium oder mit einer Chininlösung. Man entwerfe das Spektrum des elektrischen Lichtbogens oder der Sonne mit Hilfe eines vertikalen Spaltes und lasse die Strahlen auf das präparierte Papier fallen, so daß die eine Hälfte des Spektrums auf die obere freie, die andere auf die untere, von der fluoreszierenden Substanz bedeckte Hälfte des Streifens fällt. Man sieht dann (vgl. Fig. 356) oben das gewöhnliche Spektrum; unten aber leuchtet der Streifen in grünlichem Fluoreszenzlichte, das sich noch weit über die violette Grenze des gewöhnlichen Spektrums hinaus erstreckt. Diese Beobachtung spricht einmal für die Richtigkeit der STOKESschen Regel, da sie unmittelbar die Umwandlung violetter und blauer Strahlen in grüne und gelbe zur Anschauung bringt. Sie enthält aber außerdem die Tatsache, daß die Strahlung eines glühenden Körpers mit dem Violett des Spektrums keineswegs zu Ende ist, daß vielmehr darüber hinaus noch ein ausgedehntes Feld von brechbareren Strahlen existiert, die sich für gewöhnlich unserer Wahrnehmung entziehen, die aber sichtbar werden, weil sie in der fluoreszierenden Substanz in Strahlen von geringerer Brechbarkeit sich verwandeln. Die Fluoreszenz bildet danach eines der Mittel zur Untersuchung dieses ultravioletten

Teiles des Spektrums, und es ist von großem Interesse, zu sehen, daß seine Beschaffenheit derjenigen des sichtbaren Spektrums durchaus analog ist. Das Spektrum der Sonne zeigt sich in seinem ultravioletten Teile durchzogen von sehr zahlreichen, sich immer dichter zusammendrängenden FRAUNHOFERschen Linien; das Spektrum der Metalle, des elektrischen Lichtbogens weist dementsprechend eine Menge von Linien im Ultravioletten auf.

Zur Untersuchung des Fluoreszenzlichtes selbst wird man zweckmäßig folgende Methode verwenden. Man entwirft das Spektrum eines vertikalen Spaltes auf eine fluoreszierende Substanz und beobachtet es durch ein Prisma mit horizontaler Kante; dabei ergibt sich, daß das Fluoreszenzlicht keineswegs homogen ist, sondern aus Strahlen von sehr verschiedener Brechbarkeit besteht.

Endlich kann man noch das Absorptionsspektrum fluoreszierender Körper untersuchen; man findet dann in der Tat Absorption der Strahlen, die Fluoreszenzlicht erzeugen. Aber diese Absorption ist eine von der gewöhnlichen sehr verschiedene. Bei der letzteren verwandelt sich die Energie der absorbierten Strahlen im allgemeinen in Wärme; bei der Absorption der Fluoreszenz erregenden Strahlen bewahrt die Energie die Form der strahlenden Energie, nur die Brechbarkeit des Lichtes wird eine andere.

Phosphoreszenz. Manche Körper, zu denen insbesondere die Schwefelverbindungen der Erdalkalimetalle gehören, zeigen die Eigenschaft, nach der Bestrahlung durch Sonnen- oder elektrisches Licht längere oder kürzere Zeit zu phosphoreszieren, d. h. ein sanftes Licht auszustrahlen, dessen Farbe bei verschiedenen Körpern eine verschiedene ist. Dabei zeigen die Körper keine Erhöhung der Temperatur und keine nachweisbare chemische Veränderung. Ohne Zweifel ist die Phosphoreszenz nichts anderes als eine nachwirkende Fluoreszenz; denn man kann eine ganze Stufenfolge von Körpern aufstellen, von solchen an, die nur Fluoreszenz, aber keine merkliche Phosphoreszenz besitzen, oder bei denen die letztere nur Bruchteile von sec dauert, bis zu solchen, bei denen das Phosphoreszenzlicht viele Stunden hindurch ausgesandt wird.

Zur Theorie der Photolumineszenz. Bei der Erklärung der Fluoreszenz kann man zunächst als ein Ergebnis der Beobachtungen die Annahme festhalten, daß in den fluoreszierenden Körpern Molekel sind, deren Eigenschwingungen in kontinuierlicher Folge ein begrenztes Gebiet erfüllen, entsprechend dem Spektrum des Fluoreszenzlichtes, das nur über einen verhältnismäßig schmalen Streifen des ganzen Spektrums ausgebreitet erscheint. Bei der weiteren Untersuchung sind nun zwei verschiedene Hypothesen möglich; die inneren Schwingungen der fluoreszierenden Molekel können entweder direkt durch die eindringenden Strahlen erregt werden; dann wird für die Erscheinung der Fluoreszenz ein mechanisches Bild zu entwerfen sein. Oder aber: jene Schwingungen sind eine indirekte Wirkung des einfallenden Lichtes; dann wäre das

Einfachste, anzunehmen, daß die erregenden Strahlen zunächst einen chemischen oder intramolekularen Prozeß in dem fluoreszierenden Körper auslösen, und daß die Schwingungen des Fluoreszenzlichtes erst die Folge dieses Prozesses seien.

Erstere Annahme stößt aber auf Schwierigkeiten.[1] Es ist wahrscheinlich, daß intramolekulare Prozesse als die unmittelbare Ursache der Fluoreszenz zu betrachten sind. Die Tatsachen, um die es sich handelt, sind folgende: Das Fluoreszenzspektrum besitzt eine Stelle maximaler Intensität, deren Lage nur von der Natur des fluoreszierenden Körpers abhängt, nicht von der Wellenlänge des erregenden Lichtes; ganz dasselbe gilt von der Art, wie die maximale Intensität nach beiden Seiten hin abfällt; die relativen Intensitäten der verschiedenen Teile des Fluoreszenzspektrums bleiben also immer dieselben, nur ihre absoluten Werte hängen von der Wellenlänge des einfallenden Lichtes ab. Starke Fluorezsenz ist verbunden mit ausgesprochenen Absorptionsbanden in dem Lichte, welches durch den fluoreszierenden Körper hindurchgelassen wird. Wir werden notwendig zu der Annahme geführt, daß eben die absorbierten Strahlen diejenigen sind, welche Fluoreszenzlicht erzeugen. In vielen Fällen entspricht dann die Stelle maximaler Fluoreszenz einer Wellenlänge, die größer ist als die Wellenlänge der stärksten Absorption; und in diesem Sinne könnte die Regel von Stokes als gültig angenommen werden. Fluoreszenz wird aber auch noch von Strahlen erregt, die eine größere Wellenlänge besitzen als die stärker brechbaren Strahlen des Fluoreszenzspektrums. Der Vergleich des Fluoreszenzspektrums mit dem Spektralgebiete, über welches die Fluoreszenz erregenden Strahlen sich erstrecken, ergibt daher folgendes. Das Fluoreszenzspektrum dehnt sich nach der roten Seite weiter aus als das Gebiet der erregenden Strahlen. Andererseits überschneidet das nach dem Roten liegenden Ende des erregenden Spektrums das violette Ende des Fluoreszenzspektrums. Wenn sich die Wellenlänge des erregenden Lichtes der Grenze nähert, jenseits deren seine Wirkung aufhört, so nimmt die Helligkeit des Fluoreszenzspektrums bis zu völligem Verschwinden ab. Es existiert eine Wellenlänge des erregenden Lichtes, für welche die gesamte Helligkeit des Fluoreszenzlichtes einen größten Betrag erreicht. Nach der Stokesschen Regel könnte man erwarten, daß jene Wellenlänge kleiner sei, als die

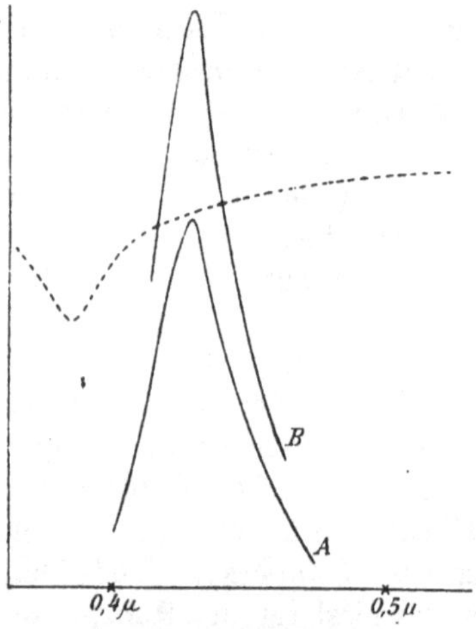

Fig. 357. Fluoreszenz.

[1] S. Nichols und E. Merritt, Phys. Rev. 9 (1904).

Wellenlänge an der Stelle der größten Intensität des Fluoreszenzspektrums; dies trifft in vielen, aber nicht in allen Fällen zu; von einer allgemeinen Gültigkeit der STOKESschen Regel kann daher keine Rede sein.

Zur Erläuterung diene Fig. 357. Diese Fig. bezieht sich auf grünen Flußspat. Wird der Kohlenlichtbogen zur Erregung der Fluoreszenz benützt, so ergibt sich für die Intensität des Fluoreszenzspektrums die Kurve *A*; die Kurve *B* entspricht der Erregung durch Quecksilberlicht, die gestrichelte Kurve dem Spektrum des durch eine Schicht von 0,8 cm Dicke durchgelassenen Lichtes. Die Ordinaten geben die Intensität, die Abszissen die Wellenlängen.

Man hat auch Fluoreszenzerscheinungen bei gasförmigen Körpern, z. B. dem Natriumdampfe, nachgewiesen. Wird die Fluoreszenz durch weißes Licht erregt, so erscheint das Fluoreszenzspektrum als ein Bandenspektrum. Man kann dieses komplexe Spektrum auffassen als eine Superposition einfacher, welche durch einfarbiges Licht, einzelne Linien von Metallspektren, erregt werden. Mit Bezug auf diese einfachen Spektren führen die Beobachtungen zu einem Ergebnisse, das mit dem vorhergehenden im Widerspruche steht; die durch einfarbiges Licht erregten Fluoreszenzspektren besitzen den Charakter von Linienspektren, die Lage und Anordnung der Linien aber ist verschieden je nach der Wellenlänge des erregenden Lichtes.[1]

WOOD hat außerdem das Fluoreszenzspektrum untersucht, welches bei Joddampf durch das Licht einer Quecksilberlampe erregt wird. Das Spektrum besteht aus einer Übereinanderlagerung von drei aus Linien und Liniengruppen bestehenden Serien; sie werden durch die grüne und durch die beiden gelben Linien des Quecksilberdampfes erregt. Zwischen dem Fluoreszenzspektrum und dem Absorptionsspektrum des Joddampfes scheinen gewisse Beziehungen zu bestehen, die sich etwa in folgender Weise charakterisieren lassen. Gewissen Liniengruppen des Absorptionsspektrums entsprechen ähnliche Gruppen des Fluoreszenzspektrums, aber die Abstände der Linien in dem letzteren sind sehr viel größere als im Absorptionsspektrum. Daß es sich dabei um sehr komplizierte Verhältnisse handelt, kann man schon daraus schließen, daß das gesamte Absorptionsspektrum des Joddampfes, wie es bei Anwendung von weißem Lichte erhalten wird, schätzungsweise 50000 Linien enthält.[2]

Ein ganz ähnliches Verhalten, wie die Fluoreszenz, zeigt nach vielen Untersuchungen von LENARD[3] auch die Phosphoreszenz. Doch treten dabei noch besondere, sehr merkwürdige Verhältnisse ein, die wir zum Schlusse kurz andeuten wollen. Reines Sulfid, z. B. reines CaS, besitzt danach die Eigenschaft der Phosphoreszenz nur in äußerst geringem Maße; notwendig ist, daß dem Sulfide geringe Mengen eines Metalles zugesetzt werden; beispielsweise wurden hierzu die Nitrate von Cu, Mn,

[1] R. W. WOOD, Phys. Zs. 7 (1906).
[2] WOOD, Phys. Zs. 14 (1913).
[3] LENARD und KLATT, Ann. d. Phys. 15 (1904).

Bi verwandt, als dritter Bestandteil tritt hinzu ein schmelzbarer Zusatz, z. B. Na_2SO_4 oder $CaFl_2 + Na_2SO_4$. Das Phosphoreszenzspektrum besteht aus einzelnen Banden, deren Lage nur abhängt von der Natur des phosphoreszierenden Körpers, nicht von der Wellenlänge des erregenden Lichtes; die Banden sind charakteristisch für das dem Sulfide beigemischte Metall; der schmelzbare Zusatz hat nur Einfluß auf die Intensitätsverhältnisse der Banden. Die Phosphoreszenz beruht auf zwei verschiedenen, während der Belichtung nebeneinander herlaufenden Vorgängen; einer momentanen Erregung, welche identisch sein dürfte mit der Fluoreszenz, und einer Dauererregung; die letztere ist dadurch charakterisiert, daß die ihr entsprechende Lichtemission langsam ansteigt, und nach dem Schlusse der Belichtung langsam wieder abklingt.

Sehr kompliziert ist der Temperatureinfluß; einen Weg zum Verständnis bahnt LENARD an.

Nach LENARD geht die Phosphoreszenz von den Phosphorzentren aus, d. s. Molekelkomplexe, bestehend aus dem eben genannten Erdalkalisulfid und Metall nebst dem Zusatz (z. B. $Na_2 SO_4$). Das einfallende Licht (oder einfallende Kathodenstrahlen — Band II —) spalten ein Elektron aus diesem Zentrum, das später einmal an die frühere Stelle zurückfällt und dabei das Zentrum zum Leuchten, zum Aussenden einer bestimmten spektralen Lichtbande, bringt. Sind 2 verschiedene Arten von Zentren vorhanden, so hat man 2 Banden.

Man unterscheidet:

1. Kältezustand. Hier werden Elektronen abgespalten, ohne zum Zentrum zurückzukehren. Die Phosphoreszenz wird gleichsam potentiell aufgespeichert.

2. Normaler Dauerzustand, die abgespaltenen Elektronen kehren allmählich zurück. Lange dauernde Phosphoreszenz.

3. Hitzezustand. Die abgespaltenen Elektronen kehren rasch zurück. Momentanes starkes Aufleuchten.

Beispiele: Die Substanz [Calcium . . . Nickel . . . Fluor] zeigt bei -80^0 C eine minimale Phosphoreszenz. Erwärmt man — ohne weitere Belichtung — diese Substanz im Dunkeln auf Zimmertemperatur, so leuchtet sie grell auf. Bei 100^0 C ist keine Phosphoreszenz zu beobachten. Oder: eine Substanz [Calcium . . . Kupfer . . . Lithium], bei tiefer Temperatur bestrahlt, zeigt beim Erwärmen (im Dunkeln) bei Zimmertemperatur eine Bande, bei höherer Temperatur eine andere; es sind 2 Zentren-Arten, deren normaler Zustand verschiedene Temperaturen hat.

Es gibt organische Körper, für welche der normale Zustand bei tiefen Temperaturen liegt; diese phosphoreszieren erst nach Abkühlung.

§ 297. Chemilumineszenz und andere Lumineszenzen.[1] Durch chemische Wirkungen, besonders Oxydationen, können bedeutende Temperaturanstiege erfolgen, wie wir das ja in allen Flammen sehen; die aus-

[1] Eingehende Darstellung siehe TRAUTZ, Zs. f. Elektrochemie (1904).

gehende Strahlung ist dann eine Temperaturstrahlung. Manche Körper aber, z. B. Phosphor, frisch geschnittenes Kalium und Natrium, oxydieren an Luft unter Leuchterscheinung, ohne daß eine merkbare Erwärmung auftritt. Hierher gehört auch das Leuchten faulen Holzes, alten Fleisches, der Leuchtkäfer usw.; hier oxydiert eine von Mikroorganismen[1] produzierte Substanz.

Tribolumineszenz zeigt sich bei manchen Kristallen, z. B. von Zucker, wenn diese plötzlich gebrochen werden. Hier erfolgt der Elektronenaustritt vielleicht schon[2] während des Kristallisierens und diese Elektronen bleiben dauernd in den Nachbaratomgruppen; erst bei der Erschütterung des plötzlichen Brechens erfolgt Rücktritt unter gleichzeitigem Aufleuchten.

Elektrolumineszenz heißt das Leuchten von Gasen bei Stromdurchgang.

III. Photochemie.

§ 298. Chemische Wirkungen der Strahlung. Ätherwellen, die in einem Körper absorbiert werden, wandeln sich im allgemeinen um in Wärme, in fluoreszierenden und phosphoreszierenden Substanzen in Licht von anderer Brechbarkeit. Von großem Interesse ist eine dritte Wirkung, die mit Absorption verbunden sein kann, die Leistung von chemischer Arbeit. Diese chemische Wirkung ist von Bunsen mit besonderer Ausführlichkeit beim Chlorknallgase untersucht worden. Es zeigte sich, daß sie der Intensität der Strahlung proportional ist. Bunsen untersuchte dabei auch die photochemische Wirkung in den verschiedenen Teilen des Sonnenspektrums; zu seiner Erzeugung wurden Quarz-Prismen und -Linsen benützt, da Glas die ultravioletten Strahlen viel zu stark absorbiert. Es ergab sich, daß die Wirkung gleich breiter Streifen des prismatischen Spektrums im Roten und Gelben bis zum Grünen hin sehr schwach ist, dann aber im Blau rasch zu einem Maximum zwischen *G* und *H* ansteigt; sie sinkt dann wieder, erreicht im Ultravioletten bei der Fraunhoferschen Linie *J* ein zweites Maximum und wird zwischen den Linien *T* und *U* unmerklich. Graphisch sind diese Verhältnisse in Fig. 358 dargestellt. Bemerkenswert ist dabei die

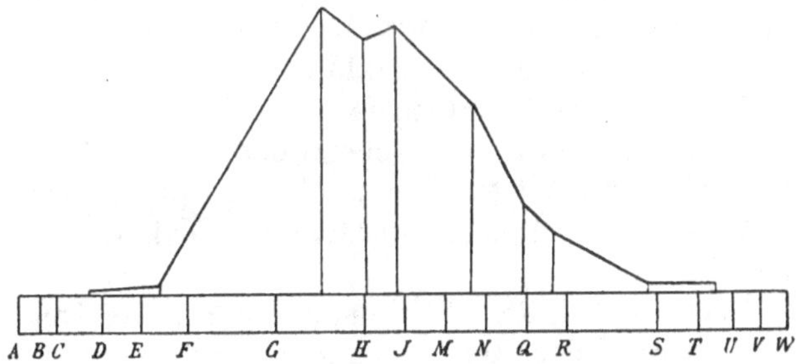

Fig. 358. Chemische Wirkung des Spektrums auf HCl.

[1] Molisch, Leuchtende Pflanzen (1912).
[2] Imhof, Phys. Zs. 18 (1917).

Tatsache, daß die Lichtwirkung nicht mit der Bestrahlung zugleich in voller Stärke einsetzt, sondern erst nach einiger Zeit. Diese Erscheinung, die photochemische Induktion, hängt nach späteren Untersuchungen mit Verunreinigungen des Gasgemisches durch Sauerstoff oder Ammoniak zusammen. Diese mögen zunächst zu der Bildung von Zwischenprodukten Anlaß geben. Die Bildung von Chlorwasserstoff würde erst dann beginnen, wenn eine gewisse Menge jener Zwischenprodukte vorhanden wäre.

Solche chemische Wirkungen sind ja im Bleichprozeß, in der Bildung der grünen Farbe der Pflanzen, in der allmählichen Veränderung der Malerfarben längst bekannt. Weißer Phosphor verwandelt sich in roten, Zinnober wird schwarz usw.

Sauerstoff O_2 wird durch ultraviolette Bestrahlung zu Ozon O_3; darauf beruht die bleichende Wirkung der Sonne. Umgekehrt wird Wasserstoffsuperoxyd-Lösung H_2O_2 in Sauerstoff und Wasser zerlegt. Die Ozonbildung durch stille elektrische Entladungen (Band II) gehört hierher, da die ultraviolette Strahlung der kleinen Fünkchen das Wirkende ist.[1] Zwischen der Bildung des O_3 und seiner Rückbildung stellt sich ein Gleichgewichtszustand her; rasches Abführen des gebildeten O_3 oder Abkühlen (bis -190^0) begünstigt die Ausbeute von O_3. Darum ozonisiert ultraviolette Bestrahlung flüssiges O_2 sehr stark.

Die Quecksilberlampe (Band II) liefert sehr starke ultraviolette Strahlung und ihre photochemische Wirkung ist daher ganz außerordentlich. Es möge hier auch ein physikalischer Prozeß noch erwähnt werden: Metalle werden im Vakuum durch diese Strahlung zerstäubt.

Noch kräftigere Wirkungen geben in mancher Beziehung die allerkürzesten der uns bekannten Ätherschwingungen: die Röntgenstrahlen.

Jeder photochemische Prozeß verlangt eine besondere Wellenlänge. Die Umwandlung (Assimilation) der Kohlensäure und des Wassers zu Kohlehydraten in der Pflanze geschieht z. B. hauptsächlich durch die rote Sonnenstrahlung. In den meisten photochemischen Vorgängen wirken aber die kurzen Wellenlängen.

Die photochemischen Wirkungen sind Zersetzung oder Verbindung, Änderung allotroper Zustände (wie beim Phosphor) und auch bloß physikalische Änderungen.

Unter Sensibilator versteht man eine Substanz, welche durch Absorption der Strahlung die photochemische Wirkung begünstigt. Ein solcher Sensibilator ist z. B. das Chlorophyll in der lebenden Pflanzenzelle.

§ 299. Photographie. Von eminenter praktischer Bedeutung ist die Empfindlichkeit, welche die Haloïdsalze des Silbers dem Lichte gegen-

[1] Warburg, Berl. Ber. (1904. 1905).

über besitzen; denn auf ihr beruht die Herstellung der Photographien. Auf einer bromsilberhaltigen, trockenen Gelatineplatte entwerfen wir in der camera obscura das reelle Bild des aufzunehmenden Gegenstandes kurze Zeit hindurch. Es wird hierdurch eine sichtbare chemische Zersetzung nicht erzielt. Wenn wir aber nun die Platte, sie immer noch sorgfältig im Dunkeln haltend, mit einer reduzierenden Substanz, z. B. einer Lösung von Eisenoxalat oder Hydrochinon behandeln, so vollzieht sich die Ausscheidung des Silbers an einer bestimmten Stelle der Platte um so schneller, je stärker sie zuvor beleuchtet war. Wenn die Reduktion rechtzeitig unterbrochen wird, so erhält man durch diesen Prozeß der „Entwicklung" ein Negativ, in dem die hellen Stellen des Objektes durch das ausgeschiedene Silber dunkel erscheinen. Um dieses Bild zu fixieren, d. h. um eine im Tageslichte eintretende allmähliche Schwärzung durch eine allmählich weiter schreitende Zersetzung des Bromsilbers zu verhindern, muß das letztere entfernt werden, was durch Auswaschen des unzersetzten Bromsilbers mit einer wässerigen Lösung von unterschwefligsaurem Natron geschieht. Um ein positives Bild zu erhalten, belichtet man eine lichtempfindliche Platte (oder Papier) durch das Negativ hindurch und fixiert. Die Verbindungen des Silbers sind gegen die violetten und blauen Strahlen ungleich empfindlicher, als gegen die gelben und roten; daher kommt es, daß in dem positiven Bilde die roten und gelben Farben gegen die blauen und violetten bei gleicher Expositionsdauer dunkel erscheinen. Diesen für eine treue Wiedergabe der Objekte störenden Umstand hat man zu vermeiden gelernt durch die optische Sensibilierung. Man mischt den lichtempfindlichen Platten geringe Mengen von Substanzen bei, welche die gelben oder die roten Strahlen absorbieren; besonders wirksam haben sich erwiesen Azalin, Erythrosin, Dijodfluorescein. Die so präparierten Platten zeigen sich dann auch für die gelben und roten Strahlen als empfindlich.

Photogramme des Spektrums. Die Photographie bildet gegenwärtig das wichtigste Hilfsmittel für die Untersuchung der Spektren. Die hohe Lichtempfindlichkeit der Silbersalze für die violetten und ultravioletten Strahlen legte den Gedanken, sie zur photographischen Aufnahme des ultravioletten Spektrums zu benützen, von vornherein nahe. Es zeigte sich aber zugleich die schon erwähnte starke Absorption der ultravioletten Strahlen durch Glas; um den entsprechenden Teil des Spektrums in seiner ganzen Ausdehnung zu erhalten, ist es daher notwendig, zur Erzeugung der Spektren Linsen und Prismen aus Quarz oder Kalkspat, oder die später zu besprechenden Beugungsgitter zu verwenden. Aber schon die Luft übt auf den äußersten Teil des Ultravioletten eine starke Absorption aus; man hat daher (siehe § 312) Metallspektren im Vakuum photographiert, um sie möglichst weit nach dem Ultravioletten zu verfolgen. Die sichtbaren Teile des Spektrums erfordern zunächst eine um so längere Expositionsdauer, je weniger wirksam ihre Strahlen sind, man wird also namentlich bei der Aufnahme des Gelben und Roten die Platten sensibilieren; auf diesem Wege ist es dann möglich, auch im Ultraroten etwas vom unsichtbaren Teil des Spektrums zu photographieren, dessen Existenz schon früher durch seine Wärmewirkungen angezeigt worden war. Eder konnte durch passende Verwendung von Dicyan bis $\lambda = 9000\,\mu\mu$ photographieren. Das Sonnenspektrum besitzt in seinem ultraroten Teile, ebenso wie in seinem ultravioletten, zahlreiche Fraunhofersche Linien; wir schließen daraus, daß auch die Strahlung der die Sonnenatmosphäre erfüllenden Metalldämpfe in das Ultrarote sich erstreckt, und daß ihre Spektren dort ebenso aus einzelnen Linien zusammengesetzt sind wie im sichtbaren oder im ultravioletten Teile des Spektrums.

Farbenphotographie. Als eine Unvollkommenheit der Photographie empfinden wir es, daß sie die aufgenommenen Gegenstände alle in denselben grauen oder braunen Tönen wiedergibt, daß ihr die Farbe fehlt. Die Möglichkeit, durch ein photographisches Verfahren auch die Farbe des auffallenden Lichtes wieder zu erzeugen, erhellt aus der folgenden Betrachtung. Es sei ein lichtempfindlicher Stoff gegeben, der alle Strahlen absorbiert, also an sich schwarz ist; infolge einer durch das absorbierte Licht bewirkten Zersetzung möge er drei verschiedene Stoffe liefern, von denen der eine die roten, der zweite die grünen, der dritte die violetten Strahlen in diffuser Weise reflektiert; andersfarbige Strahlen sollen in jedem der Stoffe absorbiert werden und ihn zugleich zerstören. Wird nun jener Grundstoff von rotem Lichte getroffen, so entstehen zwar zunächst die drei Zersetzungsstoffe; aber nur der erste, das rote Licht reflektierende bleibt, die beiden anderen werden von rotem Lichte wieder zerstört. Der lichtempfindliche Stoff wird also im roten Lichte in der Tat rot. Ebenso wird er bei grüner Beleuchtung grün, bei violetter violett. Eine Erweiterung der Betrachtung zeigt, daß auch Mischfarben richtig abgebildet werden. Soll der Grundstoff im weißen Lichte weiß werden, so muß bei der Lichtzersetzung außer den drei farbigen noch ein vierter, weißer Stoff entstehen. Eine weitere Frage ist natürlich die nach der Fixierung der erzeugten Farben; auf sie können wir zurzeit noch keine Antwort geben.[1]

Von einem ganz anderen Prinzipe, mit Hilfe dessen man einer lichtempfindlichen Schichte gleichfalls die Farbe des auffallenden Lichtes erteilen kann, wird später die Rede sein.

Völlig verschieden von der eigentlichen Farbenphotographie ist ein Verfahren, bei dem man den Farbeneindruck der Wirklichkeit nach den Sätzen von § 267 durch die Kombination dreier photographischer Bilder des Objektes zu erreichen sucht, eines roten, eines grünen und eines violetten. Von diesen kann das rote dadurch hergestellt werden, daß man das Objekt durch ein rotes Glas hindurch aufnimmt. Das Bild gibt dann die Intensitätsverhältnisse der roten Strahlen wieder, die von

---

[1] Otto Wiener, Wied. Ann. 55 (1895).

dem Objekte ausgehen, sobald man dafür sorgt, daß von dem Bilde aus nur rote Strahlen ins Auge gelangen. Ebenso ist dann bei der Aufnahme des grünen Bildes eine grüne, bei der des violetten eine violette Glasplatte zu benützen. Eine Beschreibung der Kunstgriffe, die man anwendet, um die Farbeneindrücke der drei Bilder zu vermischen, würde zu weit führen.

Nach analogem Prinzipe wirkt das Autochromverfahren. Auf der Glasplatte befinden sich unter der lichtempfindlichen Silberschichte kleinste Stärkekörnchen, etwa 11000 pro mm², teils gelbrot, teils grün und teils blau gefärbt, ein sog. Farbenraster. Diese Platte steht so in der Kamera, daß die Strahlung erst nach Durchsetzung des Farbenrasters unmittelbar auf die lichtempfindliche Schicht fällt. Die rote Strahlung z. B. wird nur durch die roten Körner durchgehen, sonst überall absorbiert werden. Das Rot einer Rose z. B. schwärzt also (nach entsprechender Entwicklung) nur die Punkte hinter den roten Körnern; das Blattgrün schwärzt nur hinter den grünen Körnern. Bei Durchsicht durch die fixierte Platte wird also vom durchgehenden weißen Licht bei den Rosenblüten gerade das Rot fehlen, weil die Platte hier dunkel, bei den Blättern das Grün: das Farbenbild wäre also ein komplementäres. Durch einige chemische Bäder verwandelt man das Hell in Dunkel und umgekehrt. Jetzt läßt die Silberschichte auf der Glasplatte bei der Rosenblüte Licht durch, das aber auch die roten Stärkekörner durchsetzen muß, die Rose erscheint also rot, die Blätter grün usw. Solche Glasplatten gestatten mit starkem Lichte farbige Projektionen; ein Abdruck auf Papier ist nicht möglich.

§ 300. **Sichtbarkeit der ultravioletten Strahlen.** Wenn die ultravioletten Strahlen für gewöhnlich der Beobachtung entzogen sind, so kann das daran liegen, daß sie nicht mehr auf das Auge wirken, oder daran, daß sie in den Apparaten, die wir gewöhnlich zu der Darstellung der Spektren benützen, zu stark absorbiert werden. Helmholtz hat gezeigt, daß der wahre Grund in der Tat der letztere ist, daß in einem Spektrum, das mit Quarz-Linsen und -Prismen erzeugt ist, das Auge auch einen Teil der ultravioletten Strahlen zu sehen vermag, wenn alles andere Licht sorgfältig abgeblendet ist.

Dritter Teil. Das Licht als Wellenbewegung.

I. Emissions- und Undulationstheorie.

§ 301. **Emissionstheorie.** In der im Jahre 1698 erschienenen Optik erklärte Newton die Wirkung des Lichtes durch kleine Partikelchen, die, von den leuchtenden Körpern ausgeworfen, dem Prinzipe der Trägheit entsprechend in gerader Linie mit konstanter Geschwindigkeit den Raum durcheilen. Diese Teilchen sollten, wenn sie das Auge treffen, die Lichtempfindung erregen, sie sollten an der Oberfläche und im Innern der ponderablen Körper alle die Wirkungen leiden und üben, die wir beim Lichte beobachten. Die Geschwindigkeit, mit der sie sich bewegen, muß die des Lichtes sein; sie müssen also von allen leuchtenden Körpern mit derselben Geschwindigkeit ausgestoßen werden.

Das Gesetz der Reflexion leitete Newton aus der Annahme ab, daß die Molekel der Körper mit Kräften auf die Lichtteilchen wirken, die nur in unmeßbar kleiner Entfernung merklich sind. Wenn diese Kräfte abstoßende sind, so setzen sie sich zu einer Resultante zusammen, die von der Oberfläche der Körper weg und senkrecht gegen sie gerichtet ist. Zerlegt man die Geschwindigkeit der Lichtteilchen in zwei Komponenten, die beziehungsweise zur Oberfläche senkrecht und mit ihr parallel sind, so wird die erste durch die Wirkung der Resultante umgekehrt, die zweite bleibt ungeändert; nach dem Anprall an die Oberfläche bewegen sich dann die Lichtteilchen in der durch das Reflexionsgesetz bestimmten Richtung. Um in analoger Weise die Brechung des Lichtes zu erklären, mußte Newton annehmen, daß die Lichtteilchen periodischen Anwandlungen unterworfen sind, so daß sie von den Körpermolekeln bald abgestoßen, bald angezogen werden. In der Tat führt die Annahme anziehender Molekularkräfte zu dem Brechungsgesetze; sie führt aber gleichzeitig zu dem Resultate, daß das Brechungsverhältnis $n(a, b)$ zwischen zwei Körpern a und b gleich ist dem Verhältnisse der Lichtgeschwindigkeit in b zu der Lichtgeschwindigkeit in a. Wenn also das Brechungsverhältnis für Luft und Wasser $^4/_3$ ist, so heißt das nach Newtons Theorie, daß die Lichtgeschwindigkeit in Wasser größer ist, als in Luft, im Verhältnis 4 : 3. Auf die künstlichen Annahmen, die man in der Newtonschen Theorie machen muß, um auch die Farbenzerstreuung des Lichtes zu erklären, werden wir um so weniger eingehen, als schon das zuletzt erwähnte Resultat geeignet ist, die Unzulässigkeit der ganzen Theorie zu beweisen.

§ 302. **Undulationstheorie.** Schon im Jahre 1678 hatte Huygens der Pariser Akademie eine Abhandlung vorgelegt, in der er die Theorie entwickelte, daß das Licht, ähnlich wie der Schall, auf einer Wellenbewegung der zwischen dem leuchtenden Körper und dem Auge befindlichen

Materie beruhe. Man sieht, daß für diese Annahme manche Schwierigkeiten, die der Emissionstheorie entgegenstehen, kaum vorhanden sind. Die Fortpflanzungsgeschwindigkeit des Lichtes kann nach ihr nur von den Eigenschaften des Mediums abhängen, in dem die Wellen fortschreiten und möglicherweise von der Länge der Wellen selbst; es wird so verständlich, daß das von den verschiedensten Sternen ausgesandte Licht den Weltraum mit derselben Geschwindigkeit durcheilt.

Wenden wir auf die Lichtbewegung die Resultate an, die sich früher bei Schallwellen ergeben haben, so kann die Lichtgeschwindigkeit c ausgedrückt werden durch die Elastizität E und die Dichte δ des Stoffes, in dem die Wellenbewegung sich vollzieht; wir haben (analog dem § 112):

$$c = \sqrt{E/\delta}.$$

Bedenken wir nun, daß $c = 300000$ km sec^{-1} ist, daß dagegen die Schallgeschwindigkeit in Luft nur 0,33 km, in Wasser 1,46 km, in Eisen und Glas 5,0 km in der Sekunde beträgt, so kommen wir mit Notwendigkeit zu der Annahme, daß der Stoff, in dem die Lichtwellen sich fortpflanzen, ein von den ponderablen Körpern verschiedener ist. Wir bezeichnen diesen sonst nicht wahrnehmbaren Stoff als den Lichtäther. Ob wir auf diesen die Begriffe anwenden dürfen, die uns von den ponderablen Körpern her geläufig sind, wissen wir nicht. Tun wir dies in hypothetischer Weise, so ergibt sich, daß seine Elastizität ohne Vergleich größer, oder seine Dichte ebenso kleiner sein muß als die ponderabler Körper; auch kann natürlich ein großer Wert von E mit einem kleinen von δ zusammentreffen. Der Äther muß durch den ganzen Weltraum ausgebreitet sein und das Innere aller Körper durchdringen.

Die fundamentale Beziehung zwischen Fortpflanzungsgeschwindigkeit c, Wellenlänge λ und Schwingungszahl ν,

$$c/\lambda = \nu,$$

die allen Wellenbewegungen gemeinsam ist, muß natürlich auch für das Licht gelten. Wenn ferner beim Schalle die Qualität der Tonempfindung durch ν bestimmt wird, so werden wir dementsprechend beim Lichte die Schwingungszahl als das Element betrachten, von dem die Qualität der Lichtempfindung, die Farbe, abhängt. Einfarbiges, homogenes Licht ist solches von einer bestimmten Schwingungszahl. Die verschiedenfarbigen Strahlen unterscheiden sich in erster Linie durch die ihnen entsprechenden Schwingungszahlen, die verschiedene Brechbarkeit würde erst als eine Folge hiervon zu betrachten sein. Ändert sich die Geschwindigkeit eines Strahles von bestimmter Farbe, so muß sich die ihm entsprechende Wellenlänge in demselben Maße ändern, so daß das Verhältnis $c/\lambda = \nu$ unverändert bleibt. Den experimentellen Beweis für die Richtigkeit dieses wichtigen Satzes werden wir später mit Hilfe der Farbenerscheinungen dünner Blättchen liefern.

In einem isotropen Mittel pflanzt sich die von einem leuchtenden Punkte ausgehende Welle nach allen Seiten mit gleicher Geschwindigkeit fort. Die Welle hat die Gestalt einer Kugel, solange ihre Ausbreitung eine ungestörte ist. Allgemein folgt aus dem HUYGENSschen Prinzipe, daß die Richtung, in der ein kleines, als eben zu betrachtendes Element einer Welle fortschreitet, zu der Wellenfläche senkrecht steht; nun nennen wir aber die Richtungen, in denen die Elemente einer Lichtwelle sich fortbewegen, Lichtstrahlen. In einem isotropen Mittel stehen daher die Strahlen senkrecht auf der Wellenfläche.

Die Frage, ob bei dem Lichte die Schwingungsrichtung der Ätherteilchen zu der Fortpflanzungsrichtung der Wellen, zum Strahle, senkrecht steht oder mit ihr parallel ist, wird erst durch die später zu besprechenden Erscheinungen der Polarisation entschieden. Danach haben wir die Wellen des Äthers als transversale zu betrachten, und wir wollen diese Anschauung von vornherein festhalten, obwohl die zunächst zu besprechenden Erscheinungen ebensogut durch die Annahme longitudinaler Wellen zu erklären sein würden.

Bei transversaler Richtung der Schwingungen werden die auf einem Lichtstrahle liegenden Ätherteilchen in einem bestimmten Momente einer Wellenlinie angehören, vorausgesetzt, daß sich alle Teilchen in einer Ebene bewegen. Die Schwingung der einzelnen Teilchen ergibt sich, wenn man jene Wellenlinie längs dem Strahle mit der Geschwindigkeit des Lichtes verschiebt. Die größte Abweichung der Teilchen von ihrer Ruhelage ist durch die Höhe der Wellenberge oder die Tiefe der Wellentäler gegeben. Man bezeichnet sie als die Amplitude der Wellen. Von dieser wird die Intensität des Lichtes ebenso abhängen, wie die des Schalles von der Amplitude der Schallschwingungen.

Die weitere Entwicklung der Wellentheorie vollzieht sich mit den Hilfsmitteln, die wir schon bei der Betrachtung der Wasserwellen eingeführt haben, dem HUYGENSschen Prinzipe und dem Prinzipe der Superposition. Bei der großen Bedeutung dieser Sätze für die Optik scheint es zweckmäßig, sie hier von neuem auszusprechen. Wir haben sie zudem in der Hydrodynamik nur für die Wellenbewegung in einer Ebene aufgestellt, und auch bei ihrer Anwendung auf die räumlichen Wellen fester, elastischer Körper haben wir sie nicht ausdrücklich für den allgemeineren Fall formuliert.

HUYGENSsches Prinzip. In einem isotropen Mittel sei ein leuchtender Punkt L gegeben (Fig. 359); er werde umschlossen von einer beliebigen Fläche s. Jeden Punkt von s betrachten wir in dem Momente, in dem er durch die von L ausgehende Kugelwelle getroffen wird, als Ausgangspunkt einer neuen Welle, einer Elementarwelle; die Hauptwelle für irgendeinen späteren Zeitpunkt erhalten wir, wenn wir die von s nach außen sich ausbreitenden, kugelförmigen Elementarwellen für jene Zeit konstruieren und an sie die gemeinsame Berührungsfläche legen. Die letztere gibt die Gestalt der Hauptwelle für die betrachtete

Zeit; in einem isotropen Mittel erhalten wir natürlich wieder eine Kugel. Rückwärts pflanzt sich von den Punkten der Fläche s keine Bewegung fort.

Wir haben schon erwähnt, daß die Ausbreitungsrichtung einer Welle, der Lichtstrahl, zu der Wellenfläche senkrecht steht, solange die Elementarwellen Kugelform haben. Nun möge der leuchtende Punkt L in großer Entfernung liegen. Die Wellen, die in einem begrenzten Raume

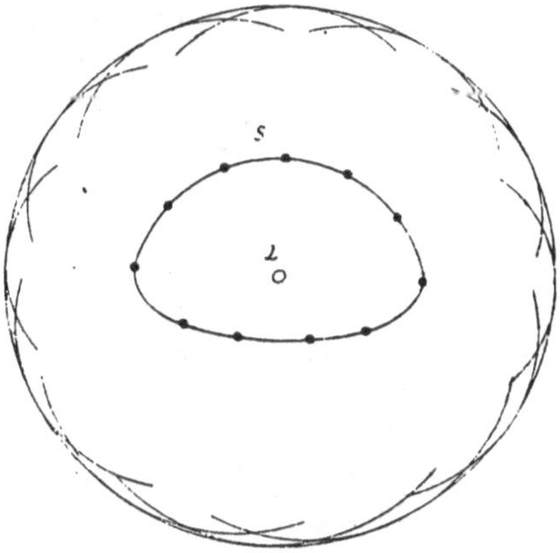

Fig. 359. Zum Huygensschen Prinzip.

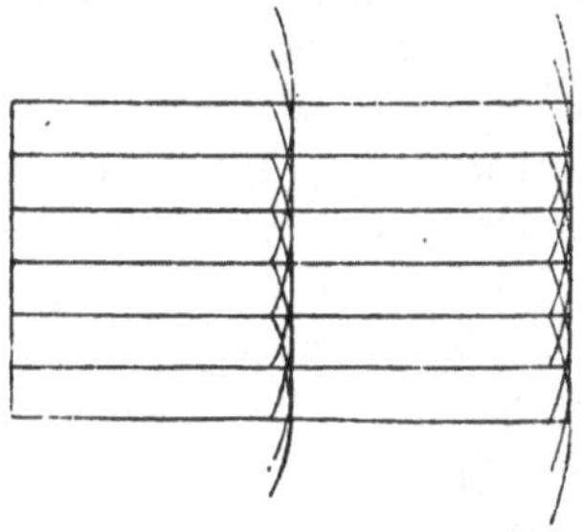

Fig. 360. Ebene Welle.

zur Wirkung gelangen, sind dann als ebene zu betrachten. Ihre Fortpflanzungsrichtung ist in allen Punkten dieselbe, die ihnen entsprechenden Lichtstrahlen sind parallel. Umgekehrt ist ein Bündel paralleler Lichtstrahlen durch eine Schar von aufeinander folgenden ebenen Wellen zu ersetzen, die sich als senkrechte Querschnitte des Strahlenbündels darstellen. Die Fortpflanzung der Lichtbewegung in einem solchen Bündel ergibt sich aus dem Huygensschen Prinzipe durch die leichtverständliche Konstruktion von Fig. 360.

Prinzip der Superposition. Wenn in irgendeinem Punkte mehrere Wellen zusammentreffen, so bestimmt sich der Ausschlag des daselbst befindlichen Ätherteilchens nach dem allgemeinen Prinzipe der Kombination; er ist (wie in § 111) gleich der algebraischen Summe der Ordinaten, die den einzelnen Wellen entsprechen.

Die Anwendung des Huygensschen Prinzips führt zunächst mit Hilfe von Betrachtungen, die denen von §§ 110 und 117 vollkommen analog sind, zu den Gesetzen der Reflexion und Brechung. Für den Fall der ersteren würden wir in der Tat die Betrachtungen des § 110 einfach zu wiederholen haben; für die letztere verweisen wir auf die Untersuchungen von § 117, außerdem aber bietet sich Gelegenheit zu einer weiteren Ausführung in § 315. Um die Brechung zu erklären, muß man danach annehmen, daß die von den Punkten der Grenzfläche zweier

Mittel ausgehenden Elementarwellen in dem optisch dichteren Mittel sich mit geringerer Geschwindigkeit fortpflanzen. Die Untersuchung gibt dann für das Brechungsverhältnis $n(a,b)$ zweier Mittel die anschauliche Deutung (§ 254), daß es gleich dem Verhältnisse der Lichtgeschwindigkeiten c_a und c_b in a und b ist:

$$n(a,b) = c_a/c_b.$$

Mit einigen Schwierigkeiten ist die Erklärung der Farbenzerstreuung verbunden. Wenn nämlich in den ponderablen Körpern das Brechungsverhältnis der violetten Strahlen der Regel nach ein größeres ist als das der roten, so folgt daraus auf Grund der vorhergehenden Beziehung, daß die roten Strahlen sich schneller ausbreiten als die violetten. Dieses Verhalten widerspricht dem, was man nach Analogie mit den Wellen der Akustik erwarten möchte. Hohe und tiefe Töne, kurze und lange Wellen pflanzen sich in der Luft mit gleicher Geschwindigkeit fort; beim Lichte dagegen muß angenommen werden, daß die Fortpflanzungsgeschwindigkeit abhängig ist von Oszillationsdauer oder Wellenlänge. Nun wird man bemerken, daß die Änderung der Geschwindigkeit mit der Farbe immerhin keine sehr große ist; sie entspricht den in § 265 angegebenen totalen Dispersionen, sie bleibt in einer Reihe von Fällen unter $^1/_{50}$, steigt höchstens auf $^1/_{10}$; man findet ferner, daß in den Gasen die Dispersion eine äußerst geringe, daß im leeren Raume die Geschwindigkeit aller Strahlen dieselbe ist. Denn würde auch im Weltraume das rote Licht sich schneller fortpflanzen als das violette, so müßte z. B. bei jedem Verschwinden und jedem Wiederauftauchen der Jupitermonde ein Farbenwechsel beobachtet werden, was nicht der Fall ist. Diese Überlegungen machen es wahrscheinlich, daß die Farbenzerstreuung nicht durch die Natur des freien Äthers, sondern durch ponderable Molekel, durch den Einfluß, den sie auf die Wellenbewegung üben, bedingt ist.

§ 303. Foucaults Bestimmung der Lichtgeschwindigkeit. Nach dem vorhergehenden hat das Brechungsverhältnis in den Theorien von Newton und Huygens genau entgegengesetzte Bedeutung. Nach der ersteren ist die Fortpflanzungsgeschwindigkeit des Lichtes im dichteren Mittel größer, nach der letzteren umgekehrt im dünneren. Wenn das Brechungsverhältnis von Luft zu Wasser $^4/_3$ ist, so verhält sich nach Newton die Lichtgeschwindigkeit in Luft zu der in Wasser wie 3 : 4, nach Huygens ist das Verhältnis das umgekehrte. Hierdurch ist die Möglichkeit zu einer experimentellen Entscheidung zwischen den beiden Theorien gegeben, und diese wird in der Tat durch einen von Foucault ausgeführten Versuch herbeigeführt.

Zur Bestimmung der Lichtgeschwindigkeit benützte Foucault (1849) eine Einrichtung, die in Fig. 361 schematisch dargestellt ist. AB ist ein Spalt, von Sonnenstrahlen beleuchtet, die mit Hilfe eines Heliostaten in horizontaler Richtung auf ihn geworfen werden. Die Strahlen fallen zunächst auf einen ebenen, vertikal aufgestellten Spiegel S und werden von ihm so reflektiert, als ob sie von dem Spiegelbilde des Spaltes, $A_1 B_1$, herkämen. Die Sammellinse C entwirft dann das reelle Spaltbild $A_2 B_2$. An der Stelle dieses Bildes befindet sich ein Hohlspiegel H, dessen Krümmungsmittelpunkt mit dem Mittelpunkte der Linse zusammenfällt. Die Zentralstrahlen CA_2 und CB_2 werden dann in sich selber reflektiert und kommen, denselben Weg noch einmal durchlaufend, schließlich nach A und B zurück. Ebenso aber vereinigen sich auch die übrigen Strahlen, die von A und B ausgehend, gegen A_2 und B_2 konvergieren, nach der Reflexion am Hohlspiegel und der zweiten Reflexion an dem ebenen Spiegel wieder in den Ausgangspunkten A und B. Schaltet man zwischen AB und S eine planparallele Platte P ein, so werden die zurückkehrenden Strahlen von ihr zum Teile reflektiert, so daß sie, anstatt nach A und B zu gelangen, in $A_3 B_3$ ein reelles Bild des Spaltes von gleicher Größe mit diesem selbst erzeugen. Wenn nun der Spiegel S in sehr schnelle Rotation versetzt wird, so finden die von dem Hohlspiegel zurückkehrenden Strahlen ihn nicht mehr in derselben Stellung, wie bei der ersten Reflexion; er hat sich vielmehr in der Zwischenzeit um einen kleinen Winkel gedreht und wirft die Strahlen in einer von der früheren verschiedenen Richtung zurück. Das reelle, von der Platte P reflektierte Bild entsteht jetzt nicht mehr an der Stelle $A_3 B_3$, wie bei ruhendem Spiegel, sondern wird entgegen dem Sinne der Rotation seitlich verschoben, etwa nach $A_3' B_3'$. Die Größe dieser Verschiebung hängt ab von der Rotationsgeschwindigkeit des Spiegels S und von der Zeit, die das Licht braucht, um die Distanz zwischen S und H zweimal zu durchlaufen. Mißt man die Verschiebung und die Tourenzahl des Spiegels, so kann man jene Zeit und damit auch die Geschwindigkeit des Lichtes bestimmen. FOUCAULT erhielt so einen Wert von 298000 km sec^{-1}. Wurde nun zwischen Linse und Hohlspiegel eine mit Wasser gefüllte Röhre ein-

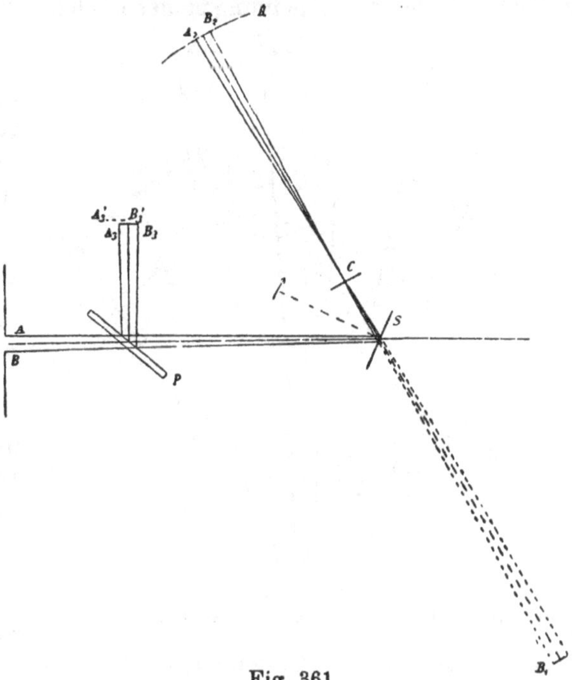

Fig. 361.
FOUCAULTs Bestimmung der Lichtgeschwindigkeit.

geschaltet, so wuchs die Verschiebung des Spaltbildes. Die Lichtgeschwindigkeit erwies sich im Wasser kleiner als in Luft, in Übereinstimmung mit der Undulationstheorie und im Widerspruche mit der Annahme NEWTONS, die dadurch als unhaltbar erwiesen wird.

II. Interferenz.

§ 304. **FRESNELs Spiegelversuch.** Wir haben schon in der Akustik von den Interferenzerscheinungen gesprochen, die auftreten, wenn zwei Wellenzüge von gleicher Schwingungszahl in einem Punkte zusammentreffen. Wenn die Wellen mit einer Phasenverschiebung von einer halben Wellenlänge in dem betrachteten Punkte ankommen, so heben sich die entgegengesetzten Bewegungen auf, es findet weder Verdichtung noch Verdünnung der Luft daselbst statt und ebensowenig die Empfindung eines Schalles oder Tones. Wenn es gelingt, eine analoge Erscheinung auf dem Gebiete des Lichtes aufzufinden, zu zeigen, daß Licht zu Licht hinzukommend unter Umständen Dunkelheit erzeugt, so ist damit der stärkste Beweis für die Richtigkeit der Wellentheorie gegeben. Das Verständnis der von FRESNEL (1816) ersonnenen sinnreichen Versuchsanordnung wird durch eine theoretische Vorbetrachtung wesentlich erleichtert werden. Es seien A und B (Fig. 362) zwei Punkte, von denen Wellen von vollkommen gleicher Länge und Amplitude ausgehen; es stimmen auch die Schwingungsrichtungen der Ätherteilchen in den von A und B herrührenden Wellen überein und ebenso die Phasen der Schwingungen in A und B; diese Bedingung, nach der keine wechselseitige Verschiebung der Phasen im Verlaufe der Erscheinungen eintreten darf, bezeichnet man als die Bedingung der Kohärenz der Schwingungen. Wir legen nun durch AB die Zeichnungsebene und untersuchen die Beleuchtungsverhältnisse, die in dieser aus der Interferenz der Wellen sich ergeben. Zunächst ist es klar, daß in allen Punkten, die in der Mittellinie OC von AB gelegen, von A und B gleichweit entfernt sind, die Wellen sich unterstützen; wir haben in allen

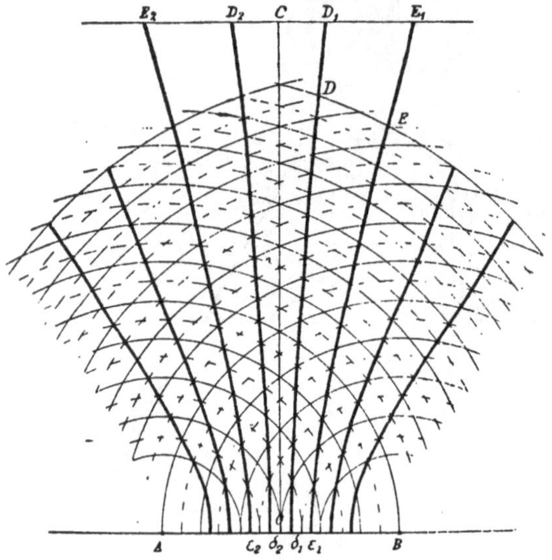

Fig. 362.
Interferenzkurven bei zwei leuchtenden Punkten.

Punkten dieser Linie Helligkeit. Gehen wir etwas zur Seite, so wird es leicht sein, einen Punkt D zu finden, dessen Entfernungen von A und B um eine halbe Wellenlänge verschieden sind. In ihm werden gleichzeitig Strahlen eintreffen, die eine Phasendifferenz von einer halben Wellenlänge haben; stehen die Schwingungen des Äthers senkrecht auf der Ebene der Zeichnung, so zerstören sich die in D zusammentreffenden Strahlen, andernfalls erzeugen sie allerdings eine resultierende Schwingung; aber ihre Amplitude ist sehr klein, verglichen mit den Amplituden der in der Mittellinie OC liegenden Teilchen. In allen Punkten D, für welche $AD - BD = \pm \lambda/2$, ist also der Äther in Ruhe oder in kleinster Bewegung, es herrscht daselbst absolute oder relative Dunkelheit. Diese Punkte liegen aber auf einer Hyperbel, deren Brennpunkte A und B, deren Achse $\delta_1 \delta_2 = \lambda/2$ ist. Seitlich von den beiden Ästen dieser Hyperbel finden wir Punkte, deren Wegdifferenzen eine ganze Wellenlänge betragen, in denen die Wellen wieder mit gleicher Phase ankommen, und wo Helligkeit herrscht. Dann folgen Punkte E, deren Entfernungen von A und B um $^3/_2$ Wellenlängen sich unterscheiden; in ihnen findet eine Phasenverschiebung von $^3/_2\,\lambda$ und demzufolge Ruhe oder kleinste Bewegung des Äthers statt. Wir erhalten also eine zweite Hyperbel, auf der Dunkelheit herrscht, mit der Achsenlänge $\varepsilon_1 \varepsilon_2 = {}^3/_2\,\lambda$ usw. Wir erkennen, daß in der betrachteten Ebene unter der gleichzeitigen Wirkung der von A und B herkommenden Wellen eine Art von stehender Schwingung des Äthers sich herstellt. Die Ebene wird durch Knotenlinien in einzelne hyperbolische Streifen geteilt, in deren Mitte Maxima der Helligkeit liegen; nach beiden Seiten nimmt diese ab, bis auf den Hyperbeln $\delta_1 \delta_2$, $\varepsilon_1 \varepsilon_2, \ldots$ Dunkelheit eintritt. Von einer wahren stehenden Schwingung unterscheidet sich der Zustand dadurch, daß die Phasen der Schwingung der Länge der Hyperbeln nach nicht konstant, sondern von Stelle zu Stelle andere sind. Wollen wir die für die Ebene gefundenen Resultate auf den ganzen Raum übertragen, so haben wir nur zu bedenken, daß in jeder durch AB gelegten Ebene dieselben Verhältnisse sich wiederholen. In der ganzen Mittelebene der beiden Punkte A und B haben wir daher ein Maximum von Helligkeit; an Stelle der dunkeln Hyperbeln treten zweischalige Rotationshyperboloide, deren Achse die Linie AB ist; diese teilen den Raum in hyperbolische Schalen, in denen dieselben Verhältnisse der Helligkeit herrschen, wie in den zuvor betrachteten Streifen. Um endlich noch von der Breite der hellen Streifen eine bestimmtere Vorstellung zu gewinnen, legen wir in der zuerst betrachteten Ebene die Linie $E_1 D_1 C D_2 E_2$ parallel zu AB. Die halbe Breite CD_1 des mittleren Streifens ergibt sich dann aus der Gleichung der ersten Hyperbel:

$$\frac{CD_1^2}{O\delta_1^2} - \frac{OC^2}{OA^2 - O\delta_1^2} = 1.$$

Wir setzen $AB = a$, $OC = d$, die Wellenlänge wie früher gleich λ; unter der Voraussetzung, daß d groß gegen a und λ, ergibt sich dann für die Breite, die der mittlere helle Streifen in der Entfernung OC besitzt, die Näherungsformel:

$$D_1 D_2 = \lambda \frac{2d}{\sqrt{4a^2 - \lambda^2}}.$$

Die Streifenbreite wächst natürlich mit dem Abstande d; sie ist um so größer, je größer die Wellenlänge und je kleiner a. Für $\lambda/2 = a$ wird $D_1 D_2$ unendlich groß; von allen Knotenlinien bleibt nur eine einzige übrig, welche durch die beiden von A und B aus ins Unendliche laufenden Äste der Linie AB gebildet wird. Ist endlich $\lambda/2 > a$, so wird $D_1 D_2$ imaginär, es existiert im ganzen Raume kein Punkt mehr, in dem die von A und B ausgehenden Wellen sich zerstörten, in dem also Dunkelheit herrschte.

Wir gehen nun über zu der Frage, wie die im vorhergehenden vorausgesetzten Verhältnisse sich realisieren lassen. Wenn der in § 302 ausgesprochene Satz richtig ist, daß die Farbe des Lichtes abhängt von der Wellenlänge, die es in einem bestimmten Mittel besitzt, so können wir Lichtquellen von gleicher Wellenlänge leicht erhalten; wir brauchen nur zwei Natriumflammen zu nehmen. Anders aber steht es mit den Bedingungen der übereinstimmenden Schwingungsrichtung und der Kohärenz. In einer Flamme sind es fort und fort neue Teilchen, die sich an der Emission des Lichtes beteiligen; bei zwei verschiedenen Flammen beginnen die Teilchen ganz unabhängig voneinander zu leuchten, zwischen den von ihnen erregten Schwingungsrichtungen besteht nicht die geringste Beziehung. Daraus folgt, daß jene beiden Bedingungen unmöglich erfüllt werden können, solange man mit zwei verschiedenen Flammen operiert. Fresnel kam nun auf die glückliche Idee, als Lichtquellen die Spiegelbilder einer und derselben Flamme zu benützen. Diese stellen dann ein Aggregat von leuchtenden Punkten dar, die paarweise die Bedingungen der übereinstimmenden Schwingungsrichtung und der Kohärenz in vollkommenster Weise erfüllen. Hiernach können wir den Fresnelschen Versuch in folgender Weise ausführen. Mit dem Lichte einer einzigen Na-Flamme beleuchten wir einen vertikalen Spalt S. Fig. 363 gibt eine Horizontalprojektion der Versuchsanordnung. Mit Hilfe von zwei in einer vertikalen Kante K zusammenstoßenden, unter sehr kleinem Winkel gegeneinander geneigten Spiegeln entwerfen wir von S zwei nahe beieinander liegende imaginäre Bilder A und B. Der von beiden gleichzeitig erleuchtete Raum HKJ müßte dann, gemäß Fig. 362, abwechselnd von hellen und dunkeln Zonen erfüllt sein. Stellen wir in diesen Raum einen Schirm $E_1 D_1 C E_2 D_2$, so sollte dieser nicht gleichmäßig hell erscheinen, sondern von vertikalen dunklen Streifen, E_1, D_1,

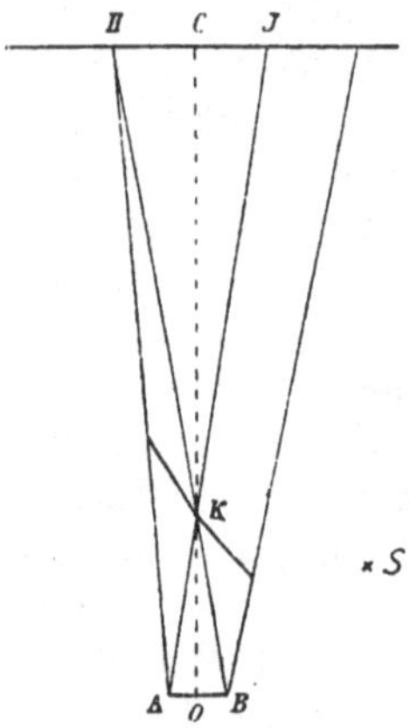

Fig. 363.
Fresnels Spiegel.

D_2, E_2 durchzogen sein. In Wirklichkeit wird das bloße Auge hiervon nichts erkennen; wohl aber erscheinen die Streifen, wenn man das Auge mit einer Lupe bewaffnet; es ist dann nicht nötig, die von A und B ausgehenden Strahlen erst auf einem Schirme aufzufangen; betrachten wir ja auch beim Mikroskope das von dem Objektiv entworfene reelle Bild mit dem Okular, ohne es vorher auf einem Schirm zu entwerfen. Die Lupe zeigt uns die Verteilung der Helligkeit in der Ebene, auf die sie eingestellt ist. Damit der Versuch gelingt, ist es notwendig, den Neigungswinkel der Spiegel, die Entfernung $AB = a$ sehr klein, die Distanz $OC = d$ groß zu machen; daraus ergibt sich schon, daß die Wellenlänge λ des Lichtes eine sehr kleine Größe ist. Man übersieht ferner, daß die Wellenlänge aus der Breite des mittleren Streifens $D_1 D_2$ und den Entfernungen a und d bestimmt werden kann. Wendet man an Stelle von homogenem Lichte weißes Licht an, so treten an Stelle der hellen und dunkeln Streifen farbige Fransen. Es wird dadurch die Annahme bestätigt, daß der Unterschied der Farbe durch die Verschiedenheit der Wellenlänge, bzw. durch die der Oszillationsdauer bedingt sei. Zugleich ergibt sich aus der Reihenfolge der Farben, daß das rote Licht die größte, das violette die kleinste Wellenlänge besitzt.

§ 305. Zonenteilung der Wellenfläche und Beleuchtung eines Punktes. Mit dem Huygensschen Prinzipe ist der Satz, daß das von einem leuchtenden Punkte ausgehende, einen undurchsichtigen Körper treffende Licht nicht in den geometrischen Schatten eindringt, nicht vereinbar. Denkt man sich in der Wand eines verdunkelten Zimmers eine von Sonnenstrahlen erleuchtete Öffnung, so ist nach dem Huygensschen Prinzipe jeder ihrer Punkte Ausgangspunkt einer Elementarwelle, und es muß daher tatsächlich Wellenbewegung auch in dem seitlich von der Öffnung befindlichen Raume vorhanden, auch dieser muß wenigstens in gewissem Grade erleuchtet sein. Da nun auf einem der Öffnung gegenüber befindlichen Schirme scheinbar nur das einfache runde Sonnenbildchen vorhanden ist, so scheint die Undulationstheorie hierdurch widerlegt zu sein; es war dies in der Tat der Grund, den Newton gegen sie geltend machte. Eine genauere Beobachtung zeigt aber, daß der Einwand Newtons auf einer falschen Voraussetzung beruht. Es werden bei dem erwähnten Versuche wirklich auch solche Teile des Schirmes erleuchtet, die in dem geometrischen Schatten, wenn auch sehr nahe an dessen Grenze, liegen, die Lichtstrahlen werden gewissermaßen um den Rand der Öffnung herumgebogen, so daß sie in den Raum des geometrischen Schattens hineindringen. Man hat daher diese Erscheinungen als Beugungserscheinungen bezeichnet. Dieses ganze Gebiet wird durch die nun zu schildernde Auffassung mittels des Huygensschen Prinzips geklärt.

Die vom leuchtenden Punkte L ausgehende Wellenbewegung habe sich in einem bestimmten Augenblicke bis zu der Kugel $K_1 K_2$ (Fig. 364) ausgebreitet, deren auf dem Strahle LP gelegener Scheitel durch S bezeichnet ist. Zu jeder von $K_1 K_2$ vorwärts gegen P sich bewegenden Elementarwelle gehört ein Elementarstrahl, der nach dem Punkte P hineilt; in dem beleuchteten Punkte P treffen unendlich viele Elementarstrahlen zusammen, die von den Punkten der Hauptwelle ausgesandt werden. Die Bewegung des Äthers, die durch ihr Zusammenwirken in P erzeugt wird, bestimmen wir nach dem Prinzipe der Superposition. Zu diesem Zwecke ziehen wir auf der Kugeloberfläche um S eine Reihe von Parallelkreisen, die in dem von uns gezeichneten Meridianschnitte der Kugel durch die Punkte $a_1 a_2$, $b_1 b_2$, $c_1 c_2$, $d_1 d_2$, $e_1 e_2$ ... sich markieren. Die Punkte a_1, b_1, c_1, d_1, e_1 ... sind so zu bestimmen, daß zwischen den Entfernungen PS, Pa_1, Pb_1, Pc_1, Pd_1, Pe_1, ... ein Unterschied von je einer halben Wellenlänge ist.

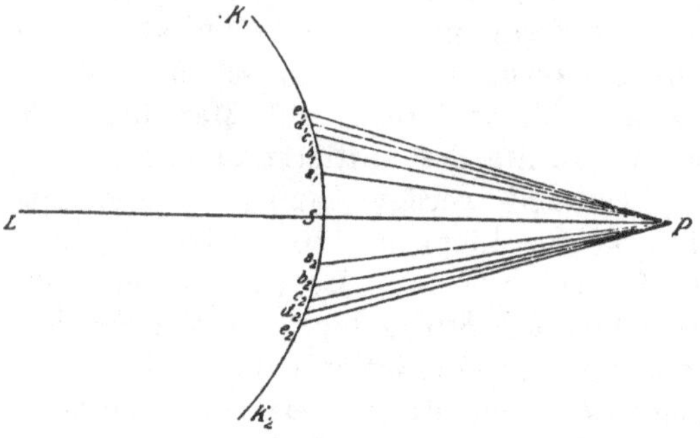

Fig. 364. Zonenteilung der Wellenfläche.

Nehmen wir an, die Wellenlänge sei klein gegen den Halbmesser der Wellenkugel und gegen ihren Abstand von dem beleuchteten Punkte, so gilt dasselbe von der Breite der auf der Oberfläche der Kugel gebildeten Zonen; die Breite nimmt mit der Entfernung vom Scheitelpunkte S ab; zugleich nimmt aber der Flächeninhalt der Zonen zu. Man kann zeigen, daß der Flächeninhalt jeder Zone gleich ist dem arithmetischen Mittel aus den Inhalten ihrer Nachbarzonen; die Zoneninhalte bilden eine steigende arithmetische Reihe. Nun kann aber zu jedem Strahle einer Zone ein entsprechender einer Nachbarzone gefunden werden, dessen Entfernung von dem Punkte P um eine halbe Wellenlänge größer oder kleiner ist, der also die Wirkung des ersten Strahles auf P gerade kompensiert. Es ergibt sich somit, daß die Wirkung der II. Zone $a_1 b_1 a_2 b_2$ auf P aufgehoben wird durch die entgegengesetzte Wirkung der Strahlen, die von der halben I. Zone $a_1 S a_2$ und der halben III. Zone $b_1 c_1 b_2 c_2$ ausgehen; ebenso wird die Wirkung der IV. Zone $b_1 d_1 b_2 d_2$ aufgehoben durch die Wirkung der halben III. $b_1 c_1 b_2 c_2$ und der halben V. $d_1 e_1 d_2 e_2$, die Wirkung der VI. Zone durch die Wirkungen der halben V. und halben VII. usw. Hierzu tritt die Annahme, daß die Wirkungen der Zonen, dem in § 249 erwähnten Emissionsgesetze entsprechend, mit dem Sinus des Winkels abnehmen, unter dem die Strahlen die Zone verlassen. Nimmt man noch hinzu, daß die Wirkung der Zonen auch mit ihrer Entfernung von dem Punkte P abnimmt, so ergibt sich das Resultat, daß die Beleuchtung des Punkes P gerade so ist, wie wenn er nur von der Hälfte der Mittelzone $a_1 S a_2$ Licht erhielte.

Die geradlinige Fortpflanzung des Lichtes ist also im gewissen Sinne nur eine scheinbare.

§ 306. Fresnelsche Beugungserscheinungen. Die Art und Weise, in der Fresnel seine Beugungserscheinungen herstellte und beobachtete, war folgende. Durch eine Öffnung in der Wand eines verdunkelten Zimmers ließ er ein Bündel von Sonnenstrahlen auf eine Linse von

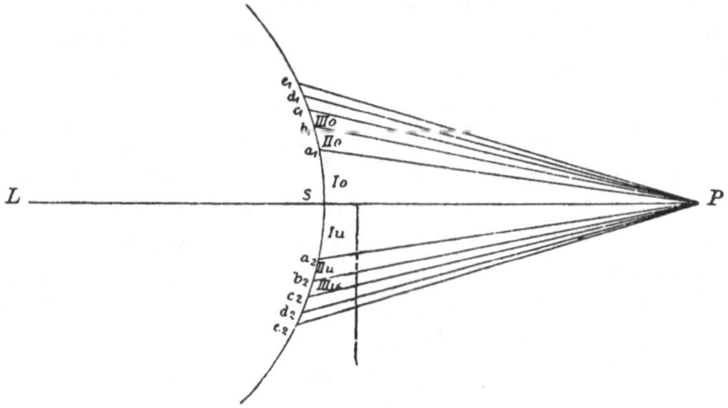

Fig. 365. Fresnelsche Beugungserscheinungen.

kleiner Brennweite fallen und erzeugte so einen sehr intensiven Lichtpunkt. In den von ihm ausgehenden Lichtkegel stellte er dann die beugenden Körper: einen undurchsichtigen Schirm mit scharfem, geradem Rande, einen Spalt oder Draht. Die Erscheinung selbst beobachtete er mit einer hinter dem beugenden Körper in einiger Entfernung aufgestellten Lupe; er untersuchte also die Verteilung der Helligkeit in einer vom Standpunkte des Beobachters aus diesseits des beugenden Körpers befindlichen Ebene, derjenigen, auf welche die Lupe eingestellt war. Es zeigte sich, daß bei der beugenden Kante eines Schirmes nahe der Grenze des geometrischen Schattens eine Reihe von helleren und dunkleren Streifen auftrat, daß die Helligkeit selbst nicht auf der Grenze des geometrischen Schattens verschwand, sondern, allmählich abnehmend, noch in diesen hinein sich ausdehnte. Bei einem beugenden Spalte wird je nach dem Abstande von der Lichtquelle die Mitte hell oder dunkel erscheinen, zu beiden Seiten der Mitte, bis in den Raum des geometrischen Schattens hinein, zeigen sich farbige Fransen. Analoge Erscheinungen treten auf, wenn wir in den Weg der Strahlen einen schmalen Schirm, einen dünnen Draht stellen.

Die Theorie dieser Erscheinungen wollen wir nicht in strenger Weise entwickeln, sondern nur symbolisch an einem Beispiele anschaulich machen, wie solche Erscheinungen zustande kommen. Wir machen zu diesem Zwecke die Fiktion, daß die von dem leuchtenden Punkte L ausgehende Welle nur in einer Ebene sich verbreite und in einem bestimmten Momente bis zu dem Kreise (Fig. 365) vorgedrungen sei. Den Punkt S, in dem er von dem nach dem beleuchteten Punkte gehenden

Strahle LP getroffen wird, bezeichnen wir als den Scheitelpunkt. Von ihm aus stellen wir nun nach beiden Seiten hin eine Teilung her, wie wir sie in dem vorhergehenden Paragraphen bei der Kugelwelle betrachtet haben. Der Unterschied ist zunächst der, daß die oberen und unteren Segmente des Kreises voneinander völlig getrennt sind, während in Fig. 364 die oberen und unteren Abschnitte einer und derselben Kugelzone angehörten. Außerdem aber nehmen die Segmente des Kreises ab, während die Zonen der Kugel zunahmen; die Kompensation der Wirkungen findet aber in ähnlicher Weise statt, wie bei der Kugel. Wir bezeichnen die oberen Kreissegmente Sa_1, $a_1 b_1$, $b_1 c_1$ ... mit I_0, II_0, III_0 ..., die unteren Segmente Sa_2, $a_2 b_2$, $b_2 c_2$ ... mit I_u, II_u, III_u .... Wenn die Beleuchtung des Punktes P eine ungestörte ist, so zeigt sich wie in dem vorhergehenden Paragraphen, daß nur ein Teil des mittleren Segmentes $a_1 a_2$ als wirksam zu betrachten ist. Schieben wir nun zwischen den leuchtenden Punkt L und den beleuchteten P einen Schirm ein, dessen Kante eben den Strahl LP berührt, so fällt die Wirkung all der unteren Zonen weg; die Lichtintensität in P sinkt offenbar auf die Hälfte. Ziehen wir den Schirm zurück, so daß allmählich die Zone I_u frei wird, so steigt die Helligkeit in P über das ohne Schirm vorhandene Maß. Überschreitet die Kante des Schirmes den das Segment II_u begrenzenden Strahl $a_2 P$, so nimmt die Helligkeit ab, weil die entgegengesetzt wirkenden Strahlen von II_u hinzutreten; die Helligkeit ist im Minimum, wenn die Kante des Schirmes den Strahl $b_2 P$ erreicht hat, und steigt wieder, wenn die Strahlen des Segmentes III_u frei werden. Daraus folgt, daß in dem beleuchteten Teile des Raumes, nahe der Grenze des geometrischen Schattens, ein Wechsel von helleren und weniger hellen Stellen vorhanden ist. Verschieben wir den Schirm von der zuerst angenommenen Mittelstellung nach oben, so daß er die ganze Mittelzone bedeckt, so erhält der Punkt P Licht von dem größeren Teile der Zone II_0; da diese aber kleiner ist als I_0, so ist auch die Beleuchtungsstärke in dem Punkte P kleiner. Schieben wir den Schirm so weit vor, daß er die Zonen I_0 und II_0 bedeckt, so bleibt die Wirkung des größeren Teiles von III_0 übrig, und es ergibt sich eine abermalige Verminderung der Helligkeit. Geht man so von Zone zu Zone weiter, so findet man, übereinstimmend mit der Beobachtung, eine rasche Abnahme der Helligkeit in dem geometrischen Schatten. Stellungen des Schirmes, die zwischen den betrachteten liegen, machen eine ausführlichere Untersuchung nötig, die wir übergehen. In ihrem Resultate kommt sie auf eine andere Anordnung der Zonenteilung hinaus, sobald der direkte Strahlenweg LSP unterbrochen ist. Man benützt dann als Anfangspunkt der Teilung den ersten Punkt des Kreises, von dem aus an der Kante des Schirmes vorbei ein Strahl nach dem Punkte P gezogen werden kann. Es zeigt sich, daß die Helligkeit in dem geometrischen Schatten stetig abnimmt, entsprechend der Beobachtung an dem Rande eines Schirmes.

§ 307. Beugung durch kreisförmige Öffnung. Die in § 305 eingeführte Zonenteilung gibt Veranlassung zu einer Bemerkung, welche für die Theorie der Beugungserscheinungen einer kleinen kreisförmigen Öffnung von Interesse ist. Einen undurchsichtigen Schirm mit einer kreisförmigen Öffnung stellen wir senkrecht zu der Verbindungslinie des leuchtenden Punktes L und des beleuchteten P (Fig. 366), so daß der Mittelpunkt der Öffnung mit dem Scheitelpunkte S der

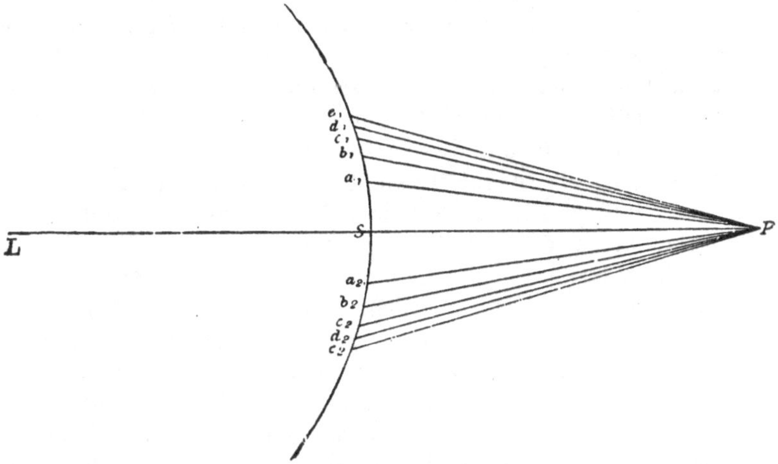

Fig. 366. Beugung durch Loch.

Wellenfläche zusammenfällt. Den Schirm selbst richten wir so ein, daß der Halbmesser der Öffnung, wie bei einer sogenannten Irisblende, innerhalb gewisser Grenzen beliebig vergrößert und verkleinert werden kann. Die Öffnung sei zuerst so fein, daß nur ein kleiner Teil der mittleren Zone frei bleibt; in dem Punkte P wird dann nur eine geringe Helligkeit vorhanden sein; diese nimmt zu, wenn der Halbmesser der Öffnung vergrößert wird, bis die ganze mittlere Zone frei geworden ist. Unter diesen Umständen sei die Amplitude der in P erregten Ätherschwingungen gleich A; die Lichtintensität in P ist dann proportional mit A^2. Wenn wir nun den Halbmesser der Öffnung noch weiter vergrößern, so daß Teile der größeren II. Zone $a_1\,b_1\,a_2\,b_2$ frei werden, so nimmt die Helligkeit nicht zu, sondern im Gegenteil bis zu völliger Dunkelheit ab, da die Strahlen der II. Zone denen der I. entgegenwirken. Beinahe völlige Dunkelheit ist auch dann noch vorhanden, wenn die Öffnung so groß geworden ist, daß die durch den Kreis $b_1\,b_2$ begrenzte Kugelkalotte frei gegen P hin strahlen kann. Bei noch weiterer Vergrößerung der Öffnung nimmt die Helligkeit in P wieder zu; sie erreicht ein zweites Maximum, wenn die Öffnung sich bis zu dem durch die Strahlen Sc_1 und Sc_2 angedeuteten Kegel ansgedehnt hat usw. Wenn der Schirm ganz weggenommen wird, so ist die Amplitude der in P erregten Schwingung gleich $A/2$, da nach § 305 nur noch die Hälfte der von der Mittelzone $a_1 S a_2$ ausgehenden Strahlen wirksam ist; die Lichtintensität in P ist dann proportional mit $A^2/4$, sie beträgt nur den vierten Teil des ersten Maximums. Das wesentliche Resultat der ganzen Betrachtung ist, daß bei einer mehr und mehr erweiterten kreisförmigen Öffnung ein Punkt, der auf dem von dem Lichtpunkte L nach dem Mittelpunkte S der Öffnung gezogenen Strahle liegt, abwechselnd hell und dunkel wird. eine Vorhersage der Theorie, die durch den Versuch bestätigt wird. Dabei wird man allerdings nicht die wechselnde Beleuchtung desselben Punktes bei wechselnder Öffnung beobachten, sondern bei gleichbleibender Öffnung die Beleuchtung verschiedener Punkte der Strecke SP. Es ist aber leicht zu zeigen, daß für den letzteren Fall im wesentlichen dieselben Gesetze gelten, wie für den ersteren.

Eine Art von Umkehr des Versuches erhält man, wenn man einen kleinen undurchsichtigen Kreisschirm senkrecht auf die Linie LP (Fig. 366) stellt, so daß sein Mittelpunkt mit dem Scheitelpunkte S zusammenfällt. Der Schirm bedecke gerade die Mittelzone $a_1 S a_2$; es findet dann in P, obwohl dieser Punkt mitten in dem geometrischen Schatten des Schirmes liegt, Helligkeit statt, weil die Hälfte der von der II. Zone $a_1 b_1 a_2 b_2$ ausgehenden Strahlen wirksam bleibt. Ebenso ist der Punkt P hell, wenn der Schirm die I. und II. Zone, die Kugelkalotte $b_1 S b_2$ verdeckt usw. Aber die Helligkeit nimmt mit zunehmender Größe des Schirmes ab, wegen der allmählich abnehmenden Neigung der Strahlen gegen die Fläche der Kugel. Wenn der undurchsichtige Schirm nicht gerade bis zu einem der Strahlenkegel geht, die den Punkt P mit den Grenzkreisen der von S aus konstruierten Zonen verbinden, so führt die bisherige Betrachtung nicht unmittelbar zum Ziele. Man muß dann, ähnlich wie dies in § 306 angedeutet ist, eine neue Zonenteilung konstruieren, so daß der innere Grenzkreis der ersten Zone auf dem Kegel liegt, der von dem Punkte P nach dem Rande des kreisförmigen Schirmes geht. Es haben dann alle Zonen die Form von Ringen zwischen Kugelkreisen; ihre Wirkungen kompensieren sich aber wieder so, daß die Hälfte der von der I. Zone ausgesandten Strahlen wirksam bleibt. Verbindet man dieses Resultat mit dem vorhergehenden, so überzeugt man sich, daß die Helligkeit in P mit wachsender Größe des Schirmes stetig abnimmt.

§ 308. Fraunhofersche Beugungserscheinungen. Fresnel betrachtet die Beugungserscheinungen mit der Lupe, er beobachtet die Gesamtwirkung von Strahlen, die von der Wellenfläche her konvergierend in einem hinter dem beugenden Körper liegenden Punkte zusammentreffen. Fraunhofer (1821) hat an Stelle der Lupe ein auf unendliche Entfernung eingestelltes, parallele Strahlen zur Konvergenz bringendes Fernrohr gesetzt und dadurch eine außerordentliche Vereinfachung der theoretischen Beziehungen erreicht. Die neuen Beugungserscheinungen, die Fraunhoferschen, verhalten sich so, als ob sie auf einem von dem beugenden Körper unendlich weit entfernten Schirme aufgefangen würden.

Wir betrachten zuerst die Fraunhofersche **Beugungserscheinung eines Spaltes.** Die Lichtstrahlen mögen senkrecht auf seine Fläche fallen, so daß alle seine Punkte gleichzeitig Ausgangspunkte von Elementarwellen werden, die ihnen entsprechenden, nach allen Seiten divergierenden Strahlen in dem Spalte selbst alle die gleiche Phase besitzen. AB (Fig. 367) sei der Querschnitt des Spaltes, O die Mitte von AB, N der unendlich ferne Punkt der in O auf AB errichteten Normale;

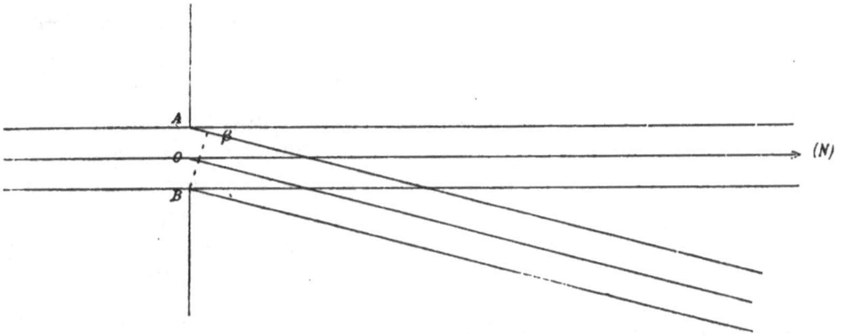

Fig. 367. Fraunhoferscher Spalt.

die Wege der einzelnen Strahlen nach N sind alle gleich groß, sie kommen also in N mit derselben Phase an, sich wechselseitig verstärkend; auf dem unendlich fernen, parallel zu dem Spalte aufgestellten Schirme wäre die Mitte hell, und gleiches gilt daher von der Mitte des Gesichtsfeldes in einem senkrecht gegen den Spalt gerichteten Fernrohre. Wir gehen nun über zu der Betrachtung **schiefer Parallelstrahlen.** Den Grad ihrer Neigung gegen die Normale ON können wir in folgender Weise bestimmen. Wir fällen von B die Senkrechte $B\beta$ auf den durch A gehenden Strahl, die Projektion $A\beta$ wächst dann wie der Sinus des Neigungswinkels und möge als Maß der Neigung dienen. Nehmen wir nun an, es sei $A\beta$ gleich der Wellenlänge λ; wir können dann das ganze Bündel von Parallelstrahlen in eine obere und eine untere Hälfte teilen, und jedem Strahle oben entspricht ein Strahl unten, dessen Länge bis zu dem unendlich fernen Vereinigungspunkte um eine halbe Welle größer oder kleiner ist als die des ersten. Die Gesamtheit der Strahlen der oberen Hälfte wird durch die der unteren aufgehoben; in der durch den Wert $A\beta = \lambda$ bestimmten Richtung findet Dunkelheit statt. Für $A\beta = \frac{3}{2}\lambda$ ergibt sich wieder ein Maximum der Helligkeit, aber man überzeugt sich leicht, daß nur noch $^1/_3$ der von den Punkten der Öffnung ausgehenden Strahlen wirksam, die Beleuchtungsstärke daher um vieles kleiner ist, als in der direkten Richtung ON; für $A\beta = 2\lambda$ erhalten wir wieder Dunkelheit usf. Wir können ein graphisches Bild der Verhältnisse entwerfen, indem wir von dem Punkte O (Fig. 368) aus auf einer geraden Achse nach rechts und links die Werte von $A\beta$ abtragen und senkrecht dazu die entsprechenden Werte der Helligkeit. Wir erhalten eine wellenförmige Linie mit rasch abnehmender Gipfelhöhe. Die Gipfelpunkte liegen bei $A\beta = 0$, $= \frac{3}{2}\lambda$, $= \frac{5}{2}\lambda \ldots$; in den Punkten $A\beta = \lambda$, $= 2\lambda$, $= \ldots$ berührt die Linie die Achse.

Wir gehen über zu der **Beugungserscheinung von zwei Spalten**, die durch einen Zwischenraum von gleicher Breite getrennt sind. AB und A_1B_1 (Fig. 369) seien die Querschnitte der beiden Spalten; O die Mitte von AB_1, N der unendlich ferne Punkt der in O auf der Ebene der Spalten errichteten Normale. Die Strahlen fallen senkrecht auf die Ebene der Spalten ein, so daß die Punkte der letzteren derselben Wellenfläche angehören. Den von den Punkten der Spalten ausgehenden Elementarwellen entsprechen Elementarstrahlen, die nach allen Richtungen hin in den vor den Spalten befindlichen Raum eindringen; wir haben zu untersuchen, was aus der Vereinigung der parallelen Strahlen resultiert. In dem unendlich fernen Punkte der Normalen, in der Mitte des

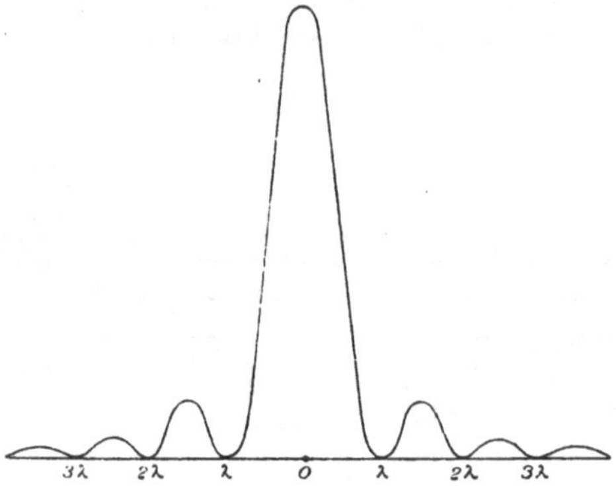

Fig. 368. Beugung durch einen Spalt.

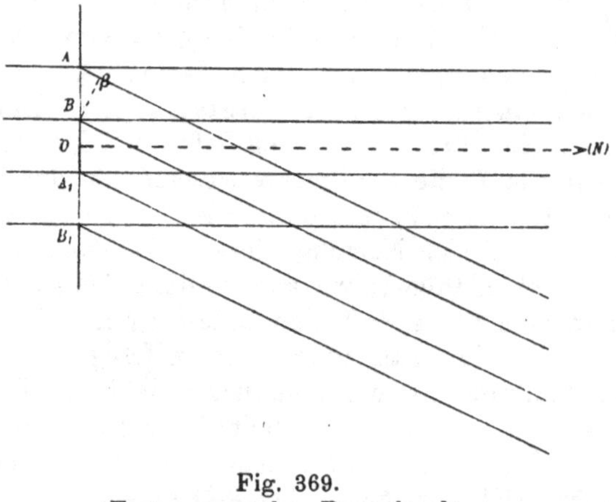

Fig. 369.
FRAUNHOFERscher Doppelspalt.

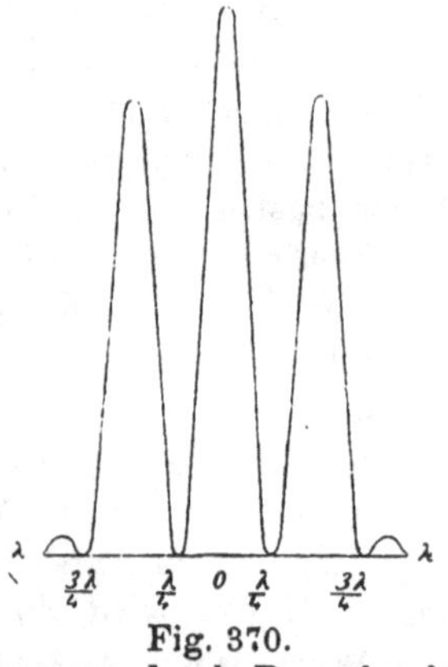

Fig. 370.
Beugung durch Doppelspalt.

Gesichtsfeldes, haben wir ebenso wie bei **einem** Spalte Helligkeit. Gehen wir über zu schiefen Parallelstrahlen, so wollen wir als Maß ihrer Neigung wie zuvor die Länge der Projektion $A\beta$ betrachten. Ist $A\beta = \frac{1}{4}\lambda$, so ist die Projektion von $AA_1 = \frac{1}{2}\lambda$. Jedem Strahle des oberen Spaltes entspricht einer des unteren, dessen Weg bis zur Vereinigung um $\frac{1}{2}\lambda$ länger oder kürzer ist, je nachdem die Strahlen nach unten, wie in der Fig., oder nach oben geneigt sind. Es treffen dann in dem unendlich fernen Punkte je zwei Strahlen mit einer Phasendifferenz von $\frac{1}{2}\lambda$ ein, und die Vereinigung der Strahlen erzeugt Dunkelheit. Dasselbe ist der Fall, wenn $A\beta = \frac{3}{4}\lambda$. Endlich aber findet Dunkelheit auch statt, wenn $A\beta = \lambda$, weil dann die Strahlen der einzeln genommenen Spalten sich zerstören. Entwerfen wir in derselben Weise wie zuvor ein graphisches Bild der Erscheinung, so ergibt sich für den mittleren Teil die Fig. 370. Wir sehen, daß bei zwei gleichen, um ihre eigene Breite voneinander abstehenden Spalten die helle Mitte von vier dunkeln Streifen durchzogen ist.

Bei den im vorhergehenden betrachteten Erscheinungen hängt die Ausbreitung des gebeugten Lichtes von dem Verhältnisse der Spaltbreite zu der Wellenlänge ab. Nehmen wir den Fall eines einzigen Spaltes; ist er weit, so ist schon bei einer geringen Neigung der Strahlen $A\beta$ (Fig. 367) gleich der Wellenlänge; der Winkel, für den zum ersten Male Dunkelheit eintritt, ist somit ein kleiner, und der mittlere helle Streifen

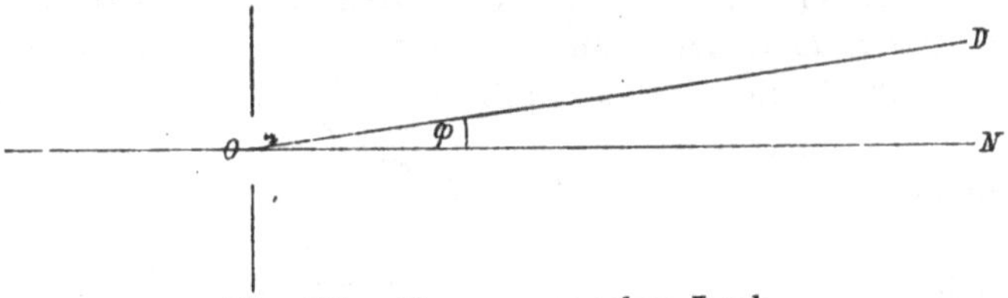

Fig. 371. FRAUNHOFERsches Loch.

nur schmal. Wird der Spalt enger, so vergrößert sich der Winkel, für den $A\beta = \lambda$; wenn die Spaltbreite gleich der doppelten Wellenlänge ist, so wird Dunkelheit zuerst bei einer Neigung von 30^0 eintreten, der mittlere helle Streifen breitet sich dementsprechend über einen Winkelraum von 60^0 aus. Wäre die Spaltbreite gleich der Wellenlänge, so würde Dunkelheit erst bei einer Neigung der Strahlen von 90^0 sich einstellen; der ganze vor dem Spalte liegende Raum wäre also von Licht erfüllt, mit einer von der Mitte zum Rande abnehmenden Helligkeit.

Von Interesse sind noch die FRAUNHOFERschen Beugungserscheinungen durch eine kreisförmige Öffnung. Das Licht falle senkrecht auf die Öffnung; dann ist klar, daß in der Richtung der Achse *ON*, die durch den Mittelpunkt der Öffnung senkrecht zu ihr gezogen ist, Helligkeit herrscht. Ziehen wir (Fig. 371) von *O* aus eine Richtung *OD*, welche mit der Achse den Winkel φ einschließt, so herrscht, wie eine Ausrechnung ergibt, auf ihr Dunkelheit, wenn

$$\sin\varphi = \frac{x}{2\pi}\cdot\frac{\lambda}{\varrho}\cdot$$

Hier bezeichnet ϱ den Halbmesser der Öffnung; x ist eine Zahl, die der Reihe nach die Werte $1{,}22\pi$, $2{,}23\pi$, $3{,}24\pi$, $4{,}24\pi$, $5{,}24\pi$ ... annehmen kann. Man erhält also, wenn es sich bei relativ großer Öffnung nur um kleine Neigungen der Strahlen handelt, zum ersten Male vollständige Dunkelheit für $\varphi_1 = 0{,}61 \cdot \lambda / \varrho$, zum zweiten Male für $\varphi_2 = 1{,}11 \cdot \lambda / \varrho$, zum dritten Male für $\varphi_3 = 1{,}62 \cdot \lambda / \varrho$ usw.

Die helle Mitte des Gesichtsfeldes ist begrenzt von einem dunkeln Ringe, dessen Durchmesser durch den Winkel φ_1 bestimmt wird. Auf diesen folgt ein heller Ring, der nach außen durch den zweiten dunkeln Ring mit dem Winkel φ_2 begrenzt wird, usf. Die Intensitäten der hellen Ringe nehmen nach außen sehr rasch ab, so daß bei nicht zu intensiver Lichtquelle nur die innere, von dem ersten dunkeln Ringe begrenzte Beugungsscheibe sichtbar bleibt.

Wir machen von diesen Ergebnissen noch eine Anwendung auf das menschliche Auge. Die Pupille des Auges wirkt wie eine beugende Öffnung von etwa 2 mm Halbmesser. Das Bild eines Fixsternes ist hiernach kein Punkt, sondern eine kleine Scheibe. Der Winkel, unter dem diese Scheibe erscheint, läßt sich aus den vorhergehenden Angaben leicht berechnen. Die Wellenlänge des Lichtes in Luft setzen wir näherungsweise gleich 0,0006 mm; das Brechungsverhältnis der Augenflüssigkeiten gegen Luft ist nahe gleich $^4/_3$, somit die Wellenlänge im Auge gleich 0,00045 mm. Also ergibt sich für den Winkel φ_1

$$\text{in Bogenmaß:}\quad \varphi_1 = 0{,}61\,\frac{0{,}00045}{2},$$

$$\text{oder in Minuten:}\quad \varphi_1 = 0{,}61\,\frac{0{,}00045}{2}\,57{,}3 \cdot 60 = 0{,}47'.$$

Der Stern erscheint daher als eine leuchtende Scheibe unter einem Gesichtswinkel von etwa 1 Minute.

Es mag im Anschlusse hieran bemerkt werden, daß ganz analoge Betrachtungen sich auch bei Schallwellen anstellen lassen. Es ergibt sich dann, daß bei der Größe der Schallwellen Beugungserscheinungen in der Akustik eine ganz hervorragende Rolle spielen, so sehr, daß die Erscheinungen der geradlinigen Ausbreitung und der Brechung in der Regel vollständig durch sie verdeckt werden.

§ 309. Verschiebung der Interferenzstreifen. Wir wollen bei der im vorhergehenden Paragraphen beschriebenen Versuchsanordnung mit zwei Spalten vor den einen eine planparallele Glasplatte setzen. Der physikalischen Bedeutung des Brechungsverhältnisses nach ist die Lichtgeschwindigkeit in Glas nur $^2/_3$ von der in Luft, somit kann bei homogenem Lichte, etwa dem der Natriumflamme, wegen der Konstanz der Schwingungszahl auch die Wellenlänge in Glas nur $^2/_3$ von der in Luft sein. Auf einem Wege von derselben Länge liegt im Glase eine größere Anzahl von Wellen als in Luft, und es werden daher die Strahlen in dem von dem Glase bedeckten Spalte nicht mit derselben Phase ankommen wie in dem freien. Das aber hat zur Folge, daß die Stelle der größten Helligkeit nicht mehr in der Mitte des Gesichtsfeldes liegt, sondern etwas nach der Seite des bedeckten Spaltes hin verschoben wird. Gleiches ist bei den schwarzen Streifen der Fall, die zur Seite des Maximums der Helligkeit das Gesichtsfeld durchziehen. Man übersieht, daß es möglich sein muß, aus der Größe der durch die Glasplatte erzeugten Verschiebung die Phasendifferenz, aus dieser die Wellenlänge und Lichtgeschwindigkeit im Glase zu bestimmen.

Von der hierdurch gegebenen Methode hat Fizeau eine interessante Anwendung gemacht; er setzte vor die beiden Spalten zwei mit Wasser gefüllte Röhren von gleicher Länge und beobachtete die Lage der Interferenzstreifen, das eine Mal, wenn das Wasser in Ruhe war, das andere Mal, wenn es beide Röhren in entgegengesetzter Richtung durchströmte. Die Streifen zeigten eine Verschiebung in dem Sinne, wie wenn die Ätherwellen von dem bewegten Wasser mit fortgetragen würden, ähnlich wie Schallwellen durch den Wind. Will man aber durch dieses Bild die beobachtete Erscheinung auch quantitativ richtig wiedergeben, so muß man annehmen, daß der Äther von dem mit der Geschwindigkeit Ω bewegten Wasser nur eine kleinere Geschwindigkeit

$$\omega = \frac{n^2 - 1}{n^2}\,\Omega$$

annimmt, unter n das Brechungsverhältnis des Wassers verstanden.

H. A. Lorentz zeigte theoretisch, durch Hinzufügung eines weiteren Gliedes, wie hier auch Dispersion auftreten müsse. Diesen Mitführungskoëffizienten fand nun Zeeman in vollständiger Übereinstimmung mit den theoretischen Forderungen.[1]

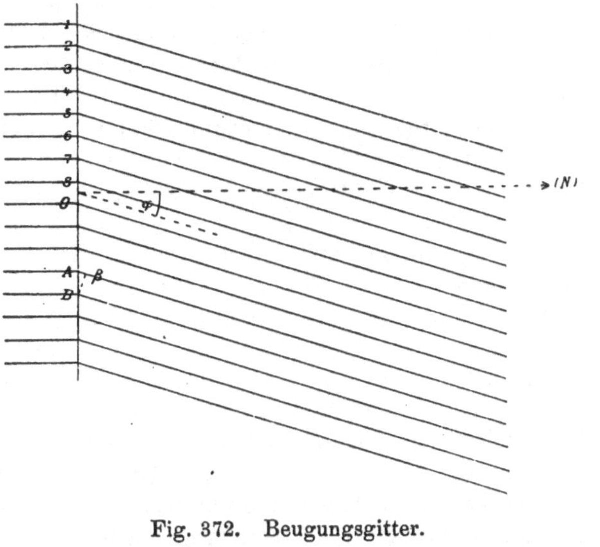

Fig. 372. Beugungsgitter.

§ 310. Beugungsgitter und Gitterspektren. Von großer praktischer Bedeutung für spektralanalytische Untersuchungen und für die Messung der Wellenlängen sind Fraunhofersche Beugungserscheinungen, die durch eine große Zahl paralleler Spalten, sogenannte Beugungsgitter, erhalten werden. Die Spalten befinden sich in einem Schirme in sehr kleinem Abstande nebeneinander. Wir nehmen an, daß die Breite der Spalten klein sei gegen ihren Abstand, so daß wir in einem Durchschnitte des Gitters die Spalten durch Punkte darstellen können, die durch gleiche Zwischenräume voneinander getrennt sind (Fig. 372). Die von den Spalten aus-

[1] Proc. Amsterdam 17 (1914); 18 (1915).

gehenden Strahlenbündel ersetzen wir dementsprechend je durch einen einzigen Mittelstrahl. Die von der Lichtquelle kommenden einfarbigen Strahlen mögen senkrecht auf das von den Spalten gebildete Gitter fallen, so daß die von den Öffnungen aus nach allen Richtungen zerstreuten Elementarstrahlen in ihrem Ursprunge alle dieselbe Phase besitzen. Bezeichnen wir die Mitte des Gitters durch O, durch N den unendlich fernen Punkt der in O errichteten Normale, so haben wir in N aus denselben Gründen wie bei einem oder bei zwei Spalten Helligkeit. Betrachten wir schiefe Parallelstrahlen, so werden wir zu der Bestimmung ihrer Neigung abermals von dem früheren Mittel Anwendung machen. Es seien A und B zwei benachbarte Öffnungen; auf den schief aus A austretenden, die Richtung des ganzen Bündels bestimmenden Strahl fällen wir die Senkrechte $B\beta$ und benützen nun $A\beta$ als Maßstab der Schiefe. Man sieht dann leicht, daß jedenfalls Maxima der Helligkeit auftreten, wenn

$$A\beta = 0, \quad = \lambda, \quad = 2\lambda, \quad = 3\lambda, \ldots$$

Betrachten wir nun das Intervall zwischen dem mittleren Maximum, das der direkten Strahlenrichtung entspricht, und dem ersten durch Beugung entstandenen Maximum etwas genauer. Wir wollen uns zu diesem Zwecke die Spalten durchnumeriert denken und bemerken dann folgendes. Setzen wir $A\beta = \lambda/2$, so vernichten sich die Strahlen je zweier Nachbarspalten: in der entsprechenden Richtung findet also Dunkelheit statt. Wenn $A\beta = \frac{1}{4}\lambda$ ist, dann besitzen die Strahlen 1 und 3, 2 und 4, 5 und 7, 6 und 8 ... Phasendifferenzen von $\frac{1}{2}\lambda$, es tritt abermals Aufhebung der Bewegung ein. Setzen wir $A\beta = \frac{3}{4}\lambda$, so haben die Strahlen 1 und 3, 2 und 4 ... Phasendifferenzen von $\frac{3}{2}\lambda$; der Erfolg ist derselbe. Ebenso wenn $A\beta = \frac{1}{6}\lambda$, $\frac{5}{6}\lambda$ oder $A\beta = \frac{1}{8}\lambda$, $\frac{3}{8}\lambda$, $\frac{5}{8}\lambda$, $\frac{7}{8}\lambda$; es zerstören sich dann die Strahlen der Spalten 1 und 4, 2 und 5 ... oder 1 und 5, 2 und 6 ... Die Betrachtung zeigt, daß der ganze Zwischenraum zwischen dem mittleren Helligkeitsmaximum und dem ersten durch Beugung entstehenden von einer unendlichen Menge dicht gedrängter schwarzer Streifen durchfurcht ist, so daß das Licht hier völlig ausgelöscht erscheint. Gleiches gilt aber auch von dem Zwischenraume zwischen dem ersten und zweiten Beugungsmaximum usf. Wenn man ein Fernrohr gegen das Gitter richtet, senkrecht gegen seine Fläche, so sieht man in der Richtung der direkt einfallenden Strahlen das Bild der Lichtquelle, denn die von ihren einzelnen Punkten direkt durch die Gitterspalten gehenden Strahlen verhalten sich geradeso, wie wenn kein Gitter vorhanden wäre. Als Lichtquelle benützt man in der Regel einen feinen beleuchteten Spalt, der in dem Brennpunkte einer Linse angebracht ist, um die von ihm ausgehenden Strahlen parallel zu machen. Von dem Spaltbilde getrennt durch einen dunkeln Zwischenraum folgt dann das erste durch Beugung entstandene Helligkeitsmaximum, eine dem Spalte parallele helle Linie, das erste Beugungsbild des Spaltes, weiterhin ein zweites, drittes ... solches Bild. Bezeichnet man den Winkel, um den man das Fernrohr nach rechts oder links aus der normalen Stellung drehen muß, um das erste, zweite, dritte ... Beugungsbild in die Mitte des Gesichtsfeldes zu bekommen, durch $\varphi_1, \varphi_2, \varphi_3 \ldots$, den Abstand AB zweier benachbarter Spalten durch d, so gelten die Gleichungen:

$$\lambda = d \sin \varphi_1, \quad 2\lambda = d \sin \varphi_2, \quad 3\lambda = d \sin \varphi_3 \ldots$$

Man kann also die Wellenlänge aus der Entfernung de Spalten und der Ablenkung der Beugungsbilder in sehr einfacher Weise bestimmen. (Resultate siehe § 312.)

Wenn der Spalt mit weißem Lichte beleuchtet wird, so erzeugt jede Farbe, der Verschiedenheit der Wellenlänge entsprechend, ihre eigenen Beugungsbilder; ebenso wie wir durch Brechung des weißen Lichtes ein Spektrum erhalten, so auch durch Beugung; die so entstehenden Beugungsspektren erster, zweiter, dritter ... Ordnung haben vor den durch Dispersion erhaltenen den Vorzug, daß ihre Anordnung in sehr einfacher Weise von der Wellenlänge bestimmt wird. Ist die Ablenkung eine so kleine, daß der Sinus des Winkels diesem selbst gleich gesetzt werden kann, so ist bei dem Beugungsspektrum die Ablenkung einfach der Wellenlänge proportional. Bei dem durch Brechung erzeugten Spektrum dagegen ist die Anordnung bedingt durch die Dispersion des Prismas; da diese im allgemeinen mit zunehmender Brechbarkeit wächst, so erscheint in dem Dispersionsspektrum der rote Teil unverhältnismäßig kurz, der violette und ultraviolette über die Gebühr ausgedehnt. Theoretische Gründe sprechen sogar dafür, daß das Brechungsverhältnis n mit wachsender Wellenlänge sich einem Minimalwerte nähert.

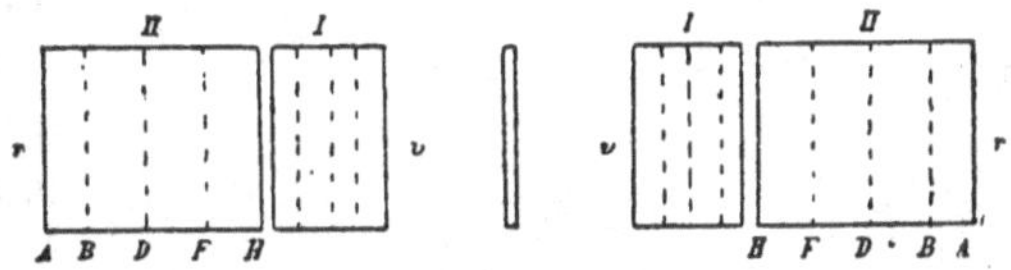

Fig. 373.
Beugungsspektren erster und zweiter Ordnung.

Demgegenüber bezeichnet man dann die durch Beugung erhaltenen Spektren, in denen die Ablenkung nach dem Maße der Wellenlänge zunimmt, als normale. Die Beugungsspektren unterscheiden sich von den Dispersionsspektren noch ganz besonders dadurch, daß bei ihnen das violette Ende am wenigsten, das rote am meisten abgelenkt erscheint, weil, wie wir schon erwähnt haben, das violette Licht die kleinste, das rote die größte Wellenlänge besitzt. Um sich hiervon zu überzeugen, braucht man nur einen beleuchteten Spalt durch ein Beugungsgitter zu betrachten; man kann auch zum Zwecke objektiver Darstellung mit einer Linse ein reelles Bild des Spaltes auf einem Schirm entwerfen. Stellt man das Beugungsgitter hinter der Linse auf, so erhält man auf dem Schirme zur Seite des direkten Spaltbildes Beugungsspektren, deren violette Enden jenem Bilde zugewandt sind.

Dies wird durch Fig. 373 erläutert. Das schmale Rechteck in der

Mitte stellt das direkte Bild des Spaltes vor, zu beiden Seiten sieht man je zwei Beugungsspektren I und II. Für letztere sind die FRAUNHOFERschen Linienstellen A bis H eingezeichnet.

Beugungsgitter werden hergestellt, indem man Glasplatten versilbert und in den Belag mit einer Spitze feine parallele Risse macht; man kann auch auf der Glasplatte direkt mit einem Diamant parallele, feine Risse ziehen; die unverletzten Teile der Oberfläche repräsentieren dann die Spalten des Gitters.

Beugungserscheinungen erhält man von einem Gitter ebenso im reflektierten wie im durchgehenden Lichte; in der Tat, betrachten wir ein Glasgitter, so breiten sich nach dem HUYGENSschen Prinzip Elementarwellen ebensogut rückwärts in den diesseits des Gitters liegenden Raum, als vorwärts aus. Nur sind bei einem Glasgitter die Intensitäten der reflektierten Strahlen sehr gering, die Erscheinungen im reflektierten Lichte daher zu schwach. Wenn man aber Gitter auf eine Metalloberfläche einritzt, so haben die reflektierten Wellen eine große Intensität, und man erhält daher sehr helle Beugungsspektren im reflektierten Lichte.

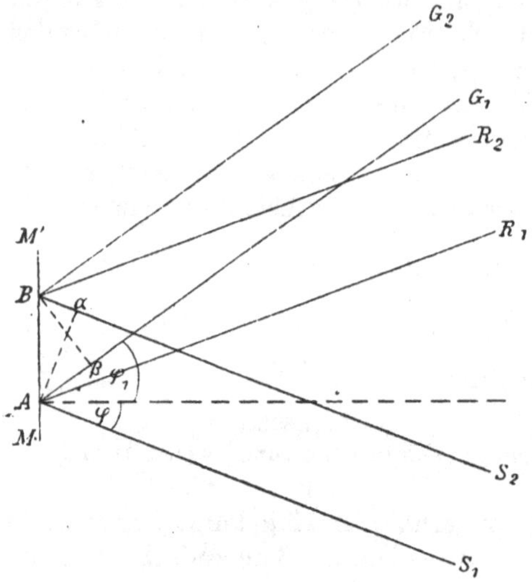

Fig. 374. Beugung bei schiefer Inzidenz.

Durch eine Beugung des reflektierten Lichtes von derselben Art wie bei Metallgittern kommen, wie noch hinzugefügt werden möge, auch die Farben der Perlmutter und ähnliche Erscheinungen zustande.

Beugung bei schiefem Einfalle der Strahlen. Wenn man bei einem Metallgitter die von dem Spalte ausgehenden Strahlen senkrecht auf das Gitter fallen läßt, so werden die nicht gebeugten Strahlen in derselben Richtung reflektiert; das direkte Bild des Spaltes entzieht sich daher der Beobachtung. Will man dies vermeiden, so muß man die von dem Spalte herkommenden Strahlen schief auf das Gitter fallen lassen, so daß sie seitlich reflektiert werden. Mit Rücksicht auf eine sofort zu besprechende Anwendung möge in diesem allgemeineren Falle die Richtung der Strahlen bestimmt werden, die das erste Beugungsbild erzeugen.

Die Linie MM' (Fig. 374) stelle in starker Vergrößerung einen Teil des Gittes dar, das wir uns mit seinen Rissen senkrecht zur Ebene der Zeichnung gestellt denken. Die Punkte A und B repräsentieren zwei benachbarte nicht geritzte, also reflektierende Linien der Oberfläche.

S_1A und S_2B seien die in horizontaler Richtung von einem fernen Spalte herkommenden, einfallenden Strahlen. Sind zunächst AR_1 und BR_2 die regelmäßig reflektierten Strahlen, so sieht man leicht, daß die gesamten Weglängen S_1AR_1 und S_2BR_2 einander gleich sind. Die Strahlen AR_1 und BR_2 kommen somit in ihrem unendlich fernen Vereinigungspunkte mit derselben Phase an; wir erhalten in der Richtung AR_1 ein Bild des Spaltes, dessen Lage mit dem gewöhnlichen Reflexionsgesetze übereinstimmt.

Es seien andererseits AG_1, AG_2 die Parallelstrahlen, welche das erste Beugungsbild erzeugen. Die Bedingung für das Zustandekommen des Bildes ist die, daß die gesamten Weglängen S_1AG_1 und S_2BG_2 sich um eine ganze Wellenlänge unterscheiden. Wir bezeichnen den Einfallswinkel der Strahlen S_1A und S_2B durch φ, den Winkel der Strahlen AG_1 und BG_2 mit dem Einfallslote durch φ_1, den Abstand AB der Gitterstreifen durch d; dann ist:

$$S_1A = S_2B - B\alpha = S_2B - d\sin\varphi$$
$$AG_1 = BG_2 + A\beta = BG_2 + d\sin\varphi_1 . \ldots \quad \text{Somit:}$$
$$(S_1AG_1) - (S_2BG_2) = d(\sin\varphi_1 - \sin\varphi).$$

Da nun diese Wegdifferenz gleich einer Wellenlänge sein soll, so ergibt sich zur Berechnung von φ_1 die Gleichung:

$$\sin\varphi_1 = \lambda/d + \sin\varphi.$$

Komplementäre Gitter. Wir haben bei der Entwicklung der Theorie der Gitter angenommen, daß die Spalten sehr schmal seien gegen die Risse. Wenn die Risse mit einem sehr feinen Diamant gezogen sind, so können auch umgekehrt die Risse schmal sein gegenüber den unverletzten Streifen der Oberfläche. Mit Rücksicht auf diese Möglichkeit ist ein Satz von Interesse, den Babinet über die Wirkung sogenannter komplementärer Gitter aufgestellt hat. Auf der einen Seite einer planparallelen Glasplatte wollen wir uns eine Reihe paralleler Linien gezogen denken, so daß sie abwechselnd einen kleinen Abstand a und einen großen Abstand b besitzen. Die ganze Fläche zerfällt dann in zwei Systeme von äquidistanten Streifen; bei dem einen, dem System A, haben die Streifen die Breite a, bei dem anderen, B, die Breite b. Wenn wir ein Fernrohr auf einen weit entfernten Spalt einstellen, und die planparallele Platte zwischen Fernrohr und Spalt einschieben, so wird an dem Bilde des Spaltes nichts geändert. Nun können wir aber die planparallele Platte zerlegen in die Streifensysteme A und B. Jedes von diesen stellt ein Beugungsgitter dar; die Gitter A und B stehen aber in einer solchen Beziehung, daß das eine seine Spalten da hat, wo die undurchsichtigen Streifen des anderen liegen würden. Die Gitter sind, wie man sagt, komplementär. In ihrer Vereinigung erzeugen sie das einfache, direkte Spaltbild. Dies ist nur dadurch zu erklären, daß die Beugungsbilder der beiden Gitter genau an denselben Stellen sich befinden, daß außerdem die ihnen entsprechenden Amplituden der Ätherschwingung gleich groß, die Ausschläge selbst aber von entgegengesetzter Richtung sind. Die beiden komplementären Gitter müssen hiernach, was Lage und Intensität der Bilder betrifft, vollkommen dieselbe Beugungserscheinung erzeugen. Der Satz gilt ebenso für Reflexionsgitter, also auch für die im folgenden § zu besprechenden Konkavgitter.

§ **311. Rowlands Konkavgitter.** Metallgitter von der höchsten Vollkommenheit hat Rowland hergestellt. Er hat damit aber noch einen weiteren Vorteil verbunden, indem er die Gitter auf hochpolierten, sphärischen Metallflächen, Hohlspiegeln, einritzte. Solche Gitter erzeugen, ohne daß Linsen zu Hilfe genommen werden, ein reelles Bild des Spaltes und auf seinen beiden Seiten reelle Beugungsbilder, oder Beugungsspektren, wenn der Spalt selbst weißes Licht aussendet. Gleichzeitig gelang es, die Teilung so zu verfeinern, daß 1700 Linien auf 1 mm kamen, und man konnte so sehr lange Spektra erzeugen.

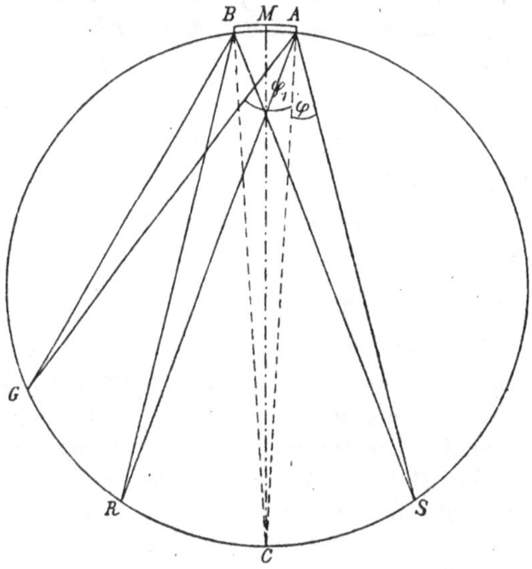

Fig. 375. Konkavgitter.

Den Beweis für die erwähnte Eigenschaft der Konkavgitter wollen wir nun für das erste Beugungsbild liefern.

AB (Fig. 375) stelle einen Schnitt des Konkavgitters mit einer durch die Achse der Spiegelfläche senkrecht zu den Linien des Gitters gelegten Ebene vor; *C* sei der Mittelpunkt des Schnittkreises, *M* die Mitte des Bogens *AB*. Wir konstruieren über *MC* als Durchmesser einen Kreis, und machen nun die Voraussetzung, daß die Öffnung von *AB* so klein sei, daß der Bogen *AB*, in dem der Spiegel von der Zeichenebene durchschnitten wird, als zusammenfallend angesehen werden kann, mit dem entsprechenden Bogen *AB* jenes über *MC* beschriebenen Kreises. Den leuchtenden Spalt haben wir uns senkrecht auf der Ebene der Zeichnung stehend zu denken; er projiziert sich also auf diese Ebene in einem Punkte. Da wir aber die ganze Betrachtung auf die Ebene der Zeichnung beschränken wollen, so setzen wir an Stelle des Spaltes einen leuchtenden Punkt. Diesen bringen wir auf die Peripherie des über *CM* beschriebenen Kreises nach *S*.

An den Enden des Konkavgitters, bei *A* und bei *B*, sondern wir zwei kleine Stückchen ab, so daß wir sie als zwei ebene Gitter betrachten können; ihre Normalen sind beziehungsweise durch die Linie CA und CB gegeben. Auf der anderen Seite von C bestimmen wir den Punkt R so, daß $CR = CS$. Nach einem bekannten geometrischen Satze ist dann:

$$\sphericalangle SAC = \sphericalangle RAC, \qquad \sphericalangle SBC = \sphericalangle RBC;$$

d. h. RA und RB sind die zu SA und SB als einfallenden Strahlen gehörenden reflektierten; ihr Kreuzungspunkt R bestimmt das durch direkte Reflexion erzeugte Bild.

Es sei ferner AG die Richtung, für welche das bei A liegende Stückchen des Gitters das erste seitliche Lichtmaximum liefert. Wir bestimmen jene Richtung durch den Winkel φ_1, den sie mit dem Einfallslote CA bildet; ist φ der Einfallswinkel des Strahles SA, so haben wir für φ_1 die Gleichung:

$$\sin \varphi_1 = \lambda / d + \sin \varphi.$$

Der hieraus berechnete Winkel φ_1 wird an AC angelegt, und liefert durch den Schnitt seines anderen Schenkels mit der Kreisperipherie den Punkt G. Ziehen wir nun die Linie GB, so ist:

$$\sphericalangle CBS = \sphericalangle CAS = \varphi, \qquad \sphericalangle GBC = \sphericalangle GAC = \varphi_1.$$

BG gibt also die Richtung an, in welcher das bei B liegende Stückchen des Gitters das erste seitliche Lichtmaximum liefert. Für die bei A und B liegenden Gitterteile kreuzen sich somit die Richtungen der ersten Maxima in dem Punkte G. Man wird sich aber leicht davon überzeugen, daß dies auch für alle zwischen A und B liegenden Teile gilt. Durch die Teile des Gitters oberhalb und unterhalb der Zeichenebene wird das Beugungsbild des Punktes S zu einer Linie ausgezogen, die in G senkrecht auf jener Ebene steht. Durch die Vereinigung der Maxima, welche den übereinanderliegenden Spaltpunkten entsprechen, entsteht dann in G das erste scharfe Beugungsbild des Spaltes C.

Ebenso wie G liegen auch die übrigen von dem Konkavgitter erzeugten Beugungsbilder auf dem über MC als Durchmesser konstruierten Kreise.

§ 312. **Messung von Wellenlängen.** Mit solchen Methoden wurden die im vorhergehenden zu wiederholten Malen angegebenen Werte von λ bestimmt. Es sind so, meist mit Zuhilfenahme der Photographie, gegen 150000 Linien aller bekannten Elemente katalogisiert.[1]

Besondere Schwierigkeiten bieten die beiden extremen Enden des Spektrums.

Luft absorbiert kürzere ultraviolette λ, man mußte daher im Vakuum mit eigens präparierten photographischen Platten arbeiten und gelangte[2] bis zu $\lambda = 100\,\mu\mu$.

Im Ultrarot erreichte man, indem man den photographischen Silbersalzen besondere Sensibilatoren zusetzte, $\lambda = 9000\,\mu\mu$ (§ 299). Für noch

[1] Exner u. Haschek, Die Spektren der Elemente bei normalen Drucken 1911). — Eder u. Valenta, Atlas typischer Spektren (1911).

[2] Schumann V., Wien. Ber. 102 (1893). — Lyman, Astrophys. Journ. (1904).

längere Wellenlängen werden nur thermometrische Methoden verwendet, wobei überdies auch besondere Maßnahmen getroffen werden müssen, um diese langwelligen Strahlen zu isolieren. Diese Methoden wurden fast ausnahmslos von Rubens ausgearbeitet. Über die sog. Reststrahlen sprechen wir später (§ 329), hier sei nur die Isolierung der allerlängsten Wellengruppen durch die Quarzlinsenmethode angeführt.

In dem Spektrum des Quecksilberdampfes sind langwellige Strahlen für welche der Quarz ein Brechungsverhältnis von etwa 2,1 besitzt während für die gewöhnlichen Wärmestrahlen das Brechungsverhältnis nur etwa 1,5 beträgt. Man kann daher die langwelligen Wärmestrahlen in folgender Weise isolieren. Man beleuchtet mit Hilfe einer Quecksilberlampe eine in einem Schirm angebrachte kreisförmige Öffnung; vor diese setzt man eine Quarzlinse, so daß die Öffnung außerhalb der Brennweite der langwelligen Strahlen, innerhalb der Brennweite der kurzwelligen liegt. Die langwelligen Strahlen erzeugen dann ein reelles Bild der Öffnung, welches auf eine entsprechende Öffnung eines zweiten Schirmes geworfen wird. Die divergent aus der Linse tretenden kurzwelligen Strahlen werden durch geeignete Diaphragmen abgeblendet. Mit Hilfe dieser Methode gelang es, im Spektrum des Quecksilberdampfes noch Strahlen mit Wellenlängen bis zu 343 μ nachzuweisen.[1]

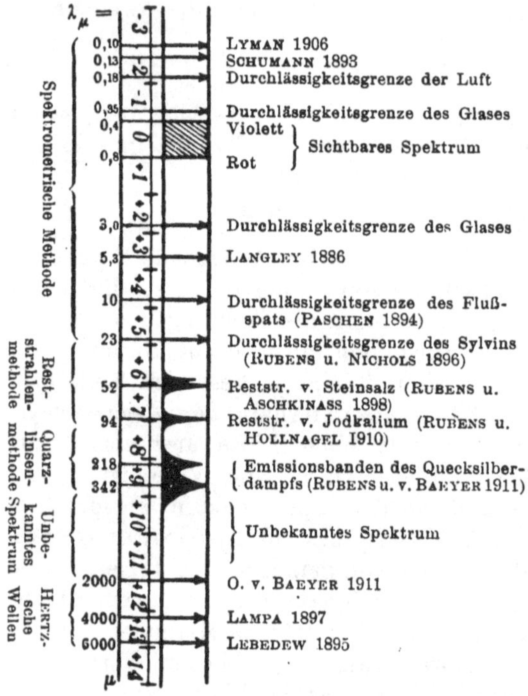

Fig. 376. λ-Tabelle nach Rubens.

Die durch all diese Methoden gemessenen Wellen kalorischer Strahlung reichen also von 0,1 bis 342 μ. Wollte man ein Spektrum dieses Gebietes auftragen, in dem das sichtbare Spektrum (0,4—0,8) 1 m lang ist, so würde das Ultraviolett 75 cm, das Ultrarot aber 850 m lang werden. Würde man umgekehrt die Schwingungszahlen (Lichtgeschwindigkeit/Wellenlänge) als Einteilungsprinzip wählen, so entstünde der um-

[1] Rubens u. Wood, Dtsch. phys. Ges. (1911). — Rubens u. v. Baeyer, Berl. Ber. (1911). — Siehe auch Lenard, Ann. d. Phys. 1 (1900), wo ultraviolette Strahlen in ähnlicher Weise isoliert wurden.

gekehrte Übelstand. Darum gibt Rubens[1] in Fig. 376 eine Einteilung nach Oktaven der Schwingungszahlen. Die sichtbare Oktave hat die (horizontal gezeichnete) Ordnungszahl 0; dem Ultrarot gebühren 9, dem Ultraviolett 2 Oktaven.

Über die Hertzschen Wellen siehe Band II, ebenso über Röntgen- und γ-Strahlen, die an das oberste Ende der Fig. 376 zu setzen wären.

§ 313. **Breite der Beugungsbilder und auflösende Kraft eines Gitters.** Wir haben bei unseren Untersuchungen über Emission und Absorption des Lichtes gesehen, daß die Spektren der leuchtenden Körper meist eine sehr große Zahl von Linien enthalten; häufig treten doppelte, dreifache Linien auf, die sich nur mit Hilfe von fein geteilten Gittern voneinander trennen lassen. Es wird dadurch die Frage nahe gelegt, wovon die Fähigkeit eines Gitters, eine zusammengesetzte Spektrallinie in ihre Bestandteile aufzulösen, abhängt. Um die Frage zu beantworten, müssen wir vor allem zeigen, daß die von homogenem Lichte erzeugten Beugungsbilder eine bestimmte Breite besitzen.

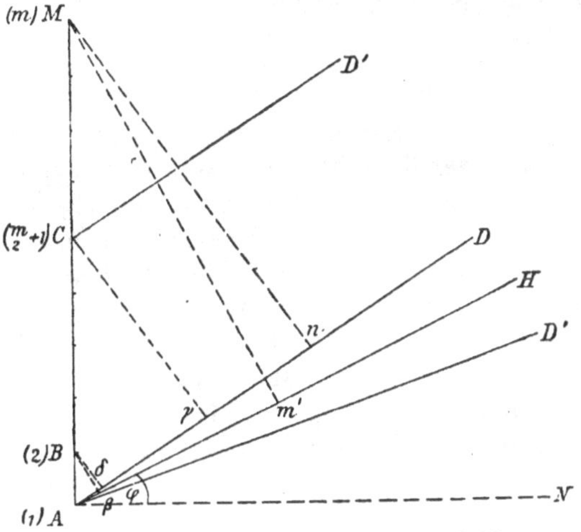

Fig. 377 a. Breite der Beugungsbilder.

Die gerade Linie AM (Fig. 377 a) repräsentiere das als eben vorausgesetzte Gitter, die auf der Linie gezeichneten Punkte einzelne Gitterspalten; der Abstand benachbarter Spalten sei d, ihre gesamte Anzahl m; wir nehmen an, daß diese Zahl eine gerade sei. Der Spalt A trage die Nummer 1, B die Nummer 2 ..., M die Nummer m. Die von der Lichtquelle kommenden Strahlen mögen senkrecht auf die Fläche des Gitters fallen. Den Betrachtungen von § 310 zufolge erhalten wir in der Richtung AH das $h$te Beugungsbild, wenn

$$A\beta = d \sin \varphi = h\lambda$$

ist. Zugleich wird dann, wenn m' die Projektion des letzten Spaltpunktes M auf AH ist,

$$Am' = (m-1)\,A\beta = (m-1)\,h\lambda\,.$$

Zu beiden Seiten von AH verschwindet nun die Helligkeit nicht plötzlich; es bildet vielmehr AH die Mittellinie eines spitzen Winkelraumes, in welchem die Helligkeit von der Mitte nach den Seiten abnimmt, um

[1] Kultur d. Gegenwart, Band Physik. (1915.)

auf den Grenzlinien selber Null zu werden. Die Öffnung dieses Winkels bestimmt die Breite des Beugungsbildes, die Richtung seiner Schenkel ergibt sich durch die folgende Betrachtung:

Wir ziehen die Linie AD und fällen auf sie von M das Lot Mn. Die Neigung AD regeln wir dann so, daß

$$An = (m-1)h\lambda + \frac{m-1}{m}\lambda$$

wird. Ist δ die Projektion von B auf die Richtung AD, so ist dann:

$$A\delta = h\lambda + \lambda/m.$$

Aus allen Spalten nehmen wir nun den mit der Nummer $\frac{1}{2}m + 1$ versehenen Spalt C; wir fällen das Lot $C\gamma$ auf AD; dann ist:

$$A\gamma = A\delta\frac{m}{2} = \frac{mh}{2}\lambda + \frac{\lambda}{2}.$$

Die Wege, welche von den parallelen Strahlen AD und CD' bis zu ihrem unendlich fernen Vereinigungspunkte zurückzulegen sind, unterscheiden sich somit um $(mh/2 + 1/2)$ Wellenlängen; da m gerade sein soll, so bedeutet $mh/2$ eine gewisse Anzahl ganzer Wellenlängen, welche für die Interferenz von keiner Bedeutung ist; die übrigbleibende halbe Wellenlänge aber bedingt, daß die von A und C in der Richtung AD ausgehenden Strahlen 1 und $\frac{1}{2}m + 1$ sich wechselseitig zerstören. Dasselbe gilt aber von den Strahlen 2 und $\frac{1}{2}m + 2$, 3 und $\frac{1}{2}m + 3\ldots$, $\frac{1}{2}m$ und m. Es ergibt sich somit, daß in der Richtung AD Dunkelheit eintritt. Der Winkel, den AD mit der Gitternormale AN einschließt, sei φ', dann ist $A\delta = d\sin\varphi'$, und wir erhalten zur Berechnung von φ' die Gleichung:

$$\sin\varphi' = h\frac{\lambda}{d} + \frac{\lambda}{md}.$$

Ganz ebenso ergibt sich nun auf der anderen Seite von AH eine Richtung AD', auf der gleichfalls Dunkelheit eintritt; der Winkel $D'AN$ sei gleich φ'', dann ergibt sich zu seiner Berechnung die Gleichung:

$$\sin\varphi'' = h\frac{\lambda}{d} - \frac{\lambda}{md}.$$

md ist nichts anderes als die ganze Breite des Gitters. Der Bruch $\frac{\lambda}{md}$ ist also jedenfalls sehr klein, und die Winkel φ' und φ'' sind daher voneinander nur wenig verschieden. Man findet dann für die durch den Winkel DAD' gemessene Breite des Beugungsbildes den Ausdruck:

$$\varphi' - \varphi'' = \frac{2\lambda}{md\cos\varphi};$$

sie ist gleich dem Doppelten der Wellenlänge, dividiert durch die Breite des Gitters und durch den Kosinus des Winkels, den die Richtung der gebeugten Strahlen mit der Normale des Gitters bildet.

Wir betrachten nun (Fig. 377 b) auf der anderen Seite zwei Spektrallinien, welche sehr nahe beieinander liegen, wie etwa die D-Linien des Natriums; ihre Wellenlängen seien λ_1 und λ_2. Die Richtungen, in denen die $h$ten Maxima des gebeugten Lichtes liegen, sind für die beiden Linien beziehungsweise gegeben durch die Gleichungen:

$$\sin\varphi_1 = h\lambda_1/d$$

und $$\sin\varphi_2 = h\lambda_2/d.$$

Hieraus folgt für den von beiden Richtungen eingeschlossenen Winkel:

$$\varphi_1 - \varphi_2 = \frac{h(\lambda_1 - \lambda_2)}{d\cos\frac{\varphi_1 + \varphi_2}{2}}.$$

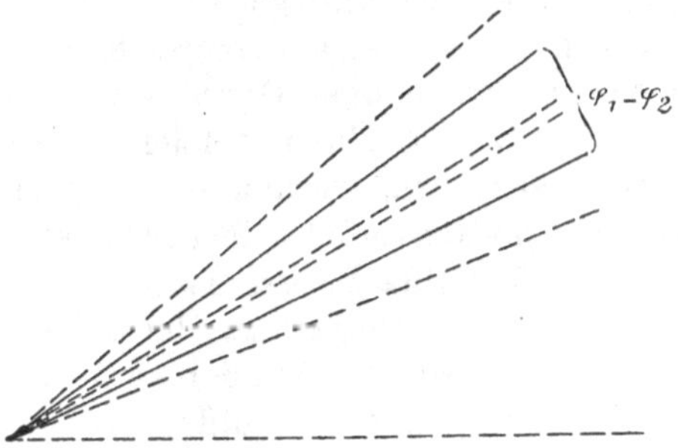

Fig. 377 b. Gitterauflösung.

Die beiden Spektrallinien erscheinen offenbar nur dann völlig getrennt, wenn der Winkel $\varphi_1 - \varphi_2$ größer ist als die Summe der halben Breiten der den Linien entsprechenden Beugungsbilder, d. h. wenn:

$$\frac{h(\lambda_1 - \lambda_2)}{d\cos\frac{\varphi_1 + \varphi_2}{2}} > \frac{\lambda_1}{m\,d\cos\varphi_1} + \frac{\lambda_2}{m\,d\cos\varphi_2}.$$

Nun sind aber die Winkel φ_1 und φ_2 voneinander sehr wenig verschieden, man kann daher diese Bedingung mit vollkommen genügender Annäherung durch die folgende ersetzen:

$$\lambda_1 - \lambda_2 > \frac{\lambda_1 + \lambda_2}{m\,h}.$$

Die Trennung der Spektrallinien ist hiernach bei einer um so kleineren Differenz der Wellenlängen möglich, die **auflösende Kraft des Gitters** ist um so größer, je größer die Gesamtzahl der Spalten und je höher die Ordnung des beobachteten Beugungsspektrums; die auflösende Kraft nimmt zu nach dem violetten Ende des Spektrums hin. Wenn man in dem Spektrum zweiter Ordnung beobachtet, so kann man mit einem Gitter von 30000 Spalten, also mit $m\,h = 60000$, im Bereiche der beiden D-Linien noch zwei Spektrallinien voneinander trennen, deren Wellenlängen sich um $0{,}02 \cdot 10^{-6}$ mm unterscheiden; das entspricht nahezu dem 30sten Teile des Abstandes der D-Linien.

§ 314. Stufengitter von Michelson. Bei den gewöhnlichen Beugungsgittern ist man in der Ordnung der zu beobachtenden Spektren sehr beschränkt. Bei einem Gitter, bei dem 500 Striche auf 1 mm kommen, erhält man nur die Beugungsspektren erster und zweiter Ordnung vollständig. Ein Gitter mit 1000 Strichen auf 1 mm gibt nur ein einziges Spektrum vollständig, die andern sind gleichsam zu weit abgebeugt. Dagegen gelingt es mit einem eigentümlichen Apparate, der sog. **Glasplattenstaffel (oder Stufengitter)**, Beugungsspektren von sehr hoher

Ordnung zu erzeugen; die auflösende Kraft einer solchen Staffel ist dann eine sehr große, obwohl die Zahl der beugenden Spalten nur klein ist. MICHELSON[1] konstruierte eine Staffel aus 20 planparallelen Glasplatten, welche alle genau dieselbe Dicke von 18 mm besaßen. Diese wurden so übereinander geschichtet, daß eine Treppe entstand, deren einzelne Stufen eine Breite von 1 mm besaßen.

Die Lichtstrahlen, welche von einem mit den Treppenstufen parallelen Spalte ausgehen, werden durch eine vorgesetzte Linse parallel gemacht; die Glasplattenstaffel selbst wird so gerichtet, daß die Strahlen senkrecht auf die Grundfläche der Treppe, die unterste der planparallelen Platten fallen. Die einzelnen zu der Richtung der Strahlen senkrechten Stufen der Treppe wirken ähnlich wie die Gitterspalten von der Breite eines Millimeters. Die Wegdifferenzen der Strahlen, welche von den verschiedenen Stufen ausgehen, sind aber ohne Vergleich größer als bei einem gewöhnlichen Gitter, denn die Strahlen haben, ehe sie die Stufen verlassen, schon sehr verschiedene Wege im Glase zurückgelegt. Betrachten wir die beiden Strahlen LD und $L_1 D_1$ (Fig. 378), welche aus zwei aufeinanderfolgenden Stufen des Gitters entspringen; sie haben bis zu der Ebene AB dieselben Wege zurückgelegt; ebenso sind ihre Wege von der Ebene $A'B'$ an wieder die gleichen. Aber zwischen den Ebenen AB und $A'B'$ bewegt sich der Strahl LD in Luft, der Strahl $L_1 D_1$ in Glas. Die Wellenlänge des benützten Lichtes in Luft sei λ, in Glas λ'; die Dicke einer Glasplatte sei d; dann eilt auf dieser Strecke der Strahl im Glase dem in Luft um eine Zahl von $d/\lambda' - d/\lambda$ Wellen voran. Das entspricht einer Wegdifferenz von der Größe $\lambda \cdot (d/\lambda' - d/\lambda)$ in Luft. Die Ordnung h eines Spektrums ist aber dadurch gegeben, daß zwei benachbarte zur Interferenz kommende Strahlen eine Wegdifferenz besitzen, die gleich dem h-fachen der Wellenlänge ist. Die Ordnung des Spektrums, welches von den senkrecht auf das Stufengitter fallenden direkten Strahlen erzeugt wird, ist somit gegeben durch:

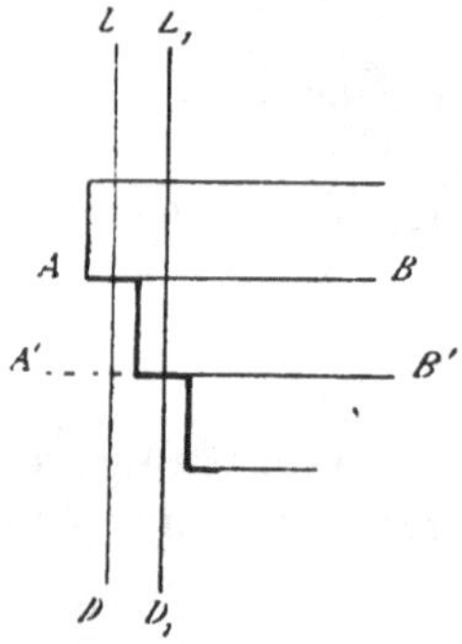

Fig. 378. Stufengitter.

$$\frac{d}{\lambda'} - \frac{d}{\lambda} = \frac{d}{\lambda}(n - 1),$$

wo n das Brechungsverhältnis des Glases bedeutet. Setzen wir $d = 18$ mm, $\lambda = 0{,}5\,\mu$, $n = 1{,}5$, so wird $h = 18000$; somit bei 20 Platten das die auflösende Kraft bestimmende Produkt $m h = 360000$.

§ 315. Zur teleskopischen Beobachtung der Beugungserscheinungen. Wir haben die Theorie der FRAUNHOFERschen Beugungserscheinungen so entwickelt, als ob die von den Spalten ausgehenden Strahlen sich in

[1] Astrophys. Journ. 8 (1898).

Punkten eines unendlich weit entfernten Schirmes vereinigten. Tatsächlich werden sie durch die Linsen des Fernrohres oder die Medien des Auges gebrochen, durch die Objektivlinse des Fernrohres in den Punkten ihrer Brennebene, durch das Auge in Punkten der Netzhaut vereinigt. Man kann zweifeln, ob nicht dadurch neue Phasendifferenzen herbeigeführt, Korrektionen der früheren Theorie erfordert werden. Die Frage wird beantwortet durch den allgemeinen Satz:

Auf Strahlenwegen, die zwei verschiedene Lagen einer Wellenfläche miteinander verbinden, liegen gleichviel einzelne Wellen.

Solange die Welle in einem homogenen Mittel sich ausbreitet, ist der Satz selbstverständlich. Im übrigen beweisen wir ihn nur für den speziellen Fall der *Brechung* einer von einem leuchtenden Punkte ausgehenden Welle *durch eine ebene Fläche*. Man wird von da aus leicht auch komplizierte Fälle — gekrümmte Grenzflächen, eine größere Zahl brechender Medien — erledigen können.

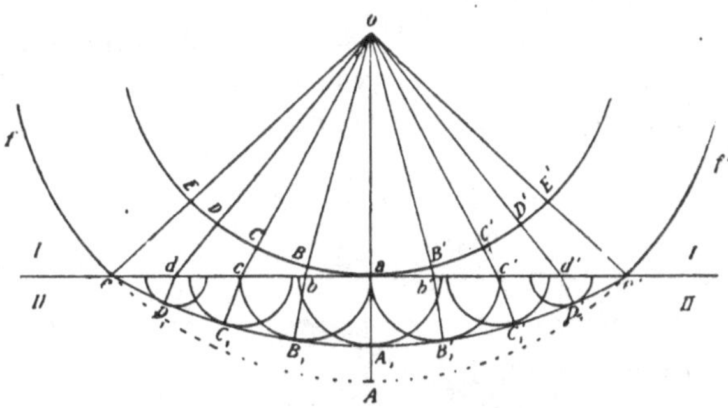

Fig. 379. Brechung durch eine ebene Grenzfläche.

Der leuchtende Punkt (Fig. 379) sei O; das vor der Grenzfläche liegende Medium bezeichnen wir durch I, das hinter ihr befindliche durch II. Lichtgeschwindigkeit und Wellenlänge mögen in dem ersteren die Werte v_1 und λ_1, in dem zweiten die Werte v_2 und λ_2 haben. Bezeichnen wir Lichtgeschwindigkeit und Wellenlänge im leeren Raume durch v_0 und λ_0, so ist nach der in § 302 eingeführten Voraussetzung:

$$\lambda_1 / v_1 = \lambda_2 / v_2 = \lambda_0 / v_0.$$

Wir konstruieren *zuerst eine der von O aus in das Medium II eindringenden Wellen*. Der ungestörte, noch in dem Medium I liegende Teil derselben sei, in einer durch O senkrecht zu der Grenzfläche gelegten Ebene, durch die Kreisbogen fe und $f'e'$ dargestellt. Um den gebrochenen Teil zu finden, haben wir die von den Punkten a, b, c, d, b', c', d' ausgehenden Elementarwellen zu suchen und ihre gemeinsame Umhüllungsfläche zu konstruieren. Man wird zu diesem Zwecke zunächst den Kreisbogen $e'Ae'$ ziehen, bis zu dem die Welle von O vorgedrungen sein würde, wenn das Medium II mit I identisch wäre. Für diesen Fall würden dann die aus a, b, c, d, b', c', d' an den Bogen eAe' gezogenen Berührungskreise die gesuchten Elementarwellen darstellen. Ist nun das Brechungsverhältnis für den Übergang des Lichtes von I zu II gleich n, so besteht zwischen den Lichtgeschwindigkeiten in den beiden

Medien die Beziehung $v_2 = v_1 / n$. In dem Medium *II* werden also die von den Punkten der Grenzebene ausgehenden Elementarwellen in gleicher Zeit auf Kugeln sich ausbreiten, deren Halbmesser n mal kleiner sind als die Halbmesser der den Bogen $e A e'$ berührenden. So ist es nun leicht, die Elementarwellen in dem Medium *II* und ihre Umhüllende, die gebrochene Welle, zu konstruieren. Sie wird in dem Schnitte unserer Zeichenebene durch die Kurve $e D_1 C_1 B_1 A_1 B_1' C_1' D_1' e'$ dargestellt, die von einem Kreisbogen nicht allzusehr verschieden ist. Die Linien $b B_1$, $c C_1$, ..., welche die Punkte der Grenzfläche mit den Berührungspunkten zwischen der Hauptwelle und zwischen den Elementarwellen verbinden, sind die gebrochenen Strahlen; es ist im Anschlusse an die Figur nicht schwer zu zeigen, daß für sie in der Tat das Gesetz der Brechung gilt. Wir können mit Bezug hierauf an die ganz analogen Betrachtungen von § 117 erinnern.

Die zweite Wellenfläche, die wir betrachten, sei die letzte der ganz in *I* liegenden, die von O aus an die Grenzfläche gelegte Berührungskugel, welche in unserer Figur durch den Kreis $E a E'$ dargestellt ist. Die Zeit, in der die Welle aus der Lage $E a E'$ in die Lage $e A_1 e'$ übergeht, sei τ, dann ist $Ee = v_1 \tau$, $a A_1 = v_2 \tau$; die Zahl der auf Ee liegenden Wellen $\tau v_1 / \lambda_1$, der auf $a A_1$ liegenden $\tau v_2 / \lambda_2$; ihre Zahl ist somit in der Tat für die beiden Wege dieselbe, nämlich gleich $\tau_0 v_0 / \lambda_0$. Betrachten wir noch einen der gebrochenen Strahlenwege, etwa $C c C_1$. Die Zeit, die zum Durchlaufen von Cc erforderlich ist, sei τ_1; von c bis C_1 brauche die Welle die Zeit τ_2, so daß $\tau_1 + \tau_2 = \tau$. Es ist dann $Cc = v_1 \tau_1$, die Zahl der auf Cc liegenden Wellen $\tau_1 v_1 / \lambda_1 = \tau_1 v_0 / \lambda_0$; ebenso die Zahl der auf $c C_1$ liegenden $\tau_2 v_0 / \lambda_0$; die Gesamtzahl der Wellen auf dem Wege $C c C_1$ wird: $(\tau_1 + \tau_2) v_0 / \lambda_0 = \tau v_0 / \lambda_0$, ebenso groß wie auf den Wegen Ee und $a A_1$.

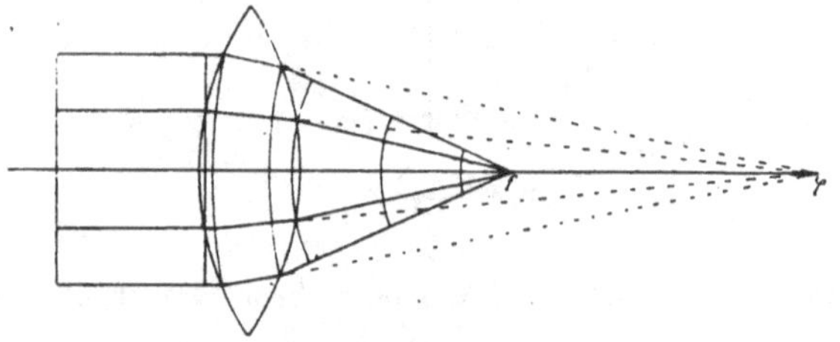

Fig. 380. Wellenflächen in einer Linse.

Der zu Anfang ausgesprochene Satz ist damit bewiesen; er gilt ebenso beim Durchgange des Lichtes durch eine Reihe brechender Flächen, da man durch wiederholte Übergänge der durch Fig. 379 gegebenen Art von einer beliebigen Anfangslage der Wellenfläche zu einer beliebigen Endlage kommen kann. Fig. 380 stellt in diesem Sinne den Durchgang achsenparalleler Strahlen durch eine bikonvexe Linse dar: φ ist der Brennpunkt der vorderen Linsenfläche, f der der ganzen Linse; beim Übergang der ursprünglich ebenen Welle in die Linse treten Knickungen der Wellenfläche auf, ebenso wie in Fig. 379. Setzen wir voraus, daß hinter der Linse alle Strahlen genau durch f hindurchgehen, so ist die Wellenfläche hier ein Kugelabschnitt, dessen Mittelpunkt in f liegt. Sie zieht sich schließlich auf eine den Punkt *f* unendlich nahe umschließende Kugel zusammen, und wir können daher *f* selbst als eine Lage der Wellenfläche betrachten. Nach dem vorhergehenden Satze müssen dann auf allen Strahlen, die von der ebenen Welle vor der Linse bis zu dem Brennpunkte *f* gehen, gleichviel einzelne Wellen liegen. Die Strahlen kommen also in *f* mit denselben Phasenverhältnissen an, die sie in der ebenen Welle hatten. Daraus ergibt sich aber, daß die Beugungserscheinungen bei der FRAUNHOFERschen Art der Beobachtung in der Tat dieselben sind, wie auf einem unendlich fernen Schirme.

§ 316. Die Leistungsfähigkeit des Mikroskops. Man kann diese Frage auf zwei verschiedenen Wegen lösen.

Bei dem einen, von HELMHOLTZ[1] eingeschlagenen, betrachtet man das Objekt als selbstleuchtenden Körper. Wenn es sich nun um eine sehr starke Vergrößerung des Objektes handelt, so wird die Abbildung dem Satze von der Divergenz entsprechend durch ein sehr schmales Strahlenbündel erfolgen. Wir wollen annehmen, dieses Bündel werde durch eine im Innern des Mikroskops befindliche, kreisförmige Blende begrenzt. *DE* (Fig. 381) stellt einen Durchmesser ihrer Öffnung dar. Diese Blende wirkt nun beugend; sie sendet nach dem HUYGENSschen Prinzipe Lichtstrahlen nicht bloß in der geraden Verlängerung der ankommenden Strahlen aus, sondern auch nach allen seitlichen Richtungen. *A* sei ein Punkt des Objektes, *B* ein Punkt, in dem sich die von *A* ausgehenden und durch die Blende gebeugten Strahlen wieder vereinigen; *C* sei ein beliebiger Punkt der Blende. Die gestrichelten Linien *AC* und *CB* deuten in schematischer Weise die in Wirklichkeit irgendwie gebrochenen Wege an, auf denen das Licht von *A* nach *C*, von *C* nach *B* gelangt. Verlängern wir die Strahlen, die von *A* aus in den Punkten *C* der Blende eintreffen, so schneiden sie sich in einem Punkte *a*; dieser ist mit *A* konjugiert für den vor der Blende liegenden Teil des optischen Systems. Verlängern wir ebenso die von den Punkten *C* nach *B* führenden Strahlen, so erhalten wir den Schnittpunkt *b*, und dieser ist mit *B* konjugiert für den hinter der Blende liegenden Teil des optischen Systems. Die Punkte *a* und *b* liegen in demselben Mittel, in welchem die Blende sich befindet. Für die Beurteilung der beugenden Wirkung der Blende ist es nun wesentlich, zu wissen, wieviel Wellenlängen auf dem Wege *ACB* liegen. Wir wollen im folgenden die Zahl der Wellen, die auf irgend einem Lichtwege liegen, dadurch darstellen,

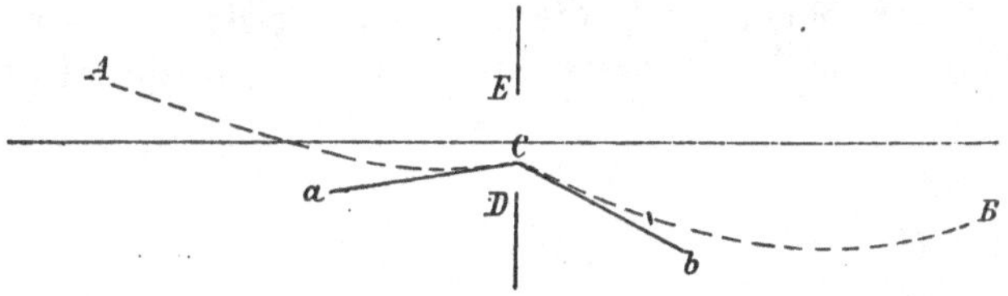

Fig. 381. Zur Mikroskop-Abbildung.

[1] Pogg. Ann., Jubelband (1873).

daß wir die den Weg bezeichnenden Buchstaben in eine Klammer setzen. Dann ergeben sich leicht die folgenden Gleichungen:

$$(AC) = (ACa) - (Ca), \qquad (CB) = (bCB) - (bC),$$

also
$$(ACB) = (ACa) + (bCB) - (Ca) - (bC).$$

Nun sind A und a, B und b konjugierte Punkte, d. h. die von den Punkten A und B ausgehenden Wellenflächen ziehen sich in a und b wieder punktförmig zusammen. Die auf den Wegen ACa und BCb liegenden Wellenzahlen sind nach dem im vorhergehenden § bewiesenen Satze unabhängig von der Lage des Punktes C. Wir können somit, wenn wir unter K eine konstante Größe verstehen, die letzte Gleichung so schreiben:

$$(ACB) = K - (Ca) - (bC) = K - (bCa),$$

d. h. bei einer Verschiebung des Punktes C verändert sich die Wellenzahl auf dem Wege ACB immer um ebensoviel, wie die Wellenzahl auf dem Wege aCb, die Beleuchtung des Punktes B durch das von A ausgehende Licht ist somit dieselbe, wie die des Punktes b durch das

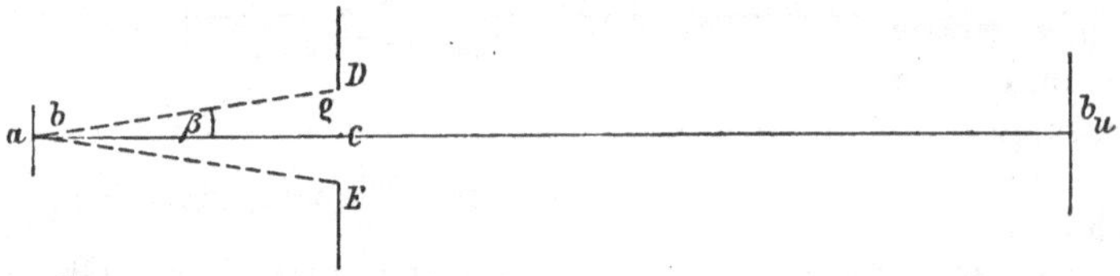

Fig. 382. Auflösekraft eines Mikroskops nach Helmholtz.

von a kommende. Damit ist aber die Beugung durch das komplizierte System des Mikroskops hindurch auf die Beugung einer kreisförmigen Öffnung zurückgeführt, auf deren beiden Seiten sich dasselbe Medium befindet, denn die Strahlen aC und Cb sind gerade, und die Punkte a und b liegen in demselben Medium, wie das Diaphragma.

Es sei nun a (Fig. 382) das Bild des in der Achse liegenden Punktes des Objektes. Betrachten wir a durch die Blende DE hindurch, so erscheint a als eine leuchtende Scheibe, begrenzt von einem dunklen Ringe. Ist der Halbmesser der Blende gleich ϱ, so ist der Halbmesser dieses Ringes nach § 308 gleich $0{,}61\ (\lambda/\varrho) \cdot aC$. Nun ist aber ϱ/aC nichts anderes, als der Divergenzwinkel der von a nach der Blende gehenden Strahlen; bezeichnen wir diesen durch β, so ist der Halbmesser des den Punkt a umgebenden Beugungskreises gleich $0{,}61\,\lambda/\beta$. Durch das hinter der Blende befindliche optische System werde von einem an der Stelle a befindlichen Objekte ein Nmal vergrößertes Bild im letzten Medium entworfen. Dann sind auch seine Punkte von Beugungskreisen umgeben, deren Halbmesser δ_u gleich $0{,}61\,N\lambda/\beta$ ist. Der Ausdruck läßt sich umgestalten mit Hilfe des Divergenzsatzes; n sei das absolute Brechungsverhältnis in dem Medium der Blende, n_1 das Brechungsverhältnis des Mediums, in dem das Objekt sich befindet; β_1

der Divergenzwinkel der von dem Objekte ausgehenden Strahlen; da dieser Winkel bei einem stark vergrößernden Mikroskope verhältnismäßig große Werte annehmen kann, so benützen wir die allgemeinere Form des Divergenzsatzes (§ 273); wir bezeichnen mit b_1 den Durchmesser des Objektes, mit b den Durchmesser des von dem vorderen Teile des optischen Systems in a entworfenen Bildes: dann ist nach dem Divergenzsatze:

$$n_1 b_1 \sin\beta_1 = n b \beta.$$

Es sei endlich b_u der Durchmesser des in dem letzten Mittel von b_1 entworfenen Bildes. Dann ist $b_u/b = N$; die durch das ganze System erzeugte Vergrößerung b_u/b_1 sei N_1. Dividieren wir die vorhergehende Gleichung durch b_u, so ergibt sich:

$$\frac{n_1 \sin\beta_1}{N_1} = \frac{n\beta}{N} \quad \text{und} \quad \frac{N}{\beta} = N_1 \frac{n}{n_1 \sin\beta_1}.$$

Setzen wir diesen Wert ein in dem Ausdrucke für den Halbmesser der in dem letzten Medium entstehenden Beugungskreise, so wird:

$$\delta_u = 0{,}61 \cdot \lambda N_1 \frac{n}{n_1 \sin\beta_1}.$$

Zwei Punkte in dem Bilde b_u werden aber nur dann zu unterscheiden sein, wenn ihre Entfernung mindestens gleich dem Halbmesser des Beugungskreises ist. Im Bilde ist also die kleinste wahrnehmbare Distanz gegeben durch

$$\delta_u = 0{,}61\, \lambda N_1 \frac{n}{n_1 \sin\beta_1}.$$

Im Objekte entspricht ihr bei N_1-facher Vergrößerung eine N_1 mal kleinere Strecke

$$\delta_1 = \frac{\delta_u}{N_1} = 0{,}61\, \lambda \frac{n}{n_1 \sin\beta_1},$$

und dieses wäre also die kleinste am Objekte noch wahrnehmbare Distanz. Ist der Objektraum von demselben Medium erfüllt wie der Raum der Blende, so ist $n = n_1$ und

$$\delta_1 = 0{,}61\, \lambda \frac{1}{\sin\beta_1}.$$

Der größte Wert, den $\sin\beta_1$ annehmen kann, ist gleich 1; mit diesem ergibt sich für die kleinste an dem Objekte noch wahrnehmbare Distanz der Wert

$$\delta = 0{,}61 \lambda,$$

etwas mehr als die Hälfte der Wellenlänge des von dem Objekte ausgehenden Lichtes.

Es ist überraschend, daß man zu einem mit dem vorhergehenden nahe übereinstimmenden Resultate durch eine ganz andere Betrachtung gelangt, die zuerst von Abbe[1] angestellt worden ist. Bei dieser wird

[1] Archiv f. mikroskopische Anatomie (1873).

das Objekt nicht als ein selbstleuchtendes, sondern als ein durchleuchtetes angesehen, und die Bestimmung der Leistungsfähigkeit des Mikroskops beruht auf der Untersuchung der von dem Objekte selbst erzeugten Beugungserscheinungen. Am einfachsten ist es, als Objekt ein Beugungsgitter zu benützen. A, A_1, A_2 ... (Fig. 383) seien die Projektionen der zu der Zeichenebene senkrecht stehenden Gitterspalten. O sei der Mittelpunkt des Objektives; F der hintere Brennpunkt, B das von dem Objektiv entworfene Bild des Punktes A. Wir nehmen zunächst an, die Beleuchtung des Gitters sei eine senkrechte. Die von den Gitterspalten A, A_1, A_2 ... ausgehenden achsenparallelen Strahlen vereinigen sich in dem Punkte F. In diesem tritt Helligkeit ein. Würden

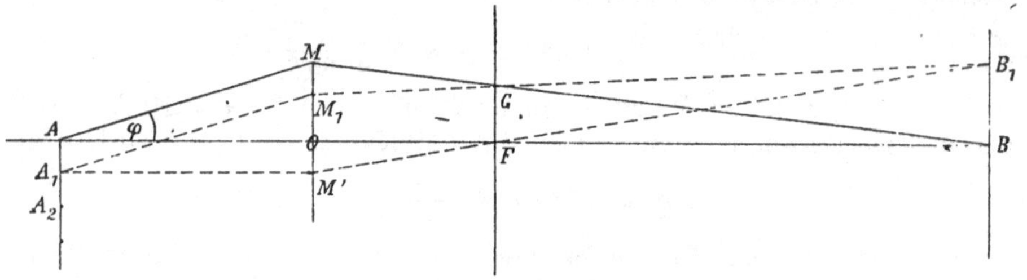

Fig. 383. Auflösekraft des Mikroskops nach Abbe.

aber nur jene Parallelstrahlen zur Wirkung kommen, so würde das Gesichtsfeld um den Punkt B herum nichts als eine allgemeine Helligkeit zeigen, von der Struktur des Gitters würde keine Spur wahrzunehmen sein. Nun kommen aber zu jenen Parallelstrahlen die schiefen Strahlen, welche die seitlichen Maxima erzeugen, hinzu. Wir betrachten von diesen nur die dem ersten seitlichen Maximum entsprechenden. Ist der Abstand der Gitterspalten gleich d, die Wellenlänge der beleuchtenden Strahlen λ, so bestimmt sich der Winkel φ, unter dem jene Strahlen gegen die Achse geneigt sind, durch die Gleichung

$$d \sin \varphi = \lambda .$$

Die Strahlen vereinigen sich in dem Punkte G der Brennebene. Wir erhalten also in der Brennebene jetzt zwei beleuchtete Punkte, bzw. zwei zu der Zeichenebene senkrechte, helle Streifen, F und G. Die in der Bildebene B auftretende Erscheinung wird bestimmt durch die Interferenz der von F und G ausgehenden Strahlen. Die so erzeugte Interferenzerscheinung ist aber keine andere, als die bei dem Fresnelschen Spiegelversuche (§ 304) auftretende. Es entsteht also in der Bildebene ein System von hellen und dunkeln Streifen, ein Interferenzbild des Gitters. Der Abstand der hellen Streifen voneinander ist nach § 304 gegeben durch:

$$d' = \lambda' \, FB/FG .$$

Hier ist λ' die Wellenlänge für das hinter dem Objekte liegende Mittel.

Die Lage der hellen Streifen in der Bildebene läßt sich auch durch Zeichnung leicht bestimmen. Zunächst ist B der mit A konjugierte Punkt; auf allen Lichtwegen, die von A durch das Objektiv hindurch nach B führen, z. B. auf den Wegen $AOFB$ und $AMGB$, liegt hiernach dieselbe Zahl von Wellen. B bezeichnet daher die Stelle des mittleren hellen Streifens in dem Interferenzbilde. Ziehen wir durch A_1 den Strahl $A_1 M_1 \parallel AM$ unter dem Winkel φ gegen die Achse, so hat der gebrochene Strahl die Richtung $M_1 G$; er schneidet die Bildebene in B_1; dieser Punkt ist mit A_1 konjugiert. Auf allen von A_1 nach B_1 führenden Lichtwegen liegt dieselbe Zahl von Wellen; dies gilt also insbesondere von den Wegen $A_1 M_1 G B_1$ und $A_1 M' F B_1$. Daraus folgt, daß das erste seitliche Helligkeitsmaximum an der Stelle von B_1 liegen muß. Die Lage der übrigen hellen Streifen ergibt sich, wenn wir die Strecke BB_1 von B und von B_1 aus auf den Verlängerungen von BB_1 nach oben und unten abtragen.

Wichtig ist es, daß die Strecken AA_1 und BB_1, der Spaltabstand d des Gitters und der Streifenabstand d' des Interferenzbildes, sich wie Objekt und Bild verhalten. Ist N die Vergrößerung des Objektives, so ist

$$d' = N \cdot d.$$

Das von den Interferenzstreifen erzeugte Bild ist also dem Gitter ähnlich, aber es entspricht dem Gitter nicht vollkommen, denn an Stelle der scharfen hellen Gitterspalten treten Interferenzstreifen, deren Helligkeit von der Mitte ab allmählich bis zu den begrenzenden dunkeln Linien abnimmt. Damit dieses Bild aber zustande kommt, muß das Objektiv zum mindesten noch die schiefen Parallelstrahlen aufnehmen, welche das erste Beugungsbild erzeugen; d. h. der nach dem Rande des Objektives gehende Strahl AM muß mit der Achse einen Winkel φ einschließen, der bestimmt ist durch die Gleichung $d \sin\varphi = \lambda$. Ist umgekehrt der Divergenzwinkel φ gegeben, so kann man aus der Gleichung die kleinste Distanz der Gitterspalten bestimmen, für welche die Gitterstruktur noch durch das Mikroskop nachzuweisen ist. Man findet $d = \lambda/\sin\varphi$. Nimmt man für $\sin\varphi$ den größten möglichen Wert $\sin\varphi = 1$, so wird $d = \lambda$. Die kleinste durch das Mikroskop noch nachweisbare Spaltendistanz wäre dann gleich der Wellenlänge.

Wesentlich günstiger läßt sich die Sache gestalten, wenn das Gitter nicht senkrecht, sondern schief beleuchtet wird. Man kann die beleuchtenden Strahlen unter einem solchen Achsenwinkel φ auf das Gitter fallen lassen, daß die dem ersten Beugungsmaximum entsprechenden Parallelstrahlen auf der anderen Seite einen ebenso großen Winkel φ mit der Achse bilden. Eine einfache Modifikation der auf S. 549 angestellten Rechnung gibt dann: $2\sin\varphi = \lambda/d$; sollen in der Bildebene Interferenzstreifen zustande kommen, so müssen die direkten Strahlen an dem oberen Ende des Objektives, die dem ersten Beugungsmaximum entsprechenden an seinem unteren Rande durchgehen. Wenn also φ

den Divergenzwinkel der nach dem Objektive gehenden Strahlen bezeichnet, so ist der kleinste noch nachweisbare Spaltenabstand

$$d = \frac{\lambda}{2 \sin \varphi}.$$

Für den Maximalwert $\sin \varphi = 1$ wird $d = \lambda/2$, in naher Übereinstimmung mit dem aus der HELMHOLTZschen Theorie sich ergebenden Werte.

Wir haben bei den vorhergehenden Betrachtungen angenommen, daß nur zwei Helligkeitsmaxima in der Brennebene die Interferenzstreifen in der Bildebene B erzeugen. Dem entspricht, wie schon erwähnt, eine gewisse Unschärfe des Interferenzbildes. Es möge zum Schlusse noch hervorgehoben werden, daß diese Unschärfe um so geringer wird, je mehr Helligkeitsmaxima der Brennebene zu der Interferenzerscheinung in der Bildebene beitragen. Die Zahl der in der Brennebene entstehenden Maxima hängt aber wesentlich von der Öffnung des Objektives ab.

Während also HELMHOLTZ die Grenze der Leistung eines Mikroskops untersucht durch die Beugungserscheinungen an der relativ engsten Blende, welche die Lichtstrahlen passieren, ist bei ABBE, dessen Arbeit etwa 3 Monate früher erschien, die Beugung im Objekte selbst das für die feinere Abbildung Wesentlichste.[1]

Immersion. Bringt man zwischen äußerste Frontlinse des Mikroskopobjektives und das Objekt eine Flüssigkeit vom Brechungsverhältnis n, so werden die λ zu λ/n, es wird die ABBEsche Formel

$$d = \frac{\lambda}{2 \sin \varphi} \quad \text{zu} \quad d = \frac{\lambda}{2 n \sin \varphi},$$

d. h. die Auflösekraft wird n mal größer.

Es sei hier noch ein weiterer, ganz anderer Vorteil der Immersion besprochen. Während ein aus Luft schief gegen die Frontlinse des Objektives eintretender Strahl total reflektiert wird, fällt diese Totalreflexion ganz weg, wenn Licht durch eine Flüssigkeit von gleichem oder größerem Brechungsverhältnis als dem des Glases ersetzt wird. Es gelangen mehr Strahlen ins Objektiv, die Lichtstärke steigt.

Sichtbarmachung ultramikroskopischer Teilchen. Die vorhergehenden Untersuchungen bezogen sich auf die Frage, welches die feinsten Einzelheiten sind, die man an den Objekten noch sehen kann. Ganz anders liegt die Sache, wenn es sich nur darum handelt, das Vorhandensein eines Objektes nachzuweisen, abgesehen von jeder besonderen Beschaffenheit, Gestalt, Größe und dergl. In diesem Falle befinden wir uns dem Sternenhimmel gegenüber. Bei der ungeheuren Entfernung der Fixsterne verschwindet jede Möglichkeit, ihre Gestalt zu erkennen, nur ihre

[1] Eine allgemeine Theorie liefert L. MANDELSTAM, Ann. d. Phys. 35 (1911), 39 (1912). Siehe auch LUMMER u. REICHE, Ann. d. Phys. 37 (1912).

Existenz verrät sich durch das von ihnen ausgesandte Licht. Dementsprechend werden wir auch ultramikroskopische Teilchen, d. h. solche, deren Dimensionen weit unter der im vorhergehenden Teile bestimmten Grenze liegen, sehen, sobald sie nur ein hinreichend intensives Licht aussenden.

Von diesem Gesichtspunkte ausgehend, bauten Siedentopf und Zsigmondy ihr Ultramikroskop.[1] Die von der Sonne oder von einer elektrischen Lampe *L* herkommenden Strahlen werden durch eine Linse, den Kondensor, konvergent gemacht. In die Spitze des von den Lichtstrahlen gebildeten Kegels *O* (Fig. 384) wird das zu untersuchende Objekt gebracht. Die einzelnen Teilchen im Lichtkegel leuchten dann, indem sie das auffallende Licht nach allen Seiten hin (punktiert gezeichnet) beugen. Um von den Strahlen des Beleuchtungskegels nicht gestört zu werden, wird man mit dem Mikroskop *M* in einer zu der Kegelachse senkrechten Richtung beobachten. In *M* erscheinen die einzelnen Teilchen als helle Beugungsscheibchen auf dunklem Grunde, man nennt daher derartige Systeme Dunkelfeldbeleuchtungen.

Daß hier das mikroskopische Bild über die wirkliche Gestalt der kleinen Teilchen keinen Aufschluß liefert, haben wir schon erwähnt; die mikroskopische Beobachtung gibt aber doch Veranlassung zu weiteren interessanten Schlüssen.

Es befinde sich z. B. in *O* (Fig. 384) irgendeine kolloidale Lösung, so kann man die in einem bestimmten Volumen vorhandenen Teilchen zählen; diese Zahl wechselt gesetzmäßig infolge der Brownschen Bewegungen usw. Wir kommen bald (§ 330) noch einmal auf dies Gebiet zurück.

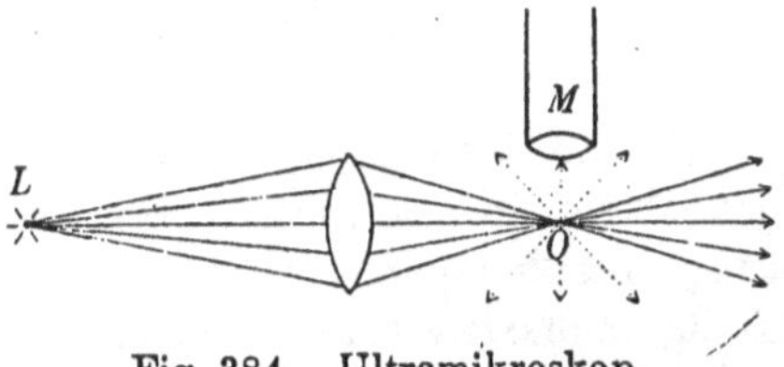

Fig. 384. Ultramikroskop.

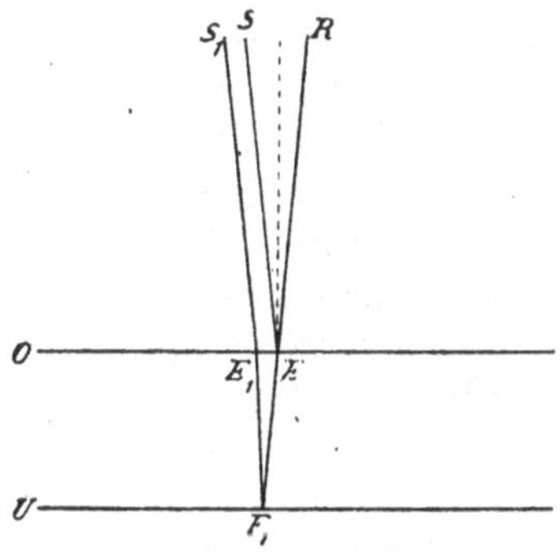

Fig. 385. Farben dünner Blättchen.

§ 317. Farben dünner Blättchen. Seifenblasen, Ölschichten, die auf Wasser schwimmen, Oxydschichten an der Oberfläche der Metalle, z. B. auf angelaufenem Stahl, dünne Luftschichten in den Sprüngen durchsichtiger Körper zeigen Farben, die unter Umständen überaus glänzend und schön sind, und die man als Farben dünner Blättchen bezeichnet. Es ist nicht schwer, auf Grund der Wellentheorie eine Vorstellung von ihrer Entstehung zu gewinnen; *O* und *U* (Fig. 385)

[1] Ann. d. Phys. 10 (1903).

seien die miteinander parallelen Grenzflächen eines solchen Blättchens. Wir lassen auf dieses parallele Lichtstrahlen nahezu senkrecht von oben fallen. SE sei ein einfallender, ER der zugehörige reflektierte Strahl. Nun finden wir leicht einen zweiten Strahl, der nach einer Reflexion an der unteren Seite des Blättchens auf dem Wege $S_1 E_1 F_1 E$ ebenfalls zum Austritt in der Richtung ER gelangt. Die beiden längs ER sich bewegenden Strahlen haben eine gewisse Wegdifferenz $E_1 F_1 E$, die wir gleich der doppelten Dicke des Blättchens setzen können. Wenn infolge hiervon eine Phasenverschiebung der Strahlen um eine halbe Wellenlänge entsteht, so werden sie sich gegenseitig vernichten. Wenn weißes Licht auf das Blättchen fällt, so fehlen, wie man auf spektralanalytischem Wege direkt nachweisen kann, in dem reflektierten Lichte die Strahlen von der betreffenden Wellenlänge; man darf überdies annehmen, daß Strahlen von wenig abweichender Wellenlänge stark geschwächt werden; so erklärt sich die Färbung des reflektierten Lichtes. Für eine genauere Theorie der Erscheinungen ist die Tatsache von großer Wichtigkeit, daß Blättchen, deren Dicke im Vergleich mit der Wellenlänge des Lichtes klein ist, vollkommen schwarz erscheinen. Eine nennenswerte Wegdifferenz zwischen den Strahlen ist hier offenbar nicht vorhanden, es muß also noch eine andere Ursache zu einer Phasenverschiebung existieren. Eine solche liegt in der Tat in dem Vorgange der Reflexion. Aus späteren Untersuchungen ergibt sich, daß jeder Strahl, der an einem optisch dichteren Mittel reflektiert wird, eine Verzögerung von einer halben Wellenlänge erleidet, während bei der Reflexion am dünneren Mittel dies nicht eintritt. Nun ist klar, daß bei dem dünnen Blättchen, einerlei, ob seine Substanz die optisch dichtere oder dünnere ist, immer der eine der interferierenden Strahlen an dem optisch dichteren, der andere an dem optisch dünneren Mittel reflektiert wird; zu der Wegdifferenz $E_1 F_1 E$ tritt also immer noch infolge der Reflexionen eine Phasendifferenz von einer halben Wellenlänge hinzu.

Über die Erscheinung selbst werden wir am leichtesten einen Überblick gewinnen, wenn wir ein keilförmiges Blättchen betrachten, das von oben her in nahezu senkrechter Richtung mit homogenem Lichte von der Wellenlänge λ beleuchtet wird. An der scharfen Kante des Keiles herrscht Dunkelheit, denn dort entsteht durch die Reflexion ein Phasenunterschied von $\frac{1}{2}\lambda$; weitere dunkle Stellen erhalten wir da, wo die doppelte Dicke $2d$ des Keiles $= \lambda,\ = 2\lambda,\ = 3\lambda \ldots$; dazwischen treten Maxima der Helligkeit auf an den Stellen, wo $2d = \frac{1}{2}\lambda,\ = \frac{3}{2}\lambda,\ = \frac{5}{2}\lambda \ldots$ Wenn wir den Keil im reflektierten Lichte betrachten, so sehen wir auf ihm eine Reihe von dunkeln und hellen Streifen parallel zu seiner Kante. Die Stellen der aufeinanderfolgenden Lichtmaxima, der hellsten Stellen der Streifen sind in Fig. 386 durch die der jeweiligen Keildicke entsprechenden Linien a_1, b_1, c_1, d_1, e_1, f_1 dargestellt.

Wir wollen sehen, wie sich die Sache gestaltet, wenn das Licht nicht völlig homogen ist, etwa wie das Natriumlicht aus zwei Strahlen, S_1 und S_2, von wenig verschiedener Brechbarkeit besteht. Wir erhalten dann das erste Helligkeitsmaximum für den brechbareren Strahl S_2 bei a_2, für den weniger brechbaren S_1 bei a_1; das zweite Maximum für S_2 bei b_2, für S_1 bei b_1; und man sieht leicht, daß $b_1 b_2 = 3 a_1 a_2$. Die dritten Maxima liegen bei c_2 und c_1, und es ist $c_1 c_2 = 5 a_1 a_2$ usw. Ebenso wie die Maxima rücken auch die Stellen, wo die Strahlen S_1 und S_2 für sich genommen Dunkelheit erzeugen würden, um so weiter auseinander, je mehr wir uns von der Kante des Keiles entfernen.

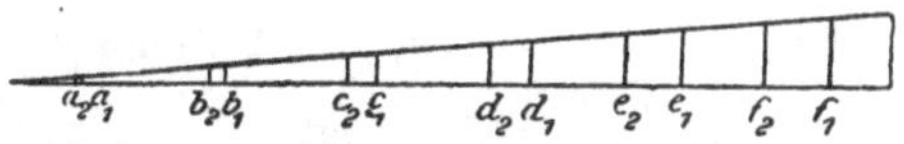

Fig. 386. Interferenzfarben eines Keiles.

Es ergibt sich hieraus, daß zunächst nur die scharfe Schneide des Keiles eine Stelle vollkommener Dunkelheit ist; gehen wir von ihr weg zu Stellen von wachsender Dicke, so gibt es Stellen von minimaler Helligkeit, aber nirgends mehr ein vollständiges Fehlen des Lichtes. Wenn die Helligkeitsmaxima von S_2 mit den dunkeln Stellen von S_1 zusammenfallen, so ergibt sich eine gleichmäßige Helligkeit, die Streifen sind verschwunden. Nun aber nähern sich die Helligkeitsmaxima von S_2 den hellsten Stellen von S_1, deren Ordnungszahl um 1 niedriger ist. In dem Maße, in dem dies geschieht, treten die hellen und dunklen Streifen wieder hervor. Man sieht also, daß bei der Entfernung von der Kante die Streifen abwechselnd verschwinden und wieder hervortreten, eine Erscheinung, die auf dem Gebiete der Optik den Schwebungen der Akustik analog ist.

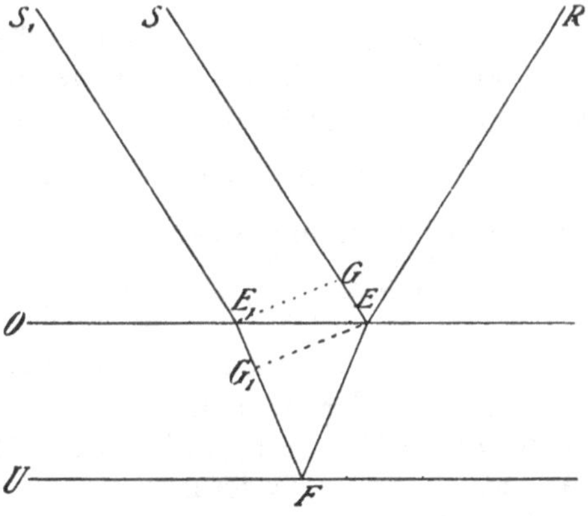

Fig. 387. Farben dünner Blättchen bei schiefer Inzidenz.

Interferenz bei schief einfallenden Strahlen. Mit Rücksicht auf spätere Untersuchungen scheint es zweckmäßig, die Interferenzerscheinung dünner Blättchen auch noch für den Fall schief einfallender Strahlen zu betrachten (Fig. 387). Die beiden zur Interferenz kommenden, in der Richtung ER zurückgeworfenen Strahlen seien $S_1 E_1$ und SE; im Inneren des dünnen Blättchens lege der Strahl $S_1 E_1$ den Weg $E_1 FE$ zurück. Wir fällen von E_1 auf SE das Lot $E_1 G$, auf $E_1 F$ von E aus das Lot EG_1. Dann entsprechen die Linien $E_1 G$ und EG_1 zwei aufeinanderfolgenden Lagen der in das Blättchen eindringenden Welle. Daraus folgt, daß auf den Linien GE und $E_1 G_1$ eine gleiche Zahl von Wellen liegt; für die Wegdifferenz der Strahlen kommt also nur die Summe der Strecken $G_1 F$ und FE in Betracht. Diese Summe aber hat den Wert:

$$G_1 F + FE = 2\,d \cos\beta,$$

wo d die Dicke des Blättchens und β den Brechungswinkel der einfallenden Strahlen bezeichnet. Mit wachsendem Einfallswinkel nimmt also die Wegdifferenz ab; sie erreicht ein Minimum, wenn β gleich dem Grenzbrechungswinkel γ wird. Es ist (§ 258) z. B. für Glas $\cos\gamma = 0{,}745$. Maxima der Helligkeit erhalten wir, wenn die Wegdifferenz der Strahlen gleich einem ungeraden Vielfachen der halben Wellenlänge in der Substanz des Blättchens ist, also

$$2\,d\cdot\cos\beta = p\,\lambda/2\,,$$

wo $p = 1, 3, 5, 7, \ldots$ ist.

Die Erscheinungen hängen aber nicht nur von der Einfallsrichtung, sondern auch von der Dicke des Blättchens in folgender eigentümlicher Weise ab.

Wir wollen annehmen, daß die doppelte Dicke des Blättchens selber gleich einem ungeraden Vielfachen der halben Wellenlänge sei,

$$2\,d = m\,\lambda/2\,,$$

wo m eine ungerade Zahl. Dann erhalten wir ein erstes Maximum der Helligkeit bei senkrechter Inzidenz, also für $\beta_1 = 0$. Wir erhalten ein zweites Maximum der Helligkeit, wenn

$$2\,d\cos\beta_2 = (m-2)\,\lambda/2\,, \qquad \cos\beta_2 = (m-2)/m$$

Ein drittes Maximum, wenn

$$2\,d\cos\beta_3 = (m-4)\,\lambda/2\,, \qquad \cos\beta_3 = (m-4)/m\,.$$

Die Zahl der zu beobachtenden Maxima ist dadurch beschränkt, daß $\cos\beta$ stets größer sein muß als $\cos\gamma$, also im Falle eines aus Glas bestehenden Blättchens größer als 0,745. Wir wollen das in einzelnen speziellen Fällen erläutern.

Ist $m = 1$, so kann es sich natürlich nur um das bei senkrechter Inzidenz auftretende Maximum handeln.

Ist $m = 3$, so wird $\cos\beta_2 = 1/3$, also kleiner als 0,745; das entsprechende Maximum kann also nicht zustande kommen.

Ist $m = 5$, so wird $\cos\beta_2 = 3/5$; auch in diesem Falle tritt nur ein Maximum der Helligkeit bei senkrechter Inzidenz auf. Dasselbe gilt auch noch für $m = 7$.

Erst wenn $m = 9$ wird, liegt der Wert von $\cos\beta_2$ über 0,745; es kommt also nun ein zweites Maximum zustande, und zwar ist der entsprechende Brechungswinkel $\beta_2 = 39^{\circ}$, der Einfallswinkel 71°. Für $p = m - 4$ liegt aber der Wert von $\cos\beta_3$ wieder unter 0,745; ein weiteres Maximum tritt also nicht auf.

Betrachten wir noch die Wirkung eines Keils. Bei senkrechter Inzidenz erhalten wir maximale Helligkeit, wenn die doppelte Keildicke $2\,d = p\,\frac{\lambda}{2}$, wo $p = 1.\ 3.\ 5.\ \ldots$ Nehmen wir den Fall streifend einfallenden Lichtes, dann ist die Bedingung für das Maximum der Helligkeit gegeben durch:

$$2\,d\cos\gamma = p\,\lambda/2\,.$$

Für einen Glaskeil ist $\cos\gamma = 0{,}745$; die Stellen größter Helligkeit sind also bestimmt durch:

$$2d = 1{,}342\,p\,\lambda/2\,.$$

Es seien nun A_1, A_3, A_5, ... die Stellen größter Helligkeit bei senkrechter, B_1, B_3, B_5, ... bei streifender Inzidenz; dann sind die Abstände der Punkte B von der Schneide des Keils alle 1,342 mal größer als die Abstände der entsprechenden Punkte A. Lassen wir den Einfallswinkel des Lichtes stetig von 0° bis auf 90° wachsen, so verschieben sich die Stellen größter Helligkeit stetig von A_1 nach B_1, von A_3 nach B_3, von A_5 nach B_5, ... Dabei schiebt sich unter der Stelle A_9 das Maximum der Helligkeit hinweg, das der Zahl p_7 entspricht. Man erhält also an der Stelle A_9 des Keiles zweimal ein Maximum der Helligkeit, wenn man den Einfallswinkel von 0° bis 90° wachsen läßt. Das stimmt überein mit der früheren Überlegung.

Erscheinungen im durchgehenden Lichte. Der Strahl E_1F wird auch ins untere Medium gebrochen, ein Teil von ihm geht also in Fig. 387 nach unten hin fort. Andrerseits wird aber auch der Strahl FE bis E teilweise nach unten reflektiert und tritt nach Brechung an der unteren Fläche nach unten hin aus. Diese (nicht gezeichneten) Reflexionen bringen auch in der nach unten durchgehenden Strahlung Interferenzen hervor, die sich ganz analog bestimmen lassen, wie die im reflektierten Strahlenbündel. Wir gelangen aber kürzer zu einem Resultate, wenn wir uns vor Augen halten, daß die Summe der reflektierten und durchgehenden Strahlung gleich der einfallenden sein muß. Letztere ist daher der ersteren komplementär.

Schließlich möge noch darauf hingewiesen werden, daß die von uns gegebene Erklärung der Interferenzerscheinung eines dünnen Blättchens nicht ganz vollständig ist. In dem Punkte E der Fig. 385 treten außer dem von uns gezeichneten Strahle $S_1\,E_1\,F_1\,E$ noch andere aus, die im Innern des Blättchens wiederholte Reflexionen an der unteren und oberen Grenzfläche erlitten haben. An den Resultaten wird durch die Mitberücksichtigung dieser Strahlen nichts Wesentliches geändert, und wir haben uns daher im Interesse der Einfachheit auf die Betrachtung des ersten beschränkt.

NEWTONsche Ringe. Eine sehr elegante Methode, die Farbe dünner Blättchen in ihrer Abhängigkeit von der Dicke zu untersuchen, rührt von NEWTON her. Auf eine ebene Glasplatte wird eine sehr schwach gekrümmte Konvexlinse gelegt. Zwischen beiden entsteht dann um den Berührungspunkt herum eine Luftschicht von allmählich zunehmender Dicke. In homogenem Lichte erscheint die dunkle Mitte von hellen und dunkeln Ringen umgeben, in weißem Lichte treten farbige Ringe auf.

Fizeau konnte mit Na-Licht die Ringe bis zu einer Dicke der Luftschichte zwischen Platte und Scheitel der Linse von 14,7 mm verfolgen; dabei wurde der auf S. 567 geschilderte Wechsel der Ringschärfe, die Schwebung, 52 mal beobachtet.

Mit den in den folgenden §§ zu besprechenden Hilfsmitteln hat man Interferenzen des Lichtes bis zu einer Wegdifferenz von 40 cm verfolgt. Dies deutet darauf hin, daß bei den Newtonschen Ringen noch eine andere Ursache vorhanden sein muß, welche bei großen Gangunterschieden die Interferenzen stört. In der Tat liegt eine solche Ursache darin, daß in dem Auge des Beobachters nicht bloß solche Strahlen sich vereinigen, welche von Linse und Platte in einer bestimmten Richtung reflektiert werden. Das Auge wird vielmehr auch solche Strahlen aufnehmen, die gegen jene Richtung nach der einen oder anderen Seite ein wenig geneigt sind. Diese aber werden der veränderten Neigung entsprechend auch eine andere Phasendifferenz besitzen; je größer die Dicke des zwischen Linse und Platte durchlaufenen Raumes, um so größer wird, selbst bei geringer Änderung der Neigung, die Änderung der Phasenverschiebung sein. Darin liegt der Grund, weshalb bei größeren Dicken der Zwischenschichten die Newtonschen Ringe undeutlich werden, auch wenn das zu ihrer Erzeugung benützte Licht vollkommen homogen ist.

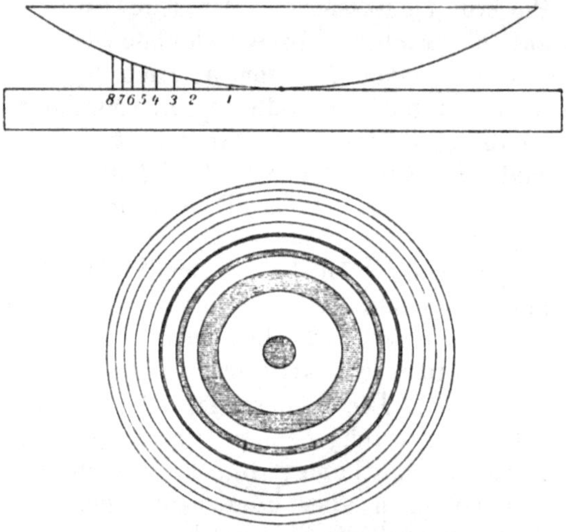

Fig. 388. Newtonsche Ringe.

Fig. 388 erläutert die Bildung und Erscheinung der Newtonschen Ringe. Der obere Teil gibt einen Durchschnitt durch Linse und Platte. In 1, 2, 3 . . . befinden sich die Stellen, an denen im homogenen Lichte die Mitten des ersten, zweiten, dritten . . . hellen Ringes erscheinen, wo also die Dicke der Luftschicht $^1/_4$, $^3/_4$, $^5/_4$ . . . Wellenlängen beträgt. Man wird dann leicht übersehen, daß aus dem Durchmesser der Ringe und dem Krümmungshalbmesser der Linse die Wellenlänge berechnet werden kann. Wenn man den Zwischenraum zwischen Linse und Platte statt mit Luft mit einer Flüssigkeit von größerem Brechungsverhältnisse füllt, so ziehen sich wegen der kleineren Wellenlänge die Ringe zusammen. Eine geometrische Betrachtung, die wir nicht weiter ausführen wollen, zeigt, daß bei zwei verschiedenen, den Zwischenraum füllenden Flüssigkeiten *a* und *b* die Quadrate der Halbmesser bei entsprechenden

Ringen sich verhalten wie die Wellenlängen λ_a und λ_b in a und b. Hiernach bietet die Beobachtung der NEWTONschen Ringe ein bequemes Mittel, um zu zeigen, daß in der Tat, der in § 254 gemachten Annahme entsprechend,

$$\lambda_a / \lambda_b = v_a / v_b ,$$

das Verhältnis der Wellenlängen gleich dem der Lichtgeschwindigkeit, d. h. gleich dem Brechungsverhältnisse $n(a, b)$ ist.

§ 318. Ringe gleicher Neigung. Interferometer. Die NEWTONschen Ringe entsprechen gleichen Dicken der zwischen Linse und Platte liegenden Luftschicht. Im folgenden werden wir Interferenzringe be-

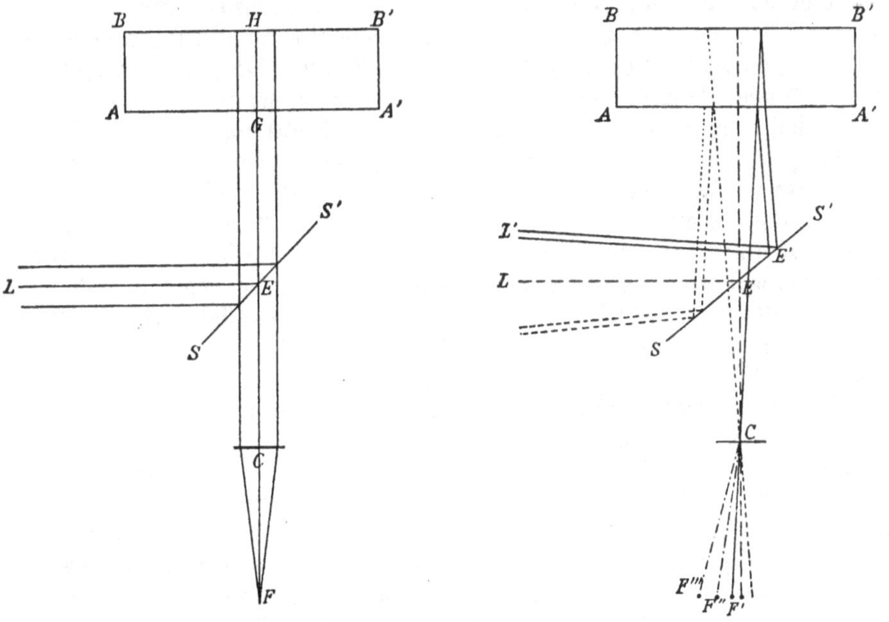

Fig. 389a. Ringe gleicher Neigung. Fig. 389b.

trachten, die man bei einer einfachen planparallelen Platte beobachten kann, Ringe, welche durch Strahlen von gleicher Neigung gegen die Platte erzeugt werden.

Das Prinzip des Versuches möge zunächst in einer mehr schematischen Weise mit Hilfe der Figg. 389a u. b erläutert werden.

AA'BB' (Fig. 389a) stellt eine Platte dar, die von den parallelen, das Licht in gleicher Weise reflektierenden Flächen *AA'* und *BB'* begrenzt wird, *SS'* einen unendlich dünnen Spiegel, der das Licht teils reflektiert, teils durchläßt; die Ebene des Spiegels sei gegen die Ebene der Platte unter einem Winkel von genau 45° geneigt. Von einer seitlichen Quelle homogenen Lichtes, *L*, lassen wir ein Bündel paralleler Strahlen unter einem Winkel von 45° auf den Spiegel *SS'* fallen. Der in *E* den Spiegel treffende Strahl *LE* wird in der zu den parallelen

Flächen AA' und BB' senkrechten Richtung EG zurückgeworfen; ein Teil des Strahles erleidet an der Vorderfläche der Platte eine abermalige Reflexion in der umgekehrten Richtung GE; ein anderer Teil dringt in die planparallele Platte ein, um an der Rückfläche in H reflektiert zu werden. Aus dem Strahle LE werden also zwei Strahlen, welche, bzw. in G und in H reflektiert, in derselben Linie GE sich bewegen. Die Strahlen haben eine Wegdifferenz, welche gleich der doppelten Dicke $2 \cdot HG$ der planparallelen Platte ist. Wir nehmen an, daß die Reflexionen in H und in G in gleicher Weise auf die Phase der Strahlen wirken. Wie diese, den Bemerkungen des vorhergehenden Paragraphen anscheinend widersprechende Voraussetzung verwirklicht wird, werden wir später erläutern. Ist sie erfüllt, so werden die reflektierten Strahlen sich verstärken, wenn auf die doppelte Dicke der Platte eine ganze Anzahl von Wellenlängen kommt; sie werden eine Verschiebung um eine halbe Wellenlänge erleiden, sie werden sich also wechselseitig auslöschen, wenn die doppelte Plattendicke gleich einem ungeraden Vielfachen einer halben Wellenlänge ist. Was von dem Strahle LE gilt, wiederholt sich aber in derselben Weise bei allen zu LE parallelen Strahlen des Bündels; jeder von ihnen zerfällt infolge der doppelten Reflexion an der vorderen und an der hinteren Seite der Platte in zwei, welche gegeneinander um die doppelte Dicke der Platte verschoben sind. Die reflektierten Strahlen treffen wieder auf den unendlich dünnen Spiegel SS'; sie werden von ihm zum Teil nach L hin reflektiert, zum Teil gehen sie unverändert durch den Spiegel hindurch. Auf diese Strahlen richten wir nun ein Fernrohr, das auf unendliche Entfernung eingestellt ist. Die achsenparallel auf das Objektiv C fallenden Strahlen werden dann in dem Brennpunkte F des Objektives vereinigt. Sie erzeugen dort Helligkeit oder Dunkelheit, je nachdem die doppelte Dicke der Platte gleich einem geraden oder gleich einem ungeraden Vielfachen von einer halben Wellenlänge, von $\lambda/2$, ist. Wir wollen annehmen, die Dicke der Platte sei veränderlich und sie sei zunächst so reguliert, daß in F Dunkelheit herrscht. Vergrößern wir dann die Plattendicke, etwa durch Parallelverschiebung der hinteren Fläche BB' um $\lambda/4$, so erhalten wir in F ein Maximum der Helligkeit; eine Verschiebung von BB' um $2\lambda/4$ hat wieder Dunkelheit, eine Verschiebung um $3\lambda/4$ ein neues Helligkeitsmaximum zur Folge usw.

Die bisherige Betrachtung bezog sich auf die zentrale Stelle des Gesichtsfeldes; um sie herum liegen abwechselnd helle und dunkle Ringe; ihr Zustandekommen durch Interferenz werde im folgenden mit Hilfe der Fig. 389b erläutert. Wir nehmen ein Bündel paralleler Strahlen, welches die Oberfläche des unendlich dünnen Spiegels in der von 45^{0} etwas abweichenden Richtung $L'E'$ trifft; die Einfallsebene der Strahlen möge parallel bleiben mit der Ebene LEG. Wir suchen zunächst einen Strahl, welcher nach der Reflexion an SS' von der vorderen Fläche AA' der Platte so zurückgeworfen wird, daß er durch das Zentrum C des

Fernrohrobjektes geht; er schneide die Brennebene des Objektives in F'. Zu diesem Strahle läßt sich dann ein zweiter Strahl des Bündels finden, der an der Hinterfläche BB' der Platte reflektiert wird, so daß er aus der Vorderfläche AA' an derselben Stelle und natürlich auch in derselben Richtung austritt wie der zuerst betrachtete Strahl. In dem Raume vor der Platte fallen also die beiden von ihr reflektierten Strahlen vollständig zusammen; sie besitzen aber eine Wegdifferenz, die gegeben ist (§ 317) durch $2d\cos\alpha_1$, wo d die Dicke der Platte und α_1 der immer fast 90^0 betragende Einfallswinkel sei; wir können annehmen, daß beim Durchgang durch die Platte keine Brechung stattfindet ($\alpha = \beta$). Die Wegdifferenz nimmt also mit zunehmender Neigung der Strahlen gegen das Einfallslot ab. Die doppelte Plattendicke sei nun gleich einem geraden Vielfachen der Wellenlänge, also $2d = m\lambda/2$, wo m eine gerade Zahl ist. Wir haben dann im Punkte F Helligkeit. Wählen wir einen Einfallswinkel α_2 so, daß $2d\cos\alpha_2 = (m-2)\lambda/2$ wird, so haben wir in dem seitlich von F gelegenen Punkte F' Helligkeit. Eine dritte Helligkeitsstelle F'' ergibt sich für ein α_3, welches der Gleichung $2d\cos\alpha_3$ genügt usw. Diese Punkte größter Helligkeit F, F', F'' usw. sind getrennt durch dunkle Stellen F', F'' usw. Für letztere ist α so zu wählen, daß

$$2d\cos\alpha' = (m-1)\lambda/2\,, \qquad 2d\cos\alpha'' = (m-3)\lambda/2\ldots\ldots$$

Lassen wir also auf den Spiegel SS' Strahlenbündel fallen, deren Einfallsebenen der Ebene der Zeichnung parallel sind, welche aber unter verschiedenen Winkeln auf den Spiegel SS' fallen, so erhalten wir in der Brennebene des Objektives C eine von seinem Brennpunkte ausgehende Linie, auf der abwechselnd Helligkeit und Dunkelheit herrscht.

Wir haben nun noch einen letzten Schritt zu machen, um das Erscheinen von Interferenzringen um den Brennpunkt F des Fernrohrobjektives zu erklären. Wir wollen das einfallende Strahlenbündel $L'E'$ drehen um LE als Achse; dann dreht sich das Bündel der von dem Spiegel SS' reflektierten Strahlen um die Achse CE; gleichzeitig beschreibt der Punkt F', in dem die reflektierten Strahlen sich vereinigen, in der Brennebene einen Kreis um den Brennpunkt F. Durch die Drehung um LE entstehen aber aus dem einen einfallenden Strahlenbündel unendlich viele, die alle dieselbe Neigung gegen LE besitzen; ebenso entstehen durch Drehung um CE aus dem einen reflektierten Strahlenbündel unendlich viele, welche alle gegen die Platte $AA'BB'$ unter demselben Winkel geneigt sind. In der Fig. ist das dem Bündel $L'E'$ diametral gegenüberliegende durch die punktierten Linien angedeutet. In der Brennebene des Objektives erscheint also eine helle Mitte umgeben von dunkeln Ringen, welche erzeugt werden durch gegen die Oberfläche der Platte unter gleichen Winkeln geneigte Strahlen; sie werden daher als Ringe gleicher Neigung bezeichnet.

Nun wollen wir die Dicke der Platte durch Verschieben der hinteren

Fläche etwas vergrößern; die Wegdifferenz nimmt zu, und um sie wieder auf den früheren Betrag zu reduzieren, müssen wir die Neigung der Strahlen gegen die Platte etwas vermindern. Dementsprechend wandert bei einer Vergrößerung der Plattendicke das ganze Ringsystem nach außen, und es scheint ein Ring nach dem anderen aus dem Brennpunkte F heraus sich zu entwickeln.

Es entspreche nun der dunkle Ring F_p bei einer Plattendicke d einer Wegdifferenz von $p\lambda/2$ Wellenlängen, wo p eine ungerade Zahl ist. Der nächste nach innen zu gelegene dunkle Ring F_{p+2} entspricht dann einer Wegdifferenz von $(p+2)\lambda/2$ Wellenlängen, und es gelten die Gleichungen:

$$2d\cos\alpha_p = p\lambda/2 \quad \text{und} \quad 2d\cos\alpha_{p+2} = (p+2)\lambda/2.$$

Auf dem Ringe F_p markieren wir in der Brennebene des Fernrohrs einen Punkt R. Wenn wir nun die Plattendicke durch Zurückschieben der Fläche BB' vergrößern, so erweitern sich die Ringe F_{p+2} und F_p. Die ihnen entsprechenden Wegdifferenzen bleiben ungeändert, denn die Vergrößerung der Plattendicke wird jederzeit kompensiert durch die vergrößerte Neigung der Strahlen gegen das Einfallslot. Vergrößern wir die Plattendicke um die Strecke δ_1, so daß der Ring F_{p+2} sich bis zu dem Punkte R erweitert, so haben wir die Gleichung $2(d+\delta_1)\cos\alpha_p = (p+2)\lambda/2$; andererseits ist: $2d\cos\alpha_p = p\lambda/2$. Somit:

$$2\delta_1 \cdot \cos\alpha_p = \lambda.$$

Wenn wir also die Fläche BB' so weit zurückschieben, daß die doppelt genommene Projektion der Verschiebung auf die Richtung der reflektierten Strahlen gleich einer Wellenlänge ist, so rückt der erste bei der Plattendicke d von R aus nach innen gelegene Ring bis zu dem Punkte R vor. Vergrößern wir die Plattendicke um die Strecke δ_2, so daß

$$2\delta_2 \cos\alpha_p = 2\lambda,$$

so rückt ein zweiter nach innen liegender Ring bis zu dem Punkte R vor. Allgemein vergrößern wir die Plattendicke um eine Strecke δ_i, so daß

$$2\delta_i \cos\alpha_p = i\lambda,$$

so rückt ein i-ter Ring von innen heraus so weit vor, daß er den Punkt R durchschneidet. Vergrößern wir also die Plattendicke von dem Betrage d ausgehend stetig, so rückt von innen heraus ein Ring nach dem anderen bis zu dem Punkte R vor und überschreitet ihn bei weiterer Vergrößerung der Plattendicke. Beobachten wir also, daß bei diesem Vorgange i Ringe nacheinander von innen heraus den Punkt R durchwandern, so wissen wir, daß die Beziehung bestehen muß:

$$2\delta_i \cos\alpha_p = i\lambda.$$

Die Verschiebung δ_i und der Winkel α_p können gemessen werden; dann liefert die Zählung der durch den Punkt A hindurchwandernden Ringe ein Mittel zur Bestimmung der Wellenlänge λ. Der Winkel α_p ist übrigens bei Beobachtung mit dem Fernrohr von 0^0 nur wenig verschieden.

Zum Schlusse bleibt uns nun noch übrig zu zeigen, wie das im vorhergehenden entwickelte Schema in dem ausgeführten Apparate, dem Interferometer, realisiert wird (Fig. 390). An Stelle des unendlich dünnen Spiegels tritt eine planparallele Glasplatte SS'; diese ist auf ihrer vorderen Fläche schwach versilbert, so daß sie das Licht in annähernd gleicher Stärke reflektiert und durchläßt. Von der Lichtquelle fällt der Strahl LE unter einem Winkel von 45^0 auf die Platte; er teilt sich in den reflektierten EJ und den durchgelassenen EFG. Der letztere wird durch den fest aufgestellten Spiegel AA' in sich selbst reflektiert, und kommt auf dem Wege $GFEL$ zu dem Fernrohrobjektive C. Der erstere passiert die planparallele Platte PP', welche mit SS' gleiche Dicke besitzt und ihr parallel gestellt ist; er fällt in H senkrecht auf den Spiegel BB', wird von diesem in sich selber reflektiert, und gelangt auf dem Wege $HKJEL$ zu dem Objektiv des Fernrohres. In dem letzten Teile ELC ihres Weges fallen die beiden reflektierten Strahlen zusammen. Im übrigen ist ihre Wegdifferenz, wie man leicht sieht, gleich dem doppelten Unterschiede der senkrechten Abstände, welche der Punkt E von den Flächen BB' und AA' besitzt. Daraus ergibt sich, daß die ganze Anordnung wirkt wie eine planparallele Platte, welche begrenzt ist einerseits von der Fläche BB', andererseits von dem Bilde $(A)(A')$ der Fläche AA' in der spiegelnden Fläche SS'. Aus unserer Figur ergibt sich diese Übereinstimmung unmittelbar für ein Strahlenbündel, das unter dem Winkel von 45^0 auf die Platte SS' fällt; die Übereinstimmung gilt aber auch für Strahlenbündel von anderer Einfallsrichtung. Der Spiegel BB' kann mit Hilfe einer Mikrometerschraube parallel mit sich selbst in der Richtung KH verschoben werden. Die Wegdifferenz der Strahlen, die Dicke $(G)H$ jener fingierten

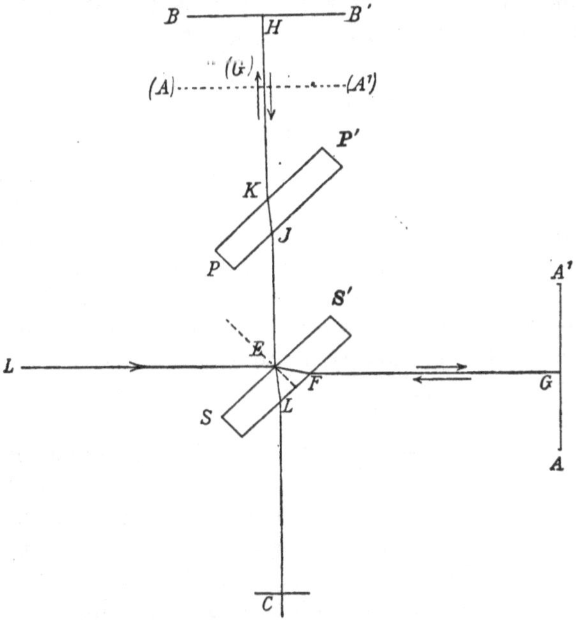

Fig. 390. Interferometer nach MICHELSON.

planparallelen Platte, kann dadurch innerhalb weiter Grenzen variiert werden.

Die Bestimmung von Wellenlängen mit dem Apparate geschieht nach der Methode, die wir im Anschlusse an die schematische Fig. 389b erläutert haben. Da es bei dem Lichte sehr feiner Spektrallinien möglich ist, Interferenzen noch bei einer Wegdifferenz von etwa 40 cm, also bei einer Distanz $H(G)$ von etwa 20 cm zu beobachten, so ist die Messung eines außerordentlichen Grades von Genauigkeit fähig. MICHELSON hat auf diese Weise die Wellenlängen dreier Cadmiumlinien in Rot, Grün und Blau gemessen; er fand:

Linie	Cd_r	Cd_{gr}	Cd_{bl}
Wellenlänge	643,8472	508,5824	479,9911 $\mu\mu$

Bei einer Doppellinie, etwa bei den beiden Linien des Natriums, wird im Interferometer die bei den Farben dünner Blättchen erwähnte Erscheinung der Schwebungen in gleicher Weise auftreten, d. h. wenn wir durch Drehen der Mikrometerschraube den Spiegel BB' (Fig. 390) weiter und weiter zurückziehen, so werden die Interferenzringe abwechselnd größte Schärfe besitzen und abwechselnd verschwinden. Je näher die beiden Linien eines Paares beieinander liegen, um so weiter werden die Stellen größter Deutlichkeit und die Stellen des Verschwindens auseinanderliegen. Etwas ganz Ähnliches wie bei zwei getrennten Linien muß aber schon bei einer einzigen Linie auftreten, wenn sie eine gewisse Breite besitzt, d. h. wenn ihre Strahlen einen gewissen Bereich verschieden großer Wellenlängen umfassen. Das Gesetz, nach welchem bei einer bestimmten Linie die Interferenzen mit zunehmendem Abstande $(G)H$ verschwinden und wieder hervortreten, hängt ab von ihrer Breite und von der Art, wie die Helligkeit auf ihre Strahlen verteilt ist. Umgekehrt können Beobachtungen über die Sichtbarkeit der Interferenzringe bei verschiedener Lage des Spiegels BB' zu Schlüssen über die Konstitution einer Spektrallinie führen.[1]

Zu einer direkten Trennung nahe beieinander liegender Spektrallinien ist der Apparat von MICHELSON nicht besonders geeignet. Er zeigt bei homogener Beleuchtung im Gesichtsfelde breitere, helle Ringe, die durch schmale schwarze voneinander getrennt sind. Sobald sich die Ringsysteme zweier verschiedener Spektrallinien überlagern, entsteht eine Aufhellung des ganzen Grundes, und die einzelnen Lichtmaxima heben sich nicht mehr in gleicher Schärfe ab.

Frei von dem erwähnten Mangel ist das LUMMERsche Interferenzspektroskop mit planparalleler Platte.[2] Es ist bekannt, daß ein Strahl, der unter einem sehr großen Winkel auf die Oberfläche einer planparallelen Glasplatte fällt, sehr stark reflektiert wird; der gebrochene Teil des Strahles trifft die untere Fläche der Platte unter einem Winkel,

[1] MICHELSON, Phil. Mag. (5) 31 (1891), 34 (1892). EBERT, Wied. Ann. 43 (1891).
[2] LUMMER u. GEHRKE, Ann. d. Phys. 10 (1903).

der nahe an dem Winkel der Totalreflexion liegt; auch dieser Strahl wird daher stark reflektiert werden. LUMMER beobachtet nun die Interferenzen von Strahlen, die bei nahe streifendem Einfall durch eine planparallele Glasplatte hindurchgehen, mit einem auf unendliche Entfernung eingestellten Fernrohre; der Strahlengang wird durch Fig. 391 anschaulich gemacht. Der einfallende Strahl *LE* liefert im durchgehenden Lichte die Strahlen 1, 2, 3, 4 ... Ob durch die Vereinigung dieser Strahlen im Fernrohre Helligkeit oder Dunkelheit entsteht, hängt

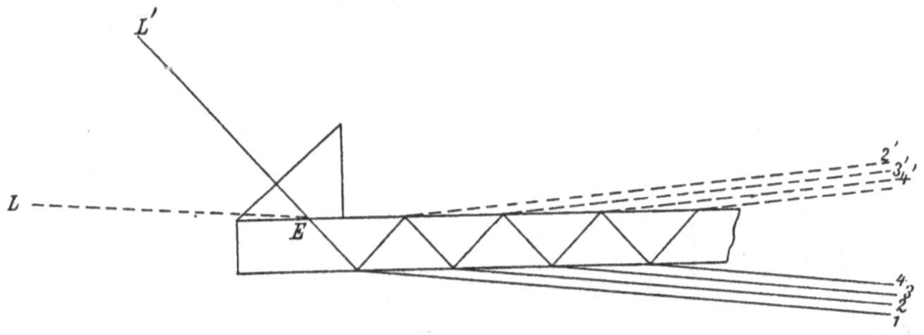

Fig. 391. Interferometer nach LUMMER.

ab von den Phasenverschiebungen beim Durchgange durch die planparallele Platte. Für alle Strahlen von gleicher Neigung sind die Verschiebungen die gleichen, dagegen ändern sie sich mit der Neigung. Bei homogenem Lichte erscheint im Gesichtsfelde eine Reihe von scharfen hellen Linien, welche durch dunkle Zwischenräume getrennt sind. Die Anordnung leidet zunächst an dem Übelstande, daß der einfallende Strahl *LE* zum größten Teile reflektiert wird, daß also nur ein kleiner Teil des ganzen zur Verfügung stehenden Lichtes zu der Erzeugung der Interferenzerscheinung benützt wird. Man umgeht das, indem man auf den Anfang der planparallelen Platte ein rechtwinkeliges Prisma kittet. Ein Strahl *L′E*, der nahezu senkrecht auf die Hypotenusenfläche fällt, trifft die untere Fläche der Platte gleichfalls unter einem Winkel, der nahe an dem der Totalreflexion liegt, er verhält sich also in seinem weiteren Verlaufe geradeso, wie früher der nahezu streifend einfallende Strahl *LE*.

Durch diese Abänderung der Konstruktion gewinnt man aber noch eine andere Möglichkeit der Beobachtung. Man kann auch die Strahlen zur Interferenz bringen, die auf der oberen Fläche der planparallelen Platte in den Richtungen 2′, 3′, 4′ ... austreten. Man übersieht, daß sie eine Interferenzerscheinung von derselben Art liefern müssen, wie die Strahlen 1, 2, 3, 4 ...

Die Verbindung der LUMMERschen planparallelen Platte mit dem Spektralapparate wird durch Fig. 392 anschaulich gemacht. Endlich gibt Fig. 393 ein von LUMMER aufgenommenes Bild der hellgrünen Linie des Quecksilbers mit der Wellenlänge 546 $\mu\mu$. Von den 11 Linien der Zeichnung sind aber nur 6 wirkliche Komponenten der grünen Quecksilberlinie, die übrigen sind sogenannte Geister, hervorgerufen

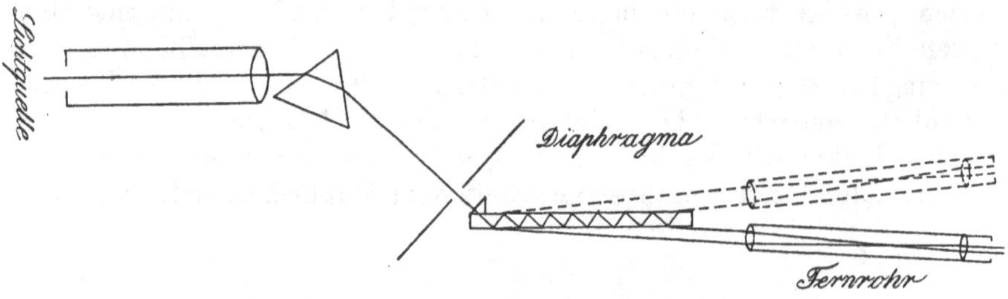

Fig. 392. Interferenzspektroskop nach LUMMER.

durch Unvollkommenheiten der benützten Glasplatte. Man kann nach der Methode von LUMMER zwei homogene Wellen noch voneinander getrennt wahrnehmen, deren Wellenlängen nur um den vierhundertsten Teil des Unterschiedes der beiden D-Linien voneinander abweichen.

Fig. 393. Hg-Linien.

Wenn MICHELSON das λ von Cd_r mit 643,84722 $\mu\mu$ angibt, so kann das nach LUMMER nur so verstanden werden, daß dies nur den Schwerpunkt eines aus mehreren, hier mindestens 4 Komponenten gebildeten Linienkomplexes bedeutet.

Solche genaue Messungen ermöglichen es auch, bestimmte Wellenlängen zur Längenmessung an Stelle des Meters und weiterhin des Kilogramms heranzuziehen.

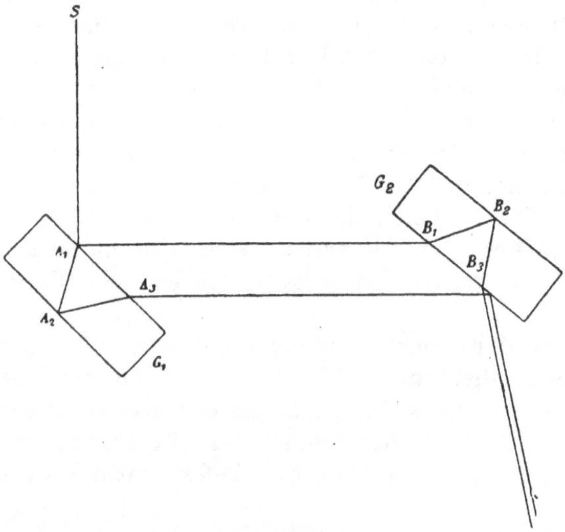

Fig. 394. Interferentialrefraktor.

Interferentialrefraktor. Wir erwähnen noch eine Interferenzerscheinung, die durch eine Kombination von zwei dicken Glasplatten erzeugt wird. Es seien G_1 und G_2 (Fig. 394) zwei planparallele Glasplatten, die unter einem sehr kleinen Winkel gegeneinander geneigt sind. Auf G_1 falle von einem leuchtenden Punkte aus ein Lichtstrahl; man sieht, daß er durch Reflexion und Brechung an den Flächen der Glasplatten schließlich in vier zerlegt werden muß. Wir beobachten die

Interferenz der beiden in der Figur gezeichneten Strahlen; ihre Phasendifferenz ist durch die Verschiedenheit der Wege $A_1 A_2 A_3$ und $B_1 B_2 B_3$ bedingt. Nun falle auf die Platte G_1 einfarbiges Licht von einer ausgedehnteren Lichtquelle, etwa einer Natriumflamme. Die Strahlen treffen dann die Oberfläche der ersten Platte unter verschieden großen Winkeln, sie werden ebenso unter verschieden großen Winkeln reflektiert und gebrochen. Es zeigt sich, daß eine Reihe von Winkeln existiert, für welche die Wegdifferenz $A_1 A_2 A_3 - B_1 B_2 B_3$ ein ungerades Vielfaches einer halben Wellenlänge beträgt. Für alle diese tritt Auslöschung der Strahlen ein. In der Platte G_2 erscheint daher das Gesichtsfeld von einer Reihe von dunkeln Streifen durchzogen.

Die interferierenden Strahlen laufen zwischen den beiden Platten in großer Länge und in ziemlichem Abstande nebeneinander her. Bringt man in den Weg des einen einen Körper, dessen optische Dichte von der der Luft etwas verschieden ist, erwärmt man z. B. die Luft auf dem Wege des einen Strahles, so verschieben sich die Interferenzstreifen. Aus der Größe der Verschiebung kann das Verhältnis berechnet werden, in dem die Wellenlänge des Lichtes in dem eingeschalteten Körper zu der Wellenlänge in Luft steht. Es ist damit das Prinzip für die Konstruktion des Interferentialrefraktors gegeben, der häufig mit Vorteil an Stelle der in § 309 besprochenen Einrichtung benützt wird. Bei der Anwendung von weißem Lichte zerlegt man die von der zweiten Platte reflektierten Strahlen mit dem Prisma und beobachtet dann die im Spektrum erscheinenden schwarzen Interferenzstreifen.

§ 319. Interferenzversuch Michelson. Mit dem Fig. 390 beschriebenen Interferometer hat Michelson (1881) einen Versuch ausgeführt, dessen Resultat die Grundlagen unseres physikalischen Weltbildes in Frage zu stellen scheint, und dem wir daher eine etwas ausführlichere Betrachtung widmen wollen. Die Erscheinung der Aberration des Lichtes führt mit Notwendigkeit zu der Annahme, daß der Äther alle Körper durchdringe, aber trotzdem in absoluter Ruhe sich befinde, ungestört durch die Bewegungen jener Körper. Auch die übrigen Erscheinungen der Optik sind mit der Annahme des ruhenden Äthers durchaus vereinbar. Insbesondere ist die in § 309 erwähnte Mitführung des Äthers vielleicht nur scheinbar; möglicherweise erklärt sich die dort erwähnte Änderung der Lichtgeschwindigkeit durch den Einfluß elektrischer Ladungen, die mit den Molekeln des Wassers verbunden sind und mit diesen gegen den ruhenden Äther sich bewegen. Nur ein einziger Versuch ist bekannt, der mit der Annahme des ruhenden Äthers in Widerspruch tritt: der folgende Versuch von Michelson. Um seine Theorie zu verstehen, ist es notwendig, einige vorbereitende Betrachtungen einzuschieben.

Es sei gegeben ein Punkt A und eine von ihm ausgehende starre Linie AB; in B stellen wir senkrecht zu AB einen ebenen Spiegel S auf. Dieser bilde mit AB ein unveränderliches starres System, das sich in der Richtung AB mit der konstanten Geschwindigkeit v bewege. Zur Zeit t_0 gehe von A ein Lichtblitz in der Richtung AB aus; die Lage von A zur Zeit t_0 sei gegeben durch A^0, die des Spiegels durch B^0; es soll die Zeit t_1 bestimmt werden, zu welcher der Blitz die Oberfläche des Spiegels erreicht. In der Zeit $t_1 - t_0$ muß das Licht nicht bloß die Strecke A^0B^0 durchlaufen, sondern außerdem noch die Strecke B^0B', um welche sich der Spiegel in dieser Zeit verschoben hat, im ganzen also die Strecke $A^0B^0 + v(t_1 - t_0)$; bezeichnen wir die Lichtgeschwindigkeit mit c, so wird also:

$$c(t_1 - t_0) = A^0B^0 + v(t_1 - t_0);$$

und daher:

$$t_1 - t_0 = \frac{AB}{c - v}; \qquad B^0B' = \frac{v \cdot AB}{c(1 - v/c)}.$$

Der Punkt A befindet sich zur Zeit t_1 nicht mehr an der Stelle A^0; er hat sich mit dem Spiegel verschoben nach A', und es ist $A^0A' = B^0B'$. In dem Momente t_1 wird der Lichtblitz von dem Spiegel reflektiert und bewegt sich nun wieder rückwärts in der Richtung AB; es soll der Moment t_2 bestimmt werden, in welchem er wieder in dem Punkte A eintrifft. Dabei ist zu berücksichtigen, daß A in der Zeit $t_2 - t_1$ sich abermals verschiebt, und zwar dem ankommenden Lichte entgegen, um eine Strecke $A'A'' = v(t_2 - t_1)$; um den Punkt A zu erreichen, hat also der reflektierte Lichtblitz nicht die Strecke $B'A'$ zurückzulegen, sondern nur die kleinere Strecke $B'A'' = B'A' - A'A''$. Daraus folgt:

$$t_2 - t_1 = \frac{AB}{c + v}, \qquad A'A'' = \frac{v \cdot AB}{c(1 + v/c)}.$$

Die ganze Zeit, die vergeht, bis ein in A befindlicher Beobachter den im Momente t_0 abgesandten Lichtblitz von dem Spiegel reflektiert zurückerhält, ist gegeben durch

$$t_2 - t_0 = \frac{2 \cdot AB}{c}(1 + v^2/c^2).$$

Der ganze dabei von dem Lichte zurückgelegte Weg ist gleich:

$$2AB + B^0B' - A'A'' = 2 \cdot AB(1 + v^2/c^2).$$

Bei der Ableitung der Formeln sind die höheren Potenzen von v/c von der vierten an vernachlässigt.

Durch die Bewegung wird, wie man sieht, der vom Lichte zurückzulegende Weg verlängert, und zwar im Verhältnisse $1:(1 + v^2/c^2)$.

Das muß eintreten, wenn der Äther ruht, und alle Bewegungen durch den ruhenden Äther hindurchgehen.

Die Verlängerung v^2/c^2 ist gegen 1 sehr klein. Selbst wenn wir die größte Geschwindigkeit, die uns zu Gebote steht, die der Erde auf ihrer Bahn um die Sonne, etwa $v \fallingdotseq 3 \cdot 10^6$ cm/sec, verwenden, wird v^2/c^2 erst gleich 10^{-8}. Eine Verlängerung von 1 auf $1 + 10^{-8}$ könnte aber nur durch sorgfältige Interferenzmessungen nachgewiesen werden.

Michelson und Morley machten Versuche, deren Prinzip (Fig. 395) folgendes ist: L ist eine Lichtquelle, S ein halbdurchlässiger, S_1 und S_2 gewöhnliche Spiegel. Der Strahl LS teilt sich bei S in

1. Weg $SS_2 SJ$ und 2. Weg $SS_1 SJ$.

Die Entfernungen SS_2 und SS_1 sind möglichst gleich. Das ganze System, auch die Lichtquelle L sind starr auf einer Steinplatte montiert, die auf Quecksilber schwimmt. Die Lichtstrahlen in Fig. 395 verlaufen also immer horizontal.

Es stehe nun zunächst JS_2 in der Richtung der Erdbewegung, wir sehen bei J Interferenzstreifen. Drehen wir dann die auf Hg schwimmende Steinplatte so, daß SS_1 in die Richtung des hypothetisch entgegenblasenden Ätherwinds kommt, so sollte der Weg SS_2 kleiner, der von SS_1 aber größer werden, es sollte eine Verschiebung der Interferenzstreifen auftreten.

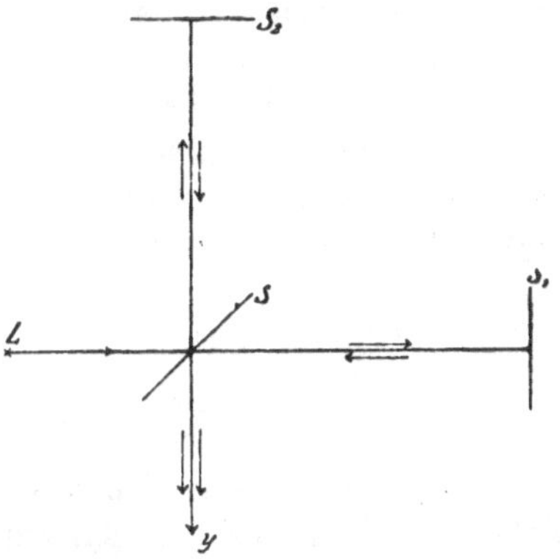

Fig. 395.
Interferenzversuch nach Michelson.

Mit Hilfe wiederholter Hin- und Herreflexionen (in Fig. 395 nicht gezeichnet) gelang es Michelson und Morley (1887), den Lichtweg SS_2 und SS_1 bis auf 11 Meter zu bringen. Die berechnete Verschiebung der Interferenzstreifen, die bei der Genauigkeit der Versuchsanordnung sich leicht hätte beobachten lassen, zeigte sich wider Erwarten nicht.

Dieses Resultat widerspricht den bisher vorgebrachten Anschauungen der klassischen Mechanik. H. A. Lorentz schlug zur Lösung dieses Widerspruches die Hypothese vor, daß für jeden Körper, also auch für die starren Verbindungen SS_1 und SS_2, Kontraktion eintritt, wenn dieser in der Richtung einer Bewegung gegen den Äther liegt. Diese Kontraktion müßte den Betrag $1 : \sqrt{1 - v^2/c^2}$ haben. Die senkrecht zur Bewegungsrichtung liegenden Dimensionen bleiben unverändert. Bewegt sich also ein Körper durch den feststehenden Äther, so wird er nach dieser Lorentzschen Kontraktions-Hypothese durch den Ätherwind gleichsam zusammengedrückt.[1]

§ 320. **Einsteins spezielle Relativitätstheorie.** Viel allgemeiner und radikaler suchte Einstein die eben geschilderten Schwierigkeiten zu lösen. Zuerst durch seine „spezielle“ und später durch seine „all-Ätherwind gleichsam gemeine“ Relativitätstheorie.[2]

---

[1] Proc. Acad. Amsterdam (1904). Mit einschlägigen grundlegenden Arbeiten von Einstein und Minkowski, gesammelt in der Monographie „Fortschr. d. math. Wissenschaften“, Heft 2. Leipzig 1913.

[2] Siehe zusammenfassende Darstellung Einsteins, „Die Grundlagen der allgemeinen Relativitätstheorie“, Ann. d. Phys. 49 (1916), gemeinverständlich: „Über die

Relativität in der klassischen Mechanik. Für geradlinige gleichförmige Bewegungen — Translationen — ist die Relativität längst bekannt. Wenn sich im sonst leeren Weltraume zwei Körper K und K' gleichförmig und geradlinig, jeder mit beliebiger Geschwindigkeit bewegen, können zwei auf diesen Körpern mitbewegte Beobachter nur die gegenseitige Differenz der beiden Geschwindigkeiten angeben, aber nie einen absoluten Wert. Dies könnte nur ein außerhalb dieser zwei Körper befindlicher Beobachter und auch der nur, wenn er — ganz willkürlich — seinen Standpunkt als ruhend annimmt. Die Unmöglichkeit einer Definition einer absoluten gleichförmigen Bewegung war Galilei und Newton bekannt. Man nahm darum willkürlich ein feststehendes „Inertialsystem" an. Dieses Inertialsystem, das Galileische Koordinatensystem, wird so definiert, daß der Bewegungszustand eines Körpers, auf den keine Kräfte wirken, infolge seiner „Trägheit" unverändert bleibt (also dauernd Ruhe oder dauernd geradlinig gleichförmige Geschwindigkeit). Die Annahme aber, daß dieses Inertialsystem wirklich ruhe, läßt sich nie beweisen. Die klassische Definition der Trägheit ist also eigentlich ganz hinfällig, ein

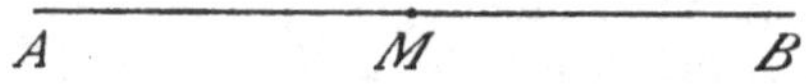

Fig. 396.

nie zu realisierendes Gedankenexperiment. Ebenso ist der „ruhende Äther" (z. B. in der Lorentzschen Elektrodynamik) eine ganz willkürliche Annahme.

Die spezielle Relativitätstheorie wurde von Einstein zunächst ausgearbeitet, um die im vorhergehenden § besprochenen Michelsonschen Versuchsergebnisse zu erklären. Die Grundpfeiler dieser Theorie sind die beiden Resultate: 1. Die Lichtgeschwindigkeit im Vakuum ist, unabhängig vom Bewegungszustand der ausstrahlenden Lichtquelle, eine universelle Konstante c (Prinzip von der Konstanz der Lichtgeschwindigkeit) und 2. Die Naturgesetze sind in allen gleichförmig und geradlinig gegeneinander bewegten Bezugssystemen dieselben (Relativitätsprinzip).

Relativität der Zeit. Einstein hatte die kühne Idee, auch die Zeit als etwas Relatives aufzufassen. Schlägt z. B. (Fig. 396) ein Blitz in A und ein anderer in B ein, und sieht ein in dem Punkte M, der in der Mitte zwischen A und B liegt, still stehender Beobachter das Licht beider Blitze gleichzeitig, so kann er schließen, daß beide Blitzschläge gleichzeitig erfolgt sind. Bewegt sich aber der Beobachter mit einer der Lichtgeschwindigkeit vergleichbaren Geschwindigkeit längs der ruhend gedachten Linie AB, so muß das Licht einerseits ihm nacheilen, andererseits geht er dem Blitzstrahl entgegen. Er muß jetzt die Gleichzeitig-

spezielle und die allgemeine Relativitätstheorie" (1917). Erkenntnistheoretisch ausgezeichnet ist das Büchlein M. Schlick, „Raum und Zeit in der gegenwärtigen Physik" (1914). Ausführliches Werk Laue, „Das Relativitätsprinzip" (1913).

keit derselben Ereignisse in A und B leugnen. Es hat also jeder Bezugskörper seine eigene Zeit.

Relativität von räumlichen Entfernungen. Ein Maßstab kann längs eines bewegten Systems nur von einem im Systeme mitbewegten Beobachter zur Ausmessung einer Strecke DE dieses Systemes durch direktes Anlegen des Maßstabes verwendet werden. Ein Beobachter außerhalb des Systems wird eine Strecke DE dadurch bestimmen müssen, daß er die Zeit, wenn der Punkt E einen Punkt seines Systems passiert, mit der Zeit vergleicht, in dem der Punkt D denselben Fixpunkt passiert. Nach dem, was wir über die Relativität der Zeit gesagt, müssen diese beiden Längenmessungen nicht gleich sein.

Lorentz-Transformation. Es seien K und K' zwei Bezugssysteme mit den räumlichen Koordinaten x, y, z, bzw. x', y', z'. Es bewege sich K gegen K' relativ in der x-Richtung (Pfeilrichtung der Fig. 397) mit der gleichförmigen Geschwindigkeit u und irgendein Raumzeitereignis in K werde in bezug auf dieses System durch die Raumkoordinaten x, y, z und die Zeit t gemessen. Dasselbe Ereignis mißt ein Beobachter auf K' nach seinen Raumkoordinaten x', y', z' und nach seiner Zeit t'. Das Problem bezüglich der Relativität dieser Ereignisse lautet so: Wie groß sind die Werte x', y', z' und t' eines Ereignisses in bezug auf K', wenn die Größen x, y, z und t für dasselbe Ereignis in bezug auf K gegeben sind, wobei diese Beziehungen so gewählt werden sollen, daß alle physikalischen Gesetze sowohl von K als von K' aus beurteilt gültig bleiben, d. h. kovariant sind und daß dabei für die Lichtgeschwindigkeit, ob von K oder K' aus beurteilt, immer c resultiert.

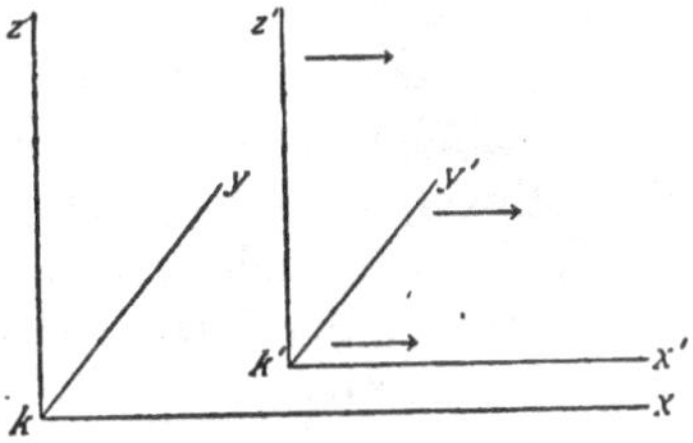

Fig. 397.

Man findet dann

$$x' = \frac{x - u\,t}{\sqrt{1 - u^2/c^2}},$$
$$y' = y,$$
$$z' = z,$$
$$t' = \frac{t - \frac{u}{c^2}\,x}{\sqrt{1 - u^2/c^2}},$$

welches Gleichungssystem mit dem Namen Lorentz-Transformation bezeichnet ist.

Nehmen wir z. B. an, ein Lichtstrahl pflanze sich längs der x-Achse fort gemäß der Gleichung $x/t = c$. Dividieren wir die erste der Lorentz-Transformations-Gleichungen durch die vierte, so erhalten wir gleichfalls $x'/t' = c$. Das gilt für beliebige Raumrichtungen. Es ist also die Konstanz der Lichtgeschwindigkeit für verschiedene Bezugssysteme rechnerisch festgelegt.

In K' liege von $x' = 0$ bis $x' = 1$ auf der x'-Achse ein Meterstab. Welches ist die Länge dieses Meters, vom System K aus beurteilt? Die erste LORENTZ-Gleichung schreiben wir

$$x' \sqrt{1 - u^2/c^2} = x - u\,t$$

und setzen für x' einmal 1 und dann 0. Ziehen wir diese beiden Gleichungen voneinander ab, so ergibt sich für $x_1 - x_0$, d. h. Stabende minus Stabanfang $\sqrt{1 - u^2/c^2}$. Es folgt also, daß die Länge eines mit der Geschwindigkeit u in seiner Längsrichtung bewegten Meterstabes auf $\sqrt{1 - u^2/c^2}$ reduziert wird, wie es den MICHELSONschen Versuchen entspricht (genau wie bei der Kontraktionshypothese von LORENTZ, § 319).

Hätten wir umgekehrt den Meterstab auf die x-Achse von K gelegt, so würde seine Länge, von K' aus beurteilt, dieselbe sein. Dies liegt ja im Sinne des Relativitätsprinzips.

Für $u = c$ wird $\sqrt{1 - u^2/c^2} = 0$, für $u > c$ wird die Wurzel imaginär; kein wirklicher Körper kann also nach der Relativitätstheorie eine Geschwindigkeit erhalten, die größer ist als die Lichtgeschwindigkeit.

Es befinde sich eine Uhr in K, welche alle Sekunden optisch anzeigt. Setzen wir in der letzten LORENTZ-Gleichung für t einmal 1 und einmal 0 und subtrahieren, so ergibt sich für die Sekundendauer relativ von K' aus beurteilt

$$\frac{1}{\sqrt{1 - u^2/c^2}} \text{ sec.}$$

Die Uhr geht infolge ihrer relativen Bewegung für den Beobachter in K' langsamer.

Ist K' ein in bezug auf K gleichförmig und drehungsfrei bewegtes Koordinatensystem, so verläuft das Naturgeschehen in bezug auf K' genau nach denselben Gesetzen wie in bezug auf K.

u^2/c^2 ist gegen 1 meist klein. Für die gewöhnliche Erfahrung der klassischen Mechanik wird die spezielle Relativitätstheorie keinerlei Bedeutung haben, nicht aber wenn für u die Erdgeschwindigkeit zu setzen ist. Bei der Aberration des Lichtes (§ 248) z. B. war die Frage, ob der Äther in der Atmosphäre ruht oder nicht, und welches sein Einfluß auf den Lichtstrahl ist, nicht eindeutig zu lösen; die Lichtfortpflanzung in strömenden Flüssigkeiten nach FIZEAU (§ 309) ergibt ein ähnliches Problem. Hier liefert die Relativitätstheorie überraschend einfache Beziehungen, es stimmen für den letzteren Fall nach ZEEMAN die Versuchsergebnisse bis auf 1 % mit der Theorie. Auch die rasche Bewegung der Elektronen (siehe Bd. II) liefert ein dankbares Anwendungsgebiet.

Die sinngemäße, systematische Anwendung dieses Relativitätsgedankens auf das Gebiet der Wärmestrahlung (Bd. II) ergibt ferner für die Grundlagen der Dynamik wichtige Folgerungen, wie z. B. die Abhängigkeit der Masse von der Temperatur, das Verbot der Trennung der Energie in „innere" und „kinetische" und die Ungültigkeit der Identität von träger und ponderabler Masse.[1]

Energie. Nach der klassischen Mechanik ist $\frac{1}{2} m u^2$ die kinetische Energie. Da nun u immer relativ ist, wäre das nie ein bestimmter Betrag. Die Relativitätstheorie liefert hier, wie eine eingehende Betrachtung zeigen würde,

$$\frac{m c^2}{\sqrt{1 - u^2/c^2}} \text{ oder } m c^2 + \frac{m u^2}{2} + \ldots .$$

Die höheren Glieder sind zu vernachlässigen. Was bedeutet hier $m c^2$? Man kann aus der MAXWELLschen Theorie, die wir erst in Bd. II besprechen, zeigen, daß, wenn ein bewegter Körper ohne u-Änderung die Energie E aufnimmt, die Energiezunahme vom Koordinatensystem des bewegten Körpers aus gerechnet gleich ist $\frac{E}{\sqrt{1 - u^2/c^2}}$. Die Gesamtenergie wird also $\frac{m c^2 + E}{\sqrt{1 - u^2/c^2}}$. Man kann das $m c^2$ als den Energieinhalt der trägen Masse m auffassen, bevor sie die Energie E aufgenommen hatte. Das Gesetz der Erhaltung der Masse wird dadurch modifiziert und mit dem Gesetz der Erhaltung der Energie zu einem Gesetz vereinigt. (Über die Trägheit bewegter elektrischer Ladungen und die von durchstrahlten Hohlräumen sprechen wir in Bd. II.)

MINKOWSKIS vierdimensionales Raumzeitkontinuum. Ein Punkt bewege sich auf einer Ebene. Jede Lage in der Fläche wird durch ein x und y bestimmt. Will man aber die wirkliche Bewegungsgeschichte auf dieser Fläche beschreiben, braucht man für jeden Punkt der Kurve noch die Zeitbestimmung t. Das jeweilige t kann man als Länge senkrecht zur Fläche in der z-Richtung auftragen. Man erhält dann für die vollständige Festlegung dieser „Flächenzeit"-Begebenheit eine Raumlinie, die sog. „Weltlinie".

Im allgemeinen aber bewegt sich ein Punkt in einem dreidimensionalen Kontinuum. Will man auch hier für jeden Punkt dieser Raumbahn die Zeit angeben, so erhält man drei Raum- und eine Zeitkoordinate. Wir wollen diese drei Raumkoordinaten von jetzt an (statt mit x, y und z mit den Buchstaben x_1, x_2 und x_3 bezeichnen. Da nach der Relativitätstheorie die Zeit mit den Raumkoordinaten zusammenhängt, kann man von einem vierdimensionalen Raumzeitkontinuum sprechen, in dem alles Geschehen sich abspielt. Führt man statt t die ihr proportionale imaginäre Größe $\sqrt{-1}\,ct = x_4$ ein, so erhält man eine mathematisch sehr übersichtliche Form. Es gilt für die Entfernung zweier benachbarter Raumzeitpunkte ds die Gleichung:

$$d s^2 = d x_1{}^2 + d x_2{}^2 + d x_3{}^2 + d x_4{}^2 .$$

§ 321. EINSTEINs allgemeine Relativitätstheorie. Die spezielle Relativitätstheorie hat EINSTEIN noch verallgemeinert, indem er sie auch

[1] Planck, Ann. d. Phys. 26 (1908).

ausdehnte auf beschleunigte Bewegungen. Wir wollen dies nach EINSTEIN an zwei einfachen Beispielen besprechen.

Gravitationsfeld. Wir denken uns einen geräumigen Kasten von der Größe eines Zimmers, darinnen einen Beobachter; sein GALILEIsches Bezugssystem sei der Kasten, das ganze schwebe im leeren Weltenraume, wo keine Gravitation wirkt. Der Kasten werde von außen her (dem Beobachter im Innern unsichtbar) durch einen Zug in beschleunigte Bewegung versetzt, vom Kastendeckel aus nach oben. Der Beobachter im Kasten wird dann gegen den Boden gedrückt, er hat eine Schwereempfindung; läßt er einen Körper, den er in der Hand hatte, los, so wird die Beschleunigung des Kastens nicht mehr auf diesen übertragen, der Körper wird sich daher in beschleunigter Relativbewegung dem Boden des Kastens nähern, wobei diese Beschleunigung für verschiedene Körper gleich groß ist. Der Beobachter im Innern wird glauben müssen, daß der Körper fällt, daß also der Kasten auf irgendeiner anziehenden großen Masse, z. B. auf der Erde aufstehe. Es wird ihm ein Schwerefeld vorgetäuscht. Ein Pendel, an der Decke des Kastens aufgehängt, zeigte alle die von uns studierten Pendelerscheinungen. Die in der gewöhnlichen Mechanik ganz unverständliche Proportionalität der schweren und der trägen Masse erscheint in diesem Beispiel als notwendig, wenn wir ein Schwerefeld zurückführen auf relativ beschleunigte Bewegung.

Keine Konstanz der Lichtgeschwindigkeit. Der Beobachter in einem solch beschleunigten Systeme muß aber natürlich die Konstanz der Lichtgeschwindigkeit aufgeben. Gesetzt, es fiele durch ein Seitenfenster des eben besprochenen beschleunigten Kastens ein Lichtbündel senkrecht zur Beschleunigungsrichtung, so wird dieses dem Beobachter im Innern als Parabel erscheinen. Lichtstrahlen müssen sich also in Gravitationsfeldern im allgemeinen krummlinig fortpflanzen; die Lichtgeschwindigkeit ist örtlich verschieden. Derartige Wirkungen sind bei gewöhnlichen Schwerefeldern minimal. Ein Lichtstrahl aber, der am Rande der Sonne vorbeigeht, z. B. von einem fernen Fixstern, müßte nach EINSTEIN eine Ablenkung von 1,7 Bogenminuten erfahren. Bei totaler Sonnenfinsternis (Abblendung des störenden Sonnenlichtes) könnte dies beobachtet werden, der Stern erschiene uns von der Sonne fortgerückt. Eine experimentelle Bestätigung steht noch aus, da die diesbezügliche deutsche Expedition nach der Krim 1914 durch den Krieg gestört wurde. Die nächste totale Sonnenfinsternis findet statt am 29. Mai 1919 in den äquatorialen Teilen Südamerikas, des Atlantischen Ozeans und Afrikas und hoffentlich werden dann astronomische Expeditionen Gelegenheit haben, die EINSTEINsche Vorhersage auf ihre Richtigkeit zu prüfen.

Ein anderes Beispiel EINSTEINs über allgemeine Relativitätstheorie bezieht sich auf Rotation. Wir denken uns im Raume zwei Bezugskörper K und K'. Für K gelte die spezielle Relativität, er sei in Ruhe oder in geradliniger Bewegung. K' hingegen sei eine ebene um ihre Achse rotierende Kreisscheibe. Diese Achse sei, von K aus beurteilt, in Ruhe. Ein exzentrisch auf K' sitzender Beobachter empfindet eine nach außen gerichtete Kraft, jene, die wir bisher Zentrifugalkraft nannten. Nun kann aber der Beobachter auf der Scheibe seine Scheibe als ruhend ansehen und die auftretende Kraft als ein eigentümliches Schwerefeld ansprechen, eigentümlich, weil im Mittelpunkt gleich Null und zunehmend mit dem Radius. Ihm wird aber der Körper K um seine Achse K' zu rotieren scheinen.

So wäre es ja logisch erlaubt, z. B. den ganzen Fixsternhimmel sich um die ruhende Erde rotierend zu denken. Die Erdabplattung wäre dann durch die Rotation dieser fernen Massen bewirkt. Diese Abplattung wäre also kein Beweis für eine absolute Drehung gegen den fixen Ätherraum.

Es sei auf der Mitte der oben erwähnten rotierenden Scheibe K' eine Uhr U_m aufgestellt und eine ganz gleiche U_a außen an der Peripherie. Dem Beobachter in K erscheint der Ort von U_m in Ruhe, aber der von U_a bewegt, also scheint ihm die Uhr U_a dauernd langsamer zu gehen. Dasselbe erscheint auch dem Beobachter in K' mit U_a der Fall zu sein, wenn er sich dauernd im Mittelpunkt seiner Scheibe befindet. Auf einer solchen Scheibe oder in jedem Gravitationsfelde wird eine Uhr rascher oder langsamer laufen, je nach dem Orte, an dem die Uhr steht. Eine Definition der Zeit wäre also kaum mehr möglich.

Eine weitere Schwierigkeit ergibt die räumliche Ausmessung des Beobachters auf K'. Mißt er durch fortgesetztes Anlegen eines Meterstabes die Peripherie und den Radius seiner rotierenden Scheibe, so wird in ersterem Falle der Meterstab, weil in Meßrichtung sich bewegend, verkürzt. Dividiert man die Meßresultate, Peripherie durch Radius, so erhält man für π nicht 3,14 . . ., sondern eine andere Zahl. Auch der Begriff einer Geraden und anderes verliert damit seine Bedeutung und es bedarf eines ganz merkwürdigen Entschlusses, hier eine sinngemäße Weiterführung des Relativitätsgedankens zu erlangen.

Euklidsches oder nichteuklidsches Kontinuum. Alle bisher in der Physik dargestellten geometrischen Verhältnisse bezogen sich auf den Euklidschen Raum, der durch die bekannten Axiome der Geometrie definiert ist, z. B. daß die kürzeste Verbindung zwischen zwei Punkten eine Gerade ist, daß die Winkelsumme im Dreieck 180° beträgt, daß sich Parallele nie schneiden usw. Der Mathematiker hatte dagegen längst Räume erdacht, in welchem diese Axiome nicht gelten. Bei solchen nichteuklidischen Räumen müssen statt der Kartesischen sog. Gausssche Koordinaten verwendet werden.

Um einen Punkt auf einer beliebig gekrümmten Fläche zu bestimmen, ziehen wir Fig. 398 eine Schar von beliebigen v Kurven und von w Kurven; P' ist dann durch den Durchschnitt zweier bestimmter Kurven gegeben. Er habe z. B. die Parameter v und w. Ein knapp benachbarter Punkt P hätte $v + dv$ und $w + dw$. Dann ist nach GAUSS der Abstand ds der benachbarten Punkte P und P' bestimmt durch

$$ds^2 = g_{11}\, dv^2 + 2 g_{12}\, dv\, dw + g_{22}\, dw^2,$$

wobei die g Größen sind, die in anzugebender Weise von v und w abhängen.

Was wir hier für ein Kontinuum von zwei Dimensionen angeben, läßt sich, wie eine eingehendere analytische Behandlung zeigt, in analoger Weise auch für höhere Mannigfaltigkeiten, z. B. für ein Kontinuum von vier Dimensionen ausrechnen. Wenn jedem Punkte des Kontinuums willkürlich vier Zahlen x_1, x_2, x_3, x_4 zugeordnet sind, wird

$$ds^2 = g_{11}\, dx_1^{\,2} + g_{12}\, dx_1\, dx_2 + \ldots + g_{34}\, dx_3\, dx_4 + g_{44}\, dx_4^{\,2}.$$

Auch diese g hängen ab von den Koordinaten.

Diese GAUSSsche Darstellung für ds ist nur möglich, wenn ein kleines Gebiet des Kontinuums um so mehr dem EUKLIDschen sich nähert je kleiner es ist.

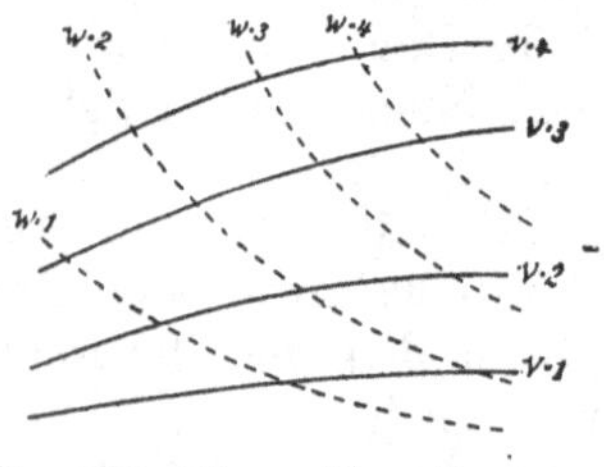

Fig. 398. GAUSS-Koordinaten.

Die oben geschilderten Schwierigkeiten von Lage- und Zeitmessungen in der allgemeinen Relativität fallen weg, wenn wir die „Welt" als nichteuklidisches vierdimensionales Kontinuum mit beliebigen GAUSSschen Koordinaten auffassen. Jeder Punkt dieses Kontinuums ist bestimmt durch vier Zahlen (Parameter) x_1, x_2, x_3, x_4, die gar keine physikalische Bedeutung haben; auch kann man nicht mehr zwischen drei räumlichen und einer zeitlichen Koordinate unterscheiden. Indem sich diese Koordinaten stetig ändern, erhalten wir die raumzeitliche Bewegung eines Massenpunktes. Die einzige Aussage über zwei oder mehrere solcher Raumzeitbewegungen, welche physikalische Realität beanspruchen kann, ist eine Aussage über Begegnungen solcher Punkte. Alles was der Physiker beobachten kann, besteht ja nur in der raumzeitlichen Koinzidenz zweier oder mehrerer Ereignisse.

Ein vierdimensionales Gebilde, zumal eines nicht euklidischer Form, ist ganz unvorstellbar, ein bloßes Rechnungsmittel. Die Relativitätstheorie erreicht und erstrebt auch nicht die Schaffung eines anschaulichen Bildes, sondern die Aufstellung eines allgemeinen Bewegungsprinzipes der Körper gegeneinander unter Einfluß der Gravitation.

Raum und Zeit besitzen somit für die Beschreibung von Naturvorgängen nicht die Bedeutung von realen physikalischen Dingen. „Nur was man messen kann, existiert" (PLANCK). Raum allein aber oder Zeit allein ohne jegliche Gegenwart realer Dinge ist unmeßbar. „Der Raum ist in Wirklichkeit gestaltlos, erst die Dinge, die darin sind, geben ihm eine Form" (POINCARÉ). Wirklich ist nur eine Vereinigung von Raum, Zeit und Dingen, jedes für sich ist eine Abstraktion.

Wenn kein Gravitationsfeld vorhanden ist (d. i. für Punkte des Weltraumes, die genügend weit von allen Fixsternen entfernt sind), gilt die euklidische Geometrie streng. Das Linienelement ds nimmt dann wieder die MINKOWSKIsche Form an:

$$ds^2 = dx_1^2 + dx_2^2 + dx_3^2 + dx_4^2,$$

weil sich für diesen Fall die Koëffizienten g_{11}, g_{12} ... auf ± 1 bzw. 0 reduzieren. Anders beim Vorhandensein eines Gravitationsfeldes, denn dieses ist ja durch diese g Werte charakterisiert. Die Größen g_{11}, g_{12} ... spielen in der EINSTEINschen Theorie dieselbe Rolle, wie das Schwerkraftpotential und ähnliches in der klassischen Mechanik. Für den Zusammenhang zwischen diesen Größen g und der Verteilung der gravitierenden Massen im Raume hat nun EINSTEIN Gleichungen angegeben, die beliebigen Koordinatentransformationen gegenüber kovariant sind. Es werden also auch die Gesetze des Schwerefeldes in beliebig bewegten Bezugssystemen die gleichen sein. Die Gleichungen der Physik werden unabhängig von der Wahl des Bezugssystemes; dieses Bezugssystem kann z. B. irgendein Fixstern oder irgendein Karussell auf der Erde sein, man kann beide mit gleichem Rechte als ruhend ansehen.

Anomalie der Perihelbewegung des Merkur. Der sonnennahe Planet Merkur zeigt Unregelmäßigkeiten in seinen Bewegungen, seine Bahnellipse rotiert langsam um die Sonne usw. im Betrage von 43 Bogensekunden pro Jahrhundert. Die alte NEWTONsche Mechanik versagte bei Berechnung dieser Anomalie ohne Zuziehung besonderer Hypothesen.

EINSTEIN berechnete nun die verschiedenen g_{mn} der obenstehenden Gleichung ds^2 unter gewissen Voraussetzungen und erhielt eine vollständige Übereinstimmung zwischen Theorie und Beobachtung.

Die EINSTEINsche Relativitätstheorie ist wohl eine der kühnsten und konsequentesten Schöpfungen menschlichen Scharfsinns, und so fand sie vielseitig die begeistertste Aufnahme. Doch sei nicht unerwähnt, daß ihr auch Gegner[1] erstanden. Nach diesen ließe sich alles, was die Relativitätstheorie bisher erbracht, auch aus der Annahme eines ruhenden Äthers ableiten, ja sogar die EINSTEINsche Schlußformel für die Anomalie der Merkurbewegung hatte schon vor 20 Jahren GERBER[2], von ganz anderen, aber nicht einwandfreien Gesichtspunkten ausgehend, in genau identischer Formel geliefert.

Zum Schlusse sei nochmals darauf hingewiesen, daß in der EINSTEINschen Theorie der Hilfsbegriff des Äthers entfällt; wir werden (Band II) sehen, daß auch die MAXWELLsche Lichttheorie dieses Begriffes ent-

[1] GEHRCKE, Ann. d. Phys. 51 (1916).
[2] Wiederabdruck in Ann. d. Phys. 52 (1916).

behren kann, sofern man auf Anschaulichkeit des Strahlungsvorganges verzichten will. Für eine mehr elementare Behandlung der Optik, wie wir sie in diesem Bande geben, scheint die Ätherhypothese — schon aus pädagogischen Gründen — unentbehrlich. Wir werden sie darum auch in den restlichen Teilen dieses Bandes beibehalten.

III. Polarisation und Doppelbrechung.

§ 322. **Turmalinplatten.** Aus den Erscheinungen der Interferenz und Beugung folgt mit Notwendigkeit, daß das Licht auf einer Wellenbewegung beruht. Unentschieden bleibt, ob diese Bewegung transversal oder longitudinal ist, d. h. ob die Schwingungen senkrecht zu der Fortpflanzungsrichtung stehen oder ihr parallel sind. Aufschluß hierüber gibt eine Erscheinung, die wir bei einer Kombination zweier Turmalinplatten beobachten.

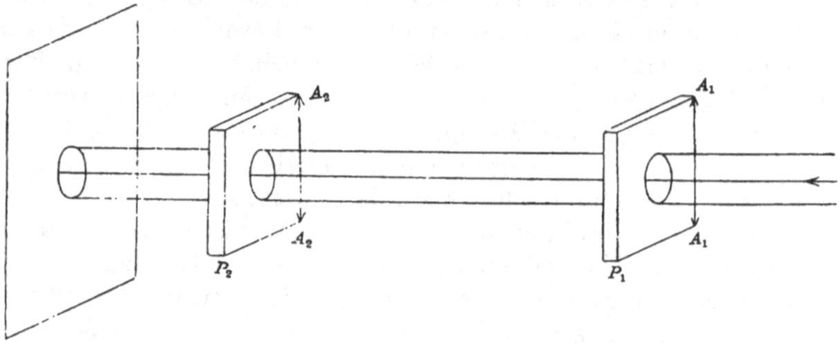

Fig. 399. Polarisation im Turmalin.

Der Turmalin ist ein Kristall des hexagonalen Systems, der in der Regel eine sechsseitige Säule zeigt, deren abwechselnde Kanten durch die Flächen einer dreiseitigen Säule abgestumpft sind. Die Achse dieser Säulen ist die Hauptachse des Turmalins. Wir schneiden aus einem Kristalle zwei planparallele Platten P_1 und P_2 parallel zu der Hauptachse und markieren bei beiden die Achsenrichtung A_1, beziehungsweise A_2 (Fig. 399). Durch eine runde Öffnung lassen wir ein Bündel paralleler Strahlen fallen, so daß auf einem ihr gegenüberstehenden Schirme ein heller Fleck beleuchtet wird. In den Weg der Strahlen, senkrecht zu ihnen, stellen wir nun die Turmalinplatten. Halten wir sie so, daß die Achsen A_1 und A_2 parallel sind, so bleibt das Bild der Öffnung hell, wenn auch infolge der Absorption des Turmalins grünlich oder bräunlich gefärbt; wenn aber die Achsen der Turmaline senkrecht zueinander gestellt, gekreuzt werden, so wird das Bild dunkel. Halten wir die beiden aufeinandergelegten Turmalinplatten vor das Auge, so sehen wir hindurch, wenn die Achsen parallel sind; das Gesichtsfeld ist dunkel, wenn die Achsen senkrecht zueinander stehen (Fig. 400).

Diese Erscheinung ist nun in der Tat nur verständlich, wenn wir annehmen, daß die Wellenbewegung des Lichtes eine transversale ist. Wir können uns dann die Vorstellung bilden, eine Turmalinplatte lasse Lichtstrahlen, die senkrecht zu ihr auffallen, nur hindurch, wenn die Schwingungsrichtungen der auf ihnen liegenden Ätherteilchen ihrer Achse parallel sind. Bei dieser Annahme, deren Berechtigung wir später noch genauer prüfen werden, können aus der Platte P_1 nur solche Strahlen austreten, deren Schwingungsrichtung parallel A_1 ist. Fallen diese auf die Platte P_2, so werden sie durchgelassen, wenn ihre Schwingungsrichtung parallel ist mit A_2, wenn

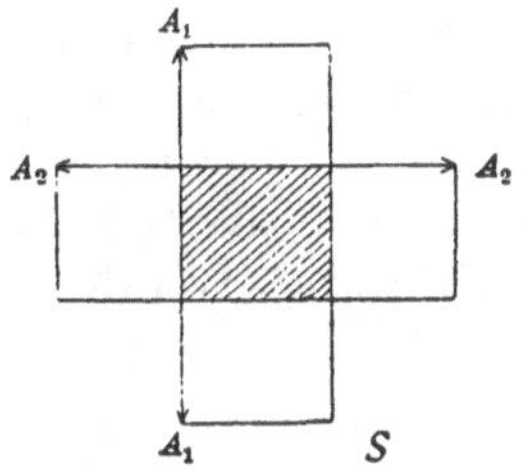

Fig. 400. Turmalin.

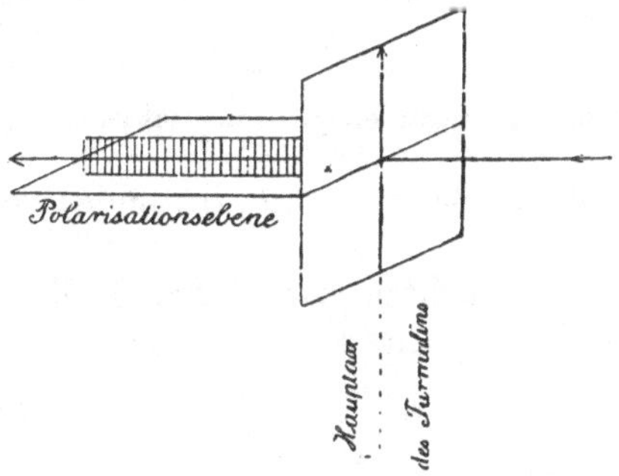

Fig. 401. Polarisations- und Schwingungsebene.

also die Achsen der beiden Platten parallel sind; sie können nicht durch die zweite Platte gehen, wenn deren Achsenrichtung senkrecht zu der Schwingungsrichtung, d. h. senkrecht zu A_1 steht.

Lichtstrahlen, die durch eine Turmalinplatte hindurchgegangen sind, haben nach dem vorhergehenden die Eigenschaft, daß die auf ihnen liegenden Ätherteilchen nur noch in einer bestimmten, zu der Richtung des Strahles senkrechten Richtung hin und her schwingen. Wir bezeichnen solche Lichtstrahlen als geradlinig polarisierte oder polarisierte schlechtweg, die durch den Strahl gehende Ebene, auf der die Schwingungsrichtung senkrecht steht, als die Polarisationsebene. Wenn wir sagen, ein Lichtstrahl sei nach einer bestimmten Ebene polarisiert, so heißt das, seine Schwingungen stehen auf der Ebene senkrecht. Bei einer Turmalinplatte ist eine zur Achse senkrechte Ebene die Polarisationsebene, und die Schwingungsrichtung der Strahlen ist parallel der Achse (Fig. 401).

§ 323. Zusammensetzung und Zerlegung polarisierter Strahlen. Wenn auf einer und derselben Geraden zwei Strahlen homogenen Lichtes von gleicher Wellenlänge und Polarisationsebene sich fortpflanzen, so gilt für die von ihnen erzeugte Bewegung des Äthers das Prinzip der Superposition. Wenn die Phasendifferenz der Strahlen gleich Null, gleich einer ganzen Wellenlänge oder einem Vielfachen einer solchen ist, so verstärken sich ihre Wirkungen; wenn dagegen ihre Phasendifferenz eine halbe Wellenlänge oder ein ungerades Vielfaches einer solchen beträgt, und ihre Amplituden gleich sind, so vernichten sich die Strahlen.

Strahlen von beliebiger Phasendifferenz setzen sich zusammen zu einem Strahle von gleicher Wellenlänge, aber anderer Amplitude und Phase, wie dies durch Fig. 402 gezeigt wird.

Wenn dagegen die Schwingungsrichtungen der beiden Strahlen und ihre Polarisationsebene aufeinander senkrecht stehen, so können ihre Bewegungen sich nicht aufheben, auch wenn ihre Wellenlänge die gleiche ist. Je nach dem Phasenunterschiede der beiden Strahlen kommen dann verschiedene Bewegungen zustande, die wir im folgenden beschreiben wollen.

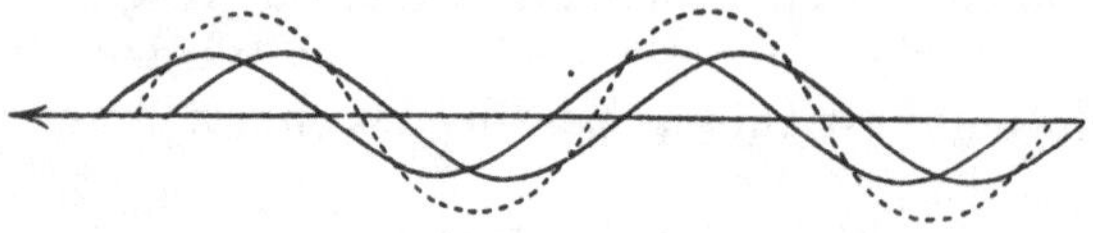

Fig. 402.
Interferenz von Strahlen gleicher Schwingungsebene.

Wir betrachten zuerst den Fall, daß die Phasendifferenz der senkrecht zueinander polarisierten Strahlen gleich Null ist.

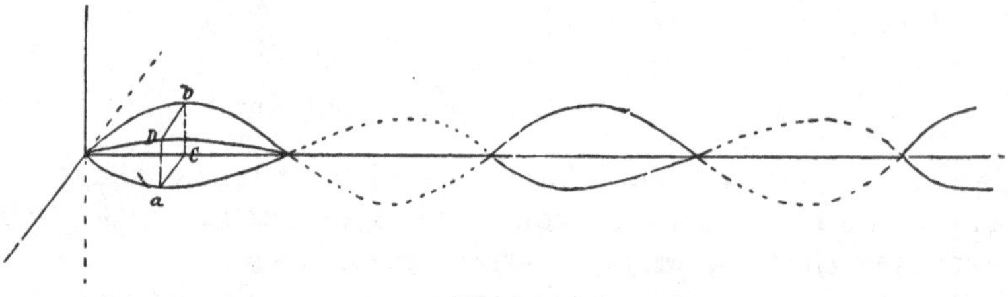

Fig. 403.
Interferenz von Strahlen gleicher Phasen und senkrechter Schwingungsebene.

In einem bestimmten Momente werden die beiden von den Ätherteilchen gebildeten Wellen das in Fig. 403 gezeichnete Bild darstellen. Bezeichnen wir die Ruhelage irgendeines Ätherteilchens durch *C*, so würde es in dem betrachteten Augenblicke von der einen Welle nach *a*, von der anderen nach *b* verschoben. Der Ort, den es unter dem gleichzeitigen Einflusse der beiden Bewegungen einnimmt, ist die Ecke *D* des aus *Ca* und *Cb* konstruierten Rechteckes. Da die Wellenlinien gleiche Wellenlänge haben, so ist das Verhältnis $Ca : Cb$ für alle Ätherteilchen das gleiche; die resultierenden Verschiebungen *CD* liegen somit in einer und derselben Ebene. Zwei geradlinig polarisierte Strahlen, deren Schwingungsrichtungen zueinander senkrecht stehen und deren Phasendifferenz Null ist, setzen sich somit wieder zu einem geradlinig polarisierten Strahle zusammen. Dasselbe ist, wie man aus der Figur unmittelbar ersieht, der Fall bei einer Phasendifferenz von $\lambda/2$, λ, $3\lambda/2$ usw.

Umgekehrt kann man einen geradlinig polarisierten Lichtstrahl in zwei andere zerlegen, deren Schwingungsrichtungen aufeinander senkrecht stehen. Wir bezeichnen diese als die Komponenten des gegebenen Strahles; die Amplituden der ihnen entsprechenden Schwingungen werden gefunden, wenn man die Amplitude des gegebenen Strahles CD auf die zueinander senkrechten Schwingungsrichtungen nach Ca und Cb projiziert.

Wir kommen nun zu dem Falle, daß die beiden senkrecht zueinander polarisierten Strahlen eine beliebige Phasendifferenz besitzen. Dabei machen wir im allgemeinen die beschränkende Annahme, daß die Amplitude der Strahlen, die maximale Abweichung der Ätherteilchen von ihrer Ruhelage, die gleiche sei. Die Wellenlinien, welche die Ätherteilchen unter der Wirkung des einen und des anderen Strahles bilden würden, sind dann kongruent. Die hier auftretenden

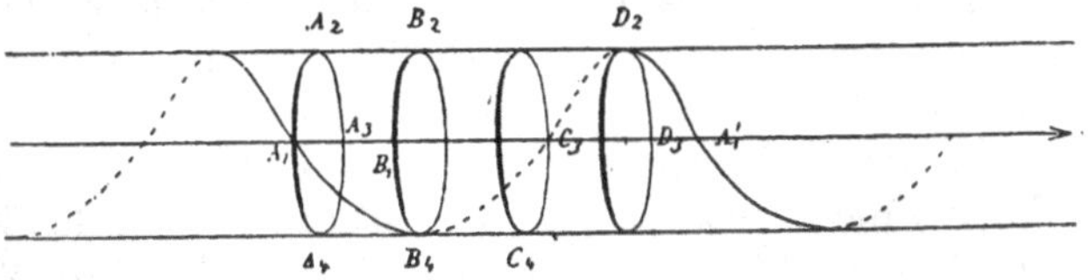

Fig. 404 a.

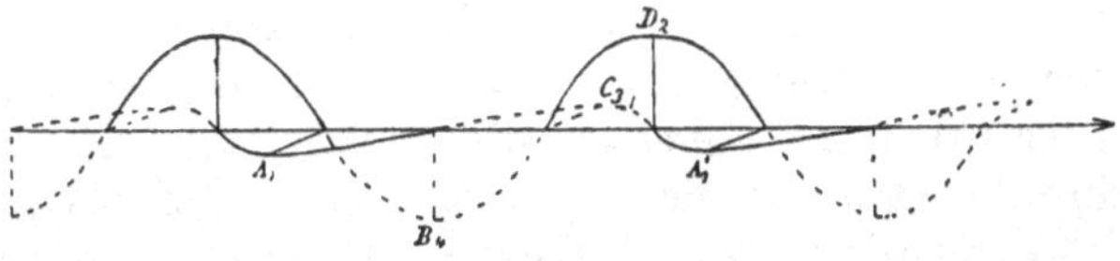

Fig. 404 b. Zerlegung eines rechts zirkular polarisierten Strahles.

Erscheinungen werden leichter zu verstehen sein, wenn wir einen synthetischen Gang befolgen.

Wir betrachten einen sogenannten zirkular polarisierten Lichtstrahl. Bei einem solchen liegen die Ätherteilchen in einem bestimmten Momente auf einer um den Strahl als Achse gewundenen Schraubenlinie.

Die Schraube sei eine von links nach rechts ansteigende, eine rechts gewundene (Fig. 404 a), $A_1 A_1' = \lambda$, ihre Ganghöhe. Wir betrachten nun die Bewegung von vier Ätherteilchen A, B, C, D, die in dem betrachteten Momente in den Punkten A_1, B_4, C_3, D_2 der Schraubenlinie so verteilt sind, daß sie den Bogen $A_1 A_1'$ der Schraube in vier gleiche Teile teilen. Mit Rücksicht auf die transversale Natur der Lichtschwingungen setzen wir voraus, daß der von der Ruhelage der Ätherteilchen nach ihrer jeweiligen Lage gezogene Radiusvektor zu der Strahlrichtung senkrecht stehe. Wir denken uns die Schraubenlinie $A_1\ B_4\ C_3\ D_2\ A_1'$ auf der Oberfläche des durch sie gelegten Zylinders gezeichnet; dieser wird von jeder Ebene, die zu seiner Achse senkrecht steht, in einem Kreise geschnitten. Ziehen wir also auf der Oberfläche des Zylinders die durch A_1, B_4, C_3 und D_2 gehenden Kreise, so entsprechen ihre Mittelpunkte den Ruhelagen, die Punkte der Peripherien möglichen Lagen der Ätherteilchen. Wenn wir die Schraubenlinie um $\frac{1}{4}\lambda$ verschieben, so kommt das Ätherteilchen A nach A_2, B nach B_1, C nach C_4 und D nach D_3; jedes legt $\frac{1}{4}$ seines Kreises zurück. Nach einer Verschiebung um $\frac{1}{2}\lambda$ kommt A nach A_3, B nach B_2 usw.; nach einer Verschiebung um $\frac{3}{4}\lambda$ kommt A nach A_4, nach einer Verschiebung der Schraubenlinie um die ganze Ganghöhe $\lambda = A_1 A_1'$ kommen sämtliche Teilchen in die ursprüngliche Lage zurück. Die einzelnen Ätherteilchen bewegen sich in Kreisen; sehen wir der Fortpflanzungsrichtung $A_1 A_1'$ des Strahles entgegen, so folgt die Bewegung dem Sinne des Uhrzeigers. Lichtstrahlen von dieser Art bezeichnen wir als rechts zirkular polarisierte.

Wir legen nun durch die Punkte $A_1 A_1'$ und den Strahl eine Ebene; in ihr befindet sich dann außerdem noch der Punkt C_3. Den Strahl und die Ebene $A_1 C_3 A_1'$ denken wir uns horizontal liegend. Legen wir durch den Strahl noch eine zweite, vertikale Ebene, so enthält diese die Punkte B_4 und D_2. Nun verbinden wir die Punkte A_1, C_3, A_1' durch eine Wellenlinie in der horizontalen, die Punkte B_4 und D_2 durch eine solche in der vertikalen Ebene, so daß diese Punkte die größten Elongationen der Wellenlinien bezeichnen; wir erhalten dann das in Fig. 404b gesondert gezeichnete Bild, zwei zueinander senkrechte Wellenlinien, die um $\frac{1}{4}\lambda$ gegeneinander verschoben sind. Wenn wir die ihnen einzeln entsprechenden Verschiebungen nach dem Prinzipe der Kombination zusammensetzen, so überzeugen wir uns, daß wir die Schraubenlinie der Fig. 404a wieder erhalten; dabei ist die Wellenlänge identisch mit der Höhe des Schraubenganges. Es ergibt sich somit: Zwei geradlinig, senkrecht zueinander polarisierte Strahlen, die um eine Viertelwellenlänge in der durch Fig. 404b angegebenen Weise gegeneinander verschoben sind, setzen sich zusammen zu einem rechts zirkular polarisierten Strahle.

Gehen wir ebenso aus von dem Falle einer linksgewundenen Schraubenlinie (Fig. 405a), so finden wir, daß die Ätherteilchen für ein gegen den Strahl blickendes Auge in dem entgegengesetzten Sinne des Uhrzeigers rotieren, wir erhalten einen links zirkular polarisierten Strahl. Ein solcher kann ebenfalls zusammengesetzt werden aus zwei geradlinig, senkrecht zueinander polarisierten mit einer Phasendifferenz von einer Viertelwellenlänge, wie dies durch die Figg. 405a und 405b anschaulich gemacht wird; der Sinn der Verschiebung ist der entgegengesetzte, wie im Falle des rechts zirkular polarisierten Strahles.

Unsere Betrachtung zeigt natürlich auch umgekehrt, daß jeder zirkular polarisierte Strahl zerlegt werden kann in zwei geradlinig, senkrecht zueinander polarisierte von gleicher Amplitude und einer Phasendifferenz von einer Viertelwellenlänge. Dabei bleibt die Amplitude der Komponenten dieselbe, wie auch die beiden zueinander senkrechten Projektionsebenen durch den Strahl gelegt werden.

Wir wollen endlich noch zeigen, daß zwei entgegengesetzt zirkular polarisierte Strahlen von gleicher Wellenlänge, Amplitude und Fortpflanzungsrichtung sich wieder zu einem geradlinig polarisierten Strahle zusammensetzen. Zu diesem Zwecke ziehen wir auf der Oberfläche eines um den Strahl als Achse beschriebenen Zylinders zwei entgegengesetzt laufende, in den Punkten A_1, C_3 und A_1' sich durchkreuzende Schraubenlinien (Fig. 406). Sie mögen die augenblickliche Lage der Ätherteilchen in den beiden zirkular

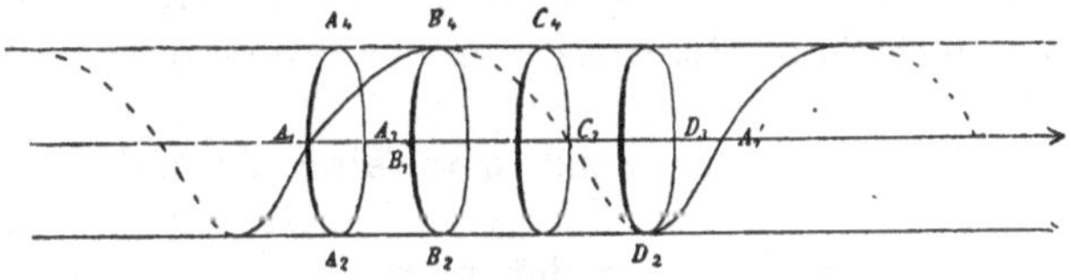

Fig. 405 a.

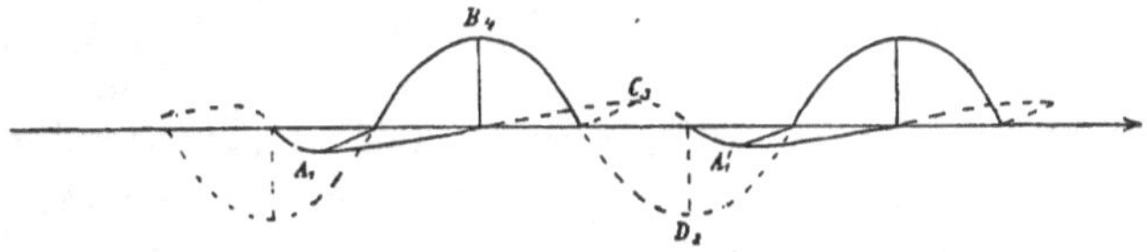

Fig. 405 b. Zerlegung eines links zirkular polarisierten Strahles.

polarisierten Strahlen repräsentieren. Legen wir durch den Strahl und die Punkte A_1, C_3, A_1' eine Ebene, so sind die Schraubenlinien zu ihr symmetrisch. Die Bewegung eines beliebigen Ätherteilchens Z ist, der früheren Voraussetzung zufolge, an die Ebene des Kreises gebunden,

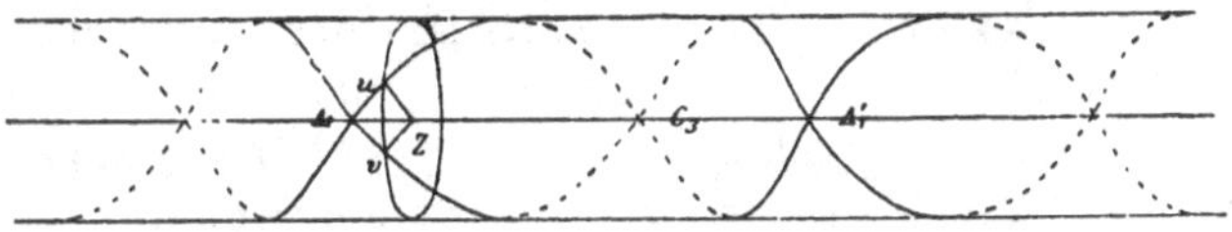

Fig. 406. Zusammensetzung zweier zirkular polarisierter Strahlen.

in dem eine durch Z senkrecht zum Strahle gelegte Ebene den Zylinder schneidet; die Punkte u und v, welche dieser Kreis mit den beiden Schrauben gemeinsam hat, repräsentieren die Lagen des Ätherteilchens Z, je nachdem nur der eine oder nur der andere der zirkularen Strahlen vorhanden ist. Die durch beide zugleich bewirkte Lage ergibt sich aus den Verschiebungen Zu und Zv nach dem Satze von der Kombination. Infolge der Symmetrie liegt aber die Diagonale des aus Zu und Zv konstruierten Parallelogrammes immer in der Ebene $A_1 C_3 A_1'$.

Die Betrachtung gilt, gleichgültig an welcher Stelle des Strahles Z gelegen ist. Macht man die Konstruktion für die verschiedenen Teilchen Z des Strahles, so findet man, daß sie auf eine Wellenlinie in der Ebene $A_1 C_3 A_1'$ zu liegen kommen. Zwei entgegengesetzt zirkular polarisierte Strahlen erzeugen also in der Tat durch ihr Zusammenschwingen einen geradlinig polarisierten.

Wenn die Phasendifferenz zweier senkrecht zueinander polarisierter Strahlen zwischen Null und $\lambda/2$ liegt, so erzeugen sie Schwingungen der Ätherteilchen in elliptischen Bahnen, elliptisch polarisiertes Licht. Je nach der Richtung, in der die Strahlen gegeneinander verschoben sind, werden die Ellipsen bei der Bewegung im Sinne des Uhrzeigers oder in dem entgegengesetzten Sinne durchlaufen; das Licht ist rechts oder links elliptisch polarisiert. Elliptische Schwingungen entstehen aber auch bei einer Phasendifferenz von $\lambda/4$, wenn die Amplituden der Strahlen verschieden sind.

§ 324. Natürliches Licht. Wenn man eine Turmalinplatte um ein Bündel von Strahlen, das von der Sonne oder irgendeiner irdischen Lichtquelle ausgeht, dreht, so findet nicht der mindeste Wechsel der Helligkeit statt. FRESNEL hat sich daher von der Natur dieses sogenannten natürlichen Lichtes die Vorstellung gebildet, daß seine Strahlen zwar in jedem Augenblicke geradlinig polarisiert seien, daß aber die Richtung der Schwingungen einem fortwährenden raschen Wechsel unterliege, so daß keine Richtung vor der anderen bevorzugt ist. Diese Vorstellung wird noch weiter präzisiert durch die in § 318 erwähnten Beobachtungen; wie wir sahen, hat man bei der grünen Quecksilberlinie das Phänomen der Ringe gleicher-Neigung bis zu einer Dicke der Luftschichte von 21 cm, bis zu einem Gangunterschiede von 790000 Wellenlängen verfolgt. Über eine diesem Werte entsprechende Länge müssen die Schwingungsrichtungen der Strahlen im wesentlichen unverändert sich erhalten. LUMMER-GEHRKE erreichten sogar einen Gangunterschied von 144 cm! Das entspräche der Tatsache, daß die Schwingungen durch die lange Zeit von etwa 10^{-7} sec oder durch 2600000 Schwingungen merklich gleich oder kohärent blieben.

Aus der Anschauung, die wir von der Beschaffenheit des natürlichen Lichtes gewonnen haben, folgt, daß man auch den natürlichen Lichtstrahl zerlegen kann in zwei senkrecht zueinander polarisierte Komponenten. Von einer Turmalinplatte wird nur die Komponente durchgelassen, deren Schwingungsrichtung der Achse des Turmalins parallel ist. Da aber in dem natürlichen Lichte die Schwingungsrichtungen so schnell wechseln, daß schon in äußerst kleinen Zeiträumen alle gleich vertreten sind, so wird die Turmalinplatte stets gleichviel Licht durchlassen, wie auch ihre Polarisationsebene gegen den Strahl gedreht wird.

Die FRESNELsche Vorstellung von dem natürlichen Lichte kann noch verallgemeinert werden, wenn wir an Stelle einer linearen Polarisation eine elliptische setzen, die natürlich ebenso wechseln muß, wie vorher die lineare. Für die Zerlegung des Strahles in zwei zueinander senkrechte Komponenten hat dies zur Folge, daß ihre Phasen und Amplituden sprungweisen Änderungen unterliegen, die bei beiden unabhängig eintreten. Mit Benützung einer früheren Ausdrucksweise können wir sagen, daß die Schwingungen der beiden zueinander senkrechten Komponenten nicht kohärent sind. Ihre mittleren Intensitäten aber müssen natürlich gleich sein und dieselben, wie auch die beiden Projektionsebenen durch den Strahl gelegt werden.

§ **325. Polarisation durch Reflexion.** Erscheinungen, die auf der Polarisation des Lichtes beruhen, waren schon im Jahre 1678 von Huygens beim Kalkspat beschrieben worden, aber ohne daß er imstande war, eine befriedigende Erklärung dafür zu geben. Erst im Jahre 1808 folgte eine neue, fundamentale Entdeckung, die Beobachtung von Malus, daß die von Huygens bemerkte eigentümliche Modifikation des Lichtes, die „Polarisation", auch durch Reflexion erzeugt werden könne. An sie knüpft sich dann die von Fresnel und Arago gegebene Erklärung der Erscheinungen durch die Annahme transversaler Schwingungen der Ätherteilchen. Auf eine Glasplatte (Fig. 407) falle ein Strahl LE natürlichen Lichtes unter einem Einfallswinkel von 56°. Lassen wir den reflektierten senkrecht auf eine Turmalinplatte fallen, so zeigt das Gesichtsfeld ein Maximum von Helligkeit, wenn die Polarisationsebene des Turmalins mit der Einfallsebene zusammenfällt, es wird dunkel, wenn sie auf der letzteren senkrecht steht. Daraus folgt, daß der unter dem Polarisationswinkel von 56° reflektierte Strahl geradlinig polarisiert ist, so daß seine Polarisationsebene mit der Einfallsebene zusammenfällt; seine Schwingungen würden dann nach der in § 322 gemachten Annahme zu der Einfallsebene senkrecht, zu der reflektierenden Fläche parallel sein.

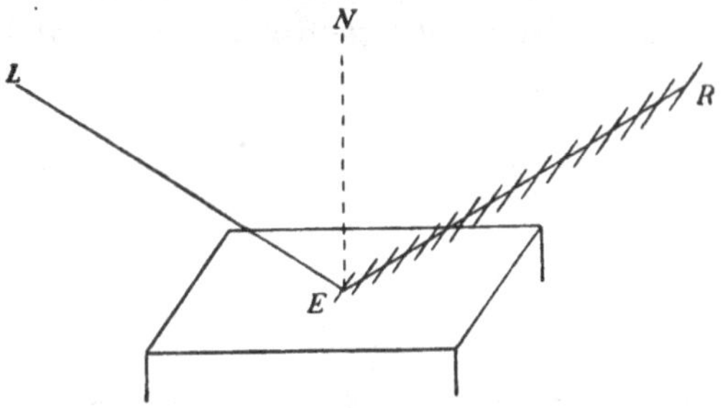

Fig. 407. Polarisation durch Reflexion.

Lassen wir auf eine Glasplatte unter dem Winkel von 56° einen Strahl fallen, der schon geradlinig polarisiert ist, so wird er nicht reflektiert, wenn seine Polarisationsebene zu der Einfallsebene senkrecht steht, seine Schwingungen in diese Ebene fallen. Der Strahl wird dann nur gebrochen, und die Intensität des gebrochenen Strahles ist gleich der des einfallenden. Hat die Polarisationsebene des einfallenden Strahles irgendeine andere Lage, so zerlegen wir ihn in zwei, von denen der eine in der Einfallsebene, der andere senkrecht zu ihr schwingt; der erste wird nur gebrochen, nicht reflektiert, der zweite reflektiert und gebrochen. Das reflektierte Licht ist nach der Einfallsebene vollständig polarisiert; das gebrochene besteht aus zwei Komponenten, senkrecht und parallel zu der Einfallsebene schwingend. Da aber ihr Amplitudenverhältnis ein anderes ist, als bei dem einfallenden Lichte, so ist die Polarisationsebene des gebrochenen Strahles gegen die des einfallenden gedreht.

§ **326. Allgemeine Gesetze der Reflexion und Brechung.** Wir betrachten den Fall, daß ein polarisierter Lichtstrahl 𝔈 unter einem beliebigen Winkel α auf die ebene Oberfläche eines Glasstückes fällt. Welches auch die Lage seiner Polarisationsebene sein mag, immer können wir ihn zerlegen in zwei Strahlen $\mathfrak{E}_p$ und $\mathfrak{E}_s$, von denen $\mathfrak{E}_p$ die Einfallsebene zur Polarisationsebene hat, während die Polarisationsebene von $\mathfrak{E}_s$ senkrecht dazu steht. Nach der Annahme von Fresnel, mit der wir uns schon in den vorhergehenden Paragraphen in Übereinstimmung gesetzt haben, sind die Ätherschwingungen von $\mathfrak{E}_p$ senkrecht zu der Einfallsebene, parallel zu der reflektierenden Fläche, die von $\mathfrak{E}_s$ liegen in jener Ebene. Kennt man nun das Gesetz, nach dem Strahlen, die parallel oder senkrecht zu der Einfallsebene polarisiert sind, reflektiert und gebrochen werden, so kann man zunächst die reflektierten Strahlen $\mathfrak{R}_p$ und $\mathfrak{R}_s$ und ebenso die gebrochenen $\mathfrak{G}_p$ und $\mathfrak{G}_s$ bestimmen, die aus $\mathfrak{E}_p$ und $\mathfrak{E}_s$ entstehen. Endlich kann man $\mathfrak{R}_p$ und $\mathfrak{R}_s$ wieder zu einem einzigen Strahle $\mathfrak{R}$, $\mathfrak{G}_p$ und $\mathfrak{G}_s$ zu einem Strahle $\mathfrak{G}$ zusammensetzen; das Problem der Reflexion und Brechung ist dann für den gegebenen Strahl $\mathfrak{E}$ vollkommen gelöst, d. h. es ist, außer den durch die geometrische Optik gegebenen Fortpflanzungsrichtungen, auch Polarisationsebene und Schwingungsamplitude gefunden. Die in den angeführten Spezialfällen geltenden, von Fresnel aufgestellten Gesetze sind aber folgende:

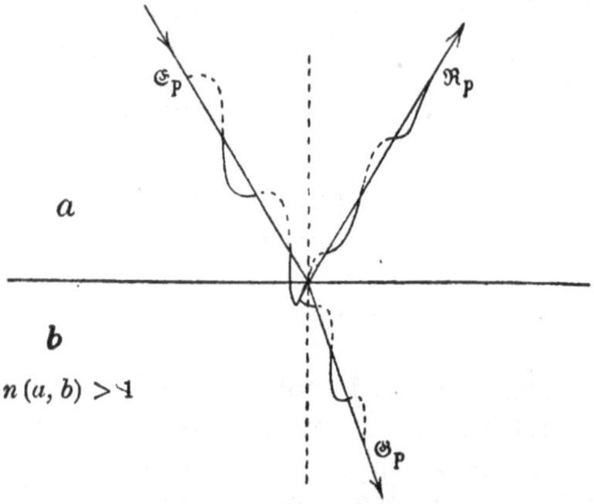

Fig. 408. Reflexion am dichteren Mittel.

I. Polarisationsebene parallel der Einfallsebene; Schwingungsrichtung senkrecht zur Einfallsebene. Die Amplitude des einfallenden Strahles sei E_p, die des reflektierten R_p, die des gebrochenen G_p; α sei der Einfalls-, β der Brechungswinkel; man errechnet dann:

$$R_p = - E_p \frac{\sin(\alpha - \beta)}{\sin(\alpha + \beta)}; \qquad G_p = E_p \frac{2 \cos\alpha \sin\beta}{\sin(\alpha + \beta)}.$$

Wenn $\alpha > \beta$, $n(a, b) > 1$, d. h. wenn die Reflexion an dem optisch dichteren Mittel stattfindet, so ist R_p negativ; die Amplituden haben in der Nähe des Einfallspunktes die durch Fig. 408 anschaulich gemachten relativen Richtungen; der reflektierte Strahl ist dem einfallenden gegenüber um eine halbe Wellenlänge verschoben. Für den Fall, daß $\alpha < \beta$, d. h. bei der Reflexion an dem dünneren Mittel, sind die relativen Richtungen der Amplituden durch die Fig. 409 gegeben; zwischen dem einfallenden und dem reflektierten Strahle findet keine Phasendifferenz statt.

II. Polarisationsebene senkrecht zu der Einfallsebene; Schwingungsrichtung in der Einfallsebene. Amplitude des einfallenden

Strahles E_s, Amplitude des reflektierten R_s, des gebrochenen G_s. Die Formeln sind:

$$R_s = E_s \frac{\operatorname{tg}(\alpha - \beta)}{\operatorname{tg}(\alpha + \beta)}; \qquad G_s = E_s \frac{2 \cos \alpha \sin \beta}{\sin(\alpha + \beta) \cos(\alpha - \beta)}.$$

Wenn $\alpha > \beta$, $n(a, b) > 1$, und außerdem der Einfallswinkel kleiner als der Polarisationswinkel ist, so sind die relativen Richtungen der Amplituden durch Fig. 410 gegeben; man sieht, daß der reflektierte Strahl wieder eine Phasendifferenz von einer halben Wellenlänge gegen den einfallenden besitzt.

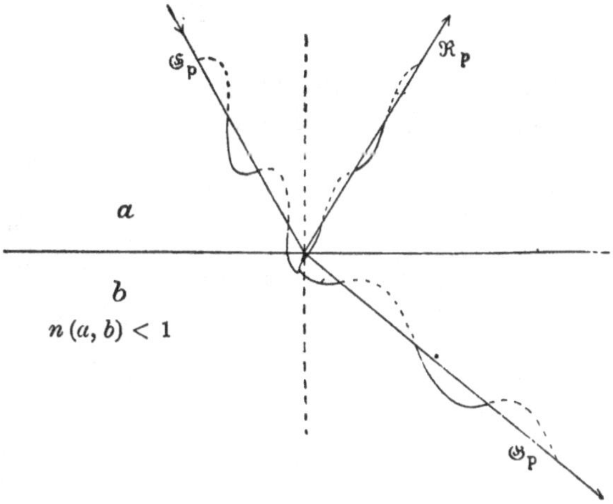

Fig. 409. Reflexion am dünneren Mittel.

R_s wird gleich Null, wenn $\alpha + \beta = \pi/2$. Der hierdurch bestimmte Einfallswinkel ist kein anderer als der Polarisationswinkel; wir kommen auf diesem Wege zu dem von BREWSTER entdeckten Gesetze: Reflektiertes Licht ist vollständig polarisiert, wenn der reflektierte Strahl mit dem gebrochenen einen rechten Winkel einschließt.

Wenn der Einfallswinkel größer ist als der Polarisationswinkel, so ist $\alpha + \beta > \pi/2$; $\operatorname{tg}(\alpha + \beta)$ und R_s werden negativ. Die relativen Lagen der Amplituden sind dann dieselben, wie in Fig. 411, und es ergibt sich somit auch für streifende Inzidenz eine Phasenverschiebung von einer halben Wellenlänge bei der Reflexion am dichteren Mittel.

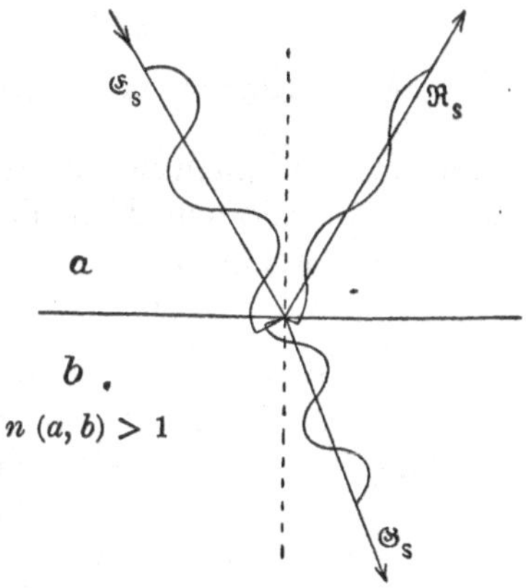

Fig. 410.
Reflexion am dichteren Mittel.

Die Verhältnisse bei der Reflexion an dem optisch dünneren Mittel sind durch Fig. 411 gegeben, wenn der Einfallswinkel kleiner ist als der Polarisationswinkel; andernfalls gelten die Verhältnisse der Fig. 410. Eine Phasenverschiebung zwischen dem einfallenden und dem reflektierten Strahle findet hier nicht statt.

Wir ziehen aus den vorhergehenden Formeln noch einige weitere Konsequenzen.

1. Zuerst behandeln wir den Fall eines sehr kleinen Einfalls- und Brechungswinkels; in diesem wird:

$$R_p = E_p \frac{\alpha - \beta}{\alpha + \beta}; \qquad R_s = E_s \frac{\alpha - \beta}{\alpha + \beta}.$$

Nun ist für kleine Werte der Winkel α und β das Brechungsverhältnis $n = \alpha/\beta$; somit:

$$R_p = E_p \frac{n-1}{n+1}; \qquad R_s = E_s \frac{n-1}{n+1}.$$

Lassen wir den Strahl normal einfallen, so verschwindet hiernach der Unterschied von R_p und R_s. Bezeichnen wir unter diesen Umständen die Amplitude des einfallenden Strahles einfach durch E, die des reflektierten durch R, so ist:

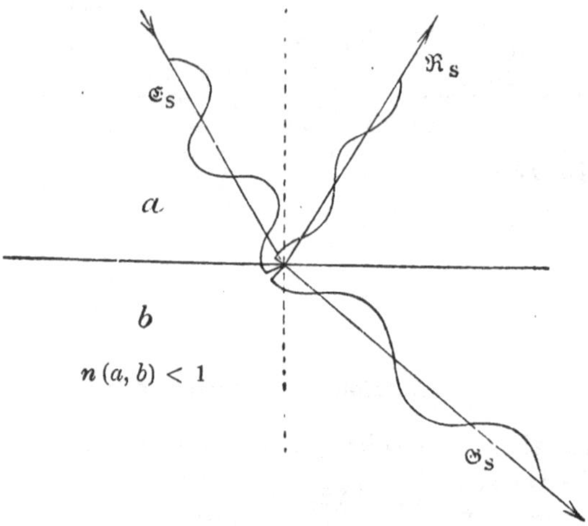

Fig. 411. Reflexion am dünneren Mittel.

$$R = E \frac{n-1}{n+1}.$$

Nun gelten die Betrachtungen, die wir über die Energie tönender Schwingungen angestellt haben, im wesentlichen auch für die Schwingungen des Lichtes; die Energie von Lichtwellen mit bestimmter Wellenlänge ist daher proportional dem Quadrate der Schwingungsamplitude, und da wir die Energie als das Maß der Lichtintensität betrachten können, so gilt gleiches von dieser. Bei senkrechter Inzidenz verhält sich somit die Intensität des reflektierten Lichtes zu der des einfallenden wie:

$$R^2 : E^2 \quad \text{oder wie} \quad (n-1)^2 : (n+1)^2.$$

Da für Glas $n = \frac{3}{2}$, so ergibt sich, daß von senkrecht auffallendem Lichte $\frac{1}{25}$ reflektiert wird, während $\frac{24}{25}$ eindringen. Bei Wasser ist das Verhältnis etwa 2 zu 98. Darum erglänzt ein Wasserlauf als Silberband, wenn man ihn in der Landschaft schief betrachtet. Vom Flugzeug aus erscheint er dunkel; das durch das wenig reflektierte Licht nicht geblendete Auge sieht dann ins Wasser hinein. Da die Unebenheiten der Oberfläche weniger stören, sieht man Unterseeboote vom Flugzeug aus.

2. Aus den für R_p und R_s aufgestellten Formeln ergibt sich, daß die Amplitude des in der Einfallsebene schwingenden Lichtes durch die Reflexion stärker geschwächt wird als die Amplitude des senkrecht dazu schwingenden. Bei der Reflexion wird daher die Schwingungsrichtung eines nach einer beliebigen Ebene polarisierten Strahles von

der Einfallsebene weggedreht, die Polarisationsebene der Einfallsebene genähert.

3. Die Amplituden der gebrochenen Strahlen sind gegeben durch:

$$G_p = E_p \frac{2\cos\alpha\sin\beta}{\sin(\alpha+\beta)}, \quad G_s = E_s \frac{2\cos\alpha\sin\beta}{\sin(\alpha+\beta)\cos(\alpha-\beta)}.$$

Diese Ausdrücke können nur verschwinden, wenn E_p und E_s gleich Null ist. Für das Verhältnis, in welchem die Amplituden der gebrochenen Strahlen zueinander stehen, ergibt sich der Ausdruck:

$$\frac{G_p}{G_s} = \frac{E_p}{E_s}\cos(\alpha-\beta).$$

Daraus folgt, daß die Amplitude des in der Einfallsebene schwingenden gebrochenen Strahles gegenüber der Amplitude des zu jener Ebene senkrecht schwingenden immer eine relative Vergrößerung erfährt. Welches auch die Schwingungsrichtung eines polarisierten einfallenden Strahles sein mag, die des gebrochenen wird immer der Einfallsebene etwas weiter zugedreht.

Wir wollen uns nun auf die Grenzfläche natürliches Licht unter dem Winkel α fallend denken. Nach § 323 können wir auch dieses durch zwei Komponenten, $\mathfrak{E}_p$ und $\mathfrak{E}_s$, ersetzen, welche beziehungsweise nach der Einfallsebene und senkrecht zu ihr polarisiert werden. Die Komponenten $\mathfrak{E}_p$ und $\mathfrak{E}_s$ sind aber nicht kohärent, d. h. sie sind in der Phase gegeneinander verschoben, und die Größe der Verschiebung ist einem fortwährenden, außerordentlich schnellen Wechsel unterworfen. Dieses Verhalten wird sich auch auf die gebrochenen Strahlen G_p und G_s übertragen; diese können sich also nicht zu geradlinig polarisiertem Lichte zusammensetzen. Sie geben aber auch kein natürliches Licht, denn dann müßten die Intensitäten der beiden senkrecht zueinander schwingenden Strahlen und ihre Amplituden gleich sein. Bei einfallendem natürlichen Lichte sind die Amplituden der Strahlen $\mathfrak{E}_p$ und $\mathfrak{E}_s$ einander gleich; somit ist nach der vorhergehenden Bemerkung die Amplitude G_p kleiner als G_s. In dem aus den Strahlen $\mathfrak{G}_p$ und $\mathfrak{G}_s$ bestehenden gebrochenen Lichte besitzen hiernach die in der Einfallsebene liegenden Komponenten der Schwingung ein gewisses Übergewicht, der Strahl wird nach einer zu der Einfallsebene senkrechten Ebene teilweise polarisiert. Auf dieser Bemerkung beruht die Möglichkeit, durch wiederholte Brechung den Anteil des polarisierten Lichtes mehr und mehr zu verstärken, und in der Tat wird das natürliche Licht beim Durchgang durch eine Reihe übereinander geschichteter Glasplatten so gut wie vollständig polarisiert.

§ **327. Totale Reflexion.** Auf den Fall der totalen Reflexion finden die vorhergehenden Formeln natürlich keine Anwendung, da ja ein Brechungswinkel dabei gar nicht existiert. Man wird zunächst, wie vorher, die Strahlen $\mathfrak{E}_p$, deren Schwingungen zu der Einfallsebene senkrecht stehen, gesondert untersuchen von den Strahlen $\mathfrak{E}_s$, deren Schwingungen in der Einfallsebene liegen. Es ergibt sich, daß in beiden Fällen auch die reflektierten Strahlen $\mathfrak{R}_p$ und $\mathfrak{R}_s$ in derselben Weise geradlinig polarisiert sind. Dagegen ist bei einem einfallenden Strahle, dessen Schwingungen gegen die Einfallsebene beliebig geneigt sind, der reflektierte nicht mehr geradlinig, sondern elliptisch polarisiert. Dies beweist, entsprechend den Sätzen von § 323, daß die Strahlen $\mathfrak{R}_p$ und $\mathfrak{R}_s$ eine gewisse Phasendifferenz besitzen, daß sie bei der totalen Reflexion gegen die Komponenten $\mathfrak{E}_p$ und $\mathfrak{E}_s$ des entsprechenden einfallenden Strahles in verschiedenem Maße verzögert werden. Diese Eigentümlichkeit der totalen Reflexion hat Fresnel weiter durch die Annahme zu erklären versucht, daß ein Teil des einfallenden Lichtes in das jenseits der Grenzfläche liegende Mittel bis zu einer gewissen Tiefe eindringe, um erst hier reflektiert zu werden. In jedem der reflektierten Strahlen $\mathfrak{R}_p$ und $\mathfrak{R}_s$ superponieren sich nach seiner Theorie zwei Strahlen von gleicher Schwingungsrichtung, die aber gegeneinander um eine gewisse Strecke verschoben sind. Bezeichnen wir die beiden senkrecht zu der Einfallsebene schwingenden Strahlen durch $\mathfrak{R}_p^1$ und $\mathfrak{R}_p^2$; sie setzen sich, wie in Fig. 402, zu einem Strahle von gleicher Schwingungsrichtung und Wellenlänge, aber anderer Phase und Amplitude zusammen; gleiches gilt von den in der Einfallsebene schwingenden Strahlen $\mathfrak{R}_s^1$ und $\mathfrak{R}_s^2$. Dem einfallenden Strahle gegenüber besitzen aber die aus $\mathfrak{R}_p^1$ und $\mathfrak{R}_p^2$ einerseits, aus $\mathfrak{R}_s^1$ und $\mathfrak{R}_s^2$ andererseits resultierenden Strahlen $\mathfrak{R}_p$ und $\mathfrak{R}_s$ eine verschieden große Phasendifferenz. Sie sind also auch gegeneinander in der Phase verschoben und setzen sich daher zu einem elliptisch polarisierten Strahle zusammen. Daß das Licht bei der totalen Reflexion in das optisch dünnere Mittel wirklich eindringt, ist schon von Newton und Fresnel beobachtet und später durch Quincke[1] und Voigt[2] bestätigt worden.

Wenn ein geradlinig polarisierter Lichtstrahl, dessen Polarisationsebene mit der Einfallsebene einen Winkel von 45° bildet, an der Grenze von Glas und Luft eine mehrfache totale Reflexion erleidet, so wird er zu einem zirkular polarisierten, sobald die Summe der Phasenverschiebungen, die seine Komponenten bei jeder einzelnen Reflexion erleiden, eine Viertelwellenlänge beträgt; dazu aber ist mindestens eine zweimalige Reflexion nötig. Läßt man nun den Strahl auf eine Turmalinplatte fallen, so bleibt das Gesichtsfeld gleich hell, wie man auch die Platte um ihn drehen mag; er verhält sich wie ein Strahl natürlichen Lichtes. Daß er aber doch von dem letzteren wesentlich verschieden ist, ergibt sich daraus, daß er durch abermalige Totalreflexion in einen geradlinig polarisierten zurückverwandelt werden kann, während natürliches Licht auf diesem Wege nicht linear zu polarisieren ist.

§ 328. Metallreflexion. Die optischen Eigenschaften der Metalle erscheinen vor allem dadurch bedingt, daß diese Körper eine sehr starke

---

[1] Pogg. Ann. 127 (1866). [2] Gött. Nachr. (1898).

Absorption ausüben. Wir wollen an einem speziellen Beispiele zeigen, was wir, vom Standpunkte der Wellenlehre aus, uns hierunter zu denken haben. Auf die Oberfläche eines Metalles falle ein geradlinig polarisierter Lichtstrahl senkrecht auf; er dringt dann bis zu einer gewissen Tiefe ein, aber die Amplitude der Schwingungen nimmt dabei sehr schnell ab. Wenn wir die im Metalle fortschreitende Wellenlinie in irgendeinem Momente fixieren, so bietet sie ein von der gewöhnlichen Wellenlinie verschiedenes Bild, von dem Fig. 412 eine Vorstellung gibt. Die zwischen der Wellenlinie im absorbierenden Mittel und zwischen der normalen Wellenlinie bestehende Beziehung ergibt sich in folgender Weise. Auf dem in das Metall eindringenden Strahle zeichnen wir zuerst eine gewöhnliche Wellenlinie; einen beliebigen Punkt des Strahles bestimmen wir durch seinen Abstand z von der Grenzfläche. Ist $A\alpha$ die über dem betrachteten Punkte liegende Ordinate der normalen Wellenlinie, so ist die Ordinate der Wellenlinie im Metalle für denselben Punkt gegeben durch:

$$A\beta = A\alpha \cdot e^{-kz}.$$

Hier ist e als die Basis der natürlichen Logarithmen nahezu gleich 2,72. Für $z = 0$, an der Oberfläche des Metalles, wird $A\beta = A\alpha$, in der Tiefe $z = 1/k$ ist $A\beta = A\alpha/2{,}72$. Wir bezeichnen k als den Absorptionskoëffizienten des Metalles. Seine Dimension ist offenbar reziprok mit einer Länge: $[k] = l^{-1}$.

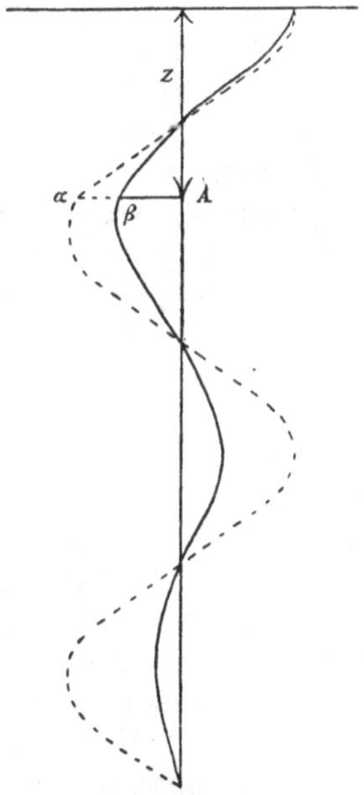

Fig. 412.
Absorption in Metall.

Für die von der Metalloberfläche reflektierten Strahlen gelten nun die Gesetze:

1. Die Amplitude eines von einer Metallfläche reflektierten geradlinig polarisierten Lichtstrahles ist bei demselben Einfallswinkel verschieden, je nachdem seine Polarisationsebene in der Einfallsebene liegt oder senkrecht zu ihr steht.

Lassen wir auf eine Metallfläche einen polarisierten Strahl fallen, dessen Schwingungsrichtung unter 45° gegen die Einfallsebene geneigt ist. Zerlegen wir ihn in 2 Komponenten $\mathfrak{E}_p$ und $\mathfrak{E}_s$, die erste senkrecht zur Einfallsebene, die andere in ihr schwingend, so sind ihre Amplituden, E_p und E_s, gleich. Es gilt dies aber nicht mehr für die Strahlen $\mathfrak{R}_p$ und $\mathfrak{R}_s$, welche durch Reflexion aus $\mathfrak{E}_p$ und $\mathfrak{E}_s$ entstehen. Bezeichnen wir, ebenso wie bei der Reflexion an Glas, mit R_p die Amplitude von $\mathfrak{R}_p$, dem senkrecht zur Einfallsebene schwingenden Strahle, mit R_s die von $\mathfrak{R}_s$, dem in der Einfallsebene schwingenden, so hängt das Verhältnis

R_s/R_p von dem Einfallswinkel ab. Bei Glas gab es einen bestimmten Winkel, bei dem R_s gleich Null wurde, den Polarisationswinkel. Dies tritt bei der Metallreflexion nicht mehr ein, wohl aber gibt es einen Winkel, bei dem das Verhältnis R_s/R_p zu einem Minimum wird. Diesen Winkel nennen wir den Haupteinfallswinkel.

2. Zwei von einer Metallfläche in derselben Richtung reflektierte Strahlen, von denen der eine parallel, der andere senkrecht zu der Einfallsebene polarisiert ist, verhalten sich so, daß der letztere gegen den ersteren um einen Bruchteil einer Wellenlänge verzögert ist.

Bei senkrechter Inzidenz ist die Verzögerung gleich Null, bei dem Haupteinfallswinkel gleich $\lambda/4$, bei streifender Inzidenz gleich $\lambda/2$.

Betrachten wir den Fall eines polarisierten Strahles, der unter dem Haupteinfallswinkel die Metallfläche trifft, und dessen Schwingungen gegen die Einfallsebene unter einem Winkel von 45° geneigt sind. Die Komponenten parallel und senkrecht zu der Einfallsebene besitzen dann gleiche Amplituden. Die reflektierten Strahlen haben eine Phasendifferenz von $\lambda/4$, aber außerdem verschieden große Amplituden R_p und R_s. Wenn nun irgendwie die Phasendifferenz von einer Viertelwellenlänge aufgehoben wird, so setzen sich die beiden senkrecht zueinander schwingenden Strahlen wieder zu einem geradlinig polarisierten zusammen. Aber wegen der Verschiedenheit der Amplituden R_p und R_s kann seine Polarisationsebene nicht mehr einen Winkel von 45° mit der Einfallsebene bilden, wie die des einfallenden Strahles; sie ist vielmehr gegen die Einfallsebene unter einem Winkel H geneigt, der aus dem Amplitudenverhältnisse leicht zu bestimmen ist. Diesen Winkel nennt man das Hauptazimut.

Der Haupteinfallswinkel A und das Hauptazimut H stehen nun zu den optischen Konstanten des Metalles, d. h. zu dem Brechungsverhältnisse n und dem Absorptionskoëffizienten k, in der einfachen Beziehung.

$$\sin \mathsf{A} \operatorname{tg} \mathsf{A} = \sqrt{n^2 + \frac{\lambda^2}{4\pi^2} k^2} \quad \text{und} \quad \operatorname{tg} 2\mathsf{H} = \frac{\lambda}{2\pi} \cdot \frac{k}{n}.$$

Hier bedeutet λ die Wellenlänge des Lichtes in dem an das Metall grenzenden durchsichtigen Mittel, in der Regel also in Luft.

Die Beobachtung der Winkel A und H kann hiernach zu der Bestimmung des Brechungsverhältnisses und des Absorptionskoëffizienten dienen.

Endlich möge noch angeführt werden, daß bei senkrechter Inzidenz das Verhältnis zwischen der Intensität des reflektierten und des einfallenden Lichtes gegeben ist durch den Ausdruck:

$$J = \frac{\frac{\lambda^2}{4\pi^2} k^2 + (1-n)^2}{\frac{\lambda^2}{4\pi^2} k^2 + (1+n)^2} = \frac{n^2(1 + \operatorname{tg}^2 2\mathsf{H}) + 1 - 2n}{n^2(1 + \operatorname{tg}^2 2\mathsf{H}) + 1 + 2n},$$

der für k und $\mathsf{H} = 0$, d. h. für ein nicht absorbierendes Mittel, mit dem in § 326 angegebenen identisch wird. Das Verhältnis J bezeichnen wir als das Reflexionsvermögen des Körpers.

Einige Beispiele[1] für Natriumlicht:

	A	H	n	k (mm^{-1})	J
Kupfer	71,6°	38,9°	0,64	28000	0,73
Silber	75,7°	43,6°	0,18	39100	0,95
Gold	72,3°	41,6°	0,37	30100	0,85
Wismut	77,0°	32,0°	1,90	39000	0,65
Nickel	76,0°	31,7°	1,79	35400	0,62
Platin	78,5°	32,6°	2,06	45300	0,70

Die in der letzten Kolumne enthaltenen Zahlen zeigen, um wieviel stärker das Reflexionsvermögen der Metalle ist, als das des Glases.

Bei der Berechnung von k ist das mm als Längeneinheit zugrunde gelegt. Bei Kupfer würde also die Amplitude des normal eindringenden Lichtes schon in einer Tiefe von 1/28000 mm auf 1/2,72 des ursprünglichen Wertes reduziert sein. Es entspricht diese Strecke etwa sechs Hunderteln von der Wellenlänge des Na-Lichtes.

Kundt[2] hat die Brechungsverhältnisse der Metalle auch direkt aus der Ablenkung sehr dünner, durchsichtiger Prismen zu bestimmen vermocht. Nach seiner Methode findet man für n der D-Linien:[3]

Cu	Ag	Au	Bi	Ni	Pt
0,60	0,27	0,66	2,26	1,84	1,76

Oberflächenfarben und Metallglanz. Wir haben in § 267 die Farbe, welche die Körper im diffusen Lichte uns zeigen, als ein Absorptionsphänomen betrachtet. Im Anschluß an die vorhergehenden Untersuchungen möge noch bemerkt werden, daß auch die regelmäßig reflektierten Strahlen unter Umständen in eigentümlicher Weise gefärbt erscheinen. Es ist dies der Fall bei allen Körpern, die starke Absorption besitzen. Gerade die Farben, die stark absorbiert werden, haben dann in dem regelmäßig reflektierten Lichte eine besonders große Intensität. So erklärt sich die lebhafte Färbung der Oberfläche bei Anilinfarben, bei übermangansaurem Kali. Die Farbe dieser Körper im regelmäßig reflektierten Lichte ist komplementär zu der im durchgelassenen. Diese Bemerkung gilt auch für Metalle, z. B. für Gold. Dieses ist im durchgelassenen Lichte in dünner Schicht grün, es absorbiert die gelben Strahlen und wirft sie demzufolge auch besonders stark zurück; das Gold ist daher auch im regelmäßig reflektierten Lichte gelb gefärbt. Endlich aber zeichnen sich die Metalle überhaupt aus durch die starke Absorption, die sie für alle Strahlen des Spektrums besitzen. Es hängt damit zusammen, daß auch ihre regelmäßige Reflexion eine besonders intensive ist, und hierin liegt die Ursache des Metallglanzes.

[1] Drude, Wied. Ann. 39 (1890); 42 (1892).
[2] Kundt, Wied. Ann. 34 (1888).
[3] Du Bois u. Rubens, Wied. Ann. 41 (1890). D. Hea, Wied. Ann. 47 (1892).

Stoffe mit ausgezeichneten Absorptionsstreifen besitzen wenigstens für die ihnen entsprechenden Strahlen eine Reflexion von ähnlicher Stärke, man spricht daher auch bei ihnen von metallischem Glanze der Oberfläche.

Durch die Stärke ihrer Reflexion nähern sich die Metalle den Verhältnissen der totalen Reflexion, und es ist in der Tat leicht zu sehen, daß total reflektierende Flächen im Tageslichte den hellsten Silberglanz besitzen.

§ 329. **Reststrahlen.** Die Formel, die wir in dem vorhergehenden Paragraphen für das Reflexionsvermögen der Metalle mitgeteilt haben, gilt ebenso für irgendwelche andere absorbierende Körper, wenn sie isotrop oder regulär kristallisiert sind. Man erkennt daraus, daß starkes Absorptionsvermögen im allgemeinen mit starkem Reflexionsvermögen verbunden sein wird. Lassen wir auf einen Körper, der die Eigenschaft hat, eine bestimmte Art von Strahlen besonders stark zu absorbieren, weißes Licht fallen, so werden diese Strahlen in dem reflektierten Lichte eine besonders große Intensität besitzen; wir sagen, diese Strahlen werden metallisch reflektiert. Wir stellen nun aus einem solchen Körper eine Reihe von spiegelnden Platten her, und lassen das auf die erste Platte fallende weiße Licht von den anderen der Reihe nach reflektieren. Bei jeder Reflexion wird der Anteil der metallisch reflektierten Strahlen an der Gesamtstrahlung verstärkt; die anderen Strahlen werden vorzugsweise gebrochen und dadurch bei jeder neuen Reflexion geschwächt. Nach einer genügenden Zahl von Reflexionen bleiben nur die metallisch reflektierten Strahlen in merklichem Betrage übrig. Es hat sich nun gezeigt, daß bei einer Reihe von Substanzen Strahlen, besonders im ultraroten Teil des Spektrums, metallisch reflektiert werden. Durch wiederholte Reflexion lassen sich diese Strahlen isolieren, und aus der Wärmewirkung kann dann mit Hilfe eines Beugungsgitters oder Interferometers ihre Wellenlänge bestimmt werden. Man bezeichnet Strahlen, welche auf dem geschilderten Wege erhalten werden, als Reststrahlen. Rubens[1] erhielt mit solchen Methoden die mittleren Wellenlängen verschiedener Reststrahlengruppen, z. B.:

Steinsalz	Sylvin	Jodkalium	Bromsilber	Thalliumjodür
52,0	53,4	94,1	112,7	151,8 μ

§ 330. **Trübe Medien.** Wenn in einem an sich vollkommen durchsichtigen Mittel, etwa in Wasser oder in Luft, feine Teilchen anderer Stoffe suspendiert sind, so sprechen wir von einer Trübung des Mittels. In Wasser kann man solche Trübungen erzeugen, indem man einen Tropfen Milch oder einen Tropfen Kölnischen Wassers hineinfallen läßt. Auch das Wasser des Meeres, mancher Seen und die mit feinsten Staub-

[1] Rubens u. Nichols, Wied. Ann. 60 (1897); Rubens u. Aschkinass, Wied. Ann. 65 (1898). — Rubens u. Hollnagel, Dtsch. phys. Ges. (1910). — Rubens, Berl. Ber. 28 (1913).

teilchen oder Nebeltröpfchen beladene Luft besitzen die Eigenschaften trüber Medien.

Tyndalleffekt. Lassen wir in ein trübes Mittel einen Strahl unpolarisierten weißen Lichtes fallen, so geht von seiner Bahn im Innern des Mittels nach allen Seiten diffuses Licht aus; dieses ist um so reiner blau, je feiner die suspendierten Teilchen sind. Das diffus reflektierte Licht ist teilweise polarisiert; die Polarisation ist am stärksten für diejenigen diffusen Strahlen, die sich in einer zu dem primären Strahle senkrechten Ebene bewegen. Dabei steht die bevorzugte Schwingungsrichtung senkrecht zum Primärstrahl. Mit den in den vorhergehenden §§ angeführten Gesetzen der Reflexion sind diese Tatsachen nicht vereinbar; aber diese Gesetze gelten auch nur, wenn die Dimensionen der reflektierenden Fläche groß sind gegenüber der Wellenlänge. Sind die Dimensionen der in einem trüben Medium suspendierten Teilchen hingegen klein gegenüber der Wellenlänge, so führt die theoretische Untersuchung zu anderen Folgerungen, welche mit den oben angeführten Tatsachen durchaus im Einklange stehen. Es ergab sich in erster Annäherung, daß die Intensität des diffus reflektierten Lichtes umgekehrt proportional der vierten Potenz der Wellenlänge ist (Gesetz von RAYLEIGH). Dadurch wird also von dem Blau und Violett des einfallenden Lichtes ein sehr viel größerer Anteil diffus reflektiert als von dem Rot, und es erklärt sich daraus die blaue Farbe des diffus reflektierten Lichtes. Umgekehrt muß in dem von dem Medium durchgelassenen Lichte der blaue und violette Anteil geschwächt sein, dieses muß eine rötliche Färbung erhalten; eine Folgerung, welche durch die Erfahrung durchaus bestätigt wird. Wir brauchen nur an die rote Färbung des Mondes und der Sonne bei ihrem Auf- und Untergange zu denken, wo ihre Strahlen durch eine dicke Schichte trüber Luft zu unserem Auge gelangen. Das Blau des Himmels selbst kann durch die diffuse Reflexion des Sonnenlichtes an den feinsten Trübungen der Atmosphäre erklärt werden. Diese Erklärung wird dadurch bestätigt, daß das Himmelslicht teilweise polarisiert ist, und zwar tritt das Maximum der Polarisation in einem Großkreise des Himmelsgewölbes auf, dessen Ebene zu der Richtung der die Atmosphäre durchsetzenden Sonnenstrahlen senkrecht steht.

Die blaue Farbe des Himmels entsteht vielleicht von Kondensationskernen, die sich unter Einwirkung des ultravioletten Lichtes in der Erdatmosphäre bilden (z. B. H_2O_2 oder $NH_4NO_2 + H_2O$).[1] Vielleicht sind aber die Gasmolekel selbst die Ursache der Trübung, siehe S. 610.

Die Farbe des in kolloidalen Suspensionen abgebeugten Lichtes ist aber meist komplizierterer Natur. So erscheint das diffus zerstreute Licht von Au-Suspensionen im Glas (Goldrubingläsern) oder im Wasser rubinrot bis violett, von Ag bräun bis grünbraun, von Pt

---

[1] BIEBER, Meteor. Zs. 31 (1914).

schwarzbraun, von Ni kastanienbraun usw. Diese Medien gehorchen daher nicht dem obenerwähnten RAYLEIGHschen Gesetze, denn Au zeigt im durchgelassenen Lichte ein sehr breites Absorptionsband im Grünen, das kolloidale Ag ein solches im Violetten, das sich bis ins Ultraviolette erstreckt.

Ebenso weist die Polarisation des diffus zerstreuten Lichtes solcher Lösungen typische Unterschiede auf, je nachdem die zerstreuenden Partikel metallischer oder isolierender (dielektrischer) Natur sind. Wenn eine Welle natürlichen Lichtes auf ein trübes Medium auftrifft, ist das diffus zerstreute Licht teilweise planpolarisiert, wobei das Maximum der Polarisation in jenen diffusen Strahlen verläuft, welche in den zum einfallenden Strahle senkrechten Ebenen liegen; dasselbe trifft auch bei kolloidalen Suspensionen zu, in welchen dielektrische Teilchen suspendiert sind, z. B. bei kolloidaler Kieselsäure oder Arsensulfid. Dagegen hat EHRENHAFT[1] nachgewiesen, daß die Richtung der maximalen Polarisation des diffus zerstreuten Lichtes jener Medien, in welchen feine metallische Körper von der Größenordnung der Wellenlänge des Lichtes und darunter eingebettet sind, unter 110—120° gegen den einfallenden Strahl liegt.

Während J. J. THOMSON die Beugung des Lichtes an solchen Medien unter der vereinfachenden Annahme aus der elektromagnetischen Lichttheorie behandelt hatte, daß die eingebetteten Metallteilchen unendlich gute Leiter, also ideale Spiegel der Wellen sind, hat G. MIE[2] die Farben und Polarisationserscheinungen des von solchen suspendierten Kugeln bestimmter Größe und optischer Beschaffenheit abgebeugten Lichtes unter allgemeineren Annahmen berechnet.

Einen verläßlichen Vergleich solcher theoretischer Ergebnisse mit der Erfahrung lieferte nun hier nicht die Beobachtung der Gesamtausstrahlung, sondern die Bestimmung der Farbe des von einzelnen Kügelchen abgebeugten Lichtes. Diese waren meist kleiner als die Wellenlänge des Lichtes und wurden im mikroskopischen Dunkelfelde senkrecht zur Richtung der die Kugeln beleuchtenden Strahlen beobachtet. So konnten EHRENHAFT und seine Schüler[3] aus der beobachteten Farbe einzelner Kügelchen von Au, Ag, Hg, S usw., auf die Größe der einzelnen Kügelchen schließen und auf diese Weise die mikroskopische Ausmessung über die Grenze der Auflösungsfähigkeit der optischen Systeme herunter fortsetzen.

Solche Versuche wurden an Partikeln vorgenommen, welche in getrockneten inerten Gasen (Argon) durch Verdampfung der betreffenden Substanzen im elektrischen Lichtbogen erzeugt worden waren, oder z. B. bei S und Hg durch Erhitzung der Substanz und Darüberleiten eines kalten Gasstromes, in welchem die Partikel kondensieren. Sie werden

---

[1] Ann. d. Phys. 11 (1903). [2] Ann. d. Phys. 25 (1908).
[3] G. LASKI, Wien. Ber. (1917). J. PARANKIEWICZ, Phys. Zs. (1917).

dann einzeln auf ihre Farbe hin untersucht, während sie in diesem Gase schweben.

Folgendes ergibt eine Bestätigung der Richtigkeit des bisher Vorgebrachten.

Die mikroskopische Beobachtung solcher kleiner Kügelchen zeigte, daß die einzelnen Kügelchen desselben Materiales, die natürlich je nach ihrer Größe in verschiedenen Abstufungen von Mischungen von Spektralfarben erscheinen, in gleichförmiger Fallbewegung im Gase um so langsamer fallen, je kurzwelligeres Licht sie im Mittel abbeugen.

Die Größe der Kügelchen bestimmten Materiales ist dann nicht nur durch deren Farbe gegeben, sondern es eröffnet sich die weitere Möglichkeit, diese Resultate optischer Theorien und Beobachtungen durch rein mechanische Gesetze zu überprüfen. Denn die beobachtete Fallbewegung des Kügelchens im Schwerefelde ist die stationär gewordene gleichförmige Endgeschwindigkeit u, welche das Kügelchen unter Einfluß der konstanten, auf dasselbe einwirkenden Kraft $\mathfrak{P}$, in diesem Falle seines Gewichtes, angenommen hat. Die Geschwindigkeit ergibt sich der wirkenden Kraft proportional, so daß die Kraft durch die Beziehung:

$$\mathfrak{P} = u/B$$

gegeben ist, worin B die Beweglichkeit, die Geschwindigkeit, welche das Kügelchen bei der treibenden Kraft 1 erreicht, bedeutet.

Die Definition von B erfolgt hier nach dem von CUNNINGHAM[1] für gasförmige Medien modifizierten STOKESschen Gesetze (§ 129)

$$B = \frac{1}{6\pi\varrho a}\left(1 + A\frac{L}{a}\right),$$

worin ϱ den Koëffizienten der inneren Reibung des Gases, a den Kugelradius, L die mittlere freie Weglänge der Molekel des reibenden Gases und A eine von der Oberfläche des Kügelchens und demzufolge von der Gleitung der Gasmolekel an derselben abhängige Konstante bedeutet. Erst bei so kleinen kugelförmigen Objekten, oder bei so hohen Graden der Verdünnung des reibenden Gases, daß die mittlere Weglänge der Gasmolekel sehr groß ist gegen die Dimension der Kugel, muß die weitere Korrektur von KNUDSEN-WEBER[2] Platz greifen.

Wird also die Fallgeschwindigkeit einer Kugel vom spez. Gewicht s unter Einfluß der Schwerkraft $\frac{4}{3}a^3\pi s g$ gemessen, dann ergibt sich aus der Beziehung

$$u = \tfrac{4}{3}a^3\pi s g B$$

der Radius des Kügelchens.

Die beiden aus Farbe und aus Fallgeschwindigkeit errechneten Radien des Kügelchens stimmen gut überein. Die kleinste aller

[1] Proc. roy. soc. 83 (1910). [2] Ann. d. Phys. 36 (1911).

Messungen betraf eine S-Kugel mit einem Durchmesser von $9 \cdot 10^{-6}$ cm und eine Hg-Kugel mit $4 \cdot 10^{-6}$ cm.

Schließlich kann die Beweglichkeit nach EINSTEIN aus der beobachteten BROWNschen Bewegung der Partikel definiert werden; die für Metallkügelchen so errechneten Radien fallen zwar in die Größenordnung, ergeben sich aber um etwas größer als aus den vorerwähnten Methoden.

Die Opaleszenz ist den Erscheinungen, die trübe Medien zeigen, ähnlich, doch handelt es sich um etwas andere Probleme, um solche statistischer Natur, wie wir sie z. B. bei Besprechung der BROWNschen Bewegung erörterten.

S. 366 zeigten wir, daß innerhalb mikroskopisch kleiner Partien eines ruhenden Gases ganz verschiedene, rasch sich ändernde Dichten herrschen können. Wir müssen also in jedem Gase ganz verschiedene lokale Verdichtungen und Verdünnungen annehmen, die optisch analog wirken, wie suspendierte Teilchen in einem trüben Medium. Vielleicht beruht nach Versuchen SMOLUCHOWSKIS auf solchen Opaleszenzen auch das Blau des Himmels.[1]

Sicher aber hat man es mit den Opaleszenzen zu tun, wenn ein Gas bei seiner kritischen Temperatur beobachtet wird, denn dann ist seine Tendenz zur Ausbildung von lokalen Verdichtungen und Verdünnungen besonders groß.[2]

Auch bei gewissen Vorgängen in Flüssigkeiten beobachtet man Opaleszenz. Ist die gegenseitige Lösung zweier Flüssigkeiten von der Temperatur abhängig, so kann bei Abkühlung eine teilweise Entmischung eintreten, ein eintretender Lichtstrahl wird seitwärts abgebeugt; die dabei auftretenden Opaleszenzerscheinungen lassen sich, vom BOLTZMANNschen Prinzip (S. 355) ausgehend, berechnen.[3] Die hier aus Wahrscheinlichkeitsbetrachtungen sich ergebenden Formeln enthalten N, die LOSCHMIDTsche Zahl.

Experimentelle Bestätigungen der theoretischen Überlegungen stimmen ziemlich gut.[4]

Eine ganz andere, makroskopische, Erscheinung ist die folgende: Unter ganz speziellen Umständen beobachtet man lebhafte Farben, wenn gröbere Teilchen in einer Flüssigkeit durch Schütteln vorübergehend suspendiert werden. Es ist dies der Fall, wenn sowohl die Flüssigkeit als das in ihr verteilte Pulver an sich farblos sind, und wenn die Substanz des Pulvers für Strahlen von bestimmter Farbe genau dasselbe Brechungsverhältnis besitzt, wie die Flüssigkeit. Strahlen von jener Farbe gehen dann durch die Flüssigkeit hindurch, wie wenn sie von suspendierten Teilchen frei wäre; alle anderen Strahlen aber werden

[1] Akad. d. Wiss. Krakau (1916). [2] v. SMOLUCHOWSKI, Ann. d. Phys. 25 (1908).
[3] EINSTEIN, Ann. d. Phys. 33 (1910). [4] KAMERLINGH ONNES u. KEESOM, Ann. d. Phys. 35 (1911) — FÜRTH, Wien. Ber. 124 (1915).

durch Reflexion und Brechung zerstreut und geschwächt. Das durchgehende Licht erhält somit die Farbe der im Innern nicht gebrochenen Strahlen; das diffus reflektierte Licht besitzt die komplementäre Farbe. In dieser Weise verhält sich z. B. Glaspulver in einer Mischung von Benzol und Schwefelkohlenstoff.[1]

§ 331. Doppelbrechung und Polarisation. Die Untersuchungen über polarisiertes Licht können weiter ausgedehnt werden auf den in § 262 besprochenen Fall der Doppelbrechung. Dabei ergibt sich das einfache Resultat, daß die beiden bei der Doppelbrechung entstehenden Strahlen geradlinig, und zwar senkrecht zueinander polarisiert sind. Wir erläutern dies zunächst wieder an dem früher behandelten Beispiele des Kalkspates.

Auf eine Seitenfläche eines Kalkspatrhomboëders (Fig. 413) falle ein Lichtstrahl LE senkrecht auf; die Zeichenebene sei der Hauptschnitt. Der Strahl teilt sich dann, wie wir früher gesehen haben, in zwei, den ordentlichen EE_0G_0, den außerordentlichen EE_aG_a, der in dem Hauptschnitte gegen die stumpfe Ecke des Rhomboëders abgelenkt ist. Lassen wir den einfallenden Strahl LE durch eine Turmalinplatte hindurchgehen, so verschwindet der außerordentliche Strahl, wenn die Polarisationsebene des Turmalins mit dem Hauptschnitte zusammenfällt; gleichzeitig ist der ordentliche Strahl im Maximum seiner Helligkeit; drehen wir den Turmalin, so wird der ordentliche Strahl schwächer, der außerordentliche wird sichtbar. Steht die Polarisationsebene der Turmalinplatte zu dem Hauptschnitte des Kalkspates senkrecht, so verschwindet der ordentliche Strahl, der außerordentliche gewinnt seine größte Helligkeit. Daraus folgt, daß die Polarisationsebene des ordentlichen Strahles mit dem Hauptschnitte zusammenfällt, die des außerordentlichen zum Hauptschnitte senkrecht steht. Nach der in § 322 gemachten Annahme schwingen also die Ätherteilchen auf dem ordentlichen Strahle senkrecht zum Hauptschnitte, bei einem regelmäßigen Rhomboëder parallel der langen Diagonale des oberen Rhombus; im außerordentlichen Strahle schwingen sie im Hauptschnitte, parallel der kurzen Diagonale des Rhombus.

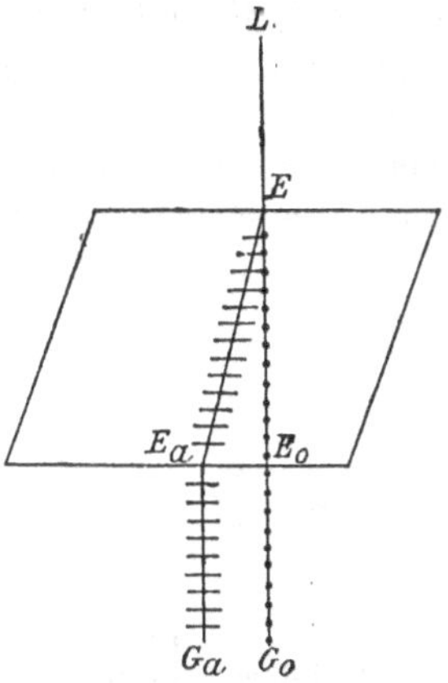

Fig. 413. Kalkspat. Schwingungsrichtung und Hauptschnitt.

In derselben Weise können wir auch die Strahlen untersuchen, die durch ein Kalkspatprisma gebrochen werden, dessen Kante der Hauptachse des Kalkspates parallel ist. Man findet, daß der stärker abgelenkte ordentliche Strahl EE_0G_0 (Fig. 414) nach einer Ebene polari-

[1] Christiansen, Wied. Ann. 23 (1884).

siert wird, die mit der in dem Punkte O projizierten Hauptachse parallel ist; die ihm entsprechende Schwingungsrichtung steht also zu der Achse senkrecht; der weniger abgelenkte außerordentliche Strahl $E E_a G_a$ ist nach einer zu der Achse senkrechten Ebene polarisiert, seine Schwingungsrichtung ist also parallel der Achse.

Eine eigentümliche Erscheinung ergibt sich, wenn man einen Lichtstrahl senkrecht durch zwei gleiche hintereinander gestellte Rhomboëder hindurchgehen läßt. Wir stellen sie erst parallel, so daß die stumpfen Ecken O und O', die Enden H und H' der kurzen Diagonalen der oberen Rhomben je senkrecht übereinander liegen (Fig. 415). Es fallen dann die Hauptschnitte der beiden Kristalle zusammen, der zweite wird die Wirkung des ersten verdoppeln. Von oben gesehen, können wir die Richtung

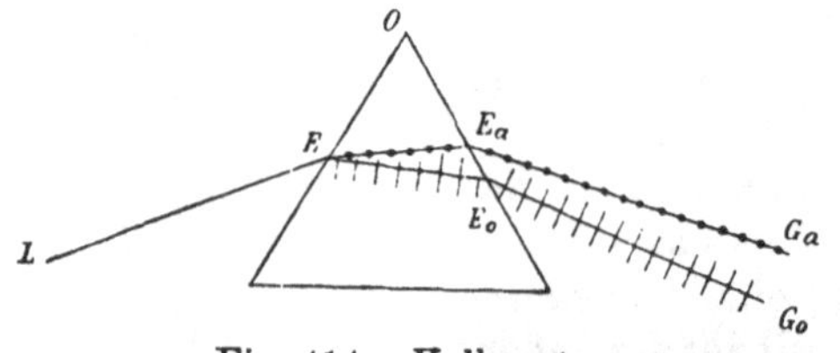

Fig. 414. Kalkspat.
Schwingungsrichtung E_0 in Ebene ⊥ zur Achse.

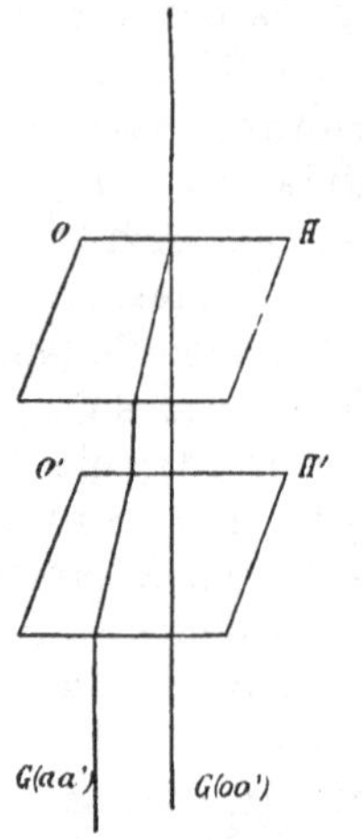

Fig. 415. Kalkspat.
Zwei Rhomboëder.

der Hauptschnitte durch die parallelen Linien OH und $O'H'$ (Fig. 416a) repräsentieren, die durch die gebrochenen Strahlen erzeugten Bilder

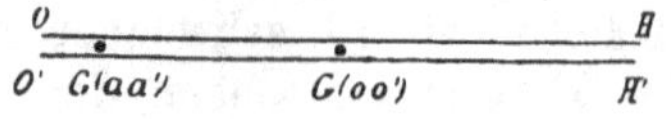

Fig. 416 a.

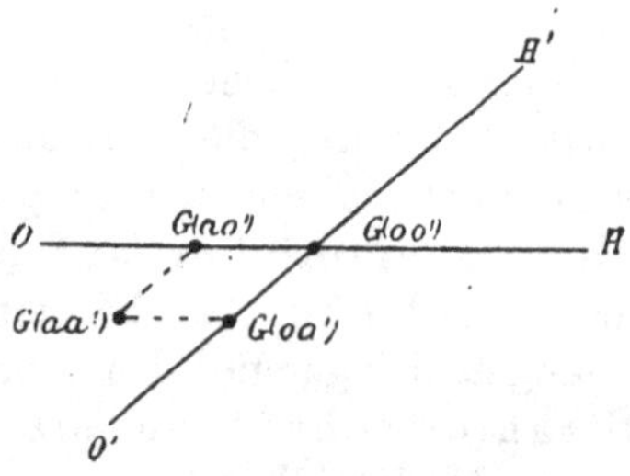

Fig. 416 b.

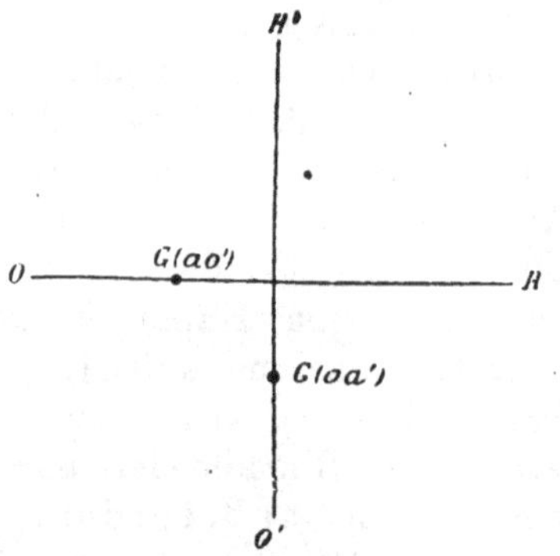

Fig. 416 c.

durch die Punkte $G(o o')$ und $G(a a')$. Nun drehen wir den Hauptschnitt $O'H'$ in die durch Fig. 416b dargestellte Richtung. Jeder der durch das erste Rhomboëder erzeugten Strahlen G_o und G_a kann dann in zwei Komponenten zerlegt werden, deren eine senkrecht, deren andere parallel zu dem Hauptschnitte des zweiten Kristalles schwingt,

d. h. jedem der Strahlen G_o und G_a entspricht in dem zweiten Kristalle ein ordentlicher und ein außerordentlich gebrochener, so daß wir vier Strahlen $G_{oo'}$, $G_{oa'}$, $G_{ao'}$, $G_{aa'}$ erhalten. Die Lage der ihnen entsprechenden Bilder ist durch Fig. 416b anschaulich gemacht. Beim Beginne der Drehung sind die Bilder $G(o\,o')$ und $G(a\,a')$ hell, $G(o\,a')$ und $G(a\,o')$ nur schwach; nach einer Drehung von 45° haben alle vier Bilder gleiche Helligkeit. Von jetzt an nimmt die Helligkeit von $G(o\,o')$ und $G(a\,a')$ ab, die von $G(o\,a')$ und $G(a\,o')$ zu. Nach einer Drehung von 90° (Fig. 416c) sind nur noch die in rechtem Winkel gegeneinander verschobenen Bilder $G(o\,a')$ und $G(a\,o')$ übrig. Die Lage der Bilder bei noch weiterer Drehung wird durch die Figg. 416d und 416e anschaulich gemacht. Wenn die beiden Hauptschnitte die entgegengesetzte Lage erreicht haben, sind die Bilder $G(a\,o')$ und $G(o\,a')$ verschwunden, $G(o\,o')$ und $G(a\,a')$ fallen in ein einziges Bild zusammen.

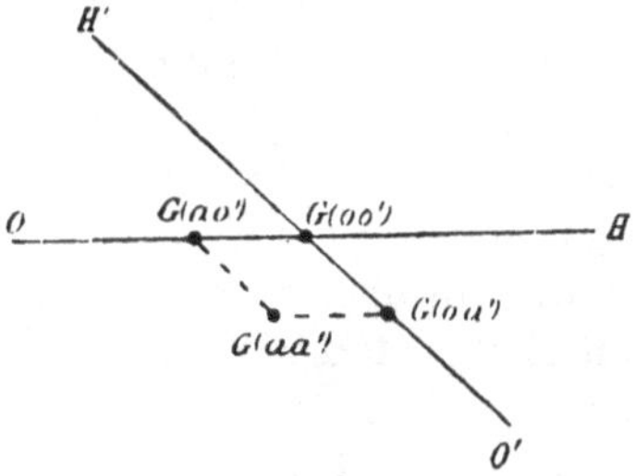

Fig. 416d.

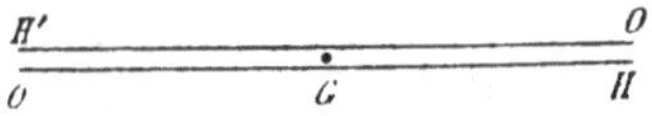

Fig. 416e.

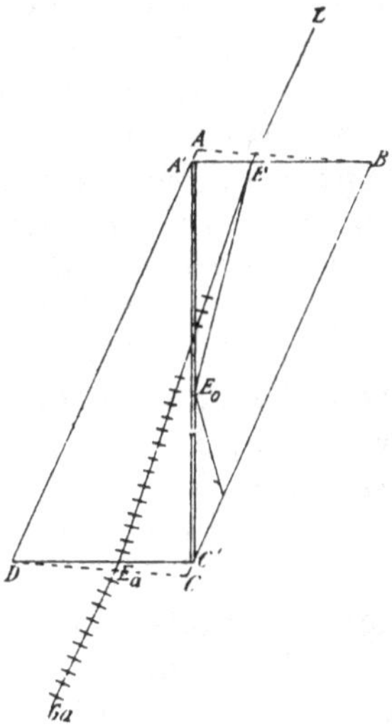

Fig. 417. Nicol.

§ 332. **Das Nicolsche Prisma.** Die Doppelbrechung des Kalkspates gestattet, einen Apparat zur Erzeugung von polarisiertem Lichte zu konstruieren. Wir nehmen zunächst ein Spaltstück von Kalkspat, das in der Richtung einer Kante eine etwas größere Länge besitzt, dessen obere und untere Grenzflächen gleichseitige Rhomben sind (Fig. 417). Die Diagonalebene $ABCD$ ist dann ein Hauptschnitt des Kristalles; der Winkel ABC beträgt 71°. Statt der natürlichen Endflächen werden nun zwei andere parallele Flächen angeschliffen, die mit der langen Kante einen Winkel von nur 68° einschließen. Der Hauptschnitt nimmt dann die Form des Parallelogrammes $A'BC'D$ an, in dem der Winkel $A'BC'$ 68° beträgt. Jetzt wird der Kristall durchgeschnitten, so daß die Schnittebene $A'C'$ zu den neuen Endflächen $A'B$ und $C'D$ und zu dem Hauptschnitte senkrecht steht; die beiden Stücke werden dann mit Kanadabalsam zusammengekittet. Die Länge $A'D$ wird so gewählt, daß dieser Schnitt durch C' geht. Fällt nun ein Strahl LE parallel mit der langen Kante des Prismas ein, so tritt auf der unteren Seite nur der im Hauptschnitte schwingende außerordentliche Strahl $EE_a G_a$ aus, während der stärker abgelenkte ordentliche EE_0 an der Grenze des Kanadabalsams total reflektiert wird. Das NICOLsche Prisma liefert also geradlinig polarisiertes Licht, das in einer der kurzen Diagonale der oberen Grenzfläche parallelen Ebene schwingt, dessen Polarisationsebene ihrer langen Diagonale parallel ist.

§ 333. **Wellenfläche oder Strahlenfläche einachsiger Kristalle.** Die allgemeinen Gesetze der Polarisation bei der doppelten Brechung lassen sich nur im Zusammenhange mit den Gesetzen der Doppelbrechung selbst behandeln; wir wenden uns daher zu ihrer Schilderung, und zwar zunächst bei den sogenannten optisch einachsigen Kristallen, den Kristallen des hexagonalen und tetragonalen Systemes.

In einem isotropen Körper und in einem regulären Kristalle pflanzen sich die von einem leuchtenden Punkte ausgehenden Strahlen nach allen Seiten mit gleicher Geschwindigkeit fort, sie gelangen nach einer bestimmten Zeit auf eine Kugelfläche, die Wellenfläche des isotropen Mittels. Wenn wir uns dagegen einen leuchtenden Punkt C im Innern eines ausgedehnten Kalkspatkristalles denken, so pflanzen sich nach jeder Richtung im allgemeinen zwei Strahlen fort, der ordentliche und der außerordentliche, und zwar mit verschiedener Geschwindigkeit. Die Wellenfläche, die Fläche, auf welche die von C ausgehende Erschütterung des Äthers nach einer bestimmten Zeit, etwa der Zeiteinheit, gelangt, besteht somit aus zwei Schalen, deren eine durch die Endpunkte der ordentlichen, deren andere durch die Endpunkte der außerordentlichen Strahlen gebildet wird. Die Wellenfläche verbindet die Endpunkte der Strahlen, die im selben Augenblicke von einem Punkte im Innern des Kristalles ausgehen, und mit Beziehung auf diese Art der Erzeugung wird sie im Grunde besser als Strahlenfläche bezeichnet. Wir werden uns im folgenden in der Regel der letzteren Bezeichnung bedienen. Wir wollen versuchen, uns von der Gestalt der Strahlenfläche des Kalkspates ein Bild zu machen. Der ordentliche Strahl hat für alle möglichen Richtungen die gleiche Geschwindigkeit, der ihm entsprechende Teil der Strahlenfläche ist eine Kugel. In der Richtung der Hauptachse pflanzt sich nur ein Strahl fort, der außerordentliche hat hier dieselbe Geschwindigkeit wie der ordentliche; in allen Richtungen senkrecht zu der Achse pflanzt sich der außerordentliche Strahl mit einer und derselben Geschwindigkeit fort, und zwar schneller als der ordentliche. Bezeichnen wir den Punkt A (Fig. 418), in dem die Hauptachse des Kalkspates die Kugelwelle des ordentlichen Strahles durchschneidet, als ihren Pol, so hat der dem außerordentlichen Strahle entsprechende Teil der Strahlenfläche mit der Kugel die Pole gemein, er umschließt die Kugel in der zu der Achse senkrechten Ebene des Äquators mit einem Kreise. Die einfachste, die Pole mit dem Kreise verbindende Fläche ist ein Ellipsoid, und in der Tat ergibt sich, daß diese Annahme den Beobachtungen vollkommen entspricht; die Strahlenfläche des Kalkspates besteht somit aus einer Kugel und aus einem sie umschließenden abgeplatteten Rotationsellipsoid. Die Rotationsachse des Ellipsoides fällt zusammen mit der Hauptachse des Kalkspates und ist zugleich ein Durchmesser der Kugel.

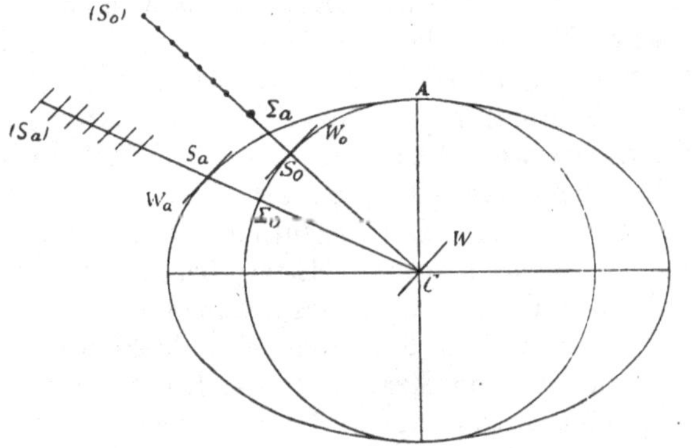

Fig. 418.
Strahlenfläche eines negativ einachsigen Kristalls.

Strahlenflächen von demselben Charakter besitzen Turmalin, Beryll, gewisse Glimmerarten. Man nennt die Doppelbrechung dieser Kristalle eine negative, da der außerordentliche Strahl weniger abgelenkt wird als der ordentliche und von dem Einfallslote gewissermaßen abgestoßen wird.

Bei anderen Kristallen mit einer Hauptachse, z. B. bei Eis und bei Bergkristall, wenn man bei diesem von einer in § 340 zu schildernden besonderen Eigentümlichkeit vorerst absieht, besteht die Strahlenfläche aus einer Kugel und aus einem von ihr umschlossenen verlängerten Rotationsellipsoide (Fig. 419). Man bezeichnet ihre Doppelbrechung als positiv, da bei ihnen der außerordentliche Strahl stärker gebrochen, von dem Einfallslote scheinbar angezogen wird.

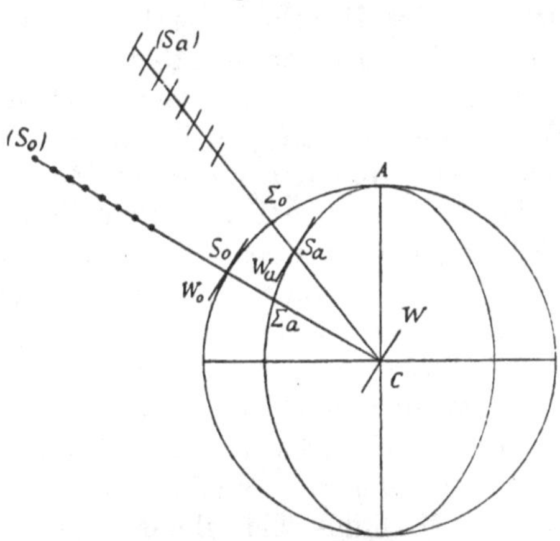

Fig. 419. Strahlenfläche eines positiv einachsigen Kristalls.

Wir gehen nun über zu der Betrachtung ebener Wellen in einem einachsigen Kristalle und ihres Zusammenhanges mit den Strahlen. Durch den Mittelpunkt C der Strahlenfläche gehe eine kleine ebene Welle W; wir fragen, wie weit sie in der Zeiteinheit fortschreitet. Nach dem Huygensschen Prinzip ist jeder Punkt von W als Ursprung einer Elementarwelle zu betrachten; wir erhalten diese Wellen, wenn wir den Mittelpunkt der von C aus konstruierten Strahlenfläche längs der Ebene W verschieben, so daß die Strahlenfläche dabei mit sich selbst parallel bleibt. Die von W ausgehenden Elementarwellen sind daher kongruent und gleich gerichtet; sie werden alle berührt von den mit W parallelen und kongruenten Ebenen W_o und W_a, von denen die erste die Kugel, die zweite das Ellipsoid der von C ausgehenden Strahlenfläche berührt; W_o ist die ordentliche, W_a die außerordentliche fortschreitende Welle. Bezeichnen wir durch S_o und S_a die Mittelpunkte von W_o und W_a, so stellt CS_o die Richtung dar, in der sich die ordentliche, CS_a die Richtung, in der sich die außerordentliche Welle verschiebt. Zu derselben Anfangslage der Wellenebene gehören zwei Verschiebungsrichtungen, ein ordentlicher und ein außerordentlicher Strahl. Die ordentliche Welle steht zu dem Strahle senkrecht, wie in einem isotropen Mittel; bei der außerordentlichen Welle ist dies nicht der Fall. Bei dieser trennen sich also — und dies ist für die Lichtbewegung in Kristallen charakteristisch — die Begriffe von Wellennormale und von Strahl. In der Richtung des außerordentlichen Strahles CS_a pflanzt sich auch ein ordentlicher $C\Sigma_o$ fort, dessen Wellenebene durch die Berührungsebene der Kugel in Σ_o gegeben ist. Längs CS_o bewegt sich noch ein außerordentlicher Strahl $C\Sigma_a$, dessen Wellenebene das Ellipsoid in Σ_a berührt.

Durch diese Ergebnisse der Kristalloptik werden wir zu einer Revision der Vorstellungen von Wellen und Strahlen geführt, von denen wir ausgegangen waren. Wir haben früher Wellen als transversale bezeichnet, bei denen die Schwingungen der Teilchen zu der Ausbreitungsrichtung der Bewegung senkrecht stehen. Diese Richtung nannten wir den Strahl; bei der Lichtbewegung in isotropen Mitteln war sie identisch mit der Normale der Wellenfläche. Bei der außerordentlichen Welle eines einachsigen Kristalles aber ist die Normale der Wellenebene verschieden von der Richtung, in der sich die Lichtschwingungen von einer Stelle des Äthers zur anderen übertragen, verschieden von der Richtung des Strahles. Schwingen nun die Ätherteilchen unter diesen Umständen senkrecht zum Strahle, oder schwingen sie senkrecht zu der Normale, also in der Wellenebene? Die Alternative kann entschieden werden, wenn wir den Unterschied der transversalen und der longitudinalen Wellen in etwas allgemeinerer Weise fassen. Im Anschlusse an die Untersuchungen von § 117 werden wir als die wesentliche Eigenschaft transversaler Wellen das betrachten, daß die Dichte des schwingenden Mediums bei ihnen nicht verändert wird; als longitudinale Wellen dagegen werden wir solche bezeichnen, welche mit Kompression und Dilatation des Mediums verbunden sind. Wir nehmen nun an, der ganze Raum sei von einem durchsichtigen Mittel erfüllt; die anfängliche Störung des Gleichgewichtes bestehe darin, daß alle in einer und derselben Ebene, der Wellenebene, liegenden Ätherteilchen in gleicher Weise aus ihren Ruhelagen verschoben werden. Welches auch die Verschiebung sei, immer läßt sie sich zerlegen in eine Komponente parallel zu der Wellenebene und in eine zu dieser senkrechte. Man kann nun die Verschiebung der Ätherteilchen dadurch erzeugen, daß man die Wellenebene erst in sich selbst und dann in der Richtung ihrer Normale verschiebt, ohne in der Anordnung der Teilchen in der Ebene etwas zu ändern. Durch die erste Verschiebung wird die Dichte des Äthers, die Zahl der in einem bestimmten Volumen befindlichen Teilchen, nicht verändert; die Verschiebung ist eine transversale. Die Verschiebung in der Richtung der Normale dagegen verändert den Abstand der mit Ätherteilchen besetzten Ebene von den benachbarten Schichten des Äthers, sie bedingt Kompression nach der einen, Dilatation nach der anderen Seite; die Verschiebung ist eine longitudinale. Wenn im Äther nur transversale Wellen sich ausbreiten sollen, so können also Verschiebungen in der Richtung der Wellennormale nicht auftreten, die Verschiebungen der Ätherteilchen müssen vielmehr ganz in der Wellenebene liegen, und damit ist die zu Anfang aufgestellte Alternative entschieden. Die Ätherteilchen schwingen unter allen Umständen in der Wellenebene. Der Äther verhält sich den Schwingungen des Lichtes gegenüber wie ein inkompressibler fester Körper.

Bei einer unbegrenzt sich ausdehnenden ebenen Welle wird man die Fortpflanzung der Welle nach dem Wege beurteilen, den sie in der Richtung ihrer Normale zurücklegt. Die Geschwindigkeit des Punktes, in dem die Welle eine feste zu ihr senkrechte Richtung durchschneidet, ist die Geschwindigkeit der Welle. Auch wenn die ebene Welle begrenzt ist, wenn sie etwa die Gestalt einer kleinen Scheibe besitzt, schreitet ihre Ebene parallel mit sich selber im Raume fort, die Wellengeschwindigkeit in der Richtung der Normale ist dieselbe wie zuvor. Aber der von Lichtschwingungen erfüllte Teil der Ebene, jene kleine Scheibe, gleitet in einer von der Normale abweichenden Richtung, der Richtung des Strahles, fort. Diese Gleitgeschwindigkeit, die Geschwindigkeit des Strahles, ist größer als die Geschwindigkeit der Welle. Die Schwingungen der Ätherteilchen bleiben auch bei begrenzter Welle in der Wellenebene, sie stehen senkrecht auf der Normale, aber im allgemeinen nicht mehr senkrecht auf dem Strahle.

Von diesen allgemeinen Betrachtungen kehren wir nun zurück zu den Figg. 418 u. 419; wir haben noch die Schwingungsrichtungen des ordentlichen und des außerordentlichen Strahles zu bestimmen. Die Verallgemeinerung der in § 331 gefundenen Beziehungen führt in bezug hierauf zu den folgenden Sätzen:

Die Polarisationsebene des ordentlichen Strahles ist der durch die Achse AC und den Strahl gelegte Hauptschnitt. Die Schwingungen in dem Strahle stehen zu dem Hauptschnitte senkrecht. Die Polarisationsebene des außerordentlichen Strahles steht auf dem Hauptschnitte senkrecht; die Ätherteilchen auf dem Strahle schwingen im Hauptschnitte; ihre in der Wellenebene W_a liegenden Schwingungen stehen nicht mehr senkrecht auf dem Strahle.

Die vorhergehenden Betrachtungen enthalten auch die Erklärung der beim Turmalin beobachteten Erscheinungen. Ein senkrecht auf eine Turmalinplatte fallender Strahl wird zerlegt in einen ordentlichen, senkrecht zu seiner Achse schwingenden, und einen außerordentlichen, der mit der Achse parallel schwingt. Nun hat der Turmalin die Eigenschaft, den ordentlichen Strahl so gut wie ganz zu absorbieren, er läßt also nur Licht durch, dessen Polarisationsebene zu seiner Achse senkrecht steht.

§ 334. Konstruktion der gebrochenen Welle bei einachsigen Kristallen. Die Probleme der Reflexion und Brechung in einachsigen Kristallen können mit Hilfe des HUYGENSschen Prinzips ganz ebenso behandelt werden, wie bei isotropen Medien; nur tritt an Stelle der Kugelwellen der letzteren die aus Kugel und Ellipsoid bestehende Doppelfläche. Wir wollen dies etwas weiter ausführen in zwei speziellen Fällen, mit denen wir uns schon im vorhergehenden beschäftigt haben.

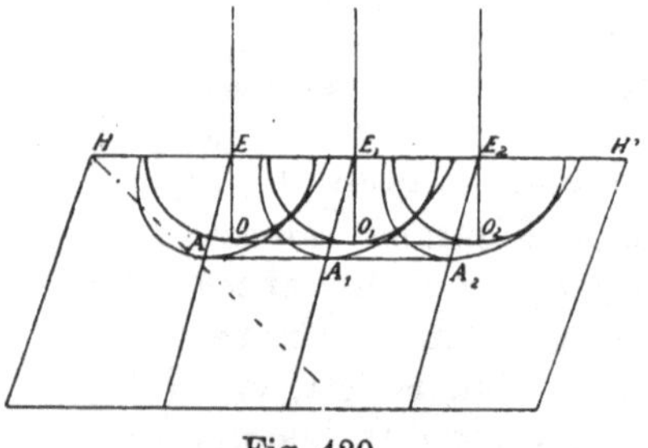

Fig. 420.
Brechung im Kalkspatrhomboëder.

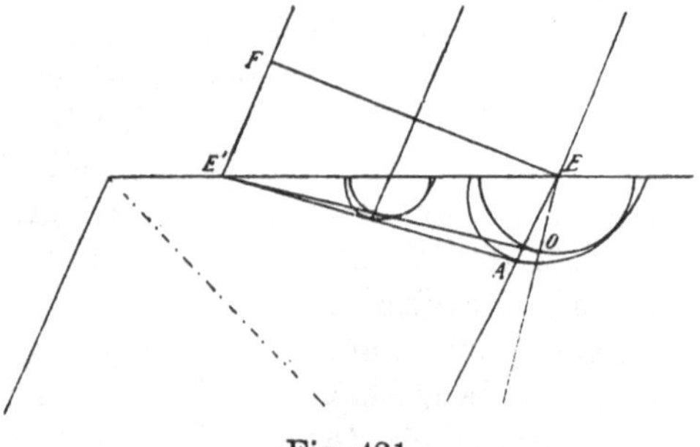

Fig. 421.
Brechung im Nicol.

Fig. 420 bezieht sich auf den Fall, daß ein Bündel paralleler Strahlen auf die obere Fläche eines natürlichen Kalkspatrhomboëders im Hauptschnitte HH' senkrecht auffällt. Es werden dann die Punkte E, E_1', E_2 des Hauptschnittes zu gleicher Zeit Ausgangspunkte von Elementarwellen; ihre Schnitte mit der Einfallsebene sind in der Figur für eine bestimmte spätere Zeit gezeichnet. Die Schnittkreise werden berührt von der Linie $O\,O_1\,O_2$, die Schnittellipsen von der Linie $A\,A_1\,A_2$; die erstere stellt die in den Kalkspat eindringende ordentliche, die zweite die außerordentliche Welle dar. Die Richtungen, längs deren die Wellen parallel mit sich selbst hingleiten, sind durch EO und EA gegeben, und diese repräsentieren somit die gebrochenen Strahlen.

Fig. 421 bezieht sich auf die Brechung in einem NICOLschen Prisma. Ein Bündel von Strahlen, die mit der Längsachse des Prismas parallel sind, fällt auf die obere Fläche im Hauptschnitte ein. In dem Momente, in welchem die dem Strahlenbündel entsprechende ebene Welle die Lage EF erreicht hat, wird der Punkt E Ausgangspunkt einer Elementarwelle. Wir suchen nun die Lage der in den Kalkspat eindringenden Wellen für den Moment zu konstruieren, in welchem auch der letzte Strahl FE' der ankommenden Welle die Grenzfläche erreicht hat. Während er aber in Luft die Strecke FE' durchläuft, breitet sich die von E erregte Elementarwelle so weit aus, daß ihre Radienvektoren sich zu FE' verhalten wie die Lichtgeschwindigkeit im Kalkspate zu der Lichtgeschwindigkeit in Luft. Diesem Verhältnisse entsprechend ist also die von E ausgehende Elementarwelle zu konstruieren. Die zwischen E und E' liegenden Punkte der Grenzfläche werden in dem Maße später von der ankommenden Welle getroffen, als sie näher an E' liegen. Die von ihnen erregten Elementarwellen lassen sich für den betrachteten späteren Moment nach demselben Prinzipe konstruieren, wie die von E erregte. Unsere Figur zeigt die Schnitte der Wellenfläche durch die Einfallsebene. Die Kreisschnitte haben eine gemeinsame von E' ausgehende Tangente $E'O$, die Ellipsen eine gemeinsame Tangente $E'A$; die erstere repräsentiert die ordentliche, die letztere die außerordentliche gebrochene Welle. Die nach den Berührungspunkten gezogenen Radienvektoren EO und EA geben die Richtungen, längs deren die Wellen parallel mit sich selbst sich verschieben, die gebrochenen Strahlen.

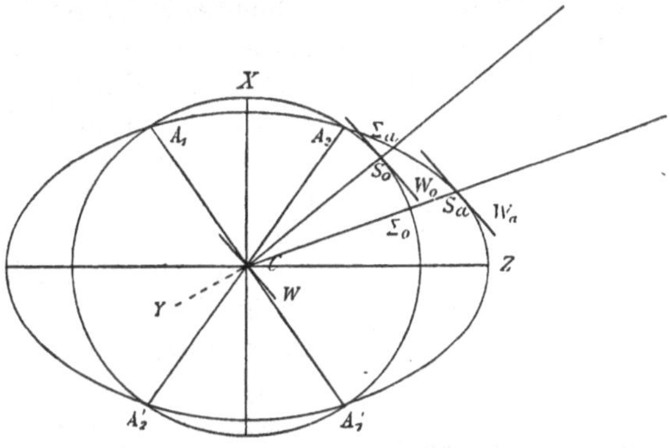

Fig. 422. Negativ zweiachsige Kristalle.

§ 335. Wellenfläche oder Strahlenfläche zweiachsiger Kristalle. Es gibt gewisse Kristalle, wie Aragonit und Topas, welche im Innern zwei ausgezeichnete Richtungen besitzen, nach denen nur ein einziger Lichtstrahl sich fortpflanzt, während in allen anderen Richtungen zwei Strahlen sich bewegen. Wir nennen jene ausgezeichneten Richtungen die Strahlenachsen; die Linie, die ihren spitzen Winkel halbiert, die optische Mittellinie; die Ebene, welche durch die Strahlenachsen hindurchgeht, die Ebene der optischen Achsen. Die erwähnte Eigenschaft findet sich bei allen Kristallen des rhombischen, monoklinen und triklinen Systemes und wir bezeichnen diese Kristalle als optisch zweiachsige.

Befindet sich im Innern eines solchen Kristalles in C (Fig. 422) ein leuchtender Punkt, so erhalten wir seine Wellenfläche oder Strahlenfläche, wenn wir untersuchen, wohin die in C erregte Erschütterung des Äthers in der Zeiteinheit sich ausbreitet. Nun gehen von C aus im allgemeinen nach jeder Richtung zwei Strahlen. Die Punkte, bis zu denen ihre Endpunkte in der Zeiteinheit gelangen, bilden somit zwei einander umschließende Schalen, die zusammen die Strahlenfläche darstellen. Ziehen wir aber durch C die Strahlenachsen, so bewegt sich auf ihnen vorwärts und rückwärts immer nur ein einziger Strahl, und es liegen auf ihnen nur je zwei Punkte A_1, A_1' und A_2, A_2' der Strahlenfläche. Ihre beiden Schalen müssen somit in diesen vier Punkten zusammenhängen. Die Strahlenfläche hat ferner die Ebene der optischen Achsen zur Symmetrieebene. Wir errichten nun in C eine Senkrechte CY auf der Ebene der optischen Achsen und ziehen die Halbierungslinien CX und CZ der Winkel, welche die Strahlenachsen miteinander einschließen. Dann sind auch die Ebenen YX und YZ Symmetrieebenen der Strahlenfläche. Wir zeichnen jetzt den Durchschnitt der Fläche durch die Ebene XZ der optischen Achsen. Er besteht aus einem Kreise und einer Ellipse, die sich in den Endpunkten der Strahlenachsen durchschneiden. Legen wir die optische Mittellinie immer in dieselbe Richtung, so erhalten wir die beiden durch die Figg. 422 und 423 dargestellten Formen. Von diesen geht die erste durch eine leicht zu übersehende Deformation aus dem Meridianschnitte der Strahlenfläche eines negativ einachsigen Kristalles (Fig. 418) hervor; wir bezeichnen Kristalle, die eine solche Schnittfigur besitzen, dementsprechend als n e g a t i v z w e i a c h s i g e. Die zweite Figur entspricht einer gewissen Deformation der Strahlenfläche der positiv einachsigen Kristalle (Fig. 419); wir nennen Kristalle, bei denen der Schnitt der Strahlenfläche durch die Achsenebene die in Fig. 423 gezeichnete Form hat, p o s i t i v z w e i a c h s i g e. Es sind z. B. negativ zweiachsig: Aragonit, Glimmer, Feldspat, positiv zweiachsig: Topas, Gips, Schwefel.

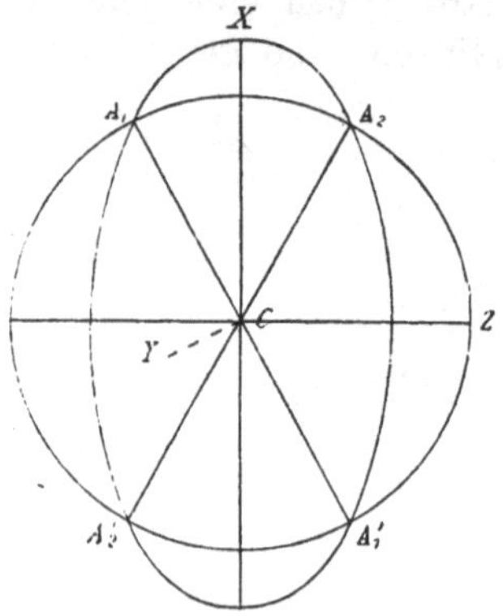

Fig. 423. Positiv zweiachsige Kristalle.

Legen wir durch den Mittelpunkt C der Strahlenfläche eine Wellenebene W senkrecht zu der Ebene der optischen Achsen, so ergibt sich aus dem HUYGENSschen Prinzip, ähnlich wie im vorhergehenden Paragraphen beim einachsigen Kristalle, daß parallel mit W zwei ebene Wellen sich fortpflanzen. Die eine, W_o, berührt den Schnittkreis der Strahlenfläche mit der Ebene der optischen Achsen, die andere, W_a, die Schnittellipse. Sind S_o und S_a die Berührungspunkte, so sind CS_o und CS_a die Richtungen, längs deren die ebenen Wellen immer sich selbst parallel hingleiten, die Lichtstrahlen. Ebenso wie bei einem einachsigen Kristalle existieren im allgemeinen zwei Wellen, die einer gegebenen Ebene parallel sind, also dieselbe Wellennormale besitzen; sie unterscheiden sich durch die verschiedene Fortpflanzungsgeschwindigkeit und die verschiedene Richtung der zugehörigen Strahlen. Ferner pflanzen sich nach der Richtung CS_o, wie in dem Falle des einachsigen Kristalles, zwei Strahlen fort, CS_o und $C\Sigma_a$, wo Σ_a den Schnittpunkt von CS_o mit der Ellipse bezeichnet. Ihre Geschwindigkeit, sowie die Lage der ihnen entsprechenden Wellenebenen ist verschieden; für den Strahl $C\Sigma_a$ wird die letztere bestimmt durch die in Σ_a an die Schnittellipse gelegte Tangente. Ebenso haben wir auch längs CS_a noch einen zweiten Strahl $C\Sigma_o$, wenn Σ_o der Schnittpunkt von CS_o mit dem Kreise ist.

Einen etwas vollständigeren Einblick in die Gestalt der Strahlenfläche gewährt Fig. 424, in der für einen ihrer Oktanten die Schnitte mit den drei Symmetrieebenen gezeichnet sind. Dabei sind Punkte, die gleichweit von dem Zentrum C entfernt sind, mit gleichen Buchstaben, u, v, w, bezeichnet; die Kurven, welche zwei gleich bezeichnete Punkte verbinden, sind Kreise, die von u zu v, von v zu w, von w zu u laufenden sind Ellipsen. In der XZ-Ebene durchschneiden sich die beiden Kurven in dem Endpunkte A_1 der einen Strahlenachse; die beiden Kurven haben daher hier eine gemeinsame Tangente, die den Kreis in O_1, die Ellipse in K_1 berührt. Daran schließt sich eine weitere überaus merkwürdige Eigenschaft der Strahlenfläche. Beschreiben wir über O_1K_1 als Durchmesser einen Kreis, dessen Ebene senkrecht auf der Ebene der optischen Achsen steht, so liegt dieser ganz auf der Strahlenfläche und seine Ebene berührt diese Fläche in allen Punkten des Kreises.

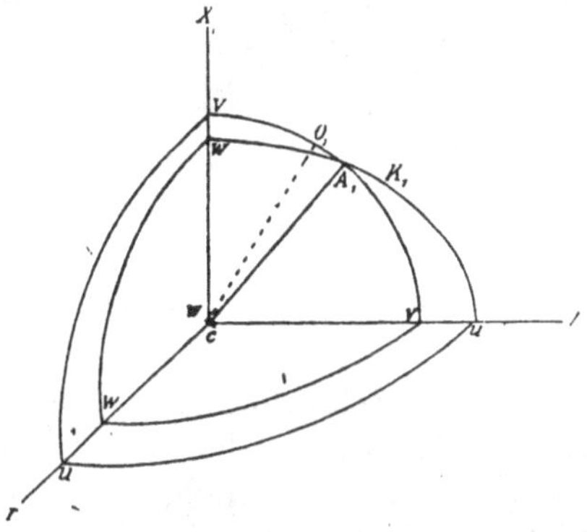

Fig. 424.
Strahlenfläche zweiachsiger Kristalle.

Die zuletzt erwähnte geometrische Eigenschaft der Strahlenfläche hängt zusammen mit einer eigentümlichen Erscheinung, die man als innere konische Refraktion bezeichnet hat. Wir denken uns in C senkrecht auf der Ebene der optischen Achsen und parallel mit dem Kreise O_1K_1 eine kleine Wellenebene w. Um die von ihr ausgehende Wellenbewegung zu finden, müssen wir von jedem ihrer Punkte aus die Elementarwelle konstruieren. Wir werden dies am einfachsten ausführen können, wenn wir die in der Figur gezeichneten Linien aus Drähten herstellen, und das so gewonnene Modell sich selbst parallel bewegen, so daß sein Mittelpunkt C sukzessive nach sämtlichen Punkten der Ebene w gelangt. Wenn die Dimensionen von w relativ klein sind gegen die Dimensionen des Kreises O_1K_1, so beschreibt dieser bei der Bewegung einen schmalen ebenen Ring, der alle von den Punkten der Ebene w herrührenden Elementarwellen berührt. Dieser Ring also stellt die Fläche dar, auf welche die in w erregte Welle sich ausbreitet. Es ergibt sich somit das sehr eigentümliche Resultat, daß die von w ausgehende Welle bei ihrem Fortschreiten sich auflöst in einen Kreisring, der in zwei diametral gegenüberliegenden Punkten von den Strahlen CO_1 und CK_1 durchschnitten wird, dessen Ebene senkrecht steht auf CO_1, dessen Wellennormale also durch CO_1 gegeben ist. Begrenzen wir unseren Kristall durch die Ebene des Kreises O_1K_1, so pflanzt sich in dem jenseits der Grenze liegenden Luftraume die Ringwelle parallel mit sich selbst in der Richtung der Normalen CO_1 fort (Fig. 425). Die Strahlen stehen in dem isotropen Mittel senkrecht zu der Wellenebene, und es dringt daher ein Strahlenbündel in den Luftraum ein, das einen Hohlzylinder erfüllt, dessen Basis durch den Kreis O_1K_1 gegeben ist. Diese Erscheinung ist die **innere konische Refraktion.** Zu einer in gewissem Sinne reziproken Erscheinung, der **äußeren konischen** Refraktion, gibt der Umstand Veranlassung, daß dem in der Richtung der Achse A_1 fortschreitenden Strahle unendlich viele Wellenebenen entsprechen, all die Berührungsebenen, die in der trichterförmigen Vertiefung, deren Spitze der Punkt A_1 ist, an die Strahlenfläche gelegt werden können.

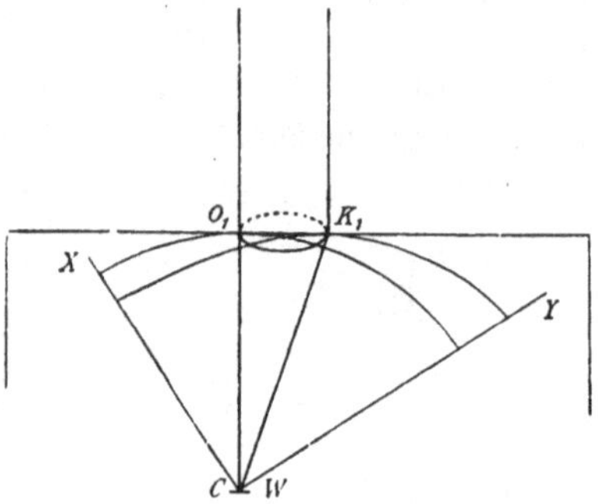

Fig. 425. Innere konische Refraktion.

Es ist nicht möglich, die **innere** konische Refraktion in einer Weise zu verwirklichen, die der im vorhergehenden entwickelten Theorie unmittelbar entspricht. Praktisch erzeugen wir eine ebene Welle, ein Bündel paralleler Strahlen dadurch, daß wir Licht auf eine Öffnung konzentrieren, die sich in dem Brennpunkte einer Linse befindet. Man sieht aber leicht, daß man auf diese Weise in Wirklichkeit eine unendliche Zahl von ebenen Wellen erhält, deren Normalen den Kegel erfüllen, der von dem Zentrum der Linse nach dem Rande der Öffnung hingeht. Um ein einziges Bündel paralleler Strahlen, eine einzige Welle zu erhalten, müßte man die Öffnung zu einem Punkte zusammenschrumpfen lassen; dadurch würde aber auch die Lichtintensität auf Null reduziert. Wir wollen uns nun in dem Punkte C (Fig. 425) an Stelle einer einzigen ebenen Welle eine Wellenschar denken, deren Normalen auf einem sehr spitzen Kreiskegel liegen, der um die Linie CO_1 als Achse beschrieben ist. Aus dem Huygensschen Prinzip folgt dann, daß diese Wellenschar sich in der Form zweier Ringe ausbreitet, welche den äußeren Mantel der Strahlenfläche berühren, und von denen der eine außerhalb, der andere innerhalb des Kreises O_1K_1 liegt. Haben wir eine zweifach unendliche Schar von Wellen, deren Normalen das ganze Innere des um CO_1 beschriebenen Kreiskegels erfüllen, so wird sich die ganze Fläche zwischen dem zuvor genannten äußeren und inneren Ringe mit Licht erfüllen; wir erhalten eine Erscheinung, welche mit der zuerst aus der Theorie abgeleiteten im wesentlichen übereinstimmt, und welche bei Aragonit leicht beobachtet werden kann.[1]

An diese Betrachtungen schließen sich noch zwei wichtige Sätze.

Wenn wir von C aus eine beliebige Richtung ziehen, so können wir im allgemeinen zwei zu ihr senkrechte Tangentialebenen an die Strahlenfläche legen. Zu jener Richtung als der Wellennormalen gehören zwei ebene Wellen, denen verschiedene Strahlen und Geschwindigkeiten entsprechen. Die Richtung CO_1 dagegen hat, wie man aus den Figg. 424 und 426 ersieht, die Eigenschaft, daß nur eine einzige zu ihr senkrechte Tangentialebene an die Wellenfläche gelegt werden kann. Nach der Richtung CO_1 schreitet also nur eine einzige zu CO_1 senkrechte ebene Welle fort. CO_1 entspricht in der Ebene XZ noch eine zweite Richtung CO_2 von derselben Eigenschaft, symmetrisch mit CO_1 auf der anderen Seite von CX gelegen. Man bezeichnet diese beiden ausgezeichneten Richtungen als die optischen Achsen.

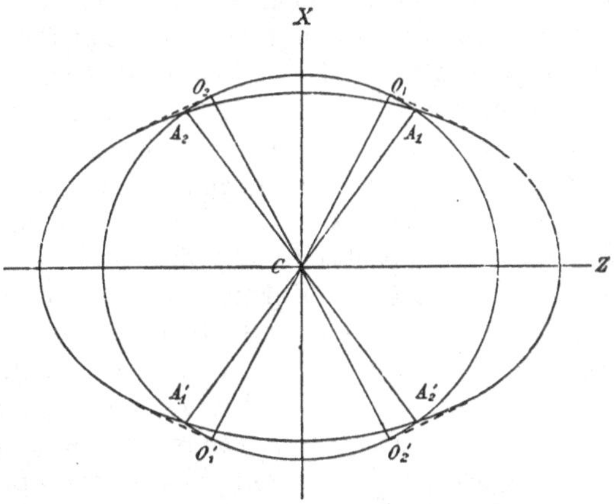

Fig. 426. Strahlenbündel und optische Achse.

In der Richtung einer optischen Achse CO_1 pflanzt sich nur eine einzige, zu ihr senkrechte, ebene Welle fort, aber ihr entsprechen die unendlich vielen Strahlen, welche von C nach dem Kreise O_1K_1 hingehen.

Endlich bleibt noch übrig, die Richtung der Ätherschwingungen und die Lage der Polarisationsebenen zu bestimmen.

Betrachten wir zuerst eine von C ausgehende Strahlenrichtung, so legen wir durch sie und durch die Strahlenachsen CA_1 und CA_2 zwei Ebenen; die Halbierungsebenen der von ihnen gebildeten Winkel sind die Ebenen, in denen die Ätherteilchen auf den beiden nach der gegebenen Richtung sich fortpflanzenden Strahlen schwingen. Die Schwingungsrichtungen selbst ergeben sich, wenn man noch die zu der Strahlrichtung gehörenden Wellenebenen aufsucht.

Es sei zweitens eine von C ausgehende Richtung gegeben, welche die gemeinsame Wellennormale zweier paralleler ebener Wellen bildet. Die Polarisationsebenen der letzteren erhalten wir durch eine ähnliche Konstruktion wie vorher. Wir legen durch die Wellennormale und die optischen Achsen CO_1 und CO_2 zwei Ebenen; die ihre Winkel-halbierenden Ebenen sind die Polarisationsebenen der beiden parallelen

[1] Voigt, Phys. Zs. (1905).

ebenen Wellen; die Schnittlinien jener Ebenen mit der Wellenebene die Schwingungsrichtungen der Wellen.

Die Frage, wie Polarisationsrichtungen und Fortpflanzungsgeschwindigkeiten zusammengehören, werden wir im folgenden § allgemein behandeln, in § 337 für einen speziellen Fall auf anderem Wege lösen.

Zur Geometrie der Strahlen- oder Wellenfläche zweiachsiger Kristalle. Im Anschlusse an die vorhergehenden Untersuchungen möge zunächst noch eine relativ einfache Konstruktion der Strahlenfläche mitgeteilt werden. Wir wollen dabei die Strahlenfläche so bestimmen, daß sie die Punkte umfaßt, bis zu denen die von dem Zentrum C ausgehende Erschütterung in der Zeiteinheit sich ausbreitet. Die Radienvektoren der Strahlenfläche sind dann nichts anderes, als die geometrischen Repräsentanten der Geschwindigkeiten, mit denen die von C ausgehenden Lichtstrahlen nach den verschiedenen Richtungen hin fortschreiten. Es sind dann in Fig. 424 die in der Richtung der X-Achse liegenden Vektoren Cv und Cw numerisch gleich den Geschwindigkeiten v und w der längs CX sich bewegenden Strahlen, ebenso in der Richtung CY die Radien Cw und Cu numerisch gleich den Strahlengeschwindigkeiten w und u für jene Richtung; in der Richtung der Z-Achse Cu und Cv numerisch gleich den Strahlengeschwindigkeiten u und v nach der Richtung CZ.

Wir ziehen nun im Innern des Kristalles von C aus drei Achsen X, Y, Z; von diesen soll, ebenso wie in Fig. 424, X der optischen Mittellinie entsprechen, Z in der Ebene der optischen Achsen zu X senkrecht stehen, Y endlich senkrecht sein zu X und Z. Wir tragen dann auf X die Geschwindigkeit u, auf Y die Geschwindigkeit v, auf Z die Geschwindigkeit w auf, die sogenannten Hauptlichtgeschwindigkeiten des Kristalles. Dabei ist, wie in Fig. 424, angenommen, daß $u > v > w$ ist. Wir konstruieren endlich ein Ellipsoid (Fig. 427), dessen Achsen numerisch gleich u, v, w sind; die Endpunkte der Achsen sind durch dieselben Buchstaben bezeichnet, wie ihre Längen. Dieses Ellipsoid das sogenannte Fresnelsche, wird durch jede der Ebenen XY, YZ, ZX in einer Ellipse geschnitten; die Hauptachsen der zu CX senkrechten Schnittellipse sind gleich v und w; sie geben die Geschwindigkeiten der beiden in der Richtung CX fortschreitenden Strahlen; in derselben Beziehung stehen die Achsen der Schnittellipsen in der ZX- und XY-Ebene zu den Strahlen, die längs CY und CZ sich fortpflanzen. Es zeigt sich, daß die hierin liegende Beziehung allgemein für jede Strahlrichtung CS gilt. Um die ihr entsprechenden Strahlgeschwindigkeiten zu finden, legen wir senkrecht zu CS eine Ebene durch C, welche das Ellipsoid in einer Ellipse schneidet (Fig. 428); ihre Hauptachsen $C\alpha$ und $C\beta$ sind dann numerisch gleich den Geschwindigkeiten der längs CS sich fortpflanzenden Strahlen. Wenn wir also die Achsen $C\alpha$ und $C\beta$ auf der Strahlrichtung CS nach CA und CB abtragen, so sind A und B zwei Punkte der Strahlenfläche. Wiederholt man die Konstruktion für eine Reihe von verschiedenen Strahlrichtungen, so kann man die beiden Mäntel der Strahlenfläche durch die so erhaltenen Punkte A und B hindurchlegen.

Wir knüpfen hieran noch eine weitere Bemerkung; zu der Strahlrichtung CS gehören, wie wir in § 335 gesehen haben, zwei ebene Wellen. Ihre Normalen CN_a und CN_b liegen in den Ebenen $SC\alpha$ und $SC\beta$. Die Schwingungsrichtung des Strahles, der mit der Geschwindigkeit $C\alpha$ fortschreitet, liegt in der Ebene $SC\alpha$ senkrecht zu CN_a; die

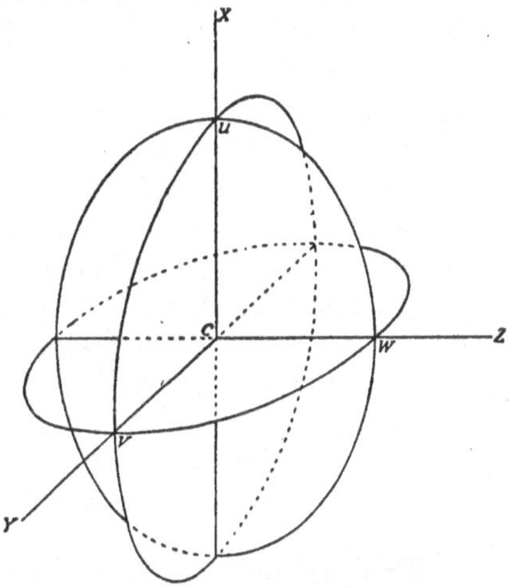

Fig. 427. Fresnelsches Ellipsoid.

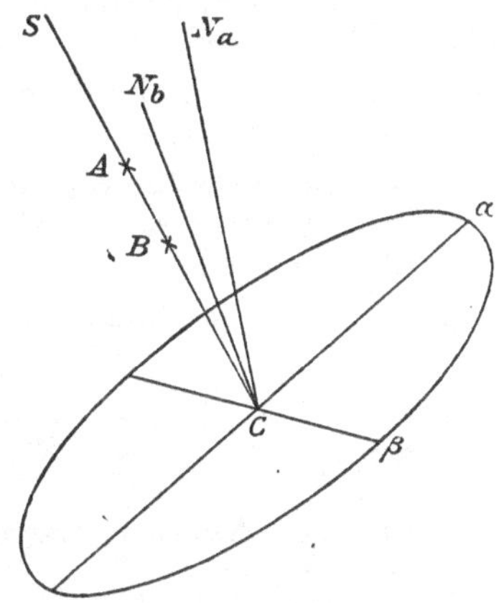

Fig. 428. Zum Fresnelschen Ellipsoid.

Schwingungsrichtung des Strahles mit der Geschwindigkeit $C\beta$ liegt in der Ebene $SC\beta$ senkrecht zu CN_b. Diese Zuordnung der Schwingungsrichtungen zu den Fortpflanzungsgeschwindigkeiten der Strahlen beruht auf der in § 322 gemachten Annahme, daß bei einem Lichtstrahl, welcher durch eine Turmalinplatte senkrecht zu ihrer Fläche hindurchging, die Schwingungen des Äthers der Turmalinachse parallel seien.

Wir haben in § 335 gefunden, daß parallel mit einer gegebenen Ebene zwei ebene Wellen fortschreiten. Die Geschwindigkeiten, welche sie in der Richtung der Wellennormalen besitzen, lassen sich durch eine ganz ähnliche Konstruktion bestimmen, wie zuvor die Strahlgeschwindigkeiten. Den Ausgangspunkt der Konstruktion bildet die Fußpunktfläche des Fresnelschen Ellipsoides, das Ovaloid. Man erhält diese Fläche, wenn man an das Ellipsoid die berührenden Ebenen legt und auf diese von dem Mittelpunkte C aus Senkrechte fällt. Die Fläche, welche die Fußpunkte dieser Senkrechten auf den zugehörigen Berührungsebenen verbindet, ist das Ovaloid; dieses hat dieselben Achsen wie das Ellipsoid und berührt sich mit diesem in den Endpunkten der Achsen; im übrigen baucht sich aber das Ovaloid weiter aus als das Ellipsoid. Ist nun eine Wellenebene im Kristalle gegeben, so legen wir eine zu ihr parallele Ebene durch den Mittelpunkt C des Ovaloids. Der Schnitt ist ein Oval, welches, ebenso wie eine Ellipse, zwei zueinander senkrechte Hauptachsen hat; sie sind numerisch gleich den Geschwindigkeiten, mit denen die beiden zu der gegebenen Ebene parallelen Wellen in der Richtung ihrer Normalen fortschreiten. Für die den Wellen entsprechenden Strahlen und Schwingungsrichtungen gilt ein Satz, der demjenigen analog ist, den wir zuvor für die beiden längs einer Richtung CS fortschreitenden Strahlen angeführt haben. Trägt man auf der Normale der Wellenebene die beiden ihr entsprechenden Geschwindigkeiten auf, so beschreiben die Endpunkte der abgetragenen Strecken eine zweischalige Fläche, sobald man die Lage der Wellenebene stetig ändert; diese Fläche nennt man die Normalenfläche; sie steht zu der Strahlenfläche in derselben Beziehung, wie das Ovaloid zum Ellipsoid, d. h. sie ist die Fußpunktfläche der Strahlenfläche.

§ **336. Polarisationsapparate.** Wir gehen nun von den theoretischen Erörterungen der vorhergehenden §§ zu der Beschreibung der Polarisationsapparate über, die für die experimentelle Entwicklung der Kristalloptik von fundamentaler Bedeutung sind. Von einem geeigneten Stative werden zwei NICOLsche Prismen so gehalten, daß die Prismenachsen in dieselbe Linie fallen, daß die Längskanten parallel sind, und daß die Prismen um die jenen Kanten parallelen Prismenachsen beliebig gedreht werden können. Das eine Prisma dient zur Erzeugung geradlinig polarisierten Lichtes; es wird daher als Polarisator bezeichnet; das zweite zur Untersuchung des von dem Polarisator herkommenden Lichtes; es heißt der Analysator. Durch Drehen des Analysators kann man seine Polarisationsebene zu der des Polarisators senkrecht stellen, die Prismen sind dann gekreuzt, und das Gesichtsfeld des Apparates ist dunkel (Fig. 429). Dreht man den Analysator von jener Stellung aus weiter, so hellt sich das Gesichtsfeld auf; ein Maximum der Helligkeit tritt ein, wenn die Polarisationsebenen der Prismen parallel sind.

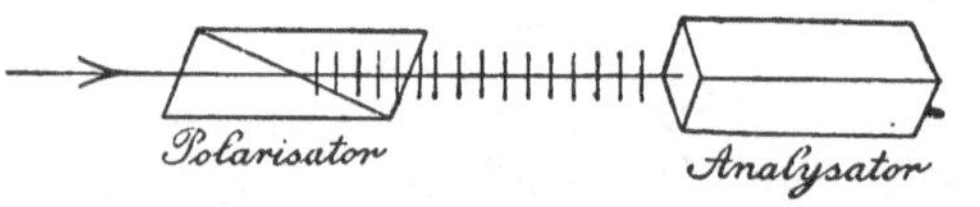

Fig. 429. Polarisationsapparat.

Um einen Polarisationsapparat herzustellen, kann man natürlich auch zwei beliebige andere Körper kombinieren, von denen jeder für sich geradlinig polarisiertes Licht erzeugt. Von den mannigfachen denkbaren Kombinationen verdient noch besondere Erwähnung die Turmalinzange, bei der zwei Turmalinplatten in einem handlichen Drahtgestelle drehbar hintereinander befestigt sind.

Der Polarisationsapparat ist ein Mittel, um bei einem beliebigen Körper zu entscheiden, ob er isotrop ist, sich nach allen Richtungen gleich verhält, oder anisotrop, ob also seine optischen Eigenschaften abhängig sind von der Richtung, in der die Lichtstrahlen in seinem Innern sich bewegen. Schneiden wir aus einem Körper von der letzteren Art eine Platte und bringen wir sie zwischen die gekreuzten Prismen eines Polarisationsapparates. Die Richtung der von dem Polarisator durchgelassenen Schwingungen bezeichnen wir durch p. Fällt ein in der Richtung p schwingender Strahl auf die anisotrope Platte, so wird er zerlegt in zwei senkrecht zueinander schwingende, die sich in ihrem Innern mit verschiedener Geschwindigkeit bewegen und aus der Platte mit einer gewissen Phasenverschiebung wieder austreten. Sie setzen sich im allgemeinen zu einem elliptisch polarisierten Strahle zusammen; dieser aber hat eine Komponente, deren Schwingungsrichtung der vom Analysator durchgelassenen Schwingung parallel ist. Diese Komponente geht also durch den Analysator hindurch und bedingt eine Aufhellung des Gesichtsfeldes. Nur wenn die Verschiebung der beiden Strahlen eine halbe Wellenlänge oder ein Vielfaches einer solchen beträgt, setzen sie sich nach dem Durchgange durch die Platte wieder zu einem geradlinig polarisierten Strahle zusammen. Beträgt die Phasenverschiebung ein gerades Vielfaches einer halben Wellenlänge, so schwingt der resultierende Strahl parallel zu der Polarisationsebene des Analysators; er kann nicht durch diesen hindurch, und das Gesichtsfeld würde dunkel bleiben, wenn nur dieser eine Strahl vom Polarisator herkäme. Bei Anwendung von weißem Lichte werden nun immer gewisse Farben existieren, die in der angegebenen Weise ausgelöscht werden. Daraus erklärt es sich, daß das Gesichtsfeld bei Einschaltung eines anisotropen Körpers nicht einfach erhellt, sondern gefärbt wird. Die Art der Färbung hängt von dem Geschwindigkeitsunterschiede der in der anisotropen Platte sich bewegenden Strahlen ab. Es entstehen in der angegebenen Weise die schönen Farbenerscheinungen gepreßter und rasch gekühlter Gläser zwischen gekreuzten Prismen. Diese Körper sind nicht homogen, ihre Eigenschaften ändern sich vielmehr von Stelle zu Stelle, aber in stetiger Weise; die Färbung ist daher keine gleichmäßige, sondern an verschiedenen Stellen verschieden und enthüllt durch ihren Wechsel den Wechsel der inneren Beschaffenheit.[1]

§ 337. **Interferenzfarben dünner Kristallblättchen in parallelem Lichte.** Die allgemeinen Andeutungen des vorhergehenden § führen wir weiter aus für den Fall eines dünnen Blättchens, das aus einem positiv zweiachsigen Kristalle, etwa einem Gipse, durch Abspalten erhalten werden kann. Die Strahlenachsen CA_1 und CA_2 des Gipses liegen parallel der Spaltfläche (Fig. 430); dasselbe gilt dann auch von der ihren spitzen Winkel halbierenden Mittellinie CM und von der Halbierungslinie des stumpfen Winkels CN. Ziehen wir in dem Blättchen eine Linie CY senkrecht zu der Ebene der Strahlenachsen, so bewegen sich nach derselben zwei Strahlen, deren Wellenebenen der Ebene der optischen Achsen parallel sind, wie sich aus der Betrachtung von Fig. 424 leicht ergibt. Ihre Schwingungsrichtungen erhalten wir nach

[1] F. Neumann, Berl. Ber. (1841). — Maxwell, Scientific Papers Vol. I.

der in § 335 angeführten Konstruktion; sie liegen in den Ebenen YCM und YCN, welche die beiden von CA_2 und CA_1 gebildeten Winkel halbieren; sie müssen aber außerdem in den durch die Ebene der optischen Achsen bestimmten Wellenebenen liegen. Die Schwingungsrichtungen der Strahlen, die in dem Gipsblättchen senkrecht zu seinen Grenzflächen sich fortpflanzen, fallen daher zusammen mit der optischen Mittellinie CM und der zu ihr senkrechten CN. Es frägt sich nur, wie die Schwingungsrichtungen und Fortpflanzungsgeschwindigkeiten zusammengehören. Zeichnen wir zu diesem Zwecke den Schnitt der Strahlenfläche des Gipses durch die Ebene der optischen Achsen (Fig. 431a). Die große Achse der Schnittellipse ist gegeben durch Cw, die kleine durch Cu''; die durch diese Achsen dargestellten Lichtgeschwindigkeiten bezeichnen wir durch w und u. Nehmen wir die Lichtgeschwindigkeit im leeren Raume als Einheit, so ist $w = 0{,}657$, $u = 0{,}654$. Senkrecht zu der Ebene der optischen Achsen in der Richtung CY pflanzen sich zwei Strahlen fort mit den Geschwindigkeiten w und u.

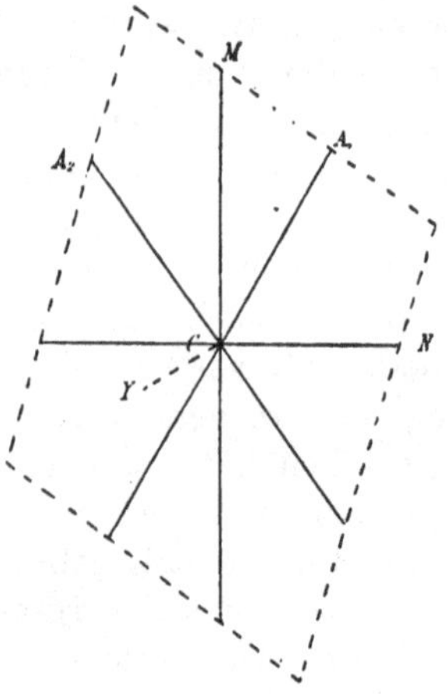

Fig. 430. Gipsplatte.

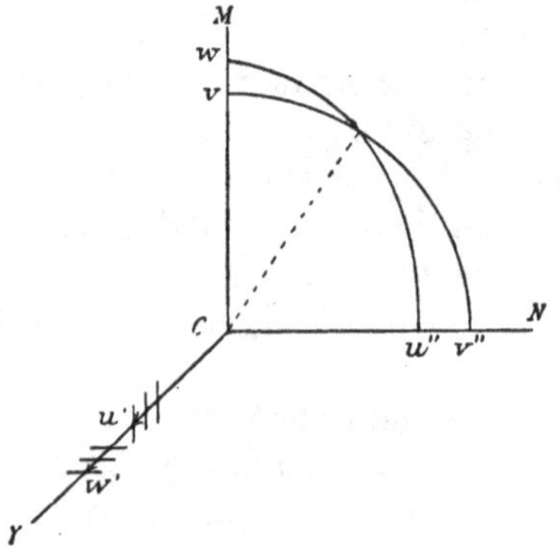

Fig. 431a.

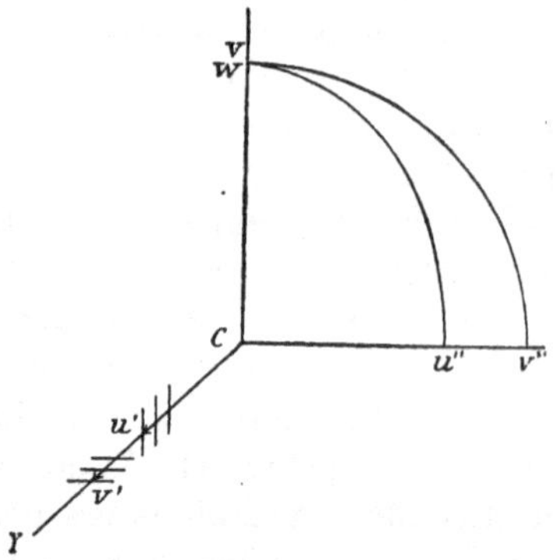

Fig. 431b.

Fortpflanzungsgeschwindigkeit und Schwingungsrichtung.

Ihre Endpunkte gelangen in der Zeiteinheit auf die Punkte w' und u' der Strahlenfläche. Die Schwingungsrichtungen sind nach dem vorhergehenden gegeben durch die Richtungen der Achsen Cu'' und Cw. Um zu entscheiden, welche Richtung zu dem Strahle Cw', welche zu Cu' gehört, verfahren wir folgendermaßen. Wir deformieren die gegebene Strahlenfläche des Gipses so, daß sie allmählich in die eines positiv einachsigen Kristalles übergeht. Zu diesem Zwecke müssen wir Cv und damit natürlich auch Cv'' vergrößern, bis sie schließlich gleich Cw oder

Cw' werden; *ww'v''* wird dann zu der Kugel *vv'v''*, und *wu'u''* zu dem Ellipsoide der einachsigen Strahlenfläche (Fig. 431 b), *Cw* zu ihrer Hauptachse. *Cw'* entspricht dem ordentlichen Strahle *Cv'*, *Cu'* dem außerordentlichen. Der erstere schwingt senkrecht, der letztere parallel zur Hauptachse; die Kontinuität des Überganges fordert, daß bei der Strahlenfläche des Gipses die Schwingungsrichtung von *Cw'* parallel mit *Cu''*, die von *Cu'* parallel *Cw* sei. Der Strahl, dessen Geschwindigkeit gleich der großen Achse der Schnittellipse ist, schwingt parallel der kleinen und umgekehrt. Das so gewonnene Resultat stimmt überein mit der allgemeinen Regel des vorhergehenden §.

Wir schalten nun das Gipsblättchen ein zwischen die beiden gekreuzten Prismen eines Polarisationsapparates. Die von dem Polarisator kommenden Strahlen seien einander parallel, CQ_1 (Fig. 432) sei ihre Schwingungsrichtung, CQ_2 die Schwingungsrichtung der vom Analysator durchgelassenen Strahlen. Legen wir das Gipsblättchen so, daß seine optische Mittellinie mit der Richtung CQ_1 oder CQ_2 zusammenfällt, so ändert sich nichts in den Verhältnissen des vom Polarisator kommenden Lichtes, das Gesichtsfeld bleibt dunkel.

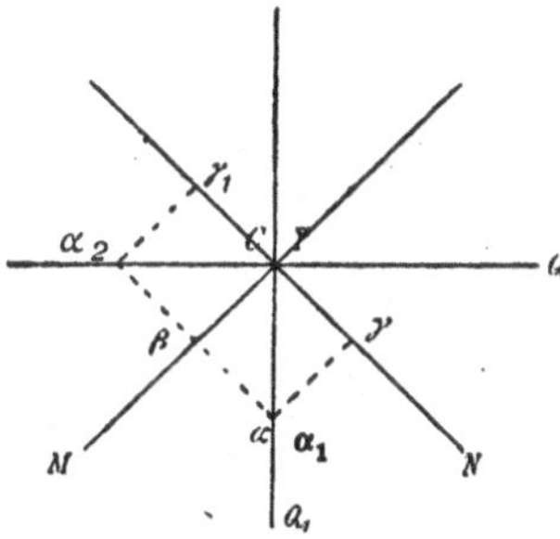

Fig. 432. Gipsplättchen.

Anders gestaltet sich die Sache, wenn wir, wie in der Figur, die optische Mittellinie *CM* unter einem Winkel von 45° gegen die Schwingungsrichtungen CQ_1 und CQ_2 legen. Es stelle $C\alpha$ die Amplitude der vom Polarisator kommenden Schwingungen vor; wir zerlegen den einfallenden Strahl in zwei, deren Schwingungen parallel mit *CM* und *CN*, deren Amplituden, $C\beta$ und $C\gamma$, die Projektionen von $C\alpha$ auf *CM* und *CN* sind. Beim Durchgange durch das Blättchen erleiden die beiden nach *CM* und *CN* schwingenden Strahlen eine Verschiebung der Phase; denn die Wellenlänge ist für den Strahl *Cw'* (Fig. 431 a) größer als für *Cu'*, für Na-Licht bei *Cw'* gleich 387, bei *Cu'* gleich 385 $\mu\mu$. Beträgt jene Verschiebung eine halbe Wellenlänge oder ein ungerades Vielfaches einer solchen, so ändert sich die relative Lage der Amplituden. Wenn etwa die Amplitude $C\beta$ des in der Mittellinie schwingenden Strahles beim Austritte ebenso gerichtet ist, wie vorher, so ist die Amplitude des zweiten Strahles umgekehrt gerichtet nach $C\gamma_1$ oder vielmehr $Y\gamma_1$, wenn wir unter *Y* den Punkt verstehen, in dem der Strahl das Blättchen wieder verläßt. Beide Strahlen setzen sich somit zu einem geradlinig polarisierten zusammen, dessen Schwingungsrichtung $C\alpha_2$ oder $Y\alpha_2$ parallel der Richtung CQ_2 der vom Analysator durchgelassenen Schwingungen ist; der Strahl $C\alpha_2$ wird somit durch den Analysator hindurchgehen; das Gesichtsfeld ist hell. Wenn aber die durch das Gipsblättchen erzeugte Phasendifferenz eine ganze Wellenlänge oder ein Vielfaches einer solchen beträgt, so setzen sich die austretenden Strahlen wieder zu einem Strahle von der Amplitude $C\alpha_1$ oder $Y\alpha_1$ zusammen; diese steht senkrecht auf CQ_2, der Strahl wird vom Analysator nicht durchgelassen, und das Gesichtsfeld bleibt dunkel. Die beiden Fälle sind in den Figg. 433 und 434 schematisch dargestellt. In Wirklichkeit erreichen für Na-Licht die Strahlen Cw' und Cu' (Fig. 431 a) erst bei einem Blättchen von 0,079 mm Dicke einen Phasenunterschied von einer Wellenlänge, und es liegen dann auf jener Dicke 192,5 Wellen des Strahles Cw' und 193,5 Wellen von Cu'. Lassen wir weißes Licht auf das Gipsblättchen fallen, so werden bei einiger Dicke desselben Farben vorhanden sein, die in der angegebenen Weise ausgelöscht werden. Ein Gipsblättchen von konstanter Dicke zeigt daher zwischen gekreuzten Polarisatoren in parallelem Lichte eine homogene Färbung, die von seiner Dicke abhängig ist. Würden Polarisator und Analysator und damit auch die Schwingungsrichtungen CQ_1 und CQ_2 parallel stehen, so würden die im vorhergehenden geschilderten Verhältnisse sich umkehren; Dunkelheit würde eintreten bei einer Phasenverschiebung um $\lambda/2$, Helligkeit bei einer solchen um λ. Im weißen Lichte sind daher die Farben der Blättchen bei parallelen Polarisatoren komplementär zu denen bei gekreuzten. Bei zu großer Dicke verschwindet die Farbe aus Gründen, ähnlich denen, die wir bei der Betrachtung der NEWTONschen Ringe besprochen haben.

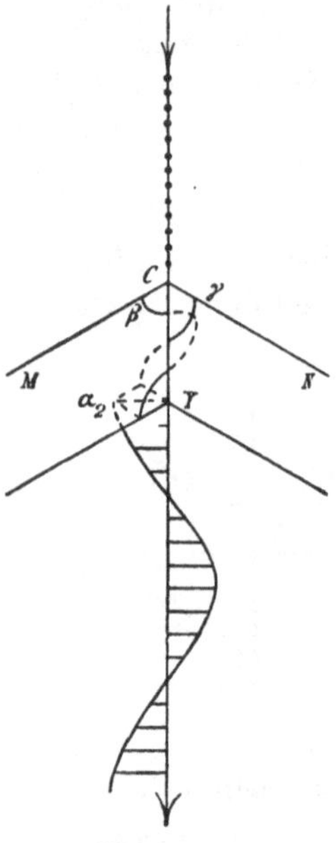

Fig. 433.

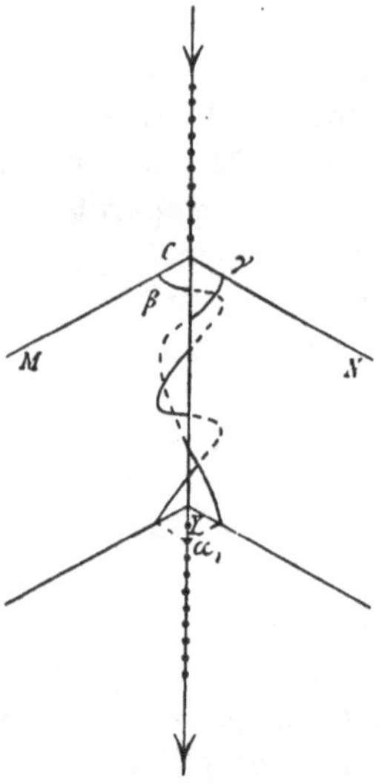

Fig. 434.

Phasenverschiebung um $\lambda/2$ um λ.

In analoger Weise, wie Gipsblättchen, verhalten sich auch dünne, von einer Glimmertafel abgespaltene Blättchen, bei denen aber, abweichend von dem Gipse, die optische Mittellinie sehr nahe senkrecht auf den Grenzflächen steht. Sogenannte Viertelundulationsglimmerplatten, d. h. solche, die den beiden in der Richtung der Plattennormale sie durchsetzenden Strahlen eine Wegdifferenz von einer Viertelwellenlänge erteilen, dienen häufig zur Erzeugung von zirkular polarisiertem Lichte.

Die Farben, welche bei dünnen Blättchen zwischen gekreuzten Polarisatoren ausgelöscht werden, lassen sich sehr scharf bestimmen, wenn man den Polarisationsapparat verbindet mit dem Spektralapparate. Man bringt den Polarisator in dem Spaltrohre dicht hinter dem Spalte, den Analysator vor dem Okular des Fernrohres an. Beleuchtet man den Spalt mit Sonnenlicht, so kann man zunächst durch Drehen des Okularnicols das Gesichtsfeld dunkel machen. Bringt man jetzt in den Strahlengang zwischen Polarisator und Analysator ein Gipsblättchen, so erscheinen im Spektrum neben den Fraunhoferschen Linien schwarze, ihnen parallele Balken; denn es fehlen die Farben, für welche das Gipsblättchen zwischen den ordentlichen und außerordentlichen Strahlen eine Phasendifferenz von einer Wellenlänge oder einem Vielfachen einer solchen erzeugt.

Man könnte auf den Gedanken kommen, daß bei der im vorhergehenden betrachteten Erscheinung die Einführung des Polarisators überflüssig sei, da ja auch ein Strahl natürlichen Lichtes nach den Richtungen CM und CN zerlegt wird. Aber den so entstehenden Strahlen fehlt nach § 324 die Eigenschaft der Kohärenz, und sie sind daher nicht fähig, Interferenz zu erzeugen. Die Sache verhält sich im wesentlichen so, wie wenn der Polarisator mit ungeheurer Geschwindigkeit um seine Längsachse gedreht würde. Bei Anwendung von weißem Lichte tritt dann ein ebenso rascher Wechsel komplementärer Färbungen ein, und diese ergänzen sich zu dem Eindrucke des Weiß.

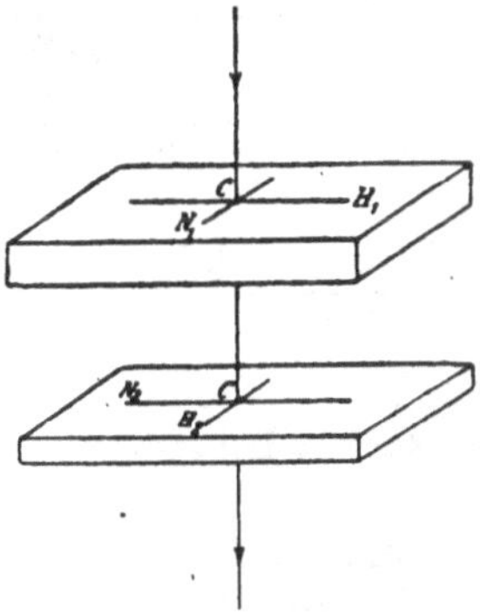

Fig. 435.
Babinet-Kompensator.

§ 338. Kompensator. Schon bei der Untersuchung der Metallreflexion entsteht die Aufgabe, zwei senkrecht zueinander polarisierten Strahlen eine bestimmte Phasenverschiebung zu erteilen; wir benützen hierzu den Babinetschen Kompensator. Das Prinzip seiner Konstruktion ergibt sich aus dem folgenden. Aus einem Quarze schneiden wir zwei dünne Platten parallel zu der Achse und legen sie so übereinander, daß die Achsenrichtungen gekreuzt sind; wir bezeichnen diese durch CH_1 und CH_2, die zu ihnen senkrechten mit CN_1 und CN_2 (Fig. 435). Nun falle auf diese Kombination senkrecht ein Strahl linear oder elliptisch polarisierten Lichtes. Er zerlegt sich beim Eintritt in die erste Platte in zwei, einen ordentlichen ϑ, der parallel mit CN_1, einen außerordentlichen ϑ', der parallel mit CH_1 schwingt. Der Strahl ϑ pflanzt sich schneller fort als ϑ' und erlangt dadurch einen gewissen Vorsprung in seiner Phase, den wir, ausgedrückt in Wellenlängen, durch δ_1 bezeichnen wollen. In dem zweiten Quarze schwingt der Strahl ϑ parallel mit CH_2, er wird hier zum außerordentlichen, der Strahl ϑ' parallel mit CN_2, er wird zum ordentlichen Strahle; der Strahl ϑ pflanzt sich jetzt langsamer fort und verliert dadurch wieder eine gewisse Zahl von Wellenlängen, die durch δ_2 bezeichnet sei. Im ganzen resultiert aus dem Durchgange durch die beiden Platten eine Phasenverschiebung von $\delta_2 - \delta_1$ Wellenlängen, deren Betrag von der Dicke der Platten abhängig ist; bei gleicher Dicke heben sich ihre Wirkungen auf, andernfalls ist ihre Wirkung dieselbe, wie die einer einzigen Platte, deren Dicke gleich der Differenz der Plattendicken, deren Achsenrichtung dieselbe ist, wie die der dickeren Platte. Diese Betrachtungen machen nun die Wirkungen des Kompensators leicht verständlich; er besteht aus zwei Quarzkeilen K_1 und K_2 (Fig. 436) von gleichem Keilwinkel, die so übereinandergelegt sind, daß die Schneiden einander parallel, aber nach entgegengesetzten Seiten gewandt, daß die äußeren Keilflächen parallel sind. Der Keil K_1 ist fest, seine optische Achse liegt parallel zu der äußeren Fläche und senkrecht zu seiner Schneide. K_2 ist gegen K_1 verschiebbar, aber so, daß die Schneiden und ebenso die äußeren Flächen der Keile parallel bleiben; die optische Achse von K_2 liegt parallel zu der Schneide; die optischen Achsen der beiden Keile sind dann stets gekreuzt. Bedecken wir die Vorrichtung mit einer Blende, so daß nur in der Mitte ein schmaler Spalt frei bleibt, so wirken in diesem die beiden Keile wie die im vorhergehenden betrachteten Quarzplatten; da wir aber durch Verschieben des Keiles K_2 den Unterschied der Keildicken an der Stelle des Spaltes beliebig ändern können, so können wir den senkrecht zueinander polarisierten Strahlen ϑ und ϑ' jeden beliebigen Phasenunterschied erteilen.

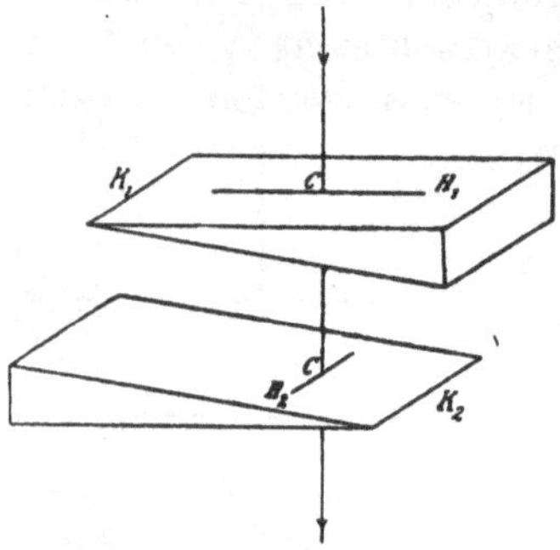

Fig. 436. Babinet-Kompensator.

Umgekehrt können wir mit dem Kompensator auch einen Phasenunterschied aufheben, der zwischen zwei senkrecht zueinander schwingenden Strahlen vorhanden ist, wir können elliptisch polarisiertes Licht in geradlinig polarisiertes verwandeln. Hiervon eben macht man Anwendung bei der Untersuchung der Metallreflexion.

Wir erwähnen noch die Erscheinung, die der Kompensator im Polarisationsapparate liefert, wenn homogenes Licht, etwa eine Na-Flamme, zur Beleuchtung benutzt wird. Die Keile mögen sich gerade überdecken, ihre Achsen Winkel von 45° mit den gekreuzten Polarisationsebenen bilden. Das Gesichtsfeld erscheint dann parallel den Schneiden von schwarzen Streifen durchzogen. Diese entstehen da, wo die Phasendifferenz der Strahlen ϑ und ϑ' ein Vielfaches einer ganzen Wellenlänge beträgt; der mittlere entspricht der Stelle, wo die Keile gleich dick sind.

§ 339. Erscheinungen im konvergenten Lichte. Die in den vorhergehenden §§ entwickelten Prinzipien genügen auch zur Erklärung der Erscheinungen, die man erhält, wenn man polarisierte Strahlen mit Hilfe einer Sammellinse konvergent durch eine Kristallplatte gehen läßt; Erscheinungen, die man in einfachster Weise mit einer dicht vor das

Auge gehaltenen Turmalinzange beobachten kann, bei der ohne alles weitere Strahlen von den verschiedensten Richtungen ins Auge gelangen. Wir beschränken uns darauf, einige wichtige Beispiele anzuführen, ohne auf eine theoretische Erläuterung einzugehen. Wir setzen voraus,

Gekreuzte Nicols

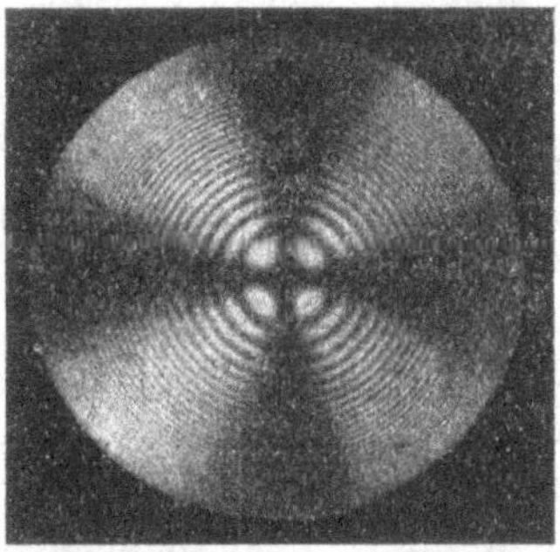

Fig. 437. Kalkspat ⊥ zur Achse.

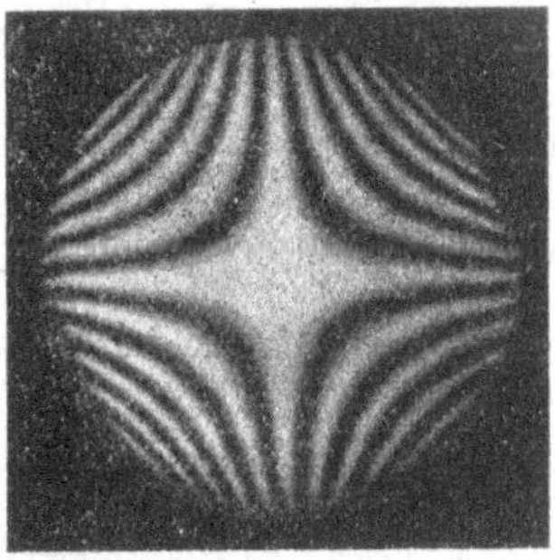

Fig. 438. Quarz ‖ zur Achse.

daß die Polarisationsebenen gekreuzt, das Gesichtsfeld an und für sich dunkel sei.

Zweiachsige Kristalle

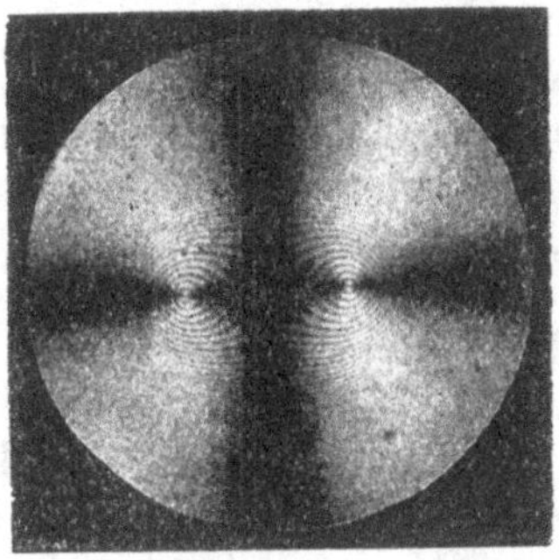

Fig. 439. Ebene der optischen Achsen zum Analysatorhauptschnitte.

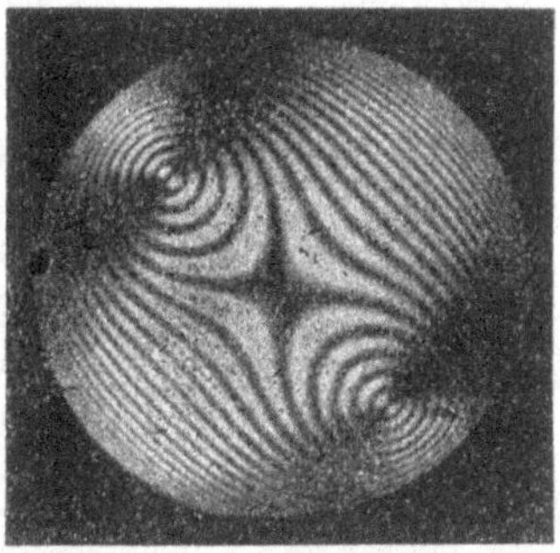

Fig. 440. Ebene der optischen Achsen unter 45° geneigt.

Bringen wir nun zwischen die Polarisatoren eine senkrecht zur Achse geschnittene Platte eines einachsigen Kristalles, etwa von Kalkspat, so zeigt sich im homogenen Lichte das durch Fig. 437 anschaulich gemachte Bild. Die Mitte des Gesichtsfeldes ist dunkel, von ihr geht ein dunkles Kreuz aus, dessen Arme den Polarisationsebenen parallel sind. In den vier zwischen ihnen liegenden Quadranten wechseln helle und dunkle Ringe, an deren Stelle im weißen Lichte farbige Ringe treten.

Eine parallel zu der Achse geschnittene Platte eines einachsigen Kristalls zeigt die durch Fig. 438 dargestellte Erscheinung, abwechselnd helle und dunkle Hyperbeln. Die Achse des Kristalls ist dabei unter 45° gegen die Polarisationsebenen geneigt.

Schneiden wir aus einem zweiachsigen Kristalle eine Platte senkrecht zu der optischen Mittellinie, so ergeben sich im homogenen Lichte die in den Figg. 439 u. 440 dargestellten Erscheinungen. Fig. 439 entspricht dem Falle, daß die Ebene der optischen Achsen mit der einen Polarisationsebene zusammenfällt; die Fig. 440 setzt voraus, daß die Ebene der optischen Achsen mit den Polarisationsebenen Winkel von 45° einschließt. Die von den Kurven umschlossenen Punkte entsprechen den Austrittsrichtungen solcher Strahlen, für welche die zugehörigen Wellen im Innern der Platte in der Richtung der optischen Achsen sich fortpflanzen.

Wir ergänzen diese Beschreibung der Erscheinungen noch durch einige Bemerkungen über den **Polarisationsapparat**, mit dem man sie in der Regel beobachtet. Der Einfachheit halber beziehen wir uns dabei auf das Beispiel einer senkrecht zur Achse geschliffenen Platte eines einachsigen Kristalls.

Die Kristallplatte ist bezeichnet durch *KK* (Fig. 441). Wir betrachten ein Bündel paralleler, durch einen Nicol N_1 polarisierter Strahlen, das von unten her unter einem kleinen Winkel gegen die optische Achse *CA* auf die Platte fällt. Indem wir in der Fig., die einen mehr schematischen Charakter besitzt, von der beim Durchgange durch die Platte eintretenden Parallelverschiebung der Strahlen absehen, stellen wir dieses Bündel durch die Linie *CM* und die beiden mit ihr parallelen Linien dar. Die genaue Bestimmung der Brechung und der Polarisation der Strahlen kann leicht mit den in § 333 und § 334 gegebenen Hilfsmitteln ausgeführt werden. Jedenfalls ergibt sich, daß der Charakter des Strahlenbündels nach dem Durchgange durch die Platte, von gewissen ausgezeichneten Fällen abgesehen, ein wesentlich anderer ist als vorher. Das von der Platte durchgelassene Strahlenbündel besteht aus einer Übereinanderlagerung ordentlicher und außerordentlicher Strahlen. Diese sind senkrecht zueinander polarisiert, sie haben im allgemeinen verschiedene Amplitude, und haben beim Durch-

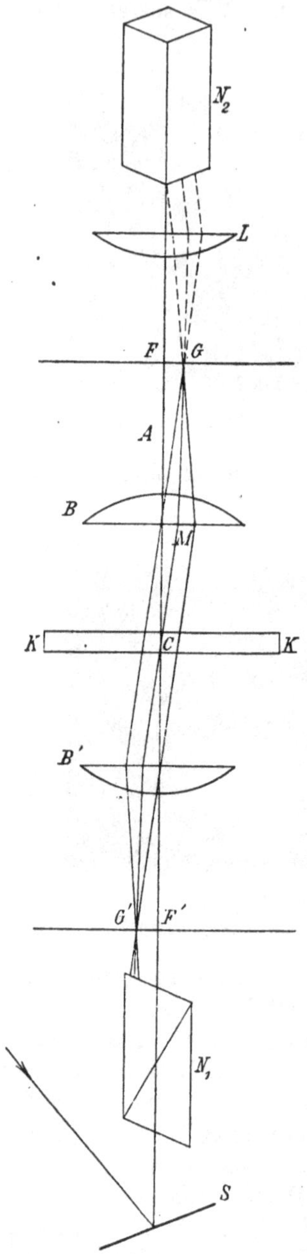

Fig. 441. Polarisationsapparat nach Nörrenberg.

gange durch die Platte eine Phasenverschiebung erhalten, welche von der Dicke der Platte und von der Neigung der Strahlen gegen die Achse abhängt. Die Phasenverschiebung ist dieselbe für alle Strahlenrichtungen *CM*, denen derselbe Winkel *ACM* entspricht; erzeugen wir also einen Kegel durch Rotation von *CM* um die Achse *CA*, so ist die Phasenverschiebung die gleiche für alle Strahlenbündel, welche parallel mit den Kanten dieses Kegels sind. Wir nehmen an, die Schwingungsrichtung der vom Polarisator kommenden Strahlen liege in der Ebene der Zeichnung. Wenn dann auch *CM* in der Zeichenebene liegt, so ist die Amplitude der ordentlichen Strahlen gleich Null; die außerordentlichen haben dieselbe Amplitude wie die aus dem Polarisator tretenden. Wenn die Ebene *ACM* senkrecht steht auf der Ebene der Zeichnung, so ist die Amplitude der ordentlichen Strahlen unverändert gleich der Amplitude der ankommenden; die Amplitude der außerordentlichen Strahlen gleich Null. Wenn die Ebene *ACM* mit der Zeichenebene einen Winkel von 45° einschließt, so sind die Amplituden der ordentlichen und außerordentlichen Strahlen gleich.

Bei dem von Nörrenberg angegebenen Apparate, der zur Beobachtung größerer Kristallplatten im konvergenten Lichte dient, befindet sich über der Platte eine Sammellinse *B*, deren Achse mit *CA* zusammenfällt, deren Brennpunkt in *F* gelegen sein mag. Diese Linse vereinigt die mit *CM* parallelen Strahlen in dem Punkte *G* der Brennebene. Die Polarisationsverhältnisse der in *G* zusammentreffenden Strahlen hängen von der Phasenverschiebung der ordentlichen und der außerordentlichen Strahlen, im allgemeinen auch von dem Verhältnisse ihrer Amplituden ab. Beträgt aber die Verschiebung eine ganze Anzahl von Wellenlängen, so setzen sich die ordentlichen und außerordentlichen Strahlen unter allen Umständen zu einem linear polarisierten Strahle zusammen, dessen Schwingungsrichtung wieder dieselbe ist, wie bei dem an der unteren Fläche der Platte ankommenden Strahle; der gemachten Annahme entsprechend schwingen dann die in *G* vereinigten Strahlen wieder parallel mit der Ebene der Zeichnung. Liegt die Richtung *CM* in der Ebene der Zeichnung, oder steht die Ebene *ACM* senkrecht auf jener Ebene, so kann von einer Phasenverschiebung nicht die Rede sein, weil dann entweder der ordentliche oder der außerordentliche Strahl verschwindet. Die Schwingungsrichtung der Strahlen bleibt also auch dann unverändert, wenn *G* der Zeichenebene oder der durch *CA* senkrecht dazu gelegten Ebene angehört. Leicht zu übersehende Verhältnisse stellen sich endlich noch ein, wenn die Ebene *ACM* einen Winkel von 45° mit der Zeichenebene einschließt. Beträgt unter dieser Voraussetzung die Phasenverschiebung eine halbe Wellenlänge oder ein ganzes Vielfaches einer halben Wellenlänge, so setzen sich ordentliche und außerordentliche Strahlen zu einem linear polarisierten Strahle zusammen, dessen Schwingungen zur Ebene der Zeichnung senkrecht stehen. Nimmt die Phasenverschiebung zu oder ab, bis sie gleich einem Vielfachen einer ganzen Wellenlänge wird, so wird die Schwingung ebenfalls linear und parallel der Ebene der Zeichnung. Zwischen diesen beiden Fällen liegen alle möglichen Arten elliptischer Schwingungen.

Wir betrachten nun die Brennebene *FG* durch einen analysierenden Nicol N_2 und durch eine auf die Brennebene eingestellte Lupe *L*. Der Analysator sei gegen den Polarisator gekreuzt. Dann werden alle diejenigen Stellen *G* dunkel erscheinen, in denen die resultierenden Strahlen parallel der Zeichenebene schwingen; d. h. es erscheint in der Brennebene ein dunkles Kreuz, gebildet von ihren Schnittlinien mit der Zeichenebene und mit der zu ihr senkrechten Ebene. Außerdem aber erscheinen dunkle Ringe um *F* als Mittelpunkt, gebildet von denjenigen Stellen, in denen die Phasenverschiebung eine ganze Zahl von Wellenlängen beträgt. Da, wo die resultierenden Strahlen linear und senkrecht zu der Ebene der Zeichnung, oder elliptisch schwingen, wird die Brennebene mehr oder weniger hell sein.

Um die in Fig. 437 gezeichnete Erscheinung zu sehen, muß man natürlich rings um die Achse *CA* eine unendliche Mannigfaltigkeit von Parallelstrahlenbündeln unter allen möglichen Neigungswinkeln auf die Platte fallen lassen. Die Linien *CM*, die wir als Repräsentanten dieser verschiedenen Bündel betrachten können, erfüllen dann den Raum eines Kreiskegels, dessen Spitze in *C* liegt, dessen Achse durch *CA* gegeben ist. Da nur kleine Neigungen der Strahlen gegen die Achse in Betracht kommen sollen, so wird dieser Kegel ein sehr spitzer sein. Jene verschiedenen Bündel von Parallelstrahlen werden durch eine Sammellinse *B'* erzeugt, die mit *B* vollkommen gleich ist und symmetrisch zu *B* unter der Kristallplatte angebracht wird; *F'* sei ihr Brennpunkt. Das in der Figur gezeichnete Bündel von Parallelstrahlen entsteht dann aus den Strahlen, die von dem Punkte *G'* der Brennebene *F' G'* herkommen. Zur Beleuchtung der Ebene *F' G'* dient ein Spiegel, der das vom hellen Himmel kommende Licht nach oben reflektiert. Der polarisierende Nicol N_1 befindet sich zwischen Spiegel und Brennebene *F' G'*.

§ 340. **Zirkularpolarisation.** Der positiv einachsige Quarz zeigt gewisse Erscheinungen, die nach dem vorhergehenden als anomal betrachtet werden müssen. Schneiden wir aus einem Bergkristall eine Platte senkrecht zur Achse, so ist dieselbe zwischen den gekreuzten Prismen eines Polarisationsapparates in parallelem Lichte nicht dunkel, sondern gefärbt; in konvergentem Lichte zeigen sich erst in einer gewissen Entfernung von der Mitte die Arme des schwarzen Kreuzes und die farbigen Ringe, welche für die einachsigen Kristalle charakteristisch sind, in der durch Fig. 442 anschaulich gemachten Weise. Zugleich zeigt sich, daß die Färbung der Mitte wechselt, wenn man den Analysator dreht. Bei gewissen Quarzen folgen sich die Färbungen in der Reihe rot, gelb, grün, blau, wenn man durch den Analysator hindurchsehend in der Richtung des Uhrzeigers dreht; bei anderen Quarzen ist bei derselben Drehung die Reihenfolge die umgekehrte. Wir bezeichnen die ersteren als **rechts-**, die letzteren als **linksdrehende**. Die Erscheinung erklärt sich leicht, wenn wir Beobachtungen mit homogenem Lichte zu Hilfe nehmen. Die Polarisationsebenen seien gekreuzt, Fig. 443, OQ_1 die Schwingungsrichtung des vom Polarisator kommenden Lichtes, OQ_2 die des vom Analysator durchgelassenen. Lassen wir unter diesen Umständen rotes Licht durch den Quarz gehen, so erscheint die Mitte des Gesichtsfeldes rot; ist der Quarz ein rechtsdrehender, so wird die Mitte dunkel, wenn wir den Analysator OQ_2 um einen gewissen Winkel δ_r nach rechts drehen; um denselben Winkel muß der Quarz

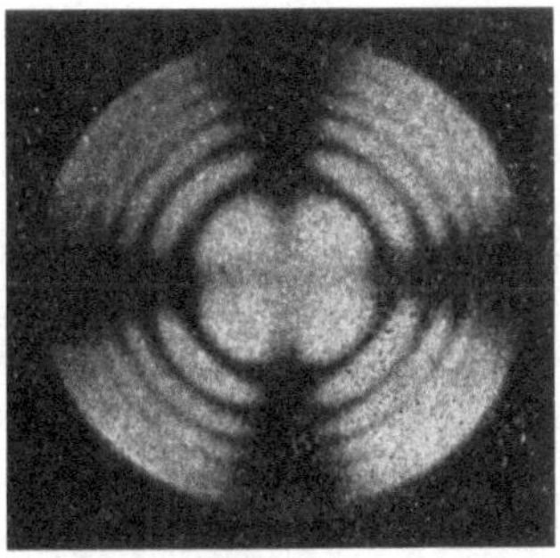

Fig. 442.
Quarzplatte ⊥ zur Achse.

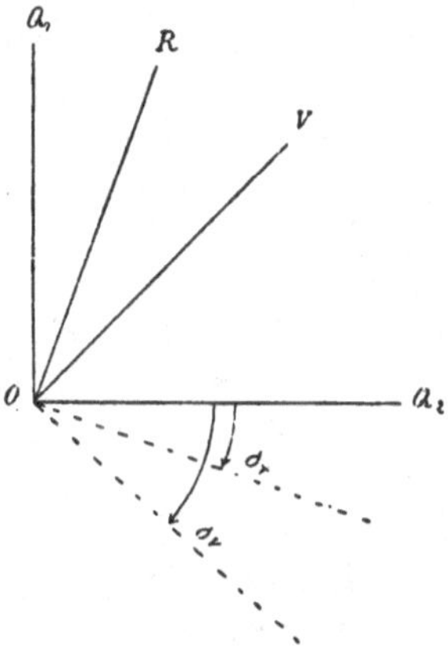

Fig. 443.
Rotationsdispersion.

die Polarisationsebene und die Schwingungsrichtung des einfallenden Strahles nach rechts gedreht haben. Wiederholen wir den Versuch mit violettem Lichte, so finden wir, daß die Wiederverdunkelung der Mitte erst nach einer größeren Rechtsdrehung δ_v eintritt. **Der rechtsdrehende Quarz hat somit die Eigenschaft, die Schwingungsrichtung geradlinig polarisierter Strahlen, die sich in der Richtung seiner Hauptachse bewegen, nach rechts zu drehen; am wenigsten die der roten, am meisten die der violetten Strahlen.** In unserer Fig. 443 sind die Schwingungsrichtungen der gedrehten Strahlen durch OR und OV dargestellt. Wenn wir nun bei Benützung von weißem Lichte den Analysator so stellen, daß seine Polarisationsebene senkrecht steht auf der Schwingungsrichtung der gedrehten roten Strahlen, so werden diese vollständig durchgelassen; in der Färbung des Gesichtsfeldes herrscht das Rot vor; drehen wir den Analysator nach rechts, so stellt sich seine Polarisationsebene zunächst senkrecht zu den gedrehten gelben Strahlen; diese gehen ungeschwächt durch und bedingen einen gelben Ton des Gesichtsfeldes; bei fortgesetzter Drehung stellt sich die Polarisationsebene erst senkrecht gegen die grünen, dann gegen die blauen Strahlen, die Mitte des Interferenzbildes wird grün und blau. In der Tat folgen sich die Farbentöne in derselben Reihe wie im Regenbogen. Bei dem linksdrehenden Quarze werden die Polarisationsebenen der auffallenden Strahlen nach links gedreht, rot am wenigsten, violett am stärksten; bei einer Rechtsdrehung des Analysators muß daher die Reihenfolge der Farben die entgegengesetzte sein wie im Regenbogen.

Der tiefere Grund der Erscheinung liegt darin, daß der Quarz einen in der Richtung der Achse eintretenden geradlinig polarisierten Strahl in zwei entgegengesetzt rotierende zirkularpolarisierte zerlegt, die sich längs der Achse mit verschiedener Geschwindigkeit fortpflanzen. Sie erleiden infolge hiervon eine gewisse Verschiebung gegeneinander; nach dem Austritt aus dem Quarze setzen sie sich nach dem in § 323 angeführten Satze wieder zu einem geradlinig polarisierten Strahle zusammen, dessen Schwingungsrichtung aber gegen die des ursprünglichen Strahles gedreht ist.

Strahlen, die im Quarze unter kleinem Winkel gegen die Achse sich bewegen, sind elliptisch polarisiert; in den beiden Strahlen, welche zu einer und derselben Wellenebene gehören, sind die Schwingungsellipsen um 90^0 gegeneinander verdreht. Die elliptische Polarisation nähert sich rasch der geradlinigen, so daß bei etwas größerer Neigung gegen die Achse die Erscheinungen mit denen der anderen positiv einachsigen Kristalle übereinstimmen.

Der Kompensator von Soleil. Nach dem vorhergehenden wird man den Winkel, um den eine zirkularpolarisierende, oder wie man auch sagt, eine aktive Substanz die Polarisationsebene einfarbigen Lichtes dreht, am einfachsten in folgender Weise messen. Man stellt den Polarisationsapparat zuerst auf Dunkelheit des Gesichtsfeldes ein und bringt dann die drehende Substanz zwischen den Polarisator und den Analysator. Man dreht nun entweder den Polarisator rückwärts, oder den Analysator vorwärts, bis das Gesichtsfeld abermals dunkel wird. Der hierzu erforderliche Drehungswinkel ist gleich dem Winkel, um welchen der aktive Körper die Polarisationsebene gedreht hat. Man kann aber diesen letzteren Winkel auch dadurch bestimmen, daß man die von dem aktiven Körper erzeugte Drehung durch eine zweite Drehung kompensiert, welche von einer Platte einer entgegengesetzt drehenden Substanz bei geeigneter Dicke hervorgebracht wird. Vorausgesetzt wird dabei natürlich, daß die Drehung der zum Vergleiche dienenden Substanz in ihrer Abhängigkeit von der Dicke genau bekannt sei. Zu diesem Zwecke dient der Kompensator von Soleil (Fig. 444). Er besteht aus einer Platte R von rechtsdrehendem und zwei Keilen K_1 und K_2 von linksdrehendem Quarze; die letzteren sind mit Hilfe eines Triebes gegeneinander zu verschieben, sie stellen in ihrer Verbindung eine Platte linksdrehenden Quarzes von veränderlicher Dicke dar. Die Platte R ist aus dem Quarze senkrecht zu seiner Hauptachse geschnitten; ebenso stehen die äußeren Flächen der Keile senkrecht zu der Achse. In der durch die Figur dargestellten Lage, der sogenannten Nullage, ist die Dicke der von den Keilen gebildeten Platte gleich der Dicke von *R*, sie heben also die entgegengesetzte Drehung der letzteren Platte gerade auf. Je nachdem wir die Keile in dem einen oder dem anderen Sinne gegeneinander verschieben, stellen sie eine linksdrehende Platte dar, deren Dicke größer oder kleiner ist, als die der Platte *R*. Im ersten Falle entspricht die ganze Kombination einer linksdrehenden, im zweiten einer rechtsdrehenden Platte; die wirksame Dicke ist stets gleich der Differenz zwischen der Dicke von *R* und zwischen der Summe der übereinanderliegenden Keildicken.

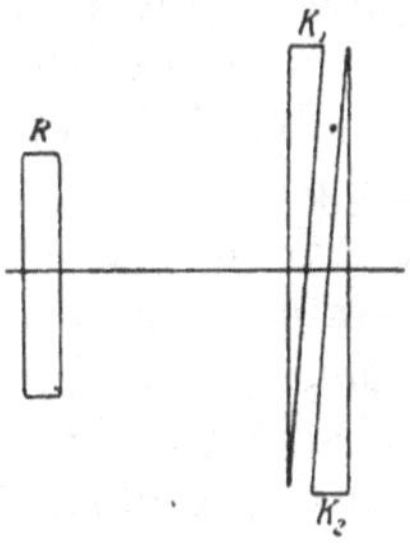

Fig. 444. Soleil-Kompensator.

Die Messung einer Drehung mit dem Kompensator von Soleil gestaltet sich bei einfarbigem Lichte in folgender Weise. Die Polarisatoren werden gekreuzt; zwischen ihnen befindet sich der Kompensator in der Nullage; das Gesichtsfeld ist also dunkel. Bringt man die drehende Substanz zwischen den Kompensator und zwischen den Analysator, so hellt sich das Gesichtsfeld auf; die Keile werden nun verschoben, bis das Gesichtsfeld wieder dunkel ist. Aus der Verschiebung berechnet sich die zur Kompensation erforderliche Quarzdicke und hieraus die Drehung der zu untersuchenden Substanz.

Bei einer gegebenen Substanz ist die Drehung proportional mit der vom Lichte in ihr durchlaufenen Länge. Für Quarz sind die durch eine Platte von 1 mm Dicke erzeugten Drehungen in Graden z. B. für

λ = 2,140	0,67082	0,54610	0,40468	0,21935 μ
δ = 1,60	16,5	25,53	48,93	220,72°

Diese Drehung des Quarzes läßt sich sehr gut durch die Formel

$$\delta = \frac{k_1}{\lambda^2 - \lambda_1^2} - \frac{k'}{\lambda^2}$$

darstellen; hier ist $k_1 = 12{,}200$, $k' = 5{,}046$.

Die Doppelquarzplatte. Bei Beobachtungen über Drehungen der Polarisationsebene bedient man sich häufig einer Platte, die aus zwei gleich dicken, nebeneinander liegenden Quarzplatten hergestellt ist, von denen die eine rechts, die andere links dreht. Beide Platten können halbkreisförmig begrenzt sein, so daß durch ihre Kombination eine kreisförmige Platte entsteht, die nach einem Durchmesser geteilt ist. Zwischen gekreuzten Polarisatoren erscheinen im homogenen Lichte beide Platten gleich hell, da die eine ebensoweit rechts, wie die andere links dreht; bei Beleuchtung mit weißem Lichte sind beide Platten gleich gefärbt. Bringt man zwischen die Doppelplatte und den Analysator einen aktiven Körper, so wird die Drehung der Polarisationsebene auf der einen Seite verstärkt, auf der anderen geschwächt; die beiden Hälften der Platte erscheinen daher nicht mehr gleich hell, oder nicht mehr gleich gefärbt. Gleiche Helligkeit oder gleiche Färbung kann man wieder herstellen entweder durch Drehen des Polarisators, beziehungsweise des Analysators, oder mit Hilfe des Kompensators von SOLEIL. Im einen und anderen Falle ergibt sich die von dem aktiven Körper erzeugte Drehung der Polarisationsebene.

Bei Beleuchtung mit weißem Lichte nimmt man für die Dicke der Doppelquarzplatte am besten 3,75 mm. Dann dreht jede Plattenhälfte das Gelb um 90°, die eine nach links, die andere nach rechts. Bei parallelen Nicols fehlt dann das Gelb und die spektral benachbarten Gebiete, also jener Spektralbereich, für welchen unser Auge am empfindlichsten ist. Die restierende violettrötliche Mischfarbe, die „empfindliche Farbe", schlägt dann schon bei ganz kleiner Verdrehung der Polarisationsebene merklich nach Rot bzw. Blau um; das ergibt eine besonders scharfe Methode, um Analysator und Polarisator parallel zu stellen.

§ 341. Optisch aktive Substanzen. So nennt man Körper, die, wie der Quarz, die Polarisationsebene drehen. Eine Drehung ist nur möglich, wenn das Medium, in dem sich der Lichtstrahl bewegt, keine durch den Strahl hindurchgehende Symmetrieebene besitzt; denn sonst wäre bei einem Strahle, dessen Polarisationsebene mit der Symmetrieebene zusammenfällt, keine Drehung denkbar. Nun gibt es eine Menge organischer Verbindungen des Kohlenstoffes, die in flüssigem oder gasförmigem Zustande die Polarisationsebene drehen. Als ein bekanntes Beispiel erwähnen wir den Zucker, bei dessen Lösungen die gemessene Drehung zu der Bestimmung des Zuckergehaltes benützt wird. Bei flüssigen Körpern aber kann die Asymmetrie nur in dem Baue der Moleküle selbst gesucht werden; in schematischer Weise könnte man sie durch rechts- oder linksgewundene Schrauben darstellen. Dieser Bemerkung entspricht nun die Tatsache, daß alle Kohlenstoffverbindungen, welche die Polarisationsebene drehen, asymmetrische Kohlenstoffatome besitzen, d. h. solche, deren vier Valenzen durch vier voneinander verschiedene Atome oder Radikale gebunden werden. Eine weitere Ausführung dieser Bemerkungen würde nur im Zusammenhange mit einer ausführlicheren Darstellung der theoretischen Optik gegeben werden können; sie liegt daher außerhalb der hier zu lösenden Aufgabe. Übrigens haben auch die weitergehenden Untersuchungen wenig über die formalen Analogien hinaus zu einer wirklichen Einsicht in den Zusammenhang geführt, der zwischen der chemischen Konstitution der Molekel und ihrem Rotationsvermögen besteht.

§ 342. Anisotrope und kristallinische Flüssigkeiten. Ein isotroper Körper ist dadurch charakterisiert, daß alle von einem Punkte seines Inneren aus gezogenen Richtungen unter sich gleichwertig sind, so daß z. B. die Lichtgeschwindigkeit in dem Körper nach allen jenen Richtungen die gleiche ist. Schneidet man aus einem isotropen und homogenen Körper, z. B. einem Glasstücke, ein rechtwinkliges Prisma, so wird die Isotropie gestört, wenn man dieses einem einseitigen Zuge oder Drucke unterwirft; es verhält sich dann wie ein einachsiger Kristall, dessen Hauptachse mit der Richtung jenes Zuges oder Druckes zusammenfällt. Man wird in diesem Falle von einer erzwungenen Anisotropie des Körpers sprechen.

Auch bei Flüssigkeiten ist eine solche erzwungene Anisotropie möglich. Zwar ist bei einer idealen Flüssigkeit der Druck im Inneren nach allen Richtungen der gleiche; bei einer reibenden Flüssigkeit ist dies aber nur der Fall, solange die Flüssigkeit in Ruhe ist; wird sie bewegt, so hört jene Gleichheit des Druckes auf, und die Flüssigkeit wird dadurch zu einem anisotropen Körper, der wie die Kristalle der nicht regulären Systeme das Licht doppelt bricht. MAXWELL hat eine solche erzwungene Doppelbrechung beobachtet, indem er einen Spatel in Kanadabalsam rasch auf und ab bewegte. KUNDT[1] gelang es, dauernde Doppelbrechung zu erzeugen, indem er in einer Flüssigkeit, die in einem zylindrischen Gefäße eingeschlossen war, einen mit der Wand koaxialen Zylinder rotieren ließ. Prinzipiell verschieden von diesen Fällen erzwungener Anisotropie sind die merkwürdigen Erscheinungen, welche von O. LEHMANN[2], SCHENK, VORLÄNDER u. a. an flüssigen Substanzen untersucht worden sind.

Bringt man zwischen zwei planparallele Platten eine etwa $^1/_{20}$ mm dicke Schicht von Ätoxybenzalamino-α-äthylzimtsäureäthylester bei einer Temperatur von etwa 45°, so zeigen sich zwischen gekreuzten Polarisatoren im konvergenten Lichte Ringe von derselben Art, wie bei dünnen Platten, welche aus einem einachsigen Kristall, etwa einem Kalkspate, senkrecht zur Achse geschnitten sind. Die Flüssigkeitsschichte verhält sich in der Tat ganz wie ein einachsiger und zwar positiv einachsiger Kristall, dessen Achse senkrecht zu der Ebene der Glasplatte steht. Für Natriumlicht ist das Brechungsverhältnis des ordentlichen Strahles gleich 1,907, das des außerordentlichen gleich 1,529. Die Flüssigkeitsschichte scheint in ihrer ganzen Ausdehnung vollkommen homogen zu sein und erweist sich auch bei der Untersuchung mit dem Ultramikroskop als vollkommen klar.

Anisalaminozimtsäure- und Anisalamino-α-methylzimtsäure-akt·amylester zeigen in Schichten von etwa $^1/_{20}$ mm Dicke dieselben Erscheinungen wie eine zur Achse senkrecht geschnittene Quarzplatte; sie sind zirkularpolarisierend. Dabei treten enorme Drehungen der Polarisationsebene auf. Die beiden genannten Substanzen drehen die Polarisationsebene für gelbes Licht bei einer Dicke von 1 mm um etwa 4000°; bei Cyanbenzalaminozimtsäure-akt·amylester steigt die Drehung für gelbes Licht bei 1 mm Dicke sogar auf 12—13000 Grad.

---

[1] KUNDT, Wied. Ann. 13 (1881).

[2] LEHMANN, Flüssige Kristalle. Leipzig (1904) und viele neuere Publikationen. — VORLÄNDER u. HAUSWALD, Achsenbilder flüssiger Kristalle. Halle (1909). — DORN u. LOHMANN, Ann. d. Phys. 29 (1909).

Vorländer hat sich von dem Verhalten jener doppelbrechenden Flüssigkeiten die folgende Vorstellung gebildet. Er nimmt an, daß die kleinsten Elemente der Flüssigkeiten die Form gestreckter Stäbchen besitzen, und daß diese Stäbchen durch eine von den Glasflächen ausgehende Molekularwirkung alle senkrecht zur Glasfläche gerichtet werden. Die Struktur der Flüssigkeit stimmt dann in der Tat überein mit der Struktur eines einachsigen Kristalls. Aber während bei dem Kristalle diese Struktur eine Folge der inneren Wechselwirkungen der Moleküle ist, erscheint sie bei dem flüssigen Kristall als eine Folge äußerer Kräfte.

Die letzten Bemerkungen legen die Frage nahe, wie sich eine solche aus stabförmigen Elementen bestehende Flüssigkeit verhält, wenn sie freischwebend nur der Wirkung der inneren Kräfte unterworfen ist. O. Lehmann gelang es, in einem geeigneten Lösungsmittel kugelförmige Tropfen von Oxyphenetol frei schwebend zu erhalten. Aus dem optischen Verhalten ergibt sich, daß die stäbchenförmigen Elemente der Flüssigkeit in diesem Falle nach parallelen Kreisen geordnet sein müssen, welche ein und denselben Durchmesser der Kugel als Achse besitzen. Im durchfallenden Lichte zeigen die Tropfen ein verschiedenes Aussehen, je nachdem jene ausgezeichnete Achse zum Objektträger des Beobachtungsmikroskops senkrecht steht oder mit ihm parallel ist. Im ersten Falle erscheint im Pole der Kugel ein dunkler Fleck, im zweiten Falle sind die beiden Pole durch eine dunkle Spindel miteinander verbunden.

Eine etwas vollständigere Einsicht in die Natur der im vorhergehenden erwähnten Erscheinungen wird nur zu gewinnen sein auf Grund einer Theorie der Kristallbildung überhaupt. Mit Bezug hierauf läßt sich im allgemeinen folgendes sagen. Um bei einem festen amorphen Körper die Tatsache zu erklären, daß die einzelnen Molekel in bestimmten Abständen sich im Gleichgewichte befinden, macht man die Annahme, daß die Molekelkräfte in größeren Abständen anziehend, in kleineren abstoßend wirken. Bei vollkommen isotropen Körpern können wir uns denken, daß die Molekelwirkungen lediglich abstoßend oder anziehend sind, eine Abhängigkeit der Wirkungen von der Richtung ist dann nicht vorhanden. Bei Kristallen denken wir uns die Molekel mit Systemen elektrischer Pole verbunden, welche in ihrer Anordnung die Symmetrie des Kristalls widerspiegeln. Zu den anziehenden und abstoßenden Molekelwirkungen kommen dann noch richtende Kräfte hinzu, vermöge deren die Molekel sich wechselseitig in bestimmte Gleichgewichtslagen hineinzudrehen suchen. Daraus ergibt sich ein wesentlicher Unterschied zwischen dem Aufbau eines Kristalles und eines amorphen Körpers. Wenn wir bei dem letzteren um den Mittelpunkt eines Molekels eine Kugel konstruieren, deren Halbmesser gleich der Distanz ist, in welcher die abstoßende und die anziehende Molekelkraft einander gleich sind, so kann sich ein zweites Molekel an jeder beliebigen Stelle der Kugeloberfläche im Gleichgewicht befinden. Beschreiben wir um den Mittelpunkt eines Kristallmolekels eine entsprechende Fläche, so daß auch auf ihr Abstoßung und Anziehung einander gleich sind, so gibt es auf dieser nur eine bestimmte Zahl von Punkten, in welchen ein zweites Kristallmolekel neben dem ersten im Gleichgewicht sich befinden kann, so daß es mit seinen elektrischen Polen dem ersten parallel gerichtet ist. Eine analoge Bemerkung gilt für ein zweites und drittes Kristallmolekel, welche sich beim Auskristallisieren aus einer Lösung an die schon vorhandenen anlagert. Auf diese Weise kommt dann die Anordnung der gleich gerichteten Molekel in den Ecken eines Raumgitters zustande, welche wir als das Charakteristische der Kristallstruktur betrachten. An der Oberfläche eines ausgedehnteren Kristalls werden sich ebenso, wie bei einem amorphen Körper, die in größerer Distanz anziehenden Molekelwirkungen zu einer Resultanten vereinigen, welche sich als ein zur Oberfläche normaler Druck, als Kapillardruck darstellt. Bei den an der Oberfläche liegenden Kristallmolekeln werden also zu den richtenden Molekelkräften noch die Wirkungen des Kapillardruckes hinzutreten. Für die Gestaltung der Oberfläche ergeben sich daraus die mannigfachsten Möglichkeiten. Sind die richtenden Kräfte stark, der Kapillardruck schwach, so erhalten wir die scharfkantigen Grenzflächen, welche man vielfach als zum Wesen des Kristalls gehörend betrachtet hat. Sind umgekehrt die richtenden Kräfte schwach, der Kapillardruck stark, so kommt es zu einer Abrundung der Kanten und Ecken, und schließlich zu einer Annäherung an die Kugelform, wie sie von O. Lehmann bei den von ihm als fließend bezeichneten Kristallen beobachtet worden ist.

Für das Auftreten vollkommen kugelförmiger Tropfen ergibt sich indes noch eine andere Möglichkeit. Denkt man sich die Molekel eines Körpers nur mit zwei entgegengesetzt elektrischen Polen verbunden, so können sich diese Molekel nicht mehr zu einem Raumgitter ordnen, welches irgendeinem der kristallographischen Systeme entspricht; vielmehr wird, wenn man die molekularen Richtkräfte für sich betrachtet, jede Anordnung einem Gleichgewichte des Systems entsprechen, bei der jene Polsysteme sich in geschlossenen Kreisen ordnen, so daß die Wirkung jedes elektrischen Pols nach außen hin aufgehoben wird durch die Wirkung eines ihm benachbarten, entgegengesetzt elektrischen. Die Oberflächengestalt des Körpers wird dann allein bestimmt durch die Kapillarwirkung. Die Oberfläche nimmt die Gestalt einer Kugel an. Innerhalb dieser Kugel sind viele Gleichgewichtsanordnungen der Molekel denkbar; es ist nicht unwahrscheinlich, daß die Natur die einfacheren vor den komplizierten bevorzugt. Die einfachste Anordnung ist aber die, bei welcher die elektrischen Polsysteme in parallelen Kreisen sich ordnen, welche konzentrisch sind mit Bezug auf einen ausgezeichneten Durchmesser der Kugel. Damit sind wir im wesentlichen zu der Vorstellung zurückgelangt, welche Lehmann sich von dem Aufbau seiner kugelförmigen Tropfen gebildet hat. Das jene ausgezeichnete Achse auch bei den magnetischen Eigenschaften der Tropfen als solche hervortritt, scheint beinahe selbstverständlich. Bei den von LEHMANN beobachteten Tropfen bilden sie eine Richtung größter Magnetisierbarkeit.

Der Physiker betrachtet bei der Entwicklung der Kristalloptik die Kristalle als homogene anisotrope Körper. Dem LEHMANNschen Tropfen fehlt jedenfalls die Eigenschaft der Homogenität, und von diesem Gesichtspunkt aus wären sie wohl besser als kristallinisch flüssig zu bezeichnen. Das ist aber schließlich Geschmacksache, der Streit darum ist ein Streit um Worte; die Hauptsache ist, daß die im vorstehenden behandelten Untersuchungen uns mit Zuständen der Materie bekannt gemacht haben, von denen man früher nichts gewußt, und die man nicht einmal für möglich gehalten hatte.[1]

§ 343. **Polarisationsebene und Schwingungsrichtung.** Den Betrachtungen dieses ganzen Kapitels haben wir zunächst eine kritische Bemerkung nachzuschicken, die sich auf das Verhältnis von Schwingungsrichtung und Polarisationsebene bezieht. Die letztere ist eine in allen Fällen geometrisch wohl definierte Ebene: bei einer zur Achse parallelen Turmalinplatte und bei normalem Einfall die zu der Achse senkrechte Ebene; bei der Reflexion an Glas die Einfallsebene; bei dem ordentlichen Strahle im Kalkspat der Hauptschnitt; bei dem außerordentlichen eine zum Hauptschnitte senkrechte Ebene. Wenn wir nun in all diesen Fällen die Schwingungsrichtung der polarisierten Strahlen zu der Polarisationsebene senkrecht gesetzt haben, so beruht dies auf der durchaus willkürlichen Annahme, daß der durch eine Turmalinplatte gegangene Strahl der Hauptachse parallel schwinge. Wir hätten auch die entgegengesetzte Annahme machen können, wir würden dann ebenso konsequent zu dem Satze gekommen sein, daß die Schwingungen des Lichtes in der Polarisationsebene erfolgen. In der Tat knüpft sich hieran eine lange Kontroverse.

Wir kommen auf diese Frage im nächsten Bande zurück, wenn wir über die elektromagnetische Natur der von uns bisher als Ätherschwingungen dargestellten Strahlen sprechen.

---

[1] Eine eingehende neuere Behandlung siehe auch VOIGT, Phys. Zs. (1916). Dann BORN, Berl. Ber. (1916) und BORN u. STUMPF, Berl. Ber. (1916).

FSC
www.fsc.org
MIX
Papier | Fördert
gute Waldnutzung
FSC® C083411

Kolibri 360 GmbH
Ferdinand-Jühlke-Straße 7
99095 Erfurt, Deutschland
produktsicherheit@kolibri360.de